TRAITÉ

DE

L'ACIDE PHÉNIQUE

APPLIQUÉ A LA MÉDECINE

PAR

Le Docteur DÉCLAT

QUATRIÈME ÉDITION

« De l'Acide phénique. — Toutes les
maladies contagieuses pourraient être
sans danger, a dit M. Dumas (SÉANCE DE
L'ACADÉMIE DES SCIENCES DU 7 AVRIL 1873),
si l'on voulait adopter l'emploi de cet agent
antiseptique, dans tous les cas où l'on
peut craindre leur influence. »

(L'INSTITUT, 9 Avril 1873.)

PARIS

CHEZ LEMERRE, LIBRAIRE-ÉDITEUR

27, PASSAGE CHOISEUL, 29.

TRAITÉ

DE

L'ACIDE PHÉNIQUE

IMPRIMERIE EUGÈNE HEUTTE ET Cᵉ, A SAINT GERMAIN

TRAITÉ

DE

L'ACIDE PHÉNIQUE

PAR

Le Docteur DÉCLAT

« De l'Acide phénique. — Toutes les maladies contagieuses pourraient être sans danger, à dit M. DUMAS (SÉANCE DE L'ACADÉMIE DES SCIENCES DU 7 AVRIL 1873), si l'on voulait adopter l'emploi de cet agent antiseptique, dans tous les cas où l'on peut craindre leur influence. »

(L'INSTITUT, 9 Avril 1873.)

PARIS

CHEZ LEMERRE, LIBRAIRE-ÉDITEUR

27, PASSAGE CHOISEUL, 29.

1874

AUX MEMBRES DU CONSEIL MUNICIPAL

DE LA VILLE DE NEVERS

Le Conseil municipal de la ville de Nevers, au moyen d'une demi-bourse, a eu la généreuse pensée, il y a trente ans, de mettre un instrument entre mes mains. Il est juste que je lui montre l'usage que j'en ai fait. Je le prie donc d'accepter l'hommage de ce travail, en attendant que je puisse lui donner d'autres témoignages de ma profonde gratitude, si ma santé me permet de poursuivre mes travaux.

Dr DÉCLAT,

Boursier au concours de 1841.

AVANT-PROPOS

Il y a treize ans, quand je fis mes premiers essais sur l'acide phénique (1), ce produit était encore sans emploi dans la médecine proprement dite, c'est-à-dire dans la curation des maladies et particulièrement des maladies internes.

Lorsque je fis paraître la première édition de cet ouvrage, en 1865, l'emploi médical de l'acide phénique était encore fort restreint; cependant, il était assez répandu pour que le produit fût sorti du laboratoire du chimiste et eût passé dans le magasin du négociant; mais le prix en était encore très-élevé, ainsi qu'on peut s'en assurer en parcourant les prix courants de la droguerie de cette époque.

Au moment où j'écris, l'usage médical de l'acide phénique est devenu presque général, en France, depuis plus de cinq ans, c'est-à-dire depuis la publication de mon livre sur la curation des maladies organiques de la langue,

(1) La première application publique a été faite par moi en novembre 1861 aux Frères Saint-Jean de Dieu, en présence des docteurs Gros et Maissonneuve. Ce dernier confrère, témoin des effets surprenants qu'il venait de vérifier, a employé l'acide phénique à l'Hôtel-Dieu en 1862 et c'est en 1863 seulement que M. Lemaire a écrit son premier livre.

en 1868 (1); ce produit n'est pas moins employé en Angleterre, et il se propage rapidement dans les autres pays
civilisés. Aussi, l'acide phénique, quoique préparé aujour-
d'hui avec beaucoup plus de soin, est-il descendu au prix
de 8 fr. le kilogramme et même moins.

A ce premier renseignement, il serait déjà possible
d'apprécier le service qu'il m'a été donné de rendre à
l'humanité, en introduisant l'acide phénique dans la médecine pratique ; mais on appréciera mieux encore ce service, en jetant un coup d'œil sur le tableau des maladies
variées et, pour la plupart, terribles, que l'acide phénique,
seul ou secondé par d'autres substances analogues, permet désormais au médecin de guérir. Un tel service porte
en lui-même sa récompense, pour tout médecin fortement
pénétré de sa haute mission. Cette récompense, il n'y a
guère de jour où quelque fait nouveau ne m'en fasse
sentir tout le prix.

Mais si ma satisfaction est grande, elle n'a pas toujours
été sans mélange.

Des hostilités confraternelles, intéressées ou aveugles,
qui s'étaient déclarées, sans l'ombre même d'un motif
légitime, et sous les seules incitations de l'*invidia medico-
rum pessima*, à une époque bien antérieure à mes premières recherches sur l'acide phénique, se sont continuées, aussi violentes, sinon aussi bruyantes, qu'à leur
début. Quoique je ne fusse point ignorant de la ténacité
des haines médicales, je n'avais pas été sans quelque
espoir que la modération, je dirais volontiers la mansué-
tude avec laquelle j'avais défendu mes droits, désarmerait
les mauvaises passions des uns et dissiperait l'aveugle-

(1) *De la Curation des maladies de la langue*, précédé de considérations sur les causes et le traitement des affections cancéreuses en
général ; Paris, 1 gr. vol. in-8°, chez Adr. Delahaye, libraire, place de
l'École-de-Médecine.

ment des autres. Il n'en a rien été : mon principal adversaire, suivi d'un petit nombre d'auxiliaires aussi désintéressés que lui, est descendu jusqu'aux plus basses
injures, et les plus modérés de mes contempteurs sont
ceux qui, en silence, se contentent de me prendre mon
bien scientifique sans m'insulter; ce sont des voleurs qui
se contentent de vous prendre la bourse. Quant aux
autres, ils voudraient bien me prendre, non pas la bourse
et la vie, parce qu'ils savent que l'entreprise ne serait pas
sans danger; mais la bourse et l'honneur.

On conçoit que, dans une telle situation, qui dure depuis quinze ans, la patience la plus évangélique finisse
par se lasser, et qu'on soit irrésistiblement entraîné à repousser avec une certaine vigueur les attaques de la mauvaise foi et les pirateries de la fausse vertu; on y est d'autant plus irrésistiblement conduit, que des adversaires
déloyaux cherchent à faire prendre ma modération pour
de la faiblesse ou même pour l'aveu d'une défaite, voire
même d'une culpabilité : l'un d'eux n'a-t-il pas osé écrire,
en effet, que ma « *défaite était complète* » et que « semblable à un homme qui se noie, je me cramponne à tous
les objets que mes mains peuvent atteindre dans l'espoir
de me sauver ! » Puisque ce « loyal » adversaire n'a pas su
apprécier ma modération, ma générosité à son égard,
qu'il aille apprendre au chapitre qui le concerne comment
le bon droit, poussé à bout, sait châtier la mauvaise foi
impudente et la grossièreté brutale.

Grâce à Dieu, tous les médecins ne sont pas des Lemaire, et tous les critiques ne sont pas des Grandeau; j'ai
même eu la satisfaction de constater que cet austère écrivain, contrôleur officiel de la poudrette de Bondy (1), forme

(1) Ce titre lui est donné dans toutes les annonces de la compagnie
anglaise des engrais de la voirie de Bondy, près Paris.

une exception unique dans la phalange des journalistes scientifiques, littéraires ou politiques de la presse quotidienne, et que tous les autres, dont quelques-uns le valent probablement pour la vertu et lui sont certainement très-supérieurs pour le talent, se sont plu à reconnaître mes droits et à m'encourager dans la voie où je m'étais engagé. Qu'il me soit permis de leur exprimer, ici, ma vive gratitude, et qu'ils veuillent bien me pardonner d'avoir imprimé leurs noms à la fin de cet avant-propos.

Certes, si l'appui que j'ai trouvé dans la presse impartiale et dépouillée de tout sentiment d'envie, m'avait fait défaut, je n'aurais point failli à la tâche que je m'étais imposée. Je suis assez disposé de mon naturel à braver les hostilités sans raison comme les attaques injustes ; mais encouragé par de tels juges le plus timide deviendrait hardi ; je marcherai donc d'un pas ferme dans la voie que je me suis tracée ; au moment opportun, à l'endroit marqué par l'ordre de ce livre, je ferai à chacun sa part, je mettrai chacun à sa place, j'exposerai les recherches et observations nouvelles que j'ai faites depuis la première édition de cet ouvrage, et je continuerai celles qu'il me reste à faire, sans me laisser troubler par les cris des uns, par les manœuvres souterraines ou le silence calculé des autres.

Les recherches et observations que j'ai faites depuis la première édition de cet ouvrage sont nombreuses et importantes ; leur exposé exigera un développement qui augmentera nécessairement beaucoup le volume de l'ouvrage. Ces recherches et observations ne portent pas seulement sur la médecine humaine ; j'ai été conduit à les étendre sur une vaste échelle à la thérapeutique des animaux, et je crois pouvoir me permettre de recommander d'une manière spéciale aux vétérinaires et aux agronomes les articles *charbon, sang de rate et peste bovine* ; la richesse gri cole m'y paraît grandement intéressée. En consé-

quence de l'étendue de ces observations, j'ai dû me préoccuper d'adopter un ordre qui facilitât les recherches du
lecteur, qui n'a pas toujours le loisir ni même la volonté
de lire un gros volume, pour trouver ce qui l'intéresse;
l'idée d'une classificacion a été naturellement la première
qui s'est présentée à mon esprit; mais, hélas ! la médecine
n'en est point encore au degré de l'histoire naturelle ou
de la chimie, et loin d'éclaircir les idées et de soulager la
mémoire, les classifications médicales ne font le plus souvent qu'embrouiller l'une et l'autre. Cela est vrai pour les
médecins les plus habitués à creuser jusque dans ses fon-
dements l'objet de leurs études; cela serait bien plus vrai
encore, pour le public intelligent, mais non versé dans les
études médicales, public pour lequel j'ai aussi l'ambition
d'écrire ce livre.

Cependant, tout en renonçant à l'idée de faire une classification médicale, je n'ai pu renoncer complétement aux
avantages d'une systématisation; l'ordre alphabétique,
très-commode pour les recherches, a le grave inconvénient de laisser dans l'ombre les liens qui unissent les
faits les uns aux autres et les rapprochements si indispensables à l'intelligence de ces faits. Je pouvais d'autant
moins me priver de la lumière des analogies, que l'application de l'acide phénique ne m'a pas seulement conduit à guérir certaines maladies, mais bien à les guérir
d'après des principes qui m'ont permis de prévoir avec
beaucoup de probabilité, sinon avec certitude, comment
j'en pourrais guérir d'autres que plus tard j'ai guéries, en
effet, et comment on en pourra guérir à l'avenir plusieurs
que je n'ai pu traiter encore. En un mot, l'application de
l'acide phénique n'est pas simplement l'application d'un
médicament; c'est l'application d'une méthode thérapeutique, qui éclaire d'un jour nouveau toute la médecine.
L'ordre alphabétique ne me permettait pas d'exposer cette

méthode à une place convenable et de lui donner l'importance qu'elle me paraît mériter ; j'en ai donc fait l'objet
d'une introduction que je prends la liberté de recommander au lecteur quel qu'il soit, mais surtout au lecteur
habitué aux observations scientifiques ; j'ai quelque lieu
d'espérer que celui-ci y trouvera des objets de contrôle,
peut-être même des inspirations, qui ne seront pas sans
fruit pour le progrès de la médecine et surtout de la médecine pratique, laquelle est, après tout, celle qui importe
aux malades, pour qui la médecine est faite.

Voici la liste des écrivains qui ont bien voulu rendre un
compte favorable de mes travaux, et dont quelques-uns se
sont donné la peine de rappeler les faits qui établissent
mes droits à la priorité des applications de l'acide phénique à la médecine.

MM. — Dans :
Alglave................ *Revue des cours publics.*
Arnoult................ *L'Institut.*
Assuero................ *El pabellon médico.*
Aubert (Paul)................ *Journal de Menton.*
Babaud-Laribière................ *Lettres charentaises.*
Bauer................ *La Presse.*
Id................ *Petit Moniteur.*
Bertrand (L.)................ *Derby.*
Berthoud (Henri)................ *La Patrie.*
Bloche (Jules)................ *La Santé.*
Boillot................ *Le Moniteur universel.* (Dans le n° du
4 janvier 1865, cet honorable et savant
critique rapporte les paroles prononcées par M. Flourens, en présentant mon
mémoire à l'Académie des sciences.)
Bonjean................ *Gazette du peuple.*
Bouchery................ *La Patrie.*
Bousquet................ *Le Peuple français.*
Burggrave................ *Répertoire de*
Burg (P. Von)................ *La Patrie.*

Cassagne.................... *Annales industrielles.*
Castelnau (de)............. *Moniteur des hôpitaux.*
Cauvain (Jules)............ *La Réforme politique.*
Charmoliie (L.)............ *Le Soir.*
Claretie (Jules)........... *L'Opinion nationale, Illustration.*
Cortambert................. *Science pour tous.*
Dauzats (A.)............... *Courrier de la Gironde.*
    Id................... *La Patrie.*
    Id................... *Revue des Cours scientifiques.*
Donna (F. L.)............. *La Presse.*
Dubois (Lucien)........... *Moniteur de la flotte.*
Dumas (Alexandre)........ *Le Petit journal, Dartagnan, etc.*
Dupont Desauchy..........
Emmanuel (Charles)........ *Le Siècle.*
Faure (Emile)............. *Figaro.*
Favre (Henri)............. *France médicale.*
Fay (P.).................. *Journal de la Nièvre.*
Ferran (Dr)............... *France médicale.*
Finizio (Aurelio) de Naples. *Revue italienne.*
Flammel................... *La Patrie.* Ce savant critique reproduit
    en partie les paroles de M. Flourens,
    lors de la présentation de mon mémoire.

Florentin .... *Le Médocain.*
Fonvielle (Wilfrid de)...... *La Liberté.*
François.................. *Le Droit.*
Frébault (Elie)............ *France nouvelle, Semaine illustrée.*
Frédureau................. *Les Annales industrielles, Journal de*
    l'éclairage au gaz.
Gaudin (Dr), de Vichy..... *Le Courrier médical.*
Gaudin (M. A.)............ *La Lumière, le Siècle.*
Gomez (Dr)............... *Sciencias medicas (Lisbonne).*
Gonzalès (Emmanuel)...... *Voyage en pantoufles.*
Goupy.................... *Tribune médicale.*
Gourdon de Genouillac..... *Monde artistique.*
Gravier (Paul).............
Gresse (A.)............... *Le Pays.*
Guilliet (Dr)............... *Le Courrier des familles.*
Hément (Félix)............ *L'Histoire, le Petit Journal.*
Hourlier (J.).............. *Presse médicale.*
Jeunesse (Auguste)........ *Science pittoresque.*
Jourdan (Louis)........... *Le Siècle.*
Jousson.................... *L'Étoile.*

Lacan...................	*Petit Moniteur.*
Lansac (de).............	*Journal de l'éclairage au gaz.*
Laurent.................	*La Presse.*
Lanzières (A. de)........	*La Patrie.*
Laverrière	*République Française.*
Leclerc (Emile).........	*Presse Belge.*
Lefèvre.................	*Bien public.*
Lhomont	*L'Aigle.*
Madelaine (de la)........	*La Presse.*
Marchal (de Calvi).......	*Tribune médicale.*
Mary-Durand (Dr)........	*Courrier médical.*
Ménécier (Dr Charles)	*Le Sud médical.*
Meunier (Victor)..........	*Opinion nationale.* (Dans le n° du 17 janvier 1865, ce savant et élégant écrivain rappelle que c'est moi qui ai appris à M. Maisonneuve l'emploi de l'acide phénique.)
Moigno	*Les Mondes,* reproduit en partie, 5 janvier 1865, les paroles de Flourens.
Id....................	*L'Univers.*
Montaut (Henri de)........	*Le Journal illustré.*
Montferrier (de)..........	*L'Italie (de Florence).*
Montfort...............	*Journal du Havre.*
Moreau................	*Revue littéraire.*
Mosétig (Dr)............	*Wiener medizinische Wochenschrift.*
Muller (O.).............	*Courrier des familles.*
id...................	*Revue de l'instruction publique.*
Olavide (Dr)............	*Bulletin de l'académie de Madrid.*
Parmentier	*Fantaisies parisiennes.*
Parville (Henri de)..........	*Journal officiel.*
id..................	*Constitutionnel.*
Pascal (Noël)............	*Le Mouvement médical.*
Poisson (Anatole).........	*France nouvelle.*
Polo...................	*Éclipse.*
Poulallier................	*Gazette hebdomadaire.*
Prodhomme.............	*The american tablet.*
Quesneville (Dr)..........	*Moniteur scientifique.*
Ranse (de)..............	*Gazette médicale.*
Reugade (Dr)............	*Journal pour tous*
Robert de Salles..........	*République française.*
Roger (Arist.)............	*Le Soleil.*
id....................	*L'Histoire.*

Cette liste est loin d'être complète, mais j'ose me flatter que, telle qu'elle est, elle sera suffisante pour convaincre ines honorables adversaires et plagiaires que leurs manœuvres n'ont pas eu précisément tout le succès qu'ils s'en promettaient, et peut-être pour les engager à changer de tactique. Je souhaite qu'il en soit ainsi, et je le désire plus pour eux que pour moi.

INTRODUCTION.

Je me permets d'appeler sur ce livre l'attention et la
sympathie des lecteurs savants ou non savants; il n'est,
comme son nom l'indique, qu'une monographie des applications médicales de l'acide phénique; mais les principes sur
lesquels ces applications sont basées, principes que la médication phéniquée a puissamment contribué à mettre en lumière, sont d'ordre général, et quand ils seront connus et
justement appréciés de tout le monde, je crois qu'un grand
nombre de causes de souffrances et de mort pour l'homme
et ses utiles compagnons, les animaux domestiques, seront
conjurées, ou même disparaîtront de la surface du globe.
Pénétré de l'extrême importance du but que je poursuis, et
convaincu que, pour l'atteindre promptement, le concours
de tous les amis du progrès est nécessaire, à quelque profession qu'ils appartiennent, je me suis efforcé de rendre
intelligible aux personnes étrangères à l'étude des sciences
une doctrine médicale, plusieurs fois soutenue déjà et abandonnée faute de preuves, mais que les admirables travaux
d'un de nos savants les plus éminents, M. Pasteur, ainsi que
l'action physiologique et curative de l'acide phénique, viennent de rajeunir et d'établir sur des bases désormais inébran-
lables. Cette condition d'écrire pour tout le monde, que je

a

me suis imposée, m'a mis dans la nécessité de ne pas donner
trop de développements aux démonstrations techniques et
d'être le plus laconique possible. Mais ce que je dirai en substance, dans cet aperçu général, est amplement exposé dans
les divers articles du livre, de sorte que les lecteurs qui
voudront examiner mes preuves jusque dans leurs plus petits
détails, pourront se reporter à ces articles.

En parlant de *doctrine*, j'ai suivi l'usage adopté dans le
langage des sciences aussi bien physiques que morales; mais
quelques explications sur ce mot sont nécessaires.

Dans les sciences, et particulièrement en médecine, les
gens qui se croient ou qui se font les plus sévères, les plus
judicieux, les plus capables, posent — en paroles — pour
règle d'éviter la discussion, l'adoption des doctrines ou théories et de s'en tenir aux *faits*. Mais, pour être fidèle à cette
règle, la première ou plutôt l'unique condition est de bien
distinguer une doctrine d'un fait; c'est, précisément, ce que
ces forts logiciens oublient toujours, par cette excellente raison qu'ils ignorent cette différence, et que cette différence ne
se trouve à peu près jamais où ils la placent. En voici une
preuve entre mille.

On discutait à l'Académie des sciences sur la méthode de
conservation des vins et des substances alimentaires par le
chauffage et l'exclusion du contact de l'air. Appert avait
observé qu'en soustrayant les substances alimentaires à ce
contact, après les avoir chauffées, pour expulser l'air, elles
étaient préservées de la putréfaction qu'il attribuait à l'action
de l'oxygène; M. Verguette-Lamothe paraissait avoir observé
que des vins soumis accidentellement à une température élevée s'étaient mieux conservés que les autres et il avait conclu que ceci n'était vrai que *pour les vins de qualité présen-*

tant une composition normale, qui les conserve naturellement selon M. Vergnette, *les vins d'une santé douteuse s'altérant par le chauffage*, ce qui est le contraire de la vérité.

Vient M. Pasteur, qui découvre et démontre que l'altération des vins, comme celle des substances alimentaires, est causée par le développement d'êtres vivants et non par l'action de l'oxygène; qu'une température déterminée, et différente suivant les espèces, tue ces êtres et leurs germes; et que, pourvu qu'on empêche l'arrivée de ces germes dans les substances putréfiables ou fermentescibles, la putréfaction et la fermentation sont arrêtées et empêchées. Une forte tête de l'Académie dit : « Dans la science, un fait acquis a toujours plus de valeur qu'une théorie contestable. En la circonstance, le fait appartient à Appert et à M. Vergnette-Lamothe, la théorie, à M. Pasteur. » Et des journalistes, qui se croient des critiques infaillibles, de s'écrier : « M. Thénard a jugé ce *petit* différend *d'une manière impartiale.* » Impartiale, c'est possible, si le juge a été de bonne foi, mais intelligente, c'est autre chose, d'ailleurs; l'impartialité dans un jugement suppose avant tout une connaissance exacte du sujet dont on parle; on vient de voir que ce n'était pas le cas de M. Thénard. Constater que la chaleur et le bouchage des vins les préservent ou du moins les ont préservés, *dans certains cas*, de l'altération, c'est assurément un fait, et un fait qui, bien démontré, eût été intéressant; mais constater que l'altération est due à des corps organisés, que ces corps organisés sont détruits par la chaleur; qu'il s'en trouve d'autres dans l'air, qui les remplaceraient, si l'on n'empêchait par une clôture hermétique leur introduction, ce n'est point là une théorie, ce sont d'autres faits, qui complètent le premier, qui l'élèvent, de fait particulier et même accidentel, au rang de fait général et de théorie, lequel fait général permet d'établir les règles propres à reproduire indéfiniment le fait particulier, c'est-à-dire de remplacer une observation et une pratique purement empiriques par une pratique rationnelle ou scientifique. Telle est la différence entre un *fait* et une *théorie* : tous les sacristains avaient vu osciller des lampes dans les églises et dans les cathédrales, mais Galilée formula la théorie du pendule, théorie qui n'est qu'un *fait* général, c'est-à-dire un fait d'observateur de génie, tandis que la connaissance de l'oscillation simple est un fait de sacristain.

Voilà ce que devraient apprendre les partisans des *faits*, ennemis des *théories*. Cela ne veut pas dire qu'il faille se jeter dans les théories à outrance et en imaginer à tout propos ; je suis, moi aussi, ennemi des théories, quand elles ne consistent que dans des hypothèses gratuites, comme il en a été tant fait, hélas ! en médecine ; mais quand les théories sont l'expression de faits généraux, ou seulement l'explication très-naturelle d'un grand nombre de faits, sans être contredites par aucun, elles ne sont pas, alors, de pures conceptions, des fantaisies de l'esprit, mais l'âme même de la science ; car la science ne consiste pas dans la connaissance de quelques faits ou même d'un grand nombre de faits épars, mais bien dans la connaissance du lien qui les unit les uns aux autres, qui permet de les prévoir et quelquefois de les reproduire à volonté, en un mot, dans la connaissance de leur *théorie*.

Ces considérations étaient nécessaires au début de cette introduction, car je vais aussi faire une théorie, une théorie qui ne sera malheureusement pas encore un fait général et aussi clairement démontré que la théorie du pendule, mais qui repose, cependant, sur des observations assez nombreuses, assez variées, assez précises, et sur un ensemble de raisons assez fortement lié, pour qu'on puisse dédaigner le jugement des esprits *positifs*, qui croiraient pouvoir la condamner sans examen. Ce sera, je l'espère, l'opinion de tout esprit sensé qui voudra bien lire les pages suivantes.

La théorie nouvelle ou renouvelée est bien simple, d'ailleurs, — et peut-être est-ce là son principal tort, — quand on la compare aux théories innombrables, obscures ou bizarres, dont l'histoire de la médecine est encombrée. Elle consiste dans cette généralisation, que toutes les maladies contagieuses et toutes celles qui sont dites *spontanées*, ce qui comprend toutes les maladies *médicales*, sont dues à l'action d'êtres organisés infiniment petits, végétaux ou animaux, qui pénètrent dans les tissus de l'homme, ou se fixent à la surface de son enveloppe cutanée, et y accomplissent, en tout ou en partie, leur évolution. Les maladies des animaux, et, je crois pouvoir le dire, les maladies des végétaux sont dans le même cas que celles de l'homme; de sorte que cette grande pensée, que le poëte-philosophe n'appliquait qu'à la vie morale, « *la vie est un combat*, » ne s'applique pas moins à la vie physique non-seulement de l'homme, mais de tout le règne organique, animal et végétal. Toute existence est donc entourée ou porte en elle-même d'autres existences ennemies, contre lesquelles elle est sans cesse en lutte ; tant que la victoire est facile, c'est la santé ; quand elle est difficile ou incertaine, c'est la maladie ; quand elle est impossible, c'est la mort.

Voilà la théorie. Sur quoi repose-t-elle ? A peu près sur tout ce que la physiologie et la médecine offrent de positif, et sur tout ce que les analogies les plus intimes permettent d'y entrevoir de plus probable. Elle rend compte à peu près de tous les faits médicaux que les doctrines de l'école laissent sans explication ou dont elles ne donnent que des explications absurdes ; enfin, elle a conduit, comme conséquence, à la méthode curative la plus efficace, on pourrait presque dire la seule efficace. Quelques développements rapides mettront hors de doute toutes ces propositions.

C'est désormais une vérité démontrée par les plus belles recherches de M. Pasteur, que la grande opération, qui ramène à ses éléments minéraux la matière organisée, la *fermentation*, est causée par le développement et l'évolution d'êtres organisés, dont l'espèce diffère suivant l'espèce de décomposition ou de fermentation accomplie. On discute encore sur l'origine de ces êtres ou *ferments organisés* ; on ne discute plus guère sur leur fonction, c'est-à-dire sur les conséquences de leur développement. Ainsi, le ferment type, la levûre de bière, est universellement considéré comme constitué par un végétal microscopique, analogue par la forme au *mycoderma cerevisiæ*. Seulement, quelques-uns prétendent encore que ce végétal est en germe dans les cellules organiques normales du grain, ou pour mieux dire encore que ces cellules sont elles-mêmes les germes, tandis que presque tout le monde admet aujourd'hui, avec M. Pasteur, que ces germes sont étrangers aux cellules normales, qu'ils viennent du dehors, et qu'on en empêche le développement, soit en mettant la substance fermentescible à l'abri du contact de l'air, soit en la plaçant dans un air soumis à une température qui a détruit tous les germes organiques qu'il tient constamment en suspension. Réduit à ces termes, le problème consiste uniquement dans une expérience bien faite ; mais elle est difficile à faire. On comprend, en effet, que la moindre parcelle d'air non dépouillé de ses germes, qui s'introduit dans un vaisseau renfermant une substance fermentescible, peut suffire pour déterminer la fermentation ; or, la conclusion d'une telle expérience est que la substance en question a fermenté *spontanément* ; il résulte, en un mot, de la nature même du problème que, dans une expérience où les précautions à prendre sont d'une extrême difficulté, toute insuffisance de précaution, si minime soit-elle, tourne contre l'expérimentateur qui croit à la nécessité des germes, et devient un appui pour ses adversaires. Disons-le tout de suite, ce sont ces difficultés d'une expérimentation irréprochable, qui ont fait pendant quelque temps la force des partisans de la fermentation où, si l'on veut, de la décomposition spontanée. Mais leur assurance a failli devant celle de M. Pasteur. Confiant dans la sûreté de ses procédés, dans sa merveilleuse habileté expérimentale, cet esprit hardi, et sévère à la fois, a mis ses adversaires au pied du mur. Voulant clore une discussion mémorable, qui a eu lieu à l'Académie des sciences : Qu'on me donne, dit-il, une substance fermentescible quelconque ; si, lorsque j'aurai détruit les germes étrangers qu'elle renferme et que j'aurai pris les précautions que je jugerai nécessaires pour empêcher l'introduction de germes nouveaux, la substance fermente néanmoins, je consens à confesser mon erreur; mais si, dans tous les cas, j'empêche la fermentation, M. Frémy conviendra qu'il a soutenu une opinion erronée. C'était, en effet, M. Frémy qui, dans ce débat solennel, s'était posé en contradicteur de M. Pasteur ; il était, disait-il, certain que l'expérience lui donnerait raison ; néanmoins, il recula devant l'expérience : on ne pouvait pas s'avouer plus humblement vaincu, mais on pouvait l'avouer plus franchement.

Tout ce qu'il y a d'esprits sévères dans le monde savant

demeura comme il demeure convaincu que le *primum mo-
vens*, qui ramène à leur premier état les éléments organiques que la vie a abandonnés, est un agent vivant, qui opère
la transformation en parcourant lui-même les phases de son
éphémère existence.

Ayant démontré d'une manière directe et par une expérimentation admirable la réalité des ferments vivants, M. Pasteur avait démontré, par cela même, indirectement, la fausseté des autres opinions, et notamment celle de Liebig, qui
jouissait d'une faveur bien difficile à comprendre (1). Mais
M. Dumas a voulu réfuter cette dernière théorie par une
démonstration directe, et nous devons dire quelques mots
de ses belles expériences, parce qu'elles sont appelées à jeter
une vive lumière sur la pathologie et la thérapeutique, et
qu'elles confirment d'une manière éclatante la doctrine que
je soutiens.

Je viens de dire que la théorie de Liebig a joui d'une
faveur bien difficile à comprendre et qui prouve combien,
parfois, des esprits même très-distingués sont disposés à se
payer de mots. Suivant cet habile chimiste, la fermentation
est une décomposition produite *par influence, au moment
où le ferment tombe en pourriture, par un mouvement qui
se communique à distance*. Si c'est là une théorie, on peut
dire qu'elle n'a pas dû coûter de grands frais d'imagination :
le mouvement se communique à distance; mais avant de se
communiquer, il faut sans doute qu'il existe ou qu'il com-

(1) Pendant la discussion dont nous avons parlé, M. Würtz réclama
en faveur de Liebig la priorité de la doctrine soutenue par M. Frémy. La
revendication n'était pas fondée, car la doctrine soutenue par M. Frémy
n'est pas précisément la même que celle de Liebig; mais il était bien
dans le rôle d'un protecteur des Prussiens de réclamer en leur faveur
même ce qui ne leur appartient pas.

mence ; or, qui produit le *premier* mouvement, celui qui doit se *communiquer ?* Liebig n'avait oublié que ce petit détail ; le mouvement *se communique au moment où le ferment tombe en pourriture ;* mais qui fait que le ferment *tombe en pourriture ?* C'est encore de quoi les partisans de la fermentation *par influence* ne se sont point préoccupés. Mais il y a plus ; ce mouvement, dont ils ne connaissaient point l'origine, la seule chose importante à connaître, se communique-t-il du moins à distance? Même cela, Liebig n'avait point songé à le constater ; il y croyait uniquement par intuition. Eh bien ; c'est cette constatation que M. Dumas a voulu faire, dans une série d'expériences ingénieuses et du plus haut intérêt, et il a trouvé — ce qui pour moi était certain d'avance — que ce mouvement, supposé si communicatif, *ne se communique pas !* (Voir *Compt. rend. des séances de l'Acad. des sc.,* 5 août 1872.) Il n'entre point dans le cadre de ce travail de rapporter, ici, en détail toutes ces belles expériences ; qu'il me suffise de dire qu'elles ont été conçues et exécutées de façon à rendre impossible toute contradiction.

M. Dumas ne s'est pas borné à étudier la transmission prétendue du *mouvement* de fermentation ; il a expérimenté l'*action* d'un grand nombre de substances sur les ferments, et il est arrivé à établir parmi celles qu'il a expérimentées trois catégories, formées, l'une, de substances qui favorisent la fermentation, la seconde, de substances qui n'ont aucune action sur elle, et la troisième, de substances qui la contrarient, la ralentissent ou même l'empêchent complétement. Cette dernière catégorie se compose de substances qui détruisent la vie des organismes inférieurs, circonstance qui, à elle seule, prouverait déjà que la fermentation est due à

a.

l'évolution de ces organismes, et qui devient une preuve pour ainsi dire surabondante, après les expériences directes de M. Pasteur. Mais ce qui n'est qu'une preuve surabondante, au point de vue de la théorie chimique et physiologique, est un fait capital au point de vue de la médecine et surtout de la médecine curative; et j'ai lieu de me féliciter grandement que ce point de vue, sur lequel, depuis près de dix ans, j'appelle incessamment l'attention des médecins et des savants, ait frappé l'illustre secrétaire perpétuel de l'Académie.

« Ainsi, dit M. Dumas, dans le mémoire auquel j'ai déjà renvoyé, le borax, par une propriété aussi étrange qu'imprévue, neutralise la levûre, la synaptase, la diastase et la myrosine. *Il pourrait bien exercer* sur quelques virus l'action étrange qu'il exerce sur les diastases. » Telle est, en effet, la grande question qui doit opérer une révolution fondamentale dans la médecine, et spécialement dans la partie de cette science qui seule intéresse l'humanité. C'est cette grande question qu'il me faut maintenant aborder.

Ainsi, il est bien établi que l'opération qui ramène à ses éléments minéraux les matières organiques mortes est accomplie par des êtres organisés, des parasites, qui trouvent dans les phases de cette opération les conditions de leur existence. La question est, maintenant, de savoir par quel mécanisme ces matières organisées sont ramenées de la vie à la mort. Pour moi et, je crois, pour tout esprit doué de quelque faculté d'induction, cette question ne saurait être douteuse : le second mécanisme est absolument semblable au premier : ce sont des ferments organisés, c'est-à-dire des microphytes et des microzoaires, et parfois des êtres animaux ou végétaux qui n'ont rien de microscopique, qui troublent ou suspendent les fonctions de la vie. Les ferments des fermentations pro-

prement dites sont des parasites de la mort ; les ferments de
la maladie sont des parasites de la vie ; les premiers terminent la besogne commencée par les seconds ; cette besogne
est donc, en définitive, la même, et déjà, à ce premier point
de vue, il paraît naturel qu'elle soit exécutée par des agents
semblables. Mais il s'en faut bien que ce soit là le seul argument en faveur de cette *théorie*, qui est déjà bien près d'être
un *fait*, mais seulement un fait général. J'ait dit qu'une
théorie devenait un fait général quand elle était l'explication
très-naturelle d'un grand nombre de faits particuliers. Or,
ce caractère appartient au plus haut degré à la doctrine parasitaire ; à quoi il faut ajouter qu'il n'appartient à aucun
degré aux théories qui ont ou qui ont eu cours en médecine,
si tant est que l'on puisse donner même le nom de théorie
aux conceptions obscures, bizarres ou absurdes qui, tour
à tour, ont exercé l'empire de la mode, car la mode et
le besoin de changement sont leur seule raison d'être ou d'a-
voir été. Ceux qui auraient des loisirs à occuper n'ont qu'à
lire dans le traité, longtemps classique dans les régions officielles, des professeurs Roche et Sanson, la théorie des fièvres
intermittentes, pour se faire une idée des divagations apocalyptiques auxquelles peuvent s'abandonner des esprits er-
rant sans boussole sur l'océan de la fantaisie prétendue scientifique ; on trouvera dans le présent volume même quelques
échantillons qui ne le cèdent pas beaucoup à l'élucubration des
professeurs Roche et Sanson, notamment ce que d'autres
professeurs ont écrit et écrivent encore sur l'étiologie du
charbon, qu'on peut lire à la page 398. Entre cette étiologie
antirationnelle, bizarre, et la raison très-plausible que la
doctrine parasitaire donne des grands faits médicaux, tous
les esprits sentiront la différence, sans même avoir besoin de

posséder les notions techniques qui, acquises en suivant les errements de l'école, déroutent l'intelligence plus encore qu'elles ne l'éclairent et ne la rectifient. Voyons donc sur quelles bases cette doctrine se fonde, outre celle que lui donnent les belles découvertes de M. Pasteur.

Pour un certain nombre de maladies, elle se fonde sur l'observation directe, et, pour toutes les autres, sur des analogies puissantes et sur tous les grands faits médicaux, qui sont restés, jusqu'à ce jour, sans une explication plausible, et qui en reçoivent une très-naturelle, dès qu'on les envisage au point de vue de la doctrine parasitaire. Je vais passer rapidement en revue ces trois ordres de preuves.

Il n'y a pas à insister longtemps sur le premier : depuis l'origine de la médecine, il a été unanimement reconnu que la présence de vers dans le canal intestinal causait des accidents et même la mort ; il ne s'est pas trouvé d'esprits assez déraisonnables, — et l'on peut jusqu'à un certain point s'en étonner, tant la médecine fourmille d'opinions bizarres ou absurdes, — pour attribuer à des causes fantastiques les effets produits par les tænias, les ascarides, les oxyures, etc Mais ce qu'on n'a pas osé faire pour ces parasites, on n'a pas craint de le faire pour d'autres dont la découverte est moins ancienne, et l'on trouve encore, à l'heure actuelle, des médecins, même des professeurs de spécialité, qui attribuent la gale à autre chose qu'à l'*acarus scabiei*, à une cause mystérieuse dont l'acarus lui-même serait le produit. Malgré ces opinions excentriques, derniers vestiges d'une époque médicale qui, heureusement, tire à sa fin, on peut considérer comme définitivement démontré par l'observation directe et *incontestée* le parasitisme de toutes les maladies qui se trouvent classées dans la section première du troisième chapitre de cet ouvrage (p. 232 et suiv.).

Quoique contesté encore, le parasitisme de plusieurs des maladies comprises dans les sections suivantes n'en est pas moins démontré expérimentalement à mes yeux; en parlant de chacune de ces maladies, j'ai fait connaître sur quelles observations précises je fonde mon opinion; je n'y reviendrai point, et je me bornerai ici à dire les raisons générales qui doivent faire admettre, non-seulement le parasitisme de ces maladies, mais celui de toutes les maladies dites médicales, c'est-à-dire qui ne sont le résultat ni d'une action physique, ni d'une action chimique, celles que le langage vulgaire, en cela parfaitement juste, appelle à proprement parler des *maladies*, distinguant ainsi les blessures, les luxations, les empoisonnements, etc., des maladies *internes*, dont la cause paraît plus ou moins cachée. Celles de ces maladies qui ne sont pas le résultat d'une contagion sont aussi désignées, en raison même de l'obscurité de leur cause, sous le nom de *spontanées*. Je m'expliquerai plus tard sur le sens que peut avoir cette dénomination.

Eh bien, je l'ai dit au début de ces pages et je le répète maintenant, avant de le démontrer, toutes ces *maladies* proprement dites, maladies *internes*, contagieuses ou spontanées, ne sont pas moins parasitaires que celles dont le parasitisme est démontré par l'observation directe.

J'ai invoqué d'abord l'analogie; que nous apprend-elle? Que toutes les maladies des végétaux sont causées par des parasites qui pénètrent dans leur intérieur ou vivent à leur surface. J'ai cité dans mon traité *de la curation des maladies organiques de la langue* (1) une lettre de mon ami, M. de Cas-

(1) 1 vol. grand in-8. Paris, 1868, chez Delahaye, libraire-éditeur, place de l'École-de-Médecine.

telnau, qui me donnait une pleine confirmation de ce fait que
j'avais pu vérifier moi-même, toutes les fois que j'en avais eu
l'occasion. Depuis, ses observations se sont considérablement
étendues ; j'ai pu aussi multiplier notablement les miennes ;
et jamais, ni mon ami ni moi, nous n'avons rencontré ni maladie ni production anormale sur un végétal, sans en avoir
trouvé la cause dans l'action d'un parasite, qui avait laissé
des traces ou qui était encore présent sur la plante atteinte.
Rien de plus remarquable que ce parasitisme sur les champignons dont l'existence est pourtant, en général, si éphémère : nous avons pu voir non-seulement un premier parasite
sur un champignon, mais un second sur le premier ; peut-
être, en poussant plus loin nos investigations, en aurions-
nous trouvé un troisième sur le second, et ainsi de suite ; je
reviendrai sur cette observation un peu plus loin, en parlant
de la dégénérescence des maladies.

Ainsi, dans le règne végétal, pas d'exception connue :
toutes les maladies sont causées par des parasites.

Mais, dira-t-on sans doute, le règne végétal est bien loin
des animaux supérieurs et surtout de l'homme. Peut-être pas
aussi loin qu'on pourrait le supposer, et il est conforme aux
procédés de la nature que les grands actes des transformations de la matière s'opèrent, dans tous les règnes, par un
mécanisme analogue sinon identique.

Je conviens, toutefois, que si la doctrine parasitaire n'avait
pour elle que cette considération générale, elle ne serait pas
bien solidement assise. Mais là ne se bornent pas ses points
d'appui. Après les analogies tirées des maladies du règne végétal, il y a celles, plus intimes, tirées des maladies des animaux et de l'homme lui-même. Nous l'avons déjà vu, il y a
toute une section de ces maladies où le parasitisme est dé-

montré par l'observation directe, fait très-important auquel il faut en ajouter un autre non moins considérable, c'est que ces maladies sont les seules dont l'étiologie soit bien connue. Sur toutes les autres, moins les maladies contagiéuses sur lesquelles je vais revenir, il n'y a, en fait de doctrine étiologique ou de science des causes, que ces savantes divagations dont l'étiologie du charbon nous fournit un si bel exemple (voir p. 398), et qu'il est bien inutile de discuter à nouveau.

Quant aux maladies contagieuses, leur cause était moins inconnue : on savait que les unes, comme la morve, la variole, la syphilis, etc., étaient dues à l'introduction dans l'organisme d'une substance particulière sécrétée par l'animal malade, et l'on supposait, avec toute raison, que les autres, comme la rougeole, la scarlatine, la coqueluche, etc., étaient causées par une substance analogue, mais qui, au lieu d'être liquide ou solide et de pouvoir être fixée à la pointe d'une lancette ou déposée sur une lame de verre, était gazeuze et n'était transportable que par les molécules de l'air. Cette substance, dont on n'avait vu que le véhicule, dans le premier cas, dont on n'avait rien vu du tout, dans le second, avait même reçu un nom ; on l'appelait, l'école l'appelle encore le *contage* ou le *contagium*. Mais ce contage ou contagium, suivant qu'on veut parler français ou latin, quelle en est la nature ? Un expérimentateur habile a pu produire une assez grande sensation dans les académies et ailleurs, et obtenir même des couronnes académiques, en démontrant par de nouvelles expériences ce fait intéressant, mais déjà en grande partie démontré par des expériences antérieures, que le contage renfermé dans une sécrétion liquide se trouve dans la partie relativement solide de cette sécrétion, celle qui est retenue sur les filtres et non celle qui passe à travers ces diaphragmes. Cette notion était intéressante, mais elle n'apprenait rien sur la nature du contage. Les inductions de quelques observateurs passés et les expériences de M. Pasteur en apprennent davantage ; elles nous démontrent que ce contage a toutes les propriétés d'un ferment, et que, de même que celui-ci, il doit être *nécessairement* constitué par un être vivant. Quel est, en effet, le caractère essentiel d'un ferment ou d'un virus ? Celui de tout être organisé : *croître et multiplier* ; et, certes, aucun être ne possède ce caractère à un plus haut degré que les ferments virulents; puisque avec une quantité impondérable — et je prends le mot à son sens littéral — de virus varioleux ou syphilitique, il y a de quoi infecter l'univers. Mais la contagion elle-même qu'est-ce autre chose, sinon la multiplication ? Est-ce que les deux termes ne sont pas, pour ainsi dire, synonymes ? Est-ce qu'il peut venir à l'idée d'un homme sensé qu'en déposant une molécule de plâtre ou de silex sur la peau d'un animal, on puisse faire de son corps une carrière ! Est-ce que les sables du désert, transportés par les vents à travers les montagnes, font pousser des sables nouveaux dans les vallées où leurs molécules se déposent ? Est-ce que les contages ou virus volatils, qui se transmettent à distance, suspendus dans l'atmosphère, peuvent être autre chose qu'une sorte de pollen ou plutôt de graine ailée qui vient germer sur le premier terrain propice qu'elle rencontre ? Non, ce ne sont point là de simples vues ; ce ne sont point des théories dans le mauvais sens du mot ; c'est l'interprétation rationnelle de lois naturelles inéluctables. Je crois donc pouvoir le répéter : contagion et fermentation sont synonymes, de même que fermentation est synonyme d'évolution organique. Or, il en est des vérités comme des quantités : deux vérités semblables à une troisième sont

semblables entre elles ; contagion et évolution organique sont
donc deux vérités semblables ou plutôt une seule et même
vérité.

Arrivée à ce point, la démonstration serait déjà suffisante ;
mais elle repose sur d'autres preuves encore ; seulement,
celles-ci s'appliquant également à toutes les maladies, contagieuses et non contagieuses, je vais les envisager dans leur
généralité. Je les rapporterai à plusieurs questions sur lesquelles la science officielle garde à peu près complétement le
silence, et qui sont pourtant ou de la plus haute importance
ou du plus vif intérêt, comme on en va juger.

*Puisque toutes les maladies sont dues au développement,
dans ou sur le corps de l'homme et des animaux, d'êtres organisés, pourquoi ne sont-elles pas toutes contagieuses ?* Cette
question n'a pas été faite que je sache, mais elle pourrait
l'être par des adversaires de la doctrine parasitaire, qui n'auraient pas suffisamment réfléchi au caractère, aux modes
divers de reproduction et de développement des organismes
inférieurs. Un moment de réflexion suffira pour prouver que
la contagion n'est nullement une conséquence nécessaire du
parasitisme. Le plus volumineux des parasites, le tænia, en
fournit lui-même une première et décisive preuve. Personne,
assurément, ne s'aviserait de contester que ce ne soit là le
parasite par excellence, et, cependant, personne n'a prétendu
qu'il dût ni qu'il pût se transmettre de l'homme à l'homme.
Mais les recherches modernes ont établi que, s'il ne se transmet pas à l'homme, dans sa forme de tænia, il se transmet,
sous forme de larves, à divers animaux, peut-être à l'homme
lui-même, larves qui vont former dans divers organes, le foie,
le poumon, le cerveau, des vers vésiculaires qui, ingérés dans
le canal intestinal de l'homme avec la chair de ces animaux,

reproduisent le tænia, sous sa forme primitive. C'est là un mode de contagion particulier, auquel la médecine n'avait jamais songé, que les progrès récents de l'histoire naturelle nous ont fait connaître, grâce au volume des parasites étudiés ; mais il est infiniment probable qu'on ne pourra jamais constater sur des êtres microscopiques un mode de contagion semblable ou analogue, s'il existe, ce qui est, d'ailleurs, infiniment probable. Rien ne défend même de croire que les êtres microscopiques ou même extra-microscopiques, si l'on nous passe le mot — car nous ne voyons pas tout, même avec le microscope — puissent éprouver des transformations plus nombreuses que celles des vers ou des insectes que nous connaissons, et constituer ainsi des contagions qu'on pourrait appeler ternaires ou quaternaires, qui nous seront à jamais inconnues.

On le voit donc, si la contagion a pour conséquence nécessaire le parasitisme, la non-contagion ne prouve rien contre lui ; c'est un fait tout aussi naturel que le premier, négatif, d'ailleurs, et qui ne pourrait être opposé, fût-il inexpliqué, à un fait positif et, suivant moi, parfaitement concluant.

Marche des maladies. — Cette marche comprend plusieurs circonstances distinctes, que la médecine ordinaire s'est bornée à constater, dont elle n'a cherché et dont elle n'aurait trouvé, du reste, aucune explication satisfaisante, et que la doctrine parasitaire aurait facilement prévues, si elle était née plus tôt ; aujourd'hui, elle n'a qu'à en donner une explication qui s'accorde avec les faits ; cette explication n'est pas à chercher, elle s'impose d'elle-même.

Incubation. — Dans toutes les maladies contagieuses, lorsqu'il est permis de fixer, d'une manière certaine, le moment où le contage a été mis en contact avec nos tissus, il s'écoule, entre ce moment et celui où les premiers symptômes de maladie apparaissent, un certain temps, variable suivant les maladies, et pendant lequel la santé n'éprouve aucun trouble ; c'est à cet intervalle de santé apparente qu'on a donné le nom de période d'incubation, dénomination parfaitement appropriée au phénomène, car il rappelle celui de l'incubation de l'œuf qui, pendant qu'on le maintient à la température animale, paraît n'éprouver aucun changement, et dont on voit, à un moment déterminé, toujours le même à de très-légères différences près, surgir tout à coup un animal. Il s'est trouvé des esprits assez aveugles ou assez possédés du besoin de contredire ou de s'originaliser, pour nier cette période d'incubation dans les maladies contagieuses, et un médecin, qui a fait de très-belles théories... financières sur la syphilis, l'a résolûment niée, dans cette maladie ; mais cette fantaisie n'a été prise au sérieux que par un certain nombre d'adeptes impuissants à penser par eux-mêmes, et tous les esprits, même à demi sérieux, reconnaissent que la syphilis ne fait pas, sous ce rapport, exception à la loi générale des maladies contagieuses. La loi existe-t-elle pour toutes les autres maladies ? Pour mon compte, je considère le fait comme à peu près certain. Pour quelques-unes de ces maladies, il est établi rigoureusement. Il est arrivé plusieurs fois, par exemple, que des individus ont contracté la fièvre intermittente en séjournant quelques heures près d'un marais ou même en le traversant ou le côtoyant seulement ; mais, dans ces cas, ce n'est jamais n quelques minutes, ni quelques heures après un pareil séjour que la fièvre s'est déclarée ; c'est plusieurs jours, quelquefois plusieurs mois après. Le même fait a été observé pour quelques autres maladies; il serait sans doute observé pour toutes, si pour toutes on pouvait fixer rigoureusement le jour et l'heure où l'agent morbigène qui les cause a commencé d'agir.

Quelles explications la médecine de l'école a-t-elle données de ce fait important? aucune, ou des explications absurdes. Quelques-uns, notamment tous les partisans de l'illustre Broussais, chef de l'école dite *physiologique*, ont, ainsi que je l'ai dit ailleurs, purement et simplement nié le fait, ce qui les dispensait de toute explication ; d'autres ont prétendu que l'incubation ne durait que le temps nécessaire pour permettre à l'agent morbide de provoquer une réaction dans les tissus, ce qui est une contre-vérité d'observation tellement flagrante, qu'il est inutile de la réfuter : tout le monde s'est brûlé le doigt, s'est fait quelque coupure, a été piqué par une abeille (1), a été cautérisé par un caustique chimique quelconque, etc. ; tout le monde sait donc si, dans ces cas, il s'écoule plusieurs heures et surtout 40 ou même 80 jours, comme dans la rage, ou 4 à 5 comme dans presque toutes les maladies contagieuses, avant que les premiers symptômes morbides apparaissent. On ne saurait comprendre de telles erreurs; encore moins les qualifier; il faut seulement constater qu'elles ont été soutenues par des professeurs qui ont occupé les plus hautes positions officielles et joui de la plus grande célébrité que la profession médicale puisse donner!

Ce phénomène si remarquable et si incontestable de l'incubation, qui a fait errer si monstrueusement la science

---

(1) Ce n'est pas que je veuille établir une complète similitude entre les venins et les agents purement chimiques ou physiques; ces produits doivent avoir une place très-distincte dans les agents morbigènes. On peut voir ce que j'en dis, pages 796 et suivantes.

officielle ou qui l'a trouvée muette, est-il donc inexplicable
et incompréhensible? L'explication ne s'en présente-t-elle
pas, au contraire, d'emblée à quiconque possède les premières notions de la doctrine parasitaire? Comment s'introduisent dans le corps des animaux les parasites ou ferments
morbides? presque toujours, toujours peut-être, à l'état de
spores ou de germes. Or, il est infiniment probable, on
pourrait presque dire certain, que ces ferments n'agissent
qu'à l'époque où ils entrent dans la phase ou les phases actives de leur existence; de là une incubation, variable en
durée suivant les espèces, comme est variable en durée l'incubation des œufs des grandes espèces ovipares. Il est permis de supposer que, dans certains cas, cette incubation peut
être extrêmement courte, parce qu'il n'est pas irrationnel
d'admettre que certains parasites accomplissent toutes les
phases de leur existence avec une très-grande rapidité, et
que quelques-uns pénètrent peut-être dans nos tissus dans
une période active de leur vie, et qu'ils peuvent ainsi commencer leur action destructive, dès qu'ils s'y sont introduits.
Dans toutes ces conditions, la doctrine parasitaire donne la
raison plausible d'un phénomène important et inexpliqué de
l'histoire des maladies, et elle trouve dans cette explication
même une nouvelle preuve de sa rationalité.

Marche proprement dite : — *régulière, irrégulière, aiguë,
chronique, lente, rapide, foudroyante, continue, rémittente,
ou intermittente.* — Quand la période d'incubation finit, le
cours de la maladie proprement dite, c'est-à-dire de son caractère apparent, commence; ce cours, suivant qu'il s'accomplit en quelques jours ou en quelques semaines au plus,
ou suivant qu'il dure des mois entiers ou des années, a donné

lieu à la grande division des maladies aiguës et chroniques. Dans les maladies aiguës, on peut encore en distinguer de relativement lentes, de rapides et de foudroyantes, ou de très-rapides, car il n'y en a pas de foudroyantes, dans l'acception littérale du mot, comme l'est, par exemple, la maladie ou plutôt la mort causée par la foudre, par l'acide prussique ou par la rupture d'un gros vaisseau.

Ces divers caractères des maladies ont-ils reçu des doctrines médicales passées ou présentes des explications acceptables? pas plus que l'incubation. Il était réservé à la doctrine parasitaire de donner ces explications.

Il faut remarquer d'abord que les plus usuelles d'entre les maladies aiguës, la fluxion de poitrine, le rhume de poitrine ou de cerveau, la grippe, l'angine, la fièvre typhoïde, la rougeole, la scarlatine, le rhumatisme articulaire aigu, etc., ont une marche assez régulière pour que les anciens médecins, à commencer par le père de la médecine, aient cru pouvoir fixer le jour et presque l'heure où elles se *jugeaient*, c'est-à-dire où se décidait la convalescence, de même que le jour ou les jours funestes où le mal prenait irrévocablement un caractère mortel. Les observations de ces médecins et les règles qu'ils en avaient déduites étaient loin d'avoir une exactitude mathématique, mais elles étaient suffisamment fondées, pour établir que les maladies aiguës ont, dans leur évolution, une régularité que n'ont pas les lésions purement physiques, brûlures, plaies, contusions, etc. Non-seulement la marche de ces maladies est régulière dans son ensemble, mais elle l'est encore dans les trois phases qu'elles présentent : accroissement, état et déclin. Rien de plus naturel à expliquer, d'après les principes de la doctrine parasitaire, que cette évolution régulière que la médecine de l'école n'a pu que constater. Il paraît nécessaire qu'il en soit ainsi, du moment que la maladie est causée par une évolution de parasites dont l'accroissement, le développement complet et la mort doivent correspondre aux périodes d'accroissement, d'état stationnaire et de déclin de la maladie, comme la période d'incubation du germe a correspondu à la période d'incubation du mal.

La doctrine parasitaire trouve donc encore un nouvel appui dans la régularité de la marche des maladies.

Mais cette régularité n'est pas absolue, elle n'est pas même constante. Les exceptions à la règle infirment-elles la doctrine que la règle confirmait? je ne le pense pas; il y a même lieu de s'étonner que la régularité soit aussi grande qu'elle l'est, quand on songe aux conditions si diverses où on l'observe : nombre, vigueur, durée de la vie des parasites; force de réaction générale de l'individu atteint et résistance spéciale des tissus affectés, voilà autant d'éléments variables qui doivent influer sur la marche des maladies; et, avec de tels éléments, on peut dire que la régularité constatée de cette marche est aussi grande, sinon plus, que la théorie permettait de le prévoir. Il me paraît très-facile à comprendre et très-naturel que l'invasion d'un petit nombre de parasites, ou d'un plus grand nombre de parasites languissants, ne cause que des réactions faibles et lentes, tandis que l'invasion soudaine d'une immense quantité de parasites vigoureux puisse causer des symptômes presque foudroyants, ainsi que je le dirai en parlant des maladies épidémiques. Il est bien entendu, d'ailleurs, que ce que je dis des variations de la marche s'applique à une même maladie, car les maladies différentes étant certainement produites par des ferments différents, ainsi que je le dirai un peu plus loin, il e.t évident qu'il serait irrationnel de comparer la marche d'une maladie à la marche d'une autre, par exemple, la marche de la pneumonie à celle du typhus ou celle du typhus à celle du choléra.

Rémittence et intermittence. — La médecine a divisé les maladies et notamment les fièvres en intermittentes, rémittentes et continues ; elle n'a donné de ces divers types aucune explication, si ce n'est, sur l'intermittence, ces conceptions délirantes qu'on trouve dans le traité des professeurs Roche et Sanson, auxquelles j'ai déjà fait allusion, et quelques autres, tout aussi sensées. Il faut bien avouer qu'il ne paraît pas facile d'expliquer comment une cause de maladie, qui existe dans l'organisme à l'état latent, y produit tout à coup des désordres violents, puis redevient inactive pendant 24, 36, 48 heures ou plus, pour reproduire les mêmes troubles, et ainsi de suite. Il semble, toutefois, que si une explication peut être trouvée à ces étranges phénomènes, c'est dans la doctrine parasitaire, c'est-à-dire dans des générations ou dans l'action intermittente d'êtres vivants. Cette explication est déjà en partie démontrée pour les maladies rémittentes : les sarcoptes ne travaillent activement à leurs sillons que le soir et la nuit; les oxyures, qui, dans la région où ils vivent, ne peuvent distinguer la nuit du jour, s'agitent pourtant principalement et parfois exclusivement vers le soir. Il y a évidemment des raisons de croire qu'il doit en être de beaucoup de parasites, sinon de tous, comme des sarcoptes et des oxyures; et il en est à peu près ainsi, en effet, car, d'une part, les fièvres les plus continues sont plus ou moins rémittentes, et, d'autre part, les fièvres intermittentes les plus caractérisées peuvent, dans leur forme très-grave, devenir presque continues; c'est-à-dire qu'un accès à peine terminé, un autre commence; on a même donné à cette variété le nom particulier de *sub-intrante*.

Ainsi la doctrine parasitaire ne se trouve pas muette devant ces phénomènes, au premier abord si étranges, et elle seule, jusqu'à présent, peut en donner une explication rationnelle.

Je ne fais pas rentrer dans les différences de marche d'une même maladie l'état chronique et l'état aigu; c'est une grande erreur de la médecine officielle de désigner par un même nom les maladies d'un même organe qui revêtent deux états aussi différents : la bronchite aiguë n'est pas plus la bronchite chronique que la chlorose n'est l'anémie hémorrhagique; il n'est pas impossible, comme je le dirai plus tard, que l'une succède à l'autre; mais cette succession n'est ni nécessaire ni générale; elle est purement fortuite, et, quand elle a lieu, il y a eu substitution de parasites avant qu'il se produisît une succession de maladies. La doctrine parasitaire éclaire toutes ces questions d'un jour nouveau, ou plutôt elle y fait succéder le jour aux ténèbres, car les ténèbres seules y ont régné jusqu'à ce moment.

Idiosynchrasies. — J'ai parlé des variations que les résistances particulières diverses de chaque individu peuvent apporter à la marche des maladies; cette diversité de résistances ou d'aptitudes à être impressionné par les agents morbides est ce qu'on a désigné sous le nom d'*idiosynchrasies* ; c'est à peu près synonyme de tempérament (ἴδιος , *propre*, συν , *avec*, χρᾶσις, *tempérament*). L'idiosynchrasie peut aller et va souvent jusqu'à constituer l'individu dans un état d'inaptitude à être affecté par les germes morbides;

c'est ce qu'on voit d'une manière frappante dans les grandes épidémies, où, de plusieurs individus habitant une même maison, parfois une même chambre, les uns sont atteints, tandis que les autres ne le sont pas. D'où viennent ces deux dispositions opposées ? Les doctrines de l'école sont sourdes à cette question, et il n'en pouvait être autrement : si le chaud et le froid, le sec et l'humide, si des agents physiques ou chimiques, en un mot, étaient les seules causes des maladies, comme le prétendent ces doctrines, l'inaptitude à être atteint ne s'expliquerait pas et paraîtrait même impossible ; il y a sans doute des individus qui sont moins sensibles que d'autres au froid et au chaud, mais entre une impression plus ou moins vive et une inaptitude à l'impression, il y a une différence du tout au tout, c'est-à-dire une impossibilité. La doctrine parasitaire ne nous révèle pas, sans doute, l'état intime qui constitue chaque idiosyn-chrasie, mais elle nous apprend, du moins, que cet état est conforme aux lois de développement des êtres organisés. Tout le monde sait que certains parasites nullement micros-copiques ont des prédilections beaucoup plus marquées pour certains individus que pour d'autres, et, pendant même que j'écris ces lignes, j'ai sous les yeux deux jeunes enfants, deux petites cousines, l'une d'un an, l'autre de dix-huit mois, qui couchent à la campagne dans la même chambre ; l'une est dévorée par les cousins, l'autre a reçu deux ou trois piqûres à peine, pendant toute la saison. Si un pareil privilége, une pareille *idiosynchrasie* peut exister contre des parasites comme les cousins, on comprend qu'elle puisse être bien plus efficace contre des êtres d'une organisation encore bien plus délicate. N'y a-t-il pas quelque analogie, peut-être une similitude, entre cette répulsion des parasites

pour certaines idiosynchrasies et la répulsion des grands animaux pour certains aliments qui ne peuvent avoir avec d'autres aliments semblables que des différences absolument inappréciables à tous nos moyens d'investigation ? Un exemple, entre beaucoup d'autres : la chèvre est friande de pain et plus encore, peut-être, de tabac ; un de mes amis m'a fait assister plusieurs fois à l'expérience suivante : il prend un morceau de pain, le rompt en deux parties ; il présente l'une des moitiés à la chèvre qui la mange avec avidité ; il souffle pendant un dixième de seconde, peut-être, sur l'autre moitié et la présente aussi à l'animal, et celui-ci la repousse ; aucun artifice ne peut la lui faire manger ; et non-seulement l'animal repousse ce pain à l'instant où un souffle, à peine sensible, vient de passer dessus, mais si l'on conserve ce pain dans un lieu propre, et qu'on le présente de nouveau à la bête, le lendemain, le surlendemain, huit jours après, elle le refusera constamment ; l'expérience se renouvelle identique avec les deux moitiés d'un cigare. Il faut vraiment voir plusieurs fois une telle expérience pour y croire et pour comprendre à quel degré de délicatesse peut être portée la sensibilité des animaux et à quel degré leurs antipathies. Les champignonnistes qui cultivent en si grande quantité les champignons dans les environs de Paris, ont beaucoup de répugnance à laisser visiter leurs champignonnières par des étrangers, parce qu'ils prétendent que le passage de certaines personnes près des couches suffit pour diminuer la production de leur culture. Ils professent tous, notamment, l'opinion que l'entrée, dans la champignonnière, d'une femme en état de menstruation, peut non-seulement diminuer mais arrêter à peu près complétement la végétation des couches ; aussi, aucune femme de champignonniste ne travaille-t-elle à la récolte pendant son époque menstruelle ; tandis que la plupart aident leurs maris pendant les intervalles des règles. Il y a très-probablement entre ces répugnances des champignons et celles des parasites pour certains individus des analogies, et ces analogies nous apportent une nouvelle preuve que ce sont bien des parasites qui causent les maladies.

On doit rapprocher des idiosynchrasies ou plutôt confondre avec elles, les modifications que l'âge apporte dans l'organisation des animaux et même des végétaux ; certaines maladies affectent principalement ou presque exclusivement certains âges : les unes, l'enfance, les autres, la vieillesse ; ce n'est encore ni le chaud ni le froid qui expliquent ces particularités, mais bien la doctrine des ferments, qui nous montre que certains germes poussent de préférence sur certains terrains, et très-difficilement ou même pas du tout sur certains autres. L'économie animale et même végétale, c'est, en effet, le terrain où germent et se nourrissent les parasites, et la question des terrains demande quelques développements de plus. Prenons encore un exemple dans les champignons.

Chaque espèce de ces cryptogames a, comme on le sait, son terrain de prédilection, son *habitat*, habitat qui ne comprend pas seulement la composition du sol, mais son exposition, son degré d'humidité, ses proportions d'ombre et de lumière, les espèces d'herbes ou d'arbres qui y croissent naturellement ou qu'on y cultive. Une coupe de bois de quinze à vingt ans est fertile en champignons, notamment en bolets comestibles ; on laisse la coupe se transformer en futaie, les bolets diminuent ; elle atteint quarante ans, ils y deviennent rares ; on l'abat, ils disparaissent complétement ; ils ne se montreront de nouveau que lorsque la coupe atteindra sa douzième ou quinzième année. Si, à la place du bolet comestible, on suppose un champignon microscopique malfaisant, subissant les mêmes influences, suivant le même mode de développement, on pourra voir dans une même localité une maladie croître, diminuer, disparaître et renaître de nouveau par des raisons qui resteraient ignorées sans les lumières que jette sur toute la pathologie la doctrine des ferments. La supposition que je fais est, du reste, sur beaucoup de points, un fait accompli. Personne n'ignore que le défrichement des landes et le desséchement des marais, et des nappes d'eaux stagnantes ont fait nombre de fois disparaître et font encore disparaître chaque jour des fièvres intermittentes d'un règne plusieurs fois séculaire. Mais ce qu'on ignorait naguère encore, c'est que les défrichements et la culture, qui sont un si grand bienfait, paraissent entraîner aussi quelques inconvénients.

Voici ce que nous lisons dans un mémoire de M. H. Bouley, inspecteur général des écoles vétérinaires : « Ce qui tend à affirmer l'idée que le charbon doit son origine première à une influence tellurienne (1), c'est qu'il est assez étroitement dépendant des modifications que l'homme imprime au sol. Tantôt, comme dans la Beauce, on le voit agrandir son domaine, à mesure que, par des défrichements, une plus grande étendue du sol est livrée à la culture. Les perfectionnements de la culture l'ont introduit jusque dans la Sologne où il était complétement inconnu au siècle dernier. Dans ce pays, c'étaient des maladies opposées au charbon par leur nature, c'est-à-dire des maladies anémiques qui ré-

---

(1) Ou, en d'autres termes, à une influence de terrain.

(Note de l'auteur.)

b.

gnaient en souveraines. Ces faits ont été mis en lumière tout récemment par un vétérinaire distingué de la Beauce, M. Garreau, qui nous a fait voir, l'histoire en main, que le charbon n'occupait qu'un petit rayon dans les environs de Chartres. Le pays était alors boisé dans une assez grande étendue. Avec le défrichement, le charbon s'est étendu.

» D'un autre côté, dans des pays qui étaient en proie au charbon, comme le Laonnais, l'introduction de la culture de la betterave a imprimé au sol de telles modifications, que cette maladie, qui faisait le désespoir de l'agriculture, en a aujourd'hui complétement disparu. Je tiens ce renseignement, plein d'intérêt, de M. Canonne, vétérinaire à Laon.

« Dans ce pays-ci » (l'auteur faisait une conférence dans la Nièvre) « le charbon a régné autrefois avec une très-grande intensité, et mon prédécesseur, M. Renault, est venu en faire l'étude, il y a une vingtaine d'années, en 1850. Aujourd'hui, il est beaucoup plus rare, d'après ce que me disent mes confrères, et il ne se montre plus que par cas isolés, au lieu de revêtir la forme épizootique. A quoi tient cet heureux résultat? il y a là matière à d'intéressantes recherches. » (BOULEY, *Conférences faites à la Société départementale de la Nièvre, séances des 13 et 14 septembre 1872, p. 103 et suiv.*).

M. Bouley se borne à constater l'influence du terrain (tellurienne); il croit devoir « se tenir dans une sage réserve, » ne pas aller au-delà de l'influence du terrain, et continuer à avouer que « nous ignorons la cause d'où le charbon procède. » Nous croyons qu'on peut, sans sortir d'une sage réserve, tirer d'autres conséquences des faits énoncés par le savant professeur et de beaucoup d'autres faits analogues. Si l'on veut bien se rappeler que chaque

végétal et chaque animal ont leurs parasites, il est naturel,
il est nécessaire d'admettre qu'en changeant la culture, c'est-
à-dire les productions végétales et animales d'un pays, on
en change forcément les parasites, dans une proportion plus
ou moins grande, suivant l'étendue des modifications imprimées au sol. C'est donc, nécessairement, à ce changement de
parasites qu'il faut attribuer les changements dans le nombre
et la nature des maladies qui règnent dans le pays; car il
ne peut, maintenant, venir à l'esprit de personne d'attribuer
ces changements aux légères modifications que les défrichement ou les changements de culture peuvent imprimer à la
température ou à l'humidité d'une localité. Il ne me paraît y
avoir rien d'aventureux dans un tel raisonnement, et je crois
que si la médecine n'en avait jamais fait de plus hasardés,
elle serait un peu plus avancée. Au reste, précisément à
propos du charbon, j'avais dit, avant même que la commission, dite du *mal de montagne*, eût fait son rapport, qu'on
ferait disparaître ce mal des montagnes de l'Auvergne, soit en
changeant les espèces qui composent les pâturages, soit en empêchant, par des moyens prophylactiques, le développement
des parasites qui, certainement suivant moi, causent la
maladie. Ce que je disais à cette époque, je l'ai répété à
l'article *Charbon*, et je le répète encore ici, avec le ferme
espoir que le xixe siècle ne finira pas sans que mes prévisions deviennent un fait accompli. C'est un bienfait dont
le pays et l'humanité seront redevables à la doctrine parasitaire.

Ce que j'espère pour le charbon, je l'espère pour quelques
autres maladies endémiques, sinon pour toutes. Les endémies
sont, en effet, avant tout, presque avant les contagions, des
maladies parasitaires. Cette opinion s'impose tellement,

qu'elle a été admise inconsciemment, il est vrai, par la presque unanimité des médecins, qui, sauf quelques rares exceptions, ont attribué les endémies à des *miasmes*, et les ont
désignées sous le nom de maladies miasmatiques. Mais que
sont ces miasmes ? quelques-uns se sont abstenus de se prononcer sur cette question ; mais la plupart les ont considérés
comme des particules organiques en décomposition. De là à
la doctrine des ferments, il n'y avait qu'un pas, et, après les
travaux féconds de M. Pasteur, ce pas ne pouvait manquer
d'être franchi. La décomposition des matières organiques
n'est, en effet, qu'une putréfaction, c'est-à-dire une variété
de fermentation, et c'est autour des foyers de fermentations
putrides que s'observent les maladies endémiques, fièvres
intermittentes, fièvre jaune, fièvre pestilentielle, choléra ;
or, la fermentation est le résultat de ferments, et qui dit ferments dit, désormais, corps organisés vivants ; il faudrait
donc fermer les yeux à la lumière ou plutôt l'esprit à la raison, pour ne pas déduire de toutes ces circonstances que les
endémies sont causées par des ferments, par des parasites,
et que le jour où l'on pourra détruire ces parasites ou les empêcher de naître, on fera disparaître les endémies. Sur ce
point, la doctrine parasitaire n'a même pas besoin d'être
défendue ; c'est, au contraire, un point qui peut lui servir
d'appui pour en démontrer d'autres moins bien établis.

Dans les classifications pathologiques, à côté des endémies
se placent les maladies sporadiques (qu'on pourrait appeler
peut-être *sporadics*) et les épidémies. Que nous enseignent
sur les causes de ces maladies les doctrines de l'école ?

Sur les épidémies qui ne sont pas contagieuses, elles ne
nous apprennent rien, sinon que ces épidémies sont dues à
une *constitution* ou à un *génie* épidémique. Oui, dans ce mo-

ment même, les professeurs officiels en sont à la théorie des *génies*, prouvant ainsi qu'il ne faut guère de génie pour en parler. Ne soyons pas trop sévères pourtant, et reconnaissons que c'est déjà quelque chose que de n'avoir pas attribué à un échauffement ou à un refroidissement ces épidémies redoutables qui s'étendent sur une province, sur un pays, sur un ou plusieurs continents ; la médecine officielle a senti le ridicule qu'il y aurait à prétendre que l'Asie, l'Europe, l'Amérique, voire même l'Australie, se sont entendues pour se donner, à jour dit, un refroidissement. Elle a reculé devant ce ridicule, et elle a imaginé le *génie épidémique*. L'invention aurait pu avoir son mérite, si l'on avait défini ce qu'était ce génie ; mais les inventeurs n'ont pas cru devoir prendre ce soin ; il ne fallait pourtant pas de grands efforts pour soupçonner au moins, sinon pour démontrer, que ce génie ou plutôt ces génies — car on ne peut admettre que ce soit le même qui produise toutes les épidémies — n'étaient autres que des ferments. Qui ne s'est promené quelquefois, qui n'a même tenu une ligne au bord d'un étang ; l'eau en est relativement limpide, et l'on voit distinctement les poissons passer à deux ou plusieurs pieds au-dessous de sa surface ; bientôt, elle éprouve un léger trouble, et en quelques heures, elle devient opaque, comme bourbeuse ; cet état dure deux, trois, quatre ou un plus grand nombre de jours ; puis, à un moment donné, le trouble diminue, et, en vingt-quatre heures, quelquefois en beaucoup moins, la limpidité première reparaît. C'est ordinairement dans des temps d'orage, avant ou pendant quelques variations atmosphériques, qu'on observe ce phénomène, plus rarement, sans qu'aucun autre trouble apparent de l'atmosphère les précède, les suive ou les accompagne. En quoi consiste-t-il et que s'est-il passé dans l'eau ? des myriades d'infusoires sont nés, ont vécu et sont morts ; au moment où les premiers sont éclos, le trouble commençait ; au moment où leur développement était complet, le trouble était à son maximum, et à mesure qu'ils mouraient et que leurs débris se précipitaient au fond de l'eau, la limpidité du liquide se rétablissait. Si ces animalcules s'étaient nourris de chair, une immense épidémie aurait sévi sur les poissons, et quand une de ces épidémies se déclare, car les poissons n'en sont point exempts, on ne saurait l'attribuer à une autre cause.

Ce qui se passe dans l'eau se passe exactement dans l'air. Au mois de mars 1872, Paris et ses environs, et, croyons-nous, une partie de la France ont été envahis par une innombrable quantité d'insectes ailés, sorte de mouches longues et minces, de couleur noire ; les habits, les meubles des appartements, le sol en étaient couverts ; si elles avaient été malfaisantes pour l'homme et les animaux, nous aurions assisté à la plus terrible des épidémies ou des épizooties. Le phénomène extraordinaire qui a effrayé, à diverses époques, des populations ignorantes, connu sous le nom de pluie de sang, et qui trouble parfois, sur des étendues immenses, la transparence de l'atmosphère, est de même nature que celui qui se passe dans l'étang. Pendant quelque temps on a cru, et Arago partageait cette croyance, que ces pluies, ces brouillards, et ces neiges rougeâtres étaient composés de molécules de matière cosmique ; mais les observations microscopiques des parcelles qu'on en a recueillies récemment ont démontré qu'ils sont formés dans une certaine proportion (1/12 à 1/8, d'après les analyses faites), d'une innombrable, on peut dire d'une effrayante masse d'êtres organisés, invisibles à l'œil nu, au moins individuellement, où l'on a pu distinguer plus de

cinq cents espèces différentes (1) ! Des masses moins denses,
mais renfermant encore des nombres d'êtres que le langage
ne saurait exprimer, peuvent donc passer dans l'atmosphère
sans que nous en ayons aucune connaissance. Quelle puissante source d'épidémies, et quel argument en faveur de la
doctrine parasitaire ! Voilà le vraie *génie* épidémique de la
médecine officielle. Ces faits, ces preuves, qui témoignent
d'une manière si éclatante en faveur de la nouvelle doctrine,
crèvent les yeux, et la médecine officielle, qui poursuit si
souvent avec ardeur des recherches de quintessences que les
yeux du corps ni ceux de l'esprit ne sauraient voir ni comprendre, la médecine officielle ne voit pas ces preuves, bien
plus absurde dans son aveuglement que l'astrologue qui se
laisse choir au fond d'un puits !

Comme les endémies, les épidémies sont donc le résultat
de ferments organisés ; en théorie, on ne saurait guère les
expliquer ni même les concevoir autrement et tous les faits
connus concordent admirablement avec la théorie.

Voyons, maintenant, ce que la raison et les faits nous
apprennent sur les maladies dites sporadiques.

Sous ce nom, qui vient, à ce qu'il paraît, et l'on ne sait
trop pourquoi, de σπείρειν, *disperser*, on a désigné les maladies qui n'attaquent qu'un individu à la fois, ou que quelques individus isolément, c'est-à-dire, pour parler plus franchement, qui ne sont ni endémiques ni épidémiques ; un
ouvrage classique dû à deux académiciens ajoute même des
maladies « qui surviennent *indifféremment* en tout temps et
en tous lieux. » (*Dict. de méd.* de Robin et Littré.) Si cette

(1) Voir dans le journal *Les Mondes* une très-intéressante note traduite
d'Erenberg, *sur les germes organiques, invisibles à l'œil nu, suspendus
dans l'atmosphère.*

définition était exacte, les maladies sporadiques seraient un argument d'une certaine valeur contre la doctrine parasitaire, car les agents physiques et chimiques généraux, calorique, électricité, lumière, oxygène, hydrogène, azote, etc., etc., agissant probablement seuls d'une manière permanente dans tous les temps et en tous lieux, des maladies qui auraient le même caractère pourraient être rapportées avec beaucoup d'apparence de raison à l'action de ces agents. Mais rien n'est moins vrai que la définition que nous venons de citer, tout académique qu'elle soit. La vraie vérité, c'est que les maladies les plus sporadiques, la fluxion de poitrine, la pleurésie, la bronchite, l'angine, le coryza, l'hépatite, la fièvre typhoïde, l'érysipèle, etc., ne sont également répandues ni dans tous les temps, ni dans tous les lieux, ni même dans toutes les saisons; la médecine officielle elle-même le reconnaît, puisqu'elle admet des maladies climatériques, qui ont même fait l'objet de nombreux traités, et des maladies saisonnières. Il devait en être ainsi, si la doctrine parasitaire était fondée, puisque tout le monde sait que tous les animaux et tous les végétaux visibles à l'œil nu ne sont pas également répandus dans toutes les contrées, ni dans toutes les saisons, ni même dans toutes les années (1); que beaucoup sont même spéciaux à certaines latitudes et altitudes; et qu'il doit très-probablement, on peut même dire sûrement, en être de même des animaux et des végétaux invisibles, de ceux qui constituent les ferments comme des autres. Dès lors, les maladies sporadiques s'expliquent

(1) Pas un agronome, par exemple, n'ignore que les hannetons sont très-abondants certaines années, ainsi que les vers blancs qu'ils engendrent. Quand le cultivateur voit beaucoup de hannetons, il prédit beaucoup de vers blancs, non pour l'année suivante, mais pour celle qui suivra celle-ci. Nul doute que nos petites épidémies de grippes, d'angines, etc., ne tiennent à des apparitions de parasites microscopiques.

très-naturellement, comme les autres, par la doctrine parasitaire et ne s'expliquent que par elle ; les doctrines de l'école n'ont jamais donné aucune raison plausible de la sporadicité pas plus que de l'épidémicité ; à peine ont-elles donné un commencement d'explication sur l'endémicité. Nous avons vu ci-dessus en quoi il consiste.

Parmi les questions qu'on peut rapporter aux terrains, il en est une qui paraît bien faite pour dérouter toutes les théories, c'est celle des maladies qu'on n'a qu'une fois, à de rares exceptions près. Cette particularité est d'autant plus étrange qu'elle s'observe dans une foule de maladies contagieuses, c'est-à-dire dont le caractère parasitaire ne peut, suivant moi, être méconnu. Il faudrait admettre que certains parasites, une fois qu'ils ont vécu au dépens d'une substance existant dans l'économie animale, la détruisent entièrement, et qu'elle ne peut se renouveler dans l'économie. Il y a des organes, tels que le thymus, qui disparaissent naturellement à un certain âge ; y aurait-il des substances qui disparaîtraient accidentellement ? Cela ne paraît ni impossible ni contraire à aucune loi physiologique. La culture nous offre un exemple qui peut avoir une lointaine analogie avec le fait dont nous nous occupons : c'est la répugnance de beaucoup de plantes culturales pour le terrain qu'elles viennent d'occuper ; d'où l'utilité, presque la nécessité, des cultures alternantes, nécessité qui deviendrait absolue après quelques années, si l'on s'obstinait à cultiver sans interruption une même plante, les petits pois, notamment, sur un même terrain. Mais je le répète, cette analogie, quoique réelle, est peut-être bien éloignée, et je ne la veux point forcer, par cela même que j'attache aux déductions analogiques une grande valeur. Je laisse donc, sans la résoudre, cette étrange

question des maladies qu'on n'a qu'une fois, en faisant remarquer, toutefois, — ce qui pourra paraître inutile — que
les doctrines de l'école n'ont absolument rien fait pour l'é-
clairer, et que la doctrine parasitaire nous fournit au moins
un aperçu qui peut ouvrir une voie à des recherches
fécondes.

De la localisation des maladies. — Ce n'est pas seulement
l'homme ou l'animal tout entier qui offre un terrain favorable
ou réfractaire à certaines maladies, c'est chacun de ses tissus,
de ses organes en particulier. Certaines maladies n'affectent
que la peau, d'autres les membranes muqueuses, d'autres
des organes particuliers (cerveau, cœur, poumon, estomac,
intestins, etc., etc.); pourquoi cela ? Les agents physiques et
chimiques n'ont pas de prédilection ; cette remarque aurait
dû suffire pour mettre la médecine sur la voie du parasitisme ;
elle avait même constaté depuis longtemps que les tænias et
les lombrics vivent dans l'intestin grêle, tandis que les
oxyures ne se plaisent que dans le gros intestin ; que certains
vers acéphalocystes vivent de préférence dans le foie, d'autres
dans le cerveau, d'autres dans le poumon ; la découverte de
la trichinose était venue prouver que les trichines habitent surtout les muscles ; mais tout cela n'avait point ouvert les yeux
de la routine, et l'on continua à attribuer les maladies au
chaud et au froid, sans songer que les êtres organisés ont
seuls de ces préférences qui leur sont imposées par les conditions mêmes de leur existence. Désormais, les aveugles
seuls pourront ne pas voir comment doivent s'expliquer
ces localisations, et tous les clairvoyants y trouveront une
preuve nouvelle et surabondante en faveur de la doctrine parasitaire.

Dispositions anatomiques de certaines maladies. — Les lésions qui constituent certaines maladies sont dispersées sans ordre dans un ou plusieurs organes ou groupées irrégulièrement autour d'un point central ; mais il en est d'autres qui affectent des formes régulières, symétriques, presque géométriques ; c'est ce qu'on voit particulièrement à la peau, dans l'herpès circinné et le zona, par exemple. Si quelque contexture anatomique rendait nécessaires ces dispositions, il n'y aurait là qu'un fait brut ; mais il n'en est point ainsi : les points de la peau occupés par les vésicules de l'herpès ou du zona ne diffèrent pas des points voisins ; il n'y a donc aucune raison anatomique pour que ces vésicules forment un cercle ou une bande plutôt qu'une figure sans forme déterminée. Mais la raison de ces dispositions géométriques n'échappera certainement pas à celui qui a remarqué comment croissent les champignons : les uns poussent irrégulièrement dispersés sur le sol, quoique toujours dans un habitat déterminé ; d'autres sont plus ou moins irrégulièrement disposés par groupes composés d'un petit ou d'un grand nombre d'individus ; d'autres, enfin, le plus petit nombre, naissent en lignes droites ou courbes, lignes tantôt uniques, tantôt multiples, et dans ce dernier cas généralement parallèles, plus rarement bifurquées ou se croisant sous un angle plus ou moins ouvert. Le plus exquis de nos champignons, l'oronge, affecte généralement la disposition en ligne droite, ordinairement unique. Cette particularité aurait pu faire soupçonner que certaines maladies de la peau sont dues à des microphytes, fait mis hors de doute par les découvertes dermatologiques modernes, qui sont une confirmation importante de la doctrine parasitaire.

A propos de champignons, j'ai parlé précédemment de

dégénérescences ; c'est le moment de donner quelques explications à ce sujet.

Toute la vieille médecine parle de *dégénérescences*, c'est-à-dire de tissus naturels qui se transforment en tissus qu'on ne trouve pas dans l'économie saine, et de maladies qui se transforment en des maladies différentes. Quant à la dégénérescence (1) des tissus, il suffit d'avoir des yeux pour la voir ; elle est incontestable ; mais cette dégénérescence ne préjuge rien quant à la cause dont elle dépend ; elle ne pourrait rien prouver pour ou contre la doctrine parasitaire. Mais il n'en serait point de même de la dégénérescence des maladies. Comme on n'a jamais vu un gland donner naissance à un chou, ni une graine de chou engendrer un chêne, c'en serait fait de la doctrine parasitaire si une fièvre typhoïde pouvait engendrer la variole, ou si la syphilis engendrait la scrofule, comme le prétend ou l'a prétendu un habile financier médical. Fort heureusement pour la doctrine des ferments et pour l'ordre général de la nature, rien de pareil ne s'est vu. Mais ce que l'ordre naturel et la doctrine peuvent admettre sans en être nullement troublés, c'est qu'une maladie, un ferment, un parasite succède à un autre, le remplace, ou même se développe à ses dépens, et se substitue à lui. J'ai déjà dit que ce remplacement, cette substitution se voient fréquemment, sans microscope, dans la tribu des champignons. La *dégénérescence* ainsi entendue, loin d'être contraire à la doctrine parasitaire, reçoit au contraire de

(1) Je crois inutile et étranger au but de cet ouvrage de discuter s'il y a réellement *dégénérescence* de tissu, c'est-à-dire *transformation* d'une fibre musculaire par exemple en une autre fibre ou cellule, ou s'il y a destruction de cette fibre et substitution d'un autre tissu, questions d'ailleurs un peu quintessenciées. Le fait certain est qu'un tissu normal disparaît et qu'un tissu anormal apparaît.

cette doctrine une explication naturelle que les doctrines de l'école sont impuissantes à donner et qu'elles n'ont jamais, d'ailleurs, tenté de donner, quoiqu'elles ne se soient pas toujours arrêtées devant l'impossible ou l'absurde.

Si le lecteur a bien voulu suivre les développements succincts, mais suffisants, je crois, que je viens de donner sur les grandes questions, les points essentiels de l'histoire des maladies, il doit être convaincu qu'à toutes ces grandes questions les doctrines officielles n'ont pas de réponses ou n'en ont que d'erronées, quand elles ne sont pas absurdes ; tandis que la doctrine parasitaire les résout toutes de la façon la plus naturelle, la plus conforme aux faits et aux analogies ; cette doctrine offre tous les caractères de la réalité. Comment se fait-il donc que non-seulement elle n'ait pas encore pris rang dans la science, qu'elle n'y ait même jamais été sérieusement discutée, et n'y ait rencontré qu'un dédain réel ou factice? J'ai été obligé de faire beaucoup de polémique acerbe dans le cours de cet ouvrage ; pour trouver une réponse à cette question, je serais peut-être obligé d'en faire encore, et je me suis imposé de ne pas sortir, dans cette introduction, des régions sereines de la science, que je n'ai, du reste, jamais franchies que contraint et forcé. D'ailleurs, si je ne m'abuse, nous touchons à un moment où le parasitisme s'imposera à l'attention des médecins, où l'on sera forcé de le discuter sérieusement, et du moment où on le discutera sérieusement, sa cause sera gagnée ; on le discute un peu déjà, et pour le repousser, on n'a que les arguments suivants :

1° Il est bien vrai que l'on trouve des ferments animés dans toutes les fermentations ; il est bien vrai que l'on rencontre dans une foule de maladies des microphytes et des

c.

microzoaires ; mais les uns et les autres sont la conséquence et non la cause de la fermentation et de la maladie ;

2° Quant à l'origine de ces microphytes, de ces microzoaires, de ces ferments, elle se trouve dans certaines cellules normales des matières organiques mortes ou vivantes, cellules qui se transforment en véritables ferments morbides ou physiologiques, dans certaines circonstances données.

Ainsi, d'après cette opinion, le sarcopte viendrait se nicher, *constamment*, dans la peau des galeux, uniquement parce qu'il y trouverait des nids et des terriers préparés d'avance et probablement pour assister au spectacle des souffrances des malades. Cette doctrine serait bonne à proposer à des aveugles ; quant à ceux qui ont des yeux pour voir, ils savent très-bien que les sarcoptes creusent eux-mêmes leurs nids et leurs sillons ; on peut les voir tous les soirs et toutes les nuits travailler à ce creusement, absolument comme les lapins à leurs terriers. Ce qui est vrai des sarcoptes et des lapins est vrai de tous les parasites, depuis le tænia jusqu'aux bactéries.

Quant aux circonstances *particulières*, et non moins inconnues que particulières, qui transformeraient des cellules normales des corps organisés, ces circonstances particulières consistent dans cette particularité, que la transformation dont il s'agit n'a lieu qu'en présence de corpuscules organisés venant de l'air extérieur (1) ; ainsi, les cellules normales ne fermenteraient, ne deviendraient malades qu'en la présence

---

(1) J'ai dit au commencement de cette introduction que M. Frémy et quelques autres contradicteurs de M. Pasteur niaient la nécessité de ces corps organisés venant de l'air, mais qu'ils n'avaient pas osé accepter le défi de M. Pasteur de faire juger souverainement le différend par une expérience sans réplique.

de corps organisés extérieurs, mais ces corps seraient étrangers à l'action; ils seraient là uniquement pour donner des ordres aux cellules normales ou pour assister en amateurs aux phénomènes de décomposition organique! Mais, même dans cette étrange théorie, ne seraient-ils pas, en réalité, la cause de ces phénomènes, puisque, sans leur présence, rien ne peut se faire, et que, dès leur apparition, les phénomènes de décomposition commencent? En vérité, peut-on discuter sérieusement une telle théorie, qui semble être un défi à la raison, qui est le complet renversement des faits, qui consiste rigoureusement, ainsi que je l'ai dit dans une autre partie de ce travail, à placer la charrue devant les bœufs! Non, ces objections ne sont pas sérieuses; elles ont seulement le mérite, si c'en est un, d'être les seules qu'on puisse adresser à la doctrine parasitaire des fermentations et des maladies. Aussi, je le répète, et c'est par là que je termine, ce qu'il faut à cette doctrine pour se faire accepter universellement, c'est que des esprits sérieux se donnent la peine de l'examiner.

Encore quelques mots sur les conséquences de la doctrine nouvelle, et nous en aurons fini avec les généralités.

Conséquences pratiques de la doctrine parasitaire. — La découverte ou seulement la démonstration d'une doctrine scientifique nouvelle est toujours un grand progrès, car il ne saurait être indifférent à l'esprit humain de connaître une vérité de plus ou de moins. On ne peut se dissimuler, toutefois, que si l'homme ne vit pas seulement de pain, il en vit principalement, ainsi que de bien-être, et qu'avant tout, il tient à vivre avec le moins de souffrances possible. Il n'y a donc rien d'étonnant qu'il soit plus particulièrement touché

des découvertes qui peuvent améliorer ses conditions matérielles, diminuer ses maux ou prolonger sa vie, que de celles
qui ne font qu'accroître nos connaissances spéculatives. La
doctrine parasitaire possède l'un et l'autre mérite : elle nous
révèle une grande loi naturelle, et elle arme la médecine de
moyens plus puissants que ceux qu'elle possédait jusqu'à ce
jour. C'est ce que démontrent irrécusablement les observations mentionnées dans les divers articles de cet ouvrage. Le
lecteur voudra bien, je l'espère, se reporter à ces observations ; je n'ai pas à en donner ici la nomenclature ; ce que
je veux, c'est démontrer seulement que les moyens employés
étaient indiqués par la théorie, et que la théorie, à son tour,
a été confirmée par les résultats obtenus.

Du moment que les fermentations de la matière organisée
morte ou vivante étaient dues à des ferments répandus dans
l'atmosphère, deux moyens se présentaient pour s'opposer à
ces fermentations : empêcher le contact de l'air avec les matières fermentescibles ; détruire ces germes ou ferments que
l'atmosphère renferme, à mesure qu'ils arrivent au contact de
ces matières, après avoir détruit ceux qui peuvent déjà s'y
être déposés. Les clôtures hermétiques précédées du chauffage sont une application du premier procédé ; et c'est ainsi
qu'a été établie la belle industrie de la conservation des matières alimentaires par la méthode empirique d'Appert, ra-
tionalisée par M. Pasteur, et que cet illustre savant a pu lui-
même créer la méthode de la conservation des vins par le
chauffage. Mais ces beaux procédés n'étaient point applicables aux fermentations des matières organiques vivantes,
c'est-à-dire aux maladies des végétaux et des animaux, qui
ont besoin, les uns et les autres, d'air atmosphérique pour
vivre. Pour empêcher ces fermentations, le second procédé

était seul applicable : trouver une substance qui détruisît la vie des parasites sans porter atteinte à celle des êtres dont les parasites détruisent la substance, tel était le problème. Lorsque des expériences d'un haut intérêt eurent prouvé que les fermentations de la matière organisée morte ne s'opèrent pas en présence de l'acide phénique mêlé en très-petites proportions à l'air ou à l'eau, il était naturel de tenter le même moyen contre les fermentations de la matière organisée vivante. C'est cette tentative que j'ai eu le faible mérite de faire le premier ; je la fis, d'abord, avec beaucoup de réserve et pour une lésion extérieure, où l'action de l'agent était facile à surveiller ; puis, le résultat obtenu ayant rempli et au delà mes espérances, je multipliai les applications du moyen nouveau, à l'extérieur et à l'intérieur, au point que leur nombre ne se chiffre, pour ainsi dire, plus. Les observations répandues dans le cours de cet ouvrage prouvent que c'est plus spécialement dans les maladies où tout le monde est disposé à admettre la présence de ferments, dyssenterie, fièvres intermittentes, charbon, fièvre typhoïde, etc., que l'acide phénique produit les effets les plus merveilleux, prouvant ainsi, d'après l'aphorisme d'un grand médecin (1), que la théorie

(1) Le valérianate d'ammoniaque, quand nous l'introduisîmes, le premier, comme médecin, dans la thérapeutique, éprouva un peu le sort de l'acide phénique : un honnête journaliste, qui défend parfois les découvertes ou les prétentions de ses amis, s'empressa de publier que le valérianate n'avait aucune vertu ; puis, il prétendit que celui que j'ai employé (celui de M. Pierlot) n'était pas du valérianate, et un pharmacien s'empressa d'en préparer un nouveau, moins efficace que celui que j'employais, mais qui avait l'avantage de jeter le doute et la confusion dans l'esprit des praticiens et de mettre en question, au moins en apparence, mes droits d'initiative. Aujourd'hui, tout le monde emploie le valérianate d'ammoniaque contre les névralgies, mais personne ne cite le médecin qui a pris l'initiative de cette médication.

qui a indiqué d'avance l'emploi d'un parasiticide est une théorie vraie.

Au reste, si des hommes réfléchis lui avaient accordé une attention suffisante, ils l'auraient certainement adoptée, même avant la découverte et les applications de l'acide phénique. Il est bien remarquable, en effet, que les moyens les plus puissants dont la médecine disposait avant mes applications de l'acide phénique sont des substances antifermentescibles, parasiticides : telles sont le fer, le mercure, l'arsenic, l'iode, le soufre, le sulfate de quinine, etc.; ce sont là, après l'acide phénique, les armes par excellence de la thérapeutique, et toutes ces substances sont antifermentatives, destructives, à très-petites doses, des organismes inférieurs. Ainsi, ce n'est pas seulement sur les effets de l'acide phénique que se fonde la doctrine parasitaire, mais bien sur ceux des moyens curatifs les plus puissants de la médecine, on pourrait dire les seuls vraiment puissants, à un bien petit nombre d'exceptions près. Et puis, est-il bien certain que ce soient là des exceptions? Cette question d'un haut intérêt demande quelques développements, qui ne seront pas, du reste, bien longs.

L'acide phénique, seul ou en combinaison (1), est assurément, quant à présent, le plus puissant des parasiticides, des antifermentatifs; cependant, il n'empêche pas tous les développements organiques inférieurs, puisque des productions végétales peuvent avoir lieu même dans l'eau phéniquée.

(1) Parmi ces combinaisons, il en est une à laquelle les résultats obtenus nous font attacher une plus grande importance; c'est le phénate d'ammoniaque dont nous avons fait l'objet d'une note à l'Académie des ciences (voir les comptes rendus officiels de la séance de l'Académie, du 29 sept. 1873,) et que nous recommandons à toute l'attention de nos confrères.

saturée, ainsi que nous le disons dans le chapitre premier de cet ouvrage. Son action est loin aussi d'être la même sur tous les parasites et sur tous les ferments : elle est faible, ainsi qu'on le verra plus loin, sur le tænia, tandis qu'elle est presque toute-puissante sur les oxyures; elle est, aussi, beaucoup moins efficace contre le ferment syphilitique que contre celui du charbon, de la fièvre typhoïde, de la fièvre intermittente, etc. D'un autre côté, on voit dans le beau mémoire de M. Dumas, auquel nous avons déjà renvoyé, que certaines substances ont de l'influence sur certaines fermentations, tandis qu'elles en ont peu ou point sur d'autres. Il n'y aurait donc rien d'irrationnel, il serait même fort naturel d'admettre que des substances curatives, qui n'ont pas d'action parasiticide sur les ferments que nous connaissons, en eussent une sur des ferments que nous ne connaissons pas, et que des maladies que nous croyons nous-mêmes étrangères aux maladies parasitaires, les névralgies, entre autres, fussent réellement des maladies à ferments, et que ce fût en vertu d'une action antifermentative spéciale que le valérianate d'ammoniaque, par exemple, les améliore ou les guérit (1). Tout n'a donc pas été fait en médecine par les applications de l'acide phénique, et je ne prétends pas faire de ce nouvel agent, comme des critiques d'une bonne foi douteuse m'en ont accusé, une panacée ; mais ce que je prétends, parce que des faits irrécusables le démontrent, c'est que l'acide phénique est, à l'heure actuelle, l'agent curatif le plus puissant de la médecine; c'est que les remarquables et nombreuses guérisons qui lui sont dues sont une confirmation éclatante de la doctrine parasitaire, presque

(1) « La nature des moyens curatifs dévoile la nature de la maladie *naturam morborum ostendit curatio.* »

complétement démontrée rationnellement par toutes les analogies et par les admirables expériences de M. Pasteur; c'est qu'enfin, cette doctrine, loin de prétendre avoir posé, dès aujourd'hui, les colonnes d'Hercule de la science, ouvre des horizons nouveaux à la médecine et la fait sortir de l'ornière de l'empirisme où elle se trouve depuis sa naissance, malgré les efforts de quelques hommes de génie et les prétentions de beaucoup d'autres dont tout le génie se compose d'intrigue, de charlatanisme, d'ignorance et d'audace.

DE

L'ACIDE PHÉNIQUE

APPLIQUÉ A LA MÉDECINE

CHAPITRE PREMIER.

HISTORIQUE DE LA MÉDICATION PARASITICIDE.

ART. I. — DÉCOUVERTE ET CARACTÈRES PHYSICO-CHIMIQUES DE L'ACIDE PHÉNIQUE.

Il n'entre pas dans le plan de ce travail, et il ne serait d'ailleurs point de ma compétence de tracer l'histoire physico-chimique complète de l'acide phénique, quoiqu'il reste beaucoup à faire sous ce rapport, après les beaux travaux de Runge, de Laurent, de Liebig, de Berthelot, etc.; mais il est certains faits de l'ordre physique, chimique et physiologique que le public éclairé et les médecins, pour qui j'écris ce livre, ne doivent pas ignorer, et que je n'ai pas cru, pour ce motif, pouvoir me dispenser de leur faire connaître, d'autant plus que j'aurai à rectifier quelques-uns de ces faits, et à en signaler quelques autres qui ont un sérieux intérêt pour les thérapeutistes. D'ailleurs, l'acide phénique est incontestablement appelé à prendre très-prochainement une des premières places parmi les substances les plus puissantes, dans le traitement des maladies de l'homme et des animaux, et à ce titre, son histoire doit être pour le moins aussi répandue que celle du quinquina.

§ I. — *Découverte.* — *Composition moléculaire.* — *Synonymie.*
Équivalent.

L'acide phénique a été découvert par Runge en 1834. L'auteur lui donna le nom d'acide *carbolique* (de 'carbo, charbon, et d'*oleum*, huile) nom convenable à tous égards, car il ne faisait que rappeler le corps dont on l'extrait habituellement (l'huile de goudron de houille), sans rien préjuger sur les explications théoriques auxquelles il pouvait donner lieu. Ce nom, cependant, n'a point été respecté : pour des raisons diverses, mais toutes également contraires aux droits des inventeurs, à la clarté de l'histoire de la science, et parfois aux principes de la science elle-même, ce corps a reçu de Laurent le nom *d'acide phénique* (de φαινω, j'éclaire, quoiqu'il éclaire très peu), *d'hydrate de phényle, d'oxyde de phène* ; de Dumas, le nom *d'alcool phénique* ; de Gerhardt, celui de *phénate normal, de salicone* ; de Gerhardt encore et de Berthelot, celui de *phénol*, qui reproduit en un seul mot la dénomination de Dumas ; enfin, de Berzélius, le nom *d'oxyde phénique*. De toutes ces dénominations, la plus légitime a prévalu en Angleterre ; mais celle d'acide phénique est à peu près universellement adoptée en France ; c'est donc à elle que nous serons obligé de nous en tenir, d'autant plus que c'est celle qui figure déjà dans la première édition de cet ouvrage.

Depuis Runge, qui avait déjà poussé assez loin l'étude de l'acide phénique, quoiqu'il ne l'eût obtenu qu'à l'état liquide et rougeâtre, ce corps a été étudié par Laurent, Gerhardt, Woelher, Stædeler, Liebig, Berthelot, Calvert, Parisel, etc. Mais au point de vue chimique, les études de Laurent et de Berthelot se distinguent de celles de leurs confrères ; au point de vue physiologique et, si l'on nous permet cette expression, biologique, l'étude de Liebig est très-supérieure à toutes les autres ; enfin, au point de vue pharmaceutique et industriel, on doit distinguer les études de MM. Parisel et Calvert.

L'acide phénique a été trouvé composé, par tous les chimistes qui en ont fait l'analyse élémentaire, de douze équivalents de carbone, six d'hydrogène, et deux d'oxygène ; on écrit donc habituellement sa formule de la manière suivante : $C^{12} H^6 O^2$, ce qui représente en poids :

Carbone..............	76,593
Hydrogène............	6,363
Oxygène).............	17,044
	100,000

D'après la formule qui précède, l'équivalent de l'acide phénique serait de 94, celui de l'hydrogène étant pris pour unité. Mais, si tout le monde s'est trouvé d'accord sur la composition moléculaire de l'acide phénique, il n'en est pas de même sur la disposition intime de ses molécules, ainsi que nous le dirons, après avoir étudié les propriétés de ce corps, si remarquable à tous égards.

§ II. — *Propriétés physico-chimiques.*

État. — Cristallisation. — Nous avons dit que Runge avait découvert et obtenu l'acide phénique à l'état liquide ; mais à cet état, il était impur ; le véritable état de l'acide phénique est l'état solide et cristallisé, ce qui semblerait indiquer le caractère de pureté parfaite. Sa cristallisation se fait en longues aiguilles fines, rhomboïdales, faciles à séparer, quand le corps est fraîchement préparé, mais qui, par le repos, adhèrent fortement les unes aux autres, et forment une masse compacte et très-dure.

Fusibilité. — Volatilité. — L'acide phénique ne conserve l'état solide qu'à la température ordinaire de notre climat ; à la température de 38 degrés centigrades, certains auteurs disent même, mais à tort, de 34, l'acide se liquéfie ; il a, alors, l'apparence d'un liquide oléagineux, assez semblable à l'acide sulfurique liquide. On a prétendu qu'une fois liquéfié, il ne se solidifiait plus sous l'influence de l'abaissement de la température, si ce n'est au-dessous de zéro ; mais c'est une erreur, due probablement à ce que l'auteur de cette observation aura observé quelque acide particulier, impur, car nous aurons à faire remarquer plus d'une fois que certains acides offrent des particularités encore inexpliquées, et qui peuvent avoir, qui ont même très-probablement une certaine importance, au point de vue des applications médicales. Ce qui est certain, c'est que tous les acides préparés actuellement par les bons fabricants, reprennent l'état solide, après avoir été fondus, dès que la température s'abaisse de quelques degrés au-dessous du point de fusion. Il suffit pour cela que l'acide soit totalement exempt d'eau.

C'est un caractère bien remarquable, en effet, de l'acide phénique que la plus petite quantité d'eau le maintient à l'état liquide, quoiqu'il soit très-peu soluble dans ce véhicule, ainsi que nous le dirons dans un instant. Et ici, nous signalerons une première anomalie de cet acide, de nature à fournir des aperçus intéressants aux chimistes qui auront l'occasion de l'observer. J'ai constaté cette particularité sur plusieurs flacons provenant de la fabrique de M. Calvert, de Manchester, et portant son étiquette et son cachet intact ; je ne l'ai jamais observée sur des produits d'autres provenances. Ayant fait fondre, à la température de la main, en été, l'acide renfermé dans ces flacons, qui était déjà rougeâtre, mais parfaitement cristallisé, j'en versai à peu près le quart dans un vase et je remplaçai ce quart par une égale quantité d'eau, pour faire de l'eau saturée d'acide. Mais au lieu de former deux couches dans le flacon, comme je m'y attendais, l'une inférieure d'acide liquéfié, l'autre supérieure d'eau saturée, il s'en forma trois, savoir : 1° une couche supérieure formée d'eau saturée ; 2° une seconde, intermédiaire aux deux autres, incolore, déjà beaucoup moins fluide que l'eau, sans être encore tout à fait huileuse ; 3° enfin, une couche inférieure, conservant l'aspect rougeâtre qu'avait déjà acquis l'acide phénique, et offrant la consistance franchement huileuse de cet acide à l'état fluide. Il ne m'était malheureusement pas possible d'étudier chimiquement en quoi différaient les deux couches inférieures ; je me contente donc de les signaler, en faisant remarquer qu'elles devaient évidemment tenir à la constitution du produit, car la même particularité s'est présentée sur trois flacons ; ces flacons provenaient d'un dépôt fait antérieurement chez M. Menier par l'habile fabricant de Manchester, M. Calvert (voir l'*Appendice*).

Moins fusible que la plupart des huiles fixes, l'acide phénique est en même temps plus volatil : il bout à 188 degrés centigr. Mais au-dessous de son point d'ébullition, et même à l'état solide, il s'évapore assez abondamment pour que son odeur décèle sa présence dans tout espace confiné où il s'en trouve en contact avec l'air ambiant ; quand il est étendu à l'air libre sur de larges surfaces, il disparaît assez promptement par la volatilisation.

Combustibilité. — Malgré l'étymologie de son nom ($\varphi\alpha\iota\nu\omega$, j'éclaire) l'acide phénique, nous l'avons déjà dit, éclaire très-peu ; il brûle cependant, mais avec une flamme rougeâtre et fuligineuse qui donne beaucoup plus de fumée que de lumière.

Couleur. — L'acide phénique est d'un beau blanc, quand il est solide et bien cristallisé, et il conserve indéfiniment cette couleur quand il est maintenu à l'abri de la lumière. Mais dès qu'il subit l'action, même très-indirecte, des rayons solaires, il ne tarde pas à se colorer peu à peu, jusqu'à ce qu'il ait acquis une nuance rouge brun, se rapprochant beaucoup de celle du cuivre. Cette action colorante de la lumière s'opère plus rapidement sur l'acide liquide que sur l'acide solide, et plus rapidement quand la liquéfaction a été provoquée par une addition d'eau que lorsqu'elle a lieu par la seule influence de la température.

M. Lemaire prétend que lorsqu il est « *très-pur*, » il ne se colore pas ; que la coloration est due à une substance étrangère, et qu'on l'attribue à la formation d'une résine. J'ai mis en usage des acides phéniques de toutes les fabriques connues d'Angleterre et de France. Un des plus savants, si je ne craignais pas de choquer sa modestie, je dirais même le plus savant de nos fabricants de produits chimiques, M. Émile Rousseau, a eu la bonté d'en préparer une certaine quantité exprès pour moi ; tous ont pris, plus ou moins promptement il est vrai, mais toujours en quelques semaines au plus, la coloration que j'ai définie. Il est donc certain que si M. Lemaire possède un acide phénique qui ne se colore pas, c'est qu'il le prépare lui-même, et qu'il est le seul, quant à présent, à savoir le préparer. Mais nous aurons trop d'occasions de nous convaincre que M. Lemaire écrit pour le « public crédule », pour que nous puissions nous arrêter à cette supposition ; il vaut donc mieux croire que M. Lemaire affirme ce qu'il n'a jamais vu.

Quant à la cause qui produit la coloration, ou plutôt à la modification intime dont elle est le résultat, car la cause est évidemment et uniquement la lumière, je ne sache pas que personne l'ait fait connaître d'une façon positive. Il me paraît probable que cette coloration ne consiste que dans une modification dans l'arrangement des molécules ; l'acide coloré ne diffère, en effet, en rien, dans tous les caractères qu'il a été permis de constater jusqu'à présent, de celui qui n'a pas encore subi la coloration. Cependant, ce n'est là qu'une grande probabilité ; il ne me paraît nullement impossible que les progrès de la chimie parviennent à séparer, en un nouveau corps, la portion qui se colore ; mais c'est le secret de l'avenir ; pour le moment, je le répète, l'acide le plus pur se colore comme les autres, et il conserve, après la coloration, à en juger par les nombreuses expériences que j'ai faites, toutes ses propriétés chimiques, physiologiques et thérapeutiques. Une remarque qui peut avoir son intérêt, c'est que la coloration rouge se développe beaucoup plus promptement quand l'acide phénique est liquéfié, soit par la chaleur, soit par son mélange à une certaine quantité d'eau, que lorsqu'il reste cristallisé et, par conséquent, solide. Quand, par l'addition d'une très-petite quantité d'eau, une portion est liquéfiée, tandis que l'autre reste solide, cette dernière reste blanche longtemps encore après que la première a rougi.

Odeur. — L'odeur, surtout quand on la considère dans ses nuances les plus délicates, est un des caractères les plus fugaces ou du moins les plus *personnels* des corps organiques et inorganiques : pour ce motif, probablement, les chimistes n'y attachent, en général, qu'une bien faible importance. Peut-être ont-ils raison, au point de vue exclusivement chimique. Ce qui est certain, c'est que ce caractère a une très-réelle, parfois même une très-grande importance, au point de vue de la physiologie générale ; et, à ce propos, on nous permettra de présenter, ici, quelques considérations, qui ont trait à de bien grandes questions, à propos d'une bien petite occasion ; mais ce n'est pas une chose fort nouvelle que de voir les petites causes produire de grands effets, et les petits sujets soulever de grands débats.

Tous les acides phéniques cristallisés, quelle qu'en soit la provenance, ont une odeur *sui generis*, qu'il est très-facile de se rappeler et de reconnaître quand une fois on l'a sentie, mais qu'il est impossible de décrire, comme toutes les odeurs. Cette odeur est la même, foncièrement, si l'on nous permet ce mot, dans tous les acides ; cependant, lorsqu'on a une grande habitude de les manier, on trouve qu'elle offre des nuances sensibles, et, ce qui ne laisse pas que d'avoir un certain intérêt, que les acides d'une même provenance offrent, à peu près invariablement, la même nuance. L'odeur de la meilleure nuance n'est jamais précisément agréable ; mais on s'y habitue facilement, et même la plupart des personnes finissent par la trouver au moins très-supportable. Il n'en est pas de même de certaines nuances ; tous les acides anglais, par exemple, que nous avons expérimentés, ont une odeur fade de côtelette brûlée, à laquelle on s'habitue très-difficilement, et les échantillons, d'une si belle cristallisation, d'une si belle apparence, préparés par l'habile M. Calvert lui-même, ne sont pas exempts de ce défaut, assez sérieux, thérapeutiquement parlant ; ce caractère est si sensible, qu'il est très-facile, avec quelque habitude, de reconnaître un acide phénique de provenance anglaise.

Quelle est l'importance de ces nuances en chimie, en physiologie, en thérapeutique? je l'ignore ; cependant, je dois dire qu'après bien des essais, je me suis arrêté, pour la thérapeutique, à l'usage de l'acide phénique d'une odeur relativement agréable ; il m'a semblé que les résultats qu'on en obtenait étaient plus régulièrement avantageux ; c'est celui que j'emploie aujourd'hui exclusivement. Y aurait-il, suivant la pittoresque expression de M. Pasteur, un acide phénique *main droite* et un acide phénique *main gauche* (1), comme il y a un acide tartrique main droite et un acide main gauche ? Et cette différence, traduite peut-être par un acide phénique bon goût et un acide phénique mauvais goût, se continuerait-elle jusque dans les actions thérapeutiques ? Je ne me prononce pas ; mais tout le monde sent toute l'importance qu'il y a à labourer en tous sens ce vaste champ de recherches.

Quant à l'importance chimique et physiologique, c'est ici le

______

(1) Pour bien faire saisir et rendre frappante la dyssymétrie moléculaire, M. Pasteur compare deux cristaux semblables d'un corps dyssymétrique, les deux acides tartriques, par exemple, l'un à la main gauche et l'autre à la main droite : les deux cristaux sont parfaitement semblables ; cependant, il est évident qu'ils ne peuvent jamais ni être confondus à la vue l'un avec l'autre, ni occuper les mêmes points de l'espace, ni produire dans une glace une image identique à leur forme, mais bien une image renversée, le cristal droit, comme la main droite, donnant l'image du cristal gauche, et *vice versâ*.

moment de présenter les quelques considérations auxquelles je faisais allusion, et qu'on voudra bien me pardonner, car elles sont beaucoup moins étrangères au sujet de ce livre qu'on ne serait tenté de le croire au premier abord.

Dans son éloquente et ardente guerre aux classifications et aux classificateurs, guerre injuste sans doute à beaucoup d'égards, Buffon avait pourtant posé un principe de la plus grande vérité comme de la plus haute importance : c'est qu'il n'y a dans la nature que des espèces, presque que des individus, et qu'il n'y a de véritable connaissance, pour un observateur, que celle de ces espèces, de ces individus. Certes, c'est quelque chose, c'est beaucoup que de reconnaître, de savoir que telle plante, tel animal appartient à telle famille, à tel genre ; mais jamais, avec cette connaissance, on ne se doutera de ce que sont les quinquinas, les aconits, les pommes de terre, les chiens, les bœufs et les chevaux, ni surtout des bons et des mauvais services qu'ils peuvent rendre à l'homme ; une étude attentive de l'espèce et souvent même de l'individu nous instruira seule sur ces points importants.

Ces principes du grand écrivain, d'une si frappante vérité en histoire naturelle, ne le sont pas moins en physiologie, et, j'ose me permettre de le dire malgré mon incompétence, en chimie inorganique comme en chimie organique. Les actions de présence, les phénomènes de l'isomérisme et de l'isomorphisme avaient ouvert, sous ce rapport, de nouveaux et grands horizons ; les progrès récents de la chimie organique, nous dirions volontiers de la chimie biologique, les ont encore agrandis presque au delà de tout ce que l'on pouvait prévoir. Pour nous en tenir à un exemple qui se lie plus étroitement que tout autre à notre sujet, nous rappellerons cette belle expérience de M. Pasteur, qui en a fait tant d'autres de non moins admirables, et qui sont loin d'avoir produit encore les grandes et fécondes conséquences que l'avenir leur réserve. Dans son remarquable mémoire sur la *Dyssymétrie moléculaire*, dont nous ne pouvons reproduire ici les importants détails, M. Pasteur arrive à démontrer ce fait capital, que deux corps qui ont exactement la même composition chimique, la même forme cristalline, la même densité, la même couleur, les mêmes affinités, les mêmes réactions, qui semblent être, en un mot, absolument identiques, peuvent cependant, l'un ne pas dévier la lumière polarisée ou la dévier à droite, tandis que l'autre la dévie à gauche. Cette différence dans la déviation de la lumière polarisée dépend de la dyssymétrie dans la cristallisation des corps chimiques, et en dépend au point, qu'il y a un rapport constant entre la dyssymétrie et la différence dans le sens de la déviation, rapport qui constitue une véritable loi physico-chimique ; mais ce n'est pas tout : la physique et la chimie ne sont pas seules en jeu dans cette loi si étonnante, découverte par M. Pasteur ; la biologie est aussi soumise à son empire, et c'est ici que les faits d'ordre transcendant, observés par l'ingénieux physicien, intéressent au plus haut degré le médecin.

Relativement à leur pouvoir rotatoire (c'est-à-dire au sens dans lequel ils dévient la lumière, ou bien à l'absence de toute déviation) les corps chimiques peuvent être rangés en trois catégories que, pour éviter les périphrases, on désigne en corps *droits*, corps *gauches* et corps *indifférents*. Abstraction faite du pouvoir rotatoire, deux corps peuvent donc, d'après ce que nous venons de dire ci-dessus, être considérés chimiquement comme absolument identiques ; mais si l'on essaie leur pouvoir sur la lumière polarisée : l'un dévie à droite, l'autre à gauche, et cette différence, absolument inappréciable par tous les réactifs, suffit pour que l'un fermente et l'autre ne fermente pas, c'est-à-dire *pour que des êtres organisés puissent se développer dans l'un et non dans l'autre*, — car nous savons maintenant que les fermentations sont dues à des développements d'êtres microscopiques, végétaux ou animaux. — « Voilà donc, ajoute M. Pasteur, après avoir exposé, avec les détails les plus attachants, son admirable découverte, voilà donc la dyssymétrie moléculaire propre aux matières organiques, intervenant dans un phénomène de l'ordre physiologique, et elle y intervient à titre de modificateur des affinités chimiques. Il n'est pas douteux le moins du monde que ce soit le genre de dyssymétrie propre à l'arrangement moléculaire de l'acide tartrique gauche, qui est la cause unique, exclusive, de la différence qu'il présente avec l'acide droit, sous le rapport de sa fermentation. »

» Et ainsi se trouve introduite, dans les considérations et

les études physiologiques, l'idée de l'influence de la dyssymétrie moléculaire des produits organiques naturels, de ce grand
caractère qui établit peut-être la seule ligne de démarcation
bien tranchée que l'on puisse placer aujourd'hui entre la chimie
de la nature morte et la chimie de la nature vivante. » (PASTEUR,
Recherches sur la dyssymétrie moléculaire, Paris, 1860, p. 47.)

Il ne nous appartient pas d'insister sur cette dernière considération de l'éminent physicien ; nous ne nous arrêterons même
pas plus longtemps sur l'influence physiologique de la dyssymétrie moléculaire, dont nous avons suffisamment parlé dans
notre introduction ; tout ce que nous voulons retenir des faits
et des considérations qui précèdent, c'est que si le chimiste doit
observer avec le soin le plus scrupuleux et prendre en sérieuse
considération les nuances les plus délicates que présentent les
propriétés des corps, à plus forte raison doit-il en être de même
du physiologiste et du médecin, qui se servent de réactifs bien
autrement sensibles, dans l'immense majorité des cas, que ceux
du laboratoire chimique. Rien ne serait plus naturel, d'après
les expériences de M. Pasteur, que de voir un corps déviant la
lumière dans un sens, guérir une maladie (en empêchant une
fermentation), tandis que le même corps, identique par toutes
les propriétés physico-chimiques moins le sens de la déviation
de la lumière, non-seulement ne guérirait pas la même maladie,
mais pourrait même l'aggraver. Qu'on nous pardonne cette
digression, qu'on ne trouvera pas, nous l'espérons, déplacée,
et nous reprenons la description des propriétés de l'acide
phénique.

Saveur. — Les saveurs ne sont pas moins impossibles à définir que les odeurs ; ce n'est que par comparaison avec les plus
communes que l'on peut donner une idée de celles qui le sont
moins ou qui sont tout à fait rares ; on peut donc dire que la
saveur de l'acide phénique ressemble beaucoup à celle d'un
corps fortement imprégné de fumée, en attendant qu'elle devienne elle-même un type de comparaison, ce qui ne tardera
pas, car l'acide phénique sera bientôt aussi connu que le goudron ordinaire. La saveur dont nous parlons est celle d'une
solution étendue d'acide phénique. Les auteurs parlent ordinairement de sa saveur *brûlante, caustique :* ils entendent évi-

demment, dans ces cas, parler de l'acide liquide ou d'une de
ses solutions concentrées. Cette confusion, fréquente chez les
chimistes, doit être évitée par les physiologistes et les médecins : la *causticité* n'est point une saveur, car ce ne sont point
les papilles gustatives qui perçoivent la sensation , du moins
en tant que sensibilité spéciale ou gustation ; la causticité
n'impressionne que la sensibilité générale, qui ne trouve aucune
différence, ou seulement une différence de degré, entre la brûlure produite par la potasse, l'acide sulfurique, le chlorure de
zinc, l'acide phénique, etc. Il y a donc des corps caustiques,
mais il n'y a pas de saveurs caustiques.

La saveur des divers acides pourrait donner lieu à des considérations analogues à celles que nous avons présentées à propos
de son odeur; on sait d'ailleurs qu'il y a une relation très-
générale et très-étroite entre les odeurs et les saveurs, et que
beaucoup de corps sont surtout sapides parce qu'ils sont odorants; c'est le cas des acides phéniques, du moins pour ce qui
se rapporte à ce qui constitue leur odeur *sui generis*; mais
outre cette odeur, mentionnée par tout le monde, l'acide phénique en a une autre que personne ne paraît avoir remarquée,
quoiqu'elle soit pourtant bien tranchée; c'est une saveur sucrée, qui semble tenir le milieu entre la saveur franchement
saccharine et celle des sels de plomb; il est, du reste, assez
difficile d'étudier cette saveur longtemps, parce qu'elle est toujours accompagnée et promptement dominée par une autre
impression, qui n'est pas précisément une saveur, quoiqu'elle
se perçoive sur la muqueuse buccale mieux que partout ailleurs; c'est cette impression causée par l'essence de menthe,
et qui donne, quand elle n'est pas trop forte, une sensation de
fraîcheur; à un degré élevé, cette sensation passe à la stypticité
et graduellement à la causticité. Dans la progression d'une de
ces sensations à l'autre, l'acide phénique offre les nuances des
essences ou de l'alcool plutôt que des acides. Quant aux bases,
leur causticité est toute différente et n'offre jamais le caractère
styptique. Ce fait, non signalé, est pourtant bien remarquable.
Les acides qui ont une odeur franchement mauvaise ont un
mauvais goût, et *vice versâ*; comme les alcools, ils pourraient
être distingués en acides bon goût et en acides mauvais

goût ; comme celle des odeurs, cette distinction paraît avoir une certaine importance médicale.

Solubilité. — L'une des premières choses, sinon la première que fasse un chimiste, quand il vient de découvrir un corps nouveau, c'est d'en rechercher et d'en étudier la solubilité, un des caractères les plus importants des corps chimiques ; il étudie cette solubilité au moins dans les dissolvants les plus communs, et, par conséquent, dans l'eau, le plus commun comme le plus précieux de tous. L'inventeur de l'acide phénique, Runge, n'eut garde de manquer à cette habitude ; il constata donc et il écrivit que l'acide phénique se dissout dans l'eau, dans la proportion de 3,26 p. 100, à la température de 15° cent. Tous les chimistes qui s'occupèrent ou seulement parlèrent de l'acide phénique après Runge, Laurent, Gerhardt, Liebig, Wœlher, Berthelot, etc., et, dans un ordre moins élevé, Parisel, Bouchardat, Calvert, Quesneville, etc., constatèrent et signalèrent le même fait ; Parisel trouva même que la solubilité était de 3,50 à 4 p. 100, au lieu de 3,26 indiquée par Runge.

On s'imaginera difficilement, d'après ces faits, qu'il ait pu se rencontrer quelqu'un, un dernier venu, pour prétendre avoir découvert la solubilité de l'acide phénique. Eh bien, ce quelqu'un s'est trouvé, et ce quelqu'un, c'est..... c'est-à-dire ne peut être que mon étrange adversaire..... M. Lemaire ! Et ce qui paraît encore plus extraordinaire dans cette extraordinaire prétention, c'est que M. Lemaire constate lui-même, dans maints endroits de son livre, tous les faits que nous venons de rappeler nous-même. Cette aberration de l'esprit humain a trop d'intérêt, au point de vue psychologique, pour que nous ne la fassions pas connaître avec quelques détails. M. Lemaire commence donc par disperser dans son livre les passages suivants :

« Les parties végétales récemment coupées se flétrissent très-promptement dans *une solution* d'acide carbolique *aqueuse et saturée*......... Une solution étendue de gélatine n'est pas troublée par une *solution aqueuse* d'acide carbolique....... Une peau animale, épilée par du lait de chaux, blanchit quand elle séjourne dans *la solution* d'acide carbolique. Une peau de mouton qui n'a pas été préparée avec de la chaux se comporte diffé-

remment : *la solution* d'acide carbolique lui donne la consistance du cuir........ La viande et le poisson pourris perdent
instantanément leur mauvaise odeur, quand on les plonge dans
la solution d'acide carbolique..... » (LIEBIG, *Chim. organ.*, t. III,
p. 88 et suiv. cité par M. Lemaire, 1re et 2e édit. *de l'Acide
phèn.*, p. 38.)

« A l'occasion de la communication de MM. Corne et Demeaux, M. Calvert écrivit à l'Académie qu'en 1851, des cadavres
ont été injectés à Manchester avec une *dissolution faible* d'acide
phénique et se sont parfaitement conservés pendant plusieurs
semaines sans altération.» (LEMAIRE, *De l'Ac. ph.*, 1re et 2e édit.,
p. 42.)

Ces lignes, nous le répétons, ont été écrites, ainsi que beaucoup d'autres semblables, qu'on trouvera un peu plus loin, par
M. Lemaire ; or, c'est avec la même main, sinon avec la même
tête, que ce même M. Lemaire écrit les suivantes :

« L'acide phénique *est considéré* comme à peine soluble dans
l'eau. *Je démontrerai* plus loin que c'est une erreur, et que
l'eau, à la température de 15°, peut dissoudre 5 p. 100 de son
poids d'acide pur. *J'ai été bien heureux, lorsque* J'AI DÉCOUVERT
CE FAIT. Nous verrons dans le cours de ce travail l'importance
de la découverte de ce fait. » (*De l'Ac. ph.*, 1re et 2e éd., p. 30.)

Et plus loin :

« *Jusqu'à présent*, on pensait que l'acide phénique était à
peine soluble dans l'eau. De là sans doute les différents mélanges pulvérulents proposés par M. Bouchardat et par M. Parisel pour rendre son emploi facile.» (*De l'Ac. ph.*, 1re éd., p. 47,
et 2e éd., p. 45.) — Seulement, dans la seconde édition, l'auteur
prenant de l'assurance, à mesure qu'il........ se trompe davantage, remplace les mots *jusqu'à présent*, par les suivants, plus
magistraux : *Avant nos recherches*, on croyait, etc.

Dans le second passage, comme on le voit, M. Lemaire ne se
contente plus de dire vaguement *on croyait;* il accuse M. Bouchardat, M. Parisel et d'autres, d'avoir proposé des poudres
phéniquées (que M. Calvert préconise encore aujourd'hui) *à
cause de l'ignorance où ils étaient de la solubilité de l'acide phénique.* M. Bouchardat ne se sentit probablement pas plus atteint
que Liebig par les ridicules prétentions et accusations de ce

plaisant inventeur; mais M. Parisel fut plus sensible, et il fit écrire par son fils, à un journal de pharmacie, une réclamation aussi brève que précise, où il rétablissait nettement la vérité sur les deux faits altérés par M. Lemaire. Nous citons textuellement :

« 1° *Si l'on croyait généralement que l'acide phénique était insoluble*, M. Parisel était justement une exception, car il avait publié, avant M. Lemaire, que l'acide phénique se dissolvait dans la proportion de 3 à 4 p. 100. *C'est en s'appuyant sur cette solubilité* qu'il donna comme remède énergique contre l'acarus, *l'eau* SATURÉE *d'acide phénique. (Annuaire pharm.*, 1861.) » L'auteur aurait pu ajouter : et *Monit. des scienc. méd.*, 1860, car M. Parisel avait d'abord publié son travail dans ce journal, *qui servait aussi de tribune à M. Lemaire.*

« 2° Si l'on a proposé des poudres, c'est qu'ainsi, le médicament agit d'une façon moins irritante et bien plus persistante qu'en solution aqueuse. C'est encore pour diminuer l'irritation qu'au lieu de plâtre, la formule de M. Parisel porte de la farine. »

A cette réclamation si légitime, si brève, si claire, dans laquelle M. Parisel ne fait que rappeler, en peu de mots, ce qu'il avait publié depuis longtemps, voici l'indigeste fatras que M. Lemaire crut devoir répondre. Qu'on nous pardonne de le reproduire, car il est indispensable, pour commencer à faire connaître l'homme et à faire justice d'une mauvaise foi et de prétentions véritablement maladives. Il s'adresse au directeur du journal :

« Je vous remercie de m'avoir fait remettre le n° d'octobre de l'*Union pharmaceutique*. Sans votre aimable obligeance, je n'aurais pas connu la lettre que M. Parisel vient de vous écrire pour vous signaler deux erreurs qui, dit-il, existent dans une seule phrase de mon travail sur l'acide phénique. Je vous serais bien reconnaissant de vouloir bien insérer ma réponse dans votre prochain numéro. Voici la phrase incriminée : « On » croyait généralement que l'acide phénique est insoluble » dans l'eau; de là sans doute les poudres désinfectantes pro- » posées par M. Parisel et par M. Bouchardat. »

» Je maintiens que les poudres ont été imaginées pour rendre l'acide phénique maniable, *parce qu'on croyait généralement* qu'il était insoluble dans l'eau. On agissait pour cet acide comme on l'avait fait pour le coaltar et l'huile lourde de houille. Pour ne pas abuser de votre hospitalité, je renvoie M. Parisel et ceux qui voudraient juger ce point historique à mon livre sur l'acide phénique (p. 8, 9, 31 et 47, 1re édit) (1).

» Je citerai seulement quelques faits pour justifier mon assertion.

» Dans deux brevets que M. Bobeuf » — (hélas! que vient donc faire M. Bobeuf en cette affaire!) — « prit en 1857 et en 1858, il conseilla l'emploi de substances inertes pour convertir en poudre l'acide phénique et l'huile lourde de houille pour les rendre maniables. Il en conseilla l'emploi pour les applications en grand à la désinfection. En passant, je demanderai à M. Parisel, qui prétend que les poudres ont été employées pour empêcher l'irritation de l'acide phénique, quelle était l'irritation que l'on avait à redouter dans les fosses d'aisance ou dans de grandes collections de matières animales putréfiées. Il ne sait donc pas qu'à cette époque M. Demeaux n'avait pas encore fait d'application de sa poudre. M. Parisel, avant de m'attaquer, aurait bien dû relire l'histoire de l'acide phénique. .

» M. Le Beuf, de Bayonne, qui s'est beaucoup occupé de rendre le coaltar maniable, et M. Detraux, qui a fait l'analyse de la teinture de cette substance, employaient la saponine pour émulsionner un millième d'acide phénique liquide. Est-ce clair? »

Ce n'est pas nous, au moins, qui disons : est-ce clair? c'est

(1) Il est bien entendu qu'aux pages indiquées, pas plus qu'ailleurs, il n'y a pas d'autres preuves sur ce point historique que celles qui se trouvent dans la lettre même. M. Lemaire s'y borne à parler des poudres coaltarées (p. 8 et 9), de l'émulsion dite saponinée (p. 31) et de la prétendue croyance où l'on était de l'insolubilité de l'acide phénique dans l'eau (p. 47). Quant à une preuve pour démontrer la réalité de cette prétendue croyance, il n'y en a pas même l'ombre, et, dans la page 47., M. Lemaire rappelle même que Runge avait constaté une solubilité de 3,26 p. 100. On s'apercevra, du reste, en parcourant nos discussions avec M. Lemaire, que c'est une sorte de système chez lui que de renvoyer le lecteur à des pages, à des articles, à des ouvrages où il n'est nullement question du point en litige. Il paraît compter que le lecteur ne se donnera pas la peine d'aller vérifier les endroits cités, et qu'il préférera croire M. Lemaire sur parole. Ce système peut avoir des avantages... vis-à-vis des gens crédules,

M. Lemaire lui-même, pillant Sganarelle. — Mais continuons la citation :

« Dans sa brochure (*Dérivés du goudron de houille*, 1861). M. Parisel admet, après M. Calvert, que l'acide phénique est le principe actif du coaltar, il signale les inconvénients et les reproches qui ont été adressés aux poudres ; il savait que l'eau peut dissoudre 3 pour 100 du principe actif du coaltar » — M. Parisel dit de *trois à quatre* — « (la poudre de MM. Corne et Demeaux ne contient que 2 p. 100 de goudron); la connaissance de ce fait lui permettait de rendre un immense service en substituant l'eau aux poudres, il ne le fait pas, il ne tente aucune expérience, il ne propose aucune application de cette propriété importante » — (excepté l'application à la curation de la gale, toutefois, et M. Parisel n'était pas pharmacien défroqué comme M. Lemaire, il était pharmacien purement et simplement et directeur d'une usine de produits chimiques ; il ne pouvait donc que proposer) — « que j'ai utilisée dans tant de circonstances. » — (Après beaucoup de monde, et notamment, après Liebig, qui n'est pas précisément le premier venu.) — « Il se contenta de faire une imitation malheureuse de la poudre Demeaux, parce qu'il a méconnu cette importante loi chimique : *Les composés ont des propriétés nouvelles et différentes de leurs composants* » — (et que votre fille est muette);— « il emploie la graisse et la farine qui, contrairement au plâtre, modifi-nt considérablement l'acide phénique. Que *vouliez-vous que je pense* après tous ces faits irrécusables? *Si j'avais admis que* M. Parisel était de ceux qui connaissaient la solubilité de l'acide phénique dans l'eau, » — et qu'il avait écrit ce qu'il a écrit et publié — « j'aurais été forcé, malgré moi, de penser... qu'il n'avait pas vu clair dans le milieu où il était placé! »

Ouf! et ce n'est pas fini.

« M. Parisel réclame la priorité sur M. Cloëz et sur moi » — (tiens, M. Cloëz y est donc pour quelque chose! M. Parisel ne s'en doutait pas et n'en parle pas dans sa lettre), — « pour avoir écrit en 1861 » — (en 1860, S. V. P., attendu que l'*Année pharmaceutique* n'était que la reproduction d'articles publiés dans le *Moniteur des sciences* pendant l'année précédente; M. Lemaire le sait très bien) — « que l'eau peut dissoudre 3 à 4 p. 100 d'acide phénique cristallisé. Je dirai d'abord à M. Parisel, qu'il a dû lire dans Liebig et dans Gerhardt, auxquels il a emprunté la plus grande partie de son article, que dès 1834 Runge avait constaté que l'eau à 20 degrés centigrades peut dissoudre 3,25 de cet acide cristallisé. » — (Il imprime ailleurs, ce qui est vrai, que Runge n'avait obtenu que l'acide liquide). — « L'adverbe *généralement* que j'ai employé dans la phrase attaquée faisait principalement allusion à *ce fait.* » — « Quel fait ?... comprenez si vous pouvez : *on croyait généralement que l'acide phénique était insoluble dans l'eau* veut dire : M. Parisel a dû lire dans Liebig et dans Gerhardt que Runge avait constaté, en 1834, que l'eau peut dissoudre...!! etc. C'est d'une logique..... à renverser des montagnes. Pends-toi, brave Sganarelle, tu as trouvé ton maître. — « Quant à nous, en démontrant que l'eau à 20 degrés peut dissoudre 5 p. 100 d'acide phénique sublimé en longues aiguilles, nous avons fait connaître un fait nouveau.

« Encore un mot. M. Parisel dit que dès 1861, » —(1860, S.V.P.) — « il a proposé l'eau phéniquée pour le traitement de la gale. Je dirai à ce sujet à M. Parisel qu'en juin 1860, j'ai publié une brochure (*du Coaltar saponiné*) que je lui ai fait remettre, et dans laquelle sont rapportées des guérisons de gale qui ont été obtenues à l'hôpital Saint-Louis et à l'école d'Alfort par l'emploi de *cette substance.* » — (Quelle substance ?... l'acide phénique, sans doute, puisqu'il s'agit d'acide phénique ? Du tout : cette substance, c'est le coaltar dit saponiné, qui n'est pas saponiné !) — « J'ajouterai que de nombreuses expériences y sont rapportées pour démontrer que l'acide phénique est *le principe le plus actif* auquel cette substance doit ses propriétés. » — (Innocent mensonge : il n'y a pas de nombreuses expériences dans l'écrit en question, et l'acide phénique n'y est nullement donné comme *le principe le plus actif*, mais comme l'un des *principaux* éléments auxquels le coaltar doit *la plus grande partie* de ses propriétés). — (1).

---

(1) Voici du reste en quels termes la même opinion se trouve encore exprimée dans la seconde édition du livre sur l'acide phénique : « C'est donc à *l'aniline*, à la *benzine* et à *l'acide phénique* qu'il faut rapporter *la plus grande somme* d'action du coaltar. (*De l'Acide phénique*, p. 27, 2ᵉ édition.) — Or, *la plus*

« Ce fait » — quel fait ? « — et celui relatif à Runge m'autorisent à dire à M. Parisel qu'à mon tour, mais avec justice, dans l'intérêt de la science et de la vérité, je pourrais réclamer. »

Pour le coup, le factum est terminé ! M. Parisel n'y répliqua point. Eut-il bien tort ? Qu'aurait-il dit à un homme qui vous répond Bobœuf, Le Beuf, Demeaux et Detraux, quand on lui parle Parisel ; qui répond passé quand on lui parle présent, qui répond coaltar quand on lui parle acide phénique ; qui vous demande ce que vous avez fait, quand il s'agit de ce que vous avez écrit ; qui cherche, enfin, à dissimuler, sous un déluge de paroles incohérentes, ses erreurs, ses fausses accusations, sa vaniteuse et insigne mauvaise foi ? D'une pareille tête, il n'y a vraiment qu'une chose à faire, c'est de la coiffer d'un bonnet... d'écolier paresseux.

Pourtant, nous aurions voulu qu'avant de procéder à cette opération, M. Parisel fît savoir au public qu'il existait réellement quelqu'un qui, depuis Runge, et avant que M. Parisel eût proposé et que j'eusse moi-même appliqué l'acide phénique, avait réellement cru à l'insolubilité de cet acide dans l'eau. Oui, ce quelqu'un existe, et ce quelqu'un c'est... M. Lemaire ! Ce ne pouvait être que lui !

Que le lecteur veuille bien lire, et qu'il juge le personnage :

Il rend compte, ledit personnage, d'expériences dont nous aurons à nous occuper plus loin, pour déterminer la part d'action des *principaux* composants du coaltar, *acide phénique*, *benzine* et *naphtaline* (qui a remplacé, ici, *l'aniline*).

« Pour ces essais, dit-il, j'ai mis à profit la propriété que possède la saponine d'*émulsionner ces trois corps* INSOLUBLES DANS L'EAU. » (*Du coaltar saponiné*, p. 79.)

Ainsi, c'est pour se laver de sa propre ignorance que M. Le-

---

grande somme d'action n'est pas toute l'action, et l'acide phénique n'entre que pour un tiers dans cette plus grande somme d'action du coaltar, qui renferme plusieurs autres principes « possédant probablement, ajoute M. Lemaire, des *propriétés analogues.* » Quant à l'activité relative des trois principes, aniline, benzine et acide phénique, M. Lemaire ne fait aucune distinction, et l'acide n'est pas plus le premier que le dernier. En résumé, ce renvoi, comme la plupart de ceux que fait M. Lemaire, a pour unique but d'induire le lecteur en erreur.

maire accuse tout le monde de croire à l'insolubilité de l'acide phénique, quand *lui seul* y croyait! La plume tombe des mains devant une telle impudence ou une telle sottise.

Revenons donc à la solubilité de cet acide. Ceux qui auront lu les lignes qui précèdent n'oublieront probablement pas que cette solubilité était de 3,26 pour Runge, de 3,50 à 4 pour Parisel, et qu'elle est de 5 p. 100 pour M. Cloëz, dont la modeste expérience est devenue « la grande et importante découverte de M. Lemaire, » qui paraît ne pas se gêner davantage avec ses amis qu'avec ses adversaires. Eh bien, nous apprendrons à M. Lemaire, sans en tirer la moindre vanité, que la proportion de 5 p. 100 n'est pas la dernière limite de la solubilité de l'acide phénique, comme il le répète à satiété. L'acide vendu aujourd'hui par tous les bons fabricants se dissout dans la proportion de 5,25, 5,50 et même 6 p. 100. Nous nous en sommes assuré plusieurs fois ; M. le docteur Quesneville a constaté le même fait, et nous ne pensons pas qu'il en soit plus glorieux que nous. Si ce fait a une importance, ce n'est pas, — comme l'a cru ou feint de le croire M. Lemaire, — au point de vue des applications médicales, car une solution de 3,26, comme celle de Runge, suffirait parfaitement aux besoins de la thérapeutique, puisqu'elle a suffi à Liebig pour tuer, en quelques minutes, des sangsues et des poissons ; mais ce fait peut avoir de l'importance en ce qu'il prouve, ainsi que plusieurs autres, que les acides phéniques considérés comme les plus purs, présentent pourtant des différences sensibles dont la science ne s'est pas encore rendu compte, et qu'elle peut avoir intérêt à mieux connaître. C'est aux chimistes à continuer, sur ce point comme sur beaucoup d'autres, le progrès immense déjà réalisé par l'étude du goudron de houille.

En résumé, pour l'année 1871, la solubilité dans l'eau des acides phéniques, qu'on peut considérer actuellement comme purs, est de 5 à 6 p. 100, et quand M. Lemaire parle sans cesse, dans son livre, d'eau phéniquée *saturée* à 5 p. 100, il commet, par une ignorante et sotte vanité, une erreur qui ne peut avoir que des inconvénients en thérapeutique.

Alcool. — Dans ce liquide l'acide phénique se dissout en toutes proportions, à une température supérieure à 20 degrés, et même un peu moindre. Mais quand le thermomètre s'abaisse au-dessous de 14°, de 12°, et à plus forte raison davantage, une partie de l'acide se solidifie, et il en reste une proportion indéterminée en dissolution. Dans un mélange à parties égales, la solution persiste à toutes les températures, du moins aux environs de zéro.

Comme l'alcool se dissout en toutes proportions dans l'eau, celle-ci, quand elle est alcoolisée, dissout d'autant plus d'acide phénique qu'elle contient plus d'alcool, et cette circonstance aurait permis à nos prédécesseurs d'appliquer l'acide phénique à la thérapeutique, alors même que la solubilité constatée par Runge n'aurait pas été suffisante. La grande et *importante découverte* — c'est lui qui l'appelle ainsi — de M. Lemaire, faite par M. Cloëz, n'était donc nullement nécessaire pour cela. Mais, pour faire une chose, il ne suffit pas qu'elle soit possible ou même facile ; il faut tout simplement en avoir l'idée : l'histoire de l'œuf de Christophe Colomb est aussi connue que démonstrative.

Éther. — L'éther dissout l'acide phénique comme l'alcool, à peu près en toutes proportions. La volatilité de l'éther étant de beaucoup supérieure à celle de l'alcool, sa propriété dissolvante de l'acide phénique peut avoir de l'utilité dans quelques circonstances ; mais cette utilité serait bien plus grande si l'éther n'était pas lui-même une substance dont l'activité ne permet pas d'en faire un simple véhicule.

Dissolvants divers. — Parmi les autres corps assez nombreux dans lesquels se dissout encore l'acide phénique, nous ne signalerons d'une manière spéciale que l'acide acétique, l'acide pyro-ligneux et la glycérine, parce que les dissolutions phéniquées de ces corps ont, dès à présent, une certaine importance médicale.

L'acide phénique dissolvant. — L'acide phénique peut, à son tour, servir de véhicule : il dissout, en proportions plus ou moins considérables, l'eau (en faible quantité), l'indigo, le soufre, l'iode, le copal, la colophane, etc. Aucune de ces dissolutions n'a encore reçu d'applications médicales importantes ; pour le moment, nous ne croyons donc pas devoir nous y appesantir.

Densité. — L'acide phénique est un peu plus pesant que l'eau : sa densité est de 1,065, suivant quelques chimistes, de 1,060, suivant d'autres, et enfin de 1,054, suivant quelques-uns.

ART. II. — AFFINITÉS CHIMIQUES. — ACTION SUR LES ACIDES ET LES BASES. — NATURE.

Affinités chimiques. — Action sur les bases. — La coutume voudrait que l'on ne traitât des affinités de l'acide phénique qu'après avoir épuisé la discussion sur sa composition moléculaire, sur sa théorie et par conséquent sur sa nature. Mais comme, pour se faire une opinion motivée sur celle-ci, on doit prendre en grande considération l'action de l'acide phénique sur les autres corps chimiques, nous avons cru indispensable de dire d'abord quelques mots de cette action.

Plusieurs des chimistes qui se sont occupés de l'acide phénique, notamment M. Parisel et son fils, ont décrit avec détails plusieurs sels formés par la combinaison de diverses bases avec l'acide phénique, entre autres la potasse, la soude, l'ammoniaque, la baryte et divers oxydes métalliques (ceux de fer, de zinc, de cuivre, de plomb, de mercure, etc.). Si ces combinaisons étaient bien définies, aussi stables que le disent ces intelligents expérimentateurs, nul doute que l'acide phénique ne jouât le rôle d'acide véritable, qu'il ne méritât, en un mot, son nom au même titre que l'acide carbonique ou un acide organique faible. Mais les expériences des auteurs qui croient aux véritables phénates sont loin d'être toujours exactes, et quand elles sont exactes, d'être concluantes. L'un des sels, par exemple, sur lesquels MM. Parisel père et fils insistent le plus, et sur lequel ils auraient, en effet, le plus de raison d'insister, surtout au point de vue médical, le phénate d'ammoniaque, est loin, bien loin de posséder la stabilité qu'ils lui attribuent. Il est bien vrai que l'acide phénique se dissout dans l'ammoniaque liquide en beaucoup plus grande proportion que dans l'eau ; il est bien vrai même que l'acide phénique absorbe dans certaines proportions le gaz ammoniac ; mais il est non moins vrai que la solution ammoniacale d'acide phénique, abandonnée à l'air libre, laisse dégager progressivement tout le gaz alcalin, et qu'il ne reste bientôt dans le vaisseau qu'une solution phéniquée, ou cette solution plus de l'acide phénique, si l'eau est en proportion insuffisante pour dissoudre tout l'acide. De même, le gaz ammoniac, d'abord absorbé par l'acide pur, ne tarde pas à se dégager de ses liens et à laisser seul l'acide phénique. Toutefois, notre habile fabricant de produits chimiques, M. E. Rousseau, a observé que lorsqu'on ajoute au phénate d'ammoniaque récemment préparé du sucre ou du sirop, l'acide retient indéfiniment (ou au moins pendant des années) le gaz ; mais en même temps la dissolution prend une teinte tout à fait noire. Il se passe évidemment là des réactions que la chimie et la thérapeutique ont intérêt à étudier.

M. Calvert a publié, dans le *Journal de la Société chimique de Londres*, quelques expériences sur le sujet qui nous occupe. Il dit avoir constaté qu'en plaçant dans des instruments gradués, des quantités progressivement croissantes d'alcool phénylique (acide phénique) en contact avec des solutions de plus en plus concentrées de potasse, il a reconnu que la quantité d'acide dissoute, toujours très-petite, n'était, dans aucun cas, proportionnelle à la concentration de la liqueur alcaline, ce qui devrait nécessairement avoir lieu, si l'alcool phénylique jouait le rôle d'un acide. M. Parisel fils dit avoir, il est vrai, répété cette expérience et avoir obtenu des résultats différents; mais son expérience, qui a dû pécher par quelque point, n'a convaincu personne, et l'on reconnaît généralement que celle de M. Calvert est exacte ; nous en maintenons personnellement l'exactitude en ce qui concerne l'ammoniaque liquide et le gaz ammoniac.

M. Calvert a fait remarquer, en outre, que les traités de chimie donnent, comme le meilleur moyen d'obtenir l'acide phénique, le traitement des huiles de houille, recueillies entre 150 et 200 degrés centigrades, par une solution concentrée de potasse, et en recueillant la masse cristalline qui se produit alors, laquelle paraît être et passe pour être un phénate de potasse. M. Calvert a répété l'expérience avec de l'hydrate de phényle pur (acide phénique); il a bien obtenu aussi une masse cristalline ; mais, celle-ci, débarrassée *par la pression de* l'alcali interposé mécaniquement, s'est montrée formée de cristaux d'hydrate de phényle sensiblement pur et ne contenant qu'une trace de potasse.

De ces expériences, M. Calvert conclut que le corps désigné sous le nom d'acide phénique, carbolique, etc., n'est pas un acide, mais un corps neutre, que l'on doit considérer comme un alcool.

Après avoir résumé les expériences et les observations de M. Calvert, M. le docteur Quesneville ajoute ce qui suit :

« Il y a longtemps que nous étions de l'avis de M. Calvert et que nous considérions les prétendus phénates de potasse et de soude comme une simple solution d'acide phénique dans une eau alcaline et non comme des sels proprement dits, car de même que l'acide phénique se dissout dans l'acide acétique et l'alcool, il se dissout aussi dans une eau alcaline et pas autre chose ; il n'y a là aucune combinaison chimique.

» Nous avons fait quelques expériences qui démontrent bien qu'il en est ainsi : Nous avons pris 20 grammes de potasse caustique et nous les avons dissous dans 80 grammes d'eau. La solution marquait 17 degrés au pèse-sel. Nous avons introduit dans cette liqueur alcaline 60 grammes d'acide phénique cristallisé ; l'acide s'est dissous à l'instant même. Le pèse-sel a indiqué alors 14 degrés. — Une nouvelle quantité d'acide phénique de 80 grammes s'est dissoute de nouveau, et le pèse-sel n'a plus marqué alors que 12 degrés ; — puis, avec une nouvelle dose de 50 grammes, 11 degrés et demi. Nous ne doutons pas qu'une nouvelle quantité d'acide phénique ne se fût encore dissoute à la faveur de la potasse contenue dans la liqueur. Un papier rougi de tournesol mis dans la liqueur, à chaque fois qu'on augmentait la dose d'acide phénique, a bleui de la même manière.

» Nous avions donc dans nos 100 grammes de dissolution de potasse à 17 degrés, 190 grammes d'acide phénique cristallisé en dissolution parfaite. Nous avons ajouté 900 grammes d'eau à cette liqueur, et aussitôt l'eau s'est troublée, et une couche huileuse d'acide phénique à gagné le fond. Cette couche séparée pesait 105 grammes, et la dissolution aqueuse marquait au pèse-sel 3 degrés.

» Cette solution évaporée dans une capsule de porcelaine tarée a dégagé de l'acide phénique tout le temps, puis, en se concentrant, s'est fortement colorée, et, à mesure qu'elle s'épaississait, laissait dégager des vapeurs fortement éthérées mélangées d'odeur d'acide phénique. — Le résidu était de 26 grammes, soit 6 grammes de plus que la potasse employée, et on aurait pu lui faire perdre encore de son poids, si on avait voulu chauffer davantage, mais on s'est arrêté quand on a jugé que la potasse était à peu près dans le même état d'hydratation où on l'avait prise.

» Que conclure de tout ceci, alors qu'on sait que les acides les plus volatils, une fois combinés aux alcalis, ne se décomposent que très-difficilement par la chaleur ? sinon que les phénates n'existent pas, et que ce seraient des médicaments dangereux à employer à l'intérieur, puisque à l'acide phénique on ajouterait un autre caustique, fixe celui-ci, qui pourrait nuire ;

» qu'il n'y a qu'une seule manière d'employer l'acide phénique à l'intérieur, c'est en dissolution dans de l'eau ou mieux encore dans du sirop ;

» que les dissolutions de soude et de potasse peuvent servir comme dissolvants de l'acide phénique, mais seulement pour faire des solutions destinées à laver les étables, les écuries, le plancher de la Morgue et autres lieux infectés, comme les égouts, par exemple.

» Mais, dans ce dernier cas, il est préférable de faire, comme en Angleterre, des phénates de chaux, — c'est-à-dire d'emprisonner l'acide phénique soit dans un lait de chaux, soit dans des poudres de chaux éteinte, ce qui sera meilleur marché. » (*Moniteur scientifique*, 1er octobre 1865.)

Dans son avant-dernier paragraphe, M. Quesneville a mis la main sur la véritable question qui nous intéresse : sans doute il est d'un grand intérêt chimique de savoir si l'acide phénique peut ou non former de véritables sels avec les bases ; mais, au point de vue des applications médicales, cet intérêt est immédiat et palpitant : si, par exemple, on prescrivait un phénate de soude comme on prescrirait un sulfate de soude, dans la croyance que les deux composants caustiques se sont neutralisés par leur combinaison, on introduirait tout simplement dans l'économie deux caustiques, au lieu d'un, et nous n'avons pas besoin de dire quel en serait le résultat. Ainsi que nous allons le dire dans un instant, les réactions qui se passent entre les alcalis et l'acide phénique nous paraissent offrir un certain mystère et appeler toute l'attention des chimistes ; mais au point de vue médical, nous en savons assez pour conseiller la plus grande prudence, au moins en tant que médication interne, dans l'usage de ces prétendus phénates qu'on doit considérer comme des agents infidèles et dangereux. Mais si la médecine n'a encore rien demandé aux combinaisons salines phéniquées actuellement connues, rien ne dit qu'il en sera de même de celles que les progrès de la chimie peuvent nous dévoiler à l'avenir. Non, sans doute, l'ammoniaque ne forme pas avec l'acide phénique un véritable sel ; mais la mise en contact de ces corps présente cette singularité, cette bizarrerie, que le gaz ammoniac qui est d'abord absorbé par l'acide phénique, s'en dégage ensuite spontanément, dans les mêmes conditions apparentes que celles où il a été absorbé; et il se passe quelque chose d'analogue avec les autres alcalis. C'est dans ces actions et réactions étranges que nous trouvons un certain mystère, gros peut-être de découvertes inattendues. Nous ne pouvons pas réfléchir à ces bizarreries apparentes sans que notre souvenir se reporte aux belles expériences de M. Pasteur, qui ouvrent des horizons si nouveaux, et probablement si féconds en applications utiles, à la physiologie et à la pathologie générales. Voilà pourquoi nous nous sommes permis de signaler ces bizarreries de l'acide phénique à l'attention des jeunes chimistes.

Enfin, une combinaison ou un mélange, si l'on veut, qui justifie, plus encore que le phénate d'ammoniaque, ces remarques, c'est la dissolution de la quinine dans l'acide phénique, ou ce qu'on pourrait bien appeler, ici, le phénate de quinine, car la dissolution se fait à équivalents égaux. Contrairement aux mélanges ou aux combinaissons avec les autres bases, le mélange quino-phéniqué se maintient, au moins pendant des années, car nous en conservons un depuis trois ans, qui nous a été donné par M. E. Rousseau, et qui est encore à l'état de solution parfaite. Une addition d'eau le décompose comme les autres phénates, mais sans laisser précipiter, ou à peine, de la quinine. De plus, l'acide phénique du composé phénique qui se précipite au fond de l'eau, est beaucoup moins fluide que l'acide ordinaire ; il surnage à l'eau, en très-faible partie et par petits disques isolés, et une certaine proportion s'attache aux parois du verre à expérience à l'état quasi solide, et ne peut qu'à grand'peine en être détaché. Tous ces faits me paraissent dignes d'intérêt et appellent des études attentives.

Réaction aux papiers colorés. — L'acide phénique n'a aucune action sur le papier de tournesol, et il ne le ramène pas davantage au bleu, quand il a été rougi par un acide. Sous ce point de vue, qui, sans être capital, a pourtant une certaine importance, l'acide phénique est donc un corps neutre.

Nature. — Cette dernière opinion est aujourd'hui celle de beaucoup de chimistes, et en particulier celle de notre éminent synthétiste, M. Berthelot, qui le considère comme une sorte d'alcool phénylique, ce qui lui a fait donner par lui le nom de phénol : cependant, ce n'est point un alcool proprement dit, et sa fonction chimique, dit l'ingénieux et profond chimiste, est « distincte des acides, des aldéhydes et des alcools. »

S'il nous était permis d'exprimer une opinion sur un sujet aussi éloigné de notre compétence, et seulement en ne considérant que l'action de l'acide phénique sur l'économie animale, nous nous rangerions complétement à l'avis de M. Berthelot, malgré ces paroles, assurément d'un grand poids, du professeur Hoffmann : « Le phénol possédant les propriétés d'un acide, est capable de former des combinaisons solubles dans l'eau, lorsqu'on le met en présence d'alcalis puissants. » Nous avons exprimé notre opinion sur ces combinaisons, mais nous ne pouvions passer sous silence l'avis d'une aussi haute autorité que celle d'Hoffmann.

Nous ne voulons pas passer davantage sous silence le résumé que Parisel a donné en faveur de son opinion, qui était que l'acide phénique est bien un acide ; nous laissons à de plus compétents le soin de rectifier ce qu'il y a d'erroné dans les propositions de M. Parisel ; les voici telles qu'il les a résumées dans la thèse de son fils :

« 1º L'acide phénique se combine aux alcalis. Une combinaison seule peut expliquer la dissolution dans l'eau d'une proportion d'acide phénique beaucoup plus forte que sa solubilité dans ce liquide ne le comporte.

» 2º L'acide phénique se combine aux oxydes métalliques. Cette propriété est très-importante, car les alcools ne l'ont à aucun degré.

» 3º Le phénate d'ammoniaque est un véritable sel ammoniacal, comme on le verra à son étude complète; de plus, il donne un amide, l'aniline.

» 4º En général, les acides énergiques produisent, avec l'acide phénique, des acides doubles, à propriétés acides caractérisées, et pas d'éthers phényliques.

» 5º On connaît des éthers phéniques produits par l'action de l'acide phénique sur les combinaisons alcooliques (Cahours).

» 6º La préparation même de l'acide phénique semble indiquer des propriétés acides. En effet, attaqué par la potasse, il est ensuite déplacé par un acide plus fort.

» 7º Les phénates solubles opèrent des doubles décompositions, suivant les lois de Berthollet.

» Devant cet ensemble imposant de propriétés acides, on trouvera bien faibles les propriétés alcooliques. » (F. L. PADISEL, *de l'Acide phénique au point de vue pharmac..* —Paris, 1866, p. 8.)

ART. III. — ORIGINE, SOURCES, PRÉPARATION.

Origine. — Sources. — L'acide phénique se trouve dans un grand nombre de produits de la nature : Wœlher l'a obtenu par la distillation sèche de l'acide quinique; Kopp, par la distillation sèche du benjoin; Gerhardt l'a préparé par le dédoublement de l'acide salicilique, sous l'influence de la chaux; Sthenhouse l'a extrait du *xanthorrœa hastilis* (gomme jaune, de Botany-Bay). L'huile que la distillation sépare du castoréum est de l'acide phénique presque pur. La plupart des chimistes font remarquer que la créosote du commerce est presque exclusivement composée d'acide phénique; c'est à ce point que Gerhardt trace l'histoire de la créosote dans l'article consacré à l'acide phénique; mais cette remarque n'est pas à la louange du commerce. La créosote découverte par Reichenbach, quoiqu'ayant d'assez grandes analogies avec l'acide phénique, en diffère cependant à beaucoup d'égards, et le commerce qui vend l'un pour l'autre, trompe impudemment le public, ce qui, malheureusement, est assez dans ses habitudes. Hœdeler l'a trouvé dans les urines du cheval, de l'homme, etc. Enfin, notre ingénieux synthétiste, M. Berthelot, est parvenu à le préparer de toutes pièces, ou, comme on dit, à le synthétiser, en faisant passer dans un tube de porcelaine, chauffé au rouge, des vapeurs d'alcool ou d'acide acétique.

Mais toutes ces sources n'ont qu'un intérêt purement chimique ou même de simple curiosité; la seule source pratique, industrielle de l'acide phénique, est l'huile lourde de goudron de houille ou deutocarbole, qui en renferme des quantités considérables, et d'où l'on peut l'extraire avec économie, pour les besoins de l'industrie et de la médecine.

Pour extraire l'acide phénique des huiles lourdes de houille, on agite ces dernières avec le double de leur poids d'une lessive de potasse moyennement concentrée, ou avec un lait de chaux. On décante la partie aqueuse d'avec l'huile surnageante, et on la décompose par l'acide chlorhydrique. L'acide phénique hydraté se sépare alors sous la forme d'une huile plus pesante que l'eau. On la rectifie, après y avoir ajouté 5 p. 100 d'hydrate de potasse. Il passe d'abord un mélange d'eau et d'acide phénique; mais bientôt ce dernier distille seul à l'état de pureté. Une seconde, et, au besoin, une troisième distillation le purifient complétement. Il se sublime alors en belles aiguilles rhomboïdales soyeuses, et se conserve ainsi aussi longtemps qu'on le tient à l'abri de la lumière. Il ne faut pas, cependant, perdre de vue que la pureté dont nous parlons ici ne préjudicie en rien aux réserves que nous avons faites à propos de la couleur, de l'odeur et de la saveur. Nous croyons inutile de nous répéter; mais nous croyons devoir renvoyer le lecteur aux paragraphes où nous avons décrit ces caractères.

ART. IV. — ACTION DE L'ACIDE PHÉNIQUE SUR LES MATIÈRES ORGANIQUES MORTES ET VIVANTES. — APPLICATION A' L'INDUSTRIE, A L'HYGIÈNE, A LA MÉDECINE.

Avant d'examiner en autant d'articles séparés les quatre catégories de faits compris dans le titre de cet article, il est indispensable, pour bien saisir l'histoire du progrès, d'embrasser d'un coup d'œil général tous ces faits, considérés dans leur ensemble. On se ferait, en effet, une très-fausse opinion de la succession des idées, si l'on traçait l'historique de l'acide phénique, en le considérant isolé de toutes les substances qui ont de l'analogie avec lui, ou qui, mieux encore, le renferment dans leur sein ; c'est, au contraire, en comparant leur histoire à la sienne qu'on arrive à les bien comprendre l'une et l'autre, et qu'on peut rendre une exacte justice à chacun des ouvriers qui ont travaillé au progrès général.

Si tous les penseurs, tous les observateurs, tous les initiateurs surtout, n'avaient pas remarqué avec quelles difficultés le progrès, à quelque ordre de connaissances qu'il se rapporte, s'établit dans les idées et dans la pratique, cette remarque s'imposerait à propos des applications des produits asphaltés et goudronnés, non-seulement à la médecine, qui est presque toujours la dernière à profiter des nouvelles découvertes, mais à l'industrie, à laquelle les goudrons et les asphaltes rendent aujourd'hui des services qui pourraient presque soutenir la comparaison avec ceux de la vapeur. Dès la plus haute antiquité, le goudron végétal était appliqué pour la conservation des bois et conseillé aussi dans le traitement de quelques maladies. Le bitume lui-même, connu beaucoup plus tard, reçut des applications analogues, mais qui restèrent toujours fort restreintes. En 1744, il prit fantaisie à un évêque irlandais, Berkeley, qui était du reste un penseur éminent et un physicien distingué, d'écrire une monographie du goudron végétal; l'expérience a rabattu un grand nombre des exagérations de l'évêque philanthrope; cependant, nous ne saurions admettre avec Murray et plus tard avec MM. Trousseau et Pidoux, que Berkeley ait nui à la réputation du goudron; il est certain, au contraire,

que, depuis son travail, cette substance occupe dans la thérapeutique une place plus considérable que celle qu'elle y occupait auparavant. Berkeley rendit donc un véritable service,
service qui s'est continué après lui; car on doit évidemment le
considérer comme l'inspirateur d'une préparation goudronnée
et d'un appareil dont la thérapeutique retire de bons effets,
l'*élatine* et l'*émanateur*.

Mais un homme, d'une position plus modeste que celle de
Berkeley, en aurait rendu de bien autrement importants, sans
cette routine inepte, sans cette force d'inertie contre lesquelles
viennent échouer tant d'innovateurs et d'innovations utiles.
Cet homme, aujourd'hui, à peu près inconnu de tout le monde,
inconnu surtout des médecins, quoiqu'il fût médecin lui-même,
a pourtant découvert le premier asphalte qu'on ait trouvé en
Europe; il en a découvert et décrit la plupart des applications
industrielles et médicales; il a même eu la bonne fortune, assez
rare, de trouver un appui dans les autorités de son temps. Malgré
cela, sa découverte est restée presque stérile, et son nom a été voué
à l'oubli. Ma position ne me permet pas d'espérer que je donnerai à l'ingénieux inventeur la célébrité qui lui est due; mais
j'aurai du moins la satisfaction grande de rendre justice, dans
la mesure de mes forces, à un homme qui a fait tout ce qui
était en son pouvoir pour être utile à ses semblables, et qui
n'a échoué que devant le mauvais vouloir des uns, l'apathie et
la stupidité des autres.

Le docteur Eirini d'Eyrinys découvrit en 1710 la première
mine d'asphalte d'Europe (1). Voici ce qu'il écrivait, dans un
mémoire des plus remarquables, sur les applications industrielles et médicales de sa découverte:

« Je suis prêt à faire en France, quand on le jugera à propos,
l'expérience de ce gaudron sur un vaisseau destiné à un voyage
de long cours : comme je ne doute point que l'on ne m'objecte
les risques que l'on courcroit dans un vaisseau qui auroit été
mal gaudronné (quoique je puisse donner des preuves de sa
bonté par une attestation de la république de Hollande) l'épreuve

____

(1) Cette mine était située dans le comté de Neufchatel, près du Val Travers,
en Suisse.

que je me propose d'en faire ne sera nullement dangereuse ;
le gouvernail d'un bâtiment que j'en ferai enduire me servira
d'épreuve : c'est la partie du vaisseau la plus exposée aux coups
de mer, et les vers peuvent l'attaquer des deux côtés. Ce gaudron, de la manière que je le ferai préparer, sera aisé à appliquer : il sera pliant et cependant très-lisse, et il ne sera pas
possible aux vers d'endommager les bois qui en seront enduits.
Si le succès répond à mon espérance, quels avantages n'en
tirera-t-on pas pour la marine ! je crois même que l'on ne sera
pas obligé d'espalmer un vaisseau gaudronné d'asphalte, il
coulera également sur l'eau, et ne se chargera pas de coquil-
lages. Ce que j'avance ici est fondé sur les conséquences que
j'ai tirées de plusieurs épreuves faites en Hollande.

» Ce que je puis assurer aussi, c'est que les rats et les souris
ne pourroient vivre dans un vaisseau qui seroit asphalté en dedans comme en dehors, rien ne leur étant plus contraire que
l'asphalte, comme je l'ai déjà dit : son odeur prédominante tue
tous les insectes : j'en donnerai ci-après une preuve authentique, dans un certificat de M. le Blanc, ministre de la guerre,
où chacun pourra voir ce qui a été fait par ses ordres à l'Hôtel
royal des Invalides. Non seulement l'huile qui se tire de la
pierre d'asphalte tue les punaises et leur graine, quand on en
frotte les fentes et les trous où elles se retirent, mais même la
fumée qui sort de cette pierre, quand on la fait calciner sur le
feu, dans une cuillère de fer, suffit pour les détruire. Avant de
faire le parfum d'asphalte de la manière que je viens de le dire,
il faut bien fermer les portes et les fenêtres pour que la fumée
ne sorte pas d'abord et qu'elle puisse pénétrer dans tous les
plis des rideaux et ouvertures de bois de lit et autres : les punaises qui se trouveront enveloppées dans cette fumée épaisse
enfleront et crèveront. Il ne faut qu'un quarteron d'asphalte
pur pour les détruire dans la plus grande chambre ; cette
fumée ne gâte ni la dorure, ni les meubles, et elle est aussi
bienfaisante à l'homme qu'elle est contraire aux insectes : il
suffit de tenir les portes et les fenêtres fermées pendant une
demi-heure.

» Ce parfum d'asphalte est excellent pour soulager une personne attaquée d'un rume de cerveau ou d'une fluxion dans la

tête; je pourrois citer un nombre infini de gens qui s'en sont parfaitement trouvés. Il n'en coûtera rien pour se parfumer de cette sorte, car on fait du ciment de ce qui reste dans la cuillère, quand la pierre cesse de fumer.

» Comme il est constant que l'asphalte détruit les plus mauvaises odeurs, je le crois propre pour dissiper le mauvais air; je suis très-persuadé que dans des maladies contagieuses, on pourroit s'en préserver en se parfumant et toute sa maison. Je ne dirai point ici les raisons qui m'engagent à le croire, de crainte d'avoir à répondre à nombre de personnes qui pourroient penser autrement que moi sur ce qui arrive dans ces malheureux cas. Je sais que bien des gens prétendent que le venin est dans les nourritures que l'on prend; il y en a aussi qui croyent que la peste n'est autre chose que de petits insectes imperceptibles, très-multipliants, qui se communiquent d'une certaine distance, et dont la graine se transporte dans des marchandises plutôt que dans d'autres, y en ayant de plus propres à la conserver, même à la faire éclore. Étant du sentiment de ces derniers, douterois-je un moment de la bonté de l'asphalte dans ces temps d'affliction? Et ne serois-je pas convaincu que non seulement on pourroit se préserver et se guérir, mais même purifier si bien les meubles, hardes, marchandises, etc., ayant appartenu à des pestiférés, ou venant des lieux affligés, que l'on n'auroit plus absolument rien à craindre?

» N'ayant point envie de me rien réserver de la connoissance que j'ai des vertus de l'asphalte, je me fais un plaisir de donner au public un petit mémoire exact de la manière dont il faut se servir du baume d'asphalte dans les différentes plaies ou maladies des hommes et des bêtes. *Je ne dirai rien que ce que j'ai vu et éprouvé moi-même et dont plusieurs personnes dignes de foi peuvent rendre témoignage.* »

Eirini d'Eyrinys rapporte, en effet, un témoignage de la plus haute importance que nous citerons plus loin; nous voulons reproduire, auparavant, les détails qu'il donne sur le traitement de quelques maladies par l'huile d'asphalte; on trouverait difficilement des pages aussi intéressantes dans l'histoire de la thérapeutique.

« **Pour les engelures.** — Il faut mettre huit ou dix gouttes d'asphalte dans une cuillerée de vin chaud, et en frotter l'engelure matin et soir jusqu'à parfaite guérison; ceci est pour les engelures qui ne sont que rouges et qui causent une démangeaison insupportable à la peau; si elles étoient ouvertes, il faudroit y appliquer l'huile pure après l'avoir fait tiédir et laver la plaie deux fois par jour avec de l'eau de plantin.

» Il en est de même des *dartres* vives, à la réserve que l'on les lave avec du suc de cresson d'eau.

» Si l'on avait un *chancre* à panser, j'entends de ceux où il n'y a point de virus, il seroit nécessaire de bien nétoyer la plaie avec de l'eau de plantin avant d'y appliquer le baume. Le soir, c'est-à-dire douze heures après ce premier appareil, il faudra le bassiner avec des herbes vulnéraires, comme véronique, bétoine, centaurée, verge d'or, pied de lion, etc., que l'on fait bouillir dans du vin; on se sert alternativement d'eau de plantin et de vin vulnéraire pour purifier la plaie avant que de l'oindre de baume. J'ai guéri ainsi un chancre qu'un paysan du canton de Fribourg avait à la bouche depuis plus d'un an; il lui avait mangé une bonne partie de la lèvre inférieure; mais comme il avait le sang très-scorbutique et que les gencives mêmes étaient attaquées, il le fit saigner trois ou quatre fois (1), et tous les jours, il prenoit sept ou huit gouttes d'asphalte rectifié avec de l'esprit de sel dans un verre de vin. Rien n'est comparable à cet asphalte rectifié pour purifier la masse du sang; on en prend depuis huit jusqu'à quinze gouttes. Une personne qui seroit attaquée de la peste se sauveroit, je crois, avec ce remède. Quand on en prend plus de quinze gouttes, il fait vomir. Dix gouttes suffisent pour chasser les *vers*. Il faudrait diminuer la dose pour un enfant, suivant sa force et son âge.

» Comme ce baume est ennemi des *insectes et de la pourriture*, je le crois souverain, sans être rectifié, pour panser les

(1) A ces symptômes, tout incomplets qu'ils soient, il n'est guère possible de méconnaître la forme de cancer qu'on appelle aujourd'hui cancroïde ou épithélioma. D'Eyrinys avait donc préludé, par les applications de l'huile d'asphalte, à la méthode phéniquée qui m'a donné de si remarquables résultats. (Voir plus loin l'article cancer, et mon livre sur la *Curation des maladies organiques de la langue*. Paris, 1867.)

charbons des pestiférés ; il faudroit avoir la précaution de faire l'ouverture grande, afin que le baume y pût faire son effet promptement, et ne pas laisser au venin le temps de rentrer dans le corps.

» Il est aussi très-bon pour les *plaies* récentes, comme piqûres, coupures, etc., tant pour l'homme que pour les animaux : j'en ai fait l'épreuve plusieurs fois pour les *encloueures* ; il suffit d'y insinuer de l'asphalte pur et tiède, d'abord que l'on aura tiré le clou ; il est sûr que s'il n'y a point de nerfs offensés, le cheval ne boitera pas, et il ne s'y formera point de matière. Il est bon de le laisser reposer au moins une journée ou deux.

» **Pour la gale.** — Pour guérir la gale aux hommes, il suffit d'enduire les poignets avec du baume d'asphalte pur, et que le malade les frotte l'un contre l'autre, afin que le baume puisse pénétrer le cuir. Il n'y auroit pas de mal d'en mettre aussi aux endroits où la gale pousse avec le plus de violence. Si c'étoit une gale invétérée, il faudroit faire purger le malade et lui faire prendre de l'asphalte rectifié, huit ou dix gouttes, pendant une huitaine ; j'en ai donné à plus de trente personnes ; ils en ont été guéris.

» Ce baume fera le même effet pour la *teigne*.

» Il guérit pareillement les chiens en leur frottant seulement la tête ; il est bon de leur en faire avaler une cuillerée, le premier jour que l'on les pansera.

» J'en ai fait donner par précaution à trois chiens, dans le temps que tous les autres périssaient de la *rage-mue*; cela les a purgés et ils ont été guéris par ce seul remède.

» **Pour le clavèau des moutons.** — Il est aisé de sauver un troupeau attaqué du claveau, quoique cette maladie les emporte ordinairement tous. Il faut frotter la tête des moutons avec le baume d'asphalte, et leur en faire avaler à chacun une cuillerée. Ce remède a été éprouvé par M. Daffry, ancien gouverneur de Neufchatel, conseiller d'Etat de la ville et canton de Fribourg.

» L'emplâtre d'asphalte faite avec cire vierge et beurre frais, de la manière qu'elle est décrite dans l'attestation de MM. les Chirurgiens Majors des Invalides, sert très-utilement pour les chevaux et bêtes à cornes, quand il leur survient quelque enflure, soit par les piqûures des bêtes *venimeuses*, soit par de vieilles blessures mal guéries, ou par des foulures. S'il y a playe, il faut l'oindre avec le baume, et mettre l'emplâtre dessus.

» Il arrive quelquefois que par négligence ou autrement, les ongles des pieds, principalement ceux des orteils, entrent dans la chair et y causent des douleurs excessives, qui sont même très longtemps à guérir. M. Vallier, capitaine des Arquebusiers, fils d'un conseiller du canton de Soleure, en étoit incommodé depuis plusieurs années; il avoit déjà perdu une partie de l'orteil et il y avoit pourriture quand il s'est servi du baume d'asphalte et de l'emplâtre; dès le premier jour qu'il en mit, il sentit beaucoup de soulagement, et même la mauvaise odeur qu'avoit déjà la plaie se dissipa entièrement. En quinze jours, il a été absolument guéri. »

Nous ne nous rendons garant ni des théories à l'aide desquelles d'Eyrinys explique certains faits ni de l'ordre dans lequel il les expose; mais ce qui apparaît clairement chez lui, c'est sa bonne foi, sa générosité, car il n'a cherché à tirer aucun parti de sa découverte, c'est la valeur de ses observations, où il n'expose, dit-il, *que ce qu'il a vu*, et ce qu'ont vu d'autres témoins compétents. Parmi ces témoins se trouvent, chose à noter, des académiciens du temps, qui, moins jaloux ou moins indifférents au progrès que ceux du nôtre, ne dédaignèrent point de répéter les expériences de l'ingénieux inventeur, et d'en faire leur rapport officiel. Pour tout dire, cependant, il ne faut pas oublier que ce rapport avait été demandé par un ministre, et un ministre en 1720 valait ou du moins était un peu plus qu'un ministre d'aujourd'hui; et pourtant, combien d'académiciens feraient aujourd'hui des rapports pour le recommandé d'un ministre, qui laisseraient un simple inventeur, recommandé seulement par ses travaux, se morfondre dans la misère et dans l'oubli!

Quoi qu'il en soit, voici le rapport de l'académicien Morand, qui n'était pas le premier venu :

« L'application de l'huile d'asphalte employée vers la fin de l'année 1720 aux infirmeries de l'hôtel des Invalides sur plusieurs sujets et différentes parties, a fait connoître que cette huile a d'excellentes propriétés pour plusieurs maladies.

» 1o Cette huile (l'huile d'asphalte d'Eyrinys) a paru spécifique pour les excoriations dartreuses à la peau, les herpès
avec croûtes et démangeaisons qui succèdent assez souvent aux
écoulements des sérosités, aux dartres et aux autres impressions à la peau de même caractère.

» 2o Elle est propre à déterger les ulcères avec pourriture,
et les dispose à la cicatrice. » — Suit le *modus faciendi* d'une
pommade asphaltée.

« 3o Quoique les matières grasses ne conviennent point ordinairement aux douleurs de Rhumatismes, que l'on soulage bien
mieux par les liqueurs pénétrantes propres à ouvrir les pores
et faciliter la transpiration; cependant l'huile d'asphalte, dans
un cas de rhumatisme douloureux et ancien, a plus considérablement soulagé que plusieurs remèdes que l'on avoit employés auparavant : elle a aussi dissipé une douleur qu'une
attaque de goutte avoit laissée à un genoüil; nous ne pouvons
citer qu'une expérience sur chacune de ces deux maladies.

» 4o Les avantages que l'huile d'asphalte a procurés dans les
maladies cutanées, nous font croire qu'elle pourroit convenir
contre la gale et la teigne.

» 5o Il est hors de doute que cette huile est ennemie des
insectes, tels que punaises, araignées, etc.... . » — Suivent les
détails et les preuves.

« 6o Le parfum que nous avons fait dans plusieurs chambres
avec des morceaux de la pierre d'asphalte dans une cuillère
de fer très-chaude et tenue sur un brasier n'est pas insupportable. La fumée qu'elle donne, quoique très-épaisse et fort
noire, ne paraît pas préjudiciable à la tête ni à la poitrine, à
moins qu'on ne fût mal disposé, et son odeur prédominante
est capable d'effacer les plus mauvaises. »

Signé : MORAND, MORAND fils, *chirurgiens majors
de l'hôtel des Invalides*, et
LE BLANC, *secrétaire d'État au département de la Guerre, directeur général
de l'hôtel des Invalides.*

Morand, nous l'avons dit, n'était pas le premier venu ; c'était un des membres les plus importants de la célèbre académie de chirurgie ; mais comme le bon d'Eyrinys n'était pas assez remuant pour exploiter l'excellent rapport de son confrère académicien ; qu'il n'avait aucun intérêt à cette exploitation, puisqu'il avait publié ses observations dans un but purement philanthropique ; qu'il avait d'ailleurs à suivre et à faire triompher les grandes applications industrielles et hygiéniques de l'asphalte ; qu'il devait, enfin, remplir ses devoirs de professeur de grec dans *la* Comté de Neufchatel, tous ses travaux furent perdus pour la science, au point que nos deux thérapeutistes émérites, MM. Trousseau et Pidoux, consacrent aux asphaltes et à leurs dérivés ou analogues les seules lignes suivantes, dans la cinquième édition de leur *Traité de thérapeutique :* après avoir consacré une trentaine de lignes au succin, et avoir fait remarquer qu'on ne doit pas négliger les remèdes empiriques, les auteurs accordent *sept lignes* au pétrole, et terminent par ces mots : « *Il est fort inutile* de parler d'autres bitumes, tels que le naphte, la malthe, etc. » (*Trait. de thérap.*, t. II, p. 281, 5e édit.)

Voilà ce qu'avaient produit en médecine, après cent quarante ans, les remarquables travaux d'Eyrinys. L'industrie avait été un peu moins oublieuse, — pas beaucoup, — que la médecine : après cent vingt ans d'attente, elle exécutait une des plus belles applications de l'asphalte déjà conseillée par d'Eyrinys, en établissant des trottoirs de cette substance (1838).

Mais avant cette application, une substance extraite auss d'une sorte d'asphalte, c'est-à-dire d'un produit d'origine organique, enfoui depuis des milliers de siècles dans la terre, le goudron de houille avait fait son apparition dans la science, et semblait propre à tous les usages reconnus à l'asphalte par d'Eyrinys, avec l'avantage probable d'une plus facile application. A peine lord Dondenald et, ensuite, le savant professeur de notre muséum d'histoire naturelle, Faujas de Saint-Fond, eurent-ils extrait le goudron de la houille, que Chaumette en reconnut les propriétés antiseptiques, en 1815. Dès 1817, la marine l'employait déjà et le préférait au goudron des conifères (1). Plus tard, suivant M. Parisel, les compagnies de chemin de fer s'en servirent avec de grands avantages pour enduire et conserver les traverses des rails.

En 1833, M. Guibourt et, en 1837, M. Siret, signalèrent ses propriétés désinfectantes, et M. le docteur Bayard, passant de la science à la pratique, composa une poudre avec du plâtre, de l'argile, du sulfate de fer et du goudron de houille et en fit de nombreuses applications à la désinfection. Il reçut, pour ces applications, un prix de la Société d'encouragement, en 1844.

Malgré ces dernières applications, qui touchaient de si près à la thérapeutique, la médecine, suivant les expressions de M. Parisel, « n'avait pas honoré du moindre regard le goudron de houille et la pharmacie le consignait à la porte, » lorsqu'en 1859, M. Demeaux introduisit, avec autant de succès que de bonheur, dans le pansement des plaies une poudre de plâtre et de goudron minéral, préparée en vue de la désinfection par son compatriote, M. Corne, vétérinaire. La communication de M. Demeaux, faite à l'Académie des sciences par M. Velpeau, qui était assez sympathique au progrès, quand il était dû à son initiative ou à celle de ses élèves, eut un immense retentissement. Les expériences de M. Demeaux furent répétées par de nombreux chirurgiens; elles le furent sur un vaste théâtre, et avec de grands avantages, sur les blessés de notre armée d'Italie; de nombreuses imitations de la poudre Corne et Demeaux surgirent, dans le but de perfectionner une méthode de traitement des plaies dont nul ne contestait la valeur.

Parmi les préparations auxquelles le *coaltar* (MM. Corne et Demeaux avaient préféré cette dénomination anglaise à la dénomination française, sans doute pour n'être pas obligés d'ajouter une épithète au mot goudron, mot qui, employé seul, se serait appliqué à l'ancien goudron végétal), parmi les préparations, disons-nous, auxquelles le coaltar donna lieu, celle d'un pharmacien de Bayonne eut seule la bonne fortune d'attirer l'attention publique; c'est une faveur qu'elle méritait, du reste, car elle était, à tous égards, supérieure à la poudre de

____

(1) Cette application devint générale dans la marine, vers 1840.

MM. Corne et Demeaux. M. Le Beuf avait adressé à l'Académie des sciences un mémoire dans lequel il faisait connaître ce fait, que les corps insolubles dans l'eau et solubles dans l'alcool pouvaient former, quand on ajoutait de la saponine à leur soluté alcoolique et qu'on mêlait à de l'eau ce soluté ainsi additionné, des émulsions stables qui équivalaient à une véritable disso - lution (1). Le coaltar, ou goudron de houille, étant précisément dans le cas indiqué dans le mémoire de M. Le Beuf, ce pharmacien pensa qu'on pourrait avantageusement remplacer la poudre de MM. Corne et Demeaux par une émulsion saponinée ou plutôt *panamisée*, car M. Le Beuf n'a jamais employé la saponine (produit d'un prix très-élevé, 800 francs le kilogr.), pour préparer son émulsion, mais bien la teinture de bois de Panama (*Quillaya saponaria*), bois à peu près « sans valeur commerciale, » comme le dit justement M. Lemaire. C'est une particularité qu'il faut retenir, dès à présent, car nous aurons bientôt à la rappeler.

M. Le Beuf n'étant que pharmacien, chercha un médecin pour faire essayer son produit, et ses regards tombèrent sur M Lemaire. De là le bruit que celui-ci a pu faire à propos du coaltar : toute sa chance a consisté à être choisi pour maçon par l'architecte M. Le Beuf, sans qu'il y ait eu de sa part aucun mérite d'initiative. Nous reconnaîtrons, du reste, après les injures de M. Lemaire, comme nous l'avions reconnu auparavant, qu'il s'est acquitté avec zèle et, à beaucoup d'égards, avec intelligence, de la mission dont on l'avait chargé ; nous regrettons de ne pas pouvoir ajouter qu'il s'en est toujours acquitté avec bonne foi.

M. Lemaire fit donc de nombreuses expériences, ainsi que quelques autres amis de M. Le Beuf, d'où il résulta que l'application de l'émulsion panamisée, dite saponinée (2), donnait

(1) C'est là, du moins, la prétention de l'honorable inventeur et du propagateur M. Lemaire ; mais nous dirons plus loin, pourquoi cette prétendue équivalence est absolument et malheureusement chimérique, surtout en ce qui concerne l'acide phénique.

(2) M. Lemaire, qui ne manque pas d'une certaine habileté normande, a cru se mettre en règle avec la vérité et la bonne foi, en écrivant une seule fois dans son mémoire *du coaltar saponiné*, que la teinture de saponine de M. Le Beuf n'est en réalité que de la teinture de quillaya ; mais cela une fois dit (et encore cela

tous les bons résultats de la poudre Corne et Demeaux, et qu'elle était d'un emploi infiniment plus propre, plus facile, que la poudre Demeaux, ou même possible, quand celle-ci ne l'était pas. M. Lemaire ne se contenta point de faire des observations purement chirurgicales; il constata que l'émulsion de coaltar empêchait les fermentations, et par conséquent, tuait très-probablement les êtres microscopiques, végétaux ou animaux, auxquels on savait, depuis les belles recherches de M. Pasteur, que les fermentations sont dues.

Voilà quel a été le véritable rôle de M. Lemaire dans l'introduction du coaltar dans l'hygiène et la thérapeutique. Ce n'est pas tout à fait ainsi qu'il l'explique lui-même :

« *Avant mes travaux*, dit-il, on savait que le coaltar désinfecte et prévient la putridité. » (*De l'Ac. phén.*, 2º éd., p. 14.)

Oui, assurément, on savait cela; mais on savait encore autre chose, que M. Lemaire, fidèle à sa méthode historique, a soin d'oublier : on savait, par les premières observations mêmes de M. Demeaux, que le coaltar hâte considérablement la cicatrisation des plaies, abcès, etc., etc. ; en un mot, on savait, en thérapeutique, tout ce que M. Lemaire prétend nous avoir appris. Mais continuons, et nous verrons qu'on savait autre chose encore, que M. Lemaire avoue, dans un de ses éclairs de naïveté.

« Depuis longtemps, dit-il, on employait le coaltar pour détruire les insectes sur les arbres. Mais on ne savait rien de précis sur l'action qu'il exerce sur ces animaux. » — (Savoir qu'une substance tue un animal et ne pas savoir *l'action* qu'il exerce sur ce même animal est assez difficile à concilier; mais il ne faut pas nous arrêter aux ..... prud'hommeries de M. Lemaire, il y aurait trop à faire; nos lecteurs s'en apercevront sans peine). — « On pouvait se demander si ce n'était pas en empêchant leurs mouvements et en oblitérant leurs organes respi-

---

n-t-il été supprimé dans le traité de l'acide phénique où il préconise toujours son émulsion) M. Lemaire *ne manque pas une seule fois dans tout le cours de l'ouvrage*, de parler de la teinture *saponinée*, de façon à laisser croire aux lecteurs, qui, en effet, l'ont universellement cru, qu'il s'agit d'une vraie *teinture de saponine*. On verra que cela n'est pas indifférent, pour juger le débat suscité par M. Lemaire.

ratoires, que cette substance poisseuse les faisait mourir. Il est certain qu'on ne *savait rien* de précis sur *ce point*, pas plus que sur *son mode d'action* » — (le mode d'action de ce point!) — « dans la désinfection et la conservation des matières organiques. »

Ainsi, pour M. Lemaire, c'est peu de chose, ou même rien, de savoir qu'une substance tue des parasites nuisibles; l'important, c'est de savoir comment elle les tue! Fort de cette doctrine, M. Lemaire, qui n'aime pas qu'on lui dispute sa gloire, ne se fait pas faute d'atténuer le plus qu'il peut le mérite des autres, surtout quand il croit entrevoir que cela profitera au produit qu'il s'est chargé de répandre. Dans la première édition de son livre, il s'était, en effet, borné aux paroles que nous venons de citer; mais, dans la seconde, comme le crédit de l'émulsion baissait, il crut devoir corroborer sa doctrine,— sa réclame, pour employer son langage, — par l'addition suivante :

« La préparation de M. Le Bœuf m'a permis de mieux étudier qu'on ne l'avait fait l'action du coaltar sur les plaies. Le plâtre ne permettait pas de bien juger l'action du coaltar sur la sécrétion du pus. Aussi, ceux qui ont employé la poudre de MM. Corne et Demeaux n'ont parlé que de son action désinfectante, *et de l'amélioration qui en était la conséquence ;* » — (on voit que M. Lemaire oublie, trop vite pour ses prétentions, ce qu'il vient d'écrire *quelques lignes* plus haut) ; — « mais comme on ne connaissait pas encore le *mode d'action* du coaltar dans la désinfection, les faits n'ont pas eu l'importance de tout ce que j'ai fait depuis sur ce sujet. » (*De l'Ac. ph.*, 2º éd., p. 19.)

On le voit, M. Lemaire y tient : ce qu'il y a d'important, ce n'est pas de connaître *l'action* d'un médicament, c'est de connaître son *mode d'action*. A ce compte, on ne sait rien sur le quinquina, et l'on attend que M. Lemaire veuille bien nous apprendre quelque chose !

En voilà bien assez sur les billevesées inspirées à M. Lemaire par une vanité morbide; continuons l'historique de la médication phéniquée.

Quelque satisfaisantes que fussent les propriétés du coaltar, comparativement aux médicaments antérieurement usités, elles étaient loin, cependant, d'atteindre la perfection, soit comme facilité d'application, soit comme résultats curatifs. Avant même que M. Lemaire eût été chargé d'expérimenter la préparation de M. Le Beuf, on cherchait mieux que le coaltar; et M. Calvert, de Manchester, écrivait, dès le 16 août, — et non pas au mois d'octobre, comme l'écrit M. Lemaire, dans un intérêt moins légitime que facile à deviner,— que les propriétés désinfectantes du coaltar étaient dues sans aucun doute à l'acide phénique.

M. Bouchardat n'était pas moins convaincu de la puissante action de l'acide phénique : « Je suis convaincu, écrivait-il, qu'on l'emploiera, au lieu du goudron de houille dont la composition est très-variable. » (*Ann. Thérap.*, 1860.)

De son côté, M. Parisel attribuait aussi à l'acide phénique les propriétés hygiéniques du coaltar, et, prévoyant les applications médicales de cet acide dans l'avenir, il n'hésitait pas à prédire que l'acide phénique ne pouvait manquer d'occuper un jour une place importante dans la thérapeutique. Au reste, M. Parisel, comme M. Calvert, comme M. Bouchardat, ne faisait que tirer la conséquence naturelle de faits consignés dans la science depuis quinze ans par Liebig, et dont cet illustre chimiste n'avait pas été lui-même sans entrevoir l'importance future. (Voy. t. III, p. 90 de la *Chimie organique*, édit. française de 1844.)

M. Velpeau, chargé de faire un rapport à l'Académie des sciences sur les désinfectants, se montra peu sensible aux prévisions de MM. Bouchardat, Calvert et Parisel, et il ne manqua pas l'occasion d'exhiber son étroite philosophie : « Que ce soit, disait-il dans son rapport, l'acide phénique ou carbolique, comme le croit M. Calvert; ou bien l'acide rosolique, brunolique, l'aniline, la picoline, etc., du coaltar, qui désinfecte, peu importe au fond. » C'est exactement comme si l'on avait dit à Pelletier et Caventou : Que ce soit la quinine ou la cinchonine ou le tannin, ou le rouge cinchonique, ou.... etc. qui guérit la fièvre.... peu importe! On ne répond pas à de pareilles... professions de foi : l'Académie garda le silence et les travailleurs continuèrent leur œuvre.

M. Lemaire, quoique voué à la culture de l'émulsion Le Beuf, parut cependant ému du bruit qui se faisait déjà autour de l'acide phénique; il résolut de répéter les expériences de Liebig; il les étendit même un peu, et constata que, de même que le coaltar, l'acide phénique et quelques autres principes du goudron, notamment, la benzine et l'aniline (et, dit-il d'abord, mais à tort), la naphtaline, possédaient à un haut degré les propriétés désinfectantes et empêchaient les fermentations. Les expériences nouvelles de M. Lemaire, nous l'avons dit et nous le répétons malgré ses injures, offraient, assurément, un vif intérêt, mais elles ne sortaient pas du domaine de la physiologie et de l'hygiène, et nous verrons même un peu plus loin qu'elles n'en pouvaient pas logiquement sortir.

C'est dans cette situation qu'à la fin de 1861, entrant dans un domaine signalé déjà par la théorie, mais encore inexploré, je soumis l'acide phénique à l'expérimentation thérapeutique, et que j'obtins un premier résultat qui émerveilla ceux qui en furent témoins, au nombre desquels se trouvait M. Maisonneuve. M. Maisonneuve, qui n'est jamais des derniers à expérimenter les médications nouvelles, mais qui est malheureusement sujet à oublier les sources d'où elles lui sont venues (1), ne tarda pas à introduire l'acide phénique dans son service, où il devint d'une application générale, dans le pansement des plaies et dans le traitement de plusieurs autres maladies, ainsi

(1) La curieuse anecdote qui suit prouve jusqu'à quel point M. Maisonneuve est sujet aux distractions, sous le rapport dont il s'agit :

Quelques mois après le beau fait dont je l'avais rendu témoin, j'eus une nouvelle occasion de me rencontrer avec lui; nos soins donnés au malade pour lequel nous étions réunis, il fut naturellement question entre nous de ce qui se passait dans le monde médical, et à M. Maisonneuve plus qu'à tout autre, on peut demander : Que faites-vous de nouveau ? Je lui adressai donc la question, et il me répondit : « Je fais des choses admirables et qu'il faut que vous veniez voir, dans mon service. » — De quoi s'agit-il donc ? — Il s'agit de diverses applications d'une nouvelle substance, l'acide phénique, qui me donne des résultats merveilleux. — S'il s'agit des résultats donnés par l'acide phénique, il me semble que je dois m'en douter un peu, lui dis-je, puisque le jour où je l'ai appliqué devant vous, vous ne saviez même pas que l'acide phénique existât. — Oh! c'est vrai, dit-il, en poussant une exclamation, riant et levant les bras en l'air !....

Faut-il croire que, malgré ce rappel à ses souvenirs, M. Maisonneuve aura oublié de nouveau que c'est de moi qu'il a appris les applications de l'acide phénique et même l'existence de ce produit? La chose n'est pas impossible, car M. Maisonneuve a commis bien d'autres oublis plus graves que celui-là. Ce qu'il y a de certain, c'est que M. Lemaire le cite sept fois, pour des applications de l'acide phénique, et qu'avec ou sans intention, il omet de rappeler à qui M. Maisonneuve est redevable de sa nouvelle thérapeutique.

que le constatent déjà quelques journaux de l'époque. M. Lemaire, qui était ou s'était chargé de faire agréer, dans les services des hôpitaux, l'émulsion dite saponinée de Le Beuf, ne manqua pas de visiter le service de M. Maisonneuve, l'un de ceux, ainsi que je viens de le dire, où les innovations ont le plus de chances d'être bien accueillies. M. Lemaire alla donc offrir son émulsion à M. Maisonneuve, comme il l'avait offerte à M. Adolphe Richard, à M. Foucher et à d'autres, et il fut témoin des beaux résultats obtenus à l'aide de l'acide phénique. Est-ce là que, craignant pour l'avenir de l'émulsion qu'il s'était chargé de faire prospérer, il puisa l'idée d'appliquer à son tour l'acide phénique à la thérapeutique ? Que ce soit là ou ailleurs, on peut dire, ici, à plus juste titre que M. Velpeau : « peu importe. » Ce qui m'importait, c'est que l'acide phénique faisait rapidement son chemin, si rapidement, que je risquais de paraître arriver le dernier, si je tardais trop à publier les plus intéressantes de mes observations. Je me décidai donc à les rédiger et à en faire l'objet d'un petit mémoire que je remis à M. Flourens, dans la première quinzaine de décembre 1864. M. Flourens présenta ce mémoire à l'Académie des sciences, dans la séance du 2 janvier, et dans les termes qu'on lira plus loin. Dans ce mémoire, je faisais l'éloge des expériences de M. Lemaire au delà de ce qu'exigeait la justice, mais non pas, comme j'en acquis depuis la triste conviction, au degré qu'avait rêvé sa morbide ambition. Je ne fus donc pas médiocrement surpris d'apprendre que, dans la séance suivante, M. Lemaire avait écrit à l'Académie, sous prétexte de revendication, une réclamation de priorité que je sus, depuis, être une violente diatribe contre moi ; j'y répondis avec la plus grande modération ; mais, loin de revenir à des sentiments plus équitables, M. Lemaire ne fit qu'aggraver ses premiers torts. Les efforts non stériles que M. Lemaire a faits pour donner du crédit à ses calomnies et pour alimenter les mauvaises passions confraternelles que j'avais eu la triste chance d'allumer contre moi, m'obligent à réfuter ici avec tous les détails nécessaires les ignobles et fort heureusement inintelligentes accusations de M. Lemaire, et à sortir de la réserve que j'aurais voulu garder.

C'est surtout vis-à-vis de l'Académie, qui a toujours accueilli

mes travaux avec bienveillance, que j'ai à m'excuser d'être
sorti de cette réserve; mais j'ose espérer qu'elle me le pardonnera et reconnaîtra que la violence et la mauvaise foi
auxquelles j'ai été en butte méritaient d'être châtiées, n'eussé-
je eu égard qu'aux intérêts de la morale publique.

Voici donc la lettre que M. Lemaire écrivit à l'Académie, à
la date du 9 juin 1865 :

« Monsieur le Président,

» Dans la séance du 2 janvier courant, M. le docteur Déclat
a communiqué un mémoire sur l'emploi de l'acide phénique
en médecine et en chirurgie. Dans ce travail, mon confrère
s'attribue des découvertes que j'ai faites et publiées plusieurs
années avant lui.

» Pour que l'Académie puisse juger la juste part qui revient
à M. le docteur Déclat dans cette question, je me bornerai à
établir un parallèle entre le travail de mon confrère et mes
publications sur le même sujet.

M. LEMAIRE.	M. DÉCLAT.
1859.	
« J'ai envoyé une note à l'Académie de médecine sur l'emploi du coaltar saponiné dans les plaies gangréneuses et autres de mauvaise nature.	Rien.
1860.	
» *Juin.* — *Du Coaltar saponiné et de ses applications*, brochure grand in-octavo de 92 pages.	Rien.
» Ce travail contient près de quatre-vingts observations recueillies sur l'homme et les animaux, parmi lesquelles se trouvent une quinzaine de cas de gangrène où l'action de ce médicament a été des plus remar-	

M. LEMAIRE.	M. DÉCLAT.
quables. J'y rapporte l'analyse de ce médicament et j'étudie comparativement l'action de ses composants pour déterminer celui auquel il doit les remarquables propriétés que j'ai observées. Mes expériences démontrent son mode d'action, et que c'est principalement à l'acide phénique que ces effets sont dus.	

1861.

M. LEMAIRE.	M. DÉCLAT.
» *Mars.* — J'ai communiqué une note à l'Académie sur les applications de l'acide phénique à l'hygiène et à la thérapeutique. Ce travail a été publié dans les journaux l'*Institut* et le *Cosmos*.	Rien.
» *Mai et août.* — Nouvelles observations sur les applications du coaltar saponiné à la thérapeutique, publiées dans le *Moniteur des sciences médicales.* Ce travail contient vingt-six observations diverses, dont dix de gangrène, où les effets de ce médicament ont été des plus remarquables.	
» *Octobre et novembre.* — Depuis la fin de 1860 (8 octobre), ayant fait à l'hôpital Saint-Louis, dans celui de M. Bourrel, vétérinaire, et ailleurs, un grand nombre d'expériences avec l'acide phénique, je commençai, dans ledit *Moniteur*, la publication d'un long mémoire sur cet acide. La publication de ce travail, qui occupe une large place dans six de ses numéros, a été forcément interrompue, parce que ce journal a cessé de paraître. C'est le 30 novembre seulement que M. Déclat dit avoir appliqué l'acide phénique pour la première fois.	Rien.
» Dans une longue introduction, je donne	

M. LEMAIRE.   M. DÉCLAT.

un résumé des applications importantes que j'ai faites du coaltar, et j'annonce que mon but est de remplacer cette substance par l'acide phénique, pour des motifs que je développe. Le dernier numéro est du 16 novembre.

1862.

» 15 *octobre*. — La publication du travail précédent est (15 octobre 1862) reprise dans le *Moniteur scientifique,* du docteur Quesneville, et achevée pendant l'année suivante. Les expériences nombreuses que j'avais faites y sont rapportées pour démontrer l'action de cet acide sur les végétaux, les animaux, les ferments, les venins, les virus et les miasmes.

» Un grand nombre d'applications de cet acide sont consignées dans ce mémoire.

Rien.

1863.

» En 1863, je résume toutes mes recherches sur le coaltar et l'acide phénique dans un volume de 432 pages. Il est intitulé : *de l'Acide phénique et de ses applications à l'industrie, à l'hygiène, aux sciences anatomiques et à la thérapeutique.* Cette édition, qui est épuisée, prouve que mes recherches ne sont pas inconnues du public.

» C'est le 2 janvier 1865 que M. Déclat commence à publier le résultat de ses recherches. Son mémoire ne contient rien que je n'aie publié avant lui, si ce n'est une application à un engorgement de la langue.

» Ce parallèle me paraît assez clair pour rendre inutile toute discussion.

Rien.

M. LEMAIRE.　　　　　　　　M. DÉCLAT.

» J'ai pensé que l'Académie, qui s'est
donné la haute mission de sauvegarder l'histoire de la science pure de toute erreur, ne
me blâmerait pas de lui soumettre ces simples observations..... »

Voilà cette lettre triomphante que M. Lemaire a eu l'audace
d'écrire à l'Académie des sciences de l'Institut de France ! voilà
ce tableau fantastique et plein de..... foudres, qui devait....
que dis-je ? qui m'a « *désarçonné, décontenancé,* » meurtri de
« *coups, défait complétement, blessé, accablé, submergé,* réduit à
une position *désespérée,* à la position d'un homme *qui se noie
et qui s'accroche à tous les objets que ses mains peuvent atteindre,
dans l'espoir de se sauver, perdu,* » enfin, enterré même, car
M. Lemaire chante en *si bémol* mineur sur ma tombe : « *requiescat in pace,* » avec un immense point d'exclamation et probablement de compassion.

Je ne sais si je me trompe, mais il me semble que M. Lemaire
va être quelque peu étonné de voir que les gens qu'il tue et
qu'il enterre avec un si grand luxe d'épithètes, se portent assez
bien pour lui prouver que son tableau est une vraie parade du
Pont-Neuf, son argumentation pitoyable, et son éducation,
médicale ou autre, plus que négligée.

M. Lemaire dit quelque part qu'il aime la plaisanterie, mais
qu'il ne l'aime pas trop forte ; son tableau et son argumentation
prouvent qu'il n'a pas suivi ce précepte du philosophe : *connais-
toi toi-même,* quoique M. Lemaire affiche, dans maints passages de
son livre, de hautes prétentions à la philosophie. Où donc trou-
verait-il une plaisanterie plus forte ou plus grossière que celle
de son tableau ? Je suppose que je veuille prouver que c'est
Bichat et non M. Lemaire qui a eu le mérite d'être chargé
d'expérimenter le premier l'émulsion panamisée (dite saponinée)
du pharmacien Le Beuf ; que dirait un homme de sens, — et
peut-être M. Lemaire lui-même, — si je dressais le tableau
suivant, précédé de la lettre qu'on va lire :

« Monsieur le Président,

» Dans la séance du...... M. Lemaire s'attribue le mérite d'avoir expérimenté le premier l'émulsion dite saponinée du pharmacien Le Beuf, et s'empare des découvertes faites par Bichat, plusieurs années avant lui. Pour que l'Académie puisse juger la juste part qui revient à M. Lemaire « *dans cette question*, » — (style de M. Lemaire) je me bornerai à établir un parallèle entre le travail de M. Lemaire et les publications de Bichat sur le même sujet.

BICHAT.	M. LEMAIRE.
1798.	
» *Traité des membranes.*	Rien.
1800.	
» *Recherches physiologiques sur la vie et la mort.*	Rien.
1801.	
» *Anatomie générale appliquée à la physiologie et la médecine.*	Rien.
1802.	
» *Anatomie descriptive.*	Rien.

» *Conclusion.* M. Lemaire est un pirate scientifique impudent, qui a voulu s'emparer des découvertes et des travaux de Bichat, et qui ose prétendre avoir été chargé le premier d'expérimenter l'émulsion panamisée, dite saponinée, du pharmacien Le Beuf. ».

Un homme de sens ne pourrait évidemment s'empêcher de dire que cette plaisanterie est indigne d'un comédien qui se respecte, et bonne tout au plus pour un pitre du *Pont-Neuf*.

Eh bien, cette plaisanterie est exactement celle de M. Lemaire, à cette seule différence près que je ne suis pas mon adversaire, et que M. Lemaire n'est pas davantage Bichat. Ce qu'il y a de plus fâcheux pour mon comique contradicteur, c'est que cette plaisanterie grossière constitue tout son système d'argumentation, système parfaitement prémédité d'ailleurs, on le voit à chaque ligne, et qui n'aurait qu'une excuse, si ce pouvait en être une, c'est que M. Lemaire n'avait pas d'autre moyen de soutenir, avec quelques faibles apparences de raison, ses prétentions outrecuidantes.

Avec M. Parisel, on l'a déjà vu (p. 15 et suiv.) répondre coaltar quand on lui parlait acide phénique; à moi il oppose des travaux sur le coaltar, quand il s'agit d'observations sur l'acide phénique, et des expériences physiologiques avec ce dernier corps, quand il s'agit uniquement, entre M. Lemaire et moi, d'applications thérapeutiques. Ce système de confusion calculée se continue trente pages consécutives, abstraction faite des nombreuses injures qu'il m'y adresse, et sans compter aussi les nombreux passages où il applique le même système, dans tout le cours de son ouvrage, mais plus spécialement dans la partie où il traite des applications médicales de l'acide phénique, c'est-à-dire depuis la page 388 jusqu'à la page 737, soit 349 pages de *quiproquos* systématiques; le tout, pour soutenir un mensonge qui serait insoutenable lors même que M. Lemaire aurait autant de talent qu'il en a peu.

Encore un mot sur la forme de discussion qu'il convient d'adopter avec M. Lemaire.

Quand il eut écrit à l'Académie des sciences le fameux tableau qu'on vient de voir, je fis, ainsi que je l'ai déjà dit, de la lettre et des prétentions de M. Lemaire une critique plus que modérée et très-conciliante, telle que je la crois convenable entre adversaires de bonne compagnie, et telle que je la croyais nécessaire pour ramener au sentiment du vrai et du juste un homme qui pouvait n'être qu'égaré par un petit excès de vanité. Combien je me trompais ! A ses yeux, mon urbanité n'était que peur et faiblesse; mon argumentation réservée, mes douces insinuations, mes démentis voilés n'étaient qu' « *absurdité, perfidie, impudente altération de la vérité.* » Je compris alors que M. Lemaire est de ces..... natures qu'il faut tirer en arrière pour les faire aller en avant, ou bâtonner vigoureusement, pour en avoir raison. Que cette triste nécessité me serve d'excuse auprès de mes lecteurs comme auprès de l'Académie, si j'ai appelé un chat un chat, et M. Lemaire un menteur impudent et niais. Il est probable que ma nouvelle manière d'argumenter sera plus à sa portée, lui qui a lu quelque part « *les auteurs* » (sic) qui ont dit que « le style, c'est l'homme. » (*De l'Acid. phén.*, 2ᵉ édit., p. 735.)

Cela dit, entrons dans les détails sur la diatribe de M. Lemaire, sans en rien passer :

Pour donner plus de valeur au fameux tableau qu'on vient de lire, M. Lemaire dresse, d'abord, une liste des journaux, petits et grands, au nombre de dix-neuf, qui ont mentionné ses travaux ou qui en ont rendu compte.

« J'ajouterai, » dit-il en terminant par manière de *post-scriptum*, « *j'ajouterai à cette liste de mes travaux d'autres sociétés savantes* » — (sic) — « auxquelles ils ont été communiqués et des journaux qui les ont fait connaître. »

Suit une liste de *deux sociétés* outre celle des journaux.

Ajouter à une liste de travaux d'autres sociétés est un langage au-dessus de la portée d'un Français de l'Ile de France (1) ; mais ne nous arrêtons pas au *charabias* de M. Lemaire, puisqu'il nous a appris que « le style, c'est l'homme, » et tâchons de discerner si ce qu'il a voulu dire vaut mieux que ce qu'il a dit.

Eh bien ! non, ce qu'il a voulu dire est pis encore, si c'est possible, ainsi que nous allons le voir.

Après avoir dressé le fameux tableau dont on connait maintenant la portée, et l'avoir fait suivre, — on ne sait trop pourquoi, — de la liste des journaux *et d'autres sociétés*, qui ont rendu compte de ses expériences, M. Lemaire poursuit de la façon suivante, qui n'est ni la façon de Condillac, ni celle de Buffon ou de Cuvier :

« Je pourrais donc m'en tenir là avec d'autant plus de raison, que ce médecin n'a trompé personne dans le monde savant. » (*Acid. phén.*, 2ᵉ édit., p. 714.)

___

(1) M. Lemaire est coutumier du fait ; il paraît croire que toutes les unités sont du même ordre et peuvent être additionnées ensemble : il dit ailleurs (p. 13) : « J'ajouterai à cette liste nombreuse (de médecins) l'administration des hôpitaux, etc... » Ah ! que M. Lemaire a bien étudié « *les auteurs* » qui ont dit que « le style, c'est l'homme ! » (*De l'Acide phénique*, 2ᵉ édition, p. 735.)

Le fait est que si son fameux tableau a convaincu tout le monde que les grandes prétentions de M. Lemaire sont fondées, on ne voit pas ce qu'il demanderait de plus et pourquoi il ne s'arrêterait pas là. Pourtant, il ne s'y arrête pas, et voici le pourquoi : M. Lemaire est plein de confiance dans les effets de son tableau sur les savants, mais il craint qu'il n'en soit pas de même sur le « public crédule. »

« Mais en est-il de même, dit-il, du public qui malgré de nombreuses déceptions, se laisse toujours séduire par la *réclame* ? Je ne le pense pas. C'est donc simplement pour éclairer le public crédule que je vais continuer à m'occuper de M. Déclat. » Et il continue à éclairer ce public crédule, vingt-deux pages durant !

Je crois que, pour le coup, M. Lemaire s'est trompé..... et qu'il a dit la vérité : il tient à *éclairer*, — le mot est des mieux trouvés, — le « PUBLIC CRÉDULE. »

Quant à moi, je ne cherche à éclairer ni le public crédule ni le public incrédule, deux sortes de publics qui se valent ; je tiens simplement à convaincre les esprits qui cherchent impartialement la vérité et qui sont capables de la discerner quand on la leur montre ; M. Lemaire le sait bien, puisqu'il a la.... naïveté d'écrire, quelques pages après m'avoir accusé de *séduire le public crédule :* « J'ai rapporté tout ce qui précède avec détail » — (ce qui précède avec détail ! décidément « *les auteurs* » ont eu raison de dire que le « style, c'est l'homme »), — « parce que des princes de la science ont crié au scandale, non seulement en voyant M. Déclat chercher à s'emparer de mes découvertes, mais parce que des hommes *éclairés* lui prêtent leur plume pour faire son éloge dans les journaux politiques. » — (Il est bien entendu que je copie servilement le français de M. Lemaire ; cela soit dit, du reste, une fois pour toutes.)

Le fait est que M. Lemaire aurait autant de peine à faire passer pour un public crédule les hommes dont j'ai cité les noms dans mon avant-propos, qu'il aura de facilité à les faire passer pour éclairés. Il est donc bien entendu que M. Lemaire écrit pour le « public crédule » et moi, pour le public « éclairé. » Cette situation respective nous convient parfaitement à l'un et à l'autre, et, pour ma part, je l'accepte de grand cœur.

Voyons donc comment M. Lemaire écrit pour le *public crédule*. Voici son début :

« Analysons rapidement le mémoire de M. Déclat.

» Il contient douze observations recueillies par M. Déclat sur des applications de l'acide phénique à la thérapeutique, savoir : un cas de gangrène, deux de diphthérite, trois de catarrhe de la vessie, deux de phlegmons, un de cancer, un de cancroïde et deux de dartres. Ce-sont ces observations qui lui servent de base. Il ne cite aucune expérience pour démontrer l'action de cet acide sur les microphytes, les microzoaires, les végétaux et les animaux supérieurs, la germination, les ferments, les venins, les virus, les miasmes, la formation du pus, ni pour démontrer son mode d'action dans la désinfection, ni pour éclairer sur les doses auxquelles on peut l'employer sans danger, ni les excipients auxquels on peut l'associer sans modifier ses propriétés, etc., etc.; M. Déclat, qui est doué d'une intelligence rare, devine tout cela...... grâce à mes travaux. »

Il y a dans ce passage beaucoup d'accusations confondues; discutons-les séparément; leur réfutation nous dispensera d'examiner beaucoup d'autres passages, où mon triomphant contradicteur ne fait que les reproduire, tant il se complaît dans des variations sur le peu de thèmes qu'il imagine.

Je me crois dispensé de répondre au reproche de n'avoir présenté à l'Académie qu'un mémoire de seize pages, n'ayant pour base que douze observations, pour m'assurer la priorité des applications thérapeutiques de l'acide phénique. Le reproche est d'autant plus étrange de la part de M. Lemaire, que le premier mémoire que M. Le Bœuf et lui-même ont présenté à l'Académie de médecine, pour s'assurer la priorité des applications de l'*émulsion* de coaltar, ne renfermait *aucune observation*, et que le second présenté par M. Lemaire en renfermait précisément *douze*, comme le mien. Mais ce sont là querelles indignes d'hommes sérieux, et qui prouvent seulement l'ignorance de M. Lemaire en histoire scientifique. Dans les sciences physiques, chimiques et naturelles, aussi bien que dans les sciences mathématiques, il y a beaucoup de découvertes à côté desquelles les siennes et les miennes feraient bien triste figure, et qui ont été exposées aux Académies en moins de seize pages. Il ne fallait pas douze observations pour établir mes droits, et mon seul tort a été précisément d'attendre d'en avoir douze dignes d'être présentées à l'Académie. Si je m'étais contenté de lui présenter la première, dès que je l'ai eu faite, elle aurait été parfaitement suffisante, et je n'aurais pas eu à balayer les nuages à l'aide desquels M. Lemaire cherche à troubler la vue du public éclairé et à tromper le « *public crédule.* » Mais c'est trop insister sur une niaiserie, qu'on nous pardonne le mot, car nous discutons avec M. Lemaire.

Dans la seconde accusation, M. Lemaire commence l'application du système que nous avons signalé plus haut. Il avait déjà écrit à l'Académie, d'une manière générale, que je cherchais à « m'attribuer modestement *ses* découvertes, » maintenant, il déclare solennellement, en détail, que je ne cite aucune expérience pour démontrer l'action de l'acide phénique sur les microphytes, les microzoaires, les végétaux, les animaux supérieurs, etc., etc.; sur ce point, M. Lemaire a parfaitement raison; je n'ai cité aucune de ces expériences, parce que je n'en ai fait aucune qu'il y eût utilité à citer, et parce que ces expériences avaient été faites par M. Liebig, d'abord, et ensuite par M. Lemaire lui-même, avec quelques détails de plus. Seulement, M. Lemaire, outre qu'il oublie de rappeler ce qui appartient à M. Liebig, oublie encore de dire une chose, c'est que je *n'ai jamais prétendu à la moindre découverte de toutes celles que M. Lemaire croit ou dit avoir faites,* et dont un très petit nombre lui appartiennent; je lui ai même décerné pour ses expériences propres, au moins les éloges qu'il mérite, éloges dont son inquiète vanité, son outrecuidance et ses injustes attaques ne me feront rien retrancher.

Mais comment aurais-je pu, sans ses expériences, m'éclairer sur les doses auxquelles on peut employer l'acide phénique sans danger; sur les excipients auxquels ont peut l'associer, toutes choses que j'aurais deviné... « *grâce à ses travaux* »? Ah! ici, c'est une autre affaire, M. Lemaire sort de son système; il entre dans un ordre d'idées un peu au-dessus de la portée de son esprit; et la leçon à lui donner demande quelques développements, qui ne seront pas très-longs, du reste, et qui sont relatifs à une question importante de thérapeutique qui sera comprise du public éclairé, si elle ne l'est pas de M. Lemaire.

Disons, d'abord, que, me fussé-je inspiré des expériences chimico-physiologiques et de laboratoire de M. Lemaire, pour me livrer à des expériences thérapeutiques, cela ne nuirait en rien à mes droits. Mais, en fait, cela n'est point: les expériences de M. Lemaire ne m'ont servi absolument à rien; elles ne pouvaient me servir à rien. Liebig, dont l'autorité est bien égale, — je le suppose, — à celle de M. Lemaire, avait démontré, plus de quinze ans avant lui, l'action toxique et antiputride puissante de l'acide phénique; M. Parisel, M. Bouchardat, M. Calvert avaient pressenti et même annoncé formellement, que les remarquables propriétés du coaltar, si opportunément remises en lumière par M. Corne et démontrées par M. Demeaux, étaient dues à l'acide phénique; M. Parisel père avait même poussé les prévisions jusqu'à annoncer qu'un rôle médical important était inévitablement réservé à l'acide phénique; c'en était beaucoup plus qu'il n'en fallait pour donner l'idée d'expérimenter ce produit même à des médecins beaucoup moins attentifs que moi aux médicaments nouveaux qui apparaissent à l'horizon scientifique. Quoi qu'il en puisse croire ou feindre de croire, il faut donc que M. Lemaire en prenne son parti : j'ai lu ses expériences avec intérêt et j'en ai fait un éloge que je ne regrette pas; mais elles ne m'ont servi de rien; et pour le cas où M. Lemaire ajouterait foi à tout ce qu'il dit, je crois devoir le guérir d'une erreur qu'il n'est pas tout à fait le seul à partager.

M. Lemaire s'imagine que, sans des expériences physiologiques préalables, un médecin ne peut se risquer à employer des substances nouvelles; il le dit implicitement dans le passage que nous réfutons, il le dit très explicitement dans d'autres endroits de son livre. C'est une erreur, qui dénote ou la plus grande irréflexion ou la plus profonde ignorance de l'histoire de l'art. Loin de moi l'idée de condamner les expériences physiologiques, qui ont pris tant de faveur dans notre siècle, quoique, je l'avoue bien franchement, il me fût plus agréable qu'on y mît moins de prodigalité; mais en fait de thérapeutique, on ne se tromperait que de peu de chose, en disant que ces expériences n'ont conduit à rien, et que jamais ou presque jamais l'action dite physiologique des médicaments ne peut déterminer ni le plus souvent même faire soupçonner leur action thérapeutique. Si l'on s'était laissé guider par les expériences physiologiques, la thérapeutique ne serait armée ni du quinquina, ni du mercure, ni de l'arsenic, ni des iodures, ni de l'aconit, ni du colchique, etc., etc., etc., c'est-à-dire qu'elle serait encore privée à peu près de tous ses agents les plus efficaces. Il est, en vérité, par trop fâcheux qu'un médecin puisse ignorer d'aussi éclatantes, d'aussi importantes vérités.

Mais s'il fallait une autre preuve que ces expériences prétendues indispensables ne servent à peu près à rien, M. Lemaire la trouverait en lui-même, car il ignorait encore, en 1864, à quelles doses on peut et l'on doit prescrire l'acide phénique. Je sais qu'après longues réflexions, M. Lemaire a jugé à propos de contester ce fait, mais il sera établi, dans la suite de cette discussion, avec l'évidence d'un théorème géométrique.

Ainsi donc, je n'avais pas besoin des expériences de M. Lemaire, et je ne m'en suis point servi. Mais alors, où ai-je pu apprendre à quelle dose on devait appliquer l'acide phénique ? Encore, ici, même ignorance de M. Lemaire, mais compliquée de mauvaise foi, et j'ai le regret d'ajouter de mauvaise foi impudente.

M. Lemaire a l'audace de prétendre que c'est dans ses travaux que j'ai appris à doser l'acide phénique, quand vingt passages de ses écrits prouvent qu'il ignorait absolument lui-même à quelles doses il pouvait être donné, lorsque déjà je l'employais depuis longtemps, et que je lui adressais un malade à qui je le prescrivais à la dose d'un gramme; M. Lemaire dit avec effroi à ce malade que « *c'était une dose à tuer un cheval!* » M. Lemaire eut même l'obligeance de venir charitablement m'avertir du danger auquel j'exposais mon malade, et il me renouvela encore ses appréhensions dans ma voiture, le jour où je l'appelai pour faire un embaumement dont il sera question plus loin. Je pense que ce propos, que M. Lemaire n'a jamais osé démentir, est suffisant pour prouver à quiconque n'est pas atteint de cécité morale, qu'à l'époque où il a vu mon malade, c'est-à-dire au 17 *novembre* 1864 (1), M. Lemaire était *dans une ignorance absolue* touchant la posologie de l'acide phénique. Comme nous aurons à revenir sur la question des doses, nous croyons pouvoir nous en tenir là, pour le moment; nous croyons même que cela serait définitivement suffisant pour tout esprit ouvert; mais avec M. Lemaire on ne peut pas toujours s'en tenir au nécessaire. Continuons donc l'examen de sa triomphante critique.

« Son mémoire, dit-il (en parlant de mon travail), commence ainsi :

« Bien peu de personnes savent attendre, pour entretenir le
» public de leurs recherches et observations, qu'elles aient
» donné des résultats qui permettent d'établir des propositions
» définitives; il en résulte qu'un observateur qui soumet cons-
» ciencieusement à l'expérience des applications qu'il suppose
» pouvoir être utiles, est exposé à paraître arrivé le dernier
» dans un champ de recherches nouvelles, quand en réalité il
» a eu le premier l'idée de le défricher, et que, le premier ou
» l'un des premiers, il a mis son idée en pratique. »

Voilà le préambule où M. Lemaire trouve d'emblée son triomphe.

« Cet exorde très-étudié, dit-il, indique très-clairement le but de M. Déclat. Malheureusement, le fond ne répond pas à la forme.

» Nous avons vu que le travail de ce médecin se résume dans douze applications de l'acide phénique au traitement de six maladies. Est-ce donc avec cette maigre provision de faits qu'il prétend traiter toutes les questions dont il parle dans son mémoire? C'est tout simplement impossible. M. Déclat, malgré son aplomb, le sent, il hésite, il n'ose pas, bien que ce soit son but, s'annoncer comme ayant découvert le premier les remarquables propriétés de l'acide phénique; sa plume le trahit, puisqu'elle lui fait dire *modestement* l'un des premiers. S'il est le premier, il devait s'attacher à le montrer par des faits. En ajoutant ce correctif, *l'un des premiers*, il a, sans s'en douter, prononcé sa condamnation.

____

(1) On peut voir à l'article cancer la lettre dans laquelle le malade, M. Poulat, atteste ce fait.

» Ce médecin, non-seulement ne produit aucun fait scienti-fique pour appuyer ses prétentions, mais encore les applica-tions de cet acide qu'il a faites à la thérapeutique ne sont que des imitations de ce que j'avais fait et publié longtemps avant lui. »

Un moment d'arrêt sur ces deux paragraphes :

Il est sans doute inutile de revenir sur le nombre de mes observations, et sur la question de savoir si elles sont suffi-santes ou insuffisantes pour me permettre de traiter toutes les questions que je discute dans mon mémoire; ces questions ne sont pas ici en question, et la seule question est de savoir si mes observations sont, oui ou non, suffisantes pour prouver que j'ai, le premier, appliqué l'acide phénique à la thérapeuti-que. Par calcul ou par incapacité, le rôle de M. Lemaire étant de tout embrouiller, le mien doit être nécessairement de tout éclaircir.

Avec une malignité égale à la finesse de son esprit, M. Le-maire déclare qu'en avouant *modestement* que j'étais le premier *ou l'un des premiers*, j'ai prononcé par cela même ma condam-nation. On conçoit très-bien que M. Lemaire ne croie pas à la modestie des autres, et cela importe peu; mais je ne veux pas lui laisser l'illusion de croire que ce soit par rapport à lui que j'ai fait la réserve : *un des premiers*; non, du tout; j'étais par-faitement édifié sur les faits et gestes de M. Lemaire, et je savais qu'il n'avait pas fait d'applications médicales d'acide phénique et même qu'il n'en ferait très-probablement pas, — à supposer même qu'il fût capable d'en faire et que l'idée lui en vînt, — aussi longtemps que d'autres n'en auraient pas pris l'initiative. Mais si j'étais édifié sur les droits de M. Lemaire, je n'ai pas, comme lui, la prétention de connaître et encore moins de nier tout ce qui se passe sous le soleil : M. Calvert avait écrit à l'Aca-démie que l'acide phénique était le principe désinfectant du coaltar; M. Bouchardat pensait la même chose; M. Parisel avait écrit que l'acide phénique lui paraissait appelé à prendre une place importante dans la thérapeutique; il était naturel d'ad-mettre que tous ces ferments intellectuels, avant-coureurs de presque toutes les découvertes, auraient donné à d'autres qu'à moi l'idée d'appliquer l'acide phénique, et il ne m'appartenait pas de me poser, d'une manière absolue et sans aucune réserve, comme le premier, quand je pouvais n'être que le second, ou le troisième ou même que le dixième ; il n'était besoin d'aucune modestie pour cela, il suffisait de professer le respect de soi et des autres, d'avoir le moindre sentiment des convenances et de n'être point affligé de cette infirmité d'infatuation niaise dont M. Lemaire est incurablement possédé. Aujourd'hui l'horizon est complétement éclairci ; chacun a pu produire ses titres ; j'ai recherché, sollicité moi-même ces titres, ainsi qu'on le verra dans tout le cours de cet ouvrage, toutes les fois que l'occasion s'en est présentée, et je n'ai trouvé aucune application thérapeutique qui fût antérieure à la mienne. Je dis donc aujourd'hui, très-fermement et sans réserve, que je suis *le premier* qui ai fait cette application et non *l'un des premiers*.

Quant à prétendre que je n'ai produit *aucun fait* à l'appui de mes prétentions, on ne répond vraiment pas à de pareilles niaiseries ; il suffit de rappeler que M. Lemaire est très-amoureux de la grosse plaisanterie. Ces faits existent si bien, qu'il les qualifie lui-même d'*imitations* de ce qu'il a fait et écrit avant moi. Comme je ne suis pas bien sûr que M. Lemaire connaisse parfaitement l'acception des termes qu'il emploie, quoiqu'il connaisse « *les auteurs* » qui ont écrit que le style, c'est l'homme, je suis obligé de me demander ce qu'il a entendu par *imitations* ; s'il a entendu, comme on le doit, qu'il y a des analogies entre les applications du coaltar et celles de l'acide phénique, je n'ai qu'à le remercier de sa constatation, qui ne fait que consacrer mon droit, en lui faisant observer, toutefois, que ce n'est pas à lui qu'on doit les premières, ni les secondes, ni les troisièmes applications médicales du coaltar ; que s'il a voulu dire, au contraire, que mes applications ne sont que la *répétition* (et non l'*imitation*) de celles qu'il a faites lui-même, je lui ai déjà prouvé et je vais continuer à lui prouver encore qu'il a... voulu persuader le « public crédule. »

Continuons à citer :

« Bien que dans ma lettre à M. le président de l'Académie des sciences » — (ah ! oui, parlons-en, le fameux tableau !) — « j'en aie fourni les preuves, je ne veux pas laisser à M. Déclat le plus petit faux-fuyant. Je tiens à prouver que c'est dans mes travaux qu'il a puisé ses savantes inspirations. »

Voyons, prouvez ; rien ne me touche plus que les preuves .... quand elles sont des preuves.

« C'est au mois de décembre 1861 que ce médecin dit avoir employé l'acide phénique pour la première fois. C'est dans le cas de gangrène dont j'ai parlé. » — (Et bien parlé surtout!) — « Il dit... » Suit la citation d'un fragment de mon observation — Voir à l'article *Gangrène*),— citation qui se termine par cette phrase : « Je ne sache pas que l'acide phénique ait jamais été employé de cette manière. »

« Malheureusement pour M. Déclat, poursuit M. Lemaire, voici ce que j'ai fait imprimer dans le *Moniteur des Sciences médicales et pharmaceutiques* du 10 octobre 1861, page 948, c'est-à-dire environ deux mois avant que *sa haute intelligence lui ait donné l'idée* » — (quelle admirable rhétorique : l'intelligence qui donne l'idée! Et que le citoyen Prudhomme reste loin de mon adversaire!) — « d'employer l'acide phénique pour combattre la gangrène : « Les ravages de la gangrène ont été plu-
» sieurs fois arrêtés comme par enchantement, et, de l'aveu de
» plusieurs de nos célébrités médicales des hôpitaux, des ma-
» lades qui paraissaient voués à une mort certaine, ont rapide-
» ment guéri. » *De l'Acide phénique, de son action sur les végétaux*, etc., par M. Jules Lemaire. *(Loc. cit.)* Il est bon d'ajouter qu'à cette époque M. Déclat recevait régulièrement ce journal auquel il était abonné ; je m'en suis assuré. »

L'impudence est ici un peu forte ; heureusement elle ne sera douteuse pour personne.

Oui, M. Lemaire, je recevais régulièrement le journal où vous écriviez, et je le lisais non moins régulièrement et avec quelque attention, ainsi que je vais le prouver, malheureusement à vos dépens, à ceux de nos lecteurs et juges qui font partie du « public éclairé » ; voici ce que je leur dirai :

« M. Lemaire ayant rappelé que j'ai efficacement employé l'acide phénique dans un cas de gangrène *en décembre 1861*, m'oppose que, *le 10 octobre de la même année*, il avait écrit que la gangrène avait été arrêtée plusieurs fois *comme par enchantement* » ; — nous verrons plus tard combien il tient à cette locution.

Mais arrêtée par quoi, s'il vous plaît?

Quelle question ! répondrez-vous; par l'acide phénique, c'est bien entendu, puisqu'il s'agit d'acide phénique.

Eh bien, lecteurs du public éclairé, vous n'y êtes pas! le *« par enchantement »* de M. Lemaire s'applique *au coaltar* dit *saponiné*, et, dans le numéro du journal dont il parle, *il n'est pas plus question de l'acide phénique que du Grand-Lama* ! ! ! C'est au point que, si les expériences qu'a faites M. Lemaire et même leur simple exposé, au cas où il les aurait inventées, n'exigeaient pas une certaine sagacité et une certaine suite dans les idées, on se demanderait si cet étrange logicien est bien *compos mentis*; mais on est forcé de reconnaître qu'il lui reste assez de discernement pour distinguer le bien du mal et que cette inqualifiable effronterie n'est qu'une application persévérante du système qu'il a adopté, après mûres réflexions, pour éclairer le « public... crédule », système dont le succès est favorisé par la confusion échevelée et probablement calculée qui règne dans son livre. D'ailleurs, comme la folie vaniteuse n'est pas moins une vraie folie que toutes les autres, il n'y aurait rien d'étonnant que M. Lemaire se soit imaginé que personne n'oserait douter de ses paroles et ne s'ingérerait à les contrôler les unes par les autres; il est même possible qu'il ait fini par croire lui-même à ses impostures, à l'exemple du célèbre mauvais plaisant de la Cannebière. Il faudra donc nous résigner à relever bien d'autres assertions de M. Lemaire aussi... vraies que la précédente et quelques contradictions non moins palpables.

« La seconde fois qu'il a appliqué cet acide, continue M. Lemaire, c'est sur un des deux cas de diphthérite dont j'ai parlé, l'un a été observé en 1863, l'autre en 1864. L'observation de 1863 ne porte pas de date précise. Cette négligence pourrait bien être volontaire, parce qu'en 1863, dans mon livre sur l'acide phénique, j'ai consacré un article au traitement de cette affection. (Voy. p. 392, première édition.) Dans cet article, je rends compte de plusieurs faits que j'ai observés, parmi lesquels se trouve un malade » — un malade qui se trouve parmi des faits, doit faire une singulière figure! ce que c'est que d'avoir étudié « les auteurs » (dont fait partie M. Prudhomme) et qui ont dit que le style, c'est l'homme — « un malade atteint de croup, lequel a été traité en mai 1861, avec l'assistance de MM. Bouchut, Marjolin et Basset. »

Le lecteur doit commencer à se familiariser avec les procédés de M. Lemaire ; il est pourtant des..... audaces qui le surprendront probablement plus d'une fois encore. Comment supposera-t-il, par exemple, qu'il se trouve un observateur assez..... hardi pour en accuser un autre de plagiat, de suppression calculée d'une date afin de dissimuler ce plagiat, et pour renvoyer le lecteur à la page précise d'un livre où se trouve l'observation copiée ou plutôt pillée, — le mot serait plus exact, — par l'accusé, lorsque dans toutes ces affirmations, *il n'y a pas un mot de vrai !* Il est des choses qu'il faut voir au moins une fois pour les croire ; on nous permettra donc de faire une citation, qui aura l'avantage d'être courte et de nous dispenser d'en faire d'autres à l'avenir. Voici ce qu'on lit à cette page 392 où l'auteur rend compte de *plusieurs faits parmi lesquels se trouve un malade* traité par l'acide phénique, de concert avec trois autres confrères. Nous copions, *depuis la première lettre jusqu'à la dernière* :

« J'ai obtenu du *coaltar saponiné* de très-bons effets pour détacher » — oh ! que le style, c'est bien l'homme ! — « les productions morbides du muguet et de l'angine couenneuse qui se développent dans les premières voies ; » — connaissez vous l'angine qui se développe dans les secondes voies ? — « *La saponine* »—qui est la *solution de panama* —« permet de détacher les fausses membranes avec facilité. Le *coaltar m'a paru* modifier rapidement l'état de la muqueuse ; mais lorsque l'affection envahit le tube digestif et les bronches, on comprend la difficulté de les atteindre. Ce moyen dans ces cas devient impuissant. La rapidité avec laquelle les fausses membranes sont détachées et la modification de la membrane muqueuse *indiquent d'essayer* l'acide *phénique* SAPONINÉ (1) — » (lisez panamisé) « en inhalations dans le croup. JE ME PROPOSE DE LE FAIRE A LA PREMIÈRE OCCASION.

« L'eau phéniquée *saponinée* produit A PEU PRÈS le même effet

(1) Preuve que l'auteur croit encore l'acide phénique insoluble. Nous reviendrons sur ce fait important.

que le coaltar *saponiné* (lisez panamisé) sur le muguet et l'angine couenneuse dont je viens de parler.

« S'il est vrai que les enfants atteints du croup guérissent dans les ateliers des usines à gaz par les émanations du goudron de houille, l'acide phénique POURRAIT servir à combattre cette maladie terrible. »

Voilà ce que l'auteur appelle *rendre compte de plusieurs faits,* parmi LESQUELS *se trouve un* MALADE *traité par l'acide phénique de concert avec trois* confrères qu'il nomme ! Il n'y est question *ni des trois confrères, ni du malade !* il est évident que l'auteur *n'a jamais employé l'acide phénique* contre le croup; qu'il n'aurait même pas su l'employer, car il ne parle que de l'application externe (indiquée),et de l'application de l'acide phénique *saponiné* (ce qui prouve, je le répète, qu'il croyait encore cet acide insoluble), application *qu'il se propose de faire,* tout en affirmant que l'acide *saponiné* « produit *à peu près les mêmes effets* que le coaltar, » ce qui suppose qu'il a déjà employé l'un et l'autre !! Ce passage sue le mensonge et l'ignorance par tous les pores, et cependant l'auteur a la... hardiesse d'y renvoyer le lecteur ! Nous y reviendrons en parlant du croup; on nous accordera qu'en voilà bien assez, pour le moment, sur ce pitoyable et honteux passage. Ajoutons seulement, et pour ne rien laisser sans réponse, que M. Lemaire nous reproche, avec sa bonne foi habituelle, d'avoir laissé sans date une de nos observations de croup; nous avons eu tort, nous ne faisons aucune difficulté à le reconnaître, car on ne devrait jamais commettre de pareils oublis; mais était-ce bien à M. Lemaire à nous reprocher ce tort ? Qu'on en juge :

M. Lemaire rapporte cinquante-neuf observations ou plutôt cinquante-neuf lambeaux d'observations, dans la partie thérapeutique de son livre, sans compter ses expériences physiologiques et les quelques mentions thérapeutiques répandues dans le cours de son travail : or, sur ces cinquante-neuf lambeaux d'observations, veut-on savoir combien il y en a de datées ? Qu'on lise bien : il y en a QUATRE ! dans *neuf* autres, on indique le mois ; et, enfin, dans quatorze on peut, *par induction,* présumer l'année !!! Ajoutons que toutes celles qui sont datées ou à peu près, ont des dates fausses; c'est ce que nous établirons dans un chapitre spécial que nous réservons, le *chapitre des mensonges*, pour ne pas faire suite au célèbre chapitre des chapeaux.

Nous pouvons, maintenant, je pense, passer à d'autres arguments. Voici donc comment M. Lemaire continue :

« Je ferai remarquer qu'entre la première observation (1861) et la seconde (1863), deux ans se sont écoulés. M. Déclat a donc trompé l'Académie en lui écrivant que depuis 1861 « *il soumettait consciencieusement à l'expérience, etc... pour établir des conclusions définitives,* » puisqu'il ne le faisait pas.

» Quant aux autres applications, elles ont été faites en 1864, c'est-à-dire un an après la publication de mon livre sur l'acide phénique ; on peut voir pages 23, 369 et 378 que j'y rapporte des observations de cancer, de catarrhe de la vessie, de cancroïde et de dartres. *Est-ce clair ?* »

Eh bien, non, monsieur Lemaire, cela n'est ni clair ni même propre ; mais cela va le devenir, moyennant la petite lessive à laquelle nous allons procéder ensemble, si vous le voulez bien, ou à laquelle je vais procéder seul, si le lessivage n'est pas dans vos goûts ou dans vos habitudes. Parlons d'abord des dates.

M. Lemaire serait fort heureux, je n'en doute pas, de donner ses qualités aux autres ; mais, pour ma part, je refuse ce présent de Grec : *Timeo Danaos...* En fait de dates, on vient de voir de quelle sévérité est M. Lemaire : dans quatorze de ses observations sur cinquante-neuf, on devine l'année, et dans trente-deux, on ne peut pas même la *deviner !*

Quant aux observations de M. Lemaire antérieures à mes observations de 1864, il y a beaucoup de choses à en dire dont quelques-unes sont, par malheur, peu édifiantes.

Je ferai remarquer d'abord, qu'en fait de priorité, ce ne sont pas les secondes ni les troisièmes observations qui font foi, ce sont les premières ; or, M. Lemaire ne contestant pas, ici, la priorité de mes premières observations, qui ont date certaine, mais seulement celles de 1864, je pourrais me dispenser de répondre à son argumentation ; je ne m'en dispenserai pas cependant, parce qu'il faut mettre à nu tous les subterfuges de M. Lemaire.

Nous ferons remarquer qu'à la page 23, à laquelle M. Lemaire renvoie le lecteur, il n'y a pas *un mot* relatif à l'acide phénique; il s'agit uniquement de *coaltar*; c'est l'application du système de confusion imaginé par M. Lemaire, et que nous avons déjà signalé et stigmatisé. Quant aux pages 369 et 378, elles renferment des observations, les unes sans date, les autres datées, et je me trouve dans la triste nécessité de dire que ces dernières sont évidemment falsifiées. Aux articles *eczéma* et *cancroïde*, en trouvera les preuves irrécusables que je ne reproduis pas ici, pour éviter les répétitions, et pour ne pas donner à cette réfutation un développement qui n'est déjà que trop étendu.

Quant au reproche d'avoir trompé l'Académie en lui annonçant que je soumettais consciencieusement à l'expérience l'acide phénique, *parce qu'il* s'est écoulé, non pas deux ans, comme l'écrit M. Lemaire, mais environ quinze mois entre ma première et ma seconde observations *communiquées*, il prouve tout simplement ou que M. Lemaire ne se doute pas de ce qu'est l'observation thérapeutique, ou qu'il cherche lui-même à tromper l'Académie ou le « public crédule » : l'Académie, ce sera difficile, parce qu'elle se compose d'hommes qui savent ce que c'est que l'expérimentation, et surtout l'expérimentation thérapeutique sur des médications nouvelles, et qui ne peuvent, par conséquent, ignorer, comme M. Lemaire, que tous les essais qu'on fait ne sont pas dignes d'être communiqués à un corps savant; qu'il peut, en conséquence, s'écouler souvent beaucoup plus de quinze mois entre deux observations *publiées*, sans que cela prouve qu'on ait cessé d'expérimenter dans l'intervalle qui s'est écoulé entre l'une et l'autre. C'est là le pont-aux-ânes de l'expérimentation. — Faut-il s'étonner que M. Lemaire n'ait pas pu le franchir? qu'il s'y arrête donc avec le « public crédule »; je n'ai nul dessein, nul besoin de leur faire la planche, et je continue mon chemin :

« M. Déclat a soutenu ailleurs, toujours avec modestie, qu'il avait le premier employé l'acide phénique à l'intérieur: sa haute intelligence a permis de deviner à quelle dose il pouvait l'administrer sans danger. Mais si M. Déclat n'a pas fait d'expériences sur les animaux, il a commis la maladresse de mettre une date précieuse pour moi dans son livre sur l'acide phénique.

4.

» Elle va le perdre. Il dit page 110 : « C'est en mars 1862 que
» j'ai donné, pour la première fois, l'acide phénique brut à l'in.
» térieur. » M. Déclat n'est pas heureux. Voici ce que j'ai publié
dans le *Moniteur des sciences médicales* du 7 novembre 1861,
page 1038, journal que recevait M. Déclat :

« *Expériences sur les mammifères.* — J'ai étudié l'action de
» cet acide sur les souris, le cochon d'Inde, les chiens, les che-
» vaux et sur l'homme. » Plus loin :
« *Emploi à l'intérieur.* »

» Suivent les expériences sur des chiens, un cheval et sur
l'homme, pages 1042 et suivantes. De plus, dans mon livre sur
l'acide phénique, je rapporte des observations de l'emploi de
cet acide à l'intérieur en 1861. »

Un moment de réflexion sur ces nouveaux *quiproquos*, impu-
dents mais niais : M. Lemaire a la ridicule audace de renvoyer
le lecteur à la page 1038 du *Moniteur des sciences médicales* du
7 novembre 1861, où il a publié un paragraphe intitulé : « *Expériences sur les mammifères.* » Vous croiriez inévitablement, si
vous n'étiez déjà habitué aux procédés de M. Lemaire, qu'il
s'agit, dans ledit article, d'expériences thérapeutiques puisqu'il
débat une question de priorité thérapeutique ; mais vous ne
serez plus étonné, maintenant, d'apprendre qu'il n'en est rien ;
il s'agit tout simplement d'expériences sur l'action physiologique, et encore de l'action locale, de l'acide phénique sur la
peau ; en d'autres termes, M. Lemaire répète, en les variant
à peine, les expériences faites depuis dix-sept ans par Liebig !
Or, Liebig n'a jamais élevé la moindre prétention à la priorité
des applications *thérapeutiques* de l'acide phénique, quoiqu'il
y eût infiniment plus de droits que M. Lemaire.

Mais le numéro du 7 novembre 1861 du *Moniteur des sciences
médicales* renferme une observation réellement thérapeutique,
et je ne m'explique pas pourquoi M. Lemaire n'y renvoie pas
aussi le lecteur : c'est un cas de guérison d'affection vermineuse
par l'acide phénique ; cette observation serait tout à fait concluante contre moi, si... elle n'était pas falsifiée, ce que j'éta-
blirai nettement à l'article *affections vermineuses.* Il en est exactement de même des observations « de l'emploi de l'acide
phénique à l'intérieur », que M. Lemaire rapporte dans la pre-

mière édition de son livre sur l'acide phénique; ces observations, peu nombreuses du reste, car elles sont au nombre de
quatre (que M. L... se garde bien, cette fois, d'indiquer),
portent toutes l'empreinte irrécusable de la falsification ; nous
avons déjà dit que nous l'établirions aux articles que ces observations concernent. Il nous faut ici suivre, avec le moins
d'interruption possible, la puissante dialectique de notre contradicteur :

« M. Déclat dit d'une manière charmante : « Plusieurs con-
» frères imitent déjà notre exemple, et aujourd'hui l'acide
» phénique est fréquemment employé dans la pratique. » (P. 1
du mémoire.)

« Ces paroles rapprochées de tout ce que je viens de dire,
ne sont-elles pas superbes? Je ferai remarquer que M. Déclat a
mis plus de trois ans pour faire douze applications de l'acide
phénique. Si cet acide était fréquemment employé, il n'y avait
donc que lui qui l'employait à peine. Ce passage est comique,
mais en voici un autre qui l'est plus encore. »

On sait maintenant que M. Lemaire aime beaucoup la plaisanterie, ménageons-lui ses plaisirs et ne nous arrêtons pas sur
celle où il feint de croire que douze observations communiquées à un corps savant impliquent qu'on a fait seulement un
nombre égal d'applications de la substance qu'on expérimente.
Nous l'avons déjà dit, nous n'écrivons pas pour le « public crédule, » mais bien pour le public « éclairé. » Quant au retentissement qu'avaient déjà eu mes expériences, avant même la
publication de mon mémoire, M. Lemaire peut l'ignorer moins
que personne, puisque c'est très-probablement, pour ne pas
dire certainement, dans le service de M. Maisonneuve dont la
pratique était due à mon initiative, qu'il a puisé l'exemple des
expériences qu'il a tentées à son tour. C'en est trop sur une
grosse facétie; passons à celle que M. Lemaire nous annonce
être encore plus comique :

« M. Déclat, dit-il, attribue, *comme moi*, aux germes de l'air
la gangrène, la phlébite, l'angioleucite, etc. Il dit que l'acide
phénique agit, dans ces cas, comme insecticide (sans le démontrer). Il ajoute avec sa modestie habituelle : « Les travaux de
» M. Pasteur m'ont donné l'explication de la découverte inat-

» tendue que je venais de faire; je compris comment agissait
» l'acide phénique. » Mais comme M. Déclat n'est pas fort en
logique, sa plume le trahit encore, puisqu'elle lui fait dire
dans la même page 2 : « M. Jules Lemaire a bien démontré que
» l'acide phénique et ses composés empêchent le développe-
» ment et détruisent même les germes de l'air. » *Deo gratias*,
M. Déclat. Mais si M. Lemaire a fait cette démonstration, que
devient *la découverte inattendue qui lui permettait de comprendre
comment agissait l'acide phénique ? N'EST-CE PAS RISIBLE ?* »

Ma foi, je suis forcé d'en convenir, M. Lemaire a, cette fois,
raison : ceci est encore plus comique que le reste ; ce *comme
moi* est tout à fait césarien, mais du césarisme de Bobêche ou de
Robert-Macaire. J'attribue, COMME M. LEMAIRE, non pas aux
germes de l'air, mais aux végétaux et aux animaux parasitaires,
ordinairement microscopiques, la phlébite, l'angioleucite (non
pas toujours la gangrène) et même — ce que ne fait pas
M. Lemaire — toutes les maladies dites spontanées; mais
M. Lemaire attribue ces maladies à la même cause *avec* Lucrèce,
avec Eirini d'Eyrinys, *avec* Plasse, *avec* Raspail, *avec une foule*
d'autres auteurs *et surtout* AVEC M. PASTEUR, dont M. Lemaire
n'a pas compris les travaux, quoiqu'il ait tenté de s'en attribuer
une partie, à l'aide de ses procédés habituels. Si M. Lemaire
trouve un aide d'assez bonne volonté et assez intelligent pour
lui expliquer la portée de ces travaux, de beaucoup supérieure
à celle de l'esprit de M. Lemaire, peut-être pourra-t-il comprendre comment agit l'acide phénique; quant à moi, je ne juge
pas utile de répéter ici ce que j'ai dit dans mon introduction, et
je n'entreprends pas des tâches aussi difficiles que celle de
faire l'éducation de M. Lemaire.

Que M. Lemaire chante maintenant un *Deo gratias* ironique
quand je reconnais le mérite de ses travaux — le seul qu'ils
aient — cela ne fait que prouver ce que les naturalistes savent
depuis longtemps, c'est que certains animaux ruent quand on
les caresse; à quinze ans on peut trouver cela comique; mais
j'en ai malheureusement beaucoup plus et je le trouve fort triste;
après cela, peut-être, M. Lemaire a-t-il découvert le moyen d'avoir
toujours quinze ans; on le dirait à ses raisonnements, mais on
ne le dirait pas à ses procédés. S'il a toujours quinze ans, il

trouvera très-naturel qu'après l'avoir laissé chanter, je le fasse
un peu danser.

Quant à savoir si je suis fort ou faible en logique, ce ne sont
pas là des questions à discuter avec M. Lemaire; ce serait discuter de couleurs avec un aveugle. Le lecteur doit en être bien
convaincu déjà; quelques exemples seulement pour compléter
son édification, si elle n'était pas complète :

« L'acide phénique, dit M. Lemaire, appliqué sur la peau
*n'exerce pas seulement une action locale. Son absorption par l'or-
gane cutané* est très-rapide et produit sur l'homme des phénomènes d'ivresse, des accidents graves sur les chiens et la mort
sur les oiseaux. Sur trois lépreux dont il sera question plus loin,
j'ai constaté pendant trois mois des phénomènes d'ivresse
immédiatement après avoir badigeonné tout leur corps avec du
vinaigre phéniqué à six pour cent... En présence de pareils faits
et de *beaucoup d'autres expériences probantes*, on se demande
comment des médecins distingués refusent à la peau l'importante fonction d'absorption... etc. » (*De l'Acid. phéniq.*, 2° éd.,
p. 69 et suiv.) Et ailleurs : « Il faut éviter de l'employer
sur de grandes surfaces, *parce que l'acide peut être absorbé
et produire des accidents généraux*; comme je l'ai vu sur
plusieurs malades » — plusieurs, c'est beaucoup pour un médecin prudent — « et comme l'a observé le professeur Brown sur
un chien qui est tombé comme *foudroyé* à la suite d'une application d'acide phénique sur la peau de tout le corps. » (*Loc. cit*,
p. 404.)

En voilà assez pour établir le fait utile à notre démonstration; il ne s'agit ici, bien entendu, de l'apprécier ni dans
son exactitude ni dans sa signification scientifique; il s'agit
tout simplement d'établir que M. Lemaire le proclame comme
incontestable, palpable, évident. On n'en peut donc douter :
l'acide phénique, appliqué sur la peau, n'a *pas seulement une
action locale*, il produit *très-rapidement* des *phénomènes généraux.*

Cela étant posé, lisez maintenant ce qui suit :

« Dans la syphilis, l'économie est souillée par un virus;
le chancre n'est qu'un effet de l'action de ce virus sur les tissus.
Il n'est donc pas étonnant que la cicatrisation des ulcérations

syphilitiques résiste au coaltar et à l'acide phénique. *Appliqués en topique, ceux-ci ne peuvent exercer aucune action sur le virus qui est répandu dans l'économie.* Les médecins savent très-bien qu'un traitement général est indispensable pour obtenir la guérison. » (*De l'Ac. phén.*, 2º éd., p. 497.)

« L'eczéma est considéré comme l'effet de plusieurs causes générales : la syphilis, la scrofule, la dartre et l'arthritis. On comprend que, dans ces cas, un *traitement général* soit indispensable. L'acide phénique appliqué localement *ne peut agir que sur l'effet* de la maladie et non sur la cause. » (*De l'Acid. phéniq.*, 2ᵉ éd., p. 536.)

Voilà la force de la logique de M. Lemaire ; nous ne parlons pas de sa force médicale, qui est tout à fait égale ; nous avons déjà eu l'occasion de la mesurer dans notre chapitre sur les généralités ; cette occasion se représentera plus d'une fois dans le cours de cet ouvrage.

Les tours de force de logique comme celui qui précède, fourmillent dans le livre de notre professeur ; mais il faut se borner ; encore un et ce sera tout, au moins pour le moment:

« La glycérine et les huiles fixes annulent *presque complétement* l'action rubéfiante » — et par conséquent l'action locale— « de l'acide phénique. » (*De l'Ac. phén.*, 2ᵉ éd., p. 71.)

M. Lemaire, qui pourtant prévoit tout, « était loin de s'attendre à l'influence exercée par la glycérine et par les huiles fixes, surtout dans les proportions (*parties égales*) où ces substances ont été employées. » (Même page.)

Mais quand, par impossible, il n'a pas prévu, il ne tarde pas du moins à deviner, et il ajoute aussitôt : « Je ne doute pas que, dans ces cas, il y eût une combinaison, parce que de l'huile d'olives contenant cinq pour cent de cet acide n'a pas empêché la putréfaction de la viande. » (Même page.) Ainsi M. Lemaire a *deviné*, et la preuve qu'il a bien deviné, c'est que « M. Calvert, qui s'est beaucoup occupé de l'acide phénique au point de vue chimique, admet un phénate de glycérine ! » (*Loc. cit.*, p. 73.)

Il n'est pas besoin de demander à M. Lemaire si c'est clair, il doit évidemment trouver que c'est lumineux : non-seulement l'acide phénique mélangé *à parties égales* à la glycérine *n'agit plus sur la peau*, mais encore M. Lemaire sait pourquoi il n'agit pas, ce qui joint la certitude rationnelle à la certitude expérimentale. Partant de là, veuillez continuer à lire M. Lemaire :

Il s'agit d'un pemphygus *datant de l'enfance, chez un homme de quarante ans.*

« **Traitement**. — Onctions matin et soir avec de la *glycérine* contenant UN CENTIÈME d'acide phénique. L'emploi de ce moyen *a produit un effet* TELLEMENT REMARQUABLE, qu'au bout de *quinze jours* le malade se croyait complétement guéri !! »

Que dire de cette citation rapprochée de la première?

Hélas!

Et des suivantes? Il s'agit de psoriasis :

« Sur deux autres malades, l'eau phéniquée a été employée sans succès. Chez d'autres, la *glycérine phéniquée, au centième,* A FAIT MERVEILLE. » (*Loc. cit.,* p. 650.)

« A l'extérieur, M. Bazin a obtenu de bons effets de la glycérine phéniquée à divers degrés. » (*Ibid.*)

« Il (M. Bazin) emploie la glycérine phéniquée à DEUX OU TROIS MILLIÈMES !!! »

A'près l'Agésilas,
Hélas!
Mais après l'Attila,
Holà!

Ce qui peut consoler un adversaire généreux, c'est qu'après avoir reçu de pareilles leçons, M. Lemaire n'en sera pas moins persuadé qu'il est le plus grand professeur de logique de la chrétienté, et qu'il croira plus dru que jamais avoir découvert sinon la logique, au moins la solubilité dans l'eau de l'acide phénique et ses vertus curatives.

Étant arrivé à ce tour de force, on pouvait supposer encore une fois que M. Lemaire allait s'arrêter; lui-même en sentait le besoin.

« En voilà bien assez, dit-il, sur ce pauvre mémoire... Mais » — ah! il y a un *mais* — « mais puisque c'est une comédie que joue M. Déclat et que nous venons de voir jouer le premier acte, le lecteur me saura gré, je l'espère, de le faire assister au second. »

Si le second n'est pas plus amusant que le premier, je doute fort que le lecteur soit aussi aise que M. Lemaire s'en flatte;

quant à moi, qui n'ai malheureusement pas le choix de rester ou de sortir, il faut bien que je reste; mais j'avoue que le lecteur aura droit à toute ma gratitude s'il veut bien me tenir compagnie.

Voyons donc le second acte :

« Mon premier coup *désarçonna* et *décontenança* M. Déclat. » — Pas mal commencé, le second acte : décontenancer, désarçonner, il y a du mouvement, c'est de l'évolution franconienne; on voit que M. Lemaire n'est pas seulement voisin mais encore habitué du cirque. — « Mais, » — encore un *mais* — « je dois le reconnaître, aussitôt qu'il fut remis, il eut un bon mouvement. Il m'écrivit la lettre suivante :

Paris, 10 janvier 1865.

« Mon cher confrère,

» Venez dîner avec moi demain, mercredi (ma lettre à M. le
» Président de l'Académie des sciences avait été *lu* (1) la veille
» en séance): Nous lirons ensemble mon mémoire. Je suis prêt
» à reconnaître les observations que vous aurez à me faire si
» elles sont justes (notez que M. Déclat avait lu mon livre et
» mes autres travaux). Je crois que vous avez écrit à l'Aca-
» démie sans savoir le contenu de mon mémoire dans lequel
» vous êtes cité plusieurs fois. (*Deo gratias!*) Je regrette que
» vous ne m'ayez pas averti de votre lettre, comme je vous
» avais averti de mon mémoire (2). Je doute que ni l'un ni
» l'autre, nous gagnions à un combat, car c'est sur notre dos
» que d'autres se battront ; nous aurons l'avantage de porter
» les coups. (M. Déclat ne savait pas que personne ne m'a jamais
· effrayé.)
» Examinons loyalement ensemble mes recherches. Je suis
» pour ma part tout disposé à reconnaître ce que vous voudrez
» bien me démontrer. Si nous nous entendons, comme je l'es-

(1) Ce qui serait encore faux, quand bien même il y aurait un *c* au participe; la lettre de M. Lemaire fut *mentionnée*, mais non *lue* en séance.

(2) « M. Déclat m'avait dit qu'il allait publier ses observations, je les lui avais demandées pour ma seconde édition. Mais il s'était bien gardé de me faire connaître ce qu'il se proposait de faire à l'Académie des sciences. » — *Note de M. Lemaire.*

M. Lemaire ment encore ici; ce point sera tiré au clair un peu plus loin.

» père, car vous m'avez paru d'une loyauté et d'une franchise
» que j'aime (*Deo gratias*); » — (décidément, ce *Deo gratias*
est un tic, et pas un beau tic) — « nous écrirons une lettre
» collective que je vous propose de porter ensemble chez
» M. Flourens.

» Déclat. »

Le lecteur a vu ma lettre; qu'il veuille bien lire maintenant
les remarques qu'elle a suggérées à M. Lemaire :

« Il faut convenir qu'après avoir joué à mes dépens le rôle du
geai de la fable, et surtout après avoir reçu mes coups, cette
invitation était charmante. Ne pouvant avoir le gâteau tout
entier, M. Déclat désirait le partager. Son invitation était d'autant plus touchante, que je n'avais jamais eu de relations suivies
avec lui bien qu'il dise le contraire dans son livre. Comme je
n'accepte pas à dîner chez tous ceux qui m'invitent, je refusai
poliment. Mais il tenait tellement à m'avoir à dîner qu'il vint
me trouver le lendemain pour m'emmener. Je fus inflexible.
J'ai des principes et j'ai l'habitude de les mettre en pratique.
Je profitai de cette occasion pour dire à M. Déclat ce que je
pensais de sa conduite. »

Un mot de rectification d'abord, car on suppose bien que
M. Lemaire se croirait déshonoré, s'il racontait les choses
comme elles se sont passées. Ayant connaissance de la réclamation de M. Lemaire, mais non des termes injurieux dans
lesquels elle était conçue, je me rendis le lendemain chez lui,
pour m'expliquer amiablement; ne l'ayant pas rencontré et ne
pouvant revenir à l'heure où il devait se trouver à son cabinet,
je lui laissai, sur un chiffon de papier, l'invitation qu'il appelle
une lettre, pensant que l'heure du dîner était celle où chacun
de nous aurait quelques moments de libres.

La vérité ainsi rétablie, quant à la forme du procédé, exami-
nons-en le fond.

Sous ce rapport, je croyais, je l'avoue bien naïvement, et
même je n'ai pas encore changé d'avis, avoir donné une preuve
de bonne confraternité et d'esprit de conciliation, qui me paraissait peu susceptible d'une mauvaise interprétation. J'ose
même me flatter que tous les lecteurs impartiaux partageront

5

mon sentiment. Mais M. Lemaire est d'un sentiment tout différent; je l'ignorais alors, je ne le sais que trop aujourd'hui :
il « a des principes, » il en a même beaucoup ; seulement ils
sont tous à peu près également mauvais. Je crois qu'il est parfaitement inutile de faire ressortir la loyauté, et je dirais volontiers même l'humilité de tous les moyens que je lui pro-
posais, afin d'éviter des discussions publiques désagréables
pour tout le monde, mais pénibles surtout pour moi, qui ai eu
la triste chance d'être obligé de soutenir tant de luttes dont je
n'ai jamais provoqué une seule, à moins qu'un peu de bonheur
dans une carrière de médecin, peut-être insuffisamment justifié
par mon mérite, c'est possible, ne soit, pour certaines gens, une
provocation. Ces moyens de conciliation n'ont pas besoin d'être
défendus; il en est un seul sur lequel on me permettra de
donner quelques explications.

M. Flourens était un homme haut placé dans la science et
dans l'estime publique; avec une bienveillance qui ne s'est pas
démentie pendant quarante ans, il avait accueilli M. Lemaire
dans son laboratoire (1); quelques expériences y avaient été
faites, que M. Lemaire rapporte dans son livre; il avait présenté à l'Académie des sciences les travaux de M. Lemaire
comme il y avait présenté le mien ; M. Lemaire avait été assez
satisfait des bontés de M. Flourens, pour lui faire la dédicace
de son livre (2).

Quant à moi, je ne connaissais nullement M. Flourens, avant
de lui avoir présenté mon mémoire. Je n'avais d'autre titre à sa
bienveillance que le faible mérite de mon travail. Il me semble
donc qu'en proposant d'aller porter à M. Flourens une lettre
collective dont l'illustre secrétaire perpétuel apprécierait les

(1) En voici la preuve : « Dans une expérience que j'ai faite au Muséum, grâce
à la bienveillance de M. Flourens, avec MM. Vulpian et Philippeaux, ses aides
naturalistes, etc... » (LEMAIRE, de l'Acide phénique, 2e édit., p. 77.)
(2) Voici les termes de cette dédicace :

A M. FLOURENS,

Secrétaire perpétuel de l'Académie des sciences (Institut de France).

HOMMAGE

DU PLUS PROFOND RESPECT ET DE RECONNAISSANCE.

Jules LEMAIRE.

termes, cela va de soi, je ne faisais pas à M. Lemaire une proposition bien menaçante pour ses droits. M. Lemaire, cependant, ne crut pas devoir accueillir un moyen de conciliation
aussi loyal, et l'on vient de voir comment il l'apprécie. Mais
ce que l'on n'a pas vu et ce que M. Lemaire ne dit pas, c'est
pourquoi il l'apprécie de cette façon. Je vais le dire pour lui,
et ce sera ma seule réponse à ses « principes » de logique, de
bonne foi et de civilité.

M. Flourens, comme je l'ai dit, avait présenté à l'Académie
les travaux de M. Lemaire; il l'avait accueilli dans son laboratoire; il avait reçu la dédicace de son livre; il connaissait donc
à fond tout ce qu'avait fait M. Lemaire. Lorsque j'allai prier
M. Flourens de vouloir bien présenter à l'Académie mon travail,
il le prit, y jeta un coup d'œil rapide, me demanda de le lui
laisser quelque temps entre les mains, et qu'il le présenterait
après en avoir pris une connaissance plus complète. Je n'avais
naturellement aucune objection à opposer à un aussi bienveillant accueil; je remerciai cordialement M. Flourens de l'intérêt
qu'il voulait bien prendre à mon mémoire, et je me retirai.
Il garda le mémoire entre ses mains pendant seize jours et, le
2 janvier 1865, il le présenta à l'Académie. Les *comptes-rendus*
officiels des séances de l'Académie ne reproduisent pas les termes dans lesquels les secrétaires perpétuels présentent à l'Académie les pièces de la correspondance, et cela se conçoit : les
comptes-rendus n'y suffiraient pas; mais les rédacteurs scientifiques des grands journaux et de certains journaux scientifiques
recueillent souvent les paroles des secrétaires perpétuels, et
j'eus la bonne fortune que plusieurs de ces rédacteurs con-
signèrent dans leur compte-rendu les termes dans lesquels
M. Flourens présenta mon mémoire; les voici :

« M. Flourens signale parmi la correspondance un mémoire
» de M. le Dr Déclat qui mérite à tous égards de fixer l'atten-
» tion de l'Académie.

» M. Déclat, dit le savant secrétaire perpétuel, *a le premier uti-*
» *lisé* l'acide phénique, et, dès 1861, il en faisait une application
» suivie d'un succès très-remarquable. Une gangrène, survenue
» après la fracture de la colonne vertébrale, fut guérie par
» l'acide phénique d'une manière vraiment miraculeuse.

» Même résultat dans des cas d'engorgement, de maladies
» de vessie. M. Déclat a obtenu également de grands succès en
» administrant le nouveau médicament à l'intérieur, et pres-
» que dans toutes les maladies organiques.

» Le travail du savant docteur est considérable et *je me per-*
» *mettrai de le placer au nombre de ceux qui doivent être pré-*
» *sentés pour remporter les prix de médecine et de chirurgie.* »
(Compte-rendu de la séance de l'Académie des sciences du 2 janvier 1865, dans le *Constitutionnel* du 4 janvier suivant.)

Les Mondes et d'autres journaux rapportèrent aussi les paroles
de M. Flourens, ainsi qu'on peut le voir dans la liste des journaux qui se trouve dans l'*Avant-propos.*

Voilà sans doute ce qui a fait écrire à M. Lemaire que je
n'avais trompé personne *dans le monde savant*, M. Flourens
n'étant probablement pas un savant de sa force; voilà pourquoi
il n'a pas voulu accepter les conseils et en quelque sorte l'arbitrage de M. Flourens, et voilà ce qui lui a fait, sans doute,
supprimer de la seconde édition de son livre la dédicace à
l'illustre secrétaire perpétuel, qu'on lit dans la première. On
voit que M. Lemaire n'a pas seulement des « principes, » mais
qu'il a encore un grand cœur !

Quant à ce que M. Lemaire donne à entendre sur ce qu'il
m'aurait dit à propos de ma conduite, je crois fort inutile de lui
donner un démenti; je n'ai peut-être pas autant de principes
que M. Lemaire, mais je les crois un peu meilleurs et surtout
plus invariables; et ceux qui me connaissent savent que M. Lemaire ne se serait pas permis impunément, en ma présence, de
donner cours à sa mauvaise éducation.

« Pendant que M. Déclat parlementait, une armée de volon-
taires » — composée de deux comparses, sans caporal, — « de soldats aguerris de la presse scientifique, surgit. Ces soldats, tous
bons tireurs, s'armèrent pour la défense du droit et combattirent
vaillamment pour me défendre..... Je citerai deux épisodes »
— (les deux articles des suivants) — « de cette guerre mémorable, qui permettront de juger la valeur des soldats intrépides
qui composaient cette armée..... C'est M. Grandeau simple
volontaire, » — (pas mal simple, en effet), « la visière baissée,
armé d'une plume bien acérée qui tient contre M. Déclat..... »

Passons les exploits de M. Grandeau et de son cochevalier, M. Prat, et arrivons à la suite de ceux du héros principal ; ce sera toujours cinq pages de gagnées (1). Après avoir placé *en vedette*, au-dessous du second factum, la signature du vaillant volontaire et docteur Prat (2). M. Lemaire reprend ainsi :

« La défaite de M. Déclat était complète. Ne pouvant plus se défendre sur le terrain de la science, il se sauva dans les montagnes des journaux politiques et s'établit sur les confins de l'annonce et de la réclame. Là il était à l'aise. Mais souffrant des blessures qu'il avait reçues, et ne pouvant plus soutenir la lutte avec les braves soldats de la presse scientifique dont je viens de parler » — (dont l'un appartient à la presse politique, M. Grandeau, et l'autre à la presse nomade, le transformateur des boues) — « il changea de tactique. Il appela à son aide le dénigrement, l'altération de la vérité, etc., etc. Il inventa un nouveau plan de campagne. Il recruta quelques soldats. Les uns furent enrôlés dans la musique et adoptèrent pour instrument la trompette. Un seul, *du nom de Gaudin*, consentit à combattre, et encore M. Déclat lui enseignait-il les coups qu'il devait porter. Voici comment : il fit, rue de la Paix, une leçon sur les microphytes, les microzoaires et l'acide phénique. Il la résuma et M. Gaudin la reproduisit dans le *Siècle* du 13 mars 1865, et fit le plus grand éloge de la leçon et des *soi-disant* » (*sic*) « découvertes de M. Déclat. Dans cette leçon j'étais présenté comme ayant voulu m'emparer des découvertes de M. Déclat.

(1) Nous ne quitterons pas cependant M. Grandeau sans faire remarquer que l'opinion de cet honorable écrivain est loin de représenter celle du journal important dans lequel il a l'honneur d'écrire. Dans le no du   187 , en effet, *le Temps*, par l'organe de son *secrétaire de la rédaction*, me félicite de mes recherches et m'encourage à les continuer, et, au moment même où j'écris ces lignes (journal *le Temps* du 14 octobre 1871), l'un de ses rédacteurs fait un éloge très-bienveillant de ma récente communication à l'Académie des sciences, sur le charbon.

(2) On nous a dit que ce Prat, suivant de M. Lemaire, était aussi, comme son maître, auteur d'une foule d'inventions pleines de génie, mais incomprises, notamment d'un procédé pour transformer en or les boues de Paris. Quoique le sujet fût bien dans ses aptitudes, il paraît qu'il n'aurait pu, malgré des tentatives réitérées, en faire comprendre tout le mérite au préfet Haussmann, à qui l'on ne reproche cependant pas un défaut de conception industrielle. Que le docteur Prat ne se décourage pas : il nous paraît appelé à faire quelque chose, peut-être quelque révolution, dans les boues.

» J'aime la plaisanterie, mais celle-là était un peu trop forte. Puis, » — voilà un puis qui, j'espère, arrive bien à propos, — « me rappelant les paroles de Beaumarchais sur la calomnie, je crus devoir écrire au *Siècle* pour remettre les choses en leur place.

» Un second article signé Gaudin parut dans le *Siècle* du 19 avril. Mais je connaissais si bien le style de M. Déclat, » — c'est un si grand connaisseur en style, ce M. Lemaire ! — « que je reconnus la source où il avait été puisé. La vérité y avait été encore plus altérée que dans le premier. Comme toutes les âmes honnêtes qui ont horreur de l'effronterie , je crus devoir répondre. » — En fait d'âmes honnêtes qui répondirent, nous ne connaissons absolument que celle de M. Lemaire dont l'honnêteté et la véracité en vaut, il est vrai, une légion d'autres.

» Une troisième lettre signée Gaudin, pire que les précédentes, parut encore. Mais cette fois, je ne répondis pas. Je m'aperçus que, *sans le savoir*, je servais les vues de M. Déclat, qui étaient de se mettre en évidence devant le public. Il a eu le courage de s'en vanter.

» Faisant de la science avec désintéressement pour être utile à tous, puis, réfléchissant que ce n'est pas dans les journaux politiques que se traitent les questions scientifiques, et qu'en continuant je pouvais faire supposer que je jouais avec lui le rôle d'un de ces serruriers dont tout Paris doit encore se souvenir, ma dignité m'imposa de garder le silence. »

On comprend le dégoût qu'il nous a fallu surmonter pour transcrire et reproduire ce long échantillon de style de général du cirque; nous en demandons pardon à nos lecteurs; mais ils comprendront qu'il m'est impossible de laisser à mon honnête contradicteur l'avantage de dire que j'ai passé sous silence un seul de ses arguments; je dis de ses arguments, car de preuves, il n'y en a point, dans les indécents paragraphes qu'on vient de lire; il y a des pasquinades et des injures, mais rien de plus. Aux deux seules injures bien précises, nous répondrons d'une manière plus précise encore: M. Lemaire m'accuse d'avoir dicté ou plutôt accuse M. Gaudin de s'être laissé dicter ses articles. Quand ces articles ont été écrits, je n'avais pas l'honneur de connaître personnellement M. Gaudin; mais je le connaissais comme tout le monde, pour un très-honorable, très-ancien et très-savant rédacteur du *Siècle*, pour un calculateur distingué du Bureau des longitudes, comme un physicien éminent, lauréat de l'Institut (prix Gaubert), etc., etc., en un mot, comme un savant un peu plus savant — quoique ce soit bien difficile — que M. Lemaire lui-même ; il n'a donc nul besoin de se laisser dicter des articles par personne ; et en lançant contre lui une pareille accusation, M. Lemaire ne se rend pas seulement coupable d'une calomnie méprisable, mais encore d'une calomnie niaise. Quant à celle qu'il se permet contre moi (que *je me serais vanté* que mon but était de me mettre en évidence devant le public), je répondrai très-brièvement à M. Lemaire qu'il est un vil calomniateur et que je le défie d'apporter la preuve de ce qu'il avance. Oui, la dignité de M. Lemaire lui imposa de garder le silence... lorsqu'il eut écrit deux longues et indigestes lettres, qu'il eut été acculé par M. Gaudin et qu'il ne sut plus que dire ; c'est la même dignité qui empêchait Sosie d'argumenter sous le bâton de Mercure. Quant « au désintéressement » de M. Lemaire, nous lui consacrerons un paragraphe spécial ; nous pouvons donc nous dispenser de le louer ici, et rendre la parole à notre généreux et véridique contradicteur :

« Je croyais que les choses en resteraient là. Mais je m'étais trompé ; avec M. Déclat, il faut toujours s'attendre à quelque *surprise*.

» Jugé et condamné par ses pairs par des preuves accablantes, il m'était bien permis de penser qu'il ne s'occuperait plus désormais qu'à chercher à adoucir les blessures qu'il venait de recevoir. Mais comme il *a induit en erreur ses amis, les savants* (1) et le public sur ses travaux et les miens, il sent que sa position est désespérée. Il ne peut plus reculer sans s'exposer à voir le vide se faire autour de lui. Sa situation lui fait tourner la tête ; il ne se rappelle plus ces paroles de Boileau : *une chute amène toujours une autre chute (sic)*. Semblable à un homme qui se noie, il se cramponne à tous les objets que ses mains peuvent

_____

(1) On se rappelle que M. Lemaire, qui est professeur émérite de logique, a dit précédemment que je n'ai trompé personne *dans le monde savant*. Il paraît, maintenant, que j'ai trompé tout le monde, amis, savants et public ! Οἴα κεφαλή ! et la tête de M. Lemaire est réellement grosse, par malheur pour la phrénologie.

atteindre dans l'espoir de se sauver. Mais, hélas! c'est pour mieux assurer sa perte. C'est ce que nous allons voir. »

Il est temps de le voir, car voilà beaucoup de rhétorique du Pont-Neuf, où l'on ne voit guère autre chose que la sottise du rhétoricien, quoique le rhétoricien ait étudié Boileau aussi bien probablement que « *les auteurs* » qui ont dit que le style c'est l'homme :

« Voici les moyens de sauvetage qu'emploie M. Déclat et qui sont placés en tête de son livre sur l'acide phénique :

« La réclamation de priorité de M. Lemaire m'a peiné, mais elle
» m'a aussi profondément étonné; j'en dirai les raisons. J'avais
» avec M. Lemaire des relations de bonne confraternité et de
» collaboration pratique qui motivaient entre nous d'assez fré-
» quentes entrevues; aussi avons-nous lu ensemble la partie de
» mon premier mémoire relative à un embaumement pratiqué
» en commun par lui et moi. »

» Plus bas : « L'indice irrécusable de ces bons rapports entre
» M. Lemaire et moi est constaté par une suscription des plus
» flatteuses qu'il m'écrivit de sa main en tête de son livre sur
» l'acide phénique et qui témoigne de la *haute estime* (voulait-
» il bien dire) qu'il professait pour moi. On peut encore trou-
» ver la preuve de la cordialité qui régnait entre nous dans le
» compte rendu que je fis de la publication de M. Lemaire dans
» la *Revue médicale portugaise*.

» Comment admettre qu'après avoir signalé les travaux de
» M. Lemaire en Portugal où ils étaient inconnus, j'aie voulu
» m'en attribuer une part en France, devant l'Institut, et en
» présence de M. Flourens à qui il avait dédié ses ouvrages?

» M. Lemaire ignorait si peu mes recherches, qu'après avoir
» examiné un malade soumis depuis longtemps à l'usage interne
» de l'acide phénique (malade que je lui avais adressé), il vint
» me voir pour m'avertir qu'il croyait dangereuses ou même
» toxiques les doses auxquelles j'administrais cette substance,
» doses qui, à son dire, eussent été dangereuses, même pour
» un cheval.

» Je rassurai M. Lemaire en lui rappelant de combien de poi-
» sons la médecine fait usage, et qui plus sûrement que l'acide
» phénique peuvent tuer un cheval. »

« Plus loin : « Si M. Lemaire voulait établir une priorité
» quelconque sans l'emploi spécial de l'acide phénique, pour-
» quoi ne pas m'en avoir manifesté l'intention, alors qu'il avait
» entre les mains le manuscrit de mon mémoire, huit jours
» avant que je ne le présentasse à l'Académie des sciences, etc. »

« Voilà les moyens de sauvetage auxquels a recours M. Déclat.
Je commencerai par dire que je n'ai jamais vu altérer la vérité
avec une pareille impudence. Le lecteur va pouvoir en juger.

» Voici la vérité, mais la vérité vraie, sur toutes ses assertions :

» M. Déclat invoque la suscription de haute estime inscrite
par moi sur un exemplaire de mon livre pour prouver que des
relations suivies avaient eu lieu entre nous. Or, voici son
origine :

» Le journal de l'Institut polytechnique, *la Célébrité*, avait reproduit avec éloges, en 1862 et 1863, le long mémoire sur
l'acide phénique que je venais de publier dans le *Moniteur
scientifique* du docteur Quesneville. Lorsque mon livre fut imprimé, je crus, par politesse, devoir en offrir un exemplaire
à M. Luthereau, son rédacteur en chef, et un à chaque membre
du conseil de cette association, dont faisait partie M. Déclat.
C'est au membre du conseil et non au confrère que je l'offrais.
C'est M. Luthereau qui lui a fait remettre (*sic*) comme il l'a fait
pour ceux destinés aux autres membres du conseil. A cette
époque, je n'avais jamais vu M. Déclat. Quant à la suscription de
haute estime, elle est due à la précipitation de ma plume qui
venait de l'inscrire sur une cinquantaine d'exemplaires que je
devais donner. Je la laissai pour ne pas perdre le volume.
J'étais bien loin de penser que M. Déclat s'en servirait contre
moi.

» J'ai vu M. Déclat en tout quatre fois. Voici dans quelles
circonstances eut lieu ma première entrevue.

» Le 27 avril 1864, je fus étonné de recevoir la lettre suivante :

« Cher confrère,

» Dans nos conférences du mercredi, chez M. Delamarre, de

5.

» la *Patrie*, nous avons causé de vos travaux avec MM. de Par-
» ville et Dumas.

» L'ami Parville m'a chargé de vous dire qu'il parlerait bien-
» tôt de votre livre. Peut-être l'a-t-il déjà fait. Dumas vous ci-
» tera dans le *Journal illustré* de dimanche prochain.

» J'ai remis un volume de vous à M. Dumas; j'espère que
» vous m'en rendrez un en échange avec votre signature.

» Votre tout dévoué confrère *et admirateur*,

» Déclat. »

» Il est bon que l'on sache qu'à cette époque, je n'avais pas
encore vu M. Déclat; aujourd'hui encore, je n'ai jamais parlé à
MM. Dumas et de Parville, et je ne leur ai jamais rien demandé.

» En me disant : « de Parville m'a chargé », il prouve que
c'était une invention; mais il lui fallait un prétexte pour
m'écrire. Son véritable but était de me faire croire qu'il m'était
dévoué pour détourner mon attention. Voici pourquoi. Il avait
fait la veille, chez M. Delamarre, la conférence dont il parle et
s'était modestement attribué mes découvertes. Mon excellent
ami, le professeur Gratiolet, si grand par sa moralité, sa haute
intelligence et son savoir, apprit sa conduite. Il en fut indigné
et dénonça M. Déclat à la Société des sciences médicales de
Paris le 28 octobre 1864.

» Il y était d'autant plus autorisé qu'il avait été témoin d'un
grand nombre de mes expériences et mon collaborateur pour
plusieurs.

» Je ne pensai pas tout d'abord que la lettre de M. Déclat pût
être un piége. Je lui portai le volume qu'il me demandait. Tel
fut le motif de ma première entrevue.

» Il ne tarit pas d'éloges sur mes travaux. Il me parla du résultat qu'il avait obtenu dans un cas de gangrène; je lui dis que
ce fait confirmait ce que j'avais publié sur ce sujet. Il ne me
répondit pas. »

Pour ne pas accumuler trop d'objections et tomber dans la
confusion si chère à M. Lemaire, et qui lui est si profitable, il
convient d'interrompre les citations et de tirer au clair ce que
M. Lemaire croit ou feint de croire y trouver de favorable à ses
prétentions et à ses calomnies.

Commençons d'abord par ce que j'appellerais les erreurs de M. Lemaire, si cet honnête confrère était un homme comme tout le monde, mais ce que je suis obligé, en raison de ses procédés, d'appeler ses mensonges.

Il prétend m'avoir dit, sans recevoir d'observation de ma part, que mon cas de guérison de gangrène confirmait ce qu'il avait publié sur ce sujet; or, M. Lemaire avait publié, après M. Demeaux et beaucoup d'autres, que le *coaltar* faisait merveille; tandis que mon observation était un cas d'application de l'*acide phénique*; de quelque politesse que j'eusse voulu user envers M. Lemaire, *je n'aurais donc pu* lui accorder que mon observation fût la confirmation des siennes; son assertion est donc à la fois mensongère et niaise.

M. Lemaire affirme que M. Gratiolet, indigné de ce que je m'étais attribué les découvertes de M. Lemaire dans une conférence faite dans la première quinzaine d'avril, me dénonça devant une Société inconnue le 28 octobre, six mois et demi après ma conférence! M. Lemaire a-t-il encore menti dans cette circonstance? Je ne l'affirme pas, parce que je n'en suis pas sûr. Mais ce dont je suis sûr, c'est que mon honnête adversaire abuse au-delà de toutes les bornes du nom de Gratiolet pour s'en faire un bouclier et s'abriter derrière l'honorabilité de ce digne savant. Je n'ai pas compté combien de fois M. Lemaire le cite à tout propos et hors de tout propros; mais ce ne serait peut-être pas trop exagérer que de dire qu'il le cite cinquante ou soixante fois dans le cours de son livre! Oui, Gratiolet était un savant distingué et ingénieux, sinon un esprit supérieur; c'était surtout un caractère d'une probité à toute épreuve. Malheureusement, comme beaucoup de savants qui vivent en eux-mêmes et avec la science seule, comme les Despretz, les Savard, les Aug. Cauchy, les Poinsot (qui votait d'après l'avis de sa cuisinière), il était d'une crédulité d'enfant en bas-âge et à la merci de quiconque se donnait la peine de le circonvenir. M. Gratiolet m'aurait dénoncé à la Société borgne dont parle M. Lemaire — ce que personne n'a jamais su et que j'ai toujours ignoré moi-même, — que cela ne prouverait qu'une chose, c'est que M. Lemaire aurait abusé de celui qui voulait bien lui permettre de l'appeler son ami; mais cela ne prouverait rien autre que ce j'avais dit, plus de six mois auparavant, dans ma conférence, *à laquelle n'assistait pas M. Gratiolet*, mais à laquelle assistaient d'autres savants, peut-être moins éminents que lui, mais plus au courant, assurément, de l'histoire de l'acide phénique; or, aucun d'eux n'a trouvé que parfaitement légitime la part que je m'attribuais dans cette histoire, c'est-à-dire les applications thérapeutiques, laissant à M. Lemaire ce qui lui appartenait, mais non pas ce que revendique, avec mauvaise foi, sa vaniteuse ambition (1).

Quant aux principes de M. Lemaire, n'en parlons plus, ni des autres affirmations mensongères qu'il articule dans les paragraphes que nous venons de citer. Quand les « principes » d'un homme sont d'inscrire gratuitement, sur cinquante exemplaires d'un livre dont il fait hommage, des témoignages de « *haute estime* » à cinquante personnes qu'il ne connaît nullement, par cela seul que ces personnes font partie du conseil de surveillance d'un journal, qui n'est pas même un journal scientifique, cet homme est définitivement, irrévocablement jugé ; quelque opinion que nous eussions de M. Lemaire, nous ne nous serions jamais imaginé que tels fussent ses « principes, » si lui-même ne nous en avait fait l'aveu inattendu. Ce qu'il y a d'incroyable, c'est qu'après un aveu pareil, M. Lemaire ose encore accuser quelqu'un d'aimer « la réclame! » Il est pénible, après cela, de continuer à discuter avec un pareil adversaire, mais il nous faut achever notre tâche.

« Le 18 novembre 1864, continue M. Lemaire, je reçus la lettre suivante :

(1) Comme l'on sait que M. Lemaire répond toujours à autre chose qu'à ce qui est en question, on ne s'étonnera pas de lui voir déclarer qu'il n'a jamais parlé à MM. Dumas et de Parville, et qu'il ne leur a jamais rien demandé; on ne saurait donc comprendre pourquoi « il est bon qu'on le sache. » Ce qu'il est bon qu'on sache, c'est que je leur ai parlé pour lui, et que c'est à ma demande et sur mon témoignage que M. de Parville, dans ses causeries scientifiques si appréciées (1865 page 311), et Alexandre Dumas, dans le *Journal illustré*, ont parlé avec éloge des travaux de M. Lemaire. Alexandre Dumas déclare même en toutes lettres que son appréciation lui a été inspirée par moi, preuve surabondante, mais péremptoire, que je n'ai jamais songé à m'emparer des travaux de M. Lemaire, et qu'avant son inepte et brutale attaque, j'avais pour lui les vifs sentiments de sympathie que m'inspirent tous les travailleurs et particulièrement tous les initiateurs.

» Mon cher confrère,

» Je vous adresse un de mes clients qui vous racontera son
» histoire. Elle vous intéressera. Mais avant de lui demander
» quel traitement il a suivi, portez un diagnostic pendant qu'il
» en est temps encore.

» Je vous envoie un journal que vous voudrez bien me re-
» tourner pour ma collection. Vous verrez que je n'oublie ni
» votre personne ni vos travaux dans une revue scientifique à
» l'étranger.

» Je suis heureux de vous dire qu'un grand nombre d'exem-
» plaires de votre livre sur l'acide phénique est parti pour Rio
» et pour Lisbonne.

» Bien sympathiquement à vous,

» Déclat. »

« A quelle heure pourrez-vous me recevoir un soir ? Je dé-
» sire causer avec vous d'un mémoire que je rumine. Avez-
» vous lu Dumas, ses trois articles ? »

« C'est de la *Revue médicale de Lisbonne* dont il parle. Il n'est
pas du tout question d'acide phénique, quoique M. Déclat disc
le contraire. C'est de mon travail sur les microphytes et les
microzoaires dont il rend compte. Voilà donc encore M. Déclat pris en flagrant délit d'altération de la vérité. Il en est de
même de l'expédition d'un grand nombre d'exemplaires de
mon livre pour Rio et Lisbonne. Ce n'était pas vrai.

» M. Déclat me flattait dans l'espoir de m'inspirer toute confiance pour chercher, en causant avec moi, à profiter de mes
travaux.

» Il vint me voir un soir. Nous causâmes acide phénique.
Mais je me tins sur mes gardes. C'est le motif de ma seconde
entrevue. »

Si l'on n'était pas désormais habitué à toutes les cécités de
M. Lemaire, on pourrait s'étonner à bon droit de l'étrange
querelle qu'il me fait : je lui écris avec bienveillance que j'ai
rendu compte *de ses travaux* dans une revue étrangère ; il me
répond que ce n'est pas vrai, *car je n'ai point parlé d'acide phénique*, « quoique je disc le contraire »; le lecteur a ma lettre

sous les yeux; il peut voir si j'y parle d'acide phénique; ce qui
est vrai, pourtant, c'est qu'il en était question dans mon
compte-rendu, mais seulement sous le rapport de l'action de
cet acide sur les microphytes et les microzoaires, c'est-à-dire
de l'action constatée par Liebig et *reconstatée*, avec quelques
variantes, par M. Lemaire. Mais ce n'est pas là pour M. Lemaire
parler acide phénique ; parler convenablement de cet acide,
c'est reconnaître qu'il a été le premier à l'appliquer à la thérapeutique : pour n'avoir pas voulu le reconnaître, il en a coûté
à M. Flourens...... la dédicace de M. Lemaire ! Dût-il m'en coûter deux dédicaces plus la perte de la « haute estime » de
M. Lemaire, je ne serai pas plus généreux que M. Flourens.
Que M. Lemaire continue donc sa courtoise et véridique argumentation ; il n'obtiendra jamais de moi autre chose que ce
que je lui ai spontanément donné.

Quant aux exemplaires de son livre expédiés à Rio et à Lisbonne, l'intérêt que je lui portais me faisait m'informer si ces
expéditions avaient lieu, et j'avais été heureux, dans ce cas,
de l'occasion qui s'offrait de lui annoncer une petite nouvelle
toujours agréable à un auteur; m'avait-on induit en erreur?
J'avoue que je n'ai pas poussé la précaution jusqu'à aller m'assurer si les livres étaient bien dans les caisses des expéditions;
mais tout lecteur d'esprit rassis m'accordera que, pour voir
dans mon bienveillant empressement un mensonge perfide, il
faut être arrivé à la dernière période de la monomanie or-
gueilleuse.

« Le 9 décembre, écrit-il, je reçus une dépêche télégra-
phique de M. Déclat ; il me priait de l'assister dans un embaumement, celui dont il parle. C'est la première et la seule fois
que l'exercice de ma profession nous ait réunis. C'était ma
troisième entrevue. » — (C'était au moins la quatrième, puisque M. Lemaire oublie la visite qu'il me fit pour me prévenir
des dangers que je faisais courir à M. Poulat, en lui prescrivant un gramme d'acide phénique.)

« M. Déclat (continue M. Lemaire) qui avait déjà tracé son
plan, voulait avoir des faits à produire. Ne sachant comment
s'y prendre pour employer l'acide phénique dans ce cas, il
m'appela à son secours. Il ne savait même pas comment dis-

soudre cet acide. C'est moi qui *fit* (sic) l'opération en présence de témoins.

» Quant à la possession, pendant huit jours, du manuscrit de M. Déclat, c'est encore une invention dont lui seul est capable. C'est en nous rendant chez son client pour pratiquer l'embaumement qu'il me lut dans la voiture l'observation de gangrène dont j'ai parlé. Mais il s'est bien gardé de me lire le préambule et les passages de ce mémoire dans lesquels il s'appropriait mes découvertes.

» Dans cette assertion, il joint l'absurdité à la perfidie. Comment faire croire qu'ayant eu pendant huit jours en ma possession un manuscrit dans lequel il s'empare de mes travaux, *je lui aurais* (sic) rendu sans me plaindre. Est-ce possible ? »

Encore un petit temps d'arrêt à ce dernier paragraphe. M. Lemaire, mettant les textes complets sous les yeux du lecteur, on pourrait réellement croire qu'il n'a pas l'intention de tromper même « le public crédule »; ses mensonges sont-ils donc inconscients et le résultat de véritables hallucinations ? Le lecteur en décidera :

J'écris à M. Lemaire que je n'oublie pas ses travaux, et *je lui envoie le numéro du journal où j'en rends compte*; il m'accuse de mentir et de ne pas parler d'acide phénique dans mon compte-rendu !

J'écris que M. Lemaire a eu mon manuscrit entre les mains *huit jours avant* que je ne le présentasse à l'Académie, ou plus exactement à M. Flourens; il m'accuse d'avoir inventé qu'il a eu mon manuscrit en sa possession *pendant huit jours !*

Est-ce malice ? Est-ce ineptie ? Ces accusations ont-elles été écrites dans le cabinet d'un médecin ou dans la cellule d'un pensionnaire de Charenton ? Ce qu'il y a de certain, c'est que ce qui suit n'a été écrit ni dans l'officine d'un Montaigne, ni ni dans l'asile d'un saint Vincent de Paul.

M. Lemaire m'accuse de n'avoir pas su comment dissoudre l'acide phénique, le 9 décembre, quand je lui avais adressé, le 18 novembre précédent, un malade à qui je le prescrivais depuis un mois à une dose que M. Lemaire jugeait mortelle pour un cheval ! quand je l'avais employé en solution aqueuse trois ans auparavant ! Cette accusation ne peut même plus passer pour perfide, tant elle est bête! (Pardon de l'épithète; elle a été employée par Proudhon et même par Beaumarchais et appliquée à des gens qui n'étaient pas de la force de M. Lemaire.)

Voici qui est plus perfide :

M. Lemaire dit que je lui lus, dans ma voiture, mon observation de gangrène, mais que je me gardai bien de lui lire mon préambule, ce qui laisse entendre que le manuscrit ne serait pas sorti de mes mains et que, par conséquent, M. Lemaire ne l'aurait pas tenu dans les siennes; sur ce point, je lui donne le plus formel démenti ; j'affirme que j'ai remis mon manuscrit entre ses mains, qu'il l'a tenu et lu, dans ma voiture, autant qu'il l'a voulu, et qu'il ne m'a fait aucune observation ni revendication sur la part que je m'attribuais, légitimement je crois, dans les applications de l'acide phénique. Et cependant, à cette époque, M. Lemaire devait être bien averti ; il savait (dit-il) que je m'étais approprié, chez M. Delamarre, ses découvertes; le professeur Gratiolet m'avait solennellement dénoncé, — (dit toujours M. Lemaire), — à la Société des sciences médicales, le 28 octobre 1864, et nous étions au 9 décembre de la même année ! C'était donc le cas ou jamais de me lire attentivement, et l'on ne peut supposer que M. Lemaire y ait manqué ; cependant son attitude fut de se *« tenir sur ses gardes »* ! *Risum teneatis !*

Il se tient sur ses gardes, mais il accepte de faire un embaumement, moyennant 100 fr. d'honoraires, avec un confrère qu'il sait avoir voulu s'emparer de ses découvertes, *qui a été dénoncé publiquement* comme pirate scientifique ! tels sont les *« principes »* de M. Lemaire. Maintenant, pourquoi l'avais-je appelé pour m'assister dans cet embaumement ?

J'ai dit que, si j'avais moins de principes que M. Lemaire, j'en avais pourtant quelques-uns. En voici un, entre autres :

Quand j'ai affaire à un cas grave ou nouveau de maladie ou d'opération qui a été l'objet de travaux spéciaux de quelqu'un de mes confrères, j'ai pour principe, quand cela est possible, de m'aider du concours de ce confrère. C'est ainsi que j'ai fait appeler M. Bouillaud et M. Auburtin, pour des cas de rhumatisme et de maladies du cœur, M. Broca, pour un anévrysme de l'artère temporale, M. Moura, pour des affections de la gorge,

M. Maisonneuve, pour certaines applications de caustiques, M. Nélaton, M. Trousseau et même M. Avrard, de Larochelle, pour des cas les concernant spécialement. M. Lemaire avait fait de nombreuses applications de l'acide phénique à la désinfection et à la conservation des matières animales; je voulais essayer l'acide phénique pour les embaumements; j'appliquai mon principe, et je fis appeler M. Lemaire, que je croyais être un galant homme; je regrette que l'application de mon principe, dans cette occasion, n'ait pas été heureuse; mais je crois que le principe n'en est pas moins bon, et je ne l'abandonnerai pas. Cela dit, je reprends la critique « *submergeante* » de M. Lemaire.

« Ma quatrième et dernière entrevue a été motivée par sa fameuse invitation à dîner. Voilà à quoi se réduisent mes relations de *bonne confraternité et de collaboration avec M. Déclat*. Je tiens à ce qu'on le sache bien.

» Ce médecin me présente comme ayant reçu de lui des conseils pour me diriger dans l'emploi de l'acide phénique. Rapprochée de tous mes travaux, cette assertion est vraiment amusante. Ici encore il s'est tendu un piège. La conversation dont il parle ne pourrait avoir eu lieu qu'après le 18 novembre 1864, puisque c'est à cette époque qu'il m'a adressé le malade qui en fait l'objet. M. Déclat, préoccupé exclusivement à rechercher des moyens de sauvetage, oublie une petite circonstance bien fâcheuse pour cette histoire. C'est qu'à cette époque mon livre sur l'acide phénique était publié depuis un an sans ses conseils. »

Toujours le même système de mensonges :

Je n'ai jamais prétendu que M. Lemaire avait reçu mes conseils pour se diriger dans l'emploi de l'acide phénique, et je le défie de me citer une ligne de moi qui me démente. Ce que j'ai dit et ce que je maintiens, malgré les demi-dénégations entortillées de M. Lemaire, c'est qu'il a dit au malade, M. Poulat, et qu'il m'a répété à moi-même que la dose d'acide phénique que je prescrivais à ce malade était suffisante pour tuer un cheval; qu'il était venu obligeamment m'en prévenir, et que je *l'avais rassuré* sur ce point. Voilà qui est clair, net, positif, et qui ne supporte ni raisonnements alambiqués ni dénégations entortillées; M. Poulat a certifié le fait par écrit, et je crois que M. Lemaire aurait été assez mal venu à le démentir, aussi ne l'a-t-il jamais démenti. Or, la dose d'acide phénique que j'administrais à M. Poulat était d'*un gramme*, dose à laquelle j'étais arrivé successivement, et qui prouve que M. Lemaire, malgré ses expériences, n'avait absolument aucune idée de l'administration médicale de l'acide phénique à l'intérieur. Cependant, dit-il, mon livre était publié dès 1863, et il s'y trouve des applications d'acide phénique à l'intérieur; sans doute il s'y en trouve, et j'ai déjà pris soin de les mentionner et de dire comment elles peuvent y figurer. C'est une triste page de l'histoire de l'acide phénique qu'il me faudra compléter plus loin; je le ferai avec regret, mais, je le ferai, car il ne serait bon pour personne, excepté pour M. Lemaire seul, que tant d'audace demeurât impunie. Finissons-en d'abord avec l'argumentation de mon contradicteur, ce qui, fort heureusement, ne sera plus très-long.

« Nous avons vu M. Déclat, dit-il, très-embarrassé pour se servir de l'acide phénique dans le cas dont nous avons parlé. » — (Et l'on sait de quelles lunettes M. Lemaire s'est servi, pour voir ainsi). — « Je vais rapporter encore une lettre de lui, dans laquelle existe la preuve manifeste qu'il n'avait fait aucune expérience pour éclairer l'histoire de l'acide phénique.

Paris, 22 décembre 1864.

« Cher confrère,

» Lundi prochain, je ferai une conférence (rue de la Paix) » sur les microphytes et les microzoaires. Si vous avez quelque » chose de nouveau depuis votre livre, pensez à moi.

» De quel microscope vous servez-vous? Avez-vous un mi-» croscope solaire? Consentirez-vous à nous faire voir des » kolpodes, des monades, des bactéries? Le public est des » meilleurs. Nous aurons de hauts fonctionnaires.

» Réponse et tout à vous.

» DÉCLAT. »

« Voilà comment je prenais des conseils auprès du savant M. Déclat. Il ne savait pas se servir de l'acide phénique pour les embaumements; il ne savait pas davantage comment s'y prendre pour faire voir des kolpodes ou monades, etc. Comme on le voit, M. Déclat est pris partout. »

Je crois qu'il est absolument superflu d'insister sur cette manière de répondre à une occasion que j'offrais gracieusement à M. Lemaire pour vulgariser ses découvertes; il ne s'agissait nullement d'applications médicales dans ce que je lui demandais; il tente de faire toujours cette confusion systématique, à l'aide de laquelle il espère donner le change au « public crédule »; ce serait inutilement noircir du papier que de reprendre à nouveau une question épuisée. Laissons-le donc continuer et surtout terminer.

« Le hasard a voulu, dit-il, que j'*aie* (*sic*) des preuves à produire pour le confondre dans toutes ses assertions. Maintenant qu'on le juge. Quant à moi, je me contenterai, en bon chrétien » (et en mauvais latin) « de lui dire : REQUIESCAT *in pace.* »

Voilà la seconde fois que M. Lemaire m'enterre, et que, par conséquent, il en a bien fini avec moi. Mais, après réflexion, il craint sans doute que je ne ressuscite, et il ajoute encore ce qui suit. Il ne faut pas oublier ce coup de la fin ; c'est le couronnement de l'édifice :

« J'ai rapporté tout ce qui précède avec détail parce que des princes de la science ont crié au scandale, non-seulement en voyant M. Déclat chercher à s'emparer de mes découvertes, mais parce que des hommes éclairés lui prêtent leur plume pour faire son éloge dans les journaux politiques. Ils ont trouvé cet éloge d'autant plus coupable que les journaux de médecine ont jugé très-sévèrement la conduite de M. Déclat. » (Ou du moins quelques journaux de médecine, rédigés avec la bonne foi qui caractérise M. Lemaire.)

« J'appelle sur ces faits l'attention des âmes honnêtes, de tous ceux pour qui le bien de l'humanité n'est pas un vain mot.

» Si l'homme qui travaille avec désintéressement pour le bien de tous est exposé à voir le premier venu s'emparer de ses travaux, et des hommes qui prennent le titre de vulgarisateur de la science, l'aider dans cette œuvre très-blâmable, c'en est fait, *personne ne se dévouera plus !* »

Voilà donc, enfin, résumée en cinq mots, la raison ultime, la raison suprême des sophismes, des contradictions, des contre-vérités, des injures et des inepties de M. Lemaire.

Il craignait que le succès de mes prétentions n'empêchât les désintéressements et les dévouements en général, et en particulier son désintéressement et son dévouement sans bornes ! Or, il y tient, M. Lemaire, à son désintéressement, il tient à ce que personne ne l'ignore, il y tient tellement que c'est cet immense désintéressement qui, probablement, nous pourrions dire certainement, a empêché M. Lemaire d'appliquer le premier l'acide phénique à la médecine. C'est ce que nous allons essayer de démontrer, et c'est par là que nous terminerons la trop longue réfutation du fatras indigeste que M. Lemaire a composé dans son patois particulier, pour l'édification du « public crédule ! »

Non, M. Lemaire n'a pas appliqué le premier l'acide phénique à la thérapeutique.

Pourquoi ne l'a-t-il pas appliqué ? — Peut-être parce que l'idée ne lui en est pas venue; mais surtout parce qu'il ne pouvait l'appliquer.

Pourquoi ne pouvait-il pas l'appliquer ? — Parce qu'il s'était chargé — par désintéressement — de propager l'émulsion panamisée, dite saponinée, du pharmacien Le Beuf. — Parce que son désintéressement lui a fait trouver, — d'avance, c'est-à-dire avant toute expérience, — cette émulsion très-supérieure à l'acide phénique et lui a fait imaginer des mensonges et jouer une comédie qu'on devrait qualifier de la manière la plus sévère, s'ils n'avaient pour cause un désintéressement aussi pur. Quelques mots pour justifier toutes ces propositions.

La preuve d'abord, ou plutôt les preuves que M. Lemaire agit par pur désintéressement, c'est qu'il le répète nombre de fois :

« Je fais de la science de mon mieux dans le but d'être utile. Je serais heureux de voir mes efforts couronnés de succès. C'EST MA SEULE AMBITION. » (*De l'ac. phén.*, 2e éd., p. 298.)

« Lorsqu'on étudie, *comme je le fais*, la science POUR LE BIEN QU'ELLE PEUT FAIRE, *on ne s'arrête pas à une question de priorité.* » (*Loc. cit.*, p. 322.)

Et, en effet, M. Lemaire ne s'y arrête que pendant..... *trente-deux* pages !

« Si, un peu hardi, j'ai osé aborder les difficultés de la science, je n'ai pas oublié de m'attacher à rendre ce travail pratique..... Les services que l'acide phénique me paraît appelé à rendre à toutes les classes de la société m'en faisaient un devoir. *Heureux si j'ai pu atteindre ce but*, QUI EST MA SEULE AMBITION : ÊTRE UTILE. »

« J'appelle sur ces faits l'attention des âmes honnêtes, de tous ceux pour qui le bien de l'humanité n'est pas un vain mot. »

« Si l'homme qui travaille *avec désintéressement* est exposé à voir le premier venu s'emparer de ses travaux, c'en est fait, *personne ne se dévouera plus !* » (*Loc. cit.*, p. 734.)

« Faisant de la science *avec désintéressement, pour être utile à tous*, ma dignité m'imposa de garder le silence. »

Comment douter du désintéressement, du dévouement de M. Lemaire, après ces déclarations réitérées, qui ne sont pas les seules qu'on trouve dans son livre ? Il était si pénétré, il avait une si haute idée de sa philanthropie, qu'il aspira à la partager et à la confondre avec celle de l'ex-empereur : « Comme nous le verrons dans un instant, dit-il, Sa Majesté l'Empereur Napoléon III, dont la sollicitude est si grande pour tout ce qui peut apporter le bien-être à *ses peuples*, a fait des sacrifices dans le but de perfectionner les moyens connus pour arriver à résoudre la question de la vie à bon marché. » (*De l'ac. phén.*, 2e éd., p. 289.) Et pour s'associer à la sollicitude de S. M., M. Lemaire conseille et guide — généreusement — un industriel du nom d'Alexandre Lambert, qui entreprend de transporter en France de la viande phéniquée de l'Amérique du Sud.

Ainsi, le dévouement, le désintéressement de M. Lemaire ne sont pas en question. Seulement, — ah ! il y a un seulement, — ce dévouement, ce désintéressement n'appartiennent pas tout à fait entièrement « *aux peuples* » de Napoléon III et à l'humanité en général, ils appartiennent un peu aussi à l'émulsion panamisée, dite saponinée, du pharmacien Le Beuf. Et, en effet, le désintéressement de M. Lemaire lui fait trouver de telles qualités à cette émulsion, qu'en chercher d'autres serait vouloir ajouter des « *estoilas au cielo et des rosas au printano*, » et malgré ses grandes prétentions, je ne crois pas que M. Lemaire ait celle-là. Que produit l'émulsion panamisée, dite saponinée? Uniquement et toujours *merveilles* et *enchantement*. Lisez plutôt:

Merveilles et enchantements du coaltar.

« J'ai publié une observation de brûlure dans laquelle le *coaltar saponiné a fait merveille.* » (*De l'ac. phén.*, 2ᵉ éd., p. 475.)

« Sur une plaie gangréneuse du pli de l'aine, avec décollements, le *coaltar Le Bœuf fit merveille.* » (*Ibid.*, p. 529.)

« Un malade qui présentait un cortége de symptômes formidables dans un cas d'érysipèle gangréneux a été guéri *comme par enchantement.* » (*Ibid.*, p. 560.)

« Appliqué dans un cas de gengivite chronique, le coaltar la fit disparaître *comme par enchantement.* » (*Ibid.*, p. 560.)

« Dans les plaies d'armes à feu récentes, le coaltar *a fait merveille*; les phénomènes inflammatoires se sont arrêtés *comme par enchantement.* » (*Ibid.*, 642.)

On pourrait remplir dix pages de pareilles citations, prises dans le livre de M. Lemaire *sur l'acide phénique.* Que peut-on donc chercher de mieux, quand on possède un moyen qui vous transporte d'enchantements en merveilles et de merveilles en enchantements? Rien, évidemment; pour chercher autre chose, il faudrait être fou; or, M. Lemaire est bien désintéressé, mais il ne pousse pas le désintéressement, comme la vanité, jusqu'à la folie. Aussi, son désintéressement se borne-t-il à faire ressortir tous les mérites de l'émulsion Le Bœuf, à recommander à tous ses confrères d'employer le plus possible l'émulsion Le Bœuf, à prédire l'avenir le plus splendide à l'émulsion Le Bœuf, et, enfin, à jouer la comédie la plus burlesque en faveur de l'émulsion Le Bœuf et de ceux qui la débitent.

Démontrons ces quatre points. On vient de voir les merveilles et les enchantements; voici quelques développements sur les uns et les autres :

« L'émulsion Le Bœuf contient 20 p. 100 des principes actifs du goudron; elle se mélange avec tous les produits des sécrétions morbides, pénètre les tissus et permet au coaltar d'agir avec toute sa puissance. Puis, comme je l'ai déjà dit, la sapo-

nine (1) et l'alcool y ajoutent leurs propriétés. Par la saponine »
— (toujours la saponine) — « les tissus vivants sont nettoyés
et détergés » — absolument comme les entrailles de M. Argan
« avec une innocente énergie; » — comme par la douce réva-
lescière — « par les principes actifs du goudron, elle désinfecte *instantanément* les sécrétions les plus fétides ; enfin, elle
exerce sur les tissus une action médicatrice puissante, ramène
les sécrétions dans les limites de l'état normal et aide puissamment au travail réparateur des plaies. »

Variante :

« La saponine, — lisez décoction de panama, — jouit de la
propriété de dissoudre les matières grasses et de nettoyer les
étoffes. Elle agit aussi d'une manière très-remarquable sur la
peau, à laquelle elle donne de la *souplesse* et de la *fraîcheur* (2),
et devient ainsi un auxiliaire puissant dans les applications
nombreuses qu'on en peut faire. Dans le pansement des plaies,
on obtient des effet remarquables où la Saponine — (lisez panama)
— et le goudron manifestent leurs propriétés. Ces différents
effets ne peuvent pas être obtenus avec le goudron *ni avec un
des corps qui le composent.*

« L'acide phénique, qui agit avec énergie comme désinfec-
tant, exerce une action très-vive sur les tissus QUI ÉQUIVAUT A UNE
BRULURE.

« La benzine est irritante ; mais la naphtaline dont l'action
est beaucoup plus douce, qui paraît jouir des propriétés séda-
tives, tempère ou plutôt modifie, peut-être par un arrangement
particulier de ses molécules, l'impression de l'acide phénique
et de la benzine. Ces propriétés jointes à l'effet adoucissant de
la Saponine, — lisez Panama , — *font du médicament de M. Le
Beuf un composé spécial. C'est un composé qui doit à ses composants de nouvelles propriétés.* » (Du coalt. sap., p. 13.)

On voit déjà assez clairement, d'après ces panégyriques, que
l'acide phénique ne saurait lutter avec l'émulsion Le Beuf, qui

____

(1) Qui ne dirait, en vérité, que c'est de la saponine qu'on met dans l'émulsion
Le Beuf, et non une solution de bois de Panama ! On verra que M. Demeaux y a
été trompé, sans doute avec bien d'autres.

(2) Cirer les bottes et blanchir la peau, absolument comme le fameux élixir des
docteurs Fontanarose et autres.

est un *composé* qui doit à ses *composants* des propriétés nou-velles; mais le panégyriste désintéressé va nous le dire plus clairement encore : il a fait ou est censé avoir fait des expériences pour déterminer lequel agit le mieux de l'émulsion du phar-macien Le Beuf ou de l'acide phénique, et si ce dernier peut remplacer la première; or,

« Ces expériences, dit-il, *démontrent* que dans la désinfection, *ce n'est pas seulement l'acide phénique* qui agit : la benzine et la naphtaline — (plus tard, l'aniline, bien plus active que la naphtaline (1)) — ont aussi une TRÈS-GRANDE *part*, surtout la benzine, dans l'action désinfectante. » (*Du coalt. sapon.*, p. 83.)

Non-seulement l'émulsion dite saponinée est merveilleuse, mais ses merveilles n'ont rien de fortuit ou d'obscur, elles sont, au contraire, conformes aux principes d'Euclide et aux lois newtoniennes : « Je ferai remarquer, dit M. Lemaire, que ce n'est ni le hasard ni l'empirisme qui ont mis en évidence les propriétés de *cette importante substance* (*sic*) : c'est *avec* les données de la science, — (et un peu de panama, toutefois,) — que M. Le Beuf l'a préparée; c'est aussi *avec* elles que j'ai dé-terminé son mode d'action. » (*Loc. cit.*, p. 41.) Ainsi, gardez-vous d'en douter, c'est bien avec les données de la science que M. Lemaire a déterminé les propriétés *nouvelles* que le composé doit à ses composants; sans les composants, les propriétés du composé ne seraient pas nouvelles !

Quant à l'acide phénique, qui est un composé qui ne doit à ses composants que des propriétés anciennes, voici ce que M. Lemaire nous en dit, — de confiance, — dans plu-sieurs endroits de ses brochures et de ses livres, et notamment dans ces journaux auxquels il nous a renvoyé et nous renverra encore, pour établir ses droits à la priorité des applications de l'acide phénique :

« L'acide phénique peut-il remplacer le coaltar » — (sapo-

---

(1) « C'est donc à *l'aniline* et à l'acide phénique, dit-il, qu'il faut rapporter la plus grande somme d'action du coaltar. » La naphtaline a même disparu des principes actifs, et, en effet, elle est à peu près inerte; ce qui prouve que les expériences que M. Lemaire disait avoir faites sur cette substance n'existaient que sur le papier noirci par sa plume, et non pas même dans son imagination, — quoique celle-ci « travaille » quelquefois, à ce qu'il assure.

niné du pharmacien Le Beuf)? Telle est la grande, la décisive
question que se pose M. Lemaire, et qui suffirait seule à prouver, par la façon dont il y répond, que sa mission et son but
n'étaient pas d'étudier (médicalement) l'acide phénique, mais
uniquement de le déprécier systématiquement et sans raison,
au profit de la préparation Le Beuf.

» Son action énergique sur les tissus *devient un obstacle à
son emploi* dans le pansement des plaies. *J'ai fait des essais avec
des solutions aqueuses à divers degrés. L'eau qui contient seulement* UN MILLIÈME *de cet acide produit une* VIVE DOULEUR (1).

« Les tissus prennent un aspect blanchâtre qui est dû à la
coagulation de l'albumine ; ils se dessèchent et se racornissent.
Peut-être pourra-t-on l'utiliser, dans certains cas, comme puissant modificateur, *mais comme topique pour le pansement des
plaies, l'émulsion de coaltar* SAPONINÉ, pour des raisons que j'ai
fait connaître, *me paraît* BIEN PRÉFÉRABLE. » (*Monit. des sc. méd.*,
10 octobre 1861, p. 949.)

Et ailleurs :

« J'ai essayé la solution aqueuse d'acide phénique pour désinfecter les plaies, *mais la douleur* VIVE *qu'elle détermine,
même étendue au* MILLIÈME, *ne permettra pas de la substituer au
coaltar* SAPONINÉ. (Journ. *l'Institut*, 6 mars 1861, p. 84.)

Il est donc bien entendu qu'au 6 mars, au 10 octobre et
même au 17 novembre 1861, la *solution* d'acide phénique —
et non plus *l'émulsion* ; M. Lemaire a déjà appris que l'acide
se dissout — cause une vive douleur, même étendue au MIL-
LIÈME, et ne peut remplacer l'émulsion Le Beuf, dite saponinée,

(1) Comme nous n'en sommes pas encore au chapitre des mensonges, nous ne
reproduirons pas ici toutes les assertions et prétendues observations que M. Lemaire
articule ou rapporte, lorsqu'il croit le moment venu de retourner sa veste : cependant on nous permettra de rapprocher, dès à présent, de cette proposition, que
l'eau phéniquée à UN MILLIÈME produit sur les plaies *une vive douleur*, cette
observation *du même personnage;* il s'agit d'une malade dans l'état le plus
grave : « J'ai recouvert la plaie avec un gros plumasseau de charpie imbibée d'eau
phéniquée saturée (CINQ POUR CENT au moins, c'est-à-dire à une dose CINQUANTE
fois plus forte). Cette première application a *calmé* la souffrance et l'agitation.
Il semblait à la malade que j'avais mis UN CALMANT *sur sa plaie.* » (*De l'Acide
phénique*, 2e édit., p. 454.) On trouve dans ce livre nombre d'observations analogues, qui ne sont probablement pas plus véridiques, mais qui prouvent que
M. Lemaire a toujours des faits à sa disposition, de toutes les couleurs et pour tous
les besoins.

6

mais qui n'est pas plus saponinée que la lessive de la première blanchisseuse ou du premier teinturier venu. Dès lors, il est bien naturel que, dans maints et maints endroits de ses écrits, M. Lemaire prédise à ladite émulsion « la place la plus importante dans la matière médicale » (*Du coalt. sapon.*, p. 41), et que l'invention Le Beuf soit « une grande conquête pour la matière médicale. » (Ibid.)

Quant à l'acide phénique, il « *parait* appelé à prendre place, dans la matière médicale; à côté de l'alcool et de l'éther, » (*De l'ac. phén.*, p. 108, 2e édit.) place peu importante comme on voit et même extrêmement modeste. Aussi, l'auxiliaire désintéressé de M. Le Beuf ne recommande-t-il à personne l'acide phénique, tandis que « *je ne saurais assez* recommander à mes confrères *de s'habituer* à employer l'émulsion Le Beuf ; qu'ils *pénètrent leur esprit* (sic) de ses remarquables propriétés. La science médicale a le droit de revendiquer la découverte du coaltar saponiné ; » — qui n'est pas saponiné ; — « ne laissons pas des...... mains indignes s'emparer de notre œuvre ! » (*Nouv. obs. sur les applic. du coalt sap.*, p. 41.)

Quel confrère serait assez peu désintéressé pour n'être pas touché de cette brûlante et vertueuse éloquence ! Il ne s'en trouvera pas un ! C'est le propre de l'émulsion Le Beuf de provoquer tous les dévouements ; M. Lemaire nous apprend, en effet, que le sien n'est pas le seul qui se soit révélé ; il nous en signale bien d'autres ; seulement, jusqu'à présent, ces dévouements se montraient sévères ; maintenant, M. Lemaire les fait passer au plaisant, sans doute pour se conformer aux préceptes « des auteurs, » qui ont conseillé de passer du grave au doux et du plaisant au sévère. Il possède si bien *ses auteurs*, M. Lemaire !

« Qu'il me soit permis, dit-il, d'adresser des remerciments *sincères.....* en particulier à M. Le Beuf, pour la libéralité dont il a fait preuve, en mettant à ma disposition plus de deux cents litres de coaltar *saponiné*. Il a encore rehaussé ce désintéressement *en écrivant* à l'Académie impériale de médecine qu'il abandonnait sans réserve sa formule à la publicité. *Il n'y a qu'un ami de la science capable* D'UN PAREIL SACRIFICE ! *L'histoire de la science* (sic) lui en tiendra compte, *parce que*, je n'en doute pas, le coaltar saponiné » — (lisez panamisé) — « *occupera une place importante* dans la matière médicale! » —(*Du coalt. sapon.*, p. 6.) Ce qui veut dire que M. Le Beuf en vendra beaucoup! beaucoup!! beaucoup!!!

On ne saurait entrer plus fièrement dans le haut comique. Suivons-y donc M. Lemaire :

Pour apprécier ce grand désintéressement de l'architecte Le Beuf et du maçon Lemaire, il est indispensable de savoir quel peut bien être le prix de revient de l'émulsion dite saponinée. Le désintéressement de M. le Lemaire ne lui a pas permis de s'exprimer très-clairement sur ce point; on voit même qu'il n'a, pas plus là qu'ailleurs, cherché la clarté, tout au contraire : en écrivant sans cesse et *sans exception* : coaltar *saponiné, saponiné, saponiné*, toujours et partout *saponiné*, M. Lemaire a fini par faire croire, ce qui était probablement son but, — malgré la note prudente qu'il a placée en tête de sa brochure, pour sauvegarder sa vertu, — qu'il entrait réellement de la *saponine* dans l'émulsion dont son désintéressement s'était chargé de « *pénétrer l'esprit de ses confrères.* » M. Demeaux l'avait cru (ou du moins avait cru le panama fort cher), M. Velpeau lui-même l'avait cru, et tout le monde avec eux ; l'on devait bien le croire, puisque l'associé..., je veux dire le collaborateur de M. Lemaire, vendait 2 fr. le flacon de 200 grammes d'émulsion, soit 1 fr. l'hectogramme. Le dévouement de M. Lemaire détrompe ses confrères, mais avec assez de ménagements pour que les sacrifices « historiques » — M. Lemaire a failli dire homériques — de M. Le Beuf puissent être sensiblement atténués. A M. Demeaux, M. Lemaire dit :

« Quant au prix élevé du *quillaya saponaria*, M. Demeaux a été induit en erreur » — (par M. Lemaire, qui continue encore à l'induire de même) — « cette substance coûte moins cher que le savon de Marseille » — (que M. Demeaux avait proposé de substituer à la saponine.) —(*Nouv. observ. sur les appl. du coalt. sapon.*, p. 45.)

A M. Velpeau, M. Lemaire avait déjà répondu, un an auparavant :

« Seulement, je dirai, dans l'intérêt du coaltar *saponiné*, que M. Velpeau a été induit en erreur sur le prix de cette préparation. Pour les arts, **M. Le Beuf** pourra la livrer à un prix beaucoup moindre que la liqueur Labarraque. Pour la médecine où l'alcool de *première qualité* et plus de soins sont indispensables à la préparation, *le prix en sera plus élevé.* » (*Du coalt. sapon.*, p. 57.)

M. Velpeau n'avait été nullement induit en erreur; il n'avait à s'occuper que de chirurgie et de médecine, et il ne s'est pas occupé d'autre chose; il savait que le coaltar dit saponiné se vendait 2 fr. les 200 gr. — J'ajoute qu'il s'est toujours vendu le même prix depuis; j'ajoute aussi que M. Lemaire ne dit pas quelle en est la valeur réelle. Mais nous allons bien le savoir; car M. Lemaire, malgré son dévouement ou plutôt à cause de son dévouement.... pour le coaltar *saponiné*, est obligé de se faire chauve-souris et de montrer son poil ou ses plumes suivant les rencontres qu'il fait en chemin.

Ici, il dit à M. Demeaux que le panama est *moins cher que le savon de Marseille* (qui vaut ordinairement 1 fr. 60 cent. le kilo, ce qui pourrait donner à entendre que le panama coûte 1 fr. 40 c. ou 1,50; mais ailleurs, visant d'autres applications et répondant à d'autres exigences, il dit : « Ce bois est presque *sans valeur commerciale.* » (*De l'ac. phén.*, 2e édit., p. 361), ce qui est, en effet, moins cher que le savon de Marseille. Quant au coaltar, il rappelle qu'il vaut 7 centimes le kil. Posons donc 7 cent. pour le goudron et 10 cent. pour le panama (car un produit qui est dans le commerce a toujours une valeur commerciale), et nous aurons ainsi les deux premiers éléments du prix de revient de la fameuse émulsion *saponinée* et du sacrifice historique, homérique et héroïque que s'est imposé l'associé, c'est-à-dire le collaborateur de M. Lemaire. Il n'y a plus qu'à déterminer le troisième élément.

Dans les très-bonnes années, l'alcool bon goût première qualité vaut jusqu'à 45 et même 42 fr. l'hectolitre; dans les années malheureuses, il vaut jusqu'à 75 fr. ou même 80; mettons-le à 60; ajoutons les droits de consommation de 40 fr. (1) et posons, en chiffres ronds, 100 fr. l'hectol. ou 1 fr. le litre; au mo-

---

(1) Cet impôt est celui d'avant la guerre. On sait que l'alcool a subi plus qu'aucune autre denrée le contre-coup de nos désastres.

ment où j'écris ces lignes, il vaut 54 fr.; mais il valait moins lorsqu'écrivait M. Lemaire.

Il ne nous reste plus qu'à déterminer combien il entre, dans l'émulsion Le Beuf, de coaltar, d'alcool et de Panama. Qu'on veuille bien suivre les calculs suivants :

La *teinture* dite de *saponine* se fait avec :

> Écorce de Panama, 2 kilog., du prix de 0 fr. 20.
> Alcool à 90°,   8 litres,   —   8 fr. »

La teinture dite saponinée de coaltar se fait avec :

> Teinture dite de saponine, 24 parties⎫
> Coaltar   10   —   ⎬ 34.

C'est-à-dire qu'avec les 8 kil. ci-dessus (nous supposons généreusement que les 8 litres d'alcool et les 2 kil. de coaltar ne fassent que 8 kilog. de teinture de saponine), on fera (24 : à 34 :: 8 : x = 11 kil. 33) *onze kilogr.* 33 de teinture de coaltar, composée de 8 kil. de teinture de saponine et 3 kil. 33 de coaltar (proportion de 24 à 10), le tout du prix de 23 centimes et une fraction, mettons 25 centimes.

Enfin, *l'émulsion* dite *saponinée* de coaltar se fait avec :

> Teinture de coaltar, 1 partie.
> Eau,   4 parties.

C'est-à-dire qu'avec les 11 kilogr. 33 de teinture de coaltar, on fait 11 kil. 33, plus cette même quantité multipliée par quatre, soit 56 kil. 65 d'émulsion *dite saponinée,* lesquels 56 k. 65 reviennent à : alcool 8 fr., panama 20 cent., plus coaltar 25 cent., en tout 8 fr. 45 c.; cela fait ressortir à 14 centimes 91, soit, avec les frais de manipulation, 15 cent. le kil. d'émulsion dite saponinée. Ainsi, en mettant gratuitement à la disposition de son associé, je veux dire de son collaborateur, deux cents kil. d'émulsion, M. Le Beuf a fait l'homérique, l'héroïque, l'incomparable, l'inouï, le fabuleux sacrifice de 200 × 15 centimes, soit TRENTE FRANCS ! Maintenant tout n'a pas été perdu dans ce sacrifice sans précédent. A raison de 15 centimes les 1,000 grammes, le flacon de 200 grammes ressort à 3 centimes; mettons 17 centimes pour le verre et les manipulations, soit 20 centimes, 25 même, si l'on veut, pour le prix du flacon prêt à livrer. C'est ce flacon que le généreux collaborateur de M. Lemaire vend 2 fr., ou peut-être, déduction faite de la remise au commerce, 1 fr. 50 ; il gagne donc sur ce flacon au moins 1 fr. 25 centimes; admettons que, pendant les cinq premières années, le dévouement sans bornes de M. Lemaire, ses éloquents et pathétiques appels aux médecins de l'univers aient fait vendre à son collaborateur Le Beuf seulement cent mille flacons d'émulsion par an, ce sera *six cent vingt-cinq mille francs* de bénéfices nets que M. Le Beuf aura fait rentrer pour atténuer son sacrifice, digne des temps pré-historiques !

Tel est le jugement de Barême.

Certes, autant et même mieux que personne, nous comprenons qu'un inventeur et surtout un inventeur intelligent et utile, comme l'avait été M. Le Beuf, car, avant l'emploi de l'acide phénique, l'émulsion dite saponinée constituait un progrès utile ; nous comprenons qu'un inventeur profite du bienfait dont il dote la société ; mais qu'on présente ce légitime échange de services et de profits comme un sacrifice qui doit être gravé en lettres d'or sur les tables d'airain de l'histoire, c'est un charlatanisme ridicule, dont M. Lemaire seul était capable et dont M. Le Beuf doit être fort malheureux.

Il me semble qu'après les petits calculs qui précèdent on pourrait baisser la toile; encore un mot cependant pour terminer la comédie de M. Lemaire. Cet honorable et désintéressé propagateur de l'émulsion panamo-saponinée ne remercie pas seulement M. Le Beuf, il remercie encore, entre autres, M. Chaumelle, qui lui a permis de phéniquer, dans son officine, quelques pots de confiture de groseille.

« Je dois des remercîments, dit-il, à M. Chaumelle, pharmacien distingué de Paris, qui a bien voulu mettre son laboratoire à ma disposition pour faire ces expériences et constater avec moi leurs résultats. »

N'ayant point l'honneur de connaître M. Chaumelle, je ne puis ni contester ni affirmer qu'il soit un pharmacien distingué; mais ce que je puis affirmer, c'est qu'il est au moins le correspondant et le dépositaire des produits de M. Le Beuf, sinon l'agent de ce généreux pharmacien de Bayonne, ce qui est encore plus probable, en sorte qu'il se pourrait bien faire que ce fût M. Le Beuf lui-même qui aurait à ajouter à son homérique sacrifice de 30 fr. celui de trois ou quatre pots de confitures de groseille ! Ce n'est point un secret que je révèle ici ; je répète simplement ce qu'on peut voir depuis vingt ans dans les annonces industrielles de l'Annuaire du commerce de la maison Firmin Didot, où je lis, d'abord, au mot *Bayonne* : « Le Beuf (Ferd.), pharmacien ; *maison à Paris, rue de Réaumur, n° 3 (voir Revue industrielle).* »

Je me reporte, en effet, à la *Revue industrielle*, et je tombe sur une page où sont annoncés, en *caractères d'affiches*, le *coaltar saponiné* et une foule d'autres produits non moins saponinés, et où brillent les éloquents panégyriques que M. Lemaire, avec un désintéressement que nous contestons de moins en moins, a composés en faveur de la fameuse et merveilleuse et enchanteresse émulsion *dite saponinée, mais* qui n'est que panamisée ; M. Lemaire apparaît même là chamarré de tous ses titres : *Docteur en médecine, ex-pharmacien interne des hôpitaux civils de Paris, chevalier de l'ordre d'Isabelle-la-Catholique, membre de la Société des sciences médicales de Paris, de la Société médico-chirurgicale* et auteur de la brochure du *coaltar saponiné...,...,* etc.! Si M. Lemaire n'avait pas affiché tant de répugnance pour la réclame, on pourrait croire qu'il ne l'a vraiment pas en exécration ; mais sa véracité, maintenant hors de tout soupçon, ne nous permet pas de douter que ce ne soit par le plus pur désintéressement qu'il s'est laissé ou fait inscrire sur cette annonce industrielle *jaune serin, en caractères d'affiches !* Quant à « la maison de Paris où se vendent les produits chantés par M. Lemaire dans cette annonce, — (où il n'est pas, bien entendu, dit *un seul mot d'acide phénique,* cette maison, *c'est précisément celle tenue par M. Chaumelle,* (pour son compte ou pour le compte de M. Le Beuf, mais probablement pour le compte de ce dernier (1), à qui M. Lemaire adressa ses remer-

---

(1) En effet, à la liste des pharmaciens droguistes de *Paris*, je lis dans le même almanach Bottin : « Rue Réaumur, n° 3, » *M. Le Beuf* (Ferdin.) et nullement M. Chaumelle, dont le nom n'est pas même prononcé ! — M. Lemaire, qui sait tout avant tout le monde, savait évidemment cela avant moi.

ciments pour quelques pots de confitures ! Ces quelques détails ne gâteront rien au calcul de Barême.

Nous en avons fini avec ce que M. Lemaire a appelé lui-même la comédie; il ne nous reste plus qu'à relever quelques-uns — pas tous bien entendu; notre livre tout entier y suffirait à peine, — de ses petits mensonges désintéressés.

M. Lemaire préférait à tout et par conséquent à l'acide phénique la fameuse émulsion saponinée; il faisait les appels les plus touchants aux sentiments de ses confrères; son dévouement ne réussissait pas au gré de ses désirs. Le rapporteur de l'Académie, M. Velpeau, continuait à constater, comme il l'avait fait dans son rapport à l'Académie, que « *la plupart* des malades se plaignaient assez vivement des pansements au coaltar dit saponiné, que les plaies n'éprouvaient *à peu près rien de satisfaisant*, et que, par son emploi, la désinfection est restée très-imparfaite. » (*Rapport à l'Académie*, p. 13.)

Qu'il y avait loin de ces appréciations aux dithyrambes chantés par M. Lemaire jusque dans les annonces de la revue industrielle de l'Almanach Bottin-Didot. D'ailleurs, quelque chose chiffonnait encore plus M. Lemaire que les observations critiques de M. Velpeau. Les tentatives faites avec l'acide phénique avaient bourdonné autour de ses oreilles. Ce qui se passe dans le service de M. Maisonneuve ne reste pas en général mystérieux, et j'ai déjà dit que le chef de ce service s'était empressé d'appliquer sur une grande échelle, en oubliant peut-être le nom de l'inaugurateur, la médication que j'avais inaugurée *en sa présence*. Quoi qu'il en soit, M. Lemaire, craignant sans doute que la place faite à l'émulsion dite saponinée ne fût pas assez large, et préoccupé du bruit qui se faisait déjà autour de l'acide phénique, résolut de continuer les faveurs de son dévouement à l'invention Le Beuf, mais, en même temps, de s'assurer le mérite d'avoir le premier appliqué l'acide phénique à la thérapeutique. L'idée était ingénieuse; elle était seulement un peu tardive; M. Lemaire inventa, pour remédier à ce défaut, deux procédés qui n'en font guère qu'un, car ils consistaient l'un et l'autre à altérer la vérité des faits. Voici en quoi consiste le premier :

M. Lemaire, sous prétexte de faire un livre sur l'acide phénique, a composé en grande partie, nous dirions volontiers exclusivement ce livre, la première édition surtout, avec ses premiers mémoires sur le coaltar; il en résulte que, sous la rubrique *acide phénique*, mon habile usurpateur reproduit toutes ses expériences et observations faites avec le coaltar; pour en faire des observations sur l'acide phénique, il ne lui en coûte que l'addition de *quatre mots* aux anciennes observations : par exemple, M. Lemaire rapporte des cas de traitement d'eczéma, de cancroïde, je suppose, ou de toute autre maladie, et il conclut en disant : « *J'ai obtenu dans telle maladie, d'excellents résultats du coaltar saponiné;* » il ajoute : « ET DE L'ACIDE PHÉNIQUE, » et le tour est joué! Les exemples de l'application de cet honnête procédé fourmillent dans son livre. Je me contenterai d'en citer un petit nombre, pris au hasard :

« Enfin, les maladies parasitaires des végétaux et des animaux trouvent dans le coaltar — *et l'acide phénique* — des remèdes héroïques. » (*De l'acide phén.*, 2e édit., p. 400.) — On voit le changement. Du temps de l'émulsion (1859, 1860 et 1861), il n'y avait que ladite émulsion d'*héroïque, de merveilleuse, d'enchanteresse*; maintenant, l'acide phénique partage l'héroïsme avec elle.

« L'assainissement (*sic*) de l'ulcère cancéreux par le coaltar saponiné — et *l'eau phéniquée* — a amené une amélioration considérable dans l'exercice de toute les fonctions. » (*De l'acide phén.*, 2e édit., p. 477.) — Cette même eau phéniquée que M. Lemaire déclarait impossible à appliquer sur les plaies, « même au millième, » quoiqu'il ne l'eût évidemment jamais essayée!

« Depuis six ans j'ai employé le coaltar saponiné — *et l'acide phénique* (1) — sur un assez grand nombre de cancers ulcérés de la face, des seins et de l'utérus. » (*Loc. cit.*, p. 477.) — Cet alinéa, ainsi que le dernier des deux suivants, réunit les deux

(1) Or voici ce que M. Lemaire pensait de l'acide phénique le 10 octobre 1861 : « L'acide phénique peut-il remplacer le coaltar ? » — « Son action énergique sur les tissus *devient un obstacle* à son emploi dans le *pansement des plaies*... l'eau qui contient seulement UN MILLIÈME de cet acide produit une *vive douleur*.. Peut-être pourra-t-on l'utiliser dans certains cas, comme puissant modificateur, *mais comme topique pour le pansement des plaies*, l'émulsion du coaltar *saponiné... me paraît bien préférable* (*Moniteur des sciences méd.*, 1861, p. 949).

procédés ; nous allons examiner le second dans un instant ; tenons-nous-en donc, ici, au premier.

« Le praticien trouvera dans les observations que je viens de rapporter la démonstration de l'action puissante du coaltar saponiné — *et de l'acide phénique.* » — (*De l'acide phén.*, 2e édit. p. 489.)

« L'appel que j'ai fait à mes confrères et aux vétérinaires, en 1860, pour appliquer les propriétés » — (appliquer la substance ne suffit pas à M. Lemaire, il lui faut appliquer les propriétés) — « remarquables du coaltar saponiné — *et de l'acide phénique* — paraît avoir été entendu. » (*Loc. cit.*, 2e édit., p. 171.)

Il serait, je crois, inutile de multiplier les exemples, ce qui serait d'ailleurs très-facile ; ceux qui précèdent suffisent largement à démontrer le procédé adopté par M. Lemaire, pour s'assurer la priorité qu'il ambitionne, procédé fort simple, comme on le voit. Mais s'il est simple, il ne lui a point, à ce qu'il semble, paru complet. Il lui en a adjoint un second plus décisif : il consiste, tout simplement, à inventer des faits qui n'ont jamais existé, ou, si l'on aime mieux appeler les choses par leur nom, à mentir effrontément.

Nous n'avons pas plus compté les mensonges que les exemples de falsifications dont nous venons de citer quelques-uns ; mais les citations suivantes prouveront que les uns ne sont pas plus rares que les autres.

Par exemple, dans le dernier paragraphe que nous venons de citer, M. Lemaire affirme qu'il a fait appel à ses confrères, « en 1860 » pour appliquer l'émulsion Le Beuf « ET L'ACIDE PHÉNIQUE. » Or, cette assertion est absolument fausse : dans sa brochure de 1860 (*Du coaltar saponiné*) il ne se trouve absolument aucun appel à ses confrères ; dans sa brochure de 1861, (*Nouv. Observ. sur les applic. du coalt. sapon.*) seulement, il y a un appel pathétique aux médecins, appel que nous avons cité précédemment (voy. ci-dessus p. 98), appel lancé *exclusivement en faveur de l'invention Le Beuf,* mais dans lequel il n'est pas dit un seul mot d'acide phénique.

Dans le second des paragraphes que nous venons de citer, M. Lemaire affirme que, DEPUIS SIX ANS, il a appliqué l'acide phénique à un *assez grand nombre* de cancers ulcérés de la face ; son livre ayant été publié vers le milieu de 1865, et la page d'où nous avons extrait la citation se trouvant au commencement du second tiers du livre, ayant dû, par conséquent, être imprimée un ou deux mois avant l'apparition de l'ouvrage, cela fait remonter *les premières* applications d'acide phénique par M. Lemaire, *aux premiers mois de* 1859, c'est-à-dire à une époque où l'émulsion Le Beuf elle-même n'avait pas encore vu le jour! Ce n'est pas tout de mentir; il faut encore avoir un peu de mémoire et de calcul, à défaut de bonne foi.

Non-seulement les mensonges de M. Lemaire ne concordent pas avec la vérité, ce qui est une vérité de M. de La Palisse, mais ils ne concordent même pas entre eux : M. Lemaire vient de dire qu'il avait employé l'acide phénique « *dans un assez grand nombre de cas,* » en 1859 (1); il va dire maintenant qu'il a commencé à l'expérimenter — et seulement au point de vue physiologique — *en* 1860.

« J'ai commencé, dit-il, l'étude de l'action *physiologique* de l'acide phénique sur l'homme dès 1860 (*Moniteur des sciences médicales*, novembre 1861). J'ai pris moi-même, *au début de mes expériences*, chaque jour pendant une semaine, un litre d'eau phéniquée au millième pour juger son mode d'action... L'emploi (*sic*) de l'acide phénique ainsi dilué ne m'a nullement incommodé. Je n'ai ressenti qu'un peu de chaleur à l'estomac. Je dois dire que, depuis longtemps, je suis gastralgique. » (*De l'Ac. phén.*, 2ᵉ éd., p. 95.)

Il y a dans ce passage au moins trois mensonges distincts, pour ne pas dire quatre : le premier, c'est que le numéro du *Moniteur des sciences médicales* auquel renvoie M. Lemaire (numéro du 7 novembre, *le seul de ce mois où* M. Lemaire ait publié *quelque chose*) *ne contient pas une ligne sur l'action physiologique de l'acide phénique*, à moins que M. Lemaire n'entende ou ne feigne d'entendre, contrairement à tous les thérapeutistes, par *action physiologique*, l'action *locale* sur la peau : dans un cas,

---

(1) Le 6 mars 1861, M. Lemaire imprimait : que *l'action très-vive* de la solution d'acide phénique au MILLIÈME équivalait à une brûlure, que cette *douleur vive ne permettait pas de le substituer au coaltar saponiné.*

M. Lemaire fait preuve de la plus grosse ignorance ; dans l'autre, il aggrave le caractère du premier mensonge ou plutôt il le double.

Quant au second mensonge, il est double : M. Lemaire affirme qu'il a pris de l'acide phénique à l'intérieur *dès le début de ses expériences*, ce qui laisse entendre que c'est vers le mois de septembre 1859 ; or, le contraire *est absolument certain*, car jamais M. Lemaire n'a parlé de ce fait avant la publication de son livre, époque où il a cru ce mensonge nécessaire à ses intérêts d'initiateur ; en second lieu, il est non moins certain que, ni en 1859, ni à une époque quelconque *avant le jour où je lui ai envoyé le malade Poulat* (17 novembre 1864), M. Lemaire n'a pris *un gramme* d'acide phénique à l'intérieur, puisqu'il aurait été absolument insensé de sa part de venir me prévenir que je donnais à un malade, que je lui avais adressé et qui prenait précisément la dose que M. Lemaire dit s'être administrée, une dose d'acide *capable d'empoisonner un cheval !* et de le dire au malade lui-même !) Il n'y aurait qu'une seule manière d'expliquer une pareille démarche (autrement que par la folie), ce serait de supposer qu'elle n'était point sincère et avait pour but de me troubler dans mes recherches et observations thérapeutiques ; mais j'avoue que mon esprit se refuserait à croire à une telle duplicité, alors même qu'on ne trouverait à la démarche de M. Lemaire aucune explication naturelle.

D'ailleurs, et ceci constitue le quatrième mensonge du paragraphe que nous examinons, M. Lemaire prétend avoir pris de l'eau phéniquée en 1860, c'est-à-dire une *solution* d'acide phénique dans l'eau ; or, nous avons déjà démontré, *par ses propres paroles imprimées*, qu'à cette époque *il croyait l'acide phénique insoluble dans l'eau* (voy. ci-dessus p. 18). Il le croyait si bien insoluble que, dans les quelques expériences sur la désinfection, qu'il dit avoir faites, il s'est servi de l'*émulsion* dite saponinée, « qui permet d'employer commodément les substances *insolubles dans l'eau*. »

« Une solution de ce sel infect (sulfhydrate d'ammoniaque) a été traitée par un peu d'*émulsion* d'acide phénique. » (*Du Coalt. sapon.*, p. 83.)

« J'ai fait des expériences avec de l'*émulsion* d'acide phénique au millième qui confirment cette manière de voir, » — la manière de voir de M. Bouchardat — (*Ibid.*)

Enfin, une dernière preuve — bien surabondante — que
M. Lemaire n'a ni pris ni prescrit à personne un gramme d'acide
phénique, c'est qu'à la fin de sa brochure sur le *coaltar* dit *saponiné*, imprimée à la fin de 1860, il dit que l'ÉMULSION — et non
la solution — Le Beuf « *pourra* PROBABLEMENT rendre de bons
services, prise à l'intérieur, » mais qu'il « *recommande d'agir
avec prudence pour les doses;* » et quand, un an plus tard, il emploie lui-même cette *émulsion*, il la prescrit à la dose d'*une
cuillerée à café* matin et soir (*Nouv. obs. sur le coalt. sap.*,
p. 38) (1), soit 8 à 10 grammes dans les vingt-quatre heures; or
l'émulsion, comme on sait, renferme environ un douzième de
coaltar; ce coaltar renferme, d'après M. Calvert, de 3 à 14 p. 100
d'acide phénique; adoptons la proportion la plus élevée de
14 p. 100 et nous trouverons qu'en prescrivant deux cuillerées
ou dix grammes d'émulsion, M. Lemaire prescrivait 14 p. 100
du douzième de dix grammes, soit *onze centigrammes* AU PLUS, et
plus probablement *huit centigrammes* d'acide phénique ! En
d'autres circonstances, *il en a prescrit moins encore!*

Voilà donc les quatre mensonges du troisième paragraphe
bien établis. En veut-on encore? Il n'y a qu'à se baisser et en
prendre :

M. Lemaire dit qu'il a constaté « *sur les enfants et sur les
adultes et les* LÉSIONS observés sur les animaux »
auxquels on avait administré des doses toxiques mortelles et

(1) Et encore, en accordant qu'il l'a employée, je m'aventure peut-être beaucoup; car voici ce qu'il dit à la page 35 de la même brochure, c'est-à-dire *trois
pages* avant de rapporter l'observation dont il est question :

« Je n'ai que *peu de faits* à faire connaître sur l'emploi de cette substance à
l'intérieur. » — Manière ingénieuse et ordinaire de dire qu'il n'en a point du
tout, comme le prouvent les lignes suivantes : « L'action de ce médicament sur
les propriétés toxiques énergiques » (L'action sur les propriétés, repens-toi,
ô citoyen Prudhomme) « commandait ma grande prudence!... J'avoue que ces
considérations m'ont retenu. » (*Nouv. obs. sur les appl. du c. sap.*, p. 35), cela
veut dire en langue vulgaire qu'au mois d'août 1861, M. Lemaire n'avait jamais
prescrit à l'intérieur l'émulsion Le Beuf, encore bien moins l'acide phénique, et
qu'il était même fort loin d'y songer, malgré l'observation de la page 38. Bien fin
qui se retrouvera dans ce labyrinthe d'affirmations contradictoires, où l'on peut
tout rencontrer, excepté la vérité. Nous bornerons là, pour le moment, le relevé des mensonges de M. Lemaire.

non mortelles d'acide phénique (*De l'Ac. phén.*, 2ᵉ éd., p. 103); or il ne rapporte pas *un seul fait*, il n'a jamais écrit avoir observé *un seul cas* d'empoisonnement chez l'homme, enfant ou adulte, à plus forte raison avoir autopsié un homme empoisonné! Septième mensonge en quatre paragraphes; c'est assez édifiant! Nous réservant d'en signaler quelques autres aux articles particuliers auxquels ces mensonges se rapportent plus spécialement, je n'en citerai ici qu'un dernier, qui prouvera que la folle vanité de M. Lemaire ne s'arrête devant aucun obstacle.

M. Lemaire s'imagine ou feint — on ne sait jamais lequel des deux — de s'imaginer avoir découvert que les ferments sont des êtres vivants végétaux ou animaux. Pour établir ses prétentions, il n'a qu'une difficulté à vaincre : faire croire à sa priorité sur M. Pasteur. Cette difficulté n'est pas au-dessus de l'audace ou, si l'on veut, des talents de M. Lemaire : il ne s'agit que d'antidater ses travaux d'environ dix-huit mois, ou de retarder de trois ans ceux de M. Pasteur. C'est ce qu'il fait sans broncher : il fixe les premières publications de M. Pasteur au 6 février 1860, puis il écrit bravement : « *J'ai tenu à rapporter* TOUT *ce que M. Pasteur a fait* d'IMPORTANT *sur les ferments et sur les fermentations, parce que,* DÈS 1859, *pendant qu'il opérait* » (il veut bien accorder que M. Pasteur *opérait* en 1859; que de générosité!) « je faisais des expériences en suivant une voie essentiellement *différente de la sienne et qui m'a conduit à démontrer* AUSSI » — il est presque disposé à accorder la moitié de la découverte à M. Pasteur! — « que les ferments sont des êtres vivants. » (*De l'acide phén.*, 2ᵉ édit., p. 145.)

Que si un homme sensé se permettait de prouver à M. Lemaire que ni ses publications de 1859, ni celles de 1860 ne disent *un seul mot* de ce qu'il s'attribue mensongèrement; que, d'ailleurs, ce n'est point en 1860 que M. Pasteur a démontré la nature des ferments, mais bien en 1857, dans un admirable mémoire sur la fermentation lactique, M. Lemaire répondrait probablement qu'il sait tout cela autant qu'homme qui vive... mais qu'il écrit .... pour « le public crédule! » et que pour convaincre ce public, il ne faut que de l'audace, de l'audace et toujours de l'audace! A cet argument, qui répond à tout, aussi

bien pour le moins que « tarte à la crème, » le public crédule
n'a qu'à s'incliner, et le public éclairé, qu'à se taire. Personne,
en effet, n'est plus convaincu que M. Lemaire de la fausseté
de ses prétentions, et personne n'en fait meilleur marché que
lui-même, quand il croit de son intérêt, ou du moins de celui
de son associé, de dire à un public tout le contraire de ce qu'il
a dit à un autre, et de le lui dire dans toutes les langues de
l'Europe, et peut-être de l'Asie, de l'Afrique, de l'Amérique et
de l'Australie. C'est ainsi, par exemple, que, dans ces mêmes
affiches industrielles, où nous avons vu le collaborateur de
M. Lemaire faire un pompeux éloge de leurs propres travaux,
nous lisons ce qui suit :

« Mas afortunado que otros muchos inventores, el señor
D. Fernando Le Beuf, de Bayona, se ve recompensado de sus
largos y dispendiosos » — les fameux 30 fr. et plusieurs centimes de coaltar donnés gratuitement à M. Lemaire — « tra-
bajos, con el descubrimiento de un topico, cujas útiles propie-
dades han sido objeto, por parte de la ciencia médica, de notables
aplicaciones en provecho de la humanidad enferma.

» El doctor Julio Lemaire le ha obsequiado con su afectuosa
colaboracion, y ha sido *el primero* que ha comprobado y *reco-
nocido* las virtudes del *coaltar saponidado*, que ha formulado el
modo de usarlo, y dirigido su aplicacion ; el que ha esplicado
sus efectos terapeuticos, é invitado á colegas eminentes á que
le sometieran á nuevos estudios, de que ha dado cuenta en un
folleto publicado en 1860. » (*Annuaire* de Bottin-Didot, partie
de la *Revue industrielle.*)

On le voit, dans cette note que M. Lemaire appellerait une
honteuse réclame si elle était faite par tout autre que par lui,
il se contente de se donner comme le premier découvreur des
propriétés du coaltar dit *saponiné*, — et non pas de tout autre
coaltar — et n'affiche aucune prétention à la découverte des
propriétés thérapeutiques de l'acide phénique. Il s'est donc
rendu justice, en espagnol, en anglais et en français, dans un
annuaire industriel ; c'est une étrange tribune pour dire, une
fois par hasard, la vérité ; mais, enfin, la vérité est bonne à
prendre partout où elle se trouve, prenons-la donc dans Bottin,
puisque c'est là qu'il a plu à M. Lemaire de la déposer. Mais

faut-il lui savoir gré de l'avoir dite au moins quelque part, fût-ce dans Bottin-Didot? Nous ne lui ferons pas cette concession; car, s'il la dite, ce n'est point par amour pour elle, mais bien par amour pour l'émulsion Le Bœuf, amour bien désintéressé, du reste, personne n'en peut douter, après tout ce qu'on vient de lire. Cet amour dépravé, quoique désintéressé, a conduit M. Lemaire à jouer ce qu'il a appelé cette comédie, mais ce qu'il aurait appelé plus justement cette farce:

1º Faire croire à la partie crédule du public scientifique que c'est lui, M. Lemaire, qui a découvert les vertus thérapeutiques de l'acide phénique, que le public sait aujourd'hui être infiniment supérieures à celles du coaltar, panamisé ou non;

2º Faire croire à l'autre public qui, celui-là, est presque tout entier crédule, que l'émulsion Le Bœuf est le grand, l'universel, l'unique spécifique, qui, *seul*, produit merveilles et enchantements!

Ce double but une fois atteint, M. Lemaire, qui a toutes les ambitions, se proposait sans doute de tirer le rideau et de dire comme Auguste: la farce est jouée! Malheureusement pour M. Lemaire, de même que tous les critiques ne sont pas des Grandeau, tous les farceurs ne sont pas des Auguste; tous les spectateurs honnêtes et sensés se retireront donc convaincus:

Que le seul mérite de M. Lemaire est:

1º d'avoir été choisi par le pharmacien Le Bœuf pour expérimenter sa préparation, et de s'être acquitté de ce soin avec quelque intelligence;

2º D'avoir profité de la situation que lui avait faite le choix de M. Le Bœuf, pour se livrer à quelques expériences sur l'action physiologique de l'acide phénique, expériences qui étaient, à peu près exclusivement, la répétition de celles de Liebig.

Quant à ce qui me concerne, je crois, après comme avant la farce de M. Lemaire, pouvoir m'attribuer le faible mérite d'avoir appliqué le premier l'acide phénique au traitement d'un grand nombre de maladies, d'en avoir fixé les doses, d'avoir tracé les règles de son administration, d'en avoir, enfin, vulgarisé l'emploi, *contrairement même aux efforts de M. Lemaire*; car, il y a quelques semaines à peine, — le

12 octobre 1871 — tous les médecins recevaient un prospectus de M. Lemaire ou de son collaborateur, dans lequel les vertus du coaltar, dit saponiné, sont exaltées au détriment de l'acide phénique, qui est encore représenté comme « un irritant *qui enflamme vivement les tissus,* » et que beaucoup de malades refusent à cause de son « *odeur repoussante.* » Voilà comment M. Lemaire propage l'acide phénique, dont il se vante ailleurs d'avoir fait baisser le prix !

M. Lemaire est le seul médecin (ou du moins pharmacien défroqué) qui ait tenté de s'attribuer, d'une manière générale, la priorité des applications de l'acide phénique au traitement des maladies. Mais un certain nombre d'autres, encouragés par ce bon exemple, ont essayé de s'approprier le mérite de ces applications à quelques maladies en particulier : les uns l'ont tenté d'une manière franche et patente, les autres d'une manière détournée, hypocrite, en *oubliant* de citer l'auteur qu'ils dépouillaient, et dont ils ne faisaient que suivre, d'une manière plus ou moins inintelligente, les préceptes. Nous croyons inutile de réprimer, pour le moment, tous les empiétements partiels de ces honorables pirates au petit pied ; en traitant de chacune des maladies qui ont provoqué les écarts de leur ambition malsaine, nous réglerons notre compte avec eux. Nous nous contentons de leur donner, ici, un premier avertissement.

CHAPITRE SECOND.

RÈGLES GÉNÉRALES DE L'APPLICATION DE L'ACIDE PHÉNIQUE ET DES MÉDICAMENTS PARASITICIDES.

ART. I. — ACTION PHYSIOLOGIQUE DE L'ACIDE PHÉNIQUE.

La croyance a régné quelque temps, chez certains thérapeutistes, que l'étude de l'action dite physiologique des médicaments nous révélait toutes leurs propriétés médicales et que cette étude, par conséquent, était une base de la thérapeutique, non-seulement toujours utile, mais indispensable, surtout lorsqu'on voulait appliquer, pour la première fois, une substance au traitement des maladies. Aujourd'hui cette opinion est à peu près généralement abandonnée, et n'est plus défendue que par les homœopathes... et par M. Lemaire, probablement parce qu'il la juge favorable à ses prétentions ; on l'a trouvée, à juste titre, exagérée dans tous les cas, et absolument fausse dans un grand nombre. La justice qu'on a universellement faite de cette doctrine nous dispensera d'y insister longuement ; quelques lignes nous suffiront.

N'ayant pas, ici, à réformer le langage, nous attacherons aux mots *action physiologique* le sens que les modernes thérapeutistes expérimentateurs leur ont donné, c'est-à-dire l'action des médicaments sur l'organisme sain ou à l'état *physiologique*, par opposition à leur action sur l'organisme malade ou action *thérapeutique*. Mais cette distinction, sur laquelle il y aurait beaucoup à dire, ne s'applique guère qu'aux animaux vertébrés et spécialement encore aux mammifères ; or l'action de l'acide phénique sur les animaux inférieurs n'est pas moins importante à connaître, car c'est sur cette action, ainsi que nous l'avons démontré dans notre introduction, qu'est basée son action thérapeutique et que devra être basé, suivant toutes.les probabilités, l'ensemble de la médication parasiticide, qui embrassera un jour, sans aucun doute, le traitement de toutes les maladies internes, spontanées ou communiquées, et plusieurs maladies dites externes. Il est donc indispensable de dire quelques mots de l'action de l'acide phénique sur les organismes inférieurs.

ART. II. — ACTION DE L'ACIDE PHÉNIQUE SUR LES ANIMAUX ET LES VÉGÉTAUX INFÉRIEURS, ET NOTAMMENT SUR LES MICROPHYTES ET LES MICROZOAIRES.

Cette action se résume en peu de mots : L'acide phénique, à doses peu élevées, pour les animaux et les végétaux d'un certain volume, et, à doses infiniment moindres, pour les êtres microscopiques, tue les uns et les autres. Liebig avait déjà observé, dès 1840, que les sangsues et même les poissons mouraient en quelques minutes, sans convulsions, dans une solution d'acide phénique, et que leurs cadavres résistaient longtemps à la putréfaction, de même que les substances putrescibles qu'on avait mises en un contact quelque peu prolongé avec une solution aqueuse phéniquée. Depuis Liebig, ses observations ont été considérablement étendues, et M. Lemaire, ainsi que nous l'avons dit précédemment, a constaté que l'action toxique du coaltar s'exerçait sur tous les animaux et tous les végétaux inférieurs, avec cette différence que, pour tuer les êtres microscopiques, il suffisait d'une quantité d'acide phénique « impondérable. » (1) (*De l'ac. phén.*, 2ᵉ édit., p. 61). Comme nous savons, par tout ce qu'on a pu lire dans le chapitre précédent, que les assertions de M. Lemaire ne méritent qu'une confiance limitée, il demeure incertain si le véridique expérimentateur a réellement fait toutes les constatations qu'il annonce; ce qui est certain, c'est que son

(1) Voici, du moins, la liste des microzoaires que M. Lemaire dit avoir tués, avec des doses « impondérables » d'acide phénique : *Spermatozoïdes, Bacterium, Vibrions, Spirillum, Amibes, Monadiens, Eugléniens, Paraméciens, Rotifères, Vorticelles.*

observation, à la supposer exacte pour les cas qu'il spécifie, ne l'est nullement pour la totalité des cas : non-seulement l'acide phénique ne tue pas les microphytes et les microzoaires, à toutes les doses, circonstance de la plus haute importance, et sur laquelle nous insisterons plus loin comme il convient, mais il est absolument sans action sur quelques-uns d'entre eux; c'est ainsi que nous avons vu maintes fois des productions végétales se développer, même dans de l'eau phéniquée saturée, (5 à 6 d'acide pour 100 d'eau) ; nous n'avons pas eu le loisir de déterminer l'espèce ou même le genre de ces productions, très-visibles à l'œil nu (1), mais leur développement est constant, quand la solution phéniquée est placée dans des conditions favorables de lumière et de température. Ainsi, non-seulement l'acide phénique ne tue pas, à toutes les doses, les organismes inférieurs, mais il ne les tue pas tous, même à des doses assez élevées, telles que celle de la solution aqueuse saturée. Nous aurons à revenir sur ce fait, d'une haute importance aussi bien au point de vue de la physiologie générale que de la thérapeutique.

M. Lemaire est presque le seul expérimentateur qui ait étudié l'action physiologique de l'acide phénique sur toute la série animale, ou qui, du moins, dise l'avoir étudiée : à la suite de la liste des microzoaires qu'on vient de lire, il en donne une beaucoup plus longue, composée de nombreuses espèces d'articulés, de mollusques et de vertébrés, sur lesquelles l'acide phénique aurait été expérimenté avec beaucoup de soin. Nous ne nous occuperons ici, et que très-brièvement, de la liste relative aux deux premiers embranchements, composée des espèces suivantes :

Articulés.

Sangsues.

Lombrics.

Cloportes.

Fourmis et leurs œufs.

Papillons (œufs et chenilles).

Criquets.

(1) Ces productions consistent en de longs filaments barbus, ressemblant assez exactement à un cheveu autour duquel il s'en développerait une foule d'autres rayonnant en tous sens; l'ensemble de la production ressemble beaucoup à certaines cristallisations s'opérant au sein d'un liquide.

Sarcopte de la gale.
Araignées.
Myriapodes.
Morpions.
Poux.
Mouche commune.
Cousins.
Puces.
Pucerons.
Punaises.

Grillon.
Altise et sa larve.
Coccinelle.
Capricornes.
Cantharides.
Bousier.
Hanneton (et sa larve).
Carabe doré.
Perce-oreilles.

Mollusques.

Escargots.
Petite limace grise.

Grande limace grise.
Limaces rouges.

« Tous ces animaux, dit M. Lemaire, sont rapidement tués par une petite quantité d'acide phénique. »

« Petite quantité » manque de précision et ne donnerait qu'une idée fort insuffisante de l'action de l'acide phénique sur ces espèces d'animaux; mais pour quelques-uns d'entre eux l'expérimentateur donne quelques détails que nous allons faire connaître :

Il annonce :

Que les larves des papillons, du hanneton (chenilles et mans) « et d'autres, » meurent en quelques minutes si on les arrose avec de l'eau saturée d'acide phénique, et que leur mort est moins prompte si l'eau ne contient qu'un pour cent d'acide;

Que tous les animaux portés sur la liste des articulés, moins les sangsues et les lombrics (1), meurent rapidement quand ils respirent une atmosphère contenant des émanations d'acide phénique (quelques-uns, tels que les pucerons, les charançons, les fourmis et les punaises meurent en une minute; d'autres, comme le hanneton et la cantharide, résistent plus longtemps) ;

Que les animaux portés sur la liste des mollusques meurent

(1) Nous ne comprenons pas bien la portée de cette exception, car M. Lemaire a dit précédemment que les lombrics périssent rapidement, quand ils sont plongés dans de l'eau renfermant un demi-centième d'acide phénique ou exposés aux émanations de cet acide.

s'ils subissent l'action de l'eau phéniquée au millième, pendant une minute.

Toutes ces propositions sont malheureusement empreintes d'une grande exagération ; nous n'avons point fait d'expérience sur tous les animaux portés sur les listes qui précèdent ; mais celles que nous avons faites sont loin de confirmer les affirmations de M. Lemaire. Il affirme, par exemple, qu'il suffit d'arroser une fourmilière avec de l'eau phéniquée au centième, pour en faire périr les fourmis en quelques instants. Cette affirmation est absolument inexacte : nous avons pratiqué plusieurs fois cet arrosage; les fourmis paraissent fort incommodées, (elles le sont du reste beaucoup quand on les arrose même avec de l'eau pure); les unes s'enfoncent rapidement dans leurs galeries souterraines; les autres s'écartent du plus vite qu'elles peuvent de la fourmilière, qui devient déserte, du moins en apparence ; mais au bout de quelque temps, 24 heures, 48 heures au plus, la population est revenue dans le phalanstère, et elle ne paraît pas sensiblement diminuée; on n'a vu, du reste, aucune fourmi périr sous les yeux de l'observateur; à peine en voit-on périr quelques-unes dans un arrosage avec de l'eau phéniquée saturée; mais cet arrosage lui-même ne fait pas déserter la fourmilière.

M. Lemaire dit encore qu'il suffit de laver, à l'aide d'un fort pinceau, les bois de lit, les coutures des matelas et les crevasses qui peuvent exister dans un appartement, pour tuer instantanément les punaises et faire fuir celles qui ne sont pas atteintes, et qu'une seule application d'eau phéniquée suffit pour se débarrasser de ces animaux. Cette proposition n'est pas moins inexacte que la précédente : le lavage en question incommode évidemment nos hôtes immondes; elle les éloigne pour peu de temps, mais ils reparaissent promptement, et parfois même, avant que l'odeur de l'acide phénique ait disparu des étoffes ou bois lotionnés. De l'eau phéniquée saturée versée sur une punaise l'incommode fortement; elle se débat vivement; mais si l'étendue de la mare formée autour de l'insecte n'est pas trop grande, il parvient à s'échapper et à triompher de la rude atteinte qu'il a subie.

Même inexactitude de M. Lemaire en ce qui concerne les

mouches : ces insectes paraissent même moins impressionnables que la plupart des autres à l'action de l'acide phénique : si, par un temps de chaleur, on enduit d'eau phéniquée saturée de la viande ou toute autre substance animale, les mouches se jettent dessus avec leur avidité habituelle; dès qu'elles sont posées, elles s'envolent aussitôt, vivement repoussées par un corps qui leur est évidemment très-antipathique; cependant elles reviennent sans relâche à la charge, et finissent, sinon par s'habituer à l'acide, au moins par le supporter ou vaincre leur répugnance, et elles pompent le suc de la viande, et même y déposent leurs larves. Il est vrai que leur avidité coûte cher à quelques-unes, car un certain nombre d'entre elles périt autour même de la viande en expérience; quand, au lieu de viande, on livre à la voracité des mouches du sucre phéniqué, comme nous avons eu occasion de le faire pendant nos essais pour la préparation de notre sirop phéniqué titré, toutes celles qui sucent du sucre périssent, et elles en sucent à peu près toutes, tant est grande leur voracité. C'est là très-certainement une question de doses; mais ces expériences prouvent, en tous ces cas, que la dose qu'il faut pour tuer une mouche est relativement assez considérable, et que même cette dose considérable ne la tue pas instantanément; le sucre phéniqué agit à peu près dans le même temps que le sucre arséniqué ou les autres préparations arsenicales, mercurielles, etc.

Autre expérience : Il nous est arrivé, dans les belles journées de septembre, d'enduire toute la peau d'une vache d'eau phéniquée, pour préserver l'animal de l'obsession des mouches, si insupportable dans cette saison. Précaution inutile : les mouches, sans en excepter les taons, continuaient à tourmenter l'animal; elles s'abattaient sur sa peau, à l'endroit même où venait de passer l'éponge imbibée d'eau phéniquée.

Nous l'avons déjà dit bien des fois, et nous le répéterons bien des fois encore, la médication phéniquée est la plus puissante des médications actuellement existantes; mais la première condition pour assurer le succès d'une découverte utile et pour lui faire produire tout le bien qu'elle peut donner, c'est de ne pas la compromettre par des exagérations ridicules et par des expériences supposées.

Au reste, toutes les expériences faites sur les êtres de l'échelle animale intermédiaires à ceux du premier et du dernier degré, n'ont qu'un intérêt secondaire, au point de vue de la thérapeutique; et comme c'est de ce point de vue que nous devons nous occuper principalement, nous aborderons, sans plus insister sur les faits et les considérations qui précèdent, l'étude de l'acide phénique appliqué aux vertébrés ou plutôt aux genres de cet embranchement qui se rapprochent le plus de l'homme, et au genre homme lui-même.

ART. III. — ACTION PHYSIOLOGIQUE DE L'ACIDE PHÉNIQUE SUR LES VERTÉBRÉS ET SPÉCIALEMENT SUR L'HOMME ET SUR QUELQUES MAMMIFÈRES.

C'est uniquement dans cet embranchement de la série animale, ainsi que nous l'avons dit au début de ce chapitre, qu'on peut étudier et qu'on a étudié l'action dite physiologique des substances médicamenteuses ou simplement toxiques. Cette étude a enrichi la science de faits qui sont d'un grand intérêt. Les innombrables — trop innombrables — expériences sur lesquelles Orfila a voulu édifier la toxicologie et est parvenu, en effet, à la fonder en partie, quoiqu'un peu oubliées aujourd'hui, marquent cependant une des époques les plus fécondes de l'histoire de la science. Mais ces expériences, qui n'ont pas toujours conduit à des déductions justes, même en toxicologie, ont engendré, en thérapeutique, une doctrine qui est encore actuellement en pleine floraison, quoiqu'on paraisse oublier son origine, et qui nous paraît influer d'une manière fâcheuse sur le progrès de la médecine pratique.

A côté des expériences d'Orfila brillèrent celles de Magendie; celles-ci ont laissé une empreinte plus fraîche dans l'esprit de nos physiologistes, probablement parce que Magendie était membre de l'Institut, et elles ont engendré une nombreuse école d'imitateurs. On le comprendrait sans peine, si cette école était restée exclusivement physiologique, car ces expériences ont enrichi de faits précieux l'histoire de la physiologie; mais, quoique ayant beaucoup moins de rapport avec la thérapeutique que les expériences d'Orfila, les expérimentateurs n'en ont pas moins tiré des déductions thérapeutiques, et ils ont ainsi donné un nouvel appui à la doctrine qu'on pourrait appeler physio-thérapeutique. Nous croyons donc indispensable d'ajouter ici quelques mots à ce que nous en avons dit dans quelques-unes des pages précédentes.

Les expériences physiologiques peuvent être distinguées en deux grandes catégories : dans l'une, on cherche à découvrir et à déterminer le jeu des organes en pratiquant sur eux diverses actions physiques, des compressions, des excitations, des piqûres, des incisions, des sections, etc.; dans les autres, on étudie l'action sur ces organes de substances étrangères introduites dans l'organisme. On conçoit que ce sont ces dernières qui intéressent le plus le médecin praticien ; cependant, les premières sont loin de lui être indifférentes ; nous ne pouvons donc les passer sous silence.

Le premier défaut de presque toutes ces expériences, c'est d'être faites sur les animaux, au lieu d'être faites sur l'homme; le second, c'est d'être faites sur des animaux (y compris l'homme quelquefois) dans l'état de santé, au lieu de l'être sur des animaux malades.

Nous l'avons dit dans la première édition de cet ouvrage, et nous n'avons point à nous en dédire, l'analogie est un des plus puissants instruments des découvertes scientifiques, un des guides les plus précieux à la recherche de l'inconnu ; mais il ne faut abuser de rien, pas même de l'analogie. Sans doute, il y a tout lieu de supposer qu'une substance qui aura une action déterminée sur un animal d'une espèce donnée aura la même action sur un animal d'une autre espèce; la probabilité sera même d'autant plus grande, *à priori*, que les deux espèces seront plus voisines ou, en d'autres termes, d'une organisation plus analogue. Toutefois, quelque grande que soit cette probabilité, elle ne passera pas à l'état de certitude, tant qu'une expérience directe ne l'aura pas transformée en vérité démontrée; faute de cette expérience directe, le médecin praticien serait exposé aux plus cruels mécomptes : une chèvre, par exemple, peut manger impunément, avec plaisir même et profit, une quantité de tabac ou de certains champignons vénéneux (la fausse oronge, notamment, *amanita verrucosa*) suffisante pour tuer cent hommes, tandis que l'homme et certains hommes en particulier peuvent supporter une quantité d'alcool capable de tuer une foule d'animaux. Ce qui est vrai des substances toxiques données à doses mortelles l'est encore bien plus de ces mêmes substances données à doses légères, médicinales, et bien plus encore des substances non toxiques et des substances alibiles ; ici les variétés d'actions sont innombrables et ne se bornent plus à des espèces animales différentes : chez divers individus de la même espèce, de l'espèce humaine surtout, on observe les contrastes les plus frappants dans les effets d'une même substance, et d'autant plus frappants que la substance est moins toxique et donnée à des doses moins massives. Cela s'explique par une remarque qui n'a guère fixé l'attention des expérimentateurs et qui nous paraît être, ainsi que nous le verrons un peu plus loin, de la plus grande importance pour la thérapeutique : c'est que la résistance vitale est très-approximativement la même chez les individus d'une même espèce, tandis qu'il est bien loin d'en être de même de la susceptibilité nerveuse : un verre de vin de Champagne ou mieux encore d'eau-de-vie produira à peu près certainement des effets très-divers chez dix individus pris au hasard (abstraction faite, bien entendu, des individus modifiés par l'accoutumance) ; mais s'il fallait causer la mort de tous ces individus par une ingestion d'eau-de-vie, il est probable que la quantité à ingérer serait sensiblement la même pour tous. Les innombrables expériences d'Orfila dont nous avons déjà parlé ont mis ce fait dans une éclatante évidence; mais, malgré son importance extrême, les thérapeutistes semblent l'avoir à peine remarqué, et les plus autorisés d'entre eux ne s'en occupent même pas. Nous aurons soin de réparer un pareil oubli et de revenir sur ce fait capital.

On vient de voir un premier écueil contre lequel doivent se mettre en garde ceux qui se livrent à l'expérimentation dite physiologique des médicaments. Il en est un autre, que nous avons déjà signalé, plus important encore, et sur lequel il nous faut donner, maintenant, quelques explications.

Quand on veut appliquer à l'animal malade les enseignements de l'expérimentation sur l'animal sain, il y a un double point de vue à envisager : 1º celui de la réaction de l'organisme sur les substances étrangères ; 2º celui de la similitude ou seulement de l'analogie ou même de la dissemblance d'action de ces substances dans l'état sain et dans l'état morbide.

Un homme est atteint de fièvre typhoïde, par exemple ; il est évident qu'il ne portera pas ou ne soulèvera pas le même fardeau qu'il aurait soulevé ou porté avant d'être malade. Toutes les forces de l'organisme sont-elles atteintes, chez cet homme, au même degré que la force musculaire ? lui qui, dans l'état sain, aurait résisté à cinq centigrammes de sulfate de strychnine, ne résistera-t-il plus, malade, qu'à un centigramme, à une moitié, à un quart ? On aurait pu le croire, *à priori;* il n'en est rien cependant : en général, — mais en général seulement — l'organisme malade supporte les mêmes doses de substances médicamenteuses que l'organisme sain; tantôt il en supporte moins, et, parfois, beaucoup plus. Cependant, à ce premier point de vue, les expériences physiologiques sont un *criterium* précieux, surtout en ce qui concerne les substances médicamenteuses toxiques, et c'est ordinairement lui qui sert de guide pour les premières applications des médicaments nouveaux; l'expérience thérapeutique complète ultérieurement les données qu'il fournit.

Mais au point de vue de la similitude ou de la dissemblance d'action, l'expérimentation physiologique fournit-elle le même *criterium?* C'est ici que la vieille doctrine médicale — nous disons vieille, quoique ce soit elle qui règne toujours — a conduit à des aberrations dont il semblait que le plus simple bon sens pût suffire à nous préserver. La vieille médecine, quand elle s'est mise à faire des expériences physiologiques, appliquant à ces expériences une logique grossière, raisonnait ainsi : telle substance, donnée dans l'état sain, ralentit le pouls ; elle produira d'excellents effets dans telle et telle maladie dont un des symptômes est l'accélération du pouls; telle autre occasionne des convulsions ou des contractures; elle agira efficacement contre les paralysies, etc.

Comme la médecine est, plus que toute autre branche des connaissances humaines, destinée à faire ressortir les contrastes de l'esprit humain, une doctrine fondée en apparence sur le gros bon sens ne pouvait manquer d'engendrer la doctrine contraire, c'est-à-dire fondée sur l'absurde : une substance provoque la diarrhée, elle doit guérir la diarrhée; une autre constipe, elle doit guérir la constipation ; et le système du ou des *similia similibus curantur* était fondé. Ce dernier système était absurde, mais le premier n'était pas beaucoup plus logique, médicalement parlant. La pneumonie accélère le pouls, la fièvre typhoïde aussi, la variole également, l'intoxication marécageuse, le rhumatisme aigu, de même, etc., etc.; quelles raisons peut-on avoir de croire qu'une substance, dont l'effet est le ralentissement du pouls, pourra guérir toutes ces maladies, ou même diminuer l'accélération du pouls, qui en est un des symptômes? Autant vaudrait supposer que le même moyen peut guérir l'indigestion et la faim qui, toutes deux, peuvent accélérer le pouls. Ce serait vraiment perdre son temps que de discuter plus longuement un pareil système, et pourtant, c'est lui, nous le répétons, qui règne encore dans une foule d'ouvrages classiques ou non classiques. Nous le réfuterions néanmoins en détail, si nous écrivions un traité de thérapeutique ; mais nous ne devons pas oublier que nous écrivons ici une monographie, et que nous devons nous borner à poser des principes dont notre méthode n'est que l'application. Nous dirons encore quelques mots, cependant, de la transformation nouvelle qu'a subie le vieux système du *contraria contrariis curantur*.

Nos devanciers, y compris les auteurs classiques contemporains, s'étaient bornés à constater et à considérer les phénomènes grossiers déterminés par l'action dite physiologique des médicaments, et à tirer de cette constatation et de cette considération des déductions applicables aux mêmes phénomènes dans les maladies. L'école expérimentale nouvelle a voulu pénétrer plus avant dans l'intimité des phénomènes; elle a cherché la quintessence des choses, et elle a fait connaître des faits physiologiques pleins d'intérêt. Mais, au point de vue pathologique, elle n'a rien changé aux principes de l'école qu'on nous permettra d'appeler grossière ; c'est la même école vue au microscope. Comme la première, elle propose toujours de traiter les convulsions par les stupéfiants; seulement elle fera des distinctions et des sous-distinctions : elle parlera de l'action sur les éléments mêmes des organes et des tissus, au lieu de l'action sur les tissus et les organes dans leur ensemble. Un exemple, pris entre cent, fera mieux comprendre cette variété de l'ancienne doctrine thérapeutico-physiologique. Un disciple de la nouvelle école étudie l'action de la daturine et de l'hyoscyamine ; voici les faits *physiologiques* qu'il constate :

1° « L'hyoscyamine et la daturine exercent spécialement leur action sur le système du grand sympathique.

2° » De faibles doses diminuent la circulation capillaire ; des doses fortes déterminent une paralysie vasculaire.

3° » La tension artérielle augmente par l'administration de faibles doses ; au contraire, elle diminue avec des doses toxiques. — Ces résultats ne sont pas modifiés par la section des nerfs pneumo-gastriques.

4° » Le nombre des pulsations augmente et leur amplitude diminue.

5° » L'hyoscyamine régularise les mouvements du cœur ; la daturine produit souvent des intermittences et des arrêts du cœur. Portés directement sur cet organe, ces alcaloïdes diminuent la fréquence des battements et produisent un arrêt complet au cœur.

6° » Ils accélèrent la respiration.

7° » L'hyoscyamine et la daturine n'ont pas d'action directe sur le système nerveux de la vie de relation. La sensibilité et la motricité ne sont pas modifiées. A dose toxique, la sensibilité périphérique est émoussée.

8° » Ces alcaloïdes n'ont aucune action sur l'excitabilité des muscles à fibres striées. Ils ne modifient pas leur structure.

9° » A faible dose, ils accélèrent les mouvements de l'intestin ; à forte dose, ils les paralysent.

10° » Les phénomènes généraux que l'on observe sont dus aux modifications survenues dans la circulation. Ils disparaissent rapidement. Ces alcaloïdes s'éliminent vite, surtout par les urines, où on peut les retrouver.

11° » La dilatation de la pupille est due à l'excitation du grand sympathique ; le nerf de la troisième paire est étranger à la mydriase.

12° « De faibles doses déterminent, en général, une augmentation de la température; de fortes doses diminuent la température centrale. »

Voilà, assurément, un formidable ensemble de phénomènes *physiologiques*, produits par la daturine et l'hyoscyamine ; acceptons-les tous comme exacts, et glissons sur la légère défectuosité du langage dans lequel ils sont exposés. Quelles applications thérapeutiques convient-il d'en faire, conformément à la doctrine de la nouvelle école expérimentale et aussi conformément à la logique ? Laissons d'abord l'auteur répondre à la première question ; nous essaierons après de répondre à la seconde.

« *Applications thérapeutiques.* » — C'est l'auteur, bien entendu, qui intitule ainsi la seconde partie de son travail.

1° « L'hyoscyamine et la daturine sont les principes actifs de la jusquiame et du datura.

2° » Ces deux alcaloïdes ont des propriétés analogues à celles de l'atropine et peuvent lui servir de succédanés.

3° » La daturine ne doit être employée qu'avec de grandes précautions, au lieu que l'hyoscyamine peut être maniée sans inconvénient, avantage qu'elle possède également sur l'alcaloïde de la belladone.

4° » Dans l'administration de ces médicaments, il faut presque toujours se servir de doses faibles, et éviter les phénomènes toxiques qui sont au moins inutiles.

5° » Leur action mydriatique peut être utilisée dans tous les cas où la belladone a été recommandée, et ne présente pas d'indication spéciale.

6° » L'influence que ces alcaloïdes exercent sur le système musculaire lisse (1), quand ils sont administrés à petites doses, peut être utile dans les cas d'incontinence d'urine, de constipation, etc.

7° » L'usage de ces alcaloïdes pour combattre les inflammations et pour arrêter les hémorrhagies ne saurait être recommandé.

(1) *Lisse* est une épithète au moins singulière; c'est sans doute un de ces néologismes peu heureux dont la nouvelle école anatomo-physiologique n'est pas assez avare.

8° » L'hyoscyamine et la daturine seront employées avec avantage lorsqu'on voudra diminuer des sécrétions exagérées.

9° » Ces alcaloïdes, et surtout l'hyoscyamine, combattent d'une manière très-efficace les névroses douloureuses.

10° » Par les modifications qu'ils impriment à la circulation des centres nerveux, ils peuvent rendre service dans le traitement des névroses convulsives, des affections spasmodiques et des affections convulsives de la moelle, lorsqu'il n'y a pas encore de l'altération organique avancée. »

L'auteur de ce travail est M. Charles Laurent, ancien interne des hôpitaux. Nous le nommons pour ne point nous donner les apparences de vouloir le priver du mérite qui lui revient; mais le nom, au fond, importe peu à la question, car M. Charles Laurent n'a fait que suivre la voie indiquée par tous les principaux représentants de la nouvelle école. Nous aurions choisi tout autre travail et tout autre nom, que nous n'aurions rien eu à changer aux remarques que nous allons présenter.

Sur les dix propositions thérapeutiques que l'auteur présente comme les conséquences des douze propositions physiologiques, il en est cinq, les cinq premières, que nous pouvons négliger, comme à peu près étrangères à la question qu'il s'agit d'éclaircir; nous ferons observer seulement, pour montrer qu'il ne suffit pas de descendre dans la profondeur des détails pour raisonner juste, qu'il ne résulte nullement des recherches de l'auteur, telles qu'il les résume dans ses douze propositions physiologiques, que la daturine et l'hyoscyamine soient « les » principes actifs, ce qui veut dire *les seuls* principes du datura et de la jusquiame; cela est possible; mais les propositions ne le démontrent pas. Il peut y avoir dans ces plantes d'autres principes actifs. Mais glissons sur ce point.

Dans sa sixième proposition thérapeutique, l'auteur exprime la croyance que les deux alcaloïdes qu'il a étudiés peuvent être utiles à petites doses, dans les cas d'incontinence d'urine et de constipation, et cela à cause de « l'influence qu'ils exercent sur le système musculaire lisse. » Or, tout ce que l'auteur nous fait connaître de cette action, c'est que les alcaloïdes en question accélèrent, à faible dose, les mouvements de l'intestin, *dans l'état physiologique ;* il ne parle pas même de la vessie ; or, dans la constipation et dans l'incontinence d'urine, la vessie et l'intestin sont-ils dans l'état physiologique ? et les états où ces organes se trouvent, dans ces maladies, sont-ils similaires ? toutes les incontinences et toutes les constipations sont-elles, elles-mêmes, identiques les unes aux autres ? l'auteur a l'air de le prétendre implicitement ; mais quel médecin praticien pourrait le croire ? Et puis, comment est-il permis d'espérer — *à priori,* bien entendu — que des substances qui doivent être employées avec avantage pour diminuer des sécrétions exagérées (8e prop. thérap.), puissent l'être avec le même avantage pour combattre la constipation qui dépend si souvent du contraire d'une sécrétion exagérée ? Que d'autres choses n'y aurait-il pas à dire sur les déductions thérapeutiques que l'auteur tire de ses propositions physiologiques et sur celles, beaucoup plus nombreuses, qu'il n'en tire pas, on ne sait pourquoi, et qui en découleraient pourtant naturellement si l'on suivait avec rigueur les principes qu'il adopte ! Mais toutes ces choses peuvent être résumées dans une seule proposition, applicable, hélas ! à toutes les recherches semblables ou analogues à celles de M. Laurent : c'est que les expériences physiologiques comme celles dont il rend compte n'ont jamais conduit par une déduction logique et rigoureuse à des applications thérapeutiques importantes ni même sérieusement utiles, et qu'elles n'y conduiront jamais. Il faudrait écrire un volume pour citer tous les exemples à l'appui de ce jugement, et, nous l'avons dit précédemment, nous devons nous en tenir, ici, à des aperçus généraux dont la justesse frappera du reste tous les praticiens réfléchis, et que vont confirmer les quelques expériences *physiologiques* tentées avec l'acide phénique, objet spécial de nos études. En fait d'expériences *physiologiques* fécondes dans leurs applications à la curation des maladies, il n'y en aura probablement jamais d'autres que celles sur lesquelles nous avons insisté dans notre introduction : les expériences sur l'action parasiticide de toutes les substances organiques et inorganiques, toutes ou à peu près toutes les découvertes thérapeutiques utiles faites en dehors de ces expériences seront l'effet du hasard, comme elles l'ont toujours été jusqu'à ce jour. La doctrine parasitaire, voilà, nous ne cesserons de le répéter, le grand avenir de la thérapeutique comme de la pathologie.

Ces principes établis ou rappelés, nous allons faire connaître les quelques recherches faites de l'action physiologique de l'acide phénique sur les mammifères et particulièrement sur l'homme; nous examinerons d'abord son action extérieure ou locale, puis son action générale ou interne.

§ 1. — *Action physiologique de l'acide phénique.*

L'action locale de l'acide phénique sur la peau des animaux est tout à fait semblable, en tenant compte de la différence de texture des tissus et notamment de l'épaisseur de l'épiderme, à celle qu'il exerce sur la peau de l'homme; il suffira donc de nous occuper de cette dernière.

L'acide phénique pur est un véritable caustique, et, comme tous les caustiques, il produit une action en rapport avec la masse sous laquelle il agit et avec le temps pendant lequel on le fait agir. Il a pourtant comme caustique des caractères spéciaux qu'il est très-important de connaître. Nous allons, en conséquence, les exposer avec quelques détails.

Quand l'acide phénique est appliqué sur la peau en couches très-légères, il détermine sur les points touchés une coloration blanche ressemblant à une couche légère d'albumine coagulée, et qui a été prise, en effet, pour telle, notamment par M. Lemaire qui ne se croit pas moins bon chimiste qu'excellent physiologiste et médecin éminent; la surface ainsi blanchie ne tarde pas à s'entourer d'une auréole rouge, précédée elle-même d'une assez vive douleur; celle-ci dure habituellement un quart d'heure; elle se dissipe graduellement; la rougeur se dissipe de même, mais elle persiste beaucoup plus longtemps, 24, 48 heures, et même davantage. Quant à la tache blanche, elle disparaît par une exfoliation sèche de l'épiderme, pour laisser au-dessous d'elle une rougeur plus ou moins vive qui passe graduellement au rouge brun, au brun même, et qui persiste, sous cette dernière nuance, pendant quelques semai-. nes, parfois pendant des mois.

La couche blanche, qui ressemble à de l'albumine coagulée, n'est point, avons-nous dit, ce qu'on a cru; ce qui a pu induire les observateurs en erreur, c'est que tous les lavages à l'eau que l'on peut faire sur cette tache sont impuissants à la faire disparaître; mais si, au lieu de pratiquer les lavages avec de l'eau, on les pratique avec de l'alcool, la tache disparaît aussitôt, preuve évidente qu'il n'y a point là d'albumine, dont le caractère, on le sait, est précisément d'être coagulée par l'al- cool, bien loin d'être dissoute par ce liquide. Cette tache est donc constituée par une combinaison très-instable de l'acide phéni- que avec l'épiderme ou avec les liquides de la superficie de la peau, combinaison détruite par l'affinité de l'alcool pour l'acide phénique; celui-ci, rendu libre, se dissout aussitôt dans l'alcool, et il est enlevé comme le serait, par un lavage aqueux, une couche de sirop. La preuve que l'alcool enlève bien l'acide phénique, c'est que celui-ci, qui continuait à agir dans la com- binaison instable, n'agit plus du tout quand le lavage à l'alcool a été assez abondant, et que la douleur cesse presque aussitôt, si ce lavage a suivi de très-près l'application de l'acide phéni- que. L'épiderme, sur les points touchés, ne tombe pas. Rien de semblable n'a lieu avec l'eau, dont les lotions, quelque abondan- tes qu'elles soient, ne font disparaître ni la tache ni la douleur qui l'accompagne; elles diminuent à peine celle-ci et n'empê- chent pas la chute de l'épiderme. C'est là un fait d'une certaine importance, qui, s'il avait été connu de M. Lemaire, lui aurait évité les suites désagréables du léger accident dont nous allons parler dans un instant.

La tache blanche due à l'acide phénique disparaît, avons- nous dit, par une exfoliation sèche; nous avons entendu parler de la disparition spontanée; quand on veut hâter la disparition de la tache en enlevant artificiellement l'épiderme, cette abla- tion est le plus souvent suivie d'une irritation plus ou moins vive, dont le résultat peut être une sécrétion séro-purulente ou même tout à fait purulente.

La marche des phénomènes, telle que nous venons de la décrire, est celle que l'on observe sur la plus grande partie de la surface cutanée ; mais elle présente, suivant les régions, des différences dont les principales méritent d'être mentionnées avec quelques détails.

Sur la main, on observe cette singularité inattendue, que la chute de l'épiderme et la disparition de la tache ont lieu beaucoup plus promptement à la face palmaire qu'à la face dorsale, quoique l'épiderme soit bien plus mince sur cette dernière.

Sur le visage, où il y avait un intérêt particulier à suivre la marche des phénomènes, nous avons noté les particularités suivantes : la durée de chacune des phases ci-dessus indiquées y est beaucoup plus rapide ; la douleur n'y dure guère qu'un quart d'heure; la tache blanche brunit en quelques heures, bien avant que l'épiderme tombe, nouvelle preuve qu'elle n'est point formée d'albumine coagulée ; celui-ci tombe du huitième au douzième jour, et ne laisse aucune coloration, et, chose intéressante à noter, la surface touchée sous-jacente est plus blanche, quand la peau était préalablement congestionnée ou inégale ; c'est cette action constrictive et consécutive sur les vaisseaux capillaires qui constitue, par les applications thérapeutiques qui peuvent en être faites, l'intérêt spécial auquel nous venons de faire allusion. Il n'est peut-être pas inutile de répéter, ici, précisément à cause des applications thérapeutiques spéciales qu'on peut faire de l'acide phénique, la remarque générale que nous avons déjà présentée, c'est que la marche des phénomènes que nous venons d'indiquer sommairement est celle qui a lieu quand on ne la trouble pas; mais, si l'on veut détacher l'épiderme avant la chute spontanée, on peut, sur le visage comme ailleurs, causer de l'irritation, de la suppuration même, et la tache brune qui succède à la rougeur dure beaucoup plus longtemps, toujours moins longtemps cependant, que sur les autres régions de la peau.

Une autre région mérite plus d'attention encore que celle du visage, c'est celle de la peau de la verge, du moins aux environs du gland : là, une application, même la plus légère possible, d'acide phénique, peut causer des douleurs très-vives et même une légère suppuration d'une assez longue durée. Voici un fait qui nous en a fourni la preuve.

Un de mes confrères, qui avait pris la bonne habitude de verser tous les soirs, au temps d'épidémie variolique et autres, quelques gouttes d'acide phénique dans son vase de nuit, satisfaisant un soir, avant de se coucher, le besoin de la miction, éprouva subitement une vive douleur, au contact de la verge sur les bords du vase ; devinant aussitôt que cette douleur ne pouvait être due qu'à la petite quantité d'acide restée adhérente sur la paroi du vase, il pratiqua immédiatement d'abondants lavages, prit même un bain local ; mais ce traitement produisit peu d'effet (1) ; la douleur persista très-vive pendant une heure au moins, moins vive pendant plusieurs heures encore, et, ce qui fut plus fâcheux, elle fut suivie d'une inflammation et d'une ulcération très-superficielle, il est vrai, mais qui suppura et ne fut complétement cicatrisée qu'après une quinzaine de jours. Le confrère dont il s'agit est d'une constitution très-saine et n'est nullement prédisposé aux suppurations ; il est donc impossible d'attribuer son accident à une autre cause qu'à l'influence de la région. Nous devons dire, toutefois, que ce fait est le seul de son espèce que nous ayons eu l'occasion d'observer, et qu'il est insuffisant à prouver que les choses se passeraient toujours de la même façon.

Si des applications qu'on pourrait appeler rubéfiantes — quoique l'acide phénique blanchisse d'abord la peau — on passe aux applications caustiques, c'est-à-dire à celles dans lesquelles l'acide phénique agit en couches plus épaisses et pendant un temps plus long, les phénomènes sont plus intenses, mais ils sont toujours analogues. Portée jusqu'à déterminer le sphacèle d'une portion de la peau, l'action de l'acide phénique reste locale ; l'escarre produite reste sèche et tombe à la longue sans suppuration ; ainsi se sont passés, du moins, les phénomènes, dans un cas dont mon *imitateur* — pour revenir au langage parlementaire — M. Lemaire a été le sujet et l'observateur :

« Au mois de juin 1864, dit-il, un flacon d'acide phénique,

---

(1) Cet honorable confrère ignorait alors l'inefficacité presque complète des lavages à l'eau. S'il avait pratiqué les mêmes lavages avec de l'alcool un peu mitigé, réduit à soixante ou soixante-dix degrés contigr. par exemple, il aurait à peu près certainement remédié aux accidents qu'il a éprouvés.

maintenu à l'état liquide au moyen d'un dixième d'alcool, s'ouvrit dans la poche de mon pantalon. Environ 15 grammes de cet acide se répandirent sur ma cuisse, dans le voisinage du pli de l'aine, et me brûlèrent fortement. L'escarre qui en résulta avait 7 ou 8 centimètres d'étendue. Je ressentis une cuisson assez vive. J'observai jour par jour les phénomènes que je viens de décrire. » — (Escarre sèche qui paraît limitée au corps papillaire ; aucune suppuration ne se manifeste ; on observe seulement après la chute de l'escarre un léger suintement de sérosité adhésive ; les parties reviennent à l'état normal par une exfoliation successive.) — Cet accident ne me causa que de la gêne et ne m'empêcha pas de me livrer à mes occupations habituelles. Aujourd'hui, plus d'un an s'est écoulé, la peau est revenue à l'état normal, toute trace de cicatrice a disparu ; il ne me reste plus qu'un peu de rougeur. »

« L'action énergique de cet acide, ajoute M. Lemaire, qui se limite d'elle-même *par la combinaison insoluble qu'il forme avec les tissus*, me paraît précieuse à connaître... » etc.

Nous avons montré que l'application de mon ingénieux *imitateur* est fondée sur une erreur, et que la combinaison, si combinaison il y a, formée par l'acide phénique et « les tissus, » c'est-à-dire la partie superficielle de la peau, est parfaitement soluble dans l'alcool. Si M. Lemaire avait connu cette solubilité, il aurait certainement évité, par un lavage à l'alcool, la formation d'une escarre ; mais, à cette erreur près, le fait qu'il a constaté sur sa propre personne n'en est pas moins intéressant à connaître ; il confirme tout ce que nous avons observé sur l'action locale de l'acide phénique. Cependant, malgré ce fait et le nombre de nos observations, nous ne poserons pas en principe absolu, comme M. Lemaire, qui, à l'exemple de tous les imitateurs, se fait plus royaliste que le roi, nous ne poserons pas en principe absolu que l'élimination des escarres produites par l'acide phénique s'opérera toujours sans suppuration ; il est possible qu'une escarre plus profonde que celle qu'il a subie, ou produite sur d'autres régions, les orteils, la verge ou le scrotum, par exemple, ne se détache qu'à l'aide d'une suppuration plus ou moins abondante. Tout ce que l'on peut conclure de l'expérience physiologique fortuite de M. Lemaire, c'est que l'action même caustique de l'acide phénique n'a aucune tendance à provoquer la suppuration, tout au contraire ; fait important, qui était déjà mis en évidence par nos très-nombreuses cautérisations thérapeutiques.

Dans le fait de M. Lemaire, l'acide phénique, quoique versé en abondance sur la peau, n'a pas séjourné longtemps sur les mêmes points de la peau ; il s'est étendu promptement en tous sens et surtout sur les points déclives ; en outre, quoique à l'état de solution alcoolique très-concentrée — neuf d'acide contre un d'alcool — l'acide n'était pourtant pas pur ; il lui a été d'autant plus facile de s'étendre, comme il a été d'autant plus facile de l'enlever par des frottements et par le lavage. Est-ce à ces circonstances qu'il faut attribuer le peu de profondeur de l'escarre, qui ne paraît même pas avoir entamé les couches superficielles du derme, puisqu'elle n'a laissé aucune cicatrice ? Jusqu'où aurait-elle pénétré, si l'acide avait agi pendant un temps plus long, s'il avait été pur, au lieu d'être mélangé à un dixième d'alcool ? aurait-il produit une brûlure au 4° degré (de Dupuytren), c'est-à-dire détruit le derme tout entier ? A ces diverses questions, l'expérience ne nous permet pas de répondre d'une manière positive. Mais le mode d'action de l'acide phénique doit nous faire supposer que l'action nécrosique de cet acide s'étendrait bien difficilement à toute l'épaisseur du derme et qu'il serait peut-être impossible de la porter au delà de cette membrane. Les tissus mortifiés par l'acide phénique sont beaucoup plus différents, en effet, des mortifications produites par les autres caustiques que celles-ci ne le sont entre elles : aucune de ces mortifications ne forme, comme celle qui est due à l'action de l'acide phénique, une couche sèche, dure, imperméable, une sorte de cuir enfin sur lequel tout caustique et l'acide phénique lui-même sont sans action. Il est donc très-douteux que cette couche, ayant une fois acquis une certaine épaisseur, puisse être traversée en prolongeant sur elle l'action de l'acide, et qu'il soit possible d'augmenter beaucoup l'épaisseur du sphacèle ; nous pensons qu'on ne parviendrait qu'à grand'peine à sphacéler toute l'épaisseur du derme. Cette remarquable propriété fait de l'acide phénique un caustique précieux ; qui ne peut, quant à présent, être remplacé par aucun autre, si ce n'est, *peut-être*, par le caustique électrique (1); mais nous disons peut-être, ce caustique, malgré les belles recherches du professeur Middeldorpf, n'étant pas encore suffisamment étudié.

Tels sont les phénomènes locaux produits sur la peau par l'application de l'acide phénique pur. Ces phénomènes sont encore les mêmes, ou peu s'en faut, lorsque l'acide est mélangé à une petite quantité d'alcool, un dixième au moins; mélangé à d'autres substances, l'acide n'aurait plus la même action; mais les modifications que les plus usitées de ces substances apportent à ses propriétés ne doivent pas être étudiées ici; il sera question à l'article des préparations de celles qu'il est utile de connaître.

Les muqueuses, qui sont si analogues, pour ne pas dire si semblables à la peau, par leur structure anatomique, n'en diffèrent pas non plus sensiblement par les phénomènes que développé sur elles l'action des divers agents chimiques; l'acide phénique ne fait pas exception à la règle générale, et tout ce que nous avons dit de l'action de cet agent sur la peau peut s'appliquer, à quelques nuances près, aux muqueuses; nous croyons donc inutile de nous livrer à d'oiseuses répétitions, et nous passerons à l'étude de l'action générale de l'agent dont nous étudions les remarquables propriétés.

§ II. — *Action physiologique générale de l'acide phénique.*

L'acide phénique est un poison pour les animaux supérieurs comme pour les animaux inférieurs, mais seulement

(1) Le caustique électrique offre des particularités dont on sent les analogies avec les belles observations de M. Pasteur dont nous avons parlé précédemment, sans qu'il nous soit possible de dire encore d'une manière précise en quoi ces analogies consistent : quant à la particularité la plus saillante, elle consiste en ce que les aiguilles formant les pôles d'un circuit galvanique, enfoncées alternativement dans les tissus, y déterminent une gangrène seulement : tandis que la gangrène causée par un des pôles est humide, analogue à celle que produit la potasse, celle causée par l'autre pôle est sèche et s'élimine sans suppuration, comme celle que détermine l'acide phénique. L'un des pôles favoriserait-il le développement de microzoaires que l'autre empêcherait? Curieux sujet d'expériences pour les physiologistes, les thérapeutistes et les physiciens.

à des doses beaucoup plus élevées; les phénomènes *physiologiques* que l'on peut observer par l'administration de doses diverses de ce produit, varient donc depuis les troubles légers de quelques fonctions jusqu'à ceux qui ont pour résultat la suspension de la vie. Ces troubles ont été étudiés par divers observateurs chez le chien; mes observations m'ont conduit à les observer surtout chez le bœuf, le cheval, le mouton, le porc et particulièrement chez l'homme.

M. Lemaire rapporte, d'après M. Brown, professeur de chirurgie vétérinaire, dont nous n'avons pu lire l'observation originale, le fait suivant :

« Un chien atteint d'une maladie cutanée qui lui faisait perdre tout son poil (gale) fut entièrement badigeonné avec un mélange d'une partie d'acide phénique dans deux parties de glycérine. Au bout de quelques minutes le chien tomba en arrière, sans connaissance, en proie à des convulsions, sembla être au moment d'expirer. Des lotions avec l'eau savonneuse, des douches d'eau froide furent sans effet; les symptômes persistèrent pendant quelques heures, puis se calmèrent peu à peu, et l'animal se rétablit (1). »

M. Lemaire a fait quelques expériences, dont plusieurs avec le concours d'expérimentateurs instruits et qui empruntent à ce concours un intérêt particulier. Nous allons les faire connaître avec quelques détails. Voici d'abord comment M. Lemaire ré-

---

(1) Rappellerons-nous, ici, qu'après avoir rapporté ce fait du professeur Brown, M. Lemaire écrit que la glycérine annihile à peu près complétement l'action de l'acide phénique ? Nous préférons renvoyer le lecteur au chapitre de l'historique (voir ci-dessus); c'est là qu'il trouvera de nombreux exemples de la logique de M. Lemaire. Nous ne voulons que présenter une remarque pour justifier quelques médecins du reproche que leur adresse M. Lemaire sans les avoir compris ou voulu les comprendre, suivant son habitude. « En présence de pareils faits, dit M. Lemaire, en parlant du fait du professeur Brown, on se demande comment des médecins distingués refusent à la peau l'importante fonction d'absorption. » Les médecins distingués répondraient à M. Lemaire que jamais aucun médecin, distingué ou non, n'a prétendu qu'une peau malade ou dénudée ne puisse absorber ni même n'absorbe toujours, puisque la méthode endermique est basée sur cette faculté d'absorption; ce que certains médecins et physiologistes ont prétendu, c'est que la peau *recouverte d'un épiderme sain* n'absorbe pas. Nous croyons que ces médecins et ces physiologistes ont tort; mais ce n'est pas le fait de M. Brown qui pourrait le prouver. Il n'est pas bien étonnant que M. Lemaire ne l'ait pas compris ; mais il est un peu étonnant qu'il veuille faire supporter aux autres son propre défaut d'intelligence.

sume les symptômes observés chez ceux de ces animaux auxquels on a administré de un à trois grammes d'acide phénique dissous dans vingt fois son volume d'eau, soit cinq pour 100, proportion de la solution saturée pour M. Lemaire. (Voir ci-dessus, au paragraphe *solubilité*.)

« Une à deux minutes après l'ingestion, les chiens tombent sur le flanc en proie à une violente agitation ; de la salive s'écoule en abondance ; presque tous ont toussé. Les muscles de la poitrine, de l'abdomen et des membres sont agités convulsivement. La sensibilité tégumentaire est conservée mais à un faible degré ; celle de la conjonctive et de la cornée est abolie. Dans une expérience que j'ai faite au Muséum, grâce à la bienveillance de M. Flourens (1) avec MM. les docteurs Vulpian et Phélipeaux, ses aides naturalistes, la sensibilité était complétement abolie. Il est vrai que ce chien avait pris trois grammes environ d'acide dissous dans l'eau. Le nerf sciatique fut mis à découvert et saisi avec une pince sans que l'animal sentît cette pression si douloureuse à l'état normal. Ces animaux n'ont point vomi ; ils n'ont pas eu non plus d'évacuations d'urine ni de matières. Tous ont rendu de l'acide phénique par l'expiration.

» Lorsque l'angoisse est un peu apaisée, ces animaux essaient de se relever; mais les membres sont paralysés. Puis, ils se meuvent peu à peu. Chez les uns, c'est le train de devant qui est revenu le premier; tandis que chez d'autres, c'est le train de derrière. Vingt à trente minutes suffisent pour que ces symptômes formidables se dissipent en grande partie. Alors les chiens se relèvent, se promènent en chancelant, et vingt-quatre heures après il mangent et ne paraissent plus rien éprouver. Toutefois le chien de M. Flourens, qui a pris environ trois grammes d'acide phénique, a succombé trois jours après à une pneumonie. Cet animal nous a donné beaucoup de peine pour l'ingestion de l'acide. La solution a été versée dans le pharynx pour le forcer à l'avaler. Il y a eu un peu d'acide perdu à la première ingestion; ne voyant pas les symptômes ordinaires se produire,

(1) Bienveillance qui n'a pas empêché M. Lemaire de refuser l'arbitrage de l'illustre savant que je lui avais proposé pour juger notre différend. (Voir ci-dessus au chapitre de l'*historique*.)

8.

j'administrai une nouvelle dose d'acide qui produisit les effets que j'ai rapportés.

» M. le docteur Vulpian a bien voulu faire l'autopsie de cet animal; l'examen nécroscopique a été fait avec le plus grand soin. Il n'a pas trouvé d'ulcération ni de rougeur extraordinaire dans l'estomac ni dans l'intestin.

» Le foie, la rate et les reins n'offraient absolument rien d'anormal.

» Les organes respiratoires présentaient les lésions suivantes :

» La trachée et les bronches étaient le siége d'une inflammation purulente avec fausses membranes.

» Les poumons présentaient des noyaux disséminés de pneumonie. »

M. Lemaire présente sur ce fait les remarques suivantes, qui demandent elles-mêmes à être commentées :

« Les lésions que présentaient les organes respiratoires étaient-elles le résultat d'une intoxication ? doit-on les attribuer à la pénétration de l'acide dans les bronches, au moment de l'ingestion, ou bien ce chien était-il malade à notre insu ?

» L'élimination la plus puissante de l'acide phénique se fait par les voies respiratoires. Il n'y aurait donc rien d'extraordinaire si cet acide y provoquait des désordres. Mais je ferai remarquer que ce chien est le seul sur seize qui ait présenté ces lésions. Tous les autres, après avoir présenté les symptômes formidables que j'ai rapportés, sont rapidement revenus à la santé. D'un autre côté, toutes les applications de cet acide concentré, qui ont été faites sur les téguments et sur les plaies graves, n'ont pas provoqué d'inflammation suppurative. Bien plus, quand l'inflammation existait, au lieu d'être augmentée, elle a été puissamment modifiée et même arrêtée. Tous ces faits me font penser que l'animal était malade avant l'expérience.

— Les chiens qui servent aux expériences au Muséum, ajoute M Lemaire en note, proviennent de la fourrière; on ne les connaît pas.

» Nous verrons dans un instant un autre fait qui donne un grand appui à cette opinion. »

Sur la dernière remarque de M. Lemaire, nous ferons remarquer, à notre tour, que rien n'est plus facile que de s'assurer qu'un chien est malade ou bien portant, même quand on ne le connaît pas, et surtout qu'il a ou qu'il n'a pas une pneumonie ; un expérimentateur judicieux se serait renseigné à cet égard avant de commencer l'expérience. Toutefois, les violences qui ont dû être faites à l'animal rendent ce défaut de constatation préalable moins regrettable, car on sait que ces violences suffisent souvent à déterminer des lésions disséminées dans les poumons ; les efforts énergiques que les animaux sont obligés de faire pendant leur résistance expliquent parfaitement le développement de ces noyaux de pneumonie lobulaire. Ce qui est plus regrettable, c'est que M. Vulpian n'ait pas constaté avec soin l'état des centres nerveux ; cet examen, fait par un expérimentateur aussi consciencieux et aussi exercé, aurait été d'un grand intérêt. Dans des expériences qui lui sont communes avec un honorable vétérinaire de Paris, M. Bourrel et, paraît-il, avec le savant et regrettable Gratiolet, M. Lemaire a voulu combler cette lacune : il a sacrifié des chiens auxquels il venait d'administrer l'acide phénique, au moment où les phénomènes de réaction sont les plus intenses, c'est-à-dire après dix minutes d'ingestion, et il a choisi pour leur donner la mort l'ouverture de l'aorte ; l'hémorrhagie mortelle qui s'ensuit ne faisant point disparaître les congestions des centres nerveux où paraissent se passer les principaux phénomènes déterminés par l'acide phénique. Il nous eût paru préférable de faire succomber les animaux à une dose mortelle de poison. Mais, telles qu'elles ont été faites, voici les résultats nécroscopiques que ces expériences ont donnés :

« 1º La muqueuse buccale offre un aspect laiteux (*action de l'acide sur l'albumine*) :

» 2º La muqueuse de tout le tube digestif ne présente pas de lésions appréciables ;

» 3º Le foie, la rate et les reins, *idem* ;

» 4º Le larynx, la trachée, les poumons ne présentent rien d'appréciable ;

» 5º Le cerveau, qui a été enlevé avec soin, présente les lésions suivantes :

» Les vaisseaux de cet organe dans leur ensemble sont manifestement congestionnés. Il y a de l'injection capillaire en avant, au coude de la racine des circonvolutions, sur les côtés, sur la circonvolution inférieure et sur celle qui l'enveloppe; enfin, en arrière sur les quatre circonvolutions.

» Les artères cérébelleuses sont congestionnées; mais la congestion la plus grande a lieu dans l'espace interpédonculaire, sur la protubérance, et par-dessus tout le bulbe.

» Le corps calleux est sain ; la voûte, *idem.*

» Le plexus choroïde est assez congestionné.

» Les tubercules quadrijumeaux sont congestionnés à la périphérie.

» Rien dans les ventricules.

» La substance du cerveau est saine.

» *Moelle.* — La moelle, sans présenter une congestion égale à celle du cerveau, a les gros troncs de ses méninges au niveau du renflement cervical en particulier et au renflement lombaire, manifestement congestionnés.

« La substance de la moelle ne l'est pas. Les muscles exhalent une forte odeur d'acide phénique.

» Le sang examiné dans le cœur et dans les vaisseaux n'est pas coagulé. »

Avant de présenter quelques remarques sur cette expérience, ou sur ce résumé de plusieurs expériences, on ne sait trop lequel, nous allons en relater une autre du même observateur :

M. Bourrel, vétérinaire à Paris, fit avaler à un lévrier métis âgé de deux ans et emphysémateux, deux grammes d'acide phénique dissous dans cinquante grammes de glycérine. « Moins d'une minute après l'ingestion, l'animal commença à tituber. Deux minutes après, le train de derrière fléchissait sous l'animal, en même temps que les phénomènes d'ivresse augmentaient, ce qui était rendu évident par les mouvements désordonnés de cette pauvre bête. Il toussa, et, quatre minutes après l'ingestion, il tomba sur le flanc droit en proie à des convulsions. Six minutes après, la sensibilité générale était presque entièrement abolie. L'animal continua à tousser. Il s'écoula par la bouche des mucosités spumeuses exhalant une forte odeur d'acide phénique. Point d'évacuation d'urine ni de matière fécale. Sept minutes après, sueur abondante. Toux et vomissements de mousse sanguinolente. Huit minutes après, à l'agitation succéda le collapsus. Le chien mourut tout d'un coup dix minutes après l'ingestion du médicament.

« L'autopsie fut faite immédiatement. L'intestin présentait une couleur violacée très-prononcée due aux vaisseaux gorgés de sang ; ceux-ci formaient des arborisations comme dans les injections faites avec la cire.

» L'estomac était gorgé d'un liquide spumeux. Nous trouvâmes de ce même liquide dans l'œsophage, ce qui nous fit penser qu'il se composait en grande partie de salive. Il contenait encore une notable proportion de glycérine. Il était fortement injecté. La bouche, le pharynx, le larynx, la trachée et les grosses bronches offraient la coloration normale.

» Les poumons emphysémateux étaient hyperhémiés ; le poumon gauche surtout était gorgé de sang rouge ; cet état était évidemment le résultat de l'action de l'acide phénique. Cette lésion était toute récente.

» *Cerveau.* — Injection considérable des vaisseaux de ses membranes. La substance cérébrale ne présente pas de piqueté rouge ; mais MM. Bourrel, Prat et moi, nous constatons que ce piqueté se forme dans le cerveau encore chaud et séparé de l'animal. Ce fait nous frappe et nous paraît très-important à signaler, à cause de l'importance que l'on attribue à ce piqueté en anatomie pathologique. C'est évidemment un état qui peut se produire *post mortem*.

» Rien dans les ventricules. Les substances blanche et grise présentent leur consistance normale.

» *Cervelet.* — Injection considérable de ses membranes. Il n'existe pas de piqueté rouge dans sa substance dont la consistance est normale. Nous trouvons dans l'arbre de la substance blanche sept à huit points rouges.

» *Moelle.* — Les vaisseaux de ses membranes sont très-injectés. Les substances blanche et grise, comme celles du cerveau, ne présentent aucune altération appréciable.

» *Sang.* — Le sang, dans le cœur et dans les gros vaisseaux, n'est pas coagulé ; les muscles exhalent l'odeur d'acide phénique. »

M. Lemaire présente, à propos de ce fait, quelques remarques sur les modifications qu'a pu imprimer la glycérine à l'action de l'acide phénique; ces remarques seront mieux placées à l'article des préparations. C'est également à cet article que nous parlerons de l'expérience qui fait suite à celle dont on vient de lire l'exposé, et dans laquelle l'acide a été administré dans de l'huile d'olives. En voici une où le véhicule a été le sirop de Cuisinier, et dans laquelle l'acide phénique a agi comme s'il avait été en solution aqueuse; elle a, pour ce motif, sa place marquée ici :

« Chienne terrière, petite taille, trois ans, à jeun. M. Bourrel lui fait avaler deux grammes d'acide phénique cristallisé, dissous dans cinquante grammes de sirop de Cuisinier.

» Immédiatement après l'ingestion, l'animal présenta des symptômes d'ivresse. Elle titubait. Le train de derrière fléchit le premier. Une minute après l'introduction de la préparation dans l'estomac, elle tomba sur le flanc droit, en proie à des mouvements convulsifs permanents qui durèrent pendant dix minutes. *La tête était renversée en arrière et sa queue était relevée.* Les doigts des quatre membres étaient écartés. Les paupières supérieures relevées étaient frémissantes et *ses* pupilles fortement dilatées. Salivation peu abondante. La sensibilité était conservée et l'animal avait sa connaissance. Peu de sueur. Tous ces symptômes furent observés pendant les dix premières minutes. A ce moment, l'animal rejeta une mucosité sanguinolente exhalant une forte odeur d'acide phénique. Un quart d'heure après l'ingestion du médicament, l'agitation diminua. La chienne reconnut très-bien son maître, mais elle resta sur le flanc. Une demi-heure après le début de l'expérience, la queue était abaissée. Les quatre membres perpendiculaires à l'axe du corps étaient sans raideur, mais encore animés d'une légère agitation. La tête était toujours rejetée en arrière. Les paupières étaient closes. Trismus. L'état de l'animal nous paraît en voie d'amélioration.

» Une heure après, il existait de l'hyperesthésie. Il suffisait de pincer faiblement la peau pour qu'elle (*sic*) jetât immédiatement des cris. A partir de ce moment, son état s'est peu à peu amélioré, mais le calme n'était revenu que sept heures après le commencement de l'expérience.

» Pendant ces sept heures, l'animal a rendu par la bouche

une quantité assez considérable d'un liquide spumeux sanguinolent.

» Vingt-quatre heures après, il se promenait et paraissait fatigué. Il ne mangeait pas, bien que la muqueuse buccale et pharyngienne présentât l'aspect normal. Le lendemain, il reprit ses habitudes, et sa santé, à partir de ce moment, a été excellente. »

Quatre autres expériences, faites aussi sur des chiens, et qui suivent la précédente, seront mieux placées à l'article des préparations. Nous les y renvoyons. Celles qu'on vient de lire pourraient déjà donner lieu à quelques considérations générales, qui ne seraient pas sans importance; mais pour éviter, autant que possible, les répétitions, nous renverrons ces considérations après l'exposé de toutes les expériences. Nous n'en présenterons, ici, que quelques-unes qui sont propres à l'espèce canine.

Le chien, cet animal admirable, dont Buffon n'a nullement exagéré les qualités, dans le magnifique portrait qu'il en trace, n'est pas seulement l'ami fidèle, souvent dévoué, de l'homme, c'est encore son image physiologique la plus parfaite, après le singe; mais le prix de ce dernier animal, sous nos climats, et aussi la difficulté de le manier, n'ont pas permis de tenter sur lui beaucoup d'expériences physiologiques; c'est donc à l'expérimentation sur le chien qu'on a principalement demandé des lumières pour s'éclairer sur l'action physiologique des médicaments, et si, dans cette expérimentation, on s'en était tenu aux études toxicologiques, ainsi qu'Orfila l'avait fait d'abord, il est certain que les applications qu'on aurait pu en déduire pour la toxicologie et la médecine légale de l'homme, auraient été presque en tous points irréprochables : jusqu'à présent, en effet, on n'a, que nous sachions, trouvé aucune substance qui, toxique pour le chien, soit innocente pour l'homme, et réciproquement; non-seulement l'homme et le chien sont impressionnés à peu près de la même façon par les mêmes substances; mais ils le sont sensiblement aux mêmes doses, en tenant compte de la différence de volume des deux espèces. Ces analogies, on pourrait presque dire ces identités donnent un intérêt tout particulier aux expériences faites sur les chiens, quand elles sont

intelligemment conduites. Celles dont on vient de lire le résumé et celles que nous ferons connaître plus loin ont donc
une véritable importance, sous le rapport toxicologique ; nous
dirons ultérieurement ce qu'elles peuvent valoir au point de
vue thérapeutique.

Sans offrir le même intérêt que celles qu'on fait sur le chien,
les expériences pratiquées sur les autres animaux ne doivent
cependant pas être négligées; nous croyons d'autant plus utile
de faire connaître sommairement celles dont le cheval, le bœuf,
le mouton et le porc ont été l'objet, que l'acide phénique est
appelé à être administré fréquemment, pour combattre les
maladies de ces animaux, et nous ajouterons leurs maladies
les plus graves.

Cheval. — M. Lemaire rapporte l'expérience suivante :

« Cinquante grammes d'acide phénique pur ont été dissous
dans un litre d'eau et introduits dans cet état dans l'estomac
d'un cheval de moyenne taille. Deux minutes après l'ingestion, la pauvre bête est tombée sur le flanc gauche, foudroyée en
quelque sorte. Alors il se livra à des mouvements désordonnés
que je vais décrire :

» 1º Les oreilles sont fortement couchées et ramenées en
arrière. Cette position est constante.

» 2º Les deux yeux à demi fermés s'ouvrent et se ferment
alternativement d'une manière si rapide que les paupières
semblent palpiter.

» 3º Les narines sont dilatées, frémissantes ; l'animal res-
pire avec angoisse. Il jette en abondance (par ses narines) une
écume sanguinolente.

» 4º Les lèvres sont écartées, bien que les mâchoires soient
serrées, elles sont dans une agitation permanente, semblable à un tremblement convulsif. La bouche ne jette aucun
liquide.

» 5º Le thorax exécute des mouvements rapides ; les côtes
palpitent ; les muscles de l'abdomen sont en convulsion permanente.

» 6º Les membres antérieurs et postérieurs sont, au début,
dans une agitation perpétuelle. Une heure après l'ingestion,
des périodes de calme et d'agitation se succèdent.

» 7o Il n'y a aucune déjection, soit urineuse, soit fécale.

» 8o La sensibilité de la peau est conservée.

» Il y avait deux heures que ces symptômes se prolongeaient. L'animal paraissait moins souffrir. Mais la nuit approchait. Il fut abattu pour en faire l'autopsie. Elle donna les résultats suivants :

» 1o Rien de notable dans la bouche.

» 2o Fosses nasales rouges.

» 3o Œsophage contracté et rouge à sa périphérie.

» 4o *Estomac.* — Toute sa muqueuse est énormément congestionnée et épaissie ; il ne contient plus de liquide.

» 5o *Intestin grêle.* — Plein de mucosités, grandes plaques congestionnées, presque violettes, éparses dans sa continuité.

» 6o *Gros intestin.* — Idem.

» 7o *Rectum.* — Rosé, moins enflammé que le gros intestin.

» 8o *Trachée.* — Rosée et même violacée.

» 9o *Poumons* — Tuberculeux par places, ecchymoses en beaucoup de points, surtout du côté gauche sur lequel l'animal était couché. Ces congestions sanguines ne coïncident pas avec les foyers tuberculeux.

» Nous n'avons pas eu le temps d'examiner le cerveau.

» Le sang, examiné dans le cœur et dans les vaisseaux, n'était pas coagulé. »

L'auteur ne fait pas de remarques sur cette expérience ; il y en aurait eu cependant beaucoup à faire ; nous comblerons en partie cette lacune.

La première que nous présenterons et qui ne concerne que l'histoire des applications de l'acide phénique, portera sur l'époque à laquelle cette expérience a dû être faite. Cette époque valait la peine d'être précisée, à propos d'un fait qui pouvait être aussi important pour la posologie de l'acide phénique chez le cheval, lorsqu'on se rappelle, surtout, que M. Lemaire considérait comme mortelle pour cet animal la dose de *un gramme,* que nous prescrivions au malade, M. Poulat. Or, de un gramme à *cinquante* grammes, la distance est grande, et il serait difficile de dire quel but M. Lemaire s'est proposé, après avoir été si timide, en administrant cette dose colossale. M. Lemaire, qui reproche aux autres avec tant d'âcreté les quelques omissions de dates qu'ils ont commises dans leurs observations, aurait bien dû montrer le bon exemple, dans une circonstance aussi importante. Mais on sait que si la besace de M. Lemaire est lourde, c'est surtout par son bout postérieur.

Quoi qu'il en soit, et quel qu'ait été le but de M. Lemaire, s'il s'en est proposé un de bien défini : il semble que le grand intérêt d'une pareille expérience était de suivre les symptômes toxiques jusqu'à la mort, et d'observer dans combien de temps celle-ci surviendrait, après l'ingestion d'une dose aussi énorme de poison ; cet intérêt, M. Lemaire n'en a pas compris l'importance, et pressé, dit-il, par le temps, il a préféré sacrifier l'animal, afin d'en pouvoir faire l'autopsie ; et il en a fait une autopsie dans laquelle il a négligé précisément ce qu'il y avait de plus intéressant, l'examen des centres nerveux, moelle et encéphale. Mais une circonstance qui fait regretter encore davantage, en quelque sorte, qu'on n'ait pas attendu l'issue naturelle de l'intoxication, c'est qu'au bout de deux heures, l'animal paraissait aller un peu mieux, et que l'autopsie a démontré la vacuité complète de l'estomac, preuve que les cinquante grammes d'acide avaient été absorbés. Cette amélioration, deux heures après l'administration d'une pareille dose, entièrement absorbée, est tellement extraordinaire, qu'elle pourrait faire douter des balances de M. Lemaire, si l'on ne savait la précision et la véracité que cet honorable expérimentateur met dans tout ce qu'il fait et dans tout ce qu'il écrit. Ne pouvant conserver aucun doute à cet égard, il faut donc admettre qu'un cheval peut se relever, exceptionnellement au moins, d'une dose de cinquante grammes d'acide phénique. Nous devons seulement ajouter que notre propre expérience ne nous permet ni de confirmer ni d'infirmer l'expérience de M. Lemaire, n'ayant jamais prescrit même à un cheval une dose de cinquante grammes d'acide.

Nous ne pourrons même guère confirmer ni infirmer les symptômes *physiologiques* que M. Lemaire a constatés, parce que les chevaux pour lesquels nous avons prescrit l'acide phénique, étaient tellement malades, qu'il était difficile d'admettre que les effets du médicament — que nous administrions, bien entendu, dans un but thérapeutique — seraient ceux qu'on aurait observés dans l'état sain. Nous avons constaté, cependant, même sur ces animaux très-malades, ces phénomènes nerveux qui paraissent être les plus constants de tous ceux que détermine l'acide phénique, c'est-à-dire ces frémissements des muscles qui, portés à un degré plus élevé, deviennent des convulsions; seulement, ces symptômes ont toujours été peu intenses, soit à cause des doses relativement peu élevées d'acide que nous avons administrées (1), soit par suite de l'influence de l'état morbide sur l'action du médicament; nous avons observé quelquefois aussi des phénomènes qui sont le contraire des convulsions, c'est-à-dire un affaiblissement qui, dans les expériences dont on a lu précédemment l'exposé, a été porté quelquefois jusqu'à la paralysie presque complète.

Une seule expérience *physiologique* a été faite sur le cheval, non par nous, mais à notre sollicitation, par M. le professeur Baillet, dont nous ne saurions assez louer l'excessive bienveillance, qu'égalent seules sa science et sa modestie. M. Reynal devait faire quelques-unes de ces expériences; mais il y a des choses que l'honorable directeur d'Alfort n'a jamais le temps de faire. Ces expériences avaient pour nous, c'est-à-dire pour la thérapeutique, une importance capitale, et voici pourquoi :

Dans quelques-unes de nos expériences thérapeutiques, nous avions observé, à la suite d'injections sous-cutanées d'acide phénique, des phénomènes qui pouvaient nous faire croire à la formation de caillots sanguins circulant dans le système vasculaire et suspendant violemment la circulation dans le cœur; nous avions pu croire, en un mot, à ce qu'on a appelé récemment des embolies. Nous pouvions y croire avec d'autant plus de raison qu'autour de quelques-unes de nos injections, nous avions trouvé, ainsi que nous le dirons plus tard, de petits épanchements sanguins solides. Nous avions observé, d'autre part, que l'acide phénique pur coagule le sang, à sa sortie des vaisseaux capillaires, non pas avec une grande énergie, mais

(1) Nous n'avons pas dépassé, chez les chevaux, la dose de 10 grammes d'acide phénique dans les vingt-quatre heures, lorsqu'il nous est arrivé de l'administrer en injections sous-cutanées, et celle de 20 grammes en deux ou quatre fois dans 4 litres d'eau, lorsque nous le donnions par l'estomac.

assez complétement cependant pour nous faire admettre que la coagulation de ce liquide était possible par le passage de l'acide phénique dans les gros vaisseaux. Enfin, dans nos essais thérapeutiques, nous avons toujours observé que l'acide phénique a pour résultat immédiat de rendre le sang plus rouge, plus artériel, partant plus coagulable, dans les maladies dont un des caractères essentiels est précisément de rendre ce liquide noirâtre, fluide, plus ou moins poisseux (1). Afin de tirer nos doutes à clair, nous prîmes donc un jour rendez-vous à Alfort, avec l'honorable professeur Baillet, pour faire quelques expériences sur des lapins, dont il sera question ailleurs, et, s'il était possible, sur les chevaux. L'intervention de M. le directeur Reynal, toute chaleureuse et empressée qu'elle parût, eut pour résultat que notre entrevue prit fin sans qu'aucune expérience fût faite, et comme nous disposons de peu de loisirs, nous ne pûmes prendre un second rendez-vous à Alfort. Heureusement, le zèle bienveillant de M. Baillet suppléa à mon absence. Le 24 juillet 1869, il obtint un cheval pour faire lui-même une expérience, sur laquelle il rédigea la note suivante, qu'il voulut bien me transmettre :

« *Injection d'acide phénique dans les veines.* — Le 24 juill. 1869, M. Reynal désigne, pour servir à cette expérience, un cheval atteint d'une maladie de pied, abandonné par son propriétaire.

(1) Dans le passage de Liebig dont nous avons cité une partie, le célèbre chimiste avait déjà dit que la solution aqueuse saturée d'acide phénique coagulait le sang, ce qui fait écrire à M. Lemaire, à la page 100 de la seconde édition de son livre : « *J'ai dit* précédemment que l'acide phénique coagule le sang. » Quand Liebig a dit quelque chose, ce n'est pas lui, c'est M. Lemaire qui a dit. Liebig n'est que le porte-voix de l'honorable auxiliaire du pharmacien Le Bœuf. Au reste, en s'attribuant l'observation de Liebig, M. Lemaire ne lui a pris qu'une erreur, car la solution aqueuse d'acide phénique ne coagule pas le sang; seulement, quand on verse cette solution sur du sang qui s'écoule des vaisseaux, elle ne l'empêche pas de se coaguler, mais il se coagule peu vite. L'acide phénique pur coagule seul le sang, ainsi que nous l'avons dit. Nous ne parlons pas, bien entendu, de la solution alcoolique, puisque l'alcool seul coagule lui même le sang. Mais dans l'expérience ou les expériences de Liebig — et dans celles que M. Lemaire n'a point faites — il s'agit du sang sorti des vaisseaux, du sang mort, si l'on veut, tandis que je désirais surtout savoir ce qui se passerait sur le sang vivant. L'expérience de M. Baillet conserverait donc tout son intérêt, quand même celle de Liebig serait exacte : ce n'aurait pas été la première fois qu'une substance aurait agi d'une façon sur le sang mort et d'une autre sur le sang vivant : la soude fluidifie le sang mort et coagule instantanément le sang dans les vaisseaux.

» L'animal, qui appartient par sa conformation au type du cheval de trait lent, est d'une taille élevée. Il est d'ailleurs en parfaite santé et en bon état.

» A deux heures et demie, on lui injecte, dans la jugulaire gauche, à l'aide d'un entonnoir muni d'un robinet, *deux grammes* d'acide phénique dissous dans deux cents grammes d'eau portée à une douce température.

» Presque aussitôt après que l'injection fut terminée, l'animal fut pris d'un tremblement général manifeste, mais non exagéré, et chancela sur ses membres. Mais ce trouble dura à peine une ou deux minutes. Le sujet se remit promptement et se promena dans la cour sans paraître éprouver le moindre malaise. Une demi-heure après, on le fit rentrer dans son écurie où il but avec avidité un peu d'eau blanchie par de la farine d'orge, qu'on lui fit présenter.

» Observé avec soin pendant le reste de la journée et pendant les jours suivants, il fut toujours trouvé dans l'état où il était avant l'expérience. »

Un complément intéressant de cette importante expérience aurait été d'injecter dans les veines de deux au'res animaux la même quantité d'acide sous la forme de solution à 2 et 1/2 p. 100, puis, de solution saturée; mais ce complément aurait été encore plus curieux qu'utile, car nous ne pensons pas que la thérapeutique ait jamais grand intérêt à administrer, surtout en injections sous-cutanées et encore moins en injections dans les gros vaisseaux, des solutions contenant plus de 1 p. 100 d'acide phénique. L'expérience de M. Baillet répond donc aux besoins pratiques, et nous sommes d'autant plus heureux de lui en témoigner une fois de plus nos remerciments, que nous n'avons pas eu de fréquentes occasions, soit à Alfort, soit ailleurs, de rencontrer un concours aussi bienveillant, aussi savant et aussi désintéressé.

Bœuf. — Eu égard à sa taille, cet animal est un des plus sensibles à l'action de l'acide phénique. N'ayant fait sur lui aucune expérience physiologique, ni aucune expérience qui ait entraîné la mort de l'animal, je ne saurais dire quels seraient les phénomènes ultimes produits par l'intoxication phénique. Mais j'ai eu l'occasion d'observer maintes fois qu'à la suite d'une dose d'acide relativement modérée, 15 grammes, par exemple, l'animal tombait comme s'il eût été ivre, après avoir présenté pendant quelques instants des tremblements particuliers des muscles; quelquefois à ces symptômes s'ajoutent quelques phénomènes d'asphyxie; mais les uns et les autres ont toujours eu une courte durée, 1/4 d'heure ou 20 minutes au plus; les animaux reviennent peu à peu à eux-mêmes, se relèvent et se mettent à manger comme avant d'avoir reçu la dose d'acide phénique. Bientôt, il ne reste aucun phénomène apparent qui puisse rappeler l'action du médicament. On dirait que ces phénomènes sont produits par l'action caustique de l'acide phénique.

Dans les cas très-nombreux où j'ai administré l'acide phénique comme préservatif, les expériences étaient bien, dans ces cas, de véritables expériences physiologiques, puisque les animaux, traités prophylactiquement, étaient dans l'état de santé; mais la dose prescrite a toujours été si faible, 10 à 15 grammes en 24 heures, en 2 ou 3 fois et à 1/2 p. 100, qu'aucun phénomène sensible ne suivait l'administration du médicament.

Une remarque qui n'est pas sans intérêt pratique et qui nous paraît en avoir un peut-être plus grand encore au point de vue physiologique, c'est que le taureau est beaucoup plus sensible que le bœuf à l'action de l'acide phénique; *à priori*, ce fait n'a rien de surprenant; il paraît même assez naturel qu'une substance qui porte principalement son action sur le système nerveux, influence beaucoup plus fort un animal entier qu'un castrat; cependant, la pratique est assez souvent en contradiction — au moins apparente (1) — avec la théorie, pour que le fait valût la peine d'être signalé. Ceux qu'on observe sur l'homme sont, en un certain sens, conformes à celui-là, car les tempéraments nerveux sont, en général, plus sensibles à l'acide phénique que les autres. Cette susceptibilité du taureau, comparativement à celle du bœuf, explique les phéno-

___

(1) Nous disons apparente, car la pratique ne peut jamais être en contradiction avec la vraie théorie ou, si l'on aime mieux, la théorie vraie : quand la théorie se trouve en contradiction avec un fait, c'est que le fait a été mal observé ou que la théorie est fausse. Cette vérité est si évidente de soi, qu'il semble impossible qu'on puisse la méconnaître et pourtant elle a été méconnue plus d'une fois ; c'est ce qui nous excuse de la rappeler.

mêmes d'excitation, sous l'influence d'une faible dose d'acide, qui ont été observés sur un taurillon par l'un de mes spoliateurs partiels dont il sera question; ces phénomènes lui ont fait croire que le taurillon avait, par deux fois, avalé de travers, ce qui ne serait pas absolument impossible; mais il est beaucoup plus probable qu'ils étaient dus à l'excitabilité particulière de l'animal: ce que l'observateur n'a pas su voir, ignorant qu'il était des phénomènes que produit l'acide phénique et de la susceptibilité spéciale du taureau.

Mouton. — J'ai eu l'occasion, toujours à mes frais, de faire en Beauce des expériences physiologiques sur le mouton : 200 animaux, auxquels j'ai fait injecter sous la peau 100 gr. d'eau phéniquée à 1 p. 100 et qui ont bu 200 grammes d'eau phéniquée à 1/2 p. 100 n'ont rien éprouvé de particulier, si ce n'est une dureté spéciale dont nous parlerons à l'article charbon et qui a été occasionnée, chez une trentaine d'animaux, par le *modus faciendi* et par le lieu choisi pour la piqûre. Mais j'ai eu l'occasion — qui m'a, par parenthèse, coûté fort cher — d'observer chez les moutons les effets de doses naturellement ou accidentellement mortelles d'acide phénique. Ces effets se sont bornés, du reste, à des convulsions qui déterminent des mouvements alternatifs en avant et en arrière des quatre membres, mouvements que les Beaucerons, chez qui j'ai fait plusieurs essais, désignent par la locution *faire de la toile*. Ces mêmes mouvements s'observent chez les moutons qui meurent du charbon. Dans les cas observés, la mort est survenue dans l'espace de 1/2 heure, et la dose administrée, par injection sous-cutanée, avait été de 5 grammes à laquelle on avait ajouté 10 grammes en breuvage, à 1 et 1/2 p. 100, ce qui est beaucoup trop concentré. Malgré cela, ceux qui échappèrent à l'action immédiate et cautérisante de l'acide phénique, se relevèrent après 15 à 20 minutes et n'eurent aucun autre symptôme apparent.

Porc. — Cet animal meurt à peu près avec les mêmes phénomènes convulsifs que le mouton, sous l'influence de l'acide phénique, à la dose de 20 à 30 grammes; seulement, les convulsions ne présentent jamais ce rapprochement et cet éloignement alternatif des deux membres antérieurs et postérieurs que les paysans désignent par cette locution : *faire de la toile*. Mais le porc présente deux circonstances, qui nous paraissent mériter une mention particulière, la première surtout, qui est celle-ci : lorsqu'on présente à l'animal un breuvage renfermant une forte dose d'acide phénique, il le boit avidement, toutcomme si le liquide était tout à fait à son goût et bienfaisant pour lui; mais quelques instants après qu'il a cessé de boire il se met à pousser des cris terribles, et, bientôt après, il est pris de convulsions qui, dans l'espace moyen de 15 à 20 minutes, entraînent la mort. Pour compléter cette observation, il nous faut ajouter cependant que les animaux sur lesquels nous avons expérimenté étaient atteints d'une maladie que les hommes préposés à leur garde appelaient *le rouge*, maladie qui les faisait mourir infailliblement. Toutefois, il fut évident que le breuvage phénique hâta l'heure de la mort. Enfin, nous devons ajouter encore que la dose d'acide phénique était considérable et ce n'est assurément pas une des circonstances les moins curieuses de cette expérience que de voir des animaux boire avec avidité un liquide qui renferme une substance mortelle pour eux, et pour laquelle tous les autres animaux ont plus ou moins de répugnance. L'instinct conservateur est ici bien en défaut. Il faut remarquer, cependant, que la maladie que les gardiens appelaient *le rouge* donne aux porcs une soif ardente, qui, peut-être, fait taire les répugnances de l'instinct.

Nous n'avons pas cru, chez le porc, et c'est là la seconde remarque que nous voulions présenter, devoir tenter les injections sous-cutanées, d'abord parce que tout le monde sait que la peau du cochon est fort difficile à traverser, que le tissu sous-cutané est fort dense et qu'il serait sans doute assez difficile d'y faire pénétrer le liquide de l'injection ; enfin, le liquide eût-il pénétré, il est douteux qu'il eût été absorbé dans ce tissu, presque exclusivement composé de graisse et d'une graisse très-dense. Nous n'ignorons pas que les colons se débarrassent des serpents à sonnettes à l'aide des porcs, qui subissent, sans être incommodés, les morsures du terrible reptile, et le mangent lui-même sans plus de façon qu'ils n'en mettraient à dévorer une anguille. Il n'est pas probable que les porcs soient plus que les autres animaux insensibles au venin des serpents; leur immunité ne peut donc tenir qu'à la difficulté que les reptiles ont à traverser leur peau ou à la difficulté d'absorption dans le tissu lardacé et serré qui la compose et qui la double à une grande profondeur. Quoi qu'il en soit, il est certain que le porc est aussi sensible que les autres aimaux à l'acide phénique et qu'il y succombe, en proie aux mêmes phénomènes. On pourrait même croire, aux cris que pousse l'animal, que la douleur causée par l'acide est beaucoup plus violente chez lui que chez tous les autres; mais on sait que le cochon a la douleur très-bruyante, et même la simple peur de la douleur, en sorte que, pour juger de la violence de celle-ci, les cris sont un mauvais *criterium*; il n'est pas démontré que chez les animaux dont la douleur est absolument muette, elle soit moins intense que chez les autres; cette remarque est applicable à l'homme.

Lapin. — Les expériences que nous avons faites sur cet animal ne nous ont montré aucune particularité *physiologique*; il en sera question ailleurs au point de vue médical.

Dans nos considérations générales sur l'action physiologique des médicaments. nous avons montré par quels procédés l'école physiologique nouvelle cherche à pénétrer plus profondément que l'ancienne dans l'action intime des modificateurs de l'économie. Aussi, cette école considère-t-elle comme très-superficiels, très-grossiers si l'on veut, les phénomènes constatés dans toutes les expériences et observations dont on vient de lire l'exposé. Deux jeunes adeptes de cette nouvelle école, considérant ou paraissant au moins considérer comme non avenues les recherches des observateurs qui les ont précédés, ont repris à nouveau l'étude de l'action physiologique de l'acide phénique, et ils ont communiqué à la *Société de biologie* un travail dont les comptes-rendus de cette société résument ainsi: les « principales » conclusions :

« 1º L'acide phénique, injecté dans l'estomac, en dissolution au trentième, à dose mortelle (3 ou 4 grammes, pour les chiens de moyenne taille), donne des convulsions avec trépidations irrégulières qui sont dues à une excitation des cellules sensibles de la moelle épinière; elles disparaissent, en effet, par la section des nerfs moteurs ou l'emploi du chloroforme.

9.

» 2º La mort est la conséquence de cette excitation exagérée; elle a pour mécanisme prochain une diminution des mouvements respiratoires et de la pression cardiaque, qui tombe à deux ou trois centimètres. Après la mort, les nerfs moteurs et les muscles conservent leurs propriétés; mais la rigidité cadavérique survient très-vite, par suite des contractions musculaires exagérées.

» 3º A dose plus forte (6 ou 7 grammes), l'acide phénique tue subitement, sans convulsions, par arrêt des ventricules du cœur. Le sang est rouge dans les cavités gauches.

» 4º A la dose limite (2 ou 3 grammes), les animaux, après des convulsions qui durent trois ou quatre heures, reviennent à eux et reprennent les apparences de la santé parfaite; mais fréquemment, au bout de quelques jours, surviennent des pneumonies et des kérato-conjonctivites, l'œil se ride et l'animal meurt.

» 5º Les doses faibles (1 gramme) peuvent être, sans aucun inconvénient, administrées pendant plusieurs mois.

» 6º Il se fait une accoutumance manifeste à l'action de l'acide phénique, mais cette accoutumance ne permet pas de dépasser beaucoup la dose mortelle; nous n'avons pu aller, chez les chiens, au delà de 6 à 7 grammes. » (PAUL BERT et JOLYET, *Compte-rendu de la séance de la Soc. de Biologie du 29 mai 1869.*)

Les seules remarques que cette communication paraisse avoir provoquées dans la Société où elle a été faite, c'est, de la part de M. Brown-Séquard, que la picrotoxine et le chlorure de baryum produisent également des tremblements, avec cette différence que ces substances paraissent agir à la fois sur les muscles, les nerfs et la moelle, et que la section du nerf sciatique n'abolit pas le tremblement du membre correspondant; et, de la part de M. Vulpian, que l'arrêt du ventricule avant celui de l'oreillette rentre dans la règle générale, et que tous les poisons du cœur produisent cet effet.

Il nous semble qu'il y avait quelques autres remarques à présenter, pour des hommes honnêtes et pour des médecins. Des hommes honnêtes et bien inspirés auraient fait observer, d'abord, que les recherches communiquées à la société par MM. Bert et Jolyet ne sont, sur beaucoup de points, que la répétition incomplète, très-incomplète, et, en quelques points seulement, l'extension de recherches déjà faites par des observateurs antérieurs ; qu'il ne convient à personne, et encore moins à des jeunes gens qui débutent dans la carrière du travail, de passer sous silence les travaux des observateurs qui, non-seulement ont parcouru la même voie qu'eux, mais qui, de plus, ont le mérite de l'avoir ouverte. Cette triste remarque, que personne n'a faite à la Société de biologie, nous aurons malheureusement à la renouveler plus d'une fois dans le cours de ce travail.

Cet hommage une fois rendu à l'équité par des hommes honnêtes, des médecins auraient fait observer, ensuite, qu'il est fort intéressant sans doute de savoir ou de croire savoir que l'acide phénique agit par excitation sur les cellules sensibles de la moelle, mais qu'il serait cependant beaucoup plus intéressant pour la médecine, quoique moins difficile ou moins minutieux à observer, de savoir à quelle dose l'acide phénique commence à avoir des inconvénients pour l'homme (on savait ; longtemps avant MM. Bert et Jolyet, qu'il peut en supporter indéfiniment plus d'un gramme) ; quels sont les organes ou les fonctions qui se troublent le plus tôt ou le plus, quand la dose tout à fait innocente est dépassée ; de savoir si la dose innocente est invariable, quel que soit le mode d'administration de l'acide phénique, ingestion stomacale, ingestion rectale, injections hypodermiques, inhalations ; si même, doses à part, l'action de l'acide est toujours la même, quel que soit le mode d'administration, etc. ; toutes questions dont MM. Bert et Jolyet ne se préoccupent point, et qui sont beaucoup plus intéressantes pour la médecine, voire même pour la physiologie, que celles qu'ils ont abordées et défectueusement résolues, comme il nous serait très-facile de le démontrer, si cela ne nous écartait trop de notre sujet, qui est la thérapeutique et non la physiologie. Il est vrai que pour résoudre la plupart des questions que nous venons de signaler, l'expérimentation sur les animaux est fort insuffisante ; il faut arriver à l'expérimentation sur l'homme, et c'est de celle-là que nous allons nous occuper désormais.

Homme. — Quoique tous les traités de thérapeutique consacrent un paragraphe, parfois fort long, à l'action physiologique de chaque médicament sur l'homme sain, on conçoit que les expériences faites pour étudier cette action sont fort restreintes, et, pour beaucoup de médicaments, absolument nulles. Aussi a-t-on étendu, quand il s'est agi de l'homme, le sens des mots *action physiologique*, et a-t-on entendu par ces mots, non-seulement les phénomènes déterminés sur l'homme sain, mais encore ceux qu'on observe chez l'homme malade, sur les organes ou les appareils restés sains ou à peu près. Un homme a, par exemple, une angine; cela n'empêche pas, on le suppose du moins, un médicament d'agir sur la peau ou sur les reins, ou sur le cerveau, ou sur l'estomac, qui sont sains, comme il agirait si l'homme était tout à fait bien portant. Cette supposition n'a rien que de très-vraisemblable, quand l'homme n'est atteint que d'une maladie légère; mais, toutes les fois que le trouble même d'un seul organe est un peu considérable, le *consensus* qui, chez l'homme surtout, solidarise toutes les fonctions, ne permet pas que l'une d'entre elles soit un peu profondément atteinte sans que toutes les autres s'en ressentent, et alors, l'action des médicaments n'est qu'approximativement *physiologique*; parfois, ainsi que nous l'avons déjà dit, elle ne l'est même pas approximativement, et, au point de vue des doses tolérables particulièrement, les différences les plus considérables peuvent exister entre l'état de santé et l'état de maladie. C'est sous le bénéfice de cette remarque, sur laquelle nous avons d'ailleurs insisté précédemment, que nous donnerons quelques détails sur l'action *physiologique* de l'acide phénique chez l'homme.

Nous ne connaissons cette action que par les phénomènes modérés produits par des doses médicamenteuses d'acide phénique. Nous avons pourtant lu tout récemment une relation, aussi défectueuse que sommaire, d'un prétendu « *suicide par l'acide phénique;* » on est confondu, en lisant une pareille relation, de l'ignorance où sont encore plongés certains écrivains, en fait d'acide phénique et d'observation. Voici ce fait étrange emprunté au *Medical times and gazette*, un journal qui jouit cependant d'un certain crédit chez nos voisins d'outre-Manche.

« Il s'agit, dit le traducteur, d'un homme de soixante-cinq ans, qui avait bu une quantité assez considérable d'acide phénique; les symptômes observés pendant les cinquante minutes qui probablement ont séparé la mort de l'ingestion se résument ainsi qu'il suit : toutes les parties touchées par l'acide prennent une teinte blanche et une certaine induration, conséquence d'une cautérisation de l'épiderme et de l'épithélium. La cautérisation d'une large surface sécrétante de l'un des organes animés par le nerf vague irrite ou paralyse ce nerf, de façon qu'un autre organe animé par le même nerf, le poumon, produit des sécrétions exagérées qui remplissent les vésicules et les bronches, arrêtent l'aération du sang, et causent la mort par apnée en moins d'une heure. »

D'où la mort, dans ce cas, a probablement eu lieu par apnée! le rédacteur de l'observation laisse au lecteur le plaisir de déduire. Le journalisme est une belle chose; mais il faut reconnaître que lorsqu'il publie sans critique de pareils racontars, il prête un large flanc aux attaques de ses détracteurs. C'est tout ce que nous pouvons dire de l'histoire qui précède, en nous excusant de l'avoir rapportée. La suivante n'est pas, d'ailleurs, beaucoup plus édifiante, et nous craignons bien d'être obligé de renouveler nos excuses au lecteur. Elle est intitulée : « *Empoisonnement par l'application locale de l'acide phénique,* » et elle est, ma foi, signée : Dr LAFARGUE.

« Des exemples malheureux, dit ce judicieux et savant critique, ont déjà montré que l'acide phénique dans le traitement des plaies n'est pas sans danger. Le fait suivant, dans lequel on peut invoquer une idiosyncrasie, mérite d'être reproduit :

» Chez une malade opérée de résection du coude et dont la plaie était pansée avec une solution étendue d'acide phénique, il se produisit régulièrement, tout le temps qu'on employa ce mode de pansement, des phénomènes d'empoisonnement, tels que frissons, pouls petit, irrégulier, refroidissement de la peau, altération du visage dans le collapsus.

» Les pansements à l'acide phénique furent supprimés et remplacés par des cataplasmes; en quelques heures, le collapsus cessait, mais une nouvelle application d'acide phénique fit reparaître les accidents. Comme une troisième fois ces symptômes suivirent l'emploi de l'acide phénique, le chirurgien les rapporta à une intoxication; on abandonna définitivement cet agent, la suppuration fut abondante, mais la guérison s'effectua sans le retour des accidents primitifs.

» Le Dr Lightfoot a eu connaissance d'accidents semblables, mais plus faibles, survenus à la suite de l'emploi de l'acide phénique dans d'autres hôpitaux, et, en particulier, on a signalé des vomissements opiniâtres qu'on ne peut bien expliquer que par un empoisonnement. Ces symptômes complexes pourraient être facilement confondus avec ceux de la pyohémie, dont ils se rapprochent beaucoup. » (Dr LAFARGUE, *Bullet. médic. et pharmac.* Août 1870.)

Cette dernière remarque du judicieux critique, M. Lafargue, n'est pas sans quelque fondement, et les symptômes qu'il relate pourraient, en effet, être confondus avec ceux de la pyohémie ; mais, s'il n'est pas absolument étranger à toutes les observations, à toutes les expériences qui ont été faites sur l'acide phénique, il est une seconde remarque qu'il pourra ajouter à la première, c'est que, jamais, l'absorption de l'acide phénique, soit par une surface cutanée ulcérée, soit par le canal digestif, soit par les voies aériennes, soit, enfin, par le tissu cellulaire sous-cutané, n'a causé ni des frissons, ni de la petitesse et de l'irrégularité du pouls, ni de l'altération du visage, encore moins du collapsus et des vomissements. On voit quelquefois des idiosyncrasies éprouver, sous l'influence d'une faible dose de médicament, des phénomènes qui ne sont produits ordinairement que par des doses plus élevées; mais des idiosyncrasies qui, non-seulement transforment des doses habituellement inactives ou peu s'en faut en doses toxiques, mais encore dénaturent tous les symptômes propres à un médicament, ces idiosyncrasies sont des *raræ, rarissimæ aves*, beaucoup plus rarissimes que les mauvais observateurs; en sorte que, lorsque ces idiosyncrasies sont signalées, et même présentées comme médiocrement rares, on a beaucoup plus de motifs de les attribuer à un défaut d'observation qu'à une anomalie de la nature.

Il faut donc conclure des histoires des Dr Lafargue, Lightfoot et autres, que nous ignorons encore quels seraient, chez l'homme, les phénomènes causés par des doses toxiques d'acide phénique ; mais tout nous porte à croire qu'ils seraient fort analogues, sinon identiques, à ceux qu'on a observés chez le chien, c'est-à-dire absolument contraires à ceux qu'on a relatés dans les romans du Dr Lightfoot et consorts. Nous devons donc nous contenter, quant à présent, de décrire les symptômes *physiologiques* occasionnés par des doses médicamenteuses. Nous examinerons successivement ces symptômes dans les divers systèmes et appareils.

Système nerveux. — Comme chez les animaux, ce système est, chez l'homme, habituellement, le premier comme le plus profondément atteint. N'ayant jamais donné ni eu connaissance que personne ait prescrit des doses toxiques d'acide phénique à l'homme, nous n'avons jamais vu les phénomènes physiologiques portés à leur dernier degré, ni même jusqu'au point de se traduire par des convulsions ; mais il est très-probable que ces convulsions auraient lieu, sous l'influence de fortes doses, comme elles ont lieu chez tous les mammifères sur lesquels on a expérimenté. Ce qui doit le faire supposer, outre l'analogie, c'est que le phénomène, général quand on force un peu les doses, et déjà habituel à des doses modérées, est une céphalalgie ordinairement légère, occupant le plus souvent une grande étendue de la tête et particulièrement toute la région frontale, mais se localisant assez souvent aussi sur l'occiput ; chez certaines personnes cette localisation est constante, et, pour peu qu'on force les doses, la douleur acquiert une grande intensité ; il nous a semblé que la localisation occipitale se manifestait plus particulièrement lorsque l'acide phénique était administré par le rectum (1) : chez une personne tourmentée par des oxyures vermiculaires, un quart de lavement contenant 20 à 25 centigrammes d'acide phénique faisait cesser instantanément les démangeaisons insupportables causées par ces parasites ; les démangeaisons cessaient généralement pour plusieurs jours ; mais, comme les causes génératrices des oxyures persistaient, les parasites se reproduisaient, et chaque fois le lavement en faisait justice avec la même sûreté ; ces lavements phéniqués ont été ainsi administrés pendant plusieurs mois, à

(1) Un ex-buveur, très-intelligent, m'a raconté qu'il éprouvait exactement les mêmes phénomènes lorsqu'il buvait *un peu trop* d'eau-de-vie, qu'il supportait pourtant bien.

cinq, six ou huit jours d'intervalle ; or, pas une fois, ils n'ont manqué de produire une douleur exactement limitée à l'occiput, douleur ordinairement modérée, mais qui cinq ou six fois a été extrêmement intense, quand le malade a voulu forcer la dose du médicament pour tâcher de se débarrasser, d'un seul coup, de ses hôtes incommodes. Cependant, même dans ces cas, il n'a porté la dose d'acide qu'à un gramme à peine ; nous reviendrons du reste sur ce fait, en parlant des divers modes d'administration de l'acide phénique. Disons seulement, dès à présent, que la localisation occipitale a été d'autant plus remarquable, dans le cas dont il s'agit, que la même personne ayant pris quelquefois de l'acide phénique à doses très-modérées, il est vrai, par la bouche, n'a jamais rien ressenti du côté de l'occiput. La douleur occipitale ne durait, du reste pas plus de six à huit minutes, à l'état violent, et dix à quinze minutes, ensuite, en diminuant par degrés ; c'est aussi la durée ordinaire de toutes les céphalalgies phéniquées, quel qu'en soit le siége, quand on ne prend, bien entendu, qu'une dose du médicament qui les produit ; en renouvelant les doses, on renouvellerait évidemment la douleur et on pourrait même la rendre permanente.

Outre la céphalalgie ou même sans céphalalgie bien marquée, un certain nombre de personnes éprouvent des étourdissements, quelques-unes des fourmillements sur certains points ou sur toute la surface de la peau.

Ce qui est encore plus fréquent que les véritables étourdissements, c'est une sorte d'ébriété, fort analogue à l'ébriété alcoolique. Comme la céphalée, tous ces phénomènes ne durent pas plus de quinze à trente minutes, du moment qu'on ne renouvelle pas la dose de l'agent provocateur.

M. Lemaire rapporte qu'un « enfant de trois ans, qui avait pris 20 centigrammes d'acide phénique dans un verre d'eau sucrée, fut surexcité à tel point que ses parents, le croyant en délire, furent obligés de le maintenir avec le plus grand soin, pendant quelques moments, dans son lit. » Le même observateur ajoute : « Une petite fille de huit ans, atteinte de diphthérite, présenta ces mêmes symptômes plusieurs jours de suite, après l'emploi de 30 centigrammes de cet acide, dissous dans

200 grammes d'eau. » Après avoir lu ces deux observations où se retrouve, dans toute sa pureté, le *modus faciendi* ou, si l'on veut, *scribendi*, de l'auteur, on se demande si les deux enfants qui en sont les sujets ont eu ou n'ont pas eu le délire; M. Lemaire semble croire à la fois l'un et l'autre, ce qui pourrait paraître impossible à tout autre qu'à lui, car, depuis l'invention de la logique, on s'est accordé à considérer comme impossible d'être et de n'être pas en même temps : or, en écrivant : « les parents *croyant* au délire, » M. Lemaire dit implicitement que les parents avaient tort de croire, ou, en d'autres termes, faisaient erreur; en écrivant : « *furent obligés*, » M. Lemaire indique, non moins clairement, que le délire existait, car ce qui n'existe pas ne peut nous obliger à quoi que ce soit; tout au plus les parents auraient-ils pu *se croire obligés*. Ce qui ressort de plus clair de cette logomachie, c'est que M. Lemaire n'attache pas plus d'importance à bien exposer ses observations qu'à les bien faire, et qu'il leur donne lui-même le prix qu'elles valent. Pour notre compte, nous n'avons jamais observé de véritable délire, à la suite de l'administration de l'acide phénique; et comme nous l'avons administré une immense quantité de fois à des malades de tout âge, de tout sexe et de tout tempérament, nous croyons que le délire n'est pas un des symptômes provoqués par ce médicament, ou qu'il ne l'est du moins que dans des cas extrêmement rares.

Système vasculaire. — Aucun phénomène particulier n'a été observé sur le système vasculaire; sous l'influence de l'acide phénique : les battements du cœur ne sont ni accélérés ni ralentis, ni augmentés ni diminués de force; dans certains états morbides, ainsi que nous avons déjà eu l'occasion de le dire précédemment, l'acide phénique a évidemment pour effet d'activer la transformation du sang noir; mais comme cette transformation tient elle-même, suivant nous, à l'action de l'acide sur les ferments morbigènes qui s'opposent à l'oxygénation du sang, il n'est pas probable que la même action s'exerce dans l'état physiologique; nous n'avons, en tous cas, rien observé qui puisse nous le faire croire.

Nous ne comprenons pas dans l'étude de l'action physiologique (au point de vue médical surtout) cette action ultime en vertu de laquelle le ventricule cesse de battre avant l'oreillette ou *vice versâ*; ces phénomènes *in extremis*, qui ne peuvent offrir que deux ou trois variations pour l'innombrable quantité de substances capables de donner la mort, ne sauraient, par cela même, être considérés comme spéciaux à aucune d'elles, et ne peuvent, par conséquent, rien nous apprendre d'*utile* sur l'action physiologique et encore moins médicale d'un médicament quelconque.

Appareil respiratoire. — On n'aura pas manqué de remarquer que plusieurs des animaux d'espèces très-différentes auxquels on avait administré de fortes doses d'acide phénique ont rendu par la bouche des spumosités sanguinolentes; ces animaux avaient éprouvé, pour la plupart, des mouvements convulsifs des muscles de la poitrine comme de presque tous les autres muscles; mais on ne saurait cependant attribuer à la violence de la gymnastique thoracique les spumosités sanguinolentes rendues par la bouche; il nous paraît impossible de ne pas attribuer ces spumosités à l'action directe de l'acide sur les cellules pulmonaires. Tous les animaux comme l'homme lui-même exhalent par les voies respiratoires la plus grande partie de l'acide phénique qu'ils absorbent par d'autres voies ou par la respiration elle-même; or, quand la dose absorbée est forte, la propriété très-irritante des molécules phéniquées suffit pour faire sortir le sang des parois si délicates des cellules pulmonaires. Nous n'avons, cependant, jamais rien observé de semblable chez l'homme; mais cela tient, sans aucun doute, à ce que les doses n'ayant jamais été toxiques chez lui, l'acide est toujours arrivé aux poumons assez dilué, pour avoir presque entièrement perdu ses propriétés irritantes. Et, en effet, non-seulement nous n'avons jamais observé chez l'homme d'expectoration sanguinolente à la suite de l'administration de l'acide phénique, mais pas même le moindre symptôme d'irritation pulmonaire; bien plus, quand ces symptômes existaient, ils ont presque toujours été plus ou moins atténués.

Quant à la propriété qu'il a d'être presque entièrement éliminé par les voies respiratoires, l'acide phénique ne nous paraît avoir, sous ce rapport, rien de spécial à sa constitution chimique; nous croyons que cette propriété tient tout simplement à sa volatilité, et qu'elle appartient à tous les corps volatils, tels que l'alcool, l'éther, le chloroforme, l'amylène, etc. Cette propriété n'en sera pas moins précieuse, toutes les fois qu'elle se rencontrera dans une substance qui aura des vertus thérapeutiques analogues à celles de l'acide phénique.

Appareil digestif. — Quoique l'odeur de l'acide phénique — je parle de celui qui a la moins mauvaise odeur — n'ait rien d'engageant pour la plupart des personnes, je n'ai pourtant jamais remarqué qu'une fois ingéré — par la bouche, bien entendu — il ait soulevé les répugnances de l'estomac. Il a même généralement des effets tout contraires ; il dissipe les nausées et parfois les vomissements, et le plus souvent excite et active les fonctions stomacales. Un peu de chaleur à l'estomac, quand la dose est un peu forte ou la préparation un peu concentrée, est le seul phénomène par lequel l'acide phénique trahisse sa présence. M. Lemaire parle, cependant, de plusieurs malades (hommes et femmes) chez qui 30 centigrammes d'acide dissous dans 200 grammes d'eau auraient provoqué des nausées répétées ; cela tiendrait-il à ce que la dose a été administrée d'un seul coup, ou à la variété de l'acide phénique, ou à des idiosyncrasies dont je n'ai pas rencontré un exemple, ou, enfin, à une inexactitude d'observation ? tout cela est possible : « devine, si tu peux ; et choisis, si tu l'oses. » Nous ajouterons seulement que le léger sentiment de chaleur que nous avons noté n'a été observé que dans les cas où l'acide phénique était administré par la bouche.

L'acide phénique ne paraît pas arriver jusqu'au dernier intestin sans être absorbé ou dénaturé. Rien du moins n'en révèle-t-il la présence dans les matières fécales, qui ne sont en rien modifiées dans leur odeur ; on ne découvre dans cette odeur aucune trace d'acide phénique. Cette circonstance est d'autant plus remarquable, qu'on verra, dans plusieurs maladies, l'acide phénique désinfecter des matières fécales qui avaient une odeur morbide.

Appareil génito-urinaire. — La même raison physique qui fait que l'acide phénique est éliminé abondamment par les voies respiratoires, fait aussi qu'il ne passe qu'en très-faible proportion par le grand émonctoire des substances non volatiles ;

il y en passe, cependant, une certaine quantité que l'odorat seul permet de distinguer à travers l'odeur naturelle de l'urine qui est conservée. Pas plus que les autres organes, les poumons exceptés, les reins ni la vessie ne paraissent, du reste, influencés par le passage de l'acide phénique, que ne révélerait aucun signe, si son odeur ne venait trahir sa présence dans l'urine.

Les organes génitaux, ceux de l'homme du moins, ne partagent pas l'indifférence des organes urinaires; les appétits qui résultent de l'intégrité de ces organes paraissent sensiblement diminués, ce qui s'explique très-naturellement par l'influence probable de l'acide phénique sur les spermatozoaires; nous disons probable, parce que nous n'avons pas eu l'occasion de nous assurer des caractères microscopiques du sperme chez les hommes qui prenaient de l'acide phénique; mais nous considérons cette probabilité comme tellement grande qu'elle équivaut à peu près, pour nous, à une certitude. Au reste, la diminution des appétits vénériens ne dure que tout autant qu'on prolonge le traitement phéniqué; peu de temps après que le traitement est suspendu, les appétits reprennent leur intensité normale. Il aurait été très-intéressant de constater si les mêmes effets se produisent dans le sexe féminin; mais nos données ne sont pas assez positives pour que nous puissions rien affirmer à cet égard. Si la faveur du public réserve une troisième édition à ce travail, peut-être serons-nous alors mieux renseigné.

§ III. — *Des effets physiologiques de l'acide phénique, suivant les méthodes d'administration.*

Sans empiéter ici sur ce que nous aurons à dire des diverses méthodes d'administration de l'acide phénique, nous devons résumer en peu de mots les nuances que ces diverses méthodes impriment aux phénomènes dits physiologiques. Nous avons déjà fait observer que la douleur occipitale s'était particulièrement développée chez un malade qui prenait des lavements phéniqués, tandis qu'elle n'avait pas lieu, chez le même malade, quand il s'administrait l'acide par les voies digestives supérieures. La même particularité s'observera-t-elle dans tous les cas ou dans l'immense majorité des cas? Nous n'oserions l'affirmer, mais nous le croyons, et jusqu'à un certain point, nous nous l'expliquons. On sait depuis longtemps que les médicaments administrés par le rectum agissent plus énergiquement que par l'estomac, et il en doit être ainsi : dans le rectum, ils trouvent une membrane nue, qui absorbe immédiatement ce qu'on lui présente, quand la substance introduite ne l'irrite pas; cette substance est donc tout aussitôt absorbée en totalité ; elle arrive sans ou presque sans modifications et pour ainsi dire en masse jusqu'au cœur et jusqu'aux centres nerveux; les points sensibles à la substance sont donc frappés vivement et tout à coup. Il n'en est pas de même du médicament qui arrive par les voies digestives supérieures : celui-ci trouve dans l'estomac, même à une grande distance des repas, une quantité plus ou moins grande de liquides muqueux, gastriques, salivaires et autres, avec lesquels la substance est brassée par les mouvements incessants de l'estomac ; une faible partie se trouve donc immédiatement en contact avec la membrane absorbante ; le reste n'arrive au contact que successivement, par l'effet du brassage ; pendant ce brassage, même, une certaine quantité est nécessairement entraînée dans le duodénum ou plus bas, et, dans le trajet comme pendant le brassage, elle peut être plus ou moins modifiée. Voilà qui explique d'une manière très-satisfaisante comment les médicaments ingérés par l'estomac agissent moins énergiquement qu'introduits par le rectum. Mais cela expliquerait-il pourquoi l'acide phénique, ingéré par cette dernière voie, agirait plus spécialement sur l'occiput ? assurément, non ; aussi, avant de chercher le complément d'explication de ce dernier fait, est-il prudent de bien constater le fait lui-même par de nouvelles observations ; celles que nous possédons nous paraissent insuffisantes pour l'établir d'une manière définitive.

Un autre fait pourrait nous faire douter que les observations ultérieures confirment celui que nous venons de signaler, c'est que les injections sous-cutanées d'acide phénique, dans lesquelles le médicament agit aussi promptement pour le moins que dans les injections rectales, ne provoquent aucunement la douleur occipitale; ce ne serait donc pas à la rapidité de l'absorption seule que serait due cette particularité, si tant est qu'elle doive se reproduire comme règle générale, dans les circonstances que nous avons spécifiées. Une circonstance qui nous a paru spéciale à l'administration par la méthode sous-cutanée, c'est que les phénomènes céphalalgiques nous ont paru moins fréquents que par l'ingestion stomacale, quoique, même par cette dernière méthode, nous les observions aujourd'hui fort rarement; cela tient sans doute aux règles que nous avons adoptées pour l'administration de l'acide phénique, et que nous exposerons à l'article de la thérapeutique.

Ainsi qu'on le verra dans le même article, nous administrons souvent l'acide phénique par la méthode des inhalations, à l'aide d'un appareil que nous sommes encore seul à employer, et qui donne à cette méthode une puissance qu'elle ne saurait avoir, appliquée par les appareils ordinaires. On aurait pu s'attendre que notre appareil, qui fait entrer en quelque sorte de force la poussière de solution phéniquée dans les poumons, aurait provoqué les spumosités sanguinolentes observées dans un grand nombre des expériences faites sur les animaux. Il n'en a rien été; la seule particularité propre à la méthode des inhalations, c'est que l'ébriété phénique se développe beaucoup plus souvent et beaucoup plus promptement que par les autres méthodes; on peut même dire que cette ébriété est la règle, dans toute inhalation un peu prolongée; mais elle ne se prolonge pas plus que d'habitude, et se dissipe aussi promptement qu'elle se développe. Elle cesse du reste ordinairement de se produire, par suite de l'accoutumance, à la 8e ou 10e inhalation.

Nous terminerons ce que nous avons à dire sur l'action « physiologique » de l'acide phénique par une réflexion générale qui ne nous justifierait pas d'avoir accordé tant de développements à ce sujet, si par ces développements nous avions fait une innovation; mais bien loin d'innover, nous n'avons fait que suivre une habitude prise depuis longtemps, et que nous ne nous sommes pas privé de critiquer. Cette réflexion la voici :

Nous supposons qu'un expérimentateur sache parfaitement

tout ce que les expériences physiologiques nous ont appris : que l'acide phénique tue les chiens, les chevaux, les bœufs, les moutons et les porcs, en produisant des convulsions, des paralysies, des congestions cérébrales et médullaires, voire même en excitant les cellules sensibles de la moelle et en éteignant les mouvements des ventricules avant ceux des oreillettes ; quelles conclusions, applicables au traitement des maladies, ledit expérimentateur tirera-t-il de sa science ? Nous serions curieux de le savoir et que l'école—nouvelle ou ancienne—d'expérimentation physiologique voulût bien nous le dire. Quant à nous, nous ne saurions le deviner, ou, pour parler plus franchement, nous croyons qu'il n'y a aucune conclusion thérapeutique, absolument aucune, à inférer de toutes ces expériences. Nous l'avons dit et répété dans notre introduction ; il nous faudra le répéter plus d'une fois encore, parce que ce n'est qu'en répétant qu'on fait entrer les vérités dans les cerveaux rebelles : il n'y a pour ainsi dire qu'une propriété « physiologique » à chercher dans une substance qu'on veut appliquer à la thérapeutique : cette substance tue-t-elle ou ne tue-t-elle pas les organismes inférieurs ? si elle ne les tue pas, si elle n'en tue pas au moins quelques-uns, on peut être à peu près certain que la thérapeutique n'en retirera aucun bienfait ; si elle en tue un certain nombre, un grand nombre, presque tous, il faudra alors chercher dans quelles conditions cette substance peut être introduite impunément dans l'organisme humain ; et, ces conditions une fois trouvées, on peut être à peu près certain d'avoir réalisé une conquête thérapeutique. Voilà la véritable voie du progrès ; que les esprits loyaux la suivent en se rappelant mes conseils ; que les pirates scientifiques la suivent en les oubliant ou en feignant de les oublier, peu importe au progrès ; ce qu'il importe qu'on sache, c'est que le progrès est là. A chacun de défendre ses droits ; je tâcherai de défendre les miens.

ART. IV. — ACTION THÉRAPEUTIQUE DE L'ACIDE PHÉNIQUE.

L'action thérapeutique d'un médicament consiste à ramener à l'état de santé l'organisme malade : que le médicament opère cette heureuse transformation en agissant sur les cellules sensibles ou sur les cellules motrices des centres nerveux, sur les muscles *lisses* ou sur les muscles rugueux, sur les ventricules ou sur les oreillettes, etc , tout cela, sans être absolument indifférent, est fort secondaire ; le point capital, c'est la guérison ; le *quomodo* viendra si l'on peut. Au reste, sur les *quomodo*, il faut encore s'entendre ; nous n'avons pas à répéter ici un des paragraphes de notre introduction ; mais, sur ces questions, que des thérapeutistes qui se croient philosophes jugent être des questions capitales, quoiqu'elles ne soient, le plus souvent, que des questions oiseuses, il est bon de s'expliquer plus d'une fois, si l'on veut avoir quelque chance d'être bien compris. En disant que, parmi ces philosophes prétendus, se trouve notre principal adversaire et copiste, nous ne surprendrons personne ; on sait trop que ses prétentions morbides ne reculent devant aucun obstacle ; mais ce serait vraiment par trop perdre son temps que discuter avec lui des problèmes qui se posent à une trop grande distance de sa pauvre cervelle. Nous ne rappellerons donc quelques remarques sur ces problèmes, à propos de l'action thérapeutique de l'acide phénique, qu'en supposant que notre antagoniste n'existe pas, supposition qui n'en est point une, en réalité, car, pour de tels sujets, il n'existe pas.

Dans la première ligne de cet article, nous avons dit en quoi consiste l'action thérapeutique d'un médicament : c'est à guérir un état morbide ou, plus grammaticalement, d'un état morbide. Mais c'est là, disent les chercheurs de quintessence, le résultat, l'effet grossier de l'action thérapeutique ; mais l'action elle-même, ou le *mode d'action*, comme dit notre grotesque adversaire, quel est-il ? l'acide phénique agit-il sur la *cause* de la maladie, ou sur la *cause* ESSENTIELLE de la maladie, ou sur la *nature* de la maladie ? toutes questions que les questionneurs entendent autant que les perroquets entendaient les mots : *à bas Polignac* ou *j'adore Herminie*, que des imbéciles leur avaient appris. Il faudrait être Voltaire pour répondre à de pareils interlocuteurs, sans risquer d'endormir le public ; et, si l'on était Voltaire, il y aurait à mieux employer son temps. D'autres, se croyant moins métaphysiciens, plus positifs, demanderaient : mais l'acide phénique agit-il d'une manière fugace ou d'une manière persistante? contracte-t-il la fibre ou la relâche-t-il? l'affaiblit-il ou la fortifie-t-il? est-ce, en un mot, un excitant, un calmant, un toxique, un asthénique, un reconstituant, ou un altérant? etc. Que si vous demandez à ces thérapeutistes ce que c'est qu'un asthénique, un reconstituant, un altérant, etc., ils vous répond:ont, avec la loi et les prophètes :

« *Médication altérante :*

» Parmi les agents de la matière médicale, il en est qui n'exercent sur l'économie qu'une action fugace; la modification ne semble avoir touché que le système nerveux; peu d'instants, peu d'heures, peu de jours suffisent pour effacer toute trace du passage du médicament, et dans cette catégorie nous rangeons les irritants eux-mêmes, et les escarrotiques, qui, tout en causant une perturbation locale aussi énergique que possible, n'atteignent pourtant pas la profondeur, l'intimité de l'économie, et n'étendent leur sphère d'action qu'à une distance peu considérable.

» Il en est d'autres qui donnent aux éléments organiques quelque chose qui demeure, qui survit à l'impression primitive du médicament; c'est tantôt un élément constitutif ou une aptitude fonctionnelle plus complète, et ceux-là prennent le nom d'*analeptiques* ou *reconstituants;* tantôt, au contraire, ils dénaturent le sang et les humeurs diverses; ils les rendent moins propres à la nutrition interstitielle, et à fournir des éléments aux phlegmasies aiguës et chroniques; peut-être agissent-ils en rendant impossible la génération de produits accidentels épigénétiques; et ceux-là prennent le nom d'*altérants.* » (TROUSSEAU et PIDOUX, *Trait. de thérap*, t. I, p. 350, 5ᵉ édit.)

Nous pourrions continuer la citation douze pages durant, sans que les explications des honorables auteurs en devinssent beaucoup plus claires et leurs propositions beaucoup plus positives ou plus exactes. Quand on songe que c'est à forger de pareilles théories que des esprits qui ne manquent pas de distinction passent encore aujourd'hui leurs loisirs, on n'a plus le droit de s'étonner de voir la thérapeutique s'agiter en vain dans un bourbier sans issue. Que dire de semblables rêveries ou plutôt de semblables rêvasseries, où la pensée est encore plus nuageuse que fausse ? hélas! le mieux est de n'en rien dire, quand on ne veut pas écrire des volumes de stérilités, et qu'on aime mieux s'en reposer sur le sens commun. Quelques mots donc seulement, pour payer notre tribut aux idoles du jour, que le progrès de la raison publique renversera demain.

Quels sont donc les agents de cette médication altérante, qui « donnent aux éléments organiques quelque chose qui demeure, qui survit à l'impression primitive du médicament; qui donnent un élément constitutif ou une aptitude plus complète » (ne vous occupez pas de la grammaire, il s'agit de bien autre chose); et quels sont les éléments de cette autre médication, qui, *au contraire*, « dénaturent le sang et les humeurs diverses, les rendent moins propres à la nutrition interstitielle, » — (quelle est donc la nutrition qui n'est pas interstitielle?) — et à fournir... » (négligez toujours la grammaire) — « des éléments aux phlegmasies aiguës et chroniques, qui rendent, enfin, impossible, — *peut-être!* — la génération de produits accidentels épigénétiques ? »

La première de ces médications, la médication *analeptique reconstitutive* se compose d'une seule substance, le fer ; la seconde, la médication *altérante*, se compose de sept médicaments, le mercure, l'iode, le brome, l'huile de morue, l'arsenic, l'or, le platine, et d'une famille de produits congénères, les alcalins comprenant les eaux minérales alcalines. En dehors de ces sept substances et de cette famille de produits analogues, rien n'agit sur l'organisme d'une manière durable, rien ne donne aux éléments organiques quelque chose *qui demeure*, rien n'altère le sang et les humeurs diverses et n'empêche la génération de produits accidentels épigénétiques! ainsi, l'argent, qui n'est qu'un *irritant*, n'a pas d'action durable; l'action du cuivre, qui est un *irritant* aussi, ne dure pas davantage ; le plomb, qui n'est qu'un *astringent*, ne laisse rien dans l'organisme et n'altère pas le sang, bien entendu ; l'antimoine est un *sédatif contro-stimulant*, ne cause qu'une impression éphémère, « fugace » qui « ne fait que toucher le système nerveux... » Et pour preuve de toutes ces belles propositions on pourrait citer la colique des peintres, l'encéphalo-pathie des cérusiers, les crampes et les tremblements des typographes, etc., tous symptômes qui ne durent parfois que jusqu'à... la mort!

Où placerions-nous l'acide phénique, dans cette belle classification ? probablement à côté de l'alcool, qui n'est pas même un irritant, qui n'est qu'un *excitant*, c'est-à-dire un des agents de la plus fugace des médications! rien de plus fugace en effet que ce cortége immonde de symptômes qu'entraîne l'intoxication alcoolique et l'engendrement d'enfants épileptiques !

Restons sérieux, quoique cela soit bien difficile devant de telles classifications, devant de telles théories, et devant de tels théoriciens, qui ont traité, du haut de leur grandeur, de visionnaires des innovateurs comme M. Plasse et plusieurs autres, lesquels n'ont eu d'autre tort que de ne pouvoir entourer de preuves suffisantes des doctrines tellement rationnelles, qu'elles pouvaient presque se passer de ces preuves. Oui, restons sérieux, et disons aux hommes, apprenons aux esprits dévoyés :

Qu'il n'y a ni médicaments sthéniques, ni médicaments asthéniques, ni médicaments altérants, ni médicaments reconstituants, etc.;

Il y a des remèdes :

Analeptiques, qui ne sont pas des remèdes, mais des aliments ;

Insignifiants, qui ne, sont ni de vrais remèdes ni des aliments;

Malfaisants, qui ne sont pas des remèdes, mais de purs poisons ;

Et, enfin, des remèdes *guérissants*, qui sont les seuls vrais remèdes.

Ces derniers remèdes, les seuls dignes de ce nom, ne sont jamais ni asthéniques, ni altérants, ni débilitants, quand ils sont donnés à propos, suivant les sains principes thérapeutiques; car, dans ces cas, ils guérissent, et, en guérissant les malades, ils les fortifient nécessairement: tous les vrais médicaments sont donc reconstituants, car ils reconstituent ce que la maladie était en train de déconstituer.

Mais presque tous les bons médicaments sont aussi altérants, quand ils sont donnés hors de propos, que reconstituants quand ils sont donnés dans le cas contraire; car, comme presque tous sont des poisons plus ou moins énergiques, tous altéreraient plus ou moins les solides et les liquides organiques, si on les administrait longtemps et à des doses un peu élevées, sans nécessité : le mercure altérerait, que dis-je, il altère à la longue le système nerveux, et les autres systèmes, et le sang des hommes sains, témoin la cachexie et le tremblement des étameurs de glaces, etc.; mais il reconstitue le sang des syphilitiques. Il serait, croyons-nous, inutile de multiplier les exemples, dans un ouvrage comme celui-ci, qui n'est après tout qu'une monographie et non un traité de thérapeutique; nous croyons en avoir dit assez pour prouver que l'acide phénique, quoique caustique, ne doit pas être classé parmi les médicaments irritants, ni parmi les altérants, quoique modifiant très-probablement le liquide spermatique, ni parmi les excitants, quoique produisant l'ébriété, ni parmi les *excitateurs* (variété des excitants), quoique provoquant des convulsions.

Il doit être classé purement et simplement parmi les *guérissants* ou plutôt au premier rang des guérissants De plus, il doit être classé parmi les *guérissants parasiticides*, parce qu'on sait, d'une manière positive, que c'est en tuant les parasites qu'il guérit certaines maladies, et qu'on peut supposer, par d'excellentes raisons, que c'est en agissant de même qu'il en guérit ou est appelé à en guérir beaucoup d'autres. Voilà en quoi consiste son *action thérapeutique*.

Maintenant, que nous avons rappelé une fois de plus comment il agit, occupons-nous des diverses manières dont on peut et dont il faut l'appliquer.

Ses applications peuvent être faites sur les surfaces cutanées, muqueuses ou accidentelles, ou bien à l'intérieur; nous allons examiner successivement ces deux modes d'application.

§ I. — *Application externe ou locale.*

Il est des sottises que l'on peut à la rigueur concevoir, des ignorances que l'on peut pardonner. Mais comment qualifier ce qu'expriment les lignes suivantes : « Lorsqu'on étudie les propriétés d'un médicament nouveau sur l'homme, TOUS *les experimentateurs* CONSEILLENT *de faire les premières applications sur les téguments*. J'ai suivi ces conseils, dictés par une *sage prudence*. » (LEMAIRE, *De l'acide phénique*, 1re édition, p. 339.) Voyez-vous tous les expérimentateurs appliquer d'abord le quinquina sur les téguments, pour voir s'il guérit la fièvre intermittente ! les voyez-vous appliquant sur la peau le fer, le mercure, l'iodure de potassium, la quinine, la morphine, la codéine, la strychnine, la digitaline et tous ces puissants alcaloïdes dont s'est enrichie la thérapeutique moderne, pour découvrir comment on pourrait les administrer à l'intérieur et quels effets on devait en attendre ! Ah ! les thérapeutistes ont écrit bien des sottises, et ils en ont fait aussi un fort grand nombre ; mais pas un d'eux n'a poussé l'ineptie jusqu'à se rendre coupable de l'absurdité que M. Lemaire leur attribue à tous, et il aurait été bien embarrassé d'en citer un seul qui ait donné le monstrueux conseil dont il parle. Ce n'est donc point, bien entendu, pour préluder aux applications internes de l'acide phénique que nous dirons d'abord quelques mots de son application externe, mais seulement pour savoir si l'on peut obtenir de celle-ci quelques résultats utiles.

Les détails que nous avons donnés sur l'action physiologique locale de l'acide phénique laissent facilement deviner quelles en peuvent être les applications locales thérapeutiques

La première de ces applications consiste dans l'emploi de l'acide comme caustique. Son action, qui se limite exactement aux points qu'il a pénétrés ; qui ne provoque que des douleurs modérées et peu durables, et aucune suppuration des parties sous-jacentes ; qui empêcherait plutôt cette suppuration ; qui produit une escarre sèche se détachant très-régulièrement du cinquième au huitième jour, suivant les parties cautérisées ou suivant les individus, toutes ces propriétés remarquables font de l'acide phénique le plus précieux comme le plus commode des caustiques. Son état de fluidité n'empêche pas qu'on ne puisse le manier facilement, à l'aide de pinceaux plus ou moins petits, suivant l'étendue des surfaces qu'on veut atteindre ; on verra même à l'article *carie dentaire* qu'à l'aide d'un pinceau très-mince, on peut cautériser le fond d'une dent cariée sans toucher les parties molles, et qu'il y a beaucoup d'avantages à substituer le nouveau caustique à l'acide azotique mono-

10.

hydraté, malgré les beaux résultats qu'a produits celui-ci, entre les mains de notre distingué confrère, M. Magitot.

Les qualités spéciales de l'acide phénique considéré comme caustique permettent d'en étendre les applications bien au delà des limites imposées à tous les autres caustiques, sans en excepter le caustique de Vienne, qui, cependant, conserve ses avantages pour certaines applications spéciales. On verra aux articles *couperose, variole, zona,* etc., quelles sont ces applications que nous ne faisons que mentionner ici. Une seule application lui est interdite, c'est celle qui a pour but de mortifier une grande quantité de tissu d'un seul coup, ou d'amputer par les caustiques une tumeur ou portion de tumeur. L'action trop limitée de l'acide phénique ne permet pas ces applications; la plus grande épaisseur des gangrènes qu'il produit ne dépasse guère trois millimètres; une fois cette profondeur atteinte, la combinaison de l'acide phénique et des tissus constitue une sorte de cuir dur et sec, une sorte de corne même qui oppose une barrière infranchissable à toute action caustique nouvelle jusqu'à ce que la portion de tissu tannée, si l'on nous permet ce mot, soit éliminée. C'est pour ces grandes destructions, si la chirurgie doit les conserver, que le caustique de Vienne et peut-être le chlorure de zinc conserveront leur supériorité; mais, pour toutes autres applications, l'acide phénique devra être préféré, de beaucoup, à tous les autres caustiques.

Les applica ions locales non caustiques de cet acide sont plus précieuses encore, s'il est possible, que ces applications caustiques. Toutes ou presque toutes les surfaces suppurantes sont pansées avec les plus grands avantages par des préparations phéniquées diverses, et le plus ordinairement par l'eau phéniquée, la plus simple de toutes ces préparations; ces applications locales, ainsi que cela ressortira de l'étude d'une foule de maladies en particulier, diminuent ou arrêtent complétement la suppuration, préviennent toute gangrène, toute pourriture, toute odeur fétide, toute infection, et hâtent, ainsi, la cicatrisation, tout en prévenant l'infection, soit des malades eux-mêmes, soit des individus sains qui les entourent. Les détails et les effets de cette action thérapeutique puissante, la plus puissante connue, seront donnés quand nous étudierons chaque maladie en particulier ; nous ne faisons, ici, que la signaler d'une manière générale, et en montrer, d'un seul coup d'œil, toute l'importance.

L'action caustique n'est en quelque sorte que le degré le plus élevé de l'action irritante, rubéfiante ; un esprit superficiel pourrait donc conseiller tout agent caustique comme agent rubéfiant, à la condition de modérer son action. M. Lemaire, qui s'élève parfois jusqu'à un raisonnement superficiel, a préconisé, en effet, l'acide phénique comme un rubéfiant excellent. C'est la preuve certaine qu'il ne l'a jamais donné à ce titre, et que le raisonnement ne doit jamais se séparer de l'expérience. La thérapeutique est en possession d'excellents rubéfiants, d'excellents vésicants aussi, auxquels l'acide phénique est très-inférieur. En fait d'applications externes, ce n'est donc que comme caustique et comme anti-putride qu'il a une grande supériorité et une grande importance.

Mais cette importance est encore bien plus considérable pour les applications internes ; celles-ci peuvent être faites par diverses voies, qui constituent autant de méthodes qu'il faut étudier séparément.

§ II. — Applications internes ou générales.

No 1. — Administration par les voies digestives. — A.— Voies supérieures. — L'administration des médicaments par les voies digestives supérieures était naguère et est encore actuellement, pour beaucoup de médecins, la seule méthode, tant les autres voies sont rarement choisies. La méthode souscutanée dont nous parlerons bientôt, a apporté, sous ce rapport, un immense changement dans la thérapeutique, et, nous le croyons, un immense progrès. Néanmoins, l'ingestion stomacale conserve la prééminence pour les cas ordinaires, qui sont, à beaucoup près, les plus fréquents ; elle doit donc être étudiée avec le plus grand soin.

Les avantages de l'administration des médicaments par l'estomac sont nombreux et importants : le premier de tous consiste dans la facilité de l'ingestion, et de celui-là, il en découle plusieurs autres. Ainsi, le malade peut lui-même prendre le remède qu'on lui prescrit, le prendre, en une seule ou plusieurs fois suivant les indications que le médecin se propose de remplir; et, grâce à la facilité de ce fractionnement, le malade peut être maintenu sous l'influence en quelque sorte continue, sinon tout à fait continue même, de l'agent modificateur. Ces avantages donnent un grand prix à la méthode de l'ingestion stomacale, dans toutes les maladies dont la marche n'est pas très-rapide, et dans tous les cas où les médicaments doivent être administrés comme prophylactiques, c'est-à-dire pendant un temps toujours assez long. Cette méthode permet, en outre, de varier beaucoup les préparations pharmaceutiques dont un même médicament peut être la base, et d'associer ce médicament à un ou plusieurs autres qu'on croit pouvoir lui servir d'auxiliaires utiles.

Mais à côté de ces avantages précieux se trouvent des inconvénients qui, dans certains cas, deviennent fort graves.

Dans quelques circonstances, l'estomac ne peut supporter les substances qu'on lui confie; il les rejette; cet inconvénient est radical. D'autres fois, sans les rejeter, il les supporte péniblement, ses fonctions sont plus ou moins altérées par la présence de ces substances étrangères, et l'on perd ainsi d'un côté ce que l'on pourrait gagner de l'autre, mais ce que l'on ne gagne pas toujours. L'avantage de l'absorption successive, précieux quand on a besoin d'une action de longue durée, devient un inconvénient, quand il s'agit d'obtenir une action prompte et énergique; enfin, les modifications, souvent réelles et toujours possibles, que les médicaments, et surtout les médicaments d'origine organique, peuvent éprouver par leur contact avec les sécrétions gastriques et buccales, font qu'il est impossible de savoir exactement d'avance quelle sera la portion absorbée de la dose prescrite, et obligent à se tenir plus ou moins au-dessous des limites jusqu'où l'on peut prescrire une substance sans inconvénient; car si l'estomac n'absorbe pas toujours complétement, à l'état d'intégrité, les médicaments qu'on lui confie, cette absorption peut néanmoins avoir lieu; et cela suffit pour obliger à être prudent, c'est-à-dire à se tenir notablement au-dessous des doses qui pourraient devenir toxiques. Un autre inconvénient, plus grave encore, oblige à cette prudence, c'est l'éventualité d'une non-absorption momentanée, laquelle peut s'exercer ensuite tout à coup et produire les effets de ce qu'on a justement appelé l'accumulation des doses. Nous savons qu'un médecin attentif, en observant soigneusement son malade, saura éviter ce dernier inconvénient ; mais personne n'est à l'abri d'un moment de distraction, et par conséquent, l'inconvénient, pour être évitable, n'en existe pas moins. En résumé, la méthode d'administration par les voies digestives supérieures, si précieuse, si importante qu'elle soit, laissait des *desiderata* qu'il importait de réaliser.

B. — *Voies inférieures.* — La voie rectale et cœcale avait été choisie depuis longtemps dans ce but. Cette voie, ou ces voies si l'on considère comme distinctes, au point de vue thérapeutique, les deux parties du gros intestin, offrent en effet l'avantage d'une absorption plus prompte et plus sûre, c'est-à-dire que les médicaments sont moins exposés à être modifiés, au moins dans le rectum où, dans l'état de vacuité stercorale, les liquides sont à peu près nuls ; l'expérience a, du reste, pleinement confirmé les prévisions de la théorie. Mais ces avantages n'existent eux-mêmes que dans l'état d'intégrité du gros intestin, état qui, malheureusement, est modifié, dans un grand nombre de maladies où une médication prompte et énergique est nécessaire, et plus spécialement dans celles de ces maladies où l'acide phénique est plus particulièrement indiqué. Cependant, la méthode recto-cœcale était naguère encore un complément précieux de la méthode gastrique ; elle devra désormais être à peu près complétement abandonnée.

N° 2. — *Administration par les voies aériennes.* — Il n'en est pas de même de la méthode des inhalations pulmonaires, parce que cette méthode n'a pas seulement pour but l'absorption générale des médicaments, mais aussi une action locale qui, dans les affections pulmonaires, remplit une indication spéciale. Mais, pour que cette méthode produise tout le bien qu'elle peut donner, on ne saurait se contenter des appareils inhalateurs ordinaires ; il est indispensable d'employer ceux que j'ai fait construire *ad hoc*, et qui ont pour effet de faire jaillir la poussière médicamenteuse avec une grande force, et de la faire pénétrer ainsi, à la faveur de l'inspiration, jusque dans les profondeurs de l'éponge pulmonaire. Ce sont ces mêmes appareils qui nous servent à déterger les plaies anfractueuses, comme les ulcérations cancéreuses, par exemple, où il n'est pas toujours facile de faire pénétrer les solutions liquides. La méthode des inhalations est donc une méthode mixte qui, telle que nous l'appliquons surtout, conservera toujours une grande importance et ne pourra être remplacée. Il n'en serait pas de même si on l'appliquait d'après le procédé de M. Lemaire, dont il a pourtant obtenu, dit-il, de bons résultats et dont il en espère de non moins bons. « J'ai fait respirer, dit-il, de l'air chargé d'acide phénique à plusieurs malades..... Pour cela on place au fond d'un bocal allongé huit ou dix gouttes d'acide phénique. Le malade aspire par la bouche, et *l'air expiré est rejeté au dehors*. » M. Lemaire craint sans doute que le lecteur ne pense que l'air *expiré* doit être rejeté *au dedans*. Ce que le lecteur pensera sûrement, c'est qu'une pareille thérapeutique est une thérapeutique pour rire. Il nous faudra pourtant y revenir en quelques mots à l'article de la phthisie.

Mais, si l'on ne peut tirer aucun effet sérieux du procédé indiqué par M. Lemaire, il est possible d'obtenir quelques avantages curatifs et surtout prophylactiques de l'évaporation non pas de cinq ou six gouttes d'acide, mais de 10, 20, 30 ou 40 grammes, suivant la capacité de l'appartement où l'on opère, et l'intensité des effets qu'on désire obtenir. Un vase à large ouverture placé plus ou moins près des malades, chauffé légèrement au besoin, et renfermant la quantité d'acide indiqué ci-dessus, dégagera des vapeurs suffisantes pour produire des effets thérapeutiques qui pourront être un auxiliaire utile des autres procédés; et elles pourront même suffire pour préserver de la contagion. L'inhalation par ce procédé a plus que toute autre, pour certaines personnes, l'inconvénient de provoquer des céphalalgies; c'est sur ce symptôme qu'on peut mesurer et régler l'abondance de l'évaporation.

N° 3. — *Méthode endermique.* — L'administration des médicaments à travers la peau dénudée de son épiderme a joui, à son apparition et pendant quelque temps d'une assez grande faveur, quoiqu'elle n'ait jamais été et n'ait jamais eu la prétention d'être qu'une méthode palliative, propre à faire absorber des doses minimes de certains médicaments extrêmement actifs. Cette absorption, si minime qu'elle fût, n'en était pas moins livrée à une foule de hasards, dépendant du plus ou moins d'irritation de la surface dénudée; du plus ou moins de liquide qu'elle sécrétait, et de l'état de ce liquide, qui quelquefois, souvent même, était à demi solide; de l'épaisseur et de la densité du derme, etc. C'était donc une méthode très-défectueuse, qui n'a pas tardé à tomber en grande partie en désuétude, qui y tombera complétement désormais, aujourd'hui que le but qu'elle se proposait est atteint d'une manière bien autrement parfaite par la grande méthode hypodermique dont nous allons maintenant nous occuper. Disons seulement que la méthode endermique devra toujours conserver une place honorable dans l'histoire de la science, car elle était le véritable précurseur de la méthode hypodermique, et si l'on peut s'étonner de quelque chose, — quoique la lenteur du progrès soit proverbiale — c'est qu'il ait fallu près de trente ans pour passer de l'une à l'autre; cela est d'autant plus étonnant que presque aussitôt après la méthode endermique, on imagina une sorte de méthode hypodermique qui consistait à porter les médicaments *sous* la peau, mais plus réellement dans l'épaisseur de la peau, — car on devait la traverser bien rarement — à l'aide d'une lancette; c'est-à-dire que cette méthode consistait, en définitive, dans une véritable inoculation. Le nom de l'inventeur de cette singulière méthode hypodermique est peu connu et mérite peu de l'être; quant à l'auteur de la méthode endermique, le Dr E. Lembert, il restera, car cet honorable médecin a réalisé un véritable progrès, progrès qui a été annulé par un autre, infiniment plus important, mais qui a été utile, aussi bien intrinsèquement que pour la part qu'il peut avoir dans l'invention de la méthode hypodermique. Occupons-nous maintenant de cette grande méthode.

Nº 4. — *Méthode hypodermique.* — C'est un chapitre entier, et non pas un simple paragraphe, que j'aurais voulu consacrer à cette méthode importante; c'est avec un vif plaisir que j'aurais tracé l'histoire complète d'un des plus grand progrès de la thérapeutique, car c'est à la méthode des injections sous-cutanées qu'on devra la curation de plusieurs des plus graves et des plus fréquentes maladies qui moissonnent le genre humain, ainsi que plusieurs espèces d'animaux domestiques. J'aurais écrit cette histoire avec d'autant plus d'intérêt et de plaisir que c'est à l'acide phénique qu'elle devra l'immense extension que l'avenir lui réserve. Avant mes expériences sur les injections sous-cutanées d'acide phénique, un esprit aussi judicieux et tout à la fois aussi progressif que M. le professeur Tourdes avait pu écrire sans injustice pour la méthode, que « sa véritable place est au second rang (1); » aujourd'hui, grâce à l'heureuse intervention de l'acide phénique, un pareil jugement serait absolument erroné : ce n'est pas au second rang que doit être placée la méthode thérapeutique des injections sous-cutanées, mais bien au premier, et à une très-grande distance des autres, non pas, il est vrai, par l'universalité de ses applications, mais, ce qui est beaucoup plus important, par son efficacité que je ne crains pas de qualifier d'admirable. L'urgente nécessité de mettre au jour la seconde édition de cet ouvrage, trop longtemps retardée par des circonstances diverses, m'interdit une tâche qu'il m'aurait été si agréable de remplir. Je devrai donc me borner à un exposé succinct, c'est-à-dire au nécessaire, dans lequel je ne saurais me dispenser de faire entrer l'expression de la profonde reconnaissance que la science doit au Dr Wood, premier initiateur de la méthode à laquelle tant d'hommes devront la vie, et la richesse publique un sensible accroissement, par la conservation d'une grande quantité d'animaux domestiques, qui succombent aujourd'hui au charbon, à la peste, au sang de rate, etc. Sans doute, en proposant la méthode hypodermique comme simple calmant des affections douloureuses, le Dr Wood était loin de prévoir l'extension que la méthode était appelée à prendre un jour; mais on doit ajouter à sa gloire, que ses imitateurs ne l'ont guère prévue davantage, et qu'ils ne pouvaient même la prévoir, tant qu'ils n'avaient pas employé, par cette méthode, l'acide phénique ; car seul, jusqu'à présent, ce puissant médicament peut préserver

____

(1) Rapport sur les thèses soutenues devant la faculté de médecine de Strasbourg, par le professeur Tourdes; *in Gaz. méd. de Strasb.*, 1869, n° 5, p. 52 et suivantes.

la méthode des inconvénients qui lui étaient inhérents. Quoique l'application de l'acide phénique par cette méthode nous appartienne, et, par suite, l'extension de la méthode elle-même, nous ne chercherons pas à diminuer le mérite de l'heureux innovateur, et nous nous faisons un devoir de reconnaître hautement que, sans son admirable initiative, les bienfaits des injections hypodermiques seraient probablement encore relégués dans les éventualités de l'avenir.

Ce juste hommage rendu au rare mérite du Dr Wood (1), nous allons exposer sommairement les avantages de la méthode hypodermique, les cas dans lesquels elle doit ou peut être employée, et les règles d'après lesquelles on doit l'appliquer, ce qui implique la manière d'éviter tous les accidents dont elle a quelquefois été suivie avant l'emploi de l'acide phénique.

Les avantages, nous les avons déjà indiqués en parlant de l'action physiologique des médicaments ; rappelons-les.

Le premier avantage consiste dans la rapidité de l'absorption de la substance injectée : nul dans les affections à marche très-lente, et médiocre dans celles dont la marche est modérément rapide, cet avantage devient capital dans les maladies à marche rapide et à plus forte raison foudroyante. C'est grâce à

(1) Quelques personnes prétendent que c'est le docteur Bennett qui, le premier, à pratiqué des injections hypodermiques pour calmer les douleurs causées par le cancer de l'utérus. N'ayant pas eu le loisir d'éclaircir à fond ce point historique, nous adoptons la version la plus accréditée. Nous n'avons pas besoin d'ajouter que nous y renoncerions sans hésiter, si la version opposée nous était démontrée être la véritable. Nous ne tenons ni à M. Wood ni à M. Bennett, mais à la justice.

Un droit de priorité qui paraît encore mieux établi est celui du docteur Rynd, de Dublin, dont l'auteur d'une thèse sur la méthode sous-cutanée rapporte les paroles suivantes dans leur texte anglais : « L'introduction sous-cutanée des liquides, pour le soulagement de la névralgie, a été pratiquée par moi dans ce pays, pour la première fois, dans le mois de mai 1844, à *Meath hospital*. Les observations ont été publiées dans *Dublin medical Press*, n° du 12 mars 1845. » Je n'ai pas davantage eu le loisir de lire le n° du 12 mars de la *Presse médicale de Dublin*; je ne puis donc que constater, ici, la déclaration de Rynd.

Enfin, on cite d'une thèse de Maurice Hayem, soutenue à Paris, en 1850, le passage suivant, précurseur du progrès : « Les rapports d'analogie entre l'acupuncture et l'inoculation pourraient encore augmenter, si l'on substituait à la lancette l'emploi d'une aiguille creusée. »

Tout cela ne fait que confirmer ce qui est prouvé depuis longtemps, c'est qu'avant de se traduire en formules nettes et pratiques, le progrès flotte dans l'air et hante tous les cerveaux qui pensent; mais le véritable auteur d'un progrès n'en est pas moins celui qui l'a formulé et, mieux encore, établi pratiquement.

lui, j'en ai l'espoir, qu'on guérira la peste, la fièvre jaune et le choléra, comme j'ai eu déjà la satisfaction de guérir, chez les animaux, le typhus, le sang de rate et le charbon.

Pour le choléra, un second avantage se joint à la rapidité de l'absorption, c'est la certitude de l'absorption elle-même. Dans cette terrible maladie ce qu'on pouvait prévoir a été, en effet, démontré par l'expérience, c'est que l'absorption des médicaments par les voies digestives est ou à peu près ou complétement nulle; pas de doute qu'il n'en fût de même de l'absorption cutanée; mais l'absorption sous-cutanée s'exerce tant que la circulation n'est pas suspendue, c'est-à-dire tant que persiste la vie.

Non-seulement l'absorption a lieu tant qu'il existe de la vie; mais cette absorption est complète, si l'on n'éprouve pas de ces accidents qu'on a vus assez souvent dans les premiers essais, mais qui sont faciles à éviter aujourd'hui. Ce troisième avantage est des plus précieux, parce qu'il permet, ainsi que nous l'avons dit, de doser presque mathématiquement les médicaments et de n'administrer précisément que la dose reconnue nécessaire pour obtenir les effets voulus. Il y a sans doute beaucoup à faire pour réaliser, sous ce rapport, tous les *desiderata*; mais ce n'est plus qu'une question de temps; les expériences déjà faites par d'autres et par nous prouvent irrévocablement que le but capital que nous signalons sera atteint.

Pour que ce troisième avantage soit complet, un quatrième est nécessaire, c'est que le médicament injecté soit absorbé sans être préalablement altéré; c'est précisément ce quatrième avantage que réalise la méthode hypodermique. Cet avantage, déjà réalisé par l'injection rectale, qui l'est à plus haut degré encore dans l'injection sous-cutanée, fait souvent défaut, comme on le sait, dans l'ingestion stomacale.

Au premier des avantages précédents serait attaché, suivant quelques expérimentateurs, un inconvénient, parfois assez sérieux : la trop grande rapidité de l'absorption, et comme conséquence, des effets de doses exagérées avec des doses réellement modérées si elles étaient absorbées graduellement : « Dernièrement — dit le professeur Hirtz, dans un rapport sur les injections sous-cutanées de morphine contre l'asthme — en injectant pour une sciatique 0,01 d'acétate de morphine à un maçon vigoureux, j'ai produit des phénomènes inquiétants d'empoisonnement (j'avais probablement injecté directement dans une veinule). Un verre de vin généreux et une tasse de café le remirent. » (*Gaz. méd. de Strasb.*, 1868, n° 2, p. 22.)

Sur cette observation de notre savant confrère, il y a plusieurs remarques à faire : il y a d'abord à s'étonner de l'adverbe « probablement. » Si, par impossible, l'injection avait été faite dans une veinule, il serait très-facile de s'en apercevoir ou plutôt très-difficile de ne s'en apercevoir pas : il est évident que, dans ce cas, la petite tumeur résultant de l'injection du liquide dans le tissu cellulaire sous-cutané, ne se formerait pas, le liquide passant directement dans le système veineux, comme on le voit dans les injections veineuses. Mais, en fait, dans les injections hypodermiques, il est à peu près impossible que le liquide passe directement dans les veinules; la forme de l'aiguille-canule s'y oppose d'une manière presque absolue, et, pour notre compte, sur plusieurs milliers d'injections hypodermiques, jamais nous n'avons observé une seule fois cet accident, si accident il y a. Rien n'est plus facile, du reste, à éviter, pour ceux qui le craignent : il suffira, pour cela, de faire l'injection à contre-sens du courant veineux ; mais cette précaution est, suivant nous, parfaitement inutile. Le véritable moyen d'éviter les effets des doses exagérées, c'est de ne donner que des doses modérées, et il faut reconnaître que la dose de 1 centigramme injectée par M. Hirtz était modérée. Aussi croyons-nous qu'il s'est inquiété à tort des accidents qu'il a observés chez son maçon vigoureux. Nous croyons pouvoir lui donner l'assurance que jamais 1 centigramme d'acétate de morphine, même injecté directement dans les veines, ne compromettra l'existence d'un maçon vigoureux, ou même très-médiocrement vigoureux. Nous avons déjà dit et nous ne croyons pas inutile de répéter que les seuls accidents à craindre, quand on administre des doses modérées, sont des conséquences de l'accumulation des doses, et qu'un des avantages de la méthode sous-cutanée est précisément de rendre impossible cette accumulation.

Deux inconvénients, qui ne sauraient être vrais tous les deux, car ils sont contradictoires, ont été reconnus à la méthode hypodermique ; mais ils ne sont en réalité fondés ni l'un ni l'autre : en répétant journellement, disent les uns, les injections sous-cutanées de morphine, en les augmentant graduellement, « on risque et on produit nécessairement ce qu'on appelle l'empoisonnement chronique par la morphine, qui tue tôt ou tard. » Nous ignorons si l'auteur ne serait pas un peu embarrassé de citer des exemples de cet empoisonnement chronique terminé par la mort, et résultant d'injections hypodermiques, mais c'est là une question qui ne concerne que les injections morphinées, presque les seules qu'aient eu en vue ceux qui ont parlé de la méthode ; or, si nous parlons ici un peu de la méthode en général, nous avons en vue surtout les injections phéniquées. Rien de semblable n'est à craindre dans ces injections. D'autres ne le craignent guère, même pour les injections morphinées ou autres: « Il ne faut point — disent-ils avec le judicieux M. Tourdes, qui a failli, ici, à ses excellentes habitudes — il ne faut point demander à cette méthode des effets persistants; elle n'a aucune raison d'être contre les maladies à évolution lente et qui exigent une action continue. » Notre savant confrère, qu'il veuille bien nous pardonner de le lui dire, a commis là une grave erreur, et lui-même en donne la preuve dans le même article, en constatant que des fièvres quartes *rebelles*, qui ne sont assurément pas des maladies à marche foudroyante, ont été guéries à l'hôpital de Strasbourg par des injections de sulfate de quinine. Mais nous citerons dans le cours de ce travail bien d'autres affections à marche non moins lente ou plus lente, qui ont été guéries ou soulagées par les injections phéniquées. On ne voit pas, d'ailleurs, pourquoi les médicaments ne produiraient pas des effets persistants, administrés par la méthode hypodermique; sans doute, ils doivent être éliminés plus promptement, dans ce cas, que dans les cas d'ingestion stomacale ; mais, en renouvelant les doses et par conséquent les effets, il est certain que ces effets doivent devenir tout aussi persistants que dans la méthode stomacale, d'autant plus que, dans cette méthode, l'absorption, si elle dure plus longtemps, est pourtant loin d'être continue ; et puis, dans cette dernière méthode, il s'en faut que les effets soient aussi énergiques que dans la méthode hypodermique, ce qui doit les rendre moins persistants, ou si l'on veut moins efficaces, car énergie, persistance, efficacité, tout cela, dans l'espèce — comme dit la basoche — est synonyme; synonyme, dans la vieille doctrine médicale, empirique, mais bien plus synonyme dans la doctrine rationnelle du parasitisme; car, dans cette doctrine, l'efficacité consiste dans l'occision d'un parasite, et quand un parasite est mort, il est bien mort; tout comme un oiseau ou un mammifère. Ainsi donc, la méthode sous-cutanée a des effets persistants comme les autres méthodes, mais elle a de plus qu'elle les effets quasi foudroyants.

Parmi les accidents vraiment inhérents à la méthode, on a signalé des accidents locaux qui en sont parfois la suite inévitable : douleurs, érysipèles, phlegmons, abcès, indurations, nodosités. Ces accidents sont-ils réellement inévitables? peut-être, quand on injecte certaines substances; mais il paraîtrait qu'on ne les a jamais observés avec les injections morphinées; nous croyons pouvoir affirmer qu'on ne les observera jamais avec les injections phéniquées, quand on prendra les précautions fort simples que nous allons énumérer. Nous croyons même que, lorsqu'il sera possible — et cela est toujours possible, sauf les cas d'incompatibilité chimique — d'associer à un médicament quelconque qui ne sera pas trop irritant, une faible dose d'acide phénique, on préviendra les inflammations locales, l'acide phénique étant un préservatif puissant de l'inflammation et surtout de l'inflammation suppurative. Nous avons déjà dit que nous avions pratiqué plusieurs milliers d'injections hypodermiques en partie ou exclusivement phéniquées, et que, sauf dans les premières douzaines, jamais nous n'avons vu survenir le moindre accident. Une seule fois, dans ces derniers temps, nous avons provoqué, sur un cheval, des coagulations de lymphe et de sang; mais nous avions injecté en trop grande quantité une nouvelle substance avec laquelle nous n'étions pas encore familiarisé; il sera question ailleurs de cette substance. Les précautions, à l'aide desquelles nous avons évité tout accident, sont des plus simples, et se présentent pour ainsi dire d'elles-mêmes au praticien.

La première est de ne pas injecter des substances trop irritantes; pour l'acide phénique, nous fixons à 1 p. 100 la limite de concentration de la solution aqueuse ; on pourrait porter la proportion à 2 p. 100 sans s'exposer à des inconvénients sérieux ; cependant la douleur serait déjà assez vive pour que certaines personnes la supportassent impatiemment ; il vaut mieux augmenter la quantité de liquide injecté que sa concentration, quand on veut injecter une forte dose.

Du moment que nous parlons de solution , nous supposons par cela même qu'on n'injecte sous la peau que des substances solubles et dissoutes. Cependant le docteur Scarenzio — d'autres aussi, paraît-il — a interjecté du calomel à la vapeur pour guérir des syphilitiques, et les a même guéris sans avoir provoqué d'accidents locaux. Malgré cet exemple, dont nous ne connaissons pas très-bien toutes les circonstances, nous ne donnerions à personne le conseil d'injecter des substances insolubles , ni même des substances solubles non dissoutes préalablement.

Se servir de canules-aiguilles bien tranchantes et aussi minces que possible, est élémentaire ; inutile d'insister sur un pareil conseil.

Pousser le liquide avec ménagement, de façon à rendre facile la dilatation progressive des cellules du tissu conjonctif, est une autre précaution non moins élémentaire. On comprend de reste qu'une injection trop brusque serait douloureuse, risquerait de rompre les parois de quelque cellule, ou de faire refluer le liquide de l'injection entre les parois de la canule et celles du mandrin de la seringue.

Cette précaution en indique une autre, qui est de ne pratiquer l'injection que sur les points où la peau est la plus fine, et en même temps doublée d'un tissu cellulaire à mailles lâches : on exclura donc des lieux d'élection toute la peau du dos ou, pour mieux dire, de toute la partie postérieure du tronc ; on fera bien d'exclure aussi toute la face, quoique chez certaines personnes le tissu y soit lâche et chez tout le monde la peau relativement fine. Quelques praticiens ont exclu la peau du cou, même en avant et sur les côtés ; nous ne voyons aucune bonne raison à cette exclusion, à moins qu'on n'ait redouté la piqûre des gros vaisseaux. Mais les opérateurs assez maladroits pour craindre un pareil accident feront bien de s'abstenir d'appliquer la méthode, n'importe dans quelle région. Sur les membres, conformément à la règle déjà posée, on choisira les régions internes ou antérieures ; on s'abstiendra de piquer les pieds et les mains, soit en avant soit en arrière, ce qui , du reste, n'est jamais utile. En résumé, les régions antérieures et latérales du cou, antérieures et latérales de la poitrine et de l'abdomen, antérieures et internes des membres, telles sont les régions d'élection pour les injections hypodermiques. Quand ces injections ont pour but de calmer les douleurs, il paraît y avoir quelque avantage à les pratiquer le plus près possible des points douloureux , tout en respectant, bien entendu, la règle relative aux lieux d'élection ; quand elles ont pour but d'agir sur les principes morbides qui troublent l'économie, les parois de l'abdomen et de la poitrine doivent être choisies de préférence, et plutôt encore ces dernières, s'il s'agissait d'obtenir l'effet le plus prompt possible.

On s'est préoccupé du meilleur procédé pour injecter juste la quantité voulue de substance, surtout quand il s'agit de substances très-actives, comme la morphine et surtout l'atropine. La seringue de Pravaz, plus ou moins modifiée, porte à cet effet des divisions que tout le monde connaît. Le procédé suivant est le plus simple : on fixe d'abord la quantité de substance qu'on veut injecter ; supposons que ce soit un centigramme de chlorhydrate de morphine. On prend un petit flacon à large ouverture, bouché à l'émeri, de 15, 20 ou 30 gr., je suppose ; on compte combien de petites seringues à injection contient ce flacon choisi, ce qui se fait très-facilement en remplissant la petite seringue par aspiration, la vidant dans le flacon et ainsi de suite, jusqu'à ce que celui-ci soit plein ; supposons qu'il contienne vingt-cinq petites seringues d'eau ; on le remplit d'eau distillée et l'on y jette, pour les y dissoudre , *vingt-cinq* centigrammes de chlorhydrate. De cette façon, une pleine seringue de cette solution renfermera nécessairement *un centigramme* de chlorhydrate. On pourra avoir ainsi, préparées d'avance, toutes les solutions que l'on voudra. — Une recommandation que nous ferons en passant sera de verser sur celles de ces solutions qui renfermeront des substances organiques (comme tous les alcaloïdes, par exemple une goutte d'acide phénique. Cette précaution empêchera, pendant très-longtemps du moins, le développement de végétations au sein des solutions ; ce développement, sans cette précaution, a lieu constamment après quelque temps ; il se fait nécessairement aux dépens de la substance organique et change, ainsi, les proportions de la solution, trouble celle ci et peut la rendre moins facile à injecter, outre que l'on peut injecter un ferment dont on ignore l'action.

Pour les injections de solutions de substances très-actives, une seringue de la capacité de 20 gouttes ou d'environ un gramme est très-convenable ; pour les injections de substances moins actives, comme l'acide phénique, des seringues de la capacité de 40 gouttes au moins et même de 100 gouttes sont préférables ; sans quoi, on ne peut pas injecter d'un seul coup la quantité nécessaire de solution ; on est obligé de retirer la seringue en laissant l'aiguille en place, pour remplir celle-là à nouveau et faire une seconde injection ; cette manœuvre

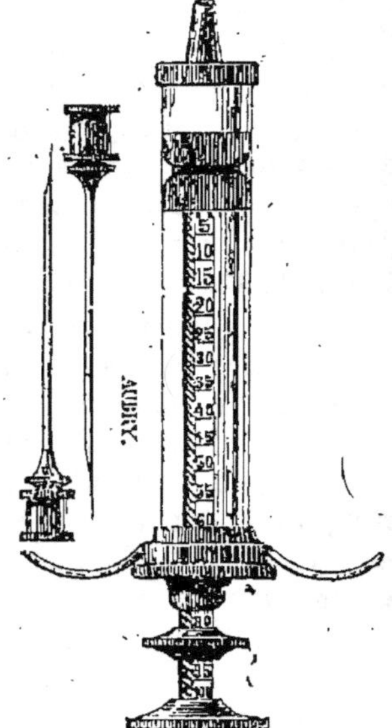

est très-facile assurément et très-prompte ; cependant, il vaut mieux l'éviter. Nous disons que cette manœuvre est prompte et facile, parce que nous supposons que la seringue s'adapte à *frottement* dans la douille de la canule - aiguille, et c'est, en effet, cet ajutage que l'on devra toujours choisir ; les ajutages à l'aide de vis sont beaucoup plus incommodes et n'ont aucun avantage.

Après des injections, plus nombreuses probablement qu'aucun médecin n'en a jamais fait, je me suis arrêté définitivement à une seringue de la capacité de 5 grammes ou cent gouttes en moyenne, construite comme le représente la figure ci-contre.

Cette seringue porte des graduations comme les seringues ordinaires, de façon à pouvoir servir pour l'injection des substances très-actives ; et elle est d'une capacité suffisante pour qu'on puisse injecter d'une seule fois les substances qui, comme l'acide phénique, doivent être injectées à une dose relativement élevée.

J'ai également introduit dans la pointe canule-aiguille une petite modification qui a son importance : c'est de la faire tailler en biseau, au lieu d'un bec de flageolet, sans que la partie piquante et tranchante s'élargisse à la manière des aiguilles à cataracte. Ma modification a pour résultat de rendre l'aiguille plus piquante que tranchante, par conséquent plus résistante, ce qui donne plus d'assurance à l'opérateur, qui n'a plus à redouter que la pointe de son instrument se brise ; en outre l'incision de la peau est moins large, et l'on évite le plus souvent ainsi l'issue même d'une seule gouttelette de sang; enfin, le passage fait par la partie tranchante étant plus étroit, le corps de l'aiguille entre un peu à frottement, ce qui est encore une garantie contre le reflux du liquide injecté par la petite plaie, soit pendant soit après l'injection.

Un conseil qu'il est à peine utile de donner, c'est de tra-verser la peau le plus rapidement possible et de n'arrêter la pointe de l'aiguille qu'assez avant (1 à 2 centimètres) dans le tissu cellulaire sous-cutané ; faute de cette dernière précaution, on s'oppose à la formation de petites indurations qui sont toujours un peu douloureuses et qui seraient un véritable inconvénient dans les cas assez fréquents où les injections peuvent être renouvelées plusieurs fois. On atteint très-facilement ce but en pinçant la peau entre le pouce et l'index de la main gauche ; on fait ainsi un pli dont les deux feuillets sont assez distants à la base, pour que dans l'un d'eux on puisse enfoncer, par un mouvement rapide, la canule, dont la pointe se trouve ainsi dans l'espace qui sépare les deux bords adhérents du pli ; on cesse alors de pincer la peau et l'on pratique l'injection, doucement, comme il a été dit ci-dessus ; puis, on retire la canule, en pressant légèrement sur la piqûre avec l'index ou le pouce de la main gauche, afin de ne pas tirailler la peau.

Voilà bien des détails minutieux ; mais nous ne croyons pas qu'aucun soit inutile ; et quand il s'agit d'une méthode d'un avenir aussi immense pour la thérapeutique, nous considérons comme de la plus haute importance de ne pas la compromettre à ses débuts, par le défaut de quelque précaution très-minime en apparence, mais qui n'en a pas moins pour résultat, quelquefois, des insuccès qui découragent les malades, non moins rebelles parfois aux innovations que les médecins.

Nous ne croyons pas nous abuser en pensant que les considérations qui précèdent, sur les divers modes d'administration des médicaments, considérations que nous aurions développées bien davantage si notre travail n'était une simple monographie, sont d'une importance considérable en thérapeutique. Il ne se rencontrera probablement pas un seul médecin ayant l'habitude des malades, qui ne partage sur ce point notre manière de voir. Et s'il en est ainsi, quel jugement portera-t-il sur les ouvrages de nos maîtres, qui, sur cette matière si capitale, renferment quelques rares observations éparses, mais qui ne lui consacrent ni un chapitre, ni un article, ni même un simple paragraphe ? C'est en vain qu'on chercherait ce simple paragraphe dans nos ouvrages classiques, voire même dans le traité spécial de thérapeutique de M. Pidoux et du regrettable Trousseau. Suivant nous, on n'en saurait douter, si le sujet que nous avons traité avec quelques développements, qui pourtant seraient bien insuffisants pour un traité général, est autant négligé par nos auteurs, c'est que ces auteurs n'en sentent pas l'importance. Or, nous le disons bien à regret, la médecine pratique, c'est-à-dire l'art de guérir des malades, a peu de progrès à attendre des expérimentateurs qui font passer avant ces minuties de la thérapeutique les expériences sur la tension du sang dans les artères, sur la mesure de la calorification par la section de tel ou tel nerf, etc., etc. Ce n'est pas que nous voulions déprécier ces expériences, car il entre dans nos principes d'estimer le travail partout où nous le rencontrons ; mais, pour suivre ces expériences, ce serait assez de quelques physiologistes. Voir s'engager dans la même voie toute une école de médecins, qui se destinent à la pratique médicale et qui viendront y apporter ces habitudes d'expérimentation physiologique, est un spectacle douloureux pour tout médecin qui se préoccupe avant tout du soulagement et de la guérison des malades, et qui est profondément convaincu que la véritable mission de la médecine est là.

ART. V. — DES DOSES AUXQUELLES ON PEUT ET L'ON DOIT ADMINISTRER L'ACIDE PHÉNIQUE.

Nous avons, à propos de doses, un petit reliquat de compte à régler avec M. Lemaire. Cet habile thérapeutiste dit que les doses d'acide phénique doivent varier suivant l'âge des malades; il est vrai que l'acide phénique ne fait pas, sous ce rapport, exception à tous les médicaments actifs, et M. Lemaire aurait eu l'avantage de penser comme tous les praticiens sensés, s'il avait ajouté que les doses doivent varier aussi, quelquefois, suivant les tempéraments, et, toujours, suivant les modes d'administration. Mais ce n'est point de cela que nous voulons parler encore; c'est de la manière dont M. Lemaire raisonne en fait de doses, et de la prétention qu'il affiche de nous avoir appris celles qu'il convient d'administrer à l'homme.

N'oublions pas, d'abord, que M. Lemaire considérait, à la fin de 1869, la dose de *un* gramme, prescrite à mon malade, M. Poulat, comme capable de tuer un cheval. N'oublions pas non plus qu'à une époque que M. Lemaire n'indique pas, mais qui semblerait être antérieure à l'époque où il vit M. Poulat, le même M. Lemaire administra, en une seule fois, *cinquante* grammes d'acide phénique à un cheval qui fut très-malade, mais qui ne mourut pas. Or, c'est après avoir rapporté, aux pages 92 et 93 de son livre, cette fameuse expérience, que M. Lemaire, *lui-même*, LUI-MÊME! écrit à la page 95 du même livre, c'est-à-dire *deux* pages plus loin, ces lignes, où sa grande, sa très-grande sagesse se montre dans tout son jour : « Des enfants de huit ans ont présenté des symptômes de stupeur après l'administration, en lavement, de 50 centigrammes d'acide phénique. Ces faits rapprochés des symptômes formidables que j'avais observés *sur un cheval* et sur des chiens, après l'ingestion de FAIBLES doses de cet acide, commandaient une *grande prudence* dans son emploi à l'intérieur chez l'homme. » D'un côté, *un gramme* peut tuer un cheval; d'un autre, *cinquante* grammes sont une dose *faible*, qui commande une grande prudence!! et c'est un prétendu expérimentateur, un prétendu observateur, qui prétend apprendre à quelqu'un à quelles doses on doit administrer l'acide phénique à l'homme! *Risum teneatis!* Mais qui rit est désarmé. Nous ne demandons pas la tête de M. Lemaire, bien au contraire ; qu'il apprenne donc, ici, comment, à quelles doses, on doit administrer l'acide phénique ; qu'il nous copie même, en nous citant ou sans nous citer ; nous ne lui demandons qu'une chose, dans l'intérêt de ses lecteurs et de leurs malades : qu'il nous copie intelligemment. Serait-ce demander plus que M. Lemaire ne peut nous accorder ?

La dose d'un adulte, lorsque l'administration a lieu par l'estomac, est de 25 à 50 centigrammes, pour commencer, et de 1 à 2 grammes progressivement. Nous ne croyons pas qu'il y ait grande utilité à dépasser cette dose, quoique nous ayons vu plusieurs malades en prendre 3 grammes, dans les vingt-quatre heures, sans éprouver d'accidents sérieux, mais seulement de la céphalalgie et une ébriété passagère. Dans un cas même, ainsi qu'on le verra à l'article charbon, un malade nous a dit avoir bu en moins de vingt-quatre heures, un litre d'eau renfermant 5 grammes d'acide phénique, sans avoir éprouvé le moindre phénomène morbide ; mais, quoique le malade fût très-digne de foi, nous ne donnons le fait que sous toutes réserves, n'ayant pas été témoin de l'ingestion du médicament. Nous parlons, bien entendu, des doses administrées suivant les règles adoptées pour l'administration de tous les médicaments actifs, c'est-à-dire dans l'état de la plus grande vacuité possible de l'estomac, trois ou quatre heures après le repas. Dans ces conditions, M. Lemaire dit avoir vu un pharmacien de ses amis prendre, en quatre fois, dans la journée, 4 grammes d'acide dissous dans un demi-litre d'eau, sans que le malade ait éprouvé le moindre phénomène morbide cérébral ou autre. Nous ne croyons pas à l'invention d'un malade pharmacien et ami ; nous croyons donc à l'exactitude du fait ; mais c'est une expérience que nous ne renouvellerions pas volontiers. Nous n'avons pas besoin d'ajouter, par conséquent, que celui de nos malades qui a pris 5 grammes d'acide, dans les vingt-quatre heures, les a pris en dehors de nos prescriptions. Et cependant nous considérons

5 grammes dissous dans un litre d'eau comme moins dangereux que 4 grammes dissous dans un demi-litre (1).

La dissolution est, en effet, une circonstance dont il faut tenir grand compte dans l'administration des médicaments en général et de l'acide phénique en particulier : 1 gramme d'acide phénique administré dans 20 grammes d'eau produirait beaucoup plus d'effet toxique qu'un gramme dissous dans 500 grammes du même véhicule.

Le fractionnement n'a guère moins d'importance, pour une raison qui, au fond, est à peu près la même : ainsi 1 gramme dissous, soit dans 20 grammes, soit dans 500 grammes d'eau, produira évidemment plus d'effet s'il est pris d'une seule fois que s'il l'est par doses fractionnées en trois, quatre, cinq ou dix fois; ce sont là, nous le répétons, des vérités générales, qui doivent servir de guide pour l'administration de tous les médicaments, mais qui sont plus applicables encore aux médicaments caustiques et volatils, qui s'échappent rapidement par les voies respiratoires, et nous avons déjà montré que l'acide phénique appartient à cette catégorie de médicaments. D'un autre côté, il y a un grand intérêt à discuter quel doit être le fractionnement, pour laisser aux médicaments leur plus grande action thérapeutique possible; mais, comme c'est là une question commune à tous les modes d'administration, nous la réservons pour le moment où nous les aurons passées toutes en revue. Quant aux modifications que les doses peuvent ou doivent subir quand on les associe à des substances qui ne sont pas de sim-

---

(1) Nous ignorons si c'est M. Lemaire qui a instruit son ami Dorvault, le même a qui il adressait cette incomparable lettre relative à M. Parisel (voir ci-dessus p. 15), des doses auxquelles on doit prescrire l'acide phénique; ce qu'il y a de certain, c'est que ledit Dorvault a imprimé les lignes suivantes dans son ouvrage intitulé l'*Officine*, que certains pharmaciens disent être un livre classique : « L'alcool phéniqué au 1/10ᵉ (acide phénique cristallisé 1, alcool 9) PEUT ÊTRE PU SANS INCONVÉNIENT AVEC DU SUCRE *ou avec un sirop approprié*. » (DORVAULT, *Officine*, 6ᵉ édit., p. 213.) Pour si peu qu'on l'en priât, M. Dorvault ferait de l'alcool phéniqué au dixième une boisson rafraîchissante! Et dire que nous publions depuis près de dix ans, d'une manière presque continue, des travaux sur l'acide phénique, et qu'on peut lire encore de pareilles monstruosités dans un livre prétendu classique! Il est vrai que tout l'article consacré par M. Dorvault à l'acide phénique est à peu de chose près de même force! M. Dorvault est un élève qui fait évidemment honneur à son maître, M. Lemaire.

ples véhicules comme l'eau ou le sirop, nous les indiquerons en parlant des préparations phéniquées.

Ce que nous avons dit de l'action physiologique et de l'action thérapeutique de l'acide phénique, administré par le rectum, suffit à tout esprit judicieux pour conclure que la dose à prescrire par cette voie doit être moindre que celle qu'on prescrit par l'estomac ; moindre, parce que l'administration se fait généralement en une seule fois, moindre parce que l'absorption est plus rapide. Ce n'est pas M. Lemaire, pour cette fois, qui m'a appris cette vérité ; car il professe précisément l'erreur contraire, et c'est à cette erreur qu'il a dû d'observer quelques symptômes de stupeur chez un ou deux enfants (il dit l'un et l'autre) à qui il a administré, en lavement, 50 centigrammes d'acide dissous dans 125 grammes d'eau. Nous estimons qu'on doit, pour un premier lavement, se contenter du quart de la dose qu'on prescrit habituellement par l'estomac; dans le cas où cette dose est supportée sans aucun inconvénient, on pourra la doubler, si un second lavement est utile ; mais nous croyons qu'il sera prudent de s'en tenir là.

La méthode des inhalations se prête peu à l'administration des doses précises : la susceptibilité individuelle sert seule de guide pour l'inhalation par le procédé de l'évaporation, ainsi que nous l'avons dit précédemment; mais, quand la limite de susceptibilité est atteinte, il reste toujours impossible de savoir quelle est la quantité de médicament absorbée. Par le procédé d'inhalation à l'aide de notre appareil pulvérisateur, le dosage n'est pas beaucoup plus facile à apprécier, quoique le procédé soit beaucoup plus parfait. Nous dirons seulement que la solution qui nous a paru la mieux appropriée au procédé est la solution aqueuse à 1 pour 100 ; plus concentrée, la solution est moins bien supportée, et, par conséquent, la douche inhalatrice ne peut être prolongée aussi longtemps. Dans la proportion de 1 pour 100, il n'y a guère d'autre limite à la durée de l'inhalation que la fatigue du malade; celui-ci devant, en effet, ouvrir largement la bouche pour recevoir le jet de poussière médicamenteuse, cette position finit à la longue par devenir fatigante ; mais la fatigue n'arrive jamais avant dix ou quinze minutes, quelquefois vingt; et ce temps est suffisant pour produire des effets thérapeutiques très-sensibles. Au reste, si, chez quelques personnes, la fatigue survenait avant dix minutes, il serait très-facile de remédier à cet inconvénient par quelques moments d'interruption, pendant la douche. Un inconvénient plus sérieux est l'ébriété, qui oblige, rarement toutefois, à suspendre l'inhalation après huit ou dix minutes; mais, dans ces cas, ce ne sont habituellement que les premières inhalations qui produisent cet effet; dans les suivantes le malade arrive à supporter les douches d'une vingtaine de minutes; c'est la durée qu'il nous a paru désirable d'atteindre, mais qu'il serait peu utile de dépasser. L'inhalation peut être renouvelée avec avantage une fois par jour, c'est-à-dire, faite deux fois dans les vingt-quatre heures. La force des choses ne permet guère de la renouveler plus souvent dans la clientèle civile ; peut-être, dans certains cas, y aurait-il, cependant, utilité à le faire. Quant à la pratique des hôpitaux, il est inutile de dire qu'elle n'a pas encore profité de ce remarquable progrès de la thérapeutique : on sait que les maîtres de l'art qui dirigent les services publics, se distinguent généralement en se plaçant, souvent fort loin, à la queue du progrès, du moins de celui qui n'a pour but que l'intérêt des malades.

Avant toutes les méthodes qui permettent le dosage des médicaments se place au premier rang et à une grande distance, la méthode hypodermique. Celle-ci permet, on peut le dire presque sans exagération, le dosage mathématique. En effet, lorsqu'on choisit un des lieux d'élection que nous avons désignés, la dose injectée est absorbée dans l'espace de quelques minutes, dix, quinze, vingt au-plus; tout tend à prouver que le médicament injecté ne subit aucune transformation dans le tissu cellulaire, en sorte qu'il agit par toutes ses molécules et dans un temps très-court; c'est le comble de tout ce que l'on peut désirer dans l'administration d'un médicament. La conséquence de cet avantage précieux de la méthode, c'est la réduction nécessaire des doses ; quand tout ce qui est administré agit, et agit, pour ainsi dire, instantanément, la quantité administrée doit nécessairement être moindre. La pratique a pleinement confirmé, sous ce rapport, les données de la théorie et même au delà de ce que l'on pouvait prévoir : dans les maladies aiguës comme dans les maladies chroniques, — (fièvre typhoïde, croup, variole, infection purulente, fièvre puerpérale, fièvre intermittente, etc.) — nous avons obtenu, par l'injection de 5 centigrammes administrés deux ou trois fois par jour, souvent une seule fois, des effets que nous n'aurions peut-être pas obtenus avec 1 gramme d'acide donné par les voies digestives supérieures. S'il s'agissait de maladies plus foudroyantes, comme la peste, le choléra, la fièvre jaune, il est probable qu'on serait obligé de renouveler plus souvent les doses dans les premières vingt-quatre heures; mais nous ne croyons pas qu'il fût nécessaire de les augmenter. Nous ne saurions donc trop le répéter : cette sûreté, cette promptitude de l'action des médicaments par la méthode sous-épidermique, font de cette méthode le progrès le plus considérable que la médecine pratique ait jamais réalisé dans une seule étape, et qu'elle soit probablement appelée à réaliser de bien longtemps.

Le titre de cet article indique clairement que, dans l'administration des doses d'un médicament, et surtout d'un médicament énergique, il y a deux questions très-distinctes : l'une, quelle quantité de médicament on peut introduire dans l'organisme sans danger ou même sans inconvénients; l'autre, quelle quantité doit-on en introduire pour produire des effets thérapeutiques, et les meilleurs effets possibles. Sur la première de ces questions nous croyons en avoir assez dit; mais il nous faut donner quelques développements sur la seconde, d'autant plus qu'elle est ou à peine effleurée ou assez mal envisagée par les thérapeutistes les plus sérieux. Il est bien entendu que parmi eux nous ne saurions comprendre M. Lemaire. On ne comprend même pas comment, lui qui n'a pas même su apprendre ou comprendre ce qu'il prétend avoir enseigné aux autres, a pu avoir l'idée de parler de doses. Comme Eirini d'Eyrinis, comme M. Plasse, comme nous-même, comme beaucoup d'autres, ce prétendu initiateur croit que la plupart des maladies au moins, sinon toutes, sont produites par un ferment, et il croit que le ferment est constitué par des êtres microscopiques; d'un autre côté il croit — mais tout seul, cette fois, ou peu s'en faut — que des doses *impondérables* de coaltar *et* d'acide phénique tuent tous les parasites. Or, si des doses *impondérables* — ou plutôt des molécules, car ce qui ne peut se pondérer ne saurait se *doser* — suffisent pour tuer tous les parasites, on ne voit vraiment pas pourquoi on administrerait des doses pondérables, ni pourquoi M. Lemaire a mis pendant plusieurs mois « en ribotte » un de ses malades éléphantiasiques, en lui administrant chaque jour *trois grammes* d'acide phénique, lui qui était venu me prévenir obligeamment que je risquais d'empoisonner M. Poulat, en lui administrant un gramme. Ce qu'il y a à conclure de cette manière d'agir, de parler et d'écrire, le lecteur le sait aussi bien ou mieux que moi; nous n'avons pas besoin de le lui répéter. Ce que nous nous permettrons de lui répéter, quoiqu'il le sache certainement aussi, c'est qu'aucun, presque aucun médicament n'agit thérapeutiquement et presque jamais physiologiquement — sauf peut-être sur et par le sens de l'odorat — à des doses impondérables. L'acide phénique est loin de faire exception à la règle générale. Nous en avons donné des preuves en étudiant l'action « physiologique » de cet acide sur les organismes inférieurs; M. Pasteur l'avait déjà prouvé en étudiant son action thérapeutique et celle de la créosote sur ces mêmes organismes: « Contrairement à ce qu'on a annoncé, dit-il, les feuilles de mûrier broyées avec un peu d'eau fermentent facilement dans une atmosphère saturée de vapeurs de créosote et d'acide phénique. Les substances jouissant de la propriété antiseptique n'agissent qu'à certaines doses. Ce principe est trop souvent méconnu. De l'eau saturée d'acide phénique tue les corpuscules; mais de l'air saturé de vapeurs de cet acide ne paraît leur faire aucun mal. » (*Étud. sur la malad. des vers à soie*, t. I, p. 58.) Cette conclusion est précédée d'expériences faites par M. Pasteur, qui ne peuvent laisser aucune prise à l'incertitude. Et, pour le dire en passant, ces résistances des corpuscules pébrineux à des doses non impondérables, mais trop faibles, d'acide phénique, ont rendu ce médicament impuissant contre la maladie des vers à soie, parce que la dose nécessaire pour tuer le parasite fait périr le ver lui-même. La même cause rendra probablement la médication phéniquée inapplicable dans bien des maladies des végétaux. Cependant, il ne serait pas rationnel de se rebuter d'avance : une partie des causes d'insuccès peuvent tenir à l'imperfection des procédés d'administration. Il ne nous paraît pas probable, en effet, qu'il faille exactement, pour tuer les parasites microscopiques du ver à soie, la même dose d'acide phénique que pour tuer le ver lui-même ; et peut-être, à l'aide de certains procédés, arrive-rait-on à détruire l'un sans trop altérer la santé de l'autre ; nous ne faisons que soumettre cette idée aux éducateurs, ne pouvant y insister ici ; quelque avenir que l'expérience lui réserve, ce que nous voulions établir restera toujours démontré par les expériences de M. Pasteur, à savoir que pour tuer certains parasites, il faut des doses pondérables, non-seulement pour les tuer, mais même pour leur faire du mal, car des doses trop insuffisantes ne paraissent, suivant les expressions de M. Pasteur, *ne leur faire aucun mal*. C'est probablement pour n'avoir pas nous-même été assez fidèle à notre principe, que nous avons échoué, dans deux expériences faites à Chartres avec le concours d'un honorable et savant vétérinaire de ce pays, M. Boutet, pour prévenir la peste bovine ; il sera question de ces expériences, quand nous traiterons du typhus, et nous aurons à y revenir aussi à propos du sang de rate. Ces faits suffiraient pour faire comprendre, si l'on n'était déjà fixé sur ce point, ce que M. Lemaire aurait pu espérer, s'il avait été doué du moindre sens pratique, de ses huit gouttes d'acide phénique versées « dans le fond d'un bocal allongé, » et dont il fait respirer l'air à des phthisiques ! Cependant, une lueur de ce bon sens paraît traverser parfois l'étrange cerveau de notre professeur : ayant employé inutilement de l'eau phéniquée au millième contre un tænia, « on pourra, dit-il, augmenter sans inconvénient la dose de cet acide. *Peut-être alors les effets seront-ils différents.* » M. Lemaire paraît donc avoir, dans ce cas, compris la nécessité des doses pondérables ; mais une lueur ne suffit pas pour maintenir l'esprit dans la voie de la raison ; et, au lieu d'avoir compris les travaux de M. Pasteur et les nôtres, M. Lemaire les oublie promptement, et, qui plus est, se figure ou prétend au moins les avoir accomplis lui-même, tout en n'y comprenant rien.

Un philosophe à sa façon — je ne parle pas de la façon de

M. Lemaire, mais de celle du philosophe — a dit : « Faut d'la vertu, pas trop n'en faut. » Les doses sont comme la vertu : il y en a d'insuffisantes; mais il y en a aussi d'exagérées. A Chartres, avec M. Boutet, je crois avoir échoué par trop de prudence ; aux environs de Cloyes, chez M. Rouge-Oreille et chez d'autres cultivateurs, je crains d'avoir eu des accidents par le défaut contraire. Ce qu'il y a de certain, c'est que j'ai vu des moutons succomber brusquement après l'administration de doses qui m'avaient donné de très-beaux résultats, en Auvergne, contre le « mal de montagne, » résultats dont le savant professeur Baillet d'Alfort a bien voulu parler favorablement dans la brochure où il rend compte de sa mission. Toutefois, les accidents que j'ai éprouvés chez le marquis d'Argent soulèvent une question complexe dont nous avons déjà dit quelques mots, dans notre introduction et dans l'article de *l'action physiologique*, mais sur laquelle nous devons nous arrêter ici un instant. Nous l'avons déjà dit et tous les thérapeutistes l'avaient dit avant nous : dans certains états pathologiques, l'économie supporte, parfois, des doses de médicaments qui seraient deux fois, dix fois et même vingt fois mortelles pour un homme en état de santé! Dans cette même séance où MM. Paul Bert et Jolyet ont communiqué les résultats des expériences physiologiques sur l'acide phénique dont nous avons parlé précédemment (voir ci-dessus, p. 154), M. Dumontpallier a rappelé le fait d'un brossier observé par Trousseau qui, atteint de névralgie, avait pu avaler impunément sept cent cinquante grammes de laudanum de Sydenham, ou, en d'autres termes, s'il n'y a pas erreur d'impression, une bouteille ordinaire (75 centilitres) ; cette quantité représente plus de *dix grammes* d'extrait d'opium. Nous n'avons jamais vu la tolérance poussée à ce degré; mais un de nos amis et confrères a donné pendant longtemps des soins à une femme affectée de maladie du cœur et d'hydarthroses énormes dans toutes les articulations, et qui ne calmait les douleurs très-vives et l'agitation auxquelles elle était en proie, qu'en prenant chaque jour quatre grammes d'opium (extrait aqueux); encore faut-il ajouter que ses ressources pécuniaires l'obligeaient seules à s'arrêter à cette dose ; à certains jours, elle l'aurait dépassée de beaucoup, si ses ressources le lui avaient permis. Mais nous devons ajouter aussi que cette malade n'était arrivée que progressivement à une pareille dose ; il y avait, lorsque mon ami fut appelé à lui donner des soins, plus de cinq ans qu'elle prenait de l'opium ; cette malade ne se levait presque jamais, et mangeait à peine. Ces faits sont importants (Voir l'article *charbon*) non-seulement en eux-mêmes, mais aussi pour les médecins, les vétérinaires et les cultivateurs qui auront occasion d'appliquer, non-seulement l'acide phénique, mais des médicaments actifs quelconques, dans des affections contre lesquelles ces médicaments n'ont pas encore été expérimentés. Ce n'est point là, il est vrai, de la médecine à la portée des moutons de Panurge, titrés ou non titrés, officiels ou privés ; mais c'est celle que doivent suivre les médecins qui se préoccupent avant tout de la guérison de leurs malades, c'est-à-dire des médecins qui veulent travailler efficacement au seul progrès qui, en définitive, importe à l'humanité.

On nous pardonnera peut-être de faire observer, en terminant cet article, qu'on chercherait vainement dans nos traités de thérapeutique les plus classiques un exposé complet, une discussion approfondie des questions capitales que nous venons d'effleurer. Il est vrai qu'on y en trouve un grand nombre de parfaitement inutiles, quand elles ne sont pas absolument déraisonnables, comme les belles considérations sur les altérants, les reconstituants, les excitants, les contro-stimulants et autres romans de cette espèce.

ART. VI. — DES PRÉPARATIONS D'ACIDE PHÉNIQUE.

La liste des combinaisons, associations ou mélanges, sous la forme desquels on doit administrer l'acide phénique, serait bientôt faite, si l'on s'en était tenu à celles qui sont réellement utiles. Mais, aussitôt qu'une substance quelconque est introduite dans la matière médicale, une foule de gens, qui n'ont pris aucune part à son introduction, s'empressent, les uns par amour du bruit, les autres par spéculation pure et directe, de combiner, de mélanger, d'associer, de décomposer le nouveau médicament, de lui donner, enfin, toutes les formes, de lui faire subir toutes les transformations que l'esprit sain ou malade peut imaginer. L'acide phénique ne pouvait échapper à cette destinée, et la liste de ses préparations est aujourd'hui assez considérable, pour que ce soit déjà un travail de trier les perles dans ce fumier. Mais ce travail, nous l'abrégerons en posant quelques principes généraux à la lumière desquels tout esprit droit pourra facilement se guider.

Dans l'article sur *l'action physiologique* de l'acide phénique, nous avons réservé pour l'article *préparations* quelques expériences faites avec diverses solutions ou divers mélanges de cet acide. Ces expériences se trouvent, il est vrai, comme plusieurs de celles que nous avons rapportées, dans l'ouvrage de M. Lemaire ; mais comme elles paraissent avoir eu pour témoin et même pour auteur véritable un vétérinaire intelligent de Paris, M. Bourrel, et, au moins une fois, le professeur Gratiolet, dont M. Lemaire a le plus largement possible exploité le nom, nous croyons que ces expériences offrent assez de garanties pour permettre des déductions sérieuses. Une seule chose nous a surpris, dans ces expériences, c'est qu'on a noté sur des chiens, tantôt *un peu de sueur*, tantôt une *sueur abondante*, et qu'une autre fois, on a noté, comme circonstance digne de remarque, que le chien en expérience *n'avait pas transpiré*. Nous avions cru jusqu'à présent — à tort peut-être — que le chien ne transpirait pas ; ce qu'il y a de certain, c'est que, ni à la chasse ni dans les expériences dont nous avons une connaissance personnelle, nous n'avons vu un chien transpirer. Sous la réserve de cette réflexion, voici les expériences qu'il nous paraît utile de reproduire.

Acide phénique dissous dans l'huile d'olive. — « Chien de taille moyenne âgé de quatre ans. M. Bourrel et moi nous administrâmes à cet animal, le matin, à jeun, deux grammes d'acide pur, dissous dans cinquante grammes d'huile d'olive. Au bout de quatre minutes d'ingestion de cette préparation, l'animal présenta quelques symptômes d'ivresse. Six minutes après, à sa démarche mal assurée s'était *ajoutée* de l'agitation ; il allait et venait sans cesse ; il sautait dans sa niche, qui était à environ un mètre au-dessus du niveau du sol, en redescendait, puis y remontait. Le train de derrière fléchissait un peu ; l'animal toussait mais ne rendait point de salive. La sensibilité tégumentaire était conservée. Il reconnaissait son maître et lui obéissait. Il n'eut ni vomissement ni évacuation d'urine ni de matière. Une demi-heure après, l'animal était calme ; et, dans la journée, il prit des aliments. »

Acide phénique pur administré dans des capsules gélatineuses. — « Deux grammes d'acide phénique ont été administrés à un chien de moyenne taille dans des capsules de Lehuby (1). L'animal parut souffrir, se promenait sans cesse, le train de derrière était moins fort que celui de devant, mais il ne tomba pas. Il ne se coucha pas non plus. Une demi-heure après l'ingestion, il était beaucoup plus calme et plus solide sur les membres postérieurs. Deux heures après, il était tranquille. Dans la journée, il prit des aliments. Le lendemain, il jouait avec les autres chiens. »

Acide phénique pur formé en bols avec de la farine de blé. — « Trois chiens prirent l'acide sous cette forme. Ils ont été beaucoup moins impressionnés. Ils se promenaient sans cesse avec une démarche un peu chancelante. Ils toussèrent et rendirent beaucoup de salive. Peu à peu ils devinrent calmes et dans la journée ils prirent des aliments. »

Acide phénique pur incorporé dans du fromage d'Italie. — « Trois chiens prirent chacun deux grammes d'acide phénique pur mélangés dans environ trente grammes de fromage d'Italie. Ces animaux mangèrent ce mélange avec avidité et ne présentèrent aucun des symptômes observés dans les expériences précédentes. Ils couraient, jouaient comme s'ils n'avaient pas pris d'acide phénique.

» MM. Bourrel, Gratiolet, Phélipeaux et Vulpian, qui ont constaté avec moi l'action énergique de l'acide phénique, étaient étonnés de ce résultat. »

Acide phénique pur administré dans de l'albumine. — « Petit chien âgé de 4 mois (28 centimètres de haut, 54 centimètres de

---

(1) On sait que ces capsules sont formées de deux cylindres fermés par l'une de leurs extrémités, et qui, s'emboîtant l'un dans l'autre, forment, quand l'emboîtement a eu lieu, une capsule ordinaire. Les parois des cylindres étant très-minces, les deux réunies ne forment qu'une très-petite épaisseur, moins d'un demi-millimètre, et doivent se dissoudre assez promptement dans l'estomac.

long du museau à l'origine de la queue), cet animal n'avait pas pris d'aliments depuis 24 heures. M. Vulpian et moi nous lui fîmes avaler deux grammes d'acide phénique pur, bien battu dans 50 grammes d'albumine. Ce mélange était très-blanc et caillebotté.

» Trois minutes après l'ingestion, il présenta quelques symptômes très-légers d'ivresse qui n'ont pas duré 5 minutes. Ensuite, il s'est promené avec assurance absolument comme dans l'état normal ; nous n'avons plus observé de symptôme morbide. Le lendemain, il était aussi gai qu'à l'ordinaire. »

Les expériences précédentes, quoique ne faisant que confirmer ce que les données chimiques et physiologiques permettaient de prévoir presque avec certitude, n'en conservent pas moins un assez grand intérêt, et méritent qu'on en fasse l'objet de quelques remarques. En présence du débordement de préparations phéniquées qui commence et qui ne s'arrêtera probablement pas de sitôt, il n'est pas inutile de rappeler les principes qui permettront aux praticiens instruits et judicieux de ne point s'égarer entre les excentricités dangereuses, nous dirions volontiers coupables, de M. Dorvault, qui considère comme un rafraîchissement la solution alcoolique d'acide phénique au dixième(1), et les observations ineptes des Drs Lafargue, Lighfoot et consorts, qui croient aux empoisonnements par l'eau phéniquée étendue, appliquée en pansements (voir ci-dessus p. 156 et suiv.). Ces principes, M. Lemaire, grâce aux lumières dont il a été entouré pendant ces expériences, les a entrevus en partie, mais il n'a pu les retenir entièrement, et il en a oublié une partie dans le chemin qu'il a dû faire pour aller du laboratoire au cabinet de rédaction. Voici, en effet, ce qu'il écrit à propos de deux des expériences que nous lui avons empruntées : interprétant à sa manière des considérations de M. Chevreul (2),

(1) Ce n'est pas assez de lire une fois certaines choses pour les croire ; citons donc une fois encore M. Dorvault : « L'alcool phéniqué au dixième (1 d'acide phénique cristallisé et 9 d'alcool) *peut être bu* SANS INCONVÉNIENT édulcoré avec du sucre. » (*Officine*, p. 213, 6e édit.). — On sait que l'Officine a la prétention d'être la loi et les prophètes pour tous les pharmaciens, et l'est, en effet, pour les plus simples d'entre eux. Avis à ceux qui, parmi ces derniers, s'ingèrent de médecine : avec leur prophète, ils empoisonneront leurs clients.

(2) *Considérations sur l'histoire de la partie de la médecine qui concerne la prescription des remèdes.* (*Journal des savants*, mars, avril et mai 1865.)

qu'il n'a pas comprises, et qu'il n'est pas tout à fait en état de comprendre, il dit : « J'ai démontré précédemment que la glycérine annule — ce qui ne l'empêche pas de guérir les maladies de la peau, au *millième! voir* ci-dessus, p. 70 — l'action de l'acide phénique sur la peau, et j'ai attribué ce *résultat* à une combinaison de ces deux corps. J'ai aussi donné une explication des phénomènes observés sur le chien qui a succombé après avoir pris 2 grammes d'acide phénique dissous dans 50 grammes de glycérine. Je les ai attribués à la décomposition du phénate de glycérine. » (*De l'ac. phén.*, 2ᵉ éd. p. 107.) On voit que M. Lemaire n'est pas plus embarrassé de trouver des explications à tous les phénomènes que des dates pour enlever à M. Pasteur la priorité de la découverte des ferments : le glycérolé d'acide phénique n'agit pas, il y a combinaison de l'acide phénique et de la glycérine ; le glycérolé agit, il y a décomposition de la combinaison, qui n'est autre qu'un « *phénate de glycérine;* » il n'en coûte à M. Lemaire que deux traits de plume pour faire et défaire ce phénate. Pauvre Laurent! pauvre M. Berthelot! vous ne composez pas et ne décomposez pas aussi lestement vos produits! que ne prenez-vous des leçons de M. Lemaire! veut-on savoir, maintenant, pourquoi l'huile phéniquée n'agit que peu? le voici : « L'huile d'olives, comme on le voit, a considérablement amoindri les effets de l'acide phénique. Quelle différence d'action avec la solution de cet acide dans l'eau et dans la glycérine!

» Quelle est la cause de ce résultat si différent? l'acide phénique forme-t-il une combinaison avec le corps gras; ou bien est-ce à l'insolubilité de l'huile dans l'eau, qui ne permet pas à l'absorption de se faire avec facilité, qu'il faut attribuer ce résultat? je penche, je l'avoue, pour la première hypothèse, et je m'explique les phénomènes d'ivresse par la séparation d'une faible quantité d'acide sous l'influence de la chaleur et du suc gastrique.

» Les faits que j'ai rapportés me paraissent établir qu'il y a combinaison puisque la propriété antiputride de cet acide est annulée par l'huile. » (*De l'ac. phén.*, 2ᵉ éd., p. 87.) Et un peu plus loin : « Les combinaisons que cet acide forme avec toutes les matières albuminoïdes sont la cause de l'annulation de ses propriétés, lorsqu'on l'administre dans une solution d'albumine ou de fromage d'Italie. » (*Ibid.*, — p. 105.)

Toutes ces théories, nous n'en disconvenons pas, sont aussi jolies que peu coûteuses à édifier; mais si leur auteur avait été moins brouillé avec la physiologie, il aurait pu leur en substituer de moins belles peut-être, mais de plus vraies et de plus utiles aux praticiens qui voudront appliquer l'acide phénique et en choisir les meilleures préparations. Disons, d'abord, pour commencer par le commencement, c'est-à-dire par la chimie, qui paraît être le côté fort de M. Lemaire, que rien, absolument rien n'autorise à admettre un phénate de glycérine, ni une combinaison quelconque de ces deux principes. La solution phéniquée de glycérine ne diffère en rien de toutes les autres dissolutions dans ce véhicule, et de toutes les solutions de l'acide phénique dans d'autres véhicules, tels que l'eau, l'alcool, l'éther, etc.; c'est une dissolution pure et simple; et sa manière d'agir le prouve bien : à l'extérieur l'onctuosité de la glycérine empêche l'acide phénique, comme tout autre corps qu'on y a dissous, d'arriver aussi facilement, par toutes ses molécules, au contact de la peau, et par suite de produire la rapidité et l'énergie des effets qui résultent de ce contact; l'action est donc moins vive, mais plus prolongée; s'il y avait combinaison, il y aurait à peu près sûrement neutralisation de l'acide, et par conséquent, point d'effet du tout; or, l'effet, quoique atténué, existe, moins pourtant, chose étrange! que M. Lemaire ne le dit ailleurs. A l'intérieur, c'est-à-dire dans l'estomac (1), les effets de l'onctuosité de la glycérine disparaissent aussitôt, car aussitôt qu'elle y est introduite, elle est brassée avec une plus ou moins grande quantité de liquides aqueux dans lesquels elle est soluble, et la solution glycérinée devient en réalité une solution aqueuse; rien d'étonnant qu'elle en ait tous les effets.

Quant à l'huile, c'est une autre affaire; ce n'est pas qu'il y

(1) Dans le rectum, il n'en est pas de même; le glycérole phéniqué, y trouvant beaucoup moins de liquide pour s'y dissoudre, y produit des effets très-lents, par conséquent beaucoup moins sensibles, car la vivacité des effets dépend, tout le monde le comprend, sans qu'il soit besoin de le dire et encore moins de le répéter, de la rapidité de l'absorption.

ait plus de combinaison qu'avec la glycérine, qu'il y ait un phénate d'*huile* plus qu'un phénate de glycérine; mais l'huile ne se dissout pas dans les liquides de l'estomac comme la glycérine et cet organe n'absorbe que les molécules phéniquées qui se trouvent à la circonférence du bol huileux; le brassage multiplie bien, dans de certaines proportions, le contact de ces molécules avec la surface absorbante, mais pas assez promptement pour que ce contact soit complet avant que toute la solution soit chassée dans le duodénum et même plus bas, où seulement se fait l'émulsion et la digestion des corps gras. M. Lemaire avait oublié ce point de physiologie, quoiqu'il prouve ou cherche à prouver par des citations, par une citation, tout au moins, qu'il a lu M. Claude Bernard. Mais, hélas! ce n'est pas tout que de lire! Nul doute, du reste, que l'absorption de l'acide phénique ne continue dans l'intestin et ne s'y fasse très-probablement d'une manière complète; mais elle s'y fait successivement, et elle ne produit que des effets mitigés, qui finissent même par être insensibles. L'inaction du mélange d'acide phénique et de fromage d'Italie — étrange choix de véhicule! M. Lemaire aurait-il pour habitude d'administrer ses médicaments dans ce fromage? — s'explique de la même façon que celle de l'huile phéniquée, la préparation culinaire désignée sous le nom de fromage d'Italie étant en grande partie composée de graisse. Les explications ne seraient pas tout à fait aussi nettes ni peut-être aussi positives, touchant l'innocuité des préparations phéniquées de farine de blé et d'albumine, et de l'acide pur renfermé dans des capsules; mais l'utilité de rechercher et d'exposer ces explications ne vaut pas le temps qu'on y passerait, car il ne viendra probablement à l'idée d'aucun praticien d'employer l'acide phénique sous l'une ou l'autre de ces formes.

Comme on le pense bien et comme nous l'avons déjà donné à entendre, les solutions, combinaisons ou mélanges phéniqués dont on a fait usage dans les expériences que nous avons citées ne sont pas les seuls qu'on ait proposés pour l'application médicale; le nombre en est déjà considérable, et ce nombre s'accroît tous les jours; mais autant en engloutit le courant, sauf quelques-uns fort rares, qu'une grande publicité soutient à

peine à flot. Il serait fort inutile de les passer tous en revue;
il nous suffira de dire, d'une manière générale, qu'aucune ne
mérite la confiance des malades et des praticiens, et que l'acide
pur ou en solution aqueuse, sucrée ou non, et provenant d'une
fabrique digne de confiance, est le seul que l'on doive employer, ainsi que nous le dirons dans un instant. Parmi celles
de ces innombrables préparations, plus ou moins bizarres, que
la publicité fait surnager encore, il en est une cependant, dont
nous devons, malgré notre extrême répugnance, nous occuper
un moment, à cause du mal qu'elle peut produire et du bien
qu'elle empêche presque toujours, dans les cas où l'acide phénique est indiqué. Heureusement, nous ne serons pas obligé
de faire justice par nos propres mains comme nous avons été
obligé de le faire une fois, de cette drogue informe et parfois dangereuse. C'était en juin 1870, l'auteur de cette préparation avait
eu l'audace et l'ineptie d'écrire publiquement, dans un intérêt
industriel et sans croire, bien entendu, à ses paroles, que
l'acide phénique est un poison dont il faut soigneusement s'abstenir; la variole régnait alors dans toute sa force ; l'acide phénique
pouvait rendre les plus grands services, appliqué hygiénique-
ment et thérapeutiquement contre l'épidémie ; je dus, dans un intérêt public, infliger une correction au détracteur intéressé de
l'acide phénique. Cette correction publique me valut plusieurs
lettres, entre autres une d'un chimiste distingué, qui appréciait
avec un peu trop de vivacité parfois, mais toujours avec une
exacte justesse, la drogue que son auteur voulait substituer à l'a-
cide phénique. Nous n'aurons à retrancher de cette lettre qu'un
nom propre et quelques crudités, d'ailleurs bien légitimes, pour
que notre tâche se trouve accomplie. Voici donc la critique de
notre bienveillant et distingué correspondant, qu'aujourd'hui
encore nous n'avons pas l'honneur de connaître personnellement, et dont la critique n'a eu par conséquent d'autre mobile
que l'intérêt public; avant de nous en transmettre une copie,
l'auteur l'avait d'ailleurs adressée à un journal.

A M. LE DOCTEUR DÉCLAT.

Paris, 27 juin 1870.

« Monsieur le Docteur,

. . . .
. . . . (1).

» Quant au *phénol* sodique, l'analyse que j'en ai faite m'a appris que, sous le volume d'un litre, il renferme 23 grammes de soude caustique Na O, HO, et 10 grammes d'acide phénique impur ou d'un mélange de ce corps avec ses similaires. Cette prétention d'assimiler cette drogue, *non titrable*, à un composé défini comme le sulfate de soude. . . . . est une ineptie ajoutée à tant d'autres. L'équivalent de la soude étant 31, et celui de l'acide ($C^{12} H^6 O^2$) étant trois fois plus fort, égal par conséquent à 94, on voit que son phénol serait un phénate à *six* équivalents de base. Aussi, cette solution sodico-phénique possède-t-elle des propriétés alcalines fort énergiques; elle les posséderait probablement encore, quand même la soude y serait en moindre proportion, car je ne crois pas que l'alcalinité puisse tempérer les effets de l'acide phénique (ni de ses congénères), qui n'est pas à proprement parler un acide. . . . .

. . . .
. . . . . Donc le *phénol*. . . . . renferme de la soude libre ou à peu de chose près, plus de l'acide phénique *impur*, probablement celui dont l'eau ne dissout que 2 pour 100. . .

. . . .

» Veuillez agréer, Monsieur le Docteur, etc.

» Ch. Henry BASSET, *chimiste*. »

(1) Dans les passages que nous supprimons à regret, comme n'étant pas absolument indispensables à notre thèse, nous retiendrons les faits suivants que nous avons oublié de mentionner en parlant des propriétés chimiques de l'acide phénique : « Sa fusibilité n'est plus, à l'état de pureté, à 34 ou 35°, mais à 40° centigr.; son point d'ébullitisme, vers 188°; sa solubilité dans l'eau distillée, à la température ordinaire, de *six* pour cent. On voit que M. Basset a fait aussi de son côté la découverte de la solubilité de 6 0/0, et qu'il n'en paraît pas si fier que M. Lemaire de celle de 5 p. 0/0..., faite par M. Cloëz.

Nous n'ajouterons rien à l'extrait de la lettre de M. Basset, sinon que s'il se trouve des gens qui, après l'avoir lu, sont encore trompés, c'est qu'il leur plaira de l'être; ce que dit cet extrait, quoiqu'il ne dise pas tout, il s'en faut bien, est, en effet, suffisant pour édifier le public éclairé, et nous avons assez répété, dans notre dialogue avec M. Lemaire, que nous n'écrivions que pour celui-là.

Une autre lettre de M. Perret, pharmacien à Moret-sur-Loing, nous donne aussi quelques renseignements édifiants sur le prétendu phénal sodique et sur son auteur, mais il nous paraît superflu d'insister davantage, soit sur le produit, soit sur le producteur.

Parmi les préparations bizarres, on en doit comprendre spécialement une dont, à cause de son étrangeté même, nous pourrions encore dire un mot : c'est un nouvel acide phénique *sans odeur*; c'est de l'acide phénique absolument comme serait du bleu de Prusse un prussiate de potasse sans couleur. C'est-à-dire que ce n'est point là un acide phénique ; c'est un succédané qu'il suffira de mentionner, à l'article des succédanés. Encore une autre mention, et ce sera tout.

L'auteur ou plutôt le propagateur du panama, sous le nom de saponine, ne pouvait naturellement point se dispenser de panamiser plus ou moins l'acide phénique. « J'ai fait des essais, dit-il, avec des solutions d'acide phénique additionnées de saponine » — vous le voyez, on dirait bien, on devrait croire qu'il s'agit là de saponine, et pourtant il ne s'agit que de décoction de panama ; tromperie sur la qualité de la marchandise — « dans les proportions où M. Le Bœuf la fait entrer dans le coaltar, avec cette différence que je n'y ajoutai point d'alcool. Préparé de cette manière, la cuisson qu'il détermine est moins vive et la détersion des plaies est plus facile. Je pense qu'on pourra l'employer concurremment avec le coaltar saponiné. » (*De l'ac. phén.*, 2ᵉ éd. p. 31.) Voilà ce que pensait M. Lemaire, quand il écrivait que l'acide phénique aurait une place dans la thérapeutique « à côté de l'éther, » et que le coaltar dit saponiné en aurait une, fort en avant du quinquina. Aujourd'hui, il doit être bien revenu de ces pensées, et il doit penser qu'il a fait ou du moins proposé une très-mauvaise pré-

paration, en proposant l'acide phénique pauamisé : si, dans
cette préparation, l'acide est simplement émulsionné, c'est-à-
dire non complétement dissous, l'acide se sépare sous forme
de globules qui brûlent les surfaces au contact desquelles ils
arrivent; si l'eau est assez abondante pour dissoudre tout
l'acide, le panama est inutile et souvent gênant, parce que, pour
peu qu'on agite le liquide, il s'y forme une mousse abondante
dont on ne se débarrasse que difficilement. Quant aux cuissons
vives que détermine la solution phéniquée sans panama, elles
n'existent que dans l'imagination du propagateur de coaltar saponiné, et encore à certains moments, car on sait que dans
d'autres, il considère la solution phéniquée pure et simple
comme le plus parfait des calmants. (V. ci-dessus, p. 97, *note*.)

Pour remédier, autant qu'il était en moi d'une part, au chaos
résultant de cette accumulation de préparations phéniquées
hétérogènes, étranges souvent, et parfois dangereuses, et, d'autre part, aux inconvénients résultant aussi de l'hétérogénéité
fréquente des acides phéniques eux-mêmes, j'ai dû prendre
un parti radical, celui de faire préparer sous ma surveillance
directe, pour les besoins de la thérapeutique, de l'acide phénique et la composition pharmaceutique la plus usitée et la plus
nécessaire, le sirop phéniqué pour l'intérieur, l'alcool phéniqué et l'eau phéniquée pour l'usage externe.

Je n'ai pu prendre encore mes dispositions pour appliquer
à la spécification de l'acide phénique les procédés polarimé-
triques, dont M. Pasteur a montré l'importance par des expériences si admirables; mais sauf ce complément d'épreuves,
je fais prendre toutes les précautions pour que l'acide phénique
auquel je donne ma garantie possède tous les caractères de
l'acide le plus pur, de la meilleure nuance, et constamment
identique à lui-même. Il est parfaitement cristallisé, d'une
blancheur irréprochable, et d'une odeur franche, *sui generis*,
dépouillé de toute odeur étrangère; c'est, par conséquent,
d'après les détails que nous avons donnés à l'article des caractères chimiques, un acide phénique « bon goût. » Cet acide
est, bien entendu, celui dont je me sers dans ma pratique;
j'ai donc la certitude qu'il produira en d'autres mains les résultats qu'il a produits dans les miennes. Il sera facile aux

praticiens, en se procurant cet acide, de préparer eux-mêmes les solutions dont ils pourront avoir besoin pour toutes les applications externes, et ils se serviront de l'acide pur lui-même, quand ils voudront pratiquer des cautérisations phéniquées, par le procédé que nous décrirons dans un instant.

Quant aux préparations pour l'usage interne, nous nous sommes borné à en faire préparer deux, une que nous considérons comme essentielle, et une autre que l'on peut considérer comme accessoire, quoiqu'elle ait encore une assez grande utilité.

On l'a vu par les expériences physiologiques, on aurait pu le deviner *à priori* par les expériences chimiques, mais les observations cliniques nous l'ont appris bien plus positivement : l'eau pure et le sucre sont les deux véhicules par excellence de l'acide phénique, ceux qui n'en altèrent aucunement les propriétés, qui lui permettent d'agir absolument comme s'il était pur; c'est donc l'association à ces deux corps qui est, à tous égards, la plus convenable pour les applications internes. On y pourrait joindre également l'association à l'alcool, si ce dernier principe n'était pas lui-même trop énergique pour pouvoir être pris à dose un peu élevée.

Parmi les préparations auxquelles nous avons fait allusion, il s'en trouve naturellement beaucoup où il entre de l'eau, du sucre et de l'acide phénique, et quelques-unes où il ne se trouve que du sucre et de l'acide. Ces dernières sont très-défectueuses, il n'y a pas à y insister.

Quant aux sirops phéniqués, l'acide phénique n'y est qu'un prétexte à étiquette nouvelle; ce sont, à peu près tous, des sirops dits pectoraux, dans lesquels il entre des proportions sensibles de divers narcotiques, mais principalement d'opiacés variés, morphine, codéine, extrait thébaïque, etc., tous produits qui forment la base de tous les pectoraux, malgré leur innombrable variété de dénominations. Quant à l'acide phénique, ou il n'y en entre pas du tout, ou il n'y en entre qu'en proportions infinitésimales, et lors même qu'ils en renfermeraient une proportion sérieuse, il s'y trouverait mêlé à tant de substances étrangères, qu'il serait impossible aux praticiens de remplir avec sécurité une indication précise, dans un cas où ils croiraient utile de prescrire l'acide phénique. L'avenir de la médication phéniquée exigeait impérieusement que l'on apportât un remède à un pareil état de choses; c'est ce que nous avons cherché à faire en faisant préparer sous notre surveillance directe un sirop phéniqué, ne renfermant absolument aucune autre substance que de l'eau, un peu d'alcool, du sucre et l'acide phénique pur et choisi, dont il vient d'être question, c'est-à-dire celui dont nous nous servons nous-même dans notre pratique. Ce sirop est titré à *dix* centigrammes d'acide pour 20 grammes ou une cuillerée à bouche de sirop. Un pharmacien distingué de Paris, M. Guénon, a bien voulu se charger de la préparation de ce sirop, ainsi que de celle de l'acide, et il a eu la modestie de vouloir bien accepter notre surveillance, et de s'engager à ne délivrer aucune quantité de sirop ou d'acide pur, sans que les produits fussent revêtus de notre signature. De cette façon toutes nos précautions sont prises pour que nos confrères puissent répéter avec toute sécurité nos expériences et obtenir, nous ne pouvons en douter, les mêmes résultats que nous. Nous espérons qu'après avoir lu tous les détails qui précèdent, ils sentiront eux-mêmes la nécessité d'employer les mêmes produits que nous, s'ils veulent établir une comparaison légitime entre leurs observations et les nôtres; les faits chimiques, physiologiques et pharmaceutiques que nous avons exposés ne sauraient nous permettre, en effet, de tenir compte d'échecs éprouvés en faisant usage de produits qui n'offrent aucune garantie.

L'acide phénique pur et le sirop phéniqué titré, employés de la manière qui va être spécifiée, forment la base de la médication phéniquée. Nous aurions pu nous en tenir à ces deux préparations; nous avons cru cependant utile d'en recommander une troisième, qui s'adressera, il est vrai, plus souvent aux malades qu'aux médecins, mais qui n'en aura pas moins une réelle utilité.

Les efforts d'un grand nombre de pharmaciens sont parvenus à faire entrer pour ainsi dire dans les habitudes hygiéniques du public, l'usage d'une innombrable quantité de pastilles, de pâtes pectorales qui, le plus souvent, sont les seuls médicaments dont on fasse usage dans toutes les affections catarrhales pour lesquelles on ne croit pas devoir consulter le médecin. Or, les doses infinitésimales, et souvent nulles, qui se trouvent dans ces préparations, sont tout à fait insuffisantes pour produire le moindre effet utile. C'est pour ce motif que nous avons voulu substituer à ces préparations illusoires un produit contenant une dose sensible d'acide phénique, qui bien qu'associé à d'autres substances qui peuvent, dans une certaine limite, en troubler, en atténuer l'action, n'en aura pas moins un effet positif sur l'affection catarrhale, car on connaît la puissance de l'acide phénique pour empêcher la formation du pus et du muco-pus, et conséquemment pour arrêter le progrès des irritations et des inflammations des membranes muqueuses. Quoique la pâte phéniquée ne soit, en quelque sorte, qu'un produit hygiénique, nous croyons donc pouvoir la recommander à l'attention de nos confrères ; ainsi que les dragées à base d'acide phénique et d'Eucalyptus.

Passons maintenant aux applications des préparations phéniquées utiles. Après les développements dans lesquels nous sommes entrés, cette étude ne sera pas longue. Commençons par les applications locales.

Action caustique. — « Nous avons vu, dit M. Lemaire, que l'acide phénique pur est cristallisé et qu'il n'entre en fusion qu'à 35° centigrades. Malgré le peu de volume que présentent ses cristaux, son emploi en cet état n'est pas facile. Il faut le liquéfier. La chaleur est le moyen le plus simple de l'obtenir à l'état liquide. Mais si, dans nos habitations, il est toujours facile de se procurer du feu, il n'en est pas de même pour les chirurgiens en campagne. J'ai dû chercher un autre moyen. En dissolvant l'acide phénique dans *parties égales* (sic) d'alcool à 90 degrés, il se conserve indéfiniment, à toutes les températures de notre climat, à l'état liquide et possède toute son énergie. M. le docteur Quesneville a constaté qu'un dixième d'alcool à 90 degrés suffit pour le maintenir à l'état liquide, à une température modérée. J'ai reconnu l'exactitude de ce fait. Mais en hiver, le froid le fait cristalliser de nouveau. La solution alcoolique, faite à parties égales, est donc préférable. » (*De l'acide phénique,* 2e édit., p. 401.)

Presque autant d'erreurs que de mots, comme cela arrive toutes les fois que M. Lemaire parle de choses qu'il dit avoir faites, mais qu'il n'a pas faites en réalité, et cela lui arrive souvent. La plus grave de ces erreurs, c'est de prétendre que l'acide phénique dans l'alcool, parties égales de chacun, conserve toute l'énergie de l'acide pur ; cela prouve ou que M. Lemaire n'a jamais employé les deux acides comparativement, ou qu'il n'a pas su les appliquer convenablement, ce qui, pourtant, n'est pas bien difficile. Il n'est pas plus vrai que la solution de 9 d'acide phénique et de 1 d'alcool, conseillée par le docteur Quesneville, se solidifie à la température ordinaire du climat de Paris, ni même à une température beaucoup plus basse que l'ordinaire, celle de 2 à 3 degrés *au dessous* de zéro, par exemple (1) ; cette solution serait donc de beaucoup préférable à celle que conseille M. Lemaire ; mais même dans la solution aux neuf dixièmes d'acide, celui-ci est bien loin de conserver toute son énergie.

La meilleure préparation pour l'emploi de l'acide phénique comme caustique est donc l'acide pur lui-même, et cet emploi n'offre aucune difficulté, quoi qu'en dise M. Lemaire, pour un opérateur qui n'est pas d'une grande maladresse. Quand l'acide phénique est dans une seule masse compacte, on en broie quelques parcelles sur la masse même, à l'aide d'un corps quelconque, de la hampe d'un pinceau, par exemple, puis avec ce pinceau, dont le volume peut être en rapport avec l'étendue de la surface à cautériser, on prend très-facilement quelques cristaux que l'on dépose sur la surface à cautériser ; à peine appliqués sur cette surface, ils s'y fondent aussitôt, et avec le pinceau, on étale le liquide sur la surface que l'on veut cautériser. On peut avoir la précaution de tenir à sa portée ou même dans une des mains un linge fin et souple, imbibé d'alcool, pour le cas où l'acide aurait été appliqué en trop grande abondance, et coulerait hors de la circonférence où l'on veut le renfermer ; en essuyant avec le linge alcoolisé le liquide qui

(1) Même avec un vingtième d'alcool seulement, l'acide reste encore liquide jusque vers 14 à 15 degrés, température bien inférieure à celle de l'atmosphère où l'on pratique généralement les cautérisations ; mais cette solution elle-même, toute concentrée qu'elle soit, ne vaut pas encore l'acide phénique pur.

franchirait les limites de cette circonférence, on l'enlèverait immédiatement et l'on renfermerait ainsi l'action caustique dans les limites voulues. Quand on jugera que l'acide appliqué aura épuisé son action, et que cette action n'aura pas produit tout l'effet que l'on désire, on pourra éponger la surface cautérisée avec le linge alcoolisé et faire une seconde application d'acide de la même façon que l'on a fait la première, et ainsi de suite. Mais il faut se rappeler, pour ne pas accumuler inutilement les cautérisations les unes sur les autres, que, parvenue à une certaine épaisseur qui ne dépasse presque jamais deux millimètres et qui souvent ne les atteint pas, l'escarre produite par l'acide phénique forme une sorte de cuir très-sec, imperméable, qui oppose une barrière infranchissable à l'action ultérieure du caustique, ainsi que nous avons eu soin de le dire en parlant de l'action physiologique locale de l'acide phénique. Aussi, n'est-ce pas sans un étonnement profond que nous lisons, au moment même où nous écrivons ces lignes, deux observations de prétendues gangrènes totales des doigts et d'un orteil, causées non pas même par des cautérisations à l'acide phénique pur, mais par de simples pansements avec de l'eau phéniquée renfermant une petite proportion d'acide liquide ! Ce qu'il y a de plus triste, c'est que ces observations ne sont pas du premier venu, comme le cas d'empoisonnement du *Medical Times* (voir ci dessus, p. 156 et suiv.) ; mais elles sont signées par un chirurgien des hôpitaux de Paris, et professeur agrégé de la faculté ! Il faut les lire pour se convaincre du degré d'ignorance où l'on se complaît dans les régions officielles, touchant les progrès qui ont été faits ailleurs que dans ces régions. Il faut d'abord lire le préambule du professeur :

« L'acide phénique, dit-il, joue un grand rôle dans le pansement des plaies, depuis quelques années. » — Le professeur ne sait probablement à qui est dû ce progrès, puisqu'il ne le dit pas. — « Les nombreuses publications et réclames faites sur ce produit l'ont rapidement vulgarisé, de sorte que beaucoup de blessés vont directement chercher ce médicament chez le pharmacien, sans prendre aucun avis préalable. » — Et les blessés n'ont guère tort, puisque les professeurs leur ordonnent de vieilles drogues sans valeur, au lieu d'un médicament qui

les préserverait de tout accident grave et hâterait leur guérison. — « Il est très-utile de prévenir les praticiens que cette
conduite peut avoir de graves inconvénients. » — Nous ne
voyons pas trop où peut être l'utilité, puisque les blessés vont
chez le pharmacien, *sans prendre* aucun avis préalable ;
l'utilité serait donc de prévenir les blessés. Mais dans les régions officielles on s'intéresse bien moins aux blessés qu'aux
professeurs et à toute leur suite. — « Trois fois depuis un
mois » — c'est trop évidemment — « j'ai observé, à l'hôpital
Saint-Antoine, une gangrène complète de la partie lésée (deux
fois un doigt, une fois le gros orteil) par suite d'une application défectueuse de l'acide phénique. Deux malades ont
apporté à l'hôpital la solution dont ils s'étaient servis, et
l'explication des accidents a été facile. » — Absolument
comme M. Lemaire : toutes les explications sont faciles ; la
nature n'a point de secrets pour lui..... ni pour les professeurs. — « Au fond du flacon existait une couche, haute de
un centimètre environ, formée d'acide phénique pur, et, au-
dessus, la solution **concentrée**, avec son caractère habituel, c'est-
à-dire translucide. » —Faisons d'abord remarquer à M. le professeur : 1º que la solution (aqueuse, bien entendu) la plus concentrée possible d'acide phénique ne contient que de 5 à 6
p. 100 d'acide, et qu'en chimie une telle solution ne saurait
porter le nom de *concentrée*; 2º que la solution en question
n'est pas seulement translucide, mais parfaitement transparente, comme l'eau distillée elle-même ; 3º enfin, que la couche
inférieure d'acide phénique, qui n'est pas absolument pur, car
il contient 4, 5 ou 6 p. 100 d'eau, ne se distingue pas de la
couche supérieure par la translucidité, car l'acide pur liquide
est lui-même parfaitement transparent. On voit que les professeurs ne se distinguent, parfois, en rien de M. Lemaire, et
qu'ils commettent autant d'erreurs qu'ils écrivent de mauvaises phrases. —« Au moment de s'en servir, les malades
agitaient les flacons ; ils produisaient aussitôt une émulsion
tenant en suspension l'acide phénique pur, et trempaient dans
cette émulsion le linge destiné au pansement. Il est aisé de
concevoir ce qui se passait alors : l'acide phénique pur qui se
se trouvait dans l'émulsion, se déposait sur la partie blessée

comme il se déposait auparavant au fond du flacon. *Donc (sic)* cette partie était en contact avec un caustique d'une extrême puissance, l'acide phénique pur. » — Non, monsieur le professeur, l'acide phénique, je vous le répète, n'était pas pur; et, de plus, l'acide phénique pur est un caustique, mais non pas un caustique d'une extrême puissance; c'est un des plus faibles caustiques, précisément par suite de son mode d'action tout spécial. Tout cela n'est pas moins aisé à concevoir que les erreurs d'imagination des professeurs; mais il faut prendre la peine de l'étudier ailleurs que dans les catéchismes officiels. — « Il en est résulté une gangrène de toute la partie enveloppée, gangrène si profonde que les doigts sont tombés ou vont tomber.

» Je n'ai pu recueillir l'observation du premier blessé, » — c'est fâcheux, pour peu qu'elle fût aussi concluante que les deux autres — « qui n'a fait que passer à la consultation de l'hôpital : Le doigt indicateur était froid et noir.. Je pus introduire une épingle jusque sur la phalange sans déterminer la moindre douleur.

» Voici les deux autres observations, recueillies par M. Magnant, externe du service :

» Obs. I. Le nommé C*** Antoine, âgé de quarante-quatre ans, demeurant à Saint-Mandé, porta, le 8 août, le doigt médius de la main droite contre une scie circulaire en mouvement. Il en résulta deux légères excoriations sur la face dorsale de la deuxième et de la troisième phalange. Le malade s'étant précédemment soigné avec le phénol Bobœuf, envoya sa petite fille chez un pharmacien chercher de l'acide phénique. Au fond du flacon existait un dépôt évalué environ au dixième du contenu. Il agita le liquide, en imbiba un linge dont il entoura les deux dernières phalanges du doigt médius.

» Le pansement fut ainsi fait pendant trois jours. Le malade ne souffrait nullement; mais, remarquant que son doigt devenait noir, il cessa l'application phéniquée, et alla trouver un pharmacien qui fit appliquer de l'alcool camphré; cette application a été continuée jusqu'aujourd'hui, 1er septembre.

» Les deux dernières phalanges du doigt médius droit sont complétement sphacélées; elles sont noires, dures et ratatinées

comme dans la gangrène sèche ; un sillon déjà profond les sépare de la première phalange qui est intacte.

» On fait appliquer des cataplasmes pour accélérer la chute
des parties mortifiées. Ce malade, qui n'avait primitivement
qu'une simple excoriation, va perdre son doigt.

» Obs. II. Cette observation est moins concluante que la précédente. Le gros orteil gauche a subi la pression d'une voiture
pesamment chargée et les renseignements ont présenté une
certaine obscurité. Cependant, si l'on considère que le gros
orteil était sphacelé, que la gangrène n'occupait pas seulement
la face dorsale, mais aussi la face plantaire, que la ligne de
démarcation d'entre (sic) le mort et le vif était circulaire et
que le gros orteil est tombé en totalité, absolument comme le
doigt du malade précédent, s'en rapportant d'ailleurs à ce renseignement que la coloration noire n'est apparue que plusieurs
jours après l'accident, alors qu'on employait l'acide phénique,
on sera autorisé à conclure à une gangrène produite par le pau-
sement phéniqué. »

Cela est signé docteur TILLAUX, tout court. L'auteur a eu la modestie de ne se décorer d'aucun titre. Cette modestie nous rendra coulant, et nous nous abstiendrons de toute autre remarque
que la suivante, sur ces deux incroyables observations : C'est
que, pour les présenter et surtout les interpréter de la sorte, il
faut être aussi étranger que le moins civilisé des Bushmans à
l'art d'observer et à toute notion sur l'acide phénique. Nous
ajouterons, cependant, que s'il est vrai qu'on doive à la réclame
la vulgarisation de l'acide phénique, il en faudrait conclure que
la réclame est plus utile à l'humanité que les professeurs officiels, car il serait difficile, même à un professeur, de contester
que la vulgarisation de l'acide phénique soit utile à l'humanité.
Mais, pour être tout à fait vrai sur ce point, nous devons dire
que les professeurs ne sont pas toujours justes envers eux-
mêmes, et que la réclame n'a pas seule le mérite d'avoir vulgarisé l'acide phénique. Bien avant qu'elle eût fait du bruit,
dès 1861, M. Maisonneuve, collègue très-aîné de M. Tillaux,
employait à l'Hôtel-Dieu, grâce aux indications que nous lui
avions données, l'acide phénique sur une assez large échelle ;
mais, comme beaucoup de ses autres collègues, M. Tillaux n'a

pas l'air de s'en douter; il aime mieux faire tous les honneurs de l'innovation à la réclame. Quel intérêt peut-il avoir à cela ? Question que nous discuterons dans une publication qui suivra celle-ci. En attendant, nous apprendrons à l'honorable professeur, chirurgien des hôpitaux, que ces prétendues gangrènes qui l'ont si fort effrayé, nous les produisons tous les jours même sur le visage, avec de l'*acide phénique pur, solide*, cristallisé, comme on le verra notamment à l'article couperose. Les *redoutables* gangrènes que nous déterminons par cette application, sur des tissus aussi perméables que les joues et le nez, se bornent à la chute d'un épiderme noirci, d'apparence sinistre peut-être, mais qui pourtant laisse au-dessous de lui, intacts et seulement resserrés, les vaisseaux les plus superficiels du réseau vasculaire cutané. Et, nous le répétons, nous employons l'acide phénique pur! Mais du moment qu'on est professeur, on n'est pas obligé de savoir tout cela.

Cependant, comme nous ne voulons jamais la mort du pécheur, fût-il professeur et contempteur de l'acide phénique, nous ferons remarquer que les orteils sont des organes très-sensibles à l'action de cet acide, et qu'il doit être employé avec ménagement dans les affections de ces organes, ainsi que nous le dirons à l'article *cors*. Que M. Tillaux fasse son profit de cette remarque s'il se décide jamais à entrer dans la voie du progrès réalisé par l'application de l'acide phénique.

Action antigangréneuse, antiputride, antipurulente, cicatrisante. — Pour toutes ces actions, qui n'en constituent au fond qu'une seule, celle qui consiste à détruire les ferments ou parasites pyogènes, la solution aqueuse à 1 pour 100 est la plus convenable, dans l'immense majorité des cas; quelquefois, elle paraît agir insuffisamment, et il y a lieu d'augmenter la proportion d'acide, de la porter à 2 ou même à 3 pour 100; rarement, il y a lieu de la diminuer, pour cause de léger excès d'irritation ou de douleur. Nous n'avons sans doute pas besoin de répéter qu'on ne gagnerait rien, tout au contraire, à ajouter à la solution simple une proportion quelconque de teinture ou de décoction d'écorce de panama, dite par M. Lemaire teinture de saponine. Du linge ou de la charpie imbibée de la solution phéniquée suffit pour le pansement, et nous verrons à

l'article *plaies* la grave responsabilité qu'a encourue la chirurgie
officielle civile et surtout militaire, pour avoir refusé obstinément une méthode de pansement qui sortait de la routine classique. Et ce n'est pas la seule responsabilité qu'aient assumée
MM. Chenu, Larrey et autres. Puisse M. Larrey, spécialement,
qui passe pour avoir la conscience susceptible, trouver légère
cette responsabilité. Dans des plaies chroniques ou trop légères
pour que les malades gardent le repos, la charpie ou le linge
imbibé se dessécherait souvent avant qu'on pût renouveler l'ar-
rosement avec le liquide phéniqué; il sera préférable, dans ces
cas, de faire le pansement avec une des pommades, onguents ou
glycérolés phéniqués qu'on trouvera au formulaire spécial
imprimé, avec explications nécessaires, à la fin de cet ouvrage.

Administration interne. — La solution d'acide pur transformée en sirop titré, tel que celui que M. Guénon a bien voulu
préparer sous notre surveillance, est la préparation qui nous
paraît préférable pour l'administration par l'estomac. Le titre
de 10 centigrammes par cuillerée à bouche, que nous avons
adopté, permet de remplir facilement toutes les indications,
depuis celle d'un léger catarrhe dans lequel on peut se contenter de 40 ou même 30 centigrammes d'acide par jour, jusqu'à la fièvre typhoïde, où l'on peut juger utile d'en prescrire
un ou deux grammes à des doses fractionnées, de façon à tenir
constamment le malade sous l'action du parasiticide. Disons
du reste, par avance, que, dans ces cas graves, l'administration
par l'estomac serait souvent insuffisante, et qu'il convient de
recourir aux injections sous-cutanées.

Dans les cas plus légers encore, et pour lesquels les malades
jugent rarement opportun de consulter un médecin, la pâte
phéniquée pourra remplacer avec avantage celles qu'on a l'habitude de prendre ou de prescrire. Elle aura surtout l'avantage
de prévenir assez souvent la contagion des épidémies légères
de coryza et d'*influenza*, qui règnent si souvent pendant les
saisons froides et humides. Toutefois, l'usage habituel du sirop
phéniqué à la dose de deux ou trois cuillerées par jour aura une
action prophylactique bien plus efficace. Nous ne croyons pas
qu'aucune autre préparation phéniquée soit utile pour l'administration de l'acide par l'estomac.

La solution aqueuse de 1/2 pour 100 doit être adoptée pour l'administration du médicament par le rectum, administration que l'application de la méthode hypodermique doit, du reste, faire restreindre à quelques cas d'affections du gros intestin et particulièrement à la présence dans cet intestin des ascarides vermiculaires. La quantité d'acide que l'on devra injecter en une fois ne devra pas dépasser un demi-gramme, au moins la première fois; mais on pourra renouveler l'injection une ou deux fois dans les 24 heures.

C'est toujours la solution aqueuse d'acide cristallisé, pur, que l'on devra préférer pour l'injection hypodermique. La proportion d'acide doit être de 1 pour 100; plus faible, il faudrait injecter trop de liquide pour administrer une dose suffisante d'acide; plus forte, elle causerait trop d'irritation et serait suivie assez fréquemment d'indurations, de nodosités, qui pourraient être très-longues à disparaître. La quantité de liquide à injecter en une seule fois ne doit pas dépasser 5 grammes, ce qui représente 5 centigrammes d'acide. Cette dose produit des effets très-sensibles; mais on comprend que dans des cas graves, tels que la fièvre typhoïde à forme ataxique ou profondément adynamique, le typhus, la fièvre pernicieuse, le choléra, etc.; il sera toujours nécessaire de faire deux, trois ou même un plus grand nombre d'injections par jour; mais, dans tous ces cas, c'est par le nombre des injections qu'on devra augmenter la dose d'acide et non en modifiant la solution qui doit toujours rester à 1 pour 100. Outre les inconvénients que nous venons de leur reconnaître, les solutions plus concentrées auraient celui plus grand encore, en tannant le tissu cellulaire, de rendre l'absorption lente, difficile ou même nulle (1), et d'atté-

(1) Si nous ne craignions d'étendre démesurément ce travail, en discutant des questions qui, à chaque pas, nous débordent, nous montrerions, à propos de ce tannage des tissus par les solutions trop chargées d'acide phénique, et à plus forte raison par l'acide pur, combien les chercheurs de quintessences vont chercher loin ce qu'ils ont sous la main. Le même M. Paul Bert, qui a étudié l'action physiologique quintessenciée de l'acide phénique, a observé que du curare et du chlorhydrate de strychnine mêlés à de l'acide phénique en quantité supérieure à celle qui pouvait être dissoute dans les solutions des deux poisons, et injectés sous la peau, ne causaient aucun accident aux animaux. M. P. Bert se livre aux hypothèses pour expliquer cette sorte de neutralisation des poisons, qui ne sont pas détruits; car, séparés de l'acide phénique, ils agissent comme d'habitude. Mais,

nuer ainsi ou d'annuler même complétement l'efficacité de la méthode. Lorsqu'on se proposera d'employer l'acide phénique en injections pour diminuer ou prévenir les inconvénients qui peuvent résulter de l'injection d'autres substances, la proportion d'acide pourra être beaucoup moindre : 1/4 pour 100 suffira pour prévenir ces accidents, qui consistent exclusivement en inflammations locales.

Fait assez inattendu, la muqueuse des voies aériennes est plus susceptible que le tissu cellulaire sous-cutané. C'est toujours la solution aqueuse qu'il faut choisir pour les inhalations ; mais on doit commencer par une solution à 1/4 pour 100 si l'on ne veut pas risquer de produire des accès de toux trèspénibles; il est vrai que les inhalations telles que nous les pratiquons et que nous les avons précédemment décrites sont des inhalations sérieuses qui pénètrent fort avant dans les ramifications bronchiques. Peu à peu, cependant, la muqueuse aérienne s'habitue à la poussière phéniquée, et l'on arrive à faire supporter progressivement des solutions de 1/2, 3/4, 1 et même 1 et 1/2 pour 100. Nous ne dépassons pas cette proportion, et nous la croyons suffisante pour produire les meilleurs effets possibles.

ART. VII. — DES MÉDICAMENTS SUCCÉDANÉS, AUXILIAIRES, CONGÉNÈRES, OU SYNERGIQUES DE L'ACIDE PHÉNIQUE, ET DE LEUR RECHERCHE.

Cet article sera peut-être un jour très-long et pourra se subdiviser en plusieurs autres; cela est du moins fort désirable. Mais, pour le moment, il ne peut qu'être fort court. On comprend, sans que nous ayons besoin de l'expliquer, ce que nous entendons, faute d'un meilleur terme, par médicaments congénères ou synergiques de l'acide phénique; c'est ce qu'on

lui qui a étudié si à fond l'action physiologique de l'acide phénique n'a pas vu qu'appliqué sur les tissus, il les tanne et les rend ainsi impropres à l'absorption. Voilà tout le secret de l'inaction du curare et du sulfate de strychnine injectés sous la peau après avoir été mélangés à de l'acide phénique pur. M. P. Bert pourra essayer de la même façon, si cela l'intéresse, toute la série des poisons, et il découvrira que tous se conduisent comme le curare et le chlorhydrate de strychnine. (Voir le journal *l'Institut* du 19 juillet 1865.)

dit de deux muscles qui concourent au même but, qui agissent dans le même sens. Quant aux mots succédanés et auxiliaires, ils sont reçus et ont encore moins besoin d'explications.

Les congénères, les auxiliaires de l'acide-phénique sont nombreux parmi les médicaments déjà classés depuis long-temps dans la thérapeutique; un certain nombre d'entre eux sont précieux ; ceux qu'on a proposés récemment sont encore peu nombreux, et à peu près tous sans efficacité ou peu s'en faut.

Parmi ces derniers, il faut cependant faire une exception en faveur de la créosote, qui était à peu près tombée dans l'oubli après quelques années de vogue, et que quelques médecins ont tenté de remettre en honneur, moins, d'après toutes les apparences, il est triste de le dire, en croyant travailler au progrès de la thérapeutique, que pour tâcher d'éclipser ou d'obscurcir le mérite de l'acide phénique. La créosote, qui était entrée dans la thérapeutique par la meilleure des portes, ne méritait pas de servir à ces petites manœuvres de dénigrement, d'amour-propre et de mesquines jalousies; elle a rendu à l'art de guérir de réels services, des services fort analogues, en effet, à ceux que rend l'acide phénique, mais fort inférieurs sous tous les rapports. Tous ces services avaient du reste été rendus, bien avant les publications de ces derniers temps, ainsi que le prouvent un grand nombre de travaux publiés presqu'aussitôt après que fut connue la découverte de Reichenbach. Les novateurs de la dernière heure ne sont donc que des faiseurs de vieux-neuf, qui n'ont même pas le mérite de faire aussi bien que leurs devanciers. C'est à ces derniers seuls qu'appartient l'honneur d'avoir fait des applications utiles de la créosote; mais ces applications, qui ont été un progrès dans leur temps, seraient aujourd'hui un pas rétrograde : l'acide phénique a mis fin au rôle de la créosote. Les officiels de la médecine civile devraient le savoir, et plus encore ceux de la médecine militaire qui n'ont eu que trop d'occasions de l'apprendre, aux dépens de nos pauvres blessés et malades de la dernière et lamentable guerre.

Nous avons dit un mot d'une préparation sans nom, décorée du nom d'acide phénique sans odeur; peut-être un seul mot était-il de trop pour un produit indéterminé qui n'a aucune ou à peu près aucune vertu thérapeutique.

Le phénol, dit Bobœuf, est-il un succédané ? non. Ce prétendu phénol, ainsi que l'a constaté M. Basset (voir ci-dessus. p. 208), ainsi que l'avaient constaté déjà le docteur Quesneville et d'autres chimistes, n'est que de mauvais acide phénique, accompagné d'une foule d'impuretés parmi lesquelles de la lessive de soude caustique. Par l'acide phénique, même impur, qu'il contient, le *phénol* peut cependant rendre des services et ne serait pas à proscrire, si la pharmacie n'était en possession de l'acide phénique pur et cristallisé. Mais entre deux produits dont l'un est une drogue informe, et dont l'autre a des propriétés précises, certaines, constantes, l'ignorance et l'aveuglement pourraient seul hésiter. Avis donc à ceux qui ont des yeux pour voir et des oreilles pour entendre.

L'acide thymique est un nouveau succédané de l'acide phénique, qui a eu une singulière bonne fortune : il a été, si l'on en croit du moins un journal de médecine qui paraît être bien informé, expérimenté à la prière, ce qui veut dire à peu près par ordre de l'administration des hôpitaux. La médecine et la chirurgie officielles, qui ne manquent jamais de faire sonner très-haut leurs sentiments d'indépendance et de dignité personnelle et professionnelle, reçoivent cependant volontiers des ordres d'une administration qui ne les traite pas toujours avec le respect le plus profond possible. Voici l'histoire très-succincte de ce nouveau succédané, d'après un médecin et un pharmacien qui se sont associés pour l'écrire ; mais nous devons avertir que nous n'en garantissons pas la parfaite exactitude, quoique, à la suite de ces deux historiens, se soit rangé un chirurgien des hôpitaux, M. Giraldès. Ce qui nous fait même, à franchement parler, douter de la véracité de cette histoire, c'est la manière dont les deux auteurs la commencent : « L'acide phénique et la créosote, dit l'un deux, le pharmacien Bouilhon, préconisés et employés avec succès depuis longtemps déjà, n'ont jamais véritablement pris rang dans l'usage médical... » etc. « De nombreux chirurgiens, dit l'autre, le docteur Paquet, ont utilisé durant plusieurs années les merveilleuses propriétés antiseptiques et antiputrides de l'acide phénique, et l'on pourrait s'étonner de l'oubli dans lequel est tombé ce médicament depuis quelque temps. Une des principales causes de cet oubli est l'odeur si désagréable que répand cet acide, inconvénient qui n'existe pas, » REMARQUEZ BIEN CECI, « quand on fait usage de l'acide thymique. » Ce qui veut dire en bon français et dans la logique de M. de La Palisse — ou de M. Lemaire — que, lorsqu'on a mangé des haricots, on n'est pas exposé à avoir une indigestion de lentilles. Bien raisonné, M. Paquet! mais mal informé. Entrez dans toutes les officines de Paris, moins probablement celle de votre collaborateur Bouilhon, et vous vous convaincrez que l'acide phénique n'a jamais été aussi employé qu'il l'est aujourd'hui, et dites à votre collaborateur qu'il n'est cependant pas employé depuis aussi longtemps que la créosote, comme on pourrait le croire d'après la tournure de sa phrase qui, si elle n'est pas inexacte, est au moins fort mal bâtie. Il nous faut ajouter cependant, pour l'excuse des historiens Bouilhon et Paquet, que l'histoire de l'acide thymique ne valait guère la peine d'être bien écrite; il n'y aurait pas même lieu de s'en occuper ici, sans l'appui que lui ont donné l'administration des hôpitaux et un de ses chirurgiens les plus sévères en matière d'observation et les plus chatouilleux sur le point de dignité.

« M. Giraldès » — dit le journal qui publie l'analyse d'une leçon de ce chirurgien — « se sert » — pour le pansement des plaies — « d'une solution alcoolique d'acide phénique, du vingtième au cinquantième. Mais l'administration l'ayant prié d'expérimenter, au lieu et place d'acide phénique, *l'acide thymique*, son homologue, M. Giraldès a institué, *dans ce sens*, des essais dont il a donné le résultat. Ce résultat, a-t-il dit, est excellent, et permet même de constater la supériorité de l'acide thymique sur l'acide phénique. La solution qu'il prescrit est ainsi formulée :

<pre>
Acide thymique. 2 à 4 grammes
Alcool. 100   —
Eau. 900   —
</pre>

» Il importe de ne pas trop élever la dose, car lorsqu'il est pur, l'acide thymique est caustique.

» On sait que cet acide, retiré du thym, possède l'odeur agréable de la plante qui lui a donné le nom. Concentré, il remplace avantageusement l'acide nitrique et le nitrate d'argent, dans la cautérisation des nerfs dentaires. Étendu à la dose de 1 gramme pour un litre d'eau, il constitue un désinfectant qui serait irréprochable, si sa valeur vénale pouvait être abaissée. » (*Revue thérapeutique*, 15 février 1870, et *Bulletin de thérapeutique*, t. LXXIV.)

Mon ardeur à rechercher et à expérimenter tous les antiseptiques, tous les désinfectants, tous les parasiticides, ne me permettait pas d'être indifférent aux faits annoncés par MM. Bouillon, malgré le peu de confiance que devaient inspirer le langage dans lequel ils étaient exposés et la véracité historique des auteurs touchant l'acide phénique. J'ai donc essayé l'acide thymique, sous toutes les formes et contre plusieurs maladies, mais particulièrement contre des plaies de diverse nature, et j'ai eu le regret de ne constater aucun fait qui ait justifié l'opinion de M. Giraldès, ni la faveur que l'administration a prodiguée à ce nouveau médicament. L'intérêt des malades m'a donc obligé à y renoncer promptement, et je n'hésite pas à prédire, sans crainte de me tromper, que tous les praticiens qui l'essaieront après moi y renonceront de même. L'acide thymique ne restera certainement pas dans la pratique, malgré son odeur, à laquelle ses premiers historiens et M. Giraldès lui-même attachent un prix exagéré. Nous devons dire, cependant, qu'appliqué en injections sous cutanées, l'acide thymique nous a donné quelques bons résultats, quoique inférieurs à ceux de l'acide phénique. On pourra donc l'essayer encore, peut-être utilement, par la méthode hypodermique.

Un de nos honorables confrères de province, M. le docteur Gimbert, de Cannes, et un professeur officiel, M. le docteur Gubler, ont pris sous leur patronage un autre désinfectant tout nouveau, c'est un arbre — ou du moins ses feuilles de la dernière année — qui nous vient d'Australie, et qui est remarquable par l'extraordinaire rapidité de sa croissance (environ 4 mètres par an), et par la grande élévation qu'il atteint dans les contrées dont il est originaire (de 70 à 100 mètres, dit-on). Cet arbre, l'Eucalyptus globulus, de la famille des Myrtacées, est à feuilles persistantes, et c'est particulièrement dans les feuilles de la dernière année, aussi, paraît-il, dans les fleurs que se trouvent ses principes actifs. Ces feuilles ont une odeur aromatique assez forte, tenant le milieu entre l'odeur du laurier-sauce et l'essence de térébenthine, mais se rapprochant cependant davantage de cette dernière. Ses principes actifs seraient surtout une essence que M. Cloëz a déjà étudiée et à laquelle il a donné le nom d'Eucalyp'ol, pour rappeler qu'elle appartient à la série du phénol. La densité de cette essence, suivant M. Cloëz, est de 0,905, à la température de + 8° centigr.; elle est liquide, se volatilise lentement entre + 25 et + 38; elle bout entre 170 et 175; elle est dextrogyre; c'est, dit M. Cloëz, un véritable camphre liquide, qui a pour composition $C^{24} H^{20} O^2$ pour 4 volumes de vapeur.

Voici en quels termes M. le pharmacien Delpech résume les propriétés de ce nouveau désinfectant, d'après les docteurs Gimbert et Gubler :

« Tout d'abord, à l'extérieur, son action topique est des plus efficaces. Il agit sur toutes les sécrétions purulentes comme définitivement énergique; aussi convient-il dans les plaies atoniques ou de mauvaise nature et dans les ulcérations spécifiques. Son action stimulante et astringente, qui lui est fournie (sic) et par l'essence et par le tannin qu'il renferme, lui donne de véritables propriétés cicatrisantes. A l'état d'alcoolature, il peut remplacer avantageusement les vulnéraires connus, eau-de-vie camphrée, alcool, arnica, etc.; et, comme le dit M. Gubler, l'Eucalyptus l'emporte sur l'acide phénique et les solutions phéniquées, tant par son odeur aromatique agréable que par ses propriétés antiseptiques.

» En résumé, pour l'usage externe, l'Eucalyptus employé, soit à l'état d'alcoolat préparé avec l'essence et l'alcool » — ce qui, par parenthèse, n'est point un alcoolat — « soit en alcoolature obtenue des feuilles fraîches avec l'alcool, soit en essence pure, soit en infusé ou décocté de feuilles, soit sous forme de poudre de feuilles, fournit des solutions, des mélanges, des topiques pour pansements, frictions, injections,

lavements. Ces diverses préparations représentent ses propriétés désinfectantes, antiseptiques, astringentes, hémostati-
ques et stimulantes.

» A l'intérieur, les mêmes propriétés peuvent être avantageusement utilisées, et les actions réparatrices que l'Eucalyptus exerce sur la peau sont également produites par cette
substance sur les membranes muqueuses malades. On l'a employé tout d'abord en Espagne et en Italie contre les fièvres
paludéennes, et son succès a été très-remarquable. Mais c'est
surtout dans les affections chroniques des voies respiratoires
que cette myrtacée donne les meilleurs résultats. »

M. Delpech entre ici dans des détails de préparations pharmaceutiques que nous croyons devoir négliger; nous nous
contenterons de reproduire ce qui se rapporte aux doses et
au mode d'administration de l'essence d'eucalyptus ou eucalyptol.

« A l'extérieur, on emploie l'Eucalyptol, soit pur, en frictions, à la dose de 8 à 10 grammes, soit mêlé à un véhicule
approprié, contre les douleurs rhumatismales de la goutte aiguë
ou chronique.

» A l'intérieur, l'Eucalyptol s'emploie au triple titre de stimulant diffusible, de substitutif léger et d'antispasmodique. »
(*Courrier médical* et *Réforme médicale*, 18 novembre 1871.)

Il serait malheureux pour les succédanés nouveaux de l'acide
phénique, s'ils valaient quelque chose, d'avoir de pareils historiens; heureusement que narrants et narrés sont à peu près
de même valeur; c'est ce qui nous dispense de donner plus de
détails sur l'histoire naturelle et les formes pharmaceutiques
de l'eucalyptus. Nous terminerons donc ici par l'exposé très-
succinct de nos propres expériences.

Depuis trois ans, nous avons expérimenté l'eucalyptus; il a
un peu plus d'action que l'acide thymique; il calme assez
bien la toux lorsqu'on mâche ses feuilles; mais cette action
est encore fort légère et assez fugace; et nous avouons que pour
écrire ou professer, comme paraît le faire M. Gubler, cette
monstruosité, que les propriétés antiseptiques de l'eucalyptus
sont supérieures à celles de l'acide phénique, il faut ou n'avoir
jamais appliqué l'acide phénique ou avoir le sens de l'obser-

vation singulièrement obtus. La seule action bien prononcée que possède l'eucalyptus, et que ses prôneurs ne mentionnent pas et n'ont conséquemment pas dû voir, est une action diurétique qui nous paraît supérieure à celle de la plupart, sinon de tous les diurétiques connus. C'est par cette propriété, et non par son action antiseptique, que l'eucalyptus a quelque chance de se faire une place dans la matière médicale des praticiens qui aiment les nouveautés pour leur utilité, par amour du progrès, mais non par amour du bruit, par versatilité de sentiment ou tout autre motif aussi peu digne d'approbation.

Un meilleur antiseptique que l'acide thymique et que l'eucalyptus et l'eucalyptol ou camphre liquide, c'est le camphre solide, que tout le monde connaît en Europe depuis Aetius et Sérapion, mais que le vulgaire connaît plus encore depuis M. Raspail. Mais cet antiseptique et parasiticide est lui-même à une distance infinie de l'acide phénique, outre qu'il se prête beaucoup moins bien que ce dernier aux divers modes d'admistration, et particulièrement au meilleur de tous, les injections hypodermiques. On a tant parlé du camphre depuis trente ans, qu'il serait inutile, pensons-nous, d'en dire davantage ici. Constatons seulement que, malgré le bruit sans précédent qui a été fait autour de lui, il ne s'est fait dans la thérapeutique éclairée que la place modeste à laquelle il a droit. Dans la médecine populaire, il conserve encore un crédit fort exagéré ; cependant, même dans cette région, il tend déjà à descendre à sa place légitime.

Nous aurions plus de détails à donner sur un succédané de l'acide phénique, qui peut rivaliser avec cet acide lui-même, sinon par l'universalité de ses applications, au moins par sa puissance curative dans certains cas. Mais la peine qu'on a à défendre ses droits de priorité m'oblige à retarder encore la divulgation de cet agent dont j'ai inscrit le nom et le mode d'application dans un pli cacheté déposé, depuis plusieurs années, à l'Académie des sciences. Lorsque mes droits auront été bien constatés, je m'empresserai de le faire connaître publiquement ; mais je ne veux plus être obligé de recommencer, à son propos, contre un Lemaire quelconque, la campagne aussi laborieuse que répugnante que j'ai dû faire à propos de l'acide phénique. A plus tard donc les détails sur ce nouvel et puissant parasiticide.

Nous n'en dirons pas davantage sur une foule d'autres désinfectants, antiseptiques et parasiticides, tels que l'arsenic, le mercure, le chlore, l'iode, le brôme, le soufre, le zinc, le fer, le manganèse, le quinquina, l'aloès, l'alcool, l'éther, etc., etc., par la raison contraire que ceux-là sont très-connus et appréciés à peu près exactement à leur juste valeur, au moins par tous les médecins, sinon par tout le monde. Je terminerai donc par une remarque générale cet article sur les succédanés et les auxiliaires de l'acide phénique. Cette remarque générale ne sera que la répétition incomplète de ce que nous avons développé dans notre introduction, mais la répétition d'une idée à la propagation de laquelle nous croyons qu'un grand progrès est attaché, et que, pour cette raison, nous ne croyons pas superflue.

Nous croyons — et nous sommes certain que tous les médecins sensés, quand ils se recueillent et se placent face à face avec leur conscience sont de notre avis — nous croyons que, si un ouragan emportait dans le fond d'un abîme toute la matière médicale, moins les médicaments que nous venons d'énumérer, y compris, bien entendu, l'acide phénique et quelques sédatifs spéciaux ou généraux, la médecine ne resterait pas beaucoup moins bien armée qu'elle ne l'est actuellement Or, si c'est là une vérité incontestable, il en résulte que les agents les plus efficaces — et presque les seuls réellement efficaces — de la matière médicale sont des parasiticides; et, si toutes les armes utiles de la médecine sont des parasiticides, n'en résulte-t-il pas clairement que tous les ennemis sont des parasites, et que c'est parmi les parasiticides qu'il faut chercher des armes nouvelles? Pour nous, cela ne fait pas l'objet d'un doute. S'il en est ainsi, la voie des voyageurs à la recherche de nouvelles conquêtes thérapeutiques est toute tracée. Nous n'hésitons pas à témoigner une fois encore toute notre sympathie pour les expérimentateurs physiologistes de la nouvelle école, — du moins pour les plus sérieux d'entre eux, — tout chercheurs de quintessence qu'ils soient parfois; mais, nous le répéterons aussi, ce n'est point en procédant comme eux qu'on trouvera de nouvelles armes contre tant et de si graves maladies encore rebelles à nos efforts. On les découvrira, ces armes, en observant les analogies entre les substances non encore utilisées en médecine et les parasiticides connus; en essayant ces substances sur les organismes inférieurs; celles de ces substances qui empêcheront le développement de ces organismes, qui les feront périr quand ils sont développés, seront alors essayées sur les animaux supérieurs, pour apprendre leur degré de nocuité, ou même directement sur l'homme, en procédant avec prudence pour les doses; l'expérimentation directe sur l'homme n'aura jamais d'inconvénients entre les mains d'un médecin prudent. Telle est la véritable voie, la seule même, à notre avis, avec celle du hasard, qui conduira au progrès thérapeutique, et nous sommes si profondément convaincu à cet égard, que, malgré notre antipahie pour les prophéties, nous n'hésitons pas à refaire celle que nous avons déjà faite ailleurs, c'est qu'on ne découvrira jamais un médicament puissant, — et nous entendons par puissant, puissamment curatif, — si ce n'est dans la série des parasiticides.

CHAPITRE TROISIÈME.

APPLICATIONS THÉRAPEUTIQUES SPÉCIALES DE L'ACIDE PHÉNIQUE.

SECTION PREMIÈRE.

MALADIES DONT LE PARASITISME EST DÉMONTRÉ.

Si la médecine avait été une science comme une autre, où l'on eût appliqué la règle qui prescrit de procéder du connu à l'inconnu, il y a longtemps que la doctrine parasitaire aurait été établie sur de telles probabilités, qu'elles auraient équivalu, pour ainsi dire, à une certitude. En effet, dès les premiers temps de la médecine, on a observé les plus gros parasites qui vivaient dans ou sur le corps de l'homme et des grands animaux; et, à mesure que la science ou plutôt le temps a marché, le nombre de ces parasites s'est accru de plus en plus, de façon à élargir, dans des proportions correspondantes, le tableau des symptômes morbides qu'on attribuait à leur présence, tableau que les médecins eux-mêmes ont parfois étendu bien au delà de ce que les faits permettaient. Composée d'abord et pendant longtemps de quelques animaux, la liste des parasites a compris bientôt quelques végétaux; et, aujourd'hui, le nombre des uns et des autres est déjà considérable. Cependant, de nouvelles recherches l'augmentent chaque jour, et la section des « parasites démontrés, » sous laquelle nous rangeons les faits matériellement acquis, au moment actuel, ne doit être considérée que comme un point de vue rétréci du vaste panorama qui embrassera un jour la pathologie médicale tout entière.

Nous n'avons pas à tracer l'histoire de chacune des maladies causées par tous les parasites aujourd'hui connus, puisque, ainsi que nous l'avons déjà dit plusieurs fois, nous n'écrivons qu'une étude thérapeutique de l'acide phénique et non un traité de pathologie générale ni même spéciale; nous nous bornerons, en conséquence, à quelques mots sur celles de ces maladies contre lesquelles l'acide phénique a été essayé ou devra l'être, et à quelques rapides considérations sur les parasites « démontrés » en général; sur quelques maladies seulement nous entrerons dans des détails que leur importance exigeait. Nous commencerons par les parasites animaux et nous étudierons ensuite les parasites végétaux.

I. — PARASITES ANIMAUX.

On les a divisés en *épizoaires* et en *entozoaires*. Les premiers vivent à la surface ou sur la peau des animaux; les seconds n'ont compris, d'abord, que les parasites qui vivaient dans le canal intestinal, les seuls que l'on connût; mais, plus tard, on a compris dans la même dénomination, tous les parasites qui vivent dans l'intérieur du corps, soit dans les intestins, soit dans les viscères, soit dans un tissu quelconque. C'est dans ce dernier sens que nous comprendrons le mot d'*entozoaires*.

A. — Épizoaires.

ART. I. — DE LA GALE .(*Sarcopte* — *Acare*).

a. — *Gale de l'homme.* — Le traitement de la gale a reçu dans ces derniers temps, de MM. Bazin et Hardy, de tels perfectionnements, par l'application des anciens parasiticides, qu'il ne laissait rien à faire à l'acide phénique. Nous bornerions donc cet article à une simple mention du parasiticide de la gale, si nous n'avions un intérêt doctrinal à rappeler quelques particularités de ses mœurs, et si nous ne voulions mentionner les résultats obtenus avec notre grand parasiticide.

Le parasite que les médecins, y compris M. Bazin lui-même, continuent à appeler *acarus scabiei*, quoique M. Raspail ait démontré depuis longtemps qu'il appartient au genre sarcopte, ce que, du reste, ni M. Bazin ni les médecins en général n'ignorent, offre les caractères suivants : il est punctiforme, à peine visible à l'œil nu, long de 0ᵐ, 33, large de 0ᵐ, 25, mou, luisant, légèrement translucide, de couleur laiteuse, un peu rosée ; il porte sur son dos bombé des appendices cornés, coniques, de différentes dimensions ; ventre moins bombé que le dos, portant quatre paires de pattes, deux antérieures et deux postérieures, et où se trouvent des parties cornées auxquelles s'attachent les muscles ; l'un de ces muscles est médian, longitudinal, se divisant antérieurement en deux branches qui embrassent la première paire de pattes, et deux latéraux qui embrassent la deuxième paire. L'abdomen est sillonné de rides à peu près parallèles ; ses bords sont légèrement sinueux. Rostre antérieur petit, étroit, ovoïde, ayant deux poils à la racine ; à sa partie antérieure se trouve la bouche formée de deux mandibules oblongues assez fortes qui portent une sorte de pince à deux branches (*Forcipule didactyle*), et de deux mâchoires étroites avec des palmes très-fortes, pointues et triarticulées. Partie postérieure du corps très-obtuse, souvent échancrée vers le milieu. Membres courts, conoïdes, articulés, munis de quelques poils roides, plus ou moins longs, les antérieurs terminés par une partie très-déliée, droite, tubuleuse, qui offre au bout une pelote vésiculeuse ou ventouse (*ambulacre*), les postérieurs terminés par une soie longue, arquée, sans ventouse. — Le sarcopte est unisexué : les mâles, moins nombreux, plus plats, plus petits, plus vifs, manquent d'une partie des appendices cornés dorsaux; l'appareil génital est situé vers la troisième paire de pattes. Un seul accouplement suffit à la fécondation. Les œufs ont au moment de la ponte le 1/3 du volume de l'animal. La femelle en pond ordinairement un par jour; ils éclosent après 10 ou 12 jours. Le sarcopte chemine assez vite pour pouvoir parcourir en 10 minutes la distance de la main à l'épaule. Il vit dans de petits sillons qu'il se creuse sous l'épiderme à l'aide des organes qui arment sa bouche; ce n'est ordinairement que le soir et la nuit qu'il travaille à ces galeries; celles-ci ne communiquent jamais les unes avec les autres, et elles présentent, de distance en distance, de petits trous par où sont sortis les petits, et où s'est arrêtée sans doute la mère pour pondre les œufs ; sur le trajet des sillons se trouvent ordinairement, mais non toujours, des vésicules qui ne durent guère que 4 ou 5 jours; ce n'est pas dans ces vésicules, comme on l'a cru longtemps, que séjourne l'animal, mais bien à l'extrémité du sillon, dans une petite cavité qui se distingue par un point blanc; les mâles n'ont que cette petite cavité creusée près du sillon de la femelle; ils ne font point de sillons. — Les sarcoptes se tiennent de préférence aux mains, dans les intervalles des doigts, à la face antérieure des poignets et des avant-bras, aux seins et au ventre, chez la femme, aux malléoles et plus rarement dans quelques autres parties du corps. — Le sarcopte que nous venons de décrire ne parait pas vivre sur d'autres animaux que l'homme; mais on en trouve sur les animaux d'autres qui en diffèrent très-peu, ainsi que nous le verrons dans un instant.

Le sarcopte est un des parasites qui trouvent le moins de constitutions réfractaires; on cite cependant des exemples de personnes qui ont couché avec des galeux et qui n'ont point contracté la gale; mais il est douteux que cette cohabitation ait duré assez longtemps pour que l'expérience soit décisive, et il est démontré, en tous cas, que, s'il existe des individus antipathiques ou réfractaires au sarcopte, ces individus sont pour le moins extrêmement rares. Mais s'il en est ainsi dans l'état de santé, il n'en est point de même dans l'état de maladie. On a souvent observé qu'une maladie intercurrente se déclarant chez un galeux suspendait les symptômes de la gale. Suivant quelques observateurs, les animaux périssent dans leurs gites; suivant d'autres, ils n'y sont qu'engourdis, et ils reprennent leur activité quand la maladie intercurrente est passée; suivant d'autres, enfin, ils désertent la peau du malade. Quelle que soit la véritable interprétation, ce qu'il y a d'intéressant, c'est que le corps humain, atteint de certaines maladies, n'est plus un terrain favorable à la vie et à la reproduction du sarcopte.

Le sarcopte de l'homme parait pouvoir vivre sur plusieurs animaux; on cite des exemples de transmission de la gale de l'homme à des chevaux, à des dromadaires et même à des lions.

Le dernier perfectionnement du traitement de la gale opéré par M. Hardy, est formulé par lui ainsi qu'il suit :

Premier temps. — Friction générale avec une solution de savon noir pour bien nettoyer la peau.

Deuxième temps. — Bain simple pour ramollir l'épiderme.

Troisième temps. — Friction générale avec la pommade d'Helmerich modifiée par M. Hardy (axonge 300 gram., soufre 50 gr., sous-carbonate de potasse 25 gr.)

Une seule séance de ce traitement suffit pour guérir radicalement la gale; encore M. Hardy pense-t-il que le premier temps est le plus souvent inutile. Il faut seulement que la friction générale soit pratiquée bien complétement sur toutes les parties du corps, le cuir chevelu excepté, et assez vigoureusement.

Nous ne pensons pas que le traitement phéniqué puisse rivaliser de promptitude avec le traitement de M. Hardy; cependant nous ne croyons pas inutile de dire qu'il a produit des résulsultats excellents entre les mains de M. Mosétig, médecin de l'hôpital Rodolphe de Vienne, et de son collègue, M. le docteur Monti. Le premier de ces honorables et habiles confrères m'écrivait encore, à la date du 22 décembre 1871, qu'il guérissait radicalement la gale en quatre jours, ainsi que son collègue M. Monti, à l'aide de 3 frictions par jour, faites avec une solution de 1 d'acide phénique pour 15 de glycérine. M. Monti, qui a expérimenté sur des enfants, emploie une proportion d'acide moindre encore. Ce traitement est plus long, il est vrai, que celui de MM. Bazin et Hardy; mais il a l'avantage de ne causer aucune excitation et de n'être pas même désagréable au malade, car les frictions peuvent être très-douces.

M. Lemaire paraît avoir employé avec succès de simples lotions faites avec la solution suivante :

Eau. 750
Acide pyroligneux à 8°. . . 200
Acide phénique cristallisé. . 50

M. Lemaire pense que l'addition d'acide pyroligneux facilite la pénétration de l'épiderme par l'acide phénique. Trois lotions faites avec une éponge imbibée de cette solution, répétées à 24 heures d'intervalle, ont suffi pour guérir radicalement la

gale; plusieurs sarcoptes extraits de leurs sillons et examinés au microscope ont été trouvés morts. Il rapporte huit cas de cette application de l'acide phénique, dont un aurait été vu par M. Bazin. Dans deux ou trois autres faits qui lui ont été communiqués par un confrère, les lotions ont été pratiquées avec une simple solution d'eau phéniquée à 2 p. 100, et ont produit le même résultat.

Nous pensons qu'un moyen plus commode encore et non moins certain serait de faire plonger le galeux dans un bain d'eau phéniquée à 1/2 ou 1 p. 100. Rien n'empêcherait de prolonger ce bain pendant une, deux ou même trois heures; nous croyons qu'au sortir du bain la cure serait parfaite. Cette méthode peut être recommandée à ceux de nos confrères qui auront l'occasion de traiter des galeux, occasion qui nous a manqué dans notre clientèle.

Si le sarcopte de l'homme, que nous avons décrit, paraît pouvoir passer et vivre sur les animaux, des sarcoptes propres à certains animaux, au chat, au cheval, au lama, au dromadaire, notamment, semblent pouvoir, à leur tour, passer et vivre sur l'homme. M. Hardy, à la vérité, conteste ce dernier fait ; il a constaté que les sarcoptes des animaux ne creusaient point de sillons sur l'homme, que les démangeaisons qu'ils causent sont guéries par des bains simples, et il en conclut qu'ils ne peuvent vivre qu'un temps limité sur la peau humaine. Ces raisons ne sont pas précisément péremptoires, car il se peut qu'il n'entre pas dans les habitudes des sarcoptes des animaux de tracer de sillons. Quoi qu'il en soit, ce qui paraît positif, c'est que la gale produite chez l'homme par le sarcopte des animaux est peu tenace et n'exige pas même l'emploi d'un parasiticide. Nous croyons, cependant, que la précaution d'une lotion ou d'un bain phéniqué serait, dans ces cas, commandée par la prudence.

b. — *Gale des animaux.* — Si l'occasion nous a manqué de traiter la gale de l'homme, nous avons eu plusieurs fois l'occasion de conseiller des frictions et des lotions phéniquées générales contre la gale du chien. C'est même à la suite de ces frictions que nous avons vu le train de derrière de ces animaux se paralyser parfois pendant plusieurs jours, mais jamais d'une manière définitive. On se rappelle les accidents, d'apparence si formidable, observés par le professeur anglais Brown, sur un chien qu'il avait frictionné; mais l'animal guérit de ces accidents et de la gale. Les frictions et lotions paraissent d'ailleurs avoir toujours produit le résultat désiré. M. Lemaire rapporte que M. Bourrel, vétérinaire à Paris, a également obtenu d'excellents résultats des lotions phéniquées; seulement l'exact et véridique narrateur parle de badigeonnages avec des solutions variant de 10 à 30 p. 100, ce qui jette un certain doute sur les faits dont il parle. Il mentionne aussi que M. Terreil, employé au Jardin des plantes, a guéri la gale des chiens, des loups, des chacals et des renards; mais la solution employée n'était que de 5 millièmes ou 1/2 p. 100. Enfin, il cite encore MM. Cloëz et Vulpian, qui ont guéri rapidement des chiens par des lotions avec l'eau phéniquée au centième. M. Guerrapain, vétérinaire, dit avoir guéri aussi très rapidement, avec l'acide phénique, un chien atteint de la gale rouge, et qu'il avait traité en vain, depuis dix-huit mois, par des lotions et des pommades diverses.

ART. II. — DE LA CHIQUE OU PUCE PÉNÉTRANTE (*Pulex penetrans*).

Cet hôte incommode et parfois dangereux de l'homme s'attaque de préférence aux pieds, où il s'insinue sous les ongles ou dans le derme épais des talons. Plus petite que la puce ordinaire, la chique peut atteindre, à ce qu'il paraît, quand elle est gorgée de sang, jusqu'au volume d'une fève, et cause des accidents sérieux. Ce parasite ne s'observe que dans les contrées tropicales de l'Amérique. Nous ne sachions pas qu'on ait employé contre elle l'acide phénique; mais il nous paraît probable que des bains de pied prolongés avec une solution phéniquée surtout additionnée de vinaigre ne lui seraient pas moins fatals qu'aux sarcoptes.

ART. III. — DE LA PUCE VULGAIRE.

Nous n'avons sans doute pas à décrire les petites ecchymoses qui résultent des piqûres de puces, non plus que la sensation que fait éprouver cette piqûre elle-même. Ce sont là des phénomènes assez ou trop connus de tous. Il nous suffit donc de les mentionner. Nous ajouterons seulement que, lorsque les piqûres sont extrêmement nombreuses, elles peuvent déterminer des éruptions secondaires très-pénibles, sinon graves, comme on le voit chez les chiens tenus à l'attache et trop peu soignés.

Ce que nous disons du chien prouve que la puce n'est pas propre à l'homme; non-seulement les chiens, mais les renards, les chats, les lapins, les rats et même les taupes leur donnent asile; mais celles de ces derniers animaux ne nous paraissent pas être de la même espèce que la puce humaine et canine.

Des arrosages de la literie et des vêtements ou de la litière des animaux, avec de l'eau phéniquée, suffisamment répétés, chassent ou tuent le parasite; cependant les lotions de sublimé corrosif nous ont paru agir plus promptement; la poudre de pyrèthre a aussi des effets pour le moins aussi prompts. Ce que dit M. Lemaire, que l'acide phénique en solution saturée tue instantanément les puces, est absolument faux.

ART. IV. — DES POUX.

Il est sans doute inutile de décrire ces parasites, qui sont suffisamment connus, et dont on distingue chez l'homme trois espèces : le pou de la tête, le pou du corps et celui du pubis; ces trois parasites quoique fort semblables entre eux, les deux premiers surtout, ont cependant leur domaine spécial dont ils ne sortent pas, si ce n'est accidentellement et pour peu de temps. Le pou du corps, quand il vient à se multiplier dans des proportions considérables, produirait, d'après une foule d'auteurs, la *phthiriase*, affection parasitaire qui pourrait entraîner la mort, et l'aurait entraînée, notamment chez le roi d'Espagne Philippe II. M. Bazin ne croit pas à cette maladie et ne l'a jamais observée, même au degré le plus léger.

L'acide phénique ou du moins l'eau phéniquée arrive à détruire les trois espèces de poux, quand on répète suffisamment les frictions. Cependant je dois avouer que, contrairement à ce que dit avoir observé M. Lemaire, la puissance pédiculicide de l'acide phénique n'égale pas celle du bi-chlorure de mercure, et que même cette puissance ne va pas jusqu'à détruire les larves de l'animal, du moins celles du *pediculus capitis*. Nous avons vu pratiquer plus de 20 lotions bien faites, avec de l'eau à 2 et 3 p. 100 d'acide, sans que les larves (dites *lentes*) fussent tuées. La solution saturée ne parvient à les tuer qu'après plusieurs lotions.

On sait que les volatiles de basse-cour sont très-sujets à une petite espèce de poux que l'homme prend avec la plus grande facilité, quand il entre dans un poulailler. Il paraîtrait que des badigeonnages avec l'eau phéniquée débarrassent promptement les poulaillers de ces hôtes désagréables et nuisibles. Il n'est pas démontré que ces poux se maintiendraient et surtout se reproduiraient sur l'homme; en tous cas, quelques lotions phéniquées l'en débarrasseraient promptement.

ART. V. — DU ROUGET.

M. Bazin, contrairement à M. Moquin-Tandon, ne considère pas cet acarien comme un parasite, parce qu'il vit habituellement dans les bois et qu'il ne se trouve qu'accidentellement sur l'homme. Ainsi que nous l'avons dit dans notre introduction, c'est là une très-mauvaise raison : en rejetant de la classe des parasites tous les animaux qui ne vivent qu'accidentellement sur ou dans nos tissus, on en retrancherait probablement les espèces peut-être les plus nombreuses et assurément les plus dangereuses, celles qui produisent ces graves maladies qui déciment les populations, en temps ordinaire et en temps d'épidémie. Le rouget est donc un véritable parasite, qui vit habituellement dans les bois, il est vrai, mais qui s'attache à la peau des promeneurs, particulièrement aux jambes, et y produit des démangeaisons insupportables. M. Lemaire dit que quelques lotions phéniquées suffisent pour éteindre ces démangeaisons; nous n'avons pas été aussi heureux dans un cas où nous avons prescrit ces lotions; elles ont été insuffisantes, et il nous a fallu recourir à des bains phéniqués prolongés. Ces bains, plus faciles à préparer, moins coûteux et moins dangereux que ceux de sublimé, sont peut-être un peu moins prompts dans leur action que ces derniers ; mais ils devront néanmoins leur être préférés.

ART. VI. — DES TIQUES.

Ces arachnides vivent habituellement dans les bois et l'on peut leur appliquer les mêmes remarques qu'au précédent ; mais ils envahissent plus que lui la peau des animaux et même celle de l'homme, où ils causent de la démangeaison, ensuite de la douleur et même une inflammation qui n'est pas sans danger, si l'on ne parvient à les extraire avant qu'ils ne se soient profondément enfoncés dans les chairs. M. Lemaire rapporte que le savant professeur Gratiolet débarrassa promptement une chienne des tiques avec quelques lotions à l'eau phéniquée saturée. Nous ne sommes pas certain qu'on fût toujours aussi heureux, lorsque les parasites sont entourés et protégés par le bourrelet inflammatoire qu'ils provoquent autour d'eux ; mais nous pensons qu'avec des bains phéniqués prolongés, on parviendrait à les tuer. Chez les animaux, surtout chez les gros, les bains ne seraient pas applicables ; mais, comme chez eux on peut sans aucun inconvénient pratiquer la cautérisation avec une pointe de métal rougie, la destruction des tiques se fera toujours sans difficulté. Quand ces parasites ne se trouvent que depuis peu de temps sur la peau, leur arrachement est très-facile, et c'est alors le meilleur procédé, pourvu qu'ils ne soient pas très-nombreux, ce qui est le cas à beaucoup près le plus fréquent. M. Milne Edwards dit, il est vrai, les avoir vus si nombreux, parfois chez les chevaux et les bœufs, qu'ils faisaient mourir ceux-ci d'épuisement. Nous ne connaissons aucun vétérinaire ni aucun agriculteur qui ait jamais vu un fait semblable.

ART. VII. — DES PUNAISES.

Nous ne nous étendrons pas plus sur les punaises que nous n'avons fait sur les puces. Ce parasite, qui paraît encore plus cosmopolite que les puces, n'est pas moins connu, et n'a pas plus besoin d'être décrit. Relativement au traitement, nous n'avons qu'à répéter les observations que nous avons faites à propos de la puce.

B. — Entozoaires.

On entend souvent par entozoaires les animaux qui vivent dans le canal intestinal de l'homme et de quelques autres animaux, c'est-à-dire ce que l'on connaît plus vulgairement par vers intestinaux ou helminthes. Cette acception n'est pas assez compréhensive, et l'on doit entendre aujourd'hui par entozoaires (de ἐντός, en dedans, et de ζῶον, animal) tous les parasites animaux qui vivent dans l'intestin ou dans un organe quelconque d'un autre animal.

L'histoire pathologique des entozoaires, même à ne considérer que celle des helminthes, est une des plus intéressantes, des plus instructives qu'on puisse imaginer, et, quand on songe à la variété presque innombrable des manifestations morbides qu'on leur a attribuées, on est frappé d'étonnement que le tableau de ces manifestations n'ait pas servi à édifier sur une base inébranlable la doctrine parasitaire. Depuis la plus légère toux jusqu'à la consomption phthisique, depuis la simple démangeaison jusqu'à l'épilepsie, depuis les troubles les plus fugaces de la vision jusqu'à la cécité, il n'est rien qu'on n'ait mis sur le compte des vers intestinaux (voir, notamment, le remarquable travail de Mondière) ; ces effets, dont un grand nombre sont purement imaginaires, sont cependant, encore aujourd'hui, acceptés par beaucoup de médecins, si ce n'est par tous, et la doctrine parasitaire rallie avec peine quelques rares partisans !

Avant de passer à l'étude sommaire des divers entozoaires qui nous intéressent, il ne sera pas inutile de rappeler les quelques généralités de leur histoire qui touchent le plus directement à la doctrine parasitaire en général.

Un premier fait à noter, c'est que tous les animaux, depuis l'homme jusqu'aux reptiles et aux poissons, ont des parasites de l'intestin ou même d'autres organes; il est infiniment probable que les animaux invertébrés ne sont pas plus que les autres à l'abri des parasites.

Un deuxième fait, c'est que les diverses espèces d'un même genre d'entozoaires ne vivent pas indifféremment chez tous les animaux; chaque espèce, au contraire, vit presque toujours exclusivement sur un même animal; quelques-uns seulement vivent sur plusieurs animaux à la fois; encore, dans ces cas, y a-t-il un de ces animaux auquel ils s'attachent de préférence.

Non-seulement chaque entozoaire vit presque toujours sur un seul animal; mais il vit le plus souvent sur un seul organe ou sur un seul système d'organes de cet animal : l'un vit dans l'intestin et même dans certaines portions de l'intestin; l'autre dans le foie; celui-ci dans le cerveau; celui-là dans les muscles, etc., etc.

Les vers étant tous sujets à des métamorphoses, il arrive qu'ils vivent dans une de leurs phases sur un animal, et dans l'autre sur un autre, comme le mans vit dans la terre et le hanneton dans l'air.

Tandis que certains entozoaires sont, si l'on peut ainsi parler, cosmopolites, tels que le tænia, les lombrics, les oxyures, d'autres, à l'instar de la puce pénétrante, sont propres à certaines contrées, le bothryocéphale à l'Europe, l'anchylostome duodénal à l'Italie et à l'Égypte, la filaire de Médine aux régions tropicales, etc. Mais les vers cosmopolites comme les régionaux ont certaines localités qu'ils affectionnent particulièrement : le tænia est plus fréquent en Abyssinie; le bothryocéphale, en Russie, en Suède, en Suisse; l'ascaride, dans les colonies (au moins parmi les nègres).

Certains entozoaires paraissent plus fréquents dans certaines saisons : M. Davaine croit avoir observé que les ascarides se développent plus particulièrement en automne.

Il est des vers qui sont plus particuliers à certains âges; les oxyures et les ascarides lombricoïdes se développent de préférence dans l'enfance; le tænia, quoique appartenant à tous les âges, paraît plus fréquent à partir de l'âge adulte jusqu'à l'âge de retour.

En Syrie et surtout en Abyssinie, où le tænia est très-fréquent, la femme en est atteinte plus souvent que l'homme (dans la proportion de 3 à 2).

Certains états de la constitution, mais principalement la débilité, favorisent le développement de la plupart des vers, sinon de tous ; l'alimentation débilitante ou insuffisante, ou les mauvaises digestions, ce qui, au fond, est tout un , ont le même effet. Nous connaissons une personne chez qui chaque affection morale triste trouble la digestion ; quelques jours ou au plus quelques semaines après que les digestions sont troublées apparaissent des oxyures, qui ne disparaissent définitivement qu'après le rétablissement des digestions.

On a vu le développement des entozoaires prendre le caractère épidémique ; ces épidémies paraissent avoir été beaucoup plus nombreuses dans les temps passés , mais qui ne sont pas encore bien loin de nous, qu'elles ne le sont aujourd'hui.

Certains entozoaires paraissent, pour ainsi dire , faire partie de la constitution normale de certains animaux (nous ne parlons pas seulement des spermatozoaires); ils séjournent indéfiniment dans les organes sans occasionner aucun trouble ; cela s'observe surtout chez les animaux à sang froid ; d'autres, au contraire , provoquent, soit peu de temps après leur développement, soit, ce qui est le cas le plus fréquent, plus ou moins longtemps après, des symptômes tantôt légers, tantôt graves, et même mortels,

Nous avons déduit, dans notre introduction, les conséquences qui découlent de ces faits, aussi intéressants en eux-mêmes qu'importants pour la doctrine et la thérapeutique ; nous n'avons pas à y revenir ici ; mais nous devions les constater avant de parler de chaque parasite entozoaire en particulier.

ART. — VIII. — DES ACÉPHALOCYSTES.

Ces vers, ainsi nommés en 1804 par Laennec, se développent soit dans les cavités splanchniques, soit dans le tissu même des organes. Ils sont renfermés dans une poche ou vessie ou kyste à laquelle ils n'adhèrent point. Ils produisent assez rarement des symptômes de réaction ; et leur diagnostic est, ainsi, le plus souvent impossible. Il est douteux que l'acide phénique pût les atteindre avec assez de force pour les faire périr, à moins cependant que l'on n'eût recours aux injections sous-cutanées.

ART. IX. — DE L'ANCHYLOSTOME.

Ce parasite, qui a pour habitat le duodénum, et qui s'observe en Égypte, aux îles Comores et dans plusieurs autres contrées chaudes, surtout en Italie, n'a pas, que nous sachions, été traité encore par l'acide phénique; mais il nous paraît probable, vu la facilité de faire arriver sur lui une grande quantité de sirop à l'acide phénique, que cette solution le détruirait assez promptement.

ART. X. — DES ASCARIDES.

a. — *Ascaride lombricoïde.* — Ainsi nommé, à cause de sa ressemblance avec le lombric terrestre, si connu de tout le monde. Il habite presque constamment le petit intestin; très-exceptionnellement, on le trouve dans les reins et dans la vessie. Il est fréquent chez les enfants, rare chez les adultes, où cependant on l'observe quelquefois, chez les individus faibles, encore jeunes, ou qui se nourrissent de substances exclusivement ou presque exclusivement végétales. Nous ne sachions pas qu'on ait employé contre ces vers les préparations phéniquées; mais nous pensons qu'en raison de son volume, d'une part, et de son habitat, de l'autre, il sera assez difficile de le détruire, à l'aide de l'acide phénique : pour y parvenir, il faudra, dans tous les cas, continuer probablement pendant longtemps l'usage du sirop à l'acide phénique, à la plus forte dose que le malade pourra supporter.

b. — *Ascaride* ou *oxyure vermiculaire.* — L'oxyure vermiculaire, beaucoup plus petit que l'ascaride, vit dans la partie inférieure du rectum, où il cause des démangeaisons, parfois extrêmement pénibles, et paraît même, d'après un grand nombre d'auteurs, pouvoir déterminer des convulsions graves; quelquefois il peut traverser l'anus, se répandre sur le scrotum et surtout sur la vulve chez les petites filles, où il détermine des symptômes extrêmement incommodes. C'est un parasite

14.

spécial à l'enfance et aux personnes adultes débilitées par une cause quelconque et particulièrement par les mauvaises digestions ou des affections morales tristes qui, elles-mêmes, troublent les fonctions digestives.

Un quart de lavement avec de l'eau phéniquée au centième, et que l'on garde, détruit instantanément les oxyures; mais leurs larves, qui se présentent sous forme de petits grains de semoule, très-blancs, résistent davantage; les vers se reproduisent au bout de quelques jours, et, pour en triompher définitivement, il faut prendre des lavements, pendant 8 à 10 jours de suite, même quand on n'éprouve aucun symptôme qui indique la présence du parasite. En procédant ainsi, le résultat est absolument certain. Le traitement phéniqué est, ici, infiniment supérieur à tout autre.

ART. XI. — DU BOTHRYOCÉPHALE.

C'est une espèce du genre des *tœnioïdes* dont nous parlerons à l'article *tœnia*.

ART. XII. — DU CŒNURE.

La seule espèce de ce genre que l'on connaisse habite rarement le cerveau du bœuf et ordinairement le cerveau du mouton, où il produit la maladie vertigineuse connue sous le nom de *tournis*, maladie à symptômes des plus remarquables, et qui se termine, abandonnée à elle-même, constamment par la mort, laquelle survient d'habitude par marasme et paralysie. Le cœnure attaque beaucoup plus souvent les jeunes animaux que les adultes. On s'accorde à reconnaître qu'une nourriture et des causes débilitantes en favorisent le développement. Tous les traitements qu'on lui a opposés n'ont produit aucun résultat positif. Il est douteux que le traitement phéniqué fût plus efficace. Cependant, il nous semble rationnel de le tenter; il n'est pas impossible que les injections sous-cutanées à forte dose et longtemps continuées parvinssent à le détruire; mais il resterait à savoir ce que le cadavre du ver, devenu corps étranger, produirait dans un organe aussi délicat que le cerveau. — L'origine et les métamorphoses de ces vers offrent le plus grand intérêt. Il en sera question à l'article tænia.

ART. XIII. — DES CYSTICERQUES.

Ces vers vésiculaires, fréquents chez le cochon, où ils constituent la maladie connue sous le nom de ladrerie, peuvent se développer aussi quelquefois sur les organes de l'homme ; mais ils n'y déterminent pas habituellement des phénomènes réactionnels sensibles. Tout récemment, le Dr Lancereaux a présenté à l'Académie une femme offrant sur toutes les parties du corps une foule de petites tumeurs sous-cutanées, roulant sous le doigt, au centre desquelles une ponction permettait de faire sortir un liquide dans lequel se trouvait un ver vésiculaire. La femme avait toutes les apparences de la santé, et n'éprouvait aucune incommodité de la présence de ces nombreux hôtes dans le tissu cellulaire et probablement dans d'autres organes. Il sera question des transformations de ces vers à l'article tænia. Toutes les médications sont impuissantes contre la ladrerie du porc. Il en serait probablement de même de la médication phéniquée. C'est une tentative à faire.

ART. XIV. — DU DISTOME OU DOUVE DU FOIE.

Ainsi que son nom l'indique, ce ver se rencontre dans le foie, non pas dans le tissu, mais dans la vésicule et les conduits biliaires ; il est rare chez l'homme, mais assez fréquent sur les mammifères domestiques, surtout chez la brebis. On a distingué récemment deux espèces de ce ver, l'une *Distoma hepaticum*, de 20 à 30 mm. de long sur 4 à 12 de large (à l'état adulte), l'autre, le *Distoma lanceolatum*, de 5 à 10 mm. de long sur 2 de large. Enfin, on en a rencontré, une fois, une autre espèce plus petite dans l'œil humain, chez un enfant, entre le cristallin cataracté et sa capsule. Ces vers ne décèlent leur présence par aucun symptôme spécial, même quand ils se trouvent en grande quantité dans les conduits biliaires ; on n'a donc à leur opposer, dans l'immense majorité des cas, aucun traitement.

ART. XV. — DU DRAGONNEAU OU VER (FILAIRE) DE MÉDINE.

Ver dont l'organisation est encore l'objet de doutes et d'opinions diverses ; on ne l'observe pas en Europe.

ART. XVI. — DE L'ÉCHINOCOQUE.

Les échinocoques sont de petits vers globuleux, ressemblant à de petits grains de sable blancs ; ils sont contenus en grand nombre dans une grande vésicule membraneuse, mince, remplie d'un liquide limpide dans lequel flottent en partie les parasites, et renfermée elle-même dans une seconde poche ou kyste, à parois résistantes. C'est surtout dans le foie et dans le tissu de quelques autres viscères que se développent les échinocoques ; on les a trouvés chez l'homme, le singe, les porcs, les bœufs, les chameaux et les chèvres. Dans tous ces animaux, ce paraît être la même espèce qu'on rencontre.

Les échinocoques ne se sont révélés par aucun symptôme particulier pendant la vie, et aucun traitement n'a été dirigé contre eux. Leur petit volume permet de présumer que l'acide phénique leur serait fatal.

ART. XVII. — DE L'OPHIOSTOME.

On ne cite qu'un cas de développement de ce ver dans l'espèce humaine, observé par Hipp. Cloquet. On peut donc considérer son existence comme douteuse. Son terrain de prédilection est dans les chauves-souris, les phoques et les coryphènes.

ART. XVIII. — DU STRONGLE.

Ce ver est remarquable par son cosmopolitisme, si l'on nous permet ce mot : il vit à la fois sur les mammifères, les oiseaux et les reptiles. L'espèce la plus remarquable, le *Strongylus gigas* (Strongle géant), vit dans le rein de l'homme, du chien, du loup, du renard, du cheval, etc. Il acquiert jusqu'à trois décimètres de long, quelquefois davantage. Les malades qui en sont atteints éprouvent souvent des symptômes graves du côté des reins, et ils rendent quelquefois par les urines de petits strongles. On pourrait essayer contre ce ver les injections phéniquées hypodermiques; nous n'oserions promettre qu'elles réussiraient; mais nous ne croyons pas qu'on puisse conseiller de médication plus appropriée. Peut-être favoriserait-on l'action de l'acide phénique en administrant concurremment un diurétique tel que l'eucalyptus, qui aurait pour effet de faire traverser le rein par une plus grande quantité d'acide phénique; car on se rappelle que cet acide est surtout éliminé par les voies respiratoires.

ART. XIX. — DU TÆNIA.

Par sa forme, par les recherches dont il a été l'objet, par les curieuses particularités de son histoire, par sa fréquence dans certaines contrées et par la gravité des symptômes qu'il occasionne, le tænia est le roi des Helminthes. Nous devons le déclarer tout d'abord: l'acide phénique n'a pas encore eu de grands succès contre le tænia; mais ses insuccès mêmes, dans ce cas, nous paraissent instructifs et favorables à la médication phéniquée rationnellement comprise, de même que l'histoire du parasite est instructive pour la doctrine parasitaire, et l'éclaire d'une vive lumière; nous rappelons donc, en quelques mots, les points essentiels de cette histoire.

Le nom de Tænia (de ταινια, ruban) a été donné à un genre de vers allongés en longues bandes rubanées, composées d'un grand nombre d'articulations. Mais, chose bien remarquable, et non moins honorable pour la mémoire de Linné, ce grand naturaliste et d'autres naturalistes du siècle dernier comprenaient, sous le nom de tænia, les Botryocéphales, et surtout en rapprochaient des vers qui, par leur forme, paraissaient en être aux antipodes, les cysticerques, les échinocoques et le cœnure cérébral. Les successeurs de Linné séparèrent complétement les vers vésiculaires des tænias, et firent de ces derniers une famille distincte, sous le nom de *Cystoïdes* ou *Tænioïdes*, composée du vrai tænia dont tout le monde connaît la forme, et de plusieurs autres espèces, de forme analogue. Mais sous cette forme même, les tænioïdes forment deux tribus nombreuses dont toutes les espèces sont incomplétement connues, ce sont les *tænias* proprement dits et les *Botryocéphales*. Les premiers habitent l'intestin des mammifères, des oiseaux et plus rarement des reptiles; les seconds vivent presque tous dans l'intestin des poissons. Le corps des tænioïdes a parfois plusieurs mètres de long; ils n'ont ni bouche ni anus et se nourrissent par imbibition. Les anneaux dont se compose le corps de cet animal, quoique réunis ensemble, ont une vie d'autant plus indépendante qu'ils sont plus anciens; le dernier anneau, du côté de l'extrémité caudale, le plus ancien, se détache de temps en temps, comme s'il était arrivé à maturité; cet anneau ou *article* est parcouru par quatre canaux longitudinaux, ramifiés, et porte un appareil androgyne s'ouvrant à l'extérieur par divers orifices; après fécondation, l'appareil génital s'atrophie et une grande quantité d'œufs se répand dans l'intestin ou est rejetée à l'extérieur avec les débris de l'article, qui ne tardent pas à se désorganiser. Ces œufs résistent à un grand froid, à une grande chaleur, à l'humidité et à la sécheresse, et conservent pendant très-longtemps la faculté germinative. Ceux qui sont restés dans l'intestin s'y développent quelquefois, s'allongent et deviennent de véritables tænias; mais le plus souvent, les œufs expulsés avec les fèces passent avec les aliments dans le corps de divers animaux, voire même de l'homme. Arrivés dans l'intestin, ils s'y développent à l'état de petites larves, pénètrent dans les parois intestinales, les perforent, cheminent à travers les tissus où ils s'arrêtent, qui dans le foie, qui dans le cerveau, qui dans le tissu cellulaire, etc. Là ils s'enkystent et forment les vers vésiculaires, cysticerques, cœnures, échinocoques. Ceux-ci périssent souvent dans le lieu où ils se sont fixés et développés; mais, de temps en temps, ils passent à leur tour, avec les aliments où ils se trouvent encastrés, dans le canal intestinal des animaux, et là, ils redeviennent le tænia d'où ils tirent leur origine.

On suppose que les botryocéphales éprouvent les mêmes métamorphoses que les tænias; mais leurs larves sont encore inconnues. Il paraît établi seulement que certains organismes inférieurs, en passant du corps de certains poissons dans celui de poissons plus gros, révèlent successivement des caractères qui les rapprochent de plus en plus des tænioïdes et deviennent des botryocéphales, dans le dernier poisson qui s'est repu de la dernière proie.

Rien, assurément, n'est plus curieux que cette étrange migration, que ces étranges métamorphoses, et rien n'ouvre à l'imagination un plus vaste horizon, pour comprendre et expliquer toutes les particularités les plus variées de la pathologie humaine et comparée, et en particulier de l'étiologie. C'est surtout à Siebold, Küchenmeister, Leuckart et Van Beneden qu'on doit la connaissance précise des faits que nous venons de résumer sommairement, et que l'illustre Linné avait, pour ainsi dire, devinés, en rapprochant des tænias les vers vésiculaires.

L'intestin de l'homme sert d'asile à deux espèces de tænias désignés, l'un sous le nom de *tænia solium*, et l'autre sous le nom de *tænia lata*, qui n'est que le botryocéphale. L'un et l'autre, en raison de ce qu'ils sont souvent, mais non toujours, uniques, ont été appelés ver *solitaire*. Avant qu'on connût la particularité de la séparation des articles *mûrs*, on en avait fait une espèce de vers sous le nom de vers *cucurbitaires*, à cause de leur ressemblance grossière avec les semences de certaines cucurbitacées. Il existe beaucoup d'autres espèces de tænia qui n'ont pas encore été bien étudiées. M. Leuckart a appelé récemment l'attention sur un nouveau tænia, le T. *mediocanellata*, qui proviendrait d'un cysticerque vivant dans les muscles du bœuf et du veau, circonstance qui serait de nature à rendre très-réservé sur la consommation du rosbif cru ou à peine cuit. Nous ne voyons pas cependant que les médecins anglais aient rien observé qui justifie cette crainte.

Les tænias proprement dits sont à peu près exclusifs aux carnassiers, et le botryocéphale aux herbivores; l'homme, en qualité d'omnivore, et peut être aussi le singe, ont le privilége de nourrir les deux espèces, quoique le tænia vrai soit à beaucoup près le plus fréquent dans le genre homme.

La Syrie, l'Egypte, l'Abyssinie sont, avons-nous dit, la terre de prédilection des tænias; il paraît cependant établi que les mahométans, qui s'abstiennent de manger de la viande crue, n'en sont pas plus atteints que les Européens, ce qui mettrait tout à fait hors de doute l'opinion, très-accréditée, que le tænia de l'homme et des carnassiers est dû à l'usage de la viande crue.

Les tænias, dans toutes les espèces, habitent presque constamment et exclusivement l'intestin grêle.

Nous n'avons aucun intérêt à rappeler, ici, la symptomatologie du tænia ni son traitement, aujourd'hui, fort heureusement, efficace et connu. Ce traitement, toutefois, malgré son efficacité presque constante, est loin de réaliser tout ce qu'on peut désirer; il est extrêmement pénible, au point même, quelquefois, que les malades ont de la peine à le supporter. La médication phéniquée réaliserait donc un progrès marqué, si elle parvenait à détruire, à l'aide d'une simple boisson (eau, sirop ou vin phéniqué, etc.) le tænia. Malheureusement les tentatives que j'ai faites n'ont pas encore été couronnées de succès. M. Lemaire dit également avoir traité un cas de tænia et avoir éprouvé un échec; la malade, dans ce cas, a été guérie par la décoction d'écorce fraîche de racine de grenadier. Dans le cas unique que nous avons observé, nous avons dû aussi recourir aux tænicides classiques.

ART. XX. — DES TRICHINES.

Si la doctrine parasitaire avait eu besoin d'un supplément de preuves, la découverte des trichines serait arrivée à propos pour le lui fournir. Les faits qui crèvent les yeux de tout le monde sont, en effet, ceux que les chercheurs de quintessence n'aperçoivent pas. Sans doute un tænia, à la rigueur même un sarcopte, peuvent occasionner les symptômes qu'on observe, quand on constate leur présence. Mais quelle distance entre la gale et la fièvre typhoïde ou le charbon ! Le moyen de supposer qu'un ensemble de symptômes aussi graves, aussi soudains, d'une marche aussi rapide, puissent être dus à la présence d'êtres qu'aucune observation, du reste, ne permet de constater. Les trichines sont venues à propos pour rendre la transition plus douce, et pour mener en quelque sorte l'esprit le plus torpide, de l'énorme tænia rubané à l'imperceptible nématoïde trichine.

Quand on vit la trichine pour la première fois, on connaissait déjà les métamorphoses du tænia ; on la considéra comme la larve d'un autre ver ; mais un examen attentif ne tarda pas à montrer que, malgré son enkystement qui la faisait ressembler aux larves du tænia, elle formait un ver complet, pourvu de tous les organes, y compris les organes sexuels.

La trichine est donc enkystée ; le kyste qui l'enveloppe est formé par une petite vésicule elliptique de 1/5 à 1/3 de millimètre dans son plus grand diamètre, obtuse à chaque extrémité et composée de deux couches ; la première est formée du tissu de l'animal malade et enveloppée d'un réseau vasculaire ; la seconde appartient au parasite. Chaque kyste contient un ou deux individus, rarement trois ; le ver est long de 1/3 à 1/2 millimètre et épais d'environ 3 centièmes de millimètre ; il est roulé en spirale et forme 2 ou 3 tours, rarement 4. L'extrémité céphalique est obtuse, sans aile ni renflement, avec bouche terminale nue, à l'entrée de laquelle se montre une papille qui disparaît ensuite ; le corps, filiforme, s'atténue en arrière, et se termine par une extrémité caudale obtuse ; œsophage très-long ; rudiment d'organes sexuels autour du tube digestif.

La trichine qu'on a appelée spirale (*trichina spiralis*), en raison de son attitude, se rencontre quelquefois en nombre considérable au milieu des muscles, particulièrement ceux de la vie animale. Elle se développe de préférence chez les individus amaigris, affaiblis par des privations ; on l'a surtout rencontrée sur le porc et le chien ; l'alimentation avec la viande crue ou imparfaitement cuite, ou fumée, introduit l'animal dans les organes de l'homme, où il se développe abondamment et y provoque des symptômes d'apparence typhoïque, qui peuvent entraîner assez promptement la mort ; l'autopsie d'un individu qui avait ainsi succombé, à la suite d'une alimentation avec de la viande de porc trichinée, a permis à Virchow de constater que les muscles étaient farcis d'une innombrable quantité de trichines. Le même observateur ingéra de la chair trichinée dans l'estomac de plusieurs lapins, et il put observer que les trichines passent dans l'intestin ; elles sont unisexuées au moment de l'ingestion ; elles se multiplient d'abord par gemmiparité ; puis, au bout d' 3 ou 4 jours, les sexes deviennent distincts, les œufs sont fécondés, et les nouveau-nés traversent les parois intestinales en pénétrant à travers les cellules épithéliales, et se rendent dans divers organes. On en trouve dans les ganglions mésentériques, en quantité considérable, dans les cavités séreuses, puis, enfin, dans les muscles ; au bout de trois semaines, ils sont arrivés à un degré de développement à peu près semblable à celui des individus ingérés. A mesure que les parasites se développent et se multiplient dans les muscles, le tissu musculaire s'atrophie ; ils produisent une irritation qui donne lieu à l'enveloppe externe du kyste ; enfin, plus ou moins longtemps après la formation des kystes, se développent souvent les phénomènes typhoïques d'où peut résulter la mort.

Zenker a le premier observé une épidémie de trichines dans les environs de Dresde, provenant de la viande d'un seul porc.

La *trichinose* ne paraît pas être rare en Allemagne ; quelques auteurs disent même qu'elle y est fréquente. On n'en a pas encore observé, que nous sachions, en France, en Espagne, ni en Italie.

La viande trichinée peut rester plusieurs semaines dans l'eau sans que les trichines périssent ; mais un boucauage suffisant les détruit toutes sans exception. La viande très-bien fumée peut donc être consommée crue sans danger ; mais le plus sûr est de la faire cuire.

La *trichinose* (maladie produite par les trichines) n'a pas encore été reconnue assez souvent sur le vivant pour qu'on ait pu constituer et expérimenter un traitement. Le cas échéant, nous croyons que, vu le volume du parasite, l'acide phénique en solution ou en sirop et en injections sous-cutanées, aurait beaucoup plus d'efficacité que contre le tænia. L'action de l'acide phénique sur les oxyures nous paraît donner beaucoup de fondement à notre présomption. Les oxyures sont, il est vrai, plus faciles à atteindre et à mettre en contact avec le parasiticide ; mais les trichines sont beaucoup moins volumineuses que les oxyures, et il est permis de supposer que la dose d'acide nécessaire pour les tuer est beaucoup moindre, et que, par conséquent, celle que l'absorption gastro-intestinale et cellulaire conduira jusqu'au kyste parasitaire sera suffisante. A l'expérience à décider en dernier ressort.

II. — PARASITES VÉGÉTAUX.

Les parasites végétaux jouent, quant à présent, dans la pathologie humaine et même dans la pathologie des mammifères, un rôle beaucoup moins important que les parasites animaux. Ceux qui sont connus établissent, en effet, leur siége presque exclusivement dans la peau, où ils causent des maladies, aujourd'hui parfaitement déterminées. Il n'y a donc guère, jusqu'à présent, que des parasites *épiphytaires* (par opposition à *épizoaires*). Nous dirons cependant un mot des autres, des *endophytaires*, ne fût-ce qu'en vue de l'avenir.

A. — Épiphytaires,

Le parasitisme cutané n'était, pour ainsi dire, pas connu, il y a quelques années; il comprend aujourd'hui plusieurs maladies des plus importantes.

Embrassera-t-il un jour toute la pathologie cutanée ? Cela nous paraît infiniment probable, pour ne pas dire certain ; aussi n'est-ce pas sans un grand étonnement que nous avons lu dans l'ouvrage d'un médecin qui a contribué très-méritoirement à l'extension de la doctrine parasitaire, les lignes suivantes :

« Peut-être quelques esprits rêveurs sont-ils disposés, aujourd'hui, à voir des champignons dans toutes les affections, dignes émules de Raspail, qui, vous le savez, admet, dans toutes les maladies, des animaux parasites auxquels il attache une importance capitale. Tenez-vous toujours dans une grande prudence en présence de doctrines entachées d'une si évidente exagération; mais n'allez pas, non plus, vous jeter dans un excès contraire, et, par une crainte exagérée du morbidisme végétal, nier jusqu'à l'existence des végétaux parasites. Vous êtes entre deux écueils qu'il faut savoir également éviter. » (BAZIN, *des Affections cutanées parasitaires*, Paris, 1862, p. 10).

M. Bazin ne signale que deux écueils; il n'en a pas aperçu

un troisième, qui est le plus dangereux de tous, car c'est celui contre lequel échouent tous les esprits médiocres, qui veulent atteindre des sujets hors de leur portée, et qui, incapables de poursuivre la vérité jusque dans les limites extrêmes des doctrines et des théories scientifiques, font consister — par nécessité — la sagesse à se maintenir dans le milieu où se trouve constamment un mélange d'erreur et de vérité à la portée du commun des martyrs. Pour parler de l'*évidente* exagération de ceux qui croient au parasitisme de toutes les maladies — nous parlons des maladies dites médicales ou internes — il faut ou ignorer le sens du mot évidence (1), ou parler sans réfléchir à ce que l'on dit. Quant à nous, nous ne dirons pas que le parasitisme de toutes les maladies de la peau est *évident*; mais nous n'hésiterons pas à dire qu'il est au moins infiniment probable, et nous nous en référerons, pour la démonstration de cette probabilité, aux preuves que nous avons accumulées dans notre introduction. C'est par suite de cette croyance et aussi par cette considération, qui a frappé tous les dermatologistes, que les vraies maladies de la peau, les *dartres*, ont entre elles les liens les plus étroits, que nous les passerons ici toutes en revue,

(1) Il est fâcheux qu'un observateur qui a su rendre, comme M. Bazin, de signalés services à la cause du parasitisme, ne sache pas toujours éviter des excès qui pourraient passer pour une véritable débauche de langage, s'il ne paraissait plus rationnel de les attribuer aux écarts trop naturels de l'improvisation. *«N'est-ce point une honte,* dit-il, pour notre époque, qu'il faille, aujourd'hui encore, cent ans après Turner, discuter cette doctrine absurde de la génération spontanée?* Et, aussitôt après avoir prononcé l'anathème, M. Bazin rappelle que la doctrine qu'il condamne, soutenue par M. Pouchet, — et par bien d'autres, aurait-il pu ajouter — a été discutée dans un savant rapport, par des hommes comme MM. Brown-Séquard, Balbiani, Broca, Berthelot, Dareste, etc., tous hommes qui, si l'on en croyait M. Bazin, seraient *la honte* de notre époque! M. Bazin, malgré la rigueur de sa sentence, n'est même pas bien au courant de la question, car Doyère n'a jamais attaqué vivement, comme M. Bazin le dit, la doctrine de la génération spontanée; il a seulement contesté, avec raison suivant nous, que les expériences de M. Pouchet fussent concluantes; c'est aussi ce qu'a fait la commission composée des hommes distingués que nous venons de nommer et de quelques autres encore. Nous croyons que M. Bazin a raison de n'être point partisan de la génération spontanée; mais il faut être habitué à une grande intempérance de langage pour qualifier comme il le fait les partisans de cette doctrine, dont plusieurs, sans en excepter M. Pouchet, sont des esprits d'un autre portée que M. Bazin. Quant à l'autorité de Turner, que M. Bazin a l'air de considérer comme infaillible, elle ne saurait peser du moindre poids dans la question, pas plus que les arguments qu'a rassemblés M. Bazin, qui ne sont que des lieux communs, n'ayant même plus le mérite de la sentimentalité.

quoique le parasitisme de la plupart d'entre elles ne soit pas encore démontré et ne soit pas même soupçonné par des parasiticides comme M. Bazin, à plus forte raison par les traînards, comme M. Devergie, qui en sont encore à contester que la gale soit produite par le sarcopte. Il y a pourtant des liens beaucoup plus intimes entre certaines maladies de la peau qu'entre certaines autres ; mais ne pouvant, dans un ouvrage de la nature de celui-ci, entrer dans de longs développements pathologiques, qui ne seraient pas directement liés au but que nous poursuivons, nous rangerons simplement par ordre alphabétique les maladies dont nous croirons utile de dire quelques mots.

ART. Iᵉʳ. — DE L'ACNÉ ET DE LA COUPEROSE.

Si nous n'avions pris la résolution dont nous venons de parler, de nous abstenir de toute discussion de pathologie cutanée, nous pourrions en entamer une, dès les premières lignes consacrées à la dermatologie. Nous avons expliqué pourquoi nous devions nous en abstenir. Nous dirons seulement, à propos de l'acné, mais pour n'y plus revenir, car la même remarque pourrait se renouveler à propos d'une foule de maladies cutanées, que les dermatologistes n'ont pas donné des preuves d'idées bien saines en pathologie générale, quand ils ont traité de l'acné, et nous n'en devons pas excepter — moins encore que les autres peut-être,—les plus modernes, y compris M. Bazin, qui est celui autour duquel il se fait le plus de bruit depuis quelques années. Dans les travaux de M. Bazin — abstraction faite de ses recherches parasitaires, qu'il n'a malheureusement pas poursuivies avec assez d'activité — on sent, plus encore qu'on ne le voit, un embryon d'idée; mais il n'a pas été assez fort de constitution pour la porter à terme, et il a avorté d'un produit monstrueux, qui présente des aspects comme le suivant, par exemple : « *Nous admettons deux* ESPÈCES d'*affections cutanées,* » [dont la distinction est de la plus haute importance]; une *espèce* donnée se compose d'une *affection simple*, d'une *affection propre*; l'autre *espèce* se compose d'un *genre* qui comprend plusieurs *espèces !* Et pour prendre d'un de ces *genres*, (qui sont des *espèces*), du *genre* acné, par exemple, les espèces qu'on pourrait dire secondes, nous trouvons, entre autres, l'espèce *scrofuleuse*, l'espèce dite *arthritique* — étrange mot au moins, sinon étrange chose — et l'espèce *syphilitique*; trois espèces — remarquez-le bien — dont la réunion compose un genre, à peu près à la manière dont un *genre* serait composé de l'*espèce âne*, de l'*espèce oie* et de l'*espèce hanneton*. A la vérité cette histoire naturelle ou cette classification fantastique ne signifie rien autre chose, sinon que la forme de lésion anatomique désignée sous le nom d'*acné* peut dépendre de causes fort différentes; mais, pour exprimer cette idée si simple, pas n'est besoin de dire comme le bourgeois d'impérissable mémoire : « Mourir me font, belle marquise, vos yeux d'amour! » Il faut écrire tout bêtement : la forme anatomique morbide dénommée *acné* peut être produite par plusieurs causes, par la cause qui engendre la scrofule, par celle qui engendre la syphilis, etc.; après quoi il ne reste plus qu'à le prouver.

Parmi ces causes, y en a-t-il une qui soit un parasite ? « M. Simon, dit M. Bazin, a découvert dans la matière sébacée un acare décrit aujourd'hui par tous les naturalistes sous le nom de *demodex;* mais doit-on admettre que cet acare est la cause de l'acné ! Si nous en croyons notre expérience, le demodex ne s'observerait que dans les follicules sébacées à l'état sain. Le parasite ne se développerait-il donc que dans les glandes sébacées à l'état normal ? Dans ce cas, il ne jouerait pas un rôle considérable dans la production des affections pathologiques de la peau. » (BAZIN, *Leç. sur les affect. génériques de la peau*, p. 260). Si M. Bazin avait toujours raisonné ainsi, il n'y aurait pas grand' chose à reprendre à sa logique ; on pourrait tout au plus lui reprocher sa parenté avec celle de M. de La Palisse. Malgré son expérience, M. Bazin croit que de nouvelles recherches sont nécessaires pour résoudre « cette intéressante question. »

Ayant ainsi discuté la question d'un parasite animal, M. Bazin examine ensuite celle d'un parasite végétal. « M. Hardy, dit-il, a écrit qu'il avait observé un végétal dans la matière sébacée de l'acné; mais qu'il n'avait pu le ranger dans aucune des classes admises de nos jours; nous pensons qu'aujourd'hui il a complétement abandonné cette opinion, émise d'ailleurs principalement dans le but d'expliquer la contagion de l'acné varioliforme, » — Voilà une étrange confidence que nous aurions bien voulu entendre de la bouche de M. Hardy lui-même. Que l'on croie, comme nous le faisons nous-même, à l'existence d'*un parasite quelconque*, dans toutes les maladies contagieuses, parce que nous ne pouvons nous expliquer autrement la contagion, cela se conçoit, cela doit être; mais que, pour expliquer une contagion en particulier, on *invente* de toutes pièces un parasite végétal spécial, qui ne ressemble à aucun autre, cela nous paraîtrait un peu fort d'invention, et nous aimons à croire que M. Bazin a donné carrière à son imagination, aux dépens d'un collègue, qui, fort heureusement pour lui, n'a pas la réputation de se livrer à des créations comme celle que lui prête M. Bazin. Quoi qu'il en soit, voilà donc l'acné attribuée à deux parasites dont l'un végétal; ce serait un de trop, si l'acné était une maladie spécifique, c'est-à-dire, plus simplement, une maladie ou peut-être une affection, comme pourrait dire M. Bazin, qui a encore émis à ce sujet des idées qui ne sont pas absolument limpides et encore moins absolument saines. Mais comme il est fort possible, probable même, que toutes les formes ou plusieurs des formes de l'acné sont dues à des causes différentes, il n'y aurait rien de bien étonnant que ces causes fussent des parasites divers.

Ce qu'il y a de certain, c'est que si les dermatologistes connaissent beaucoup de causes de l'acné et beaucoup de formes de cette affection, ils ne connaissent pas beaucoup de traitements, au moins beaucoup de bons, pour les formes les plus communes, car l'acné syphilitique est une rareté. Le traitement ou le médicament qui parvint à faire quelque bruit il y a douze ou quinze ans, l'iodure de chlorure mercureux, est aujourd'hui bien tombé, sinon tout à fait oublié; mais les médecins de Saint-Louis ne lui en ont pas substitué de meilleurs.

M. Lemaire dit avoir traité, d'un commun accord avec M. Bazin, un cas de couperose sur lequel il donne les renseignements suivants : « M. B., 20 ans, étudiant en droit, est atteint depuis six ans d'acné (arthritique de M. Bazin). Le front et la face postérieure du tronc sont couverts de pustules; le nez, les joues, le menton, les parties latérales du cou et la partie antérieure de la poitrine en présentent aussi un certain nombre. Divers traitements (bains alcalins, pommades, eaux de Pougues, etc.) ont été employés sans succès et même sans résultat appréciable.

» D'un commun accord avec M. Bazin, nous convînmes que les pustules seraient cautérisées avec l'acide phénique, et qu'un badigeonnage serait fait une fois par jour sur les régions malades avec du vinaigre phéniqué à 6 p. 100. Le vinaigre phéniqué avait pour but de prévenir le développement de nouvelles pustules; ce traitement a parfaitement réussi. Toutes les pustules qui ont été cautérisées avec l'acide pur ont été rapidement guéries, une seule cautérisation a suffi pour obtenir ce résultat. Quant au traitement préventif, ses effets ont été aussi rapidement évidents, mais pendant quelque temps de très-rares pustules apparaissaient, le vinaigre phénique les faisait avorter. Je dois dire que le *susnommé* — M. Lemaire aurait-il jeté aux orties non-seulement le froc de garçon apothicaire, mais encore la défroque d'enfant de la basoche? il affectionne étonnamment les « *susnommés* » — suivait en même temps un traitement alcalin.

» Connaissant les effets de la médication alcaline, et le malade y ayant été soumis antérieurement pendant quatre mois sans résultat appréciable, je crois que tout le mérite de la guérison doit être attribué à l'acide phénique. »

M. Lemaire veut bien ajouter que l'acide phénique lui *paraît* préférable au coaltar dans le traitement de l'acné, et que M. Bazin a obtenu d'excellents effets de la solution vinaigrée à 1 p. 100 dans l'acné rosæ (couperose). Il n'y a aucun indice de ce fait dans les ouvrages de M. Bazin, et ce médecin ne dit pas un mot d'acide phénique, soit à propos d'acné, soit à propos d'une autre maladie cutanée quelconque. Il est donc possible que M. Lemaire ait rêvé ce qu'il annonce ici, comme il a rêvé tant d'autres choses. Mais s'il a rêvé, en effet, on ne peut que le regretter pour M. Bazin, car il est certain que le traitement phéniqué de l'acné est supérieur à tout autre, quoiqu'il ne produise que bien rarement des effets aussi prompts que ceux qui ont été observés dans le cas que nous venons de rapporter. Cependant, la manière dont M. Lemaire a appliqué l'acide phénique n'est pas la meilleure possible. Voici comment il convient de l'appliquer, pour en obtenir les meilleurs effets qu'il puisse donner.

Il faut toucher — cela ne doit pas s'appeler cautériser, parce que ce n'est point, à proprement parler, une cautérisation — les pustules, non pas avec une solution alcoolique d'acide phénique, mais avec de l'acide phénique pur et cristallisé : on en prend quelques cristaux avec un pinceau de martre et on les dépose sur les pustules où la chaleur de la peau les fait fondre ; on empêche facilement que le liquide ne se répande sur les parties en se liquéfiant, si l'on en avait pris au bout du pinceau une trop forte proportion, à l'aide d'un petit linge légèrement imbibé d'alcool que l'on passe sur les points de la peau où l'acide dépasserait les limites dans lesquelles on veut le renfermer. Ces *astrictions*, si l'on nous passe le mot, ces cautérisations très-superficielles, si l'on aime mieux, peuvent être renouvelées, dès que la mince pellicule blanche qui en résulte est détachée. Après quelques cautérisations, dans certains cas, après un grand nombre, dans d'autres, les pustules disparaissent pour ne plus revenir, ou pour ne revenir qu'en petit nombre, de loin en loin ; on recommence alors l'opération, et la disparition finit par être définitive. Nous n'avons jamais eu la chance de voir disparaître les pustules après une seule cautérisation, comme l'a eue M. Lemaire — à ce qu'il dit — dans le cas unique qu'il paraisse avoir traité.

Cependant, nous ne nous bornons pas à la cautérisation que nous venons de décrire ou *astriction*; nous lui associons les douches d'eau phéniquée pulvérisée avec notre appareil, douches bien plus puissantes que les bains à l'hydrofère, que M. Bazin conseille et qui ne sont point, du reste, sans utilité.

Enfin, à ces deux moyens, nous en associons encore un troisième que M. Bazin proscrit à tort : c'est le traitement phéniqué interne ; nous prescrivons constamment une à quatre cuillerées de notre sirop phéniqué titré, soit 10 à 40 centigrammes d'acide phénique (bon goût) par jour. M. Bazin, comme beaucoup de ses collègues, proscrit le traitement interne, par principe général, dans ce qu'il appelle les maladies de cause externe.

15.

A ce compte, toutes les maladies parasitaires excluraient le traitement interne, car tous les parasites viennent évidemment de l'extérieur ; il suffit de signaler ce faux point de vue, dont la discussion nous entrainerait trop loin. M. Bazin répète souvent qu'il ne suffit pas qu'un spécialiste sache reconnaitre une squamme d'une vésicule, ni même une éruption d'une autre éruption ; qu'il faut encore qu'il possède des notions de pathologie générale. M. Bazin a parfaitement raison ; il aurait dû ajouter, seulement, qu'il est indispensable que ces notions soient justes et appliquées à propos, dans la spécialité que l'on cultive.

Un point où M. Bazin, non plus, du reste, que ses confrères en dermatologie, n'applique pas judicieusement ces notions, c'est quand il décrit, sous le nom d'acné, seulement la maladie arrivée à l'état de développement pustuleux. Or, dans beaucoup de cas d'acnés, de la face surtout, la maladie ne débute pas d'emblée par des pustules ; elle débute par des rougeurs congestives, par une sorte d'érythème, mais qui n'est point un érythème véritable ; ces rougeurs ne sont même pas d'abord permanentes ; elles viennent par bouffées, à certains jours ou à certaines heures de la journée, tantôt après ou pendant les repas, tantôt à la plus simple impression morale, à la seule pensée qu'elles peuvent venir, à l'époque des règles, chez les femmes, etc. Puis, ces rougeurs deviennent permanentes ; elles s'accompagnent de dilatation des vaisseaux capillaires et, plus tard, de petites pustules, ou plutôt de vésicules pustuleuses. Mais dès les premières congestions, malgré l'absence de pustules, l'acné n'en est pas moins l'acné, et, dès ce moment, elle est déjà d'une curation fort difficile. Nous devons dire que nous n'hésitons pas à appliquer, à cette période, notre médication, non-seulement les pulvérisations et le traitement interne par notre sirop phéniqué, mais aussi les légères cautérisations ou astrictions. Nous avons fait ces applications d'acide phénique pur sur les peaux les plus délicates et les plus fines, chez de jeunes femmes, sur le nez et les joues, et jamais sur ces parties, elles n'ont laissé ces taches brunes que signale M. Lemaire, et qui dureraient des mois entiers. La peau reprend au contraire, presqu'aussitôt après la chute de l'épiderme, sa couleur normale, un peu plus blanche seulement, — car les vaisseaux sont un peu plus resserrés après chaque astriction — un peu plus lisse aussi, au point que ces sortes de cautérisation pourraient presque devenir un procédé de toilette pour les femmes. La douleur que produit l'astriction est très-modérée et d'une durée de dix à vingt minutes, infiniment inférieure, par conséquent, à celle que produit la cautérisation soit de M. Hardy, au bichlorure hydrargyrique, soit la cautérisation de M. Rochard, au sel de Bouligny, et plusieurs autres.

L'acné est rarement rebelle à ce traitement convenablement administré, d'une manière suivie. Parfois, cependant, nous avons rendu le traitement plus énergique par des injections phéniquées hypodermiques; c'est un adjuvant puissant, qui prouverait une fois de plus, par les bons effets qu'il produit, que le traitement interne ne doit pas être dédaigné, ainsi que le dit à tort M. Bazin. En se privant de ce traitement, on diminue considérablement les chances de guérison de presque toutes les acnés.

ART. II. — DU CHLOASME OU CHLOASMA.

Les industriels qui vendent du sublimé corrosif sous le nom de lait antéphélique ne se doutent probablement pas qu'ils tuent des parasites quand ils appliquent leur drogue sur le visage des coquettes affectées de taches de rousseur. Nous avouons que, lorsque nous avons nous-même appliqué, pour la première fois, l'acide phénique pour faire disparaître ces éphélides, nous ne pensions pas qu'elles fussent produites par la présence d'un végétal parasite, quoique nos yeux soient assez ouverts sur cette partie de la création. Aujourd'hui même, malgré nos penchants au parasitisme, nous avons quelque peine à comprendre que des taches congéniales, qui paraissent faire partie de la constitution de la peau, qui ne sont ou paraissent n'être qu'un premier degré de la coloration normale qui s'observe dans une foule de races humaines, soient le résultat d'un parasite, lequel resterait là, stationnaire, sans s'accroître comme sans diminuer, depuis la naissance jusqu'à la mort, qui peut n'arriver qu'à l'âge le plus avancé. Cependant, quelque rationnelles que soient ces considérations, il paraît que les éphélides lenticulaires, comme les taches hépatiques, comme le masque de la grossesse ou chloasma, et plusieurs autres taches sont bien dues au *microsporon furfur*, végétal parasite découvert par Eichstedt, et dont l'existence a été confirmée par M. Bazin, qui préfère le baptiser *épidermophyton*, et qui le décrit en ces termes : « Ce champignon tient le milieu entre les cryptogames des teignes et les cryptogames des muqueuses, dont il se rapproche souvent par un réseau très-riche, composé de tubes ou filaments droits ou contournés, simples ou ramifiés, avec des spores terminales. Ajoutons tout de suite que ces filaments se distinguent de ceux de l'*oïdium albicans* en ce qu'ils sont plus étroits et ne sont pas cloisonnés.

« Les spores sont presque toutes sphériques, plus grosses que celles du *microsporon Audouini*; elles réfractent fortement la lumière, et paraissent, vues sur le champ du microscope, avoir un contour bi-linéaire; elles ne renferment pas de granules à l'intérieur.

» Mais ce qui distingue surtout ce champignon des cryptogames des teignes, c'est la manière dont il se comporte sur les poils; il végète à leur surface, mais ne pénètre pas dans leur intérieur. Je ne l'ai jamais rencontré à la racine des poils arrivés à leur parfait développement.

» Cette disposition du champignon —ajoute M. Bazin avec une assurance que nous aurons à juger — rend compte de la facilité avec laquelle on guérit les crasses parasitaires; de simples lotions avec le sublimé suffisent pour détruire le parasite qui les occasionne.

» Ce cryptogame vit au dépens de l'épiderme dont il occupe l'épaisseur; cependant il est situé plus superficiellement que les végétaux trichophytiques ou onychophytiques; quelquefois aussi, mais rarement, on le trouve sur les poils follets; jamais il ne détruit les cellules pigmentaires, comme l'ont avancé quelques auteurs, qui l'ont évidemment confondu avec le *microsporon* d'Audouin. »

Nous n'avons aucune observation à faire sur la description de M. Bazin, sur les rapprochements ou les distinctions qu'il établit entre le *microsporon* d'Eichstedt et plusieurs autres végétaux parasitaires. Mais il est deux remarques que nous croyons utiles de présenter, parce qu'elles sont plus de notre compétence et se rattachent plus à notre sujet. M. Bazin nous informe qu'il croit devoir appeler *crasses* parasitaires les affections produites par les végétaux épidermophytiques. Nous ne croyons pas que le mot de *crasse* rachète, par sa précision, son défaut complet de poésie ou même de distinction, et le vieux mot de *taches* était pour le moins aussi bon ; mais ce n'est point là notre première remarque ; elle porte sur ce que *les* végétaux épidermophytiques se réduisent pour M. Bazin, comme il le dit lui-même, quelques lignes plus bas, « à *une seule* affection para- sitaire, produite par le *microsporon furfur*. » En un mot *les* végé- taux épidermophytiques de M. Bazin, comme les nièces de Bar- tholo, ne sont qu'*un*. Or, *ces* végétaux, qui ne sont qu'*un*, produisent ou produit « les *éphélides lenticulaires*, le *pityriasis versicolor*, le *pityriasis nigra*, le *chloasma* ou *macula gravidarum*, les *taches hépatiques*, ETC., » et M. Bazin condamne l'opinion des médecins qui considèrent ces diverses taches, ou du moins plu- sieurs d'entre elles, comme des maladies distinctes.

Nous avouons qu'*à priori*, nous nous croirions presque cer- tain que ni le *pityriasis nigra* ni le *pityriasis versicolor* ne peu- vent être produits par le même parasite que les éphélides len- ticulaires, si tant est que ces taches soient dues à un parasite et non à une sécrétion pigmentaire. Mais nous nous empressons de déclarer que nous nous rendrons à l'observation microsco- pique dont nous reconnaissons, dans ce cas particulier, la suprématie ; seulement, que M. Bazin et ses partisans, s'il en a, y regardent encore ; ce n'est pas trop que de voir cent fois des vérités de cette catégorie, avant de les considérer comme défi- nitivement démontrées.

Ce qui nous ferait douter de la constante sévérité d'observa- tion de M. Bazin, et ce sera là notre seconde remarque, c'est de le voir déclarer que le siége du *microsporon furfur* rend compte de la *facilité* avec laquelle *quelques lotions* de sublimé guéris- sent toutes les *crasses*, — puisque c'est son mot, — *parasitaires*. Ce serait à faire douter que M. Bazin ait jamais tenté de faire dis- paraître une seule tache de rousseur ; car, à moins d'être tombé sur un cas très-exceptionnel, — ce qui est *peut-être* possible une fois, par un hasard tout à fait extraordinaire — M. Bazin devrait savoir que quelques lotions ne suffisent pas pour faire disparaître ces taches, même temporairement; il faut, pour y parvenir, beaucoup de lotions, et non quelques lotions; mais, quand on est parvenu à les faire disparaître plus ou moins complétement, — ordinairement, *moins* — on ne les a pas guéries; ce qui est plus facile que leur prompte disparition, c'est leur prompt retour, dès qu'on a cessé les lotions hydrargyriques. Leur retour est moins prompt, quand on les a fait disparaître par l'acide phénique, employé comme nous l'avons indiqué pour l'acné, et précédé de lotions *d'éther d'orient* : chez une jeune anglaise, qui avait les veines de la face développées, j'ai fait disparaître ce développement par des lotions hydrargyriques et phéniquées, précédées, ainsi que je viens de le dire, de légères applications d'éther d'orient ; les taches ont disparu par-dessus le marché. Il y a un an qu'elles ne sont pas revenues ou qu'il n'en est revenu que quelques-unes; mais, même après l'emploi de l'acide phénique, les taches reviennent, quoique plus lentement. Il n'en est pas de même des taches hépatiques ni de celles des pityriasis, ce qui nous porterait encore à croire que le parasite qui produit les unes et les autres n'est pas le même, si tant est, nous le répétons encore, que les éphélides lenticulaires soient dues à un parasite, qui serait presque aussi immuable — ou plutôt aussi peu *muable* — qu'un minéral, puisqu'il persisterait depuis la première ou la seconde enfance jusqu'à la vieillesse (1).

M. Lemaire dit que M. Bazin et lui, ainsi que M. le Dr Charrier, ont obtenu, chacun de leur côté, « la rapide guérison du chloasma parasitaire (2) en le badigeonnant une fois par jour avec du vinaigre phéniqué, un à deux pour cent » M. Bazin ne

(1) Nous devons dire, cependant, que les éphélides, qui ne se développent presque jamais dans le tout jeune âge, disparaissent en grande partie ou même complétement dans la vieillesse, surtout dans la vieillesse avancée.

(2) M. Lemaire affirme que les recherches multipliées de M. Bazin l'ont conduit à admettre un chloasma pigmentaire et un chloasma parasitaire. C'est encore une opinion dont il n'y a pas trace, dans le livre de M. Bazin, qui condamne, au contraire, l'opinion de ceux qui attribuent les diverses crasses à plusieurs causes. Il semblerait que M. Lemaire s'est fait un Bazin à son usage, comme il s'est fait un historique des applications médicales de l'acide phénique.

dit rien de pareil dans son livre ; c'est déjà la seconde fois que
M. Lemaire lui attribue des expériences dont M. Bazin ne fait
aucune mention. Quant au vinaigre phéniqué, il a une action
avantageuse dans les pityriasis et le chloasma ; mais il est beaucoup moins efficace que l'acide phénique employé comme nous
l'avons indiqué.

ART. III. — DE L'ECTHYMA.

On ne paraît pas encore avoir trouvé de parasites dans
l'ecthyma, quoique cette forme anatomique de lésion cutanée
puisse être produite par des états morbides très-divers, notamment par la syphilis. On devrait pourtant y avoir trouvé au moins
le parasite de la suppuration, qui est, d'ailleurs, un parasite
animal. Le caractère suppuratif de l'ecthyma suffit pour expliquer les effets avantageux de la médication phéniquée contre
cette maladie. M. Lemaire a signalé les excellents résultats
donnés par le coaltar saponiné entre les mains des docteurs Blache
et Verjus et entre les siennes ; mais nous sommes assuré que,
dans les cas d'ecthyma comme dans tous les autres, l'acide
phénique est très-supérieur au coaltar dit saponiné. Pour appliquer l'acide phénique avec toutes les chances de succès, il ne
faut point prendre au pied de la lettre ce précepte de M. Bazin
de ne pas toucher aux croûtes pustuleuses, sous prétexte que
ces croûtes « sont, dans l'ecthyma comme dans la plupart des
affections croûteuses, *le meilleur des topiques.* » Il est bien vrai
qu'il vaut mieux, dans beaucoup de cas, respecter les croûtes
de toutes les surfaces dénudées — pustules ou plaies — que de les
enlever pour les remplacer par de mauvais topiques ; il est
bien vrai encore, comme le dit aussi M. Bazin, que les cataplasmes émollients contribuent parfois à l'agrandissement des
ulcères, soit en ramollissant les tissus, soit autrement ; mais
les bons topiques, et notamment les préparations phéniquées,
solutions aqueuses, pommades, glycérolés, ont un effet tout
contraire, et ils contribuent activement à la cicatrisation ; ils la
produisent même seuls, dans un certain nombre de cas, où
cette cicatrisation ne s'effectuerait pas spontanément ou ne
s'effectuerait du moins qu'après un temps très-long, qui peut

aller jusqu'à plusieurs années. Les applications topiques ne doivent pas, du reste, dispenser de la médication interne dans les cas — et c'est presque la totalité des cas — où la maladie est entretenue, en partie ou en totalité, par un état général. Notre sirop phéniqué titré sera donc prescrit, en même temps que seront appliquées extérieurement les préparations phéniquées.

Il ne s'agit bien entendu, dans tout ce qui précède, que de l'ecthyma chronique. Quant à l'ecthyma de forme aiguë, forme très-rare, il n'y a qu'à s'en tenir à la médication banale dite des rafraîchissants, des adoucissants, et qui serait mieux nommée des expectants. Seul ment, il est pour le moins inutile de comprendre parmi ces moyens les émissions sanguines, même chez les sujets pléthoriques, ainsi que le conseille à tort M. Bazin, qui suit en cela l'exemple de prédécesseurs dont il cherche à réformer les idées et les pratiques, sur des points moins intéressants pour les malades. Passe encore pour les tisanes *rafraîchissantes* et le régime *doux*; mais d'émissions sanguines, point; c'est un système — que M. Bazin en soit bien convaincu — plus suranné encore que les idées de M. Devergie, ce qui n'est pas peu dire.

ART. IV. — DE L'ECZÉMA.

Par sa fréquence, par ses nombreuses variétés de formes, de siége et de gravité, l'eczéma peut être considéré comme la principale colonne de la pathologie cutanée, comme le type de la grande catégorie des dartres. Aussi est-ce l'eczéma qui a surtout servi de base, de point de départ, aux tentatives des dermatologistes qui ont cherché, dans des classifications nouvelles ou renouvelées, un progrès pour la pathologie et pour la thérapeutique des maladies de la peau. Nous n'avons pas à discuter ces classifications, en tant que systèmes pathologiques; préoccupé surtout de la curation des maladies, nous dirons, à propos de la plus importante des dartres, un mot de la classification qui, depuis celle de Willan qu'elle cherche à détrôner, fait le plus de bruit aujourd'hui, la classification de M. Bazin.

Les observations parasitaires, en partie nouvelles, de cet ob-

servateur remuant doivent nécessairement nous disposer favorablement pour ses travaux; mais il nous faut ajouter aussitôt
que ses prétentions immenses et le caractère parfois bizarre de
son esprit, qui est l'antipode du véritable esprit de classification, imposent aussitôt une grande réserve à nos sympathies.
A propos de la reine des dartres, par exemple, M. Bazin s'exprime ainsi : « Tandis que nos collègues marchent *sans lumières*
dans la voie difficile de la thérapeutique, mettant en usage des
médicaments dont l'emploi ne repose sur *aucune base rationnelle,*
NOUS *avons institué des régles* CERTAINES, INFAILLIBLES, pour le
choix à faire de telle méthode de traitement préférablement à
telle autre, et *éclairé d'un jour inconnu jusqu'ici la thérapeutique
des affections cutanées.* » Et cet ambitieux programme est répété,
en français douteux, presque à chaque article, après l'avoir été
nombre de fois dans les généralités, pour arriver à accoucher
d'un aphorisme comme le suivant, qui se répète aussi à la fin
de chaque article : « Il existe *deux espèces* d'indications thérapeutiques : les unes découlent *de la maladie,* les autres, *de la
nature de la maladie!* » M. Bazin a sans doute passé bien du
temps pour arriver à formuler de pareils aphorismes, et pour
enfanter une parodie de classification comme celle qu'il professe; c'est beaucoup de temps perdu, qui aurait été beaucoup
mieux employé à la recherche des parasites nouveaux, recherche pour laquelle M. Bazin ne manque pas d'une certaine aptitude, et qui l'aurait probablement conduit à augmenter le
nombre des découvertes utiles qu'il a faites. M. Bazin a-t-il
découvert un parasite dans l'eczéma; on le croirait, en le
voyant diviser une espèce ou une variété d'eczéma, l'eczéma
nummulaire en eczéma arthritique (1) et en eczéma parasitaire.

---

(1) Arthritique est un des grands mots, une des grandes réformes, une des grandes
découvertes de M. Bazin, celle qu'il paraît considérer comme son premier, sinon
son seul titre de gloire, comme sa seule recommandation à l'estime de la postérité.
Or *arthritique* ne veut rien dire, sinon *goutteux* ou *rhumatismal* : un eczéma
arthritique — et toutes ou presque toutes les maladies de la peau peuvent être et
sont souvent arthritiques — est un eczéma qui est symptomatique — pas seulement compliqué, symptomatique — du rhumatisme. Grâce au mot grec, la bizarrerie de cette dénomination ne frappe pas, tout d'abord ; si, au lieu d'*arthritique,*
l'auteur avait employé le mot *articulaire,* qui est exactement synonyme, la classification se serait immédiatement montrée ce qu'elle est : un néologisme ridicule; car une foule d'auteurs ont admis non-seulement des maladies de la peau

Mais c'est tout ce qu'il dit de ce dernier eczéma ; sur le parasite qui en est la cause, pas le moindre détail ; mais, en revanche, des développements fastidieux sur les classifications de tous les dermatologistes modernes, développements qui, eux aussi, se renouvellent à propos de chaque maladie, et qui auraient pu, avec toutes sortes d'avantages, être donnés une fois pour toutes.

La conclusion de tout cela, c'est que, malgré ses règles INFAILLIBLES, M. Bazin ne fait que reproduire les traitements conseillés par tous ses collègues, avec un peu plus, un peu moins d'à-propos, et dont quelques-uns sont, à vrai dire, un peu simples (1) ; mais, comme eux tous, hélas ! comme nous tous, quand il a appliqué sans succès — ce qui lui arrive comme à tout le monde — le traitement *arthritique* à un eczéma arthritique, il lui applique, sans le moindre souci de ses règles infaillibles, le traitement dartreux, le traitement scrofuleux, voire le traitement parasiticide, etc. Seulement, nous avons eu l'occasion de nous assurer qu'il n'applique pas toujours ce dernier traitement de la façon que l'expérience a montré être la plus avantageuse.

M. Lemaire nous apprend bien que, grâce à lui, M. Bazin emploie avec succès le coaltar saponiné contre l'eczéma — il ne dit pas de quelle espèce — ; mais, pour la troisième ou quatrième fois, le texte de M. Bazin manque de confirmer le témoignage de M. Lemaire, en sorte que, vu les habitudes de ce dernier, on ne peut que douter si M. Bazin emploie réellement le coaltar — saponiné ou non — contre l'eczéma, et contre quel eczéma. Dans tous les cas, si M. Bazin employait le coaltar saponiné, il serait, sur cette maladie comme sur la plupart des maladies cutanées, très en retard dans la voie du progrès,

comme étant *de nature* rhumatismale, mais quelques-uns comme Baumès, de Lyon, ont fait des diathèses la base de leurs classifications. Notre maître, M. Marchal (de Calvi), ne voit certainement dans tous les eczémas, ainsi que dans beaucoup d'autres dermatoses, qu'une maladie *holopathique*, c'est-à-dire générale, ou produite par une altération de tout le système. Mais le monde est plein de gens possédés du besoin de faire du neuf, et qui, ne pouvant engendrer des idées nouvelles, forgent des mots nouveaux. M. Bazin avait à faire mieux que cela.

(1) Par exemple, celui-ci : « *Tisane de saponaire ou de pensée sauvage édulcorée avec du sirop de fumeterre ou d'orme pyramidal.* » — Ce qu'il y aurait de plus pyramidal, dans cette affaire, ce serait de guérir l'eczéma, même *arthritique*, avec un pareil traitement,

attendu que le coaltar, ici comme partout ailleurs, est inférieur de beaucoup à l'acide phénique.

Dans la première édition de cet ouvrage, nous avons déjà fait connaître quelques observations d'eczémas traités avec succès par l'acide phénique ; notre excellent confrère et ami, M. le Dr Simas, médecin du roi de Portugal, que M. Lemaire appelle *Simos* (1), nous en avait communiqué quelques autres, que nous avons publiées également. De son côté, M. Lemaire en a rapporté huit, dans la seconde édition de son traité de l'acide phénique, observations dont plusieurs avaient déjà paru dans la première édition, mais qui, malgré cette double publication, ne peuvent malheureusement être acceptées qu'avec beaucoup de réserve, par les raisons que nous avons déjà dites nombre de fois, et aussi à cause de la mauvaise foi évidente dont l'une de ces observations porte les stigmates. Nous allons mettre cette observation sous les yeux du lecteur, afin qu'il puisse lui-même juger notre adversaire sur pièces. Voici l'observation telle qu'on la trouve dans la *première* édition du traité de l'acide phénique :

« M. G., pharmacien, soixante-quatre ans, constitution lymphatique, a souffert depuis longues années, et depuis longtemps de douleurs rhumatismales.

« Ce malade, que je n'ai pas cessé de voir depuis trente ans, a eu à plusieurs reprises des poussées d'eczéma sur les bras et sur les mains ; depuis deux ans cette affection s'était généralisée. Presque toutes les parties du corps, mais principalement les oreilles et les membres, en étaient *couverts* (2). D'assez nombreux points présentaient de l'impétigo. M. Bazin a vu ce malade qui a pris de nombreux dépuratifs » — sans quoi M. Bazin ne l'eût sans doute pas vu ! — « des alcalins *intus et extra* pen-

---

(1) M. Lemaire cite bien M. Simas, qu'il appelle Simos, et dit que, « *comme moi*, M. Simos a constaté la disparition de la démangeaison après la première ou la deuxième lotion. » Mais ce que M. Lemaire se garde bien de dire, c'est que c'est moi qui ai indiqué à mon ami le Dr Simas l'emploi de l'acide phénique contre l'eczéma et plusieurs autres maladies, comme je l'avais indiqué à M. Maisonneuve. Seulement, M. Simas n'a pas oublié, comme M. Maisonneuve, de rappeler cette circonstance. Quant à M. Lemaire, il devait nécessairement l'oublier.

(2) Dans ce cas, comme toujours, nous copions exactement ; qu'on n'impute donc pas à des fantaisies de copiste les tournures, les locutions ou les accords grammaticaux de M. Lemaire.

dant près d'un an, qui n'amenèrent que peu d'amélioration. Au moment de partir pour aller passer l'été à la campagne, il me demanda de lui prescrire ce qu'il devait faire. Je lui fis connaître les résultats de l'emploi de l'acide phénique dont je viens de parler dans les observations précédentes et l'engageai beaucoup à l'essayer. Voici ce qu'il m'écrivit le 7 novembre 1861 : « Je désire vous remercier et vous faire connaître le bon
» résultat de votre traitement. J'ai toujours fait usage de la
» tisane de racine de saponaire; en arrivant (juin) j'ai fait des
» lotions avec de l'eau additionnée, par litre, de cinq grammes
» d'acide phénique. La cuisson étant trop vive, j'y ajoutai un
» quart d'eau. Actuellement tout va bien. Les parties qui
» étaient atteintes sont roses. Il existe très-peu de gerçures à
» la peau. La cuisse gauche est un peu douloureuse, mais son
» état diminue (*sic*) tous les jours. »
» A son retour de la campagne, je vis le malade, qui ne présentait plus que quelques points très-rares de l'affection.
» Pendant l'hiver, de nombreux furoncles, et même de petits abcès, ont successivement apparu. Des cataplasmes en faisaient complétement justice. N'AYANT PAS ENCORE, A CETTE ÉPOQUE, EXPÉRIMENTÉ L'ACIDE PHÉNIQUE A L'INTÉRIEUR, JE N'OSAI PAS LUI CONSEILLER D'EN BOIRE; mais je l'engageai à faire usage de l'eau de goudron végétal, le matin à jeun, et de la mélanger avec son vin aux repas, pour consolider la guérison. Aujourd'hui, il va très-bien. » (LEMAIRE, *de l'acide phénique*, 1re édit., p. 371.)

Après avoir lu cette observation, qu'on veuille bien se rappeler cette assertion de M. Lemaire, que nous avons déjà citée (voir ci-dessus, p. 107, au milieu de la page) : « J'ai commencé l'étude de l'action physiologique de l'acide phénique *sur l'homme* EN 1860; J'AI PRIS MOI-MÊME, AU DÉBUT DE MES EXPÉRIENCES, *un litre d'eau au millième* chaque jour, » (soit *un gramme*) « et l'acide phénique ainsi dilué ne m'a nullement incommodé! »

Maintenant, que l'on compare les mots de chaque édition que nous avons soulignés, que l'on remarque, en outre, que, dans la seconde édition de son ouvrage, M. Lemaire a supprimé, dans cette observation du pharmacien G., ces mots : « *n'ayant pas encore expérimenté à cette époque l'acide phénique à l'intérieur, je n'osai lui conseiller d'en boire, mais,* » on sait que

M. Lemaire avoue avoir lu mon mémoire en 1864, et que l'on juge de la véracité et de la bonne foi de notre austère adversaire, qui *a des principes* et qui N'Y MANQUE JAMAIS! Ce point est, il est vrai, jugé depuis longtemps, mais il n'est pas tout à fait superflu de se rafraîchir de temps en temps la mémoire.

M. Lemaire formule ainsi l'application de l'acide phénique au traitement de l'eczéma, et semble dire que c'est ainsi que M. Bazin l'a appliqué avec succès, ce que nous ne saurons pas d'une manière positive, puisque M. Bazin n'en dit mot : « *Pour* l'eau phéniquée vinaigrée au centième, un badigeonnage par jour de la partie malade suffit pour obtenir rapidement la guérison. L'eau phéniquée à un ou deux millièmes s'emploie en lotions et en compresses. On peut aussi, quand cela est possible » — il est probable que, quand cela est impossible, on ne le peut pas! — « baigner les parties malades pendant quinze à vingt minutes dans cette eau. » Voici la fleur de cette citation : « Nous avons vu que la glycérine ANNULE l'action physiologique de cet acide sur la peau » — à *parties égales,* on se le rappelle — « Néanmoins, j'ai obtenu de bons effets de la glycérine phéniquée *au centième* contre l'eczéma. »

Quoique le pharmacien G., ami de M. Lemaire, eût trouvé trop piquantes les lotions d'eau phéniquée à 5 pour 1000 (soit 1/2 p.0/0) le degré d'une pareille solution n'est pas suffisamment élevé pour obtenir des résultats satisfaisants, dans les cas graves, et même une solution quelconque est souvent elle-même insuffisante. L'observation suivante montrera comment, dans ces cas, il faut procéder, quand on veut mettre toutes les chances de son côté :

Obs. — M. Dr... Ferdinand, 83, rue des Marais-Saint-Martin, à Paris, malade fort intelligent, est atteint depuis six ans d'un eczéma généralisé sur lequel il donne les renseignements suivants, que nous ne faisons à peu près que transcrire, lui-même ayant rédigé une note, fort remarquable pour un homme étranger à la science.

Les premières démangeaisons qu'il a éprouvées se développèrent à la suite d'une maladie qu'il attribue à un excès de travail, et qui présenta les caractères suivants : Il fut pris tout à coup d'un tremblement de tous les membres, mais principalement des membres inférieurs. Un médecin fit appliquer des ventouses, et parut craindre une paralysie; peu à peu cependant, le rétablissement s'opéra, mais pas tout à fait complet. Le professeur Piorry ayant été consulté reconnut, tel fut du moins son diagnostic, un léger ramollissement de la moelle épinière; il conseilla l'hydrothérapie, que le malade suivit pendant quelques mois, après lesquels il se trouva à peu près tout à fait bien, quant à la force des jambes et aux dispositions intellectuelles.

Mais presque aussitôt qu'il fut rétabli, il y a maintenant de cela six ans, il éprouva à la tête, à la poitrine, au dos, et surtout autour du nez, des démangeaisons qui l'incommodèrent bientôt assez pour qu'il crût devoir consulter un médecin. A la tête, ces démangeaisons s'accompagnaient de la chute d'une assez grande quantité de pellicules blanches. On lui prescrivit des frictions avec une pommade dont il ne se rappelle plus la composition, puis des lotions avec de la teinture d'iode, puis avec de l'eau d'Enghien, qu'il prit aussi à l'intérieur. Les démangeaisons persistant malgré ce traitement, M. Dr. alla consulter M. Hardy, qui lui prescrivit des bains de sublimé, puis des bains de Barége, puis des bains amidonnés, et, à l'intérieur, des pilules arsénicales. Ce traitement, et peut-être aussi, pense-t-il, une plus grande tranquillité d'esprit amenèrent un apaisement et une diminution sensible des pellicules, qui durèrent environ quinze mois. Au bout de ce temps, une vive recrudescence se manifesta, caractérisée par les mêmes symptômes que la première fois; parmi lesquels dominaient les démangeaisons autour du nez. Il suivit alors le traitement de M. Bonnières, qui consista, paraît-il, en un élixir ioduré pour prendre à l'intérieur, en des cautérisations avec l'acide chlorhydrique et avec l'acide phénique étendu d'alcool; ces cautérisations étaient sans doute très-légères; elles étaient suivies de frictions avec un liniment oléo-calcaire sur toute la partie malade, y compris la tête, qui était alors couverte de croûtes jaunâtres; ces croûtes disparaissaient sous l'action du topique, mais reparaissaient aussitôt « de plus belle, » comme dit le malade.

On lui fit aussi appliquer un vésicatoire, qui parut produire un bon résultat, mais qui cependant n'entrava que pour peu de temps la maladie.

Fatigué d'un traitement qui était à peine un palliatif, M. Dr. s'adressa à un des Mahon, qui lui fit pratiquer des lotions de sublimé, des frictions avec la pommade Mahon et lui prescrivit du sirop du même médecin.

Ce traitement ne produisit aucun bien, et M. Dr. revint aux cautérisations du Dr Bonnières, et prit en outre une solution composée de : iodure de potassium, 10 gramm.; chlorate de potasse, 20 gr.; eau, 500 gr. Puis, il prit des solutions de 30 grammes d'acétate d'ammoniaque dans la même quantité d'eau; puis des pilules composées de : valérimate de zinc et extrait thébaïque, 30 centigr. de chaque; alcoolature d'aconit, 50 centigr. pour 30 pilules; une matin et soir. Enfin, il prit 30 gramm. d'acide tartrique. Ce dernier médicament parut faire disparaître promptement l'éruption que le Dr Bonnières qualifiait d'eczéma. Mais ce médicament troubla profondément les fonctions digestives et le malade crut devoir le suspendre. La maladie reprit son cours, et elle le suivait, quand une des connaissances de M. Dr. l'engagea à venir me consulter.

C'était bien, en effet, un eczéma et non un pityriasis ou un psoriasis que portait M. Dr. Je pratiquai immédiatement sur tout le visage et une partie du cuir chevelu, une douche de poussière phéniquée à l'aide de mon appareil pulvérisateur; je prescrivis, pendant la journée, plusieurs lotions avec l'eau phéniquée au centième sur les autres parties du corps atteintes, et deux cuillerées à bouche de mon sirop titré, soit 20 centig. d'acide phénique. Les pulvérisations furent, à partir du lendemain, pratiquées deux fois par jour, et le traitement continué ainsi pendant trois mois. Dès le troisième jour, les démangeaisons, comme toujours ou à peu près, furent calmées (elles le sont quelquefois dès la première lotion pratiquée); la sécrétion séro-purulente diminua un peu, et, enfin, à l'expiration du troisième mois, la guérison parut parfaite. La dernière visite eut lieu le 28 novembre 1867. Je conseillai par précaution la continuation du sirop phéniqué, avec recommandation instante de venir me retrouver, en cas de récidive. La guérison a été définitive, car je viens de revoir ce malade (3 avril 1872). Il n'a pas eu de récidive.

Il y aurait bien des remarques à faire et sur le développement de la maladie de M. Dr. et sur la succession d'une forme anatomique à une autre, car les détails qu'il a donnés sont assez précis, pour qu'il ne soit pas permis de douter que l'eczéma n'ait été d'abord un pityriasis. Mais nous devons nous interdire toute considération comme toute discussion à ce sujet, pour nous en tenir uniquement au résultat du traitement. Quand on songe que ce résultat a été obtenu après des traitements aussi nombreux que variés, et presque aussi impuissants que nombreux, dans un cas des plus graves, qui persistait opiniâtrément depuis six ans, avec quelques périodes d'amélioration, on se demande comment il se trouve encore des médecins qui n'appliquent pas, qui ignorent même la médication phéniquée, ou qui, mieux encore, la condamnent.

Le fait dont nous venons de présenter le résumé est un beau succès, et nous en comptons beaucoup d'autres de semblables. Cependant, nous ne pouvons pas dire pour l'eczéma, comme nous le dirons pour la fièvre typhoïde : jusqu'à ce moment, nous ne comptons que des succès. Nous avons échoué rarement, mais, enfin, nous avons échoué ; la médication phéniquée elle-même n'est pas comme la médication à la tisane d'*orme pyramidal* de M. Bazin, elle n'est point *infaillible*. En ce moment même, nous traitons un cas d'eczéma que nous attaquons, nous ne dirons pas en vain, car nous avons obtenu une amélioration sérieuse, mais que nous attaquons, cependant, sans pouvoir en triompher définitivement, et nous craignons bien que ce soit notre échec qui devienne définitif.

Est-ce que, dans ce cas et dans deux ou trois autres où les résultats que nous avons obtenus ont été fort incomplets, la maladie ne serait point parasitaire, ou bien le parasite existant serait-il d'une espèce plus réfractaire que les autres à l'action de l'acide phénique ? Ce sont encore des questions réservées à l'avenir. Ce qui n'est plus une question, c'est que la médication phéniquée de l'eczéma, malgré sa faillibilité, est encore infiniment supérieure aux médications *infaillibles* de M. Bazin, y compris la tisane d'orme pyramidal !

ART. V. — DE L'ÉLÉPHANTIASIS.

Il ne peut s'agir ici que de l'éléphantiasis des Grecs ou lèpre tuberculeuse, lequel est seul une maladie de la peau ou du moins ayant son caractère anatomique principal, sinon exclusif, dans la peau; l'éléphantiasis des Arabes est surtout une maladie du tissu cellulaire; nous en dirons quelques mots ailleurs. (Voyez OEdème.)

Nous n'avons jamais eu l'occasion de traiter un cas de lèpre tuberculeuse. M. Lemaire a été plus heureux que nous; il en a observé deux cas dont il rend compte de la façon que nous allons rapporter. La recommandation de l'auteur n'est pas des meilleures; mais il paraîtrait bien, cette fois, que M. Bazin est plus ou moins garant de ces faits; il se peut donc qu'ils soient exacts, et, s'ils le sont, ils ont, sans contredit, une grande importance. Voici donc l'exposé de M. Lemaire:

« Je dois à la bienveillance de M. Bazin, médecin de l'hôpital Saint-Louis, d'avoir pu étudier l'action de l'acide phénique sur trois malades atteints d'éléphantiasis tuberculeux.

» D'un commun accord, nous convînmes d'employer cet acide *intus et extra*.

» M. Bazin s'en rapporta à ma prudence et mon habitude (1) de manier ce médicament, pour régler les doses.

» *Première observation.* — M. C., vingt-cinq ans, né à la Réunion, y demeurant, est atteint d'éléphantiasis tuberculeux depuis 1862. Le mal a débuté au-dessus du genou gauche, sans phénomènes généraux précurseurs, par deux taches rougeâtres qui déterminèrent (*sic*) l'insensibilité de la peau. Ce fait frappa le malade, et il le communiqua au médecin qui, malgré cet excellent élément de diagnostic, considéra les taches comme de nature dartreuse et les traita comme telles; mais plus tard des taches semblables aux précédentes se montrèrent sur la partie supérieure des cuisses et sur les fesses. Bientôt elles furent

____

(1) C'est bien aimable à M. Bazin : la prudence de M. Lemaire pouvait être grande ; mais quant à son habitude, elle était fort mince, ainsi que nous l'avons démontré maintes fois et que nous le démontrerons maintes fois encore.

16

parsemées de tubercules qui provoquaient de la démangeaison. Peu à peu, le mal s'étendit à toutes les parties du corps.

» Le malade ayant eu en 1858 une gonorrhée et un chancre (sur le prépuce), on rapporta cette éruption à la syphilis, et un traitement anti-syphilitique (iodure de potassium, pilules de Dupuytren, tisane de salsepareille) fut employé pendant trois mois sans que la marche de la maladie en fût entravée. Le mal continuait à s'étendre.

» Plus tard, on lui ordonna des bains de son de blé, des pilules de Biett, puis tout cela étant inefficace, on lui fit prendre deux fois par semaine, pendant trois mois, un bain préparé avec le sublimé corrosif.

» Le malade, voyant son mal empirer, quitta la Réunion pour venir se faire soigner à l'hôpital Saint-Louis au mois de décembre dernier. Il fut admis dans le service de M. Hillairet.

» En entrant à cet hôpital, il croyait qu'il y serait soigné par M. Bazin ; mais son attente ayant été trompée, il en sortit et vint chez moi le 16 du même mois pour y recevoir les soins de ce savant médecin.

» Voici dans quel état était le malade.

» L'état des viscères était bon ; la figure, les membres supérieurs et inférieurs, les fesses, étaient parsemés de tumeurs dont le volume variait depuis celui d'un pois jusqu'à celui d'une petite noix. Leur couleur était livide.

» Indépendamment de ces tumeurs, il existait de très-nombreuses élevures de la peau rougeâtre, puis des taches jaunâtres de dimensions très-diverses sur les fesses, les cuisses et les jambes.

» Le tissu cellulaire des paupières, du nez, du menton, des oreilles, des avant-bras et des jambes, était hypertrophié presque partout.

» Les fesses, les cuisses et les jambes présentaient de larges macules noirâtres sous-épidermiques, qui donnaient à ces parties une forme irrégulière. La sensibilité de la peau avait disparu sur beaucoup de points.

» Les organes génitaux ne présentaient aucune lésion appréciable.

» De volumineuses ampoules existaient sur le cou-de-pied,

l'articulation tibio-tarsienne et sur le tiers supérieur de la jambe gauche. Comme la sensibilité était abolie, ma première pensée fut que ces ampoules étaient le résultat de brûlures que le malade s'était faites, sans s'en apercevoir, dans la salle de bain de l'hôpital.

» J'évacuai la sérosité de ces ampoules, et le lendemain, la peau de ces parties présentait tous les signes d'un commencement de gangrène.

» Je me demandai alors si je n'avais pas affaire, non à des brûlures, mais à du pemphigus gangréneux, M. Bazin, qui vint visiter le malade, fut aussi d'avis que c'était du pemphigus gangréneux.

» La mortification de la peau fit de rapides progrès. L'escarre de la partie supérieure de la jambe avait 25 centimètres de long sur 6 à 8 centim. de large. Celle de la partie inférieure occupait tout le cou-de-pied, l'articulation tibio-tarsienne, et envahissait un peu la jambe. J'employai l'eau phéniquée saturée appliquée en compresses sur les surfaces gangrénées.

» Le mal s'arrêta sur-le-champ. L'escarre de la partie supérieure de la jambe se détacha rapidement; le pus fut remplacé par une petite quantité de sérosité adhésive et des bourgeons charnus de bonne nature réparaient déjà ce désordre au moment de la chute de l'escarre. Alors j'employai de l'eau phénique à 1/2 p. 100. Dix-huit jours ont suffi pour la guérison de cette redoutable affection.

» M. Bazin, qui avait vu le mal et qui le revit quelques jours avant sa cicatrisation complète, était étonné d'un si beau résultat.

» Au pied, les choses allèrent un peu moins vite. La gangrène fut de suite arrêtée par l'eau phéniquée saturée, mais le tissu cellulaire sous-cutané avait été atteint à une assez grande profondeur. A la chute de l'escarre, je constatai une grande perte de substance.

» A ce moment, j'employai l'eau phéniquée au centième et plus tard à demi p. 100 en lotions et en compresses. La plaie bourgeonna rapidement partout, et ici encore le pus faisait à peu près défaut. Au bout de six semaines, la cicatrisation était complète. Je dois dire que, pendant ce traitement, le malade prenait du vin de quinquina, et que des douches d'eau alcaline étaient faites sur la face; elle furent sans effet.

» Pendant ce traitement de la gangrène, j'avais remarqué que les tubercules qui avaient été touchés par l'eau phéniquée étaient sensiblement améliorés. Je proposai à M. Bazin de badigeonner tout le corps de son malade avec ce médicament et de le lui administrer en même temps à l'intérieur.

» C'est ainsi que j'ai été conduit à employer l'acide phénique contre l'éléphantiasis tuberculeux.

» Je badigeonnai les parties malades avec de l'eau phéniquée à 5 p. 100 une fois par jour, à l'aide d'un gros pinceau.

» Au bout de huit jours, les tubercules étaient comme ratatinés à leur surface libre, mais leur base n'était pas modifiée. Alors, je les cautérisai légèrement à l'aide d'un petit pinceau enduit d'acide phénique pur très-faiblement alcoolisé.

Plusieurs disparurent après une seule cautérisation et la sensibilité s'y rétablit; d'autres résistèrent davantage et exigèrent plusieurs applications d'acide concentré. Des escarres sèches très-minces sont la conséquence de cette cautérisation; elles se détachent par exfoliation au bout d'un temps qui n'a rien de fixe, mais qui n'a pas dépassé quinze jours.

» Plus tard, je remplaçai l'eau phéniquée saturée par du vinaigre contenant huit p. 100 d'acide phénique.

» Cette préparation, qui est très-énergique, donne aux parties malades un aspect laiteux au moment de son application. Ce phénomène est dû à la coagulation de l'albumine du corps muqueux (1). La cuisson est assez vive, et bientôt apparaît une coloration rouge uniforme qui se dissipe rapidement. Immédiatement après chaque application du vinaigre phéniqué sur la peau, le malade éprouvait des symptômes d'ivresse qui l'obligeaient à se coucher. Leur durée n'a jamais dépassé une demi-heure.

» En même temps que le traitement local dont je viens de parler, le malade prit régulièrement chaque jour, le matin et

(1) M. Lemaire répète ici cette erreur que nous avons relevée ailleurs. Nos lecteurs savent que la tache blanche produite non-seulement par le vinaigre phéniqué, mais aussi par l'acide phénique pur, n'est pas le moins du monde de l'albumine coagulée. (Voir ci-dessus, p. 129.)

le soir, un verre d'eau contenant de l'acide phénique. Il a commencé par 50 centigr. par jour ; je suis arrivé graduellement à la dose de 3 gramm., soit 15 décigr. matin et soir.

» Dix minutes après l'ingestion de ce médicament, il éprouvait des étourdissements, la tête devenait pesante, et des fourmillements qui se dissipaient en une demi-heure environ, se faisaient sentir dans les membres. Ces symptômes ont été produits avec 1 gramme d'acide.

» La chaleur exerce une influence sur les phénomènes d'ivresse ; ils étaient plus prononcés par les grandes chaleurs de l'été que par une température modérée. Nous avons cru devoir suspendre l'emploi du médicament pendant les grandes chaleurs et envoyer le malade à Vichy, où il est en ce moment.

» L'acide phénique a ranimé l'appétit, les digestions ont toujours été excellentes ainsi que le sommeil. Les matières fécales n'étaient pas désinfectées à leur sortie de l'intestin ; pendant cinq mois que ce malade a pris ce médicament à la dose plus que suffisante pour opérer leur désinfection, elles ont toujours présenté leur mauvaise odeur. L'urine exhalait une très-faible odeur d'acide phénique.

» L'action sur la peau a été des plus remarquables : un grand nombre de tubercules sont guéris, ceux qui ne le sont pas encore entièrement sont considérablement améliorés. Il en est de même pour (sic) les indurations du tissu cellulaire. On voit maintenant le mouvement des tendons à travers la peau. La sensibilité de la peau est rétablie sur beaucoup de points et améliorée dans d'autres. Les élevures de la peau et les taches jaunes dont j'ai parlé ont aussi disparu sur beaucoup de points et bien diminué sur d'autres. Tel est, après six mois de traitement, l'état de ce malade qui doit revenir prochainement recommencer son traitement.

» *Deuxième observation.* — M. M. S... de Saint-Paul, Brésil, d'une stature moyenne, est atteint depuis deux ans d'éléphantiasis tuberculeux. Le malade ne parlant pas français, je ne puis avoir des renseignements sur le début et la marche de sa maladie, pour laquelle il a suivi au Brésil plusieurs traitements sans succès. Son frère, plus âgé que lui, que j'ai vu, est atteint de la même affection.

16.

» Ce malade, qui m'a été adressé par M. Bazin, est entré chez moi le 11 mars dernier.

» Voici quel était son état à cette époque :

» Des tubercules de différents volumes, mais ne dépassant pas celui d'une noisette, existaient sur la face, les lobules des oreilles et sur les membres. Les bras et les membres inférieurs en étaient couverts ; leur couleur était livide, aucun n'était ulcéré. Le tronc ne présentait que quatre plaques rouges, deux siégeant au niveau des omoplates et deux sur la région lombaire. Il n'y avait pas de plaques jaunes comme sur le précédent malade. De très-larges taches noires sous-épidermiques existaient sur la partie antérieure des cuisses ; il n'existait que quelques poils dans cette région. Le tissu cellulaire était un peu induré sur plusieurs points. La sensibilité sur les parties malades était abolie. L'état général était mauvais, les digestions étaient difficiles ; il a eu plusieurs fois des vomissements. Son faciès exprimait une grande altération dans l'économie ; les membranes muqueuses étaient pâles ; rien dans les poumons. Des accès de fièvre intermittente de dix heures de durée éclatèrent ; un traitement approprié (quinquina, sulfate de quinine), nous en rendirent (*sic*) maîtres en quelques jours. Puis je lui fis suivre un traitement tonique ferrugineux qui améliora l'état général.

» Le traitement par l'acide phénique ne fut commencé que le 20 avril. L'acide fut employé *intus et extra*. A l'intérieur, je débutai par 25 centigr. d'acide phénique matin et soir, dissous dans un verre d'eau. Cette faible dose détermina des symptômes d'ivresse qui se répétaient à chaque prise du médicament. Néanmoins j'augmentai graduellement la dose jusqu'à 75 centigr. matin et soir, dissous dans un verre d'eau, mais je ne pus dépasser cette dose. Le malade me disait : *moi en ribotte toujours.*

» Les symptômes d'ivresse étaient tels qu'ils l'obligeaient à se coucher. Le badigeonnage de la peau en provoquait aussi ; en moins d'une heure, ils étaient complètement dissipés. Les matières fécales de ce malade n'étaient pas désinfectées au moment de leur expulsion ; elles sentaient très-mauvais. A l'extérieur, j'employai l'acide phénique dissous dans du vinaigre de vin (6 p. 100), un badigeonnage par jour.

» Les plus gros tubercules furent plusieurs fois cautérisés légèrement avec l'acide alcoolisé (parties égales). . .

» Sous l'influence de ce traitement et d'une bonne alimentation, une véritable métamorphose s'opéra dans l'état du malade. L'appétit se réveilla en même temps que la gaieté, les forces revinrent très-rapidement, les tubercules de la face et des oreilles disparurent en moins d'un mois ; ceux des membres s'affaissèrent beaucoup. La sensibilité se rétablissait à mesure que l'amélioration se manifestait.

» M. Bazin, qui avait été témoin de ce beau résultat, me pria au commencement de juin de lui conduire ce malade à l'hôpital Saint-Louis pour le présenter aux médecins et aux élèves qui suivaient son cours, ce que je fis. Tous ont constaté ce que je viens de dire.

» Aujourd'hui, 16 août, le malade est à Vichy, il reviendra, comme le précédent, le mois prochain, pour terminer son traitement.

» M. Bazin m'a adressé un troisième malade, Brésilien, âgé de 18 ans, atteint aussi de cette maladie ; mais il y a très-peu de temps que son traitement est commencé, Je ne puis encore savoir le résultat qu'il donnera.

» La maladie a un autre aspect que sur les précédents. L'affection se présente sous formes de plaques circinnées. Le malade prend l'acide phénique à la dose de un gramme par jour, et je le badigeonne avec l'eau phéniquée saturée.

» M. Bazin a employé ce traitement en ville et à l'hôpital. Il a constaté les mêmes résultats. Il me disait tout récemment : « *L'acide phénique est bien préférable à tout ce que j'ai employé » jusqu'à ce jour pour combattre cette maladie.* »

Il est difficile de croire que des histoires de malades qu'on dit avoir présentés à toute une clinique d'hôpital aient pu être inventées ou même embellies au point qu'il n'y ait pas, dans ces histoires, au moins un certain fond de vérité. Or, si peu qu'il y en ait, les observations que nous venons de rapporter ont une grande importance. La lèpre tuberculeuse a été jusqu'à ce jour à peu près constamment incurable, et personne, jusqu'à présent, n'a cru aux cures miraculeuses opérées par la plante *hydrocotyle asiatica*, importée en France par le pharmacien Lépine, et préconisée aujourd'hui contre toutes les maladies de la peau dont. elle n'améliore pas même une seule. L'acide phénique aurait donc amené, dans les cas qui précèdent, une amélioration que n'a jamais produite aucune autre substance, dans une maladie qui conduit, sans exception, le malade à la plus affreuse des morts. Devant de pareils faits, on ne peut que s'étonner des paroles que M. Lemaire prête à M. Bazin, mais qu'il n'a jamais prononcées, nous aimons à le croire pour son honneur de dermatologiste. Ne semblerait il pas, en effet, d'après ces paroles, que M. Bazin aurait à traiter des lèpres tuberculeuses, en ville et à l'hôpital, comme il peut avoir à traiter des pityriasis ou des eczémas, alors que des spécialistes très occupés peuvent passer dix ans à Paris sans en observer un seul cas! Comment! depuis le milieu de 1864, époque où doivent s'être passés les faits rapportés par M. Lemaire — je dis *doivent*, parce qu'on sait que l'exact et véridique observateur, qui se plaint de l'absence des dates dans les observations des autres, n'en met presque jamais aux siennes — depuis, dis-je, le milieu de 1864 jusqu'à la fin de l'année, M. Bazin aurait eu l'occasion d'appliquer, en ville et à l'hôpital, l'acide phénique au traitement de la lèpre tuberculeuse? Espérons que l'honorable dermatologue, qui n'a probablement jamais lu les paroles de M. Lemaire, s'empressera de les démentir dès que nous les lui aurons signalées; ce démenti est absolument indispensable à son crédit scientifique. Et puis, que signifieraient ces autres paroles, en présence de résultats aussi admirables que ceux dont M. Lemaire a rendu M. Bazin témoin : « l'acide phénique est *bien préférable* à tout ce que j'ai employé? » bien préférable! je le crois parbleu bien! tout ce que vous avez employé n'a jamais fait résoudre un seul tubercule lépreux, n'a jamais arrêté une seule gangrène lépreuse, n'a jamais amené ni hâté une seule cicatrisation d'ulcère lépreux, n'a jamais dissipé une seule anesthésie lépreuse ; et l'acide phénique opère tous ces miracles en quelques semaines, et vous vous contentez de dire que l'acide est *bien préférable!* oui, c'est préférable, à peu près comme la vie est préférable à la mort! Si ces faits se sont passés tels que

M. Lemaire les expose, il y a tout simplement à écrire au-dessous de la médication phéniquée ce que Voltaire voulait qu'on écrivît au-dessous de chaque page de Jean Racine : admirable ! admirable ! admirable !

Une chose nous a profondément étonné, c'est que M. Bazin ait eu la pensée d'envoyer à Vichy, *sous prétexte de chaleur*, des malades qui avaient déjà obtenu un si grand bienfait de la médication phéniquée, au risque de compromettre tout ce qu'on avait gagné. Que peuvent donc aller faire aux eaux débilitantes de Vichy des malheureux dont la constitution est plus ou moins épuisée ? Est-ce qu'on a jamais vu les alcalins naturels ou artificiels résoudre un tubercule lépreux ? Est-ce qu'il y a un motif quelconque de supposer qu'une telle résolution pourrait être obtenue par ces moyens ? Encore une fois, qu'allaient donc faire à Vichy ces lépreux ? Satisfaire des fantaisies thérapeutiques que des médecins sérieux ne doivent point se permettre. Si la médication phéniquée avait déjà produit les résultats exposés par M. Lemaire, — et il faut bien espérer que le témoignage de M. Bazin n'aurait pas été invoqué impunément, pour parler au public crédule — il n'y avait qu'une chose à faire, poursuivre par tous les procédés imaginables l'application de ce traitement, qui avait donné, en quelques semaines, ce qu'aucun autre n'a jamais donné dans un temps quelconque. M. Bazin a-t-il rattrapé ces malades, après leur voyage à Vichy ? Ce voyage n'a-t-il pas détruit ce que l'acide phénique avait fait ? la médication phéniquée a-t-elle pu être reprise ? a-t-elle pu achever l'œuvre admirable qu'elle avait si bien commencée ? Questions importantes, dont la science ne peut attendre la solution qu'avec anxiété, car il ne s'agit de rien plus que de rendre curable une des plus affreuses maladies qui affligent l'espèce humaine, et qui a toujours été rebelle aux ressources de l'art.

Nous n'ajouterons plus qu'un mot, c'est pour conseiller aux praticiens qui auront l'occasion d'appliquer la médication phéniquée au traitement de la lèpre tuberculeuse, d'ajouter aux moyens employés dans les cas précédents, l'usage des injections phéniquées hypodermiques. L'expérience de ces dernières années nous a démontré que ces injections avaient une

influence résolutive, et une influence que les anciennes théories appelleraient dépurative, plus prononcées que les autres
voies d'administration de l'acide; pour nous, il est infiniment
probable que cette influence est simplement une action parasiticide, et il est naturel, dès lors, que cette action soit d'autant
plus énergique que les parasiticides arrivent moins modifiés
sur les parasites; là est sans doute le secret de la supériorité
de la méthode sous-cutanée. Le parasitisme n'est pas encore
démontré, il est vrai, dans la lèpre tuberculeuse; mais les
conditions dans lesquelles cette cruelle maladie se développe,
aussi bien que sa forme et sa marche, indiquent d'une manière
presque certaine, que c'est bien à un parasite qu'elle est due,
comme les fièvres intermittentes, comme la peste, comme la
fièvre jaune, comme le goitre même, comme toutes les endémies, probablement.

ART. VI. — DE L'ÉRYTHÈME.

Beaucoup de maladies de la peau ont donné matière à des
classifications et à des distinctions et sous-distinctions dont la
fantaisie est le caractère dominant. Nous n'avons pas à nous
mêler aux classificateurs, ni à mettre de l'ordre dans leurs systèmes, fort heureusement. Une seule de ces classifications nous
intéresserait particulièrement, quoique le gâchis n'y soit pas
moindre que dans les autres — ce serait plutôt le contraire —
c'est la classification de M. Bazin, où nous trouvons quatre espèces — nous croyons du moins que M. Bazin appelle cela des
espèces quoique nous n'en soyons pas bien sûr..., ni lui non
plus, peut être — d'érythèmes produits par des parasites. Mais
M. Bazin ne donne pas les noms de ces parasites; il nous en
donne un seul, c'est celui d'un *trichophyton*, et ce trichophyton
est celui qui produit une teigne; en sorte que l'érythème ne
serait en réalité, dans ce cas, qu'une des phases initiales de la
teigne. Quant aux trois autres parasites érythématogènes,
M. Bazin paraît les admettre théoriquement, et, par conséquent,
ne les connaît pas pour les avoir vus. Nous ne ferons pas à
M. Bazin un reproche d'avoir admis ces trois parasites théoriquement, tout au contraire; nous croyons qu'on trouverait un

beaucoup plus grand nombre de formes d'érythèmes qu'il est rationnel d'attribuer à des parasites, sans en excepter celle de l'érythème que M. Bazin attribue à l'une des trois colonnes de sa dermatologie, à cette bizarre *arthritis*, qui n'est plus, dans le langage de M. Bazin, une inflammation d'une articulation, mais une maladie générale ou une diathèse, vulgairement connue sous le nom de goutte et de rhumatisme. Pourtant, M. Bazin attache une importance énorme à ne pas confondre l'érythème arthritique — ne pas confondre avec un érythème des articulations — avec un érythème parasitaire.

Quoiqu'il admette quatre érythèmes parasitaires, M. Bazin ne conseille les parasiticides que contre un seul, ou tout au plus contre deux; mais il ne les conseille pas contre cet érythème du nez et de la face que nous avons dit n'être qu'un premier degré de la couperose, ce que M. Bazin, par parenthèse, admet aussi à l'article *érythème*, quoiqu'il n'en dise rien à l'article *acné*. Nous avons fait connaître les résultats remarquables et inattendus que les cautérisations phéniquées légères donnent dans ce cas; nous croyons que les mêmes résultats seraient obtenus dans tous ou presque tous les érythèmes de longue durée. Quant à ces érythèmes fugaces, comme celui qui résulte d'une insolation, d'un froissement, etc., nous croyons que ce qu'il y a de mieux à faire, c'est de laisser l'organisme se guérir lui-même, et de ne pas même employer un parasiticide ou la poudre de lycopode, deux moyens assez différents, que M. Bazin paraît mettre, on ne sait trop pourquoi, sur la même ligne; si l'on voulait absolument, dans ces cas si simples, abréger la durée de l'érythème, nous pensons que des compresses d'eau froide constamment renouvelées à mesure qu'elles s'échauffent, rempliraient mieux le but que toutes les poudres du monde. Dans plusieurs formes chroniques d'érythème, quand la maladie tendra à se perpétuer, on se trouvera bien d'ajouter, aux *astric_tions* avec l'acide phénique pur, l'usage de notre sirop phéniqué titré, à la dose de deux cuillerées par jour, une le matin et une le soir.

ART. VII. — DU FURONCLE. — DE L'ANTHRAX.

Entre le furoncle et l'anthrax dit bénin, les pathologistes n'établissent qu'une différence de degré; ils établissent une différence beaucoup plus grande, ce qu'ils appellent assez volontiers une différence de *nature*, entre l'anthrax *bénin* ou gros clou et l'anthrax *malin* ou inflammation gangréneuse du derme et du tissu cellulaire sous-cutané. L'anthrax malin ne nous parait pas différer beaucoup plus de l'anthrax bénin que celui-ci du clou simple. Dans le clou simple, la gangrène n'atteint qu'un faisceau de tissu cellulo-adipeux renfermé dans les mailles du derme; dans l'anthrax bénin, elle en atteint plusieurs et parfois quelques portions du derme lui-même; enfin, dans l'anthrax malin, la gangrène envahit une plus ou moins grande étendue de tissu cutané et cellulo-adipeux, sans en respecter aucun des éléments; il y a de la gangrène partout, l'étendue seule varie; et quand on découvrira les parasites qui, selon toutes les probabilités, produisent ces trois affections, on trouvera, sans doute, que ces parasites sont de la même espèce. M. Lemaire a bien trouvé, dit-il, dans la sanie qui baigne les tissus non encore envahis par la gangrène des granules qui ont donné naissance à des bacterium, à des vibrions, et à des spirillum, et, dans le pus, des *bacterium punctum* et des *monas punctum*; mais ces parasites sont ceux qui s'observent dans la putréfaction et la suppuration; il n'est pas probable que ce soient ceux qui déterminent la formation du furoncle et de l'anthrax. M. Bazin admet bien aussi un furoncle parasitaire ou, pour mieux dire, deux : mais l'un serait produit par le sarcopte de la gale, l'autre, par le trichophyton de la teigne tondante. Ce ne sont pas là des parasites du furoncle, ni même des causes accidentelles de furoncles. Quand un furoncle vrai se développe dans la gale ou dans la teigne, c'est une complication, mais ce n'est point un résultat du sarcopte ou du trichophyton. Le parasite du furoncle et de l'anthrax est donc à chercher.

M. Lemaire dit, dans son traité prétendu de l'acide phénique, que « le coaltar saponiné » — il a oublié d'ajouter : *et l'acide phénique* — « est un médicament précieux pour combattre l'inflammation spéciale *déterminant les anthrax*. » On croyait, avant

M. Lemaire, que l'inflammation *que déterminent les anthrax* constitue précisément les anthrax eux-mêmes, tout comme la paralysie *qui détermine l'amaurose* est précisément l'amaurose ; mais des idées si simples ne sauraient probablement entrer dans le cerveau trop compliqué de M. Lemaire ; laissons-le donc à ses profondes combinaisons, et occupons-nous du traitement du furoncle et de l'anthrax. Puisque M. Lemaire a oublié, cette fois, d'ajouter les mots sacramentels : « ET *l'acide phénique,* » à l'aide desquels il a cru transformer son traité du coaltar en traité sur l'acide phénique, réparons son oubli qui, du reste, n'est que dans la partie dogmatique de l'article anthrax ; car dans les observations, on voit que c'est l'acide phénique que M. Lemaire a employé, quand il a très-bien réussi, et le coaltar, quand il a réussi moins bien ou qu'il a échoué. C'est qu'en effet, dans le traitement du furoncle et de l'anthrax comme dans le traitement de toutes les maladies où les désinfectants et les parasiticides sont indiqués, la supériorité de l'acide phénique sur le coaltar, même dit saponiné, est éclatante. Quant au meilleur mode d'emploi de l'acide phénique, ce n'est pas tout à fait celui qu'indique M. Lemaire, voici comment cet acide doit être employé.

Si le furoncle ou l'anthrax sont à leur début et s'ils paraissent ne devoir se présenter qu'avec une intensité modérée, on appliquera sur la partie inflammée et au pourtour des compresses imbibées d'eau phéniquée à un demi, un, deux ou même trois et quatre pour cent, suivant la sensibilité du malade ; il sera inutile d'attendre, pour faire ces applications, que la période inflammatoire soit passée, sous prétexte que l'acide phénique est un « irritant ; » cette vieille routine surannée, car on ne peut même pas donner à une pareille conception le nom de doctrine, de traiter toutes les inflammations par les « antiphlogistiques, » et de s'abstenir des « irritants, » des « excitants, » des « toniques, » est encore suivie, il est vrai, par tous les professeurs officiels et non officiels de médecine, y compris même le réformateur, M. Bazin ; mais elle n'en vaut pas mieux pour cela ; nous nous contentons de renvoyer le lecteur aux quelques remarques que nous avons présentées sur la classification des médicaments. (Voir ci-dessus, p. 168 e ²suiv.)

17

Il faut craindre si peu ses effets irritants avec l'acide phénique, que cet acide peut même être employé pur et appliqué directement sur le centre du bouton à l'aide d'un pinceau. Loin d'irriter le mal, cette cautérisation arrête souvent l'inflammation et *sèche* le bouton à la manière dont la gelée *sèche* un bouton naissant sur l'arbre.

Outre les applications locales d'acide phénique, constamment renouvelées et faites au besoin avec une certaine masse de charpie imbibée au lieu de compresses, afin d'éviter l'évaporation, on prescrira à l'intérieur une solution phéniquée à demi ou un pour cent, ou mieux notre sirop phéniqué titré.

Si le furoncle se présente, dès le début, sous les apparences d'un anthrax et surtout malin et étendu, aux moyens précédents il faudra ajouter des injections phéniquées sous-cutanées à un pour cent; on injectera cinq grammes de solution chaque fois, soit cinq centigrammes d'acide, et l'on renouvellera l'injection deux fois par jour (trois injections en tout), aussi longtemps que la maladie ne décroîtra pas; en cas de décroissance légère, on se contentera de deux ou d'une injection; si la décroissance est très-prononcée, on pourra les suspendre définitivement, en continuant les autres moyens. Si, par exception, la maladie arrivait néanmoins à gangrène, ou si elle y était déjà arrivée quand on a été appelé, les moyens à employer ne devraient pas être différents; les pansements phéniqués sont les meilleurs qu'on puisse employer contre les suppurations de bonne ou de mauvaise nature et contre les plaies gangréneuses; on pourrait seulement, dans ces cas, remplacer la solution aqueuse par une pommade ou un glycérolé, quoique l'acide phénique en solution soit presque toujours préférable. On s'abstiendrait, bien entendu, à cette période des injections hypodermiques; mais on continuerait l'usage du sirop, même après la cicatrisation; car on sait que les furoncles se renouvellent presque inévitablement, comme les anthrax sont presque inévitablement suivis de furoncles, — nouvelle preuve de l'identité des deux maladies, — et la persévérance dans l'usage du sirop aura pour effet de prévenir très-souvent la répétition de ces éruptions fort incommodes, quand elles ne sont pas très-douloureuses, ce qu'elles sont trop souvent.

ART. VIII. — DE L'HERPÈS.

L'herpès est en pathologie cutanée presque le pendant de l'eczéma ; il a même probablement paru plus important à certains pathologistes, puisque c'est lui qui a donné son nom à la constitution, au vice, à la diathèse *herpétique*. Cet honneur n'est cependant pas justifié, car l'importance et la fréquence de l'herpès sont loin d'égaler celles de l'eczéma, même en laissant dans l'herpès l'hydroa et le zona, qui, suivant nous, doivent en être nettement séparés. Ce qui nous intéresserait dans l'herpès, ce serait l'herpès parasitaire dont M. Bazin admet trois espèces, l'herpès circinné, l'herpès iris et l'herpès nummulaire ; mais ces trois espèces n'en font même pas une, car elles ne sont, toutes les trois, qu'une des périodes initiales de la teigne trichophytique (1). C'est une des innombrables bizarreries — pour nous contenter d'un mot doux — de la classification peu classifiante de M. Bazin, mais classification qu'il croit tellement parfaite, qu'elle le dispense le plus souvent de parler du traitement, ou qu'elle lui permet de n'en parler que pour en donner le titre : pour l'herpès il ne le donne même pas toujours, et l'on est réduit à deviner ce que M. Bazin prescrirait dans tel ou tel cas. M. Bazin, qui est un parasiticiste chaleureux, n'admet que trois espèces d'herpès parasitaire, lesquelles, ainsi que nous venons de le voir, en font à grand'peine une ; nous nous permettrons d'être plus royalistes que le roi Bazin, — si toutefois le titre de roi suffit à son ambition ; — nous croyons que tous les herpès, mais surtout l'hydroa, le zona et l'herpès *post-febrilis*, que M. Bazin appelle à tort, avec tous les routiniers, herpès *critiques*, — car ils surviennent à la fin des maladies, quand il n'y a, par conséquent, plus de crises à opérer, — sont causés par des parasites ; les formes arrêtées, parfois quasi-géométri-

(1) Il est vrai que M. Bazin appelle ces herpès tantôt des *espèces*, tantôt des *variétés*. Mais il ressort assez clairement de son langage qu'il ne se forme pas, malgré ses nombreuses définitions, une idée bien nette de ce qu'est une espèce et de ce qu'est une variété. Ce sont là, pour lui, des mots qu'on écrit comme ils arrivent sous la plume, mais auxquels on aurait tort d'attacher aucun sens précis, d'après les principes d'histoire naturelle de M. Bazin.

ques, l'élection de certains lieux précis, la marche même, tout indique que sous ces vésicules herpétiques s'opèrent des évolutions de parasites probablement animaux, pour les formes aiguës, tout au moins.

Quant au traitement de ces accidents, les lotions phéniquées seules suffiront dans les formes aiguës ; les lotions et le sirop phéniqué, dans les formes chroniques. Nous dirons aux articles hydroa et zona les indications spéciales que ces affections réclament.

ART. IX. — DE L'HYDROA.

M. Bazin sépare l'hydroa des herpès et il a bien raison (1) ; il en fait un *genre* à part. Un genre, c'est beaucoup dire. Il est vrai que, fidèle à son habitude de n'attacher aux mots que le sens que chacun préfère ou même aucun sens, M. Bazin divise ce *genre* en trois *variétés*, et le moindre jardinier sait que les *variétés* ne sont pas des divisions du *genre*, mais seulement de l'*espèce*. Au reste, ce n'est malheureusement pas toujours dans la classification que M. Bazin se montre peu sévère ; il traite parfois trop légèrement les faits mêmes qui servent de base à la pierre fondamentale de ce qu'il croit être sa doctrine. Par exemple, l'hydroa est pour lui le symptôme de la fameuse entité qu'il désigne sous ce néologisme — déjà par nous qualifié — d'*arthritis*. « Cette affection, dit-il, s'est *toujours* manifestée chez des sujets qui avaient présenté ou présentaient encore des symptômes d'arthritis. » Le mot *toujours* est répété à plusieurs reprises ; il est donc bien établi que M. Bazin n'a jamais observé l'hydroa que chez des sujets rhumatisants — ce qui,

(1) Où M. Bazin a moins raison, c'est dans la critique vive qu'il fait de la classification de M. Hardy, dans laquelle l'herpès est supprimé comme maladie distincte. Il est évident que l'herpès appartient à une foule de maladies différentes ; mais on pourrait en dire autant de beaucoup de maladies de la peau, sinon de toutes. Les classificateurs anatomistes eux-mêmes, Willan, Batteman, Biett et Cazenave, n'ont point ignoré cela, et ils ont donné en partie leurs classifications anatomiques comme destinées à faciliter l'étude et le diagnostic des dermatoses. C'est en cela seulement, que M. Hardy aurait eu tort d'abolir de sa propre autorité l'herpès, sans abolir en même temps les autres *genres*, qui ne sont guère mieux fondés. Mais ce n'est pas là ce qui peut autoriser M. Bazin à diviser les *genres* en *variétés*. Ceci ne pourrait se faire sans le consentement de Jussieu ou de Cuvier, et nous prévenons M. Bazin qu'il n'obtiendra pas ce consentement.

par parenthèse, ne suffirait pas tout à fait pour démontrer que la maladie soit due à la diathèse rhumatismale ou, si l'on veut absolument, *arthritique*. — Or, pour étayer ce principe absolu, M. Bazin rapporte une seule observation d'hydroa, et dans cette seule observation on lit ce qui suit :

« Antécédents de famille :

» Père mort depuis longtemps, sur lequel il (le malade) ne peut nous donner de renseignements positifs.

» Mère morte, il y a dix-huit ans, d'un cancer du sein.

» Antécédents du malade :

» Pas d'antécédents scrofuleux ni syphilitiques. Une seule blennorrhagie déclarée il y a un an, d'une durée d'un mois environ.

» Bonne constitution, système musculaire bien développé. Pas de trouble manifeste du côté de l'estomac ni des autres viscères, si ce n'est un peu de tendance à la constipation. *Pas de rhumatismes ni de névralgies.* »

Et voilà comment l'hydroa s'est développé, TOUJOURS, chez des sujets qui étaient ou qui avaient été atteints d'*arthritis* — qui n'est plus une inflammation des articulations, mais la cause de cette inflammation et de beaucoup d'autres phénomènes morbides, qui est le rhumatisme et la goutte, enfin —.

Quant au traitement de toutes les espèces ou de toutes les variétés d'hydroa, voici à quoi il se borne, pour M. Bazin.

Pour l'hydroa vésiculeux :

« *On devra se borner* à prescrire des bains alcalins et à employer des moyens hygiéniques : on recommandera simplement le repos, un régime doux et des boissons diurétiques. »

Pour l'hydroa vacciniforme :

« Le traitement alcalin paraît indiqué dans cette affection. N'oublions pas que les eaux salines de Bourbonne ont procuré une guérison rapide et radicale, alors que les autres médications avaient complétement échoué. »

Enfin, dans l'hydroa bulleux, M. Bazin administre les amers et le sirop alcalin (singulière association) et applique les poudres d'amidon et de tan sur les surfaces malades. Plus tard, *pour détacher les croûtes*, il prescrit des bains de carbonate de potasse (100 à 120 gram. par bain).

Nous croyons, nous, qu'on ne devra jamais se borner à ces moyens, non-seulement dans l'hydroa bulleux ou vacciniforme et le plus souvent chronique, mais pas même dans l'hydroa vésiculeux, dont la marche est le plus souvent aiguë ou sub-aiguë. Sans nous appesantir sur le « régime *doux*, » que M. Bazin, avec toutes les commères, conseille dans presque toutes les maladies, sans bien se rendre compte de ce que peut bien être ce régime, nous croyons qu'on devra proscrire, dans le plus grand nombre des cas au moins, les alcalins dont M. Bazin, sans les commères, cette fois, fait un énorme abus. Loin de craindre la rupture des vésicules ou des bulles et d'attendre la formation des croûtes pour agir sur la peau, on devra dé-nuder le plus tôt possible le derme, et le lotionner avec de l'eau phéniquée à 1 ou 2 p. 100, ou même plus; et si les surfaces atteintes ne sont pas trop étendues, on laissera à demeure sur elles de la charpie imbibée de la même solution. Si la maladie affecte la forme chronique ou seulement sub-chronique, on ajoutera aux moyens externes l'usage de notre sirop phéniqué à l'intérieur. Les injections hypodermiques ne seraient utiles que si la maladie offrait une généralisation et une durée ex-ceptionnelles. Dans les cas d'opiniâtreté de l'éruption sur des points particuliers, on se trouvera bien de diriger, tous les jours, pendant quinze ou vingt minutes, sur ces points une vigoureuse douche de poussière d'eau phéniquée à 2, 3 ou 4 p. 100, jusqu'à ce que l'éruption ait complétement disparu, et que la formation d'un épiderme normal soit opérée. Quant au régime, c'est-à-dire à l'alimentation, il ne devra avoir aucun caractère particulier. Il est entendu, toutefois, que si une mauvaise alimentation avait paru contribuer au dévelop-pement de la maladie, il faudrait prescrire un régime substan-tiel; de même que, dans le cas contraire, il faudrait interdire tout excès d'alimentation solide et surtout liquide.

ART. X. — DE L'IMPÉTIGO.

L'impétigo est encore une des grandes formes des maladies cutanées qui, de même que l'herpès et plus que l'eczéma, a été rapporté à de nombreuses causes. Parmi ces causes se trouvent des parasites végétaux et·animaux, des parasites, par conséquent divers eux-mêmes, qui n'ont rien de spécial à l'impétigo, et appartiennent à d'autres maladies ; M. Bazin compte quatre espèces de ces parasites : le sarcopte de la gale , les *pediculi*, le végétal de la teigne faveuse (achorion), et celui de la teigne tondante (trichophyton). Ces parasites n'ont donc que deux intérêts pour nous : l'un, c'est de démontrer que des parasites divers peuvent déterminer des pustules impétigineuses fort analogues, sinon absolument semblables entre elles; l'autre, c'est d'établir la probabilité que, si un certain nombre de pustules·impétigineuses sont dues à des parasites divers, toutes les autres reconnaissent des causes analogues.

De cette considération découle le traitement, mais non pas, assurément celui des dermatologues, et surtout celui de M. Bazin, que nous citons toujours de préférence, parce qu'un parasiticiste comme lui devrait être en avant de tous les autres, tandis que, sauf pour le traitement de la gale et des teignes, il se met tout à fait à leur niveau. L'exposé du traitement de l'impétigo serait curieux à reproduire ici; malheureusement pour un hors-d'œuvre, même curieux, il prendrait un peu trop de place. Nous nous bornerons donc à l'analyser. Voici en résumé ce que conseille M. Bazin contre les diverses variétés de ce qu'il appelle l'impétigo *générique*, c'est-à-dire celui qui n'est produit par aucune cause spécifique, qui ne forme point, par conséquent, une espèce ; c'est là toujours un des aspects de la classification fantastique de M. Bazin : tout ce qui ne forme point une espèce constitue un genre. Voici donc le traitement que conseille M. Bazin contre ce *genre* : 1º l'ouverture de la veine et les sangsues au voisinage de la région malade; 2º les cataplasmes émollients et les lotions avec l'eau de guimauve, l'eau de son , l'eau de sureau , l'eau de têtes de pavot, etc.; 3º les croûtes une fois tombées — que plus tard il recommandera de ne pas faire tomber, ces croûtes étant, comme il l'a dit et comme il le répète, le *meilleur des topiques*, — le saupoudrage avec les poudres adoucissantes et résolutives (amidon, fécule); 4º les bains pour diminuer l'éréthisme général; 5º les purgatifs doux (eaux de Sedlitz et de Pullna, les sulfates de soude et de magnésie, le calomel, l'huile de ricin, etc.;

6° les boissons rafraîchissantes ; 7° une hygiène sévère.

Voilà les moyens bons contre l'impétigo aigu, mauvais contre l'impétigo chronique ; voici ceux qui doivent être employés contre cette dernière *forme*, qui paraît être le même *genre* :

8° Les préparations sulfureuses *intus et extra* (contre l'impétigo des scrofuleux seulement), eaux de Baréges, de Bonnes, de Cauterets, d'Enghien, de Bagnères, de Luchon, etc. ; 9° les bains de mer (mêmes cas), — chez les sujets forts, ces bains ramèneraient l'état aigu ; les bains ordinaires auraient le grave inconvénient de faire tomber les croûtes, le meilleur des topiques ; — 10° les astringents et les résolutifs (décoctions émollientes additionnées d'alun , de sublimé, de sous-carbonate de soude ou de potasse, de sulfate de zinc, etc.); 11° les pommades au calomel, à l'oxyde de zinc, seules ou mélangées à des poudres absorbantes — (singulier mélange).

« Mais il arrive que l'impétigo résiste à tous les moyens précédemment mentionnés. » Alors, il faut modifier énergiquement les surfaces et employer :

12° L'huile de cade pure ; 13° les cautérisations légères avec le nitrate d'argent, les acides nitrique, chlorhydrique étendus, le nitrate acide de mercure , etc.; 14° les douches de vapeur, simples ou médicamenteuses ; 15° les douches d'eau sulfureuse ou sulfo-alcaline, en arrosoir; 16° si l'impétigo siége aux membres, accompagné d'œdème, la compression combinée avec la position ; 17° dans l'impétigo rodens, cautérisations énergiques avec la teinture d'iode, la pierre infernale, *les* caustiques de Vienne *ou* de Canquoin, etc.; 18° ici, nous allons citer textuellement, nous dirons dans un instant pourquoi : « Si les ulcérations qui succèdent à l'impétigo malin ont un caractère *gangréneux* ou *phagédénique*, vous retirerez de grands avantages des lotions chlorurées ou toniques, des pansements avec le vin aromatique et *surtout avec le coaltar saponiné*, qui arrête d'une manière si prompte et si heureuse les suppurations de mauvaise nature. »

Et pour couronner cette longue liste de moyens, M. Bazin ajoute : « Bien pauvre serait la thérapeutique de l'impétigo, *si nous n'avions en réserve* d'autres ressources *plus assurées* contre une affection générale aussi rebelle. On pourrait s'étonner que l'auteur n'ait pas commencé par faire connaître ces dernières, et qu'il ait cru devoir suivre l'exemple de Nicollet ou des coquettes qui n'accordent qu'à la dernière extrémité leurs dernières faveurs. Mais la vérité est que les ressources « *assurées* » de M. Bazin ne valent pas mieux que les autres, et qu'elles sont assurées..... quand elles ont réussi, ce qui arrive..... quand il plaît à Dieu. Nous avouons cependant que, parmi ces moyens, il n'y en a pas d'aussi fâcheux que la saignée et les sangsues; et il est à peine croyable qu'on puisse trouver encore de notre temps un médecin assurément distingué, à ses heures, un réformateur conseiller la saignée et les sangsues contre l'impétigo ! Mais sans être aussi mauvais, les moyens « assurés » ne sont pas assez bons pour que nous allongions la liste des précédents; nous allons donc indiquer rapidement celui qui, sans être absolument assuré, vaut cependant beaucoup mieux que tous ceux que se plaît à énumérer M. Bazin.

Mais auparavant, il nous faut dire pourquoi nous avons transcrit textuellement le passage relatif à l'impétigo *de mauvaise nature, gangréneux*. Dans beaucoup de passages que nous avons cités et dans beaucoup d'autres que nous avons omis, M. Lemaire répète à tout propos, que M. Bazin emploie avec le plus grand succès, dans tels et tels cas, l'acide phénique et plusieurs de ses préparations, notamment le glycérolé au millième — quoique la glycérine neutralise, suivant M. Lemaire, les propriétés de l'acide phénique ; — il semblerait, à entendre notre véridique *imitateur*, que, depuis qu'il a appris à M. Bazin à se servir d'acide phénique, ce médicament forme la base de la médication de M. Bazin contre toutes les dermatoses. Or, dans tous ses ouvrages, M. Bazin parle *deux seules* fois d'acide phénique, une fois, dans le passage que nous venons de citer, et une autre fois ailleurs; et, dans ces deux passages, l'acide phénique c'est... le *coaltar saponiné! le coaltar saponiné!* employé contre une seule des formes, et la plus rare, de l'impétigo ! ! Voilà comment M. Lemaire continue d'écrire l'histoire ! Il est probable qu'il n'a parlé que de coaltar à M. Bazin, tant qu'il a pu espérer que le coaltar dominerait l'acide phénique, mais que lorsqu'il a vu que son médicament, le seul qu'il eût été chargé d'expérimenter et qu'il eût réellement expérimenté thérapeutiquement, faisait le plongeon, lui s'est empressé de faire volte-face, et d'un coup de plume il a changé le coaltar en acide phénique, ou bien il s'est contenté d'ajouter le nom de celui-ci au nom du premier, ainsi que nous l'avons montré. M. Bazin, qui n'était pas dans le secret de cette évolution, a consenti à mentionner, deux seules fois, le coaltar; il ne savait pas que celui-ci était remplacé désormais par l'acide phénique. Au reste, nous avons la conviction profonde que M. Bazin n'aurait point suivi M. Lemaire dans la voie où il s'était engagé. M. Bazin peut avoir ses travers; il peut avoir des ambitions, hors de proportion avec son mérite; mais nous n'admettons pas un instant qu'il eût pu dire qu'il avait employé une substance, quand il en avait expérimenté une autre. C'est donc le coaltar et le coaltar exclusivement que M. Bazin a employé : il a eu raison de le dire; son seul tort a été de le faire. S'il avait employé l'acide phénique, il aurait pu se dispenser d'épuiser la longue et incomplète liste des moyens, que nous avons citée, et il aurait assurément obtenu de meilleurs résultats. Espérons pour ses malades que M. Bazin sera mieux inspiré à l'avenir.

Il serait inutile d'entrer dans des développements sur la manière dont on doit appliquer l'acide phénique contre l'impétigo ; nous n'aurions qu'à répéter ce que nous avons dit aux articles herpès et eczéma.

Art XI. — DE L'INTERTRIGO.

Je recommande la seconde des phrases qui suivent aux collectionneurs ; elle est, comme on dit, à tailler au couteau. « *Intertrigo.* — Le coaltar saponiné est un excellent moyen pour combattre cette affection. Lorsqu'il existe de la mauvaise odeur, *elle* est enlevée promptement par *la saponine* qu'*elle* contient! » Inutile de dire que cette phrase est de M. Lemaire et qu'elle sent son coaltar à cent lieues à la ronde. La vérité est que quelques lotions d'eau phéniquée au centième, et, au besoin, l'application de compresses imbibées de la même solution suffisent pour enlever l'odeur de l'intertrigo et faire disparaître en quelques jours cette affection, sans coaltar et sans *saponine*, et mieux qu'avec l'un et l'autre. C'est tout ce qu'il y a à dire, au point de vue thérapeutique, de la petite, très-petite maladie désignée sous le nom d'intertrigo.

ART. XII. — DE LA KÉLOÏDE.

L'occasion ne nous a pas été donnée d'appliquer la médication contre cette maladie dont la marche bizarre nous paraît propre à faire soupçonner qu'elle est causée par la présence dans le derme de quelque parasite. Nous engageons donc les praticiens qui auront à traiter la kéloïde à essayer la médication phéniquée, telle que nous l'avons décrite à l'article couperose. On ne devra toutefois recourir à l'application de l'acide pur à l'aide d'un pinceau, que lorsqu'on n'aura pas l'espoir de réussir par les autres procédés, parmi lesquels on n'oubliera pas, bien entendu, les injections sous-cutanées.

Chose bizarre! maintenant que l'impulsion est donnée, on trouve des parasites là où les moins entêtés n'auraient pu en supporter même l'idée, c'est-à-dire dans la kéloïde. Nous en dirons quelques mots dans notre *Supplément*.

ART. XIII. — DE LA LÈPRE.

Depuis les Grecs, jusqu'à nous, le nom de lèpre a été donné à tant d'affections diverses de la peau, que ce qu'on a de mieux à faire aujourd'hui, c'est de le bannir complétement du langage scientifique. Le sens le plus général qu'on lui accorde actuellement est synonyme d'éléphantiasis des Grecs ou lèpre tuberculeuse; nous renvoyons donc au mot éléphantiasis.

ART. XIV. — DU LICHEN.

Quand le lichen n'occasionne que des démangeaisons très-légères, à plus forte raison s'il n'en occasionne pas du tout, ce qu'il y a de mieux à faire, s'il a une marche aiguë, c'est de l'abandonner à sa marche naturelle, qui le conduit promptement à la disparition. S'il tend à passer à l'état chronique, l'usage du sirop phéniqué suffira probablement pour empêcher cette transformation; on y joindra au besoin les lotions avec l'eau phéniquée à un pour cent. Ces lotions seront indispensables, quand le lichen s'accompagnera de démangeaisons vives; on pourra même employer, dans ce cas, une solution saturée, et même les astrictions avec l'acide pur, telles que nous les avons décrites à l'article acné.

M. Bazin admet deux parasites dans certaines variétés de lichen, mais ces parasites sont ceux de la gale et de la teigne tondante; ce ne sont point des parasites lichénoïdes ou plutôt lichénogènes. Il est pourtant probable qu'il existe un parasite du lichen dit idiopathique; la prompte disparition des démangeaisons sous l'influence des lotions ou des cautérisations phéniquées rend l'existence de ce parasite très-probable; on se rappelle l'instantanéité de la cessation des démangeaisons causées par les oxyures; il y a quelque chose d'analogue dans la disparition de certaines démangeaisons cutanées. Il y a donc là un curieux champ d'exploration pour les micrographes, et probablement d'exploration que le succès couronnera.

Art. XV. — DU LUPUS.

Dans un traité de thérapeutique, on a l'habitude de supposer connues les maladies que l'on passe en revue, et dont on ne traite que la partie thérapeutique; ainsi faisons-nous ordinairement. Parfois, cependant, nous nous livrons à quelques discussions qui ne rentrent pas absolument dans le traitement, mais qui nous paraissent utiles, soit pour faire juger de la valeur expérimentale de celui-ci, soit pour en montrer la rationalité. C'est dans ce double but que nous croyons utile, avant d'aborder le traitement du lupus, de citer ce que M. Bazin dit de son pronostic. La citation a quelque étendue; mais le lupus est une maladie si grave, et son traitement est encore si peu avancé, que rien ne nous paraît devoir être négligé de ce qui peut conduire à quelque progrès dans la curation de cette terrible affection.

« Le traitement du lupus — dit M. Bazin — considéré au point de vue de l'affection générique (1), est beaucoup trop variable,

____

(1) Nous n'avons sans doute pas besoin de rappeler que M. Bazin entend par affection *générique* celle qui comprend deux ou plusieurs *espèces*, que M. Bazin

suivant sa nature, sa marche, son mode d'évolution, son siége, etc. » — Remarquez combien l'etc. est, ici, bien placé, — « pour qu'il soit possible de rien préciser à cet égard.

» Cette affection n'entraîne jamais directement la mort, mais est grave en raison de sa durée souvent longue, de l'action destructive qu'elle exerce sur les tissus, et des cicatrices plus ou moins difformes qui en sont la conséquence.

» La forme ulcéreuse est plus grave que la forme tuberculeuse simple.

» Votre jugement sera d'autant plus sévère, toutes choses égales d'ailleurs, que la lésion sera plus apparente à la vue, et répandue sur un plus grand nombre de points.

» Lorsqu'elle siége au voisinage des orifices naturels, lorsqu'elle s'étend aux muqueuses extérieures et aux organes des sens, elle peut entraver d'une manière plus ou moins complète l'exercice d'importantes fonctions.

» La marche du lupus doit être prise en sérieuse considération. S'il est stationnaire, s'il ne consiste qu'en un seul tubercule, en un seul groupe de tubercules, le cas est assurément moins sérieux que s'il s'étend de jour en jour, soit en surface, soit en profondeur.

» Enfin, il est un élément qui domine tous les autres, c'est celui *qui* donne au pronostic la connaissance de la nature du lupus. »

Il est probable qu'au lieu de *qui*, c'est *que* qu'il faut lire ; mais qu'on lise *qui* ou qu'on lise *que*, ce qu'il y a de certain, c'est que la phrase n'en sera pas plus claire pour le lecteur, ni les autres non plus, et qu'il n'y trouvera pas ce que tout médecin et toute personne, qui s'intéresse à un malade, doivent chercher dans un pronostic: la maladie guérit-elle ? guérit-elle souvent ? guérit-elle spontanément ? guérit-elle mieux à l'aide d'un traitement? A toutes ces questions, M. Bazin répond par

appelle *variétés*. Nous ferons remarquer, seulement, que, dans la classification de M. Bazin, le genre lupus ne comprend que *deux espèces* : le lupus scrofuleux et le lupus syphilitique ; il semblerait donc que ce n'est pas le grand nombre des espèces qui devrait empêcher de résumer en peu de mots et assez exactement le pronostic du lupus; mais les médecins en général ont horreur de la précision; cette horreur n'est pas toujours sans motifs. Nous dirons lesquels.

ces mots qu' « un élément qui domine tous les autres c'est celui *qui* ou *que* donne au pronostic la connaissance de la nature de la maladie. » Or, comme le lupus n'a que *deux* « natures, » la *nature scrofuleuse* et la *nature syphilitique*, rien n'était plus facile, en ajoutant ou plutôt en substituant quelques lignes à celles qu'on vient de lire, que de dire : le lupus *scrofuleux* guérit ou ne guérit pas, dure tant de semaines, de mois, d'années, dans telles et telles circonstances et quand il offre tels ou tels caractères ; le lupus syphilitique guérit ou ne guérit pas, etc., dans telles ou telles autres circonstances. Pourquoi M. Bazin n'a-t-il pas dit cela, au lieu d'écrire une série de phrases alambiquées, qui se résument dans celles-ci : le lupus guérit quand il peut, et celui qui est moins grave ne l'est pas autant que celui qui l'est davantage ? seulement le plus grave ne tue pas. Cette dernière proposition est la seule positive du pronostic de M. Bazin ; mais il n'était pas nécessaire d'une page d'écriture pour la formuler. Pourquoi M. Bazin n'a-t-il pas dit autre chose ? pour deux raisons ; l'une, très-bonne, c'est qu'il ne pouvait pas dire ce qu'il ne savait pas ; l'autre, mauvaise, c'est qu'il ne voulait pas dire ce qu'il savait. Ce qu'il ne savait pas, c'est le pronostic précis du lupus, autre que celui qui porte sur la question de vie ou de mort. Sans doute M. Bazin, comme tout le monde — j'entends tout le monde savant et non savant — sait que le lupus qui ronge est plus grave que celui qui ne ronge pas... tant qu'il ne ronge pas ; mais ce n'est pas là un pronostic de médecin, c'est un pronostic de M. de La Palisse ; mais M. Bazin ne sait pas à quels signes on peut distinguer un lupus *qui rongera* de celui qui ne rongera jamais, un lupus qui durera six mois de celui qui durera vingt ans, etc. Eh bien, quand on ne sait pas cela, il faut dire tout simplement, en cinq mots : je ne le sais pas. — Mais ce que M. Bazin savait, ce qu'il sait bien encore, c'est que si le lupus guérit, les dermatologues ne le guérissent pas ; et comme ils ne veulent pas plus faire l'aveu de leur impuissance que l'aveu de leur ignorance, ils s'évertuent à construire un échafaudage informe de phrases ridicules à faire pâlir celles de Molière-Sganarelle. Ce n'est pas ainsi que procèdent les chimistes et les physiciens, à moins que ces chimistes ne soient des Sansons ; encore ceux-ci distillent-ils souvent leurs sottises sans alambic, en pleine lumière, témoin les *quatorze côtes données à l'homme, corám populo* et sans sourciller (voir ci-après, article charbon des animaux). Ainsi, pour en revenir à l'objet essentiel de ce travail, les dermatologues, y compris M. Bazin, malgré un luxe de moyens thérapeutiques ég l ou supérieur à celui de l'impétigo, ne guérissent pas le lupus ; mais ils paraissent ne pas l'empêcher de guérir quelquefois : voilà le fait dépouillé de tout ornement. Sommes-nous plus heureux avec la médication phéniquée ? incontestablement oui ; mais nous nous hâtons d'ajouter que nous sommes loin de l'être autant que nous le désirerions et autant que nous le sommes dans une foule d'autres maladies de la peau. Dans la première édition de ce travail, nous avons publié deux premiers faits, les seuls que nous eussions observés alors, et que nous allons remettre sous les yeux du lecteur, en les faisant suivre des renseignements nouveaux que nous avons promis ; nous dirons ensuite, d'une manière générale, les résultats que nous avons obtenus depuis, dans plusieurs autres cas.

Lupus du visage, datant de vingt-quatre ans. — Mme Dubert, 35 ans. Elle avait 11 ans quand elle fut atteinte des premières plaques tuberculeuses ; on lui a fait un grand nombre de remèdes. Malgré cela, lorsqu'elle a dû faire sa première communion, la maladie était déjà si développée, qu'il fallut lui couvrir le visage avec un voile. Elle a oublié le nom de toutes les substances prescrites par les médecins et par ceux qui s'improvisent guérisseurs. Ce qu'elle sait bien, c'est qu'elle a souffert beaucoup de leur application inutile. Deux fois elle a été à Saint-Louis. La dernière fois elle y est restée deux mois consécutifs sans qu'on ait pu, malgré des cautérisations très-douloureuses, obtenir la plus petite amélioration.

Mme Dubert s'est présentée pour la première fois à ma consultation le 4 mai 1865. Il est presque impossible de décrire l'état dans lequel j'ai trouvé cette malheureuse femme. J'ai eu recours à la photographie qui, malheureusement, n'a pu donner qu'une idée des reliefs produits par les croûtes et l'épaississement du derme : qu'on se figure une écorce de bois empreinte de végétations nombreuses et multicolores recouvrant tout le visage d'une femme de 35 ans, grasse et d'un tempérament très-lymphatique.

Ces croûtes envahissent les angles des deux yeux et le nez dans toute son étendue. L'angle de l'œil droit est en partie détruit, un tiers de l'aile du nez du même côté a été rongé, toute la joue droite est recouverte, ainsi que la lèvre supérieure et les deux tiers de la joue gauche; des bourgeons en relief sont parsemés sur cette joue qui n'aurait pas tardé à être envahie entièrement. — Il y avait ici : « *voir la photographie.* » Comme nous n'avons pu reproduire les photographies dans cette édition, nous sommes obligé de nous contenter de la description écrite.

En moins d'un mois, par la cautérisation à l'acide phénique et par l'application nocturne de la vitelline phéniquée à 15 p. 100, les croûtes sont tombées peu à peu, se sont reproduites plus minces, et sont retombées enfin pour ne plus revenir. Maintenant, il ne reste plus rien sur le visage ; les deux angles des yeux sont guéris; l'ulcération profonde de l'angle de l'œil droit est comblée; il n'y a plus une seule croûte. Depuis le 7 juillet le visage a diminué d'un tiers de son volume. Il ne reste plus qu'un léger relief du derme en certains endroits et une rougeur générale qui a fait place aux croûtes. Ces rougeurs sont encore recouvertes de petites plaques furfuracées qui disparaissent, et déjà la rougeur générale est parsemée de petits îlots blancs. On dirait quelqu'un qui est recouvert de plaques d'urticaire. — Je renvoyais, ici, à une seconde photographie qui faisait ressortir d'une manière frappante l'amélioration obtenue beaucoup mieux que ne peut le faire une simple description.

« Ainsi, ajoutai-je, en 1865, un lupus dévorant du visage datant de *vingt-quatre* ans, soigné à plusieurs reprises dans un hôpital de Paris, et par un grand nombre de médecins; un lupus ne s'étant jamais arrêté dans sa marche lente, mais fatalement progressive et destructive, a été arrêté promptement et guéri presque entièrement par l'acide phénique, et cela en moins de cinq mois. »

Je puis ajouter aujourd'hui, que depuis le moment où j'écrivais ces lignes, Mme Dubert a continué à venir à ma consultation pendant deux mois pour achever sa guérison. Elle devait venir me revoir en cas de récidive ; mais je ne l'ai plus revue. Comme je la traitais gratuitement et que je lui donnais même les médicaments, il est infiniment probable que la guérison s'est maintenue.

Voici le second fait précédent, que je publiais encore dans la première édition de cet ouvrage :

« J'ai en traitement un autre lupus dont l'amélioration rapide me donne la certitude d'une guérison prochaine. Ce cas est celui d'une jeune personne atteinte d'abord au visage, à la joue gauche, puis au nez. Soignée d'abord par le médecin ordinaire de sa famille, elle obtint l'amélioration de la plaque de la joue ; mais, les tubercules envahissant le nez tout entier, cet honorable confrère adressa sa malade, en 1856, à M. le D$_r$ Gibert, puis, en 1857, à M. Cazenave, et la même année à M. le docteur Devergie, qui s'adjoignit, en 1858, M. le docteur Michon. On s'adressa plus tard à M. Rochard, et quelques jours après à M. le Dr Bazin qui, depuis le 1er janvier 1859, a lutté vainement contre cette affection, c'est-à-dire pendant sept ans, période pendant laquelle la malade a pris, pendant trois ans de suite, les eaux de Luchon, sous la direction savante de M. le Dr Lambron.

» A ma consultation du 18 juillet 1865, je constate sur la joue gauche une cicatrice blanche et légèrement gaufrée ; le derme est mince ; le nez est entièrement recouvert d'une croûte analogue à celle du cas précédent. Cette croûte commence en bas, au point d'insertion du nez sur la lèvre supérieure, et s'étend en haut jusqu'à sa partie moyenne, un peu plus haut que la jonction du cartilage avec les os nasaux ; sur les côtés, elle prend un peu de la joue gauche, recouvre le nez en entier, les deux ailes, qui paraissent très-amincies, et va rejoindre la joue droite. Des croûtes bouchent entièrement les deux orifices dont les bords commencent à se détruire. Le nez paraît considérablement grossi ; il est sans forme, et, au point le plus élevé, s'étend une rougeur en relief. Nous ne pouvons publier, à notre grand regret, la photographie de ce cas remarquable.

» Dès le début, j'ai attaqué cette maladie avec l'acide phénique presque pur. Toute la partie malade est insensible. La nuit, le pansement est fait avec la vitelline à 15 p. 100.

» En deux mois le volume du nez est diminué d'un tiers ; les écailles se fendillent ; je ne fais rien pour qu'elles tombent. La rougeur est descendue ; et, au commencement de cette rougeur, la ligne de démarcation n'est plus distinguée que par un liseré teinté, au lieu du relief qui existait auparavant. Dans plusieurs endroits on aperçoit le derme à nu, il n'est plus recouvert de tubercules. Ce cas suit en tous points la marche du lupus de la face, et quel que soit le nom que l'on donne à cette affection, l'acide phénique seul a pu la dominer. Maintenant elle est arrêtée, l'inflammation a disparu, le nez a diminué du tiers du volume primitif ; je suis donc en droit d'espérer la guérison complète avant quelques mois. »

La cure dans ce second cas ne s'est pas réalisée au gré de mes désirs, comme dans le premier cas, et comme je l'avais espéré. J'ai cependant arrêté définitivement — du moins tout me permet de le croire — l'ulcération de la face et la continuation de la destruction des tissus qui s'en serait suivie. Du côté du nez et des joues, tout est donc rentré dans l'ordre, autant que le permettait l'état des parties au moment où j'ai commencé le traitement. Mais il s'est manifesté à diverses reprises des ophthalmies, kératites, conjonctivites, surtout blépharites, dont je triomphais quelque temps, qui revenaient ensuite, et contre lesquelles je lutte encore au moment où j'écris ces lignes, après huit ans, ou peu s'en faut, d'efforts incessants.

Dans un troisième cas, je n'ai pas été beaucoup plus heureux ou un peu moins encore que dans le second.

Il s'agissait d'une demoiselle d'environ 23 ans, forte et bien constituée, quoique lymphatique, mais non scrofuleuse. Je la vis pour la première fois le 20 septembre 1869. Cette demoiselle portait un lupus de la joue droite qui occupait à peu près toute la joue ; il ne restait du côté de l'oreille qu'une étroite marge de peau saine ; du côté du nez, le mal s'étendait jusqu'à la racine du nez, lequel n'était pas encore envahi ; en haut le mal touchait à la naissance de la paupière inférieure, et en bas il s'étendait jusqu'au bord supérieur du maxillaire inférieur. Le mal datait de plusieurs années, et les traitements employés ne l'avaient pas empêché de s'étendre. — Je pratiquai aussitôt quelques cautérisations à l'acide phénique pur; je prescrivis des lotions d'eau phéniquée au centième; je donnai pendant longtemps des douches de poussière phéniquée sur la joue, avec mon appareil pulvérisateur; plus tard enfin je fis quelques injections phéniquées sous-cutanées, et j'administrai mon sirop d'acide phénique titré à la dose d'une cuillerée par jour (10 centigrammes). Dès le début de cette médication opiniâtrément suivie, j'arrêtai les progrès du mal; mais là se borne mon succès. La médication a été appliquée avec le plus grand soin pendant un an, moins régulièrement ensuite, jusqu'au mois de mars 1871, et pendant ces dix-huit mois je n'ai pu obtenir qu'une amélioration, un arrêt qui paraît définitif, des progrès du mal, mais non une guérison.

M. le Dr Ol. Duvivier, de Liége, a été plus heureux que nous, et quoique le mode d'emploi de l'acide phénique qu'il a adopté ne nous paraisse pas supérieur au nôtre, — nous croyons que ce serait plutôt le contraire — les faits publiés par cet honorable confrère n'en paraissent pas moins les plus beaux qu'ait jamais produits la thérapeutique du lupus. Nous les publierons sans commentaires, nous bornant à appeler sur eux toute l'attention des praticiens.

« Obs. I. — Deroitte (Charles), âgé de 30 ans, négociant à Liége.

» Son père et sa mère n'ont jamais eu, qu'il sache, d'affection grave quelconque; le premier est mort à 69 ans, la seconde à 80 ans (1).

» Lui-même est d'une constitution assez forte, d'un tempérament lymphatique; toutes les fonctions s'exécutent bien, et il dit n'avoir jamais été malade.

» En 1849, un petit bouton rouge se développa sur le bord de l'aile gauche du nez; il consulta à cette époque un médecin

(1) Le malade n'ayant que 30 ans, et sa mère étant déjà morte depuis un temps qu'on ne dit pas, mais qui est de quelques mois au moins, il en résulte que cette femme aurait eu un enfant à 50 ans passés; le fait est assez rare, pour qu'il valût la peine d'être l'objet d'une remarque de la part de M. Duvivier. Nous croyons qu'il ne sera pas trop tard pour donner des explications sur ce fait, lorsque ces lignes parviendront sous les yeux de M. Duvivier, si elles ont la bonne fortune d'y parvenir.

qui lui fit appliquer diverses pommades sans aucun résultat satisfaisant ; au contraire, une rougeur diffuse ne tarda pas à se manifester sur la joue droite où elle fit des progrès lents mais continus. Plusieurs médecins n'améliorèrent en aucune façon cet état ; et, en 1834, il alla consulter un guérisseur campagnard qui lui appliqua plusieurs emplâtres dont l'effet le plus visible, dit-il, fut de lui enlever une partie de l'aile du nez. Également vers le même temps, des rougeurs semblables se montrèrent à la joue droite qu'elles envahirent presque entièrement, ainsi que toute la peau du nez et de la lèvre supérieure, et ce, malgré un traitement interne et externe, scrupuleusement suivi.

» Le 18 mai 1864, ce malade vint me consulter, et je constatai de suite un *lupus érythémateux* des joues, du nez et de la lèvre supérieure. Je prescrivis un traitement antiscrofuleux et j'appliquai aussitôt l'acide phénique. Au bout de quelque temps déjà l'amélioration était évidente, si évidente que le malade, précédemment désespéré, avait repris toute confiance, et ne doutait nullement de sa guérison. C'est ce qui arriva en effet : le 30 décembre, en sept mois et demi, par conséquent, après avoir fait 23 applications d'acide phénique. Deroitte vint me remercier.

» Je constatai alors que la peau des joues et du nez avait une teinte normale très-satisfaisante, et qu'il ne restait plus de son affection que quelques cicatrices aux ailes du nez et à la lèvre, cicatrices qu'il était impossible de faire disparaître et dont je ne sais s'il faut attribuer la production à l'évolution naturelle du mal ou à l'application empirique des emplâtres précités.

» Obs II. — Borchardt (Jeanne-Marie), âgée de 38 ans, journalière, mariée sans enfants.

» Sa mère est morte à 53 ans d'une maladie de langueur ; son père vit encore, il a 63 ans et n'a jamais été malade.

» Elle-même est d'une constitution assez forte ; elle n'a jamais été malade et n'a jamais eu d'autre affection de la peau que quelques croûtes sur la tête, quand elle était enfant.

» L'affection — elle vint me consulter en mars 1864 — a débuté en 1859 par l'apparition d'une petite tache rouge, indolore, sur le bout du nez ; elle n'y fit d'abord pas grande attention, mais bientôt apparut sur la joue droite une tache semblable qui ne cessa de grandir; alors elle consulta successivement quatre médecins qui lui dirent qu'il n'y avait rien à faire contre cet état.

» Lorsque je l'examinai, une bonne partie du nez était d'un rouge foncé et les deux joues présentaient également chacune une tache ovale de la même nature et symétriquement disposées: du reste, aucune douleur, seulement quelques démangeaisons légères que la malade rapporte aux changements atmosphériques. J'avais affaire à un *lupus érythémateux*, et j'appliquai l'acide phénique tous les huit jours environ. La guérison se fit attendre plus longtemps que dans le cas précédent, car elle ne survint qu'à la fin de septembre 1865, c'est-à-dire au bout de dix-neuf mois pendant lesquels la malade, voyant une amélioration lente mais progressive, ne se découragea pas un seul instant.

» Obs. III. — Fassotte (Marie-Jeanne), veuve Henrotay, 60 ans, ménagère, d'une constitution délicate, d'un tempérament lymphatique, d'une santé débile, vint me consulter, le 30 avril 1865, pour une affection de la peau datant de 1847.

»C'est à la suite d'une vive frayeur, dit-elle, qu'à cette époque apparut un bouton ou une tache sur la joue gauche. Depuis lors, le mal n'a fait qu'empirer malgré les traitements plus ou moins bien suivis conseillés par plusieurs médecins.

» A mon examen, la face presque entière est le siége d'un vaste lupus érythémateux rouge bleuâtre, lequel, joint à une blépharite et à une ulcération croûteuse de l'extrémité du nez, rend l'aspect de cette malheureuse repoussant. Je prescrivis un traitement antiscrofuleux et j'appliquai l'acide phénique. L'amélioration se produisit rapidement, et le 14 juillet l'ulcération nasale était complétement cicatrisée. Le 25 octobre, la malade se dit guérie, et, en effet, la peau a repris toutes les qualités qu'elle pouvait acquérir après l'existence d'une lésion aussi ancienne. Il n'a fallu pour cela que six mois de traitement et 20 applications d'acide phénique.

» Obs. IV. — Robert (Joséphine), âgée de 52 ans, épouse Gaillard. — Constitution forte, tempérament sanguin, taille élevée; elle est encore bien réglée et n'a jamais été malade.

Son père est mort jeune par accident; sa mère est morte à 40 ans des suites d'un froid.

» Il y a six ans (1869) que l'affection dont elle est porteur a commencé par une tache rouge sur la paupière supérieure gauche, tache qui s'est étendue insensiblement et a fini par recouvrir une induration de la peau de la région.

» Cette malade me fut envoyée le 20 janvier 1865, par mon honorable confrère et ami, le Dr Jules Brixhe, lequel, connaissant mes essais avec l'acide phénique, crut judicieusement que le cas ressortirait de cette médication.

» Quand elle se présenta à moi, son aspect était repoussant et hideux. La joue gauche est triplée de volume, d'un rouge lie de vin, et la palpation fait constater de nombreux tubercules disséminés dans toute l'épaisseur du derme. A droite, il y a quelques taches éparses plus récentes, mais sans hypertrophie; le nez est complétement rouge. On trouve çà et là quelques fines écailles épidermiques répandues sur la lésion, mais point d'ulcération ; en un mot, un type de *lupus tuberculeux hypertrophique*. Concurremment avec un traitement antiscrofuleux, j'emploie le badigeonnage à l'acide phénique, que je répète tous les huit jours; le 14 juillet, la joue gauche avait repris à peu près le même volume que la droite ; les noyaux tuberculeux étaient à peine sensibles, la coloration rouge était devenue beaucoup plus claire ; à droite également les taches avaient perdu de leur étendue et de leur intensité de coloration. Je dus cependant continuer ma médication jusqu'au 1er novembre, époque à laquelle la malade se dit elle-même guérie. En effet, au bout de dix-huit mois de traitement, la face a repris son état normal. » (*Scalpel*, 26 novembre 1865.)

Ces quatre faits paraissent avoir une authenticité suffisante pour s'imposer à l'attention la plus sérieuse de tous les praticiens ; or M. Duvivier, en les publiant, annonçait qu'ils n'étaient par les seuls qu'il possédât; il avait, disait-il, en traitement plusieurs autres malades chez qui la maladie suivait exactement la même marche, et dont il considérait, par conséquent, la guérison comme assurée et prochaine. Aussi proposait-il aux dermatologistes de substituer au pronostic désolant qu'ils portent sur le lupus, ces mots consolants : *toujours curable*.

Nous avons dit que les succès de notre honorable confrère, M. Duvivier, ne nous paraissaient pourtant pas tenir à son mode d'emploi de l'acide phénique ; à quoi donc attribuer des succès incontestablement plus constants et plus complets que ceux que nous avons obtenus nous-même? L'avenir nous rendra probablement compte de cette différence ; voici, en tous cas, la façon dont procède M. Duvivier :

« Lorsqu'un individu atteint de lupus se présente à moi, s'il existe des croûtes, des squammes, des furfures, je m'empresse de les faire disparaître autant que faire se peut, et ce à l'aide soit de cataplasmes émollients, soit d'onctions répétées d'huile d'amandes douces. La surface malade étant ainsi mise à nu, qu'il y ait ou non ulcération, je la badigeonne rapidement avec de l'acide phénique presque pur, c'est-à-dire que je laisse tomber quelques gouttes d'eau ou d'alcool dans un flacon contenant de l'acide phénique cristallisé, ce qui suffit pour liquéfier une assez grande quantité d'acide (1) ; c'est de ce liquide que je me suis servi jusqu'à présent. Cette application cause une douleur très-vive au malade, et cette douleur se prolonge quelquefois pendant plusieurs heures (2) ; la partie touchée se recouvre d'une pellicule blanche, parcheminée, qui étonne et effraie d'abord le patient, tandis que la peau circonvoisine se congestionne et rougit fortement. » — Comme on l'a vu par les observations, M. Duvivier associe le traitement antiscrofuleux à la médication phéniquée, mais il ne pense pas que ce traitement entre pour beaucoup dans les succès qu'il a obtenus ; les insuccès à peu près constants de ce traitement, quand il est employé seul, prouvent que M. Duvivier a raison.

---

(1) Malgré les beaux succès de notre honorable confrère, nous croyons que la préparation qu'il décrit ne vaut pas l'application de l'acide pur lui-même, que la chaleur de la peau suffit parfaitement à faire fondre ; on a ainsi l'avantage d'employer un agent à composition fixe, tandis que dans le mode de liquéfaction employé par M. Duvivier, la proportion d'acide liquéfié varie avec la température.

(2) Nous n'avons pas vu la douleur durer aussi longtemps après nos cautérisations. Nous ne saurions deviner la cause de cette différence.

ART. XVI. — DE LA MENTAGRE.

Attribuée par M. Gruby à un parasite qu'il a nommé *microscoporon mentagrophytes*, la mentagre est aujourd'hui considérée par M. Bazin comme une période avancée de la teigne tondante, et attribuée par conséquent au parasite de cette teigne, le *trichophyton tonsurans*. Cette nouvelle opinion qui résulte pour M. Bazin de recherches suivies faites en commun avec un de ses honorables collaborateurs, M. le Dr Deffis, paraît prévaloir, quoique M. Robin n'admette pas encore — ou du moins n'admit pas, à l'époque de la publication de son livre — la présence d'un parasite démontré dans la mentagre. Les recherches de MM. Bazin et Deffis nous paraissent avoir été faites avec assez de soin pour qu'on se rattache, au moins provisoirement, à leur opinion ; nous renvoyons donc à l'article sur la teigne tondante ce que nous avons à dire de la mentagre.

ART. XVII. — DE LA PELLAGRE.

La pellagre est très-probablement une affection parasitaire ; mais, malgré l'érythème spécial qui est un de ses caractères, on ne saurait, suivant nous, la considérer comme une maladie de la peau. Nous en dirons donc quelques mots ailleurs.

ART. XVIII. — DU PEMPHYGUS.

Le pemphygus est, lui aussi, souvent moins une maladie de la peau, qu'une affection générale plus ou moins grave dont l'éruption cutanée n'est qu'une des manifestations la moins importante. Mais, ordinairement, la lésion cutanée offre assez d'intérêt pour attirer principalement l'attention du médecin ; et, pour ce motif, tous les pathologistes se sont accordés à ranger le pemphygus dans les maladies de la peau. Nous suivrons l'exemple général.

Aucun parasite n'a encore été trouvé dans le pemphygus, pas même des parasites appartenant à d'autres maladies ; ce n'en est pas moins une des affections dans lesquelles l'acide phénique peut rendre les services les plus signalés. Ces services sont pourtant bien loin encore d'être appréciés par l'immense majorité des médecins; et, à ce sujet, nous aurons à raconter une histoire qui prouve la puissance de la routine ou de la passion, en médecine, même chez les hommes les plus distingués et qui passent pour les plus équitables. Mais disons d'abord un mot du point où en sont les spécialistes : M. Bazin, par exemple, publie l'observation d'un cas grave et fort intéressant de pemphygus. « Pendant le long séjour, dit-il, que ce malade fit dans mon service, il fut soumis tour à tour *à toutes sortes de médications :* arsénicaux, alcalins, teinture de cantharides, hydrocotyle asiatique, bains à l'hydrofère, toniques, etc., etc., *rien ne fut oublié.* » L'acide phénique est-il compris dans l'etc. (bis)? il est plus que permis d'en douter; dans tous les cas, l'hydrocotyle asiatique aurait été mieux placée dans les etc. que l'acide phénique, et je ne vois pas trop sur quelles raisons se fonde la passion de M. Bazin pour l'hydrocotyle, à moins que ce ne soit sur la raison de l'annonce. Mais, au fait, la passion ne s'explique pas; elle est parce qu'elle est. Cependant, M. Lemaire n'avait pas dû laisser ignorer à M. Bazin qu'il avait employé avec succès l'acide phénique contre le pemphygus : il est vrai que l'acide phénique était peut-être du coaltar, qui s'est transformé en acide par le procédé maintenant connu de nos lecteurs ; mais M. Bazin ne parle pas même de coaltar, lequel, assurément, aurait bien valu l'hydrocotyle. Quoi qu'il en soit, acide phénique vrai ou coaltar transformé, voici l'observation publiée par M. Lemaire, très-remarquable, assurément, et digne de l'attention des hommes de progrès, comme M. Bazin a la prétention de l'être.

« M. C..., 40 ans, marchand de bois, est atteint de pemphygus depuis son enfance. Il n'a jamais été sans présenter des signes de cette maladie. Il a remarqué qu'au printemps et à la fin de l'automne des poussées de cette affection avaient lieu sur les membres supérieurs où était le siége principal du mal. Je donne des soins à ce malade depuis une quinzaine d'années. Je lui ai prescrit à plusieurs reprises les divers moyens conseillés en pareil cas (bains divers, dépuratifs, purgatifs), sans résultat satisfaisant.

» A la fin de l'automne 1861, une poussée de vésicules de

diverses dimensions, sans fièvre, eut lieu. Les membres supérieurs et inférieurs en étaient couverts. Les organes génitaux et
la face en présentaient quelques-unes. Après l'expulsion de la
sérosité, des croûtes se formèrent et la démangeaison devint
vive.

» *Traitement.* — Onctions matin et soir avec de la glycérine
contenant un centième d'acide phénique. L'emploi de ce moyen
a produit un effet tellement remarquable, qu'au bout de quinze
jours le malade se croyait complétement guéri. Il ne restait
plus çà et là que quelques points recouverts de produits épidermiques. Quinze jours après, le 28 décembre, une petite poussée
eut lieu sur les membres. Le traitement que le malade avait
cessé fut repris, et à la glycérine phéniquée j'ajoutai 30 centigrammes d'acide phénique à prendre chaque jour dans un demi-
litre d'eau, moitié le matin, moitié le soir. Le malade n'a
ressenti aucun effet appréciable de l'emploi de ce médicament.
L'amélioration a été encore plus rapide qu'au premier emploi
de l'acide phénique. Le malade était très-heureux du résultat.

» A la fin de janvier une vive démangeaison se manifesta à la
face. De la rougeur et un gonflement considérable qui envahit
toute la face et le cuir chevelu se manifestèrent. Des vésicules
existaient en assez grand nombre ; la démangeaison était insupportable. Le malade était agité pendant la nuit, le sommeil à
peu près nul.

« Il n'y avait pas de fièvre.

» Je fis cesser l'emploi de l'acide phénique à l'intérieur. Il
avait été continué jusque-là. J'eus recours aux adoucissants et
aux purgatifs.

» Malgré l'emploi de ces moyens, le gonflement et la rougeur
persistèrent pendant un mois, et deux mois après le début du
mal, la peau de la face n'était pas encore revenue à l'état normal. Le 15 avril le malade allait bien. Cependant il restait
encore quelques points malades entre les doigts et sur les avant-
bras qui témoignaient qu'il n'était pas complétement guéri. Ce
malade a quitté Paris. Je ne l'ai pas revu.

« Il n'est pas permis de porter un jugement définitif, d'après
cette observation, sur les effets de l'acide phénique sur le pemphygus chronique. Mais l'amélioration si prompte et si remar-

quable qu'il a produite me paraît suffisante pour le recommander aux spécialistes pour que de nouveaux essais soient
tentés. » (LEMAIRE, *de l'Acid. phén.*, 2e éd., p. 612.)

Ces essais avaient été tentés, sans attendre les recommanda-
tions de M. Lemaire, et ils avaient donné, sinon des résultats
aussi remarquables que ceux qu'il a observés chez le marchand
de bois M. C., au moins plus satisfaisants que les médications
que M. Lemaire avait essayées avant l'acide phénique, et que
beaucoup d'autres encore qu'il ne nomme pas. Mais ces essais
n'ont pas été faits par des spécialistes, qui paraissent avoir
été sourds à l'appel de M. Lemaire. Seulement les spécialistes
n'ont pas été seuls à avoir des oreilles pour ne pas entendre,
et c'est ici le moment de rapporter l'histoire dont j'ai parlé.

Elle se passait à Corbeil, la ville des farines et des moulins.
Une dame âgée était atteinte d'un pemphygus arrivé à sa période ultime, et était compliqué de dyssenterie; le dos tout
entier était dépouillé. La malade était soignée par le Dr Paul
Boucher et une autre confrère âgé de Corbeil; la malade était
considérée comme perdue. On crut devoir néanmoins recourir
à une consultation, et l'on choisit pour consultant M. Gueneau de
Mussy. Cet honorable confrère conseilla la décoction blanche
de Sydenham, le sous-nitrate de bismuth, des lavements opiacés, du lait de chèvre et une pommade banale pour les vastes
excoriations du dos. Le fils de la malade, homme d'une grande
intelligence et qui connaît beaucoup de choses étrangères à sa
profession, se hasarda à demander timidement si l'on ne pourrait pas espérer quelque chose de l'acide phénique. — Pour
vous faire plaisir, répondit M. Gueneau de Mussy, mettez de
l'acide dans une assiette et laissez-le s'évaporer dans la chambre
de la malade; j'aimerais mieux l'air pur; mais, enfin!... mé-
fiez-vous toujours des médicaments annoncés à la quatrième
page des journaux. — Je ne doute pas qu'on n'annonce de fort
mauvaises choses à la quatrième page des journaux, reprit le
fils de la malade; mais soyez certain qu'on y annonce d'excellentes choses aussi; mon beau-père y annonce une chose
très-bonne, je crois, et qui rendra des services aussi bien à
l'humanité qu'à l'industrie (1). Il n'y avait pas grand' chose à

(1) Le beau-père de cet interlocuteur distingué de M. Gueneau est, en effet, in-

répliquer à cette réponse catégorique, sinon que le service d'hôpital de M. Gueneau de Mussy est séparé par une muraille de celui de M. Maisonneuve, où depuis plus de dix ans se font presque journellement, grâce aux indications que j'ai données à l'habile et oublieux chirurgien, les plus belles applications d'acide phénique ! Et l'on ose prétendre que les murs ont des yeux et des oreilles !

La consultation de M. Gueneau de Mussy eut le succès qu'il est facile de deviner et je fus consulté confidentiellement, à mon tour, par le fils de la malade, d'abord le 17, puis le 21 septembre 1871. Les émanations spontanées de l'acide phénique déposé sur une assiette, à la température ordinaire, étaient absolument insuffisantes pour un cas aussi grave. Je proposai, dans une consultation écrite, une application plus active de la médication. Le plus jeune confrère ne parut pas goûter beaucoup mon avis; le plus âgé disait franchement : je suis trop vieux pour me tenir au courant de ce qui se fait de neuf; je ne dis pas que l'acide phénique soit bon ni qu'il soit mauvais; je ne m'oppose pas à son emploi; mais je n'en veux pas prendre la responsabilité. On comprend combien la position du fils, qui m'avait consulté, était difficile dans un cas pareil; j'avais conseillé la glycérine phéniquée sur les vastes plaies, et le sirop phéniqué à l'intérieur; mais ce traitement, déjà trop peu énergique, fut nécessairement appliqué avec timidité, et le résultat ne fut pas tel qu'on le désirait, et tel que je l'avais obtenu plusieurs fois dans des cas fort graves, sinon tout à fait aussi graves que celui de Mme X..... Dans ce cas, il aurait fallu cautériser vigoureusement les bords envahissants avec l'acide phénique pur ou mieux encore avec notre nouveau produit, l'acide sulfophénique, puis lotionner largement les plaies avec l'eau phéniquée; les oindre ensuite de liniment oléo-calcaire phéniqué; prescrire à l'intérieur notre sirop titré à la dose de deux à six cuillerées à bouche (20 à 60 centigr. d'acide) et, enfin, pratiquer deux ou trois injections hypodermiques phéniquées de cinq

venteur d'une machine à vapeur inexplosible que des ingénieurs distingués de notre connaissance jugent être une excellente invention, laquelle cependant n'a eu d'autre moyen de se propager que la quatrième page des journaux.

grammes d'eau phéniquée au centième; c'est de cette manière que j'ai pu arrêter d'abord et guérir un pemphygus des plus graves qui avait détruit entièrement la peau de toute la cuisse et d'une partie du ventre.

Pendant que dans une des salles de l'Hôtel-Dieu de Paris on ignore ce qui se passe dans celle dont on est séparé par un mur, des médecins d'au delà des frontières réclament la priorité de l'emploi de l'acide phénique contre le pemphygus. C'est ce qui arrive à M. le Dr Kohn. Nous parlerons de ses prétentions et de sa préparation à l'article *psoriasis*.

ART. XIX. — DU PITYRIASIS.

Deux espèces de pityriasis, le *pityriasis alba* et le *pityriasis versicolor* sont caractérisés, suivant M. Bazin, par la présence de deux parasites ; mais dans la première de ces espèces, ce parasite ne serait autre que le trichophyton, et le pityriasis alba ne serait que le trait d'union entre l'herpès parasitaire et le sycosis, c'est-à-dire une des phases de la teigne tondante. Le pityriasis versicolor seul aurait un parasite propre, et constituerait seul, par conséquent, une espèce morbide distincte. Ce parasite est le *microscoporon furfur* dont M. Bazin décrit ainsi les caractères :

« Si l'on examine au microscope les squames d'une tache de pityriasis versicolor, on constate qu'elles contiennent des spores à l'état de liberté, et un grand nombre de tubes de filaments droits ou contournés, simples ou ramifiés, dont l'ensemble constitue un réseau très-riche.

» Les spores sont presque toutes sphériques, plus grosses que celles du *microscoporon Audouini*, réfractent fortement la lumière et ne contiennent pas de granules à l'intérieur.

» L'ensemble de ces spores et de ces tubes constitue un végétal auquel on a donné le nom de *microscoporon furfur*. Ce champignon végète à la surface du poil, mais ne pénètre pas dans son intérieur. »

Dans le traitement de cette espèce de pityriasis, ni dans celui des autres espèces, il n'est question d'acide phénique. Les lotions avec la solution phéniquée nous paraissent cependant avoir autant d'efficacité que celles de sublimé ou de sulfure de potasse ou de soude, contre le pityriasis versicolor ; et autant que les préparations arsénicales et sulfureuses contre les pityriasis dits herpétiques et arthritiques. Ce serait toutefois se faire illusion que d'espérer guérir avec quelques lotions les pityriasis même les plus légers en apparence, passés à l'état chronique, comme ils le sont presque tous. Ces petites desquamations furfuracées, d'une apparence si insignifiante, sont souvent beaucoup plus tenaces que des affections infiniment plus graves. Soit que les spores des parasites — car il est infiniment probable que ceux-ci existent aussi bien dans les pityriasis dits arthritiques et dartreux que dans le versicolor — ne soient pas atteintes par les parasiticides, et qu'elles se conservent dans quelques cavités sous-épidermiques ou ailleurs, soit plutôt que ces spores, trouvant sur certaines constitutions un terrain favorable à leur développement, y végètent plusieurs fois comme elles y ont végété une première, la maladie se reproduit avec une grande facilité, quand on a été assez heureux pour la faire disparaître, et il faut recommencer le traitement. Le mieux est donc, après la disparition de l'éruption, de continuer les lotions à un degré moins concentré (1 p. 100 d'acide phénique par exemple), à titre de prophylactique, et de prendre pendant longtemps une cuillerée par jour de sirop phéniqué, pour tâcher non-seulement de détruire le parasite et ses germes, mais aussi de modifier le terrain qui paraît convenir à leur multiplication.

Art. XX. — DU PRURIGO.

Nous avons peu de chose à dire de cette forme de dermatose, sinon qu'on n'a point trouvé jusqu'à ce jour de parasites dans les papules qui la constituent, et que les lotions et les douches de solutions phéniquées sont un des calmants les plus puissants du prurit, sinon le plus puissant de tous. Dans les cas très-graves où le prurit épuise les malades par les insomnies qu'il cause, on pourrait passer sur les points les plus affectés un pinceau imbibé d'acide pur, si les lotions d'eau saturée et les pulvérisations n'avaient pas réussi à éteindre le prurit. On sait déjà, par ce que nous avons dit précédemment, que ces cautérisations légères ne laissent qu'une trace très-fugace sur la peau, et qu'elles ne causent qu'une douleur très-modérée et très-peu durable. Or, elles ont sur le prurit une influence calmante qu'aucun autre moyen , à notre connaissance, ne possède au même degré. On pourra aussi prescrire des bains phéniqués à un, deux ou trois pour cent. Enfin, il pourra être utile d'administrer l'acide phénique à l'intérieur, à la dose de 10, 20 ou 30 centigr., c'est-à-dire une, deux ou trois cuillerées à bouche de notre sirop phéniqué titré.

ART. XXI. — DU PSORIASIS.

Cette maladie est encore une des grandes formes de la maladie dartreuse, celle qui avec l'eczéma, l'herpès et l'impétigo, constitue l'immense majorité des dartres. Malgré son importance nous ne lui accorderons ici qu'une place fort restreinte, parce qu'au point de vue thérapeutique dont nous ne devons nous écarter que le moins possible, nous n'aurions guère qu'à répéter ce que nous avons dit en parlant de l'eczéma, de l'herpès et de l'impétigo. Seulement, nous dirons ici quelques mots d'une note dans laquelle M. le Dr Kohn a publié les résultats qu'il aurait obtenus par l'emploi d'une préparation phéniquée. Ces résultats, qui n'ont pas été obtenus dans le psoriasis seulement, sont très-satisfaisants comme on va le voir ; cependant, nous sommes obligé de dire que la préparation est fort mauvaise. Voici la courte analyse que les *Archives médicales belges*, de septembre 1869, donnent de la note de M. Kohn : « *Pilules phéniques contre les maladies de la peau.* — Ces pilules sont ainsi composées :

Acide phénique cristallisé. 5 centigrammes.
Extrait de réglisse. . . .}
Poudre de réglisse. . . .} à à Q. S.

» M. Kohn débute par 6 à 9 pilules; plus tard il en donne 12 à 20; dans les cas rebelles, jusqu'à 60.

» Le premier effet est la diminution, puis, à court intervalle, la disparition de l'hypérhémie cutanée; plus tard les démangeaisons et leurs conséquences (excoriations, insomnies, etc.) cessent à leur tour.

» Dans 27 cas de psoriasis, la guérison fut obtenue en 26 jours ; elle fut prompte (sans indication précise de la durée) dans un cas de *pityriasis rubra*, 5 cas de *prurigo* et un cas de *prurit* non défini. M. Kohn et M. Hebra, qui a (*sic*) vulgarisé ce traitement, engagent vivement les médecins à l'essayer contre les dermatoses en général. »

Avant de reproduire les remarques dont notre excellent maître, M. le Dr Marchal (de Calvi), a fait suivre cette note, en la reproduisant dans la *Tribune médicale*, un mot d'abord sur la note elle-même. Parlons d'abord de la préparation. Nous avons toujours proscrit la forme pilulaire pour les préparations d'acide phénique, comme nous croyons qu'il faut la proscrire pour tout médicament caustique qu'on veut administrer à l'intérieur. La raison en est tellement évidente, qu'il est incompréhensible qu'elle n'ait pas frappé un esprit aussi distingué que M. Hebra. De deux choses l'une : ou l'acide phénique sera modifié par l'excipient (ici, poudre et extrait de réglisse) ; dans ce cas, on ne sait pas ce qu'on administre ; ou bien l'acide arrivera dans l'estomac à l'état pur et caustique, et alors, il est inutile de dire à quels inconvénients il peut donner lieu. On pourrait dire, cependant, que les faits de M. Kohn existent et qu'ils démontrent à la fois l'efficacité et l'innocuité des pilules phéniquées au réglisse. Je ne chercherai point à expliquer ces faits; mais ceux sur lesquels je me fonde pour proscrire la forme pilulaire de l'acide phénique existent aussi, et ils concordent avec tout ce que nous savons des caractères chimiques et physiologiques de cet acide. Par conséquent, nous ne saurions hésiter à leur donner la préférence.

Quant à la prétention que les *Archives belges* attribuent à MM. Kohn et Hebra d'avoir vulgarisé « ce traitement, » nous ne savons si le rédacteur entend par ces mots le traitement par les pilules phéniquées au réglisse, ou le traitement par les préparations phéniquées en général. Dans le premier cas, on peut accorder peut-être à nos honorables confrères le mérite peu enviable d'avoir préconisé les premiers une mauvaise préparation. Mais si leurs prétentions étaient d'avoir appliqué les premiers le traitement phéniqué aux maladies de la peau , on ne pourrait se dispenser de leur faire observer qu'ils se sont réellement levés un peu tard pour cueillir cette primeur. Nous serions obligé de faire remarquer à M. Hebra surtout, qui a un nom dans la science, qu'il faut laisser aux Lemaire de son pays des prétentions qui seraient encore plus ridicules qu'injustes : le monde civilisé tout entier sait aujourd'hui que ce n'est ni M. Hebra ni aucun de ses compatriotes qui ont appliqué les premiers l'acide phénique au traitement des maladies en général et des maladies de la peau en particulier.

Un mot maintenant , sur les remarques de notre excellent maître, M. Marchal. Voici d'abord ces remarques :

« Je ne puis me défendre d'une appréhension quand il s'agit des moyens curatifs des dermatoses, et je suis certain que la cure efficace de ces affections est une cause de dépréciation de l'espèce. Il est vrai que le traitement de M. Kohn, opérant par une action générale, a prise conséquemment sur le principe même de la manifestation cutanée. Mais je préférerais encore une méthode comme celle de M. Rochard qui aurait pour effet d'épuiser la manifestation sur place en l'exagérant, tandis qu'un moyen interne neutraliserait la condition holopathique. »

Si notre excellent maître s'était borné à prétendre que l'on doit s'efforcer de modifier la disposition interne en vertu de laquelle des éruptions certainement ou probablement parasitaires se développent chez tel individu et non chez tel autre, nous aurions été heureux d'abonder dans son sens; c'est le principe que nous ne cessons de proclamer et de mettre en pratique dans le traitement de toutes les maladies. Mais croire avec le Dr Rochard — quand il le croyait et s'il le croyait (1) — que l'on peut exagérer, à volonté, la manifestation sur place de la cause générale, réelle ou supposée, des maladies de la

(1) Nous avons même tort de dire quand il le croyait, car il nous paraît évident que M. Rochard n'a jamais bien su ce qu'il croit et ce qu'il ne croit pas : d'une part, il a la prétention de faire sortir par un point de la peau le principe du mal viciant l'organisme, de l'autre il prétend qu'il n'y a dans toutes les maladies de la peau qu'*un seul* élément organique d'affecté, la cellule de Virchow ; c'est-à-dire que la doctrine de M. Rochard, si doctrine il y a, est, comme le dit justement M. Bazin « la folie de l'organicisme élevée à la plus haute puissance. » *Affect. génér.*, de la peau, t. II, p. 10.)

peau, c'est une hypothèse que rien n'appuie et que tout contredit : l'irritation et la sécrétion d'un vésicatoire ne sont pas
celles de l'eczéma, et la plaie du caustique de Vienne ou même
du nitrate de mercure ou du sublimé n'est pas celle du chancre.
Quant à la dépréciation de l'espèce humaine par suite de la
curation efficace des affections cutanées, nous avouons qu'aucune raison ne nous permet de combattre cette vue et encore
moins de l'adopter. M. Bazin l'a adoptée d'avance, dans la mesure fixée par la tradition médicale qu'il serait peut-être plus
juste d'appeler la routine.

« Avant de terminer — dit-il — cette histoire dogmatique du
psoriasis, il me reste à résoudre deux questions importantes :
peut-on sans danger faire disparaître promptement le psoriasis?
Cette affection est-elle alors sujette à récidiver rapidement ?
A ces questions, nous ferons les réponses suivantes : Non, le
psoriasis ne peut être guéri sans danger, dans certaines circonstances; si, par exemple, le malade est atteint d'un asthme
ou d'une bronchite chronique, la suppression du psoriasis aura
pour effet de rapprocher les accès d'asthme et d'en allonger la
durée; de même, si le malade est sujet à des accès de folie, vous
verrez les intervalles de lucidité devenir moins nombreux et
moins longs après la suppression du psoriasis, et au contraire
la folie disparaître avec le retour de l'affection cutanée. »

« Dans un certain nombre de cas, il faut donc user de prudence et agir avec ménagement; mais sauf ces exceptions, on
pourra toujours sans danger guérir promptement le psoriasis. »
(Bazin, *loc. cit.*, t. I, p. 389.)

On croirait volontiers, à voir M. Bazin parler ainsi, qu'il a
ses poches pleines d'observations d'asthme et de folie, augmentant ou diminuant, disparaissant ou reparaissant, au gré
du médecin, inversement à la disparition ou à la réapparition
du psoriasis. Ces observations, ou demanderaient à être discutées d'une manière beaucoup plus approfondie que ne l'a fait
M. Bazin, ou sont de pures chimères, résultant d'une fausse
doctrine médicale.

Aux deux questions que M. Bazin s'est posées, il y en avait
d'abord une troisième qui aurait dû être la première : est-ce
qu'on peut guérir promptement, quand on veut, un psoriasis?

M. Bazin a vraiment l'air de le croire, et cependant il doit avoir plus d'observations qui prouvent le contraire que d'observations qui prouvent que la cure d'un psoriasis peut causer la folie. Non, on ne guérit pas promptement, quand on veut, le psoriasis, même avec l'acide phénique, à plus forte raison avec les médications routinières conseillées par les dermatologues, sans en excepter M. Bazin ; on a même parfois bien de la peine à guérir le psoriasis lentement.

J'ai dit que M. Bazin ne devait pas avoir beaucoup d'observations tendant à prouver que la *cure* d'un psoriasis a causé la folie ; je n'ai pas parlé de la *disparition spontanée* du psoriasis, ce qui est tout différent. Il ne paraît nullement improbable que le principe, la cause immédiate ou, comme on dit, prochaine qui produit un psoriasis ou toute autre maladie d'apparence locale — cause qui est très probablement un parasite — se transporte de la peau sur le cerveau ou le poumon etc., et disparaisse du premier lieu d'élection pour aller causer des désordres sur un autre point, sur un autre organe. C'est là un déplacement, une migration du parasite. Mais ce n'est point par déplacement qu'agit la cure des maladies, surtout la cure par les parasiticides ; et tous ou presque tous les médicaments contre les affections cutanées sont parasiticides. Ces médicaments tuent le parasite sur place, quand ils agissent sur place ; ils le tuent où ils le rencontent quand on les administre à l'intérieur. Il n'a donc pas à se transporter ailleurs, et la crainte de le voir aller s'attaquer à d'autres organes est justement aussi fondée que la peur des revenants. On passerait cette crainte à notre excellent et poétique maître, M. Marchal, dont la belle imagination a conservé sous le ciel de Paris toutes les ardeurs du soleil des tropiques ; mais, de la part du prosaïque M. Bazin, une telle crainte est difficile à expliquer ; il faut que quelque aliéniste ait passé par là : on sait que ces honorables gardiens de fous ne brillent pas, même parmi les spécialistes, par leurs idées et leurs connaissances pathologiques ; mais il est incroyable qu'ils aient pu déteindre sur M. Bazin, au point de lui inculquer des erreurs comme celle qu'il professe sur la cure *trop prompte* du psoriasis. Si M. Bazin veut bien nous pardonner de lui donner un conseil, ce sera, quand il aura

un psoriasis à traiter, de tâcher à le guérir le plus promptement
possible et de n'avoir d'autre crainte que celle de Dieu et
celle de ne pas réussir.

ART. XXII. — DU RUPIA.

Le rupia a fourni à M. Bazin l'occasion d'une des plus fortes
fantaisies qu'il se soit permises dans ses discours sur les maladies
de la peau. Il a l'habitude de distinguer dans chacune des formes
de dermatoses décrites par les auteurs une maladie ou plutôt ce
qu'il appelle une affection—en donnant aux mots maladie et affection un sens peu rationnel qui n'appartient qu'à lui — de cause
externe et une maladie de cause interne. Il répète cette distinction à propos de l'eczéma, de l'impétigo, de l'érythème, du pityriasis, du psoriasis, etc., etc. De ces deux maladies, l'une est la
vraie, la seule maladie de la peau, l'autre, le plus souvent, n'est
rien ou à peu près; mais ce rien existe pourtant, tout rien qu'il
est; il ne s'agit que de le trouver, ce qui, pour l'ordinaire, n'est
pas énormément difficile ; mais il paraît que, pour le rupia, la
découverte ne marchait pas toute seule. Après bien des recherches, pénibles probablement, M. Bazin a fini par trouver
sa cause externe dans l'huile de noix d'acajou. Alors, il n'a
plus éprouvé le moindre obstacle à suivre le chemin qu'il s'est
tracé, et il a divisé le rupia comme il suit : 1° Rupia de cause
externe ou rupia de l'huile de noix d'acajou (1); 2° rupia
de cause interne ou : 1re *espèce*, rupia scrofuleux; *seconde espèce*, rupia syphilitique. Dans les cas bien tranchés, le rupia
diffère du pemphygus, comme le pityasis diffère du psoriasis,
comme l'herpès diffère de l'eczéma, etc. Sur les limites des caractères donnés comme différentiels, la distinction est arbitraire
et vraiment illusoire ; aussi beaucoup d'auteurs ont-ils refusé à
la plupart des formes de dermatoses admises par Bateman, Biett,
et d'autres le caractère d'espèces et ont-ils admis dans tous ces
cas une *dartre*. La découverte des parasites qui, suivant toutes

(1) M. Bazin a cependant la précaution de prévenir son lecteur que le rupia
produit par l'application de l'huile de noix d'acajou « ne réalise que *très-imparfaitement* les *principaux* symptômes de la maladie. » A quoi le lecteur objectera que M. Bazin a eu bien tort de se mettre l'imagination à la torture pour
créer un rupia qui ne réalise pas même les principaux symptômes du rupia.

probabilités, causent toutes ces dermatoses résoudra la question d'une manière définitive. Jusque-là il n'y a qu'à appliquer la maxime du sage : Dans le doute..... Aucun parasite n'ayant encore été trouvé dans le rupia, on ne sait s'il faudra le séparer ou non du pemphygus; tout ce qu'on peut dire, c'est que le traitement phéniqué convient à l'un comme à l'autre, et qu'il doit être appliqué de la même façon dans les deux cas.

ART. XXIII. — DU SYCOSIS.

Dans les quinze à vingt dernières années, le **sycosis** a donné lieu aux discussions les plus âcres entre divers dermatologistes. Il n'entre ni dans notre plan, ni dans notre compétence, ni dans nos prétentions d'intervenir dans ces débats. Nous dirons seulement que M. Gruby d'abord, M. Bazin ensuite, d'une manière plus nette, nous paraissent avoir mis hors de doute la contagion et la nature parasitaire de ce que le dernier de ces auteurs appelle le sycosis de cause externe, et avoir démontré son identité avec la teigne trichophytique. Son histoire ne doit donc pas être séparée de celle de cette teigne. Quant au sycosis dit de cause interne ou plutôt de causes internes (la kyrielle de la *dartre*, l'*arthritis*, la *scrofule*, la *syphilis*), il doit être traité comme l'acné, dont il diffère peu, l'impétigo, etc. Nous n'avons qu'à renvoyer le lecteur aux articles consacrés à ces affections.

ART. XXIV. — DE LA TEIGNE OU DES TEIGNES.

M. Bazin n'est pas comme beaucoup de bons auteurs qui attachent un prix inestimable à leurs mauvaises productions et mépriseraient volontiers leurs chefs-d'œuvre. Beaumarchais aurait donné dix *Barbiers de Séville* et autant de *Mariages de Figaro* pour sa *Mère coupable*. Les auteurs en question ont deux fois tort, tandis que M. Bazin n'a tort qu'une fois : il se fait un grand honneur d'avoir en grande partie découvert ou complétement démontré la nature des teignes, en quoi il a grandement raison, presque trop raison même, car il paraît plus disposé à réduire la part des autres que la sienne: mais il s'en fait un plus grand encore ou tout au moins aussi grand, d'avoir inventé une classification fantastique des maladies de la peau ; en cela, il n'est pas pardonnable. Nous n'avons pu discuter avec M. Bazin sur le premier terrain ; nous ne pouvons pas davantage le suivre sur le second ; seulement nous nous sommes fait un devoir et un vrai plaisir de rendre justice à ses travaux utiles, de même que nous n'avons pas hésité à qualifier comme elles le méritent des élucubrations prétentieuses, qui n'auront d'autre mérite que d'encombrer la voie de la science d'obstacles que les vrais pathologistes auront la peine de balayer.

Après les découvertes de l'*achorion Schœnleinii*, par Schœnlein, du *microsporon mentagrophytes* et du microsporon Audouini, par Gruby, découvertes complétées et rectifiées par Molmstem et surtout par M. Bazin, ce dernier divise les teignes en trois espèces : la *teigne faveuse*, produite par l'*achorion Schœnleinii*, la *teigne tonsurante* (teigne *tondante* de Mahon jeune, le mot de Mahon valait mieux, outre qu'il était le premier-né), et la *teigne pelade*, produite par le *microsporon Audouini*. La justesse de cette classification combattue encore à l'heure actuelle par beaucoup de dermatologues — sans compter, bien entendu M. Devergie dont l'esprit est totalement bouché à tous les progrès — nous paraît avoir été démontrée par M. Bazin et un de ses honorables collaborateurs, le Dr Deffis, par des observations et des expériences irrécusables ; c'est donc celle que nous adopterons. Chacune des trois espèces compte plusieurs variétés fondées, tantôt sur le siége, tantôt sur le degré ou plutôt la période de développement de la maladie. Il n'entre pas dans notre objet de décrire ni d'énumérer ces variétés ; nous devons nous occuper immédiatement du traitement.

M. Bazin n'a pas seulement eu le mérite de décrire d'une manière exacte et claire les trois espèces de teignes, causées par trois parasites différents ; il a eu celui, plus grand encore, d'expliquer comment et pourquoi on guérissait ces teignes et pourquoi elles guérissaient parfois spontanément ; sachant comment et pourquoi on les guérissait dans certains cas, M. Bazin a déduit de cette notion le moyen de les guérir toujours, et l'expérience a confirmé, sinon dans tous les cas absolument, du moins dans l'immense majorié des cas, les données de la théorie. Les parasites végétaux qui occasionnent les teignes, a dit M. Bazin, se développent sur les cheveux et les poils et pénètrent dans la racine de ces productions, jusque dans le follicule pileux. Les parasites sont détruits par divers parasiticides, et spécialement par le sublimé corrosif; mais les lotions ne peuvent opérer cette destruction qu'à la condition d'être mises en contact avec tous les parasites, et ce contact ne peut être établi avec ceux qui sont cachés dans le follicule pileux qu'en arrachant les cheveux ou les poils et en laissant béante l'ouverture du follicule par où doit pénétrer le parasiticide; cet arrachement, auquel on a donné le nom d'épilation, est donc, suivant M. Bazin, la condition *sine quá non* de la guérison des teignes. Toutes les expériences de M. Bazin, il faut bien le dire, semblent démontrer la nécessité de l'épilation, ainsi qu'il le prétend. Faut-il cependant renoncer à jamais, comme il le soutient, à l'espoir de faire pénétrer un parasiticide dans le follicule pileux, la paroi du follicule et le poil? C'est là une question des plus graves qui, fort heureusement, ne nous paraît pas aussi définitivement résolue que le croit M. Bazin. La question est grave, en effet, car sans partager l'opinion d'Alibert, qui tenait l'épilation pour une torture atroce, digne des temps de barbarie, on ne peut se dissimuler qu'elle est, même pratiquée avec toutes les précautions conseillées par M. Bazin, une opération longue, douloureuse, et qui empêchera toujours un certain nombre de malades de se soumettre à un traitement dont cette opération est le prélude nécessaire. Tout lecteur en sera convaincu en lisant la description suivante que fait de l'opération M. Bazin, qui n'en exagère nécessairement pas les rigueurs :

« L'opérateur fait prendre au malade et prend lui-même la position qui lui semble la plus commode. Ici, nos infirmiers épileurs sont assis, et font reposer sur leurs genoux la tête du patient. D'une main, ordinairement de la droite, ils tiennent la pince comme une plume à écrire, ou, s'ils veulent, dans les cas plus faciles, comme un archet pour jouer du violon. L'autre main est placée sur la partie qu'il s'agit d'épiler, et, entre le pouce et l'index, on tend la peau afin qu'elle ne glisse pas. Puis, une lotion savonneuse ayant été faite préalablement, on extrait les cheveux, en les tirant dans le sens de leur direction naturelle ; on n'en prend à la fois qu'un petit nombre, deux, quatre, six et tout au plus un bouquet uniloculaire.

» Quand on a dénudé une surface de 2 à 3 centimètres carrés, on suspend quelques minutes l'épilation, et l'on fait une application parasiticide (presque toujours solution de sublimé), avec une brosse douce, une éponge, un pinceau....., selon le siége de la partie affectée. » — (Le siége de la partie affectée est un peu un siége à la Prudhomme!) — « Alors on recommence l'avulsion des poils, pour s'arrêter de nouveau après quelques instants; et ainsi de suite jusqu'à la fin de la séance.

» Il ne faut épiler ni trop vite ni trop doucement » — (l'auteur a voulu dire lentement); — « il y a un point intermédiaire qu'on ne peut saisir qu'avec un peu d'habitude.

» Quatre ou cinq heures après l'épilation, on fait une onction avec la pommade parasiticide; ici, nous employons de préférence la pommade à l'huile de cade, et plus souvent la pommade au turbith. Voici les formules de ces deux préparations :

1° Axonge..............	15 grammes	
Huile d'amandes....		
Glycérine..........	āā 2	—
Turbith minéral.....	0,50	—
2° Axonge.............	20	—
Huile de cade........	2	—

» Je résume en quelques mots, afin que vous le compreniez mieux, le traitement auquel les teigneux sont soumis dans notre service :

» Il faut d'abord nettoyer la tête, faire tomber les croûtes, s'il y en a, et couper les cheveux à 2 ou 3 centimètres du cuir chevelu. Aussitôt, on applique une couche d'huile de cade, qui détruit en partie le parasite placé à la surface de la peau, éteint la sensibilité du cuir chevelu et facilite l'extraction des poils. Le lendemain, on épile, et l'opération exige ordinairement d'une à cinq séances, suivant l'étendue du mal et la sensibilité du sujet. Pendant l'épilation on fait des applications de sublimé avec une brosse douce; les mêmes lotions sont continuées pendant deux ou trois jours, matin et soir; après que l'épilation est terminée; puis on les remplace par des onctions avec la pommade au turbith jusqu'à la complète guérison de la maladie.

» Ordinairement une seule épilation est insuffisante, et il faut en pratiquer deux, trois, quelquefois davantage. » (BAZIN, *affections cutan. parasitaires*, p. 84.)

On voit en quoi consiste l'opération de l'épilation; quoique M. Bazin dise que les malades n'éprouvent une douleur *très-vive* qu'à la première séance, que plus tard ils s'aguerrissent et qu'au troisième jour ils soient déjà accoutumés et disent ne souffrir que très-modérément, « nous croyons que la perspective d'une telle opération séduira peu de malades, surtout quand ils sont exposés à la voir recommencer deux ou trois fois, et même davantage. » Maintenant, combien, à l'aide d'une telle méthode, dure la cure de la teigne? « Six mois, dit M. Bazin, au lieu de dix-huit mois que demande la cure des frères Mahon, quand c'est une cure, car le traitement des frères Mahon échoue assez souvent. Les parasiticides combinés avec l'épilation, au contraire, n'échouent jamais; voilà où se trouve le grand progrès. »

Il faut reconnaître que le progrès est grand, en effet, car la teigne est une maladie si affreuse, les deux premières espèces surtout, que c'est un avantage inestimable que de pouvoir s'en débarrasser sûrement ou même à peu près sûrement au prix des douleurs de l'épilation. Cependant, il faut reconnaître aussi que cette méthode n'est point le dernier terme du progrès que la thérapeutique puisse désirer; il y manque au moins deux des trois conditions de toute opération parfaite, *cito, tuto* et *jucunde*. Il ne faut donc pas que les chercheurs s'endorment sur les lauriers de M. Bazin; il y en a de plus glorieux à cueillir. Ces lauriers sont-ils réservés à l'acide phénique? nous ne pouvons l'affirmer, car notre pratique ne nous a, malheureusement ou heureusement, fourni aucun cas où nous ayons pu appliquer une médication phéniquée rationnelle à la curation de la teigne. M. Lemaire paraît avoir été plus favorisé que nous : Il a, dit-il, traité plusieurs teigneux, dont quelques-uns grâce à la bienveillance de M. Bazin, et avoir obtenu les résultats encourageants que nous allons faire connaître. Nous les publions, nous n'avons pas besoin de le répéter, sous toute réserve, car quoique quelques-uns de ces faits se soient passés, d'après le narrateur, sous les yeux de M. Bazin, celui-ci n'en parle pas plus dans son ouvrage que de tous les autres dont M. Lemaire dit l'avoir rendu témoin. Cela ne détruit pas évidemment la réalité et la valeur des faits rapportés par M. Lemaire, car ce peut n'être qu'une omission volontaire ou involontaire de M. Bazin; mais c'est cependant une omission que nous ne pouvions passer sous silence (1). Sous le bénéfice de ces remarques, voici les faits de M. Lemaire, assurément très-importants, s'ils sont exacts.

M. Lemaire cite d'abord deux faits fort incomplets, qui auraient été observés dans le service de M. Bazin en 1860, et dans lesquels l'épilation avait été pratiquée avant l'application de la médication phéniquée. Il est inutile de les reproduire. Puis vient le fait suivant: « Depuis, j'ai appliqué la même liqueur (2) sur une petite fille de huit ans demeurant à Bagnolet. Elle était atteinte d'herpès tonsurant depuis un an au moins. Cinq plaques de trois à cinq centimètres existaient.

» Les cheveux brisés et leur chute sur plusieurs points, leur aspect, ainsi que l'état du cuir chevelu, ne me paraissent point permettre de doute sur la nature de l'affection. Des applications de sublimé corrosif, de pommades au goudron, au calomel et soufrées, avaient été employées sans résultat satisfaisant.

» Les cheveux furent rasés. Je fis moi-même les applications chaque jour à l'aide d'un pinceau. J'ai été obligé d'en suspendre l'emploi » — (*l'emploi des applications*, vous-entendez?) — « trois fois, parce que la peau était devenue rouge et douloureuse. Pendant l'interruption du traitement, des onctions faites avec l'axonge firent disparaître la rougeur et la douleur. Après cinq

(1) Peut-être le silence s'expliquerait-il naturellement par cette circonstance que la date des observations de M. Lemaire — que cet observateur ne donne à peu près jamais, quoiqu'il reproche sévèrement aux autres de l'omettre quelquefois — serait postérieure à la publication du livre de M. Bazin ; cela peut être vrai pour quelques-unes; cela ne peut l'être pour d'autres dont M. Lemaire donne par hasard la date; et pour ceux-ci le silence de M. Bazin est tout à fait inexplicable.

(2) « Cette liqueur est ainsi composée : acide acétique à 8° (pyro-ligneux) 200 grammes; acide phénique pur 50 grammes; eau de fontaine 750 grammes. Mélangez les deux acides et ajoutez l'eau.

» On peut dissoudre l'acide phénique dans le vin; alors l'eau n'est pas nécessaire, on obtient les mêmes effets. »

(Note de M. Lemaire.)

semaines de traitement sans épilation, la malade était guérie. Depuis plus de quatre ans que cette application a été faite, il n'y a pas eu de récidive. J'ai traité deux autres malades atteints d'herpès tonsurant. Le mal était récent. Une plaque de la dimension d'une pièce de cinq francs existait sur la tête de chacun d'eux. L'un a guéri en un mois. Le traitement de l'autre qui a été interrompu pour plusieurs causes a duré trois mois. Tous deux ont guéri sans récidive.

» Je fis part de ces résultats à M. Bazin qui désira constater de nouveau les effets de mon traitement.

» Je lui présentai quatre malades atteints d'herpès tonsurant. Deux furent traités dans leur famille. Les deux autres furent admis à l'hôpital Saint-Louis, dans son service, où je fis moi-même régulièrement les applications du traitement. Sur ces quatre malades, la présence du *trichophyton tonsurans* a été constatée à l'aide du microscope. Les deux malades admises à l'hôpital étaient deux sœurs, âgées l'une de six, l'autre de huit ans. Toutes deux suivaient depuis un an le traitement d'un médecin qui annonce dans les journaux politiques son efficacité. » — Voilà qui peut s'appeler un médecin effronté, qui annonce *son efficacité* dans les journaux politiques. — Quelle privation pour le public que M. Lemaire n'y annonce pas son français ! — « D'après le père de ces deux malades, leur état ne s'était pas sensiblement amélioré.

» Toutes deux ont une constitution lymphatique. La plus jeune a le cuir chevelu envahi sur huit points différents. L'aînée porte sur le milieu du cuir chevelu une plaque d'herpès de quatre centimètres de diamètre. Les cheveux de cette dernière ont été coupés avec des ciseaux. Vingt applications de la liqueur, faites chaque jour, ont suffi pour la guérir.

» Cette malade, qui est restée plusieurs mois à l'hôpital, n'a pas eu de récidive. Je l'ai revue trois ans après la cessation du traitement, et l'ai montrée à M. Bazin. Elle était radicalement guérie.

» Sa sœur, qui était plus malade, a été plus longtemps en traitement. Dans l'espoir d'aller plus vite, je fis chez cette malade l'essai d'une solution contenant 20 p. 100 d'acide phénique. Une très-vive douleur en fut la conséquence. Des compresses imbibées d'eau froide l'apaisèrent promptement. Mais tous les points touchés avec cette solution étaient comme parcheminés et restèrent longtemps en cet état. Néanmoins les cheveux repoussaient sains. Cet état du cuir chevelu ne nous a pas permis de juger d'une manière précise la durée de la résistance de la maladie. Pendant trois mois, j'ai revu la malade trois fois par semaine. La maladie ne reparaissait pas. Je restai plus d'un mois sans la voir.

» J'appris que la maladie avait reparu. Je ne suis pas convaincu que ce soit une récidive. Je crois plutôt qu'elle a contracté de nouveau l'affection en jouant avec d'autres petites filles qui habitaient la même salle et qui étaient atteintes d'herpès tonsurant. Ce qui me fortifie dans cette opinion, c'est que sa sœur, qui a quitté l'hôpital, est radicalement guérie.

» Les deux autres malades étaient deux frères, l'un âgé de huit ans, l'autre de sept; tous deux ont une constitution lymphatique. Ils ont contracté la maladie dans une pension où plusieurs des malades en étaient atteints. Le début du mal remonte à un an environ.

» L'aîné portait à la région occipitale une plaque de cinq centimètres de diamètre.

» Le plus jeune avait presque tout le cuir chevelu envahi. Sur beaucoup de points les cheveux avaient disparu. Un grand nombre étaient brisés. Après deux mois d'application les deux malades me parurent guéris. Je cessai le traitement, et ils rentrèrent à leur pension. Le mal reparut. Était-ce une récidive ou bien avaient-ils contracté de nouveau la maladie?. . . . . . Quoi qu'il en soit, le traitement fut de nouveau appliqué. Deux mois après les deux malades me parurent guéris. Je défendis de les faire rentrer à la pension. Je les présentai à M. Bazin qui constata leur guérison complète. Depuis deux ans que cette constatation a été faite, la guérison s'est maintenue. Les cheveux ont repoussé partout : ils sont abondants et très-beaux. Le plus jeune des malades eut, pendant le traitement, une éruption impétigineuse. La liqueur parasiticide y était-elle pour quelque chose? Je ne le pense pas.

» Une malade âgée de sept ans avait été traitée par l'épilation et les parasiticides à l'hôpital Saint-Louis. On la croyait guérie;

on la rendit à son père, mais la maladie récidiva. Alors on m'amena l'enfant qui avait plusieurs points du corps envahis par le mal. Les croûtes épidermiques, les cheveux brisés visibles à la loupe, indiquaient suffisamment ce dont il s'agissait. Mais je m'assurai à l'aide du microscope de l'existence du microphyte, qui, comme on sait, est caractérisé par des spores enchaînés en filaments moniliformes.

» Six semaines d'application de vinaigre phéniqué, faites une fois par jour, suffirent pour la guérir radicalement. Les cheveux vingt jours après l'application repoussaient sains. Depuis un an environ que ce traitement a été appliqué la guérison s'est maintenue.

» L..., âgé de huit ans, prit la teigne dans une pension des environs de Paris où déjà les deux frères dont j'ai parlé l'avaient contractée. Une grande partie du cuir chevelu était envahie par l'herpès tonsurant. La maladie datait d'un an.

» Les parents n'y firent pas d'abord attention ; mais en voyant les cheveux disparaître sur plusieurs points et l'aspect particulier que présentaient les autres, ils se décidèrent à me l'amener.

» L'aspect du mal ne permettait pas de se méprendre sur la nature de l'affection ; mais l'examen microscopique démontrant l'existence du trichophyton tonsurant, le diagnostic était porté avec une certitude absolue.

» Je badigeonnai, tous les deux jours, les parties malades avec le vinaigre phéniqué au centième. Au bout de vingt jours les cheveux repoussaient sains partout. Considérant le malade comme guéri, je cessai le traitement.

» Cette observation étant toute récente, je ne puis savoir s'il y aura récidive.

» M. le Dr Vulpian, professeur agrégé à la Faculté de médecine de Paris, a employé, avec un succès rapide, le vinaigre phéniqué au centième pour combattre un herpès tonsurant qui occupait une grande partie du cuir chevelu.

» M. le Dr Dubuc, alors interne du service de M. Bazin, à l'hôpital Saint-Louis, m'a communiqué les deux faits suivants dont l'un le concerne personnellement.

» M. Dubuc s'aperçut, dans le courant de juin 1863, qu'il

portait à la partie supérieure et externe de l'avant-bras droit un petit disque eczémateux, arrondi, rouge, saillant, accompagné de démangeaison et d'une légère desquamation épidermique. Trois ou quatre jours après son apparition, le disque avait acquis la dimension d'une pièce de 20 centimes. Il reconnut de manière à n'en pas douter qu'il s'agissait d'une affection déterminée par la contagion du *trichophyton tonsurans*, fait qui ne le surprit nullement, puisqu'il se trouve journellement en contact avec des malades affectés de ce parasite. Il pratiqua l'épilation de la surface malade, en ayant soin de dépasser un peu les limites du bourrelet circonférentiel. Des poils placés sur le champ du microscope présentaient déjà une altération notable. Ils étaient infiltrés de spores en certains points, et leurs fibres dissociées formaient des renflements noueux.

» M. Dubuc fit des lotions trois ou quatre fois par jour sur les surfaces malades avec une solution contenant un gramme de sublimé pour 250 grammes d'eau distillée, en prenant soin, chaque fois, de laisser sécher le liquide sur place. Malgré ce traitement, continué une dizaine de jours, le disque érythémateux allait sans cesse grandissant. Il avait atteint la dimension d'une pièce d'un franc.

» Voyant l'insuccès de ce traitement, il résolut de recourir à un autre moyen. Il pratiqua l'épilation des surfaces nouvellement envahies, et remplaça le sublimé par la solution d'acide phénique à dix pour cent.

» Il a suffi d'une application de cette solution, faite matin et soir, pendant cinq jours, pour effacer le disque érythémateux, qui n'a plus reparu depuis.

» René Pasqué, cinquante et un ans, est atteint, au moment de son entrée au pavillon Saint-Mathieu (14 juillet 1863), de plusieurs cercles d'herpès circiné, produits par le *trichophyton tonsurans*. Ils sont disséminés au milieu de la barbe et sur les parties latérales du cou. Un de ces cercles existe sur la partie latérale du poignet gauche ; un autre sur la face antérieure du poignet de l'avant-bras droit (*sic*). Le malade raconte que l'affection a commencé par le visage, il y a six mois environ, après s'être fait raser par un perruquier. Les cercles sont arrondis et nettement limités par un bourrelet vésiculeux ou érythémateux. A la surface de quelques-uns, on observe une matière blonde farineuse (pityriasis alba).

» M. Bazin prescrit la solution d'acide phénique au dixième (formule du Dr Lemaire) dont on fait une application matin et soir sur les surfaces malades. Le malade sortait complétement guéri après trois semaines de traitement.

» Quinze jours après sa sortie, il a été revu. L'affection reparaissait sur quelques points du visage ; mais sur les autres points la guérison ne s'était pas démentie.

» M. Mar..., âgé de 32 ans, a l'habitude de se faire raser chez un perruquier. Au mois de mars 1864, il vit apparaître sur la peau du menton et de la joue gauche des rougeurs auxquelles il ne fit pas d'abord attention, croyant qu'elles se dissiperaient d'elles-mêmes. Mais voyant le mal s'étendre et s'aggraver, il vint me consulter. Ce malade, qui a la barbe bien fournie, présentait au menton et dans le favori gauche deux plaques rouges en forme de cercle assez régulier. Leur bord d'un rouge vif faisait saillie sur la peau. Celle du menton a environ trois centimètres de diamètre ; celle du favori en a sept dans sa plus grande étendue. Elles étaient le siége de démangeaisons et d'une faible desquamation. Je diagnostiquai une maladie parasitaire. Mais avant de commencer le traitement, j'envoyai le malade à M. Bazin, en le priant de me donner son opinion sur la nature du mal. Comme moi il l'attribua au *trichophyton tonsurans*.

» Je traitai le malade avec le vinaigre phéniqué au centième (un badigeonnage par jour).

» La première application fit cesser la démangeaison.

» Quinze jours de traitement suffirent pour guérir le malade. La maladie n'a pas récidivé. Au commencement du traitement, je fis laver avec de l'eau phéniquée à cinq pour cent tous les objets servant à la toilette du malade.

» M. X... fut atteint l'année dernière à la lèvre supérieure et au menton d'herpès circinné parasitaire. Le malade se faisait habituellement raser chez un perruquier. Il pensait que c'était là qu'il avait pris son mal. Depuis quinze jours, il avait pris sans succès diverses pommades. Le vinaigre phéniqué au centième le guérit en vingt jours. »

Les faits qu'on vient de lire, auxquels le témoignage si ouvertement invoqué de M. Bazin donne incontestablement une garantie d'authenticité (au moins à quelques-uns), ont une importance qu'on ne saurait méconnaître. Ils ne sont pas cependant à l'abri de toute critique. Il y aurait, d'abord, une première remarque à faire sur le mode d'emploi de l'acide phénique. M. Lemaire, mieux renseigné sans doute par ce qu'il apprenait du dehors sur l'emploi de cet acide, dans le service de M. Maisonneuve notamment, où notre exemple l'avait fait introduire, s'est aperçu lui-même que la préparation qu'il employait n'était pas la meilleure : « J'ai fait subir, dit-il, une première modification à la liqueur parasiticide. Pour faciliter la chute des croûtes et des pellicules, j'ajoutai à la liqueur de la teinture de quilaya saponaria. Mais le frottement indispensable pour obtenir ce résultat faisait que cette préparation provoquait de la cuisson et de la rougeur. J'ai continué à utiliser les propriétés de la saponine — (ne pas oublier que cette saponine, c'est du bois de panama), — mais sans la mélanger au liquide parasiticide. L'application se fait en deux temps. Dans le premier, on lave la tête avec la décoction de bois de panama (*quilaya saponaria*) ou de racine de saponaire, qui contiennent beaucoup de saponine — (il fallait donc le dire). Ce premier résultat obtenu, on essuie la peau, et l'on fait l'imprégnation, sans frotter, avec la liqueur. De cette manière on peut faire supporter une dose plus forte d'acide phénique sans provoquer de cuisson. Je pense qu'un centième d'acide phénique peut suffire dans tous les cas. Lorsqu'on réfléchit qu'un millième de cet acide suffit pour tuer d'épaisses moisissures, on reste convaincu que de fortes doses ne doivent pas être indispensables pour guérir la teigne.

« Je dois dire que, dans la journée, je fais placer au fond de la casquette ou du chapeau, ou sous le bonnet, une compresse imbibée de liqueur parasiticide pour entretenir de la vapeur d'acide phénique sur le cuir chevelu.

» Nous venons de voir que l'action des liqueurs concentrées parchemine la peau et rend son imprégnation ultérieure impossible. Je crois que la dose de un pour cent suffira dans tous les cas pour détruire le champignon. Il vaut mieux répéter chaque jour les applications de la liqueur, qui finit par imprégner le bulbe pileux et fait mourir le parasite.

» Quel que soit le résultat de l'observation ultérieure sur ce point, les décoctions de bois de Panama ou de racine de saponaire devront faire partie du traitement.

» Ces décoctions, par la saponine qu'elles contiennent, débarrassent le cuir chevelu des produits sécrétés gras ou épidermiques mieux qu'aucune autre substance ne peut le faire ; de plus, elles adoucissent les parties malades.

» Lorsque les cheveux ne sont pas rasés, il faut, après la lotion faite avec le liquide saponiné, en faire une autre avec de l'eau pure, sans cela la saponine produit sur eux l'effet de l'apprêt sur les tissus. Elle les réunit et les roidit. Cet état est désagréable pour les malades et gênant pour les applications ultérieures. »

Nous ne voulons pas discuter les détails de ces observations ni critiquer ce qu'elles offrent de défectueux ; en les prenant telles qu'elles sont, elles paraissent à peu près suffisantes pour établir un fait que M. Bazin considérait comme impossible, la possibilité de faire pénétrer une liqueur parasiticide entre les parois du follicule pileux et le poil, et d'aller, par conséquent, détruire le parasite dans l'intérieur même de la cavité folliculaire. Ce fait est d'une importance capitale, car il conduit à la suppression de l'épilation, ce qui, ainsi que nous l'avons dit, serait, pratiquement, un progrès plus grand encore que celui que M. Bazin a réalisé dans le traitement des teignes.

Chose singulière, M. Lemaire paraît avoir réussi à faire pénétrer dans le follicule pileux (puisqu'il l'a guéri) la liqueur phéniquée à 10 p. 100 d'acide (10 p. 100, grâce à l'acide acétique bien entendu) ; et pourtant il finit par reconnaître, — preuve qu'en 1864 il avait peu l'habitude de manier l'acide phénique et qu'il en connaissait peu les propriétés médicales pratiques — qu'à ce degré de concentration, l'acide tannait ou, suivant son expression, parcheminait le tissu cutané et rendait « impossible » sa pénétration dans la peau et dans les follicules ; en conséquence de cette observation, il a employé, ensuite, et avec succès, paraît-il, la solution à 1 p. 100 ; il conseille cette solution, ce qui ne l'empêche pas de continuer à parler de ce qu'il appelle sa solution parasiticide, laquelle contient

10 p. 100 d'acide ! mais nous n'en sommes plus à compter avec le gâchis intellectuel de M. Lemaire ; le rôle de la critique est de trier les quelques perles qu'il peut y avoir dans ce fumier d'Ennius, et la curation de la teigne sans épilation en est certainement une des plus précieuses.

Maintenant, quel sera le meilleur mode d'emploi de l'acide phénique, pour le faire pénétrer jusque dans l'intérieur du follicule pileux, où se trouvent les parasites les moins accessibles à l'action des médicaments ? M. Lemaire pense que ce sont les applications de solutions dans l'acide acétique. Nous ne voyons pas sur quelles données cette opinion se fonde. Tout le monde sait que les acides sont des astringents, et les astringents ne sont pas faits pour favoriser la pénétration d'une substance à travers les tissus (cutané ou autres). L'acide acétique ne paraît pouvoir faire autre chose, sinon d'ajouter son action tannante à celle de l'acide phénique. Si l'on veut se laisser guider par l'analogie, en attendant que l'expérience ait prononcé définitivement, le meilleur moyen serait de ramollir le tissu cutané, de dilater ses pores et ses orifices pileux ou sébacés, par l'application de compresses simplement imbibées d'eau tiède, et maintenues longtemps en place, après qu'on aura, bien entendu, dénudé les surfaces, en coupant les poils ou cheveux et en faisant tomber les croûtes. Quand la peau aura été rendue ainsi aussi perméable que possible, on la lotionnera un grand nombre de fois coup sur coup avec une solution aqueuse phéniquée à 3 p. 100 ; les applications pourront être suivies de l'application de compresses imbibées de la même solution, et maintenues constamment humides par l'humectation permanente avec la même solution ; cette application pourra être continuée toute une journée ; la nuit elle se continuerait encore en enveloppant les parties affectées et les compresses qui les recouvrent d'un tissu imperméable, (toile cirée, caoutchouc vulcanisé, etc.) ; le lendemain, on pourrait continuer l'humectation, et ainsi de suite. Quand les applications phéniquées par cette méthode devraient durer huit jours, il n'est pas un seul malade qui ne préfère supporter la gêne qu'elles peuvent occasionner à la douleur que produit a plus douce des épilations.

Nous croyons que la solution phéniquée, employée comme nous venons de le dire, parviendra à tuer les parasites jusque dans le fond des follicules pileux ; en cas d'insuccès, on pourrait, en procédant toujours de la même manière , essayer des solutions à 1 et 1/2 ou 2 p. 100, ou même plus concentrées encore ; mais tout nous permet d'espérer que la solution à 1 p. 100 sera suffisante.

Nous ne terminerons pas ce que nous avons à dire sur ce sujet sans consigner, ici, une remarque peu honorable pour la médecine. L'acide phénique n'est pas connu d'hier dans la thérapeutique ; il a fait un certain bruit dans le monde médical et dans l'autre ; quelques Catons, qui font de la vertu à bon marché, nous ont même reproché et nous reprochent chaque jour de faire trop de bruit autour de ce nouveau curatif parasiticide. Comment se fait-il donc qu'un homme de progrès comme M. Bazin n'ait pas résolu, depuis longtemps, toutes les questions que nous venons de discuter théoriquement, lui qui se trouve dans les meilleures conditions pour les juger pratiquement d'une manière définitive ? Hélas ! comment cela se fait ! si on le cherchait, on le découvrirait peut-être ; mais cette recherche n'est pas ce qui doit nous occuper dans ce livre. Nous aurons occasion, si nous le jugeons utile, de placer ailleurs cette recherche. Ici, nous écrivons uniquement pour les médecins de progrès et pour les malades ; il faut réserver pour un autre moment tout ce qui pourrait nous détourner de notre but.

Art. XXV. — DE L'URTICAIRE.

Nous ne pourrions discuter, à propos d'urticaire, que des questions de doctrine, questions qui sortent de notre plan, dès qu'elles ne se rattachent pas, par des liens suffisamment étroits, à la théorie parasitaire et à l'action des parasiticides. Jusqu'à présent, aucune observation n'a mis sur la voie de la découverte d'un parasiticide dans l'urticaire, quoique, à notre avis, bien des circonstances doivent en faire soupçonner la présence. Quant aux parasiticides en général et à l'acide phénique en particulier, personne, que nous sachions, n'a eu la pensée de les employer contre l'urticaire, ce qui ne veut pas dire qu'il faille les rejeter sans expérimentation. C'est un champ vierge ouvert aux praticiens d'initiative. Ce que nous croyons, d'après les données de la pathologie, c'est que les personnes sujettes aux urticaires se trouveront bien de l'usage habituel de l'acide phénique, en sirop et même en injections sous-cutanées, autant que durera la disposition aux éruptions.

ART. XXVI. — DU VITILIGO.

Nous ne serons pas plus long sur le vitiligo que sur la maladie précédente, et pour les mêmes motifs. Nous dirons seulement que les caractères que M. Bazin donne comme essentiels pour distinguer ce qu'il appelle le vitiligo simple du vitiligo parasitaire ou teigne *pelade*, sont, quelquefois au moins, inexacts. M. Bazin affirme que le vitiligo simple n'a pas son siége de prédilection au cuir chevelu, ce qui n'est pas un caractère différentiel, puisque, lorsque le vitiligo existe au cuir chevelu, il importe peu pour le diagnostic qu'il y existe par prédilection ou par toute autre cause; M. Bazin affirme encore que les plaques dénudées et décolorées du vitiligo simple n'affectent pas la forme ovalaire ou circulaire, mais sont au contraire irrégulières; nous avons vu le contraire dans deux cas du vitiligo, dont un chez un interne distingué des hôpitaux, neveu d'un professeur non moins distingué de la faculté; enfin, M. Bazin croit qu'on trouve toujours au pourtour des plaques du vitiligo simple un cercle plus foncé même que dans l'état normal, formé par une accumulation de matière pigmentaire, qui paraît refoulée plutôt que détruite, tandis que dans la pelade, la matière pigmentaire est détruite, absorbée par le parasite; rien de pareil n'existait dans le vitiligo de l'interne à qui nous avons fait allusion. Chez lui d'ailleurs, comme chez l'autre personne, le vitiligo, après quelques mois de durée, a disparu spontanément, ou à peu près, car dans les deux cas on s'est borné à quelques lotions avec une décoction de quinquina.

Nous n'aurions pas insisté sur l'inconstance des caractères attribués par M. Bazin au vitiligo dit simple, si les formes régulières, ovalaire, circulaire ou autres, n'étaient pour nous une raison de plus de croire au parasitisme d'une affection ; il nous semble que tout ce qui affecte ou tend à affecter une forme définie a plus de chances d'appartenir aux corps organisés, quoique les corps inorganiques ne soient pas eux-mêmes composés au hasard, qu'ils affectent même toujours des formes géométriques, quand ils se forment dans des conditions déterminées. Quoi qu'il en soit, que l'avenir découvre, comme nous croyons, des parasites dans le vitiligo simple, ou qu'il n'en découvre pas, nous pensons que l'analogie conduira à traiter cette affection, d'ailleurs peu tenace, par les préparations phéniquées, qui en abrégeront probablement la durée. Nous croyons qu'on devra, dans ce cas, se borner aux lotions ; tout au plus, si l'affection se présentait avec une opiniâtreté exceptionnelle, devrait-on prescrire à l'intérieur notre sirop phéniqué, à la dose de deux cuillerées à bouche par jour (20 centigr. d'acide).

ART. XXVII. — DU ZONA.

Cette affection clôt la liste alphabétique des dermatoses que nous avons cru devoir passer en revue ; en la rangeant à côté de beaucoup d'autres affections cutanées, nous avons obéi, en partie, à un usage, à une classification qui a ses avantages sous le rapport du diagnostic, mais qui serait déplorable au point de vue de la doctrine, si l'on devait prendre pour un véritable tableau nosologique le cadre des dermatoses, tel que l'avaient construit Willan, Batemann et leur continuateur et perfectionneur Biett ; cette erreur les honorables classificateurs ne l'avaient d'ailleurs commise qu'en partie, leur principal but, en classant comme ils l'ont fait les dermatoses, étant de jeter de la clarté dans leur histoire, laquelle, avant leurs utiles travaux, était fort embrouillée, au moins pour le commun des praticiens, sinon pour quelques spécialistes privilégiés. Nous aurions donc pu renvoyer ce que nous avions à dire du zona à un autre endroit de ce livre, comme nous y avons renvoyé la variole, la suette, etc., que M. Bazin — le classificateur nosologue par excellence; il en est du moins convaincu — continue à ranger parmi les maladies de la peau! mais à quel endroit? là était la difficulté; quand on ne se croit pas certain de faire mieux que ses devanciers, autant vaut suivre les usages adoptés. C'est aussi l'avis d'un esprit éminemment distingué, de M. Hardy, qui a mêlé à quelques erreurs d'excellents aperçus sur les maladies de la peau, parce que M. Hardy n'est pas à proprement parler un spécialiste, mais un médecin qui apporte dans l'étude des maladies de la peau de profondes et, en général, saines notions de médecine générale : « Le zona, dit M. Hardy, est une maladie spéciale qui a ses caractères propres, savoir la coexistence d'une éruption et d'une névralgie; la présence des vésicules n'est donc pas suffisante pour en faire un herpès; il est mieux pour simplifier la question de donner à cette maladie le seul nom de zona et de la ranger parmi les maladies accidentelles.

» *L'herpès phlycténode* n'est autre chose qu'un zona des membres.

» *L'herpès præputialis* ou des grandes lèvres est d'une cure souvent fort difficile et présente une tendance extrême à la récidive; aussi pensons-nous que dans la plupart des cas, il reconnaît une origine dartreuse, que ce n'est qu'un eczéma, et que la seule différence du siége donne à cet eczéma les caractères particuliers qu'il présente.

» Dans l'herpès circinné, les vésicules sont très-rares, n'apparaissent qu'exceptionnellement et doivent, dans la plupart des cas, être supposées; d'où il résulte clairement que le mot herpès s'applique dans la science à des affections qui n'ont aucun rapport entre elles; qu'on doit cesser de désigner, sous ce nom, un genre particulier; que cette expression doit être rayée, en un mot, du vocabulaire dermatologique. »

Cette radiation ne faisait point l'affaire de M. Bazin, l'historien, ou plutôt le créateur des *genres* en dermatologie; nous avons déjà dit quelques mots de ces *genres* et des singulières espèces dont ils se composent; puisque nous allons quitter le terrain de la dermatologie, terminons par un dernier mot sur cet intéressant sujet; ce mot sera du reste un jugement sur tout le nouveau système du docteur Bazin, qui, nous pouvons le prédire sans être grand prophète, ne fera jamais concurrence à celui du docteur Linné.

M. Bazin veut donc que l'on conserve, en dermatologie, l'herpès comme *genre*; l'herpès est donc un *genre*. Maintenant citons textuellement, car de pareilles idées risqueraient fort d'être mal rendues, autrement que par le texte original :

Étant posé que l'herpès est un genre,

« Il nous reste, dit M. Bazin, à énumérer les *divisions* de l'herpès que nous avons admises, à vous décrire les *variétés* que l'on doit accepter à notre époque.

» Nous admettons deux *classes* d'herpès : des herpès de cause externe et des herpès de cause interne.

» Les herpès de cause externe sont les herpès circinné, simple, à anneaux multiples et nummulaires, qui reconnaissent pour origine l'existence d'un parasite végétal, et les herpès præputialis, labialis, vulvaris, qui dans certains cas sont dus à l'action de substances irritantes, telles que la matière sébacée qui s'accumule entre le gland et le prépuce, etc.

» Les herpès de cause interne sont les herpès zoster et phlycténode, pseudo-exanthème, qui constituent tantôt des manifestations arthritiques, tantôt des manifestations dartreuses et d'autres fois sont idiopathiques; l'hydroa dont nous avons fait un *genre* à part, voisin de l'herpès, que nous pouvons considérer ici, pour éviter les répétitions, comme un herpès tantôt aigu, mais le plus souvent successif et chronique, et qui constitue toujours une *affection arthritique*; les herpès præputialis, labialis, vulvaris, qui doivent être regardés comme des *affections pseudo-exanthématiques*, quand ils offrent une marche aiguë, et sont précédés ou accompagnés de phénomènes généraux, et au contraire comme le reflet d'une maladie constitutionnelle, quand ils présentent des récidives, offrent une longue durée, etc.

» Voici d'ailleurs le tableau symptomatique de notre division de l'herpès et des *espèces* de cette affection que nous admettons :

HERPÈS

DE CAUSE EXTERNE.

Parasitaire.
{ herpès circinné.
herpès iris.
herpès nummulaire.

Artificiel. .
{ herpès labialis.
herpès præputialis.
herpès vulvaris.

DE CAUSE INTERNE.

Arthritique
{ aigu . . . { zona, herpès phlycténode, hydroa.
chronique { hydroa, et quelquefois herpès labialis, etc.

Dartreux. .
{ aigu . . . { zona, herpès phlycténode.
chronique { herpès præputialis, vulvaris, etc.

Idiopathique, pseudo-exanthématique.
{ herpès labialis, herpès præputialis, vulvaris.
zona, herpès phlycténode.

Ceux qui auront la notion la plus élémentaire de ce que doit être une classification, la notion que tout élève, dont l'esprit n'est pas absolument obtus, possède au sortir d'une première leçon d'histoire naturelle, seront fort embarrassés, non pas pour comprendre, — la chose est impossible — mais pour résumer et exprimer en langage intelligible la pensée qui a pu inspirer le tableau que nous venons de transcrire, et le préambule dont il est précédé.

M. Bazin commence par « énumérer les *divisions*, décrire les *variétés*..., etc. D'après cette première phrase, il semble que, dans son esprit, *divisions* et *variétés* sont synonymes. Cette synonymie est déjà étrange; mais passons sur cette synonymie; s'il est mauvais de changer le sens des mots, on le peut cependant, pourvu qu'on soit fidèle au sens nouveau qu'on y attache, et que ce sens soit rigoureux. Mais voilà qu'à la phrase suivante, M. Bazin ne s'en contente plus, et que, sous prétexte d'énumérer les *divisions*, de décrire les *variétés*, il admet deux *classes* d'herpès, les seules que l'on doive admettre à notre époque! *à notre époque*, rien que cela!!

Ainsi, *divisions*, *variétés*, *classes*, tout cela est synonyme, dans la bizarre classification de M. Bazin; et ces *divisions*, *variétés* et *classes*, SYNONYMES, se subdivisent, à leur tour, en cinq divisions secondes (*parasitaire*, *artificiel*, *arthritique*, *dartreux* et *idiopathique* ou *pseudo-exanthématique*), lesquelles cinq divisions *secondes* se subdivisent en onze divisions *troisièmes*, lesquelles se subdivisent encore en une foule de divisions *quatrièmes*, lesquelles porteront des noms que M. Bazin laisse au lecteur le soin de deviner, et qui, chose plus renversante dans cette classification renversante, se composent presque toutes des mêmes affections! Ce n'est point là une classification, c'est un gâchis, c'est un bourbier, c'est une classification vue à travers les brouillards du haschich; en un mot, c'est l'absence absolue de toute notion comme de toute idée de classification; et, sans approuver de tous points, il s'en faut bien, les opinions de M. Hardy, quand on voit M. Bazin donner à ce pathologiste distingué des leçons de classification, on ne peut réellement s'empêcher de songer à Grosjean et à son curé.

Pourquoi donc, au lieu de rêver de pareilles classifications, et de traiter de songe-creux les médecins et les vétérinaires qui, avec ou sans Raspail et Eyrini d'Eyrinis, croient au parasitisme de toutes les maladies internes, pourquoi M. Bazin, qui a de l'habitude, de la sagacité et des loisirs, ne cherche-t-il pas des parasites dans le zona? S'il les cherchait bien, il les trouverait très-probablement, et cela vaudrait bien mieux que de forger de prétendues classifications qui feraient sourire de pitié tous les Linné, tous les Cuvier, tous les Jussieu présents, passés et futurs.

Par quel traitement du zona, M. Bazin couronne-t-il sa classification? Par le traitement fort simple que voici:

« Le zona, comme toute affection exanthématique, n'exige pour traitement que l'usage d'un régime doux, de boissons acidulées ou légèrement diurétiques, etc. Il sera bon de faire saupoudrer d'amidon les parties malades, et de proscrire les bains ou toute autre application liquide qui, en déterminant la rupture prématurée des vésicules, laissent exposées à l'air des ulcérations douloureuses.

» Si les douleurs du zona persistent après la disparition de l'éruption cutanée, on les combattra à l'aide des préparations arsenicales, si elles sont consécutives au zona dartreux, et à l'aide de préparations alcalines, si elles font suite au zona arthritique. »

Voilà un traitement excellent..., quand on ne tient pas à soulager les malades; dans le cas contraire, il en faut prescrire un autre. Les thérapeutistes, peu confiants sans doute dans les arsenicaux, ont conseillé contre les douleurs, parfois extrêmement vives du zona, les diverses préparations opiacées et d'autres calmants; ces moyens peuvent avoir leurs indications, surtout employées en injections sous-cutanées. Toutefois, nous n'avons pas eu besoin d'y avoir recours, dans les quelques cas de zona que nous avons soignés. Voici comment nous avons procédé.

Contrairement à la règle, universellement admise, de ne pas ouvrir les vésicules du zona, nous les ouvrons toutes, une par une, et, à mesure que nous les ouvrons, nous les cautérisons avec de l'acide phénique pur pris et déposé avec la pointe d'un petit pinceau, au centre même de la vésicule; il résulte de cette cautérisation une douleur assez vive qui dure quelques minutes seulement, dix au plus, et encore rarement; mais cette douleur une fois passée, la douleur propre au zona passe avec elle, et nous avons pu voir des malades qui n'avaient pas dormi depuis le début d'un zona datant depuis plusieurs jours, qui non-seulement n'avaient pas dormi, mais avaient souffert cruellement, tomber dans un sommeil profond une demi-heure ou une heure après la cautérisation. Celle-ci doit quelquefois être renouvelée deux, trois ou quatre jours de suite, s'il se développe de nouvelles vésicules, mais l'apparition des vésicules terminée, toute douleur cesse habituellement d'une manière définitive; ceux qui ont observé des zonas très-douloureux peuvent seuls se faire une idée du bienfait de la médication phéniquée. Sauf les cas très-rares où le zona tend à se prolonger au delà de deux septenaires, la cautérisation que nous venons de décrire suffit à la cure ; dans le cas contraire, on devrait prescrire notre sirop phéniqué à l'intérieur, de même qu'on pourrait, ainsi que nous l'avons déjà dit, pratiquer, en cas de douleurs vives réfractaires à l'acide phénique, des injections hypodermiques avec un sel de morphine. Mais nous répétons que nous n'avons pas eu besoin de recourir à ces moyens depuis que nous avons inauguré le traitement par la cautérisation phéniquée.

B. — **Endophytaires.**

Il est infiniment probable que les endophytaires ne sont pas moins nombreux que les entozoaires et le sont probablement beaucoup plus que les épiphytaires, par la raison que les conditions organiques des organes internes sont bien autrement variées que celles de la peau. Un champ immense est donc ouvert sous ce rapport aux recherches futures (1), car jusqu'à présent le parasitisme endophytaire se borne à une seule affection, qui est presque une affection cutanée, tant elle se rapproche de la peau, c'est celle dont nous allons dire quelques mots.

ART. XXVIII. — DU MUGUET.

Le parasitisme du muguet, connu depuis quelques années seulement, n'a pas éprouvé les oppositions du sarcopte ou des parasites des teignes ; il est aujourd'hui à peu près universellement admis. Ce parasite, classé par M. Gruby dans le genre *sporotrichium*, est aujourd'hui rapporté à l'*oïdium albicans*. Ce cryptogame, qui se présente sous forme de taches blanches assez analogues à de petits fragments de lait caillé, se développe dans les follicules de la muqueuse, qu'il remplit promptement, et d'où il s'échappe bientôt à travers l'orifice, pour former sur l'épithélium ramolli, poli, luisant, d'abord de petites éminences blanches, qui se réunissent souvent en une nappe pseudo-membraneuse qui peut occuper toute la surface de la langue

(1) Rien en effet n'est plus probable que la nature endophytaire de l'asthme. des catarrhes, de la dyssenterie, des entérites chroniques, etc.

et de la muqueuse buccale, et s'étendre même jusqu'à l'arrière-gorge, et même, dans des cas rares, jusqu'à l'œsophage, l'estomac, et jusque dans les intestins petit et gros. Cette sorte de pseudo-membrane, consistante au début, se ramollit peu à peu, devient facilement friable sous le doigt, et se détache facilement alors de la muqueuse, à l'aide d'un frottement modéré.

L'oïdium albicans peut se développer à tous les âges; mais c'est surtout chez les enfants qu'on l'observe le plus souvent, on pourrait dire toujours. Rarement le muguet est la seule lésion — on pourrait à peine dire maladie — que présente l'enfant qui en est atteint, et à part la production parasitaire, il paraît très-bien portant; presque toujours, au contraire, l'oïdium ne se présente que dans le cours et souvent dans la période ultime des diverses maladies graves, et aussi lorsque de jeunes enfants, nourris au biberon ou par des nourrices négligentes, sont affaiblis par une nourriture insuffisante, malsaine ou mal appropriée à leur âge et à leurs besoins. Cette circonstance a fait rejeter, à tort, par M. Bazin, l'*oïdium albicans* de la catégorie des parasites morbigènes par eux-mêmes, autant du moins qu'on en peut juger par le langage un peu confus de l'honorable parasiticiste (1); beaucoup d'autres parasites que l'*oïdium albicans*, et notamment des parasites relativement très-gros, tels que les oxyures, ne se développent que chez des individus plus ou moins affaiblis ou atteints d'autres maladies; cela ne les empêche pas de produire les symptômes qui leur sont propres, et de constituer une maladie à part; les individus qui ont déjà une maladie en ont deux désormais; voilà tout.

Celle que produit l'*oïdium albicans* est par elle-même fort légère, excepté pourtant chez les enfants à la mamelle où il rend

(1) « L'*oïdium albicans* ne se montre jamais avant que le mucus buccal soit devenu acide. Cependant, malgré leur moindre importance, ces parasites méritent l'attention du médecin; ce ne sont point encore les *parasites de la lésion pathologique*, mais plutôt ils forment le passage entre ces derniers et les parasites précédents (teignes, crasses parasitaires). » — Ainsi s'exprime M. Bazin : cela veut dire probablement que l'*oïdium albicans* forme le passage entre les parasites qui sont le résultat d'une lésion pathologique et les *parasites des teignes* qui, au contraire sont la cause de la lésion. Outre la confusion de la forme, il y a là au moins une demi-erreur de fond, sinon une erreur complète; pour être édifié sur ce point, il faudrait savoir quels sont les parasites que M. Bazin appelle des *parasites de lésion*, et il nous laisse dans l'incertitude sur ce point capital.

difficile ou même empêche complétement, quand il est très-développé, la succion et la déglutition.

Les principaux moyens qu'on a préconisés contre le muguet, le jus de citron, le chlorure de sodium, l'alun, le calomel en poudre, le borate de soude, en applications topiques, — tous agents qu'on a décorés du nom de substitutifs — sont loin de valoir la simple solution phéniquée à 1, 2 ou 3 p. 100, suivant l'épaisseur de la couche parasitaire ; quelques gargarisations — si l'on nous permet le mot — avec cette solution suffisent habituellement pour détruire le parasite qui, aussitôt mort, se détache de lui-même de la muqueuse ; quand l'enfant est trop jeune pour se gargariser, on atteint facilement le résultat voulu, en lavant convenablement la bouche du petit malade, à l'aide d'une petite éponge attachée à une tige de bois et imbibée de liqueur parasiticide. Lorsque la maladie revêt la forme chronique, on associera avec avantage aux applications topiques, le sirop phéniqué à l'intérieur, et, au besoin, dans les cas graves, les injections hypodermiques avec la solution aqueuse au centième, ou au demi-centième ; on injectera de 20 à 60 gouttes, soit de 1 à 3 grammes, renfermant 1 à 3 centigrammes d'acide ; l'injection pourra être renouvelée deux, et si on le juge nécessaire, trois fois par jour, même chez les plus jeunes enfants. Il est probable que la médication phéniquée ne sera pas seulement utile contre le muguet, mais qu'elle aura encore une heureuse influence sur la maladie dont il dépendra, quand il ne sera pas idiopathique.

DEUXIÈME SECTION.

MALADIES DONT LE PARASITISME EST TRÈS-PROBABLE OU EN PARTIE DÉMONTRÉ.

1re SOUS-SECTION. — Maladies évidemment contagieuses, infectieuses ou non, endémiques ou endémo-épidémiques.

C'est par un sentiment de réserve extrême, et que des gens plus royalistes que le roi — (qui ne peuvent manquer de se montrer bientôt, aussitôt que la doctrine parasitaire sera en crédit — trouveront probablement exagéré, que nous considérons comme encore douteux, ou insuffisamment démontré, le parasitisme des maladies que nous allons passer en revue dans cette sous-section. Pour le charbon, en particulier, le parasitisme n'est guère moins bien démontré que pour la gale ; la clavelée, le croup, la péripneumonie épizootique, le typhus, sont à peu de chose près dans le même cas. Mais comme notre réserve ne peut nuire en rien à l'avenir de la doctrine parasitaire, nous avons voulu laisser aux investigateurs à venir le plaisir de démontrer matériellement ce que l'analogie et les faits, rigoureusement interprétés, établissent déjà logiquement. Le succès des recherches de M. Davaine sur le charbon est bien fait pour encourager ceux qui voudraient marcher sur ses traces.

Art. I. — DE LA MALADIE CHARBONNEUSE.

[Charbon. — Sang de rate. — Pustule maligne, etc.]

Cet article sera un peu long ; et pourtant je le commence avec le regret de ne pouvoir lui donner toute l'extension qu'il mérite, limité que je suis par le plan de mon ouvrage. Les maladies charbonneuses ne sont pas, il est vrai, de première importance dans la pathologie humaine ; mais elles sont d'un tel intérêt pour la fortune agricole et l'alimentation publique, qu'à ce seul point de vue, elles mériteraient déjà toute l'attention des hommes compétents. Il faut reconnaître que, depuis plus de dix ans, la sollicitude des hommes de science, médecins, vétérinaires ou agriculteurs, ne leur a point fait défaut, et que l'administration elle-même n'est pas restée tout à fait étrangère au mouvement scientifique dont elles ont été l'objet ; mais les travaux auxquels ce mouvement a donné lieu n'ont fait, en très-grande partie, que soulever des questions oiseuses, des discussions stériles et souvent confuses ou même inintelligibles. Les véritables termes des problèmes à résoudre n'ont même pas été posés avec netteté, et quant au but ultime de toute étude médicale, la curation de la maladie ou son empêchement par des précautions hygiéniques, sa prophylaxie, ce but non-seulement n'a pas été atteint, mais quelques-uns des auteurs qui ont écrit sur la question, le déclarent même, implicitement sinon tout à fait formellement, impossible à atteindre. Si telle était ma pensée, je n'irais pas plus loin, car les théories et les dissertations médicales ne sauraient avoir assez d'intérêt par elles-mêmes pour occuper un homme sérieux, lorsqu'il est convaincu qu'elles n'ont aucune chance de conduire à un résultat humanitaire ; et ce qui m'étonne, c'est que des médecins ou des vétérinaires, imbus de ces idées désespérantes, se soient donné tant de peine pour écrire de longues élucubrations, dont l'inutilité humanitaire n'est nullement rachetée par le mérite littéraire. Quant à nous, loin de désespérer des progrès que l'avenir nous réserve relativement à la prophylaxie et à la thérapeutique des maladies charbonneuses, nous avons au contraire la conviction, nous dirions volontiers la certitude :

1° Que la prophylaxie de ces maladies sera établie sur des bases certaines, à une époque qui n'est peut-être pas très-éloignée, et que leur développement sera le plus souvent, sinon toujours, prévenu ;

2° Qu'à défaut de prophylaxie, un traitement efficace guérira le mal qu'on n'aura pu empêcher. J'ose même me flatter que le dernier de ces deux buts est en grande partie, sinon complétement, atteint par la méthode que je ferai connaître dans un instant, aussi bien chez les animaux domestiques que chez l'homme. Ce n'est donc point aux médecins seulement que je me permettrai de recommander cet article, c'est aussi aux vétérinaires de progrès et à tous les agriculteurs intelligents, dont le nombre, fort heureusement, augmente chaque jour en France et à l'étranger. Nous ne croyons pas nous avancer trop en leur promettant que l'application en temps opportun, c'est-à-dire aussitôt que les premiers symptômes de la maladie seront constatés, de la médication que nous allons décrire, soustraira leur bétail à la mort, et que les précautions que nous leur indiquerons le préservera des atteintes du mal.

Ne pouvant, ainsi que nous l'avons dit, faire l'étude des maladies charbonneuses dans tous ses détails, nous nous restreindrons aux points qui ont un lien étroit avec l'objet particulier de ce travail, c'est-à-dire l'étiologie, le diagnostic et le traitement ; encore ne dirons-nous des deux premières questions que ce qui est absolument indispensable pour démontrer, autant que le permet l'état actuel de la science, la vérité de la doctrine parasitaire et l'efficacité de la médication phéniquée.

La clarté gagnera, ce nous semble, à ce que les divers points que nous étudierons soient examinés séparément sur les divers animaux, d'autant plus que chacun d'eux ne doit pas être traité avec le même développement dans toutes les espèces. Nous étudierons donc successivement le charbon chez l'homme, chez le bœuf, chez le mouton, et chez le cheval.

§ I. — *Du charbon chez l'homme ou de la pustule maligne.*

a. — *Étiologie.* — Si l'étiologie du charbon chez les animaux soulève des questions nombreuses, difficiles, compliquées, il n'en est pas de même chez l'homme. Les expériences aussi nombreuses que concluantes qui ont établi l'identité du charbon des bêtes à cornes et de la pustule maligne de l'homme ne laissent plus aujourd'hui de doute dans l'esprit de personne; cette identité est une vérité des mieux établies de la médecine. Les seules questions relatives à l'étiologie de la pustule maligne sont les suivantes : 1° La pustule maligne peut-elle se développer spontanément chez l'homme, comme le charbon chez les animaux ? 2° Est-elle toujours, au contraire, le résultat de la contagion ? 3° Comment s'opère cette contagion ?

La première de ces questions passait depuis assez longtemps pour être définitivement résolue, lorsque le Dr Gallard, aidé d'un collaborateur, eut l'idée lumineuse de soutenir que la pustule maligne, qu'on croyait être toujours le résultat de la contagion, se développait aussi spontanément; la thèse n'était pas mauvaise à soutenir au point de vue de *l'effet*, les contre-vérités ayant toujours l'avantage d'exciter l'attention publique. Les deux auteurs présentèrent hardiment leur travail à l'Académie, et ils y trouvèrent même un rapporteur, qui adopta d'abord leur thèse, mais qui l'abandonna avec une agilité qu'on n'aurait pu attendre de sa grosse contexture, dès qu'il se vit un peu vivement pressé par une argumentation de quelques collègues de bon sens. M. Gosselin — car le rapporteur complaisant n'était autre que lui — se tira prestement, non sans quelque avantage, du mauvais .pas où il avait cru pouvoir se jeter, en prétendant que ce n'était pas tant la pustule maligne vraie dont il avait voulu soutenir la spontanéité que la pustule maligne fausse. Cette évolution facétieuse ne fut pas mal accueillie, tant les académiciens ont parfois d'indulgence entre eux, surtout quand le prestidigitateur est professeur ; la pustule maligne resta donc, comme auparavant, une maladie constamment due à la contagion. Ce n'est pas que tous les arguments opposés à la première opinion de M. Gosselin fussent absolument péremptoires ; il en est même qui prouvent à quels singuliers exercices de logique médicale peuvent se livrer des académiciens médicaux. M. Chauffard, par exemple, que nous retrouverons ailleurs, déclara tout net à son collègue Gosselin « qu'il n'est pas possible que la pustule maligne soit spontanée, puisque » — admirez le *puisque* — « les récentes recherches de M. Davaine l'ont rangée parmi les maladies parasitaires. » (*Médecine contemporaine*, 1er mai 1868, p. 140.) C'est devant ce puissant argument que le collègue Gosselin fit cette évolution rapide, par laquelle il déclara « que ce n'était pas la pustule maligne vraie qui se développait spontanément, mais bien une pustule maligne fausse — découverte par M. Gallard — et dans laquelle on ne trouverait *probablement* pas de bactéridies. » Ce qu'il y a de faux dans tout cela, c'est la découverte de M. Gallard et les convictions de M. Gosselin ; ce qu'il y a de vrai, c'est que ledit professeur Gosselin et son collègue Chauffard n'ont pas une vision bien nette du sens du mot spontané, et que l'un et l'autre se rangent sous le drapeau de la doctrine parasitaire... jusqu'à ce qu'une bonne occasion se présente d'en arborer un autre. Nous nous sommes assez expliqué, dans notre introduction, sur la spontanéité des maladies pour n'avoir pas besoin d'y revenir ici : nous dirons donc que la pustule maligne n'est pas spontanée, non pas parce qu'elle est parasitaire, mais parce qu'aucun fait, rigoureusement observé, n'a démontré jusqu'à présent qu'elle se soit jamais développée en dehors d'un contact virulent parfaitement établi ou infiniment probable. C'est donc là purement et simplement une question de fait, non une question de principe : comme les vrais chrétiens, les Gallard, les Gosselin et autres spontanéistes, officiels ou quasi-officiels, mangent probablement des beafteaks cuits, car nous ne croyons pas qu'ils soient de mœurs sanguinaires, les bactéridies qu'ils peuvent avaler sont donc cuites, c'est-à-dire mortes et dès lors incapables de nuire; mais il est très-probable que si ces honnêtes soutiens officiels de la doctrine professionnelle, scientifique et morale, mangeaient du bœuf cru et, mieux encore, la ration de foin ou autre fourrage suffisamment parasité à laquelle ils auraient droit, ils verraient le charbon se développer chez eux tout comme chez le premier cornifère ou le premier solipède venu. Je m'empresse d'ajouter que les hommes d'esprit ne seraient pas moins exposés à ces accidents que les Gallard et les Gosselin, l'esprit n'étant pour rien dans cette affaire.

Entre MM. Gosselin et Chauffard (1) d'une part, et M. Broca de l'autre, il y a quelque distance. Pourtant M. Broca n'est pas absolument impeccable. Pour défendre la doctrine vraie de contagiosité de la pustule maligne, M. Broca disait dans cette même discussion, où le lourd M. Gosselin montra une agilité d'écureuil, qu' « un des arguments les plus convaincants » — que la pustule maligne est contagieuse — « c'est qu'à Paris, *où il n'y a pas de taons*, on n'observe ces pustules que chez des individus qui touchent à des peaux d'animaux. » (*Mouvem. médic.*, 25 avril 1868.)

Cette phrase bien courte « *où il n'y a pas de taons*, » ne renferme pas moins de trois erreurs :

La première, c'est qu'il y a des taons à Paris, assez pour qu'il soit très-étonnant que M. Broca n'y en ait jamais vu;

La seconde, c'est que les mouches non armées propagent parfaitement la pustule maligne, contrairement à ce que la phrase dit implicitement;

(1) Il semble qu'un coup de vent avait déjà emporté les opinions de M. Chauffard, deux ans plus tard, car il faisait alors observer à M. Davaine que « M. Béchamp avait apporté, à l'appui de ses idées, un certain nombre de preuves qui tendent à infirmer la théorie parasitaire soutenue par M. Davaine. » (*Journ. des Conn. médic. et de pharmacologie*, 30 mai 1870.) On voit que les convictions de M. Chauffard ne seraient guère moins propres que celles de M. Gosselin à marquer la direction du vent. Mais on peut dire, en faveur de M. Chauffard, qu'il ne comprend guère plus la théorie de M. Davaine, si théorie il y a, que la valeur des preuves de M. Béchamp.

La troisième, enfin, c'est que ce sont précisément les mouches armées, comme les taons, qui ne propagent pas la maladie. Ce fait a été démontré surtout par M. le Dr Raimbert, de Châteaudun, et il est conforme à ce que la logique permettait de prévenir. Que font les mouches inermes? elles se promènent sur les plaies des animaux charbonneux, sur les cadavres et sur les dépouilles de ceux qui sont morts du charbon; elles imprègnent du sang, des sécrétions, des liquides, en général, des animaux ou de leurs débris, leurs pattes, leurs ailes, peut-être leurs suçoirs; et elles vont déposer ensuite leurs souillures sur les surfaces parfois dénudées ou insuffisamment défendues par un épiderme altéré, où ces souillures virulentes sont parfois absorbées.

Que font, au contraire, les mouches armées? elles se nourrissent de sang, et de sang exclusivement. Elles pompent ce sang, non pas à la surface des plaies, mais dans le tissu cellulaire sous-cutané, sous la peau qu'elles traversent en grande partie ou même de part en part. Sucent-elles indifféremment du sang sain et du sang morbide, du sang charbonneux en particulier? C'est peu probable. Les mouches armées nous paraissent être aux mouches inermes ce que les lions, les tigres et les chats sont à l'hyène et aux chiens, ce que les aigles sont aux corbeaux : les uns aiment la viande saine et fraîche; les autres aiment la charogne. A supposer même que les mouches armées trempassent leur aiguillon dans le sang d'un animal charbonneux, il est peu probable que le soin extrême que prennent de leurs armes tous les carnivores, l'état de propreté parfaite dans lequel ils les maintiennent, permette à la moindre molécule de sang de rester sur la trompe. Quant au sang lui-même, qui sert à la nourriture de l'animal, il est évident qu'il est transformé presque aussitôt que pompé, en sorte qu'il est fort difficile de comprendre comment un esprit aussi sérieux que M. Broca a pu supposer que la mouche armée pouvait aller insinuer sous la peau d'un animal le sang qu'elle venait de pomper sous la peau d'un autre. Enfin, ajoutons, en ce qui concerne l'homme, puisqu'il s'agit ici de lui spécialement, que rien n'est plus rare que de le voir piqué par des mouches armées, d'abord parce qu'elles se posent rarement sur lui, et parce qu'il les y souffre peu, quand elles tentent de s'y poser. Ainsi les faits observés, surtout par M. Raimbert, aussi bien que les considérations de physiologie générale les plus rationnelles, concourent à prouver que ce n'est pas par les mouches armées, mais bien par les mouches inermes que s'opère le transport du virus charbonneux de l'homme sur les animaux.

Un autre moyen de transport s'opère par les débris divers, peaux, os, cornes, etc., des animaux morts du charbon. Ce mode de transport est assez connu, assez généralement admis, pour qu'il suffise de le rappeler sans y insister davantage.

Le transport peut-il s'opérer à distance, par l'intermédiaire de l'air ambiant ; ou, suivant la formule dont on se sert habituellement, le virus est-il volatil ? Pour le moment, nous répondons simplement non, réservant l'exposé des motifs de notre réponse pour le paragraphe consacré au charbon des animaux, où cet exposé sera plus à sa place. En résumé :

1º La pustule maligne ne se développe jamais spontanément, nous n'avons pas besoin d'ajouter chez l'homme, puisque la pustule maligne désigne précisément le charbon de l'homme ;

2º Elle est toujours le résultat de l'inoculation, soit par le contact des animaux charbonneux ou des débris de leurs cadavres, soit par le contact des mouches imprégnées, *intus* ou *extra*, de molécules appartenant à des animaux charbonneux, morts ou vivants ;

3º Les mouches qui servent au transport de ces molécules morbigènes sont, d'une manière à peu près certaine, les mouches ordinaires, exclusivement ; du moins aucun fait précis n'a-t-il prouvé jusqu'à présent que les mouches armées aient inoculé le virus charbonneux ou même aucun autre ferment.

Nous pourrions dire, dès à présent, que la pustule maligne est une maladie parasitaire ; mais la démonstration de ce fait viendra plus naturellement dans le paragraphe relatif au charbon des animaux. Nous passerons donc sans plus tarder à la question du diagnostic.

b. — Diagnostic. — La confusion qui régnait naguère dans l'histoire des maladies charbonneuses n'a pas été entièrement dissipée par les expériences récentes dont elles ont été l'objet, notamment de la part de la laborieuse Société médicale d'Eure-et-Loir (1), ni même par la découverte des parasites auxquels paraissent être dues ces maladies. Dans cette confusion, le diagnostic a nécessairement sa part, et les médecins, aussi bien que les vétérinaires, en ont profité, dans deux intérêts complétement opposés : les uns pour préconiser des traitements

(1) Une petite leçon de moralité scientifique, en passant, à propos des travaux de cette honorable société. Il est vrai que celui qui va en être l'objet est mort, et que ma voix n'est pas assez puissante pour se faire entendre de lui à la distance où nous sommes ; mais la Société d'Eure-et-Loir la lui avait donnée de son vivant et il l'a emportée sans mot dire en paradis, où il est allé tout droit... à ce que prétendent les amis qui l'ont enterré. Voici la note publiée par MM. Maunoury et Salmon dans leur mémoire *sur l'inoculation de la pustule maligne et de son traitement par les feuilles de noyer. (Gazette médic. de Paris, 1857).*

« Il serait difficile de croire que dans une question de priorité aussi claire que celle-ci, certaines personnes aient pu s'attribuer les importantes recherches dont il s'agit. Nous contestons la valeur de ces prétentions de la manière la plus formelle. 1° Les expériences de l'association datent des premiers jours d'août 1850; 2° les expériences de M. Garreau (ses notes le déclarent d'une manière précise) ont été commencées seulement au milieu de ce mois d'août, *après l'envoi d'une lettre* de l'un de nous à M. Poulain de Châteauneuf. Mais il ne s'agit pas de M. Garreau. Nous voulons parler de M. Renault. On lit dans les annales de la science vétérinaire : 1° « Dans ces dernières années, les maladies de sang, qui sont si communes dans la Beauce, ont été étudiées avec le plus grand soin par les vétérinaires de cette contrée, notamment par M. Garreau, de Châteauneuf, *par M. Renault d'une manière expérimentale à la clinique de l'école, et* PLUS TARD *par la Société médicale d'Eure-et-Loir.* » (Recueil de méd. vétér., 1857; p. 347, article signé : *Reynal.*) — 2° « Entre autres résultats de *mes* expériences » sur le virus charbonneux, J'AI *fait connaître* celle-ci, à savoir : que toujours le » sang provenant d'animaux récemment morts du sang de rate, soit en Beauce, » soit en Brie, soit ailleurs, était virulent et que son inoculation à d'autres animaux » était fatalement mortelle, et c'est précisément à M. Delafond lui-même que » J'AI *fait connaître* ces résultats. » (*Recueil de méd. vétérin.*, 1857, p. 638; article signé : *Renault*). Qu'en pense M. Delafond? Était-ce avant ou après les expériences de l'association médicale? Nous affirmons que c'était après ces expériences. » (MAUNOURY et SALMON, *Gaz. méd., Paris*, 1857.)

Nul ne doute de l'affirmation des deux honorables membres de la Société d'Eure-et-Loir, pas même, certainement, M. Raynal, signataire du premier article incriminé, et qui, *aujourd'hui*, avouerait probablement sans difficulté son erreur ; mais ce que MM. Salmon et Maunoury auraient pu ajouter, pour donner du piquant à leur affirmation, c'est que lorsque M. Renault cherchait si effrontément à dépouiller la Société d'Eure-et-Loir, il se débattait précisément entre lui et M. Delafond une question de priorité et de probité scientifique ! La Société d'Eure-et-Loir aurait même pu ajouter que ce n'était pas la première fois que M. Renault se parait, non pas des plumes des paons, qui crient trop fort quand on veut les plumer, mais de quelques bons et doux pigeons, qui sont beaucoup plus traitables et se laissent même au besoin croquer sans mot dire. Ce qu'il y a de mieux, c'est de n'être ni paon, ni pigeon, ni geai; ainsi l'a sans doute pensé la Société d'Eure-et-Loir; nous sommes sûr que M. Reynal doit l'en féliciter avec nous.

inefficaces ou nuisibles, les antres pour nier l'efficacité de médicaments réellement utiles. Il est donc indispensable que nous tâchions de jeter un peu de jour dans les obscurités qui pourraient voiler défavorablement les faits que nous aurons à produire en faveur de la médication phéniquée.

Un premier fait qu'il est d'abord d'autant plus utile de faire remarquer que les auteurs qui ont le plus insisté sur les incertitudes du diagnostic du charbon (chez l'homme et les animaux paraissent l'avoir complétement oublié, c'est que ces incertitudes ne s'observent pas seulement dans le diagnostic des maladies charbonneuses, mais bien dans celui de la plupart, on pourrait presque dire de toutes les maladies. Que dans la fièvre typhoïde, que dans le croup, que dans la fièvre purulente, dans la fièvre puerpérale, dans la fièvre intermittente, dans le choléra même, etc., deux médications aient été employées avec des succès divers, celle qui aura obtenu les succès moindres ne manquera pas d'expliquer le succès de l'autre par des erreurs de diagnostic; ce n'est pas que l'explication ne puisse être bonne, mais elle est générale, et par sa généralité même, elle a des conséquences qui, si elles n'avaient pas été oubliées ou ignorées par les pathologistes *carbonculaires*, leur auraient évité bien des erreurs, des exagérations et des contradictions. Ce qu'il y a de plus difficile, dans toutes les questions pathologiques, physiologiques, physiques et morales, c'est d'en embrasser l'ensemble; la plupart des esprits n'ont pas l'amplitude nécessaire pour cela; leur regard se borne à un horizon rétréci, où ils trouvent — parfois — de petites vérités et toujours de grandes erreurs. La grande erreur commise par ces esprits trop difficiles ou, pour mieux dire, trop étroits, c'est de ne pas voir que leur objection, généralisée, détruirait le diagnostic de presque toutes les grandes maladies, c'est-à-dire renverserait l'édifice médical tout entier, car sans diagnostic, il ne saurait y avoir de médecine; or, toutes les maladies que nous venons d'énumérer et beaucoup d'autres encore ne peuvent être inoculées et, par conséquent diagnostiquées, si l'on en croyait MM. Maunoury et Salmon, et aussi M. Garreau leur imitateur. L'inoculation, tel est, en effet, le moyen imaginé pour dissiper la confusion qui règne, inévitablement, suivant eux, dans le diagnostic de la pustule maligne, quand on n'a pas recours à la lancette. « L'un de nous, dit, en parlant de M. Maunoury ou de M. Salmon, l'honorable auteur du rapport sur les affections charbonneuses, nous conseillait déjà, dans un savant mémoire à notre société, de suivre cette voie nouvelle ouverte dans la chirurgie expérimentale par M. Ricord. » Ce n'était pas être bien heureusement inspiré que de vouloir entrer dans la voie ouverte par M. Ricord, au moment même où ce chirurgien était obligé d'en sortir, couvert de confusion et d'or; mais comme la pustule maligne ne pouvait sécréter autant d'or que celle de la syphilis, ou devait recueillir la confusion toute sèche. Nous ne parlons ici, bien entendu, qu'au point de vue du diagnostic, car au point de vue pathologique et pathogénique, les expériences de la Société d'Eure-et-Loir méritent tous les éloges qu'on leur a adressés et auxquels nous nous associons de grand cœur, pour notre compte. Il n'en est pas des expériences sur les animaux comme de celles sur l'homme : dans les premières, le pire qui puisse arriver, et c'est bien quelque chose, c'est de faire souffrir inutilement de pauvres bêtes; mais s'il en résulte quelque chose, c'est tout profit pour la science; dans les secondes, l'humanité doit toujours primer la science, et avec d'autant plus de raison, que ce que certains expérimentateurs considèrent comme la science, n'en a souvent que les apparences, et que c'est quelquefois la science des erreurs. A notre avis, la voie ouverte par M. Ricord devrait être sévèrement interdite par la loi, quand il s'agit de l'homme; quand il s'agit des animaux, elle ne doit être condamnée que par la science, à moins que l'expérimentation ne revête les caractères d'une repoussante cruauté, comme elle les avait revêtus entre les mains du physiologiste Magendie, de barbare mémoire.(Voir l'*éloge* de cet académicien par son collègue le Dr Dubois (d'Amiens), secrétaire perpétuel de l'Académie de médecine.) Nous examinerons plus à fond la valeur diagnostique de l'inoculation en parlant du charbon des animaux; contentons-nous, pour le moment, de relever quelques-unes des contradictions dans lesquelles les imitateurs de M. Ricord sont tombés, tout comme leur modèle, quoique d'une façon moins grave. Par exemple, quoique l'inoculation leur paraisse

le seul moyen de constater une véritable pustule maligne,
cela ne les empêche pas de tracer les caractères auxquels on
peut la reconnaître *sans inoculation*. Voici quels sont ces caractères : « Les caractères de la pustule inoculable sont : l'exiguïté
de ses dimensions, sa forme ombiliquée, la couleur noirâtre et
la dureté coriace de son point central, le cercle chagriné de
ses bords, l'état vésiculeux de son aréole, la sensation pruri-
gineuse plutôt que douloureuse éprouvée par le malade, le
gonflement flasque, peu apparent d'abord, du tissu cellulaire,
sous lequel elle repose, gonflement plutôt élastique qu'œdéma-
teux, l'excessive vascularisation des tissus sous-jacents, tandis
que le point noirâtre, pustuleux est exsangue, insensible et
rude sous le scalpel, la rapidité de l'invasion du gonflement
élastique, enfin les symptômes d'intoxication charbonneuse,
savoir les défaillances, la faiblesse et l'irrégularité du pouls,
les vomissements de matières bilieuses, les sueurs froides et
l'asphyxie. » (MAUNOURY et SALMON, *Mém. sur l'in. de la pust.
mal.*, p. 48).

Laissant de côté les derniers symptômes, qui ne peuvent
guère servir au diagnostic nécessaire pour guider dans le traitement, puisque, lorsque ces symptômes se présentent, tout traitement est à peu près inévitablement impuissant, il reste encore
un ensemble de caractères très-suffisants pour établir un bon
diagnostic; ajoutons que ces caractères sont généralement
considérés comme exacts. Les auteurs qui les ont ainsi décrits
les considèrent donc comme suffisants; bien plus, dans un
autre passage de leur travail, ils les trouvent presque tous
superflus. « Cette tuméfaction, disent-ils dans une de leurs
observations de *pustule maligne*, présentait une bouffissure
molle et élastique, *bouffissure caractéristique du gonflement
charbonneux de mauvaise nature.* » Et ce sont eux qui sou-
lignent. Mais tout caractéristique que soit ce gonflement, ils
l'oublient ailleurs ou ne comptent plus sur lui, et, parlant de
la difficulté de distinguer même de l'anthrax et du furoncle
la pustule maligne des auteurs, « la difficulté, disent-ils, sera
bien plus grande encore en présence de la pustule inoculable
de la Beauce sans vésicule primitive et sans aréole quelquefois,
toujours sans noyau d'induration de la peau, et présentant

seulement à toutes les périodes, au milieu d'un gonflement élastique considérable, l'apparence d'un point irrégulier ressemblant à une morsure de puce, d'autres fois un peu plus large que la tête d'une épingle, semblant être formé par l'éraillement de l'épiderne. » Voilà qui est peu clair : tout à l'heure la pustule inoculable — et inoculable de la Beauce, puisque les auteurs n'ont inoculé que celle-là — était constituée par une *pustule ombiliquée*.... etc.; maintenant, la pustule inoculable de la Beauce n'est pas même une vésicule, c'est l'*apparence* d'un point irrégulier, » — (ce qui par parenthèse ne se conçoit guère; un *point* ou l'apparence d'un point irrégulier, qu'est-ce que cela peut bien représenter à l'esprit ?) — « qui ressemble à une morsure de puce; » mais le point résultant d'une morsure de puce n'a rien d'irrégulier, ni même la petite ecchymose qui l'entoure, et nous doutons, à vrai dire, que jamais pustule maligne ait présenté l'aspect rosé soit du point central d'une morsure de puce, soit de l'aréole qui l'entoure. Et pourtant, de par l'inoculation, ce sera là — il est vrai dans une des versions seulement de MM. Maunoury et Salmon — la *pustule* inoculable de la Beauce ! mais cette fois, du moins, cette pustule — sans pustule ni vésicule — est-elle bien la seule maligne, ou tout au moins l'est-elle seule avec celle qui est réellement pustuleuse (ou plutôt vésiculeuse)? Bien loin de là, car nous allons voir que les auteurs vont mentionner *des espèces* — ce qui ne signifie pas moins de *plusieurs espèces* — de charbons malins :

« Dans le traitement de la pustule inoculable, disent-ils, nous ne pouvons avoir confiance dans l'efficacité des autres moyens, (autres que la cautérisation), tant que des expériences d'inoculation n'auront pas sanctionné le diagnostic... »; et comme consécration de ce principe *absolu*, les auteurs écrivent encore : « C'est à nous de ne jamais nous laisser entraîner, sur la foi d'une autorité trompeuse, à l'engouement de la prétendue spécificité de certains médicaments ; c'est à nous de suivre *la voie* SURE qui nous a été tracée par l'expérience de nos devanciers, » — (qui n'ont jamais sanctionné leur diagnostic par une seule inoculation) — « c'est-à-dire de cautériser énergiquement avec la potasse ou mieux avec le sublimé corrosif, qui est UN *des agents caustiques* les plus efficaces dans CES ESPÈCES de charbons malins ! » Il faut le dire à la gloire du second père de l'inoculation, jamais il n'est tombé dans de plus belles confusions et contradictions. Mais, comme après tout, MM. Maunoury et Salmon n'en ont pas moins fait un utile travail, nous ne pousserons pas plus loin notre critique, nous réservant de compléter plus tard ce que nous avons à dire de l'inoculation. Nous nous faisons un plaisir d'ajouter ou plutôt de répéter que le petit précis symptomatologique qu'ils ont tracé, et qu'un de leurs confrères de la Société d'Eure-et-Loir a encore concentré (1), est suffisant pour caractériser et, par conséquent, pour faire reconnaître à tout médecin attentif la pustule maligne de la Beauce et d'ailleurs, car nous aimons à croire que nos honorables confrères n'admettent pas plus une pustule maligne *de la Beauce*, qu'une fièvre typhoïde *de la Picardie* ou un croup *de la Champagne*. Avec le résumé qu'ils ont tracé on reconnaîtra les pustules malignes de tous pays, surtout quand on aura constaté — circonstance très-importante — que ce groupe de symptômes s'observe exclusivement sur des hommes qui sont en contact avec des débris, des dépouilles d'animaux sujets aux affections charbonneuses. Sans doute, il n'est pas impossible qu'en présence de cet ensemble de symptômes coïncidant même avec la circonstance dont nous avons parlé, on ne soit exposé, par extraordinaire, à commettre une erreur de diagnostic dans un cas donné ; on n'en saurait commettre habituellement ni fréquemment, et cela suffit pour qu'on puisse juger de l'efficacité d'un traitement. Il y a quelque chose de plus utile à faire que d'inoculer toutes les pustules malignes avant de les traiter, — chose impossible, du reste, dans la pratique — c'est de les décrire toutes exactement, de décrire les traitements employés, et de supputer ensuite et les

(1) « Pour terminer cet article, nous le résumerons en mettant en relief les caractères principaux, et *presque pathognomoniques* sur lesquels repose le diagnostic de la pustule maligne. Ils sont au nombre de trois, savoir :
» 1° L'absence de pus ou de sanie dans la vésicule initiale.
» 2° L'absence d'une douleur spontanée.
» 3° L'existence d'une aréole vésiculaire non purulente autour d'une eschare circonscrite et de petite dimension. » (RAIMBERT, art. *Charbon* du *Nouveau Dictionnaire de méd. et de chir. pratiq.*, Paris, 1866, t. VII.)

symptômes et les résultats curatifs. Que la Société d'Eure-et-Loir, qui est animée d'un zèle aussi louable que rare, fasse ce travail, et elle méritera de la science, mieux encore que par le passé, quoique son passé soit digne de tous les éloges. Et si mes confrères, MM. Maunoury et Salmon, veulent me permettre une prophétie, je leur dirai que le travail dont je parle les convaincra très-probablement d'un fait qui les étonnera sans doute énormément, c'est que « *cette voie* SURE, (traitement par les caustiques) qui leur a été tracée par leurs devanciers, est une voie absolument fallacieuse, qui rappelle trop la méthode sauvage de l'extirpation de la tumeur et de *toutes les parties environnantes qui paraissent altérées par le virus !* méthode préconisée par Fournier et par Chambon, et à laquelle, dit M. Raimbert, Maret (de Dijon) avait renoncé, après en avoir reconnu les inconvénients, au nombre desquels il place, à côté des douleurs atroces, la *fréquence de la* RÉCIDIVE. *Récidive,* en pareil cas, ne peut signifier que continuation de la marche de la maladie et mort. Comment se fait-il que là où Fournier, Chambon et Maret avaient échoué, par la *fréquence* des *récidives,* en enlevant *tout* ce qui *paraissait* altéré par le virus, MM. Maunoury, Salmon, Bourgeois et presque tous leurs confrères de la Beauce et d'ailleurs, espèrent réussir en cautérisant plus ou moins profondément la plaie résultant de l'ablation préalable de la petite escarre charbonneuse ? Il faut demander aux psychologues le secret de cette étrange bigarrure de l'esprit humain en général et de l'esprit médical en particulier. Ce même observateur, qui vient d'écrire qu'en *enlevant* — c'est radical — toutes les parties qui *paraissent* seulement atteintes par le virus, on a de fréquentes récidives, ce qui veut dire qu'on n'a nullement enlevé tout le virus, conseille néanmoins de cautériser une *faible portion* de ces mêmes tissus, — qu'un autre enlevait — avec l'espoir, que dis-je, avec l'apparente certitude d'enlever tout le virus, et d'empêcher ainsi l'*intoxication charbonneuse.* C'est toujours la doctrine absurde de M. Ricord et de tous ses devanciers, les localisateurs, qui se sont figuré que les virus introduits sous l'épiderme, faisaient là une halte de quelques jours (quatre jours, — pas une minute de moins, — pour la syphilis, suivant M. Ricord), ou de quelques années (dans le cancer,

par exemple), tout exprès pour donner aux chirurgiens le temps
de les détruire par le fer, le feu ou les caustiques. Et ils comptent tellement sur la *voie* SURE tracée par l'expérience de leurs
devanciers, comme disent MM. Salmon et Maunoury, qu'ils ne
se mettent plus en peine de s'assurer s'il y a un seul caustique,
non pas *sûr*, mais qui, au moins, guérisse *quelquefois*, et
qu'ils discutent seulement quel est celui qui guérit le plus
souvent, discussion non moins bizarre elle-même que tout le
reste, puisque *les devanciers* qui ont tracé la voie *sûre* employaient des caustiques divers, ce qui implique que tous les
caustiques sont également *sûrs!* On n'attend pas, d'après ces
considérations, que nous discutions ni la valeur curative ni le
mode d'action de ces caustiques; nous dirons cependant quelques mots de l'un d'eux, et cela pour plusieurs motifs.

D'abord, parce qu'après les considérations qui précèdent,
nous sentons le besoin de déclarer que, quelle que soit notre
confiance dans la logique et dans les lois générales de la physiologie, nous professons avant tout le respect des faits, pourvu
qu'ils soient bien constatés. Sans doute nous croyons — parce
que tout le démontre — que la fonction de l'absorption est
due à une force générale, qui ne peut pas plus se suspendre
que le cœur ne peut cesser de battre, sans que la vie s'éteigne.
Il nous paraît donc inévitable, fatal, que toute substance
absorbable insérée sous l'épiderme, c'est-à-dire mise en contact
avec des voies d'absorption, soit absorbée immédiatement, et
répandue par la circulation dans l'organisme tout entier. Il est
donc, d'après cela, chimérique de chercher à détruire un virus
sur un point quelconque de la peau ou de tout autre organe,
plusieurs heures et à plus forte raison plusieurs jours après
une contagion. Cependant presque tous les médecins le tentent dans presque toutes les maladies et spécialement dans la
pustule maligne, ce qui ne serait pas un bien fort argument,
car nous n'avons pas une profonde vénération pour « la voie
sûre des devanciers. » Mais nous avons une grande considération
pour la plupart des membres de la Société d'Eure-et-Loir, et
quand nous les voyons presque tous montrer une confiance si
entière dans la cautérisation avec le sublimé corrosif solide,
nous ne dissimulons pas que nous nous sentons par moments

ébranlé. Est-ce que le virus charbonneux, que nous savons aujourd'hui, à n'en plus guère douter, être un ferment vivant, resterait, à cause de ses dimensions, rebelle aux forces absorbantes, jusqu'à ce qu'il ait pu se multiplier sur place, pénétrer par sa graine et envahir ensuite lui-même la masse du sang, au lieu d'y être entraîné? C'est, à notre avis, aussi peu probable que possible; mais il faudrait pourtant bien l'admettre si l'efficacité des caustiques ou de l'un d'entre eux était démontrée autrement que par « l'expérience des devanciers. » La doctrine parasitaire fournirait ici une explication impossible sans elle. Peut-être même, dans ces cas, la cautérisation aurait-elle pour résultat de tuer sur place les parasites volumineux que le traitement général serait impuissant à détruire, et qui, sans la cautérisation, resteraient là, comme un foyer de génération parasitaire et par conséquent de récidive morbide. On voit de quelle importance il serait que la Société d'Eure-et-Loir voulût bien suivre le conseil que nous nous sommes permis de lui donner précédemment.

Mais si l'efficacité des caustiques et même celle du sublimé corrosif est peu probable, malgré l'autorité des praticiens qui y ont confiance, et malgré les réserves qui précèdent, un fait bien positif et intéressant découle de la cautérisation par le dernier de ces caustiques, c'est l'abolition de la propriété d'absorption sur les surfaces cautérisées par ce moyen. Les praticiens d'Eure-et-Loir l'emploient, en effet, à l'état solide, grossièrement pulvérisé, en l'appliquant à demeure dans la cavité creusée en enlevant la petite escarre charbonneuse. Plusieurs décigrammes de ce sel restent, ainsi, longtemps en contact avec les tissus, c'est-à-dire une quantité dix ou vingt fois supérieure à celle qui suffirait pour causer la mort, si le médicament passait dans la circulation. Ce fait de l'action des caustiques n'est pas neuf, assurément; mais il ne saurait être mieux établi que par la cautérisation à l'aide du sublimé, et c'est pour cela que nous y avons insisté. Il démontrerait, de la façon la plus irrécusable, que la pustule maligne est bien, primitivement, une maladie locale, si l'efficacité de la cautérisation était elle-même bien établie. Mais *that is the question*, là est la question. Que M. Maunoury, qui a été, à si juste titre, d'une

sévérité rigoureuse pour le traitement de MM. Raphaël et Nélaton, par les feuilles de noyer, y réfléchisse; il se convaincra
que cette question ne peut être résolue par « l'expérience de
ses devanciers, » et que le zèle de toute la Société d'Eure-et-
Loir ne sera pas de trop pour la résoudre. La Société ne pourra
mieux employer son temps, à moins qu'elle ne veuille expérimenter le traitement par l'acide phénique dont nous allons
maintenant nous occuper. A vrai dire, nous nous étonnerions,
si l'étonnement était encore possible à propos de médecine et
de médecins, que ce traitement n'ait pas été encore expérimenté par des praticiens placés sur le véritable théâtre de la
pustule maligne et qui se prétendent, qui sont réellement des
amis du progrès. Comment ! parce que deux médecins, dont
un professeur, préconisent de simples applications de feuilles
fraîches de noyer, — probablement cueillies le jour de saint
Chrysogone, avant le lever du soleil — c'est-à-dire un remède
de commère par excellence, deux membres les plus distingués
d'une société médicale sérieuse s'empressent de l'expérimenter;
et quand un autre remède se recommande par de nombreuses
expériences scientifiques, par des résultats merveilleux obtenus
sur d'autres maladies, par les considérations les plus rationnelles de pathologie générale et de physiologie, cette société
reste inactive ! et cette même société fait la guerre aux charlatans empiriques de son voisinage ! Hélas! si les empiriques
savaient! quel large flanc la société ne présenterait-elle pas à
leurs flèches! Encore une fois donc, que MM. Maunoury et
Salmon y réfléchissent et qu'ils usent de leur influence pour
que la société dont ils sont deux des membres les plus zélés
soit fidèle à la mission de progrès qu'elle paraît s'être donnée.
L'expérimentation du traitement phéniqué est d'autant plus un
devoir pour elle, que tous ses membres considèrent la pustule
maligne ou comme absolument incurable ou comme attaquable
exclusivement par les caustiques, et que le traitement phéniqué ne peut ni contre-indiquer aucun autre traitement, ni
nuire à aucun, et qu'il ne peut, tout au plus, qu'être impuissant comme tous les autres ; il est, de plus, très-facile à appliquer ; rien, absolument rien, si ce n'est une routine plus incurable encore que la pustule maligne, ne peut donc s'opposer à

ce que ce traitement soit expérimenté, et sur la plus large échelle.

La première fois que j'appliquai l'acide phénique au traitement du charbon de l'homme, la maladie se présentait sous la forme d'œdème malin des paupières, qui avait déjà envahi toute la face, le cuir chevelu et le cou (voir la 1re édit. de ce travail, p. 178) ; aussitôt que le malade fut en ma présence, je fis une application d'acide phénique au moyen d'un de mes appareils pulvérisateurs, je projetai sur la face, la tête et le cou un jet d'eau phéniquée pulvérisée à 2 p. 100, et je prescrivis un sirop phéniqué à 1 p. 100, de façon à ce que le malade prît 1 gramme d'acide dans sa journée. Quelques heures après le début du traitement, les envies de vomir, qui déjà se manifestaient quand je vis le malade, cessèrent; le gonflement diminua; un des deux yeux, disparus sous le gonflement, put commencer à s'entr'ouvrir; le lendemain, le malade voyait des deux yeux ; enfin, au bout de deux jours, il ne restait aucune trace des désordres observés.

Dans un cas pareil, le traitement devrait encore être le même aujourd'hui, sauf que j'y ajouterais deux ou trois injections hypodermiques. Mais je crois que dans la pustule maligne proprement dite, la douche pulvérisée est inutile ; je la supprime donc, et, au lieu d'une cautérisation avec l'acide phénique brut, par conséquent liquide, je pratique cette cautérisation avec l'acide cristallisé pur. On comprend, d'après ce que j'ai dit de la prétendue localisation des affections charbonneuses, que je n'attache pas une importance démesurée à la cautérisation ; mais comme je ne pousse pas, à l'exemple de certains confrères, l'esprit de doctrine jusqu'à priver les malades d'un moyen de traitement, qui, appliqué comme je le fais, ne peut avoir aucun inconvénient sérieux, et qui, si par hasard je me trompais, peut contribuer à la guérison, je sacrifie, dans un intérêt humanitaire, très-improbable, mais enfin possible, aux faux dieux, c'est-à-dire aux doctrines de l'école, tout en ne les adorant pas.

Quant au caustique à appliquer, nul doute que l'acide phénique ne soit préférable à tous les autres, sans en excepter le sublimé corrosif, adopté par la Société d'Eure-et-Loir. On n'a pas oublié qu'on avait constaté la fréquence des « récidives, » à la suite de l'ablation, par le couteau, de *tous* les tissus qui paraissaient malades ; or, le sublimé ne saurait avoir la prétention d'enlever tout ce qui paraît malade ; si on le préfère, c'est par d'autres considérations ; or, il n'est aucune de ces considérations qui ne soit applicable à l'acide phénique, lequel a, en outre, l'avantage de ne pas laisser en circulation une substance aussi dangereuse que le bi-chlorure hydrargyrique ; enfin, l'acide phénique agit plus promptement que le sublimé, ce qui est évidemment un avantage, à supposer que la cautérisation ait pour résultat de tuer d'autres parasites que ceux qu'il touche, et même quand il ne ferait que tuer ces derniers. En résumé, le traitement phéniqué de la pustule maligne consistera dans les prescriptions suivantes :

1o Cautériser les parties malades, en y déposant, à l'aide d'un pinceau, une certaine quantité d'acide phénique cristallisé, en proportion avec l'étendue de la surface à cautériser. La couche d'acide ne devra pas être épaisse, un à deux millimètres ; mais on la renouvellera jusqu'à ce qu'on ait escarrifié toute l'épaisseur possible de tissu, ce qui, ainsi que nous l'avons dit précédemment, se borne à 3, 4 ou au plus 5 millimètres. La chaleur de la peau fait ordinairement fondre l'acide phénique ; s'il fusait hors des parties auxquelles on veut limiter la cautérisation, il sera très-facile d'éviter cet inconvénient, en essuyant la portion qui dépasse les limites tracées, à l'aide d'un petit linge imbibé d'alcool, qui absorbe l'acide aussitôt qu'il le touche.

2o Aussitôt après la cautérisation ou même avant, ce qui vaudrait mieux, suivant nous, au moins dans les cas graves où les symptômes généraux sont déjà déclarés, on pratiquera 3 ou 4 injections sous-cutanées de 5 grammes d'eau phéniquée à 1 p. 100 ; cette injection se fera indifféremment sur une des régions que nous avons indiquées comme lieux d'élection, mais toujours à une certaine distance des parties malades, de façon à ce que le liquide curatif soit déposé dans un tissu cellulaire sain. 3 ou 4 injections suffiront ordinairement dans les premières 24 heures ; si toutefois, aucune amélioration n'était obtenue au bout de deux, trois ou quatre heures au plus, on devrait en pratiquer de nouvelles et même à la rigueur une troisième fois, après le même intervalle. Dans tous les cas, une série d'injections sera pratiquée 24 heures après la première, et même, si tout danger n'a pas disparu, une troisième, 24 heures après la seconde.

3° A l'intérieur, on prescrira de l'eau phéniquée à 1 p. 100, ou mieux 5 ou 10 cuillerées de notre sirop phéniqué titré à 10 centigr. par cuillerée, que nous faisons préparer avec notre acide phénique *bon goût*. Nous avons expliqué à l'article préparations phéniquées ce que nous entendons par ces mots.

Ce n'est pourtant pas en réunissant toutes ces conditions de succès qu'il nous fut possible d'appliquer le traitement phéniqué, la seconde fois que nous eûmes à traiter une pustule maligne ; nous fûmes néanmoins aussi heureux que la première fois. Voici dans quelles conditions :

Mme de Fodon fut piquée par une mouche le 19 juin 1868, à la campagne, chez son gendre M. de V... Après divers pansements, le bras commence à enfler et devient lourd ; en même temps apparaît une petite pustule. Un médecin de la localité consulté déclare à Mme de F... que son mal est grave. Elle accourt à Paris et vient me trouver. Le bras droit était enflé ; des traînées rouges le parcouraient jusque sous l'aisselle. La malade avait déjà vomi dans le chemin de fer. Je pratique une forte cautérisation avec l'acide phénique pur, et deux inhalations par jour, la malade ayant redouté les piqûres des injections sous-cutanées. Je prescris, en outre, le sirop phéniqué, une cuillerée environ toutes les demi-heures. — A la quinzième cuillerée, soit après avoir pris 1 gr. 50 c. d'acide, toute envie de vomir disparaît, le mieux se déclare. Le 24, Mme de F... étant guérie, sauf la cicatrisation de la plaie, put retourner à sa campagne. J'eus l'année suivante l'occasion de mesurer la cicatrice résultant de la cautérisation : elle avait 15 millimètres de diamètre.

Quand de nouvelles occasions me furent données d'appliquer ma médication, nous étions dans les tristes conditions du siége de Paris par l'armée ennemie. Malgré ces conditions, le traitement put être appliqué d'une manière plus complète, et les résultats furent non moins heureux. Nous avons communiqué ces résultats à l'Académie des sciences, dans la séance du 2 octobre 1871 (Voir les *Comptes-rendus des séances de l'Académie des sciences*, 1871, 2ᵉ semestre, nᵒ 14); nous avons l'espoir fondé que ceux qui voudront bien suivre notre méthode ne seront pas moins favorisés que nous. Nous allons en reproduire ici l'exposé sommaire.

Ceux de ces faits qui nous sont propres ne sont pas très-nombreux, ils sont seulement au nombre de sept. Mais il y en a deux qui ne nous appartiennent pas, et que nous croyons devoir faire connaître succinctement pour mieux établir la signification des nôtres. Comme les nôtres, ces deux faits ont été observés à l'abattoir de Grenelle, et à l'un de ces parcs de moutons formés pour l'approvisionnement de Paris, et dans lesquels il s'est malheureusement développé, pendant le siége, beaucoup d'affections charbonneuses. Voici d'abord les deux premiers faits :

1. — Rapaille (dit *Bibi*), âgé de 35 ans, boucher, a *travaillé* à l'abattoir de Grenelle, le même bœuf qu'un autre malade, le sieur Maire, dont il sera question plus loin. — Le 10 septembre 1870, il a senti son avant-bras droit douloureux, et il y a découvert un bouton. Il va consulter le docteur Mène, rue Oudinot, nᵒ 6, qui cautérise le bouton avec la pierre infernale.

Le lendemain, 11 septembre, le gonflement et la douleur du bras ont augmenté. Le malade va à la consultation de l'hôpital Necker. M. Désormeaux, chirurgien de l'hôpital, incise le bouton et le cautérise au fer rouge. Aucun médicament n'est prescrit à l'intérieur.

Le lundi, 12, le malade, se trouvant plus mal, est admis à l'hôpital, dans le service du même chirurgien, salle Saint-Pierre, nᵒ 15. M. Désormeaux le cautérise de nouveau, et lui prescrit de la tisane simple (décoction de chiendent et réglisse) et une potion gommeuse.

Le mardi, 13, M. Désormeaux incise largement l'avant-bras dont le gonflement a considérablement augmenté. La maladie s'aggrave néanmoins.

Je vois le malade le 15, et je constate une gangrène de toute la partie interne de l'avant-bras et du bras, et un gonflement paraissant devenir prochainement gangréneux, sur la partie latérale de la poitrine et jusqu'à l'abdomen.

Le 16, la famille du malade ayant vu mourir le matin même un de ses camarades, veut l'emmener; il sort de l'hôpital à deux heures, éprouve, pendant le trajet de l'hôpital chez lui, un évanouissement qui fait craindre une terminaison fatale.

On m'écrivit un mot pour aller voir ce malheureux. Je partis sur-le-champ; mais je le trouvai mourant; je prescrivis un pansement phéniqué; mais le malheureux Rapaille mourut à 8 heures du soir.

II. — Flamand (Noël) s'occupait, au parc de moutons des Petits-Ménages, au transport et même à l'abattage des moutons atteints de clavelée et de sang de rate. Il vit, tout à coup, se développer quatre boutons de la largeur de l'ongle, surmontés d'une phlyctène jaunâtre, situés à la main gauche, vers le tiers inférieur de l'avant-bras, près du poignet, un autre un peu plus haut, et, enfin, un plus gros en dehors. Ces boutons furent cautérisés par M. Weber, vétérinaire, le 9 septembre 1870. Le malade fut examiné par MM. Bouley et Vattel, qui constatèrent la nature charbonneuse de la maladie.

Le lendemain, 10, le malade fut cautérisé avec le nitrate d'argent par M. le docteur Mène, qui prescrivit, en outre, une potion ammoniacale, et une infusion de fleurs de sureau.

Le malade, n'allant pas mieux, se rendit à la consultation de l'hôpital Necker, et il y fut admis, le 15, dans le service du docteur Guyon, salle Saint-Jean, no 1. On lui prescrivit des cataplasmes et une potion banale; aucun traitement spécial ne fut mis en usage.

Le malade meurt dans la nuit du 16 au 17.

Dans notre note à l'Académie des sciences, nous avons été sobre de remarques sur ces deux faits; nous n'y insisterons pas non plus beaucoup ici. Nous ne croyons pas devoir résister, cependant, au besoin de signaler l'incurie de la chirurgie officielle, devant des cas aussi graves. De deux chirurgiens d'hôpitaux, l'un brûle et taille le malade, par des procédés que tous les praticiens des pays à pustule maligne ont abandonnés; l'autre se contente d'abandonner le malade à son triste sort, et le laisse mourir de sa belle ou plutôt de son affreuse mort. Ni l'un ni l'autre de ces chirurgiens ne se croient obligés d'essayer un traitement qu'ils n'ont pas inventé, il est vrai, mais qui se recommande pourtant par des faits nombreux et heureux ; ils ne font guère, du reste, que suivre la voie tracée par les maîtres et dans laquelle leurs collègues marchent à peu près unanimement sans hésitation ni remords, pénétrés profondément de cette idée, consciente ou inconsciente, que rien de bon ne saurait se faire en dehors de leur science officielle, et que les hôpitaux sont faits pour eux et non pour les malades. Quand donc le temps viendra-t-il où le bien des pauvres sera administré pour les pauvres eux-mêmes et à leur profit, au lieu de servir de marchepied à des ambitions anti-humanitaires, favorisées par la plus regrettable des organisations? Mais passons à des faits plus consolants.

III. — M. Maire, âgé de 40 ans environ, était occupé à l'abattoir de Grenelle, à abattre les animaux malades et maniait aussi ceux qui étaient morts. Il a soigné, en dernier lieu, le même bœuf dont les dépouilles ont donné le charbon à Rapaille, qui en est mort.

Le 5 septembre 1870, il s'aperçoit d'un bouton à peine douloureux, placé sur la main, juste au-dessus de l'union de la première phalange du pouce avec le métacarpe. Il va consulter le Dr Mène, rue Oudinot, n° 6 ; ce médecin cautérise le bouton, qu'il déchire avec la pointe du crayon de nitrate d'argent, et prescrit de l'eau de Labarraque coupée, et une potion ammoniacale.

Le surlendemain, 7, M. Rouillard, directeur de l'abattoir, me fait voir ce malade; il a le bras en écharpe. Le bouton cautérisé a la largeur de l'ongle; il est noir à sa base et recouvert d'une phlyctène renfermant du liquide; l'avant-bras et le bras sont empâtés; une traînée rouge monte le long du bras jusqu'à l'aisselle. Le malade ne se plaint d'ailleurs que de la lourdeur du bras et de la soif. Je cautérise vigoureusement la pustule avec l'acide phénique solide; je pratique deux injections sous-cutanées avec une solution phéniquée à 1 p. 100, et je prescris à l'intérieur une solution phéniquée, à un demi p. 100.

Le lendemain, le malade me dit avoir bu le litre entier de cette solution (contenant 5 grammes d'acide) et n'en avoir pas été incommodé, au contraire, mais s'être trouvé sensiblement mieux. — Je recommence les mêmes opérations que la veille, et je prescris 2 gram., seulement d'acide dans le litre d'eau, en recommandant au malade de n'en boire qu'un demi-litre par jour. — Ne devant point revenir à l'abattoir les jours suivants, je recommande qu'on m'avertisse si le malade n'allait pas de mieux en mieux.

Le 14, j'apprends qu'il est entièrement guéri, et que son co-employé Rapaille se meurt à l'hôpital où je fus le visiter.

Nous nous abstiendrons de toute réflexion particulière sur ce fait, si ce n'est pour faire remarquer la dose à laquelle le malade a pris, sans inconvénient, l'acide phénique. Toutefois, comme nous n'avons pas été témoin du fait, et quoique le malade parût très-digne de foi, nous faisons nos réserves, et nous laissons à une observation ultérieure le soin de décider si, dans la pustule maligne au moins, l'homme peut supporter, sans en être nullement incommodé, une dose de *cinq grammes* d'acide phénique dissous dans un litre d'eau.

IV. — M. Maire fut guéri de la pustule maligne, mais il ne le fut pas de son défaut de soins pour sa personne. A peine remis de sa maladie, il reprit le même travail et mania, sans plus de précautions qu'auparavant, diverses dépouilles d'animaux morts du charbon. Le 17 septembre, un bouton semblable au premier apparut sur la face dorsale du *medius*, au-dessous de l'articulation métacarpo-phalangienne ; le doigt est gonflé, le bras est douloureux, et déjà une traînée rouge apparaît sur le trajet des lymphatiques. Je pratique deux injections sous-cutanées de cent gouttes chacune, et je prescris le même traitement. Cette fois, en trois jours, la maladie est arrêtée et la guérison est obtenue.

V. — Boyer, boucher, m'est amené, le 16 septembre, par M. le directeur Rouillard. Il porte à la face dorsale du *medius* un bouton charbonneux sur la nature duquel l'habile directeur ne s'est pas trompé ; c'est en effet une pustule caractéristique; le doigt est empâté et à peu près indolore, mais le bras déjà douloureux à sa partie moyenne. — Le traitement déjà indiqué est appliqué, et au bout de trois jours la guérison est obtenue.

VI. — Le lendemain du jour où mourait le malheureux Rapaille (obs. 1), martyrisé à la fois par l'art et la nature, je fus appelé à voir à l'abattoir M. Plumet, âgé de 20 ans. Il portait un bouton caractéristique au bras droit, qui était déjà crevé, mais peu avancé cependant, entouré d'un empâtement léger, élastique, très-circonscrit. Aucun symptôme général; le mal, en un mot, paraissait encore local. Je cautérisai fortement la petite écorchure avec de l'acide phénique pur; je prescrivis un pansement à l'eau phéniquée, et, à l'intérieur, dix cuillerées à bouche de mon sirop phéniqué titré à 10 centigr. par cuillerée. — Le malade guérit en quelques jours, sans que j'eusse fait aucune injection sous-cutanée.

Je mentionnerai un peu plus loin l'influence heureuse qu'eurent ces guérisons et celles qu'obtint plus tard M. le directeur Rouillard lui-même, sur le travail de l'établissement; nous voulons auparavant rapporter encore quatre faits que nous avons observés. Les trois premiers se sont passés dans le parc de moutons des Petits-Ménages.

VII. — Le malheureux Flamand (obs. II) fut remplacé dans son dangereux travail par M. Schmidt, qui ne tarda pas à le remplacer aussi dans sa maladie. M. Rouillard, sollicité par la directrice du parc, jusqu'à laquelle le bruit des guérisons obtenues à l'abattoir était parvenu, me fit voir Schmidt le 26 septembre 1870; il portait sur les deux genoux, sur les bras, sur les mains, plus de quinze boutons caractéristiques, à peine douloureux, à base dure, à pourtour empâté, élastique, à sommet phlycténoïde, exactement semblables à ceux du malheureux Flamand. Le malade avait transporté les jours précédents plusieurs moutons morts du sang de rate, en les appuyant sur ses genoux et sur ses cuisses. — Séance tenante, j'ouvris les boutons; je les cautérisai avec l'acide phénique; je les fis lotionner d'une manière continue avec une solution phéniquée à 1 p. 100; je prescrivis la même solution en boisson, de façon à ce que le malade prît de 1 à 2 grammes d'acide dans les vingt-quatre heures, et, enfin, je pratiquai une injection sous-cutanée avec une nouvelle substance que j'ai désignée dans un pli cacheté déposé à l'Académie des sciences, que peut-être je ferai connaître à la fin de cet ouvrage, mais que je ne puis nommer encore en ce moment.

Le 27, ce malade est sensiblement mieux. — Je continue le même traitement, sauf la cautérisation.

Le 28, le mieux est plus sensible encore.

Le 30, le malade est visité par M. Bouley et par plusieurs médecins; ils manifestent l'intention de prendre du liquide des boutons pour l'inoculer à des moutons; mais l'altération de ce liquide par la cautérisation les fit sans doute renoncer à leur projet, que je ne connus, du reste, que plus tard, car la visite se fit en mon absence et sans que j'en eusse été prévenu, procédé qui aurait été assez peu convenable en temps ordinaire; mais en temps de siége, bast!

L'important, c'est que le 2 octobre je pus constater une amélioration qui me parut devoir être définitive et qui le fut, en effet.

VIII.— Elle ne l'était pas encore, lorsque je reçus, porteur d'une lettre de Mme la directrice du parc des Petits-Ménages, M. Pradel, affecté d'un bouton absolument semblable à ceux que portait M. Schmidt, mais qui était unique; il était placé sur la main droite. — M. Pradel fut traité exactement comme M. Schmidt, et l'issue de la maladie ne fut pas moins heureuse.

IX. — Le neuvième fait que j'aie à rapporter, et le dernier de la série que j'ai observée pendant le siége, a pour sujet M. Fourmilleau (Jules) demeurant chez M. Letron, boucher, rue Saint-Honoré, 265, et employé, pour le moment, dans un établissement placé sous la surveillance de M. Rouillard. Ce jeune homme était employé à l'abattage des bœufs de *sang échauffé*. Le 27 septembre, il observe un bouton sur la partie inférieure et externe de sa jambe droite; il m'est adressé par M. Rouillard. Je constate le bouton, qui est de l'étendue de l'ongle du petit doigt, peu douloureux, à base indurée, et surmonté d'une phlyctène de couleur roussâtre; je perce la phlyctène, et il en sort une sérosité d'abord limpide, puis, à la fin, grisâtre, purulente; la jambe est déjà empâtée à une certaine distance; elle offre à sa partie antérieure une traînée rouge qui monte vers le genou. — Cautérisation de la pustule comme dans les cas précédents; boisson phéniquée à 1 p. 100; injection sous-cutanée d'une solution phéniquée au même degré (5 grammes injectés).

Le 20, jambe moins enflée; les traînées rouges ont disparu.

— Mieux sensible. — Le même traitement moins la cautérisation est continué.

Le mieux se continue jusqu'au 3 octobre ; ce jour-là se détache l'escarre résultant de la cautérisation ; la plaie située au-dessous est profonde, mais de bon aspect. — Même traitement, moins la cautérisation et les injections. — Huit jours après, la guérison était achevée.

J'ai examiné au microscope le liquide extrait de la phlyctène initiale : la partie purulente présentait de nombreux globules purulents altérés, et de petits corps filiformes, droits, qui m'ont paru être des microzoaires, mais dont je n'ai pu déterminer l'espèce. Le tout occupait un espace central, circulaire, entouré d'une auréole transparente, assez large, et vide de globules et d'animalcules. Mon défaut de compétence m'oblige à m'abstenir de toute remarque sur cette constatation ; je ferai seulement observer que les corps filiformes observés ressemblaient beaucoup à ce que Delafond avait désigné sous le nom de batonnets qui sont devenus, sous des yeux plus compétents, des bactéries, puis des bactéridies. (Davaine.)

J'ai déjà dit que M. Rouillard était un très-habile directeur ; mais ce n'était point assez dire : il est aussi un observateur très-attentif et très-sagace. Aussi, placé comme il était, sur un théâtre trop bien approvisionné de charbons et de pustules malignes, en sut-il bientôt sur cette maladie, au point de vue pratique, autant que les médecins et les vétérinaires les plus compétents. Obligé moi-même de satisfaire à de nombreuses exigences professionnelles au camp et à la ville, je pus donc laisser entre les mains de M. Rouillard les moyens de traitement que j'avais appliqués devant lui, et le soin de les appliquer. C'est ce que fit M. Rouillard, avec un succès que constate un rapport *officiel* qu'il adressa à son chef hiérarchique, M. le Directeur général de l'agriculture. Nous avons reproduit ce rapport dans notre lecture à l'Académie des sciences ; nous nous contenterons d'en reproduire ici les dernières lignes. Après avoir rappelé les sept cas de guérison rapportés ci-dessus, M. Rouillard ajoute : « De plus, M. le Dr Déclat m'ayant laissé une bouteille d'une préparation à l'acide phénique ordinaire et de l'acide phénique pur, je cautérisai les coupures et les boutons de tous les garçons qui étaient atteints ou qui paraissaient l'être, et je dois à la vérité de déclarer que, depuis, *je n'ai pas eu un seul accident*, et que j'ai soigné par la préparation de M. Déclat *plus de cinquante garçons bouchers* avec succès. » En me transmettant une copie de ce rapport, M. le Directeur général de l'agriculture voulut bien y joindre une lettre de sa main, dont les termes trop flatteurs pour moi m'ont empêché de la communiquer à l'Académie; mais devant les résistances aveugles ou passionnées qu'éprouve encore la médication phéniquée, et surtout son auteur, je crois devoir d'autant plus faire taire mes scrupules, que M. le Directeur n'est pas moins connu, dans son administration et dans les autres, par son austérité et sa sévère justice, que par son affabilité et sa bienveillance extrêmes. Voici donc la lettre de M. le Directeur général qui accompagnait l'envoi du rapport de M. Rouillard :

« Paris, 12 novembre 1870.

» Monsieur,

» Je m'empresse de vous adresser la copie certifiée d'un rapport que j'ai reçu ce matin de M. Rouillard, inspecteur de l'abattoir de Grenelle.

» Il a trait aux cas de charbon qui se sont produits à l'abattoir sur les hommes que vous avez traités et guéris d'une manière si heureuse et si prompte.

» En vous félicitant de ces résultats, je dois, au nom de l'administration, vous remercier de vos soins désintéressés et du dévouement absolu dont vous avez donné tant de preuves.

» La reconnaissance des hommes que vous avez sauvés d'une mort presque certaine sera sans doute votre meilleure récompense. Permettez-moi d'y ajouter le témoignage de ma gratitude personnelle et de ma sincère estime.

» Veuillez agréer, monsieur, etc.

» Le Directeur de l'agriculture,
» Lefebvre de Sainte-Marie (1). »

---

(1) En regard de ce précieux témoignage d'un Français aussi distingué par l'aménité des formes que par la droiture du cœur et l'énergie du patriotisme, je crois

Nous nous bornerions à l'exposé des faits et au témoignage qui précède, pour démontrer l'efficacité de notre méthode de traitement contre la pustule maligne, si d'honorables confrères, exerçant sur un des grands théâtres de la pustule maligne, n'étaient venus, dans deux mémoires successifs, contester tout diagnostic qui n'aurait pas pour base l'inoculation. Voici en quels termes ils s'expriment : « *Une seule* voie est ouverte, avons-nous dit, pour résoudre *tous* ces problèmes » — dont plusieurs, par parenthèse, n'ont rien à démêler avec l'inoculation — « c'est d'opérer l'inoculation aux animaux de toutes les variétés de pustules malignes qu'on peut, ici et ailleurs, rencontrer dans la pratique. » Nous ne traiterons pas, ici, dans son ensemble, la question de l'inoculation dont nous avons dit précédemment quelques mots, et que nous aurons à examiner longuement, à propos du charbon des animaux. Nous nous bornerons donc à ce qui est indispensable pour établir la valeur de nos observations, et pour montrer le peu d'importance que MM. Maunoury et Salmon attachent eux-mêmes à leur principe, quelque absolue que paraisse la façon dont ils le posent. Il y avait, du reste, une excellente raison pour qu'ils n'y fussent point fidèles, c'est que ce principe est tout simplement d'une application impossible : exiger, pour la solution de *tous les problèmes* que peut soulever l'étude des affections charbonneuses,

devoir placer celui, tout aussi honorable pour moi, d'un Prussien de la faculté de Paris, non moins distingué par toutes les qualités contraires. Au moment où je commençais ma lecture à l'Académie des sciences, et avant même que j'eusse résumé cinq lignes de mon travail, M. Würtz, doyen de la faculté de médecine de Paris, qui se trouvait à une faible distance de moi, s'écria, assez haut pour que j'aie pu l'entendre très-distinctement : « *Ah ! c'est de* LA BLAGUE ! » La pensée d'aller appliquer à M. Würtz un argument que les Prussiens aiment peu me traversa l'esprit comme un éclair ; mais je la repoussai aussitôt ; pensant que l'honorable souteneur des Prussiens et des Prussiennes pendant le siége de Paris renierait ses paroles, comme il renia, dans le temps, devant le Sénat, ses convictions scientifiques, et que je serais encore la victime de ma juste indignation. Je continuai donc impassiblement mon exposé, me réservant, pour toute vengeance, de faire connaître au public l'urbanité qu'on pratique et le français qu'on parle à la faculté de médecine de Paris. Il est vrai, je le répète, que ce français est celui d'un Prussien. L'histoire des titres de M. Würtz à la reconnaissance du roi Guillaume et de son directeur politique, le prince de Bismark, sera, je l'espère, publiée un jour ou l'autre. Je lui réserve une place d'honneur dans la troisième édition de cet ouvrage, et j'en donnerai, au besoin, les prémices à mes lecteurs, si d'autres ne publient pas l'histoire avant moi.

l'inoculation de *toutes* les variétés de pustules qu'on peut rencontrer dans *toutes* les localités, c'est déclarer par avance insolubles tous ces problèmes. Mais les auteurs tiennent si peu, au fond, à leur principe, qu'ils ne l'ont pas même respecté euxmêmes, autant qu'ils l'auraient pu, et peut-être même dû, ne fût-ce que pour sauvegarder leur honneur de logiciens; il paraît, par malheur, tout le long de leur travail, que ce n'est pas celui auquel ils tiennent le plus. M. Maunoury, par exemple, n'attend pas longtemps pour déserter son drapeau : dès sa première observation, il parle d'un cheval qui « est atteint d'une tumeur *charbonneuse énorme* au ventre, cheval *qui guérit* après de nombreuses cautérisations, » et dont la maladie, quoique diagnostiquée sans le secours de l'inoculation, ne laisse pas le moindre doute dans l'esprit de M. Maunoury. Non seulement il ne doute pas de la nature charbonneuse de la maladie, mais « *il n'est pas douteux* » pour lui, que « le *charbon* du cheval ait été le résultat d'une inoculation produite par la piqûre d'une mouche qui avait puisé le virus sur le cadavre d'un mouton mort du sang de rate, » et non loin duquel le cheval avait été attaché pendant une heure environ. M. Maunoury ajoute même, pour compléter l'édification du lecteur, que « ces faits *ne sont pas rares* en Beauce; » et il conclut, chose plus difficile à comprendre, de ces faits d'inoculation par une mouche, que « c'est donc la *fièvre charbonneuse* SPONTANÉE qui apparaît, dans la majorité des cas, chez les animaux domestiques. »

Non-seulement M. Maunoury ne doute pas de la justesse de son diagnostic chez le cheval dont il vient d'être question, mais, dans le travail qui lui est commun avec son confrère Salmon, il ne doute pas davantage, ni son collaborateur, des diagnostics portés par son oncle, *quelque quarante ans* auparavant; il emprunte à cet oncle, « *pour établir les vrais caractères de la pustule maligne,* » 14 observations dont *douze* se sont terminées par la guérison, mais dont *pas une n'a été diagnostiquée par l'inoculation !* Il faudrait citer les deux mémoires tout entiers des deux honorables confrères, si l'on voulait relever toutes leurs contradictions, contradictions aggravées par une assez grande confusion et incorrection de langage, comme s'ils voulaient montrer, par là, que leurs principes ne se prêtent pas à une grande netteté d'exposition. De leur double travail, ils concluent « que les erreurs de diagnostic doivent être *extrêmement communes* à propos de la pustule maligne, » et ils le prouvent en avouant qu'ils ont pris, non pas pour des pustules malignes ce qui ne l'était pas, seule chose importante au point de vue de la valeur des observations de guérison, mais pour des maladies sans importance « *certaines éraillures insignifiantes* » de l'épiderme, qui n'étaient autres que de véritables pustules malignes — qui n'avaient, par conséquent, que l'apparence d'insignifiante. — Nous croyons qu'après avoir été fort indulgents, peut-être trop, pour M. Maunoury l'oncle, les honorables auteurs sont un peu trop sévères pour tout le monde; il nous est difficile d'admettre, en effet, que des praticiens tant soit peu attentifs, exerçant dans un pays où les pustules malignes sont très-fréquentes, puissent commettre des erreurs « *extrêmement fréquentes.* » Les caractères de la véritable pustule maligne que MM. Maunoury et Salmon ont eux-mêmes tracés ne sont pas, en effet, d'une constatation bien difficile, et, à supposer que ces caractères réunis puissent exister quelquefois — chose encore assez douteuse — dans des affections qui ne seraient pas charbonneuses, il est certain que ce n'est là qu'un fait exceptionnel, qui pourrait bien jeter quelques doutes sur un cas isolé de maladie à forme charbonneuse, mais qui ne saurait jamais infirmer le diagnostic d'un groupe tout entier de cas, pris dans leur ensemble, sans choix ni exception, et tels qu'ils se sont présentés à l'observateur. Si l'on peut ajouter à cette condition et à la considération des symptômes physiologiques et physiques, cette autre constatation, que tous les faits se sont produits précisément dans les seules circonstances étiologiques où se développe la pustule maligne, on aura réuni tout ce qui est nécessaire à un diagnostic certain, quant à l'ensemble. Est-ce là un diagnostic exclusivement pratique, ou bien un diagnostic à la fois pratique et scientifique? Pour nous, nous ne saurions distinguer l'un de l'autre, et nous n'aurions pas posé la question, si elle ne l'avait été déjà par un honorable observateur, qui exerce aussi sur le théâtre de la pustule maligne, et qui n'a fait, en y répondant, que partager une erreur fort générale encore, mais qui l'était bien d'avantage, il y a quelques années :

« Tout en admettant, dit M. Raimbert, l'importance de l'inoculation, au point de vue de la détermination scientifique de la nature de la pustule maligne, nous ne pouvons lui accorder ni une portée ni une confiance aussi absolues. Des observations que nous avons publiées prouvent, en effet, que des pustules malignes de dimensions fort différentes, et plus ou moins éloignées par leurs caractères physiques de la description précédente, ont occasionné la mort des animaux qui *en* ont été inoculés. Nous voyons même les médecins distingués dont nous venons de parler » — c'est-à-dire MM. Maunoury et Salmon — « échouer dans l'inoculation à un mouton et à un lapin, d'une pustule virulente au plus haut degré. L'inoculation n'a donc qu'une valeur relative . . . . , ... Cette opération ne peut être qu'un moyen d'investigation et d'étude, et non un procédé pratique de diagnostic. » (RAIMBERT, *Nouv. Dict. de méd. et de chir. prat.*, art. *Charbon.*)

M. Raimbert, qui est un collègue de MM. Salmon et Maunoury, dans la Société d'Eure-et-Loir, ne marche que d'un pas très-réservé dans « la voie ouverte par M. Ricord, » voie suffisamment bouleversée, il y a déjà trente ans passés, par le premier qui l'a explorée avec quelque attention, pour que personne n'ait pu s'y risquer depuis impunément. M. Raimbert aurait été tout à fait dans le vrai si, au lieu de dire que l'inoculation n'est pas un procédé *pratique* de diagnostic, il avait dit que l'inoculation est *un des moyens* de diagnostic, qui peut être pratiqué chez les animaux entre eux et même de l'homme aux animaux, mais ne saurait jamais l'être de l'homme à l'homme, pour tout médecin qui ne veut pas faillir de la manière la plus grave, *la plus coupable*, à tous ses devoirs, et s'il avait ajouté, M. Raimbert, qu'*un diagnostic ne saurait jamais être pratique s'il n'est en même temps scientifique*. Il serait inutile d'insister davantage sur ce dernier point, puisque nous devons y revenir un peu plus loin; nous nous bornerons à ajouter :

1o Que les caractères de la maladie, observés sur les malades que nous avons guéris, étaient ceux qui ont été décrits comme appartenant à diverses formes du charbon de l'homme ou pustule maligne;

2o Que ces formes de maladie se sont présentées exclusivement chez des hommes en contact avec des cadavres d'animaux atteints ou morts de charbon, circonstance de la plus haute importance, et sur laquelle, nous ne savons pourquoi, ceux qui écrivent sur le diagnostic de la pustule maligne, sans en excepter MM. Maunoury et Salmon, n'insistent pas du tout. Cette circonstance s'est présentée de la manière la plus frappante chez les nommés Maire et Rapaille qui, tous deux, ont *travaillé* le même bœuf, l'un la veille, l'autre le lendemain, et qui, tous deux, ont contracté la même maladie ; seulement, l'un, traité par les moyens classiques, est mort; l'autre, traité par la nouvelle méthode, est guéri ; voilà la seule différence. Or, il nous semble que cette circonstance du développement de la maladie, chez des individus qui manient des animaux charbonneux et quelquefois le même aninal, suffirait presque, à elle seule, pour fixer le diagnostic. Comment admettre qu'au milieu d'une population concentrée comme celle de Paris, une seule catégorie d'individus soit atteinte d'une maladie qui présente les caractères de la pustule maligne? que cette catégorie se trouve précisément, *seule*, placée dans les conditions où la pustule maligne se développe constamment, et que, sous ses apparences, ce soit une autre maladie qui se développe! Comme nous l'avons déjà dit, cela se concevrait, à la rigueur, pour un cas isolé ; cela *n'est pas admissible* pour un ensemble de cas comme ceux que nous avons observés, M. l'inspecteur Rouillard et moi. Notre diagnostic nous paraît donc, dans son ensemble, à l'abri de toute contradiction sérieuse.

Il ne nous paraît guère plus possible de contester l'efficacité de notre traitement, à moins de le contester par les arguments tout à fait prussiens du prussien Würtz. Lui seul et ses pareils pourraient admettre que, des neuf malades que j'ai observés, le hasard a pu faire que deux, traités par les moyens routiniers, sont morts, et que sept, traités par la médication phéniquée, ont tous été guéris, sans parler même des cas beaucoup plus nombreux traités de même par M. Rouillard. Nous ne devons donc pas craindre de nous abuser, en croyant et en soutenant que la supériorité de notre médication est non moins incontestable que la certitude de notre diagnostic.

§ II. — *Du charbon chez les animaux.*

A. — *Nature, Étiologie.* — Nous n'avons pas à répéter que les maladies désignées sous les noms de *charbon* ou de maladie de sang chez le bœuf, de *sang de rate* chez le mouton, de *fièvre charbonneuse* chez le cheval et de *pustule maligne* chez l'homme, ont été reconnues n'être qu'une même maladie, due à un même virus ou, pour parler plus clairement en même temps que plus exactement, à un même parasite. L'importance spéciale de la maladie chez l'homme exigeait une étude spéciale ; mais on peut sans inconvénient, et même avec avantage à certains égards, comprendre dans une seule description la maladie des trois autres espèces domestiques que nous avons nommées, les seules qui intéressent à un haut degré l'agriculture et l'hygiène publique.

C'est chez les animaux, avons-nous dit, que l'étiologie du charbon soulève des questions nombreuses, compliquées, difficiles et importantes pour la nosologie et la thérapeutique. Toutefois, ces questions ne portent plus guère, depuis quelque temps, que sur les causes secondes ; grâce aux observations de Delafond, étendues, sinon tout à fait complétées encore, par M. le docteur Davaine, les maladies charbonneuses sont à peu près généralement attribuées à la présence d'une espèce de parasites animaux, désignés par M. Davaine sous le nom de *bactéridies* (1). Ces parasites ont été aujourd'hui constatés par un assez grand nombre d'observateurs ; et tout nous porte à croire que ce sont eux que nous avons constatés dans un des cas de pustule maligne que nous avons rapportés ci-dessus, d'autant plus qu'ils coïncidaient avec une altération des globules du sang qui a été également constatée dans le sang des animaux charbonneux. Voici comment le savant professeur Baillet décrit ces deux altérations du sang dans le remarquable rapport qu'il a rédigé sur sa mission d'Auvergne ; ces altérations étaient les

____

(1) M. Davaine a donné à ces microzoaires le nom de *bactéridies*, pour les distinguer des *bactéries* qui se développent dans les infusions organiques et le sang altéré. Celles-ci sont mobiles, tandis que celles du sang des animaux charbonneux sont presque toujours, sinon toujours, immobiles.

mêmes dans le sang de la jugulaire et dans celui de la rate :

« Les globules sont altérés dans leur contour ; la ligne qui les dessine n'est plus nette ; elle est comme irrégulièrement déchiquetée. Ce liquide renferme des bactéridies en grand nombre. Celles-ci sont sous forme de petits corps linéaires, droits, limités par deux lignes dont l'une est le plus souvent plus épaisse que l'autre. Ils sont si nombreux qu'ils s'entre-croisent en différents sens, et dessinent dans le champ du microscope un réseau de figures variées. Quelques-uns d'entre eux affectent la forme de lignes brisées. Ces bactéridies ne sont pas toutes de même longeur ; j'en ai mesuré quelques-unes, qui offrent les dimensions suivantes :

» Longueur : 0mm0058 ; — 0.0076 ; — 0.0116 ; — 0.0130 ; — 0.0154 ; — 0.0214.

» Épaisseur : de 0mm0006 à 0mm0007 environ. » (Baillet, *Rapports publiés par le ministère de l'agr. et du com.* Paris, 1870, chez Victor Masson.)

Ainsi que nous l'avons dit, ces myriades de bactéridies ont été généralement considérées comme la cause immédiate des affections charbonneuses. Cependant un des membres qui a fait, une fois, partie de la même commission que M. Baillet, chargée d'étudier le *mal de montagne*, en Auvergne, M. A. Sanson, ne crut pas devoir partager, sous ce rapport, l'opinion de tout le monde, et après avoir examiné le sang de trois animaux charbonneux, où il ne trouva pas, assure-t-il, de bactéridies, il jugea à propos de pondre une théorie chimique qui, à défaut d'autre mérite, a du moins celui de l'originalité. Comme nous devons décliner notre compétence en matière de chimie transcendante (1), nous allons reproduire les termes dans lesquels une revue, qui ne manque pas de bienveillance pour M. Sanson, rend compte de la façon dont fut accueillie sa théorie à l'Académie des sciences, où elle fut annoncée par M. Bouley :

(1) Sans prétendre à aucune compétence sur une pareille question, nous savons seulement qu'on ne trouve encore dans aucun livre de chimie l'analyse élémentaire de la diastase et sa composition atomique. Il est donc probable que M. Sanson a commencé par déterminer cette composition, pour s'assurer de la réalité de la transformation de l'albumine ; mais il est si modeste, qu'il a oublié de le dire.

« Quelle serait donc la cause de la maladie charbonneuse ? Voici, suivant M. Bouley, la doctrine émise par M. Sanson :

» Le plasma du sang charbonneux subirait une modification en vertu de laquelle son albumine passerait à l'état de diastase, et pourrait transformer, dans les conditions ordinaires, l'amidon en glucose. Cette modification n'est pas d'ailleurs propre à la maladie charbonneuse ; elle se produit — toujours d'après M. Sanson — dans le sang extrait des veines d'un animal sain et abandonné à la putréfaction dans un tube fermé. En sorte que le charbon n'est qu'une fermentation putride. L'inoculation du sang putride communiquerait le charbon tout aussi bien que le sang provenant d'un animal charbonneux.

» M. Dumas, dont on connaît la discrétion quand il s'agit d'intervenir dans les discussions académiques, crut *nécessaire* d'engager M. Bouley à retrancher de sa communication la théorie de l'albumine. « *Il ne faudrait pas*, dit-il, *autoriser le public* » *à croire que les chimistes de l'Académie peuvent laisser passer,* » *sans les relever, des idées de ce genre* sur l'albumine et la diastase. » M. Bouley répondit, pour toute justification, qu'il n'avait fait qu'analyser l'opinion de M. Sanson. Personne ne doutait de l'exactitude de l'analyse de M. Bouley (1), et M. Dumas ne se plaignait que de sa trop grande complaisance.

(1) Quand nous parlons de l'exactitude de l'analyse de M. Bouley, nous entendons seulement l'exactitude du sens ; mais quant à l'ensemble, sens et forme, M. Sanson n'est pas analysable ; il n'y a qu'une façon de s'en faire une idée, c'est de lire. Nous avons eu cette bonne fortune et nous voulons la faire partager à nos lecteurs ; quand M. Dumas aura lu ce morceau, alors seulement, il pourra nous parler en vraie connaissance de cause de la chimie transcendantale de M. Sanson : Voici donc les propres termes de ce chimiste-économiste-naturaliste-zootechnicien, qu'on peut lire aux folios 26 et 27 du rapport officiel rédigé par la commission dont M. Bouley était le président.

• A l'autopsie, tous les *signes* du sang de rate se montrèrent. L'examen microscopique du sang ne put être fait. Dans ce moment nous n'avions plus de microscope à notre disposition. *Mais* il fut l'objet » — pas le microscope cependant — « de l'analyse chimique immédiate, d'après une méthode instituée par le rapporteur. » —Rien que cela, entendez-vous bien : une *méthode d'analyse chimique instituée* par le rapporteur ! On voit que, si cet incomparable rapporteur avait voulu répliquer à M. Dumas, celui-ci n'aurait pas été à la noce. Heureusement, pour celui-ci, que le rapporteur n'a pas été adversaire moins généreux que profond chimiste. Revenons à sa prose.

• « Le sérum de ce sang, traité par de l'alcool à 90°, dans un tube fermé, se précipita dans la forme pulvérulente. Le précipité recueilli fut mêlé en petite

Depuis la communication de M. Bouley et la remarque de M. Dumas, il y a de cela plus de trois ans, M. Sanson a jugé à propos de ne plus exhiber sa fameuse théorie chimique; en sorte que la doctrine parasitaire du charbon ne paraît plus avoir grand'-chose à en redouter, d'autant plus que M. Davaine a démontré expérimentalement à nouveau ce que des expériences antérieures avaient démontré depuis longtemps, c'est que l'inoculation et même l'injection dans les veines de sang putréfié donnaient bien lieu à une infection putride, mais non à un charbon, ni même à une fièvre typhoïde ou à une fièvre purulente, comme le croient encore quelques médecins et quelques physiologistes beaucoup moins ignorants que M. Sanson. Nous croyons inutile de défendre davantage la doctrine parasitaire contre ce grand

quantité, après évaporation de l'alcool à l'air, à une dilution d'empois d'amidon, qu'on abandonna à la température ordinaire. Il y provoqua la transformation en glucose, manifestée après vingt-quatre heures, par l'essai du réactif de Barreswill. Ces réactions obtenues dans tous les cas semblables, antérieurement et postérieurement à celui qui vient d'être détaillé, indiquent » — attention, voici la fameuse théorie qui émerge du cerveau de Jupiter — « que l'albumine du sang a subi la modification isomérique ou la métamorphose qui la fait passer à l'état de diastase ou ferment glucosique, et *qui explique* PARFAITEMENT *tous les phénomènes* qui se produisent ensuite. Au delà d'un certain degré de cette métamorphose, qui n'a rien encore de bien défini en chimie, si ce n'est la faculté d'agir sur l'amidon pour le transformer d'abord en *dextrine*, puis en *glucose*, les propriétés qu'elle fait acquérir au plasma du sang le rendent incapable désormais d'entretenir la vie. *Elle* se produit d'ailleurs de même absolument dans le plasma extrait, *sur* un animal vivant et en santé, des vaisseaux sanguins, et abandonné à lui-même dans un vase inerte, où il subit la modification connue sous le nom de fermentation putride, ainsi qu'il en sera donné plus loin une preuve expérimentale. »—Et dire qu'il y a des gens qui croient sérieusement que Sganarelle est mort! Mais lisez donc M. Sanson :

« *Dès ce moment,* » — pas auparavant, entendez-vous bien, MM. Baillet, Bouley et consorts, *dès ce moment,* du moment de l'enfantement de la théorie sans pareille — « dès ce moment, il a été bien difficile de ne pas considérer comme démontré qu'on avait affaire à la maladie charbonneuse. »

Et voilà pourquoi, *à partir de ce moment,* MM. Bouley, Baillet, Marrel, Bonnet reconnurent *qu'il était bien difficile de ne pas considérer comme démontré qu'on avait affaire...* etc. Sans la fameuse théorie, la nature du *mal de montagne* demeurait inconnue. On voit si la chance des commissaires a été grande de posséder M. Sanson parmi eux, et de l'avoir à la fois pour flambeau et pour interprète. Disons en passant que le rapport que M. Bouley a dû revêtir de sa signature se compose de quelques centaines de pages comme celle qu'on vient de lire. L'administration a l'habitude de faire insérer au *Journal officiel* les rapports officiels qui lui sont faits. Ainsi a-t-elle voulu faire de celui qui renferme l'immortelle théorie; mais elle n'a pas pu trouver un portefaix assez vigoureux pour le porter sur ses épaules, et elle a reculé devant la dépense d'un camion.

chimiste ; tant qu'elle n'aura pas d'autres assaillants, les centaines d'observations de M. Davaine, — car il en a fait plusieurs centaines, — suffiront à la préserver d'un écroulement. Le circonspect et bienveillant M. Baillet a bien voulu, cependant, se montrer ébranlé par la chimie transcendante de son confrère. Toutefois, comme l'examen microscopique du sang où l'on n'avait pas trouvé de bactéridies, avait été fait par M. Sanson, après le départ de M. Baillet, que M. Sanson pouvait être aussi expert micrographe qu'excellent chimiste et anatomiste éminent (1), M. Baillet crut devoir renouveler ses observations pendant la seconde mission qu'il remplit l'année suivante ; elles ne firent que confirmer les premières, en les enrichissant de quelques faits nouveaux, qui sont d'un grand intérêt soit en eux-mêmes, soit sous le rapport de la curation du charbon et de la doctrine parasitaire. De concert avec M. Marret, vétérinaire distingué d'Allanches, en Auvergne, et membre de la commission du *mal de montagne*, M. Baillet examina le sang de cinq vaches qui avaient succombé au mal, sur trois montagnes différentes (2 à la montagne dite *Grand-Bos*, 2 à *Gromont*, et 1 aux *Chaulères*), et dans les cinq cas, il trouva des bactéridies en grande abondance. Non content de cette confirmation de ses premières recherches, il fit à son retour à l'école d'Alfort, en collaboration avec son collègue, M. Reynal, une série d'expériences sur le charbon inoculé, dans lesquelles il put examiner le sang charbonneux de 1 cheval, de 6 moutons et de 30 lapins, et dans *tous ces cas*, il constata la présence de bactéridies plus ou moins nombreuses et très-nettement caractérisées, ce sont les expressions de M. Baillet : « Si je devais m'en rapporter uniquement à mes observations, ajoute ce modeste et savant expérimentateur, je serais encore

(1) Outre les preuves qu'on trouvera plus loin de tous ces grands talents possédés par M. Sanson, nous croyons devoir en donner, ici, une à la portée de tout le monde ; elle est relative à la connaissance approfondie qu'a M. Sanson de l'acide phénique : « ..... De son côté, dit ce chimiste consommé, M. Lieuhard préconise l'acide phénique impur, *dit* acide carbolique! » (Journ. *la Culture*, 1er nov. 1869.) C'est sans doute dans la chimie nouvelle et transcendante de M. Sanson que l'acide phénique impur *est dit* acide carbolique, car dans toutes les chimies vulgaires, acide phénique et acide carbolique sont absolument synonymes ; la dénomination de carbolique proposée par l'inventeur Runge, est d'ailleurs la seule adoptée en Angleterre et à juste titre. (Voir ci-dessus, p. 2.)

autorisé à dire, en 1869 comme en 1868, que la maladie charbonneuse que l'on connaît en Auvergne sous le nom de mal de
montagne est caractérisée par la présence de bactéridies dans
le sang. Mais les observations de M. Sanson subsistent, et je
n'hésite pas à reconnaître qu'elles sont de nature à m'imposer,
jusqu'à nouvel ordre, quelque réserve dans l'énoncé de cette
conclusion. » (Rapport cité, p. 60.)

Oui, sans doute, les observations de M. Sanson existent,
comme existent ses observations chimiques, comme existent
ses observations anatomiques — qu'on trouvera un peu plus
loin — comme existent aussi les observations de Sganarelle,
lesquelles plaçaient le cœur à droite, le foie à gauche; mais
contre ces observations on n'est obligé de défendre ni la chimie de Gerhardt ou de Berthelot, ni l'anatomie de Cuvier ou
de Vic-d'Azyr, ni même la doctrine parasitaire.

Quant aux autres faits nouveaux constatés par M. Baillet, en
collaboration avec M. Reynal, mais moins nettement exposés,
toutefois, que les précédents, les voici : chez *tous* les animaux
qui succombent au charbon, les bactéridies ne se développent,
en général, que peu d'instants avant la mort. Les expériences
sur lesquelles cette observation est établie ne sont pas, nous
le répétons, exposées avec des détails suffisants; mais il résulte cependant de la lecture attentive du texte très-soigné de
M. Baillet, que ces expériences ont dû être assez nombreuses
et précises; on peut donc considérer le fait comme exact,
malgré le léger lapsus que nous avons fait ressortir par des
italiques.

Un autre fait qui résulte du texte de M. Baillet, c'est que,
si les bactéridies n'apparaissent que peu d'heures avant la
mort, elles sont précédées elles-mêmes de corpuscules de
forme quasi arrondie, car ils sont presque aussi larges que
longs, et qui n'ont que les dimensions du petit diamètre des
bactéridies; ces corpuscules semblent s'allonger çà et là, de
façon à représenter de petites bactéridies; en sorte qu'ils paraissent vraiment être le germe ou le premier développement
des microzoaires; M. Davaine a observé, de son côté, de semblables corpuscules.

Un autre fait, non moins important au double point de vue

de la doctrine médicale et de la thérapeutique, c'est que, si toutes les inoculations faites avec un même liquide charbonneux ont rendu malades tous les animaux inoculés, elles ne les ont pas tués tous; quelques-uns se sont remis; et l'on devine bien que, dans l'esprit de M. Baillet, il ne s'est pas développé, chez ces derniers, de bactéridies, mais seulement des corpuscules bactéridiques ou bactérigènes, comme on voudra.

Enfin, un dernier fait que M. Baillet a déduit de ses expériences, c'est qu'après les inoculations virulentes, quand les premiers phénomènes morbides résultant de l'inoculation se développent, il est absolument impossible de prévoir quels sont ceux des animaux inoculés qui succomberont et quels sont ceux qui se rétabliront. « Ce fait, ajoute judicieusement M. Baillet, est important à constater, car il offre une analogie frappante avec ce qui se passe dans les montagnes dangereuses de l'Auvergne, où l'on voit des troupeaux entiers de vaches en proie à un malaise qui se traduit à peu près par les mêmes symptômes, et qui semble indiquer qu'au sein des pâturages, comme dans les expériences d'inoculation, l'économie lutte contre le principe morbifique d'où dérive le charbon. » (Rapport cité, p. 62.)

Les expériences de M. Baillet ont du reste un tel intérêt que nos lecteurs, quels qu'ils soient, nous sauront certainement gré de mettre sous leurs yeux les conclusions par lesquelles le sage et consciencieux observateur les résume :

« Pour arriver au but que nous nous proposions d'atteindre, dit-il, nous avons, à diverses reprises, inoculé en même temps et avec le même sang des moutons et des lapins. Ces animaux ont ensuite été observés avec une attention soutenue; on a noté le moment où chacun d'eux a paru devenir malade, et de temps à autre on leur a tiré quelques gouttes de sang que l'on a examinées au microscope immédiatement. En outre, chaque fois que l'on a pris du sang, une partie de ce liquide a servi à inoculer un ou plusieurs animaux que nous avons soumis à cette série d'expériences.

» 1º Pendant un temps qui a varié entre 22 et 26 heures pour les lapins, et qui a été de 45 heures pour une bête ovine, le sang ne nous a pas paru différer sensiblement, après l'ino-culation, de celui que nous avions examiné auparavant chez le même animal. Il en a été ainsi, non-seulement chez les ani-maux qui ont échappé à la mort, mais encore chez ceux qui ont succombé plus tard. Enfin, pour ces derniers, ils étaient déjà évidemment malades, que rien de caractéristique ne se faisait encore observer dans le sang. Dans quelques cas seule-ment, nous avons vu, vers la fin de la période qui nous occupe, quelques petits corps linéaires dans le sang des animaux qui sont morts plus tard, comme dans le sang de ceux qui, ayant été plus ou moins malades, se sont cependant rétablis. Jamais ces petits corps n'ont eu franchement sous nos yeux les carac-tères de véritables bactéridies.

» 2º Chez tous les animaux dont nous avons examiné le sang pendant la vie, et qui ont succombé aux suites de l'ino-culation, à un moment donné, qui a précédé la mort de trois quarts d'heure à cinq heures chez les lapins, et de une heure trente-cinq minutes chez une bête ovine, nous avons vu appa-raître des bactéridies nettement caractérisées, d'abord rares et ensuite de plus en plus nombreuses, au fur et à mesure que l'on se rapprochait davantage de la mort.

» 3º Tous les animaux, au nombre de sept (quatre moutons et trois lapins), qui ont été inoculés avec le sang d'animaux vivants ne contenant point encore de bactéridies nettement caractérisées, sont restés parfaitement sains, bien que les sujets auxquels on avait pris le sang aient eux-mêmes suc-combé plus tard à la maladie.

» 4º Enfin, sur quatre lapins et deux moutons qui ont été inoculés du vivant des sujets qui ont fourni le virus, et alors que le sang contenait des bactéridies évidentes, quatre lapins et un mouton ont péri, et ont offert eux-mêmes, vers la fin de la vie et après la mort, des bactéridies dans leur sang. Le deuxième mouton, qui n'est pas mort, a néanmoins été ma-lade ; mais, à aucune période de son existence, on n'a constaté de bactéridies évidentes dans le sang qu'on lui a tiré. »

Après ces belles expériences, si bien conçues, si rigoureu-sement exécutées, si simplement et si clairement exposées, avec quel sentiment de sympathie, avec quelle confiance ne lit-on pas les lignes suivantes, dans lesquelles l'auteur les résume, d'une manière, suivant nous, trop modeste et trop réservée :

« Ces expériences, je le répète, sont bien loin d'être assez nombreuses, pour que j'ose en tirer des conclusions absolues, et je ne désire rien tant que d'avoir occasion de les reprendre, de les multiplier et de les répéter dans des conditions variées. Néanmoins, telles qu'elles sont, elles sont favorables à l'opinion de M. *Davaine*, qui considère les bactéridies comme les agents essentiels de la transmission du charbon. On comprendra sans peine, d'après cela, que je me sois inspiré dans mes recherches en Auvergne, et dans mes investigations ultérieures, de cette opinion qui concorde si bien avec les résultats de mes études et de mes observations. » (Rapport cité, p. 64.)

Espérons que l'occasion désirée par M. Baillet de reprendre ses expériences lui sera offerte, ce que nous souhaitons vivement pour notre compte, non pas tant encore pour achever la démonstration de la doctrine parasitaire, en ce qui concerne le charbon, démonstration qui laisse, à notre avis, peu de chose à faire, mais pour éclairer d'autres questions d'étiologie, sur lesquelles nous allons revenir et de la solution desquelles nous semble dépendre l'extirpation d'un des principaux fléaux de l'agriculture. Avant d'aborder ces graves questions, disons un mot seulement d'une opinion dont les partisans ne nient point, avec le chimiste transcendant que l'on sait, l'existence des parasites, mais qui se plaisent à considérer, avec l'honorable rédacteur en chef de la *Gazette médicale de Paris*, ces parasites comme la conséquence et non comme la cause des maladies où on les observe. Ces adversaires ne sont pas, comme les chimistes transcendants, entièrement à dédaigner; leurs arguments ne laissent pas que de présenter quelque chose de spécieux. Nous ne croyons pas nécessaire, cependant, de les réfuter ici d'une manière spéciale, après ce que nous en avons dit dans notre introduction : leur doctrine, si doctrine il y a, est générale, et il doit suffire d'avoir montré une fois, d'une manière générale aussi, que c'est une doctrine à contre-sens, consistant, au fond, à supposer que les bœufs marchent parce qu'ils sont attelés à la charrue, au lieu d'admettre, avec le commun des martyrs, que la charrue avance parce que les bœufs la traînent.

Les maladies charbonneuses doivent donc être attribuées à la présence de parasites dans l'organisme; c'est un fait qu'on peut désormais considérer comme constant; ces parasites sont ce qu'en langage d'école on appellerait la cause *prochaine* du charbon. L'intérêt des idées que nous défendons nous permettrait de nous arrêter là, et de passer immédiatement à l'exposé de notre traitement et à la discussion des faits qui en démontrent l'efficacité. Nous ne le ferons pas, cependant, parce que nous croyons que les causes éloignées ne sont pas moins nécessaires à connaître pour arriver à l'extinction du fléau, et qu'on arrivera à les connaître, c'est notre conviction profonde, quand les savants voudront ouvrir une vaste enquête rationnelle, longuement méditée d'avance, et que les gouvernements, au lieu de travailler à l'accroissement des plaies sociales, voudront bien se résigner à faire quelques efforts pour les cicatriser.

Donc, le parasite est présent dans le charbon; mais d'où vient-il? voilà ce qu'il n'importe pas moins de savoir.

Suivant M. Davaine, il vient constamment d'un autre animal charbonneux, qui s'est trouvé en contact avec l'animal actuellement malade, ou qui a répandu sur le sol le fatal parasite. Il est regrettable qu'un chercheur aussi actif que M. Davaine, et à qui la médecine est si redevable, s'obstine à soutenir une pareille opinion. Le charbon est contagieux, on ne l'a déjà que trop vu pour l'homme, et nul (1) ne le nie; mais que la contagion soit la seule cause de son développement, c'est une erreur que démontrent des faits innombrables; le fait suivant suffirait, à lui seul. Dans les localités de l'Auvergne où règne le charbon, les montagnes (qui ne sont souvent que des collines) réputées *dangereuses* sont parsemées pêle-mêle au milieu des autres, et même un des versants de la colline peut être ravagé par la maladie, tandis que l'autre est complétement épargné. « Le plus souvent, dit M. Baillet, il arrive que les pâturages les plus

(1) Nous croyons pouvoir négliger l'existence du D' Pigeon et de ses camarades. Le temps es passé où l'on doit compter pour quelqu'un les *philosophes* qui nieraient la lumière et le mouvement.

dangereux touchent à d'autres qui sont entièrement sains. La montagne de *Chaulères*, où plus de la moitié du bétail a succombé l'année dernière, et où, cette année, l'on avait déjà perdu, vers la fin du mois de juin, quinze bêtes sur cent trente, n'est séparée de la *Loubeyre*, où les pertes sont nulles, que par la crête du partage des eaux. » (Rapport cité, p. 13). Les exemples comme le précédent abondent dans l'excellent travail de M. Baillet; mais ce serait vraiment perdre inutilement du temps que de les citer tous ici. Ces exemples ne s'observent pas seulement en Auvergne; on les remarque partout où règnent les affections charbonneuses: en Beauce, au milieu de cantons ravagés par le charbon, on trouve des communes ou même de simples fermes où la maladie n'a jamais été observée. (Voir entre autres documents les *extraits des rapports au conseil général*, par le préfet d'Eure-et-Loir, 1860 et 1861.) Ce sont des faits de cette catégorie qui ont pu faire nier la contagion à quelques esprits vivant dans un horizon très-restreint, et parmi lesquels il est très-regrettable de compter M. Verrier. Mais l'erreur contraire à celle des non-contagionnistes n'est pas beaucoup plus concevable, et ne l'est pas du tout de la part d'un esprit aussi sérieux que M. Davaine. Ce qui est vrai, c'est que la contagion du charbon ne s'exerce jamais ou presque jamais à distance, et qu'il faut, pour le contracter, le contact des matières contagieuses; l'observation attentive avait déjà démontré ce fait; les expériences *ad hoc* de la Société d'Eure-et-Loir l'ont mis hors de toute contestation.

Ce qui est vrai du charbon de l'homme ne l'est donc pas du charbon des animaux : chez ces derniers, la maladie se développe le plus habituellement d'une manière spontanée, en donnant au mot spontané la seule signification raisonnable qu'il puisse avoir, c'est-à-dire développement de la maladie sans que le sujet (homme ou animal) qui en est atteint se soit trouvé en contact médiat ou immédiat avec un autre animal atteint de la même maladie. Mais si les animaux ne prennent pas habituellement le germe de la maladie au contact d'autres animaux malades, où le prennent-ils? Ici, commence le chaos, chaos qui s'est déjà dissipé en partie, et qui se dissipera tout à fait, nous en avons la conviction profonde, si les savants et l'administration veulent bien suivre les conseils que nous nous permettrons de leur donner.

Il y a plus de vingt ans qu'un honorable vétérinaire de Niort, M. Plasse, fait des efforts aussi persévérants qu'énergiques, pour prouver que les maladies charbonneuses sont dues à des végétaux cryptogames, qui s'introduisent dans l'économie par les fourrages avariés donnés aux animaux ou, pour mieux dire, par des fourrages malades eux-mêmes, car ils sont déjà ou, du moins, seraient déjà le plus souvent, malades et dangereux, suivant M. Plasse, quand ils sont encore sur pied ; chez l'homme ce sont les farines et les conserves qui renferment les cryptogames morbigènes. Cette opinion est ce que M. Plasse a longtemps appelé *sa doctrine cryptogamique* (1), et ce qu'il appelle aujourd'hui sa doctrine *parasitaire microphyte*, sans doute pour se mettre en harmonie avec le langage nouveau, sinon avec la doctrine parasitaire, telle que les faits nouveaux paraissent la devoir établir d'une manière définitive. Que M. Plasse n'ait pas réussi à la faire accepter, depuis plus de vingt ans qu'il s'efforce de la répandre par tous les moyens dont il peut disposer, il n'y a rien là de bien étonnant ; de plus forts que lui ont échoué en de pareilles entreprises ; mais qu'aucune de ces commissions, qui dépensent si volontiers en vin de Champagne les deniers de l'État, n'ait pas même conseillé à l'administration de faire vérifier les faits importants annoncés par M. Plasse, et recueillis par lui, non sans frais, cela est au moins bien regrettable, si ce n'est pas étonnant. Sans doute, M. Plasse manque de forme, ainsi que le lui a reproché M. Reynal, sous la plume de qui un pareil reproche n'était peut-être pas tout à fait à sa place ; sans doute l'honorable vétérinaire de Niort manque d'instruction et ignore souvent le sens des termes qu'il emploie ; sans doute, il n'a pas spécifié les microphytes auxquels il attribue toutes les épizooties ; sans doute, il tombe dans

(1) Cette doctrine ne s'applique pas, du reste, aux maladies charbonneuses seulement ; l'honorable vétérinaire rapporte à la même cause, à des végétaux cryptogames, toutes les épizooties et aussi toutes les épidémies : toutes les enzooties et toutes les endémies seraient au contraire dues à la composition mauvaise de certaines plantes alimentaires, composition due elle-même à la composition géologique du sol. On remédierait sûrement à cette composition, suivant M. Plasse, à l'aide de certains amendements.

un ridicule digne de pitié quand il déclare, avec plus de naïveté
que de vanité, qu'il y a deux systèmes dans le monde, celui
d'Hippocrate et le sien; sans doute, quand il veut se livrer à la
discussion des théories médicales ou des doctrines philosophi-
ques, il tombe dans des confusions inextricables; mais tout cela
n'empêche pas qu'il n'y ait, au fond de tout le pathos de
M. Plasse, une idée parfaitement nette et suivie : c'est que toutes
les épidémies sont dues à une alimentation rendue malsaine par
la présence de microphytes, et des faits invoqués parfaitement
clairs, de la plus haute importance, et, qui plus est, très-faciles
à vérifier. De ces faits, en voici quelques-uns.

« Aussitôt après les mauvaises récoltes de 1852 et 1853, j'ai
annoncé les fâcheuses épidémies et les épizooties de 1853 et
1854. J'ai dit aussi, lors de l'arrivée à Niort de grandes quantités de farines venant de Rochefort et de La Rochelle : « La ville
» sera envahie et infectée par une épidémie; mais la commu-
» nauté des dames Maichain, qui cependant est située sur les
» bords de la rivière près des tanneries, n'aura pas de typhus,
» tandis que le 7ᵐᵉ lanciers, qui habite une caserne placée
» dans la partie la plus élevée de la ville, perdra de vigoureux
» soldats. »

« Sur cinq cents lanciers qui furent atteints du mal *que
j'avais prédit,* quatre-vingts sont morts, et la communauté n'a
pas perdu un seul typhoïque sur les cent personnes faibles qui
composaient son personnel. Les premiers mangeaient des farines
contenant des moisissures visibles à l'œil nu, et les religieuses
consommaient des farines franches préparées par un honnête
homme. »

Qu'y a-t-il de vrai, dans cette narration ? Une enquête l'aurait
appris sans peine, comme elle nous édifierait, encore aujour-
d'hui, sur les faits suivants, bien autrement importants :

« ...... Nous avons fait disparaître ces maladies épizooti-
ques du lieu habituel de leur naissance respective, en veillant à
ce que les denrées en conserve ne se moisissent pas; de même
que nous avons fait disparaître les maladies enzootiques, dont
nous avons surpris la cause géologique, en portant des amen-
demenis sur les terrains qui donnent la propriété délétère aux
plantes nutritives qui déterminent ces maladies.

» Les cultivateurs, soit par incrédulité, soit par incurie, nous ont souvent fourni de nombreux faits à l'appui de nos observations, soit en retournant aux restes de provisions morbides, soit aux pacages délétères, avant d'avoir pris les mesures préservatrices recommandées.

» Le retour des maladies par ces fausses manœuvres nous *ont* servi d'argument pour convaincre successivement les cultivateurs les plus intelligents des contrées qui étaient le plus souvent maltraitées.

» *De sorte que dans une douzaine de communes contiguës autour de Niort, on a pu faire disparaître pour toujours, par l'application de nos préceptes depuis une quinzaine d'années, les maladies qui depuis les temps les plus reculés décimaient les bestiaux.* »

Sans doute, en présence de pareils faits, la forme serait peu de chose, et les prétentions maladives aussi. Comment donc se fait-il qu'aucune commission officielle n'ait jugé utile, soit de conseiller à l'administration de les faire contrôler, soit de les contrôler elle-même, surtout quand celui qui les annonce ne paraît nullement demander à être cru sur parole, comme l'en accuse M. Reynal, dans un rapport, mais déclare, au contraire, à maintes reprises, qu'il se tiendra à la disposition de quiconque voudra venir s'assurer de l'exactitude de ce qu'il avance ? Est-ce que la science des commissions et des commissaires serait, par hasard, assez avancée, assez positive pour juger, *à priori,* les questions étiologiques soulevées par M. Plasse ? Est-ce que les rapporteurs, qui se plaignent de la forme et du défaut de précision de l'honorable vétérinaire de Niort, seraient irréprochables sous le rapport de la forme et de la précision ? Hélas ! qu'il y aurait à en rabattre, si telles étaient leurs prétentions ! et, en vérité, on serait tenté de croire que telles elles sont en effet. Que dit, par exemple, M. Reynal dans un article où il avait cependant pour collaborateur M. Renault, la p'us forte tête et la plus lettrée de l'école d'Alfort ? « Nous venons de passer en revue les conditions *principales au milieu desquelles* se développent les maladies charbonneuses. Nous les avons trouvées dans l'état de la température, dans la constitution du sol, dans les émanations paludéennes et dans les altérations des fourrages. — Ces influences sont intimement liées les unes *avec* les autres ; on ne peut les séparer pas plus dans leur mode d'action que dans leur mode de développement. » (*Nouv. Dict. de méd., de chir. et d'hyg. vétérin.*, art. Charbon.) *Mode de développement de l'influence chaleur, mode de développement de l'influence constitution du sol*, etc., pour un amant passionné de la forme, voilà des phrases qui ne sont pas assurément des modèles d'élégance et de clarté (nous ne parlons pas de la correction), et M. Reynal, comme M. Renault, s'il vivait encore, serait probablement assez embarrassé de nous dire ce que c'est que le *mode de développement de la température!* mais ces phrases sont bien moins irréprochables encore, au point de vue des idées qu'elles expriment. Pourquoi, lorsqu'on écrit, *ex professo*, l'histoire d'une maladie, passer en revue ses causes *principales* et non pas *toutes* ses causes ? MM. Renault et Reynal ne se sont probablement pas posé cette question ; ne se l'étant pas posée, ils n'ont pu songer à y répondre, et ils ont oublié, ainsi, d'observer ce précepte d'un orateur célèbre et passable écrivain : « *Il faut toujours pouvoir se rendre compte de ce que l'on dit quand on parle et de ce qu'on fait quand on agit.* » Eh bien, il est facile, sans y réfléchir bien longtemps, d'expliquer à M. Reynal et aux mânes de M. Renault, ce qu'ils ont dit quand ils ont écrit ces phrases banales mais équivoques : ils ont obéi à cette triste routine qui consiste à dissimuler l'ignorance, au lieu de l'avouer franchement, à voiler le vide des idées sous la nuageuse équivoque des mots, à suivre ce déplorable mais habile système éclectique, qui se plaît à voir la vérité un peu partout, ne pouvant la trouver nulle part. Ce système a fini son temps ; qu'il s'applique à la science des maladies, aux sciences naturelles, aux sciences physiques ou aux sciences morales, il est également détestable ; la diplomatie seule, tant qu'elle n'aura pas été remplacée par la morale internationale, sera son unique refuge. Ce système n'est pas plus juste, appliqué à l'étiologie du charbon, qu'à toute autre étiologie ou à toute autre connaissance : quand MM. Renault et Reynal disent qu'ils ont trouvé dans la température, dans la constitution du sol, etc., les *principales* causes du charbon, ils donnent à entendre, et c'est probablement leur intention, qu'il existe *probablement* plusieurs autres causes secondaires qu'ils n'ont pu étudier, ou pour mieux dire qu'*ils ne connaissent pas,*

23

mais qu'ils sont cependant disposés à soupçonner et à admettre, parce que leurs causes *principales* ne peuvent suffire pour déterminer la maladie, par cela même qu'elles ne sont que *principales*. C'est, du reste, ce que les auteurs avouent dans d'autres passages de leur article : parlant des causes *principales*, que nous venons d'énumérer et de plusieurs autres encore, ils disent : « Sous l'influence d'une constitution épizootique spéciale, ces causes diverses peuvent bien prédisposer l'économie à contracter le *charbon*, mais elles ne sauraient, dans notre opinion, être regardées comme efficientes de cette maladie. » Que si l'on demandait à MM. Renault et Reynal ce que peut bien être la *constitution épizootique spéciale* au charbon, ils répondraient probablement à la question par cet autre passage du même article : « Quand on a étudié *avec attention* les circonstances au milieu desquelles les affections charbonneuses se développent, *on est forcé de reconnaître l'insuffisance des causes auxquelles on les attribue* — ces fameuses causes principales, conséquemment — et d'avouer que celles qui sont *essentiellement pathogéniques* sont encore *inconnues*. » Si les honorables auteurs s'en étaient tenus aux dernières lignes que nous venons de citer, ils auraient été à peu près fidèles à leur programme, qui était de mettre « *le plus de clarté possible* » dans leur exposé ; mais ils ont fait suivre les derniers mots de ceux-ci : « Mais si ces dernières — les causes pathogéniques *essentielles* — ont échappé jusqu'à présent à nos investigations, il est au moins possible de déterminer les *circonstances* qui *paraissent* les plus favorables à *l'évolution* des maladies charbonneuses. » Grâce à ce complément des deux premières citations, les savants auteurs de l'article *charbon* me *paraissent* avoir peu de chose à reprocher à la forme et même au fond de M. Plasse. Admettre : 1° une *constitution* épizootique spéciale, 2° des — c'est-à-dire plusieurs — *causes pathogéniques essentielles* ; par conséquent, 3° des causes pathogéniques *non* essentielles ; 4° des causes *principales* ; par conséquent, 5° des causes *non principales* ; et 6°, enfin, des *circonstances* qui *paraissent* favoriser, non pas le développement, mais *l'évolution* des maladies charbonneuses, tout cela ressemble à du *pathosisme* beaucoup plus qu'à du *pathogénisme*. Pathos pour pathos, nous préférons encore celui de M. Plasse ; car celui des honorables auteurs de l'article charbon les a conduits à des conclusions erronées dans leur obscurité, tandis que celui de M. Plasse l'a conduit à une conséquence que toutes les recherches nouvelles tendent à démontrer être vraie, dans ce qu'elle a d'essentiel et de plus important, c'est que les maladies charbonneuses sont dues à une alimentation malsaine ; c'est que cette alimentation est, pour parler la langue de l'école, la cause *essentielle*, ou pour parler un langage plus exact et plus clair, la cause *qui suffit* pour déterminer l'explosion de la maladie, tandis que toutes les autres causes, séparées ou réunies, seraient impuissantes à la produire, et peuvent, tout au plus, quelques-unes d'entre elles du moins, en favoriser l'action.

Ce ne sont plus les raisons de M. Plasse, raisons dont nous connaissons toute l'insuffisance, qu'on peut citer à l'appui de cette vérité capitale. Outre les motifs tirés de la doctrine parasitaire générale, nous nous appuierons, pour en démontrer l'extrême probabilité pour ne pas dire l'absolue certitude, sur les recherches de l'honorable et judicieux collègue de M. Reynal, que nous avons dû citer déjà si fréquemment, M. le professeur Baillet. Nous regrettons que le cadre de ce travail ne nous permette pas de reproduire textuellement l'exposé de toutes les recherches faites par le savant investigateur, aidé d'un autre membre de la commission, le distingué M. Marret, vétérinaire à Allanches, et que nous aurons à citer aussi plus d'une fois. Mais si nous ne pouvons tout citer, nous tâcherons du moins de résumer en quelques mots les utiles observations de MM. Baillet et Marret, sans en omettre rien d'essentiel.

Nature du sol. C'est dans la constitution du sol que MM. Renault et Reynal trouvent, on se le rappelle, une des *quatre* causes *principales* du charbon ; mais quand ils en arrivent à l'étude de cette cause en particulier, *principale* ne suffit plus, ils « trouvent la preuve de sa *toute-puissance* dans ce fait d'observation générale, que le charbon sévit particulièrement dans les contrées dont le terrain est à base argileuse, calcaire, schisteuse et argilo-calcaire. » (Art. cité.)

On pourrait s'étonner, au point de vue de la logique, qu'une cause *toute-puissante* ne soit cependant que *principale* et *insuffisante* pour déterminer, à elle seule, la maladie ; mais ce n'est pas à cela que nous devons nous arrêter. Ce qui résulte des recherches de M. Baillet, c'est qu'*aucun des quatre terrains* qui sont la cause ou *toute-puissante* ou seulement *principale* du mal de montagne ne se rencontre dans les localités d'Auvergne ravagées par cette enzootie; que celui qui règne dans les environs d'Allanches, étudié par la commission, est un terrain volcanique, basaltique, recouvert d'une couche végétale assez épaisse et riche en humus. Ce terrain règne d'ailleurs uniformément dans les montagnes dangereuses comme dans celles qui n'ont jamais, de mémoire d'homme, été visitées par la maladie; en sorte que la démonstration de l'innocuité du sol est aussi parfaite que démonstration scientifique puisse l'être.

L'altitude des localités dangereuses est on ne peut plus variée.

Leur état *hygrométrique* ne l'est pas moins.

La *configuration* du sol est tellement ondulée ou accidentée, qu'on observe alternativement la flore des lieux secs et celle des lieux humides.

Les *eaux* s'écoulent facilement presque partout; dans les quelques endroits où elles sont stagnantes et où l'on rencontre des plantes aquatiques, il n'y a pas plus de danger qu'ailleurs; cependant, le marécage a *paru* favoriser légèrement, parfois, le développement de l'enzootie.

L'exposition des montagnes dangereuses est aussi variable qu'on puisse l'imaginer.

La *température*, il n'est pas besoin de le dire, est la même pour toutes les localités, dangereuses et non dangereuses.

De toutes ces observations, que nous ne faisons qu'énoncer sommairement ici, mais qui sont exposées avec des détails non pas toujours mais presque toujours suffisants (1), dans le rapport dont nous les extrayons (*Rapport à M. le min.*, etc. Paris, V. Masson) il n'est pas difficile de deviner ce que MM. Baillet et Marret déduisent : C'est que toutes ces causes prétendues, *principales* ou *toutes-puissantes*, sont sans influence aucune sur le développement du mal de montagne, et que, si l'une d'elles sur laquelle

____

(1) Nous nous hâtons d'ajouter que l'insuffisance des détails ne vient jamais des honorables commissaires, mais seulement des limites restreintes où devoit se renformer leur mission.

il peut rester du doute, l'état marécageux, agissait réellement, il resterait encore à décider si elle agit, en altérant les plantes alimentaires ou bien en laissant dégager un ferment volatil comme le ferment des fièvres intermittentes. La première sup - position serait, en tous cas, de beaucoup la plus probable, puisqu'on a vu, quand nous avons parlé de la contagion, qu'il n'est pas démontré, tout au contraire, que le ferment ou si l'on aime mieux le parasite du charbon se propage autrement que par le contact immédiat.

Toutes les causes précédentes étant éliminées, on devait arriver, par exclusion, à suspecter les aliments; mais on va voir que ce n'est point par exclusion seulement que MM. Baillet et Marret y sont arrivés; nous allons analyser, ici, et citer un peu plus longuement, car nous abordons le point capital de la question, d'autant plus capital, que, ce point une fois bien éclairé, on arrivera très-probablement, et peut-être dans un temps peu éloigné, nous en avons l'espoir, à l'extinction du mal, si l'administration sait faire des sacrifices intelligents pour arriver à ce grand but.

Un premier fait observé par M. Baillet, qui l'avait déjà été antérieurement dans des conditions moins frappantes, ainsi que nous le dirons dans un instant, et qui devait déjà mettre un observateur attentif sur la voie de la vérité, est le suivant : « C'est surtout par des vaches destinées à l'engraissement, dit M. Baillet, que sont occupés les pâturages d'Auvergne que j'ai visités.

» Lorsque le pâturage est sain, ces vaches, qui ont souvent souffert de la parcimonie avec laquelle on les a entretenues pendant l'hivernage, profitent rapidement de l'abondante nourriture qui est mise à leur disposition. Peu de jours suffisent alors pour qu'elles se mettent en état; et généralement, après quelques semaines, l'engraisseur peut déjà s'apercevoir que, selon toute probabilité, l'opération qu'il a tentée lui donnera des bénéfices.

» Lorsque, au contraire, le pâturage est au nombre de ceux au sein desquels doit apparaître le mal de montagne, les choses marchent tout autrement. Les vaches restent tristes et nonchalantes, ainsi que j'ai pu m'en convaincre l'année dernière à

Gromont et cette année au *Grand-Bos*. Elles mangent peu, ne profitent pas de l'herbe qu'elles mangent, et, pour me servir de l'expression des battiers (nom donné aux pâtres dans le pays), *elles restent plates.* Il est facile de reconnaître que toutes éprouvent un malaise particulier et qu'elles luttent contre les premières atteintes du mal. Dans un troupeau menacé du mal de montagne, les taureaux ne sont pas exempts du malaise. Ils sont alors moins ardents et moins aptes à remplir le but pour lequel on les conserve. Le 17 juin dernier, lors de la première visite que nous fîmes au *Grand-Bos*, M. Marret et moi, il existait dans un troupeau de cent trente-quatre vaches, quatre taureaux. Plusieurs bêtes étaient en chaleur ; les taureaux, loin de se les disputer, les délaissaient, et le seul d'entre eux qui montrait quelques désirs vénériens était remarquablement mou. » (BAILLET, *rapport cité*, p. 10.)

Les savants observateurs font remarquer que, dans les montagnes réputées dangereuses, peu de vaches échappent au malaise qu'ils viennent de signaler ; un certain nombre d'entre elles résiste et finit à la longue par se rétablir et même par arriver à un engraissement suffisant pour être livré à la boucherie.

« Mais, ajoutent-ils, s'il est des vaches qui reviennent à la santé après avoir été assez gravement atteintes pour donner de sérieuses inquiétudes, il en est malheureusement un trop grand nombre chez lesquelles les symptômes s'aggravent et qui ne tardent pas à mourir. Le plus souvent elles succombent dans les parcs où on les a confinées. Plus rarement, elles tombent au milieu des pâturages, soit que les premiers signes du mal aient échappé à l'attention des battiers, soit que la maladie ait été trop rapide et la mort foudroyante. » (Rapp. cité, p. 11.)

A moins de fermer les yeux à l'évidence, il nous paraît impossible de ne pas voir dans ces faits l'influence du pâturage, surtout si l'on réfléchit qu'à quelque distance, parfois à côté des points où de pareils accidents se produisent, existent d'autres animaux, qui se trouvent exactement dans les mêmes conditions que les précédents, sauf la différence de l'herbe, et qui conservent un parfait état de santé. Bien d'autres observations, plus précises encore, confirment celles de MM. Baillet et Marret.

En 1858, la précieuse importation de M. de Montigny, notre consul de France en Chine, le sorgho sucré, fut accusée de produire des accidents mortels sur les animaux qui s'en repaissaient. C'est dans le département d'Eure-et-Loir qu'eurent lieu la plupart des accidents qui provoquèrent ces accusations; le Comice agricole de Chartres, désireux d'en connaître la cause véritable, mit au concours la question « *de la culture et de l'emploi du sorgho sucré comme plante fourragère.* » Deux très-bons mémoires répondirent à la question du Comice, l'un de M. Roussilie fils, cultivateur à Villeau, l'autre de M. Boutet, vétérinaire à Chartres. Le travail de ce dernier auteur, surtout, est un modèle d'ordre, de clarté et de saine critique. Les deux auteurs arrivent d'ailleurs, sans s'être entendus, il est inutile de le dire, à établir que ce n'est point au sorgho sucré que sont dus les accidents qui avaient ému l'agriculture, mais bien au sorgho sucré *malade*. Les observations qui établissent ce fait se ressemblent toutes; il nous suffira d'en citer une, dans les termes mêmes où l'expose M. Boutet.

« M. Doussineau, cultivateur à Allones (Eure-et-Loir), ayant un champ de sorgho à végétation languissante, se décide à le faire manger sur pied à ses moutons: ceux-ci *broutent les herbes étrangères* et *laissent le sorgho tout à fait intact.* Deux ou trois jours après, le 29 juillet au soir, le sorgho est coupé à la faucille, et le lendemain, 30, à onze heures du matin, il fut donné aux quinze vaches de la ferme, dans la proportion de 2 kilogrammes au plus par tête.

» Le repas à peine terminé, à midi, toutes les vaches qui ont mangé leur ration (douze sur quinze) sont malades; les trois autres se portent bien ; elles n'ont pas voulu y goûter. » (*Mém. sur la culture du sorgho sucré comme plante fourragère,* publié par le Comice agricole de l'arrondissement de Chartres; Chartres, 1862, typogr. de Félix Durand.) Suivent les symptômes observés chez les animaux. Deux succombent; les autres se rétablissent; les lésions anatomiques, insuffisamment décrites, dénotent surtout une altération du sang.

Tous les autres faits sont absolument semblables à celui qui précède, et peuvent se résumer en ces mots :

État languissant du sorgho;

Répugnance des animaux à le consommer;

Développement des symptômes plus ou moins redoutables, chez les animaux qui se décident à le manger;

État parfait de santé, chez ceux qui le refusent absolument.

En résumé, de trente-huit vaches qui ont consenti à manger de ce sorgho à végétation *languissante*, pas une n'a échappé à la maladie, et dix en sont mortes.

Comme contre-partie de ces observations, faites sur divers points du département d'Eure-et-Loir, des Basses et des Hautes-Pyrénées, MM. Roussille et Boutet font ressortir, chacun de leur côté, les innombrables observations de consommation, en quantité très-supérieure, de sorgho à végétation florissante, et qui n'ont jamais occasionné le plus léger accident, tout au plus, une seule fois, une météorisation sur laquelle l'absence des détails les plus essentiels ne permet même pas de se prononcer.

Les conclusions des deux auteurs chartrains sont celles que tout lecteur sensé peut supposer d'après les faits observés : ni M. Roussille ni M. Boutet ne parlent de parasites, parce qu'on n'en parlait guère encore en 1860, époque où ils ont composé leurs mémoires; mais ils n'hésitent pas à attribuer tous les accidents qu'ils ont étudiés à l'ingestion d'*un sorgho malade*, ce qui, pour nous, est à peu près synonyme de sorgho *parasité*, si l'on nous passe le mot.

Une des particularités les plus intéressantes des observations de MM. Roussille et Boutet, comme de MM. Baillet et Marret, c'est la répugnance qu'éprouvent, à peu près universellement, les animaux pour les plantes qui doivent leur nuire ; et si quelque chose pouvait étonner, c'est que la constatation de cette particularité n'ait pas dessillé plus tôt les yeux des observateurs, car la constatation ne date pas d'hier. Dans un rapport volumineux sur le sang de rate, lu à la Société protectrice des animaux en 1869, et qui, malheureusement, ne brille pas par les qualités qui distinguent les mémoires de MM. Roussille et Boutet, on trouve pourtant quelques bonnes observations, entre autres celle-ci, que pas un seul pâtre n'a manqué de faire, et qui est pourtant demeurée stérile jusqu'à ce jour : « Si, dans un gazon ou un pré paissent des vaches ou d'autres bêtes au piquet, il ne tarde pas à s'élever, à de nombreux endroits, des îlots de verdure luxuriante, d'un vert intense, sur tous les points où des déjections ont activé la fumure du sol. Ces îlots sont respectés par les animaux. Contiennent-elles donc des principes nuisibles ? Oui, sans doute ; l'homme ne peut pourtant les découvrir. Le mouton mis à même dans une prairie dont tous les pieds sont également fumés, ne choisit pas, ou ne recherche que les sommités plus tendres et savoureuses ; mais la plante peut bien n'être pas pour cela absolument saine, et porter en elle un germe que fera mûrir le soleil..., etc. » L'auteur sort, ici, du pré, pour entrer un peu trop avant dans le champ de l'hypothèse où il se complaît trop ; mais le fait des touffes respectées reste ; et nous devons ajouter que ces touffes respectées, au milieu d'un pré et surtout d'un pré envahi par les parasites, mousses et autres, ne s'observent pas exclusivement sur des points extra-fumés par des déjections, mais encore sur beaucoup d'autres dont la cause du délaissement n'est pas déterminée. Il nous paraît probable que, lorsque toutes ces touffes, dédaignées par les animaux, auront été examinées à l'aide de tous les moyens dont nous disposons aujourd'hui, on y découvrira le secret de la répugnance qu'elles inspirent, de même qu'on le découvrira dans les fourrages des montagnes dangereuses de l'Auvergne, où nous allons nous transporter de nouveau, avec nos guides intelligents et fidèles, MM. Baillet et Marret (1).

Ce que ces honorables investigateurs ont déployé de zèle et de science pour déterminer et décrire la flore des montagnes des environs d'Allanches, qu'ils ont divisées en trois régions suivant l'altitude, est au-dessus de tous les éloges : ils n'ont pas déterminé moins de deux cent quatre-vingt-quinze individus, répandus sur *quarante* montagnes et appartenant à une quantité considérable d'espèces ! Malheureusement, cet immense travail n'a conduit qu'à des conclusions négatives, c'est-à-dire à la conclusion qu'aucune des plantes étudiées ne pouvait, par elle-même, causer le charbon. Elles ne pouvaient, suivant nous, conduire à d'autres conclusions, et nous allons dire pourquoi, afin que,

(1) Si les micrographes de profession voulaient bien consacrer à l'étude de ces touffes comme à celle des plantes des montagnes dangereuses une partie du temps qu'ils consacrent à des observations fatalement stériles, peut-être arriveraient-ils à une découverte d'une haute importance pour l'hygiène publique et l'économie rurale.

s'il est donné aux honorables commissaires ou à d'autres, dignes d'eux, de continuer des recherches qu'ils ont si bien commencées, ils ne se livrent plus à des travaux frappés d'avance
de stérilité.

Il ne faut pas abuser, nous l'avons dit plus d'une fois, de l'a-
nalogie ni des déductions purement rationnelles, mais il faut
en user, car lorsqu'on en use sagement, elles nous conduisent
à la vérité, tout comme les expériences ou les observations
elles-mêmes les mieux conduites. Or, que nous dit la raison ?
elle nous dit, elle nous apprend aussi sûrement que la plus
rigoureuse des expérimentations, que les animaux, privés de
l'expérience, c'est-à-dire de la constatation et de la comparaison réfléchie des faits, n'ont d'autre guide que l'instinct pour
se préserver des causes de destruction qui les entourent ; si cet
instinct était sujet à faillir dans le choix des aliments, il ne peut
être un instant douteux qu'aucune espèce animale ne résiste-
rait à ces causes de destruction qui la menacent sans cesse ;
l'instinct que nous appellerons alimentaire doit donc être infaillible, sous peine d'être absolument insuffisant, et de vouer
sûrement chaque espèce animale à une prompte extinction.
Aussi, l'instinct est-il ce qu'il doit être ; et on chercherait en vain
un exemple certain où un animal ait mangé une plante bien
portante, qui soit par elle-même un poison. Il est donc parfaitement inutile de chercher une ou plusieurs de ces plantes. Où
l'instinct peut faillir, où il est presque impossible qu'il ne
faillisse pas, c'est quand une plante naturellement propre à
l'alimentation vient à être altérée par des productions accidentelles, et que l'instinct est lui-même en partie émoussé par la
faim ; et encore a-t-on vu que, même dans ces cas, ce n'est pas
sans un combat intérieur que les animaux se sont décidés à consommer des aliments altérés, combat dans lequel, plusieurs
fois, l'instinct a triomphé de la faim. Ce qu'il faudra donc chercher à l'avenir, ce ne sont point les plantes naturellement
nuisibles, mais ce qui rend dangereuses et même souvent mortelles des plantes qui, comme le sorgho sucré, sont, naturellement, d'excellents aliments.

Ces solides principes une fois rappelés, hâtons-nous de dire
que, si MM. Baillet et Marret ont perdu un peu de temps, la

sûreté de leur jugement n'en a souffert en rien. Promptement convaincus qu'aucune plante, même celle qu'on avait soupçonnée et qu'ils avaient eux-mêmes soupçonnée à tort un instant (le *Meum athamanticum* (ombellifères), ne pouvait causer le mal de montagne, ils n'ont pas hésité ni tardé à accuser le véritable agent de la maladie, le parasite d'une ou de plusieurs des plantes alimentaires qui peuplent les pâturages des montagnes dangereuses. Une circonstance qui ne confirme pas médiocrement cette opinion, circonstance que les savants commissaires ont mentionnée, peut-être sans y insister suffisamment, c'est ce qui « frappe tout d'abord lorsqu'on parcourt les montagnes dans les quatre cantons de l'Auvergne que j'ai dû étudier : que les arbres y manquent à peu près complétement. On n'en voit guère qu'au voisinage des villes et des habitations; mais dans les pâturages proprement dits, on marche quelquefois pendant des heures entières sans rencontrer ni un arbre ni un buisson. » (Rapp. cité, p. 16). Tout le monde sait que l'absence de grands végétaux est favorable au développement des *miasmes* (lisez parasites) nuisibles aux hommes et aux mammifères; voilà donc une circonstance de plus en faveur de l'opinion à laquelle nous allons voir avec satisfaction se rallier des esprits aussi droits que MM. Baillet et Marret.

« Il est évident que, pendant les derniers instants de la vie, les animaux malades répandent des bactéries avec leurs déjections (M. Baillet a constaté les microzoaires dans ces déjections) et les disséminent dans les pâturages. Et il est certain que le même effet est produit par les cadavres. Cela étant, il n'est pas impossible que ces êtres inférieurs, ainsi versés dans le monde extérieur, aient la propriété de se conserver d'une année à l'autre dans certains herbages, qu'ils puissent même s'y multiplier dans des conditions particulières et pénétrer ensuite dans l'économie des ruminants par les voies digestives ou de toute autre manière. On s'expliquerait de cette façon comment il se fait que certains pâturages sont dangereux, tandis que d'autres, qui paraissent être dans les mêmes conditions, ne le sont pas. Peut-être même serait-il permis d'arriver à démontrer que l'opinion des habitants du pays, *qui attribuent le mal de montagne exclusivement à l'herbe des pâturages*, n'est pas entièrement dénuée de fondement.

» Si, en effet, ce sont les bactéridies disséminées dans les herbages qui causent la maladie, ce doit être souvent, ainsi que M. le professeur Lafosse l'a fait observer déjà d'une manière générale pour les bactéridies du charbon, avec les plantes que mangent les animaux qu'elles pénètrent dans l'économie, car, dans les circonstances ordinaires, *le mal n'apparaît en réalité que sur les bêtes que l'on fait paître dans la montagne.* Il y a plus, M. Marret, notre collègue dans la commission, nous a rapporté des faits qui donnent à cette opinion une certaine consistance, et qui exigent qu'on l'examine avec quelque soin. Comme je l'ai dit plus haut, plusieurs propriétaires des montagnes dangereuses, désespérant de réussir jamais à engraisser des vaches, sans avoir à subir des pertes considérables, ont abandonné les herbages et n'y ont plus placé de bestiaux. Quelques-uns d'entre eux ont alors imaginé de recueillir l'herbe de ces montagnes et de la transformer en foin. Celui-ci n'a été consommé que pendant l'hiver. Or, dans plusieurs circonstances, il est arrivé que le mal de montagne s'est déclaré dans les étables où l'on nourrissait les animaux avec ce foin, exactement avec les mêmes caractères que dans les pâturages. M. Marret m'a rapporté à ce sujet l'exemple d'un propriétaire qui, dans une même nuit, a perdu jusqu'à sept bêtes du mal de montagne, alors que, pendant l'hiver, il nourrissait son bétail avec du foin récolté dans les montagnes dangereuses.

» Ainsi, dans le cas où ce seraient des êtres inférieurs, (animaux ou plantes) ou des germes d'êtres inférieurs conservés dans le monde extérieur qui détermineraient le mal de montagne, tout semble indiquer que c'est dans l'herbe des pâturages qu'il faut les chercher. Mais ce n'est là encore qu'une indication bien vague, et tout le monde comprendra qu'avant de commencer dans cette direction des recherches suivies, nous ayons voulu avoir des données plus positives. C'est donc pour nous éclairer, avant tout, sur les points où nous devrions, dans une montagne dangereuse, faire des études spéciales, que nous avons entrepris cette année, M. Marret et moi, des expériences d'alimentation avec des herbes récoltées dans des conditions variées. Nous avons maintenant à faire connaître, en peu de mots, quelle a été la marche suivie dans ces expériences, et quels en ont été les résultats.

» Nous avons réuni dans une même étable à Allanches, loin par conséquent de toute influence des montagnes dangereuses, trois moutons et une génisse qui ont été placés chacun dans une loge séparée. Grâce à l'obligeance de M. Reynaud, nous avons pu, ensuite, faire récolter chaque jour au pâturage du *Grand-Bos*, alors en proie à la maladie, de l'herbe recueillie dans des lieux différents. L'un de nos moutons a reçu pour toute alimentation exclusivement du *Meum athamanticum* (Jacq.); le second a été nourri avec de l'herbe récoltée dans les *fumades* (1) de l'année précédente; et le troisième avec de l'herbe provenant des sagnes ou des bords des sagnes (2). Quant à la génisse, on lui a donné un mélange de ces trois sortes d'herbes, dans lequel cependant on a fait prédominer le plus souvent le *Meum athamanticum*. Ce régime, commencé le 26 juin, s'est continué sous la direction de M. Marret, jusque vers le milieu du mois d'août, pour les bêtes ovines, et un peu plus tard pour la génisse. D'après ce que m'écrit à la date du 10 novembre notre honorable collègue, aucun des moutons n'a souffert et tous trois ont été réunis dans les pâturages sans avoir subi la moindre atteinte. La génisse, au contraire, est tombée malade quelques jours après le départ de ses compagnons, et n'a pas tardé à offrir tous les symptômes que présentent les vaches, lorsque, dans les pâturages, elles luttent contre le mal de montagne. Malheureusement la maladie n'a point été assez grave pour déterminer la mort; la bête s'est rétablie peu à peu, et il a été impossible de contrôler par des inoculations le résultat obtenu. » (Rapp. cité, p. 67.)

Guidé toujours par la plus sage prudence, M. Baillet ne

(1) On appelle *fumades*, en Auvergne, la partie centrale des pâturages fumée par le parcage des bestiaux, et *aigades* les lisières qui ne reçoivent jamais de fumier. L'herbe est naturellement moins florissante dans les *aigades* que dans les *fumades*; cependant, l'observation n'a pas démontré, *quant à présent*, qu'elle fût plus dangereuse.

(2) Les *sagnes* sont à proprement parler des marais.

veut pas encore conclure; il regrette d'avoir commencé les
expériences si tard, exprime le désir de pouvoir les répéter en
les commençant à une époque moins avancée, et espère d'autant plus, dans ces conditions, en obtenir des résultats plus
décisifs, que, précisément, au moment où ses expériences ont
commencé, la maladie s'amendait dans le troupeau du *Grand-
Bos*.

Quant à nous, sans repousser les expériences que réclame
M. Baillet, expériences que nous appelons, au contraire, de
tous nos vœux, dont nous donnerons même un plan beaucoup
plus complet que celui qui paraît suffisant à l'honorable rapporteur, nous ne partageons point ses hésitations, lesquelles,
d'ailleurs, on s'en aperçoit à chaque ligne de son rapport,
existent beaucoup plus dans les paroles que dans la pensée du
judicieux observateur. Suffisamment éclairé, nous le croyons
du moins, par la raison générale, par les faits observés par
MM. Baillet et Marret, MM. Roussille et Boulet et par un grand
nombre d'autres observateurs, nous n'hésitons pas un seul
instant à attribuer le mal de montagne, c'est-à-dire le charbon
en général, à l'action d'aliments altérés (abstraction faite, bien
entendu, des cas de contagion, cas qui sont la règle sans
exception chez l'homme), pas plus que nous n'hésitons à rapporter l'altération des aliments à la présence d'un parasite qui,
pour les raisons que nous avons exposées dans notre introduction, doit être un parasite animal. C'est ce que l'observation
semble avoir démontré, du reste, d'une manière directe et
péremptoire.

Des hésitations bienveillantes comme celles de MM. Baillet
et Marret ne sauraient cependant nous contrarier. Ce n'est
qu'en surmontant certaines résistances, les résistances sincères
et, partant, possibles à dissiper, que les idées nouvelles (ou
renouvelées, peu importe) arrivent à s'implanter définitivement dans la science . Dans l'armée du progrès comme dans toute
autre, il doit y avoir les soldats éclaireurs de l'avant-garde,
ceux du corps d'armée et même des traînards; les premiers
préparent la victoire, les seconds la décident, et les troisièmes
arrivent sur le champ de bataille quand elle est consommée,
comme pour prouver qu'il n'y a plus rien à faire, et que tout

le monde doit se rallier au drapeau victorieux. Ces derniers
venus sont, du reste, ceux qui chantent, alors, le plus fort. En
ce qui concerne la doctrine parasitaire du charbon, les éclaireurs ont presque terminé leur rôle ; les soldats de la résistance,
comme MM. Baillet et Marret, remplissent en ce moment le leur ;
et dans quelques semaines, dans quelques mois, dans quelques années au plus, les traînards, comme plusieurs des collègues de M. Baillet, viendront donner le dernier coup de
pioche, ouvriers de la dernière heure, qui, en qualité d'observateurs fervents des préceptes évangéliques, ne recevront pas
un moindre salaire que les autres, tout au contraire : on les
voit toujours marcher en tête, quand il s'agit d'aller à la conquête du salaire.

Un mot encore, cependant, à ces traînards, pour stimuler
leur torpeur, et surtout pour empêcher qu'elle se communique autour d'eux, car la routine indolente est bien plus
contagieuse encore que le charbon, surtout quand elle rayonne
des foyers professoraux.

Les auteurs de l'article *charbon* du Dictionnaire de médecine
vétérinaire, que nous avons déjà cité plusieurs fois, et dû
combattre, à cause de la fâcheuse influence qu'il peut avoir,
ne veulent pas que les affections charbonneuses soient dues
aux aliments altérés. Voici la manière de raisonner qu'ils
veulent apprendre à leurs lecteurs et à leurs élèves : « Avant
d'aller plus loin, il importe de faire remarquer qu'entre l'opinion ancienne de Chabert, de Gilbert, etc., et l'opinion *plus
contemporaine* de Delafond, de Guerlach, de M. Plasse, etc., il
existe une différence, qui mérite d'être signalée. » — Assurément « s'il *importe de la remarquer*, » elle doit « *mériter d'être
signalée* ; » en ce point la leçon de logique est irréprochable.
MM. Renault et Reynal signalent donc la différence, et voici de
quelle façon ils la signalent : « Chabert, Gilbert, etc., en accu-
sant les fourrages altérés de déterminer le *charbon*, n'ont jamais
séparé cette cause des conditions au milieu desquelles cette
altération s'est produite, les chaleurs prolongées, et la sécheresse du sol succédant à des pluies et à des inondations. Dans
leur esprit, ces agents producteurs de *charbon* sont *intimement*
unis ; les uns sont la conséquence des autres ; on ne peut pas

plus les séparer que l'effet de la cause. Aussi, est-ce bien plus par une action combinée que par une action isolée qu'ils agissent sur l'organisme pour produire le *charbon*.

» Numann, Delafond, Plasse, etc. (1), considèrent, au contraire, les altérations diverses des fourrages comme une cause absolue productrice du *charbon*. Pour eux, la rouille, les moisissures, etc., exercent leur influence sur l'économie en dehors des conditions où elles se sont produites. Partout et toujours, qu'elles doivent leur origine soit aux circonstances de la température avant et après la récolte des fourrages, soit à des méthodes vicieuses de conservation, les cryptogames qui pullulent sur les substances alimentaires déterminent des affections charbonneuses. Si la première de ces deux opinions nous paraît appuyée par des faits nombreux, il n'en est pas de même de la seconde...., etc. »

Voilà beaucoup de mots ; tâchons de tirer à clair les idées qu'ils peuvent cacher ; M. Reynal, si nous y parvenons, nous en saura gré certainement ; car s'il ne verse pas toujours des torrents de lumière sur les sujets qu'il traite, nous savons qu'il n'en adore pas moins la clarté. Nous ne défendons ici, bien entendu, ni Delafond ni M. Plasse, mais seulement la doctrine parasitaire, telle que la raison, les expériences et les observations contemporaines tendent à la constituer.

Nous ne rechercherons pas, avec ou sans M. Reynal, ce que peuvent bien être « les *circonstances de la température* ; » nous croyons que l'un et l'autre nous y perdrions notre temps, sinon notre latin ; mais ce qu'il nous faut tâcher d'éclaircir, c'est l'idée que MM. Renault et Reynal ont voulu attribuer aux partisans de la « première opinion, » en disant que, dans leur esprit, « la chaleur, la sécheresse, les pluies, les inondations et

---

(1) A propos de Numann, de Guerlach, etc., et de M. Plasse, nous croyons devoir intervenir ici en faveur de ce dernier, que M. Raynal accuse, on ne sait trop pourquoi, d'avoir adopté le système étiologique « qui a cours » en Allemagne, après l'avoir accusé, sans plus de fondement, de vouloir être cru sur parole. M. Plasse a très-justement répondu à M. Reynal que les auteurs cités par ce dernier considèrent les cryptogames comme *une des* causes des épizooties, tandis que M. Plasse les considère comme leur cause exclusive. Nous avons dit en quoi le système de M. Plasse est erroné ; mais il ne serait pas exact de dire qu'il a simplement copié Numann ni Guerlach ni d'autres.

les fourrages altérés *sont intimement unis.* » Ce qu'ils ont voulu dire ne nous paraît guère possible à comprendre ; mais, avec un peu de bonne volonté, on peut le deviner. Nous ne voudrions pas leur prêter l'opinion que des pluies et des inondations, qui auraient eu lieu au mois de mai, de la chaleur et de la sécheresse qui les auraient suivies au mois de juillet, puissent partager avec des fourrages altérés la responsabilité d'un mal de montagne développé au mois d'octobre. Des professeurs peuvent se tromper tout comme de simples mortels, mais ils ne peuvent pas être absurdes à ce point. Il vaut donc mieux croire, ne fût-ce que par respect pour la chaire, que l'opinion de MM. Renault et Reynal a été celle-ci : les pluies et les inondations suivies de chaleurs et de sécheresse altèrent les fourrages, et les fourrages altérés altèrent à leur tour la santé des animaux ; seulement *unir*, intimement ou non intimement, comme ils l'ont fait, ce qu'ils appellent tous « ces agents producteurs du *charbon*, » ce n'est point *unir*, c'est *confondre*, nous dirons même *confusionner*, si nous étions de l'Académie — française, bien entendu — ; mais si telle est leur opinion, point n'était besoin de tant d'alambicages pour l'exprimer ; il fallait dire, tout simplement : belle marquise...., etc. (V. article précédent), ou, ce qui revient au même : l'altération des fourrages produit le charbon ; mais les pluies, les inondations, la chaleur et la sécheresse produisent l'altération des fourrages. Seulement, s'ils avaient réduit à cette simplicité leur prose transcendante, MM. Renault et Reynal se seraient aperçus, sans peine, que les deux opinions ne peuvent au fond en faire qu'une, car nous ne pensons pas — et MM. Renault et Reynal ne doivent pas le penser davantage — qu'il se trouve quelqu'un dans le monde pour prétendre que, si les parasites engendrent quelque chose, eux-mêmes soient engendrés de rien. Les hétérogénistes les plus absolus ne sont jamais allés jusque-là ; il n'est pas supposable que MM. Renault et Reynal aient l'intention ni la prétention de les dépasser.

Une autre version de leur prose est cependant encore possible, car dans ce qui est obscur chacun peut voir ce qui lui plaît et pêcher en eau trouble : dire que les « agents producteurs du charbon sont intimement unis, » pourrait à la rigueur vouloir signifier—et c'est ce que sembleraient indiquer les mots *action combinée* par opposition à *action isolée* — que l'altération des fourrages ne suffit pas seule à produire le charbon, mais qu'il faut que cette cause agisse concurremment, nous ne disons pas simultanément, nous retomberions dans l'absurde, avec la pluie, l'inondation, la chaleur et la sécheresse. Mais à cette interprétation, quasi-raisonnable théoriquement, les faits répondent par un démenti formel : toutes les montagnes de l'Auvergne visitées par la commission sont soumises aux mêmes conditions climatériques *appréciables*, quant à présent, et un certain nombre d'entre elles, seulement, est dangereux; la démonstration que M. Baillet a faite pour les montagnes d'Auvergne pourrait être faite pour toutes les localités sujettes aux affections charbonneuses; il n'y a pas à revenir là-dessus. Il est prouvé que, de quelque façon qu'on interprète la glose de MM. Renault et Reynal, elle est toujours fausse. L'erreur d'une interprétation ne diffère de l'autre que quant au degré.

Les erreurs des professeurs étant les plus dangereuses, puisqu'ils ont l'occasion de les semer tous les jours dans des champs encore vierges, où elles ont plus de chances de prendre racine, nous réfuterons encore deux arguments de MM. Renault et Reynal, qu'on pourrait dédaigner sans inconvénient, s'ils émanaient d'une autre source :

« Une observation générale, disent-ils, qui prouve bien qu'il faut autre chose que des fourrages altérés pour faire naître cette maladie, c'est qu'on l'observe très-exceptionnellement dans les grandes villes, à Paris, par exemple, où cependant on consomme une grande quantité de denrées avariées; on ne la remarque pas davantage parmi les nombreux convois d'approvisionnement de bestiaux qui suivent le mouvement des armées en campagne. Et cependant, dans cette dernière condition, on trouve réunies les altérations diverses des denrées alimentaires et ces autres causes adjuvantes : la misère, la privation, et les fatigues auxquelles plusieurs auteurs ont attribué et attribuent encore le *charbon!*....

» Une expérience dont nous avons été témoins et qui a été faite par M. Magne à l'école d'Alfort, tout en confirmant notre opinion sur le point d'étiologie qui nous occupe, démontre l'utilité qu'il y aurait à soumettre au contrôle de l'expérimentation les nombreuses assertions concernant les causes auxquelles on a attribué le *charbon*.

» Pendant trois mois, M. Magne a nourri un lot de moutons avec des pailles de blé si fortement rouillées que les râteliers et la toison des animaux avaient une teinte jaunâtre produite par la matière cryptogamique dont ils étaient couverts; et cependant, non-seulement ils ne sont pas tombés malades, mais encore ils ont pris du poids et de la graisse. »

M. Reynal est probablement bien loin de se douter de ce que prouvent les arguments que nous venons de citer, et Renault, s'il vivait, s'en douterait probablement moins encore, vu que MM. Renault et Reynal ont des idées extraordinairement malsaines sur la pathologie en général et sur la doctrine parasitaire en particulier. De ce qu'on prétend que le charbon est dû à l'altération des aliments, MM. Renault et Reynal infèrent que toutes les altérations des « denrées » doivent produire le charbon! Il ne saurait se commettre en pathologie d'erreur plus qualifiée: c'est l'erreur d'un naturaliste, que nous avons déjà signalée, qui espérerait récolter des petits pois en semant des lentilles. Le charbon est une maladie contagieuse, virulente, inoculable, par conséquent spécifique s'il en fut; et, si MM. Renault et Reynal s'étaient donné tant seulement la peine de lire leur collègue, M. H. Bouley, ils auraient appris que « les maladies spécifiques résultent de causes spécifiques, c'est-à-dire de causes qui produisent toujours les mêmes effets, à part les différences d'intensité....., etc. » Nous avons déjà cité ce passage de M. H. Bouley, — qui paraissait, il est vrai, l'avoir lui-même oublié — dans la première édition de cet ouvrage; M. H. Bouley est le collaborateur de MM. Renault et Bouley pour le *Nouveau Dictionnaire de médecine vétérinaire;* il est singulier qu'ils soient aussi étrangers à ce qu'écrit leur collègue et collaborateur. Tout ce que prouve donc l'expérience de M. Magne, c'est que le charbon n'est pas causé par la *rouille,* et tout ce que prouve la rareté du charbon dans les grandes villes et à Paris en particulier, c'est que l'air des grandes villes est peu favorable au parasite qui produit le charbon ou qu'il y est rarement importé par les fourrages qui approvisionnent la capitale; du reste, si le charbon est assez rare à Paris, il est loin d'y être inconnu, et ce qui s'y est passé pendant la durée du siége nous a malheureusement donné trop de preuves que le charbon peut y sévir sévèrement. Ainsi disparaissent les dernières objections contre l'étiologie que les faits indiquent déjà à tous les esprits clairvoyants; il ne s'agit plus maintenant que de la démontrer clairement aux plus réfractaires; nous allons essayer d'indiquer comment il convient de s'y prendre pour arriver le plus promptement possible à cette démonstration, et c'est par là que nous terminerons cette discussion, qui serait déjà trop longue, si le sujet était moins important.

Nous avouons que nous avions conçu le projet de donner nous-même, soit seul, soit avec le concours de l'honorable M. Marret, une démonstration qui touche toujours beaucoup les hommes en général et les agriculteurs en particulier : nous avions projeté d'acquérir quelques pâturages dangereux, lesquels ne sont pas d'un prix bien élevé; de traiter les plantes d'après nos principes, et d'y engraisser ensuite les animaux. Le maintien de la santé chez ces derniers aurait fourni la preuve frappante que le mal vient de l'alimentation ; et tout en fournissant cette démonstration scientifique, nous aurions donné au terrain dangereux une valeur supérieure à celle qu'il avait auparavant. Tout le monde aurait trouvé son compte à cette belle expérience : la science, le pays et l'expérimentateur. Nous nous étions déjà ouvert de ce projet à notre excellent collaborateur M. Marret, qui l'avait accueilli sans défaveur, et nous en étions à en étudier les conditions d'exécution, quand le fléau engendré par le plébiscite de 1870 vint s'abattre sur la France. Tous les projets, le nôtre comme les autres, durent s'évanouir devant cette guerre insensée. Mais nous ne renonçons pas à exécuter plus tard le plan que nous avions conçu, et qui, s'il réussit, comme nous en avons le ferme espoir, donnera aux éleveurs en même temps qu'aux savants la démonstration à laquelle ils sont le plus sensibles. En attendant, il faudra nous contenter de celle du rapport de la deuxième commission du mal de montagne et de celle de MM. Boutet et Roussille, lesquelles, du reste, sont parfaitement suffisantes, à notre sens.

Nous avons donné un aperçu du rapport rédigé par M. Baillet, sur la mission qu'il a remplie en Auvergne avec le très-utile concours de quelques autres commissaires, et plus spécialement de M. Marret, vétérinaire à Allanches. Mais nos trop courts extraits sont loin de donner une idée complète du travail de la commission et de l'honorable rapporteur, et du zèle qu'il leur a fallu pour remplir comme ils l'ont fait la mission qui leur était confiée. Et cependant, sur presque tous les points, les expériences, les observations, les investigations de la commission sont restées incomplètes; et, sur une foule de questions importantes, les savants commissaires ont été obligés, faute de temps et de ressources suffisantes, de s'en rapporter à des renseignements plus ou moins vagues, donnés par des personnes plus ou moins intelligentes et étrangères à la science, et de réserver à des missions ultérieures la tâche de résoudre les questions les plus capitales, celles dont la solution pourrait conduire à l'extinction du fléau. Ces missions éventuelles, qui dépendent de tant de circonstances fortuites, parfois d'un simple caprice ministériel, arriveront-elles, si elles parviennent à se renouveler, à terminer une œuvre laissée très-incomplète? Nous n'hésitons pas un instant à répondre non, si elles sont formées et si elles fonctionnent sur le même plan que celles qui les ont précédées. Ce n'est pas en allant faire *une seule herborisation* dans chaque montagne, comme M. Baillet nous informe avoir été obligé de le faire, par manque de temps; ce n'est pas en faisant quelques promenades rapides dans quelques localités dangereuses et non dangereuses, qu'on arrivera à connaître le pays, son sol, ses productions végétales et animales, ses conditions climatériques et météorologiques, son état hygiénique, etc., etc.; et c'est moins encore d'après un plan improvisé à la hâte qu'on arrivera à utiliser tous ces éléments, si on arrive une fois à les réunir. A moins d'un hasard providentiel dont il faut savoir profiter quand il se présente, mais sur lequel, en science comme en bonne administration, il ne faut jamais compter, on pourra renouveler tous les ans pendant cinquante ans et plus, les missions scientifiques, sans arriver probablement à la découverte, à la démonstration de la cause précise du mal. Dès à présent, nous avons à peu près la certitude que cette cause se trouve dans un parasite; que ce parasite est introduit dans l'économie par les aliments. Mais ce parasite, quelle plante ou quelles plantes, au pluriel, le recèlent? quelle cause le fait développer sur le versant d'une montagne, et quelle autre en empêche le développement sur le versant opposé? Voilà ce qu'on découvrira difficilement, ce que même on ne découvrira probablement jamais, tant qu'on organisera des missions comme celles qui ont été chargées d'étudier le mal de montagne, et nous ajoutons comme *toutes* celles qui, dans *tous les temps*, ont été chargées d'étudier une épidémie ou une endémie, une épizootie ou une enzootie quelconque. Mais ces causes que les commissions passées n'ont pu découvrir, est-il permis d'espérer que des commissions futures, plus heureuses, les découvriront? A cette question, on doit répondre que les administrations qui nomment de temps en temps des commissions nouvelles ont sans doute cet espoir, sans quoi leurs actes seraient dénués de sens commun. Quant à nous, nous n'avons pas seulement l'espoir que des commissions futures bien organisées seront plus heureuses que les commissions passées; nous en avons la conviction profonde, nous dirions presque volontiers la certitude, au moins en ce qui concerne les endémies et les enzooties. Que des épidémies et des épizooties ne puissent être observées dans tous leurs détails, dans toutes leurs conditions, pendant le temps qu'elles passent comme de funestes ouragans sur les contrées les plus diverses par le sol, le climat, les races, les mœurs, etc., cela se conçoit trop facilement; mais quant aux endémies et aux enzooties, qui sont attachées à certaines portions limitées du sol; qui ne s'en écartent que très rarement; qui y règnent presque toujours ou même toujours en permanence; qui sont, par conséquent, inhérentes à ce sol, ou à ses productions, ou à ses conditions climatériques, il nous paraît presque impossible qu'une observation incessante, intelligente et complète, ne parvienne pas à distinguer, parmi toutes ces conditions, celle qui altère la santé ou détruit la vie des hommes ou des animaux. C'est précisément parce que notre foi est grande sur ce point, que nous nous permettons d'insister sur cet important sujet, que nous aurions pu négliger sans nuire ni manquer au plan de cet ouvrage. Mais pour arriver à cette découverte, d'une si haute importance, il faut que les gouvernements ou, à leur défaut, les nations gouvernées, se rappellent et observent ce proverbe : qui veut la fin, veut les moyens. Le moyen, dans l'espèce, ce n'est pas d'envoyer un ou deux savants, fussent-ils des plus instruits et de la meilleure volonté, faire une promenade scientifique dans les localités moissonnées par les endémies ou les enzooties ; le vrai, le seul moyen d'atteindre le but, c'est de nommer une commission nombreuse d'hommes compétents, qui prépareront d'abord un programme d'études longuement médité et rédigé ensuite avec le plus grand soin, les plus grands détails, la plus grande précision. Nous n'avons pas la prétention de tracer ici ce programme, qui demanderait le concours de plusieurs hommes d'aptitudes diverses ; mais nous pouvons en indiquer les bases principales.

La commission à nommer devra être composée de médecins, de vétérinaires, d'anatomistes, de naturalistes, de micrographes, de chimistes et de physiciens ; elle devra résider en permanence, probablement pendant plusieurs années, dans les localités atteintes par l'endémie ou l'enzootie à étudier, et rayonner dans les localités environnantes épargnées par les maladies. Elle devra être pourvue de tout ce qui est nécessaire pour tracer les cartes topographiques rigoureusement exactes des localités frappées et des localités épargnées ; ces cartes représenteront en tableaux frappants :

1o La constitution du sol ;

2o Ses productions minérales, végétales et animales ;

3o La mortalité des hommes et des animaux ;

4o Les altérations anatomo-physiologiques et physico-chimiques qu'on trouve sur les cadavres ;

5o Les expériences physico-pathologiques qui seront faites, au fur et à mesure qu'elles le seront ;

6o Les modifications qui auront pu s'opérer avec le temps, dans toutes ces conditions ; mais en se bornant, bien entendu, sur ce point comme sur tous les autres, aux notions absolument certaines, en écartant, par conséquent, tout ce qui ne serait que problématique.

Quand une pareille étude aura été poursuivie avec persévérance jusqu'à ses dernières limites, les causes des endémies et des enzooties en ressortiront d'elles-mêmes, et les, ou la cause, une fois connues, il est probable que le plus souvent il sera possible de les supprimer.

Mais comme, en administration, les plus utiles comme les plus beaux projets se heurtent toujours à des questions d'argent, on ne peut manquer de demander qui fera les frais de la vaste et savante enquête que nous indiquons. Ce n'est point notre affaire de répondre à une pareille question, c'est l'affaire de ceux qui tiennent en main l'administration des États. Nous dirons cependant à ces hommes et à ceux qui leur confient le soin de leurs intérêts, c'est-à-dire aux peuples, que si l'on voulait supprimer dans chaque État la centième partie des dépenses inutiles — sans y comprendre même celles qui entretiennent la plaie des armées permanentes, lesquelles sont fort nuisibles. — il y aurait de quoi entretenir, aussi honorablement qu'on puisse le désirer, beaucoup plus de commissions permanentes qu'il n'en faut pour mener à bonne fin l'étude de toutes les endémies et de toutes les enzooties, et que d'ailleurs, rien ne serait plus facile, au besoin, que de faire supporter ces frais par les parties intéressées. Des supputations qui paraissent modérées ont évalué à plus de huit millions de francs les pertes causées par le sang de rate (c'est-à-dire par la seule affection charbonneuse du mouton) à la seule province française de la Beauce ; croit-on que les éleveurs qui sont victimes de cette enzootie seraient beaucoup plus malheureux, si on les imposait, eux et leurs concurrents plus heureux, pour la *millième* ou la *deux millième* partie, ou moins encore, des pertes qu'ils font annuellement. Or, cet imperceptible impôt serait beaucoup plus que suffisant pour entretenir toutes les commissions nécessaires à l'étude que nous avons indiquée, et même pour faire surveiller leurs travaux, si besoin en était. Mais ce sont là des vérités, des mesures trop simples, trop peu éclatantes, pour séduire les gouvernements, et le public ; le public agricole surtout a trop d'incurie et d'avidité aveugle, pour faire lui-même ce que ses mandataires ne savent ou ne veulent pas faire pour lui ; il perdra dix journées en débats ou en marchandages inutiles ou onéreux, plutôt que de payer un franc pour tâcher de préserver ses moutons du sang de rate ou ses vaches du mal de montagne. La seule industrie de cette grande, chère et belle ville de Mulhouse, n'hésitait pas à dépenser plus de cent mille francs par an pour faire rechercher partout les procédés chimiques les plus propres à perfectionner son industrie, à la maintenir au premier rang dans le monde industriel ; mais toute l'agriculture française réunie ne donnerait pas cent mille centimes pour encourager la recherche des moyens propres à prévenir ou à combattre les maladies qui déciment ses troupeaux. Nos paroles, notre espoir auront-ils le privilége de la faire sortir de son apathie ? nous ne l'espérons guère ; mais, croyant qu'il est de notre devoir de parler, nous parlons : fais ce que dois, advienne que pourra! La semence est jetée aux vents; qu'un génie propice la transporte et la dépose dans un sol fécond !

En attendant que l'amour intelligent du bien public amène les gouvernements à la création de ces institutions utiles — ce que la lenteur du progrès ne permet guère d'espérer pour un avenir bien prochain — ils pourraient du moins favoriser et stimuler l'initiative individuelle par des encouragements et mieux encore par la création de prix sérieux à décerner aux hommes de bien qui parviendraient à atténuer considérablement, à plus forte raison, à détruire un fléau. Seulement, il ne faudrait pas prendre exemple sur le Conseil général de la Seine-Inférieure, qui avait créé un prix de *trois mille francs* en faveur de celui qui trouverait le moyen de détruire le ver blanc dont les dégâts dans certaines années se soldent par des dizaines de millions de pertes ! Il ne faudrait pas qu'un pays où l'on se pique de progrès et de justice continuât à récompenser les inventeurs utiles comme on a récompensé le malheureux Raclet, ou plutôt sa malheureuse famille, que l'État a dépouillée d'une fortune qu'il a, en propres termes, volée par abus de confiance. A l'administration de l'Agriculture et du Commerce, un homme d'intelligence et de bien a eu l'intention d'instituer des prix comme ceux dont nous parlons, et auxquels la commission épizootique, et notamment M. Bouley, s'était montrée opposée. Mais cet honorable fonctionnaire s'est plus tard rallié à l'idée de la bonne institution que nous sollicitons ; on ne fait aujourd'hui d'autre objection que celle tirée des finances. Mais cette objection est encore plus dénuée de sens que toutes les autres ; car il ne s'agit pas de faire des avances aux inventeurs — quoique en des temps heureux ces avances dussent être faites dans des conditions déterminées — mais seulement de les récompenser d'un service *rendu*. Or, suivant que le service rendu enrichira le pays d'un, de deux ou de trois cents millions par an, le pays ne s'obérerait pas, ce nous semble, en votant à l'inventeur une récompense du centième, du millième de la richesse qu'il nous a conservée. Si cette modique part avait été faite à l'infortuné Raclet, sa famille pourrait aujourd'hui faire de larges aumônes au lieu d'être forcée à en accepter d'aussi misérables qu'humiliantes.

B. — *Traitement*. — Dans ce paragraphe, consacré au traitement du charbon des animaux, où je n'aurais dû ressentir que la douce satisfaction de raconter le peu de bien que j'ai pu faire et d'apprendre aux autres comment ils pourront le faire à leur tour, j'éprouve le regret d'avoir à commencer par une triste tâche. Je la remplirai sans trop de rigueur, mais aussi sans faiblesse.

Dans la première édition de cet ouvrage, au début de l'année 1865, j'avais déjà conseillé l'acide phénique contre le charbon (et contre toutes les maladies contagieuses et infectieuses), et j'avais même rapporté une observation de guérison de pustule maligne chez l'homme. Pendant plusieurs années, mes efforts pour propager l'acide phénique n'eurent qu'un succès médiocre, et l'application au charbon de l'homme ou des animaux n'avait, en particulier, été répétée par personne; moi-même je n'avais eu aucune occasion de la renouveler.

Telle était la situation, quand le 11 janvier 1869, M. H. Bouley communiqua à l'Institut l'extrait d'un rapport rédigé par M. A. Sanson, au nom d'une commission officielle chargée d'étudier ce que, dans une certaine partie de l'Auvergne, on appelle le *mal de montagne*, commission dont M. Bouley était le président. Dans l'extrait du rapport communiqué à l'Académie, il était dit que la commission s'était assurée que le mal de montagne n'était autre que le charbon, et qu'elle avait expérimenté avec succès, dans quelques-uns des cas qu'elle avait observés, l'acide phénique. De la première application que j'avais faite avec succès moi-même de l'acide phénique contre le charbon de l'homme, il n'était pas dit un mot. Dans le journal *la Culture* qu'il rédigeait, M. Sanson, rédacteur du rapport communiqué en substance par M. Bouley, parlant de la communication de celui-ci, disait tout simplement : ..... « En tout cas, si, comme ceux qui ont été témoins des résultats obtenus en Auvergne ont de fortes raisons de le penser, *un moyen de guérison à peu près certain du charbon* A ÉTÉ TROUVÉ, l'administration, etc. » Ainsi, un moyen de guérison, « à peu près certain du charbon » — ou du charbon à peu près certain — *a été trouvé*, et comme, dans l'article de *la Culture*, pas plus que dans la communication de M. Bouley, il n'est dit un mot de l'auteur du livre sur les *nouvelles applications de l'acide phénique*, il va de soi que le moyen de guérison « à peu près certain du charbon » — ou du charbon à peu près certain — *a été trouvé* par la commission, ou plutôt par son rapporteur, M. Sanson. La multiplicité des injustices dont j'ai été l'objet ne m'a nullement habitué à les supporter patiemment. Celle qui m'était faite dans cette circonstance me blessa et me surprit d'autant plus que, depuis longues années, j'avais eu avec M. Sanson les meilleures relations. A la séance qui suivit celle où M. Bouley avait fait sa communication, je me rendis à l'Institut, pour y trouver M. Sanson; je l'y trouvai, en effet. Je lui exprimai tous mes regrets de l'oubli qu'il avait commis à mon préjudice, et lui dis que j'attendais de lui qu'il le réparât, et qu'il priât M. Bouley (que je ne connaissais point alors personnellement) de le réparer aussi. M. Sanson me promit avec empressement de faire tout ce que je lui demandais; mais une séance nouvelle de l'Institut se passa, sans que M. Bouley fît aucune rectification, et un numéro du journal que rédigeait M. Sanson parut, sans que rien indiquât qu'on voulût tenir compte de ma légitime réclamation. J'écrivis alors à M. Sanson une lettre sévère, pour me plaindre de son silence et de celui de M. Bouley, et je reçus de lui, en date du 19 janvier, une réponse dont la forme entortillée ne me laissa pas le moindre doute sur l'intention bien arrêtée qu'avait M. Sanson, de ne publier aucune rectification, et de se gratifier du mérite d'avoir le premier appliqué l'acide phénique au traitement du charbon. A l'égard de la démarche dont je l'avais chargé auprès de M. Bouley, la lettre de M. Sanson renfermait ce qui suit :

« Je n'avais pu causer avant ce soir, avec M. Bouley, de vos prétentions relatives à l'acide phénique, prétentions que j'ignorais, lorsque vous m'en avez entretenu hier. En lui parlant comme je l'ai fait, je ne m'attendais pas, je vous l'avouerai, à la lettre que j'ai reçue de vous après notre conversation. Néanmoins, je ne retirerai rien de l'avis que je lui ai formulé *et qu'il ne m'a pas paru disposé à suivre, je dois le déclarer,* EN SE FONDANT SUR LA CONNAISSANCE QU'IL A PRISE DE VOS PUBLICATIONS. En tout cas, c'est lui qui est juge, étant le seul auteur de la communication qui vous a ému.

» Tout à vous, malgré tout,

» A. SANSON. »

Cette lettre me fixait sur les sentiments de loyauté de M. Sanson ; mais ce que je savais de M. Bouley, par la notoriété publique et par des connaissances et des amis communs, ne me permettait pas de m'en fier aux déclarations de M. Sanson. J'allai donc trouver M. Bouley en personne, pour l'instruire de mes droits de priorité et de ce que j'attendais de sa loyauté, et je ne fus nullement surpris de trouver dans M. Bouley de tout autres dispositions que celles que M. Sanson s'était plu à lui prêter, sans doute pour me détourner de poursuivre ma réclamation. M. Bouley, après s'être éclairé, accueillit ma demande avec la bonne grâce d'un parfait galant homme ; et, dans la séance de l'Académie du 1er février 1869, il déclara que j'étais le premier à avoir appliqué l'acide phénique au traitement du charbon. Voici les termes de sa déclaration : « M. Bouley croit devoir se faire l'interprète d'une revendication de priorité qui lui a été adressée à l'occasion de la communication qu'il a faite à l'Académie sur les propriétés curatives de l'acide phénique. Le 4 janvier 1865 — les *comptes-rendus* se trompent, c'est le 2 janvier — M. le docteur Déclat a envoyé à l'Académie un mémoire manuscrit sur les applications médicales de cet acide en médecine et en chirurgie. Dans ce mémoire, imprimé depuis, se trouve le récit d'un cas de guérison de pustule maligne par l'administration de l'acide phénique, *intus et extra.* M. BOULEY *a vérifié le fait et se fait un devoir de le rapporter.* » (*Comptes-*

rendus officiels des séances de l'Académie des sciences, 1er semestre de 1859, no 4, p. 199.) Voilà comment M. Bouley, *en se fondant sur la connaisance qu'il avait prise de mes publications,* n'était pas disposé à suivre les bienveillants avis que lui avait donnés l'équitable et le véridique M. Sanson!

Quant à M. Sanson lui-même, on devine sans peine qu'il se garda bien de suivre le bienveillant avis *qu'il n'avait point* « *formulé* » à M. Bouley, et qu'il donna un démenti au proverbe qui dit : Tel maître, tel valet. Quand j'eus attendu inutilement, au delà de tout ce que la patience la plus angélique peut permettre, l'exécution des promesses de M. Sanson, je lui écrivis la lettre suivante, par ministère d'huissier, puisqu'il n'y avait plus moyen de correspondre autrement avec un adversaire manquant aussi évidemment de véracité et de bonne foi; je ne parle pas de bienveillance, je ne lui en demandais pas.

« A Monsieur le Rédacteur en chef de *La Culture.*

» Monsieur,

» Depuis qu'il a été question d'applications médicales d'acide phénique, dans un rapport que vous avez rédigé et dont vous avez entretenu les lecteurs de votre journal, j'ai dû m'imposer la lecture de *la Culture* ou plutôt *des Cultures,* puisqu'il y en a deux, de format et de périodicité différentes, ce qui a son importance, au point de vue de la réclamation que j'ai à vous adresser.

» J'ai voulu et même dû m'assurer de quelle façon vous mettez en pratique les leçons de science, de critique et d'équité que vous distribuez volontiers à tout le monde, avec cette sérénité souveraine d'un homme qui se sent infaillible et invulnérable.

» J'ai donc lu *les Cultures,* et voici ce que j'ai constaté : dans l'une, celle du format in-8 propre aux collections, celle que vous destinez probablement à la postérité, vous avez parlé de l'application de l'acide phénique au traitement de la pustule maligne, sans dire un mot de l'ouvrage où vous avez puisé l'idée de cette application, quoique votre article ait paru après que M. Bouley, avec la loyauté que tout le monde se plaît à lui reconnaître, avait solennellement constaté devant l'Académie des sciences mes droits de priorité, et après que je vous avais personnellement rappelé ces droits. Grâce à ce premier article, voilà donc votre situation d'inventeur bien assise devant les générations présentes et futures.

» Dans l'autre *Culture*, celle que je ne voudrais pas appeler la *Culture légère*, mais que vous me permettrez bien au moins d'appeler la *Culture volante* (1), celle que vous supposez sans doute ne devoir pas durer plus que les roses, vous avez voulu vous mettre en règle avec l'équité ou tout au moins vous en donner les apparences.

» C'est ici, monsieur, que vous vous êtes trompé, et qu'au lieu de réparer vos torts vous les avez considérablement aggravés. Non content de passer sous silence les observations qui ont servi d'exemple à celles que vous avez faites après moi, vous cherchez à justifier ce silence par de très-mauvaises raisons. C'est ce que votre impartialité me permettra de vous prouver en peu de mots.

» Vous prétendez, d'abord, que mon observation de pustule maligne traitée avec succès par l'acide phénique était passée *inaperçue* au milieu de beaucoup, *en apparence* plus importantes que renferme mon livre sur les *applications médicales de l'acide phénique*, ce qui signifie — à moins que cela ne signifie rien du tout — que vous n'en aviez aucune connaissance, et qu'ainsi vous êtes justifié de n'en avoir rien dit. Je ne doute pas, monsieur, que cette doctrine ne trouve beaucoup de crédit auprès des ignorants et des plagiaires ; mais je ne doute pas davantage qu'elle ne soit sévèrement qualifiée par tous les hommes instruits qui auront conservé le moindre sentiment de justice. Je pourrais vous en donner de nombreuses preuves, si je ne tenais, avant tout, à être bref; mais, ne voulant user que le plus strictement possible de mon droit, je me bornerai à faire remarquer à vos lecteurs que ce serait une jurisprudence étrange que celle

(1) Cette *Culture* était tout simplement une feuille d'annonces contenant quelques articles qui n'étaient que la reproduction de quelques-uns de ceux qui avaient paru dans la *Culture* à prétentions scientifiques.

qui poserait en principe qu'il **suffit** d'ignorer les droits d'autrui pour les supprimer.

» J'ajoute, maintenant, qu'en fait, vous n'ignoriez même pas les miens : en admettant que mes observations ou seulement mon observation de pustule maligne fût passée inaperçue pour tout le monde, elle *n'a pas pu passer inaperçue* pour vous : je vous avais remis en mains propres un exemplaire de mon livre ; vous en aviez rendu compte dans un journal, et, à moins que vous n'ayez l'habitude de juger les livres sans les lire, vous ne pouvez prétendre que vous ayez laissé passer inaperçue l'observation qui, de toutes celles que renferme mon travail, intéresse le plus les vétérinaires et les agriculteurs. Mais j'ai une preuve plus directe encore que cette observation n'était nullement passée inaperçue pour vous, car je sais que c'est vous, monsieur, qui avez conseillé l'essai de l'acide phénique contre le *mal de montagne*, que vous avez fait cet essai d'après les préceptes exposés dans l'ouvrage que je vous ai donné, et que vous avez prescrit le médicament *précisément à la dose que j'ai formulée*, et (circonstance importante) qu'avant moi tout le monde, sans en excepter M. Lemaire que vous faites intervenir assez inopportunément dans la question, considérait comme toxique.

» Je crois, monsieur, que voilà suffisamment éclairée la question principale. Je ne dirai que très-peu de mots de quelques questions secondaires.

» Vous dites que mon observation de guérison d'une pustule maligne a passé complétement inaperçue, au milieu d'autres *en apparence* plus importantes. Je ne puis comprendre comment des observations de guérison de fièvre typhoïde, de croup et même de cancer, peuvent être plus importantes, en apparence ou en réalité, qu'une observation de pustule maligne, maladie qui est presque toujours mortelle, traitée par les méthodes ordinaires. Peut-être est-ce parce que mon observation n'est que « *probable*, » comme vous le dites encore, tandis que les vôtres sont, *en apparence*, certaines. Ce qui est probable, peut-être, c'est que les lecteurs de *la Culture*, qui doivent être habitués à vos énigmes, comprendront un langage inaccessible au commun des martyrs ; quant à moi, qui n'y suis point habitué encore, il me paraît certain que, lorsqu'un critique qualifie de probable un fait publié par un observateur, il doit dire à quelles conditions ce fait pourrait être considéré comme certain ; et quand ce critique est lui-même ou prétend être un observateur, il doit publier des faits *certains*, à côté de ceux qui, suivant lui, ne sont que probables, afin que le lecteur puisse établir la comparaison. Or, j'ai lu la relation de vos faits, dans l'interminable rapport où vous les avez submergés, et qui exhale un parfum si prononcé du terroir où vous en avez puisé les éléments ; et j'ai la faiblesse de ne pas croire vos faits plus certains que les miens. Je ne désespère pas de vous le prouver, ou du moins à vos lecteurs, si voulez bien m'y autoriser, quand votre rapport aura été publié, s'il doit l'être, ce que je n'ose désirer dans votre intérêt, quoique cette œuvre soit réellement bien digne de votre talent, et qu'elle en porte à chaque ligne l'empreinte indélébile. »

» Veuillez agréer, etc.

» Dr DÉCLAT. »

On pouvait supposer qu'après les preuves démonstratives que renfermait cette lettre, mon habile plagiaire s'empresserait de renoncer au titre d'initiateur qu'il avait voulu usurper, et qu'il ne songerait qu'à faire oublier, par une retraite prudente, le rôle peu honorable qu'il s'était promis de jouer ; il n'en fut rien ; croyant sans doute que toutes les situations peuvent être défendues avec de l'audace, il fit suivre ma lettre des facétieuses remarques suivantes :

« Je n'ai nulle envie de relever les prétentions, assertions, imputations et appréciations du client de l'honorable M. Monet (1). Dieu merci, nos situations respectives, devant le public qui nous connaît et peut nous juger, ne le rendent point nécessaire. Je me bornerai à mettre sous ses yeux les pièces du procès, indépendamment de toute considération

(1) M. Monet est le nom de l'huissier auquel j'avais dû avoir recours pour triompher des sentiments d'impartialité que M. Sanson pratique si libéralement.... en paroles.

personnelle; car il importe avant tout que la vérité soit respectée.

» Voici ce qu'on lit à la page 177 du livre invoqué plus haut, dans un chapitre qui a pour titre : *De l'acide phénique dans les cas d'empoisonnement transmis par les insectes : »* — Suit la relation du cas de pustule maligne que j'ai publiée dans la première édition de cet ouvrage, après quoi M. Sanson continue ainsi :

« Je laisserai aux médecins, et même aux personnes simplement douées de bon sens, le soin de décider si je ne suis pas allé bien loin sur la voie de la bonne volonté, en consentant à considérer le fait ainsi exposé comme un cas *probable* de pustule maligne. Il suffira, pour apprécier la moralité de ce débat, de rapprocher des expressions si affirmatives employées dans l'exploit de M. Monet, les formes incertaines et réservées extraites du livre publié en 1865.

» Quoi qu'il en soit du caractère charbonneux ou non du cas dont il s'agit, je déclare sur l'honneur qu'au moment où les expériences d'Auvergne ont été entreprises, je n'en avais absolument aucune connaissance, et que les premiers aperçus des proportions pour l'eau phéniquée à essayer, dans ces expériences, ont été tirés de l'*Officine* de M. Dorvault, en présence et avec le concours de M. Félix Martin, pharmacien à Allanches (Cantal).

» J'ai l'orgueil de croire que la sincérité de ma déclaration à cet égard ne sera point infirmée par les raisonnements intéressés du client de M. Monet, qui ne craint même pas de pousser la délicatesse jusqu'à se faire un argument des excès de bienveillance qu'on a pu avoir pour lui.

» A. SANSON. »

L'audace peut avoir du bon; mais, quand elle n'est pas accompagnée du bon droit, elle ne réussit pourtant pas avec tout le monde. J'en administrai immédiatement la preuve à mon fier plagiaire, dans la lettre suivante :

« Monsieur,

» En accompagnant d'assertions inexactes, et de réflexions inconvenantes la réclamation que vous m'avez obligé à vous adresser, vous me mettez dans la nécessité de vous en adresser une seconde. J'espère que celle-ci vous suffira et que vous vous abstiendrez de toute remarque de nature à rendre indispensable la continuation d'une correspondance qui n'a aucun charme pour moi.

» En votre qualité d'encyclopédiste, vous n'ignorez pas cet adage, très-connu au palais, que tout mauvais cas est niable, et, avec une merveilleuse aptitude à vous approprier ce que les autres ont inventé, vous persistez à nier que vous ayez pris dans mon livre sur l'*acide phénique* l'idée d'appliquer ce produit au traitement de la pustule maligne et du charbon, et, ne voulant point discuter mes « *prétentions, assertions, imputations* et *appréciations,* » vous vous contentez presque — pas tout à fait cependant — de placer votre négation sous l'égide de votre « *parole d'honneur,* » de votre *situation dans le monde,* » et aussi, un peu, sous la garantie du témoignage de M. Félix Martin, pharmacien à Allanches (Cantal), manière adroite de rappeler que votre rapport a été rédigé sur le territoire de la haute Auvergne, précaution bien inutile, je vous assure, pour tous ceux qui ont lu ou qui liront votre rapport.

» Pas plus que vous n'avez envie de « relever » mes « prétentions, » je n'ai, monsieur, dessein de passer en revue toutes les vôtres ; la besogne serait d'ailleurs beaucoup plus difficile, quoiqu'elle ait été déjà passablement ébauchée par M. le Dr Fleury (voir le *Mouvement médical* du 16 mai 1849).

» Que vous preniez des choux pour des pommes de terre ; que vous donniez au cochon tantôt *quatorze,* tantôt *quinze* côtes, suivant votre penchant quotidien à la générosité, et à l'homme *quatorze,* toujours (1) ; que vous vouliez faire « TABLE

(1) Ceci n'est point une plaisanterie ; notre savant plagiaire a donné quatorze côtes à l'homme, et cela encore dans une discussion avec un M. Gayot qui discutait précisément sur les quatorze et les quinze côtes du cochon ; ce qui n'est pas une plaisanterie, non plus, c'est que ledit M. Gayot n'a rien trouvé à répliquer

BASE » de toutes nos connaissances, de toutes nos doctrines d'économie sociale, pour fonder, à vous tout seul, un nouvel ordre social (voir toujours le *Mouvement médical*), tout cela importe peu à la question dont il s'agit entre nous, et tout cela dépasse de beaucoup la sphère de ma compétence; s'il n'appartient pas à tout le monde d'aller à Corinthe, il appartient bien moins encore à tout le monde d'augmenter de deux, ou même d'une seule, le nombre des côtes de l'homme, et d'établir un nouvel état social. Ce que je veux éclaircir, c'est tout simplement si j'ai le premier conseillé *et administré*, à l'intérieur, l'acide phénique dans la pustule maligne; si je l'ai conseillé *et administré* à une dose que le petit nombre de ceux qui s'étaient occupés d'acide phénique considéraient comme toxique; si vous l'avez prescrit aux mêmes doses; si vous avez voulu vous approprier la priorité de cette application, et si, enfin, vous avez refusé de reconnaître votre erreur, quand il vous était impossible d'ignorer que c'était...... une erreur! Voilà, monsieur, « puisqu'il vous importe, *avant tout*, que la vérité soit respectée, » ce que vous me permettrez d'établir avec la plus éblouissante clarté; je croyais l'avoir déjà fait dans ma dernière lettre; mais, puisque vous me dites que je n'y ai pas réussi, il faut que je vous croie au moins en cela, et que je vous fournisse un complément que vous même jugez né· cessaire.

aux quatorze côtes de l'homme. Il paraît que les prétentions de M. Sanson à un fauteuil de zoologiste à l'Institut ne sont pas non plus une plaisanterie (dans son esprit); ce qui est certain, c'est qu'il aspire à aller professer les quatorze côtes de l'homme dans une chaire de zootechnie de l'État; il y en a même qui assurent qu'il les professera au nom de la République comme il devait les professer « au nom de l'Empereur, *qui personnifie en lui* — dit ou plutôt disait M. Sanson — *le génie de la France !* »

P. S. — J'apprends, pendant que je corrige ces épreuves, qu'en effet l'admira· teur enthousiaste de Napoléon III, « *qui personnifie en lui le génie de la France,*» vient d'obtenir de la République, dans une école agricole, une chaire de zoo· technie où il pourra enseigner à ses élèves et à M. Gayot que l'homme a toujours *quatorze côtes*, et le cochon tantôt *quatorze* et tantôt *quinze*. Voilà un profes· seur qui va dignement représenter l'enseignement zootechnique de la France et nous préparer une fameuse génération d'agriculteurs-zootechniciens! On explique de diverses façons les motifs qui ont pu valoir à l'inventeur des quatorze côtes de l'homme certain suffrage qui a contribué, pour une bonne part, à doter la France de ce professeur sans pareil; l'histoire ne nous paraît pas avoir assez d'intérêt à connaître ces explications, pour que nous jugions utile de les mentionner, du moins dans cette édition.

» Vous déclarez donc, monsieur, *de par votre honneur*, qu'au moment où les expériences du Cantal ont été entreprises, vous n'aviez « aucune connaissance du cas de pustule maligne publié dans mon livre, et que *les premiers aperçus* DES *proportions* » POUR *l'eau phéniquée* à essayer, ont *été tirés de l'Officine* de » M. Dorvault, *en présence et avec* LE CONCOURS de M Félix Martin......» Ah ! monsieur.... :

» *Felix qui potuit.......*

» Comprendre et accepter ce français pur et limpide, scellé du sceau de votre honneur ! Si votre honneur ressemble à votre français, ah ! monsieur...., comment, c'est « en présence et avec le concours de M. Félix Martin que vous *tirez de l'officine Dorvault* DES *aperçus* DES *propositions* POUR *l'eau phéniquée à essayer dans ces expériences ! ! !* Si c'est là, monsieur, ce que vous tirez de *l'Officine*, je ne m'étonne plus que vous ayez tiré quinze côtes d'un seul cochon et quatorze d'un seul homme ! ! Mais, monsieur, ne craignez-vous pas, à moins que vous n'ayez fait « *table rase* » de la logique comme de l'anatomie et de « l'économie sociale, » ne craignez-vous pas que ceux qui raisonnent encore, du moins ceux qui raisonnent d'après la vieille méthode, ne se tiennent à eux-mêmes à peu près ce langage :

» Voilà un critique qui a rendu compte d'un livre sur les *applications médicales de l'acide phénique* (1), et qui, devenant,

(1) Il ne faut pas croire que ce soit une seule fois que M. Sanson ait parlé de mes observations, ni qu'il ait dit de mon livre quelques mots à la volée, comme pourrait le faire un journaliste étranger au sujet dont il parle. Voici comment débutait un des articles qu'il voulut bien me consacrer :

« Nous avons parlé naguère *des cas intéressants de guérison* communiqués à l'Académie des sciences par M. le docteur Déclat, où il s'agissait des propriétés thérapeutiques de l'acide phénique, cet agent qui semble devoir être une véritable conquête pour la médecine et surtout pour la chirurgie. *Le détail* de ces cas, auxquels de nouveaux » — le critique connaissait donc les anciens et les nouveaux cas — « se sont ajoutés depuis, vient de paraître en un beau volume. L'auteur y traite *avec beaucoup de mesure et de convenance la question de priorité* que ses premières communications ont soulevée et dont la revendication est peut-être la meilleure preuve de leur valeur... etc. » L'auteur continue une colonne durant. Cela se lit dans le journal *La Presse* du 30 octobre 1865 et porte la signature : A. Sanson.

Dans un autre article du même journal, M. Sanson, parlant de mes luttes et de mes recherches, terminait ainsi : - *La justice est parfois tardive, mais elle ne manque jamais de venir.* » —. On voit que, si M. Sanson cherche aujourd'hui à en retarder l'évènement ce n'est pas faute de savoir de quel côté elle se trouve, ni d'avoir — théoriquement — comme M. Lemaire — de bons principes.

par occasion, praticien-vétérinaire, va « tirer *les* premiers aperçus *des* proportions *pour,* » non dans ou de ce livre spécial, mais dans l'*Officine* Dorvault (1) ! Mais l'*Officine* n'est pas un traité de thérapeutique ; c'est un gros formulaire ; ce n'est pas une œuvre originale ; ce n'est qu'une compilation, d'ailleurs inintelligente et inexacte ; et l'on ne peut guère y aller « tirer » ou chercher que la mention ou le résumé de ce qui a été fait ou dit ailleurs. Donc, pour avoir l'idée, assez plaisante, du reste, d'aller « tirer *des* aperçus *des* proportions *pour....* » etc., il faut déjà savoir que la substance sur laquelle ou à propos de laquelle on veut tirer ces aperçus, a déjà été prescrite dans des cas semblables ou analogues à ceux dans lesquels on veut l'appliquer de nouveau. Ce ne sont donc pas les « *premiers* » aperçus qu'on peut prétendre avoir « tirés » de l'*Officine*, mais, tout au plus, les *seconds*. D'où donc les *premiers* ont-ils été « tirés ? » A moins que vous n'ayez, monsieur, la prétention folle de les avoir tirés de votre cerveau — ce que vous n'avez point prétendu encore — il faut bien que vous les ayez « tirés » *du seul endroit où ils se trouvent.*

» Je ne sais, monsieur, ce qu'il vous semblera de ce raisonnement ; mais je crois qu'il n'est pas « *mauvais, mauvais, mauvais!* » comme l'article de M. Fleury. (Voir plus que jamais le *Mouvement médical* du 16 mai 1869.)

» Voici un petit détail qui rendra peut-être le raisonnement meilleur encore : c'est que ce livre a été publié deux ans après le mien ; c'est que, dans cette *Officine*, d'où vous « tirez *des* aperçus *des* proportions *pour* l'eau... etc., » il n'est nullement question des doses auxquelles on peut donner l'acide phénique à l'intérieur (2), soit chez l'homme, soit chez les animaux ;

---

(1) Où ils se trouvent, d'ailleurs, de la façon que l'on sait (voir ci-dessus, p. 193), ce qui est absolument la même chose ou même pire que s'ils ne s'y trouvaient pas.

(2) Ou plutôt il y en est question de la façon que nous avons indiquée même page. Si M. Sanson avait « tiré des aperçus des proportions pour, » de la compilation Dorvault, il l'aurait sans doute fait à la manière d'un pharmacien d'A... (il nous saura gré... peut-être, de taire le nom de sa ville). Voici ce que nous écrivait un honorable et intelligent agronome qui nous consultait sur l'application de l'acide à des cas de morsures faites par un chien enragé : « J'avois fait préparer par mon pharmacien d'A... un litre d'eau-de-vie de cidre phéniquée............... Un demi-litre pourrait, je pense, produire une ivresse complète, mais je craindrais que la

le seul indice qui existe à cet égard est la mention de pilules, renfermant chacune *une goutte* d'acide phénique ; ce qui, par parenthèse, serait une détestable préparation, bonne tout au plus à cautériser l'estomac des malades auxquels on aurait eu l'imprudence de l'administrer. D'ailleurs, comme on ne dit pas le nombre de ces pilules qu'on doit prescrire par jour, je ne vois pas trop quels aperçus *premiers*, ni même seconds, on peut tirer de pareilles données. S'il n'est pas question des doses dans l'*Officine*, il y est moins encore question de *pustule maligne* ou de *charbon*; il n'y est même fait mention que des applications externes de l'acide phénique ; la diarrhée et les vomissements *continus* sont les seules maladies internes dont on y parle; le choix est singulier et ne peut guère, vous en conviendrez vous-même, je crois, fournir « *des* aperçus *des* proportions *pour...* » des applications contre le charbon et la pustule maligne; tandis que dans le livre que je vous ai donné en 1865, dont vous avez rendu un compte détaillé dans le journal *La Presse*, et que vous avez retrouvé chez vous, en 1869, pour en publier un extrait *incomplet*, il y a (page 176, dans le paragraphe qui précède l'observation du cocher de M. Debaker) :

« Le diagnostic, pour l'homme, vient donc surtout du contact
» des mouches qui ne piquent pas, et cela parce qu'on ignore le
» danger et qu'on ne le soupçonne qu'après les premiers symp-
» tômes de gonflement, de malaise ou de maux de cœur, et
» quelquefois il est déjà trop tard, comme cela arrive si souvent
» DANS LA PUSTULE MALIGNE. Par quels moyens donc se préser-
» ver de ce danger? Le premier....; le second est d'avoir tou-
» jours chez soi pendant l'été *un flacon d'acide phénique*. L'action
» de cet acide est précieuse et rapide, *dans ces circonstances*;
» comme preuve, je citerai une observation que j'ai recueillie
» récemment. »

» Vous avez donc bien fait, monsieur, de placer sous le bouclier de votre honneur votre justification ; il est bien évident

---

dose de dix grammes par demi-litre, que ce pharmacien m'a dit pouvoir être prise sans inconvénient, ne soit beaucoup trop forte, et heureusement je n'en ai point fait prendre.... » Voilà « *les aperçus des proportions pour* » qu'on peut tirer de la compilation Dorvault! Que M. Sanson avoue donc que ce n'est point de là qu'il a tiré les siens. *Pillage avoué* est à moitié pardonné.

qu'elle ne saurait s'abriter désormais sous celui de la logique
— ancienne — ni même sous celui de l'*Officine* Dorvault.

» Reste à savoir lequel ou laquelle, d'une logique irréfragable ou de votre honneur, trouvera le plus de crédit devant le
public ou du moins devant la portion de public qui voudra
bien nous consacrer quelques moments d'attention et se laisser
guider par les principes généraux d'équité et de logique — ancienne — et non d'après « *nos positions respectives.* » On dit, il
est vrai, que vous aspirez à de très-hautes positions ; mais,
pour le moment, il vous faut consentir à laisser juger votre
conduite par vos actes, et votre intelligence par ses produits,
« indépendamment » —comme vous le dites très-agréablement,
— « de toute considération personnelle, car il importe, avant
tout, que la vérité soit respectée ; » j'ajoute : et la logique
aussi. Il ne me reste que quelques mots à écrire pour achever
de démontrer comment vous avez respecté l'une et l'autre.

» Après avoir reproduit, un peu tard, l'observation de pustule maligne du cocher, vous laissez aux « personnes de bon
sens » le soin de décider si vous n'avez pas donné une grande
preuve de bonne volonté (lisez générosité) en considérant
comme un cas *probable* de pustule maligne le fait que j'ai observé, malgré « les *formes* incertaines et réservées, indétermi-
nées, *extraites* du livre publié en 1865. » Je ne discuterai point
avec vous, monsieur, si l'on extrait d'un livre des phrases ou
des formes, et pas davantage si une forme est indéterminée,
quand elle est réservée, discussion sans doute superflue avec
un critique consommé comme vous. Je me contenterai de vous
faire remarquer qu'avant d'être généreux, il faut d'abord être
juste. Je comprends parfaitement que lorsqu'on affirme, avec
cette merveilleuse assurance que rien ne saurait ébranler, que
le cochon a *quatorze* et *quinze* côtes et l'homme *quatorze*, invariablement, on ait peu de goût pour les formes réservées ; mais
ce que je comprends moins, c'est que, ne vous sentant pas édifié sur le diagnostic du fait que vous m'empruntez, vous n'ayez
pas pris la peine de lui en substituer un mieux motivé : si le
malade que j'ai guéri n'avait pas une pustule maligne, il avait
probablement une autre maladie ; il paraissait donc naturel de
dire quelle était cette autre maladie. Pourquoi ne le dites-vous

pas, au lieu de vous draper dans un manteau de générosité qui n'est même pas *probable ?*

» Autre remarque. La pustule maligne est une maladie infectieuse, contagieuse ; or elle n'est pas la seule de sa catégorie qu'on trouve dans mon livre ; j'ai consacré un chapitre aux maladies contagieuses, septicémiques et épidémiques ; je cherche à démontrer comment on peut guérir ou prévenir ces maladies ; je cite, notamment, des guérisons de fièvre typhoïde, de croup, etc.; le fait de pustule maligne n'est donc pas isolé, dans mon livre; il y est en compagnie de beaucoup de faits analogues, dans lesquels l'acide phénique a été administré à la même dose, avec le même résultat; pourquoi n'avoir pas étayé de ces analogies la *probabilité* que votre générosité accorde à mon diagnostic? et si l'équité exigeait qu'on n'isolât pas ce diagnostic des analogies qui l'entouraient, la logique ne commandait-elle pas de « tirer des aperçus » de ces analogies, au lieu d'aller les extraire d'un formulaire *où ne se trouve même pas l'indication qu'on dit y avoir prise !*

» Mais il y a plus : quel intérêt avez-vous aujourd'hui, monsieur, à contester mon diagnostic, puisque vous déclarez nettement, « sur l'honneur, » que vous n'aviez « absolument aucune connaissance » du fait, quoique vous eussiez rendu compte de l'ouvrage où il se trouve relaté ? Du moment que vous ne le connaissiez pas, il est évident que vous ne pouviez en tirer des indications. Que vous importe donc qu'il soit improbable, ou probable, ou certain ? Votre code de morale de *table rase* expliquera sans doute cela ; mon code de vieille logique ne saurait l'expliquer.

» D'ailleurs, je reviens sur un argument que je vous ai déjà présenté dans ma première lettre : quand l'article où vous semblez vous attribuer la priorité de l'acide phénique a paru, je vous avais, *personnellement, parlant à votre personne,* fait une et même deux réclamations; j'en avais adressé une à M. Bouley, qui avait bien voulu reconnaître mes droits devant l'Académie; vous ne pouviez plus donc prétexter d'ignorance, en admettant que, d'après votre nouveau code de morale, — qui ferait vraiment *table rase* de l'ancien — l'ignorance devienne un titre de propriété à tout ce qu'on ignore ! Vous l'avez si bien senti, qu'après avoir proclamé le mérite de votre découverte, dans *la Culture* in-8°, vous avez fait semblant de suivre l'exemple honorable de M. Bouley, et vous avez publié un simulacre de réparation, mais cela, dans *la Culture* volante, qui paraît n'être qu'une superfétation de l'autre, qu'une feuille d'annonces, que personne ne lit peut-être, et vous avez voulu vous ménager, ainsi, les apparences de la justice et les bénéfices... des « aperçus tirés... de l'*Officine !* »

» Et vous parlez, monsieur, de la « moralité de ce débat », de notre « situation respective devant le public, » de votre « bien-veillance. » — De votre bienveillance ! et vous ne craignez pas que ce mot ne m'oblige à parler de la mienne à votre égard ! En ce point seulement, vous avez raison pour cette fois ; car je n'en parlerai pas encore. Mais je vous en prie, plus pour vous que pour moi, ne m'obligez pas, par de nouvelles réflexions inconvenantes, à vous écrire une troisième lettre ; je ne répondrais pas de ne pas faire connaître, alors, la vérité tout entière, après l'avoir fait connaître en partie. Vous avez parlé de mon livre, c'est vrai, vous en avez parlé favorablement, c'est vrai encore ; je crois vous en avoir remercié en temps opportun ; mais si vous avez compté que votre bienveillance passée vous autorisait à vous approprier ce que mon livre peut renfermer d'utile, et qu'elle m'empêcherait de revendiquer mes droits, à l'occasion, vous vous êtes gravement trompé. Je ne porte pas, comme vous, le monde entier sur mes épaules ; je ne veux réformer ni la culture, ni la chimie, ni l'histoire naturelle, ni la science sociale ; mes travaux sont infiniment plus modestes et plus restreints, et je ne puis abandonner le peu que j'ai fait aux convoitises de personne.

> » Veuillez agréer, etc.

> » Dr Déclat. »

On ne s'expose pas à recevoir de pareilles leçons pour en profiter ; et ceux qui les donnent ne le font que pour l'édification du public. M. Sanson n'en profita donc point : il mit un terme à ses inconvenances, mais il continua sa piraterie scientifique, et, sans jamais avouer son larcin, il put, avec un peu plus d'astuce, continuer à se présenter comme l'initiateur de la médication phéniquée contre le charbon. Il ne dit jamais franchement : C'est moi, Jeannot, berger de ce troupeau, qui ai eu le premier l'idée d'appliquer l'acide phénique; mais il dit, comme dans *la Culture* du 1er novembre 1869, par exemple, six mois après avoir reçu les étrivières : « Faisons remarquer que les faits se multiplient de toutes parts pour démontrer l'efficacité du traitement *préconisé* DANS NOTRE RAPPORT sur le mal des montagnes de l'Auvergne. » Cela suffit pour que la tourbe des dupes, vrais moutons de Panurge, soit persuadée que *préconisé* veut dire *inventé* ; pour que la tourbe des complices fasse semblant de l'être, et pour qu'un mois après avoir lu les phrases que nous venons de citer, on en lise comme celles qui suivent, écrites par un médecin, jusque dans les régions transmaritimes : « Ces faits confirment de tous points les succès du même genre dénoncés cette année à l'Académie des sciences, notamment par M. Sanson..... etc. » Cela est extrait de la *Gazette médicale* de l'Algérie et signé du rédacteur en chef. Ainsi a procédé M. Chauffard, à propos de la variole : « L'idée de cette médication, dit-il, m'a été suggérée par le travail de M. Sanson sur les heureux effets de l'emploi de l'acide phénique à haute dose (1), appliqué au traitement du mal de montagne. » Et les médecins se plaignent quelquefois de la manière dont le public pratique la justice à leur égard, quand ils la pratiquent entre eux de cette façon ! Mais le tour du bon droit arrive; et, malgré dupes et complices, M. Sanson n'aura probablement guère moins de peine à faire accepter par l'histoire sa priorité en matière d'acide phénique que les quatorze côtes dont il a gratifié l'homme. C'est là ce que M. Sanson apprend à la Société d'anthropologie dont il est un des membres les plus zélés; on peut en inférer ce qu'il enseignera à ses élèves, quand il sera professeur de zootechnie ou d'économie sociale ! (2).

(1) M. Sanson, comme tous mes plagiaires, a administré l'acide phénique aux doses que j'ai prescrites, qui ne sont ni de hautes ni de basses doses, mais les doses que l'expérience m'a démontré être les plus convenables.

(2) En écrivant cette note, nous pensions faire une plaisanterie, mais on a vu précédemment que, pendant la correction de ces épreuves, la plaisanterie est devenue une réalité. Pauvre agriculture française ! Ce n'est pas avec de pareils professeurs qu'elle marchera à la tête de ses émules.

On comprend que si la médication phéniquée n'avait pour elle que l'autorité d'un pareil professeur, elle ne pèserait pas d'un poids bien lourd dans la balance du progrès. Mais, par bonheur, elle n'en est pas réduite à ce triste témoignage. D'abord, les faits observés en 1868 en Auvergne ne l'ont pas été par M. Sanson tout seul; il y avait là des témoins qui, comme MM. Bouley, Baillet, Bonnet, Marret, avaient un peu plus de consistance que l'inventeur des quinze côtes du cochon, des quatorze côtes de l'homme et de la fameuse théorie chimique de la transformation de l'albumine en diastase; en sorte que les faits d'Auvergne conservent leur valeur, quoique vus et racontés par M. Sanson. Mais, depuis 1868, bien d'autres sont venus les confirmer; en sorte qu'aujourd'hui, ces faits sont assez nombreux pour qu'il soit à peu près impossible de les rassembler tous. Malgré leur nombre, leur signification n'a point paru, cependant, assez frappante pour entraîner d'emblée toutes les convictions : aujourd'hui encore, des vétérinaires et des médecins fort honorables, non-seulement n'acceptent pas ces faits comme démonstratifs, mais dénient absolument toute efficacité à l'acide phénique. L'honorabilité et la compétence de ces dissidents nous obligent à examiner sérieusement et avec ordre les motifs de leur opposition; pour y parvenir, nous croyons devoir exposer d'abord les faits qui nous paraissent démontrer l'efficacité de l'acide phénique et d'un autre médicament que nous ne pouvons faire connaître encore, contre le charbon des *diverses espèces* animales, — car nous aurons, sous le rapport des espèces, à résoudre et à signaler des difficultés pathologiques du plus haut intérêt; — et ensuite nous essaierons d'apprécier la valeur des objections que les adversaires de la médication phéniquée opposent à ces faits.

Voici donc les résultats obtenus par les différents expérimentateurs sur les animaux de l'espèce bovine et chevaline; nous mentionnerons après ceux qui ont été obtenus sur l'espèce ovine (1).

(1) Quelques animaux de cette dernière espèce sont cependant confondus dans certaines narrations avec ceux des espèces précédentes ; nous les laisserons à leur place pour ne pas interrompre les relations des auteurs.

Si la commission présidée par M. Bouley n'a pas inauguré l'emploi de l'acide phénique contre le charbon, c'est évidemment la communication de cet honorable savant, à l'Académie des sciences, qui a donné la plus grande impulsion à cette méthode de traitement ; c'est donc par les faits relatés dans la communication de M. Bouley que nous devons commencer le relevé de ceux qui sont jusqu'à ce jour parvenus à notre connaissance. M. Bouley faisait précéder, à l'Académie, l'exposé des faits qu'il avait à communiquer, de cette appréciation générale : « Les essais qui ont été faits à Allanche ont donné de premiers résultats qui sont pleins d'espérances. » Cette appréciation d'un juge aussi compétent ne devait pas être passée sous silence ; car si, pour le lecteur, les faits n'ont de valeur que par leur masse et par leur exactitude, pour l'expérimentateur ils ont souvent, dès le début, une signification que les témoins oculaires peuvent seuls apprécier.

« Dans les expériences d'inoculation faites par la commission, continue M. Bouley, tous les animaux inoculés efficacement (1) et sur lesquels la maladie transmise a été abandonnée à sa marche naturelle sont morts, sans aucun exception. Ce fait bien établi, on a inoculé le charbon à quatre brebis et à un taurillon ; et, lorsque les symptômes qui se sont manifestés ont mis hors de doute que l'inoculation avait produit ses effets, on leur a administré des potions phéniquées, contenant 1 gramme d'acide phénique pour 100 grammes d'eau ; la dose pour le sujet de l'espèce bovine a été de 10 grammes dans un litre d'eau administré en deux doses égales, et pour les brebis de 1 gramme seulement.

» Sur les quatre brebis inoculées, une seule est morte, mais plus tardivement que lorsque l'inoculation suit sa marche naturelle. Les trois autres ont survécu, ainsi que le taurillon.

» M. Missonnier, membre de la commission, vétérinaire à Murat, a traité avec succès par de l'eau phéniquée au centième, deux vaches affectées du charbon contracté naturellement.

---

(1) Ce mot prouve qu'il y a eu des inoculations qui n'ont pas donné de résultat positif. C'est un fait que l'on doit retenir ; nous aurons à le rappeler un peu plus loin, en le rapprochant de nombreux faits semblables.

Enfin, M. Lemaître, qui exerce à Étampes, c'est-à-dire dans un pays où le charbon règne en permanence, a administré l'acide phénique à cinq chevaux affectés de charbon, et tous les cinq ont survécu. » (*Comptes rendus des séances de l'Académie des sciences*, année 1869, n° 2, séance du 11 janvier.)

En 1869, une nouvelle commission composée des mêmes membres que la précédente (moins M. Sanson qui, en effet, était pour le moins superflu, et dont la fameuse théorie chimique avait eu le même succès que son rapport) fut chargée de continuer les travaux de celle-ci. Sans mandat officiel comme sans indemnité, j'eus l'honneur de me mêler un instant — c'est-à-dire infiniment moins que je ne l'aurais voulu — à la partie thérapeutique de ces travaux, partie que le savant rapporteur, M. Baillet, relate ainsi qu'il suit :

« C'est au *Grand-Bos* et à *Gramont* que M. Marret et moi nous avons fait des essais de traitement. Dans la première visite que nous fîmes au *Grand-Bos*, le 17 juin, vers trois heures de l'après-midi, nous trouvâmes cinq vaches que le battier (le pâtre) avait séparées des autres ; on avait déjà perdu au *Grand-Bos* quinze vaches du mal de montagne, et tout le troupeau paraissait bien évidemment sous le coup de la maladie. Nous examinâmes les bêtes isolées, et M. Marret, dont la compétence en pareille matière ne saurait être douteuse, reconnut que l'une d'elles était dans un état désespéré, et que les quatre autres étaient gravement atteintes. — Dix grammes d'acide phénique en solution dans un litre d'eau furent administrés, séance tenante, à chacune des bêtes. Entre outre, cinq autres doses égales furent laissées au pâtre, avec indication de les administrer le lendemain matin. — Nous ne pûmes retourner au *Grand-Bos* que le 23 du même mois. Nous apprîmes alors que la plus malade des vaches avait succombé, le 18 dans la matinée, et que les quatre autres s'étaient rétablies. Du reste, nous pûmes nous convaincre que l'état du troupeau était plus satisfaisant. Cependant il y avait dans les parcs qui servent en quelque sorte d'infirmerie, deux vaches que le battier avait isolées le matin même. L'une d'elles parut à M. Marret assez dangereusement atteinte. Nous ouvrîmes la veine saphène externe à son passage sur le jarret et nous recueillîmes du sang.

25.

Avant de nous retirer, nous fîmes administrer à chacune des deux bêtes quinze grammes d'acide phénique. Toutes deux ont guéri.

» Le 24, le sang recueilli le 23 fut examiné. Il s'était en partie coagulé dans le tube et avait pris une teinte rutilante. Ses globules fortement érodés, étoilés même sur leur pourtour, n'étaient point adhérents les uns aux autres. Ils étaient accompagnés de corpuscules de diverses formes, les uns presque ponctiformes, les autres un peu linéaires, mais d'un aspect différent de celui que présentent ordinairement les véritables bactéridies. Cependant, après un examen prolongé pendant une grande partie de la journée, nous réussîmes, M. Marret et moi, à voir, dans ce liquide, quelques bactéridies bien caractérisées, mais d'une extrême rareté. Il est probable que cette bête était arrivée à la période où les bactéridies commencent à peine à se répandre dans la circulation.

» A Gramont nous n'avons essayé le traitement que sur une seule vache. Cette bête était gravement malade. Nous n'hésitâmes pas à lui donner, en une seule fois, 20 grammes d'acide phénique. Nous avons su depuis qu'elle avait guéri.

» Je ne dirai que quelques mots des expériences de M. le docteur Déclat auxquelles j'ai assisté. M. le Dr Déclat emploie l'acide phénique par un procédé particulier qu'il ne m'appartient pas de décrire. Instruit des ravages que fait le mal de montagne en Auvergne, il désira se trouver avec M. Marret et moi dans les pâturages et faire l'essai de son procédé.

» Le 2 juillet, dans l'après-midi, M. Déclat, M. Marret, M. le Dr Ch. Bonnet et moi, nous allâmes d'abord au *Grand-Bos*, où il n'y avait pas pour le moment de bête malade, puis à *Gramont*. Là, nous trouvâmes une vache que le battier avait isolée et que M. Marret jugea très-malade. Du sang fut recueilli à la saphène externe et examiné le lendemain matin à sept heures. Ce sang comme celui de la vache du *Grand-Bos*, avait ses globules érodés et étoilés, mais non adhérents entre eux. Il contenait aussi quelques corpuscules ponctiformes, mais il me fut impossible d'y découvrir, après un examen de trois heures, aucune bactéridie.

» M. le Dr Déclat fit sur cette vache l'application de sa méthode de traitement par l'acide phénique. Je n'ai point revu cette bête, mais M. Marret m'a écrit à la date du 5 août que le battier lui avait rapporté que, peu après notre départ, elle s'était laissée aller sur le sol, paraissant toucher à son dernier moment, mais que le lendemain elle était debout, cherchant à sortir, et qu'elle s'était complétement rétablie avec une rapidité merveilleuse.

» Deux autres vaches malades, traitées le 8 juillet par M. Déclat, de la même manière, à la montagne des *Ouides hauts* et à la montagne des *petits Ouides*, ont également guéri.

» Nous aurions voulu, M. Déclat, M. Marret et moi, multiplier ces tentatives de traitement; malheureusement, nous ne l'avons pas pu. Il faut avoir parcouru les montagnes comme nous l'avons fait cette année et l'année dernière pour savoir combien il est difficile de poursuivre de semblables opérations..... (1). »

Voici, maintenant, l'appréciation de M. Baillet sur ces expériences :

« Quelque peu nombreuses qu'elles soient, nos expériences de traitement n'en ont pas moins une certaine valeur. Entreprises sur des animaux qui avaient contracté la maladie au sein des pâturages, elles ont été dans tous les cas, à l'exception d'un seul, suivies de guérison. Nous devons nous hâter de dire, cependant, que, dans notre pensée, nos résultats ne doivent être acceptés qu'avec une certaine réserve, en raison de ce fait, bien des fois observé par M. Marret, que tous les animaux isolés par les battiers ne succombent pas, et qu'il en est toujours un certain nombre qui se rétablissent spontanément. » (BAILLET, *Rapport sur les pâturages de l'Auvergne dans lesquels se produit la maladie charbonneuse,* page 84. — Paris, 1870, chez Victor Masson et fils.)

Si les difficultés signalées par M. Baillet sont grandes pour une commission constituée d'après les habitudes adoptées, elles le sont bien autrement encore pour un volontaire isolé de la science, obligé de répondre aux exigences d'une profession

---

(1) Nous supprimons à regret l'exposé de tous les obstacles que rencontre une commission temporaire et trop peu nombreuse, exposé qui prouverait si péremptoirement tout ce que nous avons dit ci-dessus sur l'organisation des commissions relatives aux maladies endémiques.

absorbante. Après avoir fait les dernières applications relatées par M. Baillet, je dus rentrer à Paris; mais je trouvai, fort heureusement, dans M. Marret un collaborateur dont le concours m'aurait été bien précieux, sans les événements, à jamais déplorables, qui sont venus interrompre et ses observations et une correspondance qui était aussi agréable pour moi qu'elle promettait d'être profitable à la science. J'extrairai cependant de cette correspondance la relation des quelques essais thérapeutiques que M. Marret a pu faire avant l'invasion prussienne; je parlerai, ensuite, pour éviter la confusion, de ses essais prophylactiques.

A la date du 13 août, M. Marret m'annonce le succès obtenu sur les trois vaches mentionnées dans la dernière expérience de M. Baillet.

A la date du 13 septembre, il rend compte de deux essais de prophylaxie; il en sera question ultérieurement.

Dans une lettre en date du 28 novembre, M. Marret m'annonce ce qui suit : « L'emploi de l'acide phénique a été continué par moi sur une vingtaine d'animaux atteints du mal de montagne; sur ce nombre, cinq chez lesquels la maladie était à sa dernière période ont succombé; les autres ont guéri. Je vous ferai observer que, tout en tenant compte de l'action du précieux remède dans ces observations, comme en ne perdant pas de vue qu'un certain nombre de malades guérissent spontanément, je suis convaincu de l'efficacité de l'acide phénique dans la plupart des guérisons obtenues.

» Depuis le commencement d'octobre, époque de la descente des troupeaux des montagnes, j'ai eu l'occasion d'observer fréquemment des affections charbonneuses (soit sous forme de charbon essentiel, soit sous la forme de fièvre charbonneuse), contre lesquelles j'ai constamment employé l'acide phénique. Dans ces cas, je n'ai eu qu'à me louer de son effet, toutes les fois que la maladie n'avait pas fait de trop profonds ravages.

» Vers le 20 octobre dernier, M. Brousse, propriétaire de deux étalons, d'un baudet et de neuf bêtes à cornes, perd tout à coup une vache dont il ne connaît pas la maladie. Le 26, son meilleur cheval est reconnu malade, et le lendemain, pendant que j'étais en route pour aller lui donner mes soins, il meurt foudroyé. Le 30, le deuxième étalon tombe malade; je suis appelé, et j'arrive au moment où apparaît une tumeur charbonneuse sur les côtes avec tous les symptômes d'une mort prochaine, qui arrive, en effet, une demi-heure après. Dans la même écurie se trouve une vache atteinte de la même fièvre charbonneuse, et qui, traitée par *votre méthode*, guérit promptement. En présence d'une maladie si effrayante, j'administre, en injections cellulaires, 10 grammes d'acide phénique à toutes les bêtes restantes ; et, en outre, pendant quatre jours consécutifs, j'en fais administrer une nouvelle dose de 8 grammes en breuvage. Bien m'en prit. Quatre jours après le baudet est atteint, et, malgré des symptômes alarmants, il guérit parfaitement. Depuis lors, il n'y a plus eu un seul cas de maladie dans cette écurie. Cette expérience me paraît assez concluante : sans l'intervention de cette médication, le baudet en question aurait probablement péri, et peut-on dire qu'il aurait été la dernière victime de ce terrible mal ? »

Le 5 février 1870, je reçois de mon zélé collaborateur une lettre d'où j'extrais le passage suivant :

« Vers la fin de novembre, un propriétaire de Vernols perd subitement deux génisses; il me fait appeler; et à une visite, je constate le charbon à l'état d'incubation sur deux autres. J'emploie l'acide phénique, tant en injections qu'en breuvages, sur tous les animaux de cette exploitation. La maladie s'arrête court ; les deux suspects guérissent très-bien. Un mois après, ce propriétaire achète deux velles de dix-huit mois, pour combler le vide fait par la maladie. Quelques jours après, une des deux bêtes est atteinte du charbon et succombe tout à coup. Je traite l'autre à l'acide phénique, et depuis lors tout a disparu.

» Dans deux autres cas, j'ai employé cet acide sans succès; mais je dois dire que la maladie était très-avancée. »

A la date du 5 avril 1870, M. Marret m'entretenait de la perspective d'une bonne campagne phéniquée, dans la saison qui allait s'ouvrir : les préoccupations du plébiscite et celles infiniment plus graves qui les suivirent vinrent interrompre nos pacifiques et utiles projets, dont nous espérons reprendre prochainement l'exécution. Mais je n'attendrai pas une troisième édition de cet ouvrage pour adresser à mon bienveillant et dévoué collaborateur des remercîments auxquels s'associeront, je n'en doute pas, tous les amis de la science et du progrès.

Un propriétaire de l'Aveyron, homonyme du propriétaire dont M. Marret a soigné les animaux, a aussi employé l'acide phénique, notamment à la ferme-école de La Chassagne (Cantal). Voici l'extrait d'une lettre où il rend compte de ses observations :

« Dès qu'une vache est reconnue malade dans un troupeau, je lui fais administrer 10 grammes d'acide phénique dans un litre d'eau ; si, au bout de trois ou quatre heures, les frissons n'ont pas disparu, j'administre une seconde dose et je fais donner en même temps un lavement avec 10 grammes d'acide phénique. — Il est rare qu'après ce traitement, il n'y ait pas une amélioration et même une guérison. Je dois pourtant ajouter que quelques vaches ont pu prendre jusqu'à 40 grammes d'acide phénique à l'intérieur, en breuvage, et de 10 à 20 en lavement.

» S'il survient des tumeurs à la face, je fais de larges incisions ; je cautérise avec le fer rouge, et puis, lotions fréquentes avec eau phéniquée au centième. Au bout de vingt-quatre heures, les tumeurs disparaissent comme par enchantement. Je donne à ces animaux 5 grammes d'acide phénique, et je répète la dose au besoin.

» Pourvu que la maladie ne soit pas foudroyante, et que l'on connaisse à temps les premiers symptômes (faciles, du reste, à connaître), on sauve huit bêtes sur dix, et je prétends même arriver à de meilleurs résultats avec le temps. »

» Signé : Brousse,
» Vétérinaire à Mur-de-Barrez (Aveyron). »

Le 25 novembre 1869, la *Gazette médicale de l'Algérie,* dans ce même numéro où son savant et impartial rédacteur en chef attribuait « notamment à M. Sanson » le mérite d'avoir « *dénoncé* » les succès dus à l'acide phénique, publiait une note d'où nous extrayons ce qui suit : «... Dans une épizootie de fièvre charbonneuse qui avait fait son apparition sur les animaux de l'espèce bovine du village de Joinville, j'ai obtenu, par l'emploi de

l'acide phénique, des guérisons inespérées et enrayé la marche de cette affection....... Administré d'emblée à la dose de 25 à 30 grammes à un veau d'un an, très-gravement atteint, refroidi aux extrémités, l'acide phénique a suffi pour obtenir la guérison. — Dans un cas de tumeur charbonneuse étendue, chez une vache, au lieu de procéder à l'ablation, ainsi que cela est recommandé, j'ai pratiqué dans la partie déclive une scarification, puis frictionné la tumeur avec cet acide, que je prescrivais, en outre, en breuvage. La guérison ne s'est pas fait attendre. »

Une relation plus développée et plus précise à la fois de cette expérience, qui est de M. Loubeyre, vétérinaire à Blidah (Algérie), lui aurait donné plus de valeur; mais telle qu'elle est, elle ne nous a pas paru dénuée d'intérêt, et les deux seuls cas qu'elle mentionne spécialement ne peuvent guère s'interpréter que d'une manière favorable à l'acide phénique.

Voici une note qui, sans renfermer des faits plus précis que la précédente, tire cependant une sérieuse importance du nom dont elle est signée :

« ..... Quant au traitement qu'on a opposé à la maladie, il paraît qu'il a varié. Celui qu'on emploie généralement aujourd'hui a pour base l'acide phénique. On donne ce médicament à haute dose, 10 grammes dans un litre d'eau (1). On s'en sert aussi pour panser les tumeurs charbonneuses après les avoir scarifiées, et l'on assure que, lorsque ce traitement est employé à temps, « *il guérit dans la grande majorité des cas.* » (*Extrait d'une lettre de* M. RODET, directeur de l'école vétérinaire de Lyon, en date d'Evian-les-Bains, 29 août 1869, à M. BOULEY, inspecteur général des écoles vétérinaires.)

Une note citée en extrait, par M. Sanson, dans un de ces numéros de *la Culture* (celui du 1er novembre 1869) où il continue à attribuer, avec la plus vertueuse audace, « à son rapport, » l'initiative du traitement phénique, renferme le passage suivant :

« Plusieurs cultivateurs aveyronnais, à notre connaissance,

(1) On voit que le savant professeur n'était pas encore tout à fait au courant des doses auxquelles on administre habituellement l'acide phénique. On peut juger par là de l'utilité qu'il y a à répandre notre travail sur lequel nous nous permettons d'appeler les sympathies de tous les hommes de progrès.

ont déjà eu l'occasion de faire l'essai de l'eau phéniquée pour des maladies charbonneuses sur bêtes ovines et bovines, avec un grand succès. » Cette note, publiée d'abord par la *Revue agricole du Cantal, de l'Aveyron et de la Lozère*, est signée Jacques Bonhomme, nom qui ne manque pas de crédit en agronomie.

Une note d'une grande importance a été provoquée par un article que nous avions adressé à *la Tribune médicale*, et publiée par ce journal, dans son numéro du 24 septembre 1871. En voici un long extrait :

« Thonon, 13 septembre 1871.

« A Monsieur le rédacteur en chef de *la Tribune médicale*,

» Je viens de lire, avec toute l'attention qu'il mérite, votre article sur le traitement de la peste bovine. . . . ., aussi je me permets de vous faire connaître les résultats de la médication phéniquée lors d'une épizootie charbonneuse qui a régné dans le Haut-Chablais, en 1869. Vous en serez étonné comme moi ; mais l'honorabilité de M. le maire de Bellevaux, qui l'a mise en pratique et qui est lui-même un grand propriétaire de bétail, *ne saurait laisser* aucun doute sur l'exactitude de cette statistique. Comme vous le verrez, le traitement n'a pas été exclusivement phéniqué, et je ne sais si la saignée, les boissons amères et les frictions énergiques constituent le *complément* de la médication de M. le docteur Déclat (1)..... La note que je vous adresse a été publiée dans son temps, dans *le Leman*, de Thonon, et reproduite par *le Mont-Blanc*, d'Annecy.

» Les symptômes de l'épizootie observée à Thonon sont :

» Tarissement subit du lait, dans la race bovine ; sécheresse et chaleur insolites de la bouche et de l'arrière-gorge ; rougeur et trouble des yeux ; enflure des diverses parties du corps ;

---

(1) Si nous avons la bonne fortune d'être lu par l'honorable et distingué secrétaire du Comice agricole de Thonon, il se convaincra que nous employons l'acide phénique sans *complément* ; seulement nous lui associons quelquefois, ou nous lui substituons même un médicament que nous ne tarderons pas à faire connaître, mais dont nous devons quelque temps encore taire le nom.

l'œdème est un symptôme plus spécial chez les chevaux et les porcs.

» Le maire de Bellevaux a employé le traitement suivant :

» 1° On pratique une forte saignée ;

» 2° On fait ingurgiter à l'animal 10 grammes d'acide phénique cristallisé, dissous dans un litre d'eau tiède ;

» 3° On donne une ou deux fois quatre litres de café noir, chaud ;

» 4° On fait frotter l'animal pour déterminer une réaction cutanée ;

» 5° On scarifie les parties infiltrées ;

» 6° On fait prendre pendant la maladie quelques litres de racine de gentiane (sous-entendu décoctions).

» 7° On panse avec la dissolution phéniquée ci-dessus les pustules qui surviennent sur le cuir.

» A Bellevaux, 19 vaches, 12 chevaux et une ânesse sont morts du charbon avant l'application du remède indiqué. Depuis son application, à laquelle M. le maire a présidé avec le plus grand soin, on a obtenu le magnifique résultat suivant :

» Animaux soignés : vaches, 50 ; chevaux, 7 ; cochon, 1.

» Animaux morts : vache, 1 ; cheval, 0 ; cochon, 0. (LOCHON, secrétaire du Comice agricole de Thonon, *in : Tribune médicale*, n° du 24 septembre 1871.) »

Le judicieux secrétaire du Comice fait suivre sa relation de la réflexion suivante, qui prouve à la fois sa perspicacité et celle du maire de Bellevaux, et qui ne contribue pas peu à donner du poids à l'expérience en question : « La dose d'acide phénique ne paraissant pas de prime abord très-élevée, j'en fis l'observation ; *mais il paraît qu'elle est essentielle.* » La question des doses est, en effet, ainsi que nous l'avons développé dans l'article que nous leur avons consacré, de la plus grande importance ; nous aurons à y revenir un peu plus loin.

Nous croyons devoir mentionner encore, avant de présenter le résumé et d'aborder la discussion de ces faits, une communication du docteur L'Orange, médecin de l'hôpital Saint-Jean, de Beyrouth, au docteur Quesneville, et dans laquelle ce médecin dit avoir employé plusieurs fois avec succès contre le charbon, l'eau phéniquée de 2 à 6 pour 100. » — Nous signalons pour la troisième ou quatrième fois cette proportion de 6 p. 100, acceptée par le docteur Quesneville, qui se connaît en acide phénique, pour montrer une fois de plus que l'eau à 5 p. 100 n'est pas de l'eau saturée, comme persiste à l'écrire M. Lemaire, et comme l'imprime son intelligent copiste, M. Dorvault. Quant aux observations de M. L'Orange, elles manquent de détails; mais l'opinion d'un médecin d'hôpital est toujours bonne à citer. (Voy. *Moniteur scientifique*, du Dr Quesneville, nº du 15 novembre 1871.)

En résumé, douze observateurs compétents apportent leur témoignage en faveur du traitement phéniqué du charbon; cinq de ces observateurs se contentent d'une appréciation générale des faits qu'ils ont observés; les autres citent le nombre des expériences qu'ils ont faites, lesquelles, en ne comptant que les grands animaux et laissant de côté les quatre brebis mentionnées et observées par M. Bouley et dont il sera question plus tard, s'élèvent au nombre de 103; sur ces 103 grands animaux traités, 94 sont guéris; 9 ont succombé; et, chez presque tous ces derniers, la maladie était parvenue à sa période ultime.

Ce résumé semblerait devoir être suffisant pour démontrer l'efficacité de l'acide phénique contre le charbon des grands animaux; nous savons cependant à l'avance qu'il ne convaincra pas tout le monde. Nous sommes certain, par exemple, de trouver, entre autres incrédules, certains membres, pourtant si compétents, de la Société d'Eure-et-Loir, notamment M. Garreau, vétérinaire à Châteauneuf; nous trouverons un incrédule non moins décidé dans un vétérinaire tout aussi compétent, M. Verrier, de Provins, habitant une des patries de la pustule maligne et des feuilles de noyer. Pour être plus certain que ces deux derniers observateurs n'avaient point modifié leur manière de voir, depuis l'introduction de l'acide phénique dans la thérapeutique, nous leur avons écrit et, avec une obligeance et un empressement dont nous les remercions, ils nous ont répondu avec une netteté qui ne comporte aucune équivoque ni aucune transaction.

M. Garreau nous dit : « Tout animal atteint de *charbon inté-*

rieur appelé *fièvre charbonneuse* dans le cheval, *maladie de sang* dans le bœuf, et *sang de rate* dans le mouton, est un animal mort !.... »

M. Verrier n'est pas moins catégorique : il s'en réfère à un mémoire qu'il a lu, en 1865, à la Société protectrice des animaux, et dans lequel il est dit : « Le sang de rate déclaré chez un mouton ou chez un animal de l'espèce bovine *est absolument inguérissable.* Tous les vétérinaires, les bergers, les praticiens sont convaincus de ce fait. Il n'y a dans cette croyance rien d'illogique, ce n'est pas davantage le cri de l'impuissance aux abois. Les notions, les éclaircissements très-précis produits par les recherches du cadavre, ajoutés à la rapidité de la mort, fournissent sur cette incurabilité de suffisantes explications. C'est pour ce motif que nous nous permettrons d'avancer qu'on n'a dû jamais guérir un cas de sang de rate bien évident, et *même qu'on n'en guérira jamais.*

» Nous ne nous arrêterons donc point à faire connaître des procédés et des remèdes que *le bon sens médical condamne à l'avance.* Nous nous occuperons d'un seul, parce qu'il a été doté et qu'il jouit encore d'un certain crédit, c'est la saignée. D'après de très-nombreux essais personnels, l'usage de la saignée est une méthode de traitement condamnable. »

Avec M. Verrier, on voit qu'il n'y a pas de conversion à espérer, puisqu'à la certitude expérimentale il joint la certitude rationnelle : il ne sait pas seulement qu'on n'a jamais guéri le charbon, il sait encore *pourquoi* on n'en guérira jamais. C'est probablement pour atténuer l'effet de cette sentence rigoureuse que M. Verrier nous dit, dans la lettre dont il a bien voulu faire précéder l'envoi de son mémoire, que « l'acide phénique n'a pas tenu *toutes* les promesses qu'on avait fait espérer en lui, » ce qui laisserait croire qu'il en a tenu *quelques-unes;* mais nous ne nous attacherons pas à cette phrase, qui n'est probablement qu'une formule de politesse pour ménager notre sensibilité, et nous ne cesserons pas, pour ces quelques mots, de considérer M. Verrier comme très-conséquent avec lui-même. Reste à discuter s'il est aussi conséquent avec les faits. Avant d'aborder cette discussion, nous ne résistons pas au besoin de faire remarquer le piquant de la situation où se placent trop souvent les médecins : voilà, dans le même centre d'affections charbonneuses, d'une part M. le Dr Raphaël et M. le professeur Nélaton, qui croient guérir toutes les pustules malignes, ou peu s'en faut, par la simple application sur le mal de feuilles fraîches de noyer, et, d'autre part, M. Verrier, qui déclare que tout remède *est condamné à l'avance par le bon sens médical !* Et la faculté de Paris, dont M. Nélaton est assurément le représentant le plus justement célèbre, se permet de prendre quelquefois des airs avec des chercheurs, avec des guérisseurs, qui croient, à tort ou à raison, guérir leurs malades ! Si ce n'est pas à faire tordre les côtes à l'ombre de Molière ! Mais revenons à nos moutons ou plutôt à nos bœufs et à nos chevaux; les moutons viendront plus tard. M. Garreau ne les croit pas moins que M. Verrier, voués à une mort certaine, ces bœufs et ces chevaux, quand ils sont atteints du charbon ; cependant il est peut-être moins absolu que son confrère de Provins, car, dans la même lettre où il nous déclare qu'un animal atteint de charbon est un animal mort, il veut bien nous exprimer le « désir bien vif de nous voir donner *un jour* la démonstration que sa conclusion est erronée. » Nous ne ferons pas attendre ce jour bien longtemps à notre honorable correspondant, car nous allons lui démontrer sur l'heure, et avec toute la rigueur dont les sciences expérimentales sont susceptibles, qu'un animal atteint de charbon n'est pas nécessairement un animal mort. La démonstration est même déjà toute faite par les expériences qui précèdent; nous n'avons qu'à les rappeler succinctement et à renvoyer le lecteur, pour les détails, aux pages qu'on vient de lire. Est-ce que, par exemple, lorsque sur un pacage d'Auvergne, dit *montagne*, on observe sur une plus ou moins grande partie d'un troupeau, même sur un troupeau tout entier, les mêmes symptômes de maladie, de façon à ce qu'il soit impossible à l'observateur le plus attentif (à MM. Bouley, Marret et Baillet, entre autres) de dire quels sont les animaux qui succomberont, quels sont ceux qui survivront, est-ce que M. Garreau, M. Verrier et leurs partisans, s'ils en ont, voudraient prétendre que ceux qui succombent ont le charbon et ceux qui guérissent une autre maladie? Si telle est réellement leur opinion, nous n'hésitons pas à leur dire franchement, malgré toute l'estime qu'ils nous inspirent, qu'une telle opinion est absolument contraire aux plus simples, aux plus positives notions d'étiologie médicale, et réellement condamnée, conséquemment, par le bon sens médical. Du reste, ce que l'observation rigoureuse et positive suffisait à démontrer, l'expérimentation, cette expérimentation que M. Garreau et ses collègues de la Société d'Eure-et-Loire considèrent comme indispensable, l'a démontré à son tour, d'une manière plus frappante peut-être, sinon plus certaine. Dans les inoculations qu'il a pratiquées, le savant professeur Baillet a constaté, ainsi qu'on l'a vu précédemment, que tous les animaux chez lesquels l'inoculation réussissait présentaient exactement les mêmes symptômes jusqu'à une certaine période, à partir de laquelle les accidents s'aggravaient chez les uns jusqu'à la mort, tandis qu'ils s'arrêtaient d'abord chez les autres, et rétrogradaient ensuite jusqu'au retour de la santé. Les expériences de M. Baillet ont fait plus encore : elles ont prouvé que de nouvelles inoculations, ou, si l'on veut, des inoculations *au second degré*, pratiquées avec le sang de ces animaux qui ont guéri, sang extrait de leurs veines pendant qu'ils étaient malades, ont transmis à des animaux sains une maladie charbonneuse mortelle, caractérisée par tous les signes anatomiques et microscopiques du charbon. Nos honorables adversaires nous permettront de le leur répéter: s'ils ne trouvent pas dans ces faits la preuve que le charbon le mieux caractérisé n'est pas toujours mortel, c'est qu'ils ne sont pas seulement réfractaires à toute notion médicale, mais aussi à toute logique, à toute raison : il faut qu'ils se rangent courageusement sous la bannière de Pyrrhon, et qu'ils nient la lumière, le mouvement et quelques autres réalités de même ordre.

Des adversaires moins brouillés avec la logique élémentaire sont ceux qui ne nient pas que le charbon *guérisse* quelquefois, mais qui nient seulement *qu'on le guérisse*: comme les premiers, ils mettent sur le compte d'autant d'erreurs de diagnostic les cas de guérison qu'on pourrait attribuer au traitement ; ils en diffèrent seulement en ce qu'ils admettent que ces erreurs peuvent être évitées..... à l'aide de l'inoculation. Ce sont ces médecins ou ces vétérinaires qui se félicitent d'être entrés dans *la voie de M. Ricord*, démolie, et qui plus est, fermée et flétrie il y a plus de trente ans par M. de Castelnau, et que personne aujourd'hui n'oserait se permettre de rouvrir ni de suivre. Il est vrai que les honorables sociétaires d'Eure-et-Loir n'opèrent que sur les animaux, — quoiqu'un d'eux, au moins, se soit permis cependant d'opérer sur l'homme — mais, pour n'être plus coupable, la *voie* n'en est pas moins défectueuse, et nous ne pouvons que lui appliquer la règle posée il y a plus de trente ans par M. de Castelnau. Cette règle, la voici : quand l'inoculation donne un résultat positif, on sait que la matière inoculée provient d'un individu atteint de la maladie qu'on a communiquée ; mais quand l'inoculation n'a rien produit, elle ne prouve nullement que l'individu qui a fourni la matière inoculée ne soit pas atteint de la maladie soupçonnée ou plutôt reconnue par les moyens ordinaires de diagnostic. Toutes les fois qu'on a pratiqué des séries d'inoculations sur une maladie quelconque, cette vérité, ainsi que M. de Castelnau l'a démontré à satiété, est ressortie des inoculations elles-mêmes ; elle en est ressortie de la manière la plus évidente, quand tous les résultats des inoculations ont été publiés de bonne foi, sans exception ; elle en est ressortie même, mais avec un peu plus de travail critique, quand un grand nombre de faits ont été dissimulés ou tronqués, comme c'est le cas pour les observations publiées par M. Ricord. Est-ce que les inoculations de la Société d'Eure-et-Loir font exception sous ce rapport à la règle générale ? pas le moins du monde. Que voyons-nous, en effet, dans ces inoculations ? un fait qui aurait dû crever tous les yeux, tant il est gros et éclatant, et qui n'a pas même ou paraît n'avoir pas même impressionné les honorables expérimentateurs d'Eure-et-Loir, quelques-uns d'entre eux, au moins. Laissant de côté 2 poulets, 2 canards, 1 pigeon et 4 chiens, espèces sur lesquelles le charbon, ou ne se transmet point, ou ne se transmet que très-difficilement, il reste 37 inoculations pratiquées, savoir :

22, à des moutons,
8, à des vaches,
4, à des chevaux,
3, à des lapins,

c'est-à-dire à des espèces très-aptes à la contagion.

Or, sur ces 37 inoculations, il y en a 11 — près du tiers — qui n'ont pas réussi, et cela avec les mêmes matières qui ont réussi dans les 26 autres !

Supposons qu'au lieu d'avoir fait 37 inoculations, on n'en eût pratiqué que 11, les honorables expérimentateurs auraient donc conclu, malgré la mort des animaux qui avaient fourni la matière de l'inoculation, malgré la nature des lésions anatomiques, que ces animaux n'étaient pas morts du charbon ? Eh ! mon Dieu, non, ils n'auraient point ainsi conclu, parce que l'évidence l'emporte parfois sur l'esprit de système ; mais que dis-je, ils *n'auraient* point conclu ! il faut dire qu'ils *n'ont* point conclu ; car les zélés expérimentateurs ont fait d'autres inoculations que celles que nous venons de mentionner ; pour n'en citer que quelques-unes, nous en trouvons, par exemple, comme les suivantes, dans la série de celles qui ont été pratiquées avec les liquides altérés de la *fièvre charbonneuse du cheval* :

« *Expérience* n° 8 : — Inoculation sur un mouton à l'aide d'une rate provenant d'un cheval mort spontanément de *fièvre charbonneuse : inoculation sans effet.* »

Ainsi, le résultat de l'inoculation est nul, et pourtant les expérimentateurs n'en qualifient pas moins de *fièvre charbonneuse* la maladie qui a emporté le cheval.

Même observation pour l'expérience 9, pour l'expérience 11, pour l'expérience 15 de cette série, qui se résume ainsi : sujets inoculés : 16, dont 10 moutons, 3 chevaux et 3 vaches, sur lesquels l'inoculation a réussi..... 8 fois (6 moutons et 2 chevaux) et échoué, par conséquent, un nombre égal de fois (4 moutons, 1 cheval et 3 vaches).

Une troisième série donne des résultats analogues, sans que jamais il vienne à l'esprit des expérimentateurs de rectifier le diagnostic qu'ils avaient porté avant l'inoculation ; en quoi ils ont agi sagement : il vaut mieux être inconséquent pour rentrer dans la vérité, que de rester conséquent dans l'erreur.

Mais, si nous repoussons bien loin l'inoculation comme règle absolue de diagnostic, comme *criterium,* pour juger exclusivement et sans appel les faits de guérison, s'en suit-il que nous la repoussions absolument, comme un moyen d'information à ajouter à tous les autres ? Assurément, non. Nous admettons volontiers, au contraire, que, lorsque le sang d'un animal charbonneux aura été inoculé avec résultat positif et que l'animal se sera rétabli, il sera un peu mieux démontré qu'il était charbonneux que s'il n'avait pas été inoculé; mais ce que nous nions formellement, c'est que cette inoculation soit indispensable pour démontrer l'efficacité d'un traitement, dans une série de cas, pas plus qu'elle n'est suffisante pour démontrer cette efficacité dans un cas isolé donné. Nous savons, en effet, qu'un animal ayant même un sang déjà inoculable, peut guérir spontanément; par conséquent, si nous n'avions qu'un cas de cette espèce, il serait impossible de savoir si la guérison est due au traitement ou à la nature. Mais lorsqu'une série de cas est observée par un homme attentif, compétent, habitué à voir des cas semblables, par un homme comme M. Marret, par exemple, qui a presqu'en même temps sous les yeux les sujets qu'il traite et ceux qu'il abandonne à eux-mêmes; quand un tel observateur et d'autres, presque aussi compétents, constatent des faits comme ceux que nous avons rapportés, douter encore, c'est tomber dans le doute systématique, c'est vouloir nier toute la science du diagnostic dans presque toutes les grandes maladies de l'homme et des animaux : il y a peu, très-peu de diagnostics, en effet, qui offrent autant de garanties de certitude que ceux qui ont été portés dans les faits que nous avons cités. Que ces faits soient insuffisants pour fixer *la mesure exacte* de la puissance de notre traitement, pour *spécifier rigoureusement les cas où il réussira et ceux où il échouera*, nous accorderons volontiers que ce sont là des problèmes dont la solution est réservée à l'avenir; mais ne pas voir clairement l'efficacité de notre méthode dans l'ensemble de ces faits, c'est à notre avis, nous le répétons une fois encore, refuser de voir le jour en plein midi. C'est donc sans la moindre hésitation que nous recommandons notre traitement à tous ceux qui ne sont pas aveugles.

Sang de rate. — Voilà pour ce qui concerne le charbon des grands animaux; voyons maintenant ce qui est relatif au charbon de l'espèce ovine, où la maladie prend plus spécialement le nom de *sang de rate*. Après les développements dans lesquels nous sommes entré sur le premier, nous pourrons glisser sur le second et nous borner à signaler les quelques différences qui les distinguent.

Ces différences n'existent, bien entendu, que dans les formes et l'évolution de la maladie, laquelle est, au fond, identique chez tous les animaux, puisqu'elle est causée chez tous par le même ferment, nous croyons pouvoir dire par le même parasite. Mais on conçoit parfaitement qu'un même parasite ne produise pas exactement les mêmes effets sur tous les animaux; il ne paraît même nullement impossible qu'il puisse être mortel pour les uns et parfaitement innocent ou peu nuisible pour les autres, à l'instar de l'amanite fausse oronge, qui est un aliment pour la chèvre et un poison violent pour l'homme et pour le chien. Ce n'est pas le cas du poison charbonneux; mais on a pourtant vu qu'il est moins funeste au cheval qu'au bœuf, et encore bien moins au chien qu'au cheval. Le mouton, comme le lapin, jouit d'un triste privilège contraire: c'est chez lui, parmi les animaux domestiques, que la maladie affecte la forme la plus rapide, parfois même foudroyante; on en a vu mourir en cinq minutes; et la plupart succombent en deux heures, à partir du moment où l'on peut constater les premiers symptômes. C'est là, on le comprend sans peine, une circonstance fâcheuse pour l'application d'un traitement quelconque. Quelque hâte qu'on y mette, on arrive très-souvent trop tard. Malgré ces conditions défavorables, nous avons pu, cependant, administrer ou faire administrer l'acide phénique dans un assez grand nombre de cas; et si cette médication n'a pas obtenu le même succès que dans les grosses espèces domestiques, il n'est pourtant resté douteux pour aucun témoin, que toutes les guérisons que nous avons obtenues sont dues à notre médication (1). Il y a même tout lieu d'espérer que si l'on parvenait

---

(1) On nous pardonnera de revendiquer de temps en temps notre bien, quand on verra le crédit que la piraterie intrigante et audacieuse trouve chez les hommes les mieux intentionnés, mais dont les lumières n'égalent pas toujours les bonnes intentions. Dans un long rapport sur le sang de rate, de près de cent pages bien remplies, mais remplies malheureusement de documents stériles et de répétitions ou de considérations le plus souvent oiseuses et confuses, un honorable confrère, M. le Dr Lobligeois, consacre *cinq lignes* à l'acide phénique, pour dire que

à vulgariser assez la médication pour la faire appliquer avec intelligence par les bergers, qui, eux, pourraient traiter les bêtes confiées à leur garde dès l'apparition des premiers phénomènes morbides, on obtiendrait sur l'espèce ovine les mêmes succès que sur les espèces bovine et chevaline, et qu'on préserverait de la mort la plus grande partie des nombreux troupeaux qui sont chaque année enlevés par le sang de rate. Mais, malgré l'intérêt puissant qu'ont les agriculteurs à la réalisation d'un pareil progrès, nous savons qu'il faudra l'attendre du temps plus peut-être encore que de nos efforts. Continuons donc notre œuvre, et puisse le temps accomplir bientôt la sienne, conformément à nos vœux.

Nous ne renouvellerons pas, à propos du sang de rate, la question du diagnostic que nous croyons avoir épuisée en traitant du charbon de l'homme et des grands animaux. Nous insistons seulement sur ce fait, que la marche de la maladie n'est pas seulement plus rapide chez le mouton, mais que la guérison spontanée est aussi moins fréquente — quoique non sans exemple, ainsi que le pensent MM. Garreau, Verrier, etc. — ce qui rend plus facile l'appréciation des guérisons dues au traitement, et plus déraisonnable le doute systématique sur les faits et les appréciations que nous allons faire connaître.

La première expérience faite sur l'espèce ovine est celle des quatre brebis traitées par M. Bouley et que nous avons déjà mentionnées précédemment. Les sceptiques les plus coriaces ne pourraient, ce nous semble, contester le diagnostic porté dans ces quatre cas par M. Bouley et par toute la commission qu'il présidait, puisque les quatre bêtes avaient été inoculées avec le même sang charbonneux; que toutes sont devenues malades après cette inoculation; qu'elles ont présenté les

M. Verrier recommande ce médicament et que M. Sanson le préconise. Or, M. Verrier ne recommande pas l'acide phénique, — on l'a assez vu par l'extrait, ci-dessus publié, de la lettre qu'il nous a écrite, — et quant à M. Sanson, on sait désormais où il a puisé ses « indications des proportions pour.... » Mais les âmes honnêtes et naïves, comme le Dr Lobligeois, ne peuvent sans doute supposer qu'on donne comme sien ce qu'on a pris aux autres, et ces bonnes âmes, par leur crédulité, et, il faut bien le dire aussi, par leur légèreté, favorisent les desseins des pirates intrigants qui, ne pouvant se créer des titres scientifiques par leurs travaux, trouvent tout simple de s'approprier les travaux d'autrui. Heureux encore les pauvres spoliés, quand les spoliateurs ne crient pas : au loup !

mêmes symptômes, et que l'une est morte. Quel esprit raisonnable voudrait donc prétendre que celles qui ont guéri avaient une maladie différente de celle qui a succombé ? aucun, certainement. La vraie, la seule différence, c'est que la médication a échoué dans l'un des cas et réussi dans les trois autres, par des circonstances qui se présentent dans les médications les plus puissantes et qui n'ont jamais jeté le doute sur l'efficacité de ces médications, dans les cas de succès. M. Bouley était donc autorisé, en communiquant ces faits à l'Académie des sciences, à dire « qu'ils étaient gros d'espérances; » quant à nous, nous n'avions pas hésité à prédire le même avenir, dès 1861, à la médication phéniquée, à la vue de la première réalité curative qu'il nous fut donné de constater, et qui n'était que la première confirmation d'une doctrine qui avait déjà pour elle l'appui de la raison générale et celui, non moins solide, des belles et positives expériences de M. Pasteur.

Comme on le pense bien, la communication de M. Bouley ne fit qu'exciter davantage le désir, que j'avais depuis longtemps, de répéter sur les animaux mes expériences datant déjà de plusieurs années sur l'homme. Dans le pli cacheté déposé à l'Académie des sciences, le 31 mai 1869, je n'avais pas hésité à prédire les résultats qu'on obtiendrait sur eux, et j'avais même annoncé mon départ pour l'Auvergne, ainsi que cela sera démontré le jour où je ferai ouvrir le pli cacheté dont il s'agit : on verra alors que les résultats obtenus par la commission du *mal de montagne* n'étaient pas pour moi un événement fortuit, mais bien un fait annoncé d'avance et confirmatif d'une doctrine qui dominera bientôt toute la médecine. En ce qui concerne les moutons, l'occasion se présenta, enfin, au commencement de l'automne de 1869. Je fus mis en rapport, à cette époque, avec M. le marquis d'Argent qui voulut bien me recevoir, dans la première quinzaine de septembre, dans son bel établissement agricole de Bouville. A différentes visites que nous fîmes des troupeaux, nous ne trouvâmes pas de bêtes malades; mais je laissai à l'éminent agronome les instruments, substances et instructions nécessaires pour faire appliquer sous sa surveillance le traitement. La substance à administrer, soit en injections sous-cutanées, soit en breuvages, se composait exclusivement, comme principe actif, d'acide phénique.

A la date du 16 septembre, je reçus de M. le marquis d'Argent une première lettre dont j'extrais le passage suivant : « Dans la nuit de lundi à mardi, deux moutons ont été trouvés morts. Mercredi, à trois heures, une brebis a été aperçue ne mangeant pas. Deux injections ont été faites, et, deux heures après, la brebis était morte rendant le sang par le nez. — Ce matin rien de nouveau. »

Ce premier fait n'était pas des plus encourageants ; mais, loin de me décourager, il me confirma dans l'idée qui, plus d'une fois déjà, m'avait traversé l'esprit, de recourir à une autre substance plus active encore que l'acide phénique, et de les associer de façon à obtenir un parasiticide assez puissant pour tuer instantanément le ferment morbide, dans les cas où ce ferment est lui-même assez actif pour transformer en quelques heures le sang des animaux, comme c'est précisément le cas dans le sang de rate, la péritonite puerpérale, le choléra, etc. Je répondis donc à M. le marquis d'Argent de ne pas se tenir pour battu, et de continuer les expériences avec une nouvelle substance que j'allais lui expédier, ainsi que des seringues d'un nouveau modèle, toujours à mes frais, bien entendu ; je lui recommandai d'injecter 40 à 50 grammes de cette nouvelle substance et d'en donner une égale dose en breuvage à toute brebis ou à tout mouton qui serait atteint.

La seconde expérience de M. le marquis, faite avec cette nouvelle substance, ne ressembla pas à la première. Voici ce que j'extrais d'une lettre qu'il m'écrivit, à la date du 21 septembre, cinq jours par conséquent après celle que je viens de mentionner :

« Hier une brebis a été vue malade du sang de rate et ayant pissé rouge.

» Deux injections et demie ont été faites avec la liqueur n° 1. Une seringuée et demie a été administrée en breuvage (de la liqueur n° 1). — La bête a mangé deux heures après. Ce matin, elle va bien. Voilà un succès. Ce matin, un mouton a été trouvé mort. J'ai le projet de les injecter tous : 700. Si la réussite est bonne, la Beauce est sauvée (1) ! »

(1) C'est alors que j'adressai à l'Académie des sciences un second pli cacheté;

On voit l'effet que produisit ce succès sur un homme aussi compétent que l'éminent agronome; comme M. Bouley, il le trouva si gros d'espérances qu'il voulut en conférer plus à fond avec moi, et qu'il prit la peine de me donner rendez-vous à Paris pour le 13 octobre. Son espoir ne fut pas, je crois, diminué par notre entrevue, et il s'en retourna très-décidé à continuer les expériences. A la date du 17 octobre, il m'écrivait une lettre dont j'extrais les lignes suivantes :

« Mercredi dernier, deux moutons pris de sang de rate et pissant le sang ont été guéris par une injection de la liqueur n° 1 et la même quantité avec moitié d'eau, en breuvage.

» *Observation.* — La piqûre fait plaie et, en se cicatrisant, la peau devient adhérente aux muscles.

» Les trois moutons guéris » (sans doute les deux ci-dessus et la brebis dont il a été question précédemment) « vont bien et mangent comme les autres. »

Nous reviendrons un peu plus loin sur la plaie occasionnée chez les moutons par la piqûre d'injection. Continuons, d'abord, l'analyse de la correspondance. Voici l'extrait d'une lettre en date du 17 novembre.

« Depuis votre lettre du 19 octobre, je n'ai eu que deux cas de sang de rate; le premier n'a pas été vu; l'animal a été trouvé mort le matin. Le second est un bélier d'un an; il a été injecté à sept heures du matin et a pris, ensuite, le breuvage. Jamais je n'ai vu un mouton aussi malade pendant quatre heu-

---

dans lequel je désignai la nouvelle substance qui venait de me donner un si beau succès, et que je m'inscrivis par anticipation pour le prix Bréant, pour le cas où le choléra ferait une nouvelle invasion en France. L'analogie du ferment cholérique avec celui du sang de rate est, en effet, des plus grandes, car l'un et l'autre tuent en quelques heures, quelquefois en moins de temps encore, et à tous les deux ce court espace de temps suffit pour opérer dans le sang une des plus profondes altérations connues. Il y a seulement cette différence que le choléra guérit assez souvent seul, tandis que le sang de rate ne guérit jamais ou à peu près, et c'est pour cela que j'espère obtenir plus de succès encore contre le premier que contre le second. Ce n'est pas ici le lieu de répéter ce que j'ai déjà dit touchant la divulgation du nom de la nouvelle substance; je la ferai connaître quand il en sera temps, et le moment sera venu quand des faits suffisamment connus du public ou consacrés par des savants consciencieux et désintéressés (il s'en trouve encore) m'auront mis à l'abri des plagiaires et des pillards; je ne parle pas des envieux; de ceux-là on n'est jamais à l'abri, mais leurs morsures sont peu graves et n'exigent même pas l'application des pansements phéniqués.

26.

res.; le soir, à trois heures, il mangeait, et le lendemain il a sailli une brebis. Dans ce moment, il est en parfaite santé.

» Il est donc positif que le remède est parfait comme curatif pourvu qu'il soit donné au commencement de la maladie. »

Ce dernier fait frappa à un si haut degré M. le marquis d'Argent, que son esprit judicieux et positif ne put se défendre de l'enthousiasme, et que dans la suite de sa lettre il m'entretint avec une haute raison des moyens de rendre mon procédé pratique sur une vaste échelle, et de la régénération de la Beauce par ce procédé. Les effroyables événements qui ont ébranlé la France sont venus interrompre ces grands projets humanitaires et civilisateurs. Puissions-nous les reprendre, et puissent-ils contribuer à réparer les désastres causés par le fléau encore plein de vie des temps barbares!

A la date du 25 février 1870, M. le marquis d'Argent m'écrivait une lettre qui contenait exclusivement les lignes suivantes :

« Hier, un bélier de trois ans avait tous les symptômes du sang de rate. De suite, il a été injecté; on lui a fait boire la même quantité de médicament; le soir, il allait mieux; et, ce matin, il va très-bien.

» Total : 3 moutons et 2 béliers qui ont été sauvés d'une mort certaine.

» Il est donc positif que le remède est bon, quand il est administré aussitôt que la maladie débute (1). »

Dès la première expérience démonstrative, M. le marquis d'Argent n'avait pas hésité ; il hésite bien moins encore; il n'est ni médecin ni vétérinaire et serait probablement fort inhabile à faire ou à discuter des théories pathologiques ou même thérapeutiques; mais son intelligence largement ouverte, servie, dans le cas présent, par une grande habitude et stimulée par un grand intérêt personnel et un bien plus grand intérêt national, donne à son jugement un poids auquel nul autre ne saurait être supérieur. Et quand cette opinion se trouve conforme à celle d'observateurs comme MM. Baillet et Bouley, Marret, etc., il nous semble que le scepticisme de MM. Garreau, Verrier, et

____

(1) Toutes ces lettres ont été entre les mains de M. le professeur Nélaton.

de quelques autres, paraîtra bien léger, quels que soient d'ailleurs le mérite et la compétence de ces honorables praticiens, mérite qu'il est très-loin de notre pensée de vouloir diminuer. Quant à nous, qui avions vu bien d'autres faits que ceux dont M. le marquis d'Argent a été témoin, notre conviction est entière : la médication phéniquée seule, mais surtout associée au nouveau médicament que nous ferons prochainement connaître, guérit sûrement, dans beaucoup de cas, le charbon des hommes, des grands animaux et des moutons ; la seule question à résoudre est de bien préciser ces cas et de les supputer s'il est possible.

Cette première question résolue dans les termes précis où l'a formulée M. le marquis d'Argent, une seconde s'imposait, plus importante encore que la première, surtout en ce qui concerne le sang de rate, dans lequel les secours ne peuvent, si souvent, arriver que trop tard. Cette question, que nous avions dès longtemps posée et déjà étudiée par l'expérimentation, et qui n'a point échappé non plus à M. le marquis d'Argent, est la suivante : la médication phéniquée, ou toute autre, appliquée préventivement, peut-elle empêcher le développement du sang de rate et en général du charbon, dans toutes les espèces ? Non-seulement cette question n'a point échappé à l'agronome éminent qui a bien voulu nous prêter son concours ; mais il l'a, au contraire, envisagée sous tous ses aspects pratiques, et il en a déterminé les conditions avec toute la précision d'un homme du métier, le plus consommé. A son instigation, sous sa surveillance directe, et quelquefois opérant lui-même, des expériences ont donc été faites, dès notre entrée en relations. Malheureusement il n'a pu les surveiller toutes ; quant à moi, les exigences de ma profession m'ont empêché d'en pratiquer ou même d'en surveiller aucune ; en sorte que je ne puis considérer comme l'expression d'une loi générale les résultats qui ont été obtenus, quoique j'aie dû prendre la responsabilité d'un accident qui a eu lieu chez un fermier, à la suite d'une injection phéniquée que j'avais voulu rendre plus active et qui malheureusement l'a été trop, puisque dix animaux sains ont succombé consécutivement et que vingt-six autres ont éprouvé des abcès qui ont exigé des soins assez prolongés. Quoique je n'eusse fait cette expérience que sur la demande de M. Rougeoreille, et qu'elle eût été entreprise, comme toutes les autres du reste, dans un intérêt général, à mes frais, et dans son intérêt particulier, la préservation de son troupeau, je n'en ai pas moins dû accepter la responsabilité matérielle de cet accident, et payer au fermier Rougeoreille, chez qui il a eu lieu, une somme de 600 fr. qu'il m'a réclamée. Pour une seule expérience, c'était un peu cher; je serais curieux de savoir si les Prussiens de la Faculté de médecine de Paris, qui parlent de « *blagues* », à l'Académie des sciences, en ont fait beaucoup de semblables.

Cette expérience onéreuse ne doit pas être perdue pour ceux qui voudraient marcher dans la même voie que nous. Nous devons les prévenir que les moutons sont beaucoup plus susceptibles que les grands animaux; nous avons déjà vu ci-dessus que les piqûres pratiquées pour les injections sous-cutanées ont causé, tantôt des tumeurs dures, tantôt des plaies qui se sont terminées par des cicatrices adhérentes. Chez le fermier Rougeoreille, les accidents ont été beaucoup plus graves. Aucun de ces accidents n'a eu lieu dans les premières opérations que nous avons faites ni dans celles qui l'ont été depuis; mais cela ne suffit pas: pour devenir un moyen général, c'est-à-dire utile au pays tout entier, il faut évidemment que ce moyen puisse être appliqué, moyennant une éducation courte et facile, par toutes les mains. Cette condition n'est pas bien difficile à réaliser; cependant elle demande du soin. Il faut que la peau soit bien traversée par l'aiguille-canule de la seringue, qui doit pénétrer de plusieurs millimètres au moins dans le tissu cellulaire; il faut choisir un point où ce tissu ne soit pas trop dense; il faut, enfin, que la solution préservatrice ne soit pas trop concentrée. Pour l'acide phénique, le maximum de concentration est de 2 p. 100, pour les moutons, et de 2 1/2 à 3 p. 100 pour les bœufs; pour l'autre substance, que nous employons, soit concurremment avec l'acide, soit isolément, nous ferons connaître ultérieurement sa préparation et le degré auquel elle doit être injectée, et prescrite, par les voies digestives.

Malgré ces légères difficultés qui ne sont que transitoires, l'acide phénique — pour ne parler ici que de lui — n'en a pas moins été employé préventivement par plusieurs personnes, et les résultats des expériences tentées, sans être aussi remarquables que les résultats curatifs, n'en ont pas moins mis hors de doute l'action prophylactique de la médication. Chez les moutons, cette action peut encore, à la rigueur, être considérée comme incertaine, principalement à cause des difficultés, c'est-à-dire des inconvénients qu'elle a offerts jusqu'à présent dans cette espèce, inconvénients dont je ne doute pas qu'on n'arrive à triompher promptement. Quant à cette action sur l'espèce bovine, les expériences de M. Marret et celles de quelques autres vétérinaires de l'Auvergne, sur lesquelles nous reviendrons dans un instant, ne laissent pas le moindre doute dans l'esprit. Voyons d'abord celles tentées sur les moutons.

Nos premières furent faites dans la ferme des frères Huchet, par un vétérinaire auxiliaire bénévole, disait-il, qui plus tard exigea de moi 320 fr. pour son déplacement. Le troupeau de plusieurs centaines de bêtes fut divisé en deux lots, dont l'un fut injecté avec la liqueur préservatrice et l'autre non. L'expérience fut faite le 25 novembre 1869. A la date du 7 février 1870, trois moutons du lot non injecté avaient péri du sang de rate ; aucun n'en avait été atteint, dans le lot injecté. Mais trois cas constatés sur plusieurs centaines de moutons prouvaient assez que la cause morbigène était peu active ; l'expérience n'avait pas, évidemment, de signification sérieuse. Elle est un des inconvénients que nous avons mentionnés ci-dessus : plusieurs moutons eurent des indurations autour des points piqués pour faire l'injection. Le point choisi était le pli du bras, à son union avec la poitrine ; M. le marquis d'Argent pensa avec raison que la marche contribuait au développement de l'inflammation, et qu'il convenait de choisir un autre point pour les piqûres ; ce qui fut fait.

Diverses circonstances empêchèrent de renouveler une expérience aussitôt que je l'aurais désiré ; une occasion se présenta à la fin de juin 1870. Un troupeau de 166 moutons appartenant à un voisin de M. Barry, fermier des environs de Châteaudun, fut divisé en deux lots de 83 ; l'un fut injecté, l'autre non. Il mourut 15 moutons, dont 6 dans le lot non injecté et 9 dans l'autre (1).

(1) A propos du dépouillement de ces moutons, M. le marquis d'Argent me faisait part d'une particularité que je dois noter : « L'équarrisseur ne savait rien,

Cette expérience était, comme on le voit, peu favorable au préservatif employé, et quoique je n'eusse point assisté à l'opération, je craignis cependant que l'insuccès ne dût être attribué à la faiblesse du liquide, que j'avais un peu affaibli, pour ne pas occasionner les indurations observées chez les bêtes des frères Huchet,—lesquelles, du reste, ont toutes disparu sans laisser de traces.—Devant ce nouveau résultat, je résolus d'élever le degré de concentration de la solution même un peu au-dessus de celle employée chez les frères Huchet. Ce qui eut lieu pour l'expérience faite chez M. Rougeoreille, et qui eut les résultats fâcheux dont j'ai parlé ci-dessus.

Malgré cet échec et ce qu'il m'avait coûté — plus de 1,000 fr. en y comprenant mes voyages en Beauce seulement — d'autres expériences plus heureuses et les beaux résultats curatifs constatés par tant d'observateurs différents, ne permettaient pas que ma confiance fût un instant ébranlée; celle de M. le marquis d'Argent ne l'était guère davantage ; et à la date du 23 juillet, nous projetions encore, pleins d'espérances, de nouveaux essais. Mais la lettre que je reçus de lui à cette date fut la dernière ; les événements ne tardèrent pas à prendre la couleur sinistre qui annonce les grands désastres, et la France dut renoncer à toute autre préoccupation qu'à celle de son salut,— qui a été, hélas! bien imparfait!

Néanmoins, je profitai des derniers jours de calme pour faire dans une autre localité une expérience comparative, pour laquelle j'étais déjà entré en pourparlers.

Avant même l'accident éprouvé chez M. Rougeoreille, j'avais expérimenté la nouvelle substance, dont il a été question dans ma communication à l'Académie des sciences, dans une ferme où M. le marquis d'Argent avait eu l'obligeance de me faire appeler. Le sang de rate régnait avec intensité,

---

et il a dit que tous ceux marqués « (injectés) « n'avaient pas le corps comme les autres. » — Cette remarque d'un observateur grossier et non prévenu, prouve quelle modification puissante le médicament imprime à l'organisme, même lorsqu'il ne réussit pas entièrement. Cette modification, qui frappe les regards les moins attentifs, consiste en ce que le sang, au lieu d'être noir, poisseux et diffluent comme il l'est chez les animaux morts de la maladie de sang et non traités, est, au contraire, coagulé en plus ou moins grande partie et rouge chez ceux qui ont pris le médicament, surtout chez ceux qui ont été injectés.

tout autour de cette ferme ; le troupeau de la ferme en avait déjà subi lui-même les premières atteintes ; je l'injectai tout entier moi-même, et la maladie s'arrêta aux premières victimes. Je résolus, dès ce moment, d'expérimenter comparativement les deux substances, dans des conditions semblables, dès qu'une occasion se présenterait, et elle se présenta près de Tournan dans les premiers jours d'août.

Le 1er août, 90 moutons furent injectés par moi avec une solution de mon nouveau médicament, et, le 3 août, 85 le furent avec une solution phéniquée, dans une localité envahie par le sang de rate. Dès le 5 août, les 85 injectés à l'acide phénique furent atteints, et le 7 août, je recevais de M. Buscot, fermier des plus intelligents, la lettre suivante :

Hermières, 8 août 1870.

« 18 des 85 moutons que j'avais préservés le 3, ayant été atteints du sang de rate depuis vendredi matin, j'ai fait partir le reste à La Villette hier au soir. »

Les quatre-vingt-dix injectés par mon nouveau moyen n'avaient pas bougé ; tous étaient dans un parfait état de santé.

J'avais déjà remarqué, dans quelques tentatives de curation faites par moi personnellement, que la guérison se montrait, chez le mouton, plus prompte et, ce me semblait, — je dis *semblait*, parce que les expériences n'étaient pas assez nombreuses pour pouvoir servir à une comparaison décisive — plus fréquente, par le nouveau moyen. L'expérimentation d'Hermières vint donner une éclatante confirmation à mes premiers aperçus ; ce résultat ne laissa pas que de me jeter dans un certain embarras ; et, entre autres questions qui me traversaient l'esprit, je me demandais s'il n'y aurait pas quelque différence entre le parasite qui produit le sang de rate et celui qui occasionne le charbon des grands animaux ; je me disposais à interroger sur ce point le savant professeur Baillet dont le concours m'avait déjà été si précieux, lorsque la voix lugubre du canon imposa silence à toutes les voix, même à celle ou plutôt surtout à celle de l'humanité. Mais ce que je ne pus faire à cette époque, je l'ai fait depuis ; et, avec son inépuisable complaisance, M. Baillet s'est livré aux observations que je lui avais indiquées, et il a bien voulu m'écrire la lettre suivante :

« Alfort, le 21 janvier 1872.

» Mon cher docteur,

» Je n'hésite pas à vous avouer que je suis dans le plus grand embarras pour répondre catégoriquement à la question que vous voulez bien me poser. J'ai examiné, tant à Toulouse qu'à Alfort et à Allanche, du sang d'un assez grand nombre d'animaux charbonneux appartenant aux espèces du cheval, du bœuf, du mouton et du lapin. Pour les trois premières espèces, j'ai vu du sang provenant d'animaux qui étaient malades sans avoir été *inoculés* par la main de l'homme. Pour le mouton, j'ai vu, en outre, du sang d'animaux non inoculés, mais morts d'affections charbonneuses, et du sang d'animaux morts après inoculation. Enfin, pour le lapin, je n'ai jamais vu d'autre sang charbonneux que celui des animaux qui, après inoculation, avaient succombé dans mes expériences.

» Dans tous ces cas, les bactéridies qui existaient dans le sang m'ont paru très-semblables les unes aux autres : mêmes formes, même aspect et mêmes dimensions, variant dans les mêmes limites. A cet égard, je n'ai jusqu'à présent saisi aucune différence. Seulement je vois dans mes notes que, pour le mouton, les bactéridies ont toujours été fort abondantes, peu de temps après la mort, et même, dans certains cas, quelques instants avant; tandis que, pour le cheval, le bœuf ou le lapin, la quantité de ces corpuscules s'est montrée quelquefois fort abondante, et d'autres fois, au contraire, fort peu considérable. Je puis d'ailleurs affirmer, d'après mes expériences, qu'il suffit de très-peu de bactéridies dans le sang pour le rendre virulent. J'ajouterai que jamais je n'ai obtenu d'effet de mes inoculations lorsqu'elles ont été faites avec le sang d'animaux préalablement inoculés, mais avant le moment où les bactéridies y ont apparu. Avant peu, je l'espère, je publierai un travail sur quelques-unes de mes expériences, et tous ces faits y seront indiqués.

» A vous de bonne amitié,

» BAILLET. »

Les détails donnés par l'honorable professeur sont suffisants pour répondre à la supposition que nous avions pu faire un instant, sans trop nous y arrêter, car cette supposition était absolument contraire à ce principe que nous croyons être un des mieux établis comme un des plus importants de la pathologie nouvelle, c'est qu'une maladie contagieuse, qui est pour nous nécessairement parasitaire, ne peut transmettre que la même espèce parasitaire; seulement, il peut se présenter, après la contagion, une des deux circonstances que nous avons exposées et discutées dans notre introduction (paragraphe de la contagion); et, chez le mouton, c'est la première de ces circonstances qui se présente, d'après les observations de M. Baillet : il appert de ces observations que l'espèce ovine offre aux bactéridies un terrain évidemment plus favorable que le bœuf, tout comme celui-ci en offre un plus favorable que le cheval, le cheval, un plus favorable que le chien, et enfin le chien, un plus favorable que les oiseaux, qui paraissent absolument réfractaires à la contagion charbonneuse.

En même temps qu'il offre un meilleur terrain aux bactéridies, le mouton paraît plus sensible à l'acide phénique, surtout quand il est en état de santé; cette double circonstance expliquerait les échecs de cet acide employé comme préservatif chez le mouton, tandis que ses vertus prophylactiques sont hors de doute chez le bœuf et le cheval. La nouvelle substance paraît, au contraire, douée d'une action préservatrice puissante chez le mouton; nous l'avons expérimentée sur le bœuf, par l'intermédiaire obligeant de M. Marret, qui nous a écrit que le nouveau médicament en injections avait un effet de beaucoup supérieur à l'acide phénique, plus certain et plus rapide. Nous ne l'avons pas encore expérimenté, sous ce rapport, sur le cheval.

Depuis ces expériences, d'autres ont été faites sans notre concours dans les environs de Vendôme, par des fermiers qui ont cherché et cherchent encore à préserver leurs troupeaux. Voici ce que nous extrayons d'une lettre récente de M. Chanteaud, pharmacien à Vendôme, qui a bien voulu se charger de propager notre médication dans les environs de cette ville. Après nous avoir annoncé que M. Co'las, fermier, avait sauvé un de ses plus beaux moutons pris du sang de rate, en lui faisant boire 200 grammes de notre nouvelle solution préparée pour injections, M. Chanteaud ajoute ce qui suit :

« M. Raglan de Villemardy, cultivateur très-intelligent, vient me voir souvent et m'entretenir du résultat de ses opérations.

« Ayant obtenu de bons effets curatifs lorsqu'il pouvait *à temps* injecter et faire boire du liquide, il se décida, en novembre, à injecter une partie de son troupeau (100 bêtes sur 150). Avant les injections, il éprouvait une mortalité de 2 à 10 par jour ; après l'opération, le troupeau s'est très-bien porté pendant un mois ou six semaines. Puis, ce sont les moutons injectés qui, les premiers, ont été de nouveau atteints, tandis que les 50 non injectés ne mouraient pas. »

Comme on le voit ces expériences concourent, comme la plupart des précédentes, à démontrer les vertus préservatrices aussi bien que curatrices de la nouvelle substance parasiticide. Mais la dernière phrase de la lettre de M. Chanteaud mentionne un fait que nous avons nous-même observé, que nous avons même signalé en passant, mais sur lequel il convient d'insister ici. Après avoir été préservés pendant un mois, les moutons traités prophylactiquement furent pris les premiers, et plus gravement que les autres, dit le fermier, M. Raglan de Villemardy ; comment expliquer ce fait ? Les faits s'expliquent ou ne s'expliquent pas ; ils sont parce qu'ils sont, quand ils ont été bien observés, et ce paraît être le cas de celui que nous signale M. Chanteaud, lequel d'ailleurs n'est pas isolé ; ainsi que nous l'avons dit, nous en avons observé d'analogues. Mais loin que l'explication de ces faits soit impossible, elle est si naturelle, qu'on ne conçoit guère qu'ils puissent se passer autrement. Les substances, quelles qu'elles soient, qu'on fait pénétrer dans l'économie n'y séjournent pas indéfiniment (1) ; elles y séjournent en général d'autant moins qu'elles sont plus volatiles ; l'acide phénique est, comme on sait, un corps

---

(1) Nous parlons, bien entendu, des pénétrations accidentelles ordinaires. Tout le monde sait que lorsque la pénétration a eu lieu pendant très-longtemps sans interruption, comme chez les cérusiers, les étameurs de glaces, etc., l'économie a la plus grande peine, même aidée des secours de l'art, à se débarrasser du plomb et du mercure, et que parfois elle n'y parvient même pas.

assez volatil, il ne doit donc pas rester longtemps dans l'organisme, et il est tout naturel que la préservation cesse quelque temps après qu'on en a suspendu l'usage. Ce qui n'est pas moins naturel, c'est que lorsqu'une nouvelle *poussée* épidémique ou endémique se manifeste, après qu'on a suspendu l'emploi du préservatif, les animaux antérieurement préservés soient plus fortement atteints que les autres : on doit supposer, en effet, que dans deux lots d'un même troupeau d'animaux quelconques, bœufs, moutons, etc., un même nombre se trouve apte à subir l'action des parasites, et un même nombre à leur résister. Le préservatif met tous ceux qui auraient été atteints dans des conditions favorables pour résister, mais il ne modifie probablement pas leur organisme d'une manière assez durable pour qu'ils puissent résister à des atteintes ultérieures ; les animaux reprennent sans doute les aptitudes qu'ils avaient auparavant, et ils paient le tribut qu'ils auraient payé s'ils n'avaient pas été préservés. Aussi la préservation, qui est une excellente chose dans les cas d'épidémie, qui passent ordinairement comme des ouragans, après quelques semaines ou quelques mois de durée, est-elle beaucoup moins avantageuse dans le cas d'endémie, où les animaux auraient besoin d'être tenus, d'une manière pour ainsi dire permanente, sous l'influence des moyens prophylactiques. Aussi, est-ce pour ce motif que nous avons projeté d'attaquer les endémies dans leur source même, c'est-à-dire de guérir les plantes morbigènes elles-mêmes. Ce projet, nous n'y avons pas renoncé, ainsi que nous l'avons dit précédemment, et nous avons l'espoir de le réaliser un jour, si un avenir de quelque durée nous est réservé.

Nous avons dit, plusieurs fois déjà, que l'acide phénique jouit de propriétés préservatrices assez prononcées sur le cheval, l'âne et le bœuf; il est temps de faire connaître les faits qui le démontrent. Nous les extrairons principalement de la correspondance de notre bienveillant et zélé collaborateur, M. Marret.

Voici ce qu'il m'écrivait dans une lettre, à la date du 13 août 1869 :

« Depuis notre visite.............. je n'ai pu employer l'acide phénique que comme moyen préservatif; mais sous ce rapport, je crois avoir obtenu de bons résultats : sur cinq troupeaux sur lesquels j'ai employé ce moyen, la maladie a cessé comme par enchantement. J'ai suivi votre méthode sous-cutanée... etc. »

Dans une seconde expérience, le résultat ne fut pas aussi beau; mais l'influence favorable de l'acide ne parut cependant pas douteuse, et l'on va voir que M. Marret fut très-surpris d'un échec sur les bêtes préservées, tant les faits antérieurs le faisaient peu prévoir. Voici ce que j'extrais d'une lettre en date du 13 septembre 1869 :

« 1º L'acide phénique a été administré par injections à la dose de 10 grammes et en breuvage à la même dose, à six taurillons appartenant à un domaine de votre confrère, M. Bonnet, et, malgré ce traitement, et à ma grande surprise, un des animaux périssait du charbon le sixième jour.

« 2º Samedi dernier, j'employai le même remède et de la même manière sur six jeunes génisses faisant partie d'un troupeau décimé par le charbon essentiel. Les résultats ne peuvent pas être connus encore. » — J'ai été informé depuis que ces six bêtes avaient échappé à la maladie.

A la date du 5 février 1870, mon excellent correspondant m'écrit une lettre d'où j'extrais le passage suivant:

« Vers la fin de novembre un propriétaire de Vernols perd subitement deux génisses; il me fait appeler, et, à une visite, je constate le charbon à l'état d'inoculation sur deux autres. J'emploie l'acide phénique, tant en injections qu'en breuvage, sur tous les animaux de cette exploitation. La maladie s'arrête court et les deux suspectes guérissent très-bien. Deux mois après, ce propriétaire achète deux velles pour combler le vide fait par la maladie; quelques jours après, l'une des nouvelles bêtes est atteinte du charbon et succombe presque subitement; je traite immédiatement l'autre, et tout le troupeau, et aucun nouveau-cas n'apparaît. »

L'hiver est peu favorable, comme tout le monde le sait, au charbon, ce qui s'explique très-naturellement par ce fait qu'il est très-peu favorable au parasite dont il est le résultat. M. Marret n'eut donc pas de nouvelle occasion d'appliquer la prophylaxie nouvelle pendant les derniers mois de 1869 et les premiers de 1870. Au mois d'avril, je recevais de lui une lettre où il m'entretenait de nos projets pour la campagne prochaine. Mon active correspondance avec le marquis d'Argent et beaucoup d'autres préoccupations me firent tarder à commencer la campagne avec M. Marrel, et quand je fus sur le point de recommencer, en Auvergne, les expériences que je poursuivais dans la Beauce, la même catastrophe vint brusquement mettre fin aux unes et aux autres.

Mais pendant que j'opérais, d'autres observateurs expérimentaient de leur côté et obtenaient des résultats divers, mais, en général, favorables. Le vétérinaire d'Algérie que nous avons déjà cité, d'après la *Gazette médicale de l'Algérie*, dont le rédacteur en chef attribue à M. Sanson l'initiative de la médication phéniquée (1), rendait compte, dans les termes suivants, des essais prophylactiques qu'il avait tentés, concurremment avec les essais thérapeutiques :

« Administré à titre préventif aux animaux qui avaient cohabité avec des malades, aucun n'a présenté les caractères de l'affection contagieuse. — Cette propriété antiseptique de l'a-

(1) Le plus répréhensible dans cette affaire, n'est pas l'honorable vétérinaire, perdu peut-être dans le fond de l'Algérie ; c'est celui qui tient la plume — qu'il considère probablement comme un flambeau — de rédacteur en chef. Cependant M. Bertherand, puisque tel est son nom, ne voulant pas, sans doute, accorder à un de ses anciens subordonnés le mérite d'une innovation importante, a au moins un mérite, c'est de n'attribuer qu'à un Français ce qui appartient à un autre (nous osons croire que M. Sanson est un vrai Français). Mais comment qualifier cette note d'un journal de Châteaudun, — de l'héroïque Châteaudun ! — qui nous fut envoyée par M. le marquis d'Argent, en 1869 : « Voici une bonne nouvelle pour les pays dont le gros bétail est atteint quelquefois épidémiquement de *maladies charbonneuses*. La commission qui avait été nommée par le ministre de l'agriculture pour étudier *cette affection* sur les bêtes bovines des montagnes d'*Écosse*, vient de publier son rapport, duquel il résulte que l'eau phéniquée au centième, et bue à petites gorgées par les sujets malades, suffit, à la dose d'un litre (soit 10 grammes d'acide pour 1000 grammes d'eau), pour guérir ces derniers. Tout le secret de la réussite consiste à faire arriver la boisson directement dans le quatrième estomac ou caillette. » Le seul mérite de cette note, publiée par l'*Écho du mois*, de Châteaudun, c'est qu'elle ne porte pas de signature. L'auteur s'est rendu justice, et c'est la seule preuve d'esprit qu'il ait donnée. Quant au fond de la note, il est probable qu'il concerne les expériences de la commission d'Auvergne, dont le journaliste aura sans doute entendu parler par quelque commis voyageur ; il aura pris les montagnes d'Auvergne pour celles d'Écosse ; ce n'est pas le seul exemple d'une pareille géographie chez des journalistes, et même chez des généraux en campagne.

cide phénique ne pourrait-elle être utilisée dans d'autres maladies qui se caractérisent aussi par une prompte décomposition du sang ? C'est ce que l'expérimentation nous enseignera. » — On voit que M. le vétérinaire Loubeyre avait deviné une partie de ce que nous avons écrit dans notre ouvrage sur les nouvelles applications de l'acide phénique ; car il n'en est pas de lui comme de M. Sanson ; il est probable qu'il n'a jamais lu notre travail, et que c'est de très-bonne foi, et par suite d'une ignorance très-pardonnable, qu'il pare des plumes du paon M. Sanson, qui, du reste, pour s'en affubler, n'avait pas attendu un valet de chambre.

On a toujours mauvaise grâce à parler de soi, et personne n'y est moins disposé que moi. Mais en présence de la conspiration tacite organisée contre moi sur une vaste échelle par une coterie qui représente ou prétend représenter la science officielle, la dignité, la délicatesse et l'honneur professionnels, et qui ne représente en réalité que la routine, un profond égoïsme, une vanité ridicule et une indifférence absolue pour les souffrances humaines, on me pardonnera de faire remarquer qu'il n'est pas une de ces outres officielles, gonflées de suffisance et de sot orgueil, qui consentirait à quitter seulement pendant 48 heures le théâtre de ses exploits, — et de ses recettes — pour aller à vingt, à quarante, à cent lieues et plus, essayer des médicaments nouveaux et soumettre au contrôle de l'expérience des doctrines nouvelles. C'est bon pour les illuminés qui croient au progrès de la médecine et le désirent ardemment, qui pensent que la médecine a été inventée pour guérir les malades, d'abandonner ainsi leurs aises, leurs affaires et leurs plaisirs, d'aller battre la campagne à la recherche des chimères curatives. La gravité professorale officielle ne procède point ainsi : elle pense, aujourd'hui comme du temps de Molière, que les médecins sont faits pour ordonner des remèdes *aut bonos aut mauvaisos*, et que le reste regarde les malades. On n'interdit plus, grâce au progrès des idées, la lancette et l'émétique aux hérétiques qui pensent autrement ; mais on sourit dédaigneusement de leur naïveté ou de leurs prétentions ; on leur ferme les portes des académies et de tout ce qui touche à l'officiel, surtout on organise contre eux la conspiration du silence ; ce dernier procédé est encore le plus commode et le plus sûr ; car moins ils parlent, moins les routiniers s'exposent à dire des sottises. Mais quelque système qu'ils adoptent, qu'ils parlent ou qu'ils se taisent, cela ne nous empêchera pas de suivre notre voie : leurs clameurs ne nous effrayeront pas plus que leur silence ne nous endormira : comme nous avons fait dans le passé, nous ferons à l'avenir.

Résumé. — Nous avons tâché, dans le long article qu'on vient de lire, de ne laisser obscure aucune question de science ou de pratique relative aux causes et au traitement des maladies charbonneuses que nous avons pu observer ; cela nous a entraîné dans des développements dont nous avons dû regretter l'étendue, mais que nous n'avons pourtant pas cru pouvoir abréger, sans remplacer des démonstrations par des affirmations, ce que tout le monde doit éviter, à notre sens, mais ce que nous-même surtout devions éviter dans la position que cherchent à nous faire de mauvaises passions. Mais si nous n'avons pas cru possible de raccourcir nos démonstrations, il est facile de résumer ce que les praticiens, médecins, vétérinaires et agriculteurs, ont un intérêt immédiat à retenir de notre travail ; ce résumé peut être fait dans les termes suivants :

1º Le charbon (pustule maligne) de l'homme est toujours curable, traité à temps ;

2º Le charbon de l'espèce bovine, dans les mêmes conditions, est presque toujours curable aussi ;

3º La médication phéniquée est le moyen à peu près assuré, et, en tout cas, à beaucoup près, le plus puissant de cette curation ;

4º Le charbon des moutons (sang de rate) par son extrême violence, par la rapidité parfois foudroyante de son évolution, est d'une curation beaucoup plus difficile ; la médication phéniquée est souvent insuffisante ; mais elle trouve un puissant auxiliaire ou même un succédané avantageux dans la nouvelle substance que nous ferons connaître ultérieurement ;

5º Le charbon de l'espèce chevaline sera probablement traité avec autant sinon avec plus de succès que celui de l'espèce bovine ; mais n'ayant pas eu occasion de l'observer de nos propres yeux, nous ne pouvons donner à cet égard que des probabilités ;

6° Il est infiniment probable qu'en traitant, comme nous le ferons ultérieurement connaître, les terrains où le charbon règne endémiquement, on fera disparaître cette endémie, comme on fait disparaître les fièvres intermittentes en desséchant les marais et en les livrant à la culture ;

7° On peut, temporairement, en présence d'une épidémie grave, préserver la plupart sinon tous les animaux, soit de l'espèce bovine, soit de l'espèce ovine, à l'aide des injections et des breuvages phéniqués, administrés comme il a été suffisamment expliqué ci-dessus.

ART. II. — DE LA CLAVELÉE.

La clavelée, que les Anglais appellent variole ovine (*variola ovina*) à cause de ses analogies avec la variole humaine, d'une part, et parce qu'elle est spéciale à l'espèce ovine, d'autre part, est une maladie des plus curieuses à étudier pour un pathologiste, et qui a été étudiée très-insuffisamment jusqu'à ce jour, quoique les vétérinaires aient l'occasion de l'observer chaque année, soit qu'elle se développe spontanément, soit qu'on la provoque par la *clavelisation*, opération analogue à l'inoculation humaine, et qui a des conséquences tout à fait comparables. Obligé de nous restreindre dans les limites de la thérapeutique phéniquée, nous devons nous abstenir de tout développement sur les particularités de cette intéressante maladie ; nous nous bornerons à en mentionner seulement trois, dont deux sont assurément des plus remarquables, et même tellement exceptionnelles dans la pathologie, qu'elles auraient mérité d'être l'objet de plus grandes recherches qu'elles ne paraissent l'avoir été. La première consiste dans l'aptitude exclusive du mouton à contracter cette affection ; la seconde, dans cette circonstance, probablement unique dans l'histoire des affections contagieuses, de la transmission de la maladie par l'ingestion de la matière contagieuse dans les voies digestives. C'est cette circonstance qui nous a empêché de ranger la clavelée dans la section des affections virulentes, quoique le contage semble, dans cette

affection, se renfermer exclusivement dans le produit de sécrétion des pustules. Cependant, même sous ce rapport, peut-
ê re les recherches sont-elles insuffisantes aussi. Quant à la
troisième particularité digne de remarque, elle s'observe à peu
près dans toutes les maladies épidémiques, mais d'une manière
moins frappante, au moins pour la plupart d'entre elles, que
dans la clavelée; c'est que cette affection, quand elle se déclare dans un troupeau, n'en atteint qu'une portion; au bout
d'un certain temps, un mois, six semaines, deux mois, elle en
frappe une seconde portion, e', enfin, en une ou deux nouvelles bouffées, elle envahit tout le troupeau. La maladie est
moins grave dans la première fournée que dans la deuxième
où elle acquiert le plus d'intensité, et moins grave dans la
dernière que dans toutes les autres. Toutes ces particularités,
ainsi d'ailleurs que toutes les autres qu'on observe dans la
clavelée, se concilient si bien avec la présence d'un parasite,
ou plutôt trahissent cette présence si clairement, que nous
n'avons pu nous dispenser de les noter; en se reportant à ce
que nous en avons dit dans notre introduction, on trouvera
sur ces particularités des développements qui nous permettent
de n'y pas insister ici davantage.

Le traitement de la clavelée, formu'é par les classiques
actuellement régnants, peut se résumer par un seul mot :
rien. Ce mot est bien à très-peu près le résumé des lignes suivantes, écrites par les historiens du charbon, dans le nouveau
dictionnaire de médecine vétérinaire : « Le traitement que les
anciens auteurs conseillent contre la clavelée est des plus
compliqués. Il n'est presque pas de substances médicamenteuses qui n'aient été essayées et préconisées. C'est principalement à la classe des excitants qu'on les a empruntées. Nous
n'en ferons même pas l'énumération, nous les passerons sous
silence, ainsi que les sétons, les vésicatoires, les lavements,
les purgatifs, le p rcement, la cautérisation des pustules, etc.
Outre *que ce traitement* est très-coûteux.... etc. » Le fait est
qu'*un traitement* composé de tous les moyens qu'énumèrent les
honorables vétérin ires et de tous ceux qu'ils n'énumèrent pas
serait fort coûteux, outre qu'*il* serait, comme ils le disent très-
bien encore, impossible à mettre en pratique. Mais il en est

27.

un, qui celui-là est bien *un*, qui, en outre, est *très-peu coûteux* et *très-facile* à mettre en pratique, c'est celui qui a été conseillé par Eirini d'Eyrinys, expérimenté par Daffry, gouverneur de Neufchatel et conseiller d'État de la ville et canton de Fribourg, et qui consiste à frotter la tête et les pustules des moutons avec le baume d'asphalte, et à faire avaler à chaque animal une cuillerée de ce baume. (Voir ci-dessus, p. 34 et suiv.) MM. Renault et Reynal ne mentionnent même pas ce moyen qu'ils n'ont probablement pas même daigné comprendre dans l'*etc.;* et cependant un moyen recommandé par un conseiller d'État, deux chirurgiens des Invalides et, jusqu'à un certain point par un ministre de France, était dans de bien bonnes conditions pour être bien accueilli par les deux honorables auteurs. — Pourtant, il ne faut pas oublier que chirurgiens en chef, conseiller d'État et ministre étaient morts depuis long-temps.

Quant à nous, que les conseillers d'État ou les ministres recommandent ou non l'huile d'asphalte, que ces honorables fonctionnaires soient morts ou vivants, du moment où cette huile est un parasiticide puissant, nous pensons qu'elle pourra avoir de l'efficacité contre la clavelée, et que, par conséquent, on devra l'essayer.

Dans les tristes conditions du siége de Paris, nous l'avons essayé nous-même avec quelque succès, mais pendant quelques jours seulement, à cause de notre peu d'approvisionnement. La clavelée, presque dès les premiers jours, avait pris à Paris un tel développement, qu'il fallait être largement approvisionné du médicament qu'on voudrait essayer; j'eus donc recours à l'acide phénique. Les expériences furent assez nombreuses pour être concluantes : Je traitai trois parcs de moutons dont un était à la gare d'Orléans, un à Vaugirard, et un rues d'Iéna et de Lubeck (ce dernier parc contenait 51,000 moutons!). Tous les deux jours je visitais les deux derniers parcs, et le jour intermédiaire, je visitais celui de la gare d'Orléans, après quoi je me rendais au Moulin-Saquet, pour donner mes soins aux victimes des balles et des obus des Prussiens ; j'avais peu de concurrents pour cette triste tâche, car, ainsi que je l'ai déjà dit, les ambulanciers officiels ne s'aventuraient pas dans ces régions.

Il n'y avait pas à songer aux injections sous-cutanées, pour une masse d'animaux comme celle sur laquelle j'expérimentais ; je me décidai, en conséquence, de concert avec le digne directeur de l'agriculture, à m'en tenir à une boisson phéniquée. Je fis seulement quelques injections pour mon édification personnelle, de même que je pansai aussi quelques pustules avec des topiques phéniques. Je fis préparer de l'eau phéniquée à 1 et demi pour 100, qu'on donna aux animaux pour toute boisson ; quand l'acide employé est pur, les moutons boivent cette eau très-volontiers pourvu qu'on ne leur en donne pas d'autre.

La médication fut appliquée avec le plus grand soin, grâce au concours des « moutonniers » Zedde (chef), et Poittevin (commissaire) (1) du parc d'Iéna, et plus tard, de Vaugirard et de la gare d'Orléans, dont je ne saurais trop louer le zèle intelligent et le dévouement.

Malheureusement notre zèle et notre médication n'eurent pas le succès que j'en espérais ; les moutons traités, même ceux injectés, ne furent pas atteints en moins grand nombre que les autres. Seulement les animaux des parcs que nous traitions étaient mieux portants, d'ailleurs, moins sujets à d'autres maladies, que ceux des autres parcs ; ils étaient plus « en chair, » et comme on les abattait dès que la clavelée les envahissait, pour ne pas les voir dépérir, il était facile de voir qu'ils fournissaient plus de viande que les autres. A ce point de vue, nous n'avons pas à regretter nos peines et celle de nos zélés collaborateurs ; mais il résulte clairement de nos expériences que l'acide phénique n'est ni un préservatif ni un curatif de la clavelée. La destruction du ferment de cette maladie exigerait sans doute une dose d'acide plus élevée que la susceptibilité du mouton pourrait rendre dangereuse. Quant à l'action des topiques phéniqués sur les pustules et les plaies claveleuses, elle est presque aussi favorable que sur les autres plaies,

(1) C'est Poitevin que je retrouvai plus tard à la gare d'Orléans, où il poussa le dévouement jusqu'à aller chercher des pâturages pour ses moutons dans la zone militaire, sans souci des obus prussiens ; il m'accompagna même un jour au Moulin-Saquet, et assista au *tir au jugé* de nos canonniers ; encore un petit détail de notre défense, à reprendre ailleurs.

et l'on pourra recourir à ces topiques avec avantage, dans les conditions ordinaires, et bien d'autres, par conséquent, que celles où nous nous sommes trouvés. Cependant, le conseil que nous croyons devoir donner aux éleveurs, c'est d'avoir recours d'abord à la médication d'Eyrinys, qui a été expérimentée assez sérieusement pour inspirer de la confiance, et qui n'en a pas moins é é oubliée au point qu'on aurait eu quelque chance de la faire passer pour nouvelle, pour peu qu'on eût eu quelque penchant à la piraterie scientifique. D'ailleurs, notre confiance en cet homme ingénieux et modeste est augmentée par le contrôle auquel nous avons soumis quelques autres de ses affirmations, que nous avons trouvées parfaitement exactes. On pourra, du reste, essayer encore les injections phéniquées sous cutanées que nous n'avons pu expérimenter qu'incomplétement, et en forçant avec précaution les doses, en faisant par exemple 4, 5 et jusqu'à 6 injections de 5 grammes à 1 pour 100. On sait que les médicaments en injection ont bien plus de puissance qu'ingérés par l'estomac ; il se pourrait donc qu'à la rigueur on arrivât à des résultats meilleurs que les nôtres. Enfin, en cas d'insuccès, on devra tenter d'autres parasiticides.

ART. III. — DE LA COCOTTE OU FIÈVRE APHTHEUSE.

La fièvre aphtheuse s'observe sur les bœufs comme la clavelée chez les moutons ; cependant elle est moins exclusive que cette dernière, car elle se développe quelquefois chez les chevaux et souvent chez les cochons ; et des observations faites par un honorable et très-attentif directeur d'un établissement agricole, dont il va être longuement question dans un instant, prouvent qu'elle peut se transmettre à l'homme, circonstance intéressante dont nos ouvrages classiques ne font aucune mention.

Les auteurs de ces ouvrages ne refusent pas, comme ils l'ont fait pour la clavelée, de mentionner les moyens curatifs de la fièvre aphtheuse ; ils attachent même une assez grande importance à quelques-uns de ces moyens, notamment aux gargarismes acidulés ; mais c'est pure question de fantaisie : les remèdes qu'ils conseillent contre la fièvre aphtheuse ne valent pas mieux que ceux qu'ils dédaignent contre la clavelée.

Un vétérinaire fort instruit, attaché à la vacherie ex-impériale de Corbon (Calvados), l'honorable M. Brunet, a renoncé, nous écrivait le directeur très-distingué et très-sagace de cet établissement, aux lotions acidulées qu'indiquent les auteurs, et en général aux traitements préconisés par les maîtres de l'école d'Alfort. Ce vétérinaire se bornait à l'application topique de l'onguent égyptiac et à des lotions avec une eau dite eau de Jouanne, préparée par un pharmacien de ce nom, et dont la base paraît être de l'acide chlorhydrique et du sulfate de cuivre. Quant au directeur lui-mêm', son opinion très-compétente est absolument la même : « C'est la troisième fois, nous écrivait-il, que je vois la fièvre aphtheuse de très-près, et je n'ai jamais eu l'occasion de constater une amélioration quelconque chez les sujets traités par les gargarismes et lotions acidulés et par l'égyptiac ; ailleurs comme à Corbon, j'ai toujours vu les animaux non traités guérir aussi vite que les autres. »

C'est cette impuissance bien constatée des moyens conseillés par la thérapeutique officielle qui a été cause de mon intervention dans le traitement de la cocotte.

Au commencement de 1870, cette maladie avait envahi une partie de la Normandie, et elle sévissait notamment dans le bel établissement de Corbon, consacré à l'élève des animaux de la race Durham. La fièvre aphtheuse est rarement mortelle ; mais elle met hors d'usage pendant une, deux ou trois semaines au moins, les animaux qu'elle atteint, et quelques-uns d'entre eux peuvent même conserver des lésions qui obligent à les sacrifier. L'établissement de Corbon étant destiné à l'élevage d'animaux précieux, il me fut demandé si je pensais que la médication phéniquée pût être de quelque avantage contre l'épidémie, et si je voulais en essayer l'application. J'acceptai sans hésiter la proposition, mais comme des obligations professionnelles pressantes me retenaient en ce moment à Paris, je résolus d'envoyer à M. Le Sénéchal, directeur du bel établissement de Corbon, que je savais être un homme doué d'autant de zèle que de sagacité, les médicaments et les instructions nécessaires pour appliquer lui-même la médication ou la faire appliquer sous ses yeux. Après quelques tâtonnements de pharmacologie vétérinaire, la méthode put être mise en pratique d'une manière régulière, et elle donna les résultats suivants que je résume d'après une longue correspondance avec M. Le Sénéchal, résultats que je pus, du reste, aller constater moi-même, dans le courant du mois de juin. L'épidémie touchait alors à son terme, dans l'établissement de Corbon; mais elle régnait encore sur une vaste échelle en Normandie, en s'étendant de l'ouest à l'est; elle avait débuté dans le commencement de l'année ou vers la fin de 1869.

Avant de recourir à la médication phéniquée, je voulus cependant expérimenter une fois de plus le coaltar. Le produit que M. Lemaire est chargé de propager avait fait grand bruit depuis quelque temps en Normandie, et une foule de cultivateurs, séduits par les annonces (1), l'avait appliqué sur une assez vaste échelle, quoique sans aucun succès, d'après les renseignements recueillis. Je voulus néanmoins m'en assurer par moi-même, et il fut convenu avec M. Le Sénéchal que les pustules, abcès et décollements des onglons seraient pansés avec le coaltar; réservant, dans tous les cas, les préparations phéniquées pour le pansement des ulcères de la bouche, de la face et du pis, surtout des trayons qu'il y a un grand intérêt à guérir, et à guérir, chez les bêtes nourricières, avec des topiques qui ne repoussent pas les veaux qu'elles allaitent. Le coaltar produisit exactement à Corbon ce qu'il produisait dans tous les environs; voici ce que m'en écrivait M. Le Sénéchal :

« Le coaltar que tous les propriétaires emploient comme nous, ne produit rien. Il n'a pas empêché la maladie d'envahir les extrémités d'une manière plus ou moins grave. L'un de mes voisins qui, au moyen de cette substance, s'était préservé, il y a trois ans, a, en ce moment même, tout son troupeau envahi. Il peignait avec le coaltar les pieds, la face, les reins. Tout cela inutilement. »

Avant d'aller plus loin, il convient de s'arrêter un instant sur cette phrase de M. Le Sénéchal : « L'un de mes voisins qui, au moyen de cette substance (le coaltar), s'*était préservé* il y a trois ans, » .... etc. M. Le Sénéchal, comme nous l'avons dit

____

(1) Nouvelle et millième preuve que M. Lemaire n'a jamais cherché à propager l'acide phénique, mais seulement — par désintéressement, bien entendu — le coaltar panamisé, dit saponiné.

et comme on le verra de plus en plus, est non-seulement un observateur sagace, mais un observateur sévère, et du moment où il dit qu'un de ses voisins s'était préservé il y a trois ans, c'est qu'il s'était préservé en effet ; ce n'est point une appréciation vague que M. Le Sénéchal exprime là ; c'est une appréciation, après examen complet, rigoureux des faits. Comment donc se fait-il que le coaltar, qui avait préservé, en 1867, ne préserve plus en 1870 ? C'est là une question de la plus haute importance, une question de doses, sur laquelle nous nous sommes appesanti déjà, mais sur laquelle on ne saurait trop insister, car le succès en thérapeutique dépend très-souvent de la manière dont on la résout.

Les anciens épidémiologistes et les thérapeutistes romantiques de nos jours — et il y en a beaucoup de cette catégorie — avaient à leur service une explication aussi commode qu'universelle. C'était le *génie épidémique*, ce génie dont ceux qui en manquent font un si grand usage, et dont on a vu que MM. Renault et Reynal — quoiqu'ils n'en manquassent pas entièrement — ne se sont pas privés, dans leur étude sur l'étiologie du charbon. Une maladie est grave dans une année, légère dans une autre : c'est que le *génie épidémique* ou la *constitution médicale* (suivant qu'il s'agit d'épidémicité ou de sporadicité) a changé ; un médicament a réussi — on le croit du moins — une certaine année, il échoue une autre année : c'est que le *génie épidémique* (ou la *constitution médicale*) a changé : *génie épidémique, constitution médicale, tarte à la crème*, tout cela se vaut et répond à tout.... pour les médecins romantiques, ignorants et paresseux, et pour le public crédule.

Pour ceux qui se donnent la peine de raisonner et qui ne consentent pas à voiler les incertitudes de la science, sous la pompe de mots vides de sens, ce n'est point ainsi que les choses peuvent s'expliquer. De deux choses l'une : l'opinion qui admet l'efficacité d'un remède dans un certain temps et son impuissance dans un autre, contre une même maladie, est une opinion fondée sur des faits positifs, ou une pure supposition, conçue par la légèreté et propagée par l'ignorance et la routine ; dans la seconde alternative, nous n'avons pas besoin de dire quel cas il convient de faire d'une telle opinion ; dans la première, il n'y a qu'une explication possible, et non deux, ni trois, ni un plus grand nombre, c'est que la maladie a changé de gravité, et que la dose, suffisante dans un cas léger, est devenue insuffisante dans un cas plus grave Et quand ce sont les mêmes doses d'un même médicament dont l'identité est bien certaine qui ont réussi une année et échoué une autre, c'est que la maladie n'est pas la même. Autant vaudrait admettre que l'acide sulfurique tantôt précipite les sels de baryte, tantôt ne les précipite pas (1), que de contester l'absolue certitude de la proposition que nous formulons ici, et que nous formulons avec un absolutisme qui fera probablement sourire de pitié les fortes têtes qui ont apporté dans la médecine sentimentale cet apophthegme emprunté à un autre ordre de sentiments : *ni jamais ni toujours*, auquel ceux qui ont étudié les lois de la nature substitueront celui-ci : *ou jamais ou toujours*.

Ces principes généraux dont on trouvera l'application toutes les fois qu'on la cherchera avec persévérance, intelligence et attention, ont été appliqués par M. Le Sénéchal, tout naturellement, et sans qu'il s'en doutât, pour ainsi dire, tant les vérités importantes se présentent d'elles-mêmes aux esprits droits, qu'ils soient ou non initiés aux études scientifiques. Après avoir constaté l'impuissance du coaltar, en 1870, chez son voisin, M. Le Sénéchal ajoute : « La fièvre aphtheuse est beaucoup plus grave que ne le pensent les auteurs que je viens de relire. *Cette année surtout*, elle paraît avoir acquis une gravité qu'on ne lui connaissait pas et qui, probablement, doit être attribuée à l'excessive sécheresse que nous avons depuis trois mois. » M. Le Sénéchal décrit ensuite le cortége de symptômes graves, dont un, dit-il, le catarrhe nasal, est peu étudié et à peine indiqué par les auteurs français ; nous croyons pouvoir passer cette description sous silence. Ce qu'il nous faut retenir,

---

(1) Nos lecteurs connaissent assez, désormais, notre profonde estime pour les travaux de M. Pasteur, pour savoir que la règle absolue que nous posons ne saurait en rien porter atteinte à ses admirables recherches sur la dyssymétrie moléculaire. Mais, pas plus aux yeux de M. Pasteur qu'aux nôtres, l'acide tartrique qui dévie à droite n'est le même que celui qui dévie à gauche. Que cela soit bien entendu une fois pour toutes, et entendu pour les médecins romantiques, qui, d'ailleurs, se doutent peu des observations de M. Pasteur et encore moins de leur importance médicale.

c'est le fait général de la gravité exceptionnelle de la maladie en 1870; cela suffit pour comprendre l'inefficacité du coaltar. Nul doute que le coaltar, en effet, ne jouisse d'une certaine efficacité contre toutes ou presque toutes les maladies parasitaires, contre toutes ou presque toutes les fermentations; le fait a été mis depuis longtemps hors de doute par M. Demeaux; il ne peut en être autrement, puisque le coaltar renferme de l'acide phénique; mais par cela même, aussi, qu'il en renferme peu, que l'acide y est englobé dans un grand nombre d'autres principes, dont quelques-uns peuvent bien ne pas empêcher son action, mais dont quelques autres peuvent bien aussi y mettre obstacle, le coaltar ne peut remplacer l'acide phénique et avoir la même efficacité que celui-ci; c'est une vérité qu'à notre tour, nous avons établie contre M. Lemaire, qui prétend aujourd'hui s'en attribuer la découverte. La véritable explication des faits observés par M. Le Sénéchal ainsi exposée, quelle conclusion pratique en faut-il tirer? La conclusion bien simple qu'il faut, dans tous les cas, substituer l'acide phénique au coaltar, par la raison que qui peut le plus peut le moins, et qu'il est pour le moins inutile de recourir à un moyen qui peut échouer, quand on en a un entre les mains dont le succès est presque certain. Pour l'usage externe, partout ailleurs que sur les trayons, on pourra se servir de l'acide brut, en sorte que la médication phéniquée n'offrira qu'une différence de prix insignifiante avec le traitement par le coaltar; mais cette différence sera considérable et toute à l'avantage de l'acide phénique, si l'on considère celle des résultats. Il ne s'agit donc plus, maintenant, que de déterminer comment la médication phéniquée doit être mise en usage.

Les particularités propres à la cocotte exigeaient certaines modifications dans quelques-uns des procédés d'administration de l'acide phénique. Par exemple, pour agir sur les pustules aphtheuses et les aphthes tout formés de la bouche, j'avais songé à mettre aux animaux un bâillon entouré d'une éponge ou d'un chiffon spongieux imbibé de solution phéniquée saturée, de façon à ce que la langue des animaux, en cherchant à se débarrasser du corps étranger, répandît par toute la bouche la solution médicamenteuse. Mais l'expérience apprit promptement à M. Le Sénéchal que ce moyen avait, entre autres inconvénients, celui de cautériser les commissures des lèvres et d'empêcher, par suite de cette cautérisation, les animaux de manger, même après être débarrassés de l'obstacle. Nous renonçâmes donc à ce moyen, qui avait pu sembler, d'abord, une invention utile, et nous eûmes recours à la cautérisation phéniquée pure et simple, laquelle, à ma grande surprise, quoique j'en connusse bien les effets, amena en très-peu de temps la cicatrisation des ulcères, et hâta ainsi de beaucoup le moment où les animaux purent manger.

Chez les vaches nourricières, le pansement du pis et surtout des trayons exigeait, comme condition particulière, une préparation dont le contact ou le goût n'offusquât pas trop le palais des jeunes animaux à la mamelle. La glycérine phéniquée à 2 p. %, additionnée de teinture d'iode ou même simple, remplit si bien le but, qu'au lieu d'éloigner les jeunes nourrissons, le pansement les attirait.

Quant aux ulcères des pieds, les lotions avec l'eau ou mieux la glycérine phéniquée, tantôt à 1 et 1/2 ou 2 p. %, tantôt à 5, en empêchaient habituellement la formation, et quand ils étaient déjà formés, ils en amenaient promptement la guérison; en sorte que les animaux traités par les pansements phéniqués étaient délivrés de ces ulcères tenaces qui les empêchent souvent de marcher pendant fort longtemps, et constituent, ainsi, une complication des plus fâcheuses.

Quant aux autres moyens d'administration, ils sont les mêmes que dans la généralité des cas, c'est-à-dire des breuvages et des injections hypodermiques phéniqués, aux doses habituelles.

Ces deux derniers moyens, ainsi que les lotions et les aspersions, ont été employés comme préservatifs; tantôt le développement de la maladie a été empêché; plus souvent elle s'est développée, mais alors la maladie a été sensiblement ou beaucoup moins grave que chez les animaux des fermes voisines, où le coaltar était employé comme préservatif, et moins encore que chez les animaux qui n'avaient reçu aucun traitement prophylactique. Il serait, croyons-nous, superflu de citer tous les passages de la nombreuse correspondance de M. Le Sénéchal, qui établissent l'efficacité de la médication phéniquée qu'il a bien voulu instituer, d'après nos instructions, à l'établissement; nous nous contenterons donc de reproduire les quelques lignes dans lesquelles il résume ses observations et son appréciation : « Le bâillon et le coaltar, nous mande-t-il dans une lettre en date du 4 juillet 1870, ont peu réussi; j'ai eu l'honneur de vous en informer. L'acide phénique et sa solution ont, au contraire, réussi, et je suis fermement convaincu de leur efficacité. Si jamais j'avais à combattre la fièvre aphtheuse, je n'hésiterais pas un instant à placer tous mes animaux sous l'influence de ce merveilleux agent. »

Nous avons dit quelques mots, au commencement de cet article, de la transmission de la fièvre aphtheuse à l'homme ; comme c'est là un sujet nouveau, nous en dirons quelques mots encore en terminant. Nous mentionnerons très-sommairement, auparavant, les expériences que nous fîmes à Paris même, presque aussitôt après l'extinction de l'épidémie dans l'établissement de Corbon. Nous ne quitterons cependant pas cet établissement sans faire remarquer qu'au moment où il était déjà entièrement délivré de l'épidémie, celle-ci régnait encore, avec plus ou moins d'intensité, dans tous les environs, résultat qu'il serait difficile de rapporter à une autre cause qu'à l'emploi persévérant de l'acide phénique.

La cocotte n'avait pas encore quitté la Normandie que déjà, dans les derniers jours d'août, elle faisait son apparition sur le bétail d'approvisionnement de Paris. Je fus informé de cette circonstance, dès le 2 septembre, par une lettre de M. le Directeur général de l'agriculture, qui, connaissant les résultats de mon voyage à Corbon, voulut bien me demander si j'étais disposé à recommencer les tentatives de curation faites en Normandie. Je n'aurais hésité en aucun cas, mais dans les circonstances où nous nous trouvions, l'hésitation eût été un crime ; j'acceptai donc avec empressement, ce ne put malheureusement être pour bien longtemps, juste le temps de montrer l'efficacité de la médication phéniquée. Mais avant de parler de notre traitement, nous croyons indispensable, tant au point de vue de l'hygiène publique que dans l'intérêt de l'histoire, de dire comment la fièvre aphtheuse se développa sur une grande échelle, dans le bétail d'approvisionnement de Paris,

et comment cet approvisionnement souffrit de l'inintelligence
ou de l'improbité de certains hommes du pouvoir.

Dès que l'investissement de Paris fut considéré comme inévitable, l'administration dut songer à faire entrer dans la capitale
le plus grand approvisionnement possible en viande et en cé-
réales. Dans le premier moment, on avait chargé de l'approvisionnement du bétail l'homme qui connaissait, assurément, le
mieux les ressources de la France et les localités où il fallait
aller puiser, pour réunir la plus grande quantité possible de
bétail (1), aux meilleures conditions possibles, tout en évitant
de dépouiller certaines locali'és pendant que d'autres conserve-
raient toutes leurs ressources. Ainsi procéda le Directeur général de l'agriculture : des courtiers furent dépêchés, aux frais
de l'administration, dans les divers centres d'élevage des bœufs
et des moutons, et dans ceux de ces centres exempts de toute
épizootie ou enzootie; des marchés y furent passés, et du
bétail en bon état de santé et d'engraissement fut acheté et
introduit à Paris en moins de 15 jours. Mais tout ne devait
pas se passer ainsi dans l'administration qui sombra le 4 septembre, approvisionnée cependant pour plus de temps qu'elle
n'avait demandé par son directeur prévoyant ; en effet, le ministère d'août 1870 commença à croire au siége de Paris et à
sa durée possible; mais cette fois, tout fut changé, et l'on
dut songer à un approvisionnement plus important; c'est à
quoi chercha à pourvoir le nouveau ministère; au lieu
d'aller traiter directement avec des éleveurs pour l'achat d'un
bétail gras et sain , le ministre s'adressa à des aventuriers et
même à des aventurières. — (L'une d'elles, qui ne possédait
pas la quantité de terre suffisante pour y creuser sa fosse et
pas plus de billets de banque que de mètres de terre, traita
pour *douze mille bœufs*, PROVENANT DE SES PROPRIÉTÉS !) — Il
passa avec eux des traités où le kilogramme de viande était
payé trois, quatre, cinq et, dit-on, jusqu'à sept sous, plus cher

---

(1) Relativement, bien entendu, au temps pour lequel l'approvisionnement était
demandé. C'est, en effet, une circonstance aussi extraordinaire qu'importante à
constater, que l'approvisionnement n'avait été demandé que pour un mois; le
Directeur de l'agriculture prit sur lui de le faire pour deux mois; on sait trop
que c'était encore loin du nécessaire.

que ne l'avaient payé les courtiers de l'administration, et ceux-ci, chose étrange, qui avaient voyagé aux frais de l'administration, qui étaient payés par elle, qui étaient devenus ses mandataires, élevèrent la prétention d'augmenter le prix auquel ils avaient traité en exigeant, au moment de la livraison, 25 fr. par tête de bœuf (21,000 têtes), 5 fr. par tête de mouton et 10 fr. par tête de porc ; et, ce qu'il y a de plus étrange encore, c'est que ces prétentions furent accueillies ! Et ce ne fut pas encore là le plus grand mal, car malgré cette allocation, consentie par le ministre, les marchés passés par les courtiers du directeur général étaient encore moins onéreux que ceux passés par le ministre avec des courtiers. Le plus grand mal fut que les aventuriers des deux sexes, ramassant du bétail à l'*aventure*, — ce qui était trop naturel pour n'être pas inévitable — en prenaient partout où ils en trouvaient, sans choix, sans examen préalable, et ils introduisirent ainsi dans l'enceinte de Paris des animaux décharnés, dont il fallut vendre plus de 1,600 avant que les portes de l'enceinte ne fussent fermées ; car ces animaux ne valaient même pas la nourriture qu'ils auraient consommée. Ce qu'il y avait de pire, c'est qu'un assez grand nombre était malade.

Ainsi fut introduite dans Paris, entre autres maladies, la cocotte, avant qu'aucun effet d'encombrement eût encore pu se produire ; elle avait été apportée, toute créée, par les acquisitions, aussi véreuses physiquement que moralement, des aventuriers des deux sexes, qui recrutaient le bétail *élevé par eux* dans les tripots de Paris.

La maladie du bétail malade ne tarda pas à se communiquer au bétail sain, et il fallut songer à la combattre. Je désirai que l'expérience que j'allais renouveler fût faite cette fois comparativement ; ma demande fut accueillie sans observations. Il fut donc décidé que l'inspecteur des écoles vétérinaires prendrait sous sa direction un certain nombre de bœufs et vaches qu'il traiterait ou ferait traiter par les moyens usités, et que j'en prendrais un pareil nombre que je traiterais par ma méthode. Malheureusement, M. Bouley, appelé sans doute par d'autres devoirs, ne put donner aucuns soins au lot qui lui était échu, et je dus, à mon grand regret, recommencer l'expérience de Corbon, sans terme de comparaison. Je ne la re-commençai pas cependant d'une manière identique. Tout le monde était alors pressé par le temps ; je résolus de supprimer, dans les premières expériences au moins, les injections sous-cutanées, et d'administrer seulement des breuvages phéniqués, tout en apportant un peu plus de soin encore aux applications locales. Pour rendre ces dernières plus complètes et plus fa-ciles sur une grande échelle, M. le Directeur de l'agriculture, qui voulut assister lui-même aux expériences et en surveiller une partie, avait eu l'ingénieuse pensée de mélanger de l'acide phénique à l'eau de grands abreuvoirs, dans lesquels on faisait baigner les jambes des bestiaux. La quantité d'acide phénique administrée en boisson fut de 6 à 10 grammes suivant la taille des animaux dans un seau d'eau ; et je fis préparer pour la bouche et spécialement pour les mamelles un mélange d'iode, d'iodoforme, d'acide phénique et de glycérine. Les lotions sur les mamelles avec cette composition, que prépare encore au-jourd'hui M. Guénon, pharmacien, rue de la Coutellerie, n° 2, à Paris, guérit en 12 ou 24 heures au plus les mamelles des vaches cocottées, circonstance importante toujours, surtout pour les vaches nourricières, mais bien plus importante encore dans les circonstances où nous nous trouvions en septembre 1870.

Mes expériences commencèrent précisément le 4 septembre, jour où tombèrent ceux qui les avaient rendues nécessaires. Après les développements dans lesquels nous sommes entrés sur celles de Corbon, il me paraît inutile de les exposer en détail ; je me bornerai donc à dire que les résultats n'ont pas été moins satisfaisants à Paris qu'en Normandie, et je dirai même qu'ils ont été plus satisfaisants encore, en ce qui con-cerne les vaches laitières, puisque j'ai guéri le plus souvent en douze heures leurs mamelles, et qu'elles ont ainsi constamment conservé leur lait, que la cocotte leur fait perdre très-souvent.

Ce que je dois ajouter avec regret, c'est que malgré ces beaux résultats, je dus renoncer bientôt à diriger moi-même le traitement ; quelque pressants que fussent les soins à donner aux animaux, d'autres devoirs étaient plus pressants encore (1) ;

(1) A cette époque, je crus de mon devoir de me rendre seul, volontairement et sans m'enrôler dans aucune fabrique à décorations, ou, en d'autres termes,

M. le Directeur de l'agriculture dut renoncer lui-même, malgré son zèle inépuisable, à suivre ces expériences, et je n'en pus faire, ainsi que je l'ai dit précédemment, que le nombre nécessaire pour prouver la supériorité de ma méthode sur celles qui ont été précédemment employées et qui sont généralement considérées comme absolument inutiles.

Du reste, au bout de quelques semaines, tous les bœufs de l'approvisionnement, à peu près sans aucune exception, furent

dans aucune confrérie ou société d'admiration mutuelle et officielle, au Moulin-Saquet, où il n'y avait ni ambulances ni médecins; — on trouvait sans doute le poste trop avancé; — j'étais seulement accompagné de mon cocher, Casimir, qui, je lui dois ce témoignage, ne fit jamais aucune difficulté pour me conduire aux points les plus avancés. C'est là que j'eus la douleur de voir un général d'artillerie français rester derrière les épaulements d'une pièce de 4, pendant toute la durée de la bataille de Choisy. Il y était encore quand nous partîmes au secours de nos malheureux combattants, qui tombaient inutilement, tirés comme à la cible par les Prussiens cachés derrière des murs crénelés; tandis qu'eux marchèrent à découvert sans qu'une seule pièce de canon se soit avancée pour détruire les abris derrière lesquels aimait à s'exercer la valeur de nos ennemis! Il m'a été donné d'assister à un spectacle analogue à la bataille de Buzenval. Je passais dans une gorge profonde, accompagné de M. Bru, l'ancien pharmacien de Vichy, qui à Rueil, comme mon ami J. Clarctie au Bourget, avait consenti à m'accompagner dans ma course périlleuse à la recherche des malheureux blessés; le fond de la gorge était parfaitement abrité contre les projectiles de l'ennemi, et je rencontrai là un grand nombre de mobiles peu rassurés et un général accompagné du colonel Lespiaud, que j'avais vu faire des prodiges de valeur à Vitry et à Choisy. « Comment, colonel, lui dis-je, vous ici! mais on se bat là-haut. — J'accompagne mon général, » fut sa seule réponse. Je le saluai et gagnai le plateau où je vis un douloureux spectacle que je n'ai pas à décrire ici. Pourtant je dirai que, sur le chemin, je rencontrai un lieutenant de la garde nationale gravement blessé, plié par la douleur et que portaient deux brancardiers. Comme je le croisais, un de ses parents, qui allait, ainsi que moi, du côté de l'ennemi, le croisa aussi, et, le reconnaissant, il s'approcha vivement de lui pour le plaindre, le consoler et le soulager, s'il était possible. « *Je viens de faire mon devoir, va faire le tien!* » telles furent les seules paroles qu'il dit à son ami, aussi simplement que péniblement; elles me causèrent un saisissement d'admiration, et elles resteront, autant que je vivrai, gravées dans ma mémoire; je ne sais pas si l'histoire de Sparte en a conservé de plus belles. Mon grand regret, aujourd'hui, est d'ignorer le nom de ce héros, que j'aurais été heureux d'inscrire dans ces modestes pages. Ce que je puis dire à l'honneur de Paris, c'est que sa garde nationale renfermait un nombre immense d'hommes dévoués, d'un pareil patriotisme, des artistes comme Marmontel, Henri Regnault, Seveste, des ingénieurs comme Mauguin, Frédureau, des savants comme Georges Pouchet, que j'ai vu au Bourget manier la pioche sous les balles pendant le combat, des bourgeois, des artisans prêts à s'aguerrir, et que ce qui lui a manqué, ce n'est ni le courage, ni la bonne volonté, ni même la discipline, mais des hommes qui aient voulu énergiquement et qui aient su la conduire à la victoire. Je me suis assez mêlé, dans presque toutes les affaires sérieuses, à la garde nationale pour pouvoir lui rendre, ici, ce témoignage, en obéissant strictement aux besoins de ma conscience.

envahis par la cocotte ; tout zèle eût été insuffisant pour les traiter d'une façon quelconque ; le seul traitement possible était d'abattre les plus malades, et d'attendre la guérison spontanée des autres. C'est ce qu'on fit. Mais ce que les agissements coupables des aventuriers et de leurs complices ont fait perdre, en salubrité et surtout en quantité, de l'approvisionnement de Paris est incalculable.

Nous avons dit que la fièvre aphtheuse se communiquait à l'homme ; c'est du moins l'interprétation qui nous a paru la plus naturelle des faits suivants, dont M. Le Sénéchal a été l'observateur et en partie le sujet. Au milieu de l'épidémie, l'honorable directeur fut pris d'un malaise général avec fièvre, suivi bientôt d'aphthes dans la bouche. Trois verres de vin de quinquina gentiané, autant de verres d'eau phéniquée à 1/2 p. 100 et des lotions avec la préparation pour la toilette dite *eau de Monte Cristo* fortement phéniquée, suffirent à le débarrasser de ces phénomènes. Des employés de l'établissement éprouvèrent de pareils accidents ; et, enfin, la propre fille de M. Le Sénéchal, qui avait été prise, dès le début de l'épidémie, de coliques, de malaise général et diminution de l'appétit, vit apparaître, après avoir souvent visité et soigné elle-même un taureau fortement atteint par la maladie, de nombreuses pustules blanchâtres à la base de la langue, « analogues, dit M. Le Sénéchal, à celles que j'ai observées sur plusieurs génisses, au début de la maladie. Ces pustules sont, sur plusieurs points réunies en groupes plus ou moins gros ; plusieurs sont jaunâtres. » Les douleurs d'entrailles ne quittaient pas Mlle Le Sénéchal, et elle pouvait à peine manger. L'honorable directeur ayant bien voulu me consulter, je prescrivis un traitement à base phéniquée, notamment mon sirop titré et des gargarismes phéniqués dont la jeune malade but en partie le liquide, d'abord par accident, et ensuite volontairement, parce que, me dit-elle dans une lettre de remercîments qu'elle prit la peine de m'écrire, « j'avais observé qu'après en avoir avalé un peu je souffrais bien moins. » Les accidents de Mlle L., dont la durée commençait à inquiéter son père, se dissipèrent assez promptement ; et le sirop à l'acide phénique, joint à l'élixir Bernard, vint mettre fin aux tendres appréhensions paternelles.

Si les symptômes éprouvés par M. Le Sénéchal, par sa fille et par les employés de l'établissement de Corbon sont dus à la transmission de la fièvre aphtheuse à l'homme, comme tout semble le prouver, il en résulte du moins, que transportée sur l'homme cette maladie perd notablement de sa gravité, car Mlle Le Sénéchal est la seule qui ait été, non pas dangereusement, mais sérieusement malade. Si la pathologie humaine doit enrichir ses cadres d'une nouvelle maladie, elle n'aura pas du moins à augmenter le chiffre des tables de mortalité.

Nous n'avons rien dit de la question parasitaire à propos de la fièvre aphtheuse, attendu que nous n'aurions pu que répéter ce que nous avons exposé dans les généralités. Personne, que nous sachions, n'a cherché le parasite de la cocotte : il n'est donc pas bien étonnant qu'on ne le connaisse pas encore ; mais il ne nous paraît guère douteux qu'on ne le trouve, le jour où des recherches rigoureuses seront entreprises dans ce but.

ART. IV. — DE LA COQUELUCHE.

M. Lemaire est, comme certains gallinacés, originaire des Indes : le bruit le fait glousser. Il avait envie de se taire sur la coqueluche, mais « après le bruit que l'on a fait dans ces derniers temps, dit-il, sur les effets merveilleux que l'on obtenait des émanations des cuves d'épuration du gaz de l'éclairage pour combattre cette maladie, j'ai cru devoir traiter la question. » Ainsi, il n'y a pas à en douter, c'est bien le bruit qui a fait glousser M. Lemaire, et comme la coqueluche n'est pas la seule chose autour de laquelle il se soit fait du bruit, nous avons lieu de croire que les gloussements de M. Lemaire feront un de ces jours, en quantité immense, leur apparition dans le monde; concurrence redoutable pour les *Sommes* de saint Thomas! M. Lemaire l'emportera certainement, non-seulement par le poids des volumes, mais encore parce que saint Thomas ne s'occupait que des intérêts de Dieu et que lui s'occupe des intérêts de l'histoire. « Je dois tout d'abord, dit-il, faire une remarque *dans l'intérêt de l'histoire;* » et cet intérêt de l'histoire, vous devinez bien quel il est. M. Commenge, qui paraît avoir inauguré le traitement de la coqueluche par les émanations des cuves d'épuration, dit que ce traitement, auquel il accorde, du reste, une grande valeur, est purement empirique; mais M. Lemaire en sait, sur ce que fait M. Commenge et sur ce qui l'a inspiré ou guidé, plus que M. Commenge lui-même : « Je crois, dit-il (M. Lemaire), que ce sont, au contraire, les travaux que j'ai publiés de 1859 à 1863 sur le coaltar saponiné et ses dérivés qui ont dirigé mon confrère du Pas-de-Calais. » Voilà donc M. Commenge bien et dûment atteint et convaincu de ne pas savoir ce qui l'a inspiré et dirigé, et c'est M. Lemaire qui se charge d'être son éclaireur de conscience. Et pour prouver immédiatement qu'il en est digne, l'honorable propagateur du coaltar commence par dire : « *depuis près de trois ans*, j'ai essayé à plusieurs reprises le coaltar *et l'acide phénique* (la fameuse addition stéréotypée) pour combattre la coqueluche. J'ai conseillé l'emploi de leurs émanations *et l'eau phéniquée* à l'intérieur. » Et comme M. Commenge ne paraît avoir expérimenté les émanations des cuves d'épuration qu'en 1864 ou au plus 1863, il est clair que c'est M. Lemaire qui l'a inspiré, puisque écrivant en 1865 ou 1864 et employant les émanations phéniquées *et* l'acide phénique à l'intérieur, depuis *près de trois* ans, mettons 9 mois, il fait ainsi remonter ses premiers essais au commencement de 1862. Voilà une chronologie à laquelle il n'y aurait assurément rien à reprendre, n'étaient deux petites difficultés que voici : la première, c'est qu'en 1862 — M. Lemaire le déclare lui-même, les jours où il s'oublie et dit la vérité — il n'avait jamais employé l'acide phénique (1), et qu'en 1863 même, dans la première édition, il *se propose* d'employer les émanations phéniquées contre le croup, — car de coqueluche il n'est même point question (en 1863!); — la seconde, c'est que ce qui était supposé agir dans les émanations des cuves d'épuration, c'étaient surtout des émanations ammoniacales; et par conséquent ce n'étaient pas les inhalations phéniquées que M. Lemaire *se proposait* de faire qui ont pu inspirer le Dr Com-

---

(1) N'ayant pas encore à cette époque expérimenté l'acide phénique à l'intérieur, je n'osai pas lui conseiller d'en boire. (LEMAIRE, 1re édit., p. 371. — Voir *Eczéma*, p. 272 du présent ouvrage.)

menge. Il est si vrai qu'on attribuait surtout à l'ammoniaque les effets supposés produits par les émanations des cuves, que des pharmaciens industriels de la mauvaise catégorie vendent, pour remplacer ces émanations, de l'ammoniaque impure qu'ils ont longtemps ramassée et qu'ils ramassent peut-être encore dans les égouts des usines à gaz. Au reste, ni les émanations des cuves d'épuration, ni surtout le produit dégoûtant vendu par lesdits pharmaciens sous le nom de *gazéol* n'ont d'influence bien marquée sur la marche de la coqueluche; de nombreuses expériences faites depuis celles du Dr Commenge ont prouvé que cet honorable confrère s'était fait illusion. Quelques expérimentateurs ont même accusé, mais sans motifs suffisants, les émanations des cuves d'épuration d'être dangereuses, et elles le sont en effet, dans certains cas que nous spécifierons. Pour mettre tout le monde d'accord, le fameux Bouchut-Touchatout, *premier* chevalier de l'Empire (1) et officier de la République, a trouvé que les émanations des cuves d'épuration sont tantôt utiles, tantôt nuisibles, tantôt indifférentes. C'est en professant une pareille thérapeutique et une pareille diplomatie qu'on ramasse des chaires de professeur, des fauteuils d'académicien et des croix d'officier des empires et des républiques.

Le véritable résultat des expériences faites sur l'action des émanations des cuves d'épuration, c'est que la nature de ces émanations est loin d'être toujours la même; elle varie suivant les détails des manipulations des diverses usines; elle varie surtout suivant les qualités très-diverses du charbon employé. On se rappelle les différences énormes constatées par M. Calvert sur les coaltars provenant des divers charbons, les uns contenant une proportion très-faible d'acide phénique, les

(1) C'est lui-même qui s'est ainsi longtemps qualifié, sur ses cartes de visite et dans certaines biographies payées, parce qu'en effet, il fut le premier décoré de l'Empire, pour avoir eu le talent de se placer en tablier blanc devant le passage de l'empereur, dans la visite obligée que celui-ci fit à l'Hôtel-Dieu; après le 4 septembre, le premier chevalier jeta ses cartes dans un *égout*, et s'en fut parader dans les antichambres de la République. Les républicains l'accueillirent fort bien et en firent un officier. Le roi futur en sera certainement un commandeur, ce ne sera pas trop pour un écrivain qui a été un des valets de chambre qui ont habillé M. Sanson en inventeur de l'acide phénique.

autres en contenant deux fois, cinq fois et même douze fois plus (voir ci-dessus, page 7). C'est sans doute ce qui s'observe dans les émanations des cuves d'épuration. Dans certaines de ces cuves, les vapeurs d'acide phénique peuvent être en proportion très-sensible; dans d'autres, elles doivent être presque absentes; dans quelques cuves, l'ammoniaque et ses composés sont abondants, dans d'autres ils sont rares; enfin, on peut trouver, dans certaines émanations, des gaz très-nuisibles, en proportions notables, les acides sulfureux et sulfhydrique, plusieurs hydrogènes carbonés, par exemple. On comprend que suivant que les uns ou les autres de ces élémen's prédominent, les effets peuvent être ou avantageux (relativement) ou nuisibles; mais on comprend qu'ils soient surtout nuisibles, car les vapeurs d'acide phénique, de naphtaline et d'autres corps utiles sont celles qui dominent, à beaucoup près, le plus rarement. En résumé, les émanations des cuves d'épuration du gaz d'éclairage, par l'instabilité même de leur composition, sont un très-mauvais moyen thérapeutique, inférieur au coaltar lui-même, panamisé ou non, lequel est surtout inférieur à l'acide phénique, malgré les hymnes du propagateur et docteur Lemaire, précisément par les différences de composition qu'il présente.

Pourtant, entre les mains de son propagateur, le coaltar panamisé paraît avoir produit quelques résultats un peu avantageux, pas beaucoup, dans trois cas dont deux sont résumés dans la narration suivante.

« *Première observation.* — Mme B..., veuve d'un pharmacien, eut l'année dernière deux de ses filles atteintes de coqueluche. L'une a cinq ans, l'autre quinze ans. C'est à la fin de mars (1) que le mal débuta. Elle employa des tisanes adoucissantes, de l'ipécacuanha et des narcotiques, mais sans le moindre succès. La toux augmentait toujours. Vers la fin d'avril, elle prit une forme convulsive, revenait par quintes fréquentes accompagnées de vomissements. Les nuits étaient mauvaises, plus encore que les journées. Les repas étaient interrompus par des quin-

---

(1) On se rappelle que l'exact Dr Lemaire qui me reproche d'une manière sanglante deux ou trois dates qui manquent à nos observations, donne quelquefois le mois des siennes, mais presque jamais l'année.

tes, et les aliments en partie vomis chaque fois. Il n'y avait que quelques râles muqueux dans les bronches. Mme B.... qui croyait tout d'abord à l'existence d'un rhume, reconnut à ces symptômes caractéristiques l'existence de la coqueluche.

« Depuis quelques jours, elle leur faisait prendre une poudre composée de belladone, de soufre et de poudre de d'ower (1). Ce médicament ne changea rien aux symptômes dont je viens de parler. C'est à ce moment que je fus appelé (2). Je fis cesser la médication en usage. Je la remplaçai par les émanations de goudron de houille. Un kilogramme de goudron de houille fut divisé en quatre parties que l'on plaça sur des assiettes. On mit une dose dans chaque pièce de l'appartement. Ma prescription étant faite, je priai Mme B..., femme très-intelligente, d'observer avec soin ce qui se passerait et de vouloir bien me l'écrire. Voilà ce qu'elle m'écrivit : « Vingt-quatre heures après l'intro-
» duction du goudron dans l'appartement, les quintes étaient
» sèches. Plus de mucosités, plus de vomissements. Mes filles
» toussaient aussi souvent; huit jours après, la toux était bien
» moins fréquente et les quintes moins longues. Aujourd'hui,
» après quinze jours de la présence du goudron dans l'apparte-
» ment, les deux malades ne toussent plus que lorsqu'elles courent
» trop fort, et les petites quintes qu'elles ont dans ce cas sont
» sans importance. Elles n'en ont pas tous les jours une et pas
» du tout la nuit. Les fonctions digestives s'accomplissent
» mieux chez ces enfants qu'avant leur maladie. La plus jeune,
» qui était revenue de nourrice avec une gastralgie, a de meil-
» leures digestions. La nuit, son sommeil était très-agité. Je
» ne parvenais à l'avoir calme qu'en lui donnant du bouillon ou
» seulement du potage pour son dîner. Depuis l'emploi du
» goudron, elle mange comme nous, digère viandes et lé-
» gumes. »

Cette *première observation* est, comme on voit, double, et son

(1) C'est M. Lemaire, tout ancien pharmacien défroqué qu'il soit, qui écrit *d'ower*. Il paraît probable, d'après cela, que M. Lemaire cultive l'histoire de la pharmacie avec autant de succès que celle de la médecine.

(2) Il est fort intéressant, assurément, de savoir que c'est à *ce moment* que M. Lemaire fut appelé; mais s'il nous avait dit à quelle distance *ce moment* se trouvait du début de la maladie, cela eût été beaucoup plus intéressant encore et plus utile, pour apprécier l'efficacité de son traitement.

23.

estimable auteur, à qui elle n'a pas donné beaucoup de peine pour la faire ni pour la rédiger, puisqu'il a vu une seule fois les malades, conclut de l'amélioration constatée après vingt-quatre heures de l'introduction du goudron dans l'appartement et de la « *rapidité de la guérison* chez les deux malades, qui étaient à la période convulsive de la maladie, » à l'efficacité du coaltar contre la coqueluche. Si au lieu d'efficacité l'estimable auteur avait dit utilité, nous aurions partagé son avis, quoique quelques pages plus loin il attribue l'insuccès de l'acide phénique, dans quatre cas, à ce que la dose d'acide était trop faible (10 centigr. matin et soir), lui qui a pleine foi cependant dans les doses impondérables. (Voir ci-dersus, p. 196.) Or, nous ne croyons pas que les deux filles de Mme B... aient absorbé 20 centigrammes d'acide phénique par jour, en respirant les émanations d'une assiette plus ou moins remplie de coaltar. Il est vrai que les inhalations peuvent agir d'une manière différente de l'ingestion par les voies gastriques. Quoi qu'il en soit, le coaltar est infiniment inférieur à l'acide phénique contre la coqueluche, quoique cet acide lui-même ne triomphe pas de la coqueluche aussi rapidement que de plusieurs autres maladies plus graves. Le parasite de cette affection auquel plus d'un médecin commence déjà à croire, est donc plus tenace ou pour mieux dire plus résistant à l'acide phénique que beaucoup d'autres plus malfaisants pour l'homme et pour les animaux ; nouvelle preuve, s'il en était besoin encore, que ce n'est point la gravité de la maladie qui fait son incurabilité ou sa curabilité plus ou moins facile, mais l'espèce de parasite qui la produit. Ce qu'on peut dire, c'est que l'acide phénique est très-supérieur aux autres médications usitées contre la coqueluche, et notamment à la belladone, si hautement préconisée par le bienveillant et regrettable Trousseau ; mais, malgré sa supériorité, l'acide phénique, même administré rationnellement, c'est-à-dire mieux que ne le fait M. Lemaire, met encore de quinze jours à trois semaines pour triompher d'une coqueluche, ce qui est encore en abréger la durée de quatre à sept semaines, car tout le monde sait que cette maladie ne dure presque jamais moins de six semaines et qu'il n'est pas très-rare de la voir durer deux mois et même jusqu'à six mois. L'association à l'acide phénique du nouveau médicament que je n'ai pas encore fait connaître, en accroît d'une manière très-sensible l'action curative : à l'aide d'une préparation dans laquelle cette association est faite et qu'on trouve chez M. Guenon, pharmacien à Paris, la durée de la coqueluche n'est, dans l'immense majorité des cas, que de douze à quinze jours.

ART. V. — DU CROUP, DES ANGINES COUENNEUSES ET DE LA DIPHTHÉRIE.

Les immenses services que l'acide phénique est appelé à rendre dans le traitement des angines couenneuses et de ce que l'on a appelé depuis quelques années la *diphthérie* exigent que ce sujet soit traité avec quelques développements. Le croup est d'ailleurs un des grands fléaux de l'espèce humaine ; quoiqu'il n'épargne pas toujours les jeunes filles ni les adultes des deux sexes, il frappe plus spécialement les jeunes garçons de six à dix ans ; et, à ce titre, il a même eu le privilége de rendre jaloux un tyran sanguinaire, qui s'indignait que la maladie fauchât de jeunes épis en herbe dont la moisson devait être réservée au canon ; il créa un prix de 100,000 fr. pour l'inventeur d'un traitement qui guérirait le croup ; on en trouva plusieurs ; le prix fut décerné ; mais, après comme avant la découverte de ces spécifiques, le canon trouva dans le croup un concurrent redoutable.

Dans un but exclusivement humanitaire, notre excellent maître, le Dr Marchal (de Calvi) — qui n'est pas un adorateur du canon, quoique ancien militaire (médecin) — a, non pas créé un prix, mais ouvert une enquête sur les meilleurs traitements du croup ; et, à son appel, une foule de spécifiques est apparue, tellement nombreuse que ce serait un travail que d'en dresser le tableau ;... et tous ne se sont pas montrés (1). Le seul

(1) M. le Dr Guillon (ne pas oublier son titre d'ancien chirurgien consultant du roi Louis-Philippe) considère comme absolument infaillibles les insufflations de nitrate d'argent en poudre. Il n'y a qu'une voix sur cette infaillibilité, c'est celle de M. Guillon. — Un docteur Augé croit que la cautérisation avec le crayon de nitrate d'argent vaut mieux que les insufflations ; le Dr Miquel (de Tours) est persuadé que la solution de nitrate d'argent au huitième ou même au dixième vaut mieux que les insufflations et le crayon, tenus tous les deux pour

qui n'ait pas fait son apparition, c'est le traitement phéniqué, probablement parce qu'il est le meilleur, nous dirions volontiers le seul bon, quoique, parmi ceux qu'on a proposés, quelques-uns ne soient pas sans utilité, le chlorate de potasse et les mercuriaux entre autres.

Dans la première édition de cet ouvrage nous avons déjà rapporté quatre observations de croup ou d'angine couenneuse traitée avec succès par l'acide phénique. Les deux dernières de ces observations, qui se trouvent réunies dans une seule relation, donneront une idée de la façon dont j'administrais l'acide phénique, il y a dix ans, et nous permettront d'apprécier les progrès que nous avons réalisés depuis cette époque.

« Le 12 août dernier, disions-nous alors, je fus appelé en toute hâte à Dublin.

« Le 13, je trouvai M. de V... atteint d'une angine couenneuse au septième jour de son début, et madame de V... sa femme, au second jour de la même affection. J'employai de suite la cautérisation à l'acide phénique, à 50 p. % au moyen d'un pinceau ; les plaques pseudo-membraneuses se détachèrent rapidement chez M. de V...; mais chez madame de V... le mal ne parut pas vouloir céder facilement ; de larges plaques

infaillibles. — Le bromure de potassium est souverain, pour les uns; de nul effet, pour les autres. — La glace réussit toujours, à en croire certains praticiens. — Pour le D\u1D63 Simorre (de Contres) tout est mauvais, fors la saignée, qui guérit à peu près constamment. — Le D\u1D63 Bouchut (car où le D\u1D63 Bouchut ne fourre-t-il pas son nez ?) n'a confiance que dans l'administration de 5 centigrammes de tartre stibié et d'une solution de coaltar saponiné au 30e ou au 40e. Mais le D\u1D63 Bouchut, le même qui sert de valet de chambre à M. Sanson (voir ci-dessus, p. 495) et de tapisserie dans les antichambres, a trouvé son maître — chose difficile ! — dans le D\u1D63 Pichon; celui-ci lui a dit son fait, dans une lettre assez brève pour pouvoir figurer ici : « Permettez-moi, écrit-il au rédacteur d'un journal de médecine, de dire à vos abonnés que *cinquante* centigrammes de tartre stibié dans 120 grammes d'eau, et un morceau de charpie imbibé de coaltar saponiné *pur*, — (pur est joli, surtout souligné par l'auteur) — avec lequel on badigeonne, ou *ramonne* (toujours souligné par l'auteur) la gorge couenneuse, ont une vertu bien autrement puissante que les *cinq* centigrammes de tartre stibié et le coaltar saponiné au 30e ou au 40e du D\u1D63 Bouchut. » Où le D\u1D63 Pichon est inférieur au D\u1D63 Bouchut, c'est qu'il ne se croit pas philosophe, tandis qu'auprès de Bouchut, Aristote — suivant Bouchut — ne serait pas digne de vivre, s'il n'était pas mort. C'est probablement pourquoi il est venu au monde sitôt. — C'est égal, le plus fort de tous est encore le D\u1D63 Raele, de Constantine : pour lui, toutes les méthodes guérissent, pourvu qu'elles soient fortement perturbatrices ; et, loin que les traitements variés se détruisent, *ils sont tous bons* !! Seulement, les acétates sont un préservatif absolument *certain* ! — Ce n'est pas tout ; mais nous croyons que c'est assez.

tapissaient les amygdales et y paraissaient incrustées; puis, peu à peu, une teinte laiteuse se répandit sur toute la muqueuse pharyngienne, et parut s'étendre, de haut en bas, en larges bandes. Le 16, ces bandes finirent par se rejoindre en arrière, le long de la trachée; tout le tube accessible à l'œil était envahi. Dans la matinée du 17, la respiration était siflante, le *chant du coq* commençait, et tous les phénomènes prenaient de la gravité; pour la première fois le pouls était à 110.

« Je me décidai à employer l'eau phéniquée en pulvérisation. Je renouvelai cette opération plusieurs fois, et cela pendant plusieurs heures, en ne laissant que l'intervalle indispensable au repos de la malade, très-fatiguée et très-effrayée. Je fis avec le petit instrument de M. Luer (1) une pulvérisation à jet violent avec de l'eau phéniquée à 20 et 25 p. %. Après d'horribles suffocations et de fréquentes envies de vomir, après une salivation abondante, la malade sentit une certaine fraîcheur pénétrer dans les tissus qui la brûlaient, disait-elle. L'envahissement s'arrêta; il y eut un peu de sommeil dans la nuit. Je recommençai dans la nuit du 18, avec l'eau à 18 et 15 p. %, que la malade avalait en partie. Le même jour, je remplaçai l'acide par le chlorate de potasse, afin d'éviter à la malade la sensation de brûlure dont elle se plaignait. Le mieux fut sensible; la malade put avaler un peu de bouillon et dormir. Madame de V... qui, depuis deux jours, était restée assise sur son lit, s'y étendit le 18, dans la soirée. La nuit du 18 au 19 fut bonne. Les dernières pulvérisations furent si douloureuses que la malade se refusa à ce que j'en fisse de nouvelles (2), je

(1) En publiant cette observation, je signalais, en 1865, quelques imperfections de l'appareil, d'ailleurs très-ingénieux et souvent très-utile, de M. Luer. Les perfectionnements que j'ai apportés moi-même aux appareils de pulvérisation m'ont empêché de m'assurer si les *desiderata* que j'avais indiqués ont été réalisés. Sans être aussi indispensable aujourd'hui, par suite des perfectionnements de la méthode, la réalisation de ces *desiderata* serait néanmoins toujours utile, car mon appareil n'est malheureusement pas portatif, et les pulvérisations peuvent encore, dans bien des cas, trouver leur application.

(2) La douleur provenait précisément d'un des inconvénients que j'avais signalés, à savoir que, par suite de l'agrandissement de l'orifice de projection, l'appareil lançait l'eau en jet très-fin, au lieu de la lancer en poussière; en un mot, l'appareil donnait une douche filiforme, connue par la vive douleur et l'excitation qu'elle

n'insistai pas, car les fausses membranes se détachèrent peu à peu dans les efforts incessants de toux et d'expectoration. Dans ce cas, les fausses membranes ne se sont pas détachées par plaques, mais insensiblement et par petites portions. Le 20, madame de V... était en pleine convalescence et je pus revenir à Paris. »

Les routiniers ne trouvent souvent pas de meilleur moyen de combattre les médications nouvelles que d'accuser les auteurs de faire de ces médications des panacées universelles, ou plus vulgairement une selle à tous chevaux. Nous avions déjà, en 1866, de grandes raisons de croire que l'acide phénique était le médicament le plus universel de la matière médicale ; et cependant voici avec quelle réserve nous nous exprimions sur les deux faits qu'on vient de lire et sur les deux qui les précédaient et qui étaient plus concluants encore : « Tous ces faits ne sont pas rigoureusement concluants, et je ne les donne pas pour tels ; seulement, dans cette maladie si terrible, un remède de plus est précieux, et l'usage de l'acide phénique me paraît avoir un double but : d'abord il n'empêche pas l'usage des autres moyens, et, de plus, il peut être considéré comme un préservatif de la contagion. »

Je ne pense pas que l'on puisse être accusé d'enthousiasme aveugle quand on garde autant de réserve, en présence de cas de guérison aussi remarquables que ceux que j'avais observés ; aussi n'ai-je point à craindre que *la mode* de l'acide phénique passe, quand une fois elle aura été adoptée, et que la médication que j'ai inaugurée aille grossir la liste de toutes les panacées dont quelques-unes se trouvent citées dans la note de la page précédente, qui ont joui pendant quelque temps d'une faveur éphémère, et qui sont plongées aujourd'hui dans un oubli dont quelque rare caprice de praticien fantaisiste vient les tirer, pour quelques jours, de temps à autre. Aujourd'hui, je n'ai plus de réserve à garder ; de nouveaux faits plus nombreux et plus probants encore, s'il est possible, que ceux que j'ai publiés en 1865, m'ont démontré l'efficacité certaine

provoque, au lieu de donner une véritable pulvérisation, laquelle est toujours et absolument exempte de douleur ; elle est même toujours calmante, quand le liquide pulvérisé n'est pas trop excitant par lui-même.

de l'acide phénique contre le croup et contre les affections diphthéritiques en général; aussi je n'hésite pas à affirmer que cette médication est celle, qui, à beaucoup près, doit aujourd'hui être préférée, et qu'elle restera.

Depuis 1865, quelques modifications ont été apportées par moi aux procédés d'application; le fait suivant, le dernier de ceux que j'ai observés, en même temps qu'il montrera un des plus beaux cas de guérison que l'on puisse voir, indiquera la manière dont l'acide phénique doit être employé aujourd'hui contre le croup. Le fait qu'on va lire est d'ailleurs fort instructif à d'autres égards, et il nous fournira le sujet de quelques remarques qui sont de la plus haute importance et que, pour cette raison, nous répéterons plus d'une fois.

Ce fait concerne une charmante jeune personne âgée de 15 ans, fille d'un littérateur distingué, ami d'Alexandre Dumas père, M. d'A.....

Le 20 janvier 1872, M. d'A..... rentrait d'une campagne située en Normandie, dans son domicile, rue Galilée 15, près de l'Arc-de-Triomphe. Déjà au moment de son arrivée à Paris, Mlle d'A .... était souffrante; cependant elle ne pensa pas, non plus que ses parents, à se soigner sérieusement et se coucha ayant peu mangé. — Le lendemain 28, le malaise augmenta; on crut néanmoins pouvoir s'en tenir encore à quelques soins hygiéniques; mais dans la nuit les symptômes s'aggravèrent de plus en plus; la respiration devint tellement anxieuse qu'on pouvait redouter une asphyxie, le père de la jeune malade vint me chercher à quatre heures du matin. Mme d'A..... avait pensé, avant le départ de son mari, de regarder dans la gorge de sa fille, et y avait découvert des plaques blanchâtres; ce renseignement me fit supposer l'existence d'une angine couenneuse que M. d'A..... considérait, du reste, comme certaine; je me munis, à tout événement, d'un inhalateur, d'une solution phéniquée, et de ma seringue à injections hypodermiques, et nous partîmes.

Je trouvai la malade dans un état d'anxiété indescriptible; la respiration était haletante, tellement difficile que la malade tenait la bouche constamment ouverte, la langue pendant au dehors; de temps à autre, survenaient des menaces de suffocation; les amygdales, la moitié postérieure du voile du palais, l'arrière-gorge, aussi loin que le regard pouvait plonger, étaient recouvertes d'une fausse membrane épaisse et très-adhérente; les ganglions sous-maxillaires étaient engorgés et douloureux; les parties de la bouche non recouvertes par des fausses membranes légèrement phlogosées; les mouvements de déglutition pénibles et douloureux; il n'y avait que peu de toux; mais elle était rauque et la voix était éteinte; la fièvre était intense; le pouls à 150-160; il est inutile de dire que la malade n'avait pas dormi un seul instant. Des plaques d'exanthème scarlatineux existaient sur divers points de la peau. — Je pratiquai dans la gorge des douches prolongées d'eau phéniquée pulvérisée; je fis dans la région des seins deux injections phéniquées de cinq grammes chacune, avec la solution aqueuse à 1 p. 100; je fis allumer un réchaud à alcool, qui maintint constamment en ébullition près de la malade une solution phéniquée; je prescrivis de 10 à 15 cuillerées de sirop à l'acide phénique dans la journée, en dissolution étendue dans de l'eau ou de la tisane.

La journée se passe sans changement très-notable; le *mal* de gorge cependant diminue, mais non pas les plaques diphthéritiques; seulement elles ne se sont pas étendues. — Une nouvelle pulvérisation est pratiquée, et je prescris pour la nuit la continuation de mon sirop phéniqué titré, une cuillerée à bouche (10 centigrammes) environ toutes les heures; l'évaporation d'eau phéniquée est continuée toute la nuit. Je prescris d'examiner fréquemment les fausses-membranes, et d'administrer un vomitif que je fais tenir tout prêt, dès qu'elles commenceront à se détacher de la muqueuse.

Le lendemain 24, j'apprends que la nuit a été des plus agitées, qu'il n'y a pas eu un instant de sommeil, et je trouve la malade dans la situation suivante: l'état général n'est pas mauvais; la fièvre est moindre; le pouls est à 140-150; la moitié antérieure de la langue offre cette rougeur fréquente dans la scarlatine; les plaques diphthéritiques ne se sont pas étendues, mais sont un peu plus épaisses; elles paraissent être un peu moins dures, mais ne se détachent encore nulle part; la toux n'a pas augmenté de fréquence, mais n'a pas changé de nature;

la respiration est toujours extrêmement pénible et imparfaite ; l'air ne pénètre qu'incomplétement dans les poumons. — Le même traitement est continué.

Dans la journée, on vient me chercher en toute hâte ; Mlle d'A....., me dit-on, est sur le point d'expirer. J'arrive et la trouve, en effet, dans un état très-alarmant ; elle était persuadée que sa fin approchait ; elle avait fait venir ses sœurs pour leur faire ses adieux et leur exprimer ses dernières volontés ; elle n'avait pu avaler une goutte de liquide depuis 12 heures ; par moments, la suffocation paraissait imminente ; la face bleuissait ainsi que la langue, qui était toujours projetée hors de la bouche ; la peau était presque partout d'un rouge violacé. — Je pratique quatre injections hypodermiques de 5 grammes (20 à chaque sein) avec mon nouveau liquide, et je recommande de nouveau de surveiller les fausses membranes — recommandation que le dévouement absolu des parents rendait sans doute inutile — et d'administrer la potion d'ipéca dès qu'on observerait un commencement de mobilité des plaques.

Quelques heures après les quatre injections, une détente prononcée s'opéra ; la malade put reprendre quelques cuillerées de sirop phéniqué, et, vers le soir, une tasse du bouillon, puis une tasse de lait. Elle s'endormit vers 9 heures et ne se réveilla que le matin, par suite d'une grande difficulté de respiration ; cette difficulté accompagnée d'une grande agitation dura quelques heures, après lesquelles commencèrent des crachements de fragments de fausses membranes ; ces crachements étaient mêlés d'accès de suffocation pendant lesquels la jeune malade s'introduisait le doigt dans le fond de la bouche pour aller y arracher des plaques membraneuses ; à mesure que ces produits morbides étaient expulsés, la vie semblait revenir comme un flot montant, et dès le lendemain, 27, la jeune malade était en pleine convalescence ; elle mangea 1 œuf, prit du bouillon et du lait, se sentit forte ; et cette sorte de résurrection inspira au bienheureux père une lettre pathétique, que l'excès de reconnaissance dont on y trouve l'expression chaleureuse ne me permet pas de reproduire. C'est d'ailleurs un enseignement important, utile à tous, que je veux tirer de ce fait et non des louanges, qui ne peuvent avoir qu'un prix bien grand, sans doute, mais exclusif à la personne à laquelle elles s'adressaient.

Avant toute remarque, disons d'abord que nous avons eu l'occasion d'observer un cas, en tout semblable au précédent, y compris la coïncidence d'une scarlatine, contractée dans les mêmes conditions et bien à l'insu de la famille du malade lui-même et du médecin appelé d'abord. Ce fait s'est passé à Lagny et a eu pour sujet le consul de l'ex-royaume de Hanovre. Ces deux faits sont loin d'être les seuls que j'aie observés depuis la publication de la première édition de ce travail; j'en ai recueilli, au contraire, beaucoup d'autres; mais ce sont les plus intéressants aux divers points de vue que je veux envisager en ce moment, et c'est seulement pour cela que je les mentionne ici d'une manière spéciale.

Paris, de même que toutes les grandes villes, n'a pas une excellente réputation sous le rapport de la salubrité — je n'ai pas à m'occuper des autres rapports — et sa réputation est bien un peu méritée; mais ceux qui veulent l'accuser exagèrent beaucoup ses défauts. M. d'A... n'est pas de ceux-là; c'est avant tout, comme presque toutes les intelligences d'élite, un homme de progrès; cependant, dès l'apparition du malaise de sa fille et surtout de l'éruption scarlatineuse, il ne manqua pas d'accuser l'air de Paris de cet accident et il regretta d'avoir quitté la campagne. La marche et le développement connus de la scarlatine ne pouvaient permettre à un médecin de partager une pareille opinion; la maladie avait commencé dès le lendemain du retour à Paris; la contagion, si contagion il y avait, remontait donc à plusieurs jours au moins avant ce retour. Après des recherches qui ne furent pas très-longues, il ne fut pas bien difficile de découvrir la succession et l'enchaînement des événements; c'étaient exactement les mêmes qu'il m'avait été facile d'établir dans le fait de Lagny.

Une vieille bonne de M. d'A... avait été traitée à la campagne pour une indisposition par un médecin des environs, très-aimé et très-estimé; ce médecin avait le même jour regardé une dent ou une gencive de Mlle d'A... Cette bonne restée à la campagne était tombée malade en même temps que Mlle d'A... devenait malade à Paris, elle avait, comme elle, été atteinte d'une scarlatine et d'une angine très-grave qui l'avaient mise aux portes du tombeau ; elle avait été administrée, mais avait fini par se remettre. Avant de voir la bonne et la jeune fille, le médecin avait déjà traité des mêmes affections (scarlatine et angine couenneuse) un enfant des environs qui avait succombé. Ce médecin passe d'ailleurs pour très-soigneux et l'est en effet, dans le sens ordinaire du mot. Il n'en a pas moins été, suivant toutes les probabilités et, je crois même pouvoir dire en toute certitude, le véhicule du ferment, du parasite contagieux, comme le sont beaucoup d'autres médecins, qui ne s'en doutent pas, quoique les observations de l'hôpital de la Maternité de Vienne aient depuis longtemps établi le fait en ce qui concerne la fièvre puerpérale,

Les médecins s'imaginent se mettre en règle avec leur obligation professionnelle lorsqu'en sortant de la chambre d'un malade atteint de maladie contagieuse, ils font une légère ablution des mains ; l'immense majorité néglige même cette précaution tout à fait insuffisante : ceux qui la prennent comme ceux qui ne la prennent pas transportent également les ferments contagieux partout où ils vont, en sorte qu'ils n'est pas exagéré de dire que, dans les grandes villes surtout, les principaux agents de contagion sont les médecins, et surtout les médecins des hôpitaux, qui sont peut être ceux qui prennent le moins de soins de propreté prophylactique.

Lorsque tous les médecins voudront bien se résoudre à observer les précautions que j'ai conseillées et mises en pratique depuis longues années, et que les uns négligent par une routine coupable, et que les autres repoussent par un esprit d'opposition plus coupable encore, ils feront disparaître une cause active de contagion et diminueront dans une notable proportion le nombre des maladies et des décès, surtout dans les cités populeuses. Ces précautions, aussi simples qu'efficaces, consistent à faire des ablutions après chaque visite chez un malade atteint d'une affection contagieuse, avec un liquide tenant en dissolution un agent parasiticide (l'acide phénique de préférence), et à porter constamment sur soi un flacon de cet agent dont on imbibe ses vêtements de temps en temps, de façon à former autant que possible autour de soi une atmosphère parasiticide. Grâce à ces précautions, qui n'exigent d'autres soins que ceux d'une toilette ordinaire, je puis me rendre la justice de n'avoir jamais porté la contagion chez mes clients, et j'ai la conviction que bien peu de mes confrères pourraient se rendre un pareil témoignage, même parmi ceux qui seraient autorisés à enseigner aux autres les bons principes et les véritables devoirs.

Quant à l'action curative qu'ont eue l'acide phénique et surtout la substance nouvelle que j'ai introduite dans la thérapeutique, dans le cas de Mlle d'A... et dans plusieurs autres cas analogues, je me bornerai à deux remarques. La première, que je répéterai fréquemment, ainsi que je l'ai déjà dit, c'est que cette action curative ne se démontre pas seulement par chaque fait particulier, quelque concluant qu'il paraisse; il ressort plus clairement encore des résultats généraux de la pratique d'un médecin; or, ces résultats ne sont pas très-difficiles à connaître, et je vais en indiquer le moyen aux académiciens de la Faculté, Prussiens et autres, mais aux Prussiens surtout, qui crient à la « blague » quand je lis des notes officielles à l'Académie des sciences. Les bulletins de décès de la ville de Paris contiennent le nom du médecin qui a traité la personne décédée, pendant sa dernière maladie; eh bien, je mets les Prussiens de la Faculté et de l'Académie au défi de trouver, depuis dix ans que j'emploie l'acide phénique, mon nom accolé à un seul décès de rougeole, de scarlatine, de fièvre typhoïde(1), de fièvre puerpérale, de croup et d'angine couenneuse, et j'ajouterais de variole, si pendant le siége je n'avais perdu deux varioleux chez qui la maladie a offert les symptômes les plus graves dès le début. A ce premier défi, j'en ajoute un second : je défie les mêmes professeurs et académiciens, Prussiens ou non, de trouver un des leurs, pouvant prouver par des livres régulièrement tenus, qu'il a une pratique aussi étendue que la mienne, qui n'ait pas perdu un seul malade de rougeole, de scarlatine, de fièvre typhoïde et de fièvre puerpérale depuis dix ans, et qui n'ait perdu que deux variolés. A ces défis nous savons ce que

____

(1) Pendant que je corrige les épreuves de cet article, une exception se présente en ce qui concerne la fièvre typhoïde; elle sera mentionnée dans l'article consacré à cette maladie. Je n'ai du reste été appelé auprès de ce malade qu'au moment où la mort était considérée comme inévitable, ainsi que cela sera expliqué.

répondront les professeurs Prussiens et non Prussiens ; ils répondront par l'injure qu'ils tiennent toute prête, de guérisseur! oui, ils crieront: au *guérisseur!* Ce mot, chose inouïe, est devenu une injure dans le vocabulaire officiel : comme du temps de Molière, les professeurs, les vrais, les grands médecins sont faits pour forger des théories et pour prescrire des remèdes ; le reste ne les regarde pas; c'est l'affaire des malades et peut-être des *guérisseurs.* Quant à nous, loin de nous offenser de cette injure, nous l'acceptons comme le seul éloge qui puisse toucher le médecin. Convaincu que la médecine n'est ni assez séduisante pour constituer un art d'agrément, ni assez indépendante des autres sciences pour constituer une science pure, nous ne lui trouverions qu'un bien mince mérite, si elle ne possédait celui de soulager les malades et parfois de les guérir; le médecin qui n'est pas guérisseur peut être un rêveur honnête ; mais c'est assurément un idéologue stérile, qui ne remplit aucune fonction utile dans la société. C'est donc avec la plus vive satisfaction que nous accepterons toujours l'injure de guérisseur; et, loin de nous en offenser, notre seule préoccupation sera de nous en rendre digne. Cela dit, non pas une fois pour toutes, car nous y reviendrons, mais une fois en passant, ajoutons quelques mots encore sur le traitement des angines couenneuses.

On a vu avec quelle rapidité, une fois le danger conjuré, la convalescence s'est déclarée chez Mlle d'A..., malgré l'extrême gravité du mal. Ce n'est point là un fait exceptionnel; c'est la règle, à la suite de la médication parasiticide, soit phéniquée, soit par le médicament nouveau dont les effets, dans les cas où il est indiqué, sont encore plus prompts et plus frappants que ceux de l'acide phénique. Non-seulement ce fait n'est pas exceptionnel dans les angines couenneuses, qui sont des maladies, en général, à marche très-rapide; mais on verra dans tout le cours de cet ouvrage qu'il n'est pas exceptionnel non plus dans les autres maladies, notamment dans la fièvre typhoïde dont on connaît les convalescences interminables, les nombreuses complications consécutives et les fréquentes rechutes. Ainsi, ce n'est pas seulement par sa plus grande action immédiate contre le mal lui-même que la médication parasiti-

cide l'emporte sur toutes les autres, c'est aussi par sa supériorité à rétablir l'intégrité des fonctions, quand le danger est
passé.

Nous terminerions là, si nous n'avions quelques mots à dire
de plusieurs témoignages favorables à l'acide phénique, et
quelques remarques à présenter sur le coaltar dit saponiné, que
le faux défenseur de la médication parasiticide préfère à l'acide
phénique, par les raisons qu'on va voir :

« Dans la première édition de ce livre, dit-il, *j'ai rapporté
des observations* dans lesquelles le coaltar saponiné avait parfaitement réussi pour détacher les fausses membranes qui s'é-
taient développées dans la cavité buccale (diphthérie) et dans
la gorge (angine couenneuse). La saponine aide à détacher
les fausses membranes, et le coaltar, par l'acide phénique, la
benzine, etc , qu'il contient, modifie rapidement l'état de la
muqueuse. » (Lemaire, *de l'Acide phén.*, 2o éd. p. 339.)

Et plus loin :

« Lorsque la diphthérie a son siége sur les membranes muqueuses que la main ne peut atteindre, ou sur des plaies, le
coaltar saponiné me parait préférable à l'acide phénique, à
cause de la saponine qu'il contient ; celle-ci permet de détacher
avec plus de facilité les fausses membranes. » (*Ibid.* p. 530.)

Les ... inexactitudes de M. Lemaire ne peuvent sans doute
plus causer la moindre surprise au lecteur ; il ne sera donc pas
étonné quand nous lui aurons montré que la première édition
du livre de M. Lemaire ne contient aucune *des observations*
dont l'auteur parle dans la seconde édition : voici en quoi
consistent ces *observations :* « J'ai obtenu de l'emploi du coaltar
saponiné de très-bons effets pour détacher les productions morbides du muguet et de l'angine couenneuse qui se développent
dans les premières voies. *La Saponine* permet de détacher les
fausses membranes avec facilité. Le coaltar *m'a paru* modifier
rapidement l'état de la muqueuse ; mais lorsque l'affection
envahit le tube digestif et les bronches, on comprend la difficulté de les atteindre. Ce moyen, dans ce cas, devient impuissant. »

Quant à l'acide phénique — dont M. Lemaire, à cette époque,
avait pourtant entendu parler, ne fût-ce que dans le service de

M. Maisonneuve, où l'on appliquait ma méthode sur une vaste échelle, voici tout ce qu'il en dit, à la suite des dernières lignes que nous venons de citer et où M. Lemaire constate l'impuissance du coaltar sur les fausses membranes *que l'on ne peut atteindre avec la main.* « La rapidité avec laquelle les fausses membranes sont détachées et la modification de l'état de la membrane muqueuse indiquent d'essayer l'acide *saponiné* en inhalations dans le croup. *Je me propose* de le faire à la première occasion. » (*De l'ac. phén.* 1re éd., p. 392.) On voit à ces dernières paroles : *je me propose*, que M. Lemaire avait eu vent de ma pratique et qu'il cherchait à sauvegarder sa priorité dans l'avenir ; mais cette précaution ridicule n'est pas ce qui doit nous arrêter ici ; la question de priorité est entendue et bien entendue ; ce qu'il s'agit de bien éclaircir aux yeux du lecteur, c'est la question de méthode, parce que celle-là intéresse surtout les malades, et que M. Lemaire n'y entend rien ; ceux qui s'en tiendraient à ce qu'il conseille ne rendraient pas de grands services à un malade atteint de croup.

La première et la grande erreur de M. Lemaire, — et nous lui devons cette justice que cette erreur est encore celle de la plupart des professeurs officiels dont M. Lemaire n'est qu'un écho dégénéré, — c'est de croire qu'on peut, que dis-je, qu'on doit agir sur les fausses membranes de l'angine couenneuse comme sur du linge sale ; M. Lemaire confond détacher (séparer) avec détacher (enlever des taches, en langage de dégraisseur) ; il faut donc apprendre à M. Lemaire et à ses maîtres que la thérapeutique n'est pas le moins du monde une lessive, — à moins que ce ne soit en détestable rhétorique. La saponine, si saponine il y a, la solution de panama, pour être plus exact, ne dissout pas la matière protéique des fausses membranes ; si elle la dissolvait, ce n'est pas en les détachant (en les séparant) qu'elle les ferait disparaître, mais bien en les détruisant ; pour séparer deux surfaces adhérentes, quand on ne peut opérer la séparation mécaniquement, il est indispensable d'agir chimiquement ou physiologiquement, sur l'une d'elles au moins ; et comme ici l'une des deux est absolument inerte, c'est seulement sur l'autre, qui est la membrane muqueuse, qu'il faut agir. Comment pourrait y agir la solution de panama, qui n'a aucune action destructive sur la fausse membrane ? On ne saurait évidemment le concevoir. Il n'y a que deux moyens de modifier la surface muqueuse adhérente à la fausse membrane. Le premier serait d'agir par un puissant caustique qui traverse la fausse membrane elle-même et pénètre jusqu'à la muqueuse ; ce qui paraît très-difficile vu les difficultés inhérentes à la cautérisation de la gorge, quand la fausse membrane est mince, et tout à fait impossible quand la fausse membrane est épaisse. Si M. Lemaire croit à la prétendue action *détachante* de la prétendue saponine, ce ne peut donc être que par une complète inintelligence de la nature des choses, inintelligence qui n'a d'excuse que dans celle à peu près égale des professeurs qui conseillent les instillations ou les cautérisations au nitrate d'argent, à l'acide chlorhydrique, etc. Si ces cautérisations, ces instillations pouvaient avoir quelque effet, ce serait en agissant, non pas sur la plaque pseudo-membraneuse, mais sur les points où la muqueuse n'en est point recouverte, en produisant sur ces points des modifications qui peuvent se transmettre de proche en proche jusque sur les portions de membrane recouvertes par les plaques diphthéritiques : ainsi agissent les inhalations phéniquées, surtout celles faites avec un pulvérisateur; ainsi agissent aussi les cautérisations avec l'acide phénique, lesquelles détruisent en outre, avec bien plus de puissance encore que les inhalations, les organismes inférieurs qui peuvent exister, qui existent à peu près sûrement dans les fausses membranes. Mais une indication non moins essentielle, plus essentielle même très-probablement, c'est de détruire ces organismes ou leur germe dans l'intérieur même de l'économie, dans le torrent circulatoire où certainement ils se trouvent. Les professeurs de routine eux-mêmes reconnaissent depuis assez longtemps déjà que le croup, comme toutes les formations couenneuses spontanées, dépend d'une maladie générale qu'ils ont désignée sous le nom de diphthérie. C'est pour remplir cette indication que nous administrons contre le croup, de même que contre toutes les maladies générales, notre sirop phéniqué à l'intérieur et que nous pratiquons les injections hypodermiques parasiticides. L'importance de cette indication s'est montrée d'une manière éclatante chez Mlle d'A...; car, suivant la remarque de son père lui-même, la vie a paru revenir chez sa chère enfant à mesure que la liqueur qu'il appelle merveilleuse pénétrait dans les veines de la jeune malade. Lors donc qu'on voit un prétendu inaugurateur de l'acide phénique déclarer qu'on ne peut rien contre les fausses membranes qui ne sont pas à portée de la main, et préférer le coaltar dit saponiné à l'acide phénique, sous prétexte que le premier renferme un principe (la saponine) excellent pour détacher les étoffes, ce n'est pas se montrer bien sévère que de trouver dans un pareil thérapeutiste les aptitudes d'une blanchisseuse beaucoup plus que celles d'un médecin.

Encore un mot sur un autre moyen de détacher (séparer) les fausses membranes, et nous en aurons fini avec les professeurs et les disciples en routine et en blanchisserie.

On a pu remarquer que j'avais fait tenir toute prête à côté de Mlle d'A.. une potion vomitive. C'est une pratique adoptée par une grande partie des routiniers que d'administrer un vomitif ou même des vomitifs dès qu'une angine couenneuse est soupçonnée et surtout dès que les premières fausses membranes apparaissent; c'est une pratique tout simplement inepte, et qui, malheureusement pour les malades, n'est pas sans danger. C'est, en effet, une ineptie de supposer que les mouvements produits dans la gorge ou dans le larynx ou, mieux encore, dans la trachée, par quelques efforts de vomissements, suffiront pour détacher de la muqueuse des fausses membranes qu'on n'en détacherait même pas, si ce n'est en lambeaux, avec des pinces à pansement. Les mouvements de régurgitation ne peuvent suffire à provoquer le détachement et l'expulsion des membranes que lorsque la séparation commence déjà à s'opérer spontanément; alors, les vomitifs peuvent décider une expulsion qui, retardée de quelques minutes, presque de quelques secondes, parfois, peut achever une asphyxie commençante, et ils peuvent rendre, ainsi, un immense service : mais les prescrire systématiquement, c'est-à-dire, aveuglément au début de toute angine couenneuse, c'est vouloir épuiser en vain les forces des malades, et s'exposer à ne plus retrouver ces forces, au moment où l'on en aura le plus besoin et où les vom.tifs seraient réellement indiqués.

29.

Voilà la véritable thérapeutique du croup, dans l'état actuel de la science : aux routiniers de la comprendre ; à tous les esprits progressifs de l'appliquer.

ART. VI. — DE LA PÉRIPNEUMONIE ÉPIZOOTIQUE.

Nous avons peu de cho.e à dire de cette maladie contre laquelle l'acide phénique n'a été essayé par personne que nous sachions, si ce n'est par nous, dans un cas que nous allons faire connaître. Ce que les spécialistes nous avaient appris sur cette maladie nous portait cependant à croire qu'elle pourrait être combattue avec quelque avantage par la médication de l'acide phénique. Nos raisons pour le croire étaient d'abord des raisons générales tirées de la contagionabilité de la maladie, propriété qui, pour nous, équivaut presque à la démonstration directe du parasitisme, et, ensuite, des raisons spéciales, tirées surtout de ce que la maladie paraît être spéciale à l'espèce bovine ; or, ainsi que nous l'avons dit dans l'introduction, on ne saurait guère comprendre la prédilection exclusive d'une maladie pour une espèce animale (ou même végétale) autrement que par l'existence d'un parasite. L'acide phénique et la nouvelle substance que nous avons employée avec succès contre le charbon devaient donc, à notre avis, être expérimentés contre la péripneumonie épizootique, d'autant plus que tous les traitements employés ont été reconnus inefficaces. Cette maladie semble présenter cette particularité remarquable qu'elle offre, comme la variole, un caractère beaucoup moins dangereux, quand elle est le résultat d'une inoculation artificielle. C'est une découverte utile, due au docteur Willems, de Hasselt (Belgique).

C'est en 1870 que l'occasion imparfaite me fut donnée de contrôler les présomptions qu'avaient fait naître dans mon esprit les publications des vétérinaires et mon expérience de l'acide phénique. J'appris qu'un cas de péripneumonie épizootique s'était développé dans une étable de l'avenue de Clichy, n° 2. Le propriétaire consentit à me laisser traiter la bête de concert avec M. Houssin, vétérinaire habile et instruit, qui avait déjà été appelé, nous la traitâmes donc ensemble ; la maladie était malheureusement déjà fort avancée. Nous pratiquâmes des injections sous-cutanées phéniquées, nous administrâmes en boisson l'acide phénique et mon nouveau médicament, et il fut évident que la maladie fut ralentie dans sa marche; mais prévoyant qu'elle succomberait, malgré le traitement tardivement employé, je consentis à laisser abattre l'animal pour la boucherie; nous étions déjà au *douzième* jour du traitement. L'examen du poumon permit de constater une vaste hépatisation et en certains points des foyers purulents disséminés. Le fait, du reste, a été publié par M. Houssin.

Ainsi que nous l'avons dit précédemment, ce fait n'est point décisif; mais cependant l'effet immédiat et consécutif du traitement frappa tellement le propriétaire, qu'à partir de ce moment il désira me confier le traitement de son fils âgé de 15 ans, atteint d'une otite scrofuleuse chronique avec surdité presque absolue. Les pulvérisations phéniquées nasales et auriculaires et l'administration de mon sirop phéniqué m'ont permis de rendre l'ouïe et la santé à cet enfant, inutilement traité depuis longtemps par les médications ordinaires.

Art. VII. — DE LA ROUGEOLE.

Nous avons peu de chose à dire sur cette affection, l'une des plus contagieuses par contagium volatil, c'est-à-dire contagieuse à distance. Malgré cette propriété contagieuse énergique, il ne paraît pas que la rougeole puisse être transmise par le procédé artificiel de l'inoculation; quelques expérimentateurs ont avancé que l'inoculation de la salive et du sang d'un rubéoleux pouvait communiquer la maladie; rien n'a confirmé cette assertion. Le contage paraît cependant résider dans les furfurs très-fins qui se forment dans la période de desquamation de la rougeole; ce qui paraît positif, c'est que c'est dans la période de desquamation que la contagion est plus active; elle paraît pouvoir s'exercer pendant environ un mois, à partir de la période d'éruption. Ces détails indiquent assez que le parasite de la rougeole n'est pas encore connu; on peut seulement supposer avec toute probabilité qu'il commence la première évolution de son existence dans le système circulatoire général, et qu'il se localise ensuite sur la membrane cutanée, et assez souvent sur quelques-unes des portions de la muqueuse respiratoire ou sur cette muqueuse tout entière.

Quand la rougeole affecte la forme bénigne, ce qui a lieu dans la majorité des cas, la médication phéniquée n'est pas plus indispensable que toute autre, car la maladie n'incommode guère les malades, surtout les enfants, que pendant les 24 heures qui précèdent l'éruption ; une fois l'éruption parue, c'est tout au plus si les rubéolés se sentent dans un état anormal. Mais quoique cette marche soit à beaucoup près la plus fréquente, elle n'est pas constante cependant, et il arrive souvent que la rougeole est suivie de complications ou fort incommodes ou tout à fait graves, les pneumonies et les bronchites capillaires, par exemple, surtout chez les enfants. Dans ces cas, la médication phéniquée sera appliquée avec de grands avantages ; elle prévient à peu près sûrement toute complication, notamment les complications pulmonaires, et elle hâte considérablement la marche de la convalescence. Un autre avantage précieux de la médication phéniquée c'est d'empêcher la contagion, circonstance qui devient d'une importance capitale dans les cas, assez fréquents, où la rougeole revêt le caractère épidémique. Il suffit, dans presque tous les cas, pour empêcher la contagion, de faire dégager des vapeurs phéniquées dans la chambre des malades ; il y a aujourd'hui divers appareils émanateurs qui remplissent parfaitement le but ; mais on peut également l'atteindre sans appareil spécial en pratiquant des aspersions d'eau phéniquée dans les appartements des malades ou en laissant à l'air libre des appartements des solutions phéniquées versées dans une ou plusieurs assiettes. Cependant, quoique ces moyens soient généralement suffisants, les personnes qui devront se trouver en rapports fréquents et surtout en contact avec des rubéolés, feront bien de prendre à l'intérieur une solution phéniquée à un demi pour cent, soit mieux encore deux à quatre cuillerées à bouche, par 24 heures, de notre sirop phéniqué titré, c'est-à-dire 20 à 40 centigrammes d'acide phénique pur, qualité *bon goût*, de chez M. Guénon.

Les injections sous-cutanées ne seront utiles que dans les cas de complications graves.

ART. VIII. — DE LA SCARLATINE.

Il serait difficile de rencontrer deux maladies qui aient autant de particularités communes, par conséquent autant de ressemblance que la rougeole et la scarlatine : mêmes périodes d'incubation, d'invasion, d'éruption et de desquamation ; même contagion active à distance, même impossibilité d'inoculation artificielle, par conséquent même incertitude du siége du ferment; même fréquence des complications; plus grande rareté des récidives; même fréquence de la forme épidémique. Quelques différences cependant distinguent ces deux sœurs jumelles, et ces différences sont, en partie, fort importantes. La première, c'est qu'il n'y a pas, à proprement parler, de scarlatine bénigne : dans celle qui revêt les caractères les plus anodins, il peut se développer tout à coup une complication redoutable, capable de rendre mortelle une maladie qui paraissait être parvenue, sans accident aucun, à sa dernière période ; dans la rougeole, les muqueuses pituitaire, oculaire et pulmonaire sont affectées ; dans la scarlatine, ce sont les muqueuses pharyngée, tonsillaire, laryngée et trachéale, sur lesquelles on peut craindre la complication redoutable de l'inflammation couenneuse; la scarlatine offre seule la complication albuminurique, qui peut aussi acquérir de la gravité; enfin, et c'est là une différence bien singulière et une circonstance bien remarquable sur laquelle nous insisterons à l'article variole, la scarlatine ne paraît pas avoir été connue des médecins anciens ni des Arabes, et serait, par conséquent, d'origine moderne. Comme la rougeole, elle règne, du reste aujourd'hui, dans tous les pays connus.

Ces aperçus sommaires prouvent que la scarlatine doit toujours être traitée sérieusement, même quand elle se présente avec les caractères les plus bénins. Pour peu qu'elle paraisse grave, il faudra recourir aux injections sous cutanées; dans les cas légers, les lotions et émanations phéniquées, et l'administration par l'estomac d'une préparation phéniquée, telle que notre sirop titré, suffiront. Les personnes entourant les malades et susceptibles de contracter la maladie feront bien de se soumettre aux mêmes moyens, au dernier tout au moins. Deux cuillerées à bouche par jour de sirop titré les mettront à peu près sûrement à l'abri de la contagion.

C'est grâce à ce traitement que, depuis plus de dix ans, nous avons été assez heureux pour ne pas perdre un seul malade atteint de scarlatine, soit de la scarlatine elle-même, soit d'une de ses graves complications. On a vu à l'article croup avec quel bonheur nous avions triomphé chez Mlle d'Aembert d'une complication diphthéritique des plus graves ; mais on aurait sans aucun doute évité à cette charmante enfant les souffrances cruelles de la complication redoutable qui a failli l'emporter, et on lui aurait même très-probablement évité la scarlatine elle-même, si l'on avait appliqué sévèrement nos principes en matière de contagion.

L'application de la médication phéniquée ne donne pas seulement ce grand résultat de conjurer la mort, elle en donne un second qui, sans avoir la même importance, ne saurait cependant être dédaigné : elle abrége considérablement la convalescence, qui, presque toujours, se prolonge assez longtemps à la suite de la scarlatine négligée ou traitée par les moyens ordinaires. La médication phéniquée prévient surtout, dans tous les cas à peu près, l'anasarque et l'albuminurie qui, ainsi que nous l'avons dit, suivent assez souvent la scarlatine. En voilà beaucoup plus qu'il ne faut pour que la médication phéniquée dût être depuis longtemps la méthode générale de traitement de la rougeole et de la scarlatine, et, cependant, encore à l'heure où nous écrivons, nous sommes seul à employer cette méthode à Paris, et le mot de scarlatine ne se trouve même pas prononcé dans la seconde édition du livre du prétendu inaugurateur de l'acide phénique en médecine, lequel n'est, comme nous l'avons prouvé à satiété, que le propagateur du coaltar panamisé dit saponiné.

Le docteur Hallier d'Iéna a trouvé dans le sang des scarlatineux des parasites dont la présence expliquerait l'action favorable du traitement phéniqué : ces parasites seraient des végétaux (*micrococcus*) qui se trouveraient dans le sang en plus grande nombre que les globules ; ils sont en partie libres, en partie agglutinés dans une masse gélatineuse. Ils se reproduisent, et, « cultivés avec soin, se développent en filaments germinaux constituant des spores d'un brun obscur, que l'on reconnaît facilement pour les spores d'une *Tilletia*. »

Le docteur Hallier conclut de ses recherches que le sang des scarlatineux renferme le *micrococcus* d'un cryptogame qu'on peut désigner sous le nom de *Tilletia scarlatinosa*. Il peut être cultivé sur le porte-objet et être observé dans les diverses phases de développement, jusqu'à la fructification. Le *micrococcus* du sang scarlatineux est dépourvu de mouvements; mais il prend un mouvement vibrionien très-prononcé dans un liquide riche en azote; alors il s'allonge et continue à croître transversalement. La lumière semble accroître ses mouvements.

Les recherches du docteur Hallier ont été publiées en Allemagne en 1869 et en France au commencement de 1870. Nous ne sachons pas qu'elles aient encore été confirmées par d'autres observateurs. Il reste donc à décider si la *Tilletia* décrite par notre confrère d'Iéna, ou du moins son *micrococcus*, est le véritable parasite de la scarlatine. Quant à l'existence même d'un parasite quelconque, elle ne saurait pour nous être douteuse, du moment que la maladie se transmet par contagion.

ART. IX. — DU TYPHUS DES BÊTES A CORNES OU PESTE BOVINE.

Tout est possible, surtout en médecine et en philosophie : Pyrrhon et son école avaient nié le mouvement; Broussais et son école avaient nié la contagion de la syphilis et même toutes les contagions; il fallait bien que celle du typhus des bêtes à cornes le fût. Mais ce sont là des fantaisies qu'on passe à des originaux de génie, et qu'on réprime chez de niais copistes; et quand ces copistes portent un nom d'oiseau, le docteur Pigeon par exemple, on doit leur conseiller de le changer contre celui d'une autre bête (1).

---

(1) Ce qu'il y a de plus triste encore que les aberrations du Dr Pigeon, c'est de voir des journalistes scientifiques (agricoles) recommander ces aberrations aux hommes compétents, en leur faisant observer magistralement que « la question mérite d'être étudiée à fond ! » Mais la boussole aussi méritait d'être cherchée à fond. Seulement, il y a quelques centaines, sinon quelques milliers d'années qu'elle est trouvée; nous ignorons si le Dr Pigeon s'en doute; mais qu'il s'en doute

Le typhus des bêtes à cornes est donc contagieux, comme celui de l'homme, tellement contagieux, que, d'après les documents historiques connus, jamais il ne s'est développé en France que lorsqu'elle a été envahie par des armées ennemies trainant à leur suite des troupeaux de bœufs provenant de l'Europe orientale (Russie méridionale, Hongrie et provinces Danubiennes). C'est ce qui a encore eu lieu en 1870 : comme toutes les précédentes, la nouvelle invasion barbare a apporté le fléau de la peste bovine avec elle, et c'est à cause de cette importation que nous avons à nous occuper aujourd'hui du typhus du gros bétail, alors qu'aucune occasion ne nous a été donnée encore d'appliquer notre nouvelle médication au typhus de l'espèce humaine. Convaincu que les maladies contagieuses sont, ainsi que nous l'avons déjà dit plusieurs fois, presque nécessairement produites par le développement de parasites dans l'organisme animal, mais que cette cause morbide est bien plus probable encore, s'il est possible, dans les maladies qui au caractère contagieux joignent celui de ne se développer que dans certaines régions ou dans certaines conditions hygiéniques, comme c'est le cas de la peste bovine, j'avais espéré que l'acide phénique ou le nouveau parasiticide que je n'ai point encore fait connaître, pourrait combattre avec succès le typhus ; je résolus, en conséquence, de tenter quelques expériences dès que la levée du siége de Paris me permettrait de sortir de ses murs. L'occasion ne tarda pas à se présenter, malheureusement pour notre pays, et je vais rendre compte des faits qu'il m'a été donné d'observer ou qui ont été observés par un collaborateur aussi instruit que zélé, qu'un heureux hasard m'a donné. Je dirai ensuite quelles conséquences actuelles il y a à tirer de ces faits, tout en réservant les progrès de l'avenir dans lesquels j'ai confiance.

Le 15 février 1871, j'appris que le typhus, importé par l'armée ennemie, régnait d'Alençon au Mans et que le transport

ou non, elle n'en conduit pas moins sûrement le marin à travers les mers, tout comme la contagion de la peste bovine conduit sûrement l'hygiéniste administrateur à l'extinction de cette maladie par des moyens, qui sont loin, il est vrai, de réaliser tous les *desiderata* de la science, mais qui valent pourtant beaucoup mieux que ceux que dicteraient les visions du Dr Pigeou et des journalistes qui les répandent.

de bestiaux l'avait même apporté jusque dans le canton de Landerneau, où il sévissait d'une manière effroyable. J'appris même qu'une commission officielle avait été envoyée par l'administration dans cette dernière localité pour y étudier l'épidémie. L'intensité même de cette épidémie fut ce qui m'attira du côté de Landerneau, et je partis pour la Bretagne, à la recherche d'un foyer autre que celui où la commission devait faire ses observations. Le hasard me favorisa : je rencontrai en chemin un honorable conseiller général du Finistère dont l'obligeant concours, auquel se joignit, dès le soir même de mon arrivée à Morlaix, le concours du sous-préfet, M. de Meynard, m'épargna beaucoup de démarches. Je fus mis immédiatement en rapport avec M. Lecoz, vétérinaire distingué de Morlaix, qui avait précisément été adjoint par l'autorité locale à la commission de Paris. Le typhus régnait à Morlaix comme à Landerneau. Avec un empressement que je ne saurais trop louer et dont je ne saurais trop le remercier, M. Lecoz m'offrit un concours précieux, sans lequel je n'aurais pu donner à mes expériences ni l'extension qu'elles prirent ni la garantie d'un homme spécial et instruit, qui venait précisément d'observer officiellement le typhus, et dont le diagnostic ne saurait par conséquent être mis en doute. Aussi je ne considère pas que ce soit un aide que le hasard m'ait donné dans M. Lecoz; c'est un collaborateur à qui je dois tous mes remercîments pour avoir bien voulu s'associer à mes recherches.

Ne voulant et ne pouvant point perdre de temps, je profitai du bon vouloir de M. Lecoz pour me faire conduire, dès le soir même de mon arrivée, à Morlaix, au village de Pleyberchrist, où régnait le typhus. Nous nous dirigeâmes vers une ferme dirigée par M. Guernisson, homme fort intelligent et très-capable de saisir les détails de nos expériences et de les répéter à son tour.

Je fus introduit dans une première étable où se trouvaient huit animaux de petite taille : l'un venait de succomber au typhus; l'autre était agonisant; un troisième était couché et ne pouvait plus se relever; et les cinq autres étaient plus ou moins gravement atteints, mais tous d'une manière absolument certaine. *Le matin même, ils avaient été condamnés officiellement à être abattus.*

En présence de M. Lecoz et du fermier, M. Guérnisson, je fis prendre aux animaux un breuvage phéniqué contenant cinq grammes d'acide phénique dans cinq ou six litres d'eau, et je pratiquai à chacun d'eux cinq injections sous-cutanées de vingt grammes de liquide phéniqué additionné de cette nouvelle substance à laquelle j'ai plusieurs fois fait allusion, dont le nom se trouve indiqué dans un pli cacheté déposé par moi à l'Académie des sciences, en mai 1869, et qu'on me pardonnera de ne pas faire connaître publiquement jusqu'à ce que les résultats que j'ai obtenus aient été consacrés soit par une commission officielle, soit par la pratique générale dans la guérison du choléra (1).

(1) Voilà plusieurs fois que je parle de cette nouvelle substance, — nouvelle en thérapeutique, — sans la faire connaître. Ceux qui sont au courant des usages adoptés parmi les médecins me reprocheront peut-être de garder un seul instant secret un moyen qui peut être utile à l'humanité. Ce reproche que chacun pourra me faire, à part soi, m'a déjà été fait publiquement, quoique avec beaucoup de bienveillance, par le Dr Marchal (de Calvi) dont j'ai été l'élève-rédacteur pour ses cours à l'école du Val-de-Grâce. On peut lire dans la *Tribune médicale* du 24 septembre 1871 la réponse que je fis à mon ancien maître, et qui lui parut convaincante, car il n'y trouva aucune objection ; je n'en citerai qu'un extrait, qui suffira, je l'espère, pour me justifier, aux yeux de tous les lecteurs équitables, du retard que j'apporte à la divulgation d'une découverte utile. « Malgré ma conviction ou mieux ma certitude sur mes droits de propriété, je ne ferai pourtant pas connaître encore cette substance, et malgré vos principes de sociologie, si généreusement formulés dans votre critique, je ne désespère pas de vous trouver de mon avis, quand vous aurez pesé mes motifs. »

« Si je ne veux pas recommencer mon expérience de l'acide phénique, et voir un Lemaire quelconque mettre le grappin sur mes droits, aidé de quelques flibustiers scientifiques plus ou moins désintéressés, je ne veux pas non plus réserver à ma famille le sort qui est échu à celle de l'illustre — ou qui du moins devrait l'être — Raclet, destructeur de la pyrale. J'ai beaucoup sacrifié, peines, temps, argent, voyages, instruments, pour des recherches utiles à tous, et d'une seule fois, j'ai payé pour six cents francs de moutons à un honnête éleveur de moutons, M. Rougeoreille, dont mes recherches sur le sang de rate pouvaient sauver les troupeaux, et qui ne s'est fait aucun scrupule de me faire payer dix brebis un peu plus cher qu'au marché; cela vous laisse deviner le reste. Combien pourriez-vous, parmi ces austères confrères, qui ont jugé avec une sévérité si draconienne ce que vous appelez « mes imprudences, » combien, dis-je, en pourriez-vous rassembler qui fussent disposés à de tels sacrifices, surtout de ceux dont la position n'est qu'équivalente à la mienne ? J'attends votre réponse et vos comparaisons, mais je ne les crains pas.

» Oui, sans doute, si l'on avait été, non pas bienveillant, je suis reconnaissant de toute bienveillance, de la vôtre surtout, mon bien cher maître, mais je n'en demande à personne, — si l'on avait été seulement juste pour moi, si l'on ne m'avait pas contesté les petits mérites des innovations utiles que j'ai introduites dans la médecine, je me serais probablement contenté de la

L'odeur méphitique de l'étable qui commençait à m'incommoder sérieusement, m'empêcha d'appliquer moi-même le traitement à plus de cinq animaux. Je dus abandonner les deux autres aux soins du fermier Guernisson, qui est, du reste, je le répète, exceptionnellement intelligent. Mais ce n'est pas l'intelligence du fermier Guernisson qui fut ma seule bonne fortune. J'en eus une bien plus grande dans la rencontre de M. Lecoz. Ce savant vétérinaire saisit avec une merveilleuse facilité toutes les explications que je lui donnai sur ma méthode de traitement; je m'assurai qu'il pouvait l'appliquer avec tout le soin qu'exigent de premières expériences, et je pus, dès le lendemain, confier à son talent, à son zèle et à son dévouement, le soin de continuer toutes celles qui pourraient être tentées à l'avenir, dans sa circonscription. Il fut seulement convenu entre nous que nous nous tiendrions en communications quotidiennes, et que je lui transmettrais des indications toutes les fois que lui ou moi nous le jugerions utile. C'est d'après sa correspondance détaillée que j'ai écrit le mémoire lu par moi à l'Académie des sciences, dans la séance du 10 avril 1871, et dont cet article n'est que la réproduction presque textuelle.

Des sept animaux dont j'ai parlé, et dont cinq ont été traités au début par moi-même, trois ont succombé, quatre ont guéri. M. Lecoz n'a pas été moins heureux que moi. Sur 10 animaux traités, et qui se trouvaient dans les mêmes conditions, il a

considération de mes confrères, car la notoriété publique, fondée sur des travaux utiles, est un héritage qu'à défaut d'un autre, on peut laisser à sa famille; mais vous le dites vous-mêmes avec une grande modération, avec trop de modération peut-être : « on a été très-peu bienveillant pour moi. » Vous auriez pu dire avec plus d'exactitude encore : on a été et l'on est très-malveillant pour moi; vous auriez même pu ajouter qu'on a été, en même temps, très-peu accessible aux sentiments d'humanité, et très-peu fidèle aux devoirs professionnels que la plupart des médecins invoquent à tout propos, quoiqu'ils oublient aujourd'hui de prononcer le serment d'Hippocrate. En voulez-vous des preuves, mon cher maître, que ces sentiments, ces devoirs sont étrangers aux Catons dont notre profession foisonne? Il n'y a qu'à se baisser et en prendre. » Je cite, ci, plusieurs de ces exemples dont on trouvera quelques-uns aux articles *fièvre typhoïde, fièvre puerpérale*, et *plaies*, et je termine en déclarant que lorsqu'une commission officielle ou, à défaut de cette commission, la pratique générale aura consacré l'utilité de ma médication et mes droits à la priorité d'application de la substance qui en forme la base, alors je ferai connaître cette substance. Faute d'une de ces deux consécrations, je serai obligé d'attendre mon jour et mon heure; et je les attends encore.

obtenu 6 guérisons. En résumé : 17 animaux traités ; 6 morts, 11 guérisons, ou plus de 64 p. 100.

L'un des succès de M. Lecoz a été constaté par M. Goubaud, professeur à l'école d'Alfort, et l'un des commissaires envoyés à Landerneau par l'administration. Cet honorable commissaire avait été amené à Morlaix par le prompt retentissement qu'avaient eu mes expériences. L'animal sur lequel le succès vu par M. Goubaud a été obtenu se trouvait dans un tel état, que M. Goubaud n'avait pas hésité à dire qu'il reviendrait le lendemain pour en faire l'autopsie.

S'il s'agissait de certaines maladies, 64 ou 65 guérisons p. 100 ne seraient peut-être pas un très-beau résultat. Mais le typhus des bêtes bovines, on le sait, et M. Bouley eut soin de le rappeler dans une communication qu'il fit à l'Académie des sciences au commencement de 1871, et dans laquelle il fit allusion à nos expériences, est une maladie qui ne pardonne pas, en sorte qu'une guérison obtenue, c'est une victime arrachée à une mort inévitable. Or, si la proportion de 11 guérisons sur 17 devait se continuer, ce serait plus de 64 animaux sur cent conservés à la richesse publique, et ce résultat est assez beau pour qu'aucun pays ne puisse le dédaigner (1). D'ailleurs, cette proportion, quelque satisfaisante qu'elle soit, n'est pas celle qu'on peut espérer obtenir. Les guérisons observées par M. Lecoz et par moi ont été produites, en effet, sur des bêtes jeunes, à grande résistance vitale, ou sur des têtes plus âgées, mais chez lesquelles la maladie n'était pas encore parvenue à une période très-avancée. Ces deux circonstances doivent nécessairement faire prévoir que, si la nouvelle méthode de traitement

(1) A quelques honorables exceptions près, les vétérinaires ne manquent jamais d'emboîter le pas des médecins, surtout quand ce pas est un faux pas. Un certain M. Vuibert, vétérinaire et membre de la commission d'hygiène du canton de Méru, s'il vous plaît, annonce en grande pompe à *l'Écho agricole* du mois d'octobre 1871, qu'on peut guérir et prévenir le typhus par un traitement *approprié* — approprié, c'est-à-dire découvert par lui, s'entend — et ce traitement c'est, à l'intérieur 15 à 20 grammes d'acide phénique, et à l'extérieur des frictions avec de l'alcool camphré et l'essence de térébenthine. Inutile de dire que ce savant et loyal membre de la commission d'hygiène du canton de Méru n'a pas l'air de se douter des expériences de Morlaix ni de ma lecture à l'Académie des sciences. Pour tout dire, je crois pourtant qu'il peut les ignorer, car sa rédaction dénote un esprit assez innocent.

était plus répandue, si elle était connue de tous les fermiers, de tous les éleveurs, elle pourrait être appliquée dans tous les cas, sans exception, avant que la maladie eût atteint sa phase dernière, et qu'elle donnerait alors des résultats beaucoup plus avantageux encore que ceux que M. Lecoz et moi nous avons pu constater, lesquels atteindraient probablement 80 ou 90 p. 100, peut-être davantage. Mais, sans même compter sur les progrès de l'avenir, nous croyons que la proportion de 64 ou 65 p. 100, dans une maladie constamment mortelle, suffit pour nous permettre de recommander notre méthode aux méditations des hommes de science et d'administration, ainsi qu'aux agriculteurs.

Mais dans toute maladie, dans la peste bovine plus encore peut-être que dans la plupart des autres, prévenir est encore bien plus important que guérir; aussi nous sommes-nous préoccupés de l'application de notre méthode comme prophylactique. J'avoue que mes idées sur la cause des maladies à marche rapide ou même foudroyante, me donnaient le plus grand espoir que la médication nouvelle préserverait les animaux des atteintes du typhus, car je crois, pour les motifs développés dans mon introduction, à la vérité de cette proposition d'apparence quasi paradoxale : que plus une maladie est terrib'e et foudroyante — pourvu qu'elle laisse toutefois le temps d'agir — plus sûrement la médication parasiticide la guérira. Je comptais donc surtout, en partant pour la Bretagne, sur les bienfaits du traitement prophylactique. Je suis heureux de pouvoir montrer que ce traitement a répondu à mes espérances.

Dans sa communication à l'Académie des sciences, M. Bouley, sans égard pour les rêveries (peu poétiques d'ailleurs) du docteur Pigeon, a rappelé que le typhus bovin n'est pas seulement contagieux par le contact des animaux sains avec les animaux malades, mais aussi à distance ; en un mot, le contage (pour nous le parasite) du typhus est un contage volatil. Seulement, les deux contagions, celle par contact et celle à distance, sont inégalement actives : lorsque quelques animaux d'une étable sont malades, ceux d'une étable plus ou moins voisine peuvent échapper à la contagion ; mais ceux qui se trouvent dans l'étable même sont voués inévitablement à la maladie, c'est-à-dire à la mort. Ce résultat est tellement fatal, que M. Bouley ni aucun vétérinaire intelligent n'ont hésité à conseiller l'abatage comme seul remède contre la propagation du fléau.

D'après mes indications, M. Lecoz a expérimenté, non-seulement sur la contagion au contact, mais encore dans les plus mauvaises conditions où cette contagion puisse s'exercer, c'est-à-dire sur des animaux vivant à côté d'autres animaux gravement atteints, parfois déjà morts depuis plusieurs heures, couchant sur la même litière, se mouillant de leurs déjections et de leurs sécrétions.

M. Lecoz a appliqué à 25 animaux se trouvant dans ces conditions le traitement indiqué ci-dessus ; et, de ces 25 animaux, aucun n'a contracté la maladie. En me transmettant ce beau résultat, M. Lecoz se bornait à lui donner pour tout commentaire un énorme point d'exclamation ; nous ne lui en donnerons pas d'autre nous-même ; il y a des chiffres, on l'a dit et répété depuis longtemps, qui sont plus éloquents que tous les discours.

J'ai conseillé de traiter comme les animaux malades les animaux sains renfermés dans la même étable ; mais je ne doute pas qu'on puisse se contenter d'une médication moins active, pour ceux qui ne sont exposés qu'à la contagion à distance, c'est-à-dire à une contagion évidemment moins active. Je pense qu'une injection sous-cutanée matin et soir suffirait pour préserver ces derniers.

J'ai dit que le diagnostic de M. Lecoz (confirmé dans un cas par M. le professeur Goubaud) me paraissait être une garantie indiscutable ; mais je me hâte d'ajouter que l'habitude et l'habileté de M. Lecoz ne sont même pas nécessaires pour donner une pareille garantie. Seulement, je n'ai pas voulu négliger un complément de garantie même superflu, et à la garantie déjà inutile d'un vétérinaire des plus distingués, j'ai voulu en ajouter une autre, plus solide encore, s'il est possible.

On sait que le typhus bovin, s'il se contracte presque inévitablement au contact, ne se contracte pas deux fois, semblable en cela à la variole, à la clavelée et à beaucoup d'autres maladies. Pour démontrer par une autre voie que celle du diagnoslic, que les animaux traités par ma méthode avaient bien été guéris du typhus et non d'une autre maladie, j'ai prié M. Lecoz d'inoculer quelques-uns de ces animaux avec des déjections, des sécrétions et du sang d'animaux très-gravement atteints ou même morts du typhus. M. Bouley, à qui je communiquais mes résultats curatifs et prophylactiques, à mesure qu'ils m'étaient annoncés, avait d'ailleurs appelé mon attention sur cette contre-épreuve, et je n'aurais eu garde de négliger un moyen qui pouvait contribuer à convaincre M. Bouley, juge très-difficile mais aussi très-loyal; cette contre-épreuve devait en outre, très-probablement, me concilier la sympathie de quelques membres de la Société d'Eure-et-Loir pour lesquels mon estime est très-grande, malgré la critique un peu vive que j'ai dû faire ailleurs (voir art. *Charbon*) de quelques-unes de leurs opinions.

Le 23 mars donc, une vache qui avait été guérie par mon traitement a été inoculée par M. Lecoz, en présence d'une commission. Le 29, elle ne s'était jamais mieux portée, m'écrivait M. Lecoz. Elle a continué à se bien porter depuis. Après mon retour de Bretagne, et pendant que M. Lecoz continuait si heureusement les expériences que j'avais instituées, M. Bouley qui, avec ses amis, venait de tenter sur 10 bœufs, mais avec insuccès, et à mon insu, des expériences curatives au moyen de l'acide phénique en boisson, consentit à me faire choisir 6 bœufs malades du typhus, afin que, devant lui, j'eusse à reproduire à Paris les résultats que j'annonçais avoir obtenus en Bretagne.

Je vais maintenant dire quelques mots des résultats demandés et obtenus. Dans la communication de M. Bouley à l'Académie, laquelle précéda de quelques séances la lecture de mon mémoire, le savant académicien avait déjà fait une allusion aux expériences tentées sur ces animaux; je vais les faire connaître avec quelques détails.

M. Bouley, ainsi qu'il en avait informé l'Académie, avait prié plusieurs vétérinaires civils et militaires de mettre à ma disposition six animaux atteints du typhus à divers degrés. Ces vétérinaires choisirent, en effet, six bœufs, mais hors de ma présence, sans que j'en fusse même informé, et les animaux furent conduits, le 9 mars, à l'abattoir de Grenelle, où j'avais fait mes expériences sur la cocotte et sur la pustule maligne. Le lendemain, je fus informé et en même temps surpris d'apprendre que ces six animaux étaient à ma disposition.

Malgré la *lesteté* du procédé, je me rendis, dès le soir même, à l'abattoir de Grenelle, muni des instruments et des substances nécessaires à l'application de mon traitement.

Les animaux avaient été placés à l'abattoir dans l'ordre où ils étaient entrés, savoir : quatre bœufs espagnols venant d'Espagne, et deux bœufs français dits manceaux.

Des quatre bœufs d'Espagne, deux étaient à une période très-avancée de la maladie : diarrhée abondante avec projection, tremblement spasmodique de tous les membres, etc.; ils avaient, de plus, les symptômes très-prononcés et graves de la *Cocotte*; les deux autres n'ont pas eu de tremblements convulsifs en ma présence ; mais tous les autres symptômes du typhus étaient des plus prononcés et dénotaient un état des plus graves.

Les deux bœufs français présentaient du larmoiement, de la bave, une injection ecchymotique spéciale des paupières, des ulcérations de la bouche avec fausses membranes. Ces deux animaux n'avaient pas la cocotte et ne l'ont pas contractée, quoique cette affection soit très-contagieuse, comme tout le monde le sait.

Les six animaux subirent le traitement que j'ai déjà indiqué précédemment.

Le 13 (3e jour), l'un des bœufs espagnols meurt ; le 17, j'en fis abattre un second qui me paraissait très-malade ; le 18, j'en fis abattre un autre pour le même motif, et le 20, je fais abattre le dernier.

Quant aux deux bœufs français, après avoir eu la diarrhée même sanglante, ils se sont remis progressivement tous les deux, et ont récupéré tous les attributs de la santé. C'est dans un état des plus satisfaisants que l'un d'eux, après une hématurie de 24 heures, a été pris tout à coup de mugissements terribles et dénotant une telle souffrance, qu'au bout de 2 heures, on crut devoir le faire abattre, sans prendre mon avis. Les inspecteurs de l'établissement et tous ceux qui ont vu l'animal à l'autopsie ont certifié qu'il est mort de la maladie à laquelle succombaient alors un grand nombre de chevaux de Paris, et qui paraît être la maladie désignée sous le nom de sang de rate (voir art. *Charbon*). Au bout de 48 heures, M. Bouley a pu examiner les pièces et son opinion a été celle de tout le monde. Il ne peut donc y avoir de doute sur la guérison de cet animal, qui a succombé à une affection complétement étrangère au typhus.

Le second bœuf français est resté définitivement bien portant, et c'est sur lui que M. Bouley, dans la crainte qu'il ne fût frappé aussi de la même maladie que son camarade, a fait lui-même la contre-épreuve de l'inoculation qu'il m'avait engagé à faire en Bretagne. Comme celle de M. Lecoz, cette contre-épreuve a démontré une seconde fois que l'animal traité par moi avait bien été atteint et par conséquent guéri du typhus (1), maladie jusqu'à ce jour incurable. M. Bouley a confirmé dans le journal de médecine vétérinaire des mois de mars et avril 1871, t. VIII, no 3 et 4, page 119, l'exactitude de mes observations.

Ces expériences pouvaient paraître suffisantes pour mettre hors de doute l'efficacité de la médication que j'avais inaugurée; je ne renonçai cependant pas à les répéter, tout au contraire; je résolus de profiter des premiers loisirs qui me seraient faits pour les renouveler et surtout pour augmenter le nombre des témoins de mes succès, car je ne doutais pas que des succès nouveaux ne vinssent confirmer ceux que j'avais obtenus déjà. Ce furent les funestes événements de mars qui me créèrent mes premiers loisirs. Informé que le typhus s'était montré dans les environs de Chartres, je me disposai à aller l'y observer; mais il n'était pas possible de m'y rendre directement, et je dus prendre, avec mon petit bagage expérimental et mes chevaux, la route de l'Est pour me rendre à Versailles: c'était bien le cas de dire que tous les chemins mènent à Rome. Je fis donc une pointe vers l'est, jusqu'à Villiers-sur-Marne, que j'avais déjà presque touché avec d'autres espérances, dans la douloureuse journée du 30 novembre 1870; puis, parcourant un vaste circuit par le sud, je gagnai Versailles, et quelques

(1) Le sixième jour après l'inoculation, ce bœuf, tout en augmentant de poids, fut couvert de pustules de la grosseur du doigt ; la guerre civile, née de l'ineptie de nos gouvernants et de l'influence allemande, m'empêcha de faire des inoculations avec le contenu de ces pustules que je n'ai pu que constater.

jours plus tard, Chartres. Là, je fus mis en rapport avec le savant M. Boutet, vétérinaire du département, et l'auteur du remarquable travail sur la culture du sorgho dont nous avons eu l'occasion de louer tout le mérite à l'article *Charbon*. Nous nous rendîmes ensemble au village de Morencez; et là nous trouvâmes le cadavre d'une vache morte la veille du typhus et son jeune veau malade de la même maladie. Pour la première fois, je m'étais muni d'une recommandation officielle, et grâce à elle, M. le Préfet d'Eure-et-Loir, qui avait demandé qu'on fît chez lui une expérience, fit mettre à ma disposition trois vaches dans une ferme isolée. Afin de les entourer d'un contage énergique, le 17 avril, je fis transporter auprès de ces animaux la vache morte, le veau malade et le fumier souillé de leurs déjections. Le 18, M. Boutet inocula deux de ces vaches, la troisième fut laissée sans traitement. Je faisais mes trois lieues par jour pour aller de Chartres à la ferme, où, grâce à l'obligeance du propriétaire, M. Giraud, je finis par m'installer, afin de mieux suivre l'expérience. Malheureusement, quand il s'agit d'administrer mes médicaments en boisson et en injections hypodermiques, je m'aperçus que je n'avais que de l'acide phénique, et que le nouveau médicament que je lui associais n'avait pas été mis dans mon bagage. J'espérai néanmoins réussir avec l'acide phénique seul et je l'administrai par les deux voies indiquées. Mais le résultat ne répondit pas à mon attente : les deux vaches traitées et inoculées devinrent malades à peu près en même temps que la troisième, le 20, c'est-à-dire trois jours après l'inoculation ou l'exposition à la contagion. Ce résultat me contraria d'autant plus, que, pour la première fois, les animaux n'avaient pas été payés de mes deniers; le Préfet d'Eure-et-Loir, M. Le Gay, qui avait bien voulu faire le voyage de Morencez pour suivre l'expérience, en avait fourni les fonds.

Le 25, M. Reynal, qui, par son ami, M. Boutet, connaissait le résultat de l'expérience, vint à Morencez avec M. le Préfet. Les trois vaches étaient à peu près dans le même état, eu moins en apparence : on les lâcha dans la cour de la ferme; elles étaient tristes et avaient de la diarrhée avec projection. M. Reynal me fit observer que d'une part, pour ne pas perdre la viande, et d'autre part, pour ne pas effrayer le pays, il vaudrait peut-être mieux faire disparaître ce foyer de contagion, en enlevant les animaux pour les abattre et les livrer à la consommation. Privé de mon nouveau moyen, auxiliaire puissant de l'acide phénique, attristé par la nouvelle que je venais de recevoir de la mort de mon parent et aide habituel, M. Faynot (1), je consentis à la proposition de M. Reynal. Les animaux furent donc transportés à Chartres et abattus; M. Reynal en fit l'autopsie, en présence de M. le Préfet, de M. Boulet et de moi, et je ne pus constater aucune différence entre le cadavre de l'animal non traité et ceux des animaux traités, si ce n'est que le sang de ces derniers était un peu plus rouge, ou, si l'on aime mieux, un peu moins noir. Dans la douloureuse situation de corps et d'esprit où je me trouvais et dans l'impossibilité d'aller chercher à Paris le puissant médicament qui me manquait, je remis à un autre temps la continuation de mes expériences, et j'allai demander l'hospitalité à un ami, dans les environs de Rambouillet, pour prendre un peu de repos. Mais M. Boulet, le Préfet M. Le Gay et moi nous nous sommes promis de reprendre nos expériences à la première invasion de sang de rate aux environs de Chartres.

Malgré cet échec, je ne considérais pas l'acide phénique seul comme impuissant; je supposai que les précautions que j'avais prises pour donner une grande énergie au contagium avaient bien pu rendre insuffisantes les doses que j'avais prescrites. — Car on sait maintenant, grâce aux belles et lumineuses expériences de M. Pasteur, à quoi s'en tenir sur la valeur des doses impondérables de l'expérimentateur Lemaire. — Cependant, M. le professeur Reynal, qui avait aussi suivi l'expé-

(1) Partageant l'étrange destinée de beaucoup d'hommes courageux comme lui, mon malheureux aide, après être sorti sain et sauf des sanglantes batailles du Rhin et de la Moselle, après avoir, à travers mille périls, été le *seul* à sauver la caisse de la trésorerie de sa division, qui lui était confiée, après avoir été refoulé en Suisse avec le général Clinchant, est revenu mourir presque subitement dans son lit, atteint d'une sorte d'accès de fièvre pernicieuse. J'ai souvent eu la douloureuse crainte, et je ne suis pas entièrement rassuré à cet égard, qu'il se soit inoculé le typhus, pendant nos expériences de Grenelle, et que cette inoculation, après une fermentation prolongée, se soit manifestée violemment par des phénomènes insolites. Ce qu'il y a de certain, c'est que je suis moi-même très-souffrant et que je ne me remets que très-difficilement depuis toutes ces expériences.

rience, étant d'avis qu'il ne fallait pas, en la renouvelant, s'exposer à perdre encore de la viande, je n'insistai point; comme, d'une autre part, les événements ne me permettaient pas d'aller à Paris chercher le complément prophylactique et thérapeutique qui me manquait, je dus cesser là mon expérimentation et rester sous le coup de ce petit insuccès. Quoiqu'il m'ait contrarié pour plusieurs motifs, il n'est point de nature à ébranler ma confiance dans la médication nouvelle, d'abord parce que cette expérience négative ne saurait détruire les expériences positives beaucoup plus nombreuses; ensuite, parce que l'acide phénique peut avoir été administré à une dose trop faible pour l'énergie du contage; enfin, et surtout, parce que cet acide a été employé sans l'auxiliaire puissant qui deviendra peut-être indispensable dans toutes les maladies à ferment puissant, telles que le typhus, le choléra, la fièvre jaune, peut-être même les fièvres pernicieuses, etc. Quoi qu'il en soit, j'espère qu'il me sera donné un jour de convaincre des observateurs aussi éclairés, aussi impartiaux que M. Boulet, qui forment sinon l'avant-garde de l'armée du progrès, au moins son premier corps d'élite, celui qui décide de la victoire, quand on a le bonheur de l'avoir pour soi.

Tel est l'exposé des expériences qu'il m'a été donné de faire sur la curation du typhus des bêtes à cornes par ma nouvelle méthode de traitement. Avant de parler des conséquences pratiques qu'il me parait convenable d'en déduire, un mot sur quelques-unes des critiques dont elles ont été l'objet, si toutefois on peut donner, sans le prostituer, le nom de critiques à des objections qui ne se produisent que sous le manteau de la cheminée et circulent dans un cercle de dénigreurs malveillants et honteux, ou à des satires qui veulent être spirituellement injurieuses, mais qui ne sont que niaisement grossières. Telle est la suivante, d'un certain vétérinaire du nom de Dupont, chargé, parait-il, par la Société de médecine de Bordeaux, de faire à cette compagnie savante un rapport sur le typhus des bêtes à cornes.

« Je ne vous parlerai pas, dit ce grand savant à la Société médicale de Bordeaux, des traitements confiés aux sorciers et aux faux savants du pays. Mais des expériences ont été faites.

Chargé de les *faire contrôler*, je dois vous en parler brièvement. L'acide phénique a été essayé *intùs et supra* » (sic) « dans l'arrondissement de Morlaix par un médecin de Paris. Vous connaissez certainement le savant dont le nom m'échappe qui a eu le courage de se dévouer à cette tâche. Il est connu dans le monde médical par une communauté de travaux avec un charlatan d'une autre époque, le faux docteur noir. C'est toujours la même panacée guérissant tour à tour le cancer, la fièvre jaune, le charbon et les autres entités morbides qui ont déjoué jusqu'à ce jour toutes les ressources de notre thérapeutique. Je n'ai point à vous dire les résultats de ces expériences : *vous les avez devinés.* J'aurais mieux aimé constater un succès, car je suis de l'école des expérimentateurs, et les échecs ne me découragent pas. J'applaudis et je seconderai toujours de ma sympathie et de mon concours les savants, les hommes honorables qui se dévouent à la solution des problèmes qui intéressent à un si haut degré la salubrité et la fortune publique. » (*Le typhus dans le Finistère*, par Dupont, médecin-vétérinaire du département de la Gironde ; Bordeaux, 1871, p. 17.)

M. le médecin-vétérinaire Dupont dit être de l'école des expérimentateurs. M. le médecin-vétérinaire Dupont s'abuse : il est de plusieurs écoles, mais pas de celle-là. Dans l'école des expérimentateurs, on ne *fait pas contrôler* des expériences, on les contrôle soi-même, quelque grand seigneur qu'on soit, — et M. le médecin-vétérinaire Dupont en est sans doute un très-grand, pour parler avec un pareil sans-façon de choses dont il ne sait pas le premier mot ; — dans l'école des expérimentateurs, on ne devine pas des résultats, on les constate ou on les discute ; dans l'école des expérimentateurs, on fait encore plusieurs autres choses que M. le médecin-vétérinaire Dupont ne fait pas, et qu'il ne peut pas faire, par la raison péremptoire qu'il ne les comprend pas. M. le médecin-vétérinaire Dupont n'est donc pas, décidément, de l'école des expérimentateurs. De quelle école est-il donc ? Nous allons le lui apprendre, car il est assurément fort incapable de le découvrir ou de le deviner lui-même.

M. le médecin-vétérinaire Dupont est d'abord de l'école des imposteurs, attendu qu'il est faux, quoique ledit médecin-vétérinaire l'affirme avec impudence, qu'il existe aucune communauté de travaux entre le médecin qui a fait les expériences dans l'arrondissement de Morlaix et le faux docteur Noir, à supposer que le faux docteur Noir ait fait des travaux.

Et comme cette affirmation impudente était de nature à porter atteinte à la considération d'autrui, M. le médecin-vétérinaire Dupont est de l'école des imposteurs-calomniateurs.

Et comme cette affirmation impudente et calomnieuse, quoique prononcée publiquement, l'a été dans des circonstances telles, qu'un hasard extraordinaire a pu en donner connaissance à la personne calomniée, M. le médecin-vétérinaire est encore de l'école des calomniateurs lâches ou tout au moins hypocrites, lesquels se ressemblent fort.

Enfin, pour en finir avec les écoles de M. le médecin-vétérinaire Dupont, — car on n'en finirait pas, si le personnage en valait la peine — disons que ce grand contrôleur — par procuration — d'expériences, est de l'école des ignorants présomptueux, car, s'il avait la première notion des expériences thérapeutiques et même physiologiques dont l'acide phénique a été l'objet, il trouverait très-naturel qu'on ait pu espérer dans les propriétés curatives de cet agent contre des maladies très-probablement ou sûrement parasitaires, à moins que, n'ignorant point ces expériences, il n'ait pas pu en comprendre la portée, auquel cas M. le médecin-vétérinaire Dupont serait de l'école des idiots. Celle-là ne demande pas grand apprentissage ; les adeptes sont véritablement doués par la nature, et il n'y a rien à leur apprendre ; aussi m'arrêterai-je ici, avec M. le médecin-vétérinaire Dupont.

J'en pourrais peut-être dire plus long sur la société des médecins qui a pu entendre des calomnies et des âneries comme celles du susdit (pour parler le langage de M. Lemaire), sans le rappeler au respect de la dignité scientifique, du bon sens et de l'équité ; mais cela m'entraînerait trop loin. Ce sera, si le besoin s'en fait sentir, pour une autre occasion.

Pour le moment, nous ne croyons pas cette occasion pressante ; il n'est pas probable que les lourdes facéties de M. le médecin-vétérinaire Dupont et la tolérance complaisante de la Société de médecine de Bordeaux empêchent tous les hommes instruits et de bonne foi d'accorder aux expériences de Morlaix et aussi à celles de Paris, l'importance que leur ont reconnue les membres les plus compétents de l'Académie des sciences, à commencer par l'illustre secrétaire perpétuel, M. Élie de Beaumont.

Maintenant, quelles suites pratiques donner à ces expériences? Il convient ici de distinguer les pays.

Certes, si au lieu de guérir dans la proportion de 64 à 65 p. 100, j'avais pu obtenir une proportion de guérisons de 90 à 95 p. 100; si j'avais pu espérer de réveiller assez la torpeur des agriculteurs pour leur faire appliquer une méthode dans tous les cas et au moins dès le début de la maladie, sinon avant même son développement, je n'aurais pas hésité à continuer les sacrifices qu'exigeaient la poursuite, la multiplication de mes expériences, et à réclamer l'abrogation des ordonnances qui exigent l'abatage immédiat de toute étable envahie. Mais, dans ces cas même, c'eût été réclamer une mesure bien grave et endosser une bien grande responsabilité; je n'ai pas cru que les succès que j'avais obtenus, quelque importants qu'ils fussent sous le rapport médical, m'autorisassent à provoquer l'abrogation de mesures sans doute bien cruelles, mais qui, cependant, appliquées avec rigueur, parviennent toujours à arrêter le fléau (1). Incertain si j'arriverais au résultat que j'aurais désiré et appelé, d'ailleurs, par d'autres devoirs, je n'ai pas poussé plus loin mes expériences dont ne pourraient peut-être profiter ni la France ni les pays où la peste bovine ne règne qu'accidentellement.

Quant aux contrées dans lesquelles la maladie est endémique, nos expériences sont suffisantes pour servir de guide aux populations et aux administrations qui voudront atténuer considérablement, sinon empêcher totalement les ravages du fléau que nous avons combattu avec succès. Elles trouveront dans ce

(1) Il est vrai que cette application rigoureuse n'est pas toujours facile, malgré la meilleure volonté des autorités compétentes. Malgré les circulaires réitérées et les menaces de ces autorités, l'inertie et la cupidité des paysans sont tellement difficiles à surmonter, qu'au moment même où nous écrivons ces lignes (mars 1872) plus d'un an après la communication de M. Bouley à l'Académie des sciences et après nos expériences, le typhus sévit encore avec énergie dans plusieurs de nos départements. Je corrige ces épreuves en juillet, et le typhus n'a pas encore disparu de toutes les localités.

travail toutes les indications nécessaires pour obtenir des résultats aussi ou plus avantageux que les nôtres; et, dans tous
les cas, nous nous ferons toujours un devoir et un plaisir de
donner tous les renseignements désirés aux administrations et
même aux particuliers qui trouveraient insuffisantes les explications renfermées dans le présent ouvrage.

Post-scriptum. — *Nouveau traitement du typhus bovin.* — Le
bon à tirer de cette feuille n'était pas encore donné quand
nous lûmes, dans le *Journal de l'agriculture*, une note d'un
agriculteur distingué du nord, M. Gustave Hamoir, sur un traitement *hygiénique, prophylactique et thérapeutique* du typhus.

Ce que l'auteur appelle les *moyens hygiéniques*, c'est de maintenir les fonctions des animaux dans le meilleur état possible ;
ces moyens n'offrent rien de particulier, si ce n'est, l'emploi de
30 à 40 grammes de sulfate de soude, tous les 5 ou 6 jours,
dans les cas où il y a pléthore, pour diminuer la masse du
sang. Il y aurait beaucoup à dire sur ces premiers moyens; nous
croyons que cela n'est pas indispensable.

Les moyens *prophylactiques* consistent à badigeonner, tous les
trois ou quatre jours, les murs des étables avec du coaltar et à
faire boire chaque jour aux animaux 10 à 15 grammes d'acide
phénique brut ou épuré, soit, dit l'auteur, une à deux cuillerées
à café dans chacun des deux breuvages de la journée.

Enfin les moyens *thérapeutiques* consistent ou plutôt consiste,
— cas ils se réduisent à un, — dans l'administration de deux
grammes d'arséniate de soude qu'on porte progressivement jusqu'à trois grammes et demi.

M. Gustave Hamoir n'a pas l'air de se douter des travaux
dont l'acide phénique a été l'objet; il s'est mis d'emblée, sous
ce rapport, à la hauteur des Sanson, des Chauffard, — sans
comparaison — et autres; il n'y a pas lieu de s'arrêter sur ce
point. Nous devons nous borner à dire que la note de l'honorable
agriculteur ne renferme pas les détails nécessaires pour permettre de porter un jugement sur la médication arsenicale, et
que l'auteur est le premier à le reconnaître et à promettre un
mémoire plus complet sur ses observations; il n'est pas à notre
connaissance que ce mémoire ait paru.

On n'obtient que bien rarement, d'ordinaire, l'honneur d'un

rapport, quand on présente les travaux les plus développés, parfois les plus complets, devant une société savante. M. Reynal est sorti des habitudes qu'il doit partager avec tous les académiciens, en s'empressant de faire, à la Société centrale d'agriculture, un rapport sur la note de M. Hamoir, sans même attendre le travail plus étendu annoncé par cet agriculteur. M. Reynal ne s'est même pas contenté d'apprécier, dans son rapport, le travail qui en était l'objet; il y a annexé la critique en bloc de tous les traitements essayés contre la peste bovine et en particulier du traitement phéniqué; c'est à ce dernier point de vue seulement que la critique de M. Reynal doit nous arrêter quelques instants.

Cette critique s'appuie principalement sur des considérations théoriques, ou, si l'on veut, sur des déductions rationnelles, et en partie seulement sur des expériences qui seraient propres à M. le rapporteur. Nous les examinerons séparément.

L'objection que M. Reynal oppose au traitement phéniqué comme au traitement arsenical, comme à tous les traitements, c'est que les expérimentateurs n'ont pas tenu compte des guérisons qui surviennent par les seuls efforts de la nature, et dont la proportion varie suivant la période de l'épidémie, suivant les races d'animaux, etc.; il y a toujours des etc. dans les dissertations de M. Reynal, mais des etc. qui sont, en général, des énigmes sans sphinx. Pour beaucoup d'épidémies, cette objection de M. Reynal pourrait être fondée; en ce qui concerne le typhus, elle ne paraît pas acceptable, et elle a même lieu de surprendre de la part d'un professeur de l'école d'Alfort; aussi n'y a-t-il pas lieu de s'étonner de la forme alambiquée dont l'honorable critique l'a revêtue.

Pour juger de l'efficacité des traitements « les maladies épidémiques en général, dit-il, et la peste bovine en particulier, présentent des difficultés sur lesquelles ne s'est pas assez arrêtée l'attention de ceux qui ont préconisé des traitements...

» On ne tient pas suffisamment compte de ce fait que, dans toute maladie épidémique et contagieuse, un certain nombre de sujets échappe à l'influence de la contagion, et même que parmi ceux qui présentent des symptômes de la maladie, une proportion tantôt plus, tantôt moins forte, se soustrait d'elle-

même à la mortalité, en dehors de l'intervention d'un traitement quelconque.

Les variations que l'on remarque dans cette proportion,
coïncident ordinairement avec les races des animaux et avec
les périodes de la maladie contagieuse. A cet égard, l'histoire
de la peste bovine est précise; elle témoigne que toujours
sa violence et sa gravité ont diminué d'une manière progressive » ... etc. Inutile sans doute de continuer cet alambicage,
qui est loin de ressembler à l'histoire de la peste, pour la précision : mais, s'il est difficile à analyser grammaticalement, il n'est
du moins pas impossible à deviner : « *la proportion qui se soustrait d'elle-même à la mortalité* » signifie évidemment qu'un certain nombre d'animaux atteints de la peste guérit spontanément; M. Reynal sait que la proportion des guérisons spontanées peut aller jusqu'à 64 ou 65 p. 100, comme à Morlaix ; voilà
l'objection, si elle signifie quelque chose, et c'est ainsi comprise
qu'elle nous paraît, avons-nous dit, difficile à comprendre. Il
nous semble qu'avant de la formuler de la sorte, M. Reynal
aurait bien fait de s'entendre avec son collègue M. Bouley, qui
a dit à l'Académie des sciences, qui a écrit et répété, que le
typhus bovin est incurable, et que tout animal atteint est un
animal mort. Mais que parlé-je de l'accord de M. Reynal avec
M. Bouley? et comment M. Reynal s'accorderait-il avec son
collègue, dès qu'il ne peut s'accorder avec lui-même ? Dans ce
même rapport, où il affirme « qu'une certaine proportion
d'animaux, qui présentent des symptômes de la peste, se
soustrait d'elle-même à la mortalité, » ne dit-il pas à ses
collègues de la Société d'agriculture, environ 50 lignes plus
loin : « *Avant comme après les tentatives même les plus rationnelles, que vous connaissez* l'INCURABILITÉ RESTE UN DES
CARACTÈRES DISTINCTIFS de cette épizootie. » D'où il suit
que la peste bovine est, à la fois curable et....... incurable !
découverte assez phénoménale, il faut le reconnaître, et assez
éblouissante pour masquer toutes les autres à la vue de M. Reynal ! Il faut avouer qu'un savant qui fait de semblables découvertes est bien bon de s'occuper d'expériences. M. Reynal
s'est pourtant donné la peine d'en faire, et voici les termes
dans lesquels il les résume, toujours dans ce même rapport, qui

a dû faire les délices de la Société centrale d'agriculture : « Au point de vue de la prophylaxie, j'ai constaté que, pour un même nombre de sujets contaminés et isolés dans des localités situées loin de tout foyer de contagion, la proportion de ceux qui sont devenus malades a été sensiblement la même. Ceux qui avaient subi le traitement préventif par l'acide phénique ont contracté, tous aussi bien que les autres, la peste bovine. » Voilà les expériences que M. Reynal a pris la peine de faire. Où, quand, comment ont-elles été faites? combien sont-elles? Autant de questions que l'honorable rapporteur de la Société d'agriculture juge sans doute fort oiseuses, et qui doivent l'être en effet, pour un critique qui juge par un procédé aussi sommaire les expériences circonstanciées de Morlaix, et qui a découvert que la « curabilité du typhus a pour caractère distinctif d'être incurable ! » Les agriculteurs plus terre à terre jugeront autrement, nous l'espérons pour eux, nos expériences et celles de notre zélé collaborateur, M. Lecoz, et ils n'admettront pas que le typhus, ne fût-il pas aussi radicalement incurable que le croient tous les auteurs de pathologie vétérinaire, puisse jamais offrir, à une période quelconque d'une épidémie, une proportion de 64 guérisons spontanées sur cent. Il faut ajouter qu'au moment où cette proportion de guérisons a été obtenue dans l'arrondissement de Morlaix, l'épidémie régnait dans toute sa violence, et qu'ainsi l'objection tirée des périodes des épidémies ne serait nullement applicable à ces guérisons, lors même que, dans les périodes de déclin, le typhus deviendrait curable.

Quant aux *auteurs*, pleins d'illusion, qui ont essayé de vulgariser l'emploi de l'acide phénique dans le typhus bovin, ces auteurs se réduisent à un, qui est l'auteur de ce travail. M. Reynal ne peut l'ignorer; si c'est par ménagement qu'il ne l'a pas désigné nommément, c'est trop de générosité; si ce n'est par un autre sentiment, ce n'est pas assez d'indépendance, de courage ou de loyauté.

2ᵉ SOUS-SECTION. — Maladies évidemment contagieuses, virulentes.

ART. I. — CONSIDÉRATIONS GÉNÉRALES SUR LES VIRUS
ET LES FERMENTS.

Toutes les maladies contagieuses sont en réalité *virulentes*, puisque le sens le plus rationnel qu'on doive attacher au mot *virus* est celui d'une matière renfermant ou constituant le principe matériel des maladies contagieuses, et qui, introduite sous la peau d'un animal, reproduit la maladie qui lui a donné naissance, tantôt sur un animal de même espèce, tantôt sur un animal d'espèce différente. Les maladies de cette sous-section auraient donc pu n'être point séparées de la sous-section précédente, ni même, probablement, de plusieurs de celles dont nous avons formé la sous-section suivante, et dans lesquelles des recherches ultérieures démontreront, sans aucun doute, l'existence d'un principe contagieux d'un véritable virus. Quelques auteurs, encore aujourd'hui, Liébig entre autres, placent dans une même catégorie les virus et les venins, dont nous faisons une section spéciale ; mais ces auteurs nous paraissent avoir tort, pour des motifs que nous dirons en parlant des venins.

Quant à la distinction que nous avons faite entre les maladies de cette section, celles de la section précédente et quelques-unes de la section suivante, elle nous a paru nécessaire, d'une part, pour faire ressortir plus nettement les caractères spéciaux au groupe des maladies auxquelles nous restreignons la qualification de virulentes, et d'autre part, pour ne pas confondre celles dont la contagion est parfaitement et définitivement prouvée avec celles dont la contagion est encore problématique ou insuffisamment démontrée, et que nous continuerons à désigner avec beaucoup d'auteurs sous le nom de maladies *miasmatiques*.

Dans l'état actuel de nos connaissances, il nous paraît utile de restreindre la qualification de maladies *virulentes* à celles dont le principe contagieux est renfermé dans la matière d'une sécrétion accidentelle, ayant des caractères déterminés,

spéciaux. Ces maladies ne sont pas ou ne sont que difficilement, problématiquement, transmissibles par le sang, si ce
n'est héréditairement; du moins les faits connus et bien
observés n'ont-ils point démontré le contraire (1). Sans doute
le charbon se transmet aussi fréquemment, aussi énergiquement
que la syphilis ou la rage ; mais il se transmet aussi bien par
le sang, par la bouillie splénique que par les foyers gangréneux
ou séro-purulents; tandis que la syphilis ne se transmet que
par le pus ou le muco-pus de la lésion locale, et la rage, par
la bave ou salive morbide. C'est dans ces sécrétions que se
trouve le véritable *virus*, sinon exclusivement, du moins principalement et avec tous ses caractères.

En outre, les maladies virulentes telles que nous les admettons ont des périodes beaucoup plus nettement dessinées que
les autres maladies contagieuses, particulièrement la période
d'incubation (2); et les parasites qui doivent causer ce groupe
de maladies ont très-probablement beaucoup plus d'analogies
entre eux qu'avec ceux des maladies contagieuses ordinaires,
à plus forte raison qu'avec ceux des maladies miasmatiques.
Tous ces motifs nous paraissent justifier le maintien, au moins
provisoire, de cette sous-section. Les progrès de la science la
feront disparaître sans doute ; mais ils feront disparaître aussi

(1) Si elles ne se transmettent pas par le sang, encore moins admettrons-nous
qu'elles se transmettent par le moyen d'une autre sécrétion spécifique elle-même.
Aussi, malgré les faits, aujourd'hui considérés comme démonstratifs par un grand
nombre de médecins, et qui semblent prouver la transmission de la syphilis par
l'inoculation de pustules vaccinales, ne saurions-nous croire à une pareille transmission ; nous y croirions, à la rigueur, si, en prenant du vaccin sur une pustule
on prenait en même temps un peu de sang, l'inoculation du sang syphilitique
pouvant, à la grande rigueur, transmettre la syphilis. Mais croire que la sécrétion spéciale où se concentre le virus vaccin puisse transmettre la syphilis, autant
vaudrait admettre qu'en semant deux glands on peut faire pousser un chêne et
un sapin. Il serait, du reste, bien étrange qu'après avoir pratiqué, depuis bientôt
cent ans des centaines de millions de vaccinations, il eût fallu attendre jusqu'à
ces dernières années pour s'apercevoir que la vaccine transmettait *souvent* la syphilis ! Il y a pourtant des académiciens, grands adorateurs de l'expérience, grands
contempteurs des théories, qui croient à ces monstruosités !

(2) Nous n'ignorons pas qu'un grand syphiliographe, qui a beaucoup et très-
heureusement cultivé la vérole au point de vue tintamarresque, financier et moral
(par euphémisme), a nié la période d'incubation dans la syphilis ; mais c'était pure
facétie et moyen de s'originaliser : au fond, M. Ricord ne croit pas plus à ses
doctrines qu'à la vertu de ses clientes ; mais il croit, pour d'excellentes raisons,
au succès académique et économique de ses facéties et de ses petits calculs.

toutes les autres, car un jour viendra où les espèces de maladies seront classées d'après les espèces de parasites qui en sont la cause, et, avec ce progrès, disparaîtront non-seulement notre classification provisoire, dont nous sommes loin de vouloir grossir l'importance, mais toutes ces innombrables classifications beaucoup plus ambitieuses, beaucoup plus irrationnelles en ce qu'elles ont d'intelligible, et souvent plus obscures encore que déraisonnables, bonnes tout au plus à fournir un stérile aliment aux esprits nuageux, qui ne se plaisent que dans l'atmosphère malsaine des brouillards. Quand ce progrès, que nous appelons de tous nos vœux, sera réalisé, il n'y aura ni miasmes, ni virus, ni ferments, si ce n'est dans la partie historique de la science; il y aura des sarcoptes, des oxyures, des trichines, des bactéridies, dont l'histoire naturelle sera l'histoire des conditions dans lesquelles ils se développent et vivent, c'est-à-dire l'histoire des maladies que ces parasites provoquent; il restera debout, en un mot, le grand principe de la doctrine parasitaire : alors, on saura pourquoi on ne peut guérir les maladies qui resteront incurables, et pourquoi l'on guérit celles qui seront curables.

ART. II. — DE LA MORVE ET DU FARCIN.

Quoique les circonstances m'aient fait empiéter beaucoup, depuis quelques années, sur le domaine de mes confrères en vétérinaire, l'occasion ne s'est pas présentée à moi de traiter un seul cas de morve ou de farcin, qui n'est, comme on sait, que la forme chronique de la morve. Je n'ai pas davantage eu l'occasion de traiter cette maladie chez l'homme, auquel elle se transmet par le contact, on le sait également. En 1864, un vétérinaire du 9ᵉ régiment de chasseurs, M. Condamine, traita par l'acide phénique *intus* et *extrà* deux chevaux reconnus morveux, dit-il, par M. Bouley : il a publié dans le *Moniteur des sciences médicales* les résultats de ces deux essais. Chez le premier de ces chevaux, les symptômes de la morve auraient disparu au bout de vingt-cinq jours; chez l'autre, une amélioration prononcée se manifesta rapidement, mais il fut abattu à l'insu de M. Condamine. M. Lemaire, qui rappelle ces deux faits, dit que les professeurs d'Alfort ne sont pas d'accord avec leur confrère du 9e chasseurs, sur les avantages qu'aurait eus dans ces deux cas l'acide phénique. Dans les entrevues que nous avons eues avec M. Bouley, nous avons négligé de l'interroger à ce sujet; nous n'osons donc nous prononcer sur l'efficacité que pourrait avoir notre médication appliquée au traitement de la morve, avec les perfectionnements que nous y avons apportés depuis quelques années. Mais il est un fait sur lequel nous nous prononcerons nettement; c'est qu'il est au moins étrange que, dans une maladie constamment ou à peu près constamment incurable, quand elle est traitée par les moyens connus, et en présence des faits, même à les supposer insuffisants, de M. Condamine, en présence des beaux résultats obtenus, d'ailleurs, à l'aide de la médication phéniquée, dans plusieurs autres maladies contagieuses, les vétérinaires soient restés, en ce qui concerne la morve, spectateurs impassibles des essais tentés et des progrès accomplis! Comment, devant une pareille inertie, une pareille incurie, les vétérinaires et les médecins peuvent-ils s'étonner que les pouvoirs publics soient aussi indifférents aux réclamations incessantes que nous leur adressons touchant nos priviléges? Comment ne comprennent-ils pas que cette incurie peut laisser croire aux hommes de gouvernement que ce qui nous préoccupe le plus dans notre profession, ce sont nos intérêts, et non, comme cela devrait être, les intérêts de la santé publique? Que les médecins, que les vétérinaires y réfléchissent, et ils s'apercevront que le meilleur moyen d'obtenir justice pour soi, c'est de se montrer plus soucieux du progrès général et professionnel et de nos devoirs envers la société.

Un exemple d'honorable exception a été donné par M. Chappard, vétérinaire à Chantilly. Il a traité un cas de farcin et un autre de morve par l'acide phénique *intus et extrà*, par la strychnine et l'acide arsénieux.

Dans le cas de morve, le propriétaire, craignant un insuccès, a fait abattre l'animal huit jours après le début du traitement; c'est un fait nul.

Dans le cas de farcin, M. Chappard, après un traitement très-assidu par les injections, a obtenu un succès qui paraît être définitif.

ART. III. — DE LA RAGE.

C'est à propos d'un cas de morsure par un chien enragé qu'un honorable observateur de l'évangile Dorvault, dit l'*Officine*, conseillait d'administrer à la personne mordue « dix grammes d'acide phénique ! » Un agronome de bon sens a été mieux inspiré par sa logique que le pharmacien par sa science et par son évangile : il n'a pas voulu administrer la dose conseillée sans me consulter, et il a ainsi privé la science d'une observation d'empoisonnement par l'acide phénique, plus réel que ceux des Drs Lightfoot, Lafargue et consorts (voir ci dessus, p. 156 et suiv.). Il s'agissait, dans ce cas, d'employer l'acide phénique comme préventif, car l'individu mordu venait de l'être tout récemment, et n'éprouvait d'autres accidents que ceux d'une morsure simple. N'ayant reçu aucune nouvelle subséquente de ce malade, je suppose que la morsure n'aura pas eu de suite ; mais il arrive si souvent que des morsures de chiens enragés ne sont pas suivies du développement de la rage, qu'il n'y a rien à conclure de ce fait, que je n'ai point d'ailleurs observé moi-même. Je n'en connais aucun où l'acide phénique ait été employé contre la rage déjà développée ou tout au moins commençante ; c'est là un sujet encore vierge, qui s'offre à l'étude des thérapeutistes de progrès. La question en reste donc au point où je l'avais laissée dans la première édition de cet ouvrage, il y a de cela plus de huit ans. Les cas de rage ne sont pourtant pas d'une très-grande rareté en France ni en Europe ; mais ainsi va le progrès ! et nos confrères de la médecine humaine et vétérinaire se plaignent que le public se jette souvent dans les bras des charlatans et des empiriques ! Cependant, les faits que nous avons publiés en 1865, sans être absolument concluants, étaient bien faits pour encourager des tentatives nouvelles. Ces faits m'avaient été communiqués par un honorable pharmacien de Levallois près Paris, M. Peyroulx.

En août 1864, un bouledogue de la race dite terrier mordit cinq chiens dans le village de Levallois ; trois de ces animaux quittèrent le pays, quelques jours après ; on ne les revit jamais ; les deux autres furent conduits à Alfort et y restèrent dix-neuf jours, après lesquels on les rendit à leurs maîtres. L'un d'eux (une levrette) fut prise des premiers symptômes de la rage, le vingt-huitième jour; elle était triste, et sa maîtresse, pour l'égayer, l'excitait en promenant une chaussure de caoutchouc avec laquelle elle l'amusait habituellement. Au lieu de jouer, la chienne se précipita tout à coup sur la chaussure, et avant que sa maîtresse eût eu le temps de retirer la main, elle la mordit. Cette dame se rendit tout de suite chez M. Peyroulx. Ce pharmacien, après avoir lu, dans *La Patrie*, le compte rendu d'une de mes conférences sur l'efficacité probable de l'acide phénique contre les morsures de chiens enragés, en avait déjà fait une première expérience; il cautérisa donc sur-le-champ les blessures avec cet acide, et en prépara une solution légère que cette malade but pendant plusieurs jours. Aucun symptôme ne s'est déclaré chez cette dame, quoique sa chienne fût réellement enragée.

Le second chien mordu et resté dans le village (chien de garde mâtiné) fut pris de rage huit ou dix jours après la levrette; comme il était attaché, on put l'étrangler immédiatement.

Quant à la première expérience de M. Peyroulx sur l'emploi de l'acide phénique contre les morsures de chiens enragés, voici dans quelles conditions elle s'était faite:

Le jour même où les cinq chiens furent mordus, on poursuivait de loin le premier chien enragé. Cet animal, se voyant serré de trop près ou agissant sous l'empire d'un accès, s'arrêta devant la porte d'un journalier, M. Jean Rey. Il paraissait anéanti, avait la tête basse et le museau à terre, ne faisait aucun mouvement et était tourné vers la porte qui faisait face à M. Rey. Alors Jean Rey se précipita sur lui, et le saisit par le cou, afin qu'on pût lui passer une corde; mais, dans la lutte, Jean Rey fut mordu au doigt; il alla de suite chez son médecin qui était absent, et de là se rendit chez M. Peyroulx, tout en pressant le doigt mordu et essayant de le faire saigner. M. Peyroulx épongea la morsure, puis la cautérisa à l'acide phénique, aussi profondément qu'il put; il prépara, en outre, une médication phéniquée, et en donna immédiatement une cuillerée à M. Rey, en lui recommandant d'en prendre plusieurs dans la journée et les jours suivants. Cet homme n'a éprouvé aucun accident à la suite de ces morsures.

J'ai déjà rappelé combien sont fréquentes les morsures de chiens enragés qui ne sont suivies d'aucun accident. Cependant cette fréquence est beaucoup moins grande quand les morsures ont été faites sur des parties nues que sur les parties recouvertes d'un vêtement; or, c'est précisément aux mains, non gantées, bien entendu, qu'ont été mordues les deux personnes traitées par M. Peyroulx. Ses observations, sans être absolument concluantes, je ne fais aucune difficulté à le répéter, me paraissent néanmoins assez importantes pour qu'il soit étrange qu'aucun médecin ne les ait encore répétées. On pourra s'étonner même qu'aucune expérience n'ait été faite dans les écoles vétérinaires, où il y a très-souvent des chiens en cellule grillée, enragés ou attendant la rage. Et à propos de chiens en cellule, nous ne comprenons pas pourquoi l'école d'Alfort, qui avait accepté les deux chiens mordus de Levallois, les a rendus à leurs propriétaires le 19ᵉ jour; les professeurs de cette école savent certainement mieux que nous que la rage se développe souvent après le 19ᵉ jour de l'inoculation, peut-être plus souvent après qu'avant. Avec un peu plus de précautions, ils auraient prévenu deux morsures, qui pouvaient parfaitement avoir la mort pour conséquence.

Le contagium de la rage peut être considéré comme le type des ferments que nous avons classés dans cette sous-section, les ferments virulents : toutes les expériences tendent à démontrer qu'aucune partie solide ou liquide de l'économie autre que la salive ne recèle ce virus, et la salive rabique elle-même ne diffère en rien, à l'œil nu, de la salive physiologique. Le parasite auquel est due, à peu près sûrement, la propriété virulente de la salive rabique est donc un des plus exclusifs dans son habitat.

C'est aussi un des plus fixes : jamais un cas de rage ne s'est développé par le simple contact; et même nous avons déjà rappelé que les morsures qui sont faites à travers un vêtement, qui essuie en quelque sorte les dents de l'animal enragé, ne sont que très-rarement suivies du développement de la maladie, ce qui prouve que le parasite est facilement écarté par un frottement, et par conséquent qu'il est d'un volume relativement assez considérable. Ces particularités peuvent faire espérer que ce parasite sera découvert sans trop de difficultés, quand on le recherchera attentivement.

Si le virus rabique est exclusif dans son lieu d'élection, il n'e l'est pas dans le choix des espèces animales : tous ou presque tous les mammifères peuvent en être atteints ; et, chez tous, il provoque des symptômes qui se terminent inévitablement par la mort. Le chien est toutefois, avec le loup et peut-être le renard et le chacal, l'animal chez lequel le virus se développe, à beaucoup près, le plus souvent. Les oiseaux paraissent y être absolument réfractaires.

Comme la pustule maligne, la rage ne se développe jamais spontanément chez l'homme ni chez le cheval, ni probablement chez les autres herbivores. Malgré ces circonstances, qui sembleraient de nature à jeter du jour sur les conditions de développement du virus rabique, on n'a encore fait à cet égard que des conjectures sans fondement. On paraît beaucoup plus éloigné de la vérité en ce qui concerne ce virus qu'en ce qui concerne le ferment charbonneux, qui est certainement introduit dans l'organisme par l'alimentation.

Art. IV. — DE LA SYPHILIS.

Tous les ouvrages spéciaux nous apprennent qu'il y a déjà plus de trente ans, le docteur Donné trouva dans la sécrétion des ulcères chancreux un microzoaire du genre vibrion, le *vibrio lineola*, et dans le muco-pus de la vaginite blennorrhagique un autre microzoaire du genre *monas*, qu'il désigna sous le nom de *trichomonas vaginale*. Depuis les observations de ce micrographe, personne ne les a répétées d'une manière suivie ; quelques-uns de ceux qui ont cherché plus ou moins sérieusement à les contrôler disent n'avoir pas fait les mêmes constatations que Donné. Des observations récentes, faites à Vienne, non plus sur les sécrétions syphilitiques, mais bien sur le sang des malades atteints de syphilis, tendraient à y faire admettre, sinon des microzoaires, au moins des corpuscules qui seraient les germes. C'est le docteur Lostorfer qui a observé ces corpuscules, lesquels présenteraient les caractères suivants :

Quand on place sur le champ du microscope une goutte de sang extrait du doigt d'un syphilitique, il y apparaît, du troisième au cinquième jour, de petits corpuscules brillants, les uns immobiles, les autres agités de mouvements oscillatoires. Les jours suivants, ces corpuscules grossissent, bourgeonnent ; ils atteignent le volume d'un globule rouge ratatiné. Du huitième au dixième jour, une vacuole se développe dans les plus gros corpuscules ; cette vacuole grandit au point qu'ils deviennent vésiculeux. L'addition d'une goutte d'eau salée ou sucrée empêche leur développement.

Ces corpuscules ont été observés par d'autres observateurs, et l'un d'eux, M. Wedl, dit même en avoir trouvé de semblables dans le sang de sujets sains ; d'autres observateurs ont nié le plus important de leurs caractères : les mouvemen's spontanés dont M. Lostorfer les dit doués ; ce qui mettrait nécessairement en doute leur nature d'organismes vivants indépendants. En somme, la question reste encore pendante, et ce n'est que par nos raisons générales, maintes fois exposées, que nous pouvons admettre, quant à présent, le parasitisme de la syphilis ; mais ces raisons, nous l'avons répété souvent aussi, sont suffisantes, à notre avis.

Il n'en est pas de la syphilis comme de la rage : plusieurs praticiens ont employé l'acide phénique contre la première de ces maladies, et M. Calvert nous apprend, d'une manière générale, qu'à Manchester le docteur Turner, et ailleurs les docteurs Barrington Cooke, Roberts et autres ont traité avec le plus grand succès, par ce médicament, un grand nombre de chancres et de blennorrhagies.

D'après une note du *British medical journal*, reproduite par un journal médical français, que nous croyons inutile de nommer, le docteur Holmes Coote, chirurgien de l'hôpital Saint-Barthélemy, de Londres, aurait obtenu des applications topiques de l'acide phénique sur les plaques muqueuses de meilleurs résultats que de tout autre topique. Malheureusement, cette note est un des nombreux exemples de la légèreté ou de l'ignorance que les journalistes apportent trop souvent dans leurs fonctions, en sorte qu'on ne sait trop quel crédit on doit ajouter à leurs paroles. « La première fois, dit cette note, qu'il (Holmes Coote) employa l'acide phénique, ce fut chez une femme de vingt et un ans, qui avait de nombreuses plaques muqueuses à la vulve et à la partie interne des cuisses. Elle ne fut complétement guérie qu'au bout de trois semaines; mais le médicament avait été employé à très-faible dose (5 grains pour 30 grammes d'eau). Dans deux autres cas, il se servit d'une solution beaucoup plus active (*acide et eau, quantités égales*) qui fut appliquée sur les parties malades, une fois par jour, à l'aide d'un pinceau. L'emploi de ce moyen, ajoute le journaliste français, ne détermine que peu de douleur, au dire de notre confrère anglais! » Il y a donc encore aujourd'hui des médecins et même des journalistes qui disent que l'acide phénique se dissout en toutes proportions dans l'eau, et qui enseignent cette science à leurs lecteurs ! Nous supposons que l'honorable chirurgien de l'hôpital Saint-Barthélemy n'est pas dans ce cas, mais il devrait bien surveiller ceux qui font des comptes rendus de sa clinique. Quant aux cas choisis par l'honorable chirurgien pour essayer l'acide phénique, il n'est pas heureux, car tout le monde sait que les plaques muqueuses disparaissent souvent avec la plus grande facilité par de simples soins de propreté et reviennent de même.

Un exemple beaucoup plus détaillé et plus remarquable d'application de l'acide phénique dans la syphilis a été publié par le docteur Swoby Smith, sous le nom de « l'acide phénique dans un cas extrême. » Le cas était extrême en effet, car l'auteur décrit ainsi l'état de la malade : « Les amygdales et les uvules n'existaient plus; le pharynx, aussi loin qu'il m'était possible de l'apercevoir, ressemblait sur tous ses points à un bourbier sécrétant une espèce de pus très-tenace et cause d'une grande incommodité. La membrane musculaire du pharynx avait été détruite en grande partie, en sorte que la gorge était d'une largeur extrême; les ravages s'étendaient jusqu'au voile du palais et jusqu'aux fosses nasales postérieures, donnant lieu à un écoulement constant par les narines. Mais le danger imminent était dans la gorge dont l'état d'irritation rendait excessivement difficile et pénible la déglutition de tout aliment solide ou liquide...... Aussi, sa maigreur était effrayante, son pouls à

. 31 .

peine sensible, et tous les symptômes présageaient une mort prochaine, par épuisement ou hémorrhagie.

» Ce premier examen date du 2 juillet 1869, et voici l'opération que je pratiquai immédiatement : je trempai un pinceau de poil de chameau dans l'acide phénique pur liquéfié, et je le promenai sur toute la partie ulcérée en commençant par la partie supérieure... et presque jusqu'à l'œsophage, en m'appliquant à nettoyer les plaies autant que le permettait la ténacité de la matière sécrétée. La malade, grandement soulagée, put prendre, dès ce même jour, conformément à mon ordonnance, une pinte et demie de porter, une demi-pinte de consommé et un œuf. Elle prit, pour [médecine, cinq gouttes d'infusion de quinquina (?), cinq gouttes de solution d'opium de Battley, et dix grains d'iodure de potassium en solution dans l'eau, trois fois par jour. »

L'auteur continue ce traitement, en remplaçant l'acide phénique pur par une solution aqueuse phéniquée au soixantième; il constate, au 1er février 1870, la guérison complète (avec rétrécissement normal de la gorge), moins un léger écoulement des fosses nasales et d'une jambe, et il résume ainsi ses impressions à propos de ce fait :

« Ce fut avec un sentiment d'admiration que je constatai l'immense soulagement que produisit, dès le premier jour, l'acide phénique sur la plaie du pharynx. J'ai vu, ensuite, la sécrétion purulente diminuer rapidement en quantité, en même temps qu'elle prenait un caractère beaucoup moins mauvais..... J'ai vu finalement le retour complet du pharynx à son état normal. L'acide phénique a donc été salutaire dans un cas qu'on peut dire extrême. »

On peut lire ce fait remarquable, dans tous ses détails, dans le *Moniteur scientifique* du docteur Quesneville, année 1870, p. 646. Il serait difficile d'en trouver un plus beau dans l'histoire de la thérapeutique."

Malgré ces honorables témoignages, beaucoup d'autres expériences, qui ne sont pas, à la vérité, que nous sachions, très-nombreuses, nous portent à croire que le parasite ou les parasites des maladies syphilitiques doivent être classés parmi les plus réfractaires à l'acide phénique. Déjà le docteur Lemaire qui, en cette circonstance, est évidemment très-digne de foi, puisque ce qu'il rapporte est peu favorable au coaltar qu'il est chargé de faire prospérer, rend compte de quelques faits dans lesquels cet agent n'a eu que des résultats très-incomplets contre la blennorrhagie. Il en a été à peu près de même de l'acide phénique employé, soit en injections à 1/2 p. 100, soit à l'intérieur à la dose d'un gramme dans un litre d'eau.

Les injections ont cependant diminué en quelques jours, en deux jours même, assez souvent l'écoulement, et l'ont réduit à quelques gouttes dans les 24 heures; elles ont fait disparaître également avec promptitude les symptômes de la période aiguë; mais, une fois ce résultat obtenu, la période chronique, à l'état de *goutte militaire*, paraît avoir persisté un mois et plus. Dans un cas, cependant, que M. Lemaire dit tenir du regrettable Michon, des injections de coaltar (saponiné) au dixième firent justice très-promptement d'une blennorrhagie chronique qui avait résisté à un grand nombre de moyens. Mais un médecin connu par des études spéciales, M. le docteur Clerc, semble avoir essayé les mêmes moyens sans succès; il en est de même, toujours d'après M. Lemaire, de M. le docteur Caudmont, qui s'occupe avec succès, sinon des maladies vénériennes spécialement, au moins des affections des voies urinaires. Les autres faits auxquels M. Lemaire fait allusion ont été observés par les docteurs Rousseau et Sénéchal (du Muséum). M. le docteur Clerc paraît, cependant, avoir fait disparaître en quelques jours, à l'aide de lotions coaltarées, ce qu'il appelle des balanites simples; mais il n'est pas aisé de savoir au juste ce que M. Clerc entend par ces mots. Cet honorable praticien, ancien élève du docteur Ricord, et enthousiaste de ses doctrines, à une certaine époque, a fini par répudier les principales hérésies de son maître, devant l'enseignement des faits; mais il est resté entaché de quelques erreurs de son école primitive, qui enlèvent beaucoup de leur valeur à des faits observés par lui, quand ils sont mentionnés aussi sommairement que le fait M. Lemaire.

Quant aux chancres, M. Lemaire n'a obtenu du coaltar *et de l'acide phénique* » (la fameuse phrase stéréotypée, après nos expériences) que des résultats modérément avantageux; l'ulcère, dit-il, a pris un aspect rosé, mais la cicatrisation s'est fait attendre. Mais ce qu'il y a de plus curieux dans M. Lemaire, ce ne sont pas ses observations, mais l'explication qu'il en donne : « Dans la syphilis, dit-il, l'économie est souillée par un virus. Le chancre n'est que l'effet de l'action de ce virus sur les tissus. Il n'est donc pas étonnant que la cicatrisation des ulcérations syphilitiques résiste au coaltar *et à l'acide phénique* » (toujours la fameuse phrase). « Appliqués en topique, ceux-ci *ne* peuvent exercer aucune action sur le virus qui est répandu dans l'économie. Les médecins savent très-bien qu'un traitement général est indispensable pour obtenir la guérison. » Ainsi M. Lemaire, qui a tué des moineaux en leur appliquant quelques gouttes d'acide phénique sur le ventre, qui a rappelé l'observation du professeur Brown faite sur un chien qui faillit périr pour avoir subi une friction générale à l'acide phénique, s'imagine, maintenant, que l'acide phénique ne peut avoir qu'une action locale, quand il est appliqué localement, et n'a pas l'air de se douter qu'on peut l'administrer à l'intérieur, quoi qu'il prétende d'ailleurs l'avoir administré le premier ! C'est à frapper d'étonnement milord Bolinbrooke lui-même, dont la devise, on se le rappelle, était *Nil admirari*.

La conclusion de cette belle théorie est néanmoins que le coaltar..... *et l'acide phénique* « peuvent rendre des services dans le traitement des chancres syphilitiques, » car le docteur Clerc et le docteur Ricord en ont obtenu de bons résultats. Ces résultats sont attestés par un laconique certificat du second de ces chirurgiens qui, cependant, d'après ce que nous connaissons de sa pratique, ne fait guère usage de l'acide phénique, et le proscrit, au besoin, dans les cas où il est le mieux indiqué. Il est vrai que M. Ricord ne s'est jamais piqué beaucoup de mettre une grande harmonie dans ses paroles et dans ses actes ; et pourquoi aurait-il pris ce soin ? le débraillé lui a si bien réussi !

Pour notre compte, nous n'avons employé qu'un petit nombre de fois l'acide phénique contre la syphilis sous forme chancreuse, blennorrhagique ou constitutionnelle. Dans les cas de blennorrhagies et de chancres, la durée de la maladie ne nous a pas paru sensiblement plus courte que lorsqu'elle est traitée par les meilleures médications usitées jusqu'ici; nous avons cependant employé, dans ces cas, l'acide phénique localement et à l'intérieur. Les résultats ont été meilleurs dans quelques cas de syphilis constitutionnelle; non-seulement, dans ces cas, les symptômes locaux ont disparu assez promptement, mais l'état général diathésique des malades a été modifié de la manière la plus avantageuse dans un temps moindre que par les méthodes habituelles.

Dans plusieurs cas où nous avons associé l'acide phénique au sublimé, dans des injections hypodermiques, les effets des deux agents ont été des plus remarquables; et la méthode hypodermique nous paraît appelée à recevoir de cette association un progrès des plus utiles (1). Entre autres faits que nous avons observés nous citerons les deux suivants :

Un soldat avait le corps presque entier couvert de croûtes d'ecthyma syphilitique; les glandes du cou et de l'aine étaient engorgées; il existait une émaciation générale, et, par surcroît d'infortune, une salivation mercurielle. J'ai rarement vu un homme dans un état plus déplorable. Dès sa première visite, je pratique une injection sous-cutanée de 5 grammes d'une solution contenant 0,02 de sublimé et 0,05 d'acide phénique.

- (1) La méthode hypodermique a déjà été appliquée au traitement de la syphilis avec des succès divers et dont les uns ont vraiment de quoi nous étonner au dernier point. Le D⟨r⟩ Scarenzio, qui a inauguré, si nous ne nous trompons, l'application de cette méthode de traitement à la syphilis, a eu l'idée d'injecter du calomel, c'est-à-dire une substance insoluble, et ce qu'il y a de plus curieux, c'est qu'il n'a eu que des succès et pas d'accidents. Le D⟨r⟩ Max Van Mons a communiqué à la *Société des sciences médicales et naturelles de Bruxelles* plusieurs faits qui prouvent qu'il a obtenu les mêmes succès que le D⟨r⟩ Scarenzio et qu'il n'a pas eu davantage d'accidents. Cela est d'autant plus remarquable que plusieurs des injections sous-cutanées ont été faites au bras (dans une région qu'on ne spécifie pas) où l'absorption des substances même dissoutes n'est pas toujours facile. On a dit avec raison, qu'il ne faut pas discuter contre des faits; cependant, avant de nous décider à injecter du calomel sous la peau, nous attendrons que ces faits se soient multipliés.

En France, le D⟨r⟩ Liégeois, un des officiels, le seul, que nous sachions, qui a payé de sa vie l'accomplissement sérieux de sa mission d'ambulancier, a injecté, non du calomel, mais du sublimé, ce qui se conçoit mieux. Il paraît avoir obtenu des résultats variés, et avoir éprouvé quelques légers accidents, d'après le compte rendu que nous avons lu d'une communication faite par lui en 1870 à la Société de thérapeutique. Il avait annoncé une communication ultérieure; nous ne savons si elle a été faite et quels résultats M. Liégeois a constatés. Ce que nous croyons savoir, c'est qu'il a injecté le sublimé seul.

Cette injection est très-douloureuse. Elle provoqua une induration assez forte, de la grosseur d'une noix autour du point piqué ; mais, grâce à l'acide phénique probablement, il ne s'en est point suivi de suppuration. Quelques jours après, le mieux était des plus manifestes ; l'aspect du malade était changé ; la salivation presque tarie. Cette salivation ayant été causée par le proto-iodure, qui avait été longtemps employé à toutes doses et dont l'action me parut épuisée, je prescrivis un traitement très-léger, 0,02 de cyanhydrargyrate de mercure par jour ; à cause de la douleur causée par la première injection, je ne pratiquai la seconde qu'au bout de quinze jours. Le mieux se continua progressivement : les plaques croûteuses tombent, les glandes diminuent, et le malade peut aller reprendre son service, pendant que l'ambulancier en chef et grand amateur de parades, de décorations et d'exploitation des malades des hôpitaux (1), le docteur Ricord, envoyait mourir à Nice, de la même maladie, un grand personnage auprès duquel il s'était opposé à ce que je fusse appelé (quoique ce personnage fût mon client depuis plus de dix ans), sous prétexte qu'en fait de syphilis il ne pouvait admettre de rivaux, encore moins des maîtres. La vérité, pourtant, est que le syphiliographe sans maîtres ni rivaux a laissé mourir misérablement le personnage en question, qui aurait probablement été guéri, et dont la vie, en tous cas, aurait été certainement prolongée, par un traitement à la hauteur des progrès de la thérapeutique.

Le deuxième fait n'est pas moins remarquable. Une jeune femme était atteinte d'une syphilis grave, qui, malgré divers traitements mercuriels et iodurés bien dirigés, avait résisté depuis deux ans, et même s'était progressivement aggravée : les jambes, les cuisses et les bras étaient couverts de nombreu-

---

(1) Il existe, à ce sujet, une histoire instructive et édifiante que nous pourrons publier, en la recommandant au protecteur de fabriques de cow-pox et professeur de vertu Depaul, dans un ouvrage auquel nous avons déjà fait allusion plusieurs fois, et où nous consacrerons plus de place que nous ne pouvons le faire ici, aux mauvaises mœurs et aux mauvais préjugés et aux mauvaises passions de la profession. Cet ouvrage aura pour titre : *La vie et la mort du duc de Gramont-Caderousse*. Ce sera une dette sacrée que nous paierons à la mémoire de ce brave cœur et une réponse aux calomnies et aux iniquités dont nous avons été l'objet à propos de son testament.

ses ulcérations précédées de bulles syphilitiques, pemphy-goïdes; ces ulcérations étaient profondes, nettement découpées, de mauvais aspect. Le traitement antisyphilitique de ces ulcères ayant été fait localement comme généralement, j'eus recours aux pansements phéniqués, qui, à ma surprise, ne produisirent qu'un effet presque nul. J'eus alors recours à une injection sous-cutanée de 5 grammes d'eau phéniquée à 1 p. 100, renfermant 0,03 de sublimé, je cautérisai les ulcères avec l'acide sulfo-phénique. Une tuméfaction indurée, de la grosseur d'un petit œuf (de poule, suivit l'injection; mais aucune suppuration n'eut lieu. Comme chez le sujet de la première observation, un mieux marqué se manifesta, presque aussitôt après l'injection, et fit des progrès rapides; la malade se rend aux eaux sulfureuses, s'y trouve bien et y complète sa guérison.

Ce second fait est en quelque sorte la contre-partie du premier : dans l'un, le traitement mercuriel seul échoue ; dans l'autre, le traitement mercuriel, seul, et le traitement phéniqué, seul, échouent également; et, dans les deux cas, l'association des deux médications réussit avec une rapidité véritablement merveilleuse. Nous avons observé quelques cas analogues, mais moins remarquables; nous en avons observé quelques-uns aussi, dans lesquels l'acide phénique a ajouté peu de chose à l'efficacité du mercure, surtout dans la syphilis primitive. Mais cet acide a un avantage constant, c'est d'empêcher tout accident local, à la suite d'injections hypodermiques à base de sublimé, injections que la crainte de ces accidents a sans doute empêché de tenter jusqu'à ce jour; car il est singulier de voir ceux qui ont eu l'idée des injections hypodermiques mercurielles, Scarenzio en tête, recourir au calomel, qui n'a pas, et à juste titre, croyons nous, la réputation d'être d'une grande utilité contre la syphilis, employé par les voies ordinaires, et dont l'insolubilité, presque absolue, doit s'opposer à toute absorption dans le tissu cellulaire sous-cutané. Grâce à l'acide phénique, les injections de sublimé seront rendues faciles par leur innocuité, et l'on pourra obtenir ainsi, dans le traitement de la syphilis, des cures qui n'auraient pas été possibles auparavant, et qui ne resteront impossibles désormais qu'aux paradeurs sans maîtres ni rivaux, qui envoient des malades mourir à Nice ou ailleurs pour que d'autres n'opèrent pas des cures qu'ils ne savent pas opérer eux-mêmes.

D'après les succès que l'on obtient avec les injections sous-cutanées et la facilité avec laquelle elles sont supportées, quoique douloureuses, on pouvait espérer de beaux résultats des injections phéniquées dans l'urètre contre la blennorrhagie. Malheureusement, la pratique n'a pas ratifié mes espérances. L'urètre est un des rares organes qui ne supportent pas le contact de l'acide phénique sans réagir très-douloureusement, et j'ai dû remplacer les injections phéniquées par la suivante qui est à peine phéniquée.

Extrait soluble de ratanhia .	8 grammes.
Sulfate de zinc.	2 —
Acide phénique.	0,15 —
Eau de roses.	20 —
Eau commune.	100 —

Cette injection, associée à l'usage intérieur du sirop phéniqué (3 à 6 cuillerées suivant les cas) triomphe assez promptement des blennorrhagies récentes peu aiguës, et, ce qui est plus précieux encore, des blennorrhées anciennes, dont on empêche aussi le retour généralement, en prolongeant, pendant quelques semaines après leur disparition, l'usage du sirop phéniqué (1).

(1) On nous permettra, à propos de blennorrhagie, de publier ici un intéressant hors-d'œuvre historique, qui peut éclairer, sans la fixer cependant définitivement, la question controversée de savoir si François Ier a été atteint d'une maladie vénérienne. Voici la lettre inédite du roi lui-même, qui semble trancher la question plutôt négativement qu'affirmativement :

« 20 Novembre 1539.

» Monsieur de Marcillac,

» Depuis la lettre que je vous ay dernièrement escripte je vous advise que j'ay esté bien fort tourmenté d'un reugme qui m'est tombé sur les génitoires et vous assure que la maladie m'en a esté tant ennuyeuse et douloureuse qu'il n'est pas croyable. Toutefois grâce à Dieu je commence très-bien à me porter et suis hors de la douleur, espérant que de brief je recouvreray telle et si bonne santé qu'elle est désirée de tous mes bons serviteurs, dont je n'ay voulu faillir de vous en advertir. »

L'envoi de cette lettre est accompagné d'une autre du connétable au même M. de Marcillac, dans laquelle le connétable donne ce détail que « le mal du Roy

ART. V. — DE LA VACCINE.

La vaccine est une maladie qui se transmet très-rarement d'une manière naturelle, qu'on donne ordinairement, et qu'on ne cherche par conséquent pas à guérir. Il n'y aurait donc aucune raison de la faire figurer dans ce travail, s'il n'y avait un certain intérêt doctrinal à savoir si l'acide phénique, dont nous aurons à étudier l'heureuse action contre la variole, possède aussi la propriété de détruire le ferment vaccinal, et si nous n'avions à dire quelques mots, dans l'intérêt de la santé publique, sur une étrange question agitée nombre de fois parmi les médecins, qui vient de l'être encore une fois devant l'Académie de médecine, et à propos de laquelle des académiciens se sont dit des vérités qui ne doivent pas être perdues pour le public. M. le vaccinateur patenté, Depaul, a surtout joué dans cette question un rôle scandaleux, qu'un de ses collègues et supérieurs a justement qualifié, et sur lequel nous aurons à insister à notre tour.

Le fait de la destruction du virus vaccinal par l'acide phénique n'était guère douteux *à priori*; si l'on en croit les expériences suivantes, que rapporte M. Lemaire, il serait également établi, désormais, *à posteriori*.

« Neuf inoculations, dit-il, furent pratiquées sur les bras de trois personnes, sur moi et sur deux de mes domestiques, avec du vaccin que je pris sur un enfant que j'avais vacciné. Les pustules dataient de huit jours; elles étaient très-belles. Je ferai de suite remarquer que tous trois nous portions des cicatrices vaccinales. J'étais le plus âgé des trois. Mes deux domestiques, l'un (homme) avait quarante ans; l'autre, mère de l'enfant susnommé, » — toujours l'argot de la bazoche! il est probable que M. Lemaire n'a pas seulement jeté aux orties le froc de l'apothicaire, mais aussi celui du saute-ruisseau…. mais passons — « en avait vingt-six.

a *été percé* et a rendu une infinité de sange et d'ordure » et que bientôt après « la guérison a été parfaite et entière. »

Il s'agit évidemment là d'un abcès des bourses, et comme ces abcès sont fort rares dans l'orchite blennorrhagique, il est peu probable que celui de François Ier fut causé par cette maladie.

» Les inoculations faites sur mon bras et celles faites sur l'homme de quarante ans ont donné naissance sur chaque bras à trois pustules vaccinales qui se sont très-bien développées. Celles de la femme ont été négatives.

» Dans le même moment, du vaccin recueilli sur les mêmes pustules a été mélangé sur une lame de verre avec parties égales d'acide phénique. Avec ce mélange j'ai pratiqué sur les trois autres bras neuf inoculations. Toutes ont donné un résultat négatif. Les piqûres n'ont pas même présenté le moindre signe inflammatoire.

» L'expérience faite sur la femme de vingt-six ans ne peut rien apprendre, puisque, dans les deux inoculations, le résultat a été négatif. Je ferai remarquer que, chez les sujets vaccinés, les inoculations échouent dans la moitié des cas. Mais le résultat que j'ai obtenu avec le vaccin pur sur mon bras et sur celui de l'homme cité plus haut, et le résultat négatif qu'a donné le vaccin mélangé avec l'acide phénique me paraissent démontrer que cet acide empêche la reproduction du vaccin, par conséquent détruit ses propriétés.

» M. le docteur Sénéchal a bien voulu faire, à mon invitation, une expérience sur le bras d'un enfant qui n'avait jamais été vacciné. Il fit à chaque bras quatre piqûres d'inoculation. La piqûre supérieure a été touchée avec l'acide phénique, et il ne s'y est point développé de pustule, tandis que les autres ont donné naissance à de belles pustules vaccinales. J'ai répété cette expérience avec le même succès. » (LEMAIRE, *de l'Acide phénique*, p. 169.)

Ces expériences paraissent concluantes, quoiqu'elles n'aient pas été variées autant qu'on pourrait le désirer : il n'aurait point fallu, par exemple, se contenter d'expérimenter avec un mélange de vaccin et d'acide phénique ; il aurait fallu opérer avec des mélanges de vaccin et d'eau phéniquée à 1 ou 2 p. 100, puis à 1 ou 2 p. 1,000, c'est-à-dire aux doses médicamenteuses ; il aurait fallu, en outre, expérimenter avec des mélanges de vaccin et d'autres substances non parasiticides, afin de bien établir que c'est le parasiticide qui détruit la propriété du vaccin et non un corps délayant qui agit mécaniquement en raréfiant les molécules virulentes. Pour nous, les résultats de toutes ces expériences sont prévus, mais quand on se met à expérimenter, on ne saurait trop bien faire ; les expérimentateurs ultérieurs feront donc bien de tenir compte de nos observations.

Des expériences plus intéressantes encore seraient celles dans lesquelles on pratiquerait des injections phéniquées hypodermiques, et dans lesquelles on administrerait par l'estomac des liquides phéniqués à des sujets qu'on vient de vacciner pour la première fois, afin de constater si l'acide phénique, administré par les voies dont se sert la thérapeutique, empêche encore l'action du virus.

Telles qu'elles sont, les expériences qu'on vient de lire n'en prouvent pas moins que l'acide phénique détruit le virus vaccinal, quand on les mélange ensemble, et la conséquence naturelle de ce fait, c'est que le virus est constitué par un parasite. Cette conséquence une fois admise, il ne sera pas difficile de juger une question à laquelle nous avons déjà fait allusion au début de cet article, et qui a fait grand bruit dans ces derniers temps à l'Académie de médecine.

La grave épidémie de variole qui, à partir du commencement de 1870, a sévi en France et antérieurement ou postérieurement dans plusieurs autres pays, jeta des doutes sur l'efficacité de la vaccine, et celle-ci, qui avait déjà subi, depuis plusieurs années, quelques atteintes de la part de certains médecins sans autorité, fut l'objet d'attaques redoublées, qui finirent par ébranler des hommes plus consistants. On expliqua, d'abord, l'aptitude de certains vaccinés à contracter la variole par l'épuisement, à la longue, des effets du vaccin chez l'individu vacciné ; les succès des vaccinations nouvelles ou *revaccinations* prouvaient bien, en effet, que l'inaptitude produite par la vaccination ne durait qu'un certain temps. Mais cette explication ne suffit bientôt plus à tout le monde, et d'aucuns, par versatilité d'esprit ou défaut d'intelligence, d'autres, par esprit de spéculation, accusèrent le virus lui-même d'épuisement ou, pour parler le langage adopté, de dégénérescence, acquise en passant, depuis sa transmission de la vache à l'homme, à travers plusieurs générations humaines. Ceux-ci imaginèrent, alors, de revivifier, de régénérer le virus, en le faisant passer par l'animal qui l'avait primitivement fourni, et une fabrique de cow-pox s'établit sous le patronage moral — M. le docteur Guérin, membre de l'Académie, dit, au contraire, immoral — de M. le directeur des vaccinations à l'Académie de médecine, le docteur-professeur Depaul (1). Cette défaillance du directeur des vaccinations à l'égard du vaccin humain ou, comme on dit, Jennérien, ne pouvait que nuire au crédit de la vaccine que le susnommé — comme dirait son digne confrère Lemaire — est chargé officiellement de propager ; mais il faut bien favoriser la propagation du cow-pox ; cette mission passe avant celle de propager la vaccine. Nous ignorons si le professeur a réussi dans son protectorat ; mais, ce qu'il y a de certain, c'est qu'il a réussi à diminuer le crédit de la vaccine, et que, s'il trouve beaucoup de collaborateurs dans l'honnête besogne qu'il a entreprise, la vaccine finira par être à peu près abandonnée en France, grâce aux manœuvres de celui qui est payé pour la propager, et que la variole pourra reprendre son empire, tout comme aux beaux temps des épidémies meurtrières de varioles gangréneuses et hémorrhagiques. Au reste, ces formes n'ont pas absolument manqué dans la dernière épidémie de Paris ; et tous les praticiens ont pu voir quelques cas de variole gangréneuse. Nous ne voudrions pas affirmer que M. le Directeur de la vaccine soit pour quelque chose dans ce triste résultat ; mais ce qui est incontestable, c'est qu'il a tout fait

(1) C'est pourtant ce même personnage qui eut l'impudente audace, le lendemain du jour où M. Bouley m'avait publiquement rendu justice à l'Académie des sciences, à propos de la curation du charbon par l'acide phénique, d'apostropher ce dernier par ces mots : vous avez eu tort ; il est des noms qu'il ne faut jamais prononcer. A quelques jours de là, l'équitable M. Bouley m'aborda par cette question : Qu'avez-vous donc fait à M. Depaul ? — Ce que je lui ai fait ? répondis-je ; je lui ai écrit, parlant à sa personne, quelques vérités comme celles qui se trouvent énoncées dans la lettre suivante ; et je donnai lecture incontinent, à M. Bouley, de la copie d'une lettre que j'avais écrite à M. le professeur Depaul, lettre dont j'ai du reste envoyé une copie à son collègue le professeur Pajot, et où je raconte quelques-uns des exploits du catonique acidéacicien. — Eh bien ! vous écrivez de jolies lettres ! me dit en souriant M. Bouley. — Et vos collègues de l'Académie font de jolies choses ! répliquai-je. Là finit la conversation touchant M. le directeur de la vaccine, protecteur de la fabrique de cow pox. Mais la conversation est bonne à reprendre, et nous espérons bien la reprendre un jour et ne pas laisser s'ensevelir dans l'oubli les actes de vertu qui recommandent le nouveau saint Vincent de Paul à la vénération de toutes les âmes vertueuses.

pour l'amener, dans un temps donné; digne émule, en cela, des Carnot, des Bayard (de Cirey-sur-Blaize) et autres esprits paradoxaux dont le docteur Grimaud (de Caux) est en ce moment un des échantillons les plus réussis. Pour lui, la vaccine n'est mauvaise ni en retardant le moment de la mort des enfants, (en les faisant mourir par exemple à 20 ans, de fièvre typhoïde, au lieu de les laisser succomber à quatre, cinq ou dix ans, de variole), ni en leur inoculant le virus syphilitique en même temps que le virus vaccinal; non! pour le docteur Grimaud (de Caux), la vaccine comme l'inoculation est tout simplement de nul effet; elle ne préserve pas plus de la variole, que la tisane de graine de lin, et elle n'a jamais préservé davantage; par conséquent le virus vaccin n'a pas dégénéré. L'opinion paraît très-plaisante, et elle l'est, en effet, à tel point qu'on pourrait croire à une gageure de mauvais plaisant, si le docteur Grimaud (de Caux) n'avait toutes les apparences d'un homme sérieux. Son opinion est donc sérieuse ou tout au moins sérieusement paradoxale. Elle n'est guère plus absurde, cependant, que celle des raisonneurs qui croient, avec M. le catonique directeur de la vaccine, à la *dégénérescence* du vaccin Jennérien. Nous n'avons pas la prétention de faire saisir toute l'absurdité d'une pareille opinion à des professeurs de la force de M. le directeur de la vaccine, qui, habitués à prendre pour un nouvel évangile les quelques idées qu'ils sont parvenus à loger dans leur étroite cervelle, ne veulent rien entendre et ne peuvent guère rien comprendre de ce qui n'est pas renfermé dans le cercle de ces idées; mais tous ceux qui n'ont pas l'esprit obscurci par les préjugés de l'école ou par une vanité pathologique comprendront, et cela suffit.

Le virus vaccin, comme tous les autres contages, comme tous les ferments, est constitué, on n'en saurait guère douter aujourd'hui, par un être vivant, microphyte ou microzoaire, microzoaire probablement. Or, les théoriciens qui parlent de dégénérescence ont-ils bien réfléchi à ce que pourrait être la dégénérescence d'un microzoaire? Ont-ils songé le moindrement que parler de cette dégénérescence, c'est exactement la même chose que de parler de la dégénérescence du hanneton ou d'une chenille quelconque? Que penseraient-ils, ces grands théoriciens, d'un brave paysan qui, voyant que les chenilles et les vers blancs font peu de ravages cette année, dirait : les vers blancs, les chenilles ont dégénéré ou sont épuisés !

Le brave paysan les ferait sourire de pitié ; pourtant il professerait exactement la même théorie qu'eux ; il ne lui manquerait, pour être à leur niveau, qu'un bonnet carré et beaucoup de prétentions.

Mais les théoriciens officiels, protecteurs ou non des fabriques de cow-pox, ne s'en tiennent pas exclusivement à leurs théories, quelque confiance qu'ils y aient ; ils se disent aussi partisans des faits ; ils invoquent les faits. On ne peut pas contester, disent-ils, que la variole ne se développe assez souvent aujourd'hui, pendant la dernière épidémie notamment, chez des sujets vaccinés avec le vaccin Jennérien. Le fait est incontestable sans doute ; mais en lui-même que signifie-t-il ? Absolument rien. Pour qu'il signifie quelque chose, il faut que M. le protecteur des fabriques de cow-pox et ses codoctrinaires lui en accolent un second, qui est celui-ci : la variole ne se développe pas chez les sujets vaccinés avec le cow-pox. Ce fait-là, M. le protecteur des fabriques de cow-pox l'affirme bien, et peut-être est-il convaincu qu'il est exact ; mais, s'il en est convaincu, il n'en est point certain, assurément. Il y a plus : le fait fût-il exact, que signifierait-il encore ? Absolument rien. Le vénérable et honnête M. Bousquet, du fond de sa retraite, a été obligé de le faire remarquer à M. le protecteur des fabricants de cow-pox ; M. le protecteur ne l'a pas compris ou a feint de ne pas le comprendre. La remarque n'était pourtant pas hors de la portée du premier vaccinateur ou même de la première vaccinatrice venue.

La vaccine, pratiquée avec le vaccin humain, ne préserve pas indéfiniment de la variole, voilà le fait acquis. Mais en est-il autrement de la vaccine avec le cow-pox fabriqué ? Pour le savoir, il ne suffit pas de prendre dix ou vingt ou cent vaccinés par le cow-pox et autant par le vaccin humain ou Jennérien, et de voir dans quelle catégorie il y aura des variolés ou plus de variolés : pour que l'expérience ou les *faits* soient concluants, il faut prendre deux séries de vaccinés par le cow-pox et par le vaccin humain, dans les mêmes conditions, c'est-à-dire : 1º qui aient été vaccinés de la même façon ; 2º avec le même succès —sous le rapport du développement de la vaccine, bien entendu —; 3º qui le soient depuis le même temps, —circonstance la plus importante—; 4º enfin, qui aient le même âge et le même sexe. Or, M. le protecteur des fabricants de cow-pox a-t-il deux séries de faits réunissant toutes ces conditions ? A-t-il même songé à les rassembler ? S'en soucie-t-il même ? Tout cela est fort douteux: je crois que ce qui l'occupe, c'est surtout de faire prospérer le cow-pox et sa plaisante doctrine ; le reste est du superflu.

Mais M. le protecteur invoque un autre fait en faveur de son cow-pox; c'est celui que nous avons déjà mentionné à l'article syphilis : la vaccine par le vaccin humain communique souvent, ou quelquefois, ou rarement tout au moins, la syphilis. Une foule de médecins l'ont constaté ; M. le protecteur l'a constaté lui-même, et j'en suis fâché pour lui : il a été, il est vrai, aussi véridique et aussi perspicace dans cette circonstance que dans beaucoup d'autres ; mais, malgré sa véracité et sa perspicacité, je croirais aussi volontiers un jardinier qui viendrait me dire qu'il a vu sortir à la fois un papillon et un hanneton d'un cocon de ver à soie, que je crois M. le protecteur et ses protégés, quand ils prétendent trouver dans une pustule vaccinale (humaine ou animale) le parasite de la vaccine et celui de la syphilis. Et puis, quoi donc ! est-ce que la vaccine et la syphilis datent d'hier ? Est-ce que les délices de Capoue ont obscurci la vue de M. le protecteur, depuis le début de ses études jusqu'à ces dernières années ? Ce serait prolonger bien longtemps la durée des délices, car, enfin, M. le protecteur n'est plus de l'âge de Don Juan ; et puis, M. le protecteur et ses protégés ne sont pas les seuls vaccinateurs qui aient existé, sans compter Jenner, l'inventeur de la vaccine. M. Bousquet, le même qui a fait cette si juste remarque que M. le protecteur n'a pas comprise ou a feint de ne pas comprendre, M. Bousquet a vacciné pendant *cinquante ans*, et il n'a pas hésité à déclarer, donnant à la fois à son successeur une leçon de morale et de bon sens médical, qu'il vaccinerait son propre enfant avec du vaccin pris sur un enfant syphilitique ; feu M. Husson a vacciné pendant aussi longtemps

et, pendant presque aussi longtemps, a été médecin résidant
d'un vaste collège d'enfants et de jeunes gens; l'ancienne
commission de vaccine a vacciné pendant nombre d'années ;
des milliers d'autres médecins ont pratiqué des millions de
vaccinations; et il aurait fallu attendre jusqu'à l'âge critique
de M. le protecteur pour s'apercevoir que la vaccine peut
transmettre la vérole! Ah! plus que personne, nous croyons à
la lenteur du progrès comme à la lenteur de la justice, et nous
avons de bonnes raisons pour cela; mais jamais on ne nous
fera croire que les symptômes de la syphilis eussent pu échapper à l'observation de tous les vaccinateurs qui se sont succédé
dans tous les pays, depuis Jenner, si ces phénomènes s'étaient
déclarés sur des enfants, à la suite de la vaccine. La raison générale non moins que la raison doctrinale, fondée sur l'histoire
naturelle, repousse donc cette invention d'esprits biscornus ou
tapageurs, adoptée d'enthousiasme par les fabricants non pa-
tentés, mais qui voudraient bien l'être, de cow-pox, et par leur
austère protecteur, qui s'intéresserait probablement un peu
aussi à la patente, et qui, à défaut d'elle, ne serait pas fâché
d'établir une fabrique de cow-pox sous le patronage de l'Académie et de l'administration. On n'use pas plus noblement et
plus libéralement d'une fonction salariée, créée dans l'intérêt
général de la santé publique.

Les fabricants ne paraissent plus, du reste, s'en tenir à la
vérole : le vaccin Jennérien peut, à les entendre, communiquer
une foule d'autres maladies auxquelles est sujette l'espèce
humaine. A quoi M. Grimaud (de Caux) — où diable la logique va-t-elle se nicher! — répond par la question suivante :
« Est ce que les amateurs de cow-pox s'imagineraient que la
vache et le cheval se trouvent à l'abri de toutes les maladies
et sont des alambics de purification! » Ah! si la vaccine pouvait transmettre autre chose que la vaccine, les humeurs de la
vache ne seraient probablement pas beaucoup plus salubres
que celles d'un enfant, et le cow-pox, comme le vaccin Jennérien, serait une boîte de Pandore. Mais, par bonheur,
ces transformations prétendues d'une espèce de parasites dans
une autre espèce sont des billevesées d'esprits infirmes ou
des calculs d'esprits spéculateurs. Le virus vaccin, comme le

virus varioleux, comme le ferment charbonneux, comme le ferment croupal, comme tous les virus et tous les ferments, comme tous les êtres de la création, ne peut se transmettre que dans son espèce, et il en sera ainsi jusqu'à ce que quelqu'un ait transformé les lois naturelles ; ce quelqu'un ne sera, je crois, ni M. le protecteur des fabricants de cow-pox, ni les fabricants eux-mêmes.

La vaccine restera donc ce qu'elle a été depuis la grande découverte de l'immortel Jenner : le meilleur préservatif de la variole. Mais ce n'est pas un préservatif absolu et perpétuel, car il ne saurait y avoir de préservatif absolu et perpétuel, ainsi que nous l'avons expliqué dans notre introduction. Maintenant, le vaccin, puisqu'il n'est pas dégénéré, puisque la dégénération, en ce qui le concerne, est même un non-sens, préserve-t-il aujourd'hui aussi bien qu'il préservait du temps de Jenner? C'est la même question en d'autres termes; elle ne comporte que la même réponse. Mais en voici une qui est tout autre, que le protecteur du cow-pox ne s'est pas posée, et que le petit cours de ses petites idées ne lui permettait guère de se poser : le vaccin préserve-t-il également contre toutes les varioles ou plutôt contre toutes les épidémies de variole? Cette question ne veut pas dire que nous admettions plusieurs espèces de variole; mais nous ne pouvons, pas plus que personne, et nous ne voulons en rien méconnaître qu'il y a des varioles d'intensités différentes, considérées individuellement, si l'on nous permet le mot, et des épidémies, considérées dans leur ensemble, d'intensités très-différentes également. Or, sans rentrer ici dans tous les développements que nous avons donnés à ce sujet dans notre introduction, il suffira de rappeler que l'intensité d'une maladie parasitaire ne peut dépendre que de la nature du terrain où le parasite se développe et de la vitalité du parasite lui-même. Sur tout individu vacciné, le terrain sera évidemment peu favorable au parasite varioleux, et d'autant moins favorable, probablement, que la vaccination sera plus récente; mais le parasite pourra avoir une vitalité très-différente; il y a des années où les pucerons de nos jardins sont malingres et souffreteux; il y en a d'autres où ils sont vigoureux et alertes; il peut, il doit évidemment en être de même des animalcules morbigènes, de celui qui engendre la variole comme des autres. Or, un terrain qui sera suffisamment modifié pour empêcher le développement d'un parasite de vitalité faible ou ordinaire, pourra très-bien ne l'être pas assez pour empêcher le développement d'un parasite plus vigoureux ; c'est une question de doses. De ce que, dans une épidémie donnée, un grand nombre de sujets vaccinés sont atteints, il n'en faudrait donc point conclure que le vaccin a cessé d'être un préservatif ; tout ce qu'on en pourrait conclure, c'est qu'il n'est point un préservatif absolu. Quant à sa préservation relative, elle se démontre en comparant, hors l'état épidémique, et même dans les épidémies peu ou moyennement intenses, la proportion de varioleux sur des nombres égaux de sujets vaccinés et non vaccinés, et le degré d'intensité de la maladie chez les uns et les autres. Or, sur ce point, des milliers d'observations ont prononcé sans retour, et il faut les yeux sans pareils de M. Grimaud (de Caux) pour prétendre que la vaccine n'agit absolument en rien, ni sur le développement, ni sur la marche de la variole. Avec de tels yeux, on a sa place marquée aux Quinze-vingts, pour peu qu'on soit allé en terre sainte, et, si nous sommes bien informé, nous croyons que le docteur Grimaud y a pour le moins toujours un pied. Nous allons voir, cependant, tant sont innombrables les bizarreries de l'esprit humain, que M. Grimaud (de Caux) a su voir un autre préservatif plus puissant, quoique moins durable, que le vaccin ; seulement, le susnommé (style Lemaire) docteur Grimaud n'a pas su voir, malgré tous les flambeaux divins dont sa conscience est éclairée, à qui était due l'initiative de ce préservatif nouveau.

ART. VI. — DE LA VARIOLE.

La médication phéniquée a eu la bonne fortune d'être appliquée par beaucoup de médecins, sans compter M. Grimaud (de Caux), voire même par plusieurs académiciens, dont un professeur, à la curation de la variole ; mais l'auteur de la médication n'a pas eu la bonne fortune de trouver un de ces médecins qui eût la mémoire assez bonne ou la conscience assez étroite pour rappeler à qui était dû le traitement qu'il employait avec succès. Celui qui paraît avoir été le premier, après moi, du moins en France, à appliquer l'acide phénique au traitement de la variole, et dont les essais, quoique peu nombreux, ont eu le plus de retentissement, est M. le professeur Chauffard. Après avoir lu la relation de ses essais et le compte rendu d'une discussion dont ils furent l'objet devant une société, je crus devoir écrire une lettre particulière à M. Chauffard, pour revendiquer mes droits à la priorité de l'application qu'il venait de faire avec succès, et je fis suivre la lettre de l'envoi d'un exemplaire de la première édition de cet ouvrage. M. le professeur s'empressa de me faire la réponse suivante :

« Paris, 8 novembre 1870.

» Monsieur et honoré confrère,

» Je vous remercie de l'envoi que vous avez bien voulu me faire de votre ouvrage sur les nouvelles applications de l'acide phénique. Je ne crois pas que l'on puisse vous contester une large part dans l'étude thérapeutique de ce médicament. En ce qui me concerne, je n'ai jamais élevé la moindre prétention sur aucune question de priorité relative à l'acide phénique. Je l'emploie dans certaines affections fébriles et dans quelques états chroniques à marche hectique ; je cherche à voir par moi-même ce que vaut cette médication encore imparfaitement étudiée ; s'il y a lieu, j'apporterai ma petite contribution à l'œuvre entreprise par d'autres ; je n'ai pas d'autre but ni d'autre prétention.

» Veuillez, monsieur et honoré confrère, agréer l'assurance de mes sentiments de considération et de bonne confraternité.

» CHAUFFARD. »

M. Chauffard a été élevé dans un monde dont il a conservé l'urbanité et les bonnes manières, il n'est pas de la race des Lemaire, pas même de celle des Depaul. Mais le milieu où il s'est développé n'exclut point la diplomatie ; au contraire, je crois ; et sa réponse en fournirait au besoin la preuve. Je ne répliquai point, cependant, parce que, d'abord, je croyais alors l'apparition de la seconde édition de mon travail bien plus prochaine qu'elle ne l'était en effet, et, ensuite, parce que je jugeai qu'il était parfaitement inutile de dire à M. Chauffard des choses qu'il savait pour le moins aussi bien que moi. Aujourd'hui, j'écris pour la justice, c'est-à-dire pour l'intérêt de tous en même temps que pour le mien, et je ne puis me dispenser de faire remarquer que la lettre de M. Chauffard ne répond nullement à ma réclamation, ou que, pour mieux dire, elle ne répond à rien et laisse la porte largement ouverte à toutes les pirateries ; M. Chauffard lui-même en conviendra, s'il n'en est convaincu d'avance, quand il aura parcouru les quelques remarques suivantes, car on le dit très-sévère observateur de la morale sociale et même catholique et romaine.

1º M. Chauffard ne croit pas qu'on puisse me contester une large part dans l'étude thérapeutique de l'acide phénique. Je l'en remercie, mais ce n'est pas de cela qu'il s'agissait ; je crois, moi, que j'ai appliqué, le premier, l'acide phénique à la thérapeutique en général et à la variole en particulier ; ce n'est pas la même chose. M. Chauffard croit-il que j'ai raison ou que j'ai tort ?

2º M. Chauffard croit-il que, lorsqu'on ne fait que répéter une application, encore récente, déjà faite par d'autres, il convient de rappeler le nom de celui qui l'a faite le premier ? S'il ne le croit pas, c'est une manière de voir qui n'est pas celle de tout le monde, qui n'est pas même, je crois, conforme à la justice ; mais, enfin, c'est une manière de voir ; s'il le croit, pourquoi déclarer, comme M. Chauffard l'a fait en pleine société, en pleine discussion, que « l'idée de cette médication lui a été suggérée par le travail de M. Sanson sur les heureux effets de l'emploi de l'acide phénique à haute dose (1), appliqué au traitement du mal de montagne ? » Comment M. Chauffard a-t-il pu aller puiser l'idée d'appliquer l'acide phénique à la médecine de l'homme, chez un vétérinaire qui l'a appliqué dans une maladie des animaux très-différente, surtout quand il a été démontré partout et déclaré en pleine Académie des

______

(1) Nous nous sommes déjà expliqué sur cette prétendue haute dose (Voir ci-dessus, p. 193, et p. 231 et suiv., article *charbon*.

sciences, que ce vétérinaire l'avait lui-même puisée dans l'ouvrage du médecin que M. Chauffard aurait dû citer, lequel vétérinaire n'avait fait que répéter sur les animaux ce que ce médecin avait déjà pratiqué sur l'homme? Que M. Chauffard réponde à cette question, et nous lui dirons ensuite si sa morale est égale ou inférieure à son urbanité.

3o M. Chauffard n'a jamais élevé, dit-il, la moindre prétention sur aucune question de priorité relative à l'acide phénique.

D'abord, nous ne croyons pas qu'il soit d'usage d'élever « *des prétentions sur des questions,* » M. Chauffard est assez familier avec les principes de la grammaire pour qu'il soit inutile de le lui faire remarquer. Mais à supposer que cette phrase — d'un français, intentionnellement ou non, douteux — veuille dire que M. Chauffard n'élève aucune prétention à la priorité de l'application de la médication phéniquée au traitement de la variole, cet honorable académicien se croit-il bien certain que les satellites qui gravitent, ou plutôt rampent toujours autour de quiconque est tant soit peu professeur ou académicien, comprendront les intentions et prétentions de M. Chauffard comme il les comprend lui-même? Il n'est pas assez naïf pour l'avoir pu supposer un instant. Il devait donc savoir, il savait d'avance que cette manière équivoque de présenter ses recherches laisserait croire au troupeau des ignorants et ferait dire à la tourbe des flagorneurs que c'était bien lui, M. Chauffard, qui avait, le premier, appliqué l'acide phénique au traitement de la variole. En effet, ce que M. Chauffard a dû prévoir, n'a pas manqué d'arriver : voici ce qu'on lit dans un article sur le traitement de la variole, publié par un certain docteur Cersoy (*Santé publique*, 14 avril 1870):« Je tiens à dire quelques mots particulièrement d'un acide minéral qui a déjà fait un grand chemin dans la thérapeutique en peu de temps : je veux parler de l'*acide phénique*.

» L'acide phénique est très-connu (1), mais son emploi dans la variole est encore ignoré de beaucoup de médecins.

(1) Pas du Dr Cersoy. en tous cas, qui en fait un acide *minéral*. Après cela, peut-être le Dr Cersoy ignore-t-il ce que c'est qu'un acide minéral, ou bien s'est-

» C'est M. le docteur Chauffard, médecin des hôpitaux de Paris, qui, LE PREMIER, a eu l'idée d'employer ce médicament dans la petite vérole. Tout dernièrement, ce clinicien distingué vient de faire connaître ses premiers résultats à la Société médicale d'observation » — (le docteur Cersoy connaît la Société *médicale d'observation* à peu près comme il connaît l'acide phénique, et ce n'est nullement à cette Société que M. Chauffard a fait connaître ses premiers résultats ; mais ce n'est point évidemment pour être exact que le docteur Cersoy écrit ; il lui suffit probablement d'écrire une méchante platitude à l'adresse d'un médecin des hôpitaux de Paris), — « résultats, du reste, très-brillants et qui doivent encourager, etc.... »

Après ce que M. Chauffard avait semé, voilà évidemment ce qu'il devait récolter, ce qu'il ne pouvait ignorer qu'il récolterait. A-t-il réclamé contre ces basses et niaises flagorneries ? Non. Il a humé, sans se moucher, cet encens de mauvais aloi, et il nous a autorisé, par son silence, à croire que cet encens lui plaît. Nous voulons bien, toutefois, ne pas le croire encore ; nous admettons seulement, jusqu'à plus ample informé, que M. Chauffard n'est pas aussi ferme que juste, qu'il n'est pas aussi ferme que M. Bouley, par exemple, et qu'il n'a pas osé *prononcer un nom* dans la crainte de s'attirer, comme M. Bouley, une apostrophe de quelque vertueux protecteur de cow-pox. Mais qu'il aille donc demander à M. le professeur Pajot ou à M. Bouley lui-même ce qu'il faut penser de ces protecteurs-là, et ce que pèse leur vertu ! Quant à nous, nous dirons franchement à M. Chauffard, car nous aimons à le croire digne d'entendre la vérité, que c'est faillir gravement à ses devoirs de professeur et d'académicien que de donner de pareils exemples aux jeunes médecins qui doivent nous suivre dans la carrière. Ce même docteur Cersoy, qui a attribué à M. Chauffard une priorité que M. Chauffard n'a pas réclamée, mais qu'il n'a pas repoussée non plus, déclare être « *un jeune praticien plein de foi dans la thérapeutique.* » M. Chauffard aurait dû apprendre à ce jeune praticien qu'il est bon d'avoir foi dans la thérapeu-

il créé une chimie à son usage, comme il s'est créé une histoire de la thérapeutique, à l'exemple des Lemaire, des Sanson et autres grands modèles en histoire et piraterie scientifiques.

tique, mais qu'il faut d'abord avoir foi dans la justice et le prouver en la pratiquant. Mais M. Chauffard n'a pas plus averti le docteur Gersoy qu'il n'a réclamé contre le docteur Amédée Tardieu, — ce grand géographe, qui, à l'exemple de certains de nos généraux, place, dans une « ÉTUDE TOPOGRAPHIQUE DE LA VARIOLE, » Sèvres, Chaville et, qui plus est, Levallois, « au sud de Paris; » — contre le docteur Audhoui, chef de clinique de la Faculté; contre le docteur Godefroy, professeur à l'École de Rennes; contre le docteur Desnos, médecin de l'hôpital Lariboisière; contre les docteurs Martinelli, Douillard et autres, tous grands savants autant qu'esprits indépendants et cœurs honnêtes, qui parlent « de la méthode du docteur Chauffard, des expériences du docteur Chauffard, » mais qui, nulle part, soit ignorance, soit servilité, soit l'une et l'autre, ne disent pas le moins du monde que M. Chauffard n'a fait que répéter ce que le docteur Déclat avait fait plusieurs années auparavant, ce qu'il faisait encore à Paris même, à côté du docteur Chauffard, sur un théâtre pour le moins aussi étendu, quoique moins retentissant. Eh bien, je le demande en conscience à M. Chauffard, à un homme profondément versé, dit-on, dans l'étude et la pratique de la morale et de la religion, à un homme qui n'a jamais « élevé aucune prétention sur une question de priorité, » M. Chauffard pense-t-il que le mutisme qu'il garde devant cette bande d'ignorants ou de plats courtisans, qui lui donnent ce qui ne lui appartient pas et ce qu'il ne réclame pas, pense-t-il que ce mutisme soit ce qu'on devrait attendre, je ne dis pas d'un bon confrère, — j'ai trop appris depuis longtemps ce qu'il faut penser de la confraternité médicale, — je ne dis pas même d'un galant homme, mais seulement d'un homme de probité vulgaire? Quant à moi, voici ma réponse :

La propriété d'une idée, d'une application quelconque est, pour le moins, aussi sacrée que celle d'une bourse ou d'un lopin de terre; entre deux voleurs, dont l'un vous vole la bourse et l'autre l'idée, la différence est tout à l'avantage du premier, car il sait qu'il s'expose aux sévérités de la loi, tandis que le second sait qu'il peut voler impunément, la propriété intellectuelle n'étant réellement pas protégée. Aussi voit-on parfois que le vol d'une bourse mène à la police correctionnelle, tandis que le vol d'une idée mène à l'Académie ou à la Faculté. Que M. Chauffard, qui ne pratique pas seulement, paraît il, la morale et la religion, mais qui étudie encore la casuistique, veuille bien méditer sur les principes que je viens d'exposer sommairement, et m'en dire son avis; je m'en rapporte à lui.

A la suite de M. Chauffard et du docteur Cersoy ont apparu une foule d'autres partisans de l'acide phénique, qui n'attendaient probablement que le saut d'un mouton de qualité pour sauter à leur tour avec entrain. Comme on le pense bien, nous ne nous occuperons pas des évolutions de ces compagnons de Panurge, adorateurs zélés de la dernière heure; l'un d'eux, cependant, qui n'a pas l'habitude, à ce qu'il répète souvent, d'adorer les faux dieux, et qui semble parfois prendre pour exemple le grand prêtre Joad, M. le docteur Grimaud (de Caux) nous arrêtera un instant. Lui aussi a préconisé l'acide phénique comme curatif, et surtout comme préservatif de la variole, mais sans en attribuer la priorité à personne, pensant peut-être que c'était le moyen que tout le monde la lui attribuât; il a fait, en un mot, acte de professeur. Malgré cela, nous ne lui consacrerons pas un long paragraphe; nous nous contenterons de lui dire que, puisqu'il est encore entaché de cette vanité professorale de vouloir se faire parer de plumes arrachées à autrui, c'est qu'il n'a pas assez récité les litanies que le savant abbé Moigno a composées tout exprès à l'usage du susnommé (toujours style Lemaire) docteur Grimaud (de Caux). Le susnommé a réellement grand tort de négliger les méditations de ces litanies; elles devraient être son bréviaire. Nous ne connaissons pas de vanité qui puisse résister à des récitations persévérantes de ce petit chef-d'œuvre de l'abbé Moigno (1).

(1) Voici à quelle occasion ce petit chef-d'œuvre fut mis au monde : le Dr Grimaud (de Caux) avait l'ambition d'obtenir le prix Bréant, ce qui est une ambition très-honorable et très légitime — (on sait que ce prix a été destiné par le fondateur à l'auteur d'un traitement efficace du choléra ou à celui qui démontrerait clairement la cause de cette maladie; à défaut du prix, l'auteur ou les auteurs qui éclairent un point quelconque de l'histoire du choléra peuvent obtenir les intérêts du capital de 100,000 fr. affecté au prix). — Mais ledit Grimaud (de Caux) voulait obtenir le prix Bréant, en cassant des encensoirs sur le nez des académiciens chargés de le décerner, ce qui était il beaucoup moins légitime et nullement stipulé dans le testament du fondateur. Ce qu'il y a de piquant, c'est que la méthode adoptée par ledit Grimaud lui avait déjà réussi à lui faire donner

Malgré l'honorable piraterie (honorable pour nous : « Vous nous faites, seigneur, en nous pillant, beaucoup d'honneur ! ») de M. Grimaud (de Caux) et autres professeurs de la même école, l'usage de la médication phéniquée s'était peu généralisé ; les varioleux mouraient en grand nombre, et les journaux étaient pleins de recettes contre la variole, publiées les unes

4,000 fr. sur les arrérages du prix Bréant, ce qui l'encourageait à persévérer dans son système. L'abbé Moigno, agacé sans doute par ce stratagème, malgré son penchant extrême à l'indulgence, résolut, un beau jour, de flageller ce plat flagorneur ou, comme il le dit, « de chasser ce vendeur du temple. » Il le fit par un procédé conforme à son caractère sacerdotal, en traduisant en versets de litanie les manœuvres du Dr Grimaud. Voici quelques-uns de ces versets, qui valent bien ceux des litanies des saints, et qui occuperont certainement un rang distingué dans l'histoire des flagorneries humaines. Inutile de dire que les saints invoqués par le Dr Grimaud, dans ces litanies, sont des membres de l'Académie des sciences chargés de décerner le prix Bréant. C'est le Dr Grimaud qui parle :

« Illustre *Serret*, dont j'ai fait un génie en vous proclamant digne de discuter la formule de ma démonstration mathématique de l'introduction du choléra à Marseille, par voie de mer et par transmission, *intercédez pour moi !*

» Illustre *Daubrée*, dont j'ai placé les œuvres à la hauteur des travaux les plus brillants, *intercédez pour moi !*

» Illustre *d'Archiac*, vous dont la fécondité et la clarté sont proverbiales au Muséum comme à l'Institut, *intercédez pour moi !*

» Illustre *Cloquet*, qui, dans la séance du 7 novembre 1865, avez donné le véritable et dernier mot de la théorie du choléra, sidération du système nerveux *intercédez pour moi !*

» Illustre *Velpeau*, qui, dans la séance du 30 octobre 1865, sur l'interpellation du *très-illustre* Leverrier, avez donné « *l'indication publique du laudanum*, » (sic) remède spécifique et certain de la cholérine, *intercédez pour moi !*

» Illustre *Decaisne*, qui, dans votre discours d'adieu à l'Académie que vous présidez si bien, nous avez donné un modèle accompli de sincérité, de simplicité et de délicatesse, *intercédez pour moi !*

» Illustre *Chasles*, que j'ai doué du don d'infaillibilité géométrique, vous dont chaque pas en avant est une découverte, de telle sorte que vous demander de vous reposer, c'est tarir la source de brillantes inventions ; vous, en l'honneur de qui j'ai provoqué trois hourras solenniels, lors de votre croix de commandeur, de votre médaille de Copley et de votre présence à Compiègne, *intercédez pour moi !*

» Illustre *Élie de Beaumont*, vous dont la théorie des soulèvements et le réseau pentagonal ont causé un étonnement général, et resteront comme une des œuvres de génie marquant une époque inscrite au panthéon français ; vous qui, dans l'éloge de Bravais, nous avez donné le joyau le plus brillant, le vrai diamant de votre couronne de secrétaire perpétuel incomparable, *intercédez pour moi !*

» Illustre *Chevreul*, vous, le type accompli de la gloire solide et de l'illustration européenne, dont on peut dire qu'on n'a jamais vu de vie de savant plus longue, plus féconde, plus riche de découvertes et de travaux utiles, constamment accrus avec l'âge ; vous qui, toujours bien en avant de votre siècle, avez donné d'un seul bond à la chimie organique de devenir ce qu'elle est ; vous, constitution et nature excellentes, dont la vie est pleine, exubérante, dont tous les moments, depuis soixante ans, sont marqués par l'étude et de glorieux travaux ; doué d'une

par des médecins, les autres par des amateurs, toutes également bonnes, car aucune ne paraît avoir sauvé un malade. Dans ces tristes circonstances, je crus devoir publier dans les journaux une très-courte note renfermant des indications nécessaires pour permettre à tout le monde d'employer la médication phéniquée, au moins dans le plus grand nombre des cas de variole ; je m'étais déjà tenu à la disposition de mes confrères pour les mettre au courant de la nouvelle médication ; mais mon appel n'avait pas été moins inutile qu'il ne le fut plus tard, à propos de la fièvre typhoïde, ainsi qu'on le verra bientôt. Je renouvelai néanmoins cet appel dans ma note. Je recueillis quelques adhésions tacites et des attaques bruyantes ; le mal paraît toujours plus hardi que le bien. Ces attaques, cette fois, ne vinrent pas cependant des professeurs, et leur origine même nous dispenserait de toute réfutation.

Quelques jours après la publication de ma note, le hasard fit tomber entre mes mains un numéro du *Propagateur de l'Aube*, où je lus une longue série d'inepties, dont je me contenterai de cueillir quelques-unes :

« .....Le simple sentiment d'humanité me fait un devoir de ne pas laisser le charlatanisme profiter des circonstances pour faire de la réclame, même aux dépens des malades. N'ayant en vue que le désir désintéressé » — absolument comme le docteur Lemaire — « d'être utile à mes semblables, je me suis empressé d'examiner, PAR MOI-MÊME, » — rien que cela ! ce mon-

force d'âme assez grande pour avoir préféré à l'étalage des vanités du monde et à l'éclat futile de ses pompes, les plaisirs de l'étude et la dignité paisible du foyer, *intercédez pour moi !* — etc., etc.

» Divine Académie des sciences, qui êtes par votre constitution la manifestation la plus élevée de l'intelligence de l'homme ; qui régnez dans une sphère où la vérité, seul objet de vos préoccupations et de vos recherches, vous vient de toutes parts et peut se manifester à vous dans tous ses détails, par toutes ses faces ; vous « dont la mission est de relever les erreurs scientifiques, et le devoir, surtout, de « discuter et de condamner, comme les plus dangereuses pour l'humanité, celles » qui ont été dictées et imposées par la passion des temps » — (lu en pleine Académie, le lundi 21 août 1866, et inséré aux *comptes rendus*).... ACCORDEZ-MOI LE PRIX BRÉANT!! »

Malgré intercessions et litanies, le Dr Grimaud ne palpa point le prix Bréant, et l'abbé Moigno put terminer son homélie par ces mots : « ..... Tout le monde nous félicitera d'avoir humilié le pharisien et chassé le vendeur du temple. » On nous permettra d'ajouter que, si le Dr Grimaud n'a pu décrocher le prix Bréant, à l'Académie, ce n'est point une raison pour nous raccrocher l'acide phénique.

sieur examine *par lui-même*. Il n'est pas si grand seigneur que le vétérinaire Dupont, de Bordeaux (voir ci-dessus, page 533), qui fait examiner par ses valets)..., examine donc *par lui-même*, et probablement se promène *par lui-même*, absolument comme Louis XIV! — « la découverte du docteur Déclat, et je puis affirmer que vous rendrez un vrai service à la santé publique en prémunissant la société contre les inconvénients qui ne peuvent manquer d'être le résultat de l'emploi de cette drogue, la plus contraire au but pour lequel elle est préconisée.

» L'ayant étudié, j'ai pensé qu'il était de mon devoir de faire connaître les propriétés physiques et chimiques de l'acide phénique...» Nous pensons pouvoir dispenser nos lecteurs des études de l'auteur, excepté cependant des suivantes, qui démontrent que c'est un homme de riche imagination : « Il communique à l'eau dans laquelle il est dissous sa saveur épouvantable, atroce ! Son action sur les tissus vivants est des plus caustiques.....» — L'auteur l'a sans doute examiné *par lui-même* — « Son action en ce sens » — retenez bien *en ce sens* — « est si vive qu'il coagule l'albumine. » — Connaissez-vous un autre caustique assez violent pour coaguler l'albumine,... à moins que ce ne soit le vinaigre de nos salades ! Et pour confirmer toutes ces grandes découvertes, ce grand chimiste cite trois cas, rapportés par un M. Machun ou Machain, « où l'on se servit par mégarde d'acide phénique, au lieu de soufre,» — on n'avait pas un fameux nez ; cet on-là serait-il, par hasard, le grand chimiste LUI-MÊME ? « Deux malades purent se remettre ; le troisième mourut. » Voilà l'événement horrible, épouvantable, rapporté par M. Machun ou Machain, lequel a vu, en outre, sans lunettes, à ce qu'il paraît, que « l'acide phénique longtemps continué à petites doses provoque des altérations du foie et des reins. » — Quel Machain que ce Machun-là !

Suivent une foule d'expériences plus ou moins grotesques, faites probablement sur quelques moutons champenois, par un Machain quelconque, puis, les deux paragraphes suivants, qui terminent ce chef-d'œuvre :

« Comment admettre l'emploi d'un traitement d'une saveur épouvantable, caustique, styptique, qui coagule » — *horresco referens!!!* — « le sang et l'albumine, qui donne la soif dans

une maladie » — lisez bien — « DANS UNE MALADIE SI PROFON-
DÉMENT MORBIDE !

» Terminons en empruntant la phrase suivante à Sydhenham,
qui vient confirmer notre opinion : « Il est aussi de la plus haute
» importance de combattre comme dangereuse, funeste au
» malade, toute médication externe, toute lotion phénique ou
» autre, qui peut arrêter l'éruption ou la suppuration des bou-
» tons varioliques, attendu que si cet accident venait à se mani-
» fester, l'infection purulente pourrait avoir lieu et tuer promp-
» tement. »

» Si vous jugez, Monsieur le Rédacteur, mes observations
susceptibles de rendre des services, je vous prierai de vouloir
bien accorder à ma lettre l'honneur de la publicité.

» X... pharmacien-chimiste. »

Et l'honneur de la publicité fut accordé!!!

Quand j'eus pris connaissance de cet étrange excrétion de
cerveau atrophié, que le hasard plaçait sous mes yeux, j'éprouvai quelques scrupules à réfuter une œuvre qui avait coûté tant
de sueurs à l'auteur; mais l'intérêt des Champenois l'emporta ;
me rappelant le vieux proverbe, je craignis qu'il ne se trouvât
en Champagne des gens capables de croire à la chimie et à la
rapsodie du pharmacien-chimiste X..., et j'écrivis ce qui suit
à M. le Rédacteur du *Propagateur de l'Aube* :

« Monsieur le Rédacteur,

» Vous avez publié, dans le numéro du 10 juin courant, une
lettre d'un certain M. X..., pharmacien plus ou moins chimiste, dans laquelle je lis ce qui suit: » — Je reproduis ici la
prétendue citation de Sydenham.

« Au premier abord, cette citation semblerait prouver que
M. X... qui, par modestie sans doute, a cru devoir dérober son
nom à la postérité, n'est pas seulement plus ou moins chimiste, mais qu'il est aussi plus ou moins médecin ; en réalité,
la lettre de M. X... prouve tout simplement l'une des **deux**
choses suivantes :

» Ou qu'il a voulu vous mystifier, Monsieur le Rédacteur, vous et vos lecteurs ;

» Ou qu'il est aussi étranger qu'un Huron à l'histoire de la médecine, de la chimie et, je le crois bien, de la pharmacie; je ne parle pas de l'urbanité.

» Sydenham était un médecin très-perspicace et très-prévoyant; je ne crois pas, cependant, qu'il l'ait été assez pour proscrire, en 1770 ou 1780 — (car il est mort en 1789) — l'acide phénique, découvert par Runge — un véritable chimiste, celui-là, — en l'an *mil huit cent trente-quatre (1834)*!

» Tout, absolument tout ce que contient la lettre de M. X..., pharmacien-chimiste, est exactement de la même force; je ne perdrai donc pas mon temps ni la place de votre journal à le réfuter. Qu'il me suffise de vous dire, Monsieur le Rédacteur, uniquement pour vous et pour vos lecteurs intelligents, que M. X... est probablement le seul à ignorer, à l'heure qu'il est, que l'acide phénique est employé aujourd'hui, et d'après les indications que j'ai données, sur tous les points civilisés du globe, et notamment dans les hôpitaux de Paris, comme curatif de plusieurs maladies, de la variole entre autres, et dans la ville de Paris, comme désinfectant et anticontagieux.

» ..... Malgré cette immense consommation d'acide phénique, la science ne compte que trois ou quatre exemples d'accidents qu'on puisse attribuer à cet acide, et qui sont dus à des médecins qui pratiquent la médecine comme M. X... doit pratiquer la chimie. » (M. Machun ou Machain, par exemple.)

« Veuillez agréer, etc.

» DÉCLAT. »

M. le pharmacien-chimiste X... ne crut pas devoir réclamer contre cette rectification, ce qui prouve qu'il n'a pas perdu tout bon sens et toute pudeur; il en avait déjà donné une première preuve, du reste, en dérobant son nom à la postérité.

Il y a des gens qui n'ont pas la même pudeur, et de ce nombre, on le devine sans peine, est M. Bobœuf. Lui aussi crut devoir attaquer ma note et l'acide phénique, mais par un tout autre motif que le pharmacien champenois; pas si Champenois que cela, M. Bobœuf! Voici quelques passages d'une lettre qu'il écrivit dans les journaux, à l'occasion de ma note, et après en avoir écrit, sans occasion, une ou plusieurs autres.

« Un médecin de Paris a publié... etc.

» Or, l'intérêt de l'humanité » — (encore un qui est inspiré comme M. Lemaire; comme tous ces philanthropes se ressemblent!) — « me commande de déclarer que ce médecin, en agissant ainsi, commet une imprudence inqualifiable.

» En effet, *il est notoire* que l'eau, même à 18 degrés, ne dissout au plus que 2 pour 100 d'acide phénique.

» Si donc on a la mauvaise inspiration de vouloir faire de l'eau phéniquée avec 4 pour 100 d'acide, on peut être certain que la moitié au moins de l'acide reste au fond du vase. Il arrivera alors fatalement ceci : le malheureux qui absorbera la fin du liquide sera empoisonné, corrodé à l'intérieur et mourra dans d'atroces souffrances, non pas, à la vérité, de la petite vérole, mais de la prescription qu'il aura suivie. »

On se tâte trois fois pour le moins, avant de donner la réplique à M. Bobœuf; mais le public crédule, — celui pour lequel écrivent tous les Bobœuf et tous les Lemaire — est si nombreux, et la variole était si grave, que je me résignai : j'adressai aux journaux qui avaient publié la prose de l'audacieux industriel, la lettre que voici :

« Monsieur le Rédacteur,

» Je ne sais où M. Bobœuf peut avoir puisé le droit qu'il s'attribue, à propos de phénol et d'acide phénique, de faire la leçon aux médecins en général, et en particulier à celui qui a appliqué le premier cet acide au traitement de certaines maladies. Je me contenterai de répéter que les doses que j'ai indiquées sont celles qui doivent être employées; je les prescris depuis dix ans; elles m'ont permis de guérir beaucoup de malades... sans avoir jamais empoisonné personne. Aujourd'hui, médecins, savants, industriels même connaissent cette vérité, et M. Bobœuf est probablement le seul à l'ignorer.

» Ce que dit l'honorable industriel de la solubilité de l'acide phénique dans l'eau, prouve qu'il n'a aucune connaissance chimique de cet acide et qu'il ne l'a probablement jamais vu qu'à l'état d'impureté...

» Quant à la substitution à l'acide phénique du *phénol* (1) que préconise M. Bobœuf, à titre, je le répète, de simple industriel et non de médecin, tout ce que j'en puis dire de moins défavorable, c'est de n'en rien dire du tout...

» Etc.

» Dr DÉCLAT. »

M. Bobœuf appartient à la catégorie des industriels, qui sont contents, pourvu qu'on parle d'eux, de quelque façon qu'on en parle ; cependant il ne parut pas satisfait de ma lettre, et la preuve, c'est que, dans une longue réponse qu'il y fit, il fut fort imprudent ; il serait très-inutile de reproduire ici ce morceau de haut goût ; nous nous contenterons d'en citer la fin, qui en est le seul passage important :

« Pour en terminer : puisque M. Déclat est certain de l'innocuité de son eau phéniquée, qu'il consente à boire, soit en présence de l'Académie des sciences ou de médecine, l'une des deux dernières cuillerées d'un litre d'eau phéniquée à 4 pour 100 d'acide phénique, et je rendrai alors justice à sa confiance et lui saurai gré de chercher d'être utile à l'humanité. »

Je ne pouvais qu'être reconnaissant à M. Bobœuf de ses bons sentiments ; ce dont je lui savais gré surtout, c'était de l'espoir qu'il donnait d'en terminer avec lui, car j'avais toujours cru un peu que M. Bobœuf est de ces gens avec qui l'on n'en termine jamais. J'acceptai donc avec enthousiasme le défi qu'il

---

(1) On sait que *phénol* et *acide phénique* sont synonymes parmi les chimistes (voir la partie chimique, chapitre 1er) ; mais, pour M. Bobœuf, phénol est un terme d'argot qui désigne un produit impur, indéterminé, souvent inactif ou à peu près, et parfois dangereux. M. Bobœuf a bien la prétention que son *phénol* soit une manière de phénate de soude ; mais il n'y a que les chimistes de sa force, s'il en existe, qui croient à ses théories. Voici, par exemple, un passage d'une lettre que m'écrivait un chimiste, moins fort peut-être que M. Bobœuf, mais qui a un peu plus de crédit dans la science : « Vous vous rappelez la dissertation de Bobœuf sur la nécessité de combiner la soude à l'acide phénique. Cela était absurde *comme ce qu'il écrit aujourd'hui.* Vous trouverez dans les numéros du 1er et 15 octobre **1865** du *Moniteur scientifique* une réponse à ses prétentions. Vous y lirez que le phénate Bobœuf *n'est bon qu'à laver les trottoirs et les égouts,* et c'est toujours vrai, aujourd'hui comme en 1865. — 28 juin **1870** — » Signé : Dr QUESNEVILLE.

me lançait; je donnai seulement à ce défi un peu plus de précision et d'importance, dans la lettre suivante que j'adressai au journal qui avait publié les lettres de M. Bobœuf :

« Monsieur le Rédac'eur,

» S'il s'était agi de toute autre chose que de la santé publique, je me serais dispensé de répondre à la nouvelle publication de M. Bobœuf. Mais dans les questions de vie et de mort, mon opinion est qu'on doit laisser de côté bien des susceptibilités, et je me décide à signaler une dernière fois au public — car tout doit avoir une fin — les erreurs pernicieuses que M. Bobœuf essaie de lui inculquer. Je vais m'efforcer d'être bref.

» La longue lettra de M. Bobœuf se réduit aux propositions suivantes :

» 1º L'acide phénique est un poison ;

» 2º Le *phénol* est du phénate de soude ;

» 3º C'est par sa combinaison avec la soude que l'acide phénique devient innocent ;

» 4º L'acide phénique ne se dissout pas dans l'eau à plus de 2 pour 100, et je n'ai rien répondu au défi que m'a porté M. Bobœuf devant l'Académie des sciences, d'en dissoudre davantage ;

» 5º Je me garderai bien de boire de l'acide phénique à la dose que j'ai indiquée.

» Le moins que je puisse dire de ces propositions, c'est que ce sont des erreurs grossières.

» 6º — Je commence par la dernière, parce que la manière dont je vais la réfuter sera sans doute la plus agréable à M. Bobœuf. Voici ma réfutation :

» Comme il m'a été assuré que l'exploitation du phénol avait beaucoup mieux réussi à M. Bobœuf que celle du Château-Rouge, je lui propose que nous déposions chacun *dix mille francs* chez un notaire ; cette précaution prise, M. Bobœuf désignera deux chimistes ; j'en désignerai deux autres ; les quatre chimistes désignés s'adjoindront un médecin ; ces cinq personnes prépareront de l'eau phéniquée, ainsi que je l'ai prescrit ; la préparation ainsi faite, je boirai, en présence des cinq arbitres et de M. Bobœuf lui-même, la dose que j'ai conseillée dans mes lettres et ouvrages.

» Si l'acide ne se dissout pas dans la proportion que j'ai indiquée; si je n'en bois pas la dose annoncée, ou si, l'ayant bue, j'éprouve *le moindre* symptôme d'empoisonnement, les 10,000 fr. par moi déposés appartiendront à M. Bobœuf pour servir à faire de la publicité en faveur de son produit; si, au contraire, j'ai raison *sur tous les points*, les dix mille francs de M. Bobœuf seront déposés à la caisse de la *Société des amis des sciences*, pour être donnés, au choix de la Société, soit au chimiste qui déterminera exactement ce que renferme la drogue informe dite *Phénol-Bobœuf*, soit à un ou plusieurs savants ou enfants de savants que la Société jugera dignes d'encouragement ou de secours.

» Cette épreuve répondrait à tout; mais, comme c'est précisément parce qu'elle répondrait à tout que M. Bobœuf ne l'acceptera probablement pas, et qu'il n'en continuera pas moins à tenter d'induire le public en erreur, je vais, aussi sommairement que possible, réfuter une à une ses autres propositions.

» 2° — Le *phénol* que M. Bobœuf annonce pour être du phénate de soude, n'est point du phénate de soude, par la raison bien simple que le phénate de soude n'existe pas, non plus qu'aucun autre phénate alcalin ; ces sels ne peuvent exister, parce que l'acide phénique, malgré son nom, n'est pas un acide ; c'est un corps neutre, comme l'alcool, le sucre, la glycérine, etc. C'est un fait connu de tous les chimistes, démontré surtout par l'éminent fabricant, M. Calvert, de Manchester; si M. Bobœuf n'en a pas été informé par M. Chevreuil, ce qui serait tout à fait extraordinaire, il n'a qu'à lire, entre autres choses, les livraisons des 1er et 15 octobre 1865 du *Moniteur scientifique*, publié par le docteur Quesneville, et il sera édifié, à moins qu'il n'ait des raisons puissantes pour être *inédifiable*.

» L'acide phénique ne peut donc pas devenir innocent par combinaison avec la soude, puisqu'il ne se combine pas; s'il est innocent dans le mélange informe dit *phénol-Bobœuf*, c'est qu'il y est en proportion très-faible, proportion inconnue d'ailleurs de M. Bobœuf comme de tout le monde, à supposer que

les autres substances, aussi nombreuses que répugnantes, qui
sont dissoutes en même temps que lui, dans la lessive de
soude (1), n'en neutralisent pas l'action utile.

» D'où l'on doit tirer les conclusions suivantes :

» 1° Le phénol-Bobœuf agit par l'acide phénique qu'il contient ;

» 2° L'eau phéniquée légère, à 1 ou 2 pour 100, peut toujours
remplacer *avantageusement* le phénol-Bobœuf ;

» 3° Le phénol-Bobœuf ne doit jamais être bu et *ne peut
remplacer* l'eau phéniquée que dans le pansement de certaines
plaies ou le « lessivage des étables et autres lieux infectés,
» comme les égouts, par exemple. » (Dr Quesneville.)

» 1° — L'acide phénique est un poison.

» Je ne sais pas si M. Bobœuf croit avoir fait cette découverte ; s'il en est ainsi, il se trompe.

» L'acide phénique est un poison comme l'acide citrique, et
cependant tout le monde boit de la limonade citrique ;

» L'acide phénique est un poison comme l'acide acétique,
et pourtant tout le monde mange de la salade au vinaigre ;

» L'acide phénique est un poison comme l'acide sulfurique ou
huile de vitriol, — mais moins que lui, — et cependant beaucoup de malades boivent de la limonade sulfurique et de l'eau
de Rabel ;

» L'acide phénique est un poison comme l'alcool, et tout
le monde, hommes, femmes, enfants et vieillards, boit du
vin, de la bière, du cidre, de l'eau-de-vie, et cent autres produits alcooliques.

» En un mot, l'acide phénique est un poison comme une
grande, une très-grande partie des médicaments, comme la
soude elle-même dont parle M. Bobœuf Cela dépend de la dose
à laquelle on les donne, et M. Bobœuf, malgré ses grandes prétentions, n'a sans doute pas celle de m'apprendre à quelles
doses il faut prescrire les médicaments. En 1865 et même cette
année, il a paru croire que j'en savais, au moins sur ce point,
un peu plus que lui, — puisqu'il m'a consulté plusieurs fois

(1) D'après les vrais chimistes, en effet, le produit Bobœuf n'est autre qu'une
solution de goudron de houille dans une lessive de soude des savonniers, c'est-à-
dire une drogue informe par excellence.

pour sa famille, — et, sans la moindre vanité, il a eu raison. Au reste, quelle que soit son opinion là-dessus, je n'en maintiens pas moins tout ce que je viens de dire ; seulement, que ce soit pour la dernière fois, car je ne puis vraiment plus longtemps donner la réplique à M. Bobœuf.

» Veuiller agréer, Monsieur le Rédacteur, etc.,

» Dr DÉCLAT »

Comme il était facile de le prévoir, cette lettre mit fin au débat. Ceux qui connaissent M. Bobœuf savent qu'il n'est pas homme à accepter un défi de dix mille francs, quand il est certain de les... gagner ; or, ses profondes connaissances chimiques ne pouvaient lui laisser l'ombre d'un doute à cet égard : la générosité de M. Bobœuf se montra donc à la hauteur de sa science ; il refusa noblement de gagner 10,000 fr., même pour les distribuer à des savants, ou fils de savants infortunés ! il se contenta, parait-il, de répondre quelques injures que la rédaction du journal ne crut pas pouvoir insérer, mais qui prouvaient, me dit-on, que l'urbanité de M. Bobœuf égale sa science et son désintéressement. C'est un vrai modèle que M. Bobœuf.

Un autre modèle, dans son genre, c'est le docteur Pigeon, le même qui nie la contagion du typhus, et probablement même toutes les contagions, sauf probablement celles auxquelles personne ne croit, comme la contagion des fractures, celle des hernies, des apoplexies et autres semblables. Donc, pour le docteur Pigeon, qui est peut-être fait comme tout le monde, mais qui doit évidemment tenir à ne ressembler à personne, l'acide phénique n'est pas un poison ; seulement, au lieu de guérir la variole, il en favorise le développement, il en accroît la fréquence et la gravité ! Il est impossible de mieux trouver quand on veut être original. Quel malheur que le docteur Pigeon ne tienne pas simplement à être sensé ; il y réussirait incontestablement mieux que nul autre. Le croirait-on, cependant ? le docteur Pigeon ne parait pas se sentir absolument certain de n'avoir pas rêvé une... drôlerie ; il demande qu'on fasse des expériences dans les hôpitaux pour s'assurer des propriétés varioligènes, cholérigènes, etc., de l'acide phénique ; nous prévenons le docteur Pigeon qu'il n'a pas assez d'assurance pour le rôle qu'il entreprend. Le moyen de faire avaler à quelques imbéciles de trop grosses contre-vérités, c'est de les débiter avec de l'audace, beaucoup d'audace, et de ne pas admettre même la possibilité d'un doute.

La vérité pourtant est que le docteur Pigeon n'est pas aussi... biset que M. Sanson est... grand anatomiste (1) ; il a peut-être deviné que l'acide phénique n'est pas aussi efficace contre le ferment de la variole que contre la plupart des autres. C'est là un fait positif; il y a loin de ce fait à celui qui ferait de l'acide phénique un varioligène, si l'on nous permet ce mot ; mais, enfin, la variole, comme si elle conservait une empreinte de la clavelée, que l'on considère comme sa congénère chez le mouton, est plus rebelle que la plupart des autres maladies fermentatives à l'action de l'acide phénique. Il est singulier que ce soit précisément la priorité de l'application de la médication phéniquée à cette maladie que le professeur Chauffard se soit, sinon attribuée, du moins laissé attribuer. Il faut remarquer, cependant, qu'en 1870 encore, je considérais moi-même l'acide phénique comme un préservatif à peu près infaillible, et qu'à cette époque (voir le *Moniteur scientifique* du docteur Quesneville, numéro de juin 1870), je n'avais jamais

(1) Les 13 côtes que M. Sanson donne à l'homme nous ont toujours intrigué, et nous nous sommes souvent demandé, sans pouvoir le deviner, pourquoi ce grand savant et transcendant anatomiste, chimiste et sociologiste, avait gratifié l'homme de treize côtes. Un accoucheur bien connu, académicien ou près de l'être, le professeur Mattei, a fait le contraire : dans son traité d'accouchements, il n'accorde que onze côtes à l'homme, une de moins qu'à la femme ; mais au moins cet habile professeur a ses raisons, et il n'en fait point mystère : il a compté les côtes de la femme (seule partie du genre humain qui l'intéresse), et il en a trouvé douze. Or, la Bible nous apprenant, dit M. Mattei, que Dieu a enlevé une côte à l'homme pour en former la femme, il ne doit lui en rester que onze. Si l'on voulait ergoter avec M. Mattei, on pourrait bien lui dire que Dieu n'ayant enlevé à l'homme qu'une côte, il doit lui en rester douze d'un côté; mais à quoi bon raisonner avec des médecins et surtout des accoucheurs, qui apprennent l'anatomie et l'obstétrique dans la Bible? Autant vaudrait disserter sur la morale avec M. Depaul. Il faut donc accepter la raison de M. Mattei. Mais si celle de cet habile professeur est bonne, que peut valoir celle de M. Sanson, qui lui fait donner treize côtes à l'homme, au lieu de onze? C'est un mystère qui nous sera sans doute dévoilé un jour, mais devant lequel on ne peut, quant à présent, que s'incliner, en attendant qu'il plaise à l'oracle de parler.

observé de malade de ma clientèle qui, ayant fait usage d'acide phénique, d'après mes prescriptions, eût été atteint de variole, ni aucun varioleux traité par moi, à l'aide de la médication phénique, qui eût succombé. Depuis ce moment, j'ai eu deux cas de mort, malgré le traitement phéniqué, et deux cas de contagion varioleuse, chez deux clientes qui avaient fait usage de l'acide phénique comme préservatif; l'une des deux avait même subi des injections phéniquées hypodermiques. Toutes deux sont mortes : l'une, soignée par moi, c'est un des deux cas de mort que j'ai eus; l'autre, soignée par un confrère et dont j'ai appris la mort indirectement. Ces faits ne me permettent plus de dire que l'acide phénique est un préservatif presque infaillible; à plus forte raison tout à fait infaillible, comme le prétend mon imitateur le docteur Grimaud (de Caux), qui se fait, ainsi, plus royaliste que le roi, ce qui n'est point rare parmi les copistes :

« Ces puissants moyens de préservation, dit-il, fournis par le chlore et les acides, la chimie, dans ces derniers temps, est venue en ajouter un autre, dont l'efficacité presque merveilleuse a été l'objet de *nos études particulières* pendant l'épidémie cholérique au milieu de laquelle nous avons vécu, à Marseille, en 1865. Ce moyen, c'est l'acide phénique, et nous ne saurions trop le répéter, *nous garantissons de la manière la plus positive l'efficacité* ABSOLUE *de cet agent* pour la destruction des éléments de contagion, *quelle que soit leur spécialité.* » (*Monit. scientif.*, juin 1870.)

Ces derniers mots donnent l'idée de la philosophie scientifique de notre honorable imitateur et exagérateur : il a expérimenté l'acide phénique contre la variole et le choléra, et il en conclut à l'efficacité *absolue* de cet agent contre tous les éléments de contagion, « quelle que soit leur spécialité. » Les expériences sur la clavelée (voir ci-dessus l'article consacré à cette maladie) ont malheureusement répondu à cette exagération, que nos observations sur la variole condamnent également.

M. Grimaud (de Caux), continuant son exagération, conclut des succès qu'il paraît avoir obtenus, que la préservation par les agents chimiques, et surtout par l'acide phénique, doit rem-

33.

placer la vaccine humaine qui n'est qu'un préservatif incertain, et la vaccine animale qui pourrait bien n'être « qu'un leurre » (1). Tout en nous associant à la critique que notre honorable imitateur fait, avec le docteur Guérin et beaucoup d'autres médecins, des procédés vaccinaux du vaccinateur Depaul — (que dirait M. Grimaud s'il connaissait les autres!) — nous ne saurions préconiser le préservatif phéniqué à l'exclusion du préservatif vaccinal ; nous croyons, au contraire, qu'il faudra les employer tous les deux, la vaccine d'après les principes admis depuis Jenner, mais surtout depuis une trentaine d'années, et l'acide phénique lorsque la variole devient menaçante même pour les sujets vaccinés.

L'observation suivante montrera les avantages de cette pratique, qu'adopteront tous les médecins judicieux, et nous dirons même toutes les personnes intelligentes qui chercheront sérieusement à s'éclairer sur ce sujet :

Au mois de juin 1870, en pleine épidémie, je donnais des soins, en consultation, à M. C..., rue du Chemin-Vert. Mme C.... fut atteinte de variole confluente avec complications charbonneuses, c'est-à-dire de la forme la plus grave. M. C... n'avait point été vacciné ; je lui conseillai de se faire vacciner au plus tôt ; il refusa absolument, et consentit seulement à se laisser pratiquer quelques injections sous-cutanées phéniquées, et à boire plusieurs cuillerées de mon sirop phéniqué par jour. Il ne quitta pas sa femme un seul jour ni une seule nuit, et ne

(1) Malgré l'exagération de notre honorable imitateur, son appréciation de la vaccination animale est bonne à citer, car elle est aussi juste que sévère ; elle n'est du reste que la reproduction de celle d'un critique autrement compétent et sérieux que M. Grimaud, M. le Dr Jules Guérin. La voici :

« On ne se borne plus à puiser le virus sécrété dans les pustules ; on l'exprime par des pressions successives ; on applique à la surface des pustules épuisées des pompes ou des ventouses, et c'est avec les liquides obtenus par ces manœuvres que l'on vaccine et revaccine chaque jour, à *vingt* francs par tête, des milliers d'individus. Quelle garantie d'immunité peut-il en résulter pour ceux qui se livrent aveuglément aux promesses fallacieuses de la vaccine animale ? » Et voilà la vaccine que couve de ses ailes de professeur, d'académicien et de vaccinateur officiel, le vertueux Dr Depaul. On comprend que M. Grimaud préfère l'acide phénique à cette vaccine, plus industrielle que médicale ; mais la vraie vaccine médicale doit être et sera probablement toujours conservée, comme une des plus utiles découvertes de la médecine, ce qui n'empêchera pas de faire usage de l'acide phénique, car la meilleure vaccine elle-même n'est pas infaillible.

contracta point la maladie. Deux bonnes de la malade, vaccinées par les docteurs L... et C..., et qui soignaient aussi Mme C..., ont eu, l'une une variole, l'autre une varioloïde, dont elles ont guéri. Quant à Mme C..., les honorables confrères qui la soignaient refusèrent de mettre en usage l'acide phénique, ils consentirent seulement à placer une solution de cet acide sous le lit de la malade ; elle succomba le 10 juillet.

N. B. — Au moment où je mets ces notes au net (novembre 1871), je soigne M. C .. pour une fièvre typhoïde qui marche déjà vers la guérison. Il m'avoue qu'il a refusé l'année dernière de se faire vacciner, dans la crainte de la syphilis ou de la fièvre typhoïde ; et il ajoute que, s'il avait été vacciné, il attribuerait à la vaccine sa maladie actuelle. Voilà un des résultats des manœuvres de M. le protecteur de cow-pox, le vertueux Depaul, payé pour propager la vaccine! Qui sait combien de personnes partageront désormais les craintes de M. C... et se priveront des bienfaits de la grande découverte de Jenner, par suite des prédications de quelques amoureux du progrès à rebours et des manœuvres d'un esprit malsain!

Cette précieuse découverte, nous le répétons, devra être et sera conservée, et la médication phéniquée aussi, soit comme préservatrice, soit comme curative ; celle-ci devra être conservée, non parce qu'elle est infaillible, comme le pense à tort M. Grimaud (de Caux), mais parce qu'elle est utile et plus utile qu'aucune autre, si tant est qu'une seule de celles qu'on a proposées ait une utilité quelconque (1), pas même celle que vient

____

(1) Nous entendons parler d'utilité au point de vue curatif, car au point de vue de l'empêchement des cicatrices apparentes, il a été nettement démontré, suivant nous, que ces cicatrices sont prévenues par les applications de lames métalliques ou mieux encore d'emplâtres, surtout de l'emplâtre de *Vigo cum mercurio* sur les surfaces pustulées. A ce propos, nous lisions, il y a quelques jours, dans un journal médical français, le compte rendu d'une leçon d'un médecin anglais, extrait d'un journal médical d'outre-Manche, et dans laquelle cet honorable confrère *propose*, pour empêcher les cicatrices, de soustraire à l'action de l'air et de la lumière les surfaces à préserver ! C'est s'y prendre aussi tard que le géographe qui s'en irait aujourd'hui à la recherche de la Méditerranée.

Un autre moyen également efficace pour prévenir les cicatrices est de cautériser, avant la période de suppuration, chaque pustule de la face avec la pointe d'un crayon de nitrate d'argent ; mais on comprend les difficultés d'application de ce moyen, proposé, croyons-nous, par le professeur Piorry ; ces difficultés toutefois ne sont pas insurmontables. Nous croyons, en tous cas, si l'on se décidait à

de préconiser le professeur Saurel contre l'élément intermittent
de la variole, ou plutôt contre la « *chose* intermittente, » à laquelle chose il oppose la « *chose* sulfate de quinine! » Il nous
paraît que, pour employer ainsi ce traitement, il faudrait être
un peu trop *chose !*

Quand une médication est utile sans être infaillible, c'est une
chose, puisque chose il y a, toujours difficile, surtout pour un
médecin qui n'a que la pratique de la ville, d'en établir à peu
près exactement le degré d'utilité. Un des imitateurs de
M. Chauffard, et qui se donne comme tel, quoique ce soit, dit-
on, un homme fort instruit et de parfaite bonne foi, M. le docteur Desnos, a dressé une statistique des essais qu'il a tentés, et
qu'il résume ainsi :

« J'ai traité vingt et un individus atteints de variole confluente. Sur ce nombre, dix-neuf ont été mis à l'usage de l'acide
phénique dans les conditions recommandées par M. Chauffard
— (nous dirons dans un instant quelles sont ces *conditions*). —
Deux ont été laissés à l'expectation : c'étaient des femmes. Une
de ces deux malades avait absolument refusé de prendre de
l'acide phénique. Sur ces deux malades laissées à l'expectation,
l'une a guéri, l'autre est morte.

» Sur les dix-neuf malades traités par l'acide phénique, il y
avait quatre varioles confluentes hémorrhagiques. Il y a eu,
bien entendu, quatre décès, comme cela devait être. Je les
laisse de côté, parce que je ne pense pas que, jusqu'à présent,
on ait préconisé l'acide phénique contre les varioles hémorrhagiques.

» Les quinze varioles confluentes communes qui restaient ont
fourni treize morts et deux guérisons.

» J'ai également laissé en dehors de cette statistique un certain nombre de faits relatifs à des malades apportés mourants à
l'hôpital, et que je ne trouvais pas équitable de mettre à la
charge de l'acide phénique. »

M. Desnos ne nous dit pas nettement, après avoir noté ces
résultats, l'impression qu'ils ont laissée dans son esprit ; si,

l'emploi de ce procédé, que l'acide phénique monohydraté, liquide, serait préférable au nitrate d'argent.

par exemple, il a observé dans la marche de l'affection quelques phénomènes qui aient pu lui donner l'idée d'une action favorable du médicament ; si, enfin, il a quelque raison de croire que l'acide phénique soit pour quelque chose dans la guérison des deux malades sur quinze qui ont échappé à la mort. Mais ce qu'il ne dit pas nettement, il le laisse entendre, dans la dissertation qui précède la statistique des cas traités par l'acide phénique ; il cite cinq cas traités diversement, dont quatre se sont terminés par la mort, et il ajoute que, par toutes les médications dont il a fait usage — et elles sont nombreuses, et variées et opposées, d'après l'énumération qu'il en fait — il a toujours obtenu les mêmes résultats, à savoir que la variole confluente est presque constamment mortelle, quelques moyens qu'on emploie pour la combattre. Il dit même assez clairement, pour quelqu'un qui ne paraît pas aimer les déclarations catégoriques, que si M. Chauffard a eu plus de succès que lui, c'est que M. Chauffard a confondu des confluences essentiellement différentes les unes des autres (1).

On ne saurait disconvenir que, si les faits relatés et observés par M. Desnos étaient l'expression d'une loi, ses déductions implicites ne fussent fondées. Il ne nous semble pas démontré, en effet, que sur quinze varioles confluentes, non hémorrhagiques, il en doive mourir plus de treize ; et même, pour tout dire, cette proportion, malgré l'opinion alarmante de M. Desnos, nous paraîtrait un peu forte, pour des malades abandonnés à eux-mêmes et soumis seulement à de bonnes conditions hygiéniques, au moins en ville. Mais il est vrai que dans les hôpitaux de Paris ....

(1) Suivant M. Desnos, M. Chauffard a classé parmi les varioles *confluentes* des varioles *cohérentes* ou « *en corymbes,* » mot étrange comme beaucoup de mots du charabia médical, et qui signifie sans doute des varioles confluentes par groupes, mais non confluentes sur toute la surface de la peau indistinctement, ou tout au moins de la face et du tronc ; or, pour M. Desnos, comme pour Trousseau, dit-il, ces varioles *cohérentes* ou *en corymbes* doivent être classées parmi les varioles discrètes, sous le rapport de leur gravité. On ne saurait nier que les varioles confluentes par groupes, qui laissent entre eux une portion de peau saine, ne soient moins dangereuses que les varioles tout à fait confluentes, car il y a évidemment moins de pustules dans les premières que dans les dernières, et c'est le nombre des pustules qui traduit l'intensité ou pour mieux dire l'abondance et la vitalité du ferment morbide.

Mais notre opinion est que, même dans ces hôpitaux, la proportion de deux guérisons sur quinze varioles confluentes n'est pas celle qu'on obtiendra en employant l'acide phénique de la façon que l'expérience me permet aujourd'hui de formuler, et qui n'est pas précisément celle qu'a adoptée M. Chauffard et, après lui, M. Desnos. Mais cette méthode même a donné à d'autres imitateurs de la prétendue médication de M. Chauffard des résultats qui s'éloignent considérablement de ceux de M. Desnos. Ainsi M. Douillard, dont nous avons déjà parlé, a obtenu deux succès sur trois cas de variole confluente, et, dans celui où il a eu un insuccès, l'acide avait été administré un peu tardivement; c'est, en outre, un cas de variole confluente hémorrhagique. M. Audhoui, dont nous avons parlé également, ne paraît avoir employé la médication que dans un cas de variole confluente; il a obtenu un succès. Nous ne parlerons pas ici des succès infaillibles de M. Grimaud (de Caux), parce que ses affirmations absolues ne nous inspirent qu'une confiance limitée.

Quant à nous, au milieu des préoccupations sans nombre d'une clientèle absorbante où nous avons à traiter les maladies les plus variées, il nous a été impossible de tenir compte de tous les cas de variole que nous avons traités par l'acide phénique, et de la proportion de chacune des principales catégories admises. Nous pouvons seulement affirmer une chose, qui s'affirme du reste d'elle-même, c'est que nous avons eu des varioles confluentes des plus graves (mais non hémorrhagiques) et très-probablement dans la même proportion que tous nos confrères; sur une quantité donnée de malades, nous avons probablement eu aussi la même proportion de varioleux; or, sur le nombre de 18 à 20 que nous avons traités pendant la dernière épidémie, nous n'en avons perdu que deux, l'un boulevard des Italiens, l'autre cité Gaillard; pour garant de notre déclaration, nous ferons appel ici, comme nous l'avons déjà fait à propos du croup, comme nous le ferons encore à propos de la fièvre typhoïde, aux registres des décès de la ville de Paris, où, en face de la maladie dont est mort le décédé, se trouve le nom du médecin traitant.

Dans un esprit d'impartialité dont on doit le louer, M. Desnos n'a pas voulu mettre à la charge de l'acide phénique les deux cas de variole hémorrhagique qu'il a observés, et qui se sont, « comme cela devait être, » dit-il, terminés par la mort. Tout en rendant justice à ses intentions, nous croyons qu'il a eu tort de croire que l'acide phénique ou un autre moyen plus puissant encore ne pourrait pas guérir même la variole hémorrhagique, et, en fait, l'acide phénique a guéri des maladies qu'on peut croire aussi graves, le cas de choléra que nous avons rapporté, par exemple. Nous ne connaissons, en effet, aucune raison péremptoire qui prouve que toute variole hémorrhagique « doive nécessairement » se terminer par la mort du malade ; la suffusion sanguine prouve sans doute que le ferment variolique a profondément altéré le sang, plus profondément que dans les varioles confluentes ordinaires ; mais néanmoins, rien ne prouve que ce sang ne puisse revenir à l'état normal; c'est une pure question empirique, c'est-à-dire d'expérience ; or, ce qu'un moyen n'a pas fait aujourd'hui, un autre peut le faire demain ; c'est précisément en cela que consiste le progrès.

Cela dit, voici comment nous croyons qu'on doit appliquer, dans l'état actuel de la science, la médication phéniquée, pour en obtenir les meilleurs résultats possibles.

Si on l'applique comme préservatrice, on pourra se contenter, comme je l'avais conseillé pendant l'épidémie de 1870, de boire chaque matin 30 à 40 centigrammes d'acide phénique dans de l'eau sucrée, ou mieux trois à quatre cuillerées à soupe de mon sirop phéniqué titré ; il ne pourra, cependant, y avoir que de l'avantage à renouveler cette dose le soir ; c'est la dose des adultes ; il faudra la diminuer d'une cuillerée par cinq ans d'âge, de façon à ne donner que 10 centigrammes d'acide, soit une cuillerée à soupe de sirop ou quatre cuillerées à café, aux enfants de 2 à 5 ans. Cette dose, surtout quand elle est répétée matin et soir, pourra être diminuée lorsque l'épidémie commencera à décliner ; mais, en revanche, on pourra y ajouter, une ou deux fois par semaine, une injection phéniquée de 5 grammes d'eau à 1 pour 100, lorsque l'épidémie sévira avec une grande intensité. On pourra joindre à ces précautions l'usage d'une solution phéniquée dans les eaux de toilette ; seulement, cette précaution ne doit pas dispenser des autres, parce que l'acide phénique étant assez volatil, il n'en reste bientôt plus de traces sur les surfaces lotionnées. Profitant de cette propriété de volatilisation, on a conseillé et nous avons conseillé nous-même de placer dans les appartements des vases à large ouverture, afin de répandre dans l'atmosphère des vapeurs phéniquées ; c'est une précaution utile à ajouter aux précédentes, mais qui, seule, ne suffirait pas.

Employée comme curative, la médication phéniquée devra subir quelques modifications. D'abord, les doses de solution ou de sirop devront être augmentées, surtout s'il s'agit d'une variole confluente. Le sirop sera prescrit à la dose de dix cuillerées dans les 24 heures ; en outre les injections sous-cutanées seront de rigueur ; si la maladie est grave, elles devront être pratiquées au nombre de deux et même de quatre dans les 24 heures, pendant aussi longtemps que la vie sera menacée ; ces injections peuvent à la rigueur suffire au traitement, et ceux qui les adopteront ne seront plus obligés de renoncer au traitement phéniqué, comme le docteur Desnos dit avoir été obligé de le faire, parce que le malade n'avait pu se résigner à prendre de l'acide phénique qui, peut être, était fort impur. Il n'est peut-être pas inutile d'ajouter que ce malade ou cette malade, car c'était une femme, est morte.

Il ne pourra qu'être avantageux de maintenir dans les appartements des émanations phéniquées, comme il a été dit ci-dessus ; on pourra même en augmenter l'abondance, soit à l'aide d'un appareil spécial dit émanateur de Sax, soit en multipliant les vases contenant le liquide à évaporer (ce liquide, pour les malades pauvres, pourra être de l'acide phénique brut), soit, enfin, en les chauffant un peu, de temps en temps.

Un moyen qui nous a paru avoir quelque utilité, c'est de maintenir, au-devant de la bouche et du nez du malade, un mouchoir imbibé de solution phéniquée, de façon à faire pénétrer dans les poumons les vapeurs qui s'en dégagent ; si on renouvelle fréquemment le liquide du mouchoir, ces vapeurs ne laissent pas que d'être assez abondantes.

Avec une éponge on pourra pratiquer des lotions phéniquées

sur la surface cutanée, surtout dans les points où les pustules sont nombreuses; on pourra se servir pour ces lotions d'eau phéniquée saturée.

Pour empêcher les cicatrices apparentes des pustules et aussi la suppuration, un médecin des hôpitaux (encore un imitateur et perfectionneur du professeur Chauffard), M. Moutard-Martin, a proposé des bains phéniqués. Voilà encore un royaliste dont notre royauté est obligée de désapprouver le zèle. D'abord, en ce qui concerne les cicatrices, comme elles n'ont d'inconvénients qu'à la face, et que, du reste, elles ne se produisent généralement que là, tout le monde comprend, sans que nous ayons besoin de dire pourquoi, que ce n'est pas à l'aide des bains qu'on pourrait les prévenir. Si la médication phéniquée, énergiquement appliquée, comme nous venons de le dire, n'empêchait pas ou n'atténuait pas considérablement la période de suppuration, ce qui est un de ses effets précieux et fréquents, il serait beaucoup plus rationnel et plus simple de lotionner la face avec de l'eau phéniquée saturée, ou d'appliquer sur chaque pustule du visage, à l'aide d'un pinceau, de l'acide phénique pur et liquide, avant la période de suppuration; ou bien encore d'appliquer sur les pustules en masse une couche de collodion élastique du docteur Robert de Latour, additionné de 10 pour 100 d'acide phénique. Dans le cas où l'on choisirait la cautérisation, il faudrait, bien entendu, l'exécuter en plusieurs temps, parce que la douleur qu'elle cause, quoique peu persistante, serait trop pénible à supporter, si elle était produite sur toute la face en même temps. Nous croyons que la cautérisation de 7 à 8 centimètres carrés au plus, à la fois, serait suffisante ; il serait facile de la renouveler toutes les trois ou quatre heures; et, de cette façon, on atteindrait dans 24 ou 36 heures le but désiré, beaucoup plus sûrement que par les bains. Quant à la suppuration des pustules du tronc et des membres, on la préviendra encore plus sûrement par les lotions que par les bains, par le double motif que les lotions peuvent se faire avec une solution beaucoup plus concentrée que celle des bains, et, ensuite, parce qu'elles peuvent être renouvelées plus souvent, outre que c'est toujours une chose délicate et probablement non exempte de dangers, que de donner des bains dans le cours d'une variole. Notre honorable perfectionneur, le docteur Moutard-Martin, n'a donc pas été heureusement inspiré en proposant son prétendu perfectionnement, pas plus qu'en oubliant de rapporter à son véritable auteur l'initiative du traitement phéniqué.

Nous aurions terminé le traitement de la variole (au point de vue de la médication phéniquée), si nous ne voulions répéter ici une remarque que nous avons déjà faite ailleurs, et que nous ferons encore. S'il est un fait démontré, c'est l'inutilité de tous les traitements employés jusqu'ici contre la variole ; la seule pratique de M. Desnos suffirait seule à le prouver : sans autre guide qu'un vague espoir, j'ai failli dire un vain espoir, de tomber sur l'oiseau rare, ce thérapeutiste de bonne foi (sauf, *peut-être*, en ce qui concerne l'inventeur du traitement phéniqué) expérimente à l'aventure : l'expectation — c'est-à-dire rien, les saignées — les saignées dans la variole, plus de 50 ans après 1816 ! — l'alcool, le vin, l'opium, la digitale, le sulfate de quinine, etc., etc., en un mot, l'eau et le feu et tous leurs intermédiaires... et, enfin, l'acide phénique. Cette conduite ou si l'on veut cette méthode médicale peut paraître étrange et nous ne la défendrons pas. Elle vaut mieux pourtant que celle d'un grand nombre des collègues de M. Desnos, qui, depuis près de dix ans, s'entêtent, se cristallisent sur des médications impuissantes, qu'ils reconnaissent pour telles, — les plus intelligents d'entre eux au moins, — et qui, même de guerre lasse, ne veulent pas en essayer une nouvelle, soit parce qu'ils n'en sont pas les auteurs, soit parce qu'ils croiraient peut-être faire honneur à celui qui l'a inaugurée. Ils aiment mieux laisser mourir classiquement leurs malades. Eh bien, qu'ils fassent comme les Cersoy, les Douillard, les Audhoui, les Amédée Tardieu et tant d'autres ; qu'ils dépouillent les inventeurs et qu'ils encensent les pirates, mais que, du moins, ils traitent et guérissent leurs malades, nous aimons encore mieux cela ; nous n'y perdrons pas grand'chose et l'humanité y gagnera.

TROISIÈME SOUS-SECTION. — Maladies infectieuses ou miasmatiques, à contagion encore douteuse, sporadiques, endémiques ou endémo-épidémiques.

CONSIDÉRATIONS GÉNÉRALES.

Ainsi que nous l'avons dit dans les remarques générales que nous avons présentées en tête de la sous-section précédente, plusieurs des maladies classées dans celle-ci seront probablement rangées ultérieurement dans la catégorie des maladies contagieuses; la plupart d'entre elles sont même déjà considérées comme telles par beaucoup de médecins, la fièvre typhoïde, la fièvre jaune, la fièvre puerpérale, le choléra, par exemple, et d'autres encore. Nous-même nous croyons à la plupart de ces contagions, et si nous n'avons pas classé ces maladies dans la première sous-section, celle des maladies à contagion non virulente, c'est uniquement pour ne pas mettre l'opinion même la plus probable à la place des vérités démontrées, et aussi, un peu par respect pour les grandes autorités et pour la tradition, qui ne croient encore ni à la contagion de la fièvre typhoïde ni à celle de la fièvre jaune, du choléra, etc.

Au reste, qu'on retranche de la présente sous-section une, deux ou même dix maladies pour les faire passer dans la première sous-section ou dans la précédente, il n'en restera pas moins une section importante de maladies miasmatiques non contagieuses, et par conséquent une comparaison intéressante à faire, au double point de vue de la doctrine et de la pratique, entre les miasmes et les virus et surtout entre les miasmes et les ferments.

Les miasmes ne seraient-ils donc point des ferments? ne seraient-ils point des parasites microphytes ou microzoaires? M. Lemaire, qui a abordé ces questions et qui, en les abordant, a été obligé d'embrasser des horizons beaucoup trop larges pour son étroit cerveau (1), prétend avoir démontré clai-

(1) Voici un échantillon pour nous borner à un, du galimatias double auquel se livre M. Lemaire en parlant de ces questions, après avoir lu, probablement tant bien que mal, ce qu'en disent les Berzélius, les Dumas et d'autres : « Toutes ces transformations perpétuelles, admirables, qui prennent aujourd'hui des molécules

rement, matériellement, irrévocablement, avoir « fait toucher du doigt » que les miasmes sont des « ferments vivants. » Cela vient tout simplement de ce que mon saponinique imitateur prend pour des ferments tous les microphytes ou les microzoaires, au moins tous ceux qui occasionnent des maladies (quoiqu'il ne fasse pas même cette réserve). Or, c'est là une erreur. Que jusqu'à présent des médecins, qui n'avaient guère que de vagues analogies pour se guider, aient considéré certaines maladies comme causées par des éléments qui se dégagent de substances animales ou végétales en décomposition, et qu'ils aient confondu ces éléments sous les noms génériques de ferments, de virus, de poisons, cela se comprend; mais, aujourd'hui, ces confusions ne sont plus acceptables; le mot ferment a pris un sens qu'il avait déjà depuis longtemps, il est vrai, mais qui s'est précisé et surtout affirmé davantage, et qu'on ne peut détourner sans tomber dans des confusions fâcheuses. M. Lemaire se donne un mal assez inutile pour séparer les gaz, ceux qui se dégagent des volcans notamment, des miasmes avec lesquels, dit-il, on les confond; nous ne savons qui peut faire cette confusion, mais ce n'est, assurément, aucun vrai médecin ; ce n'est donc pas contre elle qu'il faut se prémunir, c'est contre celle qui confondrait les miasmes avec les virus et les ferments.

Le propre du ferment, son caractère essentiel, admis depuis qu'on fait le pain avec du levain, ce caractère, c'est de se reproduire, on peut dire en toutes proportions et indéfiniment dans le temps. Les virus offrent ce caractère, puisque le vaccin qui couvre aujourd'hui le monde entier vient de la lancette de Jenner (nous croyons pouvoir négliger le cow-pox du professeur Depaul et de quelques-uns de ses pareils, qui ont d'ailleurs peu de qualités communes avec Jenner) ; ce sont donc des ferments, mais des ferments spéciaux et qu'il convient de distinguer, parce que leur existence, leur évolution tout au moins, est cir-

---

pour les rendre demain, me paraissent être aux corps simples et composés, ce qu'est la vie à la lumière, au calorique, à l'électricité »!!!

Voilà dans quel pathos on tombe, quand on lit et copie mal ce que l'on comprend de même. Comme je désire être juste avec tout le monde, je dois ajouter, pourtant, que les points d'exclamation sont de moi. En cette occasion, M. Lemaire ne s'est pas admiré lui-même.

conscrite dans une sécrétion spéciale, et ne s'opère pas dans toutes ou presque toutes les parties de l'économie. Quant aux miasmes que nous étudions dans cette sous-section, ceux des fièvres intermittentes, de la peste, de la fièvre jaune, du choléra même, ils ne se reproduisent pas ou ne se reproduisent que très-imparfaitement ; ils peuvent bien se développer dans un organisme animal qu'ils envahissent, quand il s'approche des lieux où ils évoluent naturellement, mais ils ne s'y multiplient pas et meurent probablement avec lui ou sans lui s'il résiste à leurs atteintes (1).

Est-ce à dire, pour cela, que le miasme, parce qu'il n'est pas un ferment, ne soit pas un parasite vivant ? en aucune façon. C'est encore une autre erreur que de considérer le parasite comme un ferment : ferment, c'est ce qui se communique de proche en proche, c'est contagion ; parasite, c'est ce qui vit sur autrui et presque toujours aux dépens d'autrui, soit au point de vue de la santé, soit au point de vue de la substance. Un tænia, un lombric sont des parasites, ce ne sont pas des ferments ; l'agent producteur de la fièvre intermittente est certainement un parasite, etc., ce n'est pas un ferment non plus.

Mais est-on autorisé à dire que les miasmes soient certainement des parasites? pour ceux qui veulent, avant de conclure, tenir la preuve matérielle de l'affirmation sur leur porte-objet, non assurément ; mais pour ceux qui croient pouvoir compléter les preuves matérielles par les lumières de l'induction, je ne crois pas qu'il puisse être permis de conserver ces doutes.

Où se développent les microphytes et les microzoaires ? Partout où il y a des matières organiques en décomposition.

Où se développent les maladies miasmatiques, et par conséquent les miasmes ? partout où il y a des matières organiques en décomposition.

Mais dans ces localités, où il y a des matières organiques en

(1) Pendant que ces lignes s'imprimaient, une grande autorité, celle de M. Dumas, dans un remarquable travail lu à l'Académie des sciences, admet pourtant des ferments qui ne se reproduisent pas. Ce travail arrive assez tôt pour qu'il nous soit permis de le discuter dans notre introduction qui n'est pas encore rédigée à l'heure qu'il est, quoiqu'elle doive figurer en tête de ce livre, mais avec une pagination différente.

décomposition, ne peut-il pas se développer autre chose que des parasites? ne peut-il pas s'y produire des particules toxiques non vivantes, qui empoisonnent l'économie à la manière dont les particules de plomb, de mercure ou de phosphore empoisonnent les ouvriers qui travaillent les composés de ces corps? Assurément cela n'est pas impossible; mais cela est-il probable? Incontestablement non; cela est même si improbable, que nous le considérons comme impossible.

Quand les peintres ou les cérusiers éprouvent-ils des coliques ou des convulsions? quand les alcoophages tombent-ils dans le délire tremblant? lorsque après de longs travaux ou de longs abus, ils ont épuisé les forces éliminatrices de l'économie : une dose de plomb ou d'alcool peut empoisonner; mais si elle n'empoisonne pas, le poison, le poison organique surtout, est promptement éliminé, brûlé, détruit, et il n'en reste pas trace dans l'économie. En est-il de même des poisons miasmatiques? en aucune façon : quelques jours passés, une seule nuit même, sur les Marais pontins ou dans les Terres basses peuvent vous donner une fièvre intermittente rebelle ou une fièvre jaune mortelle; et cela, non pas, comme avec le plomb ou l'alcool, à l'instant même où l'empoisonnement s'opère, c'est-à-dire où le miasme pénètre dans le corps, mais quelques jours quelques semaines, même parfois, d'après certaines observations, quelques mois après, c'est-à-dire à une époque où une substance quelconque et, à *fortiori*, une substance organique morte serait depuis longtemps éliminée ou transformée. Le miasme n'est ni éliminé ni transformé, parce qu'il a trouvé dans l'organisme des conditions de vie favorables ou supportables, parce qu'il a pu y faire son nid, y accomplir son évolution.

Si vous ajoutez à ce raisonnement, déjà décisif, que tous ceux qui ont fait des recherches sur l'atmosphère des marais, des rizières, des salines, Mascali, Boussingault, Léon Gigot (de Levroux), etc., et, après eux, M. Lemaire, ont constaté dans cette atmosphère, la présence de nombreux débris organiques, et de corpuscules, qui sont très-probablement les corps reproducteurs de microphytes et de microzoaires, — car de nombreux développements de ceux-ci ne tardent pas à se faire dans l'eau où l'on place ces corpuscules,— vous arriverez inévitablement à la conclusion que ce sont ces corpuscules ou les microzoaires dont ils sont les germes qui causent les affections miasmatiques.

Ainsi s'explique aussi la puissance de l'acide phénique dans la plupart des maladies miasmatiques, dans toutes, peut-être, puissance plus grande que celle qu'il a contre les virus, ce qui se comprend au moins en partie : les virus se localisent dans des sécrétions spéciales, dans des points spéciaux des organes; pour aller se localiser sur ces points, il faut que le parisiticide traverse tout l'organisme et passe dans la sécrétion morbide, ce qui n'est certainement pas facile, ce qui n'est peut-être pas toujours possible ; il faudrait donc donner des doses de para- siticide dangereuses pour en faire arriver assez dans le tissu sécréteur du virus; nous disons dans l'organe sécréteur, et non sur la sécrétion ; car en n'agissant que sur la sécrétion on peut bien détruire le virus sécrété, mais non le virus à sécréter, c'est-à-dire la sécrétion, c'est-à-dire la maladie. Peut-être est- ce là la raison de l'influence bornée de l'acide phénique sur la syphilis, quoique la syphilis ait toujours été l'écueil des patho- logistes.

Quoi qu'il en soit, nous résumerons ces considérations par les propositions suivantes :

Il y a trois grandes classes de parasites morbigènes :

Les ferments proprement dits, qui infectent tout l'organisme, qui *fermentent* dans tous les liquides, dans tous les organes ou à peu près, qui se communiquent au contact ou à distance, mais presque toujours au contact et à distance;

Les virus, qui infectent bien tout l'organisme, mais qui ne *fermentent* que sur un point ou sur des points limités; qui ne se transmettent que par le produit spécial sécrété dans ces points, et qui ne se transmettent à peu près jamais qu'au contact; ce sont des ferments fixes, tandis que les ferments proprement dits (les ferments morbides, bien entendu) sont presque tou- jours, peut-être toujours, volatils;

Enfin, les miasmes, qui ne fermentent pas ou ne paraissent pas fermenter dans l'organisme, qui y accomplissent seulement leur évolution ou une partie de leur évolution, et qui ne se transmettent ni à distance ni au contact.

Cela dit, nous pouvons passer à l'étude particulière des maladies miasmatiques. Nous dirons ultérieurement ce qu'il faut penser des venins que quelques médecins, quelques physiologistes et quelques chimistes ont également considérés comme des ferments.

Art. Ier. — DE L'ACRODYNIE ET DE L'ERGOTISME.

Quoique ces deux maladies soient décrites comme distinctes dans les traités, elles nous paraissent n'être que deux variétés d'une maladie identique au fond, et différant seulement par l'intensité, ce qui veut dire, pour nous, par le nombre et l'énergie de parasites qui l'occasionnent. Est-ce bien, en effet, à un parasite que ces affections sont dues? Pour l'ergotisme, on n'en saurait guère douter, si, comme il est très-probable, l'opinion qui attribue la maladie à l'ergot de seigle est fondée; et, si l'ergotisme est parasitaire, il n'est guère douteux que l'acrodynie ne le soit aussi, puisque, nous le répétons, elle ne diffère du premier que par l'intensité de ses symptômes et par sa gravité. Dans l'acrodynie les lésions des extrémités se bornent à des rougeurs ou à la chute de l'épiderme ou d'une faible partie de l'épaisseur de la peau; dans l'ergotisme, l'inflammation va jusqu'à la gangrène et celle-ci peut s'étendre jusqu'aux membres, quoique ce cas paraisse fort rare; l'ergotisme est endémique, puisqu'il a reçu le nom de *mal de Sologne*, quoiqu'il ne soit pas beaucoup plus fréquent dans ce pays que dans les autres; mais il est plus souvent encore épidémique, comme l'acrodynie. Celle-ci n'est à peu près jamais mortelle, tandis que l'ergotisme l'est souvent; mais c'est là une différence d'intensité. Ni l'une ni l'autre affections ne paraissent être contagieuses, nouveau point de ressemblance. Enfin, un dernier caractère par lequel elles se ressemblent encore, c'est qu'on n'a dirigé contre elles aucun traitement qui ait paru avoir la moindre efficacité : conseiller, comme l'ont fait certains médecins, les évacuations sanguines contre l'ergotisme, c'est, suivant nous, travailler dans le même sens que la cause morbide, même quand le pouls a de l'ampleur et de la force; car le pouls qui a de l'ampleur et de la force indique qu'il y a, dans l'organisme, de la résistance à l'action morbide: et vouloir diminuer l'ampleur et la force du pouls, c'est tenter de diminuer cette résistance. Quant aux narcotiques préconisés dans la forme convulsive, c'est une médecine de symptômes qui peut avoir son utilité comme elle peut avoir ses dangers ; l'expérience n'a pas prononcé. Nous devons dire seulement, qu'*à priori*, il faut toujours être réservé sur l'emploi des narcotiques dans les maladies à caractère gangréneux prononcé ou seulement à tendance gangréneuse, car, dans ces maladies, la résistance vitale dont nous parlions tout à l'heure est peu développée et les narcotiques la diminuent, tout comme les émissions sanguines. En résumé, pour tout dire d'un mot, le traitement de l'acrodynie et de l'ergotisme est nul. Cette raison pourrait suffire pour qu'on essayât un moyen qui sortît des sentiers battus ; mais il y avait une meilleure raison, c'est que ces maladies ou ces deux formes d'une même maladie sont, d'après toutes les probabilités, ainsi que nous l'avons dit, causées par des parasites, et que les moyens de curation rationnels doivent être cherchés parmi les parasiticides. Nous pensons donc que ceux de nos confrères qui auront l'occasion d'observer l'acrodynie ou l'ergotisme, feront bien de recourir à l'emploi de l'acide phénique, et de l'administrer comme nous l'avons indiqué à propos de la pustule maligne, et comme nous l'indiquerons pour les fièvres intermittentes, la dyssenterie, etc. Peut-être, dans les cas graves surtout, l'acide phénique sera-t-il insuffisant, et conviendra-t-il d'y joindre le nouveau médicament que nous nous réservons de faire connaître.

Art. II. — DE LA CACHEXIE AQUEUSE OU POURRITURE.

Cette maladie s'observe quelquefois chez les bœufs, mais elle est presque exclusive au mouton, sur lequel on l'observe le plus ordinairement à l'état enzootique. C'est une des maladies qui ont reçu le plus de dénominations, puisque, outre les deux principales que nous avons inscrites en tête de cet article, on la désigne encore sous le nom de *mouton pourri, mal pourri, mal de foie, bouteille, boule, bourse, goître, cloche, hydatide, douve, games, ganache, jaunisse, anasarque,* et encore il y a des *etc.* Je

34

ne donne pas tous ces noms pour faire de la science d'érudi-
tion, qui se trouve dans tous les livres, mais pour que les agriculteurs, parmi lesquels ces noms sont encore usités, sachent
de quoi il s'agit ici.

Nous n'avons pas, tant s'en faut, parcouru toutes les contrées
de France où l'on peut observer la *pourriture*; mais, dans deux
voyages que nous fîmes en Sologne, aux Bardes et à Hupenau,
cette maladie nous parut coïncider si exactement avec la fièvre
intermittente de l'homme, que l'idée nous vint que fièvre et
cachexie pouvaient bien être produites ou par le même parasite ou par des parasites habitant les mêmes localités; les in-
formations que nous avons prises depuis ne font que nous con
firmer dans nos premières présomptions. Il nous paraît même
assez singulier que cette pensée ne se soit pas présentée à
l'esprit des auteurs vétérinaires qui ont parlé de la cachexie
aqueuse et qui, pour la plupart, l'attribuent à la mauvaise,
nourriture et à l'humidité, qui pénètre au sein de l'économie,
suivant les expressions de M. Bouley, « par toutes les voies
d'absorption » (*peau, intestin, poumon*). Le même auteur n'hésite
même pas à donner comme un fait positif que Blackewel a pu
faire naître à volonté la cachexie aqueuse en plaçant les troupeaux sur des pâturages qu'il arrosait chaque jour. Nous n'en
croyons absolument rien, à moins que les arrosements ne se
fissent dans des conditions à pouvoir déterminer des décompositions de matières organiques.

Quoi qu'il en soit, l'opinion que nous nous fîmes en Sologne,
sur l'étiologie de la *pourriture*, nous donna l'idée d'essayer
contre cette affection, pendant que nous expérimentions sur la
fièvre intermittente de l'homme, la médication phéniquée, à
laquelle nous nous proposâmes d'associer, au besoin, notre
nouveau parasiticide. Nous ne risquions pas grand'chose en
expérimentant une médication nouvelle, puisque les médications généralement employées « sont loin d'être toujours efficaces, » suivant le langage euphémique des thérapeutistes
officiels aux abois. Notre séjour en Sologne ne devait pas être
long et nous n'avions pas grand temps à donner à la recherche
de nos sujets d'expériences. Nous trouvâmes heureusement
dans M. Ménard, cultivateur des plus distingués à Hupenau,

près Beaugency, un homme fort disposé à se prêter à des expériences qui pouvaient concourir au progrès agricole. Il n'eut heureusement point à se repentir de ses généreuses dispositions : quatre moutons *pourris* qu'il mit à notre disposition et auxquels furent pratiquées, le 6 mars 1870, des injections phéniquées (20 grammes d'eau phéniquée à 1 p. 0/0) éprouvèrent dès le lendemain une amélioration sensible que M. Ménard prit la peine de nous confirmer par une lettre en date du 26 mars. Le fils du docteur Pandellé, qui voyait souvent M. Ménard et que nous traitions pour une maladie assez rebelle, nous avait déjà écrit de Beaugency, à la date du 12 mars, une lettre dont nous extrayons les lignes suivantes :

« M. Ménard que j'ai vu hier vendredi est enchanté du mieux survenu depuis dimanche dans l'état de ses moutons. Comme je pense que vous serez heureux d'apprendre cette nouvelle, je m'empresse de vous l'annoncer. Dès le lendemain, ainsi que vous l'aviez prédit, une amélioration sensible s'est produite ; aujourd'hui la rumination se fait bien ; la poche d'eau est moins volumineuse ; l'œil est encore pâle, mais tend cependant à se colorer ; l'état général est bien meilleur et les animaux sont gais, etc. »

Nous ne pensons pas que de pareils résultats eussent été obtenus ni avec le quinquina, ni avec la gentiane, la centaurée, le fer, que conseillent les professeurs de thérapeutique, et encore qu'ils conseillent contre la pourriture, tout en déclarant que, même à cette période, c'est surtout sur l'émigration qu'il faut compter. Nous croyons donc que la médication phéniquée apportera un progrès signalé dans le traitement d'une maladie qui, sans avoir l'importance du charbon, cause cependant à l'économie agricole un préjudice assez sérieux, qu'on pourra éviter, en grande partie sinon entièrement, par l'application de notre méthode : injections sous-cutanées de 20 grammes par mouton et quelques cuillerées du mélange glycophéniqué de M. Guénon dans de l'eau ordinaire.

ART. III. — DU CHOLÉRA.

Depuis la première édition de ce travail la doctrine parasitaire a fait de grands progrès, en ce qui concerne le choléra. Si, dans presque toutes les autres maladies, elle ne compte que des adversaires, ici, elle n'éprouve que l'embarras du choix, pour choisir ses parasites, dans le règne végétal ou dans le règne animal.

A l'époque de notre premier travail, les parasites réels ou supposés du choléra se bornaient aux *corps annulaires* de Swayne et aux *cellules du choléra*, de Britton et Budd. C'est en 1849, on se le rappelle, que Swayne signala dans les déjections cholériques des corpuscules particuliers, auxquels il donna le nom de *corps annulaires*, et presque aussitôt, Britton et Budd annoncèrent qu'ils trouvaient leurs cellules, non seulement dans les déjections cholériques, mais encore dans l'air et dans l'eau des pays atteints par l'épidémie. M. Budd crut pouvoir affirmer que ces cellules étaient vivantes, de nature végétale, et il les désigna sous le nom de champignon du choléra (*choléra fungi*). Comme ces corpuscules présentent des différences considérables de forme et de volume, il pensa, et M. Swayne avec lui, que ces différences marquaient les diverses phases de développement de ces productions nuisibles. Ces cellules portent, en effet, quelquefois des bourgeons faisant saillie et ayant quelque analogie avec le bourgeonnement d'autres végétations, celle du ferment de la bière, par exemple; on les rencontre plutôt près de l'estomac que dans toute l'étendue de l'intestin; dans les vomissements des cholériques, ils sont presque toujours rompus, comme s'ils avaient subi un commencement de décomposition.

Cette dernière circonstance a fait rejeter, par M. Ch. Robin, l'opinion que ces corpuscules fussent la cause du choléra; il nie, du reste, qu'ils soient de nature végétale. Sa manière de voir est d'ailleurs conforme à celle du collège des médecins de Londres, qui n'a pas admis la manière de voir de MM. Swayne, Britton et Budd.

Malgré l'opinion de la savante compagnie, nous n'en posâmes pas moins en fait, dans la première édition de cet ouvrage, et en nous fondant sur l'analogie plus encore que sur l'observation directe, que le choléra est causé par un ferment, c'est-à-dire par l'introduction dans l'organisme d'êtres microscopiques, végétaux ou animaux.

M. le Dr de Vauréal a été plus catégorique que nous : il affirme positivement (*France médicale*, 10 octobre 1866) que « la nature du miasme cholérique est celle d'un ferment putride, spécial à l'Inde, du genre *Vibrio*. Le produit de cette fermentation est analogue à l'acide butyrique. »

Nous ne savons sur quelles observations se fonde l'opinion si précise du docteur de Vauréal. Dans le seul article que nous avons pu lire de lui, l'opinion se présente dénuée de toute preuve.

M. Lemaire devait naturellement penser de même que nous, et c'est en effet ce qui a eu lieu. A propos d'une note, publiée dans le *Courrier médical* (no 41, année 1869) et où il exprimait cette opinion déjà émise dans son livre et dans plusieurs autres journaux, M. le docteur Peujade, de Caylus (Tarn-et-Garonne), crut devoir réclamer la priorité de l'idée : « Depuis bien long-temps, dit-il, j'ai péremptoirement démontré, dans un travail *ex professo*, que le choléra est toujours produit par ces insectes microscopiques désignés sous le nom d'*infusoires*. Cette idée se trouve également développée dans un mémoire adressé, il y a bien des années, à l'Académie des sciences.

« Je n'ai pas l'espoir que jamais l'Institut s'occupe des recherches d'un modeste praticien de province, mais permettez-moi au moins d'employer la voie de votre estimable journal pour revendiquer la priorité de l'opinion émise par M. J. Lemaire sur les maladies zymatiques (probablement zymotiques). »

Nous n'avons pas eu la bonne fortune que le travail *ex professo* du Dr Peujade soit tombé sous nos yeux ; nous ne pouvons donc assurer qu'il ait ou qu'il n'ait pas *péremptoirement démontré* l'existence des infusoires générateurs du choléra; mais nous devons dire que nous craignons beaucoup qu'il ne s'abuse sur les véritables caractères d'une démonstration péremptoire; s'il l'a réellement faite, il a en cela, mais en cela seulement, un

véritable droit de priorité sur M. Lemaire, sur moi et sur bien
d'autres. Mais si, comme cela nous paraît trop probable, sa démonstration se borne à une opinion, il n'a pas plus à réclamer
la priorité sur M. Lemaire que sur moi ; car ni moi ni M. Lemaire n'avons le mérite d'avoir imaginé les ferments vivants,
quoique M. Lemaire en ait bien un peu la prétention ; mais il
en a tant d'autres, qu'une de plus ou de moins ne compte pas.
Si le présent ouvrage tombe sous les yeux de mon honorable
confrère de Tarn-et-Garonne, il pourra se convaincre que bien
d'autres avant nous ont cru aux ferments vivants ; mais quant
à les avoir démontrés péremptoirement ou démontrés simplement, cette gloire a été réservée à M. Pasteur, en ce qui concerne du moins les ferments physiologiques. Quant aux ferments pathologiques, je crois avoir, en groupant mieux peut-
être qu'on ne l'avait fait les motifs que nous avons d'y croire,
rendu leur existence plus probable ; mais nous sommes obligé
de convenir que, pour un grand nombre de maladies, cette
existence reste encore à l'état de probabilité, état qui, au point
où nous l'avons établi, équivaut, du reste, pour nous, à peu
près à la certitude expérimentale.

Si l'on en croyait le Dr Hallier, cette certitude existerait déjà
pour le choléra, comme pour la scarlatine (voir ce mot) et pour
beaucoup d'autres maladies ; mais, malgré la démonstration *péremptoire* du Dr Peujade, le ferment du choléra serait une mucédinée, au lieu d'être un infusoire. Nous n'avons pu prendre
une connaissance complète des recherches de M. Hallier qui
n'ont pas été, que nous sachions, traduites en français ; d'après
ce que nous en dit le Dr Kirschléger dans la *Gazette médicale
de Strasbourg* (octobre 1869), ces recherches sont fort importantes (1), et comprennent des détails nombreux, indiqués par
les titres des chapitres suivants :

I. — Observations sur les matières végétales trouvées dans
les déjections alvines chez les cholériques (a : *Recherch. sur les
déject. oryziformes dans l'épid. de Berlin*, 1866 ; b. *Réch. sur les
mat. vomies par les chol. épidém. d'Elberfeld*, 1867).

(1) *Das choléra-contagium; botanische Hubrsachungen*, Ærzten und Naturs-
forchen mitgetheilt; von Dr E. Hallier, professor In Iena. Mit einer Kupfertafel;
Leipzig 1867, bei Engelmann. — Un vol. in-8 de 40 pages, prix 2 fr. 70.

II. — Essais de culture des déjections et des matières vomies;

III. — Résultats morphologiques des cultures ;

IV. — Conditions thermales relatives à la formation des *Cistes* ;

V. — Culture de la mucédinée cholérique, relativement à quelques moyens de désinfection ;

VI. — Conditions sous lesquelles la mucédinée cholérique végète sur les bords du Gange ;

VII. — Essais d'alimentation ;

VIII. — La mucédinée cholérique est-elle identique avec le contagium du choléra ?

On voit, d'après ces titres d'autant de chapitres, quelle est la multiplicité et, en apparence au moins, la précision des recherches du Dr Hallier sur cette mucédinée, déjà observée, ainsi que nous l'avons dit, en Angleterre, dès 1849, par Swayne, Britton et Budd, et plus tard aussi par le Dr Thomé (*Virchow's Archiv.* 38, xiv, tab. vii), mais contestée ou plutôt niée par M. Ch. Robin.

« En 1867, dit l'honorable collaborateur de la *Gaz. méd. de Strasbourg*, M. Hallier avait l'honneur d'annoncer à la Société des sciences naturelles de Berlin que les boules gélatineuses des déjections oryziformes sont des *colonies de micrococcus* du fruit d'une *ustilaginée*. » On a déjà vu que le même observateur admet un micrococcus de la scarlatine.

Malgré les recherches, en apparence si complètes et si précises, de M. Hallier, et dont nous regrettons de n'avoir pu prendre une connaissance plus approfondie, l'existence du micrococcus cholérique est loin d'être généralement admise, et nous ne pouvons nous-même la considérer comme démontrée. Si même on pouvait, en pareille matière, raisonner par analogie, nous serions beaucoup plus disposé à attribuer le choléra à des parasites animaux qu'à des parasites végétaux ; il nous semble que la marche de ces vastes épidémies qui s'abattent soudainement sur d'immenses surfaces, donnent beaucoup plutôt l'idée de ces essaims d'insectes, mouches, sauterelles ou autres, qui, dans leurs funestes migrations, envahissent à la fois les campagnes et les cités, et dont Paris et plusieurs localités de la

France et d'autres pays nous ont offert un exemple frappant au début du printemps dernier. Si ces mouches noires dont le sol de Paris était jonché au mois de mars 1872, avaient été microscopiques au lieu d'être volumineuses comme de longues mouches communes et si elles avaient été aussi pernicieuses qu'elles étaient innocentes, nous aurions assisté à la plus terrible des épidémies, et qui aurait eu la marche des grandes épidémies de choléra, de peste ou de variole. Les développements végétaux n'ont guère cette soudaineté et cette généralité d'extension, et l'on pourrait presque dire de progression.

Quoi qu'il en soit, microphyte ou microzoaire, la nécessité de la présence d'un parasite pour expliquer le choléra et plusieurs autres maladies fait aujourd'hui tellement de chemin, que le rédacteur de la même *Gaz. méd. de Strasbourg*, qui nous a fait connaître en substance les recherches du docteur Hallier, ajoute :

« Les nouvelles études sur les mucédinées, sur leur génération alternante, si bien exposées dans le beau travail d'Antoine de Bary et dans les mémoires de Hallier et autres, deviennent obligatoires pour tous les médecins pensants, et la mycologie devient l'une des bases de l'étiologie pathologique (de même que la zoologie micrographique). Ces sciences ne sont plus des études *préparatoires* ou *accessoires*; mais elles seront désormais des doctrines fondamentales en médecine... », etc. Le docteur Kirschleger fait observer qu'il faudra beaucoup de temps pour faire pénétrer la doctrine des ferments dans l'esprit des chimistes; mais il est probable que ce temps sera notablement abrégé par les beaux travaux de M. Pasteur, et par la discussion récente qui a eu lieu au sein de l'Académie des sciences de Paris, et dans laquelle un des adversaires les plus décidés des ferments vivants, M. Frémy, a été obligé de reculer publiquement devant les expériences décisives proposées par M. Pasteur. Quant au client de M. Frémy, M. Liebig, il ne s'est pas rendu d'aussi bonne grâce, parce qu'il a l'entêtement et la vanité de sa race; mais sa doctrine du mouvement communiqué, qui n'a, du reste, jamais satisfait aucun esprit sérieux, et qui n'a jamais été digne de son talent, cette doctrine n'en a pas moins été mise à néant par M. Pasteur à qui M. Dumas vient, il y a quelques jours, d'apporter un nouvel appui. Nous avons établi ce fait assez clairement dans notre introduction pour n'avoir pas à y revenir ici. Nous avons dit, en parlant du charbon, que tous les traînards et tous les pillards de l'armée du progrès réclameraient bientôt, à l'exemple des Lemaire, des Sanson et autres, la priorité des applications médicales de l'acide phénique ; il en sera absolument de même de la doctrine parasitaire : non-seulement tout le monde y croira, mais tous les intrigants l'auront inventée, et M. Plasse sera tenu pour un plagiaire. Puisqu'on ne peut étouffer la race des pirates scientifiques, il faut bien vivre avec elle, et même la guérir, au besoin, du choléra, puisqu'on ne peut la guérir de ses mauvais instincts. C'est de quoi nous allons nous occuper dans un instant.

Lors de la première édition de cet ouvrage, nous en étions encore aux probabilités sur l'efficacité de l'acide phénique dans le traitement et la prophylaxie du choléra. Depuis sept ans, la situation est bien changée : des faits nombreux ont donné aux probabilités que nous établissions alors une importance que personne ne saurait contester, et tout nous permet d'espérer que si l'Europe est destinée à subir une nouvelle invasion du fléau indien, elle sera suffisamment armée pour atténuer singulièrement les atteintes du fléau, sinon pour les neutraliser absolument. Notre confiance est d'autant plus grande que, depuis la publication de la première édition de ce traité, nous avons expérimenté un parasiticide nouveau, plus prompt dans son action sinon plus énergique que l'acide phénique lui-même, et qui nous paraît devoir combattre avec succès même les cas de choléra les plus foudroyants. Et à propos de cas foudroyants, nous insisterons même ici, d'une manière spéciale, sur une opinion qu'au premier abord on pourrait croire paradoxale et que nous avons exprimée ailleurs, c'est que les maladies nous paraissent d'autant plus facilement curables qu'elles ont une marche plus rapide, pourvu cependant qu'on ait au moins le temps d'administrer un remède et de lui faire parcourir le cercle complet du système vasculaire. Si la doctrine parasitaire est fondée, on s'apercevra, avec un peu de réflexion, qu'il en doive être ainsi. Comment doivent agir des parasites, dans une maladie de longue durée, dans une maladie organique, par exemple, où il y a une modification, même une transformation

de tissus, une dégénérescence, comme on dit? évidemment en-
s'enfonçant dans l'épaisseur même de la trame cellulaire commune ou des cellules propres des tissus; en sortant, par conséquent, des cavités vasculaires où la circulation reste toujours
plus ou moins active, pour entrer dans un milieu où elle ne
s'opère que lentement, difficilement; cette circulation devient
sans doute plus lente encore et plus difficile, quand le parasite
a provoqué autour de lui des exsudations, des sécrétions, des
formations nouvelles dont il se fait comme un rempart, de
sorte que pour faire pénétrer jusqu'à lui un agent parasiticide, il
faut traverser ce rempart; c'est ce qu'il est facile de voir à l'œil
nu dans les pommes de chêne, dans les noix de galle et dans
une foule d'autres productions morbides tout aussi frappantes,
et pour l'observation desquelles il n'est besoin ni de loupe ni
de microscope. Or, dans ces cas, on conçoit combien doivent
être grands les obstacles que doit rencontrer le parasiticide
introduit dans la circulation pour aller frapper le parasite :
qu'on se représente les difficultés qu'il y aurait à atteindre le
cynips au milieu de sa galle, en injectant un liquide dans les
vaisseaux du chêne! Et puis, quand le cynips, quand le parasite est atteint, il reste la production que sa présence a provoquée qu'il n'est pas toujours facile, tant s'en faut, de faire disparaître, et qui ne doit pas toujours, ni même souvent, être
attaquée par les mêmes moyens que la cause productrice. Au
contraire, quand les parasites circulent encore dans le système
vasculaire, quand ils sont encore mêlés au sang ou aux autres
liquides en mouvement, les solutions parasiticides les atteignent presque aussitôt qu'elles sont injectées, surtout quand on
les introduit par les injections sous-cutanées; leur action est
donc non-seulement plus prompte, mais certainement plus
puissante, et l'on conçoit que si les désordres causés par les
parasites ne sont pas déjà irrémédiables, au moment de l'injection, ils doivent être réparés bientôt par les forces de l'organisme. Pour que ces forces sortent victorieuses du combat
qu'elles sont obligées de livrer, un secours bien faible peut être
suffisant, même dans les cas les plus terribles, bien plus souvent qu'on ne le croit. Au moment suprême des luttes pathologiques les plus périlleuses, l'organisme est, si l'on nous permet

cette comparaison, comme l'acrobate qui traverse sur la corde raide les précipices du Niagara : que l'inepte audacieux penche de l'épaisseur d'un cheveu plus qu'il ne doit, à gauche ou à droite, il se précipite dans l'éternité; mais que le plus mince balancier lui permette de rétablir son équilibre, et il arrivera au terme de sa course, sans avoir, en apparence, couru aucun danger. La difficulté est donc de lui faire parvenir le faible secours du balancier, et dans les maladies cela sera d'autant plus facile que les parasites seront plus libres au sein de l'organisme, c'est-à-dire, en d'autres termes, qu'ils nageront dans les fluides organiques; or, ce n'est évidemment qu'en nageant en grand nombre dans ces fluides, et principalement, sinon exclusivement, dans le sang, qu'ils peuvent produire des effets rapides, en quelque sorte foudroyants, parfois. Il n'y a donc rien de paradoxal à prétendre que plus une maladie est rapide dans sa marche, plus elle doit être facile à guérir. Mais il y a encore une autre raison pour qu'il en soit ainsi.

Il est probable que les microphytes ou les microzoaires qui se développent promptement en très-grand nombre ont une vie dont la durée est en rapport avec la rapidité de leur développement. Il en doit même être ainsi sous peine de périr eux-mêmes par suite de leur propre action : en effet, les parasites, les êtres animés en général, qui se développent dans certaines conditions, ne peuvent évidemment pas vivre dans des conditions contraires : quand un chien meurt, les puces quittent son cadavre et vont chercher un autre hôte; mais les vers intestinaux ou les autres parasites qu'il pouvait nourrir meurent avec lui. En tuant l'animal qui les nourrit, les parasites se tueraient donc eux-mêmes, si, pendant le temps qui s'écoule entre le début de leur action morbigène et le moment de la mort, ils n'avaient le temps d'accomplir leur évolution organique naturelle, laquelle assure la perpétuité de l'espèce. Ce que la raison indique, les précieuses observations du professeur Baillet sont venues le confirmer. On se rappelle (voir ci-dessus, article *Charbon*, p. 388 et suiv.) que ce consciencieux et habile observateur n'a trouvé de bactéridies dans le sang des animaux charbonneux que dans les heures qui précèdent la mort, et après la mort même. Chez les animaux malades, mais qui ne succombent pas, et avant les derniers moments, chez ceux qui succombent, on ne trouve que des corpuscules, lesquels sont, on n'en peut guère douter, une des phases de la vie des bactéridies. D'où il est permis, ou plutôt d'où l'on est obligé de conclure qu'à l'état de bactéridie, où il détermine la mort, le parasite du charbon a accompli l'évolution nécessaire pour assurer sa reproduction par la dispersion des déjections ou même des débris cadavériques. Il résulte, en définitive, de cet enchaînement de faits, que, pour être curatives, il suffit que les médications parasiticides, dans les maladies foudroyantes (1), agissent pendant un temps parfois très-court ; qu'il n'est même pas indispensable qu'elles atteignent tous les parasites, car les forces organiques ont un certain degré de résistance qui leur permet de lutter contre les parasites quand ceux-ci ne sont pas trop nombreux. Que la médication en diminue seulement le nombre dans une proportion notable, et la vie sera sauve.

Ces considérations doctrinales posées, voyons comment les faits les justifient.

Lorsque je conseillai, dans la première édition de ce travail, la médication phéniquée contre le choléra, j'étais guidé uniquement par des déductions théoriques. Cependant quelques faits d'observation semblaient déjà prouver que c'était parmi les parasiticides qu'il fallait chercher une médication anticholérique efficace. J'ai publié *in extenso* dans la première édition de mon livre des lettres qui tendent à prouver l'action favorable de quelques substances dont les propriétés parasiticides ne sont pas douteuses, quoiqu'elles n'aient pas l'énergie de celle de l'acide phénique. Mais, depuis huit ans, la science a marché, et les lettres de mes honorables correspondants et amis ont perdu une partie de leur intérêt ; nous nous contenterons aujourd'hui d'en publier un résumé.

La première est de mon savant confrère et ami, M. le docteur Herran, qui était à l'époque consul général de l'Équateur et de

(1) Il est sans doute inutile de dire que par foudroyantes, on ne saurait entendre des maladies qui tuent avec la rapidité de la foudre : eu égard à la marche ordinaire des maladies graves les plus communes, on peut appeler foudroyantes des maladies qui tuent en quelques heures, en une heure même, ce qui se voit trop souvent dans le choléra.

Honduras, et qui a passé une partie de sa vie dans des localités où règnent les plus terribles épidémies. Au point de vue curatif et prophylactique médical, la note de mon honorable ami ne fait guère qu'exprimer sa confiance dans le chlorure de sodium et de calcium ; sa confiance paraît en effet justifiée, par ce qu'il a observé dans l'état de San Salvador, quoique ce moyen ait été expérimenté dans bien d'autres localités sans beaucoup de succès ; mais ce qu'il y a surtout d'intéressant dans la note de M. le docteur Herran, ce sont les remarques sur les lazarets ; l'hygiène administrative internationale aura à en faire son profit, car les mesures que M. Herran propose paraissent on ne peut plus rationnelles :

« ..... Les miasmes qui causent les épidémies, dit-il, peuvent aussi être transportés par des navires, renfermés dans des cales généralement hermétiquement fermées. Il est évident, en effet, que lorsqu'on opère le chargement d'un bâtiment dans un pays où règne l'épidémie, les balles et les caisses de marchandises qu'on met à bord, ainsi que les vides du navire contiennent une certaine quantité d'air vicié ; une fois le chargement terminé, on calfeutre les écoutilles jusqu'à ce que le navire soit parvenu à destination.

» Celui-ci, aussitôt arrivé à son port d'armement, les autorités demandent la patente de santé ; si le capitaine n'en a pas, on l'amène au lazaret ; là on procède à l'ouverture des écoutilles, et quelquefois même on exige le débarquement des marchandises pour procéder à l'assainissement du navire, soit par le moyen de fumigations ou par le lavage avec de l'eau chlorurée, etc.; une fois ces opérations terminées, on se croit en sûreté.

» Eh bien, tel n'est pas mon avis, et voici pourquoi : lorsqu'on ouvre l'écoutille, l'air vicié de la cale se dégage immédiatement au dehors, et si le vent porte sur la ville, le germe de l'épidémie s'y développe avant que le navire ait jeté son ancre dans le port, et la population se trouve toute surprise de se voir atteinte d'une maladie épidémique avant qu'aucun habitant ait communiqué avec l'équipage (1).

____

(1) Tel a été le mode de propagation de la fièvre jaune qui s'est montrée l'année dernière à Saint-Nazaire.

» Si ma manière de voir est exacte, et je le crois jusqu'à preuve du contraire, les lazarets sont fort inutiles. On m'objectera sans doute que, s'il en est ainsi, on se verra dans l'obligation de cesser toute communication avec les contrées infectées. Si cette question m'était posée, je répondrais négativement, attendu que j'ai la conviction qu'il existe des préservatifs, et même des antidotes pour se préserver et combattre toutes les maladies; ce qu'il importe, c'est de les connaitre et de s'en servir à propos.

» Pour se préserver de l'importation du choléra et de la fièvre jaune par navires, il serait urgent d'exiger de chaque capitaine se trouvant dans les ports où règne l'une ou l'autre de ces épidémies, d'avoir, une fois le déchargement opéré et avant de prendre son chargement de retour, à saupoudrer le fond de la cale avec du chlorure de chaux en poudre, ainsi que d'en jeter quelques poignées çà et là au fur et à mesure qu'on procèderait à l'arrivage des balles et caisses de marchandises ; on aurait également soin d'en répandre quelques poignées au-dessus du chargement, au moment de fermer les écoutilles. De cette manière, l'action du chlore neutraliserait pendant le voyage l'action délétère des miasmes, de telle sorte que leur principe venimeux n'aurait plus d'intensité à l'arrivée du bâtiment en Europe.

» J'ai la plus grande confiance dans l'efficacité du chlore dans ces circonstances ; j'en ai fait l'expérience avec succès dans plusieurs circonstances mémorables. »

Ces dernières précautions qu'indique notre savant ami produiront incontestablement d'excellents résultats, dans le cas de maladies contagieuses transportables par les marchandises ; mais, sans nier absolument l'action favorable du chlore, nous pensons que le but sera beaucoup mieux atteint par l'emploi de l'acide phénique d'après le procédé indiqué par M. Herran ; d'ailleurs, rien n'empêche d'employer concurremment les deux désinfectants, ou pour mieux dire les deux parasiticides et aussi un nouveau parasiticide qui, d'après de récentes expériences que j'ai faites, paraît être très-puissant, et qui a seulement l'inconvénient d'être d'une odeur fort désagréable : c'est l'acide phénique bi-chloré.

Quant à ce que dit notre honorable ami de l'inutilité des lazarets, quoique nous n'attachions pas à ces établissements l'importance que leur attribuent leurs plus ardents défenseurs, il faut
cependant reconnaître que les reproches que leur adresse
M. Herran ne sont fondés que relativement aux maladies dont
le ferment du parasite morbigène est transportable par les
vents ; pour ceux qui ne se propagent que par le contact direct,
comme celui de la gale et de la syphilis, les mesures employées
dans les lazarets permettraient évidemment d'atteindre le but
pour lequel ils sont créés. Mais il faut ajouter que ce sont les
ferments volatils qui causent toutes les grandes épidémies, et
que les remarques du docteur Herran sont applicables à presque
tous les fléaux épidémiques qui menacent la santé publique.
Mais il y aurait bien d'autres choses à dire sur la transmission
de ces fléaux, car leur transport par navires n'est plus, de notre
temps, que la voie à beaucoup près la moins importante ; l'examen des questions que soulève ce transport nous entraînerait
trop loin de notre sujet.

La seconde lettre est due à un ami, étranger aux études médicales, mais dont l'esprit profondément observateur donne
un grands poids à son témoignage : elle est de M. John Van den
Broek, un des grands colons hollandais de Java. A la nouvelle
que le choléra avait fait, en 1864, une invasion violente dans
cette île dont le climat se rapproche tant de celui de l'Inde, je
priai cet excellent ami de vouloir bien étudier l'action des médications employées dans le pays et d'essayer comparativement l'acide phénique ; malheureusement, ma lettre arriva
quand déjà l'épidémie s'était éteinte, et mon bienveillant correspondant ne put que me donner, en consultant ses souvenirs et ceux de quelques amis, médecins et autres, une appréciation sommaire des résultats obtenus de quelques médications :

« ..... A défaut de ces renseignements précis, m'écrivait mon
ami, je puis cependant vous dire que, de tous les remèdes employés, ceux externes ont donné les meilleurs résultats.

» Les différentes prescriptions au laudanum, à la glace, etc.,
n'ont amené que rarement des effets satisfaisants.

» Par les moyens externes j'eus moi-même l'occasion de

constater un grand nombre de cas de guérison, surtout quand ces moyens furent appliqués à la première manifestation des symptômes de la maladie.

» Des frictions violentes d'alcool camphré sur l'épigastre, le dos, les reins et l'extrémité des membres ramenèrent assez promptement la chaleur et provoquèrent en général une circulation assez forte pour empêcher l'envahissement du germe de la maladie. Quand cet effet n'était pas obtenu, l'alcool camphré fut remplacé par une infusion de petits piments, appelés *piments enragés*, sur de l'alcool, et, en dernier lieu, quand ce moyen-là était aussi insuffisant, on fit avaler au patient un quart ou demi-verre d'alcool camphré. Ce remède, un peu héroïque, a été le plus souvent couronné d'un heureux succès.

» Le nombre de malades guéris par ce traitement est considérable ; et un fait remarquable à cet égard est à citer : le chef d'un atelier de construction contenant environ 80 ouvriers, et se trouvant entouré de marais au beau milieu du foyer de l'épidémie, ayant appris les heureux effets de ce moyen curatif, l'appliqua à ses ouvriers qui, presque tous, furent atteints, et il n'en perdit pas un seul.

»..... Je puis encore mentionner un fait digne de remarque, non pour la guérison, mais pour les recherches de la propagation du germe de la maladie. Les premiers cas de la maladie se sont manifestés à l'extrémité ouest de l'île, dans les premiers jours de la mousson d'Est ; et c'est *contre* cette mousson, qui n'a cessé de souffler avec sa persistance habituelle, que la maladie a remonté vers l'est, jusqu'à l'extrémité de l'île. »

Aussi bien sur ce dernier fait que sur l'action du piment enragé et de l'alcool camphré, il y aurait quelques remarques importantes à présenter ; elles seront implicitement contenues dans celles que nous formulerons en faveur de la médication parasiticide ; nous nous bornerons donc, pour le moment, à faire observer que les moyens qui paraissent avoir donné de bons résultats à Java, comme ceux qui en avaient donné de pareils au Centre-Amérique, appartiennent à la catégorie des parasiticides.

La troisième lettre me fut également écrite de Java ; l'auteur, un professeur distingué de chimie, M. Moussel, élève de

M. Pasteur, avait observé la même épidémie que M. Van den Broek, mais sur un autre point de l'île, et ses observations se rapprochent beaucoup de celles de ce dernier, quoique faites à une grande distance les unes des autres :

« Samarang, 10 novembre 1864. »

L'auteur distingue, à peu près avec tout le monde, trois degrés de gravité de la maladie, qui n'en sont assez souvent que des périodes : 1º « Perturbation des fonctions vitales par une cause quelconque ; 2º envahissement de l'organisme par des germes morbifères et leur développement ; 3º effets de ces germes morbifères.

»..... Dans le deuxième cas, il faut expulser et tuer. On expulse par les purgatifs, on expulse et on tue par tout ce qui contrarie la fermentation. L'acide sulfureux libre ou combiné, l'acide phénique, la créosote, les sels mercuriels, l'aloès, le camphre, etc. (il suffit d'indiquer). »

« ..... Le troisième cas est toujours très-grave. Dans le choléra, la circulation s'arrête. Il faut, par tous les moyens, la rétablir. Les excitants par endosmose *sont les seuls efficaces*..... Il s'agit de faire entrer, dans l'économie du sang, un stimulant, et cela rapidement. Frictionner fortement avec un corps *ad hoc*. Le piment enragé a aussi produit de bons résultats. *Je crois qu'il agit aussi comme anti-ferment.* »

L'acide phénique mentionné dans la réponse de mon savant correspondant prouve que, dans ma lettre qui a provoqué cette réponse comme dans celle que j'avais déjà écrite à mon ami Van den Broek, je fondais des espérances sur l'acide phénique et que je me préoccupais de le faire expérimenter. M. Lemaire, dans la seconde édition de son livre, qui suivit la première du présent ouvrage, ne pouvait manquer de marcher sur mes traces, tout en faisant semblant de ne faire, en proposant l'acide phénique, que continuer la médication qu'il avait préconisée antérieurement ; mais la vérité est qu'il n'est pas dit un mot de l'application de l'acide phénique au traitement du choléra, dans la première édition du livre de M. Lemaire ; il a fallu que ma publication lui ouvrît les yeux pour qu'il commençât à voir clair. C'est là, il est vrai, une question depuis longtemps entendue, aussi n'en parlé-je ici que pour rafraîchir la mémoire du lecteur.

M. Lemaire a donc conseillé, *dans la deuxième édition de son livre*, l'acide phénique contre le choléra, et il a même, dit-il, été chargé par un sous-directeur de la compagnie parisienne d'éclairage et de chauffage par le gaz, de rédiger en 1865 une instruction destinée à guider le maire et les médecins de Toulon dans l'emploi de cet acide. De cette instruction nous ne reproduirons que les deux premières lignes; elles suffiront pour montrer avec quel art et quelle haute raison M. Lemaire sait allier la philosophie à la médecine.

« En toute chose les moyens préventifs sont les plus efficaces.

» C'est pour cette raison que je me propose ?. etc... » Tout le reste est en parfait rapport avec cette philosophie pittoresque où *le prudhommisme* s'allie si agréablement au *sganarellisme.* Il serait d'autant plus inutile de le rapporter, que la manière d'employer l'acide phénique conseillée par M. Lemaire, qui n'était pas bonne en 1865, l'est encore moins aujourd'hui; grâce à nos efforts, la pratique a fait quelques progrès depuis sept ans.

M. Lemaire n'était du reste pas le seul, en 1865, à avoir profité de mes travaux, ce qui n'aurait pas été un mal, tout au contraire, si ceux qui marchaient dans notre voie avaient rendu justice à celui qui l'avait ouverte. C'est M. Lemaire lui-même qui rapporte, dans sa seconde édition, l'extrait d'une lettre du *Salut public* de Lyon du 29 septembre 1865, et qui prouve qu'un chimiste, M. Dien, avait fait expérimenter par plusieurs médecins italiens, dans la province de la Capitanata, un procédé d'application de l'acide phénique « qui est à peu près, dit M. Lemaire, la reproduction des différents modes d'emploi de l'acide phénique dont j'ai parlé (1). » Malgré les bons résul-

(1) Voici le procédé conseillé par M. Dien :
Prenez : Acide phénique cristallisé : 10 grammes.
Faites liquéfier en plongeant le flacon dans l'eau chaude et versez-le dans :

> Alcool de bonne qualité . . . . . . 15 gram.
> Mélangez et ajoutez eau pure . . 20 gram.

Pour applications externes et aspirations sur un mouchoir, dans l'eau de toilette et en évaporations dans les appartements.

tats préventifs que, d'après M. Dien, auraient obtenu divers médecins de la Capitanata, nous croyons que le procédé qu'indique l'honorable chimiste n'est pas celui qu'il convient d'adopter; mais il n'en prouve pas moins que, dès 1865, notre initiative avait eu des imitateurs et que l'acide phénique faisait son chemin. Le procédé proposé par M. Dien, de même que ceux que M. Lemaire avait signalés dans son instruction, avait d'ailleurs un but purement préventif.

Depuis l'époque de cette instruction et de ma première édition, diverses observations ont été faites qui tendent à démontrer l'action préventive de l'acide phénique. J'en citerai quelques-unes.

En 1866, pendant la terrible épidémie cholérique qui sévissait à Amiens, un honorable fabricant de cette ville me fit demander des conseils sur le régime à suivre dans son usine. Je lui rédigeai une instruction conforme aux règles qui seront formulées à la fin de cet article; au commencement de 1868, j'eus la satisfaction de recevoir la lettre suivante :

« Amiens, 21 janvier 1868.

« Monsieur,

» Je viens, quoique un peu tard, vous remercier des bons conseils que vous avez bien voulu me donner sur la marche à suivre pendant l'épidémie qui a si cruellement éprouvé la ville d'Amiens en 1866.

» Quoique mon usine soit située dans le quartier où la maladie a exercé ses plus grands ravages, je n'ai perdu qu'un de mes ouvriers sur 150 que j'avais alors, et encore, c'est avant que je n'aie commencé à faire usage de l'acide phénique.

» Voici comment mon usine a été tenue pendant cette terrible épidémie : tous les ateliers ont été appropriés avec les plus grands soins et l'air renouvelé le plus fréquemment possible; dans les cabinets d'aisances il a été établi un jet d'eau continu au moyen de tuyaux adaptés à la pompe de la machine à vapeur; on a fait des arrosages avec de l'eau phéniquée dans les ateliers, dans la cour et sur le boulevard en face de l'usine; ces arrosages étaient répétés deux ou trois fois par jour, on versait aussi fréquemment de cette eau phéniquée dans les lieux d'aisances. Dans les bâtiments d'habitation, on a mis dans chaque pièce un pot d'eau contenant une quantité d'acide phénique, qu'on laissait évaporer pendant quelques jours et qu'on renouvelait ensuite.

» La grande cour de mon usine était aussi arrosée de temps en temps, dans les jours les plus chauds, au moyen d'un tuyau de pompe à incendie, adapté également à la pompe de la machine à vapeur.

» Beaucoup de fabriques situées dans le même quartier ont été tellement éprouvées, que plusieurs ont dû cesser de travailler pendant quelque temps. Mais, quoique la mienne ne soit pas mieux placée, j'ai été assez heureux pour être à peu près complétement épargné par le fléau, ce que j'attribue en grande partie aux grands soins de propreté qui ont été pris et à l'emploi de l'acide phénique suivant vos instructions.

» En terminant, je vous prie, monsieur, de recevoir mes remercîments et ceux de mes ouvriers. »

« W. Fox. »

En novembre 1869, M. le docteur Quesneville, qui a tant contribué et qui contribue encore tous les jours par sa publicité toute scientifique à la propagation de l'acide phénique, publiait dans le n° de novembre 1869 de son très-intéressant journal, *le Moniteur scientifique,* une lettre dont nous extrayons ce qui suit :

« Valle-Menier (Nicaragua, 3 décembre 1869.

» Mon cher Docteur,

. . . .

» Dans les premiers jours de 1867, le choléra se mit à sévir violemment dans ce pays, et ne disparut qu'après avoir décimé, pendant quinze mois, tous les *pueblos,* les uns après les autres.

» J'écrivis à M. Menier qui, toujours plein de sollicitude pour nous, m'envoya d'Angleterre deux pièces entières (600 bouteilles!) d'acide phénique liquide, avec lequel je fis arroser tous les jours les corridors et l'intérieur de nos maisons, dans la proportion d'un verre d'acide dans un arrosoir de jardin plein d'eau, et nous eûmes le bonheur de n'avoir pas un seul cas à déplorer parmi ma population, qui n'est jamais moindre de trois cents individus, quand Nandaïme, village indien à une demi-lieue du Valle-Menier, enterrait tous les jours plusieurs paroissiens.

» Je ne sais pas si je dois attribuer ce résultat à l'acide phénique que vous vantez tant; mais ce dont je suis sûr, c'est que la continuation de mon arrosage coïncide avec la disparition des fièvres intermittentes, cet horrible fléau qui nous frappait quatre ou cinq fois par an, et que les puces, les chiques, les mouches, etc., toute cette vermine féconde, qui pullule à l'infini sous notre beau soleil, a disparu complétement chez nous.

» On s'habitue si promptement à l'odeur de cet acide, qu'elle finit par être agréable; c'est du moins la sensation que nous éprouvons tous ici. » (*Moniteur scientifiq.*, nov. 1869.)

En septembre 1870, un membre de la section d'astronomie de l'Académie des sciences, M. Faye, avait cru devoir apporter son témoignage en faveur des miasmes *vivants*, comme cause productrice des épidémies et notamment de la variole et du choléra. (Voir *Compt. rend.* des séan. de l'Ac. des sc., t. LXXI, p. 415, 1870.) C'est à propos de cette note que le fameux docteur Pigeon (le même qui nie la contagion du typhus) crut devoir informer le monde que l'acide phénique, loin de prévenir ou de guérir la variole, le choléra, etc., en favorisait, au contraire, le développement et en augmentait la gravité. (*Compt. rend.* de l'Ac. des sc., 5 juin 1871.) M. Grimaud (de Caux) — à qui j'avais remis mon travail sur l'acide phénique, le 3 janvier 1865 — crut devoir prendre la défense de cet acide dont il avait déjà loué les bons effets dans une note à l'Académie (voir ci-dessus article *Variole*).

Dans une nouvelle note à l'Académie (séance du 10 juillet) et intitulée : *faits démonstratifs de l'efficacité de l'acide phénique,* on lit ce qui suit :

« Quant au choléra en particulier, une observation importante reste à faire. La science commence là où les documents ont de la certitude. Quelle place peut-on assigner dans l'édifice scientifique à de simples affirmations sans preuves..... Se-

35.

lon son auteur (de la note en question) les cas de choléra qui se développent dans un milieu phéniqué seraient généralement plus graves et plus fréquemment mortels.

» Voici des faits contraires que les *Comptes rendus* doivent opposer. Il y en a par milliers; nous extrayons les suivants d'une note de M. Calvert, présentée par M. Chevreul dans la séance du 10 août 1870 :

» Le docteur David Davis, de Bristol, a le premier systématisé l'emploi de l'acide phénique. En 1867, à Bristol, le chiffre de la mortalité était de 36 à 40 personnes sur 1,000; après l'emploi de l'acide phénique, il n'a plus été que de 18 à 20, la moitié. Un succès semblable a été obtenu par le même moyen à Glascow, à Liverpool, à Manchester. En 1868, à Terling (comté de Sussex) avant l'application de l'acide phénique, sur 900 habitants, 300 avaient été attaqués du typhus; pendant trois semaines que dura l'application de l'acide phénique, deux personnes seulement furent attaquées sans suite fatale, après quoi il n'y en eut plus d'autres.

» C'est d'après ces résultats que le gouverneur a prescrit l'usage de l'acide phénique, soit à bord des navires de commerce, soit dans l'armée, dans les prisons d'État ou les hôpitaux. »

Quelques remarques sur cette note sont indispensables; mais avant de les présenter, nous devons d'abord reproduire celles dont M. le secrétaire perpétuel Dumas fit suivre la note de M. Grimaud, en la présentant à l'Académie.

« L'usage de l'acide phénique comme désinfectant, dit M. Dumas, a été pratiqué à Paris dès 1865. Il est devenu réglementaire pour le service des pompes funèbres en 1866. L'assistance publique en fait également usage.

» Il nous sera permis d'affirmer que les premières expériences pour la désinfection en grand des matières cholériques ont été faites à Marseille, et que ces expériences, communiquées à l'Académie, ont provoqué la première note émanée du conseil de salubrité de la ville de Paris et distribuée à toutes les mairies : « Vos idées sur l'efficacité de l'acide phénique, me dit le jour même un membre de ce conseil, viennent d'être adoptées. Nous avons rédigé une note à ce sujet pour les mairies. »

Toutes ces remarques, — (moins celles du docteur Pigeon !) — celles du docteur Grimaud (de Caux), celles de M. Calvert, celles de M. Dumas, celles du conseil de salubrité de la ville de Paris et celles de son membre anonyme sont très-satisfaisantes pour l'acide phénique, mais elles le sont beaucoup moins pour la justice distributive. M. Dumas réclame en faveur de la ville de Marseille le mérite d'avoir fait les premières expériences sur la désinfection « en grand » des matières cholériques par l'acide phénique. Quand j'écrivis à M. Calvert pour me plaindre très-courtoisement, et je crois pouvoir dire amicalement, qu'il eût attribué à M. David Davis la priorité de l'emploi de l'acide phénique, M. Calvert me répondit que si je connaissais quelqu'un qui, avant M. Davis eût employé « en grand » l'acide phénique, il s'empresserait de reconnaître son erreur. Cette réponse était un peu bien diplomatique pour un fabricant de produits chimiques. Je ne sache pas qu'aucun juge ait jamais attribué la priorité d'une idée ni même la priorité de son application à celui qui l'applique « en grand » mais à celui qui a réellement eu l'idée et qui l'a appliquée le premier sur une échelle quelconque. Ce n'est pas à des hommes aussi instruits et aussi habiles que le savant chimiste de Manchester qu'il peut être utile de rappeler de semblables vérités. Or, mon mémoire où ces applications sont indiquées, *après avoir* été par moi pratiquées, a été remis à M. Flourens, en décembre 1864 ; l'honorable secrétaire perpétuel l'a gardé 16 jours entre ses mains (voir ci-dessus p. 75) et l'a communiqué, le 2 janvier, à l'Académie. Ce sont là des dates authentiques. Si M. Calvert s'était contenté d'attribuer à M. David Davis le mérite d'avoir adopté et appliqué sur une grande échelle une bonne idée déjà appliquée par d'autres, nous croyons que l'honorable fabricant se serait mieux mis en règle avec la logique et avec la justice, qui, du reste, ne manquent jamais de marcher d'accord. Il est certain que n'étant ni gouverneur ni maire de Bristol, de Manchester, de Liverpool, de Marseille, ni même de Paris, pas même directeur de l'assistance publique, je n'ai pu appliquer à aucune de ces villes ni à leurs hôpitaux les mesures hygiéniques qui découlaient de mes observations et que j'avais conseillées ; mais j'avais appliqué ces mesures dans ma pratique ; j'en avais fait connaître les résultats utiles, dans un mémoire à l'Institut, puis dans un livre, et je crois que cela est suffisant pour assurer mes droits de priorité. Aussi, en lisant les remarques, très-importantes d'ailleurs, dont M. Dumas a fait suivre la communication de M. Grimaud (de Caux), avons-nous été étonné que le savant secrétaire perpétuel n'ait pas répondu au membre du conseil de salubrité qui lui annonçait que le conseil avait adopté « ses idées, » (les idées de M. Dumas) : « Monsieur, les idées que le conseil de salubrité a appliquées ne m'appartiennent pas, et je les ai adoptées moi-même, d'après les faits annoncés par le docteur Déclat ; j'ai eu assez d'idées dans ma vie — qui n'est pas encore arrivée à son dernier terme — pour que je ne désire pas me voir attribuer celles des autres. » Il est bien de réclamer pour un conseil municipal, de Marseille ou d'ailleurs, mais il n'est pas moins bien, si même il n'est mieux, de réclamer pour un simple citoyen.

La question de justice réglée, revenons maintenant à la question médicale.

Disons d'abord que les résultats annoncés par M. Calvert et qui auraient été obtenus à Bristol, à Glascow, à Liverpool, à Manchester par celui que M. Calvert appelle le systématisateur de l'emploi de l'acide phénique, ne sont pas exposés d'une manière assez explicite pour qu'on puisse s'en faire une idée parfaitement exacte. M. Calvert parle d'une mortalité de 36 à 40 pour 1,000, à Bristol, en 1867. Pourquoi en 1867 ? est-ce que cette année a été une année exceptionnelle sous le rapport de la mortalité ? dans ce cas, il fallait éviter de la prendre pour type, car une exception peut cesser d'elle-même ; il fallait tout au moins indiquer à quoi tenait l'exception ; si elle était due, par exemple, au choléra, puisque c'est à propos de choléra qu'on a rappelé la note de M. Calvert ? Puis, qu'est-ce qu'une mortalité de 36 à 40 pour 1,000 ? il n'y a pas, pendant une année dans une ville ni ailleurs, une mortalité de *tant à tant* ; il y a une mortalité précise de *tant* ; car le chiffre des morts est rigoureusement déterminé, il n'est pas de 36 à 40 ; il est de 36, 37 ou de plus ou de moins. La proportion de 18 à 20 n'est pas plus scientifique que celle de 36 à 40 ; elle ne saurait donc être mieux acceptée. La note de M. Calvert exige donc, comme on le voit, des explications qui en donnent le sens exact, d'autant plus que trois grandes villes, qui se trouveraient dans cette effrayante condition de présenter normalement une mortalité de 36 à 40 pour mille, seraient une phénomène plus extraordinaire encore que lugubre. D'un autre côté, une telle mortalité pendant une année d'épidémie serait très-peu élevée, en sorte que, pour la faire descendre à 20 pour 1,000, qui est sensiblement la mortalité moyenne des principaux pays civilisés, il ne semble pas nécessaire de pouvoir disposer de moyens bien puissants. Les divers témoignages que nous avons invoqués en faveur de l'acide phénique ont donné des résultats bien autrement avantageux. En résumé, pourtant, et sauf les *desiderata* que laissent les faits signalés par M. Calvert, il ne paraît pas moins résulter de l'ensemble de ceux que nous avons cités, que l'emploi de l'acide phénique comme prophylactique du choléra et d'après le mode d'emploi imparfait que les expérimentateurs ont adopté jusqu'à ce jour, a donné des résultats satisfaisants entre les mains de tous ceux qui l'ont essayé..... moins le docteur Pigeon..... qui, il est vrai, paraît le condamner d'inspiration. C'est une imagination très-riche que celle du docteur Pigeon!

Si un grand nombre d'expérimentateurs ont mis en pratique nos idées sur la prophylaxie du choléra, nous ne sachons pas que personne les ait encore appliquées à la thérapeutique de cette maladie. Tout est donc encore à faire sous ce dernier rapport, sauf un petit nombre d'essais que nous avons tentés nous-même dans notre clientèle, dont deux seulement portent sur de vrais cas de choléra et dont l'un était extrêmement grave ; tous les autres se rapportent à des cholérines ; mais nous devons le dire avec une profonde conviction, quelque peu nombreux que soient ces essais, ils nous paraissent gros d'espérances ; si nos prévisions ne nous trompent pas, la thérapeutique du choléra est appelée à subir la plus heureuse des révolutions. Seulement, nous ne croyons pas que l'acide phénique en soit le seul agent ; le nouveau parasiticide auquel nous avons déjà fait allusion y jouera sans aucun doute un grand rôle ; il nous faudra donc attendre, pour que cette révolution s'opère, d'avoir pu appliquer nous-même la nouvelle

méthode et le nouveau moyen parasiticide, à moins que l'idée
ne vienne à quelqu'un de l'expérimenter avant que nous l'ayons
fait connaître, ce qui est peu probable. Au reste, cette idée
vint-elle à quelqu'un, j'ai pris des précautions, cette fois, pour
m'assurer le droit de priorité, en déposant, le 31 mai 1869,
un pli cacheté à l'Académie des sciences. Et à ce propos,
je dois dire que ce qui confirme surtout mes prévisions,
c'est qu'elles sont déjà réalisées en partie. Quand j'imaginai
l'application du nouveau parasiticide, j'avais principalement
en vue la curation du choléra, et je fondais mes espérances sur
des déductions théoriques qui me semblaient presque équivaloir à une démonstration expérimentale : si, en effet, me
disais-je, le choléra, ainsi que je l'ai dit dans cette sous-
section, est le résultat d'un développement abondant de
parasites à évolutions rapides, comme doit l'être toute évolution de parasites dans les maladies à marche foudroyante,
il me paraît infiniment probable qu'en faisant pénétrer instantanément dans le sang une quantité de substance parasiticide suffisante pour détruire une grande partie des parasites, sinon tous, on pourra nuire à leur reproduction
rapide, on replacera l'organisme supérieur dans des conditions
qui lui permettront de détruire, par ses propres forces, les
microzoaires ou microphytes inférieurs que le médicament
n'aura pu atteindre. Pour agir avec promptitude, il faut posséder un parasiticide puissant, et un mode d'administration
qui le fasse pénétrer promptement dans le système circulaire,
quelles que soient les conditions dans lesquelles se trouve
l'économie. L'acide phénique et surtout mon nouveau médicament me paraissaient bons pour atteindre le premier but ;
les injections sous-cutanées devaient inévitablement atteindre
le second. Ainsi donc, quand j'entrepris le traitement de la
pustule maligne, du charbon, du sang de rate, de la cocotte,
c'était pour contrôler d'avance une doctrine thérapeutique bien
arrêtée, et conçue surtout en vue du choléra. Je me croyais,
d'ailleurs, si assuré des résultats que donnerait ce contrôle, que,
lors de mon excursion en Auvergne, j'annonçai par avance ces
résultats dans le pli cacheté que j'adressai à l'Académie, ainsi
que je le démontrerai le jour où je prierai l'Académie d'ouvrir

ce pli. Ainsi, la curation du charbon, celle de la cocotte, du typhus bovin, de la fièvre typhoïde n'a point été l'effet du hasard ; elle a été la conséquence d'une théorie nettement formulée qui, dans mon esprit, s'appliquait surtout au choléra, et c'est pour cela que j'ai l'espoir, encore plus fondé aujourd'hui qu'il y a huit ans, de combattre avec succès la terrible épidémie. Je tiens essentiellement à faire ici cette déclaration, car il me semble qu'il est plus satisfaisant pour la science de posséder des vérités démontrées à la fois par la théorie et par les faits, que des vérités d'expérience pure, brutales en quelque sorte, ne laissant qu'incertitude et confusion dans l'esprit ; on cherche toujours, quoi qu'on fasse, à trouver la raison des choses. Aussi, nous tiendrons-nous, le cas échéant, à la disposition de nos confrères ou des administrations des localités où viendrait à sévir une épidémie cholérique, pour appliquer nous-même notre méthode, jusqu'à ce que la lumière, dont nous avons parlé précédemment (voir l'article *Typhus*), soit faite pour tous les yeux. Ce n'est pas notre faute, du reste, si dès le commencement de l'année dernière, nous n'avons pas fait une expérience qui aurait pu être décisive : quand nous apprîmes que le choléra sévissait, avec une certaine intensité, disait-on, à Saint-Pétersbourg, nous fîmes demander, par un député de nos amis, à M. le Ministre de l'instruction publique, Jules Simon, s'il voudrait nous charger d'une mission pour aller étudier l'épidémie et surtout traiter les malades. A cette époque, nous venions d'éprouver des pertes sérieuses, de faire beaucoup de sacrifices pour étudier d'autres questions ; M. le ministre nous fit répondre que sa caisse était absolument à sec, et qu'il ne pouvait, par conséquent, accueillir immédiatement notre proposition, mais que, comme président des cinq Académies, il tâcherait de la leur faire accueillir, quand le gouvernement serait de retour à Paris. Cependant, le désir d'aller appliquer notre méthode était ardent, et après quelque temps d'attente, nous prîmes la résolution de nous imposer un nouveau sacrifice et nous priâmes un ami commun d'écrire au directeur de l'Académie médicale de Saint-Pétersbourg pour lui demander s'il consentirait à nous faciliter les moyens d'expérimenter notre traitement sous son patronage ou sous celui d'un de ses collègues. Mais, pendant mes démarches, l'épidémie déjà à son déclin s'éteignit, et notre projet en resta là.

Aujourd'hui, nos devoirs professionnels et aussi l'état de notre santé ne nous permettraient peut-être pas de nous transporter si loin, et cependant nous avons l'ardent désir de mettre nous-même, de nos propres mains, notre méthode à l'épreuve, car le passé ne nous permet malheureusement pas de douter que, si nous confions l'expérimentation de notre idée à d'autres, on arrivera, ou bien à se l'approprier à l'aide d'une modification inutile ou nuisible, ou bien à prouver que notre traitement n'offre rien de nouveau, ou qu'il est inefficace. Que ceux donc qui sont animés à la fois du sentiment de la justice et de l'amour de l'humanité, entendent notre appel : dans la mesure de nos forces, nous mettrons à leur disposition tous les moments de liberté dont nous pourrons disposer, pour aller expérimenter, avec leur concours et sous leurs yeux, notre méthode, en cas d'épidémie cholérique. Cela dit, nous allons faire connaître en quelques lignes les résultats des essais que nous avons tentés.

Ainsi que nous l'avons dit, ces essais portent tous, à l'exception de deux, sur des cas de cholérine, maladie que l'on parvient à guérir presque constamment par les moyens ordinaires; nous croyons donc inutile d'exposer en détails les faits que nous avons observés. Nous nous contenterons de dire, non-seulement que tous les cas que nous avons traités ont été guéris, mais que plusieurs de ces cas, même parmi les plus graves, ont été arrêtés instantanément; cette circonstance remarquable place la nouvelle méthode à une grande distance des autres, quoique celles-ci, du moins les plus rationnelles d'entre elles, puissent aussi guérir la cholérine; à cette rapidité, à cette puissance d'action, on devait prévoir que la méthode ne serait pas impuissante contre le choléra confirmé, et le cas suivant vint justifier nos prévisions.

Dans la nuit du 16 au 17 août 1871, à trois heures du matin, on vint me chercher en toute hâte pour un malade qu'on disait atteint d'une attaque de choléra. Je me rendis sur-le-champ auprès du patient, où je fis les constatations suivantes :

Lebra, rue Taitbout, 62, est âgé de 37 ans, et d'une santé

habituellement délicate; il a eu des hémoptysies, il y a un mois.

Il avait été pris de diarrhée, il y a quatre jours, lorsque hier au soir il s'y joignit d'abord de la courbature dans les jambes, puis des crampes dans les jambes et dans les mains, qui, bientôt, acquirent une grande intensité; il y eut un léger relâchement de dix heures à minuit; mais elles revinrent après cette heure; il semblait au malade que les os de ses jambes étaient courbés par la violence des contractions; les douleurs étaient extrêmes.

Quand j'arrivai auprès de lui, tous les muscles du corps ou à peu près étaient dans un état de contraction violente et douloureuse; le malade ne respirait pas sensiblement, les mouvements de la poitrine étant impossibles; ses amis l'avaient transporté au milieu de la cour pour lui donner de l'air; il était néanmoins sous la menace d'un étouffement. La peau était violacée, froide, couverte d'une sueur visqueuse; les yeux étaient profondément enfoncés dans leurs orbites; le malade a « une sonnerie dans le cerveau ; » pendant toute la nuit et une partie de la journée de la veille la diarrhée et les vomissements ont été incessants; ils se sont un peu calmés depuis quelques heures; les urines sont supprimées depuis 24 heures. Toutes les personnes qui sont autour du malade ont reconnu le choléra.

A quatre heures du matin, je pratique quatre injections sous-cutanées avec de l'eau phéniquée à 1 pour 100 associée au nouveau médicament; chacune de ces injections est de 5 grammes de liquide. Je prescris en outre mon sirop phéniqué titré à l'intérieur, dès que le malade pourra le prendre.

Quelques minutes après les injections, une amélioration extraordinaire se manifeste et fait à chaque instant des progrès. Vers dix heures une réaction violente se déclare avec quelques apparences typhoïques ; je pratique trois nouvelles injections, et, au bout de quelques heures, le calme se rétablit ; le soir, le malade éprouve un véritable bien-être ; il demande et prend un bouillon, qu'il supporte bien.

La nuit du 17 au 18 est très-bonne, sans diarrhée ni vomissements. Quelques jours après, Lebra reprend ses travaux.

Il ne s'agit sans doute, dans ce cas, que d'un choléra sporadique, — quoique l'on fût à une époque où l'épidémie régnait en Europe et semblait vouloir se déclarer à Paris, — nous ne pensons pas que personne soit tenté de révoquer en doute la frappante efficacité du traitement; on n'ignore pas, en effet, que les choléras sporadiques graves ne sont pas beaucoup moins dangereux que le choléra épidémique, et qu'il n'est pas rare d'en voir qui amènent la mort en quelques heures. On a vu comment était morte la sœur de notre distingué correspondant, Mlle Gerber-Keller, 25 ans après avoir été quasi miraculeusement guérie par la créosote. M. Lebra a donc été guéri par la médication nouvelle, et guéri — on pourrait bien le dire ici, sans exagération — comme par enchantement.

Le second fait que nous avons observé, moins grave que le précédent, mais encore assez grave cependant, se présenta quelques jours après chez M. Masson, Avenue Bossuet, n⁰ 7, âgé d'environ quarante-trois ans. Le 8 juillet 1871, il fut pris, à deux heures du matin, de diarrhée abondante, liquide, à détritus rhiziformes, et de vomissements incessants ; à six heures, il s'y joignit des crampes dans les jambes. On m'envoie chercher, et je puis voir le malade à neuf heures. Les phénomènes précédents duraient encore ; je constate la nature des déjections, et, en outre, la suppression des urines et un refroidissement général de la peau, sans cyanose.

Je pratique deux injections sous-cutanées d'eau phéniquée à 1 p. 100 et je donne en boisson mon nouveau médicament et du sirop à l'acide phénique pur. Les symptômes cessent bientôt, et le malade se rétablit avec rapidité.

Je viens d'être appelé de nouveau il y a quelques jours (19 août 1872) auprès de ce malade pour une diarrhée médiocrement intense (quatre selles dans la journée), une assez forte céphalalgie qui a duré, sans interruption, toute la nuit, et des évanouissements qui se sont répétés trois fois, pendant que le malade mangeait un œuf; ces symptômes ont, ensuite, été suivis de quelques vomissements et d'une douleur le long du nerf sciatique gauche. — J'ai prescrit uniquement du sirop à l'acide phénique, et aujourd'hui, 24 août, tout est rentré dans l'ordre. Mais j'ai appris que, depuis la première atteinte de l'année dernière, M. Masson avait conservé de la délicatesse d'estomac.

Deux cas de choléra sporadique ne forment pas sans doute un contingent bien décisif; mais ils n'en doivent pas moins laisser, ce nous semble, l'espoir que la nouvelle méthode tiendra contre le choléra épidémique tout ce que nos prévisions, fondées sur les plus légitimes analogies, nous ont permis d'annoncer. Nous le répétons encore, la méthode nouvelle nous paraît devoir apporter dans le traitement du choléra une véritable révolution. Il s'agit donc de formuler, dès à présent, les règles de cette méthode.

Avant de présenter cette formule, nous rappellerons d'abord dans quels termes nous la résumions, dans la première édition de ce travail; la comparaison de celle-ci avec la formule actuelle montrera les progrès accomplis depuis huit ans :

« Afin d'empêcher, disions-nous, le développement des infusoires — parasites vaut mieux — du choléra, nous conseillons :

» De respirer des vapeurs de substances parasiticides, et tout particulièrement les vapeurs d'acide phénique, soit en arrosant les appartements d'eau phéniquée, soit en portant sur soi un sachet ou un mouchoir imprégné de cet acide, mais surtout en ouvrant nuit et jour dans les appartements un émanateur de M. Sax, dont les lames seront trempées dans un mélange de goudron et d'acide phénique brut (200 grammes d'acide pour 1 litre de goudron).

» De recevoir toutes les déjections des malades dans des bassins contenant une substance phéniquée, ou un mélange de charbon et de sulfate de fer, comme l'indique M. Bonjean de Chambéry :

» Poussier de charbon de bois . . . .   1 kilog.
» Sulfate de fer (vitriol du commerce).   . 500 gram.

» De se préserver de toute indigestion et de tout refroidissement;

» De s'entourer de soins médicaux pour la plus légère indisposition :

» Enfin, si l'on est pris au dépourvu au moment d'une attaque, nous conseillons d'avaler tout de suite une cuillerée à soupe d'alcool camphré. — Ce moyen violent produit d'abord une vraie sensation de brûlure dans l'estomac, mais il stimule la vitalité et peut ramener la chaleur.

» En même temps, on frictionnera le malade avec la teinture de piment dit enragé, et on l'enveloppera aussitôt après dans de la laine chaude ou du sable presque brûlant.

» Ce genre de traitement n'empêche en aucune façon l'usage des potions et boissons habituelles, stimulantes et opiacées, non plus que celui des lavements de toute nature.

» Nous conseillons d'ajouter à toutes les potions ordinaires, un peu d'acide phénique, à la dose de 1 gramme d'acide cristallisé pour 150 grammes de liquide. »

Je terminais ces conseils en rappelant et affirmant de nouveau que l'acide phénique, les phénates alcalins (ou du moins les mélanges alors réputés tels), *les* coaltars, le goudron sont les meilleurs moyens connus pour empêcher le développement des parasites cholérigènes ; j'aurais pu y ajouter probablement les asphaltes (1), les bitumes, les huiles minérales, etc., et certainement, le nouveau moyen que je me réserve de faire connaître ultérieurement.

Cet ensemble de préceptes dont M. Lemaire s'est... inspiré

(1) A propos d'asphaltes et de bitumes, voici une note que j'ai trouvée dans une publication dont je ne me rappelle pas sûrement le nom, le *Moniteur scientifique* du D' Quesneville, je crois :

« Le D' Mittchel, de la Trinité (Antilles anglaises) a fait les observations suivantes, il y a quelques années, lorsque le choléra fit dans l'île de grands ravages.

» L'île a beaucoup souffert, dit-il, mais il y a eu des exceptions :

» Dans le district de la Bréa, où se trouve un lac bitumineux, il n'y a pas eu un seul cas de choléra, quoique les paysans de la localité soient pauvres et dans de très-mauvaises conditions hygiéniques.

» Dans la ville de San Fernando, où le choléra a sévi, une grande quantité d'asphalte avait été répandue autour d'une maison ; *les habitants de cette maison seuls* n'ont pas été atteints.

» Les chambres très-mal ventilées de la prison de San Fernando sont dallées en asphalte, et il n'y a pas eu un seul malade dans la prison. »

Le D' Mittchol se demande si l'asphalte serait un préservatif du choléra. Ce qu'on peut lui répondre et ce qu'il aurait dû savoir, c'est que les asphaltes et tous ses analogues sont des destructeurs de parasites, démontrés tels par Eirini d'Eyrinys, et depuis lui, par plusieurs observateurs ; et il aurait pu ajouter sans compromettre son autorité que, suivant toutes probabilités, le choléra est causé par le développement de parasites dans l'organisme.

(2me édition) — (on peut bien rester, une fois, parlementaire),
— pour proposer une nouvelle thérapeutique du choléra, peut
être ou plutôt doit être aujourd'hui modifié et quant aux médicaments à employer et quant aux procédés d'administration.

Quant aux médicaments, je fonde les plus grandes espérances sur le nouveau parasiticide que je n'ai point fait connaître encore, mais que je me propose de ne faire connaître
que lorsque ses propriétés et la priorité de son application
auront été constatées et reconnues authentiquement, soit par
une commission *ad hoc*, soit par la pratique générale ; une seule
circonstance pourrait me faire dévier de cette ligne de conduite,
ce serait l'invasion de notre pays par une épidémie cholérique
grave ; je ferais sans doute, dans ce cas, passer les droits de
l'humanité avant ceux d'auteur ; mais il faut bien espérer,
qu'en cas d'épidémie, on finira par trouver une demi-douzaine
de médecins assez amis du progrès et de l'humanité pour assister à des expériences qui ne sauraient être bien longues. Ce ne
sera pas, en tous cas, ma faute si on ne les trouve pas. A
l'heure où j'écris ces lignes comme lorsque j'écrivais celles de
la première édition relatives au choléra, une épidémie semble
nous menacer ; je ferai en sorte d'être prêt ; que mes confrères de bonne volonté le soient de leur côté.

Je conseillerai donc d'associer à l'acide phénique le nouveau
parasiticide en boisson et en injections sous-cutanées.

Je conseillerai aussi, j'ai à peine besoin de le dire, d'administrer ces médicaments à la fois, par les voies gastriques et par la
méthode sous-cutanée, comme je l'ai fait chez le malade de la
rue Taitbout. Dans le choléra plus que dans toute autre maladie cette méthode est indiquée, et assez souvent même indispensable, puisque le flux gastro-intestinal abondant qui caractérise cette maladie rend difficile et parfois complétement
impossible — ce fait a été expérimentalement établi — l'absorption par la muqueuse digestive.

Nous croyons que l'action puissante des injections, telles
que nous proposons de les pratiquer, jointe à celle de l'acide
phénique donné par l'estomac, quand les vomissements ne seront pas trop fréquents, pourront dispenser de l'ingestion de
la dose d'alcool camphré que j'avais conseillée dans la pre-

mière édition de cet ouvrage, d'après les bons résultats que ce moyen, peut-être un peu trop violent, paraisssait avoir eus à Java.

Quant aux frictions excitantes, et particulièrement à celles faites avec le piment enragé, qui paraissent avoir produit d'excellents effets à Java, où l'épidémie était très-grave, nous croyons qu'on devrait les faire, dans le cas où toute force de réaction paraît presque anéantie ; on les suspendrait dès que cette réaction commencerait à s'opérer, car on sait que la période de réaction est parfois aussi dangereuse chez les cholériques, que la période algide elle-même. La rapidité de la guérison empêche du reste cette période de réaction, qui est sans doute le résultat des efforts de l'organisme pour l'élimination de produits transformés qui ne sont plus éliminables ou qui ne le sont que bien difficilement. La même chose s'observe dans la fièvre typhoïde. Du reste, si nos prévisions, confirmées d'ailleurs par le fait de la rue Taitbout, sont fondées, la réaction doit bien rarement manquer de se produire, prompte et énergique, à la suite des injections sous-cutanées avec l'acide phénique associé au nouveau médicament.

Nous répéterons, au surplus, ce que nous disions dans notre première édition, c'est que notre méthode, même modifiée par les progrès de l'observation, n'empêchera pas les médecins qui auraient confiance dans d'autres médications de les employer concurremment avec la nouvelle. Nous serions cependant porté à exclure des moyens anciens les préparations opiacées, au moins au début du traitement, parce qu'elles nous paraissent de nature à contrarier la réaction, — dans les cas, il est inutile de le répéter, où l'absorption intestinale s'opère. — Seulement, lorsqu'il existe des crampes très-violentes, on pourrait administrer la codéine ou le chlorhydrate de morphine avec l'eau phéniquée par la méthode sous-cutanée, et il est infiniment probable que les crampes seraient calmées promptement. Sauf ce cas particulier, nous croyons qu'on devra s'abstenir des opiacés. Du reste, nous l'avons déjà dit à propos d'autres maladies, quand la médication parasiticide agit, elle agit promptement, surtout dans les maladies aiguës, et les effets rendent bientôt inutile l'emploi de tout autre moyen. Que les amis du progrès entendent donc notre appel, et nous ne croyons pas nous aventurer en leur donnant l'assurance qu'ils auront à s'en louer.

Pour la prophylaxie, les préceptes que nous donnions, il y a huit ans, sont encore pleinement applicables, et ils doivent inspirer d'autant plus de confiance aujourd'hui, qu'ils ont été appliqués sur une assez grande échelle pendant la dernière épidémie qui a sévi en Allemagne. La *Gazette médicale de Paris* nous a donné, dans son n° du 8 juin 1872, un compte-rendu sommaire d'un congrès de médecins et de naturalistes allemands qui a eu lieu à Rostock, à propos du choléra. Une foule de désinfectants des déjections cholériques, le sulfate de fer et de zinc, tous les sels métalliques à réaction acide, divers acides furent proposés par plusieurs médecins distingués; mais on s'accorda généralement à reconnaître, d'après de nombreuses expériences, faites à Leipzig, en 1866 et 1867, par le docteur Schroder, que l'acide phénique était *seul* convenable pour cette désinfection. Nous verrons, du reste, à l'article plaies que l'Allemagne a profité autrement que la France de nos recherches ; c'est une triste vérité que nous sommes obligé de constater. Divers composés phéniqués ont été proposés dans ce congrès comme devant remplacer l'acide phénique, entre autres un composé informe de phénate de chaux, sorte de phénol-Boboeuf, où une chaux impure remplace la soude impure ; mais l'immense majorité du congrès s'est prononcée en faveur de l'acide phénique. C'est avec d'autant plus de raison, suivant nous, que pour la désinfection des excrétions, des cloaques et autres lieux où peuvent s'opérer des putréfactions, l'acide phénique brut peut parfaitement suffire, et qu'ainsi la raison d'économie n'est plus un obstacle, car l'acide brut n'est pas plus cher que les phénates impurs, décorés ou non du titre de phénols.

La désinfection directe des matières fécales et des foyers de putréfaction quelconques n'empêchera pas de placer dans l'intérieur des appartements des vases remplis de liquides phéniqués, d'acide brut ou pur, suivant qu'on aura l'olfaction plus ou moins susceptible, ou de solutions alcooliques, éthérées ou aromatiques, si l'on n'est pas obligé d'avoir égard au prix.

Ces dernières solutions sont préférables, parce qu'elles donnent lieu à des émanations plus abondantes.

A l'intérieur on pourra prendre chaque jour deux, trois, quatre ou cinq cuillerées de solution phéniquée à 1/4 ou 1/2 pour 100, ou plus commodément de 1 à 4 cuillerées de notre sirop phéniqué titré à 0,10.

ART. IV. — DE LA DYSSENTERIE ET DE LA DIARRHÉE.

Les conditions dans lesquelles se développe la dyssenterie, — chaleur humide, mauvaise alimentation, excès de fatigue, etc., — ne permettent guère de douter que cette maladie ne soit due à la présence de parasites dans le sang ou dans le gros intestin. Mais aucune observation directe n'est encore venue confirmer les données de la théorie. M. Lemaire, cependant, s'est livré, dans une observation que nous allons reproduire, à un examen microscopique des matières dyssentériques qui lui a fait découvrir « un grand nombre de corps linéaires de longueur régulière ressemblant à des vibrions. » Cette observation unique, et ne renfermant d'ailleurs qu'une description insuffisante, ne peut être qu'un premier jalon jeté dans l'histoire micrographique de la dyssenterie ; à l'avenir d'achever cette première ébauche.

Mais si la nature parasitaire de la dyssenterie peut encore paraître problématique, l'efficacité de la médication parasiticide ne le paraîtra à aucun praticien qui l'aura expérimentée avec quelque soin.

Un professeur de Montpellier, suivi de quelques imitateurs, a voulu récemment exhumer la créosote, pour l'opposer à l'acide phénique, dans le traitement de la fièvre typhoïde ; la tentative ou du moins l'inspiration aurait été moins malheureuse si, au lieu de fièvre typhoïde, il s'était agi de dysenterie. C'est, en effet, contre cette maladie surtout que la créosote a été appliquée avec succès à ses débuts, et à ce sujet, on ne lira pas sans intérêt quelques détails que nous extrayons d'une lettre que nous écrivait, à la date du 18 octobre 1871, un chimiste manufacturier, qui a le premier fait connaître en France le mémoire de Reichenbach et qui a, le premier, préparé en France la créosote (1). Ces détails, outre leur intérêt historique, renferment une leçon à l'adresse des médecins routiniers dont ceux-ci se garderont bien de profiter, mais qui, à cause de cela même, n'en est que plus intéressante pour l'observateur philosophe.

« Bâle, ce 18 octobre 1871.

» . . . .

» En 1834 régnait dans plusieurs villages des environs de Mulhouse une dyssenterie très-pernicieuse, qui enlevait nombre de personnes de tout âge. Beaucoup d'habitants de ces villages travaillaient dans nos fabriques et surtout dans celle où j'étais employé comme chimiste. Voyant que le mal augmentait, et ayant eu d'excellents résultats en appliquant l'eau de créosote (5 à 10 grammes par litre), tant par le haut qu'en lavements mucilagineux, à quelques sujets qui guérirent rapidement, j'engageai plusieurs chimistes d'autres établissements à donner à leurs ouvriers malades le même remède. Le succès fut tel, qu'en peu de jours, tout le public en parlait. Heureusement, nous trouvâmes un médecin (un seul sur 15, et le plus âgé) « —(absolument comme à Corbeil, voir ci-dessus, article *pemphygus*) — » qui prit en main cette cause humanitaire, modifia, suivant l'âge et la constitution des sujets, les doses à prendre; et, au bout d'un mois, cette épidémie ou contagion avait disparu, et très-peu de malades qui suivirent ce traitement moururent.

» Un autre fait, antérieur à ce qui précède et qui me touche de très-près, doit encore être relaté.

» Ma sœur, alors âgée de 13 ans (c'était en 1833), fut, à la suite d'un refroidissement et pour avoir mangé des fruits non

---

(1) C'est devant cette utile « société industrielle, » de notre belle et noble Mulhouse, toujours française de cœur, que M. Gerber-Keller, de Bâle, notre honorable correspondant, fit connaître dans un rapport, qui en renfermait la traduction complète, le mémoire de Reichenbach. On va voir comment sa lecture y fut accueillie par les médecins. Le mémoire de Reichenbach est intitulé : « *Beitrage zur nahern kenntniss ter trockenen Destillation organischer Korper*. Von Dr Reichenbach. » Ce mémoire se trouve dans le journal de Schweigger, intitulé : *Neues Jahrbuch terhemie cund physic.....* Vom Dr Fr. W. Schweigger-Seidel, Halle, 1833, pages 57 et 399.

mûrs, atteinte d'une diarrhée violente, qui, au bout de trois mois, devint sanguinolente. La maladie était arrivée au sixième mois ; la malade s'affaiblissait de plus en plus ; elle était d'une maigreur affreuse et tombait dans un marasme complet. Quatre ou cinq médecins y avaient perdu leur latin. C'est alors que j'eus connaissance des mémoires de Reichenbach. Je consultai un pharmacien, qui lut avec intérêt ces mémoires. Je préparai alors de la créosote (sans doute la première qui ait été préparée en France) ; nous appliquâmes le nouveau remède, tant en pilules que par le bas. Au bout de quatre jours, changement complet ; les déjections prirent peu à peu la consistance et la couleur normales ; l'appétit revint, et, au bout de deux mois, cette jeune fille se trouvait dans l'état de santé le plus florissant. Elle est arrivée à l'âge de 48 ans, et elle est morte d'une attaque très-violente de choléra sporadique.

» De même que je crois être le premier, en France, qui aie préparé la créosote, de même je pense que ma sœur est la première personne traitée par cette substance ; il y a trente-huit ans de cela !!!... et ce n'est que depuis quelques années que l'acide phénique fait son chemin. Je me rappelle encore parfaitement, quand je lus ma traduction à la *Société industrielle*, les mines moqueuses et dédaigneuses des quelques médecins qui assistaient à la séance comme pour dire : « De quoi se mêle cet imbécile ! »

M. Gerber-Keller s'arrête là, il ne fait pas la moindre réflexion sur les « mines » des médecins qui le prenaient pour un imbécile s'ingérant de médecine ; c'est généreux à lui. Si quelques-uns de ces médecins vivent encore, il doivent sans doute, comme le docteur Pécholier, être des préconisateurs ardents de la créosote et garder leurs « mines » pour les propagateurs de l'acide phénique. Ainsi va le progrès et surtout le progrès médical : le métier d'initiateur utile serait vraiment trop beau, si l'on ne rencontrait pas de ces « mines » là sur le chemin. M. Gerber-Keller, qui les a rencontrées se garde bien de les rendre à l'acide phénique ; il a accueilli le nouveau venu avec autant de faveur que s'il n'était pas, pour ainsi dire, un second père de la créosote ; en quoi il est doublement digne d'éloges. Nous avons déjà eu l'occasion de reconnaître les mérites de la créosote; mais nous n'avons pas hésité à dire que son rôle est fini, depuis les applications de l'acide phénique. La dyssenterie ne fait pas exception à toutes les maladies dont il est question dans cet ouvrage; les faits déjà observés, non moins que les données théoriques, sont garants de ce fait. Voici, d'abord, l'observation de M. Lemaire à laquelle nous avons fait allusion :

» M. B., âgé de dix-huit ans, étudiant, né à Cayenne, où il a été élevé, fut pris brusquement de *frissons*, de vomissements très-abondants et de diarrhée.

» Le 18 septembre dernier, jour où la maladie débuta, il eut plus de trente garde-robes. La fièvre s'alluma, le ventre était douloureux et le malade était agité. Pouls à 110.

» *Traitement.* — Eau albumineuse édulcorée avec le sirop de coings et coupée avec de l'eau de Seltz. Potion gommeuse avec cinq centigrammes d'extrait d'opium et deux grammes de sous-nitrate de bismuth. Lavement d'amidon. Diète.

» 19. — Les vomissements sont arrêtés, mais la diarrhée continue; des épreintes très-opiniâtres obligent le malade à se mettre sur le vase à peu près tous les quarts d'heure, le jour et la nuit. La quantité d'excréments rendus est peu abondante; ils sont presque entièrement formés de matières muqueuses, épithéliales et de sang. L'urine est rare et rouge.

» 20. — M. B. est agité. Le pouls à 110. Cet état a persisté pendant huit jours malgré l'emploi de l'extrait d'opium à la dose de dix centigrammes par jour, du sous-nitrate de bismuth, de lavements avec 50 centigrammes d'alun et laudamisés.

» Le malade s'affaiblissait beaucoup et se décourageait.

» Le 29 septembre j'examinai au microscope les matières fécales, j'y vis un grand nombre de corps linéaires d'une longueur régulière, ressemblant à des vibrions; mais tous étaient immobiles. Me rappelant que les protozoaires périssent promptement, lorsqu'on les retire de l'intestin, je me demandai si ce *n'était* (*sic*) pas ces petits êtres qui provoquaient les épreintes et l'agitation de ce pauvre malade.

» *Du papier* de tournesol et de curcuma *furent* (toujours *sic*) imprégnés de matières rendues. Elles furent sans action sur *eux* (*sic*). Puisqu'elles étaient neutres, elles ne pouvaient produire de l'irritation. Ces faits me décidèrent à donner un lavement ainsi composé :

> » Eau distillée de laitue . . . . . . 125 grammes.
> » Acide phénique cristallisé . . . . 40 centigrammes.

» Ce lavement a été mal pris; de plus, la garde l'avait étendu d'eau, et il fut administré en deux fois. Malgré cette *irrégularité de la prescription (sic), il (sic)* produisit un soulagement immédiat : les épreintes furent moins fréquentes, le malade put dormir plusieurs heures.

» Le lendemain, ce succès m'enhardit; je portai la dose d'acide phénique à 50 centigrammes (1) avec recommandation de n'y rien ajouter. Le malade put le garder pendant trois quarts d'heure; il dormit toute la nuit.

« Il n'éprouva plus que de rares épreintes, les matières n'étaient plus sanguinolentes, le mucus devint très-rare, la gaieté revint; je trouvai la peau fraîche et le pouls à 80. Il eut cinq besoins de garde-robe dans les 24 heures. Il demanda à manger. C'était une véritable transformation.

» Continuation du lavement phéniqué.

» Je dois dire que le malade n'a ressenti aucune souffrance ni aucune malaise à la suite de l'emploi du lavement phéniqué.

» Trois jours après, le malade allant bien, va passer sa convalescence à la campagne.

« Les garde-robes sont naturelles et les digestions se font bien. » (LEMAIRE, *De l'acide phénique*, 2º édit., p. 533.)

____

(1) On sait, car nous l'avons dit à satiété, que M. Lemaire qui reproche amèrement aux autres d'omettre quelques dates à leurs observations, n'en met à peu près jamais aux siennes. Mais d'après ces mots : « Au mois de septembre *dernier*, » on doit supposer que le fait de dyssenterie se passait en 1865, puisque le livre de M. Lemaire (2ᵐᵉ édit.) a été publié tout à fait à la fin de cette même année 1865. Mais se fût-il passé en 1864, il n'en résulterait pas moins qu'à la fin de 1864, M. Lemaire *avait besoin d'être enhardi* pour prescrire l'acide phénique à la dose de 50 *centigrammes*, quand il affirme ailleurs l'avoir pris *lui-même*, longtemps, à la dose d'un gramme par jour et l'avoir prescrit à un pharmacien de ses amis, à la dose de *quatre grammes* (voir ci-dessus, p. 192). Je l'ai déjà dit nombre de fois, mais on ne saurait se lasser de le répéter pour l'édification des dupes qu'a faites M. Lemaire, ses affirmations suent le mensonge par tous les pores.

L'auteur ne fait suivre d'aucune remarque ce fait, qui aurait eu une grande importance en d'autres mains que les siennes; mais, nous l'avons déjà fait remarquer, M. Lemaire se rend justice *in petto*, et il attache à ses observations moins le prix qu'elles valent en elles-mêmes que celui qu'elles empruntent à la personnalité de leur auteur. Nous serons nous-même sobre de remarques, mais nous en ferons quelques-unes cependant, non pas tant pour faire ressortir l'efficacité de l'acide phénique contre la dyssenterie, efficacité qui ne peut échapper à aucun lecteur, que pour montrer une fois de plus combien M. Lemaire est étranger aux notions médicales les plus élémentaires, et combien il est non-seulement improbable, mais impossible qu'il ait jamais pu prendre une initiative médicale rationnelle quelconque : les travaux de M. Lemaire, ceux qui ont un intérêt réel et auxquels nous avons rendu justice, sont ceux d'un pharmacien qui a quelques notions de chimie et d'histoire naturelle; ce ne sont pas ceux d'un médecin. La tête de M. Lemaire, comme celle de certains professeurs, au dire de M. Broussais, « est absolument vierge de toute idée médicale. »

Savez-vous pourquoi les matières dyssenteriques ne peuvent produire aucune irritation sur l'intestin? Un médecin ne s'en serait jamais douté; mais le pharmacien défroqué le devine sur-le-champ : *c'est parce que ces matières sont neutres*, c'est-à-dire parce qu'elles ne modifient la couleur ni du papier de tournesol ni celui de curcuma ! A ce compte, le sublimé corrosif et vingt autres caustiques, sans en excepter l'acide phénique lui-même, ne devraient produire aucune irritation sur l'intestin, car ils sont neutres aux papiers colorés ! et pourtant ce sont « ces faits » qui décidèrent M. Lemaire à employer l'acide phénique contre la dyssenterie, et non la présence de microzoaires dans les matières intestinales! et voilà un raisonneur qui se donnerait volontiers pour l'initiateur de la doctrine parasitaire! *risum teneatis !*

M. Lemaire ne paraît avoir appliqué qu'une seule fois la médication phéniquée contre la dyssenterie.

Le docteur Andrew Fergus, de Glascow, dit l'avoir employé plusieurs fois et notamment sur trois enfants pour des cas de

36.

diarrhée grave; mais comme il rapporte cette diarrhée à la fièvre typhoïde, il en sera question ailleurs.

Quant à nous, nous avons appliqué notre méthode beaucoup
trop de fois, dans les cas de diarrhée et de dyssenterie, pour
que nous puissions rapporter ici même une faible partie des
faits que nous avons observés; non-seulement, nous avons
appliqué nous-même notre médication, mais nous avons été
plus heureux avec des personnes étrangères à la science qu'a-
vec les médecins officiels; nous avons pu la faire appliquer
nombre de fois avec succès, notamment pendant le siége, au
grand bénéfice de nos malheureux combattants. Voici une lettre que nous recevions, à la date du 8 novembre 1870, d'un
valeureux officier avec qui nous nous étions rencontré plusieurs
fois au Moulin-Saquet, poste périlleux où jamais nous ne ren-
contrâmes ni le chef ni le sous-chef des ambulances;..... en
revanche, nous aurions pu les rencontrer dans les cérémonies
où il fallait parader, ainsi que dans toutes les distributions de
croix; mais c'est là, qu'à notre tour, on ne nous rencontre pas.

Voici donc la lettre de notre officier :

« Villejuif, le 8 novembre 1870.

» Mon cher Déclat,

» Vous me feriez un bien sensible plaisir de me renvoyer
de l'acide phénique, car j'en ai eu les résultats les plus satisfaisants; depuis qu'au Moulin-Saquet, où vous m'avez donné
votre ordonnance, des mélanges d'alcoolature d'aconit, d'extrait thébaïque et d'eau phéniquée, les dyssenteries et diarrhées sont coupées dans ma compagnie et dans les compagnies voisines, comme par enchantement et sans retour; le
tout en 24 heures au maximum; aussi ne puis-je assez vous en
faire l'éloge. J'espère donc que vous voudrez bien me renvoyer
au plus tôt de l'acide phénique.

» Je puis dire que j'ai guéri au moins vingt-cinq à trente
dyssenteries ou diarrhées qui avaient résisté au sous-nitrate de
bismuth, etc.

» *signé* : J. DE VERCHÈRE,

» Capitaine de la 6ᵉ compagnie,

» 1ᵉʳ bataill. 13ᵉ régiment de mobiles (Saône-et-Loire).

« P. S. Envoyez-moi une quantité suffisante, car maintenant je suis devenu, pour ces maladies, le médecin de tout le bataillon, devant les résultats certains et immédiats que j'ai obtenus. »

Quoique cette lettre n'émane pas d'un médecin, nous aurons peu de chose à y ajouter quand nous aurons reproduit la substance de la note que nous adressions au *Courrier médical* à la fin de l'année 1870, et qui a paru dans le seul numéro de ce journal qui ait été publié pendant les mois de novembre et décembre de cette année. Nous avions intitulé cette note : moyen facile et *presque* sûr d'arrêter la diarrhée et la dyssenterie spéciale aux soldats qui sont saisis par le froid et par l'humidité; on voit qu'en parlant d'un moyen presque sûr, nous étions au-dessous de l'opinion que le capitaine de Verchère se faisait de notre moyen, d'après son expérience personnelle. Nous avions du reste, à l'époque, adressé une note à l'Institut, afin que chacun pût employer le moyen, et la plupart des journaux nous prêtèrent le concours de leur publicité; nous avons lieu de croire que notre moyen a été appliqué sur une assez large échelle et que nous avons soustrait à la dyssenterie beaucoup de nos malheureux soldats, dans les tranchées où la maladie sévissait.

Quant au moyen, il consistait, comme il consiste encore à faire boire aux malades, deux jours de suite, en dehors des repas, un demi-verre d'eau dans lequel on met suivant la gravité : pour la diarrhée, de huit à douze gouttes d'acide phénique cristallisé (rendu liquide par l'addition d'un dixième d'alcool), de dix à quinze gouttes de teinture thébaïque, et de quinze à vingt gouttes d'alcoolature d'aconit(1); pour la dyssenterie, la même dose d'acide phénique, de quinze à vingt gouttes de teinture thébaïque, sans y ajouter d'aconit qui, dans ce cas, semble avoir une action plutôt défavorable.

J'ajoutais dans ma note, car il s'agissait d'abord d'être utile

(1) Ce mode d'administration n'est guère applicable qu'en campagne ou par les médecins de village qui n'ont pas à leur portée une pharmacie. Mais dans les villes et les localités possédant une bonne pharmacie, il sera préférable de prescrire le sirop phénique, titré à 10 centigrammes d'acide par cuillerée de sirop, et d'en donner de 5 à 1 cuillerés, c'est-à-dire 0,50 à 1 gramme d'acide, suivant la gravité des cas.

à ceux qui défendaient l'honneur et les intérêts de la France, et dont on a si mal utilisé la bonne volonté (1), que j'avais expérimenté avec succès ma médication au Moulin-Saquet et à l'ambulance Croix-Nivert, et qu'elle l'avait été également à Villejuif; mais j'aurais pu ajouter qu'elle n'avait pas été moins efficace dans ma clientèle de la ville où elle continue à me donner les mêmes résultats. Parmi tous les faits que j'ai observés, je me contenterai de citer le suivant qui a eu pour témoin un de mes honorables et distingués confrères, le docteur Küntzli. Pendant une courte absence que je fis, j'avais prié ce bienveillant confrère de voir un petit dyssentérique, âgé de dix-huit mois et arrivant de l'Inde, dont l'état ne laissait pas que de m'inspirer quelques inquiétudes. Le docteur Küntzli m'écrivait ce qui suit, dès le lendemain du jour où la médication phéniquée fut appliquée pour la première fois :

« Cher et distingué confrère,

» Je viens de voir votre petit dyssentérique, rue Miroménil, 16, si mal hier au soir, à peine malade ce matin : garde-robes plus rares, sans douleur ni sang; de la fièvre à peine. Je lui ai permis des bouillons, car il criait famine. Je lui fais continuer, à de plus grands intervalles. le sirop phéniqué dont l'heureux et prompt effet, dans un état aussi grave, m'a vraiment émerveillé.

» Recevez...

　　　　　　　　　　　　　　　　» KÜNTZLI. »

Ce que mon honorable et distingué confrère a observé dans ce cas, c'est ce que la médication phéniquée m'a donné dans tous les cas de dyssenterie de notre climat où je l'ai appliquée.

(1) Sans être du métier, je crois pouvoir me permettre d'exprimer cette opinion, car j'ai vu nos soldats et même nos gardes mobiles à l'œuvre dans presque toutes les affaires importantes, au Moulin-Saquet, à Croissy, au Bourget, à Champigny, et à Buzenval, à Montretout et au Bourget, la garde nationale dont la conduite fut héroïque (voir ci-dessus, p. 491) et j'ai pu m'assurer, car cela n'était point difficile, que ce n'est point leur faute si leurs efforts n'ont pas été couronnés de succès, d'un succès local, tout au moins, car je ne prétends juger que ce que j'ai vu.

Il ne lui reste donc qu'à recevoir la consécration de l'expérience contre les dyssenteries terribles des pays chauds ; mais je ne doute pas que cette expérience ne lui soit favorable, tant sous le rapport prophylactique que thérapeutique. Je crois seulement qu'on pourra parfois être obligé d'augmenter un peu, mais jamais de plus de 50 centigrammes, la dose d'acide phénique, surtout quand on agira thérapeutiquement ; quand ces dyssenteries se compliqueront de vomissements, de réaction générale et de fièvre, on commencera par appliquer l'épica ; on pourra, ensuite, aussi recourir aux injections sous-cutanées sans préjudice de l'administration du sirop ; on injectera, une, deux ou même trois fois par jour, cinq grammes d'eau phéniquée au centième. Tout me fait espérer qu'à l'aide de ces modifications, on obtiendra contre les dyssenteries des pays chauds, sinon tout à fait les mêmes résultats que contre celles de nos climats, au moins des résultats encore très-favorables, et meilleurs que par aucun autre traitement actuellement connu.

ART. V. — DE LA FIÈVRE.

On ne s'attend pas sans doute à nous voir passer ici en revue, même sommairement, toutes les conceptions fastidieuses, bizarres, déraisonnables et parfois quasi insensées dont la *fièvre* et les *fièvres* ont été l'objet. Il faut laisser ce soin aux historiens philosophes qui s'occupent des aberrations de l'esprit humain. Ce que nous voulons, avant de passer à l'étude de plusieurs maladies qui ont pour titre générique le mot *fièvre*, c'est de chercher à déterminer ce qu'on doit entendre aujourd'hui, raisonnablement et pratiquement, par ce mot ; c'est de déterminer quelle médication il convient d'appliquer à l'état *fièvre*, si tant est que cet état comporte en lui-même une médication, et si cette médication peut être ou doit être celle que nous étudions spécialement dans ce travail.

Le mot fièvre s'entend aujourd'hui de tout état de l'économie dans lequel il y a augmentation de chaleur, accélération des battements du cœur et malaise général. A ces phénomènes génériques se joignent ordinairement d'autres symptômes dépendant de lésions d'un ou de plusieurs organes ou systèmes : nous disons ordinairement quoique plusieurs médecins, même parmi ceux qui ne sont pas disciples de Broussais, prétendent encore qu'il n'existe pas de fièvre *essentielle*, c'est-à-dire d'état dans lequel les trois phénomènes que nous venons d'énumérer existent sans lésion locale d'un ou de plusieurs organes. La fièvre, suivant eux, serait donc toujours symptomatique.

Au point où en est aujourd'hui la science médicale, cette question, qui a soulevé des flots d'éloquence et fait répandre des flots d'encre, encore au commencement de ce siècle, n'est plus qu'une question de mots. A part quelques rares illuminés mystiques, qui croient aux maladies du *principe* vital ou même de l'âme, il n'y a pas un homme de bon sens qui pense qu'un phénomène physiologique ou pathologique puisse être autre chose que la réaction ou l'action d'un ou de plusieurs organes, appareils, tissus où se passent des modifications matérielles; seulement ces modifications intimes ne se passent pas toujours, même principalement, et ne se passent jamais exclusivement, dans une partie locale, circonscrite; et s'il fallait, pour être organicien, croire à des maladies exclusivement locales, à toutes leurs périodes, on ne pourrait rester dans l'organisme sans sortir de la raison. De même que si l'on cessait d'être organicien pour croire à l'existence de phénomènes morbides, de la fièvre notamment, en l'absence de toute lésion locale appréciable, aucun observateur sérieux ne serait organicien. Tous les troubles et surtout tous les troubles généraux, comme les phénomènes fébriles, sont nécessairement dus à l'introduction dans le sang, non pas, comme on le dit par routine, de corps étrangers — (car tous les corps qui entrent dans le nôtre lui sont nécessairement étrangers, même ceux qui le nourrissent, jusqu'à ce qu'ils soient assimilés), — mais de corps étrangers antipathiques au système nerveux, peu ou point ou difficilement assimilables par les organes. A part les agents dits impondérables, tous les autres passent par le sang avant d'atteindre et de transformer aucun organe; le sang, qui est le grand, l'universel véhicule de tous les éléments bons ou mauvais qui s'introduisent dans l'organisme, est donc plus ou moins malade avant aucun organe, souvent sans qu'on puisse constater en quoi consiste la modification qu'il a subie, et quand cette modification est considérable, la vie peut être suspendue, avant qu'aucune lésion d'autres organes se soit produite. Ce ne sont plus là, aujourd'hui, des questions à discuter ni sur lesquelles même on doive insister.

Tout ce que nous devons faire ici, c'est d'examiner si la fièvre est, non pas *essentielle* ou *symptomatique*, mais une indication ou une contre-indication de la médication phéniquée. En y réfléchissant un seul instant, le lecteur s'apercevra sans peine que cet examen est fait d'avance. La variole, la rougeole, la scarlatine, le charbon, le typhus et d'autres maladies encore que nous avons déjà étudiées, sont des fièvres, et l'on sait quelle action a sur elles la médication phéniquée. Or, on va voir que l'action est à peu près la même dans celles que nous allons étudier. Mais toutes ces fièvres sont caractérisées par d'autres symptômes que les trois phénomènes fébriles fondamentaux ; elles sont déterminables comme des espèces pathologiques ; mais dans les cas où tout se borne ou du moins presque tout, aux phénomènes génériques, ou quand ces phénomènes sont très-prédominants, la médication phéniquée ne serait-elle pas contre-indiquée? Ne devrait on pas craindre son action irritante? Ne faudrait-il pas recourir, d'abord, aux antiphlogistiques et aux émollients? Toutes ces questions nous paraissent oiseuses. Sur les *irritants*, les antiphlogistiques, etc., etc, nous renvoyons aux quelques mots que nous avons écrits sur la classification des médications (voy. pag. 168). Quant aux fièvres qui se bornent aux phénomènes génériques, essentiels, elles deviennent de plus en plus rares, à mesure que l'observation devient plus précise ; tout nous autorise à croire que ces cas déjà rares disparaîtront complétement, et que chaque fièvre comptera assez de symptômes spéciaux, soit isolément, soit par leur ensemble, pour être distincte de toutes les autres. En attendant, rien ne permet de supposer qu'elle soit due à d'autres causes générales que les fièvres que nous connaissons, c'est-à-dire à des parasites (1). Dès lors, la

---

(1) Nous croyons à peine utile de faire une réserve pour la fièvre traumatique ;

médication phéniquée ne saurait être contre indiquée, tout au contraire. L'acide phénique, qui, d'ailleurs, il ne faut jamais le perdre de vue, n'est pas un acide, employé rationnellement, ne peut jamais avoir d'inconvénient et ne possède aucune action *irritante*. Il n'y a donc de contre-indication à son emploi ni dans la fièvre ni dans aucun autre état. Il peut, à la rigueur, être inutile, il ne peut pas être nuisible. Ainsi, qu'on soit fixé sur l'espèce morbide d'une fièvre ou qu'on ne le soit pas, l'acide phénique pourra être employé sans inconvénients, d'après les règles que nous avons tracées, et du moment qu'il peut être employé sans inconvénients, il doit l'être, car il existe de grandes probabilités qu'il aura une action favorable.

ART. VI. — DES FIÈVRES INTERMITTENTES.

Les articles consacrés aux fièvres des marais sont intitulés dans certaines nosographies, *de la fièvre intermittente*, et dans d'autres, *des fièvres intermittentes*. En adoptant ce dernier titre, nous n'avons en aucune façon la prétention de trancher la question de savoir si c'est le même agent morbigène qui cause la fièvre quotidienne, la fièvre tierce, la fièvre quarte, et d'autres de périodicité différente, régulière ou irrégulière. Pour nous, — et, nous aimons à le croire, pour tout esprit imbu des saines notions de pathologie, — toute forme morbide produite par un même agent morbide, — un même parasite, croyons-nous, — est une maladie identique au fond, ou, si l'on veut, de même *nature*, pour employer un mot qui a servi et qui sert tous les jours encore à abriter tant d'ignorance, de prétentions et de confusion. Cette maladie, quels qu'en soient les formes et les degrés curables, sera guérie par les mêmes remèdes, et démontrera la vérité d'un des plus grands aphorismes de la médecine : Naturam morborum..., etc. (1).

on verra à l'article plaies ce que pense de cette fièvre le professeur Mosétig, de Vienne, et l'influence qu'a sur elle l'acide phénique.

(1) Ce grand aphorisme lui-même est loin d'exprimer la réalité complète des choses, tant il est difficile, pour ne pas dire impossible, à la science, d'embrasser, dans une formule aphoristique, des vérités absolues. Sans doute tout remède qui

S'il fallait dire quelle est notre présomption à cet égard, en ce qui concerne la fièvre intermittente, nous déclarerions volontiers qu'à notre avis, le parasite qui cause les phénomènes des diverses fièvres intermittentes doit être le même; nos raisons principales sont que toutes ces fièvres se développent dans les mêmes conditions organiques et climatériques; que, dans les mêmes localités, elles affectent indifféremment l'une ou l'autre forme; qu'elles se transforment souvent l'une dans l'autre, et que la seule différence qu'on observe dans des localités différentes, c'est celle de la gravité de la maladie, gravité qui s'explique très-naturellement par l'abondance et la vitalité différentes des parasites qui se développent dans ces localités : Une sauterelle n'a pas sur les rives de la Seine la même force, la même voracité que sur les bords du Nil; de même le parasite de la Sologne n'a pas la même vigueur que celui du Sénégal ou de Madagascar. Mais nous reconnaissons volontiers que l'opinion que nous adoptons ne repose que sur des probabilités, probabilités très-grandes, suivant nous, mais qui ne sauraient pourtant équivaloir à la démonstration directe de la cause ou du parasite morbigène.

Cette démonstration serait déjà commencée, si les observations du docteur Salisbury, de l'Ohio, étaient plus nettement exposées ou si elles ne renfermaient pas certains détails qui paraissent trop contraires à ce que nous connaissons d'une manière certaine dans l'histoire des fièvres intermittentes. Sans ces détails, qui doivent commander une grande réserve dans la confiance à accorder au travail de M. Salisbury, nous l'aurions

tuera un acarus, par exemple, le tuera dans toutes les conditions où il peut se rencontrer, et, par conséquent, dans toutes les formes morbides qu'il peut provoquer; il sera donc juste de dire et de prédire que partout où l'on trouvera l'acarus comme cause de maladies, ces maladies seront de même nature et seront guéries par le même agent; mais l'inverse n'est plus exact : l'agent qui tue l'acarus, peut tuer aussi bien l'oxiure, le vibrion, le microsporon, le micrococcus et beaucoup d'autres êtres des deux règnes, et guérir les maladies qu'ils peuvent occasionner : dans ces cas, le grand aphorisme n'est plus vrai, rigoureusement, mais il est encore vrai dans sa pensée générale, à savoir que la curation de plusieurs maladies par un même moyen, prouve qu'il y a entre ces maladies une grande analogie de *nature*, si ce n'est une identité complète : l'analogie, dans celles dont l'étude fait l'objet de ce livre, c'est d'être toutes causées par des parasites, et c'est assurément, au point de vue pratique, aussi bien qu'au point de vue théorique, une des plus grandes comme des plus belles analogies qu'on puisse constater.

reproduit ici en entier, tel que l'a publié le médecin homœopathe Ozanam, ex-bibliothécaire de l'Académie de médecine ; mais, à cause de ces réserves obligées, nous n'en publierons qu'un résumé succinct, d'après la traduction du docteur Ozanam, dont nous n'assumons pas, du reste, la responsabilité ; car les remarques propres au traducteur lui-même, surtout ses fausses remarques historiques, ne sont pas faites pour inspirer une confiance illimitée dans sa fidélité de traducteur.

Dans un grand nombre de localités fiévreuses de l'Ohio, le docteur Salisbury a constaté, sans exception, qu'on rencontrait au-dessus de tous les sols morbigènes (ou du moins pyrogènes, si l'on nous permet le mot), de petites cellules *algoïdes*, provenant de plantes du type *palmelloïde ;* qu'il y en avait de différentes espèces, et que les plus volumineuses d'entre elles produisaient plusieurs variétés de *mucedinous fungi*. Le docteur Salisbury aurait fait, en outre, sur ces spores *palmelloïdes* les constatations suivantes :

1º *Ils* (le traducteur Ozanam a eu la fantaisie de faire le mot spore du masculin...) sont élevés au-dessus du sol, surtout pendant la nuit, et restent suspendus dans les exhalaisons brumeuses de la terre, après le coucher du soleil ; ils retombent sur le sol après son lever.

Cette circonstance expliquerait assez bien comment on contracte presque exclusivement la fièvre après le coucher du soleil, observation faite par presque tous les observateurs.

2º *Ils* (toujours les spores) ne s'élèvent presque jamais de plus de soixante pieds au-dessus de la surface d'où *ils* s'exhalent, et n'atteignent jamais cent pieds. — Aussi, M. Salisbury ne croit-il pas qu'on puisse contracter la fièvre à la hauteur de cent pieds ; il cite plusieurs cas remarquables tendant à prouver ce fait.

3º Les spores ne restent pas non plus très-près de la surface du sol d'où elles émanent, en sorte que des individus séjournant couchés, ou même assis au-niveau de ce sol, sont beaucoup moins exposés à la fièvre que ceux qui séjournent à dix, vingt ou trente pieds au-dessus.

4º Dans les pays les plus fiévreux, les spores ne se trouvent jamais dans l'atmosphère en plein jour.

5° Jamais le docteur Salisbury n'a observé un seul cas de fièvre dans un pays où il n'a pas constaté la présence dans l'air des *palmellæ* à fièvre.

Toutes les observations précédentes sont assez conformes aux notions à peu près positives que nous avons sur les fièvres intermittentes; mais en voici qui s'en éloignent beaucoup :

6° Les émanations paludéennes, aussitôt qu'on s'y expose, déterminent d'abord, et il semblerait constamment, *une fièvre locale*, caractérisée par une sensation de sécheresse, de chaleur fébrile et de constriction fort désagréables de la bouche, de l'isthme du gosier et du larynx, avec sensibilité de ces régions s'étendant bientôt aux bronches et aux poumons. Toutes les personnes qui s'exposent à la respiration des spores éprouvent ces accidents, quoique la plupart ne doivent pas contracter la fièvre intermittente.

Les observateurs dont nous connaissons les travaux n'ont rien observé de pareil dans les marais d'Europe, d'Asie, d'Afrique, ni même d'Amérique.

7° Une autre remarque, qui ne s'accorderait pas entièrement avec nos prévisions sur la *nature* du parasiticide qui produit les diverses fièvres, est la suivante :

« Partout où le sol n'est pas calcaire, où les eaux sont douces, les *palmellæ* à fièvre sont généralement blanches ou légèrement teintées de jaune ou de vert. Les fièvres n'offrent pas la forme congestive; les types fébriles sont mieux accentués, les organes d'élimination moins exposés à se déranger, enfin, les accès cèdent plus vite à la quinine et au fer. En somme, la fièvre est facilement enrayée et guérie, à moins que l'organisme ne continue à rester exposé à l'action des causes.

« Au contraire, dans les régions fiévreuses, où l'eau est dure et le terrain fortement calcaire, les parties marécageuses ont une remarquable tendance à se recouvrir pendant les mois de juillet, août et septembre (il ne faut pas oublier que l'auteur observe dans l'Ohio, des États-Unis d'Amérique) de *palmellæ* qui offrent des colorations différentes. Sur le sol calcaire, elles sont couleur d'*œillet rouge brique, verdâtre* ou *jaunâtre*. » (Nous transcrivons ici le texte du traducteur.) « Les *palmellæ* rouge brique et verdâtres prédominent. Dans ces pays les fièvres intermittentes affectent souvent le type congestif (1), les fonctions des organes d'élimination (peau, muqueuses, foie et reins) sont fréquemment dérangées, et en partie supprimées, d'où l'*oxalurie*, le *phosphoric states*; » — (encore un *state* ou des *states*, états, que le traducteur ne décrit pas, probablement faute de les connaître) — « la quinine, le fer, l'arsenic, tendent même à aggraver la maladie. Cependant, si, dans ces formes graves, les fonctions des organes d'élimination sont maintenues à leur état normal ou excitées par les diurétiques, les diaphorétiques, les expectorants et les *altérants* (2), les accès cèdent fréquemment à l'action antiputride de la quinine et du fer. »

On voit que, d'après cette septième conclusion, les *palmellæ*, pour nous servir du mot du docteur Salisbury, formeraient au moins deux grandes catégories, qui seraient en rapport avec la nature des terrains et causeraient deux ordres de fièvres très-distincts. Malheureusement, on ne sait pas sur quelles observations précises l'auteur appuie ses propositions, et les termes dans lesquels il les formule prouvent qu'il se fait sur la classification et sur le traitement des fièvres des idées qui sont loin d'avoir cours dans la science et dont quelques-unes sont certainement fausses, par exemple celle qui consiste à croire qu'il est des catégories ou une catégorie de fièvres intermittentes qui cèdent facilement à l'usage du fer. Les auteurs classiques ne connaissent rien de pareil, ce qui ne serait pas une raison pour que cela n'existât pas ; mais, quand on veut introduire dans la science des idées nouvelles, il faut les entourer de quelques preuves et non se contenter, comme le fait le docteur Salisbury, d'une affirmation générale. L'étrangeté des deux dernières conclusions jette, ainsi que nous l'avons déjà dit, une grande défaveur sur les autres ; néanmoins celles-ci sont d'une assez grande importance, et il y a un assez grand intérêt à les contrôler, pour que nous ayons cru indispensable de les publier. Ceux qui voudront prendre une connaissance plus approfondie

______

(1) Le traducteur n'explique pas ce que l'auteur et lui-même entendent par *type* congestif; c'est pourtant un *type* que nos auteurs ne connaissent pas.

(2) Oh! oui, parlons-en des *altérants*! (Voyez page 169, sur la classification des médicaments.)

du travail du docteur Salisbury pourront le lire dans la *Tribune médicale*, numéros du 28 janvier 1872 et suivants. Il serait vivement à désirer que la confirmation des principaux faits qu'il dit avoir constatés soit faite, car elle avancerait considérablement la démonstration expérimentale de la doctrine parasitaire, qui sera faite un jour, nous n'en doutons pas, aussi clairement que nous allons faire nous-même maintenant celle de la supériorité de la médication fébrifuge phéniquée sur toutes les autres, sans en excepter la médication quinique elle-même.

Tant de succédanés ont été trouvés à la puissante médication quinique, que l'on éprouve quelque honte à en proposer un nouveau ; mais en présence des résultats que nous avons obtenus, nous n'avons ni pu ni dû hésiter un instant. Ce n'est point, du reste, un succédané du quinquina que nous venons proposer, un moyen à employer dans les seuls cas où le quinquina a échoué ; non, la médication phéniquée, telle que nous l'avons appliquée, est supérieure, très-supérieure au quinquina lui-même, puisque jusqu'à présent, elle a réussi, entre nos mains, *dans tous les cas*, et dans des cas dont quelques-uns étaient des plus graves que l'on puisse observer. La nouvelle médication n'est donc point un pis-aller auquel on devra recourir quand d'autres traitements auront échoué, un auxiliaire du quinquina, de l'arsenic, de l'hydrothérapie, ou d'autres fébrifuges moins sérieux ou tout à fait fantaisistes, qu'on se permet d'exhumer aujourd'hui, tels que la gélatine, le blanc d'œuf ou les toiles d'araignée. La médication nouvelle devra, au contraire, être employée de prime abord, avant même le quinquina ; elle devra être employée dans tous les cas, sous tous les climats, sur tous les malades, car elle a sur la puissante médication quinique d'immenses avantages, que nous résumerons, après avoir fait passer sous les yeux du lecteur l'exposé, aussi sommaire que possible, des principaux faits que nous avons observés et sur lesquels il nous a été possible de prendre quelques notes.

En lisant cet exposé, quelque Prussien à étiquette de Français s'écriera-t-il encore, en pleine Académie des sciences : « C'est de la blague ! » Cela importe peu. Nous nous contente-

rons de renvoyer ce *ou* ces Prussiens à l'article *typhus* ci-dessus,
et à exprimer ici notre profond mépris pour leur conduite pendant le siége, pour leurs aménités de mardi gras. Nous ajouterons, seulement, que, puisque grâce à ce métier ou à ce langage, ils ont réussi à devenir une manière d'autorité dans l'État,
je leur offre, dans l'intérêt de l'humanité, de répéter, dans tel
service des hôpitaux qu'ils feront mettre à ma disposition, les
expériences que j'ai déjà faites, et que je m'engage à verser,
au profit des malades pauvres, une somme convenue d'avance,
dans le cas où les résultats que j'obtiendrais ne seraient pas
conformes à ceux que j'ai annoncés. Que les Prussiens de
France réfléchissent à ma proposition : elle peut leur fournir
un moyen peu coûteux de réhabilitation. Je ne refuserais même
pas de laisser figurer dans le jury qui serait chargé de juger
mes expériences la sage-femme, correspondante du prince de
Bismark, honorée pendant le siége de Paris, ainsi que ses deux
fils, de la chaleureuse protection de la Faculté de médecine re-
présentée par son doyen.

Je présenterai les faits qu'on va lire à peu près sans aucun
commentaire spécial, quoique plusieurs d'entre eux pussent
donner lieu à des remarques intéressantes'; je tâcherai de comprendre ces remarques dans celles que je ferai sur l'ensemble
des faits seulement, afin d'éviter autant que possible les répétitions. Voici donc ces faits rangés dans un ordre purement
numérique, aucun autre ordre n'ayant ici d'avantage et n'étant
même guère possible.

Observation 1. — Le premier fait qui me suggéra ou plutôt
fixa dans mon esprit l'idée de guérir les fièvres intermittentes
— (car j'y avais pensé souvent, comme au traitement de toutes
les maladies miasmatiques) — fut la guérison d'une fièvre
d'Espagne que j'obtins presque sans la chercher. Voici à peu
près dans quelles circonstances ; je dis à peu près, car les
notes que j'avais prises sur ce fait se trouvent égarées, et je ne
puis que le citer de mémoire.

Un monsieur qui se disait de Valencia vint me consulter le
9 août 1868, pour une plaie de la partie moyenne du dos du nez,
très-ancienne et d'aspect épithéliomateux. Il était atteint, en

outre, d'une fièvre intermittente qui datait de plusieurs années et qu'on n'avait pu guérir par divers traitements. Le teint du malade était cachectique, et il existait un assez grand amaigrissement.

Je traitai l'ulcère par les pulvérisations et les pansements phéniqués, et je pratiquai, en outre, des injections phéniquées hypodermiques. Ce qui disparut d'abord, ce fut la fièvre, qui ne reparut plus pendant toute la durée du traitement de l'ulcère nasal. Celui-ci était entièrement cicatrisé, quand je cessai un beau jour de voir le malade. Comme il partit sans s'acquitter avec moi, il a nécessairement omis de me donner de ses nouvelles. Mais le traitement de l'ulcère nasal avait duré assez longtemps pour que j'aie dû considérer comme définitive la guérison de la fièvre intermittente, et pour me confirmer dans l'espoir de les guérir toutes, à l'avenir, par la nouvelle méthode.

Obs. 2. — Forestier, 42 ans, domestique chez M. Robbin, rue Taitbout, 80, éprouve un premier accès de fièvre, en 1848, en Afrique où il servait dans l'infanterie. La fièvre est coupée par les moyens ordinaires; mais il en reste quelques traces, qui finissent par disparaître à Tarbes, en France, où le malade fait un séjour de huit mois.

En 1856, il entre dans la cavalerie, retourne en Afrique et est pris de nouveaux accès à Blidah, d'abord, puis à Tlemcen et à Oran. Pour guérir ces accès, il revient à Tarbes où le malade passe quatre mois à l'hôpital. Il est soigné par le docteur Vignes, qui lui prescrit divers liquides, du sulfate de quinine, de la poudre de quinquina: développement de symptômes cérébraux, que le malade nomme méningite; puis, guérison. Deux ans se passent sans accès.

En 1860, nouvelle récidive; le malade se rend encore à Tarbes et entre à l'hôpital, dans le service du docteur Dublan; il y reste deux mois, prend force doses de sulfate de quinine, et en sort avec un congé de convalescence de quatre mois.

Il se rend à Dieppe, où, quinze jours après son arrivée, il est pris de nouveaux accès; sur quatre mois, il en passe deux à l'hôpital. Il finit cependant par s'en débarrasser, tout en conservant un certain malaise.

Il vient à Paris, où il est pris d'un accès, le 1er janvier 1862. Il est soigné par un médecin de la rue Notre-Dame de-Lorette; sa fièvre finit par disparaître, et trois ans se passent sans nouvel accès.

En 1865, récidive. Le docteur Lemaire, 16, rue l'École (pas l'auteur des expériences sur l'acide phénique), lui prescrit des pilules, des potions au quinquina, etc ; il est pris d'une maladie qu'on caractérise de pneumonie ; il en guérit, et les accès disparaissent aussi.

En août 1868, il est repris à Fontainebleau ; il avait un accès toutes les 48 heures. Un médecin de cette ville lui prescrit de la quinine; il éprouve une « crise » qui le laisse pendant quatre heures sans connaissance. Il revient à Paris où il est soigné pendant deux mois par le docteur Béhier, qui lui prescrit du sulfate de quinine à hautes doses et du sirop d'écorces d'oranges amères; l'effet est nul.

Le malade vient alors me trouver, en janvier 1869. Je lui prescris du sirop à l'acide phénique, des douches froides et de l'arséniate de soude ; il y a suspension des accès, qui reviennent en février. — Je pratique, alors, une injection sous-cutanée dans le tissu adipeux des parois abdominales; je renouvelle cette injection six fois encore, à cinq jours d'intervalle l'une de l'autre; dès la première, les accès ont été supprimés, et le malaise, la fatigue particulière que le malade éprouvait depuis vingt ans, même pendant le temps qu'il n'avait pas d'accès, a complétement disparu. M. Béhier, me disait le malade, l'avait interrogé avec intérêt sur ce que je lui avais fait.

Forestier habite aujourd'hui Mecourt et jouit d'une santé parfaite.

Obs. 3. — Arrekein, Indien né à Pondichéry, âgé de 26 ans, en France depuis plusieurs années, a contracté les fièvres intermittentes à la Martinique, où il a été traité pendant deux ans ; il a pris beaucoup de tisanes amères et une poudre jaune dont il ne connaît pas la composition (sans doute poudre de quinquina). Les accès étaient d'abord coupés, mais ils revenaient après quelques mois; et, depuis plusieurs années, les fièvres reviennent chaque année, à l'entrée de l'hiver, et lui durent trois mois, malgré les pilules et le sirop que lui prescrit son médecin.

Il vient à ma consultation le 28 octobre 1871. ayant déjà depuis deux semaines sa fièvre de tous les hivers. Je lui pratique deux injections sous-cutanées de 5 grammes d'eau phéniquée à 1 p. 100. La fièvre disparait.

J'ai revu ce malade le 5 décembre ; il est très-bien portant sous tous les rapports ; aucun accès n'a reparu.

Obs. 4. — Ajaguin, 24 ans, né à Karikal d'Adiguin (Indes anglaises), avait déjà les fièvres quand il a contracté un engagement pour aller à la Martinique. Dans cette île, elles ont augmenté de gravité. malgré les tisanes amères et une poudre jaune immédiatement suivie d'un verre de vin. Le malade vint en France où la fièvre s'aggrava encore, dans les premiers temps de son séjour ; puis elle fut coupée par des pilules, du sirop et un vin amer. Mais elle revint à l'entrée de l'hiver, et, malgré le traitement, elle est revenue de même trois hivers consécutifs.

Je vois le malade à ma consultation. en novembre 1871, le lendemain de son premier accès hivernal. Deux injections comme celles du malade précédent sont pratiquées.

Le 14 décembre aucun accès n'est revenu. et je n'ai pas revu le malade, qui devait revenir, en cas de récidive.

A la fin de 1871, je fus appelé à Marseille pour voir un de mes amis malade, et aussi un jeune et brave officier à qui l'on avait pratiqué la résection du coude. A cette occasion, un de mes bons amis. M. Jourde, voulut bien m'inviter à aller prendre quelques jours de repos sur les bords de la Méditerranée, au château de Carry où il était allé lui-même se remettre d'une chute grave qui avait occasionné une fracture de la jambe que j'avais eu le bonheur de guérir, avec le concours des docteurs Linas et Nélaton. Je n'avais guère moins besoin de repos que mon client, et j'acceptai avec reconnaissance son invitation.

Mais, malgré son beau ciel, Carry n'est pas à l'abri de tous les maux ; un ancien marais salant abandonné y cause des fièvres rebelles ; et j'y trouvai plusieurs fébricitants, qui avaient épuisé en vain les ressources de la médecine ou les leurs, parfois, les unes et les autres. Je ne pouvais laisser échapper cette occasion d'expérimenter ma méthode et je traitai les malades suivants, pendant mon trop court séjour à Carry.

Obs. 5. — Isidore, âgé de 46 ans, bûcheron, a eu la fièvre tierce, il y a trois ans ; il avait réussi à se la couper en quinze jours avec « trente paquets de 40 centimes. » Le 14 octobre 1871, il a été repris ; la fièvre a revêtu le même type ; il a pris quarante paquets comme les précédents, mais, cette fois, n'a pu arrêter les accès. La fièvre est devenue quotidienne et a empêché tout travail. L'impossibilité du travail entraînant celle de se procurer du sulfate de quinine, le malade ne fait plus aucun traitement depuis six semaines ; il est ainsi arrivé à un état des plus graves, qui se complique d'une profonde misère. Quoique demeurant à deux cents pas du château, il s'y traîne avec peine pour venir me voir, en se faisant accompagner. Sa faiblesse est extrême ; son teint est jaune terreux ; les sclérotiques ont la teinte bleue d'une anémie profonde ; il ne peut plus manger, si ce n'est, à peine, un peu de bouillon ; il éprouve des douleurs dans les membres, qui, dit-il, se consument ; il y a, en effet, un grand amaigrissement ; la fièvre est presque continue ; elle laisse six heures de repos au plus, dans les meilleurs jours ; la rate est très-volumineuse ; les pieds, les bourses et la verge sont œdématiés.

Je pratique successivement, en une seule séance, quatre injections sous-cutanées phéniquées, qui limitent la rate en haut et en bas et sur les deux côtés, et je prescris une demi-bouteille de mon sirop phéniqué dans les 24 heures.

Le 28. Le malade est encore brisé ; il n'a pas faim ; mais la fièvre n'a pas reparu, et il a dormi dix heures de suite la nuit dernière. — Je pratique deux injections de 5 grammes et prescris l'élixir phosphaté de Bernard.

Le 29. Il n'y a pas eu d'accès ; le malade a été réveillé à la fin de la nuit par un sentiment de faim ; il a d'ailleurs bien dormi ; il a mangé une soupe. Les douleurs des membres et la courbature ont considérablement diminué. — Deux injections.

Le 30. Pas d'accès ; on mesure la rate par la percussion ; elle a diminué de deux travers de doigt en bas, et d'un de chaque côté. — Pas d'injection.

Le 31. Toujours pas d'accès ; le changement de couleur des sclérotiques a frappé tout le monde. — Une seule injection de 5 grammes.

Le 3 janvier 1872. — Pas de traces d'accès. La verge qui était œdématiée a commencé à diminuer de volume la nuit dernière; l'appétit se prononce de plus en plus ; le malade a mangé, depuis deux jours, du pain, de la viande et du poisson, pour lesquels il avait la plus grande répugnance ; il a très-bien dormi, les trois dernières nuits ; sauf la faiblesse, il se sent guéri.

Le 4 janvier au moment de mon départ, ce brave homme vient me remercier au nom de ses enfants et les larmes aux yeux. — Je pratique une injection de précaution, au moment même de partir.

Si je ne m'étais pas interdit des remarques sur chaque observation en particulier, qu'il y en aurait à faire et sur la maladie du malheureux Isidore et sur sa situation ! mais je dois me restreindre, et je renvoie aux remarques générales, où je tâcherai de résumer la substance de tous les faits particuliers.

Obs. 6. — Louise Lorin, âgée de 22 ans, n'avait jamais eu de fièvres intermittentes avant la maladie dont elle est actuellement atteinte. Elle a servi comme domestique dans une maison où se trouvait une jeune fille malade, sujette à des accès nerveux qui ont duré neuf mois ; cette jeune fille a été atteinte de variole et en est morte. Louise Lorin est alors rentrée chez elle, bien portante.

Une année après sa rentrée, elle a été prise de douleurs générales que le médecin a attribuées, paraît-il, à une affection rhumatismale. Une saignée a été pratiquée.

Le lendemain de la saignée, un accès se manifesta avec les caractères suivants : douleur dans la région de l'estomac ; quelque temps après, battements dans cette région, lesquels deviennent de plus en plus précipités ; puis, quelque chose lui monte jusqu'à la gorge, l'étouffe ; elle est près de se trouver mal et tomberait si elle ne s'asseyait pas aussitôt. Ces accès durent depuis un an et se produisent tous les deux ou trois jours ; depuis quelque temps, ils deviennent plus fréquents et surtout plus forts. — Pas d'appétit.

Cette jeune fille qui habite dans les environs, vient me voir au château de Carry. Je lui pratique au sein deux injections phéniquées de 5 grammes.

Elle revient me voir le 3 janvier ; elle se trouve bien ; l'appétit est revenu ; elle n'a eu aucun accident. Je pratique trois injections au sein.

J'ai appris, en juillet dernier, que cette jeune malade, de même que tous ceux de Carry, moins Isidore, continuait à bien aller.

Obs. 7. — Gide (Jean-Baptiste), 31 ans, habitant un hameau près de Carry, a été pris de la fièvre tierce pour la première fois en septembre 1870 ; il l'a gardée pendant environ quatre mois. Il a pris plusieurs fois de la quinine, au début ; la fièvre n'a jamais été coupée que pendant douze ou quinze jours au plus. A la fin de janvier 1871, on lui a fait prendre des doses très-élevées de sulfate de quinine, et la fièvre a enfin disparu, dans les premiers jours de février.

Le 31 décembre, à trois heures du soir, Gide est repris d'un accès violent, qui dure cinq heures dont deux heures de frisson. Le 2 janvier, un second accès se déclare à midi ; il est encore plus violent que le premier ; il s'accompagne d'une douleur assez forte dans le côté gauche ; le malade crut qu'il serait emporté. L'accès ne se termine que dans le milieu de la nuit ; il s'est endormi ayant encore de la fièvre.

Le 3 janvier au matin, je vois le malade ; il est sans fièvre, mais ses traits sont très-altérés. — Je lui pratique quatre injections de cinq grammes chacune, et lui recommande de revenir dans la soirée ; mais il s'est trouvé mieux, et n'est venu que le 4 au matin, au moment où je partais. Je lui pratique néanmoins quatre nouvelles injections et lui prescris mon sirop phéniqué. J'ai appris à Paris qu'aucun accès n'était revenu.

Obs. 8. — Roubieux, âgé de 19 ans, d'une constitution vigoureuse, fils du fermier du château de Carry, a eu les fièvres, il y a trois ans; elles ont été traitées par le sulfate de quinine, et coupées plusieurs fois, mais pour quelques jours seulement; en définitive, il les a gardées pendant sept mois. Vers le 15 ou 20 septembre 1871, il a eu un nouvel accès qui s'est renouvelé tous les jours, pendant un mois; l'accès durait douze heures; en sorte que le malade n'avait que douze heures de repos sur vingt-quatre. — Après un mois, les accès prirent le type tierce, mais ils durèrent plus longtemps. — Il a de nouveau pris plusieurs fois du sulfate de quinine; les accès disparaissent pour huit jours et reviennent à peu près aussi intenses.

Le 27 décembre, le malade vient me trouver; il n'avait pas eu d'accès depuis dix-sept jours; mais il éprouvait des symptômes, bien connus de lui, précurseurs du retour de la fièvre; il voulait, me dit-il, tâcher de la prévenir. — Je pratique deux injections de cinq grammes; deux heures après, l'accès s'est déclaré et a même été assez violent, mais il n'a duré que deux heures.

Le malade ne revient me voir que le 29; je lui pratique deux injections de cinq grammes. — Il n'a pas d'accès.

Le 2 janvier, de nouvelles injections de même dose; toujours point d'accès. — Le 3, le malade reprend ses travaux des champs et se sent entièrement guéri. Je le vois bien portant le 4, jour de mon départ, et je lui prescris, par précaution, mon sirop phéniqué. J'ai appris qu'il va très-bien.

Obs. 9. — Mme Célestine Laurent, âgée de 22 ans, a eu les fièvres, il y a six ans: elle les a gardées trois mois; elles ont été coupées avec du sulfate de quinine et « des œufs durcis dans du vinaigre. » Elle a été reprise, il y a trois mois, d'accès qui, dans le début, ont affecté le type quotidien. L'accès, très-violent, commençait vers midi et ne cessait qu'à dix heures du soir. Actuellement, les accès ne paraissent que tous les deux jours, et la malade nous dit, le 28 décembre, qu'ils sont moins forts. Mais il n'en était rien; on lui avait parlé de la faire guérir à l'aide d'un moyen où l'on piquait la peau, et c'est la peur de la piqûre qui lui avait fait dissimuler la violence des accès; elle refuse donc, le 28 décembre, de se laisser injecter, croyant que l'aiguille de la seringue pénétrait dans le ventre.

Le lendemain, 29, l'accès est si violent, que la malade envoie elle-même au château supplier qu'on lui fasse une injection. Mon départ très-prochain ne devant pas me permettre de renouveler bien des fois l'injection, j'en pratique trois successives, de cinq grammes chacune, et je prescris mon sirop phéniqué à la dose de cinq cuillerées par jour.

Les accès ne reparaissent pas; le 2 janvier, la malade, qui gardait habituellement le lit, s'est levée; le 3, elle s'est promenée. Le 4, qui est le jour de mon départ de Carry, je pratique encore trois injections successives, et je prescris de continuer pendant trois jours encore l'usage de mon sirop à la même dose.

Cette jeune femme est atteinte, outre sa fièvre, d'une sorte de danse de Saint-Guy, depuis environ six mois. Sa mère prétend que, depuis le traitement phéniqué, elle tremble moins. Je n'ai pu examiner la chose à fond. Ce qui est positif, c'est la disparition complète de la fièvre.

Obs. 10. — Mme Sardes, âgée de 54 ans, a eu la fièvre tierce depuis le mois d'août jusqu'au mois de novembre dernier. A cette époque, la fièvre a été coupée par le sulfate de quinine; mais elle est revenue au bout de quinze jours, et a revêtu le type quotidien. La malade est devenue si faible, que, depuis quinze jours, elle ne se lève plus; elle a la fièvre presque en permanence; il y a un peu d'œdème des pieds et même des mains; Mme S... est si faible, que, depuis dix jours, elle ne se lève plus; elle passe pour être vouée à une mort prochaine.

Le 26 décembre, je pratique à Mme S... une injection de cinq grammes, quatre heures après le début de la fièvre, au moment où le frisson finissait.

Le 27, avant l'accès, je pratique trois injections de cinq grammes; — l'accès dure six heures de moins.

Le 28, deux injections; — accès à peine sensible.

Le 29, trois injections; la malade se lève et n'a pas d'accès.

Le 30, au soir, très-léger accès; pas d'injection.

Le 31, pas d'accès.

Le 1er janvier, pas d'accès. — Deux injections. Une des piqûres pratiquées le 28 a causé un empâtement douloureux. — C'est la première fois que ce léger accident arrive.

2 janvier. — La malade éprouve un peu de malaise, mais sans accès; elle tousse moins. — Je dois faire remarquer qu'outre sa fièvre d'accès, Mme S... est atteinte de phthisie pulmonaire; sa toux est fréquente; elle a eu une hémoptysie il y a huit jours. — Elle se remet, néanmoins, très-bien de la fièvre; elle boit et mange bien; elle dort de même. — Je pratique deux injections au sein.

3 janvier. — Il n'y a toujours pas eu d'accès; l'œdème des mains diminue; la malade a moins toussé; elle a mangé avec grand appétit. — Devant partir le lendemain, je pratique quatre injections. La malade est considérée comme parfaitement guérie, au moins de sa fièvre.

Sur cette observation encore, il y aurait bien des remarques à faire; mais la nécessité de ne pas trop nous étendre nous oblige à continuer l'exposé des autres faits. Je ne quitterai pas cependant les sept qui précèdent sans transcrire le passage suivant d'une lettre que voulait bien m'écrire, à la date du 16 janvier 1872, mon honorable ami. le propriétaire du château de Carry : « Vos malades vont très-bien ; aucun n'a vu revenir la fièvre. Tenez ce résultat, mon cher ami, comme chose merveilleuse, et qui doit vous faire le plus grand honneur. Signé : JOURDE. »

Enfin, j'ajouterai que des nouvelles bien plus récentes de Carry m'annoncent, à la date de juillet 1872, au moment même où j'écris ces lignes. que tous mes malades continuent à se bien porter, à l'exception du malheureux Isidore, qui, ayant repris ses travaux, a vu, il y a quelques mois, sa fièvre récidiver. Les fâcheuses conditions dans lesquelles vit ce brave homme ne sont que trop suffisantes pour expliquer la récidive. Quant à Mme S..., elle tousse toujours, mais elle n'a plus eu la fièvre.

Obs. 11. — Une des dernières typhoïques que j'ai guéries par la médication phéniquée, la jeune demoiselle L..., ramenée d'Oran, malade de la fièvre d'accès (voir à l'article *Fièvre typhoïde*), fut reprise, pendant sa convalescence, et alors qu'elle avait suspendu l'usage de l'acide phénique, d'un accès aussi violent que ceux qu'elle avait eus deux années auparavant en Algérie. Dès le second accès, je pratiquai deux injections sous-cutanées de cent gouttes de mon eau phéniquée à 1 p. 100. Cet accès fut moins grave que le précédent ; mais la jeune malade redoutant les piqûres des injections, j'attendis pour en faire de nouvelles. Le troisième accès ne revint pas ; mais le quatrième parut, le jour même de mon départ pour Marseille et pour Carry. Je pratiquai deux injections sous-cutanées, et je conseillai, comme précaution, pendant mon absence, une dose de vingt centigrammes de sulfate de quinine et de trois cuillerés de vin de Seguin par jour.

Malgré cette précaution, la malade fut reprise d'un accès assez violent, le 6 janvier.

Le 7, j'étais de retour, je pratiquai deux injections sous-cutanées.

Le 8, de même.

En novembre 1872, aucun accès n'a reparu depuis celui du 6 janvier, quoique Mlle L... ait présenté tous les signes qui chez elle précèdent et annoncent l'apparition d'un accès violent, notamment la coloration rouge-violet du nez. Mlle L... est lymphatique, et cette coloration apparaît quand il doit lui survenir une maladie grave. Aussi, à l'apparition de la coloration on avait eu recours au vin de Seguin, mais sans succès, comme on l'a vu. Il a même été convenu que, dorénavant, on m'enverrait chercher dès l'apparition de cette coloration anormale ; mais elle n'a point reparu, et en novembre 1872, la guérison persiste.

On plaisanta un peu Trousseau, il y a quelque vingt ans, à propos d'une leçon clinique qu'il avait faite sur la valeur séméiotique et prodromique de la coloration rouge du nez. L'observation de Mlle L... prouve que, si Trousseau a exagéré la valeur de ce signe, — ce que je ne voudrais, du reste, pas contester, — il a du moins observé avec exactitude et sagacité, dans certains cas.

Obs. 12. — La mère de la jeune malade précédente, Mme L... qui avait eu elle-même les fièvres en Afrique, a été reprise d'un accès le 19 mai 1872.

Le 21 mai, second accès au début duquel j'arrive près de la malade. Sur sa demande, je pratique trois injections de cinq grammes chacune, pendant l'accès même; une amélioration presque immédiate en résulte; l'accès dure la moitié de ce qu'a duré l'autre. Le stade de chaleur était pleinement en évolution quand les injections ont été pratiquées; il a non-seulement été abrégé, mais la chaleur qui a commencé à diminuer après un quart d'heure, a diminué plus sensiblement encore après une demi-heure, et est restée très-modérée; la sueur a été sensiblement moindre qu'au premier accès; mais ce qui a surtout été remarquablement modifié, c'est le sentiment si pénible de courbature et de fatigue, qui a disparu presque aussitôt après les injections, et ne s'est plus fait sentir.

Le 22, trois injections.

Le 23, pas d'accès.

Le 25, je pratique encore deux injections par précaution, et prescris deux cuillerées par jour de mon sirop phéniqué.

A la date du 2 novembre 1872, aucun accès ni aucun indice de maladie n'avaient reparu.

Obs. 13. — Une charmante et toute jeune femme, ayant habité longtemps le Havre, Mme Albert Rousseau, belle-fille de notre distingué chimiste et fabricant de produits chimiques, M. E. Rousseau, était sujette à des névralgies faciales intermittentes, qui, de temps en temps, étaient remplacées par de vraies fièvres d'accès; celles-ci finirent par s'établir à peu près régulièrement avec tous leurs caractères, pendant le siége de Paris; le sulfate de quinine fut administré, mais inutilement. M. Rousseau se disposait à essayer le picrate d'ammoniaque, qui lui a réussi nombre de fois, et qui m'a réussi à moi-même en semblables circonstances; mais comme ce sel a parfois l'inconvénient de jaunir la peau et les sclérotiques, on consentit à ce que je fisse chez Mme R... deux injections sous-cutanées, de cinq grammes chacune, que je renouvelai le lendemain. Depuis la seconde injection, aucun accès n'a reparu.

La famille Rousseau a eu tout dernièrement la douleur de perdre cette jeune femme, qui est morte subitement au Havre, d'une embolie, croit-on, pendant sa convalescence de couches assez difficiles. Elle n'avait pas eu de nouveaux accès.

Obs. 14. — Ma cuisinière, Alexandrine Larroize, jeune fille de 23 ans, des environs de Bourges, a eu les fièvres intermittentes pour la première fois en mai 1865; elle les garda jusque vers le 15 août; elles effectèrent le type quotidien. Pendant ces trois mois, elle prit 29 paquets de sulfate de quinine et plusieurs drogues diverses dont elle ignore la composition. Il se manifesta pendant la durée de son traitement une gastralgie intermittente, très-douloureuse et qui n'a jamais disparu complétement depuis.

Au bout de 18 mois, la malade habitant alors Bourges fut reprise de ses accès; elle reprit neuf paquets de sulfate de quinine, plus gros que la première fois; la fièvre disparaît encore, mais il reste toujours la gastralgie et des névralgies.

Arrivée à Paris en 1870, elle est reprise au mois de septembre, et les accès disparaissent encore, après de nouvelles doses de sulfate de quinine.

Elle entre chez moi à la fin d'avril 1871; est, presque aussitôt, reprise de sa fièvre.

Dès le premier accès, je pratique deux injections de 100 gouttes d'eau phéniquée, et la fièvre est coupée. En juin 1871, retour de névralgies très-violentes et intermittentes; elles disparaissent un quart d'heure après une injection; il semble à la malade que c'est comme un nuage qui se dissipe.

La guérison se maintient jusqu'en août 1872. A cette époque, se manifestent des accès de gastralgie très-violents et périodiques. Ils disparaissent encore après une seule injection phéniquée, et la malade est encore guérie, au moins provisoirement.

Il est à peine croyable qu'une seule injection puisse suspendre des accès fébriles ou névralgiques qui paraissent aussi invétérés, et, cependant, l'effet a suivi de si près la cause, à trois reprises différentes, qu'on ne saurait conserver l'ombre d'un doute sur l'action du médicament, non-seulement sur son action immédiate, mais sur son action consécutive prolongée, car aucun médecin qui a observé un seul cas de fièvre intermittente récidivée, n'admettra qu'une récidive puisse disparaître spontanément et pour longtemps, après un ou deux accès.

Obs. 15 et 16. — Dans le mois d'avril 1870, je fis une visite en Sologne, à La Borde, près de Lamotte-Beuvron, chez mon confrère et ami le docteur Rota. Il y avait là deux petits fiévreux, une petite fille de 5 ans et un petit garçon de 9 ans, qui végétaient misérablement depuis bien longtemps déjà, eu égard à leur âge. Je voulus tenter sur eux la médication phéniquée, et je pratiquai à chacun une injection sous-cutanée (60 gouttes à l'un et 80 à l'autre); un mieux se manifesta, et je renouvelai le traitement pendant deux jours seulement que dura ma visite en Sologne. Je priai mon ami, le docteur Rota, de vouloir bien suivre ces deux malades et m'en donner des nouvelles. Voici les deux mots que je reçois, à la date du 30 juillet 1872.

« Mon cher ami,

« Vous avez traité par la méthode phéniquée sous-cutanée deux fiévreux à La Borde : une petite fille de cinq ans, qui avait la fièvre intermittente depuis l'âge de deux ans, et un petit garçon de neuf ans, également atteint depuis longtemps de la même fièvre. Les deux sont guéris. »

Signé : Dr ROTA.

Ces deux enfants n'ont eu de récidive ni l'un ni l'autre.

Obs. 17. — M. Du R..... âgé d'environ 40 ans, attaché à une scierie mécanique, fut atteint d'une fièvre intermittente en 1863, en revenant en France, après un séjour de deux ans et demi en Corse. Il fit un traitement énergique dont le sulfate de quinine fut surtout la base, et néanmoins il ne fut débarrassé de sa fièvre qu'au bout de 20 mois. C'est dans le mois de mars 1865 qu'il cessa d'avoir des accès et qu'il se crut définitivement guéri. Vers la même époque de l'année suivante il fut cependant repris : seulement l'accès qui, dans la première atteinte, était revenu tous les deux jours, à peu près, pendant toute la durée de la maladie, ne se montra, dans la récidive, que tous les 3, 4 ou cinq jours. Au bout de quelques mois de traitement la fièvre disparut. Mais, depuis ce moment jusqu'en 1870, la maladie revint tous les ans vers le mois de mars et dura de quelques semaines à quelques mois. Le malade habitait toujours Paris. Le 20 mars de cette même année 1870, M Du R..... fut pris d'un assez fort accès, et néanmoins partit pour Marseille. Chose assez remarquable, aucun accès ne revint, ce qu'il attribua au changement d'air.

Le 21 mars 1871, il rentra à Paris, et, le jour même, il éprouva un accès violent; l'accès revint le surlendemain et le malade fut obligé de se coucher. Le troisième jour, je le vis; il s'attendait à voir arriver un accès; je ne voulus rien lui faire avant de savoir si, en effet, les accès persisteraient. Le troisième arriva à l'heure présumée d'après les deux précédents accès. Je me décidai alors à pratiquer une seule injection sous-cutanée de 5 grammes d'eau phéniquée à 1 pour 100.

L'accès du surlendemain fut beaucoup moins fort et fut le dernier. Depuis ce moment M. Du R..... n'a plus éprouvé la moindre atteinte, même au mois de mars de cette année 1872, qui s'est passé comme tous les autres.

Obs. 18. — Mme de Sainte M..... a longtemps habité l'Italie et y a contracté des fièvres très-tenaces; elles reviennent à chaque saison et plus facilement encore quand elle habite une campagne située à 80 lieues environ de Paris et dans une localité qui n'est pas cependant marécageuse. Les accès sont parfois franchement fébriles; mais ils se montrent souvent aussi sous forme de névralgies intermittentes très-violentes. Quand cette jeune femme est à Paris, je lui pratique deux injections et les accès disparaissent d'habitude pour quelques mois. Quand elle habite la campagne, elle a le courage de se pratiquer une ou plusieurs injections elle-même, et elle obtient le résultat espéré; les accès sont toujours plus difficiles à couper quand ils affectent la forme névralgique que lorsqu'ils offrent un caractère franchement fébrile.

Mme de Sainte M..... a pris à plusieurs reprises du sulfate de quinine; mais depuis longtemps il ne produit plus d'effet, et c'est pour ce motif qu'elle s'est décidée à se pratiquer elle-même, au besoin, des injections hypodermiques.

Depuis 4 ans que cette jeune femme est sujette à ces récidives, l'injection faite par elle-même n'a pu encore l'en débarrasser définitivement. Quant aux autres traitements, ils ne produisent plus aucune amélioration. En août, je pratique 3 injections moi-même, et aujourd'hui, 18 novembre, j'apprends qu'elle n'a plus eu d'accès.

Il y aurait ici quelques remarques à faire sur la forme de l'affection chez Mme de Sainte M..... Pour éviter les répétitions, nous les renvoyons aux généralités qui termineront l'article.

Obs. 19. — En 1870, le prince Ghika se trouvait en France atteint d'accès intermittents rebelles contractés dans son pays, et qu'on n'avait pu couper, ni par le changement d'air, ni par les diverses préparations quiniques, ni avec l'arsenic, ni avec l'hydrothérapie. Il avait été traité par plusieurs médecins des hôpitaux de Paris et notamment, si notre mémoire ne nous trompe, par le professeur Béhier, qui n'avait pas été plus heureux que ses confrères. Causant un jour avec le comte Wiergbisky, celui-ci lui dit que j'avais traité et guéri par une méthode particulière un de ses amis, atteint de la même maladie que le prince (1), ce qui fit que je vis ce dernier à ma consultation le 3 février 1870. Il était malheureusement à la veille de son retour obligé dans sa patrie, et je ne pus que constater son état cachectique, résultant d'une longue durée de la fièvre, et l'existence d'accès quotidiens assez forts. Je lui pratiquai, séance tenante, trois injections phéniquées hypodermiques de 5 grammes à 1 pour 100.

Le lendemain il m'annonça avec bonheur qu'il avait éprouvé un bien-être extraordinaire; l'accès était cependant revenu, mais n'avait presque fait que paraître et disparaître. Le troisième jour, l'accès ne revint pas. Le malade étant pressé de guérir et de partir, je lui pratiquai les jours suivants, savoir : pendant 2 jours, 3 injections par jour et pendant 3 autres jours, deux injections. Aucun accès ne reparut pendant tout ce

---

(1) J'ai absolument perdu le souvenir de l'ami du comte Wiergbisky que j'ai guéri de la fièvre; son observation, non plus que celles de bien d'autres, ne peut donc figurer dans cet article; la meilleure volonté ne peut, dans certains moments de presse, suffire à la science et à la pratique; aussi prions-nous le lecteur de vouloir bien se persuader que ce n'est pas seulement sur les faits que nous plaçons sous ses yeux que se fondent nos convictions, mais sur des faits beaucoup plus nombreux, dont nous ne pouvons retenir que les déductions générales.

temps et le prince partit, le 31 mars, en m'accablant de compliments. Il emporta une de mes seringues à injections et du liquide que lui prépara M. Guénon, pharmacien, pour s'injecter lui-même, me dit-il, et les siens au besoin, les fièvres, comme on sait, n'étant point rares en Valachie.

Obs. 20. — M. Wésier (Léon), maître canonnier de la marine, arriva en Cochinchine vers le 15 octobre 1862. Au commencement de 1863, il éprouva un premier accès de fièvre, et quelques jours après il dut être admis à l'hôpital; il y resta une vingtaine de jours et en sortit guéri, du moins en apparence. Son traitement consiste en vomitifs, purgatifs, diète, et sulfate de quinine.

Quelque temps après sa sortie, un nouvel accès survint; puis plusieurs jours se passèrent sans accès, et il en revint encore un; enfin ces accès se rétablirent d'une manière à peu près régulière, un tous les huit ou dix jours. On le traita alors à bord du navire: quand la fièvre le prenait on le faisait coucher sur un lit, on le couvrait de couvertures et on lui faisait boire du thé; quand l'accès était passé, il buvait du sulfate de quinine dissous, à ce qu'il croit, mais plus probablement une solution de quinquina.

Ce traitement ne réussit pas à le remettre sur pied; et, en 1865, on fut obligé de le renvoyer en France comme convalescent.

Pendant la traversée, on continua le traitement qu'on lui prescrivait à bord de son navire.

Arrivé à Toulon, il fut soigné à l'hôpital pendant un mois, puis on lui donna un congé de trois mois qu'il alla passer dans son pays. Là, les fièvres disparurent complétement au bout de quelques semaines jusqu'en 1867, époque à laquelle le malade partit pour le Sénégal.

Il arriva à Saint-Louis en février 1867, et partit aussitôt pour le *Grand-Bassam*, lieu de station situé à 70 lieues dans l'intérieur des terres et où il retrouva exactement, dit-il, le climat de la Cochinchine. Arrivé à destination, tout l'équipage, dit-il, officiers, soldats et médecin (qui voyageait pour la première fois), tomba malade à l'exception de lui et de quelques anciens navigateurs. Mais ces derniers et lui-même furent pris vers le mois de juillet. Quelques malades étant morts, l'équipage fut rappelé à Saint-Louis, et soigné en partie à bord du navire, en partie à l'hôpital de terre. Traitement : régime peu abondant, mais bon; vin de Bordeaux et force sulfate de quinine; tous les matins, à jeun, bonne dose de quinquina. La fièvre le quitta, comme presque tous ses compagnons, à la fin d'août. Jusqu'à la fin de février 1869, il lui revenait cependant un accès de temps en temps, tous les 20 ou 25 jours, mais faible et qui ne l'obligeait pas à se coucher. A partir de février 1869, il n'éprouva plus d'accès du tout.

En septembre 1869, il rentra en France, et il fut repris de la fièvre à Cherbourg en janvier 1870. Il rentra à l'hôpital, fut traité par la diète, les purgatifs, le sulfate de quinine, et tous les matins, à jeun, une bonne dose de quinquina. Il sortit guéri au commencement de mars, et rien de nouveau ne parut jusqu'en juillet 1871, époque à laquelle il fut renvoyé dans ses foyers, en disponibilité.

En février 1872, les fièvres le reprirent et ne l'ont pas quitté jusqu'à ce jour (30 juillet); l'accès revenait, comme cela avait déjà eu lieu une fois, tous les 9 ou 10 jours ; mais, dans l'intervalle, le malaise était encore grand, ainsi que la faiblesse. Le malade n'a presque rien fait, comme traitement, faute, dit-il, d'avoir bien souvent même le nécessaire.

Au moment où je le vois, ce malade, qui est taillé en hercule, est dans un état d'émaciation et de faiblesse extrêmes, presque d'anéantissement, il trébuche sur ses jambes; son teint est terreux. Les accès reviennent toujours tous les 9 ou 10 jours; dans l'intervalle, le pouls paraît être à l'état normal, autant qu'on en peut juger, dans l'état de misère extrême où se trouve ce malheureux, qui manque souvent du plus strict nécessaire; au moment de mon examen 20 juillet, je le trouve à 95, mais tellement faible, que je ne lui pratique que deux injections.

Nous apprîmes, par l'honorable ingénieur qui nous l'avait adressé, que ce malade s'était trouvé beaucoup mieux à la suite des injections phéniquées; mais ne le voyant pas revenir, les jours suivants, je lui écrivis pour lui annoncer que je lui avais trouvé du travail et pour lui demander de ses nouvelles. Je reçus, trois semaines plus tard, une réponse dans laquelle il me disait que son état de misère extrême l'avait forcé d'entrer à l'hôpital où il se trouvait encore en ce moment.

Notre intention, en rapportant ce fait incomplet, n'est pas de l'ajouter à la liste de nos succès, mais seulement de ne laisser aucune lacune dans l'histoire des cas que nous avons pu recueillir. Il s'agit ici d'une médication nouvelle et importante; le silence qu'on garderait sur certains faits pourrait être mal interprété; nous devons éviter tout ce qui pourrait favoriser des interprétations malveillantes.

Obs. 21. — Léger (Paul), âgé de 25 ans, a séjourné en Algérie comme soldat, de mars en septembre 1871. Vers le 15 juillet, il y a été pris de fièvres intermittentes; le premier accès a duré six heures dont deux heures de frissons; il s'est compliqué de vomissements, de nausées, de céphalalgie intense. Il entre à l'ambulance d'abord et à l'hôpital ensuite; on lui prescrit, à l'ambulance, de l'ipéca, dès le deuxième jour; puis, à l'hôpital, 40 centigrammes de sulfate de quinine tous les jours. La fièvre est coupée après le huitième accès; mais le malade reste jaune, faible, et ne peut faire de service; il rentre chez son père, dans la Sarthe, en septembre. Là, malgré la continuation des pilules de sulfate de quinine, dont il prenait quelques-unes tous les jours, des accès reviennent environ tous les quinze jours; à chaque récidive, il prend de suite 5 pilules de 0,10 et le lendemain, 3. Et malgré cela, 10 à 15 jours après, il y avait récidive; après chaque accès, les traits restent profondément altérés et la faiblesse très-grande. Il entre néanmoins à la fin de l'année au service du marquis de Torcy; mais il ne peut faire son service, tant la faiblesse est grande; en outre, l'estomac, le ventre, les membres même étaient douloureux; tout, suivant son expression, lui fait mal.

J'ai l'occasion de le voir le 4 mars 1872, et, après constatation des détails que je viens de rapporter, je pratique, en une seule fois, quatre injections de 5 grammes d'eau phéniquée à 1 pour 100.

Le 15, le malade n'avait eu aucune apparence d'accès; la santé générale était meilleure; je pratique deux nouvelles injections.

Le mieux continue, les douleurs se dissipent, l'appéti t revient; mais, à la date du 28 novembre, il survient un peu de courbature, le 29, un accès de fièvre. Le malade se pratique lui-même 3 injections devant moi. La santé revient et il n'y a pas même eu un second accès.

Obs. 22. — M. Herman, de l'île Bourbon, vint me trouver le 18 janvier 1872, dans des circonstances analogues à celles où se trouvait le prince Ghika, mais plus pressantes encore, car il devait partir irrévocablement dès le lendemain même pour Bourbon. Il était atteint d'une fièvre des plus rebelles contractée à Madagascar, et qui avait été traitée en vain par beaucoup de médecins, et en dernier lieu à Paris.

De même que le prince Ghika m'avait été conduit par le comte Wierghisky, M. Herman me fut amené par un client devenu mon ami, et que j'avais guéri d'une maladie organique débutante de la langue. M. Herman portait tous les stigmates d'une infection paludéenne ancienne et avait des accès qui revenaient irrégulièrement toutes les fois qu'il éprouvait le moindre froid et parfois sans cause connue.

Je lui pratiquai, séance tenante, deux injections de 5 grammes d'eau phéniquée à 1 p. 100; et, comme le prince Ghika, il emporta ma seringue et du liquide phéniqué, préparé par M. Guénon, pharmacien, pour continuer lui-même son traitement.

A la date du 30 mai 1872, j'ai reçu, par mon ami, M. Fille, des nouvelles de M. Herman : aucun accès n'est revenu depuis la première injection ; il s'en est pratiqué lui-même plusieurs nouvelles, et sa santé s'est complétement rétablie.

Obs. 23.— Voici un cas dont la relation m'a été donnée tout récemment, qui a été observé et traité par des personnes étrangères à la médecine, mais dont l'histoire est, à mon avis, plus précieuse pour la médication phéniquée, que si je l'avais traité et guéri moi-même.

Le jeune Gadon, de Teillé (Sarthe), âgé de 12 ans, avait la fièvre tierce depuis un an, sans changement de périodicité ni interruption, malgré les traitements employés.

Au mois d'avril 1872, le marquis de Torcy se rendit à son château de Boisclesreau, situé près de Teillé. Le domestique du marquis, que j'avais guéri d'une fièvre intermittente rebelle (*obs. 21*), avait appris à faire les injections, et le marquis était pourvu du nécessaire pour en faire. Ayant appris que le jeune Gadon ne pouvait être guéri, il proposa de le guérir lui-même. Le marquis de Torcy, interrogé, répondit qu'il ne voulait prendre aucune responsabilité, mais qu'il pouvait seulement attester la guérison parfaite obtenue chez son domestique.

Après quelques jours d'hésitation, on vint demander au marquis s'il voudrait bien faire faire une injection devant lui, ce à quoi il consentit. Une injection de 100 gouttes (5 gram.) d'eau phéniquée à 1 p. 100 fut faite, en effet ; elle fut répétée le lendemain et le surlendemain.

Le lendemain de la première injection, l'enfant eut des vomissements pour tout accès ; deux jours après, il n'éprouva aucun malaise, à l'heure accoutumée ; et jusqu'à ce jour (fin d'août 1872) aucun accès n'est revenu.

Tout le monde comprend, sans que j'aie besoin de les faire ressortir, les conséquences de ce fait remarquable ; j'y reviendrai d'ailleurs dans un instant, à la fin de cet article.

Obs. 24. — Les faits précédents m'avaient habitué à des succès si extraordinaires et si prompts, que je pus croire un instant à un insuccès, dans le cas suivant, quoique, d'après la marche ordinaire des choses, rien ne fût assurément de nature à me désespérer ; mais la médication ne tarda pas à faire sentir toute son influence, et je pus bientôt compter un succès de plus. Voici l'exposé succinct de ce fait :

Mme veuve Obry, habitant Alger, fut prise de fièvre intermittente quotidienne à Alger même, en juin 1870. Les accès venaient tous les jours de 4 à 7 heures du soir. Les premiers accès ont été assez violents, puis ils ont été atténués par des pilules de sulfate de quinine dont la malade a pris six par jour pendant huit jours. Mais les accès n'ont été que diminués et non entièrement coupés ; on a renoncé au sulfate de quinine pour le sirop d'écorce d'oranges amères, puis pour le citrate de fer. La fièvre, après s'être modérée, disparut complétement au bout de deux mois.

En 1871, à la même époque que l'année précédente, la fièvre est revenue avec le même type, mais compliquée de coliques sèches. La malade, après la disparition de sa première fièvre, était restée faible ; la nouvelle fièvre l'affaiblit encore, et on lui prescrivit le séjour à la campagne. Elle s'y rendit et recommença le traitement de l'année précédente ; la fièvre cessa après une durée à peu près égale à celle de la première atteinte ; mais la malade conserva beaucoup de faiblesse.

Enfin, cette année, les mêmes phénomènes se sont encore reproduits à la même époque, mais avec aggravation de la faiblesse générale. Le même traitement a encore été prescrit, auquel on a ajouté l'usage de l'eau de Vals ; puis on a envoyé Mme O. aux eaux de Bourbonne-les-Bains.

Quand je vois la malade, le 27 août 1872, les accès se manifestent régulièrement tous les jours, de midi à six heures du soir. Le froid débute par les mains, et les frissons sont assez forts ; le rétablissement de la chaleur commence par les mains aussi. — Je pratique deux injections sous-cutanées. La fièvre se développe moins ; elle n'est pas aussi intense, mais elle dure néanmoins 6 heures.

Le 28, je pratique encore deux injections ; la fièvre n'apparaît qu'à deux heures, et dure jusqu'à six, mais moins intense ; de plus, le teint légèrement cachectique de la malade a déjà éprouvé un changement favorable, bien sensible.

Le 29, deux injections nouvelles sont pratiquées. — Il n'y a pas d'accès. Le teint de la malade a subi une transformation vraiment extraordinaire ; il y a un appétit prononcé.

Le 30, deux nouvelles injections sont pratiquées par précaution ; la malade se trouve parfaitement bien, et elle se dispose, si aucun malaise ne reparaît, à repartir demain pour Alger où l'appellent des intérêts urgents.

Le mieux tout à fait extraordinaire obtenu a persisté, en effet, et la malade est repartie.

Obs. 25. — Ce cas est encore une fièvre d'Alger contractée dans Alger même ou plutôt à une certaine distance d'Alger, sur le littoral, à Sidi-Ferruch, où les Algériens se rendent quelquefois pour aller faire des parties de pêche. Mlle M. Alvado, âgée de 24 ans, créole espagnole née à Alger, s'était rendue, en effet, en partie de pêche au commencement du printemps de 1871, à Sidi-Ferruch distant de 28 kilomètres d'Alger. A son retour, elle fut prise d'un accès fébrile violent, pendant lequel on dut la maintenir dans son lit, tant étaient intenses les tremblements convulsifs des membres ; ceux des mâchoires étaient tels, qu'on craignait que la malade ne se brisât les dents. Ces frissons s'accompagnaient d'efforts intermittents de vomissements des plus violents, mais sans résultat. Ces accès revinrent le surlendemain et les jours suivants, de deux jours l'un, avec régularité et aussi avec la même intensité. Le frisson durait pendant deux heures avec la même violence presque jusqu'à sa terminaison ; il était remplacé par un stade de chaleur et de sueur qui durait de 5 à 6 heures.

On prescrivit à la malade, d'abord du sulfate de quinine, puis du vin de quinquina, puis de la tisane de chiendent et des paquets d'un sel dont elle ignore la composition, mais qui était destiné, d'après ce qu'on dit à la malade, à combattre l'ictère, qui était très-développé. Au bout de quelques semaines, la fièvre disparut, mais reparut quinze jours après ; et, depuis ce moment, il en a toujours été ainsi ; la fièvre se montre ; on prescrit le sulfate de quinine, le vin de quinquina, et quelques autres moyens ; elle disparaît, puis, revient de nouveau et ainsi de suite. Depuis 18 mois, cet état persiste, la fièvre conserve toujours le type tierce. Une chose que la malade a remarquée, c'est qu'elle ne peut pas laisser pendant quelque temps ses mains dans l'eau ni repasser, sans qu'infailliblement la fièvre se montre.

Je vois la malade le 27 août, elle a, non pas une teinte cachectique, mais une teinte ictérique des plus prononcées ; l'amaigrissement n'est pas proportionné à cette coloration. Le foie est cependant modérément développé ; la rate, au contraire, l'est énormément et descend presque jusqu'au nombril.

La malade étant obligée de repartir promptement pour Alger, je pratique le 27, jour de l'accès, trois injections de 100 gouttes d'eau phéniquée à 1 pour 100 ; l'accès ne se déclare pas ; je pratique trois nouvelles injections le 29 et l'accès manque également ; mais celui du 1er septembre se montre et dure 4 heures, mais consistant seulement en un froid modéré des pieds et des mains et en quelques légères envies de vomir, suivies d'une chaleur et d'une sueur très-modérées qui n'ont duré qu'une heure et demie en tout; quatre nouvelles injections.

Le 2 septembre, une amélioration des plus marquées se voit sur la physionomie; la teinte ictérique est notamment beaucoup moins prononcée et n'est très-sensible que sur les sclérotiques. Je pratique trois nouvelles injections. — Aucun symptôme de fièvre ne se fait sentir. La malade a de l'appétit.

Son départ étant fixé au vendredi, 6 septembre, je pratique encore trois injections le 3 et le 4. Lorsqu'elle me quitte le 4 au soir, elle est dans un état de bien-être extraordinaire et se sent guérie; la rate est considérablement diminuée; le foie a repris son volume normal; mais il reste une teinte légèrement jaune des sclérotiques. La malade emporte une seringue et le liquide nécessaire pour se faire pratiquer des injections, au cas où la fièvre se montrerait de nouveau.

Nous recevons d'Alger une lettre, en date du 20 novembre 1872, qui nous annonce que cette malade n'a pas eu un seul accès depuis son retour à Alger.

Obs. 26. — Quoique le succès que j'ai obtenu dans le cas suivant ne soit pas le plus remarquable, assurément, de ceux qui sont relatés dans ce travail, je le donne néanmoins parce que c'est le seul dans lequel j'aie été appelé à traiter, par la nouvelle méthode, une fièvre intermittente à son début et vierge de toute autre médication. C'est d'ailleurs une fièvre contractée dans la campagne d'Anvers, et l'on sait que les fièvres de cette localité n'ont pas une bonne réputation.

Le malade était M. Boëyé, bourgmestre de Calloo Il avait depuis huit jours seulement la fièvre tierce, quand il vint me consulter; c'est à-dire qu'il avait éprouvé quatre accès assez violents. Le jour où je le vis, le 18 mai 1871, je lui fis deux injections sous-cutanées de cinq grammes d'eau phéniquée à 1 pour 100 et je lui prescrivis quatre cuillerées par jour de mon sirop phéniqué. Je renouvelai deux injections le lendemain. Dès les premières injections la fièvre fut coupée, et à la date du

21 août, je reçois la nouvelle de M. Boëyé lui-même qu'aucun accès ni apparence d'accès ne se sont montrés depuis.

Obs. 27. — Si les fièvres d'Anvers ne passent pas pour être des meilleures, celles des marais Pontins ont une réputation que l'observation suivante confirme amplement.

M. le colonel B... que j'ai traité et amélioré d'une surdité causée, suivant toutes les probabilités, par le sulfate de quinine, était en garnison à Terracine en 1863, lorsqu'au mois de juin de cette année, il reçut du général Goyon l'ordre d'exécuter des reconnaissances militaires dans les environs de cette charmante résidence, à travers les marais Pontins. A cette époque de l'année, tous les habitants, peu nombreux d'ailleurs, de ces tristes parages quittent leurs pauvres baraques pour aller s'installer dans la montagne et se soustraire ainsi aux atteintes de la malaria. C'est assez dire combien le séjour de ces localités est alors dangereux. Le colonel B... qui commandait alors le 3e bataillon de chasseurs à pied demanda au général Goyon s'il ne pourrait pas opérer ses reconnaissances en passant par les hauteurs au lieu de traverser la plaine marécageuse ; *obéissez* fut le seul mot de réponse qu'il reçut. Ce mot ne comportait pas d'explications ; le colonel B... traversa avec son bataillon les marais Pontins, et le résultat fut que 2 à 300 hommes du bataillon entrèrent quelque temps après dans les hôpitaux de Rome. Quant au commandant, il parut d'abord avoir été réfractaire à l'action des effluves marécageux ; mais ce n'était qu'un de ces ajournements assez fréquents dans les maladies paludéennes et inexplicables par toute autre doctrine que la doctrine parasitaire. Étant en congé de deux mois, il les passait dans le petit village de Melisey, dans la Haute-Saône, lorsqu'il fut pris, à la fin de son congé, d'un accès assez violent de fièvre avec vertiges et congestions vers la tête. Les accès s'étant renouvelés, un médecin de la localité, M. le docteur Bronchamps, administra le sulfate de quinine à haute dose, d'abord par l'estomac, puis par le gros intestin, l'estomac ne pouvant plus le supporter. Ce traitement dura jusqu'au 1er novembre 1864. Mais la maladie résistait toujours. Sur le conseil qui lui fut donné, il se rendit à Strasbourg pour se confier aux soins du docteur Stoltz, et séjourna dans cette ville jusqu'au 10 janvier 1866. Il repartit pour Rome dans un état d'amélioration sensible, mais non guéri, et s'apercevant déjà d'une certaine dureté de l'ouïe.

De retour à Rome, les médecins militaires continuèrent à le traiter d'abord par le sulfate de quinine; puis, croyant, à quelques symptômes d'affaiblissement et à des congestions céphaliques, le commandant atteint d'une affection de la moelle, ils pratiquèrent des saignées, administrèrent des douches froides, etc. La fièvre diminua, devint irrégulière, tolérable dans certains moments, intolérable dans d'autres; et quant aux congestions et à la surdité, elles s'accrurent sans interruption, au point que celle-ci devint complète comme nous le dirons ailleurs.

C'est dans ces conditions que le colonel B... vint me consulter en juin 1871. Outre sa surdité et ses accès fébriles, il était atteint d'une dyspepsie des plus prononcées. Quelques injections phéniquées sous-cutanées coupent la fièvre qui ne reparaît plus. Nous dirons ailleurs ce qui est advenu de la surdité et de la dyspepsie.

Les exemples d'insuccès du sulfate de quinine sont si fréquents, qu'il n'est plus nécessaire de les faire remarquer, non plus que l'action fâcheuse que ce sel a parfois sur l'estomac et le cerveau. Tout le monde est d'accord sur ces points, et cependant, la routine hésite encore à essayer la médication par l'acide phénique, malgré sa puissance supérieure au quinquina, et malgré sa parfaite innocuité. Voici encore un insuccès du sulfate de quinine sur une fièvre *française* de Rochefort; les fièvres de cette localité ne sont pas non plus des plus innocentes, quoique moins graves que celles des marais Pontins.

Obs. **28.** — Le cas suivant nous offre un exemple de fièvre intermittente que quelques auteurs décrivent, mais qu'on observe si rarement, que d'autres considèrent comme équivoque d'après les observations qu'on en a rapportées. Ici, aucune équivoque ne saurait exister; non-seulement la fièvre avait le type *quintane* (1) à son début, mais, ce qui est beaucoup plus

(1) *Quintane* est une expression qui peut paraître étrange, appliquée à une fièvre qui revient tous les quatre jours, et qui est étrange, en effet; mais elle ne

rare pour ces fièvres irrégulières, elle conserve ce type pendant toute sa durée et une durée fort longue. A côté de cette particularité rare, le fait suivant en présente une autre qui ne l'est pas beaucoup moins, c'est l'inaction absolue du sulfate de quinine sur la maladie. Les cas dans lesquels la fièvre intermittente, coupée par le sulfate de quinine, revient au bout d'un, de deux, ou d'un plus grand nombre de septenaires, sont tellement fréquents, qu'ils constituent peut-être la règle générale ; mais ceux dans lesquels le sulfate de quinine est absolument impuissant dès le début de la maladie sont extrêmement rares et peut-être sans exemple bien établi. L'impuissance absolue du quinquina dans le cas qu'on va lire aurait-elle quelque rapport avec la périodicité particulière de la fièvre ? c'est ce qu'il serait téméraire d'affirmer ; ce qu'il y a de plus certain et de plus satisfaisant à la fois, c'est que l'acide phénique a conservé, dans ce cas, toute l'action que nous avons constatée dans les faits précédents, c'est-à-dire toute sa supériorité sur le sulfate de quinine et sur l'arsenic. Voici l'exposé succinct de ce fait remarquable.

Gauthier (Louis), 22 ans, militaire en convalescence, mais actuellement journalier, habite Saint-Léger en Yvelines (Seine-et-Oise). Il a eu un premier accès de fièvre intermittente le 8 août 1871, à Rochefort-sur-Mer. L'accès dura trois heures, la chaleur deux heures, et la sueur une heure. — Quatre jours après parut un second accès, plus fort que le premier. — Après ce second accès, on prescrivit au malade du sulfate de quinine dissous ; il en prit *tous les jours* cinq décigrammes pendant plusieurs semaines. Les accès ne sont influencés en rien ; ils reviennent exactement tous les quatre jours, avec une intensité à peu près toujours égale. Après deux mois d'attente vaine,

---

l'est pas plus que toute la nomenclature des fièvres intermittentes et beaucoup d'autres parties du langage médical, que nous ne devons pas songer à réformer : ainsi on appelle *fièvre quotidienne* celle qui revient tous les jours ; ce qui est bien son vrai nom ; mais on appelle *tierce* celle qui revient tous les *deux* jours, *quarte*, celle qui revient tous les *trois* jours et ainsi de suite. Ces anomalies étant passées dans le langage et comprises de tout le monde, il vaut mieux les conserver que de les réformer ; on a déjà assez de peine à réformer la thérapeutique, c'est-à-dire les choses, pour qu'on doive éviter d'ajouter à sa tâche la réforme des mots.

on donne au malade un congé de convalescence, le 9 octobre 1871, et il vient alors à Saint-Léger.

Là le docteur Dulary lui prescrit 50 centigram. de sulfate de quinine, mais, cette fois en poudre. Il n'en obtint aucun effet.

Dans les premiers jours de janvier, étant alors aux Essarts, le docteur Lacosse lui prescrit de l'arsenic; la fièvre disparaît au bout de quelque temps; mais elle revient malgré la continuation du traitement, et toujours avec le même type.

Le 19 mars 1872, il consulte, à Chartres, le docteur Billard, qui lui donne une botte d'herbes dont il faut faire des décoctions à boire, à la dose de deux tasses par jour. Tous les mois, pendant quatre mois, il se rend à Chartres pour chercher sa botte d'herbes, et il arrive ainsi jusqu'au 1er septembre, sans que rien soit changé dans la périodicité de sa fièvre, mais avec un état général très-altéré.

Je vois le malade, le dimanche 1er septembre 1872, avec mon honorable confrère, le docteur Lhoste, de Montfort-l'Amaury. Son teint est cachectique; la sclérotique est tout à fait décolorée; le foie a son volume normal; la rate descend jusqu'au milieu du ventre; il ressent des douleurs contusives dans les membres et il est très affaibli. Il a eu un accès vendredi et en attend un autre mardi. — Je lui pratique quatre injections de cent gouttes de mon eau phéniquée, préparée au moyen de vapeurs d'acide phénique dans l'eau distillée.

Le mardi, l'accès ne revient pas; le malade se sent mieux; il n'éprouve plus de douleurs dans les membres. Il a pu travailler un peu, mais la sueur lui vient à la moindre fatigue. Cet état a été constaté par mon honorable confrère le docteur Lhoste.

Le samedi, 7, le malade vient me voir à Paris; il n'y a ni accès ni apparence d'accès; le malade se sent plus fort; les membres ne sont pas douloureux; la sclérotique est blanche; le teint s'éclaircit; la rate est considérablement diminuée de volume. — Je pratique trois nouvelles injections de 100 gouttes.

Le 11 septembre, je pratique deux nouvelles injections, quoique aucune apparence d'accès ne se soit manifestée. — Enfin je pratique encore deux nouvelles injections de précaution le 16 septembre, jour où je renvoie le malade, dans son pays. Tous les symptômes d'amélioration faisaient chaque jour des progrès; le malade mangeait, dormait, ne souffrait pas, reprenait des forces; en un mot, il paraissait être entré dans la plus franche des convalescences.

A la date du 2 octobre, mon excellent confrère, M. Lhoste, m'informe qu'aucun accès n'est revenu, que l'amélioration de l'état général continue toujours et que Gauthier a pu faire deux journées de travail. Le docteur Lhoste ne peut pas s'empêcher de qualifier de merveilleuse une telle cure. C'est que mon honorable confrère n'est ni de l'Académie ni de l'Institut. Dans ce dernier lieu, où l'on coudoie l'Académie française et où l'on parle un langage épuré, quelque Prussien déguisé qualifiera peut-être de « blague » le fait de Gauthier et tous les autres, et croira avoir rempli par cette insulte ses devoirs de Français et d'académicien. *Trahit suam...* Il y a des académiciens qui se plaisent à insulter, et quelques médecins qui se plaisent à guérir des malades; j'avoue qu'avec mon confrère le docteur Lhoste, je suis de ces derniers; voici un nouveau fait tout récent qui le prouve, et qui, sans avoir l'importance de celui qu'a observé avec moi M. Lhoste, mérite pourtant de figurer parmi tous ceux qu'on vient de lire.

Nous recevons aujourd'hui, 26 novembre 1872, une lettre du docteur Lhoste de Montfort-l'Amaury nous disant :

P. S. — « Gaultier atteint depuis si longtemps de fièvre intermittente quarte, n'a pas eu de nouvel accès depuis votre traitement. Je suis certain qu'avec des faits aussi bien observés dans différents climats, la vérité se fera bientôt jour...

> Dr LHOSTE. »

Obs. 29. — Une jeune enfant de 6 ans, Mlle F..., a contracté, il y a quelques mois, les fièvres dans les environs de Moscou. Un médecin de Moscou les a coupées deux fois à l'aide du sulfate de quinine; mais elles ont récidivé chaque fois; le médicament paraît, du reste, avoir promptement troublé les fonctions digestives, et la petite malade, fort gâtée d'ailleurs, avait la plus grande répuguance à le prendre. Elle m'est amenée par sa mère quelque temps après son arrivée à Paris ; elle avait consulté, dès son arrivée, un médecin en renom ; mais, celui-ci ayant prescrit le sulfate de quinine et la petite malade refusant de le prendre, la mère crut devoir recourir à ma médication dont elle avait entendu parler.

Je vis la petite malade le 5 septembre, et je lui pratiquai, séance tenante, une injection de 80 grammes d'eau phéniquée à 1 pour 100, dont elle ne se plaignit point malgré son appréhension de la douleur. Elle n'eut d'accès ni le jour ni le lendemain. Le troisième jour, je pratiquai une seconde injection comme précaution contre une récidive. — La guérison a persisté sans apparence même de retour des accès.

Je terminerai cette série de faits par un témoignage précieux que j'ai déjà invoqué à propos du choléra, celui de M. Prosper Van den Broek, de Java, frère de celui qui habite actuellement Paris.

J'avais prié cet excellent ami de vouloir bien faire appliquer ma méthode au traitement de diverses maladies et notamment des fièvres intermittentes, par les médecins exerçant dans le pays, et, au besoin, de l'appliquer lui-même ; je lui avais envoyé tout ce qui était nécessaire pour cette application.

Au mois d'août 1872, je recevais une lettre où se trouve le passage suivant : « Partout où je rencontre une fièvre intermittente, je fais des injections sous-cutanées avec le liquide phéniqué simple (1), comme si je n'avais pas fait autre chose de ma vie. Généralement, mes patients disparaissent après la quatrième opération, non pas que je les aie envoyés aux antipodes, mais bien parce qu'ils se considèrent comme guéris. »

Mais si mon bienveillant médecin improvisé s'était empressé d'appliquer ma méthode, j'étais loin d'avoir rencontré le même bon vouloir chez les confrères de Java, qui ressemblent beaucoup à la généralité de ceux des autres lieux. Aux communications de M. Van den Broek, ils répondirent que l'acide phénique

---

(1) J'avais envoyé à mon ami une solution phéniquée simple et une solution additionnée du nouveau parasiticide, pour le cas où le choléra ou quelque grave épidémie apparaîtrait à Java. Il était convenu que, pour les fièvres intermittentes, la solution phéniquée simple serait seule employée, à moins d'insuccès.

était très-connu et très-employé à Java ; qu'ils l'employaient eux-mêmes dans tous les cas où il est indiqué; que quant à d'autres moyens, soit contre le choléra, soit contre d'autres épidémies, ils étaient armés de tout ce que la thérapeutique a de plus efficace, et qu'ils n'éprouvaient pas le besoin d'essayer des moyens nouveaux. J'avais pourtant chargé M. Van den Broek de rendre, en mon nom, l'engagement de faire connaître aux médecins, qui l'emploieraient, mon nouveau moyen, après qu'ils auraient attesté qu'ils l'avaient employé à ma prière et d'après mon initiative. Mais cette condition même est probablement ce qui les engageait le moins : à Java, comme ailleurs, les médecins sont infectés de cette maladie professionnelle et constitutionnelle, qui, une fois la tête coiffée du bonnet carré, les empêche de rien apprendre des autres, si ce n'est sournoisement, à la dérobée, on peut dire subrepticement ; les moins audacieux attendent que l'occasion fasse le larron, et, en attendant, ils laissent souffrir et mourir leurs malades — (les *fiévreux qui meurent à Java* ne sont pas plus rares qu'au Sénégal ou à Madagascar); — les plus audacieux font naître l'occasion eux-mêmes, en s'appropriant le travail des autres impudemment, à la manière des Sanson, des Lemaire et compagnie, ou diplomatiquement, jésuitiquement, à la manière du professeur Chauffard. Je dirai un peu plus loin ce qu'il faut penser de l'apathie des uns et de l'envieuse vanité ou rapacité de la plupart des autres. En définitive, malgré la mauvaise volonté des confrères de Java, le témoignage d'un homme aussi observateur que mon honorable correspondant et ami Van den Broek, qui a expérimenté lui-même, suffit parfaitement pour prouver que la médication phéniquée a produit contre les fièvres de Java les mêmes effets que contre toutes les autres.

Je suspends le tirage de cette feuille pour ajouter aux expériences de Java l'extrait suivant d'une lettre que je reçois à l'instant de mon obligeant correspondant et ami Van den Broek.

« Je suis arrivé ici au commencement de 1870. Pendant les deux années précédentes, les fièvres intermittentes avaient fait plus de *vingt mille victimes*. Deux femmes indigènes, qui dirent être *les seules de leurs familles* qui avaient résisté jusqu'à ce moment à l'épidémie, mais qu'elles ne tarderaient probable-

ment pas à succomber, étaient, en effet, d'une maigreur effrayante et d'une faiblesse extrême avec toutes les apparences
de la cachexie. Elles avaient en vain épuisé toutes les médications que les médecins européens leur avaient prescrites et que
le gouvernement faisait distribuer gratis, sur les prescriptions
médicales. Je leur fis, séance tenante, une injection sous-cutanée, d'après vos instructions, avec de l'eau phéniquée simple
à 1 pour 100; je leur recommandai de boire une bouteille par
jour d'eau phéniquée à 1/2 pour 100, et de faire des lotions
fréquentes avec de l'eau phéniquée à 4 ou 5 pour 100. Ce traitement fut renouvelé, chez l'une pendant 5 jours, chez l'autre
pendant 7, et la guérison fut immédiate. J'ai revu les deux
malades plusieurs mois plus tard, parfaitement bien portantes.
» A la suite de ces deux belles cures, je fus encouragé à appliquer la même médication à plusieurs autres malheureux
atteints de ces terribles fièvres. La plupart guérirent radicalement; d'autres manquant de persévérance, malgré le mieux sensible constamment obtenu dès les premières injections, ne revinrent plus. Je ne sais ce qu'ils sont devenus. »
Ces nouvelles observations de mon excellent correspondant
confirment d'une manière éclatante ce qu'il avait déjà observé,
mais n'exigent pas de nouvelles remarques de ma part.
L'exposé des faits que j'avais à faire connaître terminé, il
s'agit maintenant d'en déduire les conséquences, le plus brièvement qu'il me sera possible.
On a souvent, presque toujours, reproché aux divers moyens
qu'on a tenté de substituer au quinquina, de n'avoir en leur
faveur que des fièvres intermittentes nées dans des localités
où ces maladies n'offrent aucune gravité, aucune ténacité, et
qui même le plus souvent, pour ne pas dire toujours, guérissent
par de simples précautions hygiéniques ou même sans précaution; telles sont les fièvres qui se développent sous le climat de
Paris. Ce reproche a été souvent fondé, mais il ne l'a pas été
sans exception. Il ne l'a pas été pour la méthode arsenicale que
Boudin a eu toutes les peines du monde à faire triompher et
dont on lui enlève généralement, aujourd'hui, le mérite, en
oubliant de le citer, ou en en attribuant la découverte à d'autres et, au besoin, à tout le monde, c'est-à-dire à personne; le

reproche n'a pas été plus fondé à propos de l'hydrothérapie, qui a obtenu des succès même contre les fièvres « *militaires* » d'Afrique, fièvres inventées tout exprès par M. Michel Lévy et quelques-uns de ses collègues, pour faire pièce à une médication nouvelle, qu'il n'avait pas inventée. Après avoir lu les faits précédents, je ne pense pas que personne soit tenté de faire l'objection banale à la médication phéniquée. Ce n'est pas à Paris qu'ont été traitées toutes les fièvres dont il est question dans les observations qui précèdent, et celles qui ont été traitées à Paris étaient originaires de pays où elles sont tenaces et graves : fièvres d'Europe, fièvres d'Afrique, fièvres d'Asie, fièvres d'Amérique et des plus mauvaises contrées de ces régions ; dans la plupart de nos cas mêmes, la gravité et la ténacité étaient démontrées par l'ancienneté de la maladie, par sa résistance à la médication quinique et à plusieurs autres, par les désordres produits dans l'organisme ; quelques-unes d'entre elles étaient tellement graves, qu'on pouvait considérer à bon droit les malades comme perdus. A moins d'être possédé de la folie du scepticisme ou de la rage du dénigrement, il serait donc impossible de méconnaître, de contester que ce ne soit à la médication phéniquée que tous ou presque tous les malades dont on vient de lire les observations doivent le retour à la santé.

Mais ce n'est pas seulement la guérison qui prouve l'efficacité, la supériorité de la médication phéniquée et surtout de cette médication employée par la méthode sous-cutanée : c'est la rapidité de son action ; c'est la continuité de cette action, après les premiers effets produits. Ce qui fait qu'on peut douter parfois de la certitude d'un action curative, c'est sa lenteur qui peut souvent laisser dans l'esprit le doute si une transformation heureuse ne s'est pas opérée par les seules forces de la nature et par l'effet du temps : ici, pareil doute n'est point possible ; l'effet a suivi de près et si constamment l'administration du remède qu'il n'y avait pas place pour l'intervention du hasard ; admettre un pareil hasard, ce serait s'interdire à jamais la possibilité d'établir la relation d'une cause à un effet.

Mais s'il n'y a pas eu hasard dans tous les cas, y a-t-il eu hasard dans quelques-uns, et peut-on espérer que l'acide phénique continuera à guérir avec une pareille constance et dans tous les cas? Quant au hasard, je ne l'admets dans aucun cas; car, parmi les malades que j'ai traités, il n'y en avait pas un où il fût permis d'espérer une cessation immédiate de la fièvre; le changement d'air, le régime et le temps peuvent certainement guérir quelques fièvres aussi graves ou aussi tenaces que celles que j'ai traitées; mais, précisément, le temps est un des éléments de ces cures, et ce temps n'est jamais de quelques jours, et il est bien rarement de quelques semaines; ce n'est donc pas lui qui a guéri nos malades.

Quant à affirmer que la médication phéniquée continuera à guérir avec la même constance, je ne m'y aventurerai point: vingt-neuf cas de succès non interrompus (sans tenir compte de ceux que je n'ai pas notés), c'est beaucoup, assurément; c'est assez pour établir une règle générale, ce n'est pas assez pour établir une règle absolue. Vingt-neuf cas, ce n'est point assez pour passer en revue toutes les formes, toutes les variétés, tous les degrés des fièvres intermittentes; il est même une catégorie de ces maladies que je n'ai pas eu l'occasion de traiter, et qui est nécessairement la plus fréquente dans la pratique des médecins qui exercent dans les pays à fièvres: ce sont celles qui sont à leur début. D'après le principe de logique et de géométrie que qui peut le plus peut le moins, il n'est guère permis de douter que l'acide phénique ne guérisse aussi facilement, et plus facilement encore, s'il était possible, les fièvres à leur début que lorsqu'elles sont passées à l'état constitutionnel, si l'on peut ainsi dire, mais enfin l'expérience n'en est pas faite, et je ne me permettrai pas d'émettre sur ce point autre chose qu'une présomption. Malgré cette lacune, que les médecins à pays fiévreux combleront bientôt, il faut l'espérer, je n'en crois pas moins pouvoir établir la grande supériorité et les grands avantages de la médication phéniquée, supériorité et avantages que je résumerai dans les quelques propositions suivantes:

Je commencerai par la question de prix, question secondaire pour plusieurs, mais capitale pour nos malheureux habitants de la Sologne, de la Bresse, de la Bretagne, des Landes, et d) beaucoup d'autres contrées bien plus malheureuses. Le sulfate de quinine échoue bien souvent sans doute ; mais combien de fois n'échoue-t-il pas, faute de pouvoir être administré assez à temps, assez régulièrement ! Avec quels regrets ne doit-on pas constater les tristes déclarations du canonnier Wézier (obs. 20) qui, après avoir contracté une maladie aussi opiniâtre que grave, en allant servir son pays en Chine, en Cochinchine, au Sénégal, finit par être mis hors de service, et ne put se traiter, faute bien souvent d'avoir même le nécessaire. Même situation du malheureux Isidore, de Carry (obs. 5) hélas, et de bien d'autres, en France et ailleurs !

La question du prix est donc une question capitale pour un grand nombre de malades ; tous les médecins ont fait depuis longtemps cette remarque, qui sera de plus en plus fondée, car le prix du quinquina s'accroîtra probablement de plus en plus.

La médication arsenicale remédiait un peu à cette imperfection de la médication quinique ; mais, outre que l'arsenic n'a pas tout à fait l'efficacité du quinquina, il restera toujours un médicament désagréable à manier à cause de ses dangers, et qu'on ne pourra jamais laisser à la disposition des malades eux-mêmes.

Quant à l'hydrothérapie, son usage est nécessairement borné : elle ne peut devenir une méthode générale et restera le privilège de quelques malades fortunés.

Or, en dehors de ces médications, aucune autre, parmi les centaines qu'on a proposées, n'est encore confirmée par l'expérience. La médication phéniquée comblera donc ici une immense lacune et rendra un immense service.

Le quinquina et même le sulfate de quinine peuvent sans inconvénients être laissés entre toutes les mains ; cependant, il est plus facile encore d'y laisser l'acide phénique, et, sous ce rapport encore, la médication nouvelle offre un léger avantage. En voici un plus important. L'importance de cet avantage s'est déjà montrée dans l'avant-dernier des faits que nous avons rapportés (obs. 23), puisque le jeune malade dont il y est question a pu être guéri sans frais par un ancien malade, en trois séances de quelques minutes chacune.

On a beaucoup discuté sur le meilleur moment d'administrer le quinquina et le sulfate de quinine, et on a différé d'avis sur quelques points; mais il en est un sur lequel tout le monde est tombé d'accord, c'est qu'on doit s'abstenir d'administrer le médicament peu de temps avant ou pendant l'accès; du reste, il est des accès, et en grand nombre, pendant lesquels un médicament quelconque ne pourrait être supporté ; c'est là un grave inconvénient, dans les cas graves, surtout dans ceux qui revêtent ou qui menacent de revêtir un caractère pernicieux. Grâce à la facilité de son administration par la méthode hypodermique, l'acide phénique offre donc un nouvel avantage inappréciable : il peut être administré à tous les moments et même pendant l'accès, ce qui peut être pour le malade une question de vie ou de mort. Quant au sulfate de quinine, la dose qu'il en faut, jointe à sa solubilité restreinte, s'oppose évidemment à son administration par la méthode hypodermique ; il est douteux, d'ailleurs, que, même ainsi administré, il agisse avec la promptitude et la puissance de l'acide phénique, et, en outre, nous ne sommes pas certain qu'un agent qui a une action aussi énergique sur le système nerveux que le sulfate de quinine pût être administré sans inconvénients par la méthode sous-cutanée (1).

(1) Pendant que nous corrigeons les épreuves de cet article, l'*Indian medical gazette* vient nous prouver, par l'intermédiaire de la *Tribune médicale* du 18 août 1872, que nos prévisions n'étaient que trop fondées, et que le tétanos s'est manifesté plusieurs fois, à la suite d'injections de quinine et de sulfate de quinine qu'un médecin a eu la malheureuse idée de pratiquer. Voici les lignes que renferme la *Tribune médicale :*

« Le Dr Odevaine rapporte, dans l'*Indian medical gazette, plusieurs* cas de tétanos consécutifs à des injections hypodermiques de sulfate de quinine. Déjà, en avril 1871, il avait fait connaître un cas de ce genre; aujourd'hui, il en publie deux nouveaux. Dans le premier de ces deux cas, il avait employé le sulfate de quinine en solution dans l'acide citrique. Dans le second, la quinine neutre ou soluble avait été injectée sans aucun acide. » — (Le traducteur de la Tribune ne dit pas ce qu'il faut entendre par quinine *neutre ou soluble sans acide,* car on sait que la quinine est très-peu soluble dans l'eau $\frac{1}{400}$). — « Un abcès s'était formé au niveau de la ponction quelques jours après l'injection, et les deux malades sont morts quelques jours après l'apparition du tétanos. M. le Dr Odevaine fait observer qu'il serait étrange qu'il n'y eût dans ces faits qu'une coïncidence, puisqu'il n'a jamais observé le tétanos à la suite d'opérations analogues, telles que la vaccination, les vésicatoires, l'application de sangsues. Il conclut que la quinine a une action spéciale sur les nerfs, ou bien que la cachexie paludéenne prédispose

Un quatrième avantage que celui-ci possède sur le sulfate de quinine est sa parfaite innocuité ou plutôt son influence favorable sur les organes digestifs et sur le système nerveux. Tous ceux qui ont prescrit le sulfate de quinine n'ont pas manqué d'observer que, lorsque l'usage en est continué pendant longtemps, ce qui arrive très-fréquemment dans le traitement des fièvres intermittentes, il contribue autant et souvent plus que la fièvre elle-même au trouble des fonctions digestives ; il cause surtout des gastralgies pénibles qu'on a souvent beaucoup de peine à guérir, lorsque la fièvre a déjà disparu depuis longtemps. Les céphalalgies quiniques sont loin d'être rares aussi, et ne sont pas toujours moins rebelles. L'acide phénique ne produit rien de semblable, même quand il est administré par la méthode ordinaire, à moins qu'on ne dépasse la dose convenable ; l'usage de notre sirop phénique, par exemple, peut être continué pendant des mois, sans qu'il en résulte aucun trouble du système nerveux, ou des organes digestifs ; ces derniers, au contraire, se rétablissent plutôt quand ils ont été troublés et se fortifient quand ils sont naturellement faibles.

En présence de ces avantages inappréciables, mes confrères resteront-ils impassibles ? j'ose, enfin, espérer que non ; je fais, en tous cas, à leur conscience un solennel appel : les populations de plusieurs de nos contrées, sans sortir même de la France, languissent chaque année, pendant plusieurs mois, de la fièvre intermittente, quelques-uns en meurent : que les médecins le veuillent, et cette cause de souffrance pour les hommes, d'appauvrissement pour l'agriculture, d'affaiblissement pour le pays, disparaîtra entièrement ou peu s'en faut. Que les médecins des contrées paludéennes consentent à sacrifier une heure chaque dimanche aux malades pauvres, et ce temps sera plus que suffisant pour couper la fièvre à tous ceux qui ne pourront

au tétanos. Il conseille très-justement de réserver les injections hypodermiques aux cas où l'on ne peut faire absorber autrement le sulfate de quinine. »

Nous espérons qu'après avoir lu le présent article, le savant rédacteur de la *Tribune médicale* trouvera que le Dr Odeyaine agira plus justement encore en réservant les injections quiniques aux cas où les injections phéniquées auront échoué, si tant est qu'on doive continuer l'emploi d'un moyen qui, pour guérir ou ne pas guérir une fièvre intermittente, expose le malade à un tétanos mortel. Quant à nous, nous ne saurions être partisan d'une semblable thérapeutique.

payer leur traitement; l'usage d'une boisson phéniquée suffira presque toujours pour prévenir le retour des accès, et ainsi disparaîtront de toute la surface de la France les effets des décompositions et de l'infection marécageuses, en attendant que les progrès de l'hygiène publique, fruit de la paix et des bonnes institutions, en fassent disparaître la cause.

Dans cette circonstance, comme dans plusieurs autres, je me mets à la disposition de mes confrères, pour les guider dans leurs premiers essais, dans le cas où ils croiraient en avoir besoin. M. Guénon, pharmacien, rue de la Coutellerie, 2, a bien voulu tenir tout prêts, et expédier au besoin à quiconque lui en fera la demande, des flacons contenant le liquide propre aux injections hypodermiques et de l'acide phénique, pur ou en sirop, pour l'administration par les voies digestives. Toutes les précautions sont donc prises pour que l'application de la méthode ne puisse rencontrer aucun obstacle, pour que l'inaction des médecins ne puisse invoquer aucun prétexte; encore une fois donc, je fais à leurs sentiments d'humanité un appel qu'ils seraient vraiment coupables de ne pas entendre.

P. S. — Avant que la feuille qui renferme cet article ne fût tirée, une nouvelle bien satisfaisante m'est parvenue. L'appel réitéré et énergique que j'ai fait à tous mes confrères pour qu'ils expérimentassent une médication qui pouvait être un si grand bienfait pour nos populations rurales, a été enfin entendu... en Espagne! l'honorable directeur du chemin de fer de Valence, M. de Campo qui, à l'époque des fièvres, a toujours dans son personnel deux à trois cents fiévreux, a pris l'initiative de porter devant l'Institut de Valence la question du traitement des fièvres par l'acide phénique, question qui intéressait à un si haut degré son administration. L'Institut de médecine de Valence a immédiatement nommé une commission dont le docteur Pezet, président de l'Institut, s'est réservé la présidence, et déjà la commission est en plein fonctionnement. J'ai eu l'honneur de recevoir ce jour même (20 novembre 1872) une lettre du président qui m'annonce que l'application de ma méthode a réussi jusqu'à présent, et communication d'un rapport du Dr Marti, chef du service à M. le directeur de Campo, dans lequel cet honorable confrère, chargé de faire les expériences, annonce que « les fièvres tierces de Valence sont coupées à l'aide de l'acide phénique comme un fil avec des ciseaux ! (*con la facilidad que se corta un hilo con las tijeras.*) » — La commission a fait venir à Valence, de différents points de la ligne, un homme atteint de fièvre quarte rebelle et un autre affecté d'hydropisie grave avec complications du côté du foie, consécutives à une fièvre intermittente ; l'un et l'autre sont déjà en voie de guérison. Le docteur Pezet, qui a fait, je crois, les deux premières injections, m'annonce ces résultats favorables.

Le directeur de la ligne a prévenu de ces expériences le ministre compétent d'Espagne. Je puis donc espérer enfin, *à l'étranger*, une consécration officielle de ma méthode qui m'a été refusée dans mon pays, malgré mes plus vives comme mes plus opiniâtres instances. — Nous espérons que l'Académie des sciences voudra bien s'occuper de cette importante question, quand le rapport de l'Institut de Valence, que je dois recevoir, aura été rédigé, et que j'aurai eu l'honneur de le lui communiquer.

ART. VII. — DE LA FIÈVRE JAUNE.

Ce n'est que par analogie que nous pouvons conseiller le traitement phénique contre cette grave endémo-épidémie, que nous n'avons jamais eu l'occasion d'observer ni, par conséquent, de traiter. Mais l'analogie est, ici, assez grande pour qu'on puisse espérer qu'une médication qui réussit d'une manière si admirable contre les fièvres intermittentes les plus graves réussira également contre une maladie, qui n'est vraiment qu'une sorte de fièvre intermittente particulière, produite très-probablement par des parasites très-voisins des parasites paludéens, sinon tout à fait semblables (1). Comme la fièvre intermittente,

(1) L'identité de cause de la fièvre jaune, quelques modifications qu'elle présente dans sa forme, — et ces modifications sont généralement peu importantes, — s'accorde peu avec le galimatias médical admis, toutes les fois que le médecin, n'ayant en sa possession aucun bon remède, en conseille plusieurs très-différents, suivant le cas. C'est ce qui est encore arrivé à propos d'une invasion modérée de fièvre jaune qui a eu lieu en Espagne à la fin de 1870 : Un médecin qui s'occupe

la fièvre jaune — qui, du reste, revêt quelquefois le type intermittent et assez souvent le rémittent — se développe exclusivement dans les contrées chaudes et humides où se trouvent des matières organiques, et plus spécialement sinon exclusivement végétales, en décomposition; quand on peut faire disparaître ces conditions, on fait généralement disparaître la fièvre jaune, comme on supprime les fièvres intermittentes en desséchant les marais. La fièvre jaune est donc, on peut l'affirmer *a priori*, une maladie parasitaire et contre laquelle, par conséquent, l'acide phénique aurait probablement une action favorable. Le traitement devrait être dirigé comme nous l'avons indiqué à propos du choléra; peut-être notre nouveau parasiticide serait-il utilement associé à l'acide phénique; nous le tiendrons à la disposition de ceux de nos confrères qui sont à même de traiter la fièvre jaune, dans les cas où ils voudraient l'essayer avant que nous l'ayons fait connaître publiquement.

ART. VIII. — DE LA FIÈVRE OU SUETTE MILIAIRE.

Voici une maladie qui pourrait nous donner de la tablature, si nous écrivions un traité de pathologie, et dont la cause n'est pas aussi facile à déterminer que celle de la fièvre jaune et des fièvres intermittentes. Mais nous traitons exclusivement de la thérapeutique parasiticide phéniquée, et nous ne pouvons étendre sans nécessité notre sujet, qui s'étend malheureusement beaucoup déjà par ses affinités naturelles. Nous

beaucoup de peste, de fièvre jaune et de grandes épidémies, écrivait encore tout récemment, à ce sujet : « Le caractère de la fièvre jaune est très-variable, selon les localités et selon les épidémies, et le traitement varie avec lui. J'ai vu en effet réussir, alternativement, contre cette maladie, les *saignées locales* ou *générales*, le *sulfate de quinine* à haute dose, les *antispasmodiques*, les *évacuants*, etc.; » l'etc. est de l'auteur et non de moi. Ce sont là de ces formules banales, de ces commérages médicaux qui font de la médecine une science de portières; le jour où l'on aura une médication réellement utile contre une maladie, tous ces verbiages fastidieux disparaîtront, comme ils ont disparu de la thérapeutique des fièvres intermittentes, au moins chez tous les esprits sensés. On ne guérit pas plus une même maladie avec deux médicaments contraires qu'on n'éteint également le feu avec de l'eau et avec de l'huile.

nous bornerons donc à dire que les analogies nombreuses de la suette avec les fièvres éruptives nous ont fait penser que le traitement phéniqué — si utile contre ces dernières — pourrait être essayé contre cette bizarre endémo-épidémie. Du reste, un principe plus général nous engagerait encore à l'essayer : c'est celui qui a engagé M. Desnos à l'essayer contre la variole et — qui plus est — à essayer contre cette dernière maladie la saignée et le quinquina, l'opium et l'alcool, et une foule d'autres médications qui s'harmonisent aussi bien. Nous ne poussons pas l'application du principe jusque dans ces conséquences, mais nous croyons qu'on peut toujours essayer une médication nouvelle contre une maladie où toutes les autres médications ont échoué, pourvu, toutefois, qu'on soit certain que la médication nouvelle ne sera pas nuisible. La saignée et les sangsues ne sont malheureusement pas nouvelles, mais nous ne sommes pas certain qu'elles ne soient pas nuisibles dans la variole, comme dans la fièvre jaune ou même dans la suette où on les a cependant employées. Quant au traitement phéniqué, nous avons l'absolue certitude, malgré les bulles d'excommunication des chimistes troyens et les objurgations des compères Bobœufs (voir ci-dessus l'article *Variole*), qu'il ne sera jamais nuisible, lorsqu'il sera prescrit conformément à nos préceptes, et qu'il ne sera pas administré à la dose de *dix grammes dans égale quantité d'alcool*, comme le prescrivait ce pharmacien normand (voir, ci-dessus, l'article *Rage*), d'après son prophète Dorvault, ce fameux prophète où le fameux Sanson, l'homme aux treize côtes, est allé « *tirer* » les fameux « *aperçus des proportions pour…* » (voir ci-dessus, p. 431 et 432). Nous engageons donc ceux de nos confrères qui auraient à traiter des cas de suette à essayer la médication phéniquée; il y a quelques raisons d'espérer qu'ils s'en trouveront mieux que de toutes celles qu'on a conseillées jusqu'à ce jour, et auxquelles les praticiens sages préfèrent aujourd'hui l'expectation.

ART. IX. — DE LA FIÈVRE PUERPÉRALE, ET DES ACCOUCHEMENTS.

Ici, ce n'est plus par induction que nous aurons à raisonner; c'est par expérience, et d'après une expérience qui a permis de constater des effets que nous ne craignons pas de qualifier d'admirables. Pourquoi faut-il qu'à côté des grandes satisfactions que font éprouver les bienfaits de la médecine à celui qui a le bonheur de les répandre, se trouvent presque toujours les déboires de la confraternité? Hélas! il paraît en avoir été toujours ainsi, et ce n'est pas nous, probablement, qui changerons le cours des choses; mais nous l'expliquerons, sinon dans ce moment, du moins plus tard, non pour le changer, mais parce que nos intérêts moraux l'exigent. Ce n'est qu'en passant que nous pouvons, aujourd'hui, toucher ce sujet. Il s'agit ici de fièvre puerpérale, d'une maladie, qui, dans certains moments, fait mourir par centaines, dans les hôpitaux et dans les cités populeuses, de jeunes femmes dont la mort apporte un trouble grave et un grand deuil dans la famille, et cause un égal préjudice à la société; le sujet est important; il faut, sans se laisser détourner du but, le traiter avec tous les développements qu'il comporte.

Et d'abord, nous devons rappeler, aujourd'hui, en y insistant encore davantage, ce que nous disions il y a huit ans, dans la première édition de cet ouvrage, c'est que la fièvre puerpérale ou la péritonite puerpérale, comme on l'appelle souvent, parce que, en effet, la vaste membrane péritonéale est gravement atteinte dans cette maladie, la fièvre puerpérale donc est causée par des miasmes, et même des miasmes qui se rapprochent de la catégorie des ferments, car ils peuvent être transportés par les personnes qui se trouvent en contact avec des malades, et c'est même ainsi, comme nous le dirons dans un instant, que la maladie se propage dans les villes populeuses. Ce miasme, ce ferment, ce parasite, enfin, ne se développe que chez les personnes qui portent de vastes plaies et chez les nouvelles accouchées, — dont l'utérus, après l'accouchement, ressemble tant à une plaie, à sa surface interne — et dans les localités où se trouvent des agglomérations humaines, surtout des réunions de nouvelles accouchées, car la fièvre puerpérale est infiniment plus rare dans la campagne que dans les grandes villes, plus rare dans les villes que dans les hôpitaux, et plus rare, sauf de rares exceptions, dans les hôpitaux ordinaires que dans les hôpitaux d'accouchements.

Nous citions, en 1864, un mémoire sur le Dr Grisar, dans lequel cet observateur consciencieux établissait que les médecins-accoucheurs et les sages-femmes sont les principaux propagateurs de la fièvre puerpérale dans les villes, comme nous avons démontré que les médecins sont partout les propagateurs de beaucoup de maladies, de la scarlatine et du croup entre autres (voy. article Croup). Ce que l'honorable Dr Grisar avait établi par des recherches personnelles, une vaste enquête dans l'hôpital de la Maternité de Vienne l'a confirmé pleinement, en prouvant que médecins, sages-femmes et étudiants transportaient le ferment partout où ils allaient, et en démontrant, en outre, que, moyennant certaines précautions hygiéniques, les personnes qui avaient été en contact avec des malades atteints de fièvre puerpérale pouvaient se débarrasser du ferment dont elles s'étaient imprégnées, et cesser ainsi d'être des foyers de contagion. Beaucoup de médecins ont été éclairés par ces faits et partagent aujourd'hui les convictions de M. Grisar et de tous les praticiens de Vienne, ou à peu près; cependant quelques-uns résistent encore à l'évidence; nous n'osons pas dire qu'ils feignent d'y résister, quoiqu'il soit bien difficile d'admettre que des hommes qui ne sont pas dénués de tout bon sens puissent méconnaître la signification des faits révélés par M. Grisar et par l'enquête de la Maternité de Vienne. Ce qu'il y a de certain, c'est que des chirurgiens prétendus éminents, des accoucheurs en renom continuent, en sortant de voir des malades atteints de fièvre purulente ou puerpérale, à visiter d'autres femmes en couches, sans prendre les précautions que la science prescrit aujourd'hui, et à leur apporter ainsi le ferment qui peut les tuer. Nous avons quelques motifs de croire, cependant, que ce fait est moins habituel aujourd'hui qu'il y a dix ans. Peut-être n'avons-nous pas été complétement étranger à cet heureux changement. Espé-

rons que le progrès de la science et de la moralité professionnelle et la pression de l'opinion publique, qui a bien voix
au chapitre en cette circonstance, feront disparaître complètement, dans un temps très-prochain, des habitudes aussi fatales
aux nouvelles accouchées. Notre espoir est tel sur ce point,
que nous ne jugeons pas utile d'entrer dans tous les détails
d'observation qui mettent hors de doute l'opinion du Dr Grisar; dans l'état actuel de l'opinion médicale générale en Europe, il nous suffit d'avoir affirmé que cette opinion est au-
dessus de toute contestation sérieuse.

Mais, si l'opinion du Dr Grisar est incontestable, il est tout
aussi incontestable que la fièvre puerpérale peut se développer spontanément chez les nouvelles accouchées, sans que
ni médecin, ni sage-femme, ni garde-malade, ni domestique,
l'aient apportée. Ce développement, très-rare à la campagne,
est plus fréquent dans les grandes villes, et d'autant plus fréquent, toutes choses égales d'ailleurs, que les villes sont plus
populeuses.

Il ne faut donc pas seulement se préoccuper de prévenir la
fièvre puerpérale, il faut songer à la guérir quand elle s'est
déclarée. Occupons-nous d'abord de ce dernier point.

Jusqu'à ces derniers temps on n'avait fait que peu de chose —
pour ne pas dire rien — pour la curation de la fièvre puerpérale,
peu de chose d'utile, bien entendu; c'est ce qui ressort de la
lecture des ouvrages sérieux sur la matière, et aussi d'une discussion qui a eu lieu, il y a quatre ans, à l'Académie de médecine de Paris, à propos d'un fait de M. J. Guérin que nous
allons faire connaître et discuter dans un instant.

Aujourd'hui, un très honorable praticien de Paris croit avoir
trouvé un moyen à peu près infaillible de guérir la métro-péritonite, — comme, du reste, toute *inflammation*, — par une
méthode qu'il appelle *isolante*, et qui consiste à isoler du contact de l'air la surface correspondant à la surface enflammée,
en la recouvrant d'une couche de collodion dit élastique, qui
a la propriété de ne pas se fendiller spontanément ou dans les
mouvements du corps et par conséquent de la peau recouverte
ou *isolée*. Il n'entre pas dans notre objet de discuter les faits
cliniques ni les bases scientifiques sur lesquels repose cette

méthode ingénieuse et nouvelle avec beaucoup de talent et de
mérite (et de persévérance et de vigueur) par un honorable
confrère de Paris, M. Robert de Latour. Nous nous bornerons
seulement à faire observer que, dans la métro-péritonite puerpérale, la méthode *isolante* n'isole que la peau tandis qu'elle
laisse en contact avec l'air toute la surface interne de l'utérus,
dont on considère, à juste titre suivant nous, le contact avec
l'air comme bien autrement dangereux que celui de la peau du
ventre. Tout le monde comprend pourquoi ; nous le disons, du
reste, explicitement, dans l'article suivant ; dans celui-ci, nous
voulons nous restreindre aux questions pratiques. C'est dans
un but pratique que nous avons souligné ces mots qui appartiennent à notre confrère, *comme dans toute inflammation*. C'est
qu'en effet, pour l'honorable M. Robert de Latour, il s'agit,
presque comme pour Broussais, de détruire l'inflammation ; or,
nous croyons — à peu près avec tout le monde aujourd'hui —
que l'inflammation est non-seulement un phénomène toujours
secondaire, mais un phénomène — (ou si l'on veut un ensemble de phénomènes) — généralement peu important dans
les maladies spontanées ; il y a inflammation dans le rhumatisme articulaire aigu ; il y en a dans la fièvre typhoïde, dans
la dyssenterie, dans le charbon, dans le typhus, dans la variole,
dans la syphilis, dans le cancer, dans la phthisie ; mais de quelle
importance y est-elle, et qui donc croirait pouvoir guérir toutes
ces maladies en traitant l'inflammation ? Nous n'insistons pas,
et nous ne nous opposons pas, du reste, à ce qu'on applique la
méthode isolante, même dans la fièvre puerpérale, aux malades
qui pourront la supporter ; car, explication à part, il est difficile
de croire que l'honorable M. Robert de Latour ait pu se faire
illusion au point d'accorder à sa méthode une efficacité presque
infaillible, si, en effet, on n'avait pas obtenu des résultats favorables. Nous-même, du reste, nous avons obtenu un bienfait
réel du collodion élastique, auquel nous avons ajouté 10 p. 100
d'acide phénique. Nous ne nous opposons donc pas, nous le
répétons, à ce qu'on applique la médication de l'habile et honorable inventeur de la méthode isolante ; mais nous voulons qu'à
elle comme aux autres, on associe la méthode parasiticide, qui
guérit les inflammations, du moins les inflammations fermen-

tatives, si l'on nous permet ce mot, d'après les principe de Morgagni, en en détruisant les causes (1).

Un praticien qui ne craint pas l'inflammation, c'est celui qui guérit les fièvres purulentes à l'aide de l'eau-de-vie, à la dose d'un litre ou d'un litre et demi par jour et du sulfate de quinine. Mais comme c'est surtout contre la fièvre purulente proprement dite que cette médication est conseillée, c'est dans l'article suivant que nous en dirons quelques mots.

Enfin, la méthode qui a eu les honneurs d'une discussion à l'Académie de médecine, est celle que propose le Dr Jules Guérin, et qui consiste dans l'aspiration des liquides de la cavité intra-utérine, à l'aide d'un appareil particulier, lequel empêche en même temps l'aspiration inverse que, dans l'état ordinaire, la matière exerce (indirectement) sur l'air extérieur, pendant les mouvements de la respiration; c'est une sorte d'application de la méthode sous-cutanée, et c'est bien ainsi que l'entend M. J. Guérin; c'est aussi une sorte de méthode *isolante* et d'une *isolation*. — (le mot est déjà créé) — assurément plus rationnelle, à première vue, que celle de la peau, puisqu'elle isolerait la muqueuse utérine du contact de l'air extérieur. L'observation sur laquelle M. J. Guérin s'appuie, outre les données théoriques, pour établir l'efficacité de sa méthode, est d'un grand intérêt pour nous; nous allons donc

(1) Comme nous croyons que ces causes sont identiques à celles de la fièvre purulente, ou, si l'on aime mieux, que les parasites qui déterminent l'une et l'autre fièvre sont les mêmes, nous ne nous appesantirons pas ici sur les considérations qui militent en faveur de notre opinion, renvoyant, pour éviter les répétitions, à l'article suivant; nous dirons seulement que dès 1869 (*Gaz. méd.* de Strasbourg, 10 févr. 1869), M. Cozé avait fait les constatations suivantes sur le sang des malades morts de péritonite puerpérale : « Ce sang était caractérisé par une quantité très-considérable de leucocytes, une certaine difluence des globules rouges et la présence de nombreux points isolés ou disposés en chaînettes (infusoires). » Seulement, M. Cozé ajoute que « ce dernier caractère appartient aussi au sang de la septicohémie et de la fièvre typhoïde. Nous avons eu occasion récemment, dit-il, de voir le sang d'une femme morte de septicohémie au service de M. le professeur Schützemberger; il renfermait les mêmes éléments que ceux que nous venons de signaler dans le liquide sanguin puerpéral. Nous devons faire la même observation pour le sang d'un cheval morveux, qui nous a été fourni par notre confrère M. Engel. » Toutefois, M. Cozé semble reconnaître ailleurs que ces corpuscules ne sont pas rigoureusement les mêmes, ou que du moins il n'en est pas absolument certain. Il se demande aussi s'ils sont cause ou effet, questions que nous n'avons pas à examiner ici après les développements que nous leur avons donnés ailleurs dans notre introduction.

la reproduire telle que notre distingué confrère l'a communiquée à l'Académie.

« Obs. — Mme C... (de Courbevoie) est accouchée, sans le
secours de l'art, le lundi, 10 août dernier (1868), à deux heures
du matin, après deux heures seulement de douleurs marquées.
C'était sa seconde couche. Le délivre était sorti complet en
apparence. Les journées du lundi et du mardi s'étaient passées
sans accident aucun. Les lochies coulaient, mais une portion
de membrane inodore, de 15 centimètres de long, s'était
trouvée parmi les évacuations. Le jour suivant, écoulement
régulier, sans odeur. Mais le lendemain, jeudi, 13, quatrième
jour de l'accouchement, évacuation de nouvelles portions de
membrane de mauvaise odeur, qui se répète les deux jours
suivants jusqu'au dimanche 16.

» Le lundi, 17, premier frisson vers deux heures, et arrêt
des lochies, qui avaient continué à présenter une mauvaise
odeur jusque-là,

» Le 18, deuxième frisson à deux heures du soir. L'écoulement lochial avait reparu deux fois dans la journée, mais avec
une odeur infecte.

» Le lendemain, 19, suppression complète des lochies ; tuméfaction considérable du ventre ; douleurs dans les aines,
dans le milieu du ventre et dans les reins, le tout accompagné
de nouveaux frissons Le médecin ordinaire, M. le Dr Lautier,
avait fait pratiquer depuis deux jours des injections utérines.

» C'est dans cet état que je vis la malade, le mercredi, 19,
à quatre heures et demie. L'utérus était à deux travers de
doigt au-dessous de l'ombilic. Le pouls était déprimé, très-
accéléré et à peine perceptible. Je ne pus méconnaître, dans
l'ensemble de ces symptômes, le début très-accentué d'une
péritonite puerpérale.

» En attendant de soumettre la malade à l'appareil que je
vais indiquer, je la fis placer dans un bain tiède, en ayant soin
d'établir une libre communication jusqu'à l'utérus, à l'aide
d'une canule placée dans le vagin.

» De retour auprès de la malade, je me mis en mesure de
pratiquer l'aspiration utérine à l'aide de l'appareil suivant,
auquel j'ai donné le nom d'*aspirateur utérin*.

» Cet appareil se compose de trois parties principales :

» 1º D'une forte canule en caoutchouc vulcanisé, de 2 centimètres environ de diamètre, longue de 20 centimètres, à ouvertures latérales, et destinée à être introduite jusqu'au fond du vagin ;

» 2º De deux ampoules en caoutchouc, placées sur le trajet de la canule, et susceptibles de se remplir d'air au moyen d'un insuflateur ; ces deux ampoules, mobiles suivant l'axe de la canule, devant servir d'obturateurs du vagin ; l'une placée à l'intérieur, l'autre à l'orifice du canal ;

» 3º D'un système d'aspiration composé d'un tube conducteur à robinet, sur le trajet duquel se trouve un tube de verre permettant de constater le passage des matières aspirées, et s'ouvrant dans un ballon en verre, destiné à recevoir lesdites matières, et aboutissant à une boule aspiratrice à soupapes.

» L'appareil introduit et assujetti de façon à exercer une action aspiratrice dans la cavité du vagin, je commençai à aspirer les gaz et l'air qu'il renfermait. Immédiatement après, je mis l'orifice extérieur du tube, préalablement fermé par un robinet, en communication avec le tube d'un irrigateur Éguisier, rempli d'eau phéniquée. Le robinet ayant été ouvert, l'eau de l'irrigateur se précipita dans la cavité vaginale. Après dix minutes, je remis le tube vaginal en communication avec l'aspirateur, lequel amena immédiatement dans le ballon le liquide injecté, légèrement trouble, mais avec une notable quantité de gaz. Je réitérai immédiatement l'introduction de trois cents grammes d'eau phéniquée, et, cinq minutes après, l'aspirateur amena dans le ballon, avec l'eau injectée, des matières purulentes jaune-rougeâtre, tenant en suspension des caillots d'une odeur infecte. En même temps que ces phénomènes se produisaient, la distension du ventre diminua à tel point, que, l'opération terminée, le ventre était réduit presque à son volume ordinaire. Dès ce moment, l'écoulement lochial continua modérément avec sa couleur ordinaire et sans odeur remarquable. J'entourai le tronc de la malade d'un bandage de corps, exerçant une pression modérée sur le ventre.

» Aux frissons qu'avait éprouvés la malade succéda une forte chaleur suivie de sueurs considérables. Le pouls se releva comme subitement. La fièvre et le délire ont duré une partie de la nuit; vers le matin, la malade s'endormit, et, à son réveil, dans la matinée du jeudi, le ventre était tout à fait dé-gonflé; les lochies coulaient modérément sans odeur; le pouls était à peine fébrile, et la malade demandait à manger. Il est à noter que la sécrétion lactée, abondante avant les accidents, avait été complétement supprimée durant ces trois derniers jours.

« Je commençai, dès le jeudi, à alimenter la malade. Quelques bains généraux et quelques injections vaginales furent les seuls moyens employés pour dissiper un reste de sensibilité du ventre, et le quatrième jour après l'application de l'appareil tout était rentré dans l'ordre : la malade mangeait, digérait, dormait, et la sécrétion lactée était complétement rétablie et assez abondante pour l'alimentation de son enfant.

« Depuis cette époque, M⁰ᵉ C... a continué à jouir de la plus parfaite santé. »

Il y a, dans ce fait, trois questions principales à examiner : la question de l'exactitude des détails rapportés, celle du diagnostic de la maladie, et celle de la médication à laquelle il faut rapporter le résultat obtenu.

Nous insisterons peu sur la première question, que de bons confrères, académiciens et autres, avaient soulevée avec ce sentiment de bienveillance confraternelle et de convenance, familière aux Depaul et autres protecteurs austères de cow-pox, d'eucalyptus et d'une foule de produits, en général, moins recommandables que recommandés. M. J. Guérin dut recourir au témoignage du mari de la malade, qui confirma, point par point, tous les faits essentiels qu'il avait mentionnés; ces faits sont donc constants; on peut seulement regretter que M. J. Guérin ne les ait pas exposés d'une manière plus précise encore qu'il ne l'a fait : par exemple, M. Guérin note qu'après l'opération de l'irrigation, la *fièvre et le délire ont duré* une partie de la nuit; or, il n'avait pas été question préalablement de délire, et, pour *durer*, il fallait nécessairement qu'il existât, le délire n'est pourtant un symptôme à négliger dans aucun cas, mais surtout en pareil cas; il ne concourt pas médiocrement, quand il offre certains caractères, à confirmer le diaggnostic dans la fièvre puerpérale. Malgré cette lacune, le diagnostic de M. Guérin nous paraît infiniment probable, sinon absolument certain, et ceux qui, par des motifs, peut-être médiocrement scientifiques, l'ont contesté, auraient dû dire ce que pouvait bien être cette fièvre grave, si ce n'était pas une fièvre puerpérale.

Les deux premières questions écartées, reste la troisième : à quoi rapporter l'heureuse révolution qui s'est opérée chez Mme C..., aussitôt après l'opération pratiquée par M. Guérin ? Sous ce rapport, nous croyons qu'on peut n'être pas ou plutôt qu'on ne peut pas être de l'avis de M. Guérin ; il y avait, dans son opération, deux éléments de curation dont l'un, que M. Guérin a seul en vue, est illusoire ou à peu près, et dont l'autre, qu'il néglige, est seul important. Dès que l'observation de notre distingué confrère eut été publiée, nous nous empressâmes de lui signaler son erreur, dans la lettre suivante :

« Cher et éminent confrère,

» Vous avez une connaissance trop approfondie de l'esprit humain pour ignorer la tendance qu'a chacun de nous à trouver dans les faits la confirmation des idées qu'il peut avoir. Vous ne serez donc pas étonné que je n'aie pas envisagé tout à fait au même point de vue que vous l'intéressante observation de péritonite puerpérale que vous venez de communiquer à l'Académie de médecine. Je ne me permettrai pas de discuter jusqu'à quel point ce fait vient confirmer la savante théorie que vous professez sur la doctrine de la fièvre puerpérale, et je n'essaierai même pas d'apprécier la part qu'a pu avoir, dans le beau résultat thérapeutique obtenu dans ce cas, l'ingénieux appareil que vous avez imaginé. Mais ce que je crois pouvoir affirmer, aussi bien d'après les faits que j'ai publiés dans mon livre sur l'acide phénique, que d'après ceux, beaucoup plus nombreux, que j'ai recueillis depuis, et dont la catégorie la plus intéressante sera très-prochainement publiée (1), c'est

(1) Je faisais allusion aux observations de *curation des maladies organiques de la langue*, qui, en effet, ont été publiées peu de temps après. 1 vol. gr. in 8°, Paris, chez Adrien Delahaye, éditeur, place de l'École-de-Médecine.

que les injections d'acide phénique que vous avez pratiquées chez Mme C... n'ont pas été sans influence sur sa guérison. Ma confiance dans la médication phéniquée est telle, que je suis très-porté à croire que les injections phéniquées seules, mais répétées un peu plus fréquemment que vous ne l'avez fait, les injections continues surtout triompheront à peu près constamment de la péritonite puerpérale, dans les cas analogues à celui de Mme C... En avançant avec confiance cette opinion, je ne veux, en aucune façon, bien entendu, détourner les praticiens de l'usage de votre ingénieux appareil. Mais, pour ceux qui ne le posséderaient pas encore, au moment où une fièvre puerpérale se présenterait dans leur pratique, je crois devoir les engager à user, d'après les règles que j'ai tracées, de la médication phéniquée. J'ai *la certitude* que les résultats répondront à leurs espérances. »

M. J. Guérin se plaint souvent des mauvaises passions de ses adversaires; mais il ne paraît pas se douter qu'il n'est pas lui-même exempt des faiblesses humaines; s'il a étudié beaucoup de choses, il n'a pas profité de toutes, notamment du précepte du sage, γνῶτι σεαυτόν : M. J. Guérin n'a pas l'ombre de connaissance de lui-même. Quant à moi, je le connaissais un peu, et j'avais édulcoré ma lettre en conséquence, quoique bien persuadé que l'impartial directeur de la *Gazette médicale de Paris* ne l'insérerait pas, malgré le miel dont elle était enduite. Je ne me trompai point : M. J. Guérin est un esprit beaucoup plus large et plus libéral que la presque totalité de ses collègues, académiciens et autres, mais à condition que son libéralisme ne le conduira pas à permettre qu'on mette en question ses théories. Sur ce point, il est intraitable; ma lettre ne fut donc point insérée. Puisque sa publication a été retardée jusqu'à ce jour, j'en profiterai pour la compléter, en ce qui concerne l'interprétation de l'observation de Mme C...

Je crois pouvoir passer sous silence, sans aucun inconvénient, la théorie *aspiratrice* de M. Guérin. Ce distingué confrère, qui a fait beaucoup de vitalisme, a par trop oublié les éléments de la physique; M. Poiseuille et beaucoup d'autres physiciens le lui ont pourtant rappelé souvent; mais il continue à ne rien entendre, et à soutenir que la matrice aspire l'air pendant les mouvements abdominaux imprimés par la respiration ; c'est parfaitement contraire aux lois de la pesanteur, la contexture des parois du ventre, qui ne sont pas solides, comme les parois d'un tonneau, ou même comme celles du thorax, s'affaissant à chaque inspiration et ne permettant pas au vide de se faire sous elles ; c'est, par conséquent impossible, absolument impossible, comme l'a répété à satiété M. Poiseuille ; M. Guérin n'en démord pas, et, qui plus est, il cite des expériences pour prouver que la matrice aspire, c'est-à-dire que les pierres qu'on jette en l'air s'élancent dans les espaces célestes, au lieu de tomber sur la terre. Qu'y faire? Laisser notre distingué confrère avec sa physique, et expliquer ses observations par la physique et la physiologie du commun des martyrs. L'explication du succès obtenu chez Mme C..... n'est pas difficile à donner sans la physique de M. Guérin, et il aurait certainement, — je dis certainement, — été obtenu aussi bien, si ce n'est mieux, sans appareil qu'avec l'appareil compliqué de notre savant confrère, appareil dont personne ne se servira jamais, nous ne craignons pas de le lui prédire. Ce n'est pas, en effet, la présence dans le vagin ou dans la matrice des gaz extraits par cet appareil qui prouverait qu'il ait été indispensable ni même utile ; non pas que je nie qu'il n'y eût des gaz dans les organes générateurs de Mme C..., même abstraction faite de ceux que M. Guérin y a probablement introduits, pour peu qu'il ait négligé la moindre précaution dans l'ajutage et le fonctionnement de l'irrigateur, et même malgré toutes les précautions voulues; nous admettons parfaitement, et avec nous tout le monde, croyons-nous, que de l'air peut s'introduire dans le vagin et même dans la matrice, aussitôt après le travail de l'accouchement, et que cet air déterminant un mouvement de putréfaction, d'autres gaz, résultant de la fermentation putride, se développent dans les parties mêmes; enfin, des gaz peuvent même se développer naturellement après le travail de l'accouchement, comme il s'en développe chez certaines femmes, même hors l'état de gravidité, fait déjà remarqué par Martial, qui plaisantait un peu grossièrement, à la manière romaine, une de ses maîtresses qu'il avait congédiée — ou *vice versa* — : *Offendor cunni garrulitate tui.*

Mais, dans tout cela, il n'y a pas ombre d'*aspiration*, et point n'est utile de placer dans le vagin un appareil compliqué, pour prévenir l'introduction ou la formation de ces gaz, la présence d'un tel appareil dans le vagin, après l'accouchement, pouvant avoir beaucoup plus d'inconvénients que d'avantages. Ce qui est utile, c'est de détruire les ferments putrigènes qui causent la fièvre puerpérale, et c'est ce que M. Guérin a fait chez Mme C... en lui faisant des injections phéniquées. Ce qui prouve, entre autres raisons, que ce sont bien ces injections qui ont agi favorablement chez Mme C..., c'est que les symptômes morbides si graves qu'elle éprouvait ont cessé presque subitement. Or, comment un appareil qui aspirerait — et très-incomplétement, cela va sans dire — les liquides et même les solides et les gaz que peut renfermer le vagin et même la matrice (chose douteuse), pourrait-il empêcher les symptômes de se continuer pendant un certain temps jusqu'à ce que la sécrétion morbide se soit peu à peu tarie, car il est impossible qu'elle se tarisse instantanément; il n'y a qu'une chose qui soit instantanément possible, c'est la destruction du miasme puerpéral, et c'est précisément cette destruction qu'opère l'acide phénique; aussi, agit-il, non-seulement d'une manière puissante, mais d'une manière toujours presque instantanée; c'est là un des caractères essentiels de la médication phéniquée appliquée à la curation de la fièvre puerpérale et à beaucoup d'autres affections miasmatiques et fermentatives; on le verra dans deux autres faits que nous allons rapporter. Les contradicteurs de M. Guérin, qui lui ont opposé beaucoup d'arguments, les uns mauvais ou honteux, les autres bons, n'ont pas songé au meilleur de tous, soit parce qu'ils ignoraient les propriétés de l'acide phénique, soit parce qu'il leur en coûtait encore, en 1868, de les proclamer publiquement; aujourd'hui qu'elles se font connaître sans le concours de ces honorables académiciens, ils essayent de s'en attribuer ou de s'en faire attribuer la découverte. La manœuvre est habile et probablement aussi honnête qu'habile, dans ce fameux code de morale, que le professeur Depaul ne peut manquer d'éditer un de ces jours.

En résumé, la théorie de l'aspiration de notre honorable

confrère J. Guérin est une hérésie physique, ce qui est moins excusable, logiquement parlant, qu'une hérésie religieuse ; son appareil est pour le moins inutile, pour combattre la péritonite puerpérale ; Mme C... a été guérie, non par cet appareil, mais par les injections phéniquées.

Nous allons maintenant rapporter un fait de guérison, sans appareil, chez une dame qui se trouvait dans une situation bien autrement grave que Mme C... Ce fait a été déjà publié sommairement dans la *Tribune médicale* du 24 septembre 1871 ; nous n'avons qu'à le reproduire ici à peu près textuellement.

Le 13 juillet 1851, je fus appelé auprès de la femme d'un confrère qui pratique avec la plus grande distinction l'art dentaire. Cette jeune et charmante personne, nouvellement accouchée, se mourait d'une péritonite puerpérale ; elle se mourait tellement, que l'un des deux confrères avec lesquels je me trouvai en consultation auprès de la malade, et qui est fort à la mode dans la pratique des accouchements, me dit, en sortant de l'appartement, « elle sera... décomposée avant d'être morte » — (il se servit d'un mot moins scientifique mais plus énergique). Comme je manifestais l'opinion que ce pronostic ne me paraissait pas tout à fait aussi certain qu'à mon confrère, en face des nouvelles conquêtes de la thérapeutique, je me hasardai à proposer l'application immédiate de ma méthode ; il s'empressa de se rendre à mes désirs, mais en accompagnant son acquiescement de ce pronostic peu encourageant : « Faites, cher confrère, tout ce que vous voudrez ; le collodion, l'acide phénique, rien n'y fera, » ajoutant avec une pantomime significative : « dans quelques instants, la malade n'en sera pas moins morte et..... décomposée. » Malgré ma confiance dans la médication phéniquée, je n'étais pas, je dois le dire, sans de grandes appréhensions, d'autant plus grandes que j'avais (et que j'ai encore, Dieu merci !) une vive sympathie et d'excellentes relations avec le mari de la pauvre moribonde : outre le pronostic désespérant de mon honorable confrère, qui a nécessairement une très-grande habitude de ces maladies, ce que je voyais moi-même ne pouvait manquer de m'alarmer gravement : l'altération des traits était effrayante ; le nez était pincé ; la malade avait déjà cette respiration saccadée, profonde, ne

se faisant que par intervalles éloignés, qui précède parfois
de très-peu l'agonie caractérisée; le pouls était à 150, à peine
sensible; les lochies étaient supprimées; il ne s'écoulait qu'un
peu de liquide roussâtre, d'une odeur infecte; on sentait les
ganglions du ventre volumineux et douloureux; il y avait de
temps à autre un léger hoquet. Notre malheureux confrère,
le mari, voyant la condamnation prononcée irrévocablement
par mes deux co-consultants, consentit à me laisser appliquer
la médication nouvelle, ce que je fis avec plus de conscience
encore et d'anxiété que d'espoir.

Il était onze heures du matin...... Je pratiquai quatre injections sous-cutanées de 5 grammes d'eau phéniquée à 1 p. 100,
et je prescrivis à l'intérieur deux cuillerées de mon sirop à
l'acide phénique toutes les heures. 20 minutes après les injections, le pouls tomba à 120; une amélioration générale se
déclara; dans la journée, vers deux heures de l'après-midi,
je pratiquai de nouveau deux injections sous-cutanées de
5 grammes, et je fis continuer l'usage du sirop, et faire des
injections intra-utérines avec l'eau phéniquée à 1¡4 p. 100.

Le lendemain, le principal consultant et moi nous fûmes
réunis; mon honorable confrère trouva la malade non pas décomposée, mais ressuscitée; mais le plus étrange de l'affaire,
c'est que ni lui ni l'autre confrère n'en parurent pas consid¦-
rablement surpris, et qu'ils me félicitèrent peu de ce succès
regardé, au moins par le plus compétent des deux, d'après toutes
les apparences, comme absolument impossible. Depuis ce moment, je me suis trouvé de nouveau en consultation avec ce
même confrère, jamais il ne m'a rien dit qui m'ait fait supposer
que le fait extraordinaire dont il avait été témoin ait laissé une
impression quelconque dans son esprit (1). Il semble en avoir
absolument perdu le souvenir. Il n'en est pas heureusement
de même du mari qui, à l'affection dont il m'honorait, joint
aujourd'hui une vive gratitude.

Ce succès extraordinaire ne devait pas, malheureusement
pour le mari; mais heureusement pour la médication phéniquée, être le dernier que j'obtiendrais chez Mme d'O...Ew.

____

(1) Nous avons appris avec plaisir que depuis cette époque ce confrère se sert
souvent d'eau phéniquée pour les injections qu'il prescrit après les accouchements.

Le 19 mars 1872, à 2 heures de relevée, cette jeune femme accouchait de nouveau d'un enfant mort; le placenta avait été extrait par lambeaux avec la main, mais entièrement, car il n'en sortit pas depuis; dans la nuit une hémorrhagie survient; une injection vaginale d'un litre d'eau phéniquée froide à 1¼ p. 100 est pratiquée; l'hémorrhagie est supprimée.

Néanmoins, le 20, le pouls varie de 110 à 120; à deux heures de la nuit un léger frisson se manifeste.

Le 21, malgré une injection phéniquée sous-cutanée et l'usage de mon sirop phéniqué, de nouveaux frissons plus forts apparaissent; le pouls est à 142, 144; le visage est congestionné, le ventre ballonné, très-douloureux, la respiration haletante; les lochies sont supprimées; un écoulement noirâtre et déjà d'une mauvaise odeur les remplace; insomnie complète, la nuit dernière; l'anxiété de la malade était grande, ainsi que les appréhensions de son entourage.

Dès le matin, on m'avait envoyé chercher; mais, étant déjà sorti pour visiter mes malades, on ne put me joindre qu'à deux heures; je me rendis en toute hâte auprès de Mme Ew..., où je trouvai le docteur américain Prat, gendre de mon célèbre ami, le docteur Sims, qui avait bien voulu m'assister pendant l'accouchement. Sans plus tarder, je pratiquai en sa présence trois injections sous-cutanées de 5 grammes d'eau phéniquée à 1 p. 100, et prescrivis deux cuillerées de mon sirop phéniqué titré par heure.

20 minutes après les injections, un sommeil réparateur de plusieurs heures se manifesta, après lequel la malade se trouva sensiblement mieux; elle reposa encore pendant la nuit.

Le 22, au matin, toute crainte avait disparu et tout, y compris l'écoulement lochial, était rentré dans l'ordre.

Le docteur Prat fut frappé de cette transformation rapide, qui, nous l'avons dit plusieurs fois, est de règle, après la médication phéniquée, quand elle triomphe des maladies aiguës, comme est de règle aussi la brièveté des convalescences. Cette règle ne trouva point une exception chez Mme Ew..., car, peu de jours après, elle retrouvait toute sa santé et toute sa force dont elle jouit encore à l'heure qu'il est.

Depuis le fait publié par M. J. Guérin et le premier de ceux que je viens de rapporter, un honorable accoucheur — le même qui professe la théorie orthodoxe, mais peu anatomique, des onze côtes de l'homme — a guéri aussi une péritonite puerpérale grave à l'aide de plusieurs moyens employés de concert, mais parmi lesquels se trouve l'acide phénique; c'est, très-probablement, le seul qui ait été utile et sans lequel la malade n'aurait pas guéri.

Ainsi, dans quatre faits connus — en laissant de côté celui de M⁰ B..., où l'infection purulente n'était peut-être pas suffisamment caractérisée, — et dans lesquels on a appliqué la médication phéniquée, — fort incomplétement, dans deux, — on a obtenu quatre succès. Le nombre d'expériences est assurément bien restreint; mais elles n'en ont pas moins, suivant nous, une importance capitale. Ce n'est pas, en effet, le seul résultat définitif qu'il y a à considérer dans l'action curative des médications; c'est la promptitude de cette action, qui permet de rapporter sans hésitation les effets aux causes; et c'est aussi le raccourcissement des convalescences, qui prouve que la médication détruit radicalement les causes de la maladie. Devant l'impuissance des médications tentées contre la fièvre puerpérale, c'est encore un immense progrès accompli que l'application à cette grave affection de la médication nouvelle.

Nous avons parlé de l'impuissance des médications employées contre la fièvre puerpérale; il y aurait pourtant une grande exception à faire, au dire de notre honorable confrère, M. Robert de Latour, en faveur de la méthode *isolante*, qu'il a imaginée. Quoique nous ne puissions établir dans ce travail le parallèle de toutes les médications, nous ne pouvons nous dispenser de dire quelques mots d'une méthode qui, entre les mains d'un duo composé des docteurs Hervieux, Depaul et Cⁱᵉ, —duo harmonique peut-être, mais peu mélodieux,— a échoué *dans tous les cas*, tandis que, entre les mains du docteur Ozane, chirurgien de l'hôpital civil de Versailles, et aussi dans les mains de l'auteur, elle a réussi *dans tous les cas*. Ainsi, rien que des insuccès d'un côté, rien que des succès de l'autre. Le hasard ne peut évidemment expliquer des résultats aussi contradictoires. M. Robert de Latour les explique d'une façon qui mérite d'être connue. « Dans la salle d'accouchement de l'hôpital civil de Versailles, dit-il, le collodion *a constamment échoué*, tant que le médecin en a confié l'application à ses internes; mais il *a constamment réussi* lorsqu'il s'est chargé lui-même de cette application, et que, s'astreignant à retourner plusieurs fois le jour à l'hôpital, il a pris soin, en surveillant de ses propres yeux la couche isolante, d'en maintenir l'intégrité. C'est que la médication isolante, et c'est là en vérité une proposition bien naïve, ne saurait avoir d'effet qu'à la condition de réaliser l'isolement. » (Voir pour plus de détails la *Tribune médicale* du 9 juin 1872.)

Cette remarque du consciencieux auteur de la méthode isolante dévoile ou plutôt confirme, car le fait est depuis longtemps connu, l'imperfection des soins donnés dans les hôpitaux et la réforme que cet état de choses réclame. Mais ce ne seront ni les Depaul ni les Joulin qui opéreront ou provoqueront ces réformes; il n'y a pas là la moindre fabrique de cow-pox à protéger. Mais les succès de M. Robert de Latour, — comparés aux insuccès des *aides* de ses confrères, — prouvent nécessairement une autre chose, c'est que la méthode isolante, pour isoler, exige des soins assez minutieux et continués longtemps. Ce n'est, assurément, point là une raison de proscrire une méthode qui produirait d'aussi beaux résultats que ceux annoncés par un honorable confrère dont les paroles nous paraissent absolument dignes de foi ; mais c'est une raison de lui préférer une méthode d'une application beaucoup plus facile, plus à la portée de tout le monde, et dont l'action est d'ailleurs plus prompte et plus radicale. Toutefois, l'amour-propre d'auteur, nous l'espérons, ne nous aveuglera jamais; la méthode isolante se présente sous un patronage trop recommandable, pour que nous voulions la proscrire au profit de la médication phéniquée; nous croyons que l'expérimentation devra être continuée sur l'une et sur l'autre; nous demanderons seulement que, dans le cas où l'on voudrait les essayer toutes les deux de concert, on commence par les injections phéniquées hypodermiques et intra-utérines, car leur action est parfois si rapide, que l'inutilité de recourir à un auxiliaire frappe bientôt tous les yeux. En résumé, la médication phéniquée doit être l'avant-garde, et la méthode isolante le corps de réserve. Nous ajouterons encore qu'il y aura probablement un certain avantage, quand on voudra appliquer la méthode isolante, de préférer le collodion additionné de 10 p. 100 d'acide phénique au collodion simple du savant auteur de la méthode en question.

Appendice. — Accouchement prématuré. — Avortement. — N'ayant aucun motif de faire des articles sur l'accouchement et l'avortement, nous croyons devoir placer ici, comme appendice à l'histoire de leur plus redoutable complication, quelques mots sur les précautions à prendre après l'accouchement, et sur une cause d'avortement, encore insuffisamment démontrée peut-être, mais que les parasiticistes les plus absolus n'auraient peut-être pas soupçonnée. Cette cause a été l'objet d'un mémoire développé, de la part de M. Zundel, vétérinaire très-distingué de Mulhouse, mémoire résumé par M. Bouley, dans une communication faite par ce dernier à l'Académie des sciences, le 9 octobre 1871, et dont voici le résumé :

« La cause d'avortement étudiée par M. Zundel, qui peut avoir une très-grande importance pour les pays d'élevage, a été découverte, suivant M. Zundel, et même démontrée expérimentalement, par M. Frank, de Munich.

» Pour faire comprendre toute l'importance de cette découverte, M. Bouley a présenté un rapport à l'Académie des sciences, le 9 octobre 1871, et dont voici le résumé :

» Je crois devoir, dit M. Bouley, communiquer à l'Académie une courte note qui peut avoir une grande importance pour les pays d'élevage ; elle résume un mémoire qui m'a été transmis par M. Zundel, vétérinaire très-distingué de Mulhouse. Il s'agit dans cette note de l'avortement des vaches, dont la cause, au rapport de M. Zundel, aurait été découverte et démontrée expérimentalement par M. Frank (de Munich).

» L'avortement, dans l'espèce bovine particulièrement, revêt souvent un caractère que l'on a appelé *enzootique*. On a constaté, en effet, depuis bien longtemps, que, lorsqu'une vache avorte dans une étable habitée par des femelles de son espèce en état de gestation, cet accident ne reste pas un fait isolé ; qu'au contraire, et trop communément, les autres vaches avortaient à leur tour et successivement, comme si un principe con tagieux s'était dégagé de la première et communiqué à toutes les autres. Il y a effectivement une telle similitude entre les accidents qui se manifestent et se suivent, en pareil cas, et ceux qui caractérisent la propagation des maladies contagieuses, que l'idée de la contagion de l'avortement, ou tout au moins de sa transmission par voie d'infection, existe depuis longtemps dans les esprits. Mais la démonstration expérimentale de la justesse de cette idée n'avait pas encore été donnée.

» M. Frank (de Munich) serait parvenu à faire cette démonstration d'une manière qui paraîtrait laisser peu de place au doute : il aurait établi, par des expériences, qu'il suffirait d'introduire dans le vagin d'une femelle pleine, des matières recueillies sur le délivre d'une femelle qui vient d'avorter, pour provoquer l'avortement de la première.

» Suivant M. Frank l'avortement serait provoqué, en pareil cas, par des micrococques ou des bactéries qui existent en quantité extraordinaire sur les enveloppes fœtales et concourent à leur décomposition. Ces micrococques ou ces bactéries, une fois introduits dans le vagin, s'y multiplieraient, pénétreraient dans l'utérus et y commenceraient le travail de décomposition dont l'avortement serait la conséquence. D'après M. Zundel, M. Roloff aurait constaté, de son côté, que l'avortement qui se propage dans les étables résulterait de l'introduction dans le vagin de matières salies par le délivre des vaches dont l'avortement serait accompli; matières qui se trouveraient dans le purin et sur la rigole de la litière, et dont l'action directe sur la muqueuse vaginale provoque une certaine rougeur et de la tuméfaction, qui précèdent toujours la manifestation de l'accident.

» Il y a longtemps, ajoute M. Bouley, que l'on a fait jouer aux émanations des enveloppes fœtales putréfiées un rôle principal dans la propagation de l'avortement; mais on admettait qu'elles étaient nuisibles surtout par les gaz méphitiques qui s'en dégageaient.

» Si M. Frank ne s'est pas trompé, le mystère de ce qu'on a appelé *la contagion de l'avortement* se trouverait peut-être dévoilé; et les praticiens, sachant désormais où s'en prendre, parviendraient, sans grande difficulté sans doute, à détruire le principe contagieux et à préserver les vaches de ses atteintes,

40.

en désinfectant les étables, et en faisant usage, comme le prescrit M. Zundel, d'injections légèrement *phéniquées*, ou mieux d'une solution de permanganate de potasse, pour laver le vagin des vaches pleines et détruire les agents de la contagion qui pourraient y avoir pénétré.

« Mais ces expériences demandent à être vérifiées. Cette note a pour but d'appeler sur elles l'attention, dans les pays où l'avortement est souvent enzootique, comme la Nièvre, par exemple. »

Telle est en substance la note de M. Bouley, laquelle est l'analyse qu'il a du mémoire de M. Zundel, mais où M. Bouley semble cependant avoir mis du sien, sans qu'il soit bien facile de distinguer ce qui lui appartient de ce qui ne lui appartient pas. Qu'il nous soit permis d'y ajouter aussi un peu du nôtre.

M. Bouley, d'après M. Zundel, conseille de faire dans le vagin des injections *légèrement* phéniquées ; dans cette circonstance *légèrement* n'est pas suffisamment précis. Nous croyons que l'eau phéniquée à 1/2 pour 100 serait très-convenable pour ces injections ; mais, pour être définitivement fixé sur ce point, une expérimentation attentive serait indispensable.

M. Bouley — et ici on ne distingue pas bien s'il parle en son nom ou en celui de M. Zundel — croit qu'on pourrait injecter de l'eau légèrement phéniquée *ou mieux* une solution de permanganate de potasse dont il n'indique d'ailleurs point le degré. Nous croyons que, dans ce cas, le proverbe serait applicable, qui dit que *le mieux est l'ennemi du bien*. Le permanganate de potasse pourrait détruire la mauvaise odeur, s'il en existe dans le vagin, parce qu'il agit directement sur les gaz et les émanations odorantes ; mais il n'agit point ou n'agit qu'à peine sur *les causes* qui les produisent, c'est-à-dire sur les ferments vivants qui occasionnent la putréfaction ; et, par conséquent, ce sel ne détruirait ni les micrococques ni les bactéries, et ne préviendrait pas l'avortement si ce sont les microzoaires qui le provoquent. Il faudrait, dans ces cas, s'en tenir à l'acide phénique ou tout au moins le prescrire concurremment avec le permanganate de potasse.

M. Bouley s'en est tenu à la médecine des animaux, c'était son rôle ; le nôtre est d'en sortir, pour entrer dans celle des l'homme ou du moins dans celle de la femme, dans ce cas particulier. Nous ne sachons pas qu'on ait observé chez les femmes des avortements endémiques, à moins qu'on ne veuille considérer ainsi ceux qu'on observe chez les filles de joie dans les premières années de leur exercice, car bientôt, ce n'est plus l'avortement qu'on observe chez elles, mais la stérilité. Serait-il néanmoins impossible que les avortements humains, qu'on ne voit pas endémiquement, mais qu'on voit fréquemment se répéter chez les mêmes femmes, serait-il impossible que ces avortements ou, parfois, ces accouchements prématurés seulement, fussent produits par des miasmes vivants? Assurément, non, et l'influence qu'exerce la syphilis sur la gestation serait déjà un commencement de preuve en faveur de l'opinion de M. Frank, partagée, paraît-il, par M. Zundel. Quoi qu'il en soit, il n'y aurait, croyons-nous, aucun inconvénient à faire pratiquer des injections vaginales phéniquées aux femmes sujettes à l'avortement, et même à leur administrer l'acide phénique à l'intérieur, pendant la durée de leur grossesse. C'est une vue que nous recommandons aux confrères qui s'occupent d'accouchements.

ART. X. — DE LA FIÈVRE OU DE L'INFECTION PURULENTE.

L'infection purulente ou la fièvre purulente n'est, comme nous l'avons donné à entendre, qu'une fièvre puerpérale traumatique : la surface à vif est, ici, une plaie faite accidentellement ou par la main du chirurgien, au lieu d'être une sorte de plaie physiologique : l'une et l'autre se développent dans les agglomérations de malades et ne se développent presque que là ; l'une et l'autre sont dues au passage du pus dans le sang (1) ; et la formation primitive de ce pus dans les vaisseaux

(1) La démonstration clinique du passage du pus dans le sang a été faite, pour la fièvre puerpérale, par M. Ducrest, et dans l'infection purulente en général, par MM. Ducrest et de Castelnau. (Mémoire sur les abcès multiples couronné par l'Académie, Paris 1844.) — Ce qui n'empêche pas que, dans une discussion interminable qui a eu lieu récemment à l'Académie de Médecine, pas un mot n'a été dit de ces travaux, par les éminents professeurs de chirurgie, de morale et d'autres choses, qui ont pris longuement et itérativement la parole dans cette fastidieuse

de la matrice dans un cas, dans les vaisseaux d'une plaie accidentelle ou artificielle dans l'autre, est causée par des ferments
ou par des miasmes, qui se forment en abondance partout où
se trouvent des agglomérations humaines, et qui s'introduisent
dans les veines et les lymphatiques béants qu'on observe surtout à la face interne de la matrice, après l'accouchement, et
sur les surfaces des plaies, à la suite des opérations par les
instruments tranchants. Toutefois le miasme de l'infection
purulente ne paraît pas avoir une grande influence directe sur
l'ensemble des symptômes qui constituent la fièvre où l'infection purulente ; c'est en provoquant la formation du pus qu'il
agit, et c'est le mélange du pus au sang qui, à son tour, cause
l'ensemble si grave des phénomènes qui trahissent cette infection. Peut-être est-ce là ce qu'a voulu dire M. Lemaire en écrivant que « l'infection purulente, que je ne confonds pas avec
la résorption (1), me paraît être le résultat de *l'action du ferment* du pus sur l'économie. » (De l'*Ac. phén.*, p. 21, 2e édit.) Ce
qu'il a voulu dire vaudrait alors mieux que ce qu'il a dit ; car
c'est bien le pus et non le ferment pyogène qui cause la fièvre
purulente ; les expériences de MM. de Castelnau et Ducrest ne
peuvent laisser aucun doute à cet égard. (Voy. *Mém. sur les
abcès multiples*, dans : *Mémoires de l'Acad. de méd.* ann. 1844,
chez J.-B. Baillière.) Chaque fois qu'ils injectaient une petite
dose de pus dans les veines d'un chien, un frisson se manifestait au bout de quelques minutes, plus ou moins fort, et prolongé, en général, suivant que la quantité de pus injecté était
plus ou moins considérable ; le frisson était suivi d'une fièvre
qui ne tardait pas à se dissiper, quand on ne renouvelait pas

discussion. Dans un livre que vient de publier, il y a quelques jours à peine,
M. Legouest, cet honorable chirurgien attribue cette découverte à M. Sédillot, bien
que notre illustre maître eût déclaré dans son livre (*de l'infection purulente*) que
les expériences de MM. de Castelnau et Ducrest étaient antérieures aux siennes.
Mais les flatteurs comme les sectaires sont toujours plus royalistes que le roi.

(1) Toujours même ignorance en matière de pathologie. La *résorption* purulente est une explication, imaginée par Maréchal et soutenue par Velpeau, de l'introduction du pus dans le système circulatoire ; mais ce n'est point la maladie
elle-même. Mais si l'on entendait par résorption purulente la maladie causée par
la présence du pus dans le sang, ou en d'autres termes la maladie qui cause de
petits abcès multiples dans différents points de l'économie, résorption et infection
seraient absolument synonymes. Mais le moyen de faire entrer des faits et des
idées aussi simples dans des cerveaux vierges de toute saine notion médicale !

l'injection ; mais quand celle-ci était renouvelée plusieurs fois, on observait les frissons successifs et tous les phénomènes qui caractérisent la fièvre purulente, y compris la terminaison fatale. C'est donc bien le pus lui-même qui est la cause des phénomènes de l'infection purulente, et même c'est la partie solide du pus. Les expériences de MM. de Castelnau et Ducrest ont prouvé aussi, en effet, que le pus filtré ou seulement décanté, injecté dans les veines des chiens, ne cause à peu près aucun trouble, quand le pus est frais et louable, et produit des phénomènes plus ou moins graves, quand il est putréfié, mais qui ne sont pas ceux de l'infection purulente. Ce sont donc les globules purulents qui occasionnent l'infection purulente et les abcès multiples dits métastatiques par les partisans de la résorption (1).

Des expériences nombreuses, faites par M. le professeur Sédillot avec toutes les conditions de précision qu'on pouvait attendre de son habileté consommée et de son excellent jugement, ont pleinement confirmé les résultats obtenus par MM. de Castelnau et Ducrest.

Mais, de ce que les phénomènes de l'infection purulente sont causés par le pus lui-même et, mieux encore, par la partie solide de ce pus, doit-on tirer cette déduction que tout miasme, tout ferment, tout parasite, en un mot, est étranger à la production de la maladie? Quelques académiciens ont pu le penser et le dire, pendant la dernière discussion, au nombre desquels MM. Chassaignac et Chauffard. Mais leur opinion n'est point une garantie de vérité, quand même elle n'aurait pas contre elle l'opinion de plusieurs autres académiciens, notamment celle du petit professeur Verneuil qui, difficile à contenter et n'étant point satisfait des anciens miasmes ou des anciens virus, a eu l'ingénieuse inspiration de créer pour son usage particulier un *virus traumatique*, c'est-à-dire un parasite créé par la hache, le

____

(1) On sait que dans ces dernières années, **M.** Chauveau, professeur à l'École vétérinaire à Lyon, a généralisé par de nouvelles expériences fort intéressantes, les faits observés par MM. de Castelnau et Ducrest, en constatant que tous les virus — ceux du moins sur lesquels il a expérimenté : virus vaccin, claveleux, morveux même, etc., — étaient infiniment unis à la partie solide des sécrétions virulentes. Il admet, et c'est très-probablement avec raison, suivant nous, qu'il en est de même de tous les autres virus.

Krupp ou le Chassepot. Les hétérogénistes n'avaient pas pensé à
ce mode de génération. A propos d'hétérogénistes, il en est un
auquel on n'aurait guère songé, — si toutefois sa réputation
d'orthodoxie est méritée, ce que nous ignorons, — c'est le docteur Chauffard; pour lui, il n'y a pas de miasme, « parce que… »
— Nous vous recommandons le parce que — « les altérations
du sang sont *spontanées dans leur cause* PATHOLOGIQUE, quoique
provoquées par le travail morbide de la plaie! » Ainsi, il est
bien entendu, que si les altérations du sang consistent — et
cela est hors de doute — dans la présence, dans ce fluide, de
micrococoques, de vibrions, de bactéries, etc., ces altérations ou,
ce qui est la même chose, ces parasites sont spontanés, c'est-à-
dire se développent spontanément. Il est vrai que le professeur
Chauffard pourra répondre que ces parasites ou ces altérations
ne sont spontanées que « dans leur cause pathologique, » à
quoi les lecteurs qui ne seront pas familiarisés avec la lecture
de l'Apocalypse ne trouveront probablement rien à répondre…
si ce n'est que l'Apocalypse ne fait pas encore partie du programme de l'étudiant en médecine.

Quant à l'honorable M. Chassaignac, il admet volontiers le
miasme « pour expliquer l'infection putride, mais non l'infection purulente; » et sa raison pour l'admettre dans un cas et
le repousser dans l'autre, c'est que « dans l'infection putride,
il n'y a pas d'abcès, tandis qu'il y en a toujours dans l'infection
purulente. » Il est assez difficile de comprendre la portée d'une
telle raison; heureusement cela n'est pas indispensable; les
mêmes raisons qui l'ont fait admettre dans la péritonite puerpérale, doivent le faire admettre dans l'infection purulente et
probablement dans toutes les espèces de suppurations : il est
probable que la seule différence qui existe entre les suppurations diverses, c'est que les unes se font dans des foyers cir-
conscrits, tandis que les autres se font dans les vaisseaux et
peuvent ainsi infecter le sang, quand les caillots ou les sécrétions plastiques qui tendent à les circonscrire viennent à se
rompre. M. Lemaire avait annoncé, dans la seconde édition de
son ouvrage, une découverte probable qui lui aurait fait plus
d'honneur que ses tentatives d'accaparement, c'est celle de
faire du pus à volonté, par conséquent, sans doute, d'avoir dé-

terminé le miasme ou parasite qui détermine la formation du pus. « La question de la pyogénie, dit-il, est une des plus difficiles à résoudre que présente la physiologie. » — (Pathologique, toutefois.) — « Des expériences que j'ai commencées me donnent l'espoir de pouvoir faire du pus en dehors de l'organisme. » C'eût été là sans contredit une des plus belles découvertes, et peut-être des plus utiles de la pathologie; M. Lemaire avait annoncé dans son livre un travail dans lequel il l'exposerait, ainsi que toute sa doctrine touchant la pyogénie; mais nous n'avons pas appris que ce travail ait encore paru. Il faut donc nous résigner à ignorer, jusqu'à nouvel ordre, l'espèce de parasite qui produit la fermentation purulente, et nous contenter de la notion qu'il en existe un, qui est celui de la péritonite puerpérale. L'identité de conditions hygiéniques extérieures dans lesquelles se manifestent les deux maladies, l'analogie de condition des malades atteints, la parfaite similitude des symptômes, de la marche et de la terminaison de la maladie, et des lésions anatomiques qui la caractérisent, tout prouve que le même ferment, le même parasite, la même cause *prochaine* occasionne les deux maladies ou plutôt les deux formes de la même maladie.

Cette similitude, ou peut dire cette identité de causes, implique nécessairement une identité de moyens curatifs. Mais, jusqu'à présent, c'est là une déduction purement théorique, car à l'exception de quelques cas, presque aussi rares que les miracles, et auxquels on est obligé de croire comme à ceux-ci, tout malade atteint de fièvre ou d'infection purulente a toujours été un malade mort. Dans la dernière discussion qui a eu lieu à ce sujet à l'Académie, et à laquelle nous avons déjà fait allusion, on a vu M. Chassaignac déclarer glorieusement qu'il avait publié une observation de guérison d'infection purulente, il y avait *vingt ans*; mais il n'a pas dit qu'il eût renouvelé son exploit depuis. Une guérison en vingt ans dans une maladie qui est loin d'être rare, cela peut bien passer pour de l'incurabilité (1). Il est du reste visible que c'est, *in petto*, l'opinion

____

(1) Quelques chirurgiens orateurs, M. Chassaignac entre autres, s'imaginent, ainsi que nous l'avons déjà fait remarquer, que, puisque l'infection purulente est

de tous ceux qui ont pris la parole dans cette pauvre discussion : M. Alphonse Guérin guidé par l'intermittence des frissons a deviné qu'il devait guérir l'infection purulente par le sulfate de quinine, et croit, en effet, en avoir guéri *un cas*; M. Chassaignac, inspiré on ne sait trop par quoi, avait guéri le sien avec l'alcoolature d'aconit (1); M. Legouest, inspiré par l'éclectisme, c'est-à-dire par le pour et par le contre, croit qu'on peut la guérir à l'aide d'un ensemble de moyens, la cautérisation, les lavages au perchlorure de fer, les toniques, etc., mais il ne paraît pas que cet éclectisme ait jamais agi autrement qu'en imagination. Ce qu'il y a de remarquable, c'est que de tous ces chirurgiens orateurs qui, en nombre, ont disserté sur l'infection purulente, et qui ont inventé une foule de choses, entre autres le petit docteur Verneuil, qui a eu l'esprit — on sait qu'il en a beaucoup, du moins il le croit, — d'imaginer un « *virus traumatique*, » pas un n'a dit qu'il eût expérimenté l'acide phénique, probablement parce que c'est le seul

produite par l'introduction du pus dans le sang, il ne peut y avoir de miasme; cela prouve qu'à l'exemple de beaucoup de ces collègues, sinon de tous, il n'a jamais songé à se faire une idée des miasmes et de leur action : sans doute le pus détermine l'infection purulente, mais le miasme du confinement détermine la formation du pus, et voilà comment en détruisant le miasme on empêche la formation du pus, et par conséquent l'infection purulente. D'autres prétendent qu'il ne saurait être question de miasme dans l'action du pus, car cette action est purement mécanique, comme celle de tous les corps étrangers, qui, introduits dans nos tissus et dans le sang, déterminent des abcès. Mais ceux qui font de pareilles objections prouvent tout simplement qu'ils n'ont pas lu les expériences faites sur ce sujet, ce qui ne les empêche pas toujours d'en parler et même d'en faire le point d'appui de leurs opinions. Or, ces expériences faites par MM. de Castelnau et Ducrest, et répétées par notre éminent maître, le professeur Sédillot, prouvent que les corps étrangers qui agissent physiquement — ceux du moins qu'on a expérimentés, charbon impalpable, sulfure de mercure, carbonate de plomb, mercure coulant, etc. — n'occasionnent ni les symptômes de réaction physiologique de la pyohémie, ni même presque jamais la formation d'abcès; et encore moins d'abcès ayant la forme de ceux de l'infection purulente. Ainsi, l'aphorisme formulé par quelques médecins bons observateurs, que le pus engendre le pus est parfaitement vrai; il le sera complétement quand on aura ajouté que le pus s'engendre parce qu'il est causé lui-même, comme la fermentation de la bière, par un ferment particulier, le ferment des grandes agglomérations humaines et peut-être animales.

(1) M. Chassaignac ne se croit pas sûr, il a la franchise de l'avouer, que ce soit l'alcoolature d'aconit qui ait guéri son malade, mais il croit pouvoir attribuer à ce médicament qu'il prescrit toujours préventivement à ses opérés, d'avoir pu faire 32 opérations graves sans avoir eu un seul cas d'infection purulente. Le fait est effectivement très-digne d'attention et nous nous faisons un devoir de le signaler.

moyen qui, jusqu'à présent, ait donné des résultats positivement favorables, au moins comme moyen prophylactique. C'est ce que nous établirons nettement en parlant des plaies dont l'infection purulente n'est qu'une conséquence, et sur laquelle nous reviendrons à ce propos.

Mais par cela même que l'acide phénique est un préservatif presque infaillible de l'infection purulente, nous n'avons guère eu l'occasion de traiter celle-ci, et nous n'oserions affirmer que le moyen soit aussi bon pour guérir la maladie que pour la prévenir : en effet, pour guérir l'infection confirmée, il ne suffit pas de détruire le miasme purulent (1), il faut détruire la partie solide, le granule du pus qui peut être, surtout quand il se trouve en abondance dans le sang, réfractaire aux forces de décomposition et d'absorption intersticielles, et devenir, ainsi, une cause de trouble incompatible avec la vie. Nous ne nous prononçons donc pas catégoriquement sur l'efficacité de l'acide phénique employé comme curatif; mais nous n'hésitons pas à dire qu'en présence des admirables résultats qu'il a donnés contre la fièvre puerpérale, de l'inefficacité de tous les autres moyens expérimentés, et des inductions de la théorie, tout chirurgien qui ne sera pas aveuglé par l'ignorance ou l'esprit de système ou de coterie, devra recourir à la nouvelle médication, et l'appliquer comme nous l'avons fait dans les cas de fièvre puerpérale que nous avons guéris.

Nous avons dit, en parlant de cette dernière maladie, qu'un praticien à Paris prétend avoir guéri plusieurs cas d'infection purulente en administrant aux malades l'eau-de-vie à haute dose; et, par haute dose, il n'entend pas moins de un litre et même un litre et demi de ce liquide par jour; il ne dit pas à quel degré il la donne.

Ce qu'il y aurait tout au moins de remarquable dans cette étrange médication, c'est que cette dose énorme d'eau-de-vie, qui suffirait et qui a suffi souvent, comme l'ont prouvé certaines gageures de buveurs idiots, pour tuer des hommes robustes, ne produit même pas l'ébriété chez les malades atteints

____

(1) Il est vrai que M. Chassaignac croit avoir trouvé le moyen de prévenir la maladie, ce qui vaut encore mieux que de la guérir. Nous parlerons de son moyen à l'article *plaies*.

de fièvre purulente; cette résistance à l'action enivrante est même ce qui sert de guide pour la prescription du médicament : quand la tendance à l'ébriété se manifeste, il faut suspendre l'eau-de-vie; la guérison est, alors, obtenue. L'auteur, le docteur Danet, appuie sa médication sur des théories que nous n'aurions pas à discuter ici, quand même elles seraient discutables; mais ses faits, s'ils sont bien observés, valent mieux que ses théories, et ils méritent, sans contredit, de n'être point perdus de vue. On a, du reste, déjà cité d'autres faits où l'état d'alcoolisation dans lequel se trouvaient les individus avaient empêché l'action de certains ferments et aussi des venins de reptiles, et l'on a expliqué cette préservation, soit par l'état de quasi-insensibilité dans lequel l'alcoolisation place le système nerveux, soit par une action directe de l'alcool sur les ferments. On sait, en effet, que l'alcool détruit les ferments ou du moins empêche leur action (1), non pas au même degré que l'acide phénique, mais à un degré qui peut cependant être utilisable. Encore une fois donc, nous ne condamnons pas, malgré son étrangeté, la médication du docteur Danet, et nous en aurions probablement fait l'essai, quoique avec prudence, si nous n'avions dans l'acide phénique un moyen qui nous en dispense.

Il nous faut ajouter, cependant, que celle que nous préférons n'a pas été directement consacrée par l'expérience, car nous avons toujours été assez heureux pour éviter, dans notre pratique particulière, l'infection purulente, et nous n'avons pas encore été appelé pour traiter celles que d'autres confrères ont laissé développer, comme cela nous est arrivé pour

(1) C'est là un fait depuis longtemps avéré et hors de toute contestation; mais comme le Dr Pigeou n'est pas le seul de son espèce, il s'est trouvé un Dr Champouillon — (nous ne savons si c'est le défenseur d'Hulin, l'assassin du fossé de Vincennes, ou un autre), — qui prétend que l'*alcoolisme* hâte la putréfaction, en abaissant, — retenez bien l'explication — « en abaissant *la vitalité* des tissus APRÈS LA MORT ! » Et cette belle explication a été communiquée, s'il vous plaît, à l'Académie des sciences dans la séance du 25 mars 1872, tout comme la découverte du Dr Pigeon sur l'action varioligène de l'acide phénique et la non-contagion de la peste bovine ! Et les comptes-rendus officiels des séances de l'Académie l'ont imprimée... sans rougir, comme pourrait dire M. Lemaire ! Nous ne voulons pas dire par là que les individus qui éprouvent des accidents dans l'état d'ivresse ont la même énergie de réaction que les autres, ce qui est une tout autre question.

deux cas de péritonite puerpérale. (Voir l'article précédent.)

Une fois cependant, pendant le siège de Paris, nous avons traité un cas d'infection purulente développé dans l'ambulance du Théâtre-Français, dirigée par les Drs Richet et Coqueret ; mais c'était un cas *in extremis* dans lequel toute méthode devait être fatalement impuissante ; tout ce que nous avons pu faire, c'est de prolonger la vie du malade et de lui rendre un peu d'espoir, ce qui nous a valu de petites tracasseries auxquelles nos honorables confrères ne sont sans doute pas restés étrangers et qu'il est utile de faire connaître au public (1). Voici, en effet, ce que nous écrivit M. l'administrateur du Théâtre-Français, à propos des soins que nous avions donnés au malheureux blessé, M. Seveste :

« Monsieur,

» Il s'est passé au Théâtre-Français un fait sur lequel il ne m'est pas permis de ne pas m'expliquer avec vous. La famille de M. Edmond Seveste vous a prié de vouloir bien visiter ce pauvre jeune homme ; c'était son droit, mais à la condition qu'une démarche serait faite auprès du Dr Richet, ainsi qu'auprès du Dr Coqueret, les chirurgiens de notre ambulance, dont le premier lui avait amputé la jambe, dont le second lui donnait des soins journaliers, et qu'on prierait ces messieurs de vouloir bien vous adjoindre à leur consultation. Aucune démarche de ce genre n'a été faite. Deux médecins que leur talent recommande sans doute, mais qui n'appartiennent pas au corps médical de la Comédie, se sont présentés à notre ambulance sans même que j'en aie été prévenu, se sont approchés d'un blessé dont l'état était notoirement en voie d'amélioration, ont levé un appareil qu'ils n'avaient pas mis, et, refaisant le pansement de M. Edmond Seveste, se sont substitués par là aux médecins de la maison. Ce procédé me surprend, je l'avoue. Que la famille de M. Edmond Seveste confie notre

______

(1) Nous devons même ajouter que, désespéré par l'état du malade et profondément ému de ses souffrances, nous n'avons pas employé la médication avec toute l'énergie que nous y aurions mise dans d'autres circonstances. C'est un remords qui ne nous quittera pas de longtemps.

blessé à votre expérience, rien de mieux ; mais, alors qu'elle
le prenne chez elle ou qu'elle le place chez vous, puisqu'aussi
bien, nous ne pouvons plus le soigner, médicalement du moins,
puisque notre ambulance n'est plus pour lui qu'une sorte de
pension bourgeoise, et qu'enfin, chose grave, s'il lui arrivait
un accident, la nuit, notre aide-chirurgien serait hors d'état de
lui porter secours. Si donc vous trouvez que M. Seveste puisse
être transporté chez lui, donnez à sa famille le conseil de l'y
retirer. S'il en est autrement, si nous devons le garder et si
vous lui continuez vos soins, veuillez, je vous prie, avancer
l'heure de votre pansement du soir, et le faire entre cinq et
six heures, afin que le blessé qui est auprès de M. Seveste ne
soit pas troublé dans son repos. Vous savez mieux que moi ce
qui convient à des malades. J'ai le regret d'entrer en relation
avec vous par une lettre comme celle-ci, mais vous compren-
drez que j'ai dû vous l'écrire, et vous vous étonneriez vous-
même si je ne vous rappelais pas que l'administration du
Théâtre-Français doit être comptée pour quelque chose dans
son ambulance, et si, devant une situation qui impressionne
péniblement notre cher blessé, je ne dégageais pas ma responsabilité de ce qui s'est fait sans mon aveu.

 » Agréez, etc.

         » ED. THIERRY. »

Au reçu de cette lettre, où les sentiments de MM. les chirurgiens de l'ambulance se montraient beaucoup plus que la
spontanéité de M. l'administrateur de la Comédie Française, je
répondis immédiatement les quelques mots suivants :

  « Monsieur l'administrateur,

 » Votre lettre a évidemment fait fausse route et vous ne l'auriez sans doute pas écrite, si, avant de céder à un mouvement
ou à une instigation regrettable, vous vous étiez informé de ce
qui s'est passé.

 » Pour vous fournir les éléments d'une appréciation équitable, je ne puis mieux faire que de vous renvoyer à Mllo Fa-

vart et à M. l'interne de service. M. Rousseau voudra bien se joindre à eux, et alors, vous serez renseigné mieux que vous ne l'avez été.

» Agréez, etc.

» DÉCLAT. »

M. l'administrateur ne savait nullement ou savait fort mal, en effet, ce qui s'était passé, et il serait fort superflu, aujourd'hui, de le lui rappeler, si cette histoire ne renfermait un enseignement triste mais utile, sur les agissements de certains médecins, professeurs ou non, et sur la manière dont ils comprennent leurs devoirs envers les malades. Comme j'avais cédé aux instances de mon excellent et généreux ami, M. Em. Rousseau, en me rendant auprès du malheureux et bien intéressant blessé, M. Ed. Seveste, je laissai à M. Rousseau le soin de rectifier les erreurs dont on avait nourri M. l'administrateur de la Comédie-Française; M. Rousseau envoya en effet une lettre à l'adresse de M. l'administrateur et m'en transmit la copie que voici :

« Monsieur,

» Mon estimable ami, M. le Dr Déclat, me communique une lettre que vous lui avez écrite, le 26 janvier, sous l'influence d'erreurs qui tendent à lui attribuer des torts dont il n'est coupable en aucune façon. Comme j'ai seul proposé d'appeler M. Déclat auprès de Seveste, il m'appartient de vous exposer les faits tels qu'ils se sont passés.

» J'aimais ce pauvre Didier comme un père aime son enfant. Prévenu, seulement par les journaux, de sa blessure et de son séjour à l'ambulance des Français, j'allai le voir le mardi matin qui suivit son amputation ; il était déjà fort mal, quoi que l'on vous en ait dit ; il avait une grande fièvre, saignait par le nez assez abondamment et crachait également le sang. Nous revînmes le soir, mon fils et moi, et nous le trouvâmes fort abattu. Dans la salle de garde, je rencontrai sa sœur, qui l'avait vu le matin seulement, et là, avec les personnes présentes, *parmi lesquelles il y en avait de compétentes*, on me confirma dans cette

opinion que j'avais déjà conçue, *qu'il était perdu !* Il était
neuf heures du soir, je crois ; c'est alors que désespéré par
cette fatale assurance, je tentai de nous rattacher à la seule
branche de salut qui nous restait, et cela, veuillez bien le
croire, non pas au hasard ni de parti -pris, mais après les
réflexions suivantes : J'entendais dire que, malgré les soins
dévoués donnés par vos dames avec autant de cœur que
d'abnégation, votre ambulance était frappée de malheur, et
que *pas un seul de vos amputés n'était sorti guéri !* tandis que
je voyais qu'à l'ambulance du Corps Législatif, on ne perdait
que peu de malades. Veuillez ajouter que je venais moi-même
d'apprécier le mérite et le dévouement de M. Déclat pour ses
malades, et que ma confiance dans sa science médicale est
sans limite. Je proposai donc, séance tenante, de le faire venir.
On y consentit. Mais sachant ce que les convenances exigent,
entre confrères médecins surtout, en dehors même des habitudes d'un galant homme, je proposai de prévenir immédiatement les deux médecins qui donnaient leurs soins au malade
et de les prier de se trouver avec M. Déclat. On prévint sur
l'heure M. le Dr Coqueret, qui prit la peine de venir et avec
lequel j'eus un entretien qui ne me laissa aucune arrière-
pensée sur la parfaite observation des exigences de politesse
et de convenance confraternelle. M. Coqueret fut d'une largeur
de vues et d'une bonté parfaites.

» Restait à voir M. Richet. Voici ce qui fut dit, convenu et
fait :

» Mlle Seveste m'ayant dit que M. Richet ne devait venir le
lendemain voir le malade que si on lui envoyait une voiture, la
sienne lui faisant défaut en ce moment et lui-même se trouvant trop souffrant pour faire le trajet à pied, je me mis à la
disposition du Docteur pour aller le prendre avec ma voiture,
au sortir de sa clinique et l'amener au théâtre ; ce qui fut
accepté. Les exigences de mon service ne me permettant pas
d'aller prévenir moi-même M. Richet, je lui envoyai dire, non
par un domestique, mais par une personne *bien élevée*, qu'à sa
sortie de sa clinique il trouverait ma voiture à sa disposition et
que moi-même je serais à ses ordres. La manière dont M. Richet
reçut mon offre et la personne que je lui avais envoyée ne se

traduit pas. J'aime à croire, pour son excuse, qu'il était sous le poids de quelque grave préoccupation. Il ne vint pas à nous.

« D'un autre côté, la veille au soir, après la visite du Dr Coqueret, nous avions envoyé prévenir M. le Dr Déclat, qui se rendit à notre appel avec un empressement dont nous lui sommes tous reconnaissants. Il était minuit. Ce fut alors qu'après avoir entendu la narration de tout ce que nous avions dit et résolu, il écrivit sur votre bureau l'invitation à MM. les docteurs Maisonneuve, chirurgien de l'Hôtel-Dieu, et Mosétig, (1), chirurgien en chef de l'ambulance du Corps Législatif, de vouloir bien se trouver en consultation avec lui le lendemain matin à dix heures; je joignis mes instances à celles de M. le Dr Déclat. MM. Maisonneuve et Déclat purent seuls se trouver au rendez-vous, à onze heures et demie; ils se consultèrent et agirent.

« Je n'ajouterai rien à cette trop longue lettre, et je vous laisse à décider, Monsieur, quels sont ceux qui ont manqué aux convenances envers leurs confrères.....

« Agréez, etc.

» EM. ROUSSEAU. »

Je supprime la fin de la lettre de mon bienveillant ami, M. Rousseau, laquelle ne concerne que moi. Nos lecteurs en retiendront, je l'espère, les faits essentiels, tant ceux qui y sont exprimés en toutes lettres que ceux qui en découlent naturellement :

Le premier, c'est que M. l'administrateur avait été fort mal renseigné sur la façon dont on m'avait appelé auprès d'un des malades de son ambulance, et qu'il avait eu le léger tort de s'en rapporter à des renseignements peu dignes de confiance;

Le second, c'est qu'il n'avait pas été mieux renseigné sur l' « état *notoire d'amélioration* » du malheureux malade, pour lequel on m'avait demandé en consultation, état que M. l'ad-

(1) Le motif pour lequel je choisis pour consultants, MM. Maisonneuve et Mosétig, était bien naturel : C'étaient les deux seuls chirurgiens à Paris, qui, à ma connaissance, avaient expérimenté ma médication et avaient pu en apprécier les effets. (*Note de l'Auteur.*)

ministrateur ne pouvait personnellement apprécier, et qu'il
ne pouvait connaître que par ce qu'on lui en avait dit; or, il
était si peu *notoire* que le malheureux M. Sévéste fût en voie
d'amélioration, que toutes les personnes présentes lors de la
visite de M. Rousseau, et *dont plusieurs étaient compétentes*,
l'avaient déclaré perdu. D'ailleurs, M. Seveste, comme ses
malheureux compagnons d'infortune, a succombé à une infection purulente, et les conseils de M. l'administrateur ne
parviendraient probablement pas, j'aime à le croire, à le persuader que nos pansements aient pu donner une infection purulente aux opérés de son ambulance ;

Le troisième fait, c'est que M. Richet trouvait fort convenable
de ne venir voir ses opérés mourants que lorsqu'on l'envoyait
chercher en voiture; qu'il trouvait encore non moins convenable de ne venir les voir que quand cela lui plaisait, même
lorsqu'on lui envoyait la voiture demandée ; et qu'il trouvait,
enfin, toujours convenable de refuser d'une façon « *qu'on ne
traduit pas* » une consultation demandée par la famille d'un
blessé, dans l'intérêt de celui-ci ! Est-il nécessaire d'ajouter
pour montrer le mépris de toute humanité que professent certains chirurgiens dont les fonctions sont de donner des leçons
aux autres, qu'un jour comme celui de la bataille de Buzenval,
bataille annoncée partout *à l'avance* et particulièrement dans
toutes les ambulances, jour, par conséquent, où chacun devait
être à son poste depuis le matin jusqu'au soir, un chef d'ambulance arrive à son service *à huit heures du soir, comme l'a fait
M. Richet,* et que là, sans prévenir la famille et contre la volonté
des amis du blessé, il ampute celui-ci d'autorité, LORSQUE PAS
UN SEUL DES OPÉRÉS de M. Richet *n'avait encore échappé à la
mort !* La malheureuse famille de Seveste apprit le lendemain,
à la fois, *par un journal,* et la blessure et l'amputation de l'infortuné jeune homme ! N'est-ce pas là se jouer de tous les
sentiments humains et faire des blessés un sujet d'expérience
in anima vili ?

Nous aimons à croire qu'un homme qui a l'honneur d'être
administrateur général d'un établissement qui s'appelle la
Comédie-Française ne partagera pas l'opinion de son « personnel médical » en matière de convenances, et qu'il consul-

tera à l'avenir, quand il voudra traiter ce sujet, moins ledit personnel que son immortel prédécesseur le grand Poquelin. Et même, si M. l'administrateur nous en croit, il donnera à son personnel médical le conseil — en échange de ceux qu'il en a reçus, — de publier le compte rendu exact de la gestion administrative et scientifique de l'ambulance des Français; son honneur d'administrateur est même intéressé à la publication de ce compte rendu : c'est en lisant, seulement, et non en écoutant les commérages d'une partie de son personnel, que M. l'administrateur, — et aussi le public, — pourront se faire une idée des beaux résultats humanitaires qu'engendre la doctrine de M. Richet sur les convenances médicales. Un mot encore, et ce sera fini, sur un point de cette doctrine que M. l'administrateur a paru s'approprier, et qui nous semblerait un peu bien étrange chez un successeur sinon un rival de Molière.

« .... Que la famille de M. Ed. Seveste, nous écrivait M. l'administrateur, le prenne chez elle, puisqu'aussi bien nous ne pouvons plus le soigner, médicalement du moins, puisque....... et qu'enfin, chose grave, s'il lui arrivait un accident, la nuit, notre aide-chirurgien serait hors d'état de lui porter secours. »

Comment donc! parce que la famille d'un blessé, et le blessé lui-même effrayé de la mortalité qui sévissait autour de lui, auraient demandé une consultation au docteur Richet, et que le docteur Richet l'aurait grossièrement refusée; parce que les autres consultants auraient agi sans M. Richet, ne pouvant faire autrement et l'envoyer chercher par des gendarmes, M. l'aide-chirurgien de l'ambulance laisserait mourir ce blessé sans lui porter secours! et cela se passerait, qui plus est, dans la maison de Molière! Ah! M. l'administrateur, permettez-moi de croire que, vous aussi, vous avez été sous le poids de quelque grave préoccupation, quand vous avez adopté, — en apparence seulement, j'ai besoin de le croire, — cette monstrueuse théorie du *mala-dus dût-il crevare*; il serait trop pénible d'admettre qu'un continuateur de notre grand comique ait profité ainsi des exemples et des leçons de son inimitable modèle! Exigez, M. l'administrateur, ne fût-ce que pour détruire ces apparences déshonorantes, exigez, à tout prix, la publication du *compte rendu* EXACT

41.

de l'ambulance des Français : il est de votre honneur qu'on sache si, plus de deux cents ans après le *Malade imaginaire*, on permet encore à la Faculté de professer, dans l'enceinte même de la Comédie-Française, qu'il vaut mieux mourir conformément à ses préceptes que de guérir en les violant! En attendant la publication que je sollicite et qui serait faite depuis long-temps si votre personnel médical avait eu le sentiment de ses devoirs, vous me permettrez, M. l'administrateur, de croire que j'ai rempli le mien, en me rendant à l'appel d'un vieil ami et d'une famille éplorée, et en faisant tous mes efforts pour réparer les fautes ou les erreurs d'un confrère mal inspiré. Si ces efforts n'ont pas eu le résultat que je désirais ardemment, mais que je ne pouvais guère espérer, j'ai du moins la conscience qu'ils n'ont pas été entièrement stériles, et la preuve que je n'ai pas été seul de mon sentiment se trouve dans une touchante lettre qui me fut écrite, après le fatal événement, par Mme Ed. Seveste, mais que je me dispense de publier, pour ne pas donner une plus grande étendue à un triste épisode de l'histoire des ambulances, épisode que j'aurais volontiers supprimé, si je ne savais que les passions haineuses de mes ennemis cherchent à faire arme de tout, et si, d'ailleurs, le public n'avait un grand et direct intérêt à être instruit de la manière dont on a usé, dans les ambulances, des immenses ressources mises à leur disposition. On a déjà vu, dans la lettre de M. Em. Rousseau, que, suivant le bruit public, les opérations faites à l'ambulance des Français auraient toutes été suivies d'un résultat fatal; nous n'avons rien appris qui ait pu nous faire croire que ce bruit fût erroné; tout au contraire. Mais qu'il soit ou non exagéré, ce qu'il y a de certain, c'est que le docteur Richet avait proscrit systématiquement la médication phéniquée, et qu'il avait déclaré un jour au docteur Macé, ainsi qu'on le verra plus loin, que « l'acide phénique est une mauvaise chose, qui n'a jamais produit un seul bon résultat. »

C'est pourtant cette médication que nous appliquâmes chez M. Seveste et que nous conseillons contre tous les cas d'infection purulente. Quant aux détails de l'application, nous n'avons pas à y insister ici, après ceux que nous avons donnés à propos du traitement de la péritonite puerpérale; les soins doivent être identiques, sauf quelques modifications locales exigées par l'état des plaies, et que nous indiquerons en traitant de ces lésions. Nous ajouterons seulement une remarque que nous avons déjà faite bien souvent, c'est que l'application de la médication phéniquée n'empêche nullement l'emploi d'autres remèdes : ceux qui croient à l'efficacité, ou du moins à une certaine efficacité, du sulfate de quinine, de l'aconit, de l'alcool camphré ou non, etc., peuvent parfaitement prescrire tous ces moyens concurremment avec l'acide phénique ; nous croyons, pour notre compte, qu'ils sont à peu près de nul effet ; mais nous ne nous opposerions pas à leur emploi, dans une consultation, en tant qu'ils seraient prescrits de façon à ne pas empêcher l'application complète de la médication phéniquée, c'est-à-dire l'administration à l'intérieur du sirop phéniqué, les injections sous-cutanées phéniquées et, enfin, les pansements des plaies avec des préparations phéniquées. La possibilité, disons plus, l'extrême facilité de cette association ne fait qu'aggraver la responsabilité des chirurgiens qui ont repoussé et repoussent encore de leur pratique la médication phéniquée ; nous allons voir bientôt, à l'article *Plaies*, quelle est l'étendue de cette responsabilité.

Au moment même où nous corrigeons cette épreuve (24 décembre 1872) nous recevons du docteur Mosétig de Vienne une lettre datée du 21, dans laquelle le professeur autrichien nous annonce qu'il vient d'obtenir, au moyen des injections sous-cutanées d'acide phénique — 1 gramme par 24 heures — la guérison d'un cas d'infection purulente bien caractérisé.

Nous espérons recevoir à temps cette observation remarquable, et pouvoir la publier à l'article *Plaies*.

De l'infection putride. — Il n'est guère de chirurgiens qui ne s'accusent mutuellement de confondre, quand ils citent des succès, l'infection purulente, qui ne guérit jamais ou presque jamais, avec l'infection putride qui guérit souvent. La recommandation inévitable de tous les auteurs de pathologie, c'est donc de ne pas confondre ces deux infections. A cette recommandation, on devrait croire que rien n'est mieux déterminé que la maladie que l'on désigne sous le nom d'infection putride, et il en serait bien ainsi, en effet, en s'en tenant à la description de P. H. Bérard, qui a surtout insisté sur cette infection, et l'a décrite et distinguée, sinon tout à fait le premier, au moins beaucoup plus nettement qu'on ne l'avait fait avant lui. C'est sa description qui a servi de type à tout ce qu'on en a dit depuis ; mais, malgré la netteté de cette description, on commence à concevoir des doutes sur la réalité de cette infection ou du moins sur son homogénéité ; quant à nous, nous ne saurions admettre qu'avec toutes sortes de réserves la doctrine de Bérard, quelque satisfaisante qu'elle paraisse au premier abord. Cet éminent professeur dit : « J'appelle *résorption putride* celle qui s'opère dans les foyers où le pus est vicié et fétide ; j'appelle *infection putride* l'état qui résulte de cette résorption. » (*Dict. de méd.* en 30 vol. art. *Pus.*) La définition est courte, il ne reste plus, pour qu'elle soit parfaitement intelligible, qu'à déterminer en quoi consiste cette résorption putride, ou, en d'autres termes, quels sont les éléments résorbés. Bérard nous le dit, *à peu près* : « Nous avons vu, ajoute-t-il au paragraphe du pus fétide, que le séjour de ce liquide dans les cavités où l'air a accès y occasionnait la formation d'acide sulfhydrique, d'ammoniaque et d'hydrosulfate d'ammoniaque. Nous avons dit en outre qu'il se développait de *nouveaux principes organiques*, non encore déterminés par les chimistes, mais appréciables par leurs effets sur l'économie animale. L'absorption s'exerce constamment sur ces produits solubles de la décomposition du pus. L'imbibition les fait pénétrer dans le système vasculaire comme elle y fait pénétrer tous les poisons. Le phénomène est forcé, inévitable. » (*Loc. cit.*)

Malgré la légitime autorité de l'éminent professeur, nous ne croyons pas que la résorption des produits dont il parle soit aussi inévitable qu'il le suppose, et nous disons qu'il le suppose, car personne n'a jamais constaté matériellement la réalité de cette résorption. Nous croyons surtout qu'elle est douteuse en ce qui concerne les produits gazeux de la fermentation putride, acide sulfhydrique, ammoniaque, sulfhydrate, carbonate et acétate d'ammoniaque ; quant aux produi s solubles et *indéterminés* de cette décomposition putride, il est bien possible qu'ils soient en partie résorbés. Cependant les symptômes, fort mal caractérisés, par parenthèse, que Bérard attribue à la résorption de ces produits pourraient à la rigueur être causés. par leur action irritante sur les parois du foyer purulent. Les injections de liquides putrides faites par Gaspard, Leuret, Dupuis, et plus tard par MM. Castelnau et Ducrest, prouvent bien que les phénomènes causés par ces injections ont quelque analogie avec ceux que Bérard attribue à l'infection purulente; mais il est loin d'y avoir entre les uns et les autres cette frappante ressemblance qu'on observe entre ceux de l'infection purulente chez l'homme et ceux des injections fractionnées de pus dans les veines, chez les animaux. En résumé, l'infection putride — celle bien entendu qui résulte de la résorption, dans les foyers purulents, des produits de la décomposition du pus — est sinon complétement problématique, au moins très-obscure, et par conséquent très-obscure aussi la médication à opposer aux phénomènes qu'elle peut déterminer. Pour Bérard, cette médication était bien simple : empêcher le séjour du pus dans les foyers; c'était une médication purement prophylactique. Il est certain que cette prophylaxie est radicale : elle prévient la résorption ; mais elle ne nous apprend pas ce qu'il faudrait faire contre les phénomènes déterminés par cette résorption, quand une fois elle est effectuée. Si cette résorption s'opère réellement sur les produits solubles, il est peu probable que ces produits renferment des ferments, et il est douteux, par conséquent, que l'acide phénique puisse avoir une grande efficacité contre un état qui est une sorte d'empoisonnement, comme celui, par exemple, par le gaz des fosses d'aisances ; et, en effet, les symptômes observés par Gaspard, MM. de Castelnau et Ducrest, ont bien quelque analogie avec les empoisonnements : ainsi, ces symptômes suivent immédiatement l'injection; celle-ci n'est point suivie de frissons, et il n'y a rien qui ressemble à une incubation ; enfin, après le temps nécessaire à l'expulsion, par les émonctoires, des liquides injectés, tous les troubles fonctionnels disparaissent sans laisser de traces. Ces remarques, cependant, ne s'appliquent qu'aux substances expérimentées et notamment à la partie liquide du pus plus ou moins putréfié; mais comme les expérimentateurs sont loin d'avoir injecté toutes les substances qui subissent la fermentation putride, nous ne voudrions pas prétendre qu'aucune substance soluble résultant de la putréfaction ne renferme des ferments, nous entendons des ferments ayant une action sur l'économie; nous disons seulement que cela est peu probable, et nous nous fondons, outre les raisons déjà données, sur ce fait que ces substances sont elles-mêmes le résultat de l'action d'un ou peut-être de plusieurs ferments sur les matières organiques, et qu'il n'est guère supposable que deux fermentations se suc-cèdent immédiatement et s'enchevêtrent, pour ainsi dire, l'une dans l'autre. Cependant, tout cela est encore hypothétique, obscur, et demande de nouvelles recherches plus précises que celles qui ont été faites jusqu'à présent.

Quoi qu'il en soit de toutes ces questions encore très-ardues, ce qui paraît seulement bien démontré, c'est qu'il y a une re-lation de cause à effet entre les phénomènes attribués à une infection putride et l'altération du pus dans des foyers puru-lents, altération qui, elle, est produite par l'action de ferments vivants; les irrigations au permanganate, les pansemen's phéni-qués des foyers purulents auront donc pour effet de prévenir la putréfaction; et la prophylaxie conseillée par Bérard sera ainsi obtenue. Quant à la curation des phénomènes déjà produits, il ne nous semble pas que la médication phéniquée interne puisse les favoriser ni les aggraver; on pourra donc, avec des chances avantageuses, probablement, appliquer cette médication, dans le cas où ces phénomènes ne se seraient pas dissipés sponta-nément, après l'application locale de l'acide phénique à la dé-sinfection des foyers purulents. La médication phéniquée sera d'autant mieux indiquée, dans ce cas, que, malgré la différence des symptômes de l'infection putride et de l'infection puru-lente, il ne sera pas toujours très facile de les distinguer l'une de l'autre, et qu'en cas de confusion, la médication phéniquée réparerait l'erreur de diagnostic qu'on aurait pu commettre. — Nous n'avons rien à dire sur les procédés d'application de la nouvelle méthode, si ce n'est que ces procédés doivent être ceux que nous avons indiqués en parlant de la fièvre puer-pérale.

ART. XI. — DE LA FIÈVRE TYPHOÏDE.

A. — De la fièvre typhoïde chez l'homme.

La fièvre typhoïde est une des maladies à propos de laquelle
la doctrine parasitaire a fait et continue chaque jour à faire le
plus de partisans. Et comme la pratique, quoi qu'en disent les
médecins qui s'intitulent des praticiens purs, est toujours une
application d'une théorie, claire ou confuse, bien ou mal formulée, vraie ou fausse, la médication parasiticide, antiseptique, désinfectante, comme on voudra l'appeler, prend chaque
jour une extension nouvelle. C'est à qui trouvera, aujourd'hui,
dans le sang des typhoïques des *micrococcus*, des *bacterium thermo*
et *punctum*, des *monades* et, comme dit M. Gaube, du Gers, des
spores « de toute forme. » Il n'a pas encore été établi quelle
est ou quelles sont, dans toutes ces espèces, celles qui doivent
être considérées comme la cause spéciale de la fièvre typhoïde,
car, ainsi que nous l'avons dit plusieurs fois, chaque groupe de
symptômes spéciaux, ou, si l'on aime mieux, chaque maladie
spéciale doit nécessairement être causée par des ferments spéciaux, ou tout au moins par un groupement spécial de ferments divers. On peut espérer qu'un avenir peut-être prochain
nous éclairera sur ce problème intéressant ; mais il est permis,
dès à présent, de considérer comme à peu près certaine la solution générale que nous en avions donnée, dès nos premières
recherches sur les applications de l'acide phénique. Cette solution généralement acceptée (1), il était donc naturel de voir les

(1) Certains médecins, se faisant même déjà plus royalistes que le roi, acceptent
trop notre doctrine, car un des collaborateurs au nouveau dictionnaire de médecine a écrit ce qui suit, il y a déjà plus de 4 ans : « Il y a lieu de remarquer que la
fièvre typhoïde, qui est à nos yeux le résultat de l'infection de l'économie par des
miasmes végétaux et animaux, révèle souvent dans ses symptômes cette double
origine. » (RAIMBERT, *Recherches hist. sur le charbon.—Gaz. méd.* de Paris,
1857.) Nous n'avons pas à discuter ici le fait plus que douteux dont l'auteur appuie
son opinion ; il nous suffit de constater qu'elle nous paraît trop généreuse de moitié
envers les parasites. Nul doute que, dans quelques années, ceux qui sont encore réfractaires à la doctrine parasitaire, n'attribuent chaque maladie à une douzaine de
microphytes, au moins, et à autant de microzoaires. Dans ce temps ni M. Plasse,
ni moi ni d'autres ne seront des illuminés ; nous serons au contraire des retarda-

médecins qui l'adoptent recourir à des médications parasiticides, et renoncer aux vieilles médications appliquées à la fièvre
typhoïde; il nous paraît probable que le savant professeur
Bouillaud lui-même doit être devenu infidèle aux saignées coup
sur coup. Mais ce qui est, paraît-il, non moins naturel et plus
triste, c'est de voir les nouveaux convertis oublier systématiquement le nom des convertisseurs, et marcher dans la voie
nouvelle, en se donnant toutes les apparences d'avoir été les
premiers à l'ouvrir. Nous ne nous lasserons pas plus de les rappeler à l'observation des lois de l'équité qu'ils ne se lasseront
de les violer.

Considérant, ainsi que nous l'avons dit, la fièvre typhoïde
comme une maladie à ferments, nous lui avions appliqué la
médication phéniquée, presque dès le début de nos expériences (1863) et nous tenons à montrer avec quelle réserve nous
avions parlé de nos essais, dans la première édition de cet ouvrage. Ceux qui s'imaginent ou feignent de s'imaginer que tous
les inventeurs de médications nouvelles sont des monoma-
niaques, qui ne rêvent que de leur découverte et veulent en
faire une selle à tous chevaux, se convaincront, s'ils sont susceptibles de convictions sincères et éclairées, qu'on peut être
initiateur et même initiateur ardent, sans cesser d'être prudent
et sévère en observation.

« J'ai donné cinq fois, disions-nous, l'acide phénique à l'intérieur dans la fièvre typhoïde, et cela, lorsque les malades
étaient atteints de symptômes apparents de résorption putride;
je l'ai employé à la dose d'un demi-centigramme, répétée
toutes les trois heures. Je fais réitérer cette administration
aussi souvent, parce que l'acide phénique se combine très-
rapidement avec les liquides de l'économie et surtout avec
l'épithélium, et son action est presque instantanée; mais il
persiste une certaine évaporation qui doit continuer l'effet antiputride, même dans les intestins. J'ai pu juger souvent la
persistance de cette évaporation dans les nombreuses applications d'acide phénique que j'ai faites sur les muqueuses

taires, si toutefois, on consent à se souvenir que nous aurons contribué pour quelque chose à ouvrir la brèche par laquelle tous les moutons sauteront, et aussi pas
mal de loups.

accessibles. — L'épithélium devient blanc presque instantanément, la cautérisation est faite, et pourtant l'odeur persiste près d'une heure.

» Dans le principe, j'administrai 2, puis 3, et jusqu'à 10 et même 15 centigrammes, dans les 24 heures ; aujourd'hui, je vais sans hésiter jusqu'à 50 et 75 centigrammes.

» J'ai cru remarquer que les symptômes de putridité diminuaient sensiblement sous l'influence de ce médicament. Ce qui est constant, c'est que, dès les premiers jours, les garde-robes perdent beaucoup de leur fétidité particulière. Jusqu'ici, dès que le mieux s'est manifesté, j'ai toujours cessé l'usage de l'acide phénique, qui n'a pas pour lui la sanction de l'expérience, mais qui, aujourd'hui, paraît d'autant mieux indiqué, que l'on vient de trouver des monades et des vibrions chez les typhoïques.

» Aussi, dans un sixième cas où je viens de l'administrer, n'ai-je pas hésité à augmenter la dose de l'acide phénique que j'ai portée à 50 centigrammes dans les vingt-quatre heures ; le lendemain à 60, le quatrième jour à 75 ; puis j'ai diminué dès que les symptômes putrides ont cessé. Le huitième jour, le malade prenait encore 10 centigrammes. Il continua à cette dose pendant sept jours, en tout quinze jours d'administration.

» Dans les cas dont je viens de parler, l'acide phénique sans mélange a paru me donner de bons résultats.

» Je ne vois dans la fièvre typhoïde qu'une contre-indication à l'emploi de l'acide phénique à l'intérieur : c'est son action spéciale sur le cerveau. Cette action n'a pas d'analogue. On peut la produire en pulvérisant de l'eau fortement phéniquée sur le visage ; on est pris aussitôt d'une sorte de vertige, d'un étourdissement qui ressemble à ce qu'on éprouve au commencement d'une ivresse. Nous avons appris dernièrement que le regretté M. Gratiolet avait employé l'acide phénique en lavement dans un cas de fièvre typhoïde, et que (voir *la France médicale*, 1865, n° 22) ce lavement avait produit des accidents ; malheureusement on ne dit pas lesquels.

» Quant à moi, je n'ai jamais observé le moindre effet nuisible qui pût lui être attribué, etc..... » (*Nouv. applicat. de l'ac. phénig.*, 1ʳᵉ édit., 1864, p. 111 et suiv.)

Comme on le verra dans un instant, je suis, aujourd'hui, beaucoup moins timoré qu'il y a huit ans, et les résultats, que je ne crains pas de qualifier des plus admirables, m'ont appris que les accidents que je considérais comme possibles en 1862 et en 1864, ne sont qu'imaginaires ; je ne les craignais alors que par un reste de l'influence qu'exercent pendant longtemps les préjugés d'école sur les esprits les plus indépendants, et dont une expérience attentive et multipliée peut seule faire secouer le joug. Dans l'état physiologique, l'acide phénique excite le cerveau ; il faut donc s'en abstenir, dans les cas pathologiques où le cerveau paraît excité : tel était mon raisonnement, tel est encore le raisonnement de l'école et des physiologistes expérimentateurs ; rien n'est moins exact ; les faits vont bien le prouver.

Mais, avant d'arriver à l'exposé de ces faits, on nous permettra quelques remarques historiques sur les agissements de notre instructeur, M. Lemaire, relativement à l'application de l'acide phénique. Cette application, M. Lemaire a la générosité de nous en laisser l'initiative ; il ne l'a pas faite lui-même ; mais s'il ne l'a pas faite, il a eu ses raisons, et elles sont curieuses. On a beau se croire habitué aux raisons de M. Lemaire, on est toujours surpris quand il en donne de nouvelles ; voici donc celles pour lesquelles il n'a pas employé avant nous l'acide phénique :

« J'ai employé, dit-il, l'acide phénique sur quelques malades atteints de fièvre typhoïde ; mais c'était dans des cas *in extremis*, qui se sont terminés deux ou trois jours après par la mort. Il me répugne, » — écoutez bien ceci, — « il me répugne de faire des essais au début d'une maladie qui prend si souvent, rapidement, un caractère alarmant. » (*De l'acide phéniq.* 2e édit. p. 684.)

On le voit, M. Lemaire ne renonce pas tout à fait à l'honneur d'avoir employé l'acide phénique contre la fièvre typhoïde, il l'a employé un petit, tout petit peu, dans des circonstances où il était sûr que, s'il ne faisait pas de mal, il ne faisait pas de bien. On ne sait trop ce qu'il faut le plus admirer dans ce passage, ou de la profonde ignorance de l'auteur ou de l'étrangeté des motifs qui l'ont — (censé) — empêché d'agir. Quant à l'ignorance elle est stupéfiante : il n'y a pas un roupiou (nom donné aux étudiants qui commencent un service bénévole dans les hôpitaux) de deux mois, qui ne sache que la fièvre typhoïde est une des maladies aiguës dont la marche est la moins rapide, au point, que les cas de mort avant le huitième jour sont presque sans exemple, et qu'ils sont encore rares, avant le quinzième jour. La fièvre typhoïde est donc une des maladies où le médecin, quand il la prend au début, a le plus de temps pour agir, et dans laquelle, par conséquent, il est le plus facile de juger l'efficacité des méthodes thérapeutiques.

Quant à cette autre raison de notre étrange raisonneur, qu'il faudrait attendre, pour appliquer des méthodes thérapeutiques actives, la période *in extremis* des maladies qui ont une marche rapide, ce serait faire injure au bon sens de tout lecteur, médecin ou non, que de la réfuter. Nous ferons remarquer seulement que ce grand logicien, qui nous trouve si faible en logique (voir ci-dessus, p. 68), qui ne veut pas qu'on essaye l'acide phénique contre les maladies à marche rapide, conseille de l'employer, et insiste même — (après nous) — pour qu'on l'essaye dans le choléra, qui tue quelquefois en deux heures! Il n'y a tels que des logiciens et des médecins de cette force pour prétendre donner aux autres des leçons de logique et de médecine. Laissons-les donc dans leur ornière et revenons à la thérapeutique rationnelle, progressive, efficace.

J'ai dit que l'application de l'acide phénique au traitement de la fièvre typhoïde m'a donné des résultats admirables ; le mot n'a rien d'exagéré ; on en conviendra sans peine, quand j'aurai dit que, depuis la publication de la première édition de cet ouvrage, *je n'ai pas perdu un seul typhoïque!* (1) Il y a à Paris des médecins vérificateurs de décès qui font leur service fort consciencieusement, —, du moins ceux que je connais ; — j'en appelle à leur témoignage (2) ; qu'ils disent s'ils ont cons-

(1) Je donnerai plus loin l'observation d'un seul cas exceptionnel, que j'ai vu depuis l'impression du texte de cet article, mais qui s'est produit dans des conditions telles, qu'il ne saurait infirmer en rien l'affirmation générale que j'ai formulée.

(2) Je rappellerai encore une fois aux personnes qui pourraient l'ignorer qu'il existe à Paris des médecins vérificateurs des décès, qui, lors de la constatation d'un décès qu'ils vont faire à domicile, inscrivent en face du nom de la maladie qui a

taté un seul décès, depuis sept ans, par suite d'une fièvre typhoïde traitée par moi. « Mais, dira-t-on peut-être, tout cela se réduit à une question de chiffres. Combien de typhoïques avez-vous traités ? » Il est vrai que je n'en ai pas le chiffre exact ; mais il ne manque pas de médecins à Paris, qui savent que ma pratique est à peu près aussi étendue qu'elle puisse l'être, et qu'elle m'occupe exclusivement depuis le commencement jusqu'à la fin du jour, en fixant la fin du jour à une heure souvent fort avancée de la nuit. Or, comme je fais de la médecine générale, on admettra sans peine que je n'ai pas dû avoir moins de typhoïques à soigner que tous mes confrères dans une situation professionnelle analogue à la mienne. Eh bien, je le demande à ces confrères, en est-il un seul parmi eux, qui n'ait pas perdu un seul typhoïque depuis sept ans ? en est-il seulement un qui n'en ait pas perdu quelques-uns pendant l'épidémie typhoïque qui a sévi sur nous pendant le siége de Paris et qui a si cruellement frappé sur l'armée ? Quant à nous, pas plus pendant l'épidémie qu'avant ou après, nous n'avons perdu, nous le répétons, un seul malade, et nous montrerons tout à l'heure, par deux exemples, que les cas graves ne nous ont pas manqué. Mais un mot, d'abord, sur les malades de l'armée, puisque nous en parlons. Nous allons encore, comme à propos de l'ambulance des Français, soulever une question grave ; nous la poserons et nous la résoudrons avec notre franchise et notre netteté ordinaires, en faisant très-bon marché des personnes, de l'étiquette et de la bureaucratie, et nous préoccupant exclusivement des choses, du progrès, du bien public, de l'humanité, enfin.

Pendant le siége, nous avons fait pour la fièvre typhoïde ce qu'avant et pendant le siége nous avons fait pour les plaies : quand nous avons vu mourir par centaines les malheureux soldats, nous nous sommes adressé au médecin en chef du service de santé militaire, à M. Larrey ; nous lui avons signalé nos résultats ; nous lui avons demandé un service de typhoïques, si restreint qu'il fût, pour appliquer, sous ses yeux ou sous les

causé le décès, le nom du médecin qui a traité le décédé pendant sa dernière maladie. Rien n'est donc plus facile que de s'assurer de l'exactitude des renseignements que je donne.

yeux d'un autre confrère, notre méthode de traitement. Par des motifs divers, tirés de l'étiquette, des règles, des usages, des convenances personnelles, nos pressantes et persévérantes instances ont été repoussées, et l'étiquette a été observée, et les susceptibilités personnelles ont été ménagées, et les typhoïques militaires ont continué à mourir... *dans les règles !* Quand M. Larrey aura publié la statistique exacte, rigoureusement exacte, de la mortalité de l'armée par chaque maladie, nous lui dirons combien de morts typhoïques doivent peser sur sa conscience, que M. Larrey dit et que tout le monde croit être si susceptible ; de même que nous lui dirons, à l'article *Plaies*, combien sa responsabilité doit endosser de morts par suite de blessures ; nous publierons, à la fin de cet article, la correspondance que nous avons échangée avec ce très-honorable et non moins formaliste confrère, et l'on verra, là, comment il met en pratique les préceptes qu'il a posés sur la responsabilité médicale, car c'est un sujet que M. Larrey affectionne, et qui a fait de sa part l'objet d'un discours académique qu'il a eu soin de faire tirer à part et de faire beaucoup circuler dans le monde ; on verra aussi avec quelle insistance nous avons cherché à faire un peu de bien, sans y pouvoir réussir. Mais, en attendant que nous terminions l'exposé des comptes que M. Larrey doit à l'humanité, nous déclarons hautement, ici, que nos convictions sont si profondes sur l'extrême efficacité, nous dirions presque volontiers, sur l'infaillibilité de la médication phéniquée, dans la fièvre typhoïde, qu'à nos yeux, tout médecin qui perd un typhoïque, sans avoir tenté cette médication, est responsable de sa mort, d'autant plus responsable que l'application de notre méthode ne met aucun obstacle à l'emploi des moyens que chaque médecin préfère — (et Dieu sait si ces moyens sont nombreux !) — qu'elle n'apporte aucun trouble à l'action de ces moyens, qu'elle est une arme de plus ajoutée à toutes les autres, et qu'elle peut, suivant nous, se passer de toutes les autres.

Pour compléter nos déclarations à ce sujet, sur lequel nous appelons toute l'attention de nos confrères et, au besoin, toute l'attention des malades ou de leurs familles, nous déclarons qu'aussi longtemps que notre médication héroïque ne sera pas suffisamment répandue, et malgré l'insuccès de nos déclarations passées, nous nous tiendrons à la disposition de nos confrères, pour appliquer cette médication avec eux, dans les cas qu'ils jugeront graves et même dans ceux qui pourraient leur paraître désespérés ; nous osons leur promettre que, même dans ces derniers, ils obtiendront des succès que nulle autre médication connue ne leur donnera. Nous ajouterons, avec douleur, que la déclaration que nous faisons ici, nous l'avons déjà faite pendant l'épidémie typhoïque mentionnée ci-dessus, et que pas un confrère n'a fait appel à notre concours, assurément bien désintéressé. N'importe ; quoique le mot soit d'un roi, nous le répéterons : « *fais ce que dois, advienne que pourra.* »

Quelques brèves explications, maintenant, sur l'application de la médication.

On a vu que la confiance encore limitée que nous avaient donnée nos observations trop peu nombreuses encore, lors de la publication de la première édition de cet ouvrage, nous avait fait admettre une contre-indication à l'emploi de l'acide phénique dans la fièvre typhoïde ; cette contre-indication consistait dans l'existence d'accidents cérébraux, et cela, pour des raisons que nous avons exposées, et qui, du reste, s'imposaient pour ainsi dire à tout médecin non suffisamment éclairé par l'expérience. Ce n'est pas que nous ignorassions que les accidents cérébraux ou ataxiques de la fièvre typhoïde ne sont nullement dus à une véritable inflammation du cerveau ou de ses membranes ; mais, même sans partager cette croyance erronée, tout médecin aurait craint, *a priori*, de traiter par un médicament qui produit des phénomènes d'excitation cérébrale une maladie, qui se complique précisément de ces phénomènes. L'expérience a dissipé ces craintes et renversé la théorie : Dans les cas graves de fièvre typhoïde ataxique que nous avons observés, l'acide phénique a triomphé comme dans les autres, plus difficilement sans doute, mais, enfin il a triomphé, et, dans deux d'entre eux, il a, si l'on peut ainsi dire, ressuscité les malades. Ainsi donc, aucune contre-indication à l'emploi de l'acide phénique. Sans doute, il ne faut pas attendre comme notre précepteur, M. Lemaire, la période *in extremis* pour appliquer notre médication pas plus que toute autre ; il faut même l'appliquer le plus tôt possible, car plus tôt la maladie est enrayée, mieux cela vaut pour le malade ; mais si l'on ne doit pas préférer la période ultime, il ne faut pas non plus reculer devant elle ; car nous avons la conviction qu'on obtiendra encore quelquefois des succès, quand tout paraîtra perdu.

La dose et le mode d'administration sont ceux que j'avais déjà indiqués dans la première édition de ce travail ; cependant, je suis moins timide sur les doses, aujourd'hui que l'expérience m'a appris à ne plus craindre les accidents cérébraux ; je porte volontiers la quantité d'acide jusqu'à un gramme dans les 24 heures, simplement dissous dans du sirop alcoolisé et non compris celui que j'administre par la méthode sous-cutanée. Pour plus de commodité et de sécurité, je me sers de préférence, maintenant, du sirop que je fais préparer sous ma surveillance par M. Guénon, avec un acide dont la préparation et la pureté me sont connues, et qui est titré à 10 centigrammes d'acide pur par cuillerée à bouche (20 grammes) de sirop. La dose est, suivant la gravité des cas, de 4 à dix cuillerées pour un adulte (40 centigr. à 1 gram. d'acide) ; de 2 à 5 cuillerées, chez les jeunes gens de 12 ans et au-dessus ; de 1 à 2 cuillerées, au-dessous de 12 ans, soit pur, soit additionné d'une plus ou moins grande quantité d'eau, en guise de tisane.

Nous croyons que ce mode d'administration et la dose prescrite suffiraient pour guérir tous ou presque tous les cas de fièvre typhoïde de moyenne gravité et même d'une gravité au-dessus de la moyenne, surtout s'ils sont à une époque rapprochée du début. Mais, dès qu'il paraît survenir une petite aggravation, je fais une ou deux injections par jour, et même trois dans les cas très-graves, de 5 à 15 centigrammes chacune, que je répète jusqu'à ce que la marche de la maladie soit nettement suspendue. Dans ce cas grave, je considère comme obligatoire l'association des injections sous-cutanées à la médication interne par les voies ordinaires, jusqu'à l'établissement d'une convalescence franche ; on peut seulement diminuer graduellement les doses jusqu'à une cuillerée, que l'on continuera jusqu'à ce que le malade prenne une quantité réparatrice d'aliments.

La médication telle que je viens de la formuler est la seule que j'emploie dans l'immense majorité des cas. Dans quelques-uns où les garde-robes (qui perdent constamment leur félidité morbide) ne me paraissent pas suffisantes, je joins cependant à cette médication une petite quantité d'huile de ricin préparée à froid, 2 à 3 cuillerées à café, chaque 2 ou 3 jour. Dans des cas beaucoup plus rares, il a semblé que la médication phéni-quée provoquait des garde-robes exagérées; alors je lui associe pendant quelques jours une faible dose d'extrait thébaïque, un demi-centigramme à chaque administration de deux cuille-rées de sirop; et, pour peu qu'il y ait somnolence, je renonce aux voies digestives et je m'en tiens aux injections sous-cuta-nées de 1 à 5 p. 100; ces cas sont, du reste, fort rares, et je ne les considère même pas comme constituant une contre-indication formelle à l'usage de l'acide phénique par les voies digestives.

Nous allons maintenant faire connaître un petit nombre des principaux faits qui paraissent mettre en évidence la puissance de la médication phéniquée ; nous dirons ensuite quelques mots de divers traitements qu'ont proposés ou préconisés des méde-cins qui paraissent moins préoccupés de faire mieux que les autres que de faire autrement.

Le 24 octobre 1870 au soir, pendant le siége et en pleine épi-démie, je fus appelé auprès de Mme Lefèvre, de Vitry, fille d'un de mes clients, guérie d'un eczéma grave de la langue, âgée de 30 ans, demeurant rue de Berlin, à Paris. Elle était atteinte depuis plusieurs jours d'une fièvre typhoïde, qui avait fait de rapides progrès, et s'était compliquée de phénomènes cérébraux et pulmonaires graves. Mon confrère, M. le Dr Piogey, avait donné des soins à la malade; les prescriptions suivantes indiquent le traitement qu'il lui avait fait suivre :

1° « Ipéca	0,15	centigrammes.
» Tartre stibié . .	0,05	—
» Sirop d'ipéca . .	30	grammes.
» Eau	120	—

» En trois fois, à 15 minutes d'intervalle.

» Infusion de fleurs de mauve entre les doses.

2° » Infusion de fleurs de camomille. »

18 octobre 1870.

P.

« Limonade au citrate de magnésie, à 50 grammes, pour demain matin. »

19 octobre 1870.

P.

« Sirops { de laurier-cerise.. } ana. 25 grammes.
        { de fleurs d'oranger }
» Eau de laitue 120   —
» Une cuillerée l'après-midi et le soir. »

20 octobre 1870.

P.

« 1° Limonade au citrate de magnésie, à 50 grammes, pour demain matin.
» 2° Sulfate de quinine, 1 gramme.
» Divisez en 6 doses. Une dose à 11 heures et à 8 heures.
» Pain azyme. »

22 octobre 1870.

P.

« 1° Vésicatoire camphré de 10 centimètres sur le côté gauche.
» 2° Poudre de Dower, 1 gramme.
» Divisez en 4 doses. Une dose à 8 heures le soir et à 11 heures, si le sommeil n'a pas lieu.
» Pain azyme. »

24 octobre 1870.

P.

Mon honorable confrère, on le voit par ses prescriptions, avait parfaitement constaté l'état des organes et la nature de la maladie. Pour combattre l'un et l'autre, il avait suivi la voie la plus généralement adoptée : contre la maladie, purgatifs modérés; contre la complication pulmonaire, tartre stibié, puis vésicatoire; contre la complication vésicale, poudre de Dower ; peut-être, même au point de vue classique, y aurait-il quelque réserve à faire sur l'opportunité de ce dernier médicament. Ce qu'il y a de certain, c'est que le résultat avait été aussi peu satisfaisant que possible. Quand je vis la malade, on n'avait pas mis encore le vésicatoire, la fièvre était considérable, les symptômes ataxiques intenses, tout le poumon gauche était pris, et le siége d'un râle sous-crépitant abondant ; la forme ataxique était, en un mot, des plus fortement dessinées et d'autant plus grave qu'elle avait marché rapidement, malgré une médication qui n'avait pas laissé que d'être assez active.

On se rappelle l'action spéciale et vive que l'acide phénique a exercée sur les poumons des animaux mis en expérience ; cette action avait fait considérer les lésions pulmonaires comme une contre-indication à l'emploi de l'acide, et M. Lemaire croit encore à cette contre-indication. Ainsi, chez la malade dont nous racontons l'histoire, il existait les deux seules contre-indications admises à l'emploi de notre méthode : complication cérébrale, complication pulmonaire. Mais en 1870, mon expérience était plus étendue qu'en 1863, 1864 et 1865; j'étais plus convaincu encore que l'expérimentation physiologique ne saurait être un guide sûr pour l'expérimentation thérapeutique, et, du reste, j'étais convaincu aussi que les symptômes d'une maladie générale sont tous dus à la même cause, à l'action des parasites, par conséquent, si les parasites ne sont pas une chimère. Je n'hésitai donc point : sans crainte de congestionner le poumon et d'exciter le cerveau, je pratiquai une injection hypodermique d'eau phéniquée de 5 grammes à 1 p. 0/0, et je prescrivis le sirop phéniqué, à la dose de dix cuillerées dans les 24 heures (soit 1 gramme d'acide).

Dès le soir même de la première injection, il se manifesta du sommeil ; le lendemain, à la même heure, tous les phénomènes cérébraux s'étaient dissipés ; la congestion pulmonaire avait diminué d'une manière sensible ; le 28 octobre, tout danger paraissait conjuré. Il est inutile d'ajouter qu'à partir de la première injection, la médication phéniquée fut, conformément à ma méthode, employée d'une manière exclusive ; on ne saurait concevoir de doute sur le moyen auquel on doit le magnifique résultat obtenu dans ce cas.

La convalescence de Mme L..., malgré la merveilleuse rapidité de l'amélioration obtenue, fut néanmoins longue; mais cela s'explique par le triste régime alimentaire qui était à notre disposition; la malade avait de la peine à digérer le peu de bouillon de cheval dont nous pouvions disposer; sa nourriture était tout à fait insuffisante. Enfin, on finit par pouvoir se procurer un peu de poulet et un peu de bœuf de l'administration, et, dans le courant de décembre, nous arrivâmes, enfin, à un résultat définitif; l'acide phénique avait été continué à doses décroissantes, jusqu'aux premiers jours de ce mois.

Le second fait que nous allons rapporter est encore plus frappant, s'il est possible, que le premier; il a été observé par un des rares confrères qui ont bien voulu expérimenter notre méthode et qui, grâce à Dieu, n'ont jamais eu à s'en repentir.

La jeune B..., âgée de 8 ans, fut prise, dès les premiers jours d'octobre 1871, de malaise général, de céphalalgie, bientôt compliquée d'une légère épistaxis, d'un peu de diarrhée; ces phénomènes prirent assez promptement de l'accroissement; et un médecin, appelé le huitième jour, reconnut tous les phénomènes de la fièvre typhoïde; une médication composée de médicaments calmants et délayants fut prescrite; cette médication était à peine appliquée depuis deux ou trois jours, qu'un jeune frère de la malade, âgé de 4 ans, commença, à son tour, à éprouver du malaise; on prescrivit quelques tisanes adoucissantes; mais le mal fit des progrès rapides et s'accompagna dès le quatrième jour des phénomènes cérébraux les plus violents; on considéra la maladie comme une fièvre cérébrale; on fit appliquer deux sangsues derrière les oreilles, des sinapismes aux membres, on prescrivit des potions dont nous ne savons pas la composition exacte, et une tisane sédative. Les phénomènes s'aggravaient de jour en jour, presque d'heure en heure, lorsque le septième jour, un malheur de famille obligea brusquement le médecin traitant à abandonner ses deux petits malades. Un autre confrère fut alors appelé; voici dans quel état il les trouva l'un et l'autre.

La petite fille de huit ans était dans un état de prostration extrême ; son pouls était faible, à 125 ; la peau était chaude et sèche ; les lèvres, les dents, les gencives et la langue étaient couverts d'un enduit brunâtre, tenace, adhérent ; la petite malade avait toute sa connaissance, mais l'enduit buccal rendait la parole tout à fait inintelligible ; on comprenait seulement que la malade demandait très-souvent à boire ; il y avait un amaigrissement considérable, et la faiblesse était telle, que les bras pouvaient à peine être soulevés du lit ; la malade se sentait aller sous elle, mais ne pouvait ni se remuer, ni prévenir à temps pour qu'on pût la mettre sur un bassin. Le regard, néanmoins, n'était pas mauvais, et la malade suivait des yeux avec intelligence ce qui se faisait autour d'elle, mais sans pouvoir remuer la tête. Elle prenait avec plaisir du lait et de l'eau rougie ; la soif était vive.

Le petit garçon était dans un état beaucoup plus alarmant. Depuis 48 heures, il existait un délire incessant ; le petit malade ne fixait ses yeux sur aucun objet, n'entendait nullement les questions qu'on lui adressait, ne reconnaissait personne ; depuis plus de 24 heures, au délire s'étaient ajoutés des cris souvent déchirants, qui se renouvelaient toutes les quatre ou cinq *secondes*, et des mouvements carphologiques des bras, qui cessaient à peine pendant cinq ou six minutes, en diverses reprises, dans l'espace d'une heure ; au moment où il fut vu par le second confrère, les yeux n'erraient plus dans diverses directions : sans être précisément convulsés, ils étaient dirigés en haut d'une manière permanente, et cachés sous les paupières supérieures ; la peau était sèche, pulvérulente, chaude ; le pouls était à peine perceptible et impossible à compter à cause de son extrême fréquence ; la respiration était haletante, saccadée, à 40 ou 50 inspirations par seconde ; les traits de la face étaient profondément altérés ; les pupilles étaient cependant d'une sensibilité à peu près normale à l'action de la lumière ; elles étaient égales et également contractiles ; la déglutition s'opérait sans trop de difficultés, et l'on pouvait faire boire de temps en temps au petit malade quelques cuillerées à café de tisane ; les selles étaient modérément abondantes, et s'écoulaient sous le petit malade, ainsi que les urines ; la poitrine était partout sonore ; mais la fréquence de la respiration ne permettait pas d'entendre le murmure respiratoire. — En résumé, l'aspect général du petit malade, de même que la nature des symptômes existants, faisait craindre un événement fatal et prochain. — C'est dans ces conditions qu'on prescrivit cinquante centigrammes d'acide phénique pur, en solution, à prendre dans de l'eau rougie ; on pratiqua une injection hypodermique de 4 grammes de solution phéniquée, à un et demi p. 100 ; enfin, on administra une potion renfermant 30 centigrammes de valérianate de quinine. Le traitement fut commencé et l'injection pratiquée vers une heure de l'après-midi ; vers trois ou quatre heures, les cris et les mouvements carphologiques cessèrent d'être continuels ; ils revenaient par crises séparées par plusieurs minutes d'intervalle, quelquefois par un quart d'heure. Une seconde injection sous-cutanée fut pratiquée à neuf heures du soir.

Dans la nuit, les cris et l'agitation des membres revinrent par crises qui furent toujours séparées par un quart d'heure au moins, et, parfois, par trois quarts d'heure de calme.

Le lendemain, une troisième injection fut pratiquée à dix heures du matin ; la solution phéniquée continuée à la même dose. La potion au valérianate de quinine, qui n'avait pu être prise qu'à moitié, fut suspendue. Deux seules crises de cris et d'agitation, la première d'une demi-heure, la seconde d'un quart d'heure, eurent lieu dans la journée. Une quatrième injection fut pratiquée le soir. La nuit fut troublée par quelques rares cris et par un peu d'agitation des membres, mais qui ne duraient que quelques secondes.

Le surlendemain, les cris et l'agitation cessèrent complétement ; il ne fut point pratiqué de nouvelle injection ; on continua seulement la boisson phéniquée. La nuit fut entièrement calme. Le pouls qui, depuis la veille, ne pouvait être compté, descendit à 120-125 ; la respiration à 30.

Le troisième jour, le petit malade reprit sa connaissance ; il répondait à quelques-unes des questions que la mère lui posait, et suivait souvent des yeux les personnes qui l'entouraient.

Ce troisième jour, le petit malade parut hors de danger, et effectivement, la convalescence s'établit au bout de quelques jours et ne fut entravée par aucun accident.

42.

Quant à sa petite sœur, elle ne fut pas moins heureuse. L'un et l'autre jouissent aujourd'hui d'une santé parfaite. — Un autre frère, âgé de quatorze ans, fut atteint à son tour, à la fin de la convalescence du plus petit des deux premiers malades ; mais la forme de la fièvre, quoique parfaitement caractérisée (par des taches lenticulaires, entre autres symptômes), revêtit une forme des plus bénignes, et la médecine expectante fut seule suivie.

Le plus frappant des trois faits qui précèdent a en lui-même ses commentaires; il est impossible de voir plus clairement et plus promptement l'effet suivre la cause, et un malade arraché à une mort que tout indiquait devoir être aussi prochaine. Mais, en thérapeutique, la relation des causes aux effets est si difficile à établir d'une manière irrécusable, que nous comprendrions encore, à la rigueur, le doute même en présence de faits comme celui qui précède, si ces faits étaient très-exceptionnels, et si l'ensemble des guérisons de typhoïques traités par la médication phéniquée était seulement un peu plus favorable, mais un peu plus seulement, que celui des guérisons obtenues par d'autres méthodes. Telle n'est point la situation : il ne s'agit pas, ici, d'une différence de mortalité de un, de deux, de dix p. 100; il s'agit d'une mortalité qui a toujours été sérieuse par toutes les méthodes employées avant nous, qui est nulle par notre méthode, ou qui du moins a été nulle, jusqu'à présent, entre nos mains, et entre les mains du petit nombre de confrères qui, à notre connaissance, l'ont appliquée.

Comment expliquer qu'en présence de semblables résultats, que nous avons proclamés le plus haut qu'il nous a été possible, notamment lors de l'épidémie qui a sévi pendant le siége de Paris, que nous avons signalés d'une manière particulière, ainsi que nous l'avons dit, à M. le chef du service de santé militaire, comment expliquer que des médecins civils et militaires, professeurs ou non, cherchent à inaugurer de nouvelles médications ou à en rééditer d'anciennes, avant d'avoir pris la peine d'appliquer celle qui, entre les mains de quelques confrères au moins, n'a donné que des succès sans un seul revers? Hélas! cela ne se peut faire que par des motifs fort tristes à dire, et que nous avons déjà annoncé vouloir conserver pour un autre travail, moins consacré que celui-ci à la pratique de la médecine, et plus à la philosophie de la profession médicale. Bornons-nous donc, pour le moment, à poser la question, et passons, sans autre transition, à l'examen succinct des quelques méthodes qu'on a voulu substituer récemment, sans trop savoir pourquoi, ou sans vouloir ou sans oser le dire, à la médication phéniquée (1).

Mais, auparavant, citons, pour ne donner prise à aucune calomnie, le seul cas d'insuccès, si on peut l'appeler ainsi, que nous ayons observé. Ce cas ne s'était point présenté encore quand nous faisions appel à nos confrères et que nous étions en correspondance avec M. Larrey. Il n'implique donc aucune contradiction entre les faits et ce que nous avons écrit à diverses époques. Voici ce fait :

A. Chevallier, rue Neuve-des-Petits-Champs, âgé de 30 ans, cocher chez M. le duc L..., d'une constitution délicate, très-zélé, très-ponctuel dans son service, se sentit mal à l'aise vers le 15 février : il se plaignait surtout du mal de tête. Contre ses habitudes il se couchait le soir aussitôt après son service, et même dans la journée, dans l'intervalle des courses qu'il faisait. Le 24 février (1872), il prit définitivement le lit, disant qu'il avait gagné du froid sur son siége.

Un médecin du quartier appelé, déclare qu' « aucun organe n'est atteint, » que le ventre seulement était embarrassé, et que ce ne serait rien ; il prescrit de l'huile de ricin et des cataplasmes sur le ventre pour ces maux de tête (sic). Le malade vomit l'huile de ricin, et ne se trouva pas sensiblement plus mal. Il se leva un peu le lendemain et les jours suivants ; le vendredi, 1er mars, il descendit même un instant dans la cour ;

(1) Quelques confrères commencent pourtant à céder à la puissance des faits ou à la pression publique : c'est ainsi que nous avons appris récemment que ce même confrère de Corbeil, qui s'était, de propos si délibéré, opposé à l'emploi de l'acide phénique dans un cas grave de pemphygus, qui s'est terminé par la mort, ainsi que nous l'avons appris il y a quelques mois (voir ci-dessus, art. *pemphygus*. p. 315), a eu recours à ce puissant modificateur pour guérir des plaies consécutives à une fièvre typhoïde, chez le jeune P..... Espérons que le Dr Boucher, c'est le nom de ce confrère, mieux inspiré une autre fois, traitera par l'acide phénique la fièvre typhoïde elle-même, et alors il n'aura plus de plaies typhoïques à guérir, attendu qu'il en aura supprimé la cause.

mais en remontant, il se remit au lit, ayant encore, dit-il, pris froid, et n'en sortit plus. Il se plaignait horriblement de la tête, avait de temps en temps des frissons, toussait un peu et a même craché quelques filets de sang. Le médecin venait le visiter chaque jour, disait qu'il n'y avait aucun caractère de maladie bien déterminée, et qu'il fallait attendre. On appliqua quelques sinapismes sur la poitrine.

Le jeudi, 8 mars, M. Bassereau, médecin de la maison, est appelé ; il approuve le traitement, dit que le malade est *très-pris*, mais qu'il n'y a rien de bien déterminé. On prescrit un vésicatoire...

Trois jours se passent sans autre médication.

Le dimanche 10 mars, le médecin ordinaire n'ayant encore porté aucun diagnostic, M. Bassereau revient, déclare qu'il existe une fièvre typhoïde très-grave et que le malade *est perdu*.

Je suis appelé le dimanche soir, et ne puis venir que le lundi matin : je trouve le malade dans un délire dont il est impossible de le tirer ; on ne peut, par conséquent, obtenir aucune réponse aux questions qu'on lui adresse, et c'est par ses maîtres que j'obtiens les renseignements qu'on vient de lire ; il existe des tremblements et des soubresauts des tendons. — Je pratique quatre injections sous-cutanées de cinq grammes d'eau phéniquée à 1 et 1|2 p. 100. Je prescris mon sirop à l'acide phénique et deux cuillerées à café d'huile de ricin.

Dans la soirée, il y a un mieux sensible ; le malade a reconnu sa femme. La nuit est passable ; je fais une application de collodium élastique sur le ventre — continuation du sirop phéniqué.

Le mardi, 12, l'amélioration se maintient, moins de délire. Je pratique deux nouvelles injections.

Le 13, le pouls devient imperceptible ; même état d'ailleurs.

Le 14, je trouve une amélioration remarquable ; le malade me parle ; il prend un peu de lait que sa femme lui fait manger.

Du 14 au 15, une grave transformation s'opère ; les râles bronchiques ont pris un énorme développement ; le malade meurt dans la journée.

Remarques. — Voilà donc, ainsi que je l'ai dit, le seul cas de mort par fièvre typhoïde que j'aie eu dans ma clientèle, depuis que je traite cette maladie par la médication phéniquée. La médication est-elle responsable de ce fatal résultat ? il faudrait, ce nous semble, être d'une sévérité bien exagérée pour le prétendre. Quand je vis le malade pour la première fois, il gardait déjà le lit depuis seize jours; quand il prit le lit d'une manière définitive, il était déjà malade depuis une quinzaine ; il était donc parvenu au trentième jour au moins de la maladie, quand il fut soumis au traitement phéniqué. Il était, en outre, atteint de la forme ataxique la plus grave ; il était en proie à un délire continu dont on ne pouvait le tirer ; il avait des soubresauts dans les tendons, symptôme, comme on le sait, toujours mortel, d'après M. Louis ; tout, en un mot, ce qui annonçait une terminaison fatale inévitable. J'ai vu, je puis le dire, de telles merveilles opérées par la nouvelle médication, que je ne désespérai pas, le premier jour du traitement, d'ajouter un nouveau succès à ceux, en nombre considérable, que je comptais déjà, et cet espoir dura même jusqu'au jour inclusivement qui précéda la mort. Mais, dans la dernière nuit, une transformation dont je ne m'explique pas la cause s'opéra brusquement, et le lendemain matin il fut évident que le malade était perdu. Tout ce que cet insuccès nous semble prouver, c'est qu'il arrive un moment où les altérations produites par la cause morbigène sont telles qu'il ne suffit plus de détruire cette cause pour remédier aux effets, ou que la cause elle-même, les parasites, pour parler plus clairement, acquièrent une telle vitalité ou deviennent si abondants, que les doses de parasiticide qu'il est possible d'introduire dans l'organisme sont impuissantes à détruire ces ennemis aussi terribles que petits. Ces considérations me laissent la croyance, fondée, je crois, que si la médication phéniquée avait été appliquée quelques jours plus tôt au malheureux Forestier, le résultat du traitement aurait été tout autre. Mais il me reste aussi le regret de n'avoir pas renouvelé les injections le 13 et le 14 ; le lecteur pourra trouver étrange que je me sois arrêté, quand la médication produisait de si bons résultats ; je vais lui en dire la raison, ou plutôt les raisons, car il y en a plusieurs.

Quelque grande que soit, depuis onze ans, mon habitude de

manier l'acide phénique, et quelque inoffensives que soient ces injections, je ne puis cependant me défendre d'une certaine timidité ; l'action plastique coagulante qu'elles déterminent dans les tissus injectés fait que je m'arrête dès que je puis espérer que le secours apporté par le médicament permettra aux forces organiques de résister à l'ennemi ; or, d'un autre côté, l'expérience m'a démontré qu'une fois qu'une amélioration est déterminée par l'acide phénique, elle s'accroît avec rapidité et conduit à une prompte guérison. Cette amélioration s'était produite chez le malheureux Forestier, et je dus concevoir l'espoir qu'elle se continuerait sans nouvelle injection. Une autre considération, je puis bien l'avouer, me rendait timide dans l'emploi des doses de l'acide phénique, surtout par la méthode sous-cutanée : c'est qu'étant seul à employer cette méthode, qui me paraît appelée à rendre les plus grands services à l'humanité, je devais éviter, entouré de malveillance comme je le suis, d'éprouver le moindre accident qu'on pût rapporter à la médication, accident qu'on ne manquerait pas d'exploiter contre l'auteur, et dont la méthode elle-même souffrirait ; ce ne serait pas la première fois qu'on repousserait une excellente chose pour nuire à celui qui l'a apportée. Aujourd'hui, je serais moins timoré et je n'hésiterais pas à employer, en cas de résistance du mal, des solutions de 2, 3 et même 5 p. 100 d'acide. Je découvre ici une de nos petites ou de nos grandes plaies ; mais le moyen d'essayer la curation des plaies sans les découvrir? Nous les découvrirons bien davantage dans un autre travail ; mais nous chercherons aussi à en indiquer le remède. Passons, maintenant, à l'examen sommaire des médications qu'on a voulu substituer à la médication phéniquée.

Celle de ces méthodes qui doit avoir les honneurs de la préséance est la méthode créosotée, puisqu'elle a été préconisée par deux professeurs, ou tout au moins par un professeur et demi, un professeur civil, un demi-professeur militaire.

Pourquoi M. Pécholier, le professeur civil, a-t-il employé la créosote contre la fièvre typhoïde? Parce qu'il considère la fièvre typhoïde comme le résultat de l'altération du sang produite par un ferment organisé, et qu'il a voulu empêcher l'apparition ou la multiplication des *ferments typhoïdes*, en mettant à profit les propriétés antifermentatives dont M. Béchamp — (un autre professeur) — l'a rendu témoin.

C'est fort bien, à notre avis, de considérer, après nous et après d'autres, la fièvre typhoïde comme une maladie à ferments — (inutile d'ajouter organiques, épithète qui signifie qu'il y a des fermentsinorganiques, ce qui est plus qu'une erreur) — ; mais ce qui est moins bien, c'est d'avoir attendu les démonstrations de M. Béchamp pour expliquer les propriétés antifermentatives de la créosote, attendu que ces propriétés étaient fort connues avant que M. Béchamp eût pris la peine d'en rendre témoin M. Pécholier, tout aussi connues même qu'elles le sont depuis. Si l'on veut se reporter à l'aperçu que nous avons donné (voir ci-dessus p. 637, article *dyssenterie*) des mémoires de Reichenbach, d'après la traduction de notre distingué correspondant, M. Gerbert-Keller, on verra que M. Pécholier n'a pas eu de grands efforts à faire pour imaginer d'appliquer la créosote au traitement des maladies à ferments *organiques*. Ce qui est beaucoup moins bien encore que d'avoir attendu les démonstrations de M. Béchamp, c'est, puisqu'on croyait utile de recourir à l'emploi de substances antifermentatives pour combattre la fièvre typhoïde, de choisir la créosote, quand on avait sous la main une substance antifermentative beaucoup plus puissante et moins dangereuse que la créosote (1), et qui

(1) Une particularité qui nous a été communiquée par un de nos clients, grand fabricant d'étoffes peintes, et que nous ne ferons que résumer très-sommairement, vient à l'appui de notre remarque, confirmée d'ai leurs par bien d'autres faits. Par une suite de déductions et d'expériences qu'il serait trop long d'exposer, on avait été amené à employer la créosote dans les fabriques de toiles peintes, pour empêcher la putréfaction de l'albumine qu'on y consomme en grande quantité, surtout depuis l'application du bleu d'outremer et des couleurs d'aniline. La créosote atteignait en effet le but désiré ; mais elle avait un inconvénient plus grave encore que celui de la putréfaction : elle formait dans les solutions albumineuses des coagulations d'autant plus abondantes qu'elle était moins impure. Mais cette observation même conduisit notre honorable correspondant à la découverte du principal agent à l'aide duquel on falsifiait la créosote, sans lui enlever ses propriétés antiputrides, mais en lui enlevant en grande partie ses propriétés coagulantes : on trouva que ce principe n'était autre que l'acide phénique. De cette découverte à l'idée de substituer cet acide à la créosote, il n'y avait même pas une enjambée; aussi l'essai fut-il tenté aussitôt et couronné d'un plein succès. Aujourd'hui, on n'emploie plus que l'acide phénique pour préserver l'albumine de la putréfaction, sans la coaguler.

C'est là un des motifs, parmi bien d'autres, de préférer l'acide phénique à la

avait déjà pour elle une certaine expérience. Mais peut-être l'expérience des autres est-elle une mauvaise recommandation pour un professeur; ce qu'il y a de certain, c'est que, soit pour ce motif, soit pour tout autre, M. Pécholier a pensé que la créosote « *paraît* devoir être préférée à l'acide phénique, qui *semble* n'avoir pas donné des résultats satisfaisants et n'est pas toujours facilement supporté. » M. Pécholier *paraissant* n'avoir jamais employé l'acide phénique, c'est par intuition qu'il sait qu'il n'est pas facilement supporté; mais l'intuition n'est pas heureuse; nous le rappellerons brièvement après avoir parlé des observations du demi-professeur.

Celui-ci, du moins, avait une excellente raison d'employer la créosote, c'est qu'un professeur l'avait employée; aussi présenta-t-il l'exposé de ses recherches à l'Académie des sciences, à laquelle le professeur s'était déjà adressé, comme un complément des recherches du professeur; de Reichenbach, pas question. J'écrivis alors à l'Académie (voir les *Compt. rend. des séances de l'Ac. des sc.*, 27 juin 1870) pour relever les erreurs et les inexactitudes du professeur et de son auxiliaire; cela n'a pas empêché ce dernier de reproduire les unes et les autres dans une publication toute récente, qui *paraît* n'être que la reproduction de sa note à l'Académie, peut-être un peu augmentée, mais nullement corrigée; or elle avait, comme on va le voir, beaucoup plus besoin de corrections que d'augmentations. Il y aurait trop à dire si nous voulions en discuter, un par un, tous les paragraphes; nous nous bornerons donc à l'examen des principaux et à l'appréciation de la logique générale du travail. Quant à cette dernière appréciation, elle ne sera pas longue; un simple rapprochement suffira :

M. Morache, tel est son nom, a employé la créosote dans 59 cas, et l'acide phénique dans aucun. « Le résultat de ces recherches, dit-il, appuyé sur les observations détaillées » — (il aurait mieux fait de dire sur l'*observation détaillée*) — « de chaque malade, peut être résumé ainsi qu'il suit : » — suivent,

creosote dans le traitement de la fièvre typhoïde, car il importe, dans une maladie où les stases sanguines, stases pulmonaires, stases cérébrales, sont si fréquentes, de ne pas introduire dans le sang des agents qui peuvent le coaguler.

en effet, par 1º, 2º, etc., dix conclusions, dont la dixième de la teneur suivante :

« L'emploi de la créosote paraît préférable à celui de l'acide phénique, qui n'a pas, du reste, donné de très-bons résultats. »

Ainsi, M. Morache a employé la créosote, mais n'a jamais employé l'acide phénique, et « *des observations détaillées de chaque malade,* » il conclut que la première *paraît* préférable au second ! C'est bien le cas ou jamais d'appliquer la formule : *ab uno disce omnes.*

M. Morache veut bien, cependant, apprendre à ses lecteurs qu'il n'a eu que 5 morts sur 59 malades traités par le produit découvert et appliqué avec succès par le docteur Reichenbach, dans les mêmes cas que M. Morache, quoique M. Morache se dispense de le rappeler. Cet expérimentateur de la dernière heure a donc eu 5 morts sur 59 malades, ce qui constitue une « léthalité » — mot plus transcendant que mortalité — de 8,5 p. 100, tandis que ladite léthalité est de 15 à 18 p. 100 dans les épidémies ordinaires de fièvre typhoïde ; il ajoute qu'il n'a pas eu un seul cas de mort subite, « alors, dit-il, que leur fréquence a été remarquée pendant l'épidémie de 1869-70. » Il paraît bien que l'épidémie de 1870 a été signalée par des morts subites, terminaison fort inusitée dans la fièvre typhoïde ; mais nous ne croyons pas cependant que cette circonstance se soit présentée assez souvent, pour que son absence, dans une série limitée de cas, puisse être attribuée à autre chose qu'au hasard ; mais n'insistons pas sur ce point trop nouvellement observé, et parlons seulement de la « léthalité » constatée par M. Morache. Cette léthalité, puisque léthalité il y a, est, en effet, peu élevée, et semble prouver que le traitement créosoté, sans valoir, il s'en faut de beaucoup, le traitement phéniqué, a une certaine influence heureuse sur l'issue de la fièvre typhoïde. Ce n'est pas, toutefois, cette léthalité qui touche M. Morache et qui sert de base à sa conviction ; non, « il ne voudrait pas, dit-il, attacher à « ce fait » — ce fait, c'est ladite léthalité — une trop grande importance, car nous n'ignorons pas combien ces évaluations sont délicates — (ces « *évaluations* » comme « ce fait, » c'est toujours la léthalité). — « Il semble logique » — (c'est M. Morache, bien entendu, qui parle) — « d'insister *bien plus* sur les faits résultant de l'évolution clinique, caractérisée par une deffervescence plus rapide que de coutume, ce qui tendait à prouver que la créosote agit sur l'évolution virulente, qui constitue en définitive la maladie et se traduit à l'extérieur par la fièvre. »

Ainsi, ce n'est point parce qu'elle réduit la « léthalité » que la créosote *parait* préférable à l'acide phénique, c'est « parce que *les faits résultant de l'évolution clinique, caractérisée* par une *deffervescence* plus rapide, *tendraient* à prouver qu'elle agit sur *l'évolution virulente !!* » C'est à rendre fou de jalousie, s'il ne l'était déjà de vanité, le clinicien-logicien Lemaire. Assez ; trop peut-être, de cette étrange logique semi-professorale et de ce langage semi-officiel non moins étrange. M. Morache, après tout, ne paraît pas être un homme de mauvaise foi, et il « semble, » malgré ses évolutions et ses deffervescences, être en état de distinguer une fièvre typhoïde d'une autre maladie. On peut retenir, avec apparence de certitude, du travail de M. Morache qu'il a réellement traité par la créosote 59 typhoïques, sur lesquels il n'a éprouvé que 5 insuccès. Ce résultat est satisfaisant, et il est infiniment probable qu'on ne l'aurait obtenu ni avec les purgatifs, ni avec le sulfate de quinine, ni même avec les saignées coup sur coup, qui sont aujourd'hui, à juste titre, bien et dûment enterrées à leur tour, après qu'elles ont enterré elles-mêmes de nombreux malades. Mais si le résultat de M. Morache ne peut être attribué, comme cela paraissait d'abord possible (1), à l'acide phénique, celui-ci n'en trouve pas moins un certain appui dans ce résultat, par l'analogie qui existe entre l'action de la créosote et celle de l'acide ; cette analogie permettrait presque de conclure des

---

(1) Dans sa communication à l'Académie des sciences, M. Morache avait omis de dire de quelle créosote il s'était servi, et comme celle du commerce est en grande partie composée d'acide phénique impur, nous avions fait remarquer à l'Académie qu'il n'était pas impossible que le mérite des résultats thérapeutiques obtenus revînt à cet acide. Dans sa nouvelle publication, M. Morache, répondant à notre remarque, déclare que la créosote dont il s'est servi provenait de la pharmacie centrale des hôpitaux militaires, et offre les garanties les plus sérieuses de pureté. Nous l'admettons volontiers, quoique une analyse préalable n'eût peut-être pas été entièrement inutile ; mais on regrettera toujours que M. Morache n'ait pas donné ce renseignement avant toute observation de notre part.

guérisons produites par la créosote qu'elles seront encore plus nombreuses par l'acide phénique, et c'est effectivement ce qui a lieu. Aussi n'hésiterons-nous pas à déclarer que tout médecin jaloux du salut de ses malades, et pénétré, conséquemment, de ses véritables devoirs, appliquera notre méthode, avant de recourir à celle de MM. Péchalier et Morache ; et nous ajoutons qu'après avoir expérimenté la nôtre, il ne sera pas tenté d'essayer la leur.

On connaît une des mésaventures, presque célèbre celle-là, d'un autre professeur ou plutôt de deux autres professeurs à propos de *coralline*, car ils s'étaient mis à deux pour démontrer, d'une manière absolument irréfragable et par les expériences les plus rigoureusement mathématiques, les énergiques propriétés toxiques de ce produit, deux professeurs, l'un civil, l'autre militaire, — (absolument comme pour la créosote) — : le civil est M. le doyen Tardieu, le militaire est le chimiste Roussin. Par malheur pour ces deux professeurs impeccables, un simple volontaire, comme dirait le fleuri M. Lemaire, vint démontrer, d'une façon plus mathématique encore, que la coralline, si gravement accusée et condamnée par les deux professeurs associés, n'est guère moins innocente que le jus de réglisse. Le fait est aujourd'hui avéré, grâce aux expériences décisives de M. A. Landrin (1), et, chose assez rare chez les professeurs, il faut le dire à leur louange, ils se le sont tenu pour dit. Mais l'un d'eux, au moins, a voulu se rattraper : n'ayant pu faire un agent destructeur de la coralline, il en a voulu faire un agent réparateur, un remède héroïque contre la fièvre typhoïde. Tous les médicaments nouveaux trouvent des faits en leur faveur ; ces faits n'ont donc pas manqué à la coralline ; mais ils ne nous paraissent pas assez importants jusqu'à présent pour leur accorder les honneurs d'une discussion. Nous avouons même que, malgré notre peu de goût pour les juge-

(1) M. Landrin a trouvé, il est vrai, des auxiliaires, M. P. Guyot, entre autres. Mais lorsqu'ils se sont montrés, la besogne était faite. Quant à l'idée qui a poussé à M. Guyot d'attribuer à l'acide phénique les accidents locaux produits par les chaussettes teintes en rouge par la coralline, son opinion dénote une telle ignorance des propriétés de l'acide phénique, qu'il aurait été beaucoup mieux inspiré, en laissant les professeurs Tardieu et Roussin aux seules mains de M. Landrin. Il était parfaitement capable de les mettre à la raison, sans auxiliaire.

ments *a priori*, nous ne craignons pas de prédire que la coralline ne peut avoir qu'une influence extrêmement restreinte sur la marche de la fièvre typhoïde, comme toute substance qui n'aura pas plus d'action qu'elle sur l'économie des mammifères et sur les organismes inférieurs. En résumé, le professeur Tardieu, malgré sa dextérité non moins consommée que proverbiale, n'aura fait ses frais ni avec la coralline toxique, ni avec la coralline curatrice. Mais il ne faut pas s'inquiéter de son sort : on peut être sûr qu'il saura retomber sur ses pieds.

M. Pécholier, comme M. Morache, comme leur supérieur à tous deux, M. Tardieu, pourrait être classé parmi les thérapeutistes calculateurs ; à côté de lui et de ses congénères, il y a les thérapeutistes fantaisistes. Ces derniers voyant la doctrine des infections, des fermentations, des parasites prendre pied peu à peu, éprouvent le besoin de se mettre à la mode du jour et d'informer le public de leur évolution ; ils l'en informent donc, et lui font part qu'ils ont eu recours, pour combattre la fièvre typhoïde, aux désinfectants, aux antifermentatifs, — (pour me servir du mot d'un journaliste distingué), — aux parasiticides. Quant au choix du parasiticide ou de l'antifermentatif ou du désinfectant, leur cœur balance ou plutôt papillonne indifféremment de l'un à l'autre : ceux-ci emploient les hypophosphites ; ceux-là, les chlorures (ou plutôt les hypochlorites) et la poudre de charbon ; ces autres, le permanganate de potasse, le sulfate de fer, etc. ; enfin, il en est qui emploient tous ces moyens plus la créosote, voire même l'acide phénique, suivant le cas..... Mais ils ne spécifient pas le cas. C'est bien le cas de s'écrier avec Broussais : « malades, pauvres victimes ! » Ce cri, hélas ! nous le pousserons plus d'une fois encore, et c'est par lui qu'on devra terminer tous les articles sur la fièvre typhoïde, tant que l'acide phénique n'aura pas été adopté comme traitement principal sinon exclusif de cette maladie.

Y a-t-il cependant une exception à faire en faveur de la méthode isolante, dont nous avons parlé à propos de la fièvre puerpérale, et que notre honorable confrère, M. Robert de Latour, applique aussi à la fièvre typhoïde et, en général, à toutes les pyrexies, c'est-à-dire à toutes les maladies qui ont pour caractère un accroissement de la chaleur physiologique ? Nous ne pouvons répondre expérimentalement à cette question, n'ayant pas appliqué la méthode isolante dans les cas de fièvre typhoïde, par des raisons qui tombent sous le sens, puisque la médication phéniquée nous a toujours réussi. Nous dirons seulement que les faits rapportés par M. Robert de Latour avec une conviction profonde et une bonne foi évidente doivent appeler l'attention sérieuse des praticiens, et que nous-même, nous serions fort disposé à mettre en usage la méthode isolante, si la médication phéniquée venait, dans un cas donné, à tromper nos espérances. Mais nous l'avouons, cette occasion ne s'est point présentée encore, sauf dans le cas que nous avons traité *in extremis* et dans lequel nous ne pouvons pas plus mettre la mort sur le compte du collodion que sur le compte de la médication phénique. Quant à employer la méthode isolante d'emblée, nous ne le croyons pas possible, pour quiconque compare les deux méthodes, soit pour la facilité d'application, soit pour la rapidité des résultats obtenus.

Quant à la facilité d'application, M. Robert de Latour nous prouve qu'elle n'est pas très-grande, puisque c'est au défaut de soins des internes qu'il attribue les insuccès *constants* de la salle d'accouchements, à Versailles, jusqu'à ce que M. le docteur Ozane se soit résigné à appliquer lui-même le collodion et à visiter ses malades plusieurs fois par jour, pour réparer au besoin les défauts de la cuirasse, c'est ici le mot propre. De plus, ce n'est pas une petite affaire que d'enduire tout l'abdomen d'une couche bien imperméable, particulièrement quand il est en partie couvert de poils ; il est plus laborieux encore d'enduire toute la tête, comme le fait M. Robert de Latour, dans les cas de fièvre ataxique ; il s'y prend à plusieurs fois, dans ces cas, pour porter la rasure à la perfection et pour que le cuir chevelu soit poli comme une glace, condition nécessaire pour que le collodion s'applique bien intimement dans tous les points de la peau. Tout cela, assurément, n'est pas impossible à faire, mais c'est beaucoup plus difficile que de faire quelques injections sous la peau du ventre et de prescrire notre sirop phéniqué.

Quant à la rapidité des résultats, notre savant confrère se félicite, non sans raison, d'avoir amené, en trente-deux jours, à un état de convalescence franche une jeune dame atteinte de fièvre typhoïde ataxo-adynamique. Certes, un pareil résultat est satisfaisant. Mais quel ne serait pas son enthousiasme s'il avait observé des faits comme le suivant, par exemple :

Un ingénieur civil des plus distingués, M. Frédureau, fondateur des *Annales industrielles*, était appelé pour des affaires importantes à Marseille, lorsqu'il fut atteint d'un commencement de fièvre typhoïde. Le malade, âgé d'environ 35 ans, est vigoureux, mais replet, d'un tempérament sanguin, et d'une excellente santé habituelle. Comptant sur la force du malade, on se borne d'abord à l'expectation ; mais les symptômes font des progrès rapides ; le pouls devient de plus en plus fréquent, le ventre se ballonne, une céphalalgie pénible s'établit en permanence, le malade sent que ses idées lui échappent, la peau est sèche et âcre, l'insomnie absolue, et, enfin, le délire se déclare ; on était arrivé environ au 8e jour (à partir du début des symptômes bien manifestes) ; il était évident que le malade ne pourrait réaliser son projet de voyage, si tant est qu'il revînt à la santé. — Je résolus, alors, de recourir à un traitement parasiticide énergique : je pratiquai 4 injections phéniquées de 5 grammes, en ajoutant, il est vrai, à l'acide phénique une certaine quantité du nouveau parasiticide. Les injections terminées, le délire cessa presque instantanément ; au bout de 4 jours, le malade put se lever, et quelques jours plus tard, il risquait le voyage de Marseille qu'il accomplit sans le moindre accident.

J'ai obtenu un résultat absolument semblable, chez les frères de Passy, sur un enfant d'une dizaine d'années, le fils de M. Bernard, gendre de Bérard, l'ancien doyen et l'inventeur de l'élixir Bernard.

Tous les cas ne sont pas aussi beaux, et il est vrai que dans ceux-ci j'ai associé à l'acide phénique un moyen qui en accroîtra peut-être beaucoup la puissance curative. Mais, même dans les cas où l'acide phénique a été employé seul, je n'ai jamais attendu 32 jours pour arriver à la convalescence ; car, ainsi que je le répète presque à propos de chaque maladie, parce que c'est un fait de la plus grande importance, ce qui caractérise la médication phéniquée, ce n'est pas seulement le nombre, c'est la rapidité des guérisons qu'elle donne, c'est la brièveté des convalescences, c'est l'absence des complications, si fréquentes, comme chacun sait, dans la fièvre typhoïde (1). Que mon honorable confrère veuille bien essayer la médication phéniquée et il se convaincra promptement que la méthode isolante, dont je suis loin de médire, comme les Depaul et autres professeurs de même morale, deviendra inutile, au moins dans l'immense majorité des cas.

Mon honorable confrère voudra bien me permettre d'ajouter, en terminant, que la médication phéniquée, sans exiger ce soin extrême, indispensable pour assurer le succès de la méthode isolante, doit cependant être appliquée avec quelques précautions, et par des gens qui aient bien voulu se donner la peine d'étudier ce que d'autres ont fait. C'est une précaution que beaucoup de confrères ne prennent malheureusement pas. Soit crainte de faire honneur aux innovateurs, soit pour d'autres causes, ils croient sans doute leur honneur engagé à modifier les médications inventées par d'autres, et que la force des choses les oblige à employer; et alors, ou ils n'obtiennent aucun effet utile, ou ils causent des accidents et compromettent la méthode. M. le docteur Carron s'est mis dans le premier cas, en prescrivant l'acide phénique à des doses insignifiantes, confiant sans doute dans cette assertion de M. Lemaire qu'il suffit de doses impondérables d'acide phénique pour détruire tous les parasites; M. le docteur Dufour s'est mis dans le second cas, beaucoup plus grave, en prescrivant l'acide phénique contrairement aux règles que j'ai tracées, et en causant des accidents qui ont considérablement effrayé le malade et sa famille. Le fait mérite d'être connu pour l'instruction des perfectionneurs fantaisistes, d'autant plus que le docteur Dufour

(1) A propos de complications, nous avons eu connaissance d'un fait qui prouve une fois de plus les tristes mœurs de notre profession. Ce même confrère qui, dans une consultation à Corbeil (voir ci-dessus, article *pemphygus*), s'était opposé à l'emploi de l'acide phénique par des raisons qui ne pouvaient être qu'inavouables, l'a employé récemment pour panser, chez un enfant échappé à la fièvre typhoïde, des plaies qui étaient venues compliquer cette maladie. Quand cet honorable confrère, plein de conscience et sans doute aussi de science, voudra bien employer dans son particulier, sinon en consultation, l'acide phénique contre la fièvre typhoïde elle-même, il n'aura plus à l'employer contre les complications, car il n'y aura pas de complications.

a été décoré quelque temps après ; nous ignorons si c'est pour un ensemble de faits analogues, car nous aimons à croire qu'un seul n'aurait pas suffi pour appeler sur son auteur les faveurs de la République.

Observation. — M. Alphandéry, frère d'un de mes clients, demeurant rue de Maubeuge, tombe malade après le siége de Paris. On prend d'abord la maladie pour une grippe ; le docteur Dufour est appelé ; après examen, il reconnaît une fièvre ty-phoïde, et il fait la prescription suivante :

Acide phénique.	4	grammes.
Laudanum.	4	—
Alcool de vin.	20	—
Sirop de sucre.	200	—

à prendre par cuillerées à bouche, 2 fois par jour.

Dès la première cuillerée de cette mixture, le malade éprouva une ardeur intense à la gorge, une excitation cérébrale prononcée avec céphalalgie, de l'agitation ; les yeux étaient ardents et saillants ; ces phénomènes se dissipèrent néanmoins au bout d'environ 2 heures ; le malade prit la seconde cuillerée et les mêmes accidents se reproduisirent, cette fois, avec une telle intensité, que la famille ne voulut pas laisser continuer le médicament, et que le frère du malade vint me chercher. Quand j'arrivai auprès de M. A., je le trouvai dans une agitation extrême ; il avait eu le délire, mais il n'en restait plus que des traces, par moments ; les yeux étaient ardents, saillants hors des orbites, le pouls fort et fréquent, la chaleur de la peau extrême ; de vives douleurs se faisaient sentir à la gorge ; il semblait au malade avoir avalé « une fournaise, » suivant ses expressions ; la respiration était haletante, et l'avait été plus encore ; le malade la comparait à celle d'un chien qui vient de faire une longue course, par une température élevée ; l'air expiré était brûlant, comme si, en effet, il sortait d'une fournaise. — La famille, plus que le malade, était au dernier point effrayée.

Ce tableau symptomatique ne me laissa pas de doute sur la cause à laquelle on devait l'attribuer, et comme, en somme, la dose d'acide avait été modérée, je n'hésitai pas à rassurer la famille. Après examen plus complet du malade, je constatai l'existence d'une fièvre typhoïde légère, ou qui du moins l'était devenue sous l'influence du traitement prescrit. Je me contentai d'ordonner cinq cuillerées par jour de mon sirop phéniqué, soit cinquante centigrammes d'acide phénique; la convalescence se déclara bientôt, et le malade fut promptement guéri.

Quelques très-courtes remarques suffiront pour préserver les praticiens attentifs de la faute commise par le docteur Dufour et leurs malades des accidents en apparence formidables, et, en tous cas, très-pénibles, éprouvés par M. A.... La dose prescrite par mon confrère n'était certes pas très-exagérée, puisque la mixture qu'il avait prescrite devait durer cinq jours et qu'elle ne renfermait que 4 grammes d'acide phénique, soit 80 centigr. par jour. Dans un cas où il ne paraît pas y avoir péril dans la demeure, chez un malade dont on ne connaît pas les idiosyncrasies, on ne doit pas, il est vrai, débuter par une pareille dose, et le docteur Dufour, s'il avait pris la peine d'étudier la médication phéniquée, se serait contenté d'une dose moindre, de 50 centigrammes, par exemple, sauf à l'augmenter en cas de nécessité. Mais ce que ce médecin aurait surtout évité, c'eût été de prescrire l'acide phénique à la dose de 40 centigrammes à la fois, et surtout, ce qui est plus essentiel encore, de le prescrire dans une solution où il se trouvait dans la proportion de 2 p. 100. Or, à ce degré, une solution phéniquée est presque caustique, et les moindres notions sur l'action physiologique de l'acide phénique auraient permis à M. Dufour de prévoir tout ce qui est arrivé, et, par conséquent, de l'éviter. Nous ne saurions donc trop le répéter : l'acide phénique peut être prescrit à la dose d'un, de deux grammes et même plus dans les 24 heures, mais à la condition d'être donné en solution étendue, de façon à ce qu'il n'en soit pris que 20 centigrammes au plus à la fois, ou mieux encore 10 centigrammes, dose que nous avons adoptée pour la cuillerée à bouche de notre sirop phéniqué. Nouvelle raison pour s'en tenir à la prescription de ce sirop, dans les cas peu ou moyennement graves, et d'y associer les injections sous-cutanées dans les cas très-sérieux.

Un médecin distingué de Marseille, avec qui nous nous

sommes trouvé en consultation au mois de janvier dernier (1872), M. le docteur d'Astros, neveu et ancien chef de clinique de M. le professeur Rostan, voulut bien, dans notre entrevue, recevoir mes instructions pour l'application de la médication phéniquée ; et, il y a quelques mois, je recevais la nouvelle qu'il avait déjà guéri promptement une fièvre typhoïde assez grave. C'est qu'en effet, nous ne saurions trop le répéter, on ne guérit pas seulement la fièvre typhoïde par l'acide phénique, mais on la guérit promptement, on abrége singulièrement la durée de la convalescence, et nous répéterons aussi, sans nous lasser, que devant des résultats aussi frappants, aussi constants, aussi utiles à l'humanité, les médecins qui persistent à proscrire la médication phéniquée, où à l'appliquer au hasard, sans études préalables, sont vraiment coupables de lèse-humanité. C'est pénétré de ce profond sentiment de devoir professionnel que nous allons raconter l'insuccès des démarches qu'à propos de fièvre typhoïde, nous avons faites pendant le siége de Paris.

Pièces justificatives relatives aux démarches inutiles faites pour guérir les malades de l'armée. — Nous avons terminé l'exposé de ce que nous avions à dire sur le traitement et sur la *curation* de la fièvre typhoïde ; c'est maintenant le moment de placer le hors-d'œuvre, instructif à bien des égards, et non moins triste qu'instructif, auquel nous avons fait allusion au début de cet article.

Un de nos anciens professeurs, collègue de M. Larrey, et qui n'est pas un innocent, M. Michel Lévy, a l'habitude d'appeler, en certaines circonstances, son collègue « cet innocent de Larrey. » M. Michel Lévy, malgré son habileté, moins grande encore qu'il ne le suppose, juge-t-il bien son collègue? Nous ne voulons pas nous prononcer sur ce point; mais nous ferons remarquer que M. Larrey est arrivé à s'asseoir sur un demi-fauteuil à l'Institut, et que M. Lévy arde encore du désir de s'y asseoir, ne fût-ce que sur la pointe d'un coupe-choux. Que M. Larrey, du reste, soit innocent ou ne le soit pas, on n'admettra pas, je pense, qu'il n'ait pas pu comprendre les lettres qu'on va lire, et s'il les a comprises, le lecteur voudra bien tirer avec nous les conclusions.

Ainsi que je l'ai déjà dit, quand je vis nos malheureux soldats décimés par la fièvre typhoïde, j'eus l'idée de les faire profiter des progrès que j'avais réalisés dans le traitement de cette maladie, en prouvant à tous mes confrères, dans un service public, les résultats que j'obtenais. Les circonstances me paraissaient favorables; j'avais été requis comme ancien médecin militaire; il me paraissait donc très-facile de créer un service de typhoïques où j'appliquerais ma méthode jusqu'à ce qu'enfin la lumière frappât, bon gré mal gré, tous les yeux. Instruit de longue main, toutefois, du malheureux esprit de routine et autres qui règnent parmi les médecins et plus encore parmi ceux de l'armée, je crus devoir, après avoir toutefois parlé de mes intentions à M. Larrey, m'adresser à l'intendance, puisque la création d'un service nouveau concernait plus encore, dans l'état d'organisation actuelle, le service administratif que le service de santé; mais l'intendance, comme on va le voir, me renvoya au médecin en chef du service de santé. Sans perdre de temps, j'adressai donc officiellement à M. Larrey la lettre suivante :

« A monsieur le baron Larrey, chef du service de santé militaire.

» Monsieur et honoré maître,

» Je vous adresse la copie d'une note que je reçois de l'intendance relativement à la proposition orale que je vous ai faite de me charger d'un service spécial de *fièvres typhoïdes*. Vous m'avez dit que vous ne pouviez que recommander l'usage de l'acide phénique à vos collègues ou à vos subordonnés. Je me suis donc adressé directement à l'intendance, qui paraît disposée à créer ce service, si vous en approuvez la création. Je vous réitère, monsieur et maître, que n'ayant jamais perdu de malades atteints de fièvre typhoïde, depuis 1864 que j'ai eu recours à ce traitement spécial dont je vous ai donné la formule, je suis assuré d'avoir des résultats plus favorables que par toute

autre méthode. Je vous réitère également que j'accepte la surveillance du confrère que vous désignerez à cet effet, et qui
vous tiendra quotidiennement au courant des résultats de ce
traitement antiseptique, que je sais inoffensif et que je crois
spécifique.

» Veuillez agréer, etc.

» D' DÉCLAT. »

Ci-joint la note de l'intendance :

« Paris, 21 janvier 1871.

» J'ai l'honneur de faire connaître à M. le docteur Déclat
que j'ai entretenu un de MM. les sous-intendants adjoints de
M. l'intendant Blaisot, au sujet des malades atteints de fièvre
typhoïde qu'il désire traiter d'après sa méthode dans un local
affecté spécialement à ce genre de maladie.

» Voici sa réponse :

» Comme c'est une question médicale, il conviendrait que
M. le docteur Déclat s'entendît avec M. le docteur Larrey, de
telle manière que la demande fût faite officiellement par le directeur en chef du service médical de l'armée, et qu'il pensait
que M. l'intendant Blaisot prendrait en grande considération
cette demande, et qu'il serait pris des mesures pour affecter un
local aux malades atteints de la fièvre typhoïde ou du typhus. »

» Son dévoué serviteur,

» Signé : DELORME, officier d'administration,

» employé sous les ordres de M. Blaisot, intendant militaire.

» M. le docteur Déclat, 80, rue Taitbout. »

A cette demande et à cette note favorable de l'administration,
l'une et l'autre très-claires, je crois, et que le plus innocent
pourrait comprendre, voici quelle fut la réponse de M. Larrey :

Paris, 31 janvier 1871.

» L'inspecteur médecin en chef de l'armée.

» Mon cher confrère,

» *La création d'un service spécial de fièvres typhoïdes traitées par la tisane phéniquée* ne serait possible, comme vous me le demandez, ni dans les hôpitaux ni dans les ambulances militaires, pas plus, sans doute, que dans les établissements civils, parce qu'aucun médecin ne peut imposer à d'autres ses croyances thérapeutiques. Saisissez l'Académie de cette question, soit par un mémoire, soit par une communication, ou bien publiez un travail à ce sujet, et vous obtiendrez plus que par la décision d'une mesure contraire aux égards bien mérités par les médecins des hôpitaux.

» Votre dévoué confrère,

» Signé : LARREY. »

La réponse, on le conçoit, aurait pu passer pour plaisante si les circonstances avaient été moins sinistres. Malgré l'esprit évident qui l'avait inspirée, aussitôt que je l'eus reçue, sans perdre une minute, j'adressai la lettre suivante à M. Larrey :

« Paris, 1er février 1871.

» Monsieur le baron,

» Le 2 janvier 1865, j'ai eu l'honneur d'adresser à l'Académie des sciences un mémoire intitulé : *Sur l'emploi de l'acide phénique en médecine* (1).

» En octobre 1865, j'ai déposé à la même Académie un ouvrage ayant le même titre et contenant les observations de six cas de fièvre typhoïde, guéris par l'usage de l'acide phénique.

____

(1) Mémoire accueilli avec la faveur que l'on sait par l'illustre et regrettable secrétaire perpétuel Flourens. (Voir ci-dessus, p. 75.)

» En 1865 et 1866, j'ai publié plusieurs observations dans la *France médicale*, le *Moniteur des hôpitaux*, relativement à l'emploi intérieur de l'acide phénique dans toutes les maladies des muqueuses.

» En 1868, 1869 et 1870, j'ai publié de nouvelles observations dans le *Courrier médical*, la *Réforme médicale*, la *Tribune médicale*, etc.

» Le 27 juin 1870, j'ai adressé à l'Académie des sciences un nouveau mémoire intitulé : *Traitement de la fièvre typhoïde par l'acide phénique*, mémoire relatif à l'emploi comparé de la créosote et de l'acide phénique.

» J'ai donc, Monsieur le baron, suivi par avance le conseil que vous avez bien voulu me donner. Des commissions médicales ont été nommées, et cependant, depuis cinq ans, aucune expérience sérieuse n'a été faite en dehors de moi.

» Je suis docteur en médecine de la faculté de Paris; j'ai été reçu avec des notes exceptionnelles.

» Je suis entré en 1848 dans la médecine militaire avec le n° 1; j'en suis sorti par mesure générale de licenciement, en 1849.

» J'ai été requis en novembre dernier par l'intendance comme médecin civil traitant, et j'ai pu soigner quatre malades typhoïques à l'ambulance Croix-Nivert. Malgré l'insalubrité de la salle, *qu'on a dû évacuer*, ces malades sont guéris. J'ai donc le droit d'appliquer moi-même la méthode que je préconise depuis cinq ans.

» J'ai trop le respect de la liberté scientifique pour vouloir imposer à d'autres ma manière de voir et les convaincre autrement que par la persuasion et par les faits, et c'est justement pour cela que je vous demande la chose la plus simple du monde et qui serait en même temps la plus hygiénique :

» Comme médecin requis, désignez-moi un service quelconque et faites que l'on dirige dans ce service les malades menacés ou atteints de fièvre typhoïde. Cela se fait pour la variole; il serait hygiénique, je le répète, de le faire pour la fièvre typhoïde.

» Pardonnez-moi d'insister, Monsieur le Baron; votre position de chef me force d'avoir recours à vous, et si les faits confirment dans l'avenir l'importance du traitement phéniqué dans la fièvre typhoïde, je ne voudrais pas vous avoir rendu responsable devant la science et devant l'humanité du retard apporté à l'application de cette nouvelle méthode dont j'assume toute la responsabilité.

» En janvier 1870, la mortalité par fièvre typhoïde a été de 24—23—20—16—16 par semaine;

» En janvier 1871 elle a été de 150—150—300—375—303 par semaine;

» Différence, en un mois, 1179!

» Je demande à prouver le mouvement en marchant devant vous; autorisez-moi à marcher, puisque je suis

» Votre respectueux subordonné

» DÉCLAT. »

A cette seconde et plus instante sollicitation, voici quelle fut la réponse de M. Larrey; elle est, je crois, digne de passer à la postérité, et doit être conservée religieusement dans les archives de l'histoire médicale et dans celles de la diplomatie.

« Paris, 2 février 1871.

» L'inspecteur médecin en chef de l'armée.

» Monsieur et cher confrère,

» Puisque vous n'avez négligé ni les communications académiques ni la publicité médicale pour préconiser l'emploi de l'acide phénique en médecine, et particulièrement dans la fièvre typhoïde, vous pourriez maintenant obtenir son emploi dans le service des hôpitaux ou des ambulances, de la part de quelque obligeant confrère. Mais comprenez bien que je ne pourrais prescrire ni même recommander cette médication spéciale aux médecins, pas plus que je ne pourrais faire prévaloir telle méthode ou tel procédé opératoire dans la pratique des chirurgiens.

» Je souhaite vivement la réalisation de vos espérances à

l'égard de l'acide phénique, mais, encore une fois, je ne puis en imposer l'essai à personne.

» Agréez, monsieur, l'assurance empressée de nos sentiments confraternels,

» Le médecin en chef de l'armée,

» *Signé :* LARREY. »

L'honorable médecin à qui était confiée la santé de l'armée me presse instamment de comprendre qu'il ne peut prescrire ma méthode aux médecins ses subordonnés; mais il y a une chose que tous les hommes de bon sens s'étonneront qu'il n'ait pas comprise lui-même : c'est que je ne lui ai jamais demandé de prescrire ni de recommander ma méthode à personne; il est même si étonnant qu'il n'ait pas compris cela, que la seule opinion possible, — parce que c'est la seule qui ait le sens commun, — est qu'il n'a pas voulu le comprendre.

Quel catéchumène ne comprendrait, en effet, des choses aussi simples que les suivantes :

Je demande à l'administration militaire, par laquelle j'avais été requis, la création d'un service spécial pour traiter les typhoïques, qui mouraient par centaines chaque semaine, et que j'avais la prétention, fondée sur une expérience constamment heureuse, de guérir.

L'administration me répond qu'elle est fort disposée à accueillir ma demande, mais qu'elle voudrait que la proposition lui fût faite par le chef du service de santé, la mesure étant trop exclusivement médicale;

Je demande au chef du service de santé de vouloir bien ordonner ou demander *la création de ce service;*

M. Larrey me répond de m'adresser aux académies, à la presse scientifique, *parce qu'il ne peut imposer une méthode de traitement à personne !*

Je lui réponds qu'il n'est pas plus question d'imposer mon traitement à qui que ce soit que de convertir le Grand-Lama; qu'il s'agit uniquement de me donner un service spécial pour y guérir des typhoïques que tout le monde laissait mourir;

Il me répond encore avec une sérénité imperturbable, qu'il ne peut imposer une méthode de traitement à personne !!! absolument comme cet accusé de cour d'assises, affligé de cophose, répondant imperturbablement au président, qui lui demandait son nom : « *Merci, monsieur le Président, l'appétit est bonne.* » La différence, c'est que l'accusé était un sourd de la catégorie ordinaire, tandis que M. Larrey était de la catégorie de ceux qui ne veulent pas entendre. Eh bien, nous lui dirons nettement, avec une franchise qui doit lui plaire, car il aime beaucoup la franchise, dit-on (1), que la surdité dont il est atteint est pernicieuse à tous les points de vue, mais surtout à celui des graves intérêts qui lui sont confiés. Nous avons non pas la présomption, mais la certitude que, si nous n'avions pas guéri tous les typhoïques qui auraient été traités dans le service dont nous demandions la création, — *et que l'administration était disposée à créer,* — nous en aurions guéri infiniment plus que par les traitements ordinaires. Pour sauver quelques centaines de soldats, M. Larrey n'avait aucune initiative à prendre, aucune démarche à faire ; il n'avait qu'à donner, par un mot, son assentiment à la création demandée ; en refusant obstinément ce mot, par des considérations de prétendues convenances confraternelles, il a placé des préjugés professionnels ridicules au-dessus des sentiments d'humanité ; il a voué sans hésiter,

(1) Nous ne voulons en rien contester la franchise de M. Larrey ; cependant si, comme il est naturel de le croire, la franchise et la clarté marchent ordinairement de compagnie, M Larrey serait une grande exception à la règle. Voici, par exemple, la conclusion qui couronnait le mémoire sur la responsabilité médicale auquel nous avons déjà fait allusion. M. Devergie avait eu une de ces idées biscornues qui lui sont familières et il avait posé en principe que, pour éviter la responsabilité qu'on voulait faire peser sur eux, dans les cas de mort par éthérisation, les médecins devraient éthériser à l'aide d'un appareil mécanique du choix de M. Duvergie. M. Larrey combattit, comme beaucoup d'autres, cette billevesée, et conclut ainsi, dans un discours envoyé aux quatre points cardinaux et à tous les points intermédiaires : « Je conclurai en disant : La doctrine émise par M. Devergie ne saurait être acceptée sans de plus grands périls que l'éthérisation elle-même. La conscience de l'homme de l'art, engagée ainsi, n'aurait plus le droit de le condamner ou de l'absoudre, à elle seule, si, au lieu du libre arbitre de son jugement, elle était soumise aux rouages d'un appareil mécanique et à la juridiction d'un tribunal compétent. » — Nous n'avons changé ni un point ni une virgule ; que le lecteur juge de la franchise de M. Larrey, si elle ressemble à sa limpidité ! (LARREY, *de l'éthérisation sous le rapport de la responsabilité médicale,* broch. in-8°, Paris, 1857, p. 28).

gratuitement, des centaines de soldats à la mort ; si cette mort lui est légère, c'est qu'il n'a pas la conscience moins dure que l'oreille. La patrie et les familles des victimes l'auront eue probablement plus susceptible.

B. — De la fièvre typhoïde chez le cheval.

Les traités de médecine vétérinaire que nous avons parcourus ne parlent pas de la fièvre typhoïde du cheval ni même des animaux. On pense bien que nous n'aurions pas pris sous notre responsabilité d'introduire une maladie nouvelle dans le cadre nosologique de la médecine comparée ; mais le diagnostic porté, dans les cas que nous allons faire connaître sommairement, a fort heureusement une garantie plus compétente que la nôtre, c'est celle de l'honorable M. Bouley et d'un de ses confrères, M. Chapard, de Chantilly. Laissant donc à ces savants vétérinaires la responsabilité du diagnostic porté, nous nous occuperons surtout de l'application que nous avons été appelé à faire, dans ces cas, de l'acide phénique et du nouveau parasiticide, et des effets qu'il est permis d'attribuer à ces agents puissants. Nous ferons remarquer seulement que les analogies assez grandes, entre les symptômes et les lésions de la maladie qualifiée par MM. Bouley et Chapard de fièvre typhoïde et ceux de la fièvre typhoïde de l'homme, semblent justifier le diagnostic de nos confrères en médecine comparée.

Le matin d'un des premiers jours d'octobre 1871, au moment où je montais en voiture pour aller visiter mes malades, M. Bouley vint me demander si je voulais aller avec lui à Chantilly, faire une nouvelle application de ma méthode, dans les circonstances suivantes :

Un des grands éleveurs du Jockey-Club, M. Delamarre, avait vu ses écuries envahies par la fièvre typhoïde ; trois chevaux d'un grand prix, *Clos-Vougeot*, *Boa*, *Ninive*, avaient succombé malgré les soins les plus assidus de MM. Bouley et Chapard ; trois autres de la même écurie avaient été atteints en Angleterre et avaient également succombé. Une autre notoriété, du nom de *Porphyre*, venait d'être atteinte également et paraissait devoir éprouver le même sort que les autres; M. Bouley désirait voir si l'application de ma médication nouvelle pourrait le sauver. J'avais peu de chose à refuser à M. Bouley, encore moins ce qu'il me demandait. J'allai prier un confrère de visiter mes principaux malades, je quittai tout, et je pris le train de Chantilly. Chemin faisant, nous parlâmes diagnostic, et mon savant interlocuteur me fit part de quelques doutes qu'il avait eus sur la nature de la maladie, lesquels n'étaient même pas entièrement dissipés; il n'était pas absolument convaincu que la maladie ne fût pas la *maladie de sang* ou charbon du cheval, quoique les symptômes ne fussent pas précisément ceux de cette maladie. — « Si c'est le charbon, lui dis-je, je crois pouvoir vous assurer d'avance que notre succès est certain. » — Mais il fut bien établi, plus tard, que ce n'était point le charbon; car outre la différence de symptomatologie, M. Bouley eut recours au contrôle de l'inoculation sur le mouton, on sait que chez cet animal l'inoculation du sang charbonneux provoque presque inévitablement le sang de rate; or, l'inoculation du sang des chevaux morts à Chantilly n'eut aucun résultat.

Arrivés près du malade, nous le trouvâmes dans un état qui ne justifiait que trop les appréhensions de M. Bouley; j'acceptai l'essai à titre d'expérience, mais sans vouloir prendre, pour une bête de cette valeur, la responsabilité d'un événement fatal. Il fut ainsi convenu, et je pratiquai à Porphyre quatre injections d'eau phéniquée à 1 p. 100, additionnée d'une faible proportion du nouveau médicament parasiticide dont il a été maintes fois question ; les injections, espacées les unes des autres de plus d'un décimètre, furent de 125 grammes chacune, en tout 500 grammes. Je prescrivis l'administration en boisson de deux litres d'eau phéniquée à 1/2 p. 100, soit dix grammes d'acide dans les 24 heures. M. Chapard s'étant chargé de continuer le traitement, je repartis pour Paris.

Dès le lendemain, je reçus la nouvelle qu'une amélioration sensible s'était déclarée. Elle se continua les jours suivants, et j'allai la constater moi-même, 3 jours après le début du traitement. Suivant la règle de ce qui se passe après la médication phéniquée, le malade entrait déjà en convalescence ; seulement trois des quatre piqûres d'injection avaient provoqué un gonflement inflammatoire, qui menaçait de se terminer par suppuration. J'appris quelques jours après que la suppuration avait eu lieu en effet, et que les abcès avaient été ouverts par M. Bouley; la cicatrisation s'en était d'ailleurs faite très-rapidement et régulièrement. Nous reviendrons, un peu plus loin, sur cette complication qui se présente parfois, chez les chevaux, autour des piqûres d'inoculation.

Porphyre n'était pas encore tout à fait guéri, que M. Bouley était rappelé à Chantilly pour un autre cheval, qui subissait à son tour les atteintes du mal. Arrivé près « du malade », en l'absence de son confrère M. Chapard, M. Bouley laissa à ce dernier l'instruction suivante : « Le cheval commence à être pris *comme les autres*. J'ai fait mettre la moutarde et on entretiendra l'engorgement avec un cataplasme à demeure. — Donner l'essence de térébenthine à 30 grammes en 3 doses — séton sous le poitrail; demain, si le pouls est tendu comme aujourd'hui, petite saignée.

» Télégraphier des nouvelles. Je ferais venir le docteur Déclat, si la maladie avait l'air de prendre une mauvaise tournure. »

La tournure devint, en effet, si mauvaise, que le 13 octobre, à 9 heures du soir, je reçus de M. Bouley un télégramme qui m'invitait à partir immédiatement pour Chantilly, pour y traiter un cheval gravement atteint de fièvre typhoïde. Je partis aussitôt, mais le télégramme m'était arrivé trop tard, et je manquai le train du soir. Je pris celui du lendemain matin, de 7 heures 50, et je fus rendu auprès de l'animal à 9 heures, en compagnie de l'honorable M. Chapard. Voici dans quel état nous trouvâmes *le malade*, qui était un poulain bai de deux ans, moins précieux que son camarade Porphyre, mais d'une grande valeur, cependant.

Le pouls était si petit, qu'on pouvait à peine le trouver ; la respiration haletante ; la moitié du poumon droit était imperméable ; une partie du gauche l'était également, par infiltration hypostatique ; un sérum jaunâtre s'écoulait goutte à goutte par les naseaux ; la tête est basse, comme celle des bœufs atteints de typhus ; l'animal essaye cependant de lui donner de temps en temps des positions qui facilitent l'entrée de l'air dans les poumons. Les muqueuses étaient cyanosées ; l'animal paraissait au plus bas. — Je pratiquai immédiatement cinq injections sous-cutanées de 125 grammes d'eau phéniquée additionnée du nouveau parasiticide, et je prescrivis, pour administrer par la bouche, deux litres d'eau phéniquée à 1/2 p. 100, soit 10 grammes d'acide ; M. Chapard voulut bien se charger d'appliquer la suite du traitement et de me tenir au courant des événements. Le lendemain, au soir, il me télégraphiait ce qui suit : « Cheval mieux ; coloration des muqueuses moins prononcée ; appétit. Vous attends demain. »

Connaissant l'action de mon traitement, une fois qu'une première amélioration est obtenue, et ma présence à Paris étant très-utile, je télégraphiai à M. Chapard de continuer le traitement prescrit, et le lendemain, 16 octobre, je reçus de lui une lettre datée du même jour, 10 heures du matin, ainsi conçue :

« Le poulain bai est beaucoup mieux aujourd'hui qu'hier au soir ; l'appétit augmente et la décoloration des muqueuses s'opère graduellement.

» L'animal prendra donc, suivant vos instructions, le verre d'eau blanche, cette après-midi.

» A demain d'autres nouvelles. »

Signé CHAPARD.

Le lendemain et les jours suivants, je reçus, en effet, des nouvelles de plus en plus satisfaisantes ; nous croyons inutile de les publier ; il nous suffira de citer quelques passages d'une lettre de l'honorable vétérinaire de Chantilly, transmettant, en les résumant, à son maître, M. Bouley, ses impressions sur les résultats des expériences auxquelles il avait pris part :

« Le poulain bai de deux ans affecté de fièvre typhoïde, que nous avons soumis au traitement de M. le docteur Déclat, dans l'état fort grave de cyanose prononcée......... est *parfaitement guéri*. Je dois vous dire, très-honoré maître, combien j'ai été frappé de *la rapidité* avec laquelle l'amélioration s'est produite sur le sujet soumis à cette médication. » M. Chapard donne ici la marche progressivement rapide de l'amélioration observée sur le poulain bai, puis il ajoute :

« Le cheval bai brun âgé de 4 ans, nommé Porphyre, est également aujourd'hui en très-bonne santé.

» J'ai reconnu, très-honoré maître, votre génie médical, dans l'inspiration que vous avez eue de laisser tenter cette nouvelle médication sur des chevaux de course d'une aussi grande valeur que nos consultants, alors que tant de chercheurs se présentent à nous pour appliquer les panacées rêvées par leur cerveau en ébullition..... »

M. Chapard avait renfermé sa lettre à M. Bouley dans un pli qu'il m'avait adressé à moi-même, avec prière de la faire parvenir à son adresse (1) ; en l'envoyant à M. Bouley, je l'accompagnai des mots suivants: « J'espère, cher maître, qu'en voyant la confirmation de ces guérisons, vous serez convaincu que j'ai découvert un moyen *plus puissant* que ceux dont dispose actuellement la thérapeutique.

» Je me tiens toujours à votre disposition, pour les expériences que vous voudrez tenter, afin d'arriver à une conviction pareille à celle de votre bien sympathiquement dévoué,

» DÉCLAT. »

M. Bouley, qui m'avait vu quitter avec empressement mes affaires pour aller faire à Chantilly des expériences fort onéreuses pour moi, ne doutait sans doute pas de ma bonne volonté à les continuer, car il n'avait pas encore reçu la lettre où je me mettais à sa disposition qu'il m'adressait le mot suivant, à la date du 19 octobre 1871 :

« Mon cher Docteur,

» Voici une belle occasion de faire l'essai de votre traitement. La peste chevaline est dans la cavalerie du chemin de fer d'Orléans, dont M. Vatel est vétérinaire.

» Voulez-vous venir me prendre demain chez moi à neuf

(1) Dans une lettre postérieure M. Chapard m'écrivait : « L'écurie comprend de 20 à 30 chevaux, tous ou presque tous ont subi l'influence du génie épizootique; *c'est certainement aux soins prophylactiques*, boissons et lavages phéniqués, que nous devons d'avoir pu échapper aux rigueurs de ce mal. »

heures et demie? Nous serons à dix heures à l'endroit voulu pour expérimenter.

» Votre bien dévoué,

» BOULEY. »

« Quid, à Chantilly? Je n'ai pas de nouvelles depuis dimanche. »

On sait ce qui était advenu à Chantilly; voici ce qui advint à la gare d'Orléans.

Le 20, je me rendis à la gare d'Orléans où je trouvai MM. Bouley et Vatel et M. le chef d'exploitation de la compagnie. Là, j'appris que la même maladie que nous avions observée à Chantilly régnait en effet dans les écuries de la compagnie, et qu'elle y avait malheureusement les mêmes conséquences, c'est-à-dire que presque tous les chevaux atteints succombaient. La forte race percheronne résistait cependant un peu plus longtemps à l'épidémie typhoïque que la fine race des pur sang, et de plus, elle offrait assez souvent une complication que nous n'avions pas observée à Chantilly, la gangrène du poumon.

Deux chevaux, gravement atteints et arrivés à une période avancée de la maladie, furent immédiatement mis en expérience : je fis à chacun quatre injections sous-cutanées de 125 grammes avec de l'eau phéniquée à 1 p. 100, additionnée du nouveau médicament.

Un des chevaux se trouva si bien, au bout d'une demi-heure, que l'amélioration surprit tout le monde ; cet animal, tout à l'heure morne, abattu, étranger à tout ce qui se passait autour de lui, se met à chercher du fourrage comme pour manger. M. Bouley, attentif et charmé à la vue d'un pareil changement, s'assit sur la planche de séparation des box, prit du foin dans sa main et en donna à l'animal ; je m'étais absenté quelques instants, et je trouvai dans cette position l'honorable académicien, ce dont je lui fis mon compliment. — L'amélioration fut moins marquée sur le deuxième cheval.

Le lendemain, 21, le premier cheval était non-seulement sauvé, mais encore dans un état bien meilleur que ceux qui, par hasard, échappent spontanément à la maladie, surtout après un état aussi grave, ce qui d'ailleurs ne se voit guère, mais se voit néanmoins quelquefois. Quelques-unes de mes notes étant égarées, je ne puis dire comment se termina la maladie du deuxième cheval (1), et qu'incomplétement ce qui arriva sur quelques autres.

A défaut de notes, mes souvenirs me rappellent que deux autres chevaux furent mis en expérience le 21, l'un au début de la maladie, l'autre, dans un état si grave, qu'il pouvait à peine se tenir et qu'on eut beaucoup de peine à l'amener près du jour, pour qu'on pût voir clair à faire les injections; la maladie avait en outre causé la cécité; la verge était pendante et comme un corps étranger, doublée de volume; on mit un fourreau à l'animal comme, du reste, à beaucoup d'autres. Ne désespérant pas de triompher, même d'un état aussi grave, je pratiquai à ce dernier animal huit injections ; il fut pris presque aussitôt de symptômes d'asphyxie et d'un tremblement extraordinaire tellement violent, que nous crûmes qu'il allait succomber; nous diagnostiquâmes une embolie; il se remit cependant, mais succomba, ainsi que beaucoup d'autres non traités, à une gangrène de poumon.

Sur le cheval traité au début (n° 858), je pratiquai six injections ; il éprouva quelques phénomènes analogues à ceux du précédent, qui se dissipèrent également ; mais il fut pris de pleurésie et d'une embolie dans le gros vaisseau de la cuisse droite, et finalement il succomba d'une manière même plus rapide qu'un cheval non traité, et que trois de ses voisins, traités par différentes méthodes (saignées, térébenthine, etc.), que nous avions mis en expérience comparative, et dont deux échappèrent, paraît-il, à la mort; après cet échec, nous cessâmes nos expériences, auxquelles M. le chef d'exploitation ne paraissait pas très-sympathique, fâcheusement impressionné peut-être par un échec dont on ne pouvait donner encore une explication absolument certaine.

Nous devions faire avec M. Vatel quelques autopsies de chevaux, notamment celle du n° 858, sur lequel nous avions

(1) Il me semble cependant que cet animal guérit aussi, mais plus difficilement.

observé des symptômes d'embolie ; par suite probablement de quelques malentendus, M. Vatel fit seul cette dernière et une ou deux autres, et voici quelles furent ses constatations, d'après une note que je pris dans une conversation que nous eûmes à ce sujet.

Dans les points où avaient été faites les injections sous-cutanées, il existait des infiltrations de matière gélatineuse, jaunâtre, semi-transparente ; les vaisseaux capillaires qui traversaient ces collections contenaient des caillots qui se prolongeaient jusque dans des vaisseaux un peu plus gros; ces caillots avaient une teinte noirâtre foncée ; les injections pratiquées sous le ventre avaient causé un épanchement qui avait décollé la peau du fourreau, et les caillots remplissaient les vaisseaux dans une longueur de 15 à 20 centimètres; on aurait dit d'une préparation anatomique, avec injection des vaisseaux, à la cire noire. L'état des tissus autour des piqûres d'injection donne à M. Vatel l'idée que le liquide injecté a pu ne pas être absorbé et être resté dans le tissu conjonctif environnant les piqûres. Un caillot obture le quart du calibre de la veine pulmonaire; il a la couleur et à peu près exactement la consistance des épanchements séreux qui entourent les piqûres d'injection ; mêmes caractères d'un caillot renfermé dans l'oreillette gauche. — Le poumon gauche était gorgé de sang avec plaques noires ou foyers ecchymotiques, qui paraissaient être le point de départ des gangrènes pulmonaires observées sur plusieurs chevaux morts de la même maladie que le nº 858. Ces points ou épanchements ecchymotiques existent dans plusieurs muscles et jusque dans le tissu même du cœur. — Dans son ensemble, le sang du cheval nº 858 a paru à M. Vatel plus noir que celui des autres chevaux qui ont succombé à la même maladie que lui. Quant aux foyers d'épanchement qui entourent les piqûres d'injection, M. Vatel les compare à ce qu'on a appelé à tort, dit-il, les foyers purulents du charbon ou abcès charbonneux, puisque dans ces prétendus abcès, il n'y a pas de pus. Dans cette maladie, il y a des épanchements ecchymotiques et d'autres, ecchymo-gélatineux dans les muscles, voire même le cœur.

Dans une maladie qualifiée de fièvre typhoïde, il était intéressant de constater les lésions qui pouvaient exister dans le canal intestinal, spécialement dans l'intestin grêle. Ces lésions, nous devons le dire, ne rappelaient que très-imparfaitement celles qui caractérisent la fièvre typhoïde de l'homme, ce qui a fait dire à M. Signol, qui a publié, dans le *Recueil de médecine vétérinaire*, un travail intéressant sur cette affection, que si l'on ne considère que les symptômes, le rapprochement entre la maladie du cheval et celle de l'homme est justifié, mais que s'il est nécessaire, pour constituer une fièvre typhoïde, que les glandes de Peyer soient spécialement altérées, « toute comparaison doit disparaître. » L'honorable vétérinaire a peut-être forcé un peu les différences. Les glandes de Peyer paraissent bien, en effet, n'être point spécialement atteintes chez le cheval dans la maladie dont nous nous occupons, mais tout l'intestin, et spécialement l'intestin grêle, est fortement congestionné ; par places, la congestion est remplacée par de petites stases sanguines qui semblent dues à une extravasation du fluide sanguin, et où s'observent, parfois, de petites plaques gangréneuses ; c'est la répétition des lésions semblables qu'on observe dans les poumons et dans les muscles ; dans d'autres places, on voit de petites ulcérations disposées par groupes de trois, quatre ou cinq centimètres de diamètre ; chaque petite ulcération a de deux à six ou sept millimètres de diamètre ; elles paraissent formées comme par un enlèvement de la muqueuse à l'aide d'un emporte-pièce. Ces groupes, dont M. Signol nous a fait voir un intéressant échantillon sur une pièce qu'il conserve, ne siégent pas, il est vrai, sur les glandes de Peyer ; mais il y a quelque analogie, quant à l'aspect, entre l'altération des glandes et ces groupes ulcérés qui pourraient bien avoir pour siége des follicules isolés. Ce siége, s'il était bien constaté, établirait évidemment une analogie anatomique entre la fièvre typhoïde de l'homme et la maladie ainsi désignée, chez les chevaux, par MM. Bouley, Chapard, etc. C'est un objet de recherches de plus que nous signalons à nos confrères en médecine comparée.

Quelques remarques sont nécessaires sur les lésions anatomiques, constatées par M. Vatel.

Nous ferons observer, d'abord, qu'il n'est pas impossible que l'observation de l'honorable vétérinaire sur la non-absorption

du médicament injecté soit en partie fondée ; je ne crois pas, cependant, que tout le médicament injecté ait été complétement inabsorbé ; ou plutôt, j'en ai la certitude, car c'est certainement à lui qu'il faut attribuer la dureté des caillots, constatée non-seulement autour des piqûres d'injection, mais aussi dans des vaisseaux qui en étaient très-éloignés ; je serais disposé à attribuer également au médicament la coloration plus foncée du sang, que M. Vatel a cru remarquer.

C'est, en effet, une des actions les plus marquées du médicament nouveau que son action coagulante, et c'est à elle, suivant toute probabilité, que je dois l'insuccès que j'ai éprouvé à la gare d'Orléans, insuccès qui rappelle celui que j'essuyai sur les moutons du fermier Rougeoreille (voir ci-dessus, article *Sang de rate*). La conséquence pratique à tirer de cet insuccès et des constatations faites par M. Vatel, c'est qu'il faut, dans les cas graves, où la dose du médicament doit être, relativement, assez élevée, l'employer assez étendu d'eau, et faire des injections multiples, de manière à ne pas injecter une trop grande quantité de liquide à la même place. J'avais pris ces précautions pour les chevaux fins et de grande valeur traités à Chantilly, et cependant, Porphyre eut plusieurs petits abcès autour des piqûres, mais qui n'eurent aucune suite grave. Je crus pouvoir me dispenser d'user des mêmes précautions avec les gros colosses de la compagnie d'Orléans ; l'événement me prouva qu'elles sont indispensables chez tous les animaux, mais surtout chez le cheval, le plus disposé de tous, comme on sait, à faire du pus. Chez tous, mais surtout chez le cheval, une dose insuffisante laisse vivre trop de ferments et ne guérit pas ; une dose trop forte tue les parasites et l'animal lui-même. Je ne suis donc pas encore fixé exactement sur les doses et le mode d'administration à adopter pour les chevaux ; c'est aux vétérinaires de progrès à m'aider dans cette recherche, importante, car j'ai l'espoir qu'on devra obtenir sur la plupart des chevaux typhoïques, les succès que j'ai obtenus à Chantilly. Après avoir rapporté les nouveaux succès obtenus par M. Chappard, je dirai comment il convient, selon moi, de procéder, dans l'état actuel de la science.

Mais, avant de quitter l'autopsie de M. Vatel et la réflexion qu'il fait sur les foyers gangréneux des poumons, nous ferons observer que rien de pareil n'a été observé sur les chevaux qui avaient péri à Chantilly, avant nos expériences. Cependant, M. Bouley a bien jugé que c'est la même maladie qui a sévi à Chantilly et à la gare d'Orléans. Il y a bien eu, à Chantilly, des engorgements séro - sanguinolents des poumons, c'est-à-dire des infiltrations hypostatiques, ainsi que cela s'observe si fréquemment dans la fièvre typhoïde de l'homme, mais jamais de gangrène. Sont-ce là des particularités locales, ou dépendant du degré d'énergie des ferments? C'est une question à étudier. Ce que nous devons dire, c'est qu'il nous a paru aussi, comme à M. Bouley, que c'est bien la même maladie que nous avons traitée à Chantilly et à Paris.

L'honorable vétérinaire qui avait assisté avec M. Bouley et moi aux expériences de Chantilly, m'avait promis de saisir les occasions qui se présenteraient d'appliquer ma nouvelle médication ; on a déjà vu à l'article *Morve* qu'il a tenu parole ; mais ses observations de morve ne sont ni les plus nombreuses ni les plus décisives ; nous allons en résumer, d'après une note qu'il a bien voulu nous transmettre, un grand nombre d'autres qui présentent un haut intérêt.

Le 1er mars 1872, M. Chapard fut appelé par MM. Poiret, frères et neveu, filateurs à Saint-Épin (Oise). Il constata que leur écurie était atteinte de la même maladie qui avait atteint, cinq mois auparavant, celle de M. Delamarre, à Chantilly. La maladie offrait, chez tous les sujets, la forme pulmonaire, c'est-à-dire qu'à partir du deuxième ou du troisième jour, les poumons étaient hypostatiquement engoués dans une assez grande étendue. Malgré la séparation des sujets, les lazarets, la désinfection des bâtiments et « toutes les précautions d'usage, » 35 chevaux sur 45 tombèrent successivement malades dans l'espace d'un mois ; seulement, les derniers atteints le furent moins gravement. Sauf l'habitat, les conditions hygiéniques dans lesquelles se trouvaient les animaux étaient très-variées, les uns faisant de rudes travaux de terrassement ou de transport des charbons ; les autres, le service régulier de l'usine ; d'autres, enfin, jeunes élèves ou vieux chevaux fatigués, prenaient du repos tout le jour dans la prairie.

Les symptômes furent, comme chez ceux de Chantilly, inappétence d'abord; pouls rapide, peu fort, puis faible; tremblements partiels des masses musculaires; marche titubante; parfois chutes violentes sur le sol, quand il y a congestion au cerveau, ce qui a lieu chez plusieurs; muqueuses injectées, avec pétéchies, et souvent coloration ictérique très-caractérisée; plus tard, plaintes, engouement, puis hépatisation hypostatique d'un ou des deux poumons, accompagnée d'un jetage qui a rarement la coloration rouillée caractéristique des pneumonies franches. Crottins coiffés dans les premiers jours, puis diffluents, mais peu abondants.

Devant cet ensemble de symptômes, le pronostic porté fut nécessairement grave.

Voici le traitement qu'adopta M. Chappard :

Déplétions sanguines dans les premiers jours, et vésicatoires sur et sous la poitrine ;

Injections sous-cutanées de trois décilitres d'eau phéniquée tous les deux jours ;

Breuvages phéniqués, 2 verres chaque jour ;

Lavements phéniqués, tous les jours ;

Opiats au quinquina et à l'essence de térébenthine.

Sur les 35 chevaux atteints, 30 seulement, atteints gravement, subirent ce traitement sérieux, les autres n'étant affectés que légèrement ; 3 moururent, 27 guérirent ; c'est une proportion des plus satisfaisantes, dans une épidémie ou du moins dans une endémie aussi grave, et qu'on n'aurait certainement pas obtenue sans l'emploi de l'acide phénique.

Deux mois après la petite épidémie de l'usine de Saint-Épin, la même maladie se déclara dans les écuries de M. le baron Seillière, dont le château est situé à 4 kilomètres de l'usine. Huit chevaux furent atteints, dans l'espace de six semaines ; ils offrirent les mêmes symptômes que ceux de l'usine et de Chantilly, et furent traités de même ; M. Chapard obtint huit guérisons.

Ainsi, l'honorable vétérinaire qui, avant le traitement de Porphyre, avait vu mourir, dans les écuries de M. Delamarre, tous les animaux atteints de fièvre typhoïde, n'en perd que 3 sur 38 ; c'est un résultat dont la meilleure des médications

44.

anciennes se glorifierait à juste titre ; et cependant nous croyons que ce ne sera pas le dernier mot de la médication nouvelle, quand les vétérinaires se seront donné la peine de l'expérimenter et de l'étudier avec soin. Les beaux résultats, obtenus par M. Chapard, tiennent-ils à ce qu'il injecte l'acide phénique seul? cela me paraît très-possible. Ainsi que nous l'avons dit, le cheval est très-disposé aux *coagulum* et à la suppuration ; il se pourrait donc que le nouveau médicament ne puisse être que difficilement supporté par cet animal, ou que les doses à administrer exigent de nouvelles études.

Dans l'état actuel de la science, nous croyons que la médication devra être appliquée de la manière suivante :

On administrera chaque jour, par la bouche, de 6 à 10 ou peut-être 12 grammes, suivant la force des animaux, d'acide phénique dissous dans au moins deux litres d'eau, et même deux litres et demi, dans le cas où l'on prescrirait la dose de 12 grammes, ou mieux la nouvelle préparation glycéro-phéniquée d'acide phénique et de glycérine que M. Guénon, pharmacien, rue de la Coutellerie, 2, tient toute prête à être expédiée.— On pratiquera de 5 à 6 injections sous-cutanées, de 100 grammes d'eau phéniquée à 2 p. 100 chacune, en espaçant les piqûres l'une de l'autre d'au moins dix centimètres : plus elles seront espacées, mieux cela vaudra. Seulement, il faudra choisir la région de l'animal où une incision aurait le moins d'inconvénient, dans le cas où la formation d'un abcès la rendrait nécessaire. Mais cette nécessité ne se présentera probablement plus, si l'on se contente d'injecter l'acide phénique seul, qui a suffi à M. Chapard.

Quoi qu'il en soit, les doses que nous venons d'indiquer devront être réduites dès qu'une amélioration se sera déclarée, et quand cette amélioration sera assez prononcée pour permettre de prévoir une guérison, on suspendra les injections pour s'en tenir aux breuvages glycophéniqués. La convalescence, ainsi que nous l'avons répété plusieurs fois, marchant très-vite, à la suite du traitement phéniqué, les breuvages eux-mêmes pourront être supprimés, dès qu'elle sera franchement déclarée.

ART. XII. — DE L'OPHTHALMIE PURULENTE.

On observe assez rarement cette maladie dans la pratique civile; nous n'en avons eu à traiter que deux cas, depuis que nous avons appliqué la médication phéniquée. C'était chez deux jeunes enfants, âge auquel on observe à peu près exclusivement la maladie, dans notre climat, en dehors des cas qui reconnaissent pour cause la blennorrhagie. Encore, est-il bien certain que, chez les enfants, la syphilis héréditaire ne joue pas un rôle dans le développement de l'ophthalmie purulente? Quoi qu'il en soit, les deux petits malades que nous avons traités ont été promptement guéris par l'application d'un topique composé de glycérine phéniquée au dixième, eau de roses et borax. Ce même collyre nous a donné, ainsi que nous le dirons plus tard, d'excellents résultats dans les ophthalmies ordinaires.

On sait que M. de Chassaignac a obtenu, il y a vingt-cinq ans, des succès remarquables par l'application des irrigations continues d'eau froide, qu'il avait instituées à l'hospice des Enfants-Trouvés. Nous croyons qu'en pratiquant les irrigations avec de l'eau phéniquée au millième ou au 1/2 millième, suivant les susceptibilités personnelles, au lieu d'eau simple, les résultats seraient encore beaucoup plus satisfaisants.

M. René Marjolin a publié récemment un compte rendu clinique où il annonce avoir obtenu de très-bons résultats par des lotions avec une faible solution de nitrate d'argent. Cependant, ces résultats paraissent moins satisfaisants que ceux annoncés par le docteur Chassaignac, dans une publication spéciale du docteur Rieux. M. Marjolin n'établit pas, du reste, de comparaison entre son traitement et celui de M. Chassaignac, et ne semble même pas se douter de celui de son collègue. C'est, du reste, ainsi que les officiels se traitent quelquefois, même entre eux.

Nous ne quitterons pas ce sujet sur lequel nous avons si peu de chose à dire, sans appeler sur la médication phéniquée l'attention des médecins qui pratiquent dans les localités où règne presque endémiquement l'ophthalmie purulente, en Égypte notamment. Il nous paraît infiniment probable que

l'application de notre collyre ou les irrigations d'eau phéniquée donneront des succès auxquels nos confrères de ces pays
ne sont pas habitués, ce qui peut-être leur permettra de purger
leurs contrées d'une maladie qui s'est élevée parfois aux proportions d'un véritable fléau. Nous leur conseillerons seulement
de commencer leurs tentatives par des solutions phéniquées
très-étendues, 1, 1/2, 1/3 de millième, par exemple, les yeux
étant des organes très-susceptibles à l'action de l'acide phénique.

Art. XIII. — DE LA PELLAGRE.

Nous avons retranché la pellagre de la catégorie des maladies
cutanées pour la ranger dans les maladies générales; nous
pourrions presque avec autant de raison en renvoyer l'histoire
dans la section des maladies chroniques et organiques, car la
durée de cette affection est presque toujours celle des maladies les
plus chroniques. Cependant l'absence de lésions bien spéciales et
surtout localisées, d'une part, la marche quasi aiguë, dans des
cas très-rares, il est vrai, d'autre part, enfin son développement confiné à certaines localités parfaitement déterminées,
en font par excellence, ce qu'on appelle une maladie infectieuse,
ayant beaucoup d'analogie avec plusieurs de celles dont il est
question dans cette sous-section. Tel est le motif pour lequel
nous lui avons marqué sa place ici, sans attacher plus d'importance qu'il ne convient à la place que nous lui donnons.
Nous nous sommes expliqué plusieurs fois sur la valeur que
peuvent avoir, à nos yeux, les classifications médicales actuelles;
il serait superflu d'y revenir.

Nous avons, du reste, peu de chose à dire sur la pellagre que
nous n'avons jamais eu l'occasion d'observer, de traiter ni de faire
traiter par notre médication. Nous voulons seulement rappeler
les deux points les mieux établis de son histoire, pour en tirer
une déduction pratique. Le premier, c'est qu'il paraît avéré
aujourd'hui que la cause de la pellagre, comme celle du charbon et sans doute de bien d'autres maladies, consiste dans une
alimentation malsaine. Quelques médecins ont pensé que c'est

à l'alimentation par le maïs qu'on devait la pellagre ; mais cette opinion nous paraît avoir été victorieusement réfutée ; toutefois, si la démonstration est faite pour le maïs sain, elle ne l'est point pour le maïs malade ; il en est probablement du maïs ou de quelqu'un des autres produits dont se nourrissent les pays pellagreux, comme du sorgho, qui est un excellent aliment quand il est sain, mais qui peut devenir et qui devient, en effet, nuisible quand il est malade lui-même. Or, comme on sait que les plantes ne deviennent jamais malades que par leur envahissement par quelque parasite, il est infiniment probable que c'est par ce parasite qu'elles rendent elles-mêmes malades les animaux. C'est à ce point de vue que le premier fait avait de l'intérêt pour nous.

Quant au second fait, son intérêt n'est pas moindre, et ce qui est peu consolant, c'est qu'on peut le constater à propos d'un grand nombre de maladies que nous avons passées en revue et de celles qu'il nous reste à étudier encore ; ce fait douloureux consiste dans l'inutilité à peu près absolue de tous les traitements qu'on a tenté d'opposer à la pellagre. Parasitisme probable d'une part, on pourrait même dire certain, impuissance de tous les traitements de l'autre, c'en est plus qu'il n'en faut pour faire songer à l'essai de la médication parasiticide par excellence ; personne cependant n'y a songé. Espérons que la publication de cette seconde édition y fera songer quelqu'un, ne fût-ce que pour s'attribuer à peu de frais le mérite d'une découverte, à la manière des Sanson et autres parasites, plus difficiles à détruire que tous les sarcoptes, tous les achorions et toutes les bactéries. Afin que ces habiles réinventeurs ne soient pas obligés de se mettre l'esprit à la torture pour aller chercher dans un Dorvault quelconque « les inspirations des indications pour... » (voir ci-dessus, article Charbon), nous pouvons les informer que, sauf ratification après expérience, si nous avions à traiter un cas de pellagre, nous prescririons comme base du traitement demi à un gramme (suivant les susceptibilités des malades) d'acide phénique pur (bon goût), dissous dans 5 à 10 cuillerées à soupe de notre sirop phéniqué titré, dose que nous porterions progressivement jusqu'à 2 ou 3 grammes d'acide ou 20 à 30 cuillerées de sirop, à mesure que l'estomac devien-

drait plus tolérant, ce qui ne serait probablement pas bien long.
— Nous pratiquerions, en outre, de 4 à 6 injections sous-cutanées de 5 grammes d'eau phéniquée de 1 à 5 p. 100. Ces injections seraient renouvelées tous les jours dans le commencement du traitement, et pourraient ensuite être espacées de plusieurs jours, dès qu'une amélioration marquée serait obtenue. Cette amélioration s'obtiendra-t-elle en effet? En médecine, l'expérience seule a le droit de prononcer; ce que nous pouvons assurer, c'est que la médication que nous conseillons ne peut avoir aucun inconvénient et que même elle aura *au moins* pour avantage à peu près certain de redonner quelques forces aux pellagreux qui les auront déjà perdues, en stimulant leur appétit et rendant leurs digestions plus faciles. Dans les cas d'affaiblissement, c'est là un effet presque constant de la médication phéniquée.

Art. XIV. — DE LA PESTE.

Il y aurait longuement à discuter sur la peste; on sait pourquoi nous sommes obligé de nous abstenir de toute discussion qui n'a pas des liens étroits avec le but que nous poursuivons : la démonstration de la doctrine parasitaire et la curation des maladies causées ou aggravées par les parasites. Nous ne faisons qu'une exception pour défendre nos droits à la propriété de nos travaux; mais ces droits ont été si maltraités, que nous attendons quelque indulgence de nos lecteurs, pour nos longues mais indispensables digressions.

Quoique d'une tout autre marche que la pellagre, comme elle la peste est circonscrite dans quelques contrées chaudes, plus chaudes que celles où sévit la pellagre; seulement la pellagre ne sort guère des limites de son empire; la peste, au contraire, autant ou plus que la fièvre jaune, mais moins que le choléra, les franchit et va porter ses ravages dans des contrées voisines, parfois même dans des contrées très-éloignées de ses foyers. La manière dont s'opère son extension est un des points qui ont alimenté le plus de discussions parmi les médecins; il n'y a pas nécessité pour la doctrine parasitaire de les renouveler ici; nous retiendrons seulement deux circonstances, dont l'une est à peu près irrévocablement prouvée, et dont l'autre, admise par la grande majorité des médecins, est encore contestée par quelques-uns.

La première circonstance c'est que la peste se développe très-rarement aussitôt qu'on s'est exposé à la contagion ou du moins aux émanations des foyers d'infection; nous ne savons même s'il existe un exemple bien avéré où ce développement ait eu lieu. Elle a donc une période d'incubation, comme toutes les maladies parasitaires. Mais cette période, et c'est là la circonstance importante, qui est habituellement de quelques jours, ne dépasse jamais le neuvième, et n'atteint même que rarement le huitième; c'est sur cette circonstance que sont basées les mesures hygiéniques adoptées pour préserver de l'invasion de la peste les pays où elle ne se développe pas spontanément. Ces mesures paraissent efficaces.

L'adoption de ces mesures prouve que dans l'esprit des médecins qui les ont inspirées et des administrations qui les ont prescrites, la peste peut se transporter ou pour mieux dire être transportée d'un lieu à un autre. Est-elle donc contagieuse? quelques médecins le pensent, mais la plupart le nient, et ceux-ci paraissent avoir pour eux les meilleurs arguments; elle serait seulement infectieuse. C'est donc à propos de la peste très-particulièrement, et plus peut-être à propos d'aucune autre maladie qu'a été imaginée ou du moins soutenue cette distinction un peu subtile, pour les maladies transportables, entre la *contagion* et l'*infection*. Nous ne reviendrons pas ici sur cette distinction; nous croyons avoir suffisamment approfondi le sujet, dans notre introduction, pour pouvoir nous dispenser de nous répéter; ce que nous répéterons seulement, c'est que toutes ces circonstances de circonscription géographique, de localisation dans les contrées chaudes, d'incubation, de transport, etc., imposent la doctrine parasitaire, et doivent nécessairement faire songer aux médications parasiticides.

Ce serait un grand bienfait que d'en trouver une qui jouît de quelque efficacité, car la peste est une des maladies les plus graves, plus grave, dans la plupart des épidémies, que la variole, la fièvre jaune et le choléra, et contre laquelle toutes les médications tentées n'ont eu aucun résultat utile. Tout, dans de telles conjonctures, commande donc le recours aux médications nouvelles, et par conséquent à la médication phéniquée. Elle aurait déjà été employée avec avantage, si nous sommes bien informé, par un médecin italien ou allemand, exerçant à Beyrouth; mais les détails qui sont parvenus à notre connaissance sont insuffisants pour nous permettre d'apprécier le résultat de ces essais. Ce médecin est en rapport avec le savant directeur du *Moniteur scientifique;* il serait bien à désirer que le docteur Quesneville le pressât de publier des observations détaillées sur les essais qu'il a tentés.

Nous pensons, en tous cas, que le mode d'emploi de la médication phéniquée, dans la peste, devrait être celui que nous avons formulé pour le choléra, aussi bien prophylactiquement que curativement. C'est dire que le nouveau médicament que nous n'avons encore point fait connaître trouverait probablement ses indications. Nous le mettrons volontiers à la disposition des médecins de bonne volonté qui se trouveront en position de traiter la peste.

ART. XV. — DES PIQURES ET DE L'INFECTION PUTRIDE ANATOMIQUES.

Nous n'avons pas eu plus à traiter l'infection putride par piqûres anatomatiques que l'infection putride ordinaire et l'infection purulente. Cet article se bornerait donc à cette simple mention, si nous n'avions à montrer que les médecins sont quelquefois, tout comme leurs clients, les victimes de leur incurie ou de l'esprit de routine ou de coterie qui les aveugle, et à présenter sur l'infection putride anatomique quelques remarques qui peuvent avoir leur utilité.

Sur le premier point, nous nous bornerons à reproduire la lettre suivante adressée par nous au *Courrier médical,* et publiée dans le numéro du 25 mars 1871 de ce journal :

« Monsieur le directeur,

» Votre numéro du 18 mars courant renferme deux articles sur lesquels je vous demande la permission de vous présenter quelques observations, dans le seul intérêt des médecins, des malades et de la justice distributive en général.

» Le premier est relatif à la mort de plusieurs de nos confrères, et spécialement de nos confrères de l'armée, auxquels se rattachent les souvenirs de nos premières études médicales.

» Dans cet article, vous annoncez la mort de M. le docteur Blain, qui aurait succombé à une infection purulente, suite d'une piqûre *chirurgicale*, lesquelles ne valent pas souvent mieux que certaines piqûres anatomiques.

» Je veux vous dire, à ce propos, qu'il est inconcevable que des chirurgiens qui vivent dans un milieu scientifique, puissent encore mourir ou puissent laisser mourir leurs malades d'une piqûre anatomique ou chirurgicale.

» J'ai dit, redit, et je répète encore que quiconque voudra employer l'acide phénique suivant les règles que j'ai tracées, arrêtera avec certitude le développement de l'infection purulente et probablement putride, et je m'engage, sous quelque forme de responsabilité qui me soit imposée, d'empêcher ce développement sur quiconque voudra se confier à moi en temps opportun. »

Croit-on que ces conseils humanitaires aient été suivis? Croit-on qu'un seul des médecins officiels qui laissent mourir par douzaines leurs malades dans les hôpitaux, ait voulu me mettre à l'épreuve ou tout au moins ma médication? ce serait mal connaître l'esprit médical en France : après comme avant mon appel, les opérés continuent à mourir d'infection purulente, les chirurgiens d'infection chirurgicale et probablement les élèves d'infection anatomique. Avant comme après mon appel, l'acide phénique est délaissé, et rien ou à peu près rien n'a été fait pour diminuer la mortalité des opérés et pour prévenir les accidents dont sont parfois victimes les élèves en dissection et même les chirurgiens (1). Rien ne serait pourtant plus facile que d'empêcher ces derniers

(1) On verra à l'article *Plaies* que le petit professeur, M. Verneuil, a pourtant fait un simulacre d'application de la médication phéniquée en imaginant une formule nouvelle ou, si l'on veut, un procédé chirurgical nouveau, qui peint bien l'esprit officiel dont ce petit chirurgien est pourtant un des échantillons les moins mal réussis.

accidents, qui sont évidemment causés par des ferments. Si ces ferments ne sont pas connus dans leur espèce animale ou végétale, ils ne sont pas douteux, car l'infection anatomique et chirurgicale n'est pas une affection équivoque comme celle qu'on appelle, depuis Berard, infection putride. Les piqûres anatomiques et chirurgicales ont une période d'incubation parfaitement caractérisée, comme toutes les véritables infections à ferments, et l'on ne saurait guère douter que l'acide phénique n'ait sur les ferments ou le ferment anatomique ou chirurgical la même action que sur le ferment puerpéral ou purulent. Nous croyons donc que les jeunes anatomistes et les chirurgiens qui auront la précaution d'avoir constamment sur eux une solution alcoolique ou même aqueuse d'acide phénique, pendant les dissections ou les opérations, et qui appliqueront immédiatement ces solutions sur les piqûres ou coupures qu'ils pourraient se faire, éviteront les conséquences qui en pourraient résulter. Si, en l'absence des précautions que nous indiquons, les suites de l'infection étaient déjà déclarées, on appliquerait la médication phéniquée comme il a été dit pour la fièvre puerpérale et purulente. Il est à espérer qu'on obtiendrait les mêmes résultats.

En ce qui concerne les dissections, il y aurait un moyen fort simple d'éviter les accidents auxquels sont exposés les étudiants, ce serait de désinfecter les cadavres par l'acide phénique avant et pendant la dissection. Cette précaution est déjà pratiquée dans plusieurs écoles d'Allemagne où, grâce à elle, l'infection anatomique est aujourd'hui inconnue.

ART. XVI. — DE LA POURRITURE D'HOPITAL.

Cette affection n'étant à proprement parler qu'une complication des plaies, comme l'érysipèle traumatique, nous renvoyons ce que nous avons à en dire à l'article *Plaies*.

ART. XVII. — DU SCORBUT.

Une alimentation peu substantielle, et plus encore peu substantielle et excitante à la fois, telle que celle qui est composée de salaisons et en général d'aliments conservés, le séjour dans un air confiné, surtout dans un air confiné humide, l'absence de lumière et de mouvement, les affections morales tristes, débilitantes, telles sont les causes principales, presque exclusives, du scorbut ; ce sont presque toutes celles qui favorisent le développement des parasites, qui assurent même leur développement, pour peu qu'elles se prolongent. C'en est assez pour qu'on doive tenir pour certain que le scorbut est une maladie parasitaire, quoiqu'on n'ait pas encore, à notre connaissance, déterminé ni même recherché avec quelque soin le parasite scorbutique. On devait donc prévoir que la médication phéniquée aurait probablement de l'efficacité contre le scorbut.

L'occasion ne s'est pas présentée pour moi de soumettre mes présomptions au contrôle de l'expérience. Je n'ai eu à traiter que deux ou trois cas de scorbut dont un seul avait quelque gravité. Mais ce dernier, qui se présentait chez un officier de marine, était compliqué d'une syphilis constitutionnelle ; l'état cachectique pouvait et devait même tenir en grande partie à cette dernière maladie. Il fut guéri très-promptement par les inhalations de poussière phéniquée, du sirop phéniqué de Guénon, et de légères cautérisations avec un mélange d'acide phénique, d'iode, d'iodoforme et de glycérine. Les praticiens qui ne posséderaient pas un appareil pour donner des pulvérisations pourraient les remplacer par des dentifrices phéniqués, employés très-fréquemment. Dans des cas très-graves, peut-être se trouverait-on bien de joindre à ce traitement des injections sous-cutanées phéniquées ; ce sont des expériences qui se recommandent surtout à l'attention des médecins de marine, qui ont plus d'occasions que les autres d'observer le scorbut. Nous ne pouvons que leur donner ici quelques indications générales.

TROISIÈME SECTION.

MALADIES NON PARASITAIRES, MAIS PARAISSANT AVOIR AVEC LES MALADIES PARASITAIRES DES RAPPORTS ASSEZ INTIMES.

DES VENINS ET DES MALADIES VENIMEUSES.

En physiologie morbide et pathologique, plus peut-être que dans aucune autre science, les meilleures théories ont leur insuffisance et ne peuvent rendre raison de tout. Si, comme le pensait Liébig, comme il le pense peut-être encore aujourd'hui, — car les esprits distingués n'ont pas moins de peine que les autres à abjurer leurs erreurs, — les venins étaient des ferments, rien ne serait plus facile que d'expliquer l'action de l'acide phénique sur quelques-uns d'entre eux, sinon sur tous. Nous aurions classé les phénomènes morbides qu'ils déterminent dans l'une des sous-sections précédentes, et nous les aurions décrits comme ceux du miasme paludéen ou du ferment charbonneux. Il n'en est point ainsi.

Liébig a pu, à l'aide d'une théorie qui n'en était point une, et à l'aide d'un accroc à la logique de cette prétendue théorie, faire rentrer les venins dans la classe très-compréhensive de ses ferments; ce qui n'était pas possible même alors, l'est encore moins aujourd'hui. Le caractère du véritable ferment est de se multiplier, dans les conditions propres à son développement, presque toujours de se transmettre, ou tout au moins de pouvoir s'établir d'une manière plus ou moins durable sur les parties qu'il envahit et où il trouve des conditions d'existence. Les miasmes, qui ne se reproduisent pas, mais qui ont cette dernière propriété, peuvent à la rigueur, ainsi que nous l'avons dit, être considérés comme des ferments, car, sauf la transmission, ils ont la plus grande ressemblance avec les ferments proprement dits. Ils ont surtout avec eux cette ressemblance, qui est une des propriétés essentielles des ferments, d'exiger un certain temps pour se développer ou pour manifester leur présence dans le terrain nouveau où ils sont transportés, en d'autres termes, d'avoir une *période d'incubation*. Rien de semblable ne s'observe dans les venins. Comme un caustique minéral ou organique qui serait déposé sur les tissus, le venin agit à l'instant même où il est en contact avec eux ; il les modifie sur-le-champ et épuise progressivement son action en se détruisant lui-même. Ce n'est donc point là, évidemment, un ferment. Qu'est-ce donc? Si nous en croyons certains auteurs, c'est un « *liquide délétère sécrété par certains animaux.* » Délétère pour les autres toutefois. La définition n'est pas inexacte, mais elle est peu instructive ; celle-ci ne l'est guère davantage, mais elle est plus naïve, quoiqu'elle soit de M. Ch. Robin et peut-être un peu, — bien peu, — de M. Littré. « *Ce sont des humeurs,* » — (pourquoi *humeurs* et non liquides ?) — « *devant leurs propriétés à des substances organiques naturelles produites par certaines glandes et dont il existe autant d'espèces que de groupes d'animaux venimeux.* » Il paraîtrait, d'après cela, que la salive, la bile, le suc pancréatique, le sperme ne doivent pas leurs propriétés *à des substances organiques naturelles*, mais à des substances inorganiques ou *surnaturelles !* et dire que voilà les.......... Lapalissades qui conduisent à l'Institut et dans les antichambres des ministres impériaux et républicains !

Cette définition devait évidemment plaire à M. Lemaire et elle lui a plu ; elle lui a plu, savez-vous pourquoi? parce qu'elle prouve que « les venins appartiennent au *groupe des* FERMENTS *qui se forment pendant* la vie (1), et que ces venins ont la plus grande analogie avec la myrosine, la diastase végétale et animale, la pectase, la pepsine, etc., » lesquelles, admirez bien la logique du professeur, « NE SONT POINT DES FERMENTS. » Ainsi, la définition de M. Ch. Robin prouve que *les venins ont la plus*

____

(1) M. Lemaire, en effet, a eu la lumineuse idée d'adopter une classification qui divise les ferments en ferments qui se développent sur les matières privées de vie et ferments qui se développent pendant la vie : ceux-ci produisent les *fermentations* pectique, glucosique, sinapisique, etc.; *fermentations* qui, suivant M. Lemaire, sont de simples actions chimiques dans lesquelles la myrosine, la pectase, la diastase, etc., agissent en vertu de leurs affinités chimiques, c'est-à-dire qu'elles ne sont pas des *fermentations*. M. Lemaire aurait fait tous ses efforts pour accumuler des erreurs qu'il n'aurait pas mieux réussi.

grande analogie avec des ferments qui ne sont point des ferments! le fait est qu'elle ne pouvait guère prouver que quelque chose comme cela. Il serait inutile de suivre M. Lemaire et ses autorités dans des définitions et des discussions hors de leur portée ; il vaut mieux, car c'est plus utile, s'occuper des quelques faits que M. Lemaire paraît avoir constatés. Disons cependant, pour en terminer avec la question des venins et des principes des *fermentations* sinapisique, glucosique, etc., considérés comme ferments, que, si Liébig a eu tort de les considérer comme tels, on n'aurait pas moins tort de les regarder avec M. Lemaire — (à un certain moment, car il ne lui faut souvent que le temps de tourner un feuillet pour changer d'avis) — comme des corps à réactions purement chimiques. Le caractère essentiel des combinaisons chimiques, c'est de se faire conformément à la loi des équivalents ; or, c'est ce qui n'a lieu ni pour la diastase, ni pour la pepsine, encore bien moins pour les venins : une partie de diastase peut transformer, paraît-il, deux mille parties d'amidon en glucose, et quant à l'action d'un venin sur un organisme vivant, il n'y a là rien de comparable à ce qui se passe entre deux corps qui réagissent l'un sur l'autre par suite de leur affinité chimique. Du reste, l'action des venins sur l'économie n'a aucune analogie avec celle des poisons chimiques : les venins mortels décomposent avec une extrême rapidité les humeurs animales et surtout le sang, et sous ce rapport, ils ont vraiment de l'analogie avec les grands ferments morbides, comme ceux du charbon, du typhus bovin, du choléra, etc.

Les venins forment donc une classe de principes à part, lesquels ont bien quelque analogie avec les vrais ferments, mais qui en diffèrent par des caractères essentiels ; qui ont aussi des analogies plus grandes avec les principes des transformations — (et non fermentations) — pectique, sinapisique, etc., mais qui paraissent en différer aussi par un caractère important, et c'est précisément ce caractère qui fait qu'ils ont leur place marquée ici. M. Lemaire a fait quelques expériences pour s'assurer si les *fermentations* sinapisique, pectique et glucosique s'effectuaient en présence de l'acide phénique, et il a constaté que ces réactions n'étaient en rien trou-

blées par cet acide (1). A partir de ce moment, il fallait donc
ou rayer les réactions dont il s'agit de l'ordre des ferments ou
supposer que les ferments qui les provoquent sont insensibles
à l'action de l'acide phénique; mais cette dernière alternative
étant déjà contraire à tous les autres caractères des réactions,
c'est à la première qu'on devait définitivement se rattacher,
tout en constatant que ce ne sont point là des phénomènes
d'affinité chimique ordinaire, et qu'il y a matière à d'intéressantes recherches.

Quant aux venins, à ceux du moins qui ont été expérimentés,
ils ont, au contraire, été neutralisés par l'acide phénique et ont
montré, sous ce rapport, une analogie avec les vrais ferments.
En sera-t-il de même de ceux qu'on n'a point expérimentés?
Nous n'oserions l'affirmer positivement, et il y a même des médecins qui l'ont nié à l'avance, par cette raison que tous les
venins n'ont pas exactement le même mode, on devrait plutôt
dire la même promptitude et surtout la même force d'action.
Nous croyons, au contraire, que l'analogie de tous les venins
est extrême, et que l'agent qui en neutralisera un neutralisera
très-probablement tous les autres. Mais ce n'est là qu'une présomption et, en somme, c'est à l'expérience à décider la question. Jusqu'à présent cette expérience n'est pas très-étendue;
nous allons en faire connaître les résultats, en les rangeant
d'après l'ordre alphabétique des animaux qui produisent les
venins; nous mentionnerons ensuite quelques autres différences entre les ferments et les venins.

Abeilles. — M. Lemaire rapporte *qu'en* 1860, il fit piquer
l'oreille d'un cochon d'Inde par deux abeilles qui y laissèrent
leurs aiguillons. Quelques minutes après, il appliqua sur les
piqûres, après avoir enlevé les aiguillons, de l'acide phénique
pur, à l'état liquide. Immédiatement, la peau devint d'un blanc
laiteux, puis se rida, prit un aspect parcheminé; sa souplesse
ne revint qu'après quelques jours. Une heure après cette sorte
de cautérisation, l'oreille cessa d'être sensible, et l'animal ne
parut pas incommodé.

(1) C'est dans ces expériences qu'ont été sacrifiés ces trois ou quatre fameux
pots de confitures, qui ont fait porter aux nues la générosité du pharmacien
Chaumelle. (Voir ci-dessus p. 102.)

La même expérience fut faite au bout de quelques jours sur l'oreille opposée du même animal, avec cette différence qu'on n'appliqua point d'acide phénique : peu de temps après les piqûres, l'oreille se tuméfia, devint livide, douloureuse au toucher ; l'animal devint brûlant, ses artères battaient avec précipitation ; en un mot, il avait la fièvre ; ses mouvements étaient mal assurés ; pendant 24 heures, il refusa toute nourriture, et ne se rétablit qu'après trois jours.

M. Lemaire a eu l'occasion de faire, sur l'homme, une observation dont le regrettable professeur Gratiolet a été le sujet. Ce savant distingué fut piqué par une abeille à l'extrémité palmaire du doigt indicateur de la main gauche ; l'aiguillon resta dans la plaie. Une vive douleur se faisait sentir et le doigt commençait à gonfler, quand *dix* minutes après l'accident, une goutte d'acide phénique pur fut appliquée sur la plaie, d'où l'on avait préalablement enlevé l'aiguillon. Quelques instants après l'application la douleur cessa, et aucun phénomène inflammatoire ne se développa.

Crapaud. — Le venin du crapaud a été longtemps contesté ; c'est à d'ingénieuses expériences faites par le même professeur Gratiolet et par M. Cloëz qu'on doit la démonstration de la réalité de ce venin. M. Lemaire en a fait l'objet des expériences suivantes :

Du virus pris sur un crapaud vivant fut inoculé à la région précordiale d'un moineau que M. Lemaire appelle domestique. L'animal vomit, tomba bientôt paralysé et mourut 40 minutes après l'inoculation.

Une inoculation semblable fut pratiquée avec le plus grand soin sur un autre moineau, et la piqûre fut immédiatement imprégnée d'acide phénique pur. Deux minutes après l'animal se promenait en chancelant dans sa cage : un peu plus tard, il tomba sur le côté et agita ses membres pendant une demi-heure ; il paraissait en proie à une grande souffrance. Peu à peu, ces accidents se dissipèrent, et au bout de trois heures l'animal mangeait et ne paraissait plus souffrir.

M. Lemaire pensa, avec toute apparence de raison, que les phénomènes observés sur le second moineau étaient dus, non au venin, mais à l'acide phénique. Pour s'en assurer, il appliqua sur deux autres moineaux, sur l'un, deux gouttes d'acide, comme sur le précédent, et sur l'autre, quatre gouttes : le premier de ces deux moineaux fut malade absolument comme le second ·inoculé, et celui qui fut imprégné avec quatre gouttes succomba, une demi-heure après l'application. M. Lemaire trouve ce fait curieux, et il est, en effet, remarquable que quatre gouttes d'acide phénique appliquées seulement sur la peau et non inoculées suffisent pour tuer un moineau.

Sur le virus du crapaud, M. Lemaire a encore fait une autre expérience : il a mélangé une petite quantité de ce virus avec partie égale (et non *parties égales* comme il le dit) d'acide phénique, et l'a inoculée à un moineau frère des précédents ; il a manifesté des signes d'impatience ; mais il n'a point chancelé, et est rentré dans l'état parfaitement normal, au bout d'une heure.

M. Lemaire fait remarquer que les expériences précédentes ont été faites au mois d'août, époque à laquelle le venin du crapaud est le plus énergique, et que les moineaux étaient âgés de deux mois.

Cousins. — Pour ne pas séparer les expériences faites sur le venin des abeilles de celles faites sur les crapauds, nous avons sauté par-dessus les cousins ; il faut revenir à ces hôtes fort incommodes dont les piqûres, si elles ne compromettent pas notre existence, la rendent au moins fort désagréable pendant une partie de l'année, surtout dans les pays chauds. Ces animaux sont déjà fort incommodes, à l'époque la plus chaude de l'année, dans les campagnes qui environnent Paris ou même qui sont situées beaucoup plus au nord. Ce serait donc un véritable service rendu que de trouver le moyen de guérir les piqûres de ces petits animaux et surtout de les prévenir.

La question de la curation est résolue scientifiquement par l'application de l'acide phénique. Mais elle ne l'est pas tout à fait pratiquement. Une goutte d'acide phénique pur déposée sur le point qui vient d'être piqué par un cousin détruit i'action du virus ; mais il reste l'action de l'acide, qui, dans certains points de la peau, chez les femmes surtout, a de sérieux inconvénients, qui laisse des traces assez longtemps persistantes, ainsi que nous l'avons dit ailleurs ; somme toute, le remède est pire que le mal ; cela est vrai quand on n'a à traiter qu'une seule piqûre ; c'est bien pis encore quand il en existe plusieurs, ce qui n'est pas rare. Cet inconvénient disparaîtrait si l'on pouvait obtenir avec une solution phéniquée légère ce qu'on obtient avec l'acide pur ; malheureusement, il n'en est point ainsi ; la solution aqueuse ne diminue sensiblement ni le gonflement ni la durée des démangeaisons, et le vinaigre phéniqué lui-même n'a pas une action beaucoup plus efficace. Peut-être, en tâtonnant, arriverait-on à trouver une solution vinaigrée ou alcoolique qui produirait à peu près les effets de l'acide pur sans en avoir les inconvénients ; c'est une recherche à faire.

On aurait pu penser que des lotions sur la peau avec une solution faible auraient pu éloigner les cousins à défaut de guérir leurs piqûres ; il n'en est rien ; les cousins piquent la peau lotionnée à peu près comme l'autre ; du reste, la volatilité de l'acide phénique ne lui permet pas de rester longtemps sur la peau. En définitive, un moyen curatif et préservatif des morsures de cousins est encore à trouver. M. Lemaire, encore, ici, plus royaliste que le roi, ne paraît pas se douter de ce besoin ; il parle de l'action de l'acide phénique, à propos des venins et de celui du cousin en particulier, comme s'il réalisait tous les *desiderata* de la thérapeutique ; mais ce n'est pas la première fois que nous faisons observer combien peu notre courtois imitateur se doute de ce qu'est la médecine pratique ou théorique.

On s'est demandé comment agissait l'acide phénique, pour neutraliser les venins, et nous dirons nous-même deux mots de cette question à la fin de cet article ; bornons-nous ici à la mentionner, à propos de faits qui ne sont pas de nature à en faciliter la solution.

Frelons et guêpes. — La grande analogie d'organisation de ces insectes et des abeilles pouvait faire prévoir que l'acide phénique aurait la même action sur les venins des uns et des autres. C'est ce que l'expérience paraît avoir confirmé. M. Lemaire rapporte les faits suivants, aussi remarquables pour le moins que ceux relatifs aux piqûres d'abeilles :

« M. Lef.... fut piqué au bras et à l'avant-bras par une

guêpe (1) : une douleur vive, de la rougeur, du gonflement, en un mot tous les phénomènes de l'inoculation du venin se manifestaient déjà. Un peu d'acide phénique pur appliqué, quelques minutes après, sur ces deux piqûres, fit cesser, sur-le-champ, la douleur et les phénomènes inflammatoires.

» Mlle G... a été piquée au doigt par une guêpe. Rougeur, gonflement immédiat; une douleur vive se manifesta jusque dans le bras. Deux gouttes d'acide phénique pur appliquées sur la piqûre firent cesser en quelques instants les accidents. »

M Lemaire rapporte encore deux observations semblables recueillies à Paris; il dit que M. le docteur Bert en a recueilli de semblables, et il cite ensuite les suivantes, recueillies dans un climat plus chaud :

« Le fils de M. Lucien Biard et sa domestique furent piqués l'année dernière au Mexique, par des guêpes. De la rougeur et du gonflement survinrent. Une douleur très-vive les incommodait. M. Biart appliqua deux gouttes d'acide phénique pur sur ces piqûres. Tous les accidents cessèrent presque instantanément. Ces piqûres n'eurent pas d'autres suites. »

Le cas suivant se rapporte à une piqûre de frelon :

« Au mois de septembre 1864, le professeur Gratiolet, en chassant les insectes dans le Périgord, fut piqué à la main droite par une *guêpe-frelon*, une douleur vive en fut la conséquence. Mais comme il ne sortait pas sans avoir un petit flacon d'acide phénique dans sa poche, il cautérisa immédiatement la piqûre avec cet acide. Tous les phénomènes toxiques et inflammatoires cessèrent sur-le-champ. »

Les frelons, on le sait, ont un venin d'une action plus intense que celui de la guêpe, soit qu'il soit plus énergique ou qu'il en dépose dans la piqûre une plus grande quantité ; il est donc remarquable qu'il ait été neutralisé aussi facilement que celui de la guêpe et de l'abeille, si toutefois c'est bien un frelon que M. Lemaire a voulu désigner par les mots *guêpe-frelon*.

---

(1) Est-ce bien par la même? Il est bien rare de voir le même insecte faire deux piqûres consécutives. Ce n'est pas que la question ait une bien grande importance; mais l'absence de toute remarque à cet égard prouve que notre imitateur ne comprend pas la portée de ses observations ou les rédige avec beaucoup de légèreté.

Mouches. — Les mouches causent parfois des accidents bien autrement formidables que ceux des guêpes et des frelons; mais c'est en inoculant des principes qu'elles ont puisés ailleurs et dont elles n'ont été que les véhicules. (Voir article *Charbon*.) Nous ne connaissons pas bien positivement dans nos climats de mouches qui aient à proprement parler un venin. On parle cependant de mouches qui posséderaient en propre des principes très-délétères; Livingstone parle d'une mouche, dont le nom nous échappe et qui causerait des accidents sérieux dans certaines contrées de l'Afrique. Mais la cause précise de ces accidents, à les supposer réels, n'est pas déterminée.

Malgré l'incertitude qui règne à cet égard, nous croyons qu'il sera toujours prudent de cautériser le plus tôt possible avec l'acide phénique toutes les piqûres de mouches, car ce précieux agent n'a pas moins d'action, s'il n'en a pas davantage, sur les ferments transportés et inoculés par les mouches que sur les venins eux-mêmes. Les faits qui le prouvent sont aujourd'hui assez nombreux pour que nous jugions inutile d'en rapporter quelques-uns.

Salamandres. — C'est encore aux recherches du regrettable professeur Gratiolet et de M. Cloëz qu'on doit la démonstration positive du venin de la salamandre. L'acide phénique paraît avoir sur ce venin la même action que sur le venin des crapauds. Nous ne sachons pas qu'on ait expérimenté sur la salamandre fluviatile ou triton ; mais il est à peu près certain qu'on obtiendrait les mêmes résultats que sur la salamandre terrestre.

Scolopendre. — Si l'on en croit l'opinion généralement accréditée aux Indes et aux Antilles, ce petit animal, du genre des myriapodes et de l'ordre des chilipodes, ne se rapprocherait pas seulement par l'ordre alphabétique du scorpion, mais aussi par le venin qu'il sécrète, et par la douleur des piqûres qu'il fait quelquefois à l'homme. La seule espèce qui paraisse sérieusement venimeuse parmi celles qui habitent le midi de l'Europe, est la *scolopendre cingulée*, très-fréquente en Italie et au sud de la France. Cependant les piqûres de cet insecte sont bien rares, et nous ne savons si l'histoire de la science en renfermait des exemples bien authentiques, quand le docteur Sébastiani en publia deux cas, il y a quelques mois. D'après le nom de l'auteur, il semblerait que ces deux cas doivent avoir été observés en Corse ; mais *la Tribune médicale* à laquelle nous empruntons l'analyse du travail du docteur Sébastiani ne donne aucun renseignement à cet égard. Un autre défaut de l'analyse où nous puisons ces renseignements, c'est que le docteur Sébastiani, au lieu de décrire les phénomènes qu'il a observés chez les deux malades piqués, un enfant de 8 ans et un homme de 49 ans, décrit ces symptômes d'une manière générale, en sorte qu'on ne sait si c'est une description d'après les auteurs qu'il trace, ou bien d'après ce qu'il a vu. Dans ce dernier cas, deux faits seraient insuffisants pour autoriser une telle description. Quoi qu'il en soit, voici ce que dit M. Sébastiani, du moins d'après l'auteur de l'analyse :

« Aussitôt après la piqûre, le blessé éprouve une démangeaison à laquelle succède une douleur vive qui s'étend à tout le membre. La piqûre forme une tache rouge qui s'agrandit peu à peu et devient noire au centre. L'escarre, dans le second cas, avait les dimensions d'une pièce de cinq francs.

» Les accidents généraux sont effrayants : anxiété précordiale, douleurs articulaires, fréquence et irrégularité du pouls, vertiges, céphalalgie intense et vomissements de matières bilieuses. Vers le second jour, l'aspect de la blessure présente tous les caractères de la pustule maligne ; il est même très-difficile de ne pas s'y tromper.

» L'auteur, chez ses deux malades, nota l'engorgement et l'inflammation des vaisseaux lymphatiques du membre et des ganglions de l'aisselle ; caractère qui ne manque jamais dans la pustule maligne.

» Le traitement local consiste en application de compresses trempées dans une forte décoction de feuilles fraîches de noyer.

» Comme traitement général, acide phénique à la dose de 1 gramme, et 2 grammes de chloral dans une potion de 140 grammes.

» Les phénomènes généraux ont cessé assez rapidement, et après la seconde potion, les deux malades étaient hors de danger. » (*Tribune médicale*, 5 mai 1872.)

Aux observations dont nous avons fait précéder cette narration nous ajouterons les suivantes :

L'auteur établit que le traitement local *consiste* en l'application, etc. *Consiste* signifie que ce traitement est une règle établie par l'assentiment général ou par la tradition ; or, nous ne sachons pas que ni l'un ni l'autre soient acquis à la décoction, même forte, de feuilles de noyer ; M. Nélaton n'a pu la faire accepter pour la pustule maligne ; nous ne pensons pas que M. Sébastiani soit plus heureux pour la morsure de la scolopendre ; nous pensons donc que les applications locales d'acide phénique seraient préférables à la décoction de feuilles de noyer.

La rédaction de l'auteur ou du résumeur indique que le traitement général est également établi classiquement et consiste dans l'administration de 1 gramme d'acide phénique et de 2 grammes de chloral. C'est encore là, évidemment, une manière de s'exprimer, car personne, excepté le docteur Sébastiani, n'a probablement employé encore l'acide phénique contre la piqûre de la scolopendre. On pourrait donc tout au plus dire que le traitement *doit consister*. Nous croyons qu'en effet, l'acide phénique est indiqué à l'intérieur en même temps qu'en applications locales ; nous croyons seulement que dans une piqûre, qui, malgré les douleurs qu'elle cause, ne paraît pas mettre la vie en danger, 50 à 60 centigrammes d'acide suffiraient, et qu'il y aurait avantage à les dissoudre dans plus de 140 grammes d'eau. Quant à l'association du chloral à l'acide phénique, association imaginée, probablement, dans le but de calmer la douleur, nous croyons que le chloral n'a pas assez bien soutenu la réputation qu'on a voulu lui faire à ses débuts, pour qu'on doive le préférer jusqu'à nouvel ordre aux autres calmants ; nous aurions donc plus de confiance dans les alcaloïdes de l'opium.

Quant à la difficulté extrême qu'il y aurait, suivant M. Sébastiani, à distinguer, au deuxième jour de la piqûre, la lésion qu'elle cause de celle de la pustule maligne, notre honorable confrère n'a donné aucun détail descriptif qui justifie son opinion, ou plutôt il en a donné quelques-uns qui doivent empêcher de l'adopter.

Scorpions. — Le venin des scorpions a une réputation sinistre qui n'est point justifiée pour les scorpions d'Europe, lesquels habitent à peu près exclusivement les contrées riveraines de la Méditerranée ; leur piqûres paraissent même moins dangereuses que celles des guêpes et des abeilles. Il n'en est pas de même des grands scorpions des pays chauds, dont les morsures peuvent être mortelles pour de grands animaux comme les chiens. Des essais d'application de l'acide phénique contre les morsures de ces grands insectes ont été faits au Mexique, par M. Biard, et paraissent avoir eu le même succès que ceux relatifs aux morsures d'abeilles et de guêpes. Voici les notes que publie, sur ces essais, M. Lemaire, d'après M. Biard :

« Un de mes élèves fut piqué à la main par un scorpion. Je touchai la piqûre avec de l'acide phénique pur, et l'élève continua son travail sans le moindre accident.

» Quelques jours après une de mes servantes était atteinte au coude. Cette fois encore l'acide phénique neutralisa le poison.

» Enfin, un maçon qui remuait des pierres, depuis longtemps amoncelées, mit en fuite une douzaine de ces petits scorpions blonds qui vivent en compagnie des cloportes, reçut deux piqûres à la fois, et continua son travail sans rien dire. Une demi-heure après, tout l'avant-bras, gonflé outre mesure, lui semblait être sur des charbons ardents. Je cautérisai immédiatement les piqûres. Le lendemain notre homme reprenait sa tâche, ce qu'il n'eût pu faire avant trois jours au moins, sans les merveilleuses propriétés de l'acide phénique. »

M. Jousset a observé dans de nombreuses expériences sur les grenouilles avec le venin du *scorpio occitanus,* qu'il a inoculé à leurs pattes. Il a observé l'action sur le sang, inoculé à différentes doses, et il a résumé les expériences dans les conclusions suivantes :

« 1º Le venin du *scorpio occitanus* agit directement sur les globules rouges du sang et ne paraît agir que sur eux ;

» 2º Son action a pour résultat de faire perdre aux globules la propriété de glisser les uns sur les autres ;

» 3º En perdant cette propriété, ils s'agglutinent les uns

aux autres et aux globules sains de manière à former de petites masses qui obstruent l'entrée des capillaires et mettent obstacle à la circulation.

» C'est par ce mécanisme et en s'opposant à la plus indispensable des fonctions, que ce venin place l'économie animale dans des conditions incompatibles avec la vie.

» Il résulte encore des nombreuses expériences relatées dans ce mémoire qu'une quantité déterminée de venin est nécessaire pour que l'animal soit empoisonné. Le venin de scorpion, comme tous les autres venins probablement, n'agit donc que quantitativement et d'une manière purement chimique, ce qui le différencie des virus dont l'action parait analogue à celle des ferments. » (*Courrier médic.*, n° de novembre-décembre 1870.)

Les expériences très-curieuses de M. Joussel l'auraient été davantage encore, si, après avoir inoculé le venin, il avait injecté sous la peau une petite quantité d'acide phénique, et s'il avait observé ce qui se passait dans le sang des animaux en expérience. Peut-être cela nous aurait-il appris quelque chose sur l'action antivenimeuse de cet acide, quoique la grenouille soit bien éloignée des mammifères.

Quant à ce que l'honorable expérimentateur dit de l'action purement chimique des venins, nous en avons déjà dit deux mots et nous y reviendrons à la fin de cet article.

Serpents. — C'est surtout sur le venin des serpents que se concentre le grand intérêt des substances antivenimeuses : jusqu'à présent peu de résultats avantageux ont été obtenus; l'ammoniaque est le seul agent qui conserve quelque réputation, quoique les faits qu'on cite en sa faveur ne soient pas décisifs. Quant aux cédrons et au guaco, les observations qu'on cite en leur faveur, quoique dignes d'être prises en considération, laissent cependant à désirer.

Il est remarquable qu'en 1854, le docteur W. Clarke, convaincu de l'incertitude de ces résultats, essaya la créosote sur les serpents et sur leurs morsures, en obtint de bons résultats, et conseille son usage ou l'usage de composés analogues.

C'est, inspiré par ces données, que M. Frayer, chirurgien de l'armée du Bengale, essaya l'acide phénique et communiqua à M. Calvert une note que le *Moniteur scientifique* du docteur

Quesneville publia dans sa livraison du 1er septembre 1871.

Dans cette note, le docteur Frayer rend surtout compte d'expériences, au nombre d'une quinzaine, qui prouvent que deux gouttes d'acide phénique insinuées dans la bouche de divers reptiles de grosse espèce les tuent promptement, et même que plusieurs gouttes mises en contact avec leur peau, peuvent les tuer aussi. Pour prouver ce dernier point, le docteur Frayer rapporte l'expérience suivante, qui est la 14° de la série.

Expérience nº 14. — « Je versai quelques gouttes d'acide phénique à l'entrée d'une grande cage de bois avec devant en fils métalliques, dans laquelle était un grand *bungarus fasciates*. Le serpent ne fut pas dérangé, et bien qu'il touchât la tête, l'acide phénique ne put pas pénétrer dans la bouche; immédiatement, le bungarus détourna la tête de l'endroit où était l'acide, éprouva une excitation et des convulsions très-marquées : après quelques instants, la queue devint tout à fait rigide; au bout de trois minutes, l'animal se tourna sur le dos et resta presque immobile; après environ 5 ou 6 autres minutes, il était complétement mort. Ce serpent, qui mesurait cinq pieds de long, était très-vigoureux, et en même temps très-lent, comme l'est, je crois, le bungarus, mais très-vivace quand il se réveillait. Après la mort, la muqueuse de la bouche avait conservé son aspect ordinaire, tandis que la muqueuse d'un cobra tué par l'introduction de quelques gouttes d'acide dans la bouche, était blanchie; le venin sorti des crochets était en outre coagulé. »

D'après ces expériences, M. Frayer pense que l'acide phénique est un bon moyen d'empêcher l'introduction des serpents dans les habitations, et c'est dans le but de rechercher ce moyen qu'il les avait entreprises. Il n'en a pas fait pour étudier l'action de l'acide phénique sur les animaux mordus par ces serpents si redoutables. Mais il fait mention d'observations qui auraient été faites par les docteurs Tessier et Boyd, qui ont un haut intérêt pour nous, celles du docteur Tessier particulièrement, puisque cet honorable confrère aurait appliqué à l'empoisonnement par le venin des serpents la méthode sous-cutanée.

« Je partage l'opinion du docteur Frayer (1), dit le publicateur de la note, M. Calvert, que l'acide phénique possède la propriété de coaguler le venin des serpents ; mais je crois qu'un résultat plus avantageux » — (plus avantageux que quoi ?) — « serait obtenu par la méthode suivante, mise pour la première fois en pratique, avec un grand succès, par le docteur Tessier, à l'île Maurice, en 1868. La méthode du docteur Tessier consiste à injecter sous la peau une solution de trois quarts de grain (2) d'acide phénique dissous dans 20 (3) *minims* d'eau. »

M. Calvert n'est pas obligé de savoir que la méthode sous-cutanée n'est pas la méthode du docteur Tessier ; mais il n'en a pas moins bien fait de mentionner la pratique de cet honorable praticien ; il aurait mieux fait encore s'il avait publié en détail les observations que M. Tessier a pu recueillir. Les renseignements qu'ajoute encore le savant fabricant de Manchester ne manquent pas d'intérêt, quoiqu'ils pèchent un peu par excès de laconisme.

« La valeur de l'acide phénique, pour prévenir les effets mortels de la morsure des serpents venimeux, est pleinement démontrée par les intéressantes cures effectuées, en 1868, par le docteur Boyd (de Warnambog), et publiées dans les journaux australiens. Le docteur a administré à trois personnes mordues de faibles solutions d'acide phénique dans de l'eau-de-vie. »

Tels sont les documents que nous connaissons sur l'action de l'acide phénique sur le venin des serpents et sur les serpents eux-mêmes. N'ayant aucune expérience personnelle sur la matière, nous ne pouvons rien ajouter à ce qu'on vient de lire ; nous dirons seulement que la rapidité d'action du venin des serpents, et le quasi-impossibilité d'agir immédiatement après la morsure, indique expressément l'emploi de la méthode sous-cutanée, ainsi qu'a eu l'excellente idée de le faire le docteur Tessier ; mais nous ajouterons que la dose d'acide qu'il injecte

---

(1) Le journal imprime, tantôt *Frayer*, tantôt *Fayrer*, en sorte que nous ne savons pas au juste comment s'écrit le nom de notre estimable confrère. Nous lui faisons ici toutes nos excuses de ne connaître son nom que par la note publiée par M. Calvert ; il est probable que M. Frayer ou Fayrer a publié d'autres travaux utiles.

(2) Un peu moins de 4 centigrammes.

(3) 20 gouttes.

est un peu faible : le cas échéant nous ferions trois ou quatre injections, en une seule séance, de cinq grammes d'eau phéniquée à 1 et même à 2 ou 3 pour 100, soit 20 à 60 centigrammes d'acide ; encore donnerions-nous en outre quatre à cinq cuillerées de notre sirop phéniqué dans les 24 heures.

Nous ne clorons pas ce que nous avons à dire, quant à présent, sur le venin des serpents, sans faire remarquer que la créosote a, ici comme dans la diarrhée, la dyssenterie, la fièvre typhoïde, etc., précédé l'acide phénique ; qu'elle en a même inspiré l'emploi, mais qu'elle doit aussi lui céder la place. Nous renvoyons à la fin de cet article quelques autres remarques sur les expériences relatives aux serpents.

Tarentule. — C'est en quelque sorte pour mémoire que nous mentionnons ici cet insecte venimeux dont on a beaucoup exagéré jadis la puissance délétère. Non-seulement le *tarentisme* paraît lui-même être un roman, mais la piqûre de la plus mauvaise des deux espèces de tarentule paraît à peine atteindre en danger celle de l'abeille. Il n'en aurait pas moins été fort intéressant d'expérimenter l'acide phénique contre les morsures de cet arachnide ; l'occasion ne doit pas en manquer à nos confrères de la Pouille et de la Calabre ; espérons qu'ils ne tarderont pas trop à en profiter.

Dans les quelques remarques que nous avons présentées au commencement de cet article, nous avons dit en quoi les venins se rapprochent et s'éloignent des ferments, en quoi ils sont, quant à présent, un embarras pour la doctrine parasitaire. Après les faits que nous avons notés à propos de certains venins en particulier, quelques remarques sont nécessaires encore.

Les venins n'étant point des ferments ne renferment probablement pas de microphytes ni de microzoaires, et par conséquent, ce n'est point en tuant ces êtres microscopiques que l'acide phénique les neutralise. Comment donc agit-il ? M. Lemaire pense que ce pourrait bien être en formant une combinaison avec eux ; ou bien encore en paralysant les vaisseaux

capillaires, ou en coagulant l'albumine et le sang du corps muqueux, qui — (le corps muqueux sans doute) — en cet état, ne
permettrait pas l'absoption; ou bien encore d'une autre façon
sur laquelle M. Lemaire se prononcera quand il aura d'autres
expériences.

L'explication que M. Lemaire se propose de donner quand il
aura reçu les expériences « *qu'il attend*, » sera peut-être la
bonne; quant à celles qu'il donne, sans y attacher, d'ailleurs,
plus d'importance qu'elles n'en ont, elles ne valent évidemment
rien.

Sans doute, si l'acide phénique était appliqué sur la peau
ou dans une piqûre en même temps que le venin, il empêcherait l'absorption de celui-ci en *tannant* momentanément la
peau, comme nous avons vu qu'il empêchait l'absorption du
sulfate de strychnine sans agir chimiquement sur lui (voy. p.
221), mais ce n'est point ainsi que l'acide a agi sur les patients
qui avaient été mordus par des animaux venimeux : l'acide a
été appliqué dix minutes, une heure et même plus longtemps
après la piqûre; à ce moment l'absorption du venin était faite
soit en totalité, soit en partie; quelquefois tout un membre était
déjà tuméfié, comme, par exemple, chez le malade de l'observation rapportée à l'article *scolopendre*, et cependant l'acide
phénique a, dans ces cas, arrêté les accidents.

Dans certains cas, l'acide phénique paraissant (1) ne devoir
pas lui-même être absorbé, ne peut aller entrer en combinaison, à une distance de plusieurs décimètres de son point d'application; d'ailleurs, des combinaisons entre des produits probablement complexes et en tous cas indéterminés comme les
venins (2) et un principe immédiat bien défini comme l'acide

---

(1) Nous disons *paraissant*, car nous sommes loin d'être fixé sur ce point, et à
vrai dire nous sommes très-porté à croire qu'il y a toujours absorption du venin
dans une proportion quelconque, même dans les cas de tannage de la peau le
plus prononcé.

(2) On a isolé, il est vrai, dans le venin de la vipère, une sorte d'alcaloïde
qu'on a nommé *échidnine*, et qui empoisonne comme le venin lui-même; mais
rien ne prouve encore que ce produit soit un véritable alcaloïde, et encore moins
que l'acide phénique entre en combinaison avec lui et le neutralise; nous ne sachons même pas que l'acide phénique se combine avec aucun alcaloïde connu et
que l'hypothèse d'une combinaison avec l'échidnine ait pour elle-même une présomption fondée sur l'analogie.

phénique, ne se supposent pas à la manière des nécromanciens ; il faut avoir quelques faits analogues, qui puissent autoriser une semblable hypothèse ; or, ces faits analogues n'existent pas à notre connaissance ; M. Lemaire, du reste, n'en invoque aucun, et ne paraît même sentir en rien la nécessité d'en invoquer aucun, autant qu'on en peut juger par la note, sans doute incomplète, publiée par M. Calvert. M. Frayer semble croire que c'est en coagulant les venins que l'acide phénique agit ; mais, outre que l'observation unique de M. Frayer est insuffisante pour établir que l'acide phénique coagule, dans tous les cas, le venin du cobra, il ne paraît pas que le virus du crapaud, auquel M. Lemaire a mêlé de l'acide phénique, ait été coagulé. Et puis, la coagulation eût-elle lieu, quand on mêle ensemble les deux liquides, il est certain qu'elle ne pourrait avoir lieu dans les cas, par exemple, comme celui du maçon mordu par un scorpion (voir ci-dessus) dont tout le bras était considérablement tuméfié et dont l'acide phénique appliqué sur la piqûre a fait disparaître le gonflement. Non-seulement, dans les cas de ce genre, il est difficile d'admettre une combinaison, dans le sens où l'entend la chimie, mais il est déjà très-difficile d'expliquer la neutralisation du venin d'une façon quelconque ; il paraît évidemment nécessaire que, pour produire cette neutralisation, une portion d'acide phénique soit absorbée, malgré le *tannage* de la peau que nous connaissons ; il y a là un sujet d'intéressantes et peut-être importantes recherches à faire ; mais les physiologistes expérimentateurs comprennent peu les expériences qui auraient un grand intérêt, de grandes conséquences pratiques, et les quelques praticiens qui les comprennent n'ont guère le temps de les faire. Aussi, la science utile marche-t-elle encore plus lentement que l'autre.

Un caractère différentiel intéressant entre les ferments et les venins doit, ici, être ajouté à ceux que nous avons mentionnés déjà. L'alcool, qui détruit les ferments et qui doit les détruire puisque ce sont des êtres vivants, dissout les venins, au moins celui du crapaud et de la salamandre, ainsi que l'ont démontré Gratiolet et Cloëz, et la dissolution conserve toutes les propriétés du poison lui-même. Or, quelques observateurs ont conseillé l'alcoolisation ou l'ébriété contre l'action des venins, comme un confrère vient de la proposer (l'alcoolisation) contre l'infection purulente (voir ci-dessus ce mot). Si les faits en faveur de cette méthode avaient été mis hors de doute par une observation rigoureuse, il y aurait à les discuter; dans l'état où nous les connaissons, on ne peut que les mentionner; on peut ajouter seulement, que si l'alcool a agi efficacement, dans ces cas, ce n'est pas en neutralisant les venins à la manière de l'acide phénique.

Enfin, un caractère que nous avons déjà mentionné, mais sur lequel nous devons insister de nouveau, après les expériences et les remarques de M. Jousset, c'est qu'il faut une certaine dose de venin pour produire des effets déterminés, tandis que les ferments, tout le monde le sait, produisent tous leurs effets, dès qu'on en dépose une quantité, si petite qu'elle soit, sur un terrain favorable à leur développement; et l'on ne comprend pas, à vrai dire, qu'en présence de ce caractère différentiel, Liébig ait pu considérer les venins comme des ferments.

Toutefois, de ce fait, qu'il faut une certaine quantité de venin pour produire une action déterminée, à la conclusion que cette action est purement chimique, il y a trop loin, suivant nous; il manque à cette conclusion beaucoup de prémisses, et elle a contre elle plusieurs circonstances qui paraissent importantes, sinon décisives : telle est, entre autres, la marche de l'intoxication, qui ne ressemble nullement à celle d'une intoxication chimique, et la rapide décomposition du sang que ne produit aucun poison chimique, et que n'expliquent pas, du reste, les expériences du docteur Jousset; certes, l'altération des globules qu'il décrit est parfaitement suffisante pour suspendre la vie, mais elle ne rend nullement raison de la prompte décomposition des fluides de l'économie, décomposition fort analogue, ainsi que nous l'avons dit, à celle des grandes infections fermentatives. Les venins ne sont évidemment pas des ferments, mais ils s'en rapprochent par quelques caractères, et il n'en pourrait être autrement pour qu'un esprit comme Liébig les considérât comme de véritables ferments.

Par ces remarques et par celles qui se trouvent au commencement de cet article, on voit quel sujet de recherches intéressantes il y a dans l'étude des venins. On a donc peine à comprendre que ces venins, dont un grand nombre sont pendant une bonne moitié de l'année (pour ne parler que de notre climat) à la portée de tout le monde, soient aussi délaissés par les physiologistes expérimentateurs; espérons qu'il finira par s'en trouver un qui reprendra, sur une plus vaste échelle, les expériences de Gratiolet, de Cloëz et du docteur Frayer.

QUATRIEME SECTION.

MALADIES DONT LE PARASITISME EST UNE COMPLICATION.

CONSIDÉRATIONS GÉNÉRALES.

On s'apercevra sans peine, au premier coup d'œil jeté sur la liste des maladies que les imperfections de la science nous obligent à réunir dans ce groupe, que notre classification est toute provisoire, et que la présente section se modifiera ou peut-être disparaîtra dans les progrès de la science. Mais notre classification a toujours, sur les autres, entre autres avantages, celui d'avoir conscience de ses défectuosités, et de ne pas se croire invulnérable à l'action du temps et du progrès. Dès aujourd'hui, nous aurions même pu diviser cette sous-section en deux autres, assez naturelles, l'une qui aurait compris les inflammations qui se déclarent spontanément, et l'autre celles qui suivent des violences ou des blessures physiques. Cette section, en effet, comprend presque toutes les maladies que les nosologistes ont appelées et appellent encore aujourd'hui des inflammations; c'est la classe nosologique que, depuis Broussais, on a considérée et l'on considère encore comme la plus naturelle et, par conséquent, celle qui fournit le plus d'indications thérapeutiques. Rien n'est plus éloigné de la réalité qu'une pareille opinion; la réaction a, du reste, commencé contre elle depuis plusieurs années, et elle est sur certains points portée à ce degré que, de toutes les inflammations spontanées, celle qu'on a longtemps considérée comme le type, pour ainsi dire, de l'inflammation, la pneumonie franche, au lieu d'être traitée par les saignées simples ou coup sur coup, est traitée en Angleterre et même dans quelques services des hôpitaux de Paris, par l'alcool à dose modérée, en attendant les hautes doses du docteur Danet ; l'ombre de Broussais a dû frémir à la vue de ces prescriptions qu'il n'aurait pas hésité à qualifier de prescriptions d'assassin ; cependant son élève Bouillaud, malgré son âge, n'en est pas mort d'apoplexie. Quant à nous, ces révolutions subites ne nous ont causé aucun étonnement : aussi longtemps que la médecine continuera à marcher sans flambeau dans les ténèbres, ces révolutions n'étonneront que les esprits bornés par l'horizon étroit d'une école contemporaine. Ne faut-il pas, en effet, être absolument aveuglé par l'esprit de système pour pouvoir classer, dans une même catégorie, l'inflammation dyssentérique, l'inflammation typhoïque, l'inflammation rhumatismale, l'inflammation dartreuse, l'inflammation syphilitique et beaucoup d'autres non moins hétérogènes? Et ce sont pourtant ceux qui ont admis cette classification, qui même l'admettent encore en tout ou en partie, qui se permettent d'envisager avec dédain, du haut de leur grandeur ou plutôt de leur absurdité, la doctrine ou, comme ils le disent, — ceux qui sont polis, — l'hypothèse parasitaire. Qu'y faire? Leur rappeler simplement que leurs ancêtres ont considéré de même la découverte du quinquina et à peu près toutes les découvertes qui ont fait de la médecine autre chose qu'un thème de vaines discussions et d'incroyables absurdités, qui souvent ne sont même pas, comme disait Bichat, dignes d'un homme de bon sens.

La nouvelle doctrine (ou du moins établie sur de nouvelles bases) ne saurait partager ces erreurs, et si elle range dans une même catégorie une série de maladies qui presque toutes sont des inflammations, c'est uniquement parce qu'il faut un ordre pour la commodité de l'étude, mais sans s'abuser sur la valeur de sa classification, et avec la conscience des modifications que l'avenir lui réserve. La nouvelle doctrine n'ignore pas que plusieurs de ces inflammations sont causées probablement par des parasites divers, qui doivent former autant d'espèces morbides, et sans arriver même aux espèces, il est une distinction que nous devons faire, dès à présent, entre deux grandes catégories d'inflammations, à savoir : celles qui succèdent à

des violences extérieures et celles qui se développent spontanément, ce qui veut dire seulement sans cause connue, au
moins sans cause dite *prochaine*. Quelques explications sur ce
point sont indispensables.

Quand les chairs sont divisées par un instrument très-tran-
chant, un rasoir bien affilé, par exemple, et que les deux surfaces de la division sont exactement affrontées et maintenues
en contact, elles se réunissent pour ainsi dire immédiatement
et sans douleur, si l'on n'exerce sur elles aucune pression et
qu'on ne leur imprime aucun mouvement. Lors donc qu'une
inflammation survient, que du pus se forme, c'est-à-dire que
des parasites apparaissent, — car il est à peu près démontré
que ce sont des parasites qui provoquent la formation du pus,
comme la fermentation alcoolique et toutes les fermentations,
— on peut dire que ces parasites sont une complication de la
plaie; mais sont-ils une complication de l'inflammation? évidemment non, puisque ce sont eux qui déterminent l'inflammation. Il en est de même, et *à fortiori*, des inflammations,
dites spontanées, même des plus franches, comme la pneumo-
nie-type, qui sont aussi, selon toutes les probabilités, causées
par l'action de parasites spéciaux, dont la présence dans les
tissus précède toute manifestation symptomatique. Les termes
du titre de cette section ne sont donc pas rigoureusement exacts,
même appréciés aux seules lumières de la science actuelle; mais
il fallait évidemment séparer les maladies que comprend cette
section des maladies à ferments proprement dits, à virus et à
venins, et c'est uniquement dans le but de rendre cette séparation frappante que nous en avons fait une section à part. Nous
aurions dû peut-être la diviser elle-même en deux autres, celle
des inflammations traumatiques et celle des inflammations dites
spontanées; il nous a paru qu'il suffisait d'indiquer cette distinction dans ces généralités, cela suffit aux exigences de la
doctrine, et quant à celles de la pratique, elles sont complètement désintéressées dans la question, puisque, dans l'impossibilité de classer les espèces morbides de chaque section d'après
leurs affinités naturelles, nous avons dû nous résoudre à les
ranger dans l'ordre alphabétique. C'est sous le bénéfice et sous
la réserve de ces considérations que nous allons passer succes-

sivement en revue les maladies que nous avons placées dans la présente catégorie.

ART. I. — DES ABCÈS.

Au point de vue du traitement, les abcès, lorsqu'ils sont superficiels, par conséquent faciles à atteindre, ressemblent beaucoup aux plaies et aux ulcères, aux plaies quand ils sont chauds, aux ulcères quand ils sont froids; ce que nous dirons aux articles consacrés à ces deux maladies leur sera donc applicable. D'un autre côté, les abcès survenus dans certaines conditions spéciales, tels que ceux qui sont la conséquence d'infiltrations urineuses, d'engorgements lymphatiques, sont trop intimement liés aux causes dont ils dépendent pour en pouvoir être séparés, pas plus au point de vue de la thérapeutique qu'au point de vue de la pathologie. Ceux dont nous avons quelques mots à dire ici ne sont donc que ceux que le bistouri ou les caustiques ne sauraient transformer sans danger en plaies simples, aiguës ou chroniques, qui restent anfractueux, et dans lesquels, par conséquent, le pus séjourne et tend à s'altérer.

C'est dans ces abcès que M. Maisonneuve a obtenu, dès 1862, de remarquables succès à la suite d'injections pratiquées, sur nos indications, avec de l'eau phéniquée variant de 1 à 5 p. 100, suivant le degré d'excitabilité des parois des foyers purulents; aucun autre traitement n'avait, à beaucoup près, donné des résultats aussi satisfaisants.

Au dire de M. Lemaire, M. Campbell de Morgan (nous ne savons s'il s'agit de M. Campbell l'accoucheur, que nous ne connaissons que sous le nom de Campbell, tout court) aurait employé la solution phéniquée saturée avec non moins de succès que M. Maisonneuve.

Quant à M. Lemaire lui-même, il a obtenu, dit-il, dans son *Traité de l'acide phénique*, d'excellents effets du........ « coaltar saponiné......... et » — (on devine le reste de la phrase) — » de l'acide phénique. » Pour notre compte, nous avons obtenu des résultats infiniment plus satisfaisants de l'acide phénique que du coaltar « saponiné, » que nous avions employé assez souvent, avant d'avoir appliqué le premier de ces moyens. Nous avons encore en ce moment sous les yeux un abcès froid qui s'est développé très-lentement chez un enfant lymphatique de cinq ans, et qui s'est ouvert un peu au-dessus du pli de l'aine après avoir acquis un volume énorme et avoir simulé pendant assez longtemps une hernie interstitielle ventrale ; cet abcès, dont les ramifications remontaient très-haut. et qui pouvait faire craindre une lésion osseuse, n'a pas acquis de l'odeur un seul instant, quoique l'air y entrât et en sortît librement, et aujourd'hui, quinze jours après son ouverture spontanée, il ne reste qu'un pertuis très-peu profond , qui permet de prévoir une cicatrisation complète d'ici à quelques jours. — Dès le premier jour de l'ouverture, des injections avec de l'eau phéniquée à 2 p. 100 ont été pratiquées dans la plaie, et de la charpie imbibée de la même solution à 1 p. 100 a été constamment maintenue sur la plaie et recouverte d'un taffetas gommé pour empêcher l'évaporation du liquide qu'on renouvelait, du reste, deux ou plusieurs fois dans les 24 heures. Le foyer, malgré son étendue considérable, démontrée par la grande quantité de pus fourni le jour de l'ouverture (un tiers de litre environ) n'en a donné depuis qu'une quantité insignifiante, et depuis plusieurs jours, il s'écoule seulement quelques gouttes de liquide séreux, roussâtre.

Nous croyons que l'histoire de cet abcès sera celle de tous les abcès analogues lorsqu'on leur applique avec soin la même médication , et seulement cette médication , car nulle autre actuellement connue n'aurait une pareille influence. Nous bornerons à ces quelques mots ce que nous avions à dire des abcès. Les remarques qu'exigent les rapports de la nouvelle méthode avec la suppuration seront mieux placées à l'article *Pus. — Suppuration.*

ART. II. — DE L'ADÉNITE.

Cette affection, comme tout le monde sait, est une des manifestations les plus constantes de la scrofule ; il en sera question, quand nous traiterons de cette dernière maladie. La syphilis envahit aussi très-fréquemment les ganglions ; nous n'avons rien à ajouter à ce que nous avons dit de ce symptôme syphilitique, à l'article *Syphilis;* enfin quelques autres maladies, comme la peste à bubons, par exemple, qui ne doivent pas nous occuper ici, établissent aussi plus ou moins fréquemment leur siége sur le système ganglionnaire. Mais en dehors de toutes ces adénites, il en existe un assez grand nombre qui paraissent idiopathiques, comme on dit encore dans le langage de l'école, c'est-à-dire qui ne paraissent liées à aucun état général. Ces adénites affectent quelquefois la forme aiguë, mais beaucoup plus souvent la forme chronique. Les médecins militaires, et en particulier M. Larrey, qui a publié sur ce sujet un travail distribué à grand nombre, comme tout ce qu'écrit M. Larrey, nous ont fait connaître cette particularité, extrêmement intéressante, que cette dernière forme s'observe fréquemment chez les jeunes soldats sur les ganglions du cou (adénite cervicale); ils paraissent avoir constaté, en outre, mais ce fait est peut-être encore insuffisamment établi, que cette adénite des jeunes militaires ne s'observe presque jamais dans les régiments de zouaves, ce qui ne pourrait tenir qu'à l'absence de cravate, puisque c'est par cette absence que le vêtement des zouaves diffère essentiellement de celui du reste de l'armée. Au point de vue étiologique et hygiénique, ce fait est, sans contredit, un des plus remarquables et des plus utiles qu'on puisse observer. Mais nous n'avons pas à insister, ici, sur ces deux points de vue; ce qui doit nous occuper, c'est la curation de l'adénite, et l'influence que peut avoir sur elle la nouvelle médication.

Sous ce rapport, les recherches de nos confrères de l'armée, M. Larrey y compris, ont été moins heureux que sous le rapport pathologique; les moyens qu'ils ont mis en usage ne diffèrent pas de ceux qui sont appliqués communément par les médecins civils, et il faut malheureusement ajouter qu'ils n'ont pas eu de meilleurs effets. Tel est le motif pour lequel nous avons dû songer à appliquer la médication phéniquée au traitement de l'adénite, comme à une foule d'autres maladies dont le parasitisme ne devait pas, de prime abord, être soupçonné. Mais c'est le propre de toutes les médications nouvelles de re-

cueillir les cas contre lesquels les anciennes se sont épuisées
en vain ; ce n'est qu'ainsi, du reste, que les véritables indications de chaque médication peuvent s'établir définitivement.

C'est exclusivement contre l'adénite de forme chronique (du
moins parmi celles qu'on peut qualifier d'idiopathiques) que
nous avons essayé notre médication ; ces essais ont été plus
heureux que les tentatives faites avec d'autres moyens, et nous
autorisent à prédire que lorsque nos confrères de l'armée voudront bien suivre notre exemple, ils délivreront les soldats
d'une maladie qui ne laisse pas que de prendre, parfois, des
caractères fort sérieux. Mais l'armée ne profitera pas seule du
nouveau traitement, car si elle est plus fréquemment atteinte
que la population civile d'adénite chronique, elle n'en a pas
le privilége exclusif.

Art. III. — DES ANGINES.

Nous disons *des angines* et non de *l'angine*, en nous confor-
mant à un usage aujourd'hui adopté par tous les médecins,
qui ont fini par comprendre que toutes les angines ne se ressemblaient ni dans leur marche ni par leurs causes, même
en laissant à part l'angine couenneuse, la plus spéciale et la
plus grave de toutes. Celle-ci a été étudiée à l'article *Croup*;
nous n'y reviendrons pas. Quant aux autres, abstraction faite
même de celle qui complique quelquefois la phthisie laryngée
et dont nous parlerons ailleurs, quoique dues sans doute à des
causes diverses, ces causes étant présumées plutôt que connues,
elles peuvent être comprises dans une étude générale, surtout
au point de vue du traitement, car l'acide phénique a été employé à peu près contre toutes avec de remarquables succès.

M. Lemaire paraît avoir traité plusieurs de ces cas simples,
si fréquents chez les jeunes gens des deux sexes, mais surtout
chez les garçons, et dans lesquels l'inflammation se concentre
principalement ou exclusivement sur les amygdales. Il en a,
dit-il, obtenu la curation très-prompte par un simple gargarisme phéniqué composé d'eau à 1/2, rarement 1 p. 100,
avec ou sans addition de sucre et d'un vingtième de vinaigre.

Nous croyons qu'en effet, pour les cas bénins, ce traitement peut suffire.

Le même observateur rapporte l'histoire sommaire d'un malade atteint depuis huit jours d'un rhumatisme articulaire aigu, et qui, sans être sorti de son lit, fut pris d'une angine violente, sans que cependant la tuméfaction de la gorge fût extrême; le larynx participait à la maladie; le pouls était à 110. Deux litres d'eau phéniquée à 1/2 p. 100 employés dans les 48 heures firent raison de cette angine, et le malade, qui n'avait pas dormi depuis le début de la maladie, put dormir pendant plusieurs heures dès le premier jour de l'emploi du gargarisme.

Quoique l'angine rhumatismale, malgré ses apparences parfois inquiétantes, soit peu grave, et malgré le prompt succès obtenu dans le cas précédent, nous ne conseillerions pas de s'en tenir à des gargarismes phéniqués, dans des cas analogues. Lorsque les phénomènes sont aussi violents, nous croyons plus prudent d'associer aux gargarismes notre sirop phéniqué à l'intérieur, et même les injections sous-cutanées, comme nous l'avons fait dans le cas suivant :

Obs. — Le jeune Vassar, âgé de 14 ans, me fut amené du Lycée par sa mère, le 29 mars 1872 : il était affecté d'une angine violente et spéciale qui me fit diagnostiquer une scarlatine ; les parents m'apprirent alors que celle-ci régnait dans l'établissement et que l'on avait, à cause d'elle, avancé les vacances de Pâques, pour disperser les enfants : il y avait une extrême chaleur de la peau déjà un peu violacée ; le pouls était à 120; la gorge était fortement gonflée, surtout les tonsilles, et d'un rouge intense.

Je pratiquai immédiatement deux injections sous-cutanées de 5 grammes d'eau phéniquée à 1 p. 100, additionnée d'une petite quantité du médicament nouveau; et je prescrivis un gargarisme phéniqué avec de l'eau à 1 p. 100 et un peu de teinture thébaïque.

Le lendemain 30, la peau est encore rouge, mais le pouls était à 75; l'enfant, qui la veille était triste et très-souffrant, a repris de la gaieté. Sirop à l'acide phénique et continuation du gargarisme.

Le 1ᵉʳ avril, malgré la fraîcheur de la température, l'enfant est sans fièvre, presque sans rougeur et sans douleur de la gorge; il a toute sa gaieté et de l'appétit; en un mot, il est guéri.

Il s'agissait, il est vrai, dans ce cas d'une angine de nature scarlatineuse, dont on connaît les dangers soudains, au moment où l'on s'y attend le moins. L'effet de la médication fut vraiment merveilleux, et certainement plus important qu'un succès analogue obtenu dans une angine rhumatismale; mais cependant, même dans cette dernière, lorsque les symptômes sont violents, nous agirions comme chez le jeune V.....

Obtiendrait-on des effets aussi satisfaisants dans les cas graves anciennement et vulgairement connus sous le nom d'esquinancie? Nous n'en saurions guère douter, après les nombreux succès que nous avons eus dans l'angine scarlatineuse; car le cas du jeune V..... n'est pas tant s'en faut le seul semblable que nous ayons observé. L'occasion ne s'étant pas encore présentée à nous de traiter un de ces cas très-graves, c'est une expérience que le hasard pourra réserver aux praticiens qui entreront dans la voie que nous avons ouverte et en grande partie frayée.

L'angine ne revêt pas toujours, tant s'en faut, la forme aiguë: en dehors même de l'infection syphilitique, d'autres causes mal déterminées fixent sur les amygdales, le voile et le pharynx une inflammation chronique qui cause, sur le pharynx surtout, des granulations très-rebelles et même des ulcérations.

Aux moyens que nous avons indiqués pour la forme aiguë, il convient d'ajouter, pour la curation de la forme chronique, des cautérisations légères, soit avec la solution aqueuse saturée, soit avec la glycérine phéniquée et iodurée du docteur Anté, connue sous le nom de keiméline et plus spécialement destinée à la guérison des engelures, soit même avec une solution alcoolique portée directement sur les granulations ou les ulcérations à l'aide d'un pinceau en martre; il faut surtout avoir recours aux pulvérisations qui, produites par un bon appareil, font pénétrer la poussière phéniquée dans les plus petites anfractuosités et contribuent ainsi puissamment à la modification des surfaces, et à la cicatrisation des points ulcérés ; c'est ainsi que nous avons obtenu deux guérisons difficiles, notamment chez un barbiste, M. H .., dont la gorge mamelonnée était luisante comme si elle eût été vernie.

Dans l'angine gangréneuse, dont l'existence contestée pendant longtemps, après la découverte de la diphthérite par Bretonneau, est aujourd'hui reconnue comme très-réelle, les mêmes moyens devraient être employés. Cependant M. Lemaire, qui paraît avoir observé cette forme rare, dit avoir réussi à ramener promptement les ulcérations gangréneuses à l'état simple par une seule application soit d'eau vinaigrée phéniquée, soit d'eau phéniquée à 2 ou 5 p. 100, et la cicatrisation s'est ensuite opérée promptement. Cette manière de s'exprimer implique que M. Lemaire a observé des angines gangréneuses pour le moins 4 fois dans sa pratique ; c'est peut-être beaucoup, pour une maladie aussi rare. Toutefois, le hasard a de singuliers caprices, et nous croyons volontiers que M. Lemaire dit vrai, quand le contraire ne nous est pas démontré.

ART. IV. — DES APHTHES.

M. Lemaire a cru lire dans les micrographes qu'on avait souvent trouvé dans les aphthes des champignons du genre leptomitus. La vérité, c'est que quelques micrographes, auxquels M. Robin sert d'interprète, dans un langage .... nous allions dire qui n'appartient qu'à lui, mais qui appartient malheureusement à beaucoup de ses émules allemands et même non allemands, ont trouvé des leptomitus non pas dans les aphthes, mais sur une foule de muqueuses ulcérées et même non ulcérées. M. Lemaire n'a pas compris les micrographes ; mais il est excusable en cela ; de plus sagaces que lui pourraient s'y tromper. Où il n'est pas excusable, c'est quand il dit à son tour : « Les micrographes ont souvent trouvé sur ces ulcérations des champignons du genre leptomitus. Nous avons vu l'action puissante que l'acide phénique exerce sur ces petits êtres. Est-ce à *leur mort* que l'on doit attribuer la rapidité de

leur guérison ? » Ceci est un peu plus fort que les micrographes
et même que M. Prudhomme. Au fond, M. Lemaire a eu l'intention de dire qu'en touchant une fois par jour les aphthes
avec un pinceau imbibé d'eau phéniquée au centième, on les
guérit très-rapidement, ce qui est presque vrai. La proposition
sera plus vraie encore, quand on l'aura modifiée ainsi : des
lotions répétées plusieurs fois par jour, trois fois tout au moins,
avec de l'eau phéniquée à 1 p. 100 font disparaître très-promptement les aphthes. Quand ces petites et douloureuses ulcérations reviennent plusieurs fois de suite à des intervalles rapprochés, et trahissent ainsi une disposition morbide générale,
on se trouvera bien d'associer aux lotions et de continuer après
la disparition des aphthes l'usage du dentifrice phéniqué de
Grillon (1) et celui de notre sirop phéniqué titré, à la dose
de 2 à 4 cuillerées par jour, soit de 20 à 40 centigrammes d'a-
cide, suivant l'opiniâtreté de la disposition morbide, et surtout s'il y a coïncidence avec une affection intestinale ancienne.

ART. V. — DES ARTHRITES.

Les remarques que nous avons faites à propos des angines
sont applicables aux arthrites ; il est donc inutile de les répéter
ici, et nous pouvons entrer d'emblée dans la question thérapeutique.

Dans l'*arthrite traumatique*, du moins dans celle qui est assez
intense pour pouvoir faire craindre une suppuration, il serait
d'un grand intérêt d'appliquer la médication phéniquée et de
voir si l'on ne parviendrait pas ainsi à prévenir la suppuration.
Cette expérimentation, ainsi que nous le dirons ailleurs, n'a
pas été faite. Mais en revanche, l'arthrite déjà suppurée a été
traitée avec le plus remarquable succès par l'acide phénique.
M. Lemaire en rapporte un des plus beaux cas que l'on puisse
observer :

Une dame de 59 ans fit un faux pas, le 3 juin 1863, qui provoqua une violente douleur dans l'articulation tibio-tarsienne

______
(1) 25, rue de Grammont.

gauche. Aucun soin ne fut pris d'abord; l'articulation gonfla considérablement; un rebouteur consulté exerça des manœuvres très-douloureuses sur l'articulation; la maladie continua à s'aggraver. Elle datait déjà de sept mois quand M. Lemaire vit la malade. Du liquide, en quantité notable, existait alors dans l'articulation; le tibia était enflé dans son tiers inférieur, la peau autour de l'articulation était amincie et luisante; les douleurs étaient très-vives, la marche impossible. L'appétit se perdait; des vomissements avaient eu lieu; il existait de la fièvre. On avait dit au mari que c'était un cas d'amputation. — Les moyens dits émollients et calmants furent employés, entre autres des cataplasmes de ciguë; une amélioration notable fut obtenue. Mais le développement d'un érysipèle vint l'entraver; il s'étendit à tout le pied et à la jambe jusqu'au genou; les douleurs de l'articulation redevinrent violentes, et le 25 octobre, du pus se fit jour à l'extérieur au niveau de la malléole interne.

Des lotions émollientes, des cataplasmes, etc., furent appliqués jusqu'au 5 novembre sans grands avantages, paraît-il, car ce jour-là M. Lemaire remplaça l'eau émolliente par l'eau phéniquée au millième pour laver la plaie, et « avec le seul but, dit-il, d'enlever l'odeur du pus et *d'assainir les parties.* » Mais la malade lui ayant dit qu'elle avait ressenti beaucoup de soulagement après cette lotion, et qu'elle avait un peu dormi, ce qu'elle ne faisait pas auparavant, malgré l'administration de 5 centigrammes d'extrait d'opium chaque soir, ce résultat « appela l'attention » de M. Lemaire; à partir de ce moment, il continua ces lotions et appliqua à demeure sur la plaie un gros plumasseau de charpie imbibée de la même solution. En très-peu de jours le pus diminua, puis devint séreux. Les douleurs cessèrent complétement; l'état des parties s'améliora graduellement, et à la date du 10 octobre 1864, la malade s'exerçait à marcher avec des béquilles, parfaitement guérie, mais avec une ankylose incomplète.

Il serait difficile de trouver dans l'histoire de la chirurgie un plus beau fait que celui-là, une plus belle preuve de l'action puissante que peut exercer la médication phéniquée, quoiqu'elle n'ait pas été appliquée, ici, de la meilleure ma-

nière possible, ainsi qu'on le verra à l'article *Plaies*. Elle ne
l'a pas été surtout assez tôt, et, à cet égard, on nous permettra
une remarque historique, qui prouvera une fois de plus que
M. Lemaire, malgré ses nombreuses affirmations contraires,
n'avait encore aucune idée de l'efficacité médicale et chirurgicale de l'acide phénique à la fin de 1864, quoique je l'eusse
employé déjà avec le plus remarquable succès à la fin de 1861,
et que M. Maisonneuve, sur mes indications, en eût fait presque
aussitôt usage à l'Hôtel-Dieu. Non-seulement M. Lemaire n'a
pas employé d'emblée l'acide phénique, aussitôt l'issue du pus
à l'extérieur, mais lorsqu'il l'a employé 11 jours plus tard, c'est
uniquement dans le but d'enlever la mauvaise odeur du pus et
« d'assainir les parties, » ce qui est un but fort nuageux ; aussi,
a-t-il été surpris que les lotions phéniquées aient fait plus qu'il
ne leur demandait, qu'elles aient donné du soulagement à
la malade et transformé heureusement la surface du foyer purulent. Il est certain que l'amélioration et la guérison définitive auraient été obtenues plus tôt, si la médication avait été
plus tôt employée et surtout plus énergiquement. Aurait-elle
même prévenu la suppuration et tout ce qui s'en est suivi, si elle
avait été appliquée dès le principe, ou seulement au moment
où M. Lemaire fut appelé ? Sur ce point nous serons moins
affirmatif ; tout ce que nous pouvons dire, c'est que nous n'aurions pas hésité à l'employer *intus* et *extra*, rien de pis que ce
qui est arrivé n'aurait pu se produire, puisque *malgré les soins
de M. Lemaire* la maladie n'a cessé de s'aggraver pendant
près de dix mois (du 6 janvier au 25 octobre 1864) pour arriver
définitivement à la pire des terminaisons, à la suppuration ; en
réalité cette suppuration a été heureuse, puisqu'elle a, — par
hasard, — conduit à l'application d'un traitement qui a procuré
une guérison inespérée, et que la chirurgie officielle obtiendrait à peine aujourd'hui, après 10 ans de luttes en faveur de
la nouvelle médication. M. Lemaire a donc eu le réel mérite
d'appliquer, un peu sans le vouloir, le proverbe : mieux vaut
tard que jamais ; il aurait eu un mérite plus grand de se rappeler qu'il vaut mieux agir tôt que tard, et qu'un des plus
grands aphorismes de la médecine est le *principiis obsta*.

L'arthrite scrofuleuse, qui devient si souvent une tumeur blanche, sera étudiée à l'article *Scrofule*.

L'arthrite rhumatismale n'a pas, que nous sachions, été traitée encore par l'acide phénique; il serait difficile de prévoir l'efficacité que pourrait avoir sur elle ce médicament; mais l'action favorable qu'il exerce sur plusieurs fièvres justifie d'avance les essais qu'on pourra faire contre une des affections les plus fébriles qui existent.

Nous n'avons pas eu non plus l'occasion d'appliquer la médication phéniquée à *l'arthrite blennorrhagique*. C'est un essai qu'il nous paraît rationnel de tenter.

Quelques tentatives ont été faites contre *l'arthrite goutteuse*; elles n'ont pas jusqu'à présent donné des résultats favorables. il vaut mieux s'en tenir au moyen si actif et si inoffensif de l'association de la liqueur de *l'amiral* du docteur Gaudin de Vichy avec le sirop de café vert de Séverin de Bruxelles, et aux tisanes de frêne, de feuilles de cassis, etc., en évitant autant que possible les antigoutteux au colchique.

ART. VI. — DE LA BRONCHITE.

La bronchite est divisée par tous les pathologistes en aiguë et en chronique; nous nous conformerons à cette habitude, tout en faisant remarquer dès à présent, et sans préjudice de ce que nous aurons à dire au mot *Catarrhe*, où nous envisagerons les affections catarrhales d'une manière générale, qu'entre la bronchite aiguë il n'existe probablement d'autre analogie que celle du nom et du siége de la maladie. Les auteurs de pathologie parlent bien de la terminaison de la bronchite aiguë par la bronchite chronique, mais cette terminaison ne se voit guère qu'en théorie; en pratique, elle est fort rare, et si l'une et l'autre ne sont pas produites par des causes différentes, (c'est-à-dire, probablement, par des parasites différents) ce qui est très-douteux, elles exigent certainement des prédispositions très-différentes.

a. — Bronchite aiguë. — Comme toutes les affections aiguës des organes respiratoires, la bronchite aiguë est une affection saisonnière, qui se montre principalement avec les premières chaleurs du printemps. Y a-t-il un rapport entre cette circonstance et le réveil des organismes hivernants, au retour du printemps ? La doctrine parasitaire pourrait trouver son compte à cette explication ; nous nous contenterons, cependant, d'en constater la possibilité, car le fait seul d'être une affection saisonnière nous paraît suffisant pour nous permettre de prévoir qu'un jour ou l'autre, les progrès de la science placeront la bronchite aiguë parmi les affections parasitaires. Quant à présent, l'expérience la place déjà parmi celles que la médication parasiticide combat avec le plus d'avantages. Ce n'est pas que la thérapeutique classique soit plus pauvre de moyens contre la bronchite aiguë que contre une foule d'autres maladies ; elle est au contraire très-riche : saignée, sangsues, vésicatoires, émollients, calmants, incisifs et autres moyens en grand nombre ont été préconisés ; mais leur efficacité se borne à peu de chose. Nous distinguerons cependant, parmi ces moyens, la teinture d'aconit qui, à la dose de 5 à 20 gouttes, calme très-souvent l'excitation bronchique, et les vésicatoires volants, les pointes de feu, l'huile de croton, qui contribuent puissamment parfois aussi à déraciner des points d'irritation opiniâtres, points de départ de toux extrêmement pénibles. Mais les inhalations de poussière d'eau phéniquée à 1 p. 100, prolongées pendant un quart d'heure ou vingt minutes, et répétées au besoin deux fois par jour, ont une efficacité bien plus considérable ; elles ne doivent pas, du reste, dispenser des autres moyens, surtout de l'aconit, de la teinture thébaïque et de l'anacahuita (pectoral mexicain) associé à notre sirop phéniqué et mieux encore au sirop sulfophéniqué à la dose de 3 à 6 cuillerées à bouche s'il s'agit d'un adulte, et de 2 à 4 s'il s'agit d'un enfant. — Dans les cas de bronchite capillaire, la seule qui menace la vie, on pourra et l'on devra même, parfois, associer les injections phéniquées sous-cutanées aux moyens précédents : on fera ces injections de 5 grammes d'eau à 1 p. 100 chez les adultes, et de 2 à 3 grammes pour les enfants ; on pourra les répéter une ou même deux fois par jour.

b. — *Bronchite chronique.* — *Catarrhe pulmonaire.* — Déjà, dans la première édition de cet ouvrage, nous avions signalé

la puissante action de l'acide phénique dans les hypersécrétions
bronchiques; des faits nombreux sont venus depuis huit ans
confirmer nos premières observations. De son côté, M. Lemaire
a obtenu de l'emploi de cet acide contre les diverses formes
de bronchite chronique des effets qu'il qualifie de surprenants;
il lui a suffi, dit-il, d'une très-faible dose d'acide phénique
administré dans de l'eau sucrée pour faire cesser complètement, en 24 ou 48 heures, la toux et l'expectoration. Il rapporte six observations, dont une due à un de ses confrères, et
dans lesquelles l'acide phénique a agi, en effet, de la manière
la plus remarquable, quoiqu'il n'ait pas supprimé en 24 ni en
48 heures la toux et l'expectoration. Il nous suffira de résumer
l'un de ces faits :

Une dame âgée de 64 ans était atteinte depuis 18 mois d'un
catarrhe bronchique compliqué d'asthme héréditaire ; la mère
de la malade avait été asthmatique. Depuis le début de sa maladie, cette dame avait été traitée par une foule de médicaments, par les vomitifs et de nombreux purgatifs. Ces moyens
l'avaient soulagée un peu pour quelque temps, mais ne l'avaient
jamais délivrée complétement de sa maladie, même pendant
un jour.

Au mois de décembre 1864, quand M. Lemaire vit la malade,
la dyspnée était très-grande; dans les bronches se faisaient
entendre, dit-il, « des râles de toutes les espèces, » ce qui
tend à prouver que M. Lemaire ne les a pas très-bien comptés
ou qu'il ne les connaît pas tous parfaitement; le râle crépitant
sec passe, en effet, pour être pathognomonique de la pneumonie, et la malade dont parle M. Lemaire ne paraît nullement
avoir été atteinte de pneumonie. Il n'y avait point, en effet, de
fièvre ni d'autres symptômes de pneumonie; mais des accès
violents de suffocation survenaient de temps en temps; il n'y
avait point de bruits anormaux au cœur; la malade avait maigri
beaucoup. — Chose assez étonnante, la première prescription
de M. Lemaire consista en un vésicatoire entre les épaules, en
sinapismes, en calmants et boissons pectorales. — Ce traitement soulagea, dit-il, la malade; mais néanmoins la toux et
la bronchorrhée persistèrent; la quantité de mucosités filantes,
mousseuses, s'élevait à 200 grammes dans les 24 heures.

Le 5 janvier 1865, M. Lemaire changea de médication : il prescrivit un verre d'eau phéniquée à deux millièmes matin et soir, et des gargarisations (si l'on nous permet le mot) répétées avec la même solution.

En quelques jours, la bronchorrhée fut considérablement améliorée (c'est l'expression de M. Lemaire). La toux disparut complétement; il resta seulement une sorte de titillation sur la gorge qui provoquait l'expulsion de quelques mucosités.

Le 17 janvier, douze jours après l'emploi de l'acide phénique, la malade ne toussait ni n'expectorait plus. Au bout de neuf mois, la guérison se maintenait encore.

Dans d'autres cas, l'action de l'acide phénique a été plus prompte encore; l'un de ces faits paraît avoir eu pour témoin le regrettable Blache; il est, par conséquent, aussi authentique que remarquable.

Ces faits, nous apprend M. Lemaire, « ont fait beaucoup travailler son imagination, » et voici en quoi a consisté ce travail : « Comment expliquer, dit-il, de semblables effets ? Est-ce en modifiant la surface de la membrane muqueuse par une sorte de cautérisation légère que cet acide agit ? Cela est possible, puisque celui qui est rendu par les voies respiratoires est dans un état de concentration tel qu'il coagule l'albumine. Ou bien le mucus bronchique contient-il des microphytes ou des microzoaires qui provoquent la toux ? Alors ce serait en tuant ces petits êtres que l'acide agirait.

« Puisque l'air contient en quantité considérable des corps reproducteurs de ces proto-organismes, on comprend qu'il pût en exister dans le mucus bronchique et nasal. Déjà des microphytes ont été constatés dans les organes respiratoires des animaux. Tout récemment, M. Pouchet a communiqué à l'Académie des sciences le résultat des recherches microscopiques sur le mucus nasal et bronchique provenant d'individus atteints de coryza et de rhume. Il a trouvé des vibrions en quantité dans ces liquides.

« Cette opinion peut donc être soutenue. J'ai examiné au microscope mon mucus nasal et bronchique lorsque j'étais atteint de coryza et de rhume; ni celui recueilli le jour ni celui qui avait séjourné toute la nuit dans ces voies de l'air, ne m'ont présenté d'animalcules ni de microphytes à aucune époque de l'affection. Je n'ai trouvé que des granules de diverses formes, mais dont le plus habile micrographe ne saurait déterminer la nature.

« J'ai examiné au microscope le mucus nasal et bronchique d'autres personnes atteintes de rhume, de coryza et de grippe. Je n'y ai pas trouvé non plus d'animalcules ni de microphytes. Si ce sont les microphytes et les microzoaires qui provoquent la toux, c'est à l'état de germes qu'ils agiraient. Mais la question ne me paraît pas résolue.

« Quoi qu'il en soit, ces explications rendent toutes très-bien compte des effets obtenus. »

Quoique ce soit l'action physiologique de l'acide phénique sur les microzoaires et les microphytes, c'est-à-dire sur les ferments, que M. Lemaire avait surtout étudiée, quand il s'est hâté de faire une seconde édition de son livre, il ne comprenait pas encore bien, quand il l'a écrit — le comprend-il aujourd'hui? — l'action pathologique de ces êtres du monde invisible. Si ce sont, en effet, comme nous sommes très-porté à le croire, des microzymas qui occasionnent la bronchite chronique, — comme, du reste la bronchite aiguë — ces microzymas préexistent au mucus; le mucus pathologique, c'est-à-dire le muco-pus, qui n'est qu'une sorte de pus, ainsi que son nom l'indique, n'est que le produit de la fermentation dont les microzymas sont les agents; c'est donc sur les surfaces mêmes qui sécrètent le pus qu'ils doivent se rencontrer ou dans le sang plutôt que dans le pus lui-même ; dans celui-ci on devrait trouver plutôt, si l'on y doit trouver quelque chose, les corpuscules reproducteurs des parasites, et peut-être sont-ce ces corpuscules que M. Lemaire y a trouvés, dans ces corps qu'il déclare un peu témérairement être à jamais indéterminables par les plus habiles micrographes, M. Lemaire se plaçant ainsi lui-même, sans façon et, nous le craignons, sans plus de droit que de façon, au nombre des plus habiles. On y pourrait trouver aussi des êtres étrangers à la maladie et qui trouvent dans le muco-pus des conditions favorables à leur développement. Quoi qu'il en soit et des observations faites et de celles que des micrographes plus habiles ou plus persévérants pourront faire, le fait hors de doute, c'est l'action curative de l'acide phénique contre le catarrhe bronchique. D'après M. Calvert, cette action aurait été également constatée par plusieurs médecins anglais; l'honorable fabricant ne dit pas, cette fois, que ces médecins aient « généralisé » les premiers l'emploi de la nouvelle médication contre le catarrhe bronchique, mais il ne dit pas non plus que mes honorables confrères d'outre-Manche l'ont appliquée après moi, le sachant ou sans le savoir. M. Calvert ne dit pas davantage quels procédés d'administration nos confrères ont adoptés; cette question a cependant son importance.

Quelque remarquables, en effet, que soient les résultats publiés par M. Lemaire, et ils le sont assurément beaucoup, on ne doit pas espérer les mêmes succès dans tous les cas, et même l'on doit prévoir des insuccès, si l'on se borne à l'administration de deux verres par jour d'eau phéniquée à 2 millièmes et à quelques gargarisations dans la journée avec le même liquide. Il faut, dès le début de la maladie, prescrire 4 à 6 cuillerées de notre sirop titré par jour, soit 40 à 60 centigrammes d'acide phénique sous un plus petit volume, et dès que la maladie résiste au delà d'une ou deux semaines au plus, il faut recourir à mon sirop sulfophéniqué et aux pulvérisations de glyco-phénique étendu avec un pulvérisateur aussi puissant que possible, de façon à faire pénétrer la poussière curative le plus profondément possible dans les ramifications bronchiques. En cas de dépérissement diathésique, ce que l'on observe quelquefois dans les bronchorrhées anciennes et abondantes, on pourra même avec avantage pratiquer tous les deux ou trois jours une injection phénique sous-cutanée de cinq grammes d'eau à 1 p. 100; c'est dans cette maladie que la solution glycophénique étendue et les dragées à l'Eucalyptus et au sel de Grégory phéniquées *de Guénon* rendent de vrais services pour calmer la toux.

C'est avec la méthode ainsi appliquée que j'ai obtenu, non pas en 24 ou 48 heures comme M. Lemaire, mais dans l'espace de deux ou d'un petit nombre de semaines, de nombreux cas de guérisons de catarrhes bronchiques dont quelques-uns trèsrebelles; et nous avons la conviction que nos confrères obtiendront les mêmes succès que nous, en faisant usage des procédés d'application que nous leur indiquons.

ART. VII. — DES BRULURES.

Dès la première édition de cet ouvrage, j'avais déjà introduit dans ma pratique l'usage de la médication phéniquée contre les brûlures, et j'avais obtenu des succès incomparablement supérieurs à ceux de toutes les autres méthodes; il serait difficile d'en observer de plus remarquables que les deux suivants qui se trouvent dans mes premières publications :

« Je fus appelé récemment, disais-je, pour une personne qui s'était brûlée le jour de son mariage pendant le bal. Le dos et la poitrine de cette jeune femme étaient le siége d'une vaste perte de substance en pleine suppuration. Le médecin qui la soignait croyait peu à l'action de l'acide phénique. Néanmoins je prescrivis avec son agrément la vitelline phéniquée de Grillon à 10 p. 100 pour tout pansement, et en quelques jours la suppuration fut considérablement diminuée; l'odeur disparut, l'appétit revint, et la malade fut rétablie en 35 jours. — La malade m'affirma que les douleurs, très-vives d'abord, avaient cessé rapidement après l'application de la vitelline. En dernier lieu, il suffisait qu'on lui fît une application de cette préparation phéniquée pour faire cesser les horribles démangeaisons qu'elle ressentait autour des plaies en voie de cicatrisation.

« Dans un autre cas, un jeune enfant, le neveu de notre savant ami Félix Hément, tombé nu sur une chaufferette, se fit une brûlure très-large sur le siége. Lorsque je fus appelé auprès de lui cette brûlure était en pleine suppuration. La constitution de l'enfant s'altérait rapidement. Il maigrissait beaucoup. La cause en était dans l'abondance de la suppuration, et aussi dans la privation de sommeil, occasionnée par une démangeaison douloureuse, qu'entretenait le déplacement forcé des objets de pansement. Je prescrivis la vitelline phéniquée à 10 p. 100 et des lotions avec de l'eau phéniquée à 1 p. 100; l'amélioration fut rapide, et le jeune confrère qui le pansait tous les jours reconnut devant moi l'efficacité du nouveau traitement. »

J'ajoutais alors, à propos de la loyauté de ce jeune confrère, qu'il s'était empressé de signaler à la famille du petit malade la cause de l'amélioration. L'exemple de ce jeune confrère est encore aujourd'hui assez rare pour que nous devions le remarquer plus que jamais, après toutes les tentatives de piraterie et toutes les calomnies dont j'ai continué à être l'objet depuis huit ans.

La brûlure est une des affections dans lesquelles M. Lemaire annonce que les pansements au coaltar *saponiné* ont « fait merveille, » et même ont « enthousiasmé » deux de nos honorables confrères, MM. Collonges et Coursserand. Mais, malgré la merveille et l'enthousiasme, M. Lemaire, chose naturelle chez lui, mais qui serait fort inattendue chez quiconque aurait dans l'esprit la moindre parcelle de logique, M. Lemaire, dans sa 2ᵉ édition quitte le coaltar, tout saponiné qu'il est, pour la solution phéniquée à 2 millièmes. Toutefois, comme conclusion, il conseille les pansements par ces deux médicaments, et affirme que « les brûlures pansées *avec eux* sont beaucoup moins douloureuses. » Cruelle situation, au point de vue de sa tâche de propagateur intéressé du coaltar, d'être obligé de placer l'acide phénique à côté du coaltar, et, au point de vue de la réalité, d'être obligé de placer le coaltar (saponiné) à côté de l'acide phénique.

Regrettable épisode de l'histoire des brûlures. On n'a pas oublié l'accident terrible arrivé à une danseuse célèbre de notre opéra, Mᶫˡᵉ Emma Livry, dont les vêtements légers prirent feu au gaz de la rampe pendant qu'elle dansait. La brûlure avait envahi à peu près toute la surface du tronc, et les gazettes publiaient chaque jour le récit des tortures qu'éprouvait la grande et sympathique artiste; finalement la mort vint mettre un terme à ce cruel martyre. Un professeur presque aussi célèbre que la malheureuse artiste, M. Nélaton, lui donna ses soins; notre livre était alors publié et même la seconde édition de celui de M. Lemaire, — car on se rappelle que, dans la première édition notre copiste parle à peine de thérapeutique —; cependant, l'idée ne paraît pas être venue au célèbre

.chirurgien d'appliquer la médication phéniquée dans un cas où elle aurait certainement causé un grand bien, si elle n'avait conjuré la mort.

Il est certain que les douleurs auraient été calmées promptement et la suppuration réduite à peu de chose en quelques jours ; or, qui peut dire la part qu'ont eue des douleurs atroces et persistantes dans l'événement fatal ? Suivant nous, cette part a été si grande, que nous considérons comme très-probable qu'en supprimant cet élément d'épuisement, la malade aurait pu survivre ; si l'on y ajoute la suppression ou la diminution considérable de la suppuration, il paraîtra très-plausible d'admettre comme très-probable la terminaison heureuse de ce terrible accident. Mais, demandera-t-on peut-être, comment appliquer un pansement phéniqué dans un cas où toute la surface du corps est atteinte ? comment l'appliquerait-on, dans un cas semblable ? La difficulté n'est pas, tant s'en faut, insurmontable. Dès les premiers moments, nous aurions fait plonger la malade dans un bain frais d'eau phéniquée à 1 ou 2 millièmes et nous y aurions maintenu la malade pendant 24 et même 48 heures, s'il eût été nécessaire, jusqu'à ce que, enfin, toute douleur aiguë eût cessé depuis assez longtemps pour qu'on pût la considérer comme définitivement supprimée et cette première douleur cède promptement sous l'action de l'acide phénique. Il s'agit, ici, bien entendu, de la douleur causée par l'action même du feu, douleur atroce, à laquelle n'est nullement comparable celle qui se manifeste consécutivement, lorsqu'une inflammation suppurative fait place à l'irritation causée par le calorique. Si la malade avait pu supporter le bain, dans lequel il aurait été facile de l'installer commodément à l'aide d'un hamac, nous l'y aurions laissée aussi longtemps qu'elle aurait pu le supporter en élevant ou abaissant la température de l'eau phéniquée, d'après les sensations de la patiente. Une fois l'action du bain jugée suffisante, on aurait transporté la malade sur un lit garni d'une épaisse couche de ouate enduite d'un liniment phéniqué (celui composé de saccharate de chaux, de glycérine et d'acide phénique, par exemple, qui nous a procuré de si excellents résultats) et nous aurions appliqué pareil pansement sur les parties du corps non en contact avec le lit. Rien de pareil n'a été tenté ; on s'est contenté de l'emploi des vieux moyens de la chirurgie officielle, et l'on est arrivé à la fin lugubre que l'on sait. L'exemple de Mlle E. Livry n'est pas le seul de son espèce ; il peut se renouveler dans les mêmes circonstances ou dans des circonstances analogues ; que du moins il ne soit pas perdu pour les malheureux qui seraient victimes d'un pareil accident, et que les intéressés aient la fermeté d'imposer de force à la médecine officielle le progrès qu'elle refuse d'accepter de bonne volonté.

Art. VIII. — De la carie.

On donne le nom de carie à deux maladies qui ont une certaine analogie et beaucoup de différences, et dont l'une a son siége dans les os, l'autre dans les dents. Les différences, qui ont surtout frappé les pathologistes classiques, ne doivent pas nous occuper ici, parce qu'elles sont inutiles à notre but. Nous dirons seulement, que ceux qui refusent toute analogie entre la carie des os qui n'est que leur inflammation chronique, et celle des dents, sous le prétexte que ces dernières sont privées de toute trame organisée, nous paraissent prendre pour les bornes de la science celles de leurs propres connaissances. Conclure à l'absence de toute trame organisée dans les dents sous prétexte qu'on ne la voit pas, c'est aller déjà beaucoup trop loin ; conclure de cette prétendue absence de trame organique à l'impossibilité de toute analogie entre le travail intime de destruction des os et des dents, c'est aller plus loin encore. Ce qu'il y a de certain, c'est que la carie des dents détruit progressivement leur tissu comme la carie des os, et même l'ancienne carie des os dite sèche, qu'on désigne aujourd'hui sous le nom de nécrose, se produit sans ramollissement ni vascularisation de la trame osseuse et elle a ainsi beaucoup plus de ressemblance encore avec la carie dentaire. Mais entre les deux vraies caries, il y a cette autre analogie qu'elles sont toutes deux guéries par l'acide phénique.

M. Lemaire rapporte un exemple de *carie des os*, qui n'était, il est vrai, que commençante, c'est-à-dire qui n'était encore qu'une ostéite, mais dans laquelle l'os était déjà à nu, sous trois trajets fistuleux; de nombreux traitements avaient été employés en vain pendant onze mois, y compris celui d'un marchand de vin fameux de la rue Saint-Martin auquel la bêtise publique a fait une notoriété, et aussi un peu l'incurie et les sottes prétentions de la médecine officielle. Quand M. Lemaire vit le malade, la peau était décollée; les fistules saignaient à la moindre pression, et fournissaient une suppuration abondante et fétide. Les douleurs étaient très-vives.— On appliqua un pansement avec de l'eau phéniquée au centième, et l'on fit dans les trajets purulents des injections avec le même liquide.

Au bout de quatre jours, la suppuration, le gonflement et les douleurs étaient beaucoup moindres. Deux mois après, deux fistules étaient cicatrisées, et le gonflement de l'os n'était plus appréciable. Au mois de juin, il ne restait plus que quelques bourgeons charnus à réprimer à l'orifice de ce qui avait été la troisième fistule ; il n'y avait plus trace ni de douleur ni de tuméfaction.

On peut rencontrer des cas de carie plus graves que le précédent quant à l'étendue des désordres existants ; mais on ne trouverait pas beaucoup mieux sous le rapport de l'opiniâtreté, de l'inutilité des traitements subis, et parmi ces traitements, il s'en trouvait qui avaient été faits par des chirurgiens des hôpitaux de Paris et, ensuite, pendant six semaines, par le médecin de l'asile de Vincennes. Il est donc impossible de trouver un fait qui établisse plus clairement la puissance curative de l'acide phénique, et qui permette même de prévoir avec plus de certitude la même efficacité dans des cas plus graves. Nous ajouterons seulement que dans ces cas et même dans ceux qui n'offriraient que la gravité du précédent, nous conseillerions d'associer le sirop phéniqué à l'intérieur, sinon même les injections phéniquées sous-cutanées. Nous avons la conviction que si cette association avait été faite chez le malade dont nous venons de résumer l'histoire, la guérison aurait marché avec plus de promptitude encore.

Dans la *carie des dents*, l'acide phénique possède une puissance curative bien autrement active encore que dans la carie des os. C'est ici qu'on peut dire que l'acide guérit vraiment comme par enchantement, au moins dans le plus grand nombre de cas ; l'usage habituel d'un dentifrice à l'acide phénique suffit même souvent pour débarrasser l'haleine de la mauvaise odeur que lui communiquent des dents cariées et guérit les gencives saignantes et malades, et l'effet obtenu ne se borne pas là : avec le dentifrice de Grillon (1), on obtient généralement une diminution sensible, parfois une cessation de la douleur; on arrive même, par la répétition de ces lavages, à une guérison complète ; mais là n'est pas le véritable traitement phéniqué de la carie. Celui qui produit souvent des résultats vraiment merveilleux, lorsque la carie offre une cavité pénétrable, consiste : à débarrasser le mieux possible, par les injections de dentifrice phéniqué et à l'aide d'un stylet, la cavité de tous les débris qui peuvent s'y trouver, puis à y introduire un petit fragment d'acide phénique solide, que la chaleur de la bouche fait fondre dans le creux de la dent où on le laisse agir à l'état de pureté pendant une ou deux minutes, en ayant soin de préserver les gencives et la muqueuse des joues contre l'action de l'acide, à l'aide d'un peu de ouate ou de charpie. Presque toujours, si le nerf n'est pas à nu, quelques minutes après cette opération si simple, la douleur dentaire la plus violente est supprimée, et quelquefois pour ne plus revenir. Lorsqu'elle revient, une, deux, trois ou quatre cautérisations nouvelles au plus, délivrent les malades d'une manière définitive. Notre traitement a d'ailleurs une parfaite ressemblance avec les cautérisations d'acide azotique monohydraté si heureusement inaugurées par notre savant et habile confrère, M. le docteur Magitot; seulement les cautérisations phéniquées sont beaucoup moins douloureuses, moins dangereuses et ont un effet beaucoup plus prompt, soit comme apaisement de la douleur actuelle, soit comme guérison définitive.

Notre éminent dentiste, M. le docteur d'Oylley-Evans, a fait cette remarque curieuse qu'en traitant d'abord les dents cariées par sa préparation phéniquée avant de les *remplir* (avec de l'or), l'or tient beaucoup plus et ne se détache presque jamais.

(1) Rue de Grammont.

Il est probable que cet avantage précieux tient précisément à ce que la préparation phéniquée empêche tout nouveau progrès de la carie, et fait par conséquent que l'or, s'il est habilement placé, remplit exactement toutes les anfractuosités de la carie, ce à quoi veille notre ami, comme nous en avons fait personnellement l'expérience.

ART. IX. — DES CATARRHES.

Il est indispensable, pour éviter de répéter les mêmes discussions à propos de chaque catarrhe en particulier, de dire quelques mots de la manière dont la doctrine nouvelle envisage ces affections en général.

Ainsi que nous l'avons dit à propos de la bronchite chronique ou catarrhe pulmonaire, les pathologistes ne manquent jamais de donner les inflammations chroniques des muqueuses (comme toutes les autres d'ailleurs) comme une terminaison des inflammations aiguës ; c'est, chez eux, comme une formule stéréotypée. Au fond, rien n'est plus faux ; il n'arrive pas une fois sur vingt, peut-être une fois sur cent, pour certains catarrhes, celui de la vessie et de l'utérus, par exemple, que l'état aigu ait précédé l'état chronique, ce qui démontre une fois de plus l'erreur, encore accréditée, qui considère les inflammations comme une famille très-naturelle de maladies, comme la plus naturelle même. Or, non-seulement, entre une inflammation syphilitique et une inflammation typhoïque, il peut y avoir la différence d'un chêne à une tige de chiendent, mais il est tout aussi certain qu'entre une bronchite aiguë et un catarrhe bronchique, il y a une différence analogue, si ce n'est plus profonde encore. Quand on attribue le principe d'une inflammation à une irritation qui ne représente à l'esprit rien de positif, rien de déterminé, qui n'est qu'un mot, il peut paraître fort naturel de voir comme tout à fait semblables deux états qui se caractérisent tous deux par de la rougeur, de la douleur, du gonflement et une hypersécrétion ou une sécrétion nouvelle, et ne diffèrent que par la durée ; mais quand on est disposé à attribuer les maladies à des parasites qui accomplissent leurs évolutions au sein de nos liquides ou de nos tissus, il paraîtrait absurde d'admettre qu'un même être puisse déterminer des troubles ou des lésions de solides ou de liquides dont les uns ne durent que quelques jours et dont les autres durent quelques mois ou quelques années. Ainsi, que cela soit bien entendu, une fois pour toutes : il faut que la vieille médecine renonce à voir dans les inflammations aiguës et les catarrhes, lors même qu'elles siégent sur les mêmes organes, des inflammations de même *nature*, pour nous servir de son langage; il est à peu près certain, au contraire, qu'elles sont dues à des causes spécifiquement différentes. Conformément à ces principes nouveaux, il aurait été rationnel de placer après ces considérations générales l'étude de tous les catarrhes; mais il aurait fallu déranger l'ordre alphabétique qui offre des avantages pour le lecteur, et nous n'avons pas cru devoir le faire. Nous reprenons donc l'ordre que nous avons adopté.

ART. X. — DE LA CONJONCTIVITE.

Nous avons cru devoir réunir à l'article ophthalmie les inflammations des divers tissus qui composent l'œil. Nous renvoyons donc à cet article.

ART. XI. — DU CORYZA AIGU ET CHRONIQUE (CATARRHE NASAL).

Le modeste rhume de cerveau est une maladie si légère, que les malades ne le jugent pas ordinairement digne d'occuper la médecine et qu'ils se contentent de le soigner eux-mêmes, ce qui veut dire presque toujours de l'abandonner à sa marche naturelle. Malgré son peu d'importance, le coryza aigu n'en est pas moins une maladie parasitaire, non que le parasite auquel il est dû ait encore été découvert et décrit, mais parce qu'il est contagieux, propriété que paraissent ignorer beaucoup de pathologistes dans des ouvrages même des plus récents. Il nous paraît inutile de donner ici les preuves de ce fait que nous donnons comme certain, et qui a d'ailleurs été prouvé par d'autres observateurs et des plus sévères, MM. Barthez et Rilliet notamment. Nous aurions donc pu classer cette maladie dans une des sections précédentes; c'est pour nous conformer à l'opinion la plus générale que nous l'avons placée ici, et aussi, nous le répétons une fois encore, parce que nous sommes aussi convaincu que personne des imperfections de notre classification et des changements qu'elle devra subir par suite des progrès de la science. Nous devons seulement rappeler que si notre classification est défectueuse, les autres sont absolument déraisonnables.

On ne traite pas ou on traite peu, avons-nous dit, le coryza à cause de son peu de gravité; nous soupçonnons, toutefois que cette raison n'est pas la seule; il en est une autre que les malades sentent d'instinct, mais que les médecins ne disent pas toujours, c'est que les divers traitements qu'on a opposés jusqu'à ce jour à la maladie n'ont que peu ou point d'action sur sa marche et sur sa durée. C'est ce qu'avouent très-franchement quelques auteurs de bonne foi. Nous avons des raisons fondées de ne point faire un pareil aveu, car nous croyons posséder une médication qui abrége singulièrement la durée du coryza; or, du moment qu'une telle médication existe, nous pensons qu'il convient de l'employer; il est toujours préférable de voir durer quelques jours, une semaine au plus, une maladie, si légère soit-elle, que de la supporter pendant deux ou trois septenaires, quelquefois plus. D'ailleurs, si la maladie n'est qu'une incommodité supportable pour la seconde enfance et les âges suivants, elle devient, au contraire, assez sérieuse pour les enfants à la mamelle dont elle gêne considérablement ou même empêche la succion, et par conséquent l'alimentation, au point qu'on est souvent obligé, dans ces cas, de les nourrir pendant plus ou moins longtemps à la cuiller. Quant à la médication, c'est, sauf quelques nuances, celle que nous allons indiquer pour le coryza chronique ou catarrhe nasal.

Celui-ci n'est pas précisément une affection légère, au moins dans beaucoup de cas : si quelques individus le supportent sans peine, lorsqu'il se borne à un simple enchifrènement, lorsque le gonflement de la pituitaire est considérable, il cause un obstacle sérieux à la respiration ; il oblige les malades à respirer par la bouche, d'où résulte souvent une sécheresse de cette cavité et de la gorge, et parfois, consécutivement, une imperfection de l'insalivation et même des troubles de la digestion. Mais ce n'est pas tout : une véritable suppuration peut s'établir, parfois fort abondante ; des ulcérations peuvent se former et donner lieu à un véritable ozène. La curation de ce coryza n'est donc plus une chose peu importante, une thérapeutique de luxe ; c'est un grand service rendu aux patients, et c'est un service que la nouvelle médication peut leur rendre à peu près toujours, mais que les anciennes ne leur rendent que bien rarement.

Avant de le prouver par les faits, disons que les différences qui existent entre le coryza aigu et chronique, viennent confirmer une fois de plus nos remarques sur la nature complétement différente des inflammations qui affectent ces deux formes : ainsi, la contagion, un des caractères les plus importants des maladies, n'existe pas dans le coryza chronique, tandis que nous avons constaté qu'elle est constante dans le coryza aigu. Cette différence est suffisante à elle seule pour établir une distinction radicale entre les deux maladies.

Voici maintenant l'exposé succinct d'un fait qui montre que les anciennes médications échouent contre le coryza chronique et comment la nouvelle peut réussir.

Mlle X..., jeune Anglaise de vingt-trois ans, est atteinte d'une maladie du nez qui remonte à cinq ans : cette jeune personne avait alors des saignements de nez qui se renouvelaient quelquefois jusqu'à quinze fois par jour ; ils avaient lieu presque toujours du même côté ; plus tard, il se forma des croûtes dans le nez ; quand elles devenaient gênantes par leur épaisseur ou leur mobilité, la malade se mouchait fort pour les détacher, et il s'ensuivait encore des saignements de nez. Au bout de trois ans, ces saignements cessèrent ; mais ils furent remplacés par des douleurs qui sans être vives étaient pourtant incommodes ; en outre le nez se tuméfia ; la respiration devint gênée ; la matière répandue sur le mouchoir quand la malade se mouchait devint odorante ; elle était d'apparence purulente ; c'est surtout du côté droit que ces phénomènes étaient prononcés; mais le côté gauche était affecté aussi; il semblait à la malade qu'elle avait un poids dans le nez. Ces symptômes ne firent que s'aggraver jusqu'au moment où la malade vint me consulter, en novembre 1871.

A Londres, un médecin anglais lui avait prescrit diverses lotions dont elle ignore la composition; depuis son arrivée en France, un confrère de notre pays lui a donné une poudre qu'elle devait dissoudre dans l'eau avec laquelle elle se faisait des injections. Ces traitements ont été prolongés fort long-temps; on a vu quels en avaient été les résultats.

Au moment où je vis la malade, la muqueuse nasale était très-sensible au toucher; elle était épaisse, violette et formait des bourrelets; il existait une sécrétion muco-purulente assez abon-dante et très-odorante; la respiration était gênée et se faisait par la bouche qui était presque toujours sèche et trop souvent ouverte.

Je pratiquai, dès le premier jour, une pulvérisation éner-gique et prolongée pendant environ dix minutes avec de l'eau phéniquée à 1 p. 100, et je prescrivis quatre cuillerées par jour de mon sirop phéniqué.

Ce traitement fut continué pendant deux mois; en janvier la malade me fit ses adieux, étant entièrement guérie et non moins heureuse. Les ulcérations étaient complétement cica-trisées depuis au moins déjà quinze jours.

J'ai eu à traiter, entre autres coryzas chroniques, un très-grave avec ulcération, d'autres moins graves, dont la même médi-cation a triomphé aussi rapidement ou même plus. C'est donc à ce traitement que nous conseillons de s'en tenir. Si les malades ne se trouvaient pas en position de recevoir des pulvé-risations avec un bon pulvérisateur, ils pourraient les rempla-cer par des badigeonnages au moyen d'un pinceau trempé dans la keiméline, mélange phéniqué à l'iodoforme; il est pro-bable qu'avec ce moyen et le sirop phéniqué ou sulfo-phéni-qué, on arriverait au même résultat avec un peu plus de temps; nous pensons que le même traitement devra être de règle toutes les fois qu'on aura eu affaire, comme cela m'est arrivé souvent, à des coryzas qui existaient depuis plusieurs années et qui avaient été rebelles à des traitements ordinaires, notamment le coryza dit des foins.

ART. XII. — DU CRAPAUD OU PIÉTIN.

Nous empiétons encore ici sur le domaine de nos confrères en médecine comparée; mais cette fois, ce n'est pas pour l'avoir cherché; c'est parce que nous ne pouvons laisser sciemment passer inaperçue aucune application thérapeutique utile du produit qui a fait l'objet de nos études spéciales, et aussi parce que les recherches microscopiques d'un honorable vétérinaire, M. Méguin, ont constaté dans le crapaud l'existence d'un parasite végétal qui paraît être au moins une complication de la maladie, s'il n'en est pas la cause. Ce parasite végétal appartiendrait, d'après M. Méguin, au genre trichophyton, et même, paraîtrait-il, à l'espèce que M. Bazin a constatée chez l'homme. Ce fait, qui ne nous semble pas, du reste, tout à fait établi, serait d'autant plus remarquable que le trichophyton, qui se borne chez l'homme à attaquer les cheveux, attaquerait, chez le cheval, le mulet et l'âne, les tissus vivants.

Quoi qu'il en soit, M. Méguin, qui a découvert le parasite, n'a pas songé, comme on aurait pu s'y attendre, à lui opposer le parasiticide par excellence, l'acide phénique, mais seulement le coaltar; c'est M. Guerrapain, vétérinaire à Bar-sur-Aube, qui aurait eu la pensée de substituer à ce produit, à composition variable, son composant le plus actif. Le sujet traité par M. Guerrapain était un cheval atteint du crapaud à divers degrés aux quatre pieds. M. Guerrapain employa, d'abord, le perchlorure de fer préconisé par son confrère et ami M. Méguin; il n'en obtint rien de bon; il lui associa ensuite les badigeonnages avec le coaltar dit saponiné, à l'exemple de son maître M. Bouley, et n'en obtint pas beaucoup mieux : « Fatigué, dit l'auteur, d'attendre un meilleur résultat, et un peu confus vis-à-vis de mon client, à qui j'avais promis une prompte guérison, je songeai à l'acide phénique, l'*Attila des microphytes*. Le 26 novembre » — (les autres traitements avaient duré depuis le 18 septembre) — « les surfaces malades étant bien dégagées et nettoyées, je les imprégnai aussi profondément que possible d'acide phénique liquide pur ; après cinq minutes, cette première couche étant un peu séchée, je fis une seconde application du même acide, et par-dessus le tout un badigeonnage général avec le coaltar : je recommandai au propriétaire de recommencer tous les jours ce dernier.

» Le 3 décembre, une couche de corne nouvelle homogène et bien adhérente recouvrait presque toutes les surfaces malades ; sept jours après, le crapaud était réduit au tiers ou au quart de ses proportions. J'appliquai encore une couche d'acide sur la partie qui restait malade, et un badigeonnage au coaltar ; le cheval partit et je n'en entendis plus parler. » C'est sans doute par respect pour son maître M. Bouley que M. Guerrapain a appliqué le coaltar sur des surfaces déjà tannées par l'acide phénique pur ; il est évident que le coaltar ne pouvait plus exercer la moindre action sur ces surfaces, et qu'aucune part de la guérison ne saurait lui être attribuée, même si, pendant un mois auparavant, il n'avait montré son impuissance. Quoique le crapaud ne soit pas une maladie incurable, il est peu habituel qu'il guérisse aussi promptement, quand il est arrivé au développement où il était sur deux, mais surtout sur un des pieds postérieurs du cheval traité par M. Guerrapain. Ce fait mérite donc toute l'attention des vétérinaires.

Le piétin ou fourchet n'est que le crapaud des moutons. On le traite par les mêmes moyens que le crapaud des chevaux ; il paraissait présumable que l'acide phénique produirait les mêmes effets dans l'un et dans l'autre. L'expérience en aurait été faite en Angleterre. Le mode d'emploi de l'acide aurait consisté à bien nettoyer les pieds attaqués, puis à les frotter avec une brosse enduite d'acide phénique pur. Une seule application aurait suffi pour déterminer la guérison. Un moyen simple de prophylaxie serait de faire passer tous les moutons menacés dans une auge remplie d'eau phéniquée à 3 p. 0/0.

CREVASSES (voyez *Gerçures*).

ART. XIII. — DES EAUX AUX JAMBES.

C'est encore à M. Guerrapain qu'on devra la guérison de cette maladie rebelle par l'acide phénique, si les deux succès qu'il a obtenus se multiplient, ce qu'on doit espérer, si l'on songe que de l'aveu de tous les vétérinaires, les eaux aux jambes sont une maladie qu'on soulage quelquefois, mais qu'on guérit bien rarement, quand elle est arrivée à une certaine période. Et cependant il faut remarquer que parmi les traitements conseillés contre cette rebelle affection, — comme, du reste, contre le crapaud, — se trouvent le goudron et divers produits pyrogénés. Nouvelle preuve qu'entre ces produits et l'acide phénique, il y a une distance énorme, sous le rapport de l'action thérapeutique. Le procédé d'administration adopté par M. Guerrapain est d'appliquer avec le doigt un mélange intime de savon vert et d'acide phénique, un quart ou un tiers de ce dernier pour deux tiers ou trois quarts du premier. Après un intervalle de 12 à 20 heures, on fait laver à grande eau toute la surface enduite, et quelques jours après on recommence l'application si la première n'a pas suffi. Dans les deux seuls cas traités, la guérison a été prompte et, paraît-il, définitive.

Nous pensons que des lotions ou mieux des badigeonnages au pinceau avec notre solution normale d'acide phénique et une boisson de la solution glycophénique (un flacon pour 9 litres et demi d'eau), un litre par jour, constitueraient un traitement plus rapide et plus efficace.

ART. XIV. — DE L'ÉRYSIPÈLE (1).

Celui qui se serait permis d'écrire, il y a cinquante ans, que l'érysipèle est une maladie à ferments dont les phénomènes

(1) C'est par erreur que cet article ne s'est pas trouvé à son rang alphabétique, entre la dyssenterie et la fièvre, dans la section précédente où l'appelle son caractère fermentatif aujourd'hui bien établi.

inflammatoires, rougeur, chaleur, douleur et tuméfaction, ne sont qu'un mode d'expression commun à beaucoup de maladies, aurait inévitablement reçu un vigoureux coup de boutoir de l'illustre pathologiste réformateur de l'époque. Dès cette époque, cependant, et même bien auparavant, du temps de Joseph Frank et avant lui, bien des observateurs avaient attribué l'érysipèle à d'autres causes qu'à des actions locales, et en 1835, MM. Chomel et Blache écrivaient qu'il n'y a pas d'érysipèle sans *cause interne*; cause interne, pour eux comme pour tous leurs contemporains, ne signifiait, bien entendu, autre chose sinon que c'était une cause qu'on ne pouvait voir agir. Il ne faut pas oublier cependant qu'en 1843, le professeur Piorry désignait, dans son traité de pathologie, l'érysipèle sous le nom de septico-dermite. On sait, du reste, que le savant et laborieux professeur est le médecin qui, malgré ses idées localisatrices, a peut-être fait faire le plus de chemin à la doctrine des infections, tout en ne se doutant pas que, sous cette doctrine, il y en avait une autre plus précise et plus féconde en conséquences pratiques.

Depuis cinquante ans, mais surtout depuis quinze, les choses ont bien changé : quelques rares esprits progressifs, d'abord, se sont demandé si la cause de l'érysipèle ne serait pas un ferment, et aujourd'hui un de nos jeunes confrères n'est pas éloigné de croire l'avoir prouvé. Dans un travail publié au commencement de cette année (1872), ce confrère, le docteur Nepveu, annonce, en effet, qu'en cherchant un jour à constater la multiplication des globules blancs dans le sang pris sur des plaques d'érysipèle, annoncée par M. Vulpian, il reconnut en effet cette multiplication, mais qu'il trouva aussi dans le sang des bactéries, présentant tous les caractères des *bacterium punctum* d'Ehrenberg et de Dujardin. Pour éviter autant que possible toute cause d'erreur provenant de l'action trop prolongée de l'air sur le sang à examiner ou des poussières des verres porte-objet, M. Nepveu lava ces verres avec de l'alcool et les passa à la flamme de ce liquide, et il installa son microscope à côté des malades.

Les observations de M. Nepveu sont au nombre de quatre, et, fait bien remarquable, quoique prévu pour nous, c'est que trois de ces quatre cas sont des exemples d'érysipèle traumatique, c'est-à-dire ayant succédé à des opérations ou à des plaies, et que le quatrième était un érysipèle dit spontané de la face : or, les mêmes microzoaires ont été trouvés dans les érysipèles traumatiques et dans l'érysipèle spontané.

Nous ne donnerons pas ici les détails des observations de M. Nepveu qu'on peut lire dans la *Gazette médicale de Paris* du 20 janvier 1872; nous nous contenterons de reproduire une partie du résumé de l'auteur que nous ferons suivre de quelques courtes remarques. Voici donc ses conclusions :

« 1º Il existe des bactéries dans le sang extrait d'une piqûre faite sur une plaque d'érysipèle; ces bactéries sont en assez grand nombre : trois, quatre, cinq, quelquefois six, sept dans le champ du microscope (immersion nº 9 d'Hartnack).

» 2º Les bactéries existent aussi dans le sang pris en tout autre point que sur la plaque d'érysipèle, au bout du doigt par exemple, pour un érysipèle du tronc; leur nombre est moins considérable, un, deux, trois, rarement davantage, dans toute la gouttelette de sang qu'on examine.

» 3º Dans tous les cas observés, la variété de bactérie trouvée a toujours été le *bacterium punctum* d'Ehrenberg.

» 4º Si les bactéries existent dans l'*érysipèle traumatique*, ils paraissent exister aussi dans les *érysipèles dits spontanés*. Il resterait à déterminer si le fait est constant. »

Nos remarques porteront moins sur le résumé de M. Nepveu que sur celles dont il le fait suivre lui-même, et plus encore peut-être sur celles qu'il aurait pu faire, mais qu'il ne fait pas.

M. Nepveu commence par faire honneur à M. Volkmann d'avoir *soupçonné* (c'est M. Nepveu qui souligne) des bactéries dans l'érysipèle, et il ajoute que son hypothèse ne doit pas rester dans l'ombre. D'abord, M. Volkmann, c'est M. Nepveu qui le montre, n'a pas soupçonné les bactéries, mais d'une manière générale les microphytes : « L'origine de la propagation sur place de l'érysipèle est peut-être dans les mouvements de cellules voyageuses ou de microphytes ; peut-être les microphytes jouent-ils dans la production de l'érysipèle le rôle de ferments?» Ainsi s'exprime le docteur Volkmann, d'après M. Nepveu. Nous ne pensons pas, malgré notre aversion profonde pour les Prussiens, nous ne pensons pas qu'on doive leur enlever ou leur contester le mérite qui leur revient légitimement; mais nous croyons que, sans chercher beaucoup, il aurait été facile à M. Nepveu de trouver des Français qui non-seulement avaient *soupçonné* les microzoaires et les microphytes dans toutes les maladies dites spontanées, et surtout dans toutes celles qui, comme l'érysipèle, sont épidémiques ou endémiques, mais qui ont fait un peu plus que de la soupçonner, et qui ont fondé leurs soupçons sur un ensemble de faits et de considérations qui, pour les esprits susceptibles de s'élever un peu au-dessus du terre à terre, peuvent passer pour une démonstration. Et parmi ces faits, il en est un qui aurait dû toucher un médecin : c'est que la plupart, si ce n'est toutes les maladies dans lesquelles des Français ont *soupçonné* des ferments guérissent par des moyens antifermentatifs, et notamment par le plus puissant d'entre eux, l'acide phénique. Il faut laisser aux professeurs de l'école de M. Wurtz le mérite de faire des revendications d'une légitimité contestable en faveur de leurs amis de Berlin, à plus forte raison des attributions d'une illégitimité démontrée.

Dans un autre ordre d'idées, M. Nepveu pense que ses constatations pourraient donner l'explication du fait suivant, rapporté par le docteur Doepp, de Saint-Pétersbourg : un médecin vaccine neuf enfants avec du vaccin pris sur un enfant atteint d'érysipèle; les neuf enfants sont aussi pris d'érysipèle. Nous nous étonnons qu'un homme qui paraît être aussi familier que M. Nepveu avec les observations précises, ne se soit pas aperçu que le fait de M. Doepp n'avait pas plus besoin d'explication que tous les miracles. Pour le surplus des observations que ce miracle pourrait suggérer, si c'était réellement un fait scientifique, nous renvoyons à l'article *vaccine*. (Voir ci-dessus, p. 563 et suiv.)

En dernier lieu, nous exprimerons notre étonnement que M. Nepveu, dont les constatations doivent le disposer à adopter la doctrine parasitaire et par conséquent la médication parasiticide, n'ait fait aucune remarque sur les médications banales et absolument inefficaces pour le moins, appliquées sur les malades sur lesquels il a fait ses observations. Il est vrai que si l'on avait appliqué la médication que je ne cesse de préconiser depuis plus de dix ans, les quatre cas d'érysipèle observés par M. Nepveu ne se seraient probablement pas développés, et qu'ainsi nous aurions été privés des intéressantes observations de notre honorable confrère; mais quoique personne, assurément, n'attache plus de prix que nous à ces observations, M. Nepveu nous pardonnera certainement de leur préférer la vie ou la santé de quatre personnes.

Quant à l'efficacité de la médication phéniquée, elle n'est plus aujourd'hui contestable. Quelque temps après la publication de la première édition de cet ouvrage, M. Lemaire, dans la seconde édition du sien, rapporta deux faits où cette efficacité était démontrée, et il ajoutait : « J'ai employé plusieurs fois l'eau phéniquée au centième en compresses et en lotions pour combattre l'inflammation érysipélateuse qui se manifeste si fréquemment sur les jambes des hydropiques, etc. »

Nous-même avons arrêté plusieurs fois des érysipèles spontanés par une cautérisation légère de la surface cutanée envahie, par la solution phéniquée normale (acide phénique et alcool ââ) et tout récemment encore chez la belle-sœur d'un de nos confrères de Paris, M. P. Quant aux érysipèles traumatiques, nous n'en avons jamais guéri, par la raison bien simple que nous ne les avons pas laissés se développer, en pansant les plaies, comme il sera dit plus tard. Depuis son voyage à Paris et son acte de dévouement pour la France, M. Mosétig, chirurgien de l'hôpital Rodolphe de Vienne, qui avait adopté d'une manière exclusive la médication phéniquée à l'ambulance du Corps législatif, pendant le siége de Paris, et plus tard à l'ambulance de la Grande-Gerbe, nous écrivait, à la date du 22 décembre 1871 : « Je ne sais presque plus ce que c'est que l'érysipèle traumatique. » Je comprends tous les ménagements que réclame la subordination, M. Nepveu étant sans doute élève interne dans le service hospitalier où il a fait ses observations; mais la science est ou du moins doit être en dehors de la hiérarchie, et l'on peut, ce nous semble, dire et écrire, sans manquer de respect à un chef, qu'une médication qui laisse mourir les malades doit être remplacée par celle qui les sauve, et qu'il n'est pas très-glorieux pour la France de se laisser devancer par les autres peuples dans la voie du progrès, surtout quand ce progrès a pris naissance chez elle.

ART. XV. — DES FISTULES.

On a vu à l'article carie quelle heureuse et puissante influence les injections et pansements phéniqués ont eue sur des trajets fistuleux profonds et rebelles à d'autres pansements. Les mêmes résultats sont obtenus sur les fistules proprement dites, du moins celles qui siégent à l'anus ou dans son voisinage. Seulement, quand ces fistules sont anciennes et que les parois de leur trajet se sont organisées en une sorte de muqueuse artificielle, on est obligé de recourir à des solutions concentrées — par conséquent alcooliques — d'acide phénique qui désorganisent cette sorte de membrane accidentelle et ramènent la surface du trajet fistuleux aux conditions d'une plaie simple; ce résultat obtenu, on se contente alors d'injections et de pansements avec de l'eau à 1 pour 100 et la cicatrisation de la fistule ne tarde pas à s'opérer. J'ai traité par cette méthode un grand nombre de fistules à l'anus, et je n'ai pas éprouvé un seul insuccès.

ART. XVI. — DE LA GANGRÈNE.

La gangrène est une maladie ou plutôt un résultat de maladie, mémorable dans l'histoire médicale de l'acide phénique, car c'est contre un cas de gangrène que je fis la première application thérapeutique de cet agent nouveau, dont personne n'avait songé encore à utiliser, en thérapeutique, les admirables propriétés. Ce premier cas d'application conserve encore aujourd'hui toute son opportunité, tout son intérêt; nous allons le reproduire tel que nous l'avons exposé dans la première édition de ce travail; nous dirons ensuite quelques mots des questions doctrinales qui se rattachent à la gangrène et des modifications que le progrès de l'observation a amenées dans les procédés d'application de la méthode.

« Le 30 novembre 1861, M. M... montait un cheval de chasse d'une allure très-rapide; ce cheval, lancé à travers champs, s'enfonça tout à coup dans un trou, et M. M... fut lancé entre deux arbres; lorsqu'on le releva, il était paralysé.

» M. le comte Paul Demidoff (1), chez lequel était arrivé l'accident, et le duc de Gramont qui avait assisté à l'accident, me firent appeler le 1er décembre. Je pus voir le malade le même soir; je le trouvai couché sur le dos, immobile et insensible; il ne se plaignait de rien, et pourtant il n'avait pas uriné depuis plus de 30 heures. La paralysie était complète : ni sensibilité ni mouvements jusqu'au niveau du sein des deux côtés. Après avoir vidé la vessie, je constatai avec une facilité malheureusement trop grande une fracture de la colonne vertébrale au niveau de la troisième vertèbre dorsale. Aussitôt mon diagnostic connu, M. le docteur Gros et M. le docteur Maisonneuve me furent adjoints; on décida le transport du malade à Paris, ce qui eut lieu avec des précautions inutiles à rapporter ici et qui réussirent à merveille.

» Malgré nos efforts et les avis éclairés de plusieurs autres de nos confrères; malgré les soins dévoués et intelligents des frères infirmiers de la maison Saint-Jean de Dieu, la gangrène apparut aux malléoles, au sacrum, puis au niveau de toutes les saillies osseuses. Elle devint si générale que la chambre du malade devint inhabitable, bien qu'elle fût vaste et aérée; le malade lui-même se trouvait suffoqué par cette odeur spéciale de la gangrène, et n'avait plus qu'un désir, celui de mourir rapidement.

» Nous ne savions à quels moyens nouveaux avoir recours, lorsqu'il me vint la pensée de *tanner* avec l'acide phénique les parties gangrénées. Je mis donc 10 grammes d'acide phénique brut dans 100 grammes d'huile ordinaire, et j'étendis avec un pinceau le mélange bien agité sur une partie seulement de la plaie gangrénée de la cuisse, celle qui était atteinte le plus profondément. Dès le lendemain matin, son aspect avait tellement changé qu'avec l'assentiment de mes confrères, j'en fis étendre partout : l'odeur devint aussitôt presque nulle; les

____

(1) Aujourd'hui prince, et dont nous raconterons ailleurs, mais bientôt, l'histoire relative à la succession de mon ami le duc de Gramont Cad   ousse.

parties molles cessèrent de se désorganiser, et comme il se produisait des fusées dans les gaînes musculaires, je fis faire des injections avec l'eau phéniquée à saturation préparée sur l'acide phénique brut, à la façon dont on prépare l'eau de goudron. Dès lors, la gangrène fut arrêtée, le malade crut à sa guérison, et les pansements devinrent faciles. »

C'est à partir de ce moment que M. le docteur Maisonneuve, qui ne connaissait pas auparavant l'acide phénique, *même de nom*, l'appliqua avec un grand succès, dans son service de l'Hôtel-Dieu, où M. Lemaire put à son aise aller puiser des exemples.

Nous allons voir comment il en profita.

« Cet acide, dit magistralement M. Lemaire, est un médicament héroïque pour combattre la gangrène humide. Il permet de remplir toutes les indications que présente cette affection redoutable. Il arrête sa marche envahissante, désinfecte toutes les parties mortifiées en tuant les ferments vivants dont elles sont remplies, tarit la suppuration, favorise la chute des escarres; enfin, en détruisant les germes que l'air atmosphérique dépose constamment sur la lésion, il protége les tissus sains contre l'action fâcheuse de ces germes, et les met à l'abri d'une décomposition nouvelle. C'est de cette manière qu'il favorise la cicatrisation.

» Tous ces effets remarquables, je les ai constatés dès 1859, dans mes expériences sur le coaltar saponiné. Je fis connaître ces résultats à un assez grand nombre de médecins des hôpitaux et à des vétérinaires distingués; je leur donnai du coaltar saponiné pour qu'ils pussent vérifier mes assertions. »

Suit la liste d'une dizaine de médecins et de vétérinaires auxquels M. Lemaire dit avoir remis du *coaltar* dit *saponiné*. Il cite ensuite un cas de gangrène sur lequel nous allons revenir, dû à un médecin anglais; puis, sans transition aucune, il continue : « Dans les applications que j'ai faites, j'ai employé l'acide phénique rendu liquide avec un dixième d'alcool, l'eau phéniquée saturée (5 p. 100) et au centième sur de petites escarres développées dans la cavité buccale. L'eau phéniquée m'a paru guérir aussi vite que l'acide pur. »

A ce mélange intentionnel, calculé avec soin, de faits et

d'explications, de coaltar et d'acide phénique, qui ne dirait que M. Lemaire a, en effet, appliqué, dès 1859, l'acide phénique au traitement de la gangrène? qu'il a découvert les germes de l'air et la théorie de la fermentation? qu'il a, enfin, servi de modèle à une dizaine de chirurgiens, parmi lesquels, cependant, il faut le reconnaître, il n'a pas l'audace de classer M. Maisonneuve?

Or, tout cela, il faut le répéter encore, est mensonge et ineptie ; mensonge, car dans le travail de 1859, qu'invoque M. Lemaire, il n'est *en aucune façon* question de l'application de l'acide phénique au traitement de la gangrène ni d'aucune autre maladie, pas plus que dans la première édition de son livre, publiée en 1863 ; ineptie, car il faut être inepte pour espérer qu'on enlèvera une découverte à un homme placé dans la situation de M. Pasteur. M. Lemaire a été gâté par le demi-succès qu'il a obtenu en me dépouillant ; mais il faut être atteint de cécité mentale pour espérer être aussi heureux avec un des premiers savants de l'Académie des sciences, et je n'hésite pas à dire avec un savant qui aura rendu les plus grands services pratiques au monde entier. Ainsi donc qu'il reste bien entendu :

1º Que M. Lemaire a appliqué, à l'invitation de M. Lebeuf, *le coaltar* dit saponiné au traitement de la gangrène ;

2º Que cette préparation, sans être inefficace, est loin, très-loin de valoir l'acide phénique ;

3º Que j'ai le premier appliqué l'acide phénique, en présence de nombreux témoins parmi lesquels M. Maisonneuve, qui a ensuite servi d'inspirateur à M. Lemaire ;

4º Que M. Lemaire n'a donc été qu'un imitateur en employant cet acide, et qu'il n'en a usé que lorsqu'il a eu connaissance de l'application que j'en avais faite, le premier ;

5º Qu'il n'a découvert, enfin, ni les germes de l'air ni leur action dans les phénomènes de la putréfaction, et qu'en s'attribuant ces deux découvertes, il fait contre M. Pasteur une tentative de piraterie plus niaise encore que coupable. — Nous verrons d'ailleurs, dans un instant, que, même après quatre ans de réflexion, M. Lemaire n'a pas su adopter les meilleurs procédés d'application de l'acide phénique au traitement de la gangrène.

M. Calvert, qui a un grand intérêt, très-légitime d'ailleurs, à propager l'application de l'acide phénique, a publié beaucoup d'observations plus ou moins concluantes, pour démontrer l'efficacité du produit qu'il fabrique sur une grande échelle. Parmi elles, il s'en trouve une de gangrène des plus remarquables, qui a été observée par le docteur Hughes, de Londres : « Je me suis servi, écrit à M. Calvert ce médecin, de votre acide carbolique dans des cas de plaies gangréneuses, et j'en ai obtenu des résultats merveilleux. Dans aucun cas son action n'a été aussi remarquable que dans celui de Roger, un de vos mineurs.

» Il avait reçu une telle contusion à la main que les artères principales de l'index et du petit doigt furent détruites. En dépit de tous les efforts faits pour rétablir la circulation dans les doigts, une escarre se forma, s'étendit et s'empara de la main et de l'avant-bras avec une telle rapidité, que si je n'avais pas agi à propos avec l'acide carbolique, l'homme aurait perdu son bras.

» Cette escarre gangréneuse était la plus destructive que j'aie jamais vue. L'action de l'acide carbolique fut si évidente, que le moindre doute ne pourrait être permis sur ses effets merveilleux. Il arrêta l'extension de l'escarre et accéléra sa séparation. Il paraît avoir aussi favorisé le développement des bourgeons charnus et accéléré la cicatrisation de la plaie. »

Cette observation est, certes, intéressante, surtout en ce que la gangrène avait son siége dans les doigts, et que nous verrons, à l'article *Plaies*, que les doigts sont une région où la médication phéniquée demande à être appliquée avec précaution. Mais nous ne croyons pas qu'elle soit plus remarquable que celle qui a été le point de départ de toutes les applications médicales de l'acide phénique; nous croyons que M. Calvert aurait aussi bien pu invoquer la nôtre en faveur de l'acide phénique que celle du docteur Hughes, et nous rapporter le petit mérite de la priorité qui nous appartient. Nous n'avons pas réclamé, cependant, cette fois, auprès de l'honorable fabricant de Manchester; car nous avons appris (voir ci-dessus, p. 623) que M. Calvert est un habile : il nous répéterait probablement encore que M. Hughes, comme le docteur Davis, n'a nulle prétention à avoir appliqué *le premier* l'acide phénique au traitement de la gangrène, mais seulement d'en avoir *généralisé* le premier l'application. C'est un genre d'argument qui a trouvé, comme on l'a vu précédemment, des partisans en France, dans les hautes régions scientifiques; nous espérons, toutefois, que M. Calvert possède encore assez le sentiment de la probité scientifique pour renoncer à ce genre d'argumentation et reconnaître franchement nos droits.

Au reste, ce n'est pas seulement le docteur Hughes qui a confirmé notre observation ; sans parler des remarquables succès obtenus par M. Maisonneuve et que nous avons déjà cités plusieurs fois, un grand nombre d'observations analogues à la nôtre ont été faites à l'étranger, en Allemagne surtout ; il n'y a que les chirurgiens français qui soient encore réfractaires au progrès que nous avons réalisé.

L'acide phénique agit évidemment sur la gangrène à la manière dont il agit dans la désinfection des plaies, c'est-à-dire en tuant les ferments organisés qui provoquent les diverses suppurations, ou, si l'on veut, les diverses fermentations. Il n'y aurait, ici, aucune remarque particulière à faire, si nous n'avions à expliquer un malentendu qui pourrait exister, à propos de gangrène, entre notre manière de voir et celle d'un savant dont nous admirons profondément les travaux, lesquels nous ont si souvent servi de flambeau dans la voie thérapeutique nouvelle que nous avons ouverte.

« Loin d'être une putréfaction proprement dite, la gangrène, dit M. Pasteur, me paraît être l'état d'un organe ou d'une partie d'organe, conservé, malgré la mort, à l'abri de la putréfaction, et dont les liquides et les solides réagissent chimiquement et physiquement en dehors des actes normaux de la nutrition. La mort, en d'autres termes, ne supprime pas la réaction des liquides et des solides dans l'organisme. Une sorte de vie physique et chimique, si je puis ainsi parler, continue d'agir. J'oserais dire que la gangrène est un phénomène de même ordre que celui que nous offre un fruit qui mûrit en dehors de l'arbre qui l'a porté. » (Comptes rendus des séances de l'Académie des sciences, 29 juin 1863.)

Ce passage, extrait d'un mémoire qui porte l'empreinte de tous les autres travaux de M. Pasteur et que nous aurons à citer, ne serait évidemment pas en rapport avec le reste du travail, si on l'appliquait à la gangrène humide; mais il est évident qu'il ne s'applique qu'à la gangrène *sèche, sénile ou spontanée*. Peut-être M. Pasteur, qui, après tout, n'est pas obligé d'être médecin et chirurgien, ne connaît-il que cette gangrène, ou peut-être n'admet-il comme gangrène véritable que la gangrène spontanée, ce qui est un point de vue soutenable et que nous discuterons nous-même. La gangrène spontanée, comme tout le monde le sait, est causée par l'oblitération d'une ou de plusieurs artères; le fluide sanguin nutritif n'y afflue donc plus, tandis que le sang excrémentitiel, si l'on peut ainsi parler, en est soutiré par les veines; en sorte qu'en même temps que la partie meurt d'inanition, elle se dessèche, et quand la gangrène, c'est-à-dire la mort locale, est consommée, il ne reste plus dans les tissus la quantité de liquides nécessaires à la fermentation; aussi se conservent-ils très-longtemps et ne rentrent-ils dans la nature inorganique que par des réactions purement ou presque purement physico-chimiques. Aussi, contre cette gangrène, croyons-nous que les applications phéniquées auraient peu d'efficacité. Mais ce n'est là qu'une présomption, car nous n'en avons jamais fait l'expérience.

Quant à la gangrène humide, qui est la seule gangrène des chirurgiens, et, à beaucoup près, la plus fréquente, les phénomènes sont tout autres; et, loin que la putréfaction soit ralentie dans les tissus frappés de cette gangrène, elle y marche beaucoup plus rapidement que dans les tissus ordinaires; c'est une fermentation sur-aiguë, si l'on peut ainsi dire, et peut-être est-ce dans cette acuité même que se trouve l'explication de l'action merveilleuse de l'acide phénique, d'après la théorie sur laquelle nous avons déjà insisté. (Voir notre introduction et aussi l'article *Choléra*, p. 609.)

Mais, nous venons de le dire, si la gangrène humide est une fermentation, une putréfaction, c'est évidemment une fermentation spéciale; l'odeur seule, *sui generis*, qu'elle ré-

pand suffit pour le prouver. Le travail en vertu duquel les
parties vivantes passent à l'état de sphacèle, n'est évidemment pas celui de la suppuration ordinaire, ni celui d'aucune suppuration spéciale, et pas davantage celui qui mor-
tifie les tissus dans la gangrène spontanée ; ce n'est pas une
séparation pure et simple de deux portions de tissus, comme
l'est, par exemple, une séparation mécanique, par amputation, arrachement, etc.; un membre amputé ne se putréfie pas
comme un membre sphacelé. Il y a donc là un champ de recherches nouvelles qui conduiront probablement, quand elles
seront entreprises par des observateurs sagaces et persévérants.
à la découverte de quelque parasite spécial , peut être même
étranger au genre vibrion, le seul dont M. Pasteur ait trouvé
les espèces dans les putréfactions.

Pendant que nous corrigions les épreuves de cet article,
M. Pasteur faisait à l'Académie des sciences (voir les *Comptes
rendus* de la séance du 7 octobre 1872) une communication
du plus grand intérêt qui justifiait l'interprétation que nous
donnons ici de ses opinions, justification qu'il nous confirmait
par une lettre qu'il nous faisait l'honneur de nous adresser en
réponse à la communication que nous lui avions faite de notre
article. Dans cette même communication, il annonce des expériences qui lui font pressentir des applications importantes à la
physiologie et à la médecine pratique. Tous les amis du progrès
doivent désirer ardemment que les nouvelles expériences de
l'illustre savant voient le jour le plus prochainement possible.

Quoi qu'il en soit de ces explications, qui ont un si haut
intérêt au point de vue des doctrines pathologiques, la merveilleuse efficacité de l'acide phénique contre la gangrène
humide reste hors de doute, et c'est à la médication phéniquée
qu'en présence de cette grave maladie devront recourir les
chirurgiens de progrès.

Quant au mode d'application de l'acide phénique, l'expérience m'a démontré qu'il n'est nullement nécessaire de tanner
les tissus, comme j'avais pu le croire un instant, au début de
mes recherches, pour obtenir des succès : les lotions répétées
avec de l'eau phéniquée à 1 p. 100, ou même à 1/2 p. 100, et
les pansements avec la même solution sont parfaitement suffi-

sants. Si la constitution est bonne, non affaiblie, on se borne à ces moyens externes ; si la santé générale laisse à désirer, si l'organisme est affaibli, si, enfin, la gangrène affecte une marche très-rapide, on devra administrer de 40 à 60 centigrammes d'acide phénique par jour, soit, par exemple, 4 à 6 cuillerées de notre sirop phéniqué titré, et même, en cas de lenteur dans l'amélioration obtenue, on pratiquera une ou deux injections sous-cutanées de, chacune, cinq grammes d'eau phéniquée à 1 p. 100.

ART. XVII. — DU MAL DE GARROT.

C'est encore en rapportant les travaux des autres que nous allons mettre ici un pied dans la médecine vétérinaire, car, personnellement, nous n'avons point eu l'occasion d'observer le mal de garrot. D'après M. Lemaire, M. Bouley aurait obtenu d'excellents résultats du coaltar dit saponiné dans le traitement du mal de garrot ; c'est pourquoi M. Lemaire lui-même a traité un de ses chevaux atteint de la même, maladie..... par l'acide phénique. C'est assez la logique de M. Lemaire, logique qui s'explique du reste par ce fait, que, lorsqu'il a conseillé à M. Bouley d'employer le coaltar, je n'avais pas introduit l'acide phénique dans la thérapeutique, tandis qu'il en était autrement quand M. Lemaire a traité, deux fois, son cheval. Les deux fois, l'animal avait, dit M. Lemaire, une tumeur grosse comme le poing, surmontée d'une ulcération de trois à quatre centimètres d'étendue, d'où s'échappait une humeur sanguinolente et fétide. Il fit laver la plaie trois fois par jour avec de l'eau phéniquée au centième, et au bout de huit jours l'animal était guéri.

Un ami de M. Lemaire, M. Lucien Biard, a employé aussi, au Mexique, l'acide phénique contre le même mal, et rend compte ainsi de ses constatations :

« J'essayai pour la première fois l'acide phénique sur une mule appartenant à M. le commandant d'infanterie de marine Campion. Cette mule, réformée par le vétérinaire, avait au garrot une énorme plaie où les vers grouillaient. Quelques minutes après la première application d'acide dilué (à 4. p. 100), tous les vers disparurent. En douze jours, la plaie se cicatrisa complétement, et l'animal put supporter les fatigues de la campagne de Puebla. »

Ce mal serait donc des plus faciles à guérir par ce puissant médicament qui a nom : *acide phénique.*

ART. XVIII. — DES GERÇURES, CREVASSES ET FISSURES.

Les gerçures sont une petite maladie au point de vue de la gravité apparente des lésions ; elles constituent, quel que soit leur siége, une affection des plus douloureuses ; on sait qu'à l'anus elles causent, pendant la défécation, des douleurs qui sont parfois une véritable torture, et elles ne sont guère moins douloureuses souvent au sein, où elles rendent très-difficile la lactation et produisent des abcès. La médication phéniquée permet heureusement de mettre assez promptement un terme à ces souffrances et aux inconvénients qu'elles entraînent. Dans les gerçures du sein et dans les crevasses des mains l'application de la keiméline, mélange de glycérine, d'acide phénique et d'iode , amène une très-prompte guérison. La fissure à l'anus demande plus de précaution, mais on sait que cette affection résiste souvent à tous les traitements ordinaires, ce qui avait conduit Récamier à la terrible méthode de la déchirure de la fissure par la dilatation forcée de l'anus.

A l'aide de la médication suivante, infiniment moins douloureuse, quoique non tout à fait exempte de douleur, la guérison est généralement obtenue en quelques semaines : après avoir mis à découvert la fissure, on la lave légèrement avec un petit linge imbibé d'eau phéniquée au millième ou au 2 millièmes ; puis on la cautérise avec un pinceau imbibé de notre solution normale phéniquée, parties égales d'acide et d'alcool, et on applique une mèche de charpie fine et sèche, qu'on laisse à demeure. Pendant les deux ou trois jours suivants, on renouvelle seulement le pansement avec la mèche imbibée de keiméline, en prenant la précaution de prescrire préalablement un lavement. On se dispensera autant que possible d'aller à la garde-robe dans l'intervalle d'un pansement à l'autre, et l'on fera en tous cas précéder chaque garde-robe d'un lavement lubréfiant. Si les douleurs sont considérablement diminuées après le troisième jour, on pourra se contenter de continuer le traitement à l'aide des mèches phéniquées; dans le cas contraire, on répétera l'opération ci-dessus décrite avec l'acide concentré, et l'on recommencera les pansements comme il a été dit. Il est rare que la fissure résiste à plus de trois ou quatre cautérisations, qui sont du reste de moins en moins douloureuses; seulement, comme la fissure a une grande tendance à la récidive, on devra continuer pendant plusieurs semaines l'usage des mèches, après la cicatrisation et la cessation des douleurs.

GENGIVITE (Voyez *Stomatite*)

ART. XIX. — DE LA GRIPPE OU INFLUENZA.

La grippe n'est ni un coryza, ni une angine, ni une bronchite, mais c'est un peu de tout cela à la fois, et c'est là ce qui la caractérise; elle a pour autre caractère d'être constamment épidémique, ce qui démontre d'une manière à peu près certaine que c'est une maladie à ferments, qui aurait pu et peut-être dû avoir sa place parmi les maladies miasmatiques ou même contagieuses, car bien des faits semblent prouver sa contagiosité. Ces caractères aussi bien que sa tendance à provoquer des sécrétions muco-purulentes indiquaient l'essai de l'acide phénique: l'expérience a confirmé ce que la théorie permettait de prévoir. Quoique la grippe rende très-malades, au moins pendant quelques jours, les personnes qui en sont atteintes, c'est le plus souvent une maladie assez légère pour qu'on puisse se dispenser d'en rapporter des observations particulières; il nous suffira donc d'exposer en quelques mots la manière dont on doit appliquer dans ces cas la médication phéniquée.

Si la grippe est très-légère, une infusion dite pectorale quelconque et trois ou quatre cuillerées de sirop phéniqué par jour suffiront. Si la maladie était plus sévère, si surtout les bronches étaient sérieusement prises, il faudrait associer au sirop deux inhalations phéniquées en vingt-quatre heures, faire mettre les bras à l'eau chaude et boire quelques gouttes de teinture thébaïque dans le sirop phéniqué. Ces moyens devront être continués jusqu'à cessation de tout malaise général, et le sirop seul jusqu'à disparition de toute hypersécrétion. Dans des cas graves, la grippe occasionne une fièvre presque aussi intense que la pneumonie ; dans ces cas, on pourrait pratiquer une ou deux injections de 5 grammes d'eau phéniquée, que l'on renouvellerait le lendemain, si la fièvre n'était pas tombée, ce qui n'arrivera que très-rarement. — L'usage du sirop à l'acide phénique de Guénon m'a toujours réussi comme prophylactique.

ART. XX. — DE L'HYDRO-PNEUMO-THORAX, DE L'EMPYÈME ET DE LA THORACENTÈSE.

Dans la première édition de ce travail j'avais déjà fait connaître, très-succinctement il est vrai, mais d'une manière suffisante pour provoquer des imitateurs, deux cas de pneumothorax traités avec succès par la médication phéniquée, et dont l'un avait été observé par un médecin des hôpitaux de Paris, l'honorable M. Matice. Ces faits, tout remarquables qu'ils fussent, ne paraissent pas avoir porté beaucoup de fruits : dans une discussion académique sur la thoracentèse, qui dure encore au moment où nous écrivons ces lignes, beaucoup de méthodes et de procédés ont été proposés et plus ou moins énergiquement défendus ; mais pas un des orateurs qui ont pris la parole n'a songé qu'il existe une méthode infiniment supérieure à toutes celles dont il a été question dans cette discussion, ou, ce qui serait pire, s'il y a songé, n'a pas voulu le dire. En revanche, on y a fait une physique des plus fantastiques, et qui a dû bien amuser la section de physique de l'Académie des sciences, si, par hasard, elle a eu l'occasion de jeter les yeux sur les journaux qui ont rendu compte de cette discussion. M. J. Guérin, on le devine sans peine, a exhibé ici sa méthode par aspiration, déjà proposée sans succès contre

la métro-péritonite puerpérale ; et en effet, on pourrait, au
premier coup d'œil, supposer que l'aspiration est, sinon avantageuse, au moins facile dans une cavité à parois solides
comme la poitrine ; mais, en réalité, cette aspiration n'y est pas
beaucoup plus facile que dans le ventre ou dans l'utérus : si le
poumon est resté libre d'adhérences, ce qui est rare dans le cas
d'empyème, il vient nécessairement s'appliquer à l'orifice ou
aux orifices de la canule d'aspiration et les boucher ; et alors,
si on continue à aspirer, on aspire ou du sang ou le tissu du
poumon ; s'il y a des fausses membranes flottantes, on les
aspire, c'est-à-dire qu'on oblitère encore les orifices de la canule ; enfin, si l'épanchement est assez fluide pour ne pas
boucher la canule et si le poumon est rendu inextensible par
des fausses membranes, ou bien on développe les gaz du sang
ou des fluides dans la poitrine, ou bien on y fait pénétrer l'air
extérieur, soit entre les parois de la canule et le canal par lequel elle a été introduite, soit en causant quelque fissure,
quelque rupture dans la surface pulmonaire et les fausses
membranes qui la recouvrent ; ce qui est certain, c'est que le
vide ne peut se faire dans une cavité comme celle de la plèvre ;
il faut que son contenu s'y trouve, ou à bien peu de chose
près, en équilibre avec la pression atmosphérique. Pour répondre à ces objections qui lui ont été faites, mais mal faites il est
vrai, M. J. Guérin a répondu par des explications qu'il comprend peut-être lui-même, mais qu'assurément aucun physicien
ne comprendra et surtout n'admettra si, à défaut de les comprendre, il croit les deviner. « La crainte de produire des
épanchements de sang dans la plèvre, dit M. Guérin, est chimérique, lorsqu'on opère avec les précautions que j'emploie. »
Or, quelles sont ces précautions ? les voici ; les comprenne qui
pourra : « Après avoir pratiqué les ponctions avec le trocart,
retiré cet instrument et adapté la pompe aspiratrice à la canule, M. Guérin a soin de faire l'aspiration *avec une extrême
lenteur*, suivant les mouvements de l'appareil respiratoire,
s'arrêtant pendant l'inspiration, pour reprendre au moment de
l'expiration, de telle sorte que le liquide poussé peu à peu par
le mouvement graduel d'expansion pulmonaire, s'engage en
quelque sorte de lui-même dans le corps de pompe, *en chassant*

devant lui le piston. De même le retour du piston ou sa rentrée se fait sans effort, l'instrument obéissant à la pression atmosphérique. Il en est ainsi toutes les fois qu'on pratique la thoracentèse sous-cutanée, lorsqu'on n'a pas laissé s'établir des adhérences considérables, que la perméabilité du poumon n'est pas détruite ; on lui permet alors de se déplisser au fur et à mesure que le liquide est extrait de la poitrine. Dans les cas d'adhérences *trop fortes* et d'oblitération pulmonaire, M. Guérin se garde bien de faire le vide dans la poitrine. »

Il y aurait trop à dire sur toutes ces prétendues explications ; il vaut mieux les livrer aux physiciens et aux anatomo-pathologistes, d'autant plus que personne n'a été tenté de pratiquer l'aspiration de M. Guérin, et qu'on en sera bien moins tenté encore, quand on aura bien voulu comprendre la supériorité de la médication phéniquée, ce qui est plus facile que de comprendre les théories du vide de M. Guérin. N'ayant pas sans doute compris ces théories, M. Chauffard en a proposé une plus claire, c'est-à-dire plus clairement hérétique. Répondant à l'éminent chirurgien Sédillot, qui signalait les inconvénients qu'auraient les aspirations pratiquées pour faire le vide dans la poitrine, M. le professeur Chauffard objecta que : « Le vide n'existe qu'en théorie. A mesure, en effet, qu'il tend à se produire, *des vapeurs se forment et font équilibre à la pression extérieure.* » Voilà l'étrange physique des vapeurs que M. Chauffard oppose à M. Sédillot, et que ses « notions élémentaires de physique permettent de concevoir et dont on aurait *certainement* la démonstration avec un manomètre. » (*Gaz. méd. de Paris*, 17 août 1872, p. 402.)

M. Chauffard ignore donc que le manomètre ne peut en rien servir à la mesure de la tension des vapeurs ; que la tension de la vapeur d'eau, à la température de 40° cent. (qui est à peu près celle du corps, et par conséquent de la plèvre) est d'environ 54 millimètres, tandis que la pression atmosphérique est de 760 millim., et que dans aucune mécanique, élémentaire ou non élémentaire, il n'est encore admis qu'un poids ou une force de 54 millimètres puisse faire équilibre à un poids ou à une force de 760 millimètres ! Seulement, M. Chauffard a pour excuse qu'aucun de ses interlocuteurs n'en savait plus que lui sur ce point, car aucun n'a rectifié ses étranges notions *élémentaires*, pas même M. Barth, qui a écrit un livre d'auscultation fort remarquable, mais où la partie physique, il est vrai, est parfois un peu négligée.

En revanche, si M. Barth n'a pas fait de bonne physique, il a fait d'assez bonne clinique, et il en aurait fait de meilleure encore s'il avait eu présent à l'esprit un fait que nous allons rappeler bientôt.

M. Barth a donc fait d'assez bonne clinique en disant que tous ces appareils d'aspiration étaient pour le moins inutiles, et que la simple ponction, le tube en caoutchouc de Reybard laissé à demeure, et des injections iodées donnaient les meilleurs résultats que l'on pût attendre de la thoracentèse; c'était, en d'autres termes, l'opinion de M. Sédillot, qui trouve, avec raison, qu'on n'a à peu près rien fait, pour l'opération de l'empyème, depuis Hippocrate; on a seulement substitué les injections d'iode à celles de vin et d'huile. Notre illustre maître aurait eu complétement raison, il y a huit ans; aujourd'hui, il en est autrement. L'huile et l'iode sont des parasiticides assez puissants, mais qui sont loin d'égaler l'acide phénique. On pourra donc suivre, quant à la ponction ou aux incisions, soit les préceptes tracés par Hippocrate, soit le procédé de Reybard, pourvu qu'on substitue aux injections de vin, d'huile ou d'iode, les injections d'eau phéniquée, et l'administration de l'acide phénique à l'intérieur, comme nous le dirons plus loin. En pratiquant ces injections, tous les appareils aspirateurs sont inutiles, lors même qu'ils rempliraient physiquement le but auquel ils sont destinées, ainsi que toutes les complications de manœuvres opératoires; car quel est le but de ces manœuvres, de ces appareils? empêcher l'introduction de l'air dans la plèvre. Pourquoi attache-t-on et peut-on avoir raison d'attacher de l'importance à cette introduction? C'est ce dont il serait difficile de se douter en lisant la toute récente discussion dont nous avons déjà parlé. On dirait, vraiment, ou que cette discussion a eu lieu il y a vingt ans, ou qu'elle s'est passée dans quelque désert inaccessible aux échos du progrès. On semble ignorer absolument à l'Académie de médecine que, dans l'air, ce n'est ni l'azote, ni l'oxygène, ni l'acide carbonique, ni la vapeur d'eau qui peuvent avoir une action nuisible sur une surface enflammée, que ce sont seulement les ferments, c'est-à-dire les microphytes et les microzoaires que ce fluide renferme, que, par conséquent, pourvu qu'on détruise ces germes, ces ferments, on peut laisser impunément pénétrer l'air partout où l'on voudra, et que, dès lors, tous ces échafaudages d'appareils, aspirateurs ou autres, que toutes ces complications des procédés opératoires deviennent inutiles avec la nouvelle médication que nous avons inaugurée. Voici un fait qui le prouve surabondamment :

Obs. — Le jeune Ferg...., le fils de la belle Mexicaine, Mᵐᵉ F..., âgé de 10 à 11 ans, présentait depuis longtemps des symptômes de tuberculisation pulmonaire; on le conduisit dans une vacherie d'Auteuil pour lui faire respirer l'air des étables. Là il fut pris d'une pleurésie grave qui s'ouvrit un beau jour spontanément entre la troisième et la quatrième côte du côté droit; il sortit *des litres* de pus, paraît-il, et l'enfant, qui était déjà fort mal, faillit passer plusieurs fois. Les jours suivants, la suppuration continua, abondante et fétide, et l'enfant dépérissait chaque jour et marchait assez rapidement vers une terminaison fatale et prochaine, quand je fus appelé, le 30 août 1867. Il y avait alors plusieurs jours que la rupture de la paroi thoracique avait eu lieu; la suppuration s'écoulait incessamment; l'enfant étant au plus bas, je ne crus pas devoir lui imposer les fatigues de l'auscultation, et je me décidai sur-le-champ à appliquer la médication phéniquée, non sans de grandes appréhensions, dont je fis part à la mère, sur le succès de mes efforts.

Un lavage à grande eau de la cavité pleurale lui pratiquée avec de l'eau phéniquée à 1-4 p. 100; trois injections phéniquées sous-cutanées de 100 gouttes d'eau phéniquée à 1 p. 100 furent pratiquées, et un pansement avec de la charpie imbibée de la même solution fut appliquée sur l'ouverture. Pour pratiquer le lavage, on dut traverser plusieurs cloisons pseudo-membraneuses et les détacher autant que possible des parois pleurales, grave circonstance à ajouter à d'autres, si grandes déjà.

L'odeur fétide qui s'exhalait de la plaie disparut quelques instants après ce pansement ; dans la journée, la suppuration fut infiniment moindre ; le lendemain , l'enfant avait repris des forces ; il parlait, s'occupait de tout ce qui se faisait autour de lui ; c'était une véritable résurrection ; les parents étaient émerveillés et ravis.

Le même traitement fut continué pendant huit jours encore ; puis, les injections sous-cutanées furent remplacées par le sirop phéniqué, le reste du traitement étant le même. Après quinze jours, le petit malade était assez bien pour qu'on pût le transporter chez ses parents, dans un hôtel aux Batignolles. Là, un de nos excellents confrères, M. le docteur Kuntzli, voulut bien se charger de continuer les injections phéniquées dans la cavité qui restait encore , puis dans quelques trajets fistuleux ; plus tard , la mère , devenue fort habile dans l'art des pansements, se chargea elle-même de les faire deux fois par jour, et après quelques mois, elle put montrer son enfant, guéri de ce grave accident, à un médecin mexicain de ses amis, de passage à Paris, en octobre 1869.

L'état général du jeune F... s'était amélioré en même temps que l'hydropneumo-thorax avait marché vers la guérison, et le rétablissement d'une respiration presque normale avait pu faire espérer que la tuberculose suspendrait définitivement sa marche. Il en a été ainsi en effet. J'ai appris récemment que de nouveaux accidents légers s'étaient déclarés, pour lesquels on avait conseillé les bains de mer pendant une saison ; que ces accidents s'étaient graduellement calmés et que l'enfant était revenu à une santé complète. C'est aujourd'hui un beau jeune homme, jouissant d'une très-bonne santé, malgré un peu de déformation du thorax.

Malgré cette légère récidive, due sans doute à une de ces fluctuations fréquentes même dans l'affection tuberculeuse qui doit guérir, et indépendante de la terrible complication survenue 3 ans auparavant, le succès de la médication phéniquée n'en reste pas moins comme une véritable merveille de la thérapeutique, et l'on a peine à concevoir qu'en présence de résultats aussi admirables, — nous ne craignons pas de le dire, — certains, ou pour mieux dire presque tous les médecins, et particulièrement ceux qui se prétendent les promoteurs du progrès, restent spectateurs impassibles de semblables effets, et torturent leur stérile imagination pour construire des appareils et concevoir des méthodes dont le moindre inconvénient est de n'être pas à la portée du vulgaire des praticiens, mais dont l'inconvénient le plus grave est de n'avoir que peu ou point d'utilité pour les malades. Mais le moyen de faire adopter une méthode aussi simple que celle qui a guéri le jeune F..... à des chirurgiens qui rêvent inventions mécaniques et semblent aspirer à devenir des rivaux de Vaucanson ?

ART. XXI. — DES INFILTRATIONS URINEUSES.

On a beau être chaque jour témoin de l'indifférence — pour nous servir d'un mot parlementaire — de la médecine officielle pour des progrès qui intéressent au plus haut point l'humanité, chaque jour on se trouve surpris en en constatant une nouvelle preuve. L'infiltration urineuse constitue un des accidents les plus graves de la chirurgie, et cependant le remarquable fait suivant que j'ai publié il y a bientôt huit ans, ne paraît encore avoir provoqué aucune imitation dans la chirurgie officielle, fût-ce à titre de simple pillage.

M. R....., demeurant rue de la Paix, avait, depuis longues années, un rétrécissement de l'urèthre et un catarrhe vésical consécutif; forcé pendant la nuit de se lever toutes les heures pour uriner, il avait pris l'habitude de le faire dans son lit, simplement penché sur le côté.

Le 14 juillet 1864, M. R..... était à moitié endormi, quand il fit un effort violent de contraction abdominale et vésicale; tout à coup, il sentit quelque chose se rompre, et une plus grande facilité à uriner. Quelques instants après, une vive douleur lui apprit qu'il avait uriné dans ses tissus et non dans son vase. Le scrotum était devenu plus volumineux que la tête d'un enfant à terme.

Appelé à la hâte auprès du malade, j'opérai d'abord le rétrécissement; je plaçai une sonde à demeure, et je pratiquai de profondes incisions dans les tissus infiltrés. Aussitôt après cette opération, je fis laver les plaies avec de l'eau phéniquée à 2 p. 100, et maintenir sur tout le scrotum des compresses froides imbibées de la même eau.

L'épiderme se colora én brun et forma une croûte qui, en tombant tout d'une pièce, laissa à nu le derme et les plaies rosées en voie de cicatrisation. Ce malade n'eut aucun accident consécutif. Il ne se forma qu'un seul abcès, et pas un seul point de gangrène. Quinze jours après, M. R..... était remis de son accident.

La guérison ultérieure du rétrécissement a permis à la vessie de se vider complétement ; le catarrhe a cessé, et aujourd'hui, les urines sont retenues pendant cinq à six heures consécutives ; elles sont naturelles. Aussi la santé générale et l'aspect de M. R..... se sont-ils améliorés d'une façon surprenante. Cette guérison a persisté.

Non-seulement cette guérison remarquable ne paraît avoir provoqué aucune imitation dans la chirurgie officielle ; mais M. Lemaire a cru pouvoir se dispenser de la citer, ainsi d'ailleurs que beaucoup d'autres, dans la seconde édition d'un livre, qui est censé écrit pour faire connaître les propriétés curatives de l'acide phénique !

ART. XXII. — DE LA LARYNGITE.

Il ne doit s'agir ici, bien entendu, que des laryngites qui ne tiennent ni à une affection syphilitique ni à la tuberculose, quoique la médication que nous conseillerons puisse rendre des services dans les affections de cette nature. La laryngite simple aiguë nous occupera peu elle-même ; quelques gargarismes émollients, et au besoin de simples soins hygiéniques, une température chaude, et l'absence des courants d'air suffisent. pour la faire disparaître ; elle disparaît même souvent toute seule, en dépit même de conditions qui semblent faites pour l'entretenir.

Il n'en est pas de même de la laryngite chronique. Celle-ci demande plus de précautions, et elle était même souvent rebelle aux soins les mieux entendus, avant la découverte de la médication phéniquée. Aujourd'hui, on ne trouve plus de cas rebelles, quand on sait appliquer la médication nouvelle. Ce n'est pas tout à fait le cas du docteur Mandl, qui tient en grande estime la médication phéniquée, quoiqu'il ne l'applique pas toujours d'une manière parfaitement rationnelle, mais qui ne se prive pas, à l'occasion, de calomnier le confrère de qui il l'a apprise et qui l'a ainsi mis à même d'obtenir quelques succès. M. Mandl a, en effet, dans un tiroir, plusieurs petits pots contenant diverses préparations phéniquées avec lesquelles il cautérise à peu près invariablement les larynx des malades atteints de laryngite, qui vont le consulter. Sa méthode n'est pas mauvaise, et elle a donné à M. Mandl des succès qui lui ont valu, plus que ses travaux sur l'anatomie et la physiologie des voies aériennes, une certaine notoriété de spécialiste pour les maladies de la voix. Cependant la cautérisation ne suffit pas toujours, et elle suffit même rarement dans les cas où le larynx est un peu profondément affecté. C'est alors un des cas où les inhalations avec un pulvérisateur puissant sont nécessaires pour ne pas échouer, comme cela arrive assez souvent à M. Mandl. Aussi nous arrive-t-il, parfois, de voir des malades qu'il a traités pendant assez longtemps, comme la duchesse de B..., par exemple dont nous avons obtenu la cure, après l'échec complet éprouvé par M. Mandl. Les pulvérisations ou inhalations doivent être répétées deux fois par jour, aussi longtemps qu'une amélioration prononcée n'est pas obtenue ; on les réduit ensuite à une seule, que l'on continue quelque temps après la guérison, pour la consolider. Avec les inhalations, les cautérisations sont inutiles ; mais, en cas de symptômes qui puissent laisser à supposer qu'il existe une mauvaise disposition générale de l'organisme, on devra prescrire notre sirop phéniqué à la dose de 3 à 4 cuillerées par jour. Ce traitement ne nous a jamais laissé éprouver de revers jusqu'à présent, dans les cas où la laryngite ne tenait pas à une affection organique, et dans ces derniers cas même, nous avons toujours obtenu une amélioration plus ou moins durable, parfois très-prolongée.

Art. XXIII. — DE LA MÉNINGITE.

La méningite tuberculeuse n'a point fait partie, d'abord, on le comprend de reste, des maladies que nous avons compté guérir à l'aide de la nouvelle médication, quoique certains praticiens aient soutenu avec énergie en avoir traité plusieurs cas avec succès avec divers médicaments, l'iodure de potassium notamment. Mais leurs observations n'ont pas inspiré de confiance, quoique plusieurs d'entre elles parussent cependant concluantes : dans les cas où la généralité des praticiens échouent et où un autre réussit, on est toujours porté à attribuer le succès à une erreur de diagnostic. Que cette erreur ait été commise ou non, dans les observations passées, nous ne pensons pas qu'on puisse l'admettre dans le cas suivant, qui nous paraît être un des plus beaux succès dont puisse se glorifier la médication phéniquée.

Obs. — M. Bourgeois, âgé de 35 ans, réfugié de Lagny à Paris pendant le siége, est atteint de phthisie au troisième degré; il a eu cinq enfants : il en a perdu un de méningite tuberculeuse, avant le siége; il était âgé de 9 ans; un second fut pris de la même maladie à l'âge de 8 mois, pendant le siége; je fus appelé auprès de lui, au moment où il était presque agonisant; il mourut le lendemain. L'aînée des filles, âgée de 9 ans, tomba malade en décembre 1870, et présenta, comme les enfants qui avaient déjà succombé, tous les signes de la méningite tuberculeuse : cris encéphaliques, agitation, puis paralysie, délire alternant avec du coma; irrégularité du pouls et de la respiration; rémittences incomplètes de la fièvre; cécité et surdité, etc.

Dès le neuvième jour où je vis la petite malade, je lui pratiquai une injection phéniquée de 5 grammes d'eau à 3 p. 100. Les symptômes de la première période de la maladie étaient alors en plein développement et passaient déjà à ceux de la seconde, puisque aux convulsions avait succédé la paralysie, et qu'il existait une cécité et une surdité complètes.

Le lendemain et les deux jours suivants, les symptômes persistèrent, mais ne firent pas de progrès ; vers le 5e jour, il y eut une amélioration sensible, qui fit chaque jour des progrès très-lents, mais continus, et à peu près au 40e jour commença une convalescence décidée, qui devint une guérison confirmée vers le 50e jour. Jusqu'au 31e jour, je n'ai pas cessé de pratiquer tous les deux jours une injection phénique de 5 grammes d'eau à 1 p. 100. — J'ai revu la malade au mois de mars 1872 ; elle continuait à jouir d'une santé parfaite, mais elle a eu pendant près d'une année de très-violents maux de tête.

Aucune remarque ne nous paraît nécessaire sur ce fait ; il serait difficile de le recommander mieux qu'il ne se recommande lui-même à l'attention de tous les praticiens qui ont quelque souci des progrès de l'art.

ART. XXIV. — DE LA NÉCROSE.

M. Lemaire rapporte succinctement dans la deuxième édition de son livre deux cas de nécrose traités avec le plus grand succès par le coaltar dit saponiné, l'un par le docteur Darricau, de Bayonne, l'autre par lui-même. Cela ne l'empêche pas, comme on l'a vu invariablement, d'abandonner le coaltar enchanteur pour l'acide phénique qui enchante probablement davantage encore. Voici le fait que M. Lemaire rapporte en faveur de l'acide phénique, et qui, sans être tout à fait merveilleux, mérite cependant toute l'attention des chirurgiens :

« L'hiver dernier » (?) « Mme L..., 50 ans, fut atteinte d'un panaris au pouce de la main droite. Un médecin fut appelé et fit, au dixième jour, une incision médiane. La malade continuait à souffrir horriblement malgré les émollients employés en bains et en cataplasmes.

« Je vis la malade au quinzième jour du début du mal. Le pouce était très-gonflé, le gonflement s'étendait à toute la main, le poignet était aussi envahi. Les lèvres de la plaie étaient grisâtres, et le pus qui s'en échappait avait une odeur fétide. Je constatai que l'incision pratiquée par mon confrère

49.

n'avait pas été assez profonde. J'incisai plus profondément et reconnus que la phalange était nécrosée.

« Je conseillai l'emploi de l'eau phéniquée au centième en bains, puis après eux » (nous copions) « on faisait le pansement avec de la charpie que l'on maintenait imbibée de cette eau. La suppuration, qui était abondante le premier jour, diminua de plus de moitié après le premier pansement, la mauvaise odeur fut enlevée sur-le-champ.

« Les tissus prirent un aspect rosé, et, chose remarquable, au bout de quelques jours, malgré une plaie profonde, je pouvais les presser en tous sens sans déterminer de la douleur.

« Le gonflement de la main et de la racine du pouce disparurent rapidement. Deux lamelles assez épaisses de la phalange nécrosée sortirent facilement à quelques jours d'intervalle. Vingt-six jours de ce traitement ont suffi pour guérir radicalement ce doigt. »

M. Lemaire fait observer avec raison — on peut trouver par hasard de la raison partout — qu'on a vu, qu'il a vu même amputer des doigts qui se trouvaient dans l'état de celui de M. L...; nous croyons même que la chirurgie officielle ne se ferait pas scrupule d'en amputer encore actuellement, sans se soucier de tenter préalablement l'application de la médication phéniquée. Mais ceux qui tiendront à ne pas mutiler leurs malades tiendront compte de l'observation qui précède, qui n'est pas d'ailleurs la seule de son genre.

Un des médecins qui ont l'habitude de fournir à M. Calvert des renseignements sur l'action médicale de l'acide phénique, M. le docteur Turner dit avoir employé avec succès cet agent dans le traitement d'ulcères communiquant avec des os nécrosés; il a observé que l'acide phénique favorisait l'exfoliation de la partie nécrosée. M. Turner dit avoir employé pour les pansements l'eau phéniquée à 2 et 1/2 p. 100. Cette proportion, ainsi que nous le dirons à l'article *Plaies*, nous paraît trop élevée pour les pansements des maladies de doigts quelles qu'elles soient.

On connaît la fâcheuse influence qu'exerce le phosphore sur le développement de la nécrose des maxillaires, chez les ouvriers qui travaillent dans les fabriques d'allumettes chimiques, M. Lemaire annonce qu'un fabricant a introduit chez ses ouvriers l'usage de l'eau phéniquée comme dentifrice pour tâcher de prévenir la maladie professionnelle à laquelle ils sont sujets; nous ne sachons pas que ce fabricant, du nom de Bernhard, ait fait connaître les résultats de l'innovation, d'ailleurs rationnelle, qu'il a introduite dans sa fabrique.

ART. XXV. — DE L'OPHTHALMIE.

Nous avons réservé pour l'article *Ophthalmie* ce que nous avions à dire sur les inflammations des diverses parties qui composent l'œil, sauf l'ophthalmie dite purulente, qui se rattachait trop intimement à la fièvre du même nom pour pouvoir en être séparée.

Parmi les autres inflammations qui atteignent l'organe si délicat et si compliqué de la vue, la blépharite, la conjonctivite et la kératite sont les seules qu'on puisse atteindre directement et sur lesquelles, par conséquent, la médication phéniquée puisse être appliquée topiquement. Son action est, dans ces cas, des plus avantageuses, et bien supérieure au nitrate d'argent, préconisé dans un temps par Velpeau (avec l'ardeur qu'on aurait à peine pu mettre à défendre une grande découverte comme celle du quinquina. Pourtant, l'utilité du nitrate d'argent, appliqué en cautérisations légères à l'état solide, ou en collyres, à l'état de solution étendue, n'a qu'une efficacité des plus bornées, et Velpeau lui-même, sans l'abandonner entièrement, n'y attachait guère plus d'importance, à la fin de sa pratique, qu'à la plupart des moyens déjà préconisés, le sulfate de zinc, le précipité rouge, etc., etc. Néanmoins cet enthousiasme à faux, loin de nuire à la réputation de Velpeau, contribua beaucoup à l'étendre; lui et son nitrate d'argent étaient cités partout; le nitrate d'argent fut considéré pendant quelque temps comme le grand spécifique des ophthalmies, des conjonctivites, tout au moins, granuleuses ou non ! Les moutons de Panurge se rencontrent partout, surtout quand le premier qui saute est un mouton de qualité, et ils sautaient encore quand celui-ci était rentré dans la bergerie ; il y en a même qui continuent à sauter, après qu'il est mort.

L'acide phénique n'aura pas eu la bonne fortune du nitrate d'argent ; mais il aura eu celle du quinquina ; c'est du reste celle qu'il devait avoir ; elle est un peu plus honorable, et elle sera un peu plus durable aussi.

Dans la *Conjonctivite ordinaire*, de simples lotions fréquentes avec une solution phéniquée à 12 p. 100 suffiront pour la détruire en quelques jours ; chez certains malades, très-sensibles, cette proportion provoque quelquefois des douleurs un peu vives ; on pourra, dans ces cas, commencer les lotions par une solution à 1/4 p. 100, et arriver progressivement à celle de 1 p. 100, si l'amélioration ne marche pas assez vite. Quand l'ophthalmie paraît entretenue ou favorisée par une mauvaise disposition générale, lymphatique ou scrofuleuse, l'usage interne du sirop phéniqué devra être associé aux préparations topiques, sans préjudice, du reste, des agents spéciaux que la disposition organique pourrait indiquer, ferrugineux, iodiques, élixir Bernard, etc. Lorsque l'inflammation se concentre sur les bords libres des paupières où elle est souvent si tenace, au lieu d'appliquer une solution aqueuse, il sera préférable d'enduire les parties enflammées avec un glycérolé composé de 90 parties de glycérine et de 10 d'acide pur ; en cas de disposition scrofuleuse, il faudra revenir à la keiméline. On aura soin, après chaque cautérisation, de laver l'œil à grande eau, afin d'enlever toute trace d'acide phénique de la conjonctive, pour des motifs que nous dirons ci-dessous.

La *blépharite* cédera rapidement à ce traitement topique. On fera ordinairement céder de même l'*orgelet* ; cependant, chez les personnes qu'une idiosynchrasie (1) particulière dispose à cette petite maladie, qui se reproduit et finit parfois par détruire les cils et même déformer les paupières, on sera obligé parfois de toucher la petite pustule avec un pinceau fin, imbibé d'eau pure de Montecristo ; une seule cautérisation suffira, dans la plupart des cas, pour faire avorter la maladie, et l'u-

___

(1) Nous nous servons, pour éviter les périphrases, de ce mot de la vieille médecine ; on peut voir, à l'*Introduction*, le sens que nous y attachons.

sage prolongé de cette eau en lotions légères à la fin de la toilette, fera ensuite disparaître la disposition locale des paupières à être envahies par l'orgelet.

La *kératite* cédera, quoique plus lentement, aux mêmes moyens que la conjonctivite, si elle n'est pas ulcérée. Lorsqu'elle est compliquée d'ulcérations ou d'épanchements interstitiels qui puissent en faire craindre les suites, on devra recourir à une préparation phéniquée plus légère et additionnée d'eau de roses et de borax, *la glycoline de Grillon;* on pourra même faire des applications caustiques phéniquées avec la pointe d'un pinceau sur la pustule, mais il faut faire cela très-délicatement et ne toucher que la partie soulevée ou ulcérée. Ces cautérisations sont un peu plus douloureuses que celles à la pierre infernale ou à la pierre divine, mais elles sont beaucoup plus efficaces. On verra, par l'exemple que nous allons rapporter, qu'elle peut souvent suffire seule, même dans des cas qu'on pourrait supposer être au-dessus des ressources de l'art.

La kératite tient plus souvent peut-être encore que la conjonctivite et la blépharite à une disposition générale ; il faut la combattre par les moyens de la vieille médecine. Notre expérience n'est pas encore assez grande dans les maladies des yeux pour pouvoir préciser, dès à présent, le rôle que l'acide phénique doit prendre parmi ces moyens; ce que nous pouvons dire, c'est que ce rôle a été considérable dans plusieurs cas de conjonctivites rebelles que nous avons traitées et guéries, et que l'usage interne de l'acide phénique est toujours exempt d'inconvénient (1). Nous conseillerons, par conséquent, d'associer cet acide aux moyens à l'aide desquels on essayera de modifier les dispositions générales morbides qui favorisent le développement de la kératite comme les autres inflammations oculaires, en général.

Nous n'en exceptons pas l'*iritis* ni les inflammations encore plus profondes, rétinite, choroïdite, etc., qui sont soustraites

(1) Le même industriel qui avait déjà accusé l'acide phénique d'être un poison caustique des plus violents vient encore de répéter la même accusation dans une longue lettre publiée par un journal, qui croit être fait plus que tout autre pour éclairer le peuple et propager la vérité. On ne répond pas deux fois aux inepties et aux mensonges calculés de ces vendeurs à outrance de drogues sans valeur.

à l'action des topiques. Il ne reste contre ces maladies que la ressource des médications générales, ferrugineux, anti-syphilitiques, etc., sur lesquelles nous n'avons rien à dire ici, si ce n'est pourtant qu'on devra toujours faire entrer dans ces médications l'acide phénique, et qu'on devra éviter presque toujours, au contraire, d'y comprendre les émissions sanguines, dont quelques rares praticiens abusent encore, quoique la manie en soit un peu passée. On va voir, par le fait suivant, que sans cet auxiliaire obligé des vieilles médications, la nouvelle peut triompher de cas jugés incurables.

Obs. — Marie Chardonnet, âgée de 12 ans, pensionnaire chez les sœurs Saint-Vincent de Paul, a été prise d'une oph-thalmie double au mois d'octobre 1871 ; la maladie a débuté par une tache sanguine, un *bouton de sang*, dit-elle, dans l'in-térieur de l'œil, c'est-à-dire sur la conjonctive oculaire et non sur les paupières où se développent d'ordinaire les *boutons*. Peu de temps après le début de la maladie, la petite malade fut visitée par le docteur Beaudoin qui prescrivit un collyre à l'eau de rose et au laudanum, et de l'huile de foie de morue. Ce traitement a été invariablement suivi jusqu'au 2 fé-vrier 1872, jour où le docteur Beaudoin a dit à la mère de la petite malade : « Vous voyez bien que c'est un enfant qui perd l'œil. » Les choses étaient, en effet, bien changées depuis le mois d'octobre : l'œil gauche était en train de se perdre comme l'avait dit le docteur Beaudoin, et le droit paraissait devoir suivre le même chemin.

La cornée gauche était largement ulcérée et même au centre de l'ulcération existait une perforation par laquelle s'écoulait l'humeur aqueuse chaque fois que la petite malade ouvrait l'œil ; la conjonctive et l'iris étaient vivement enflammés ; celui-ci commençait à faire hernie ; il existait des douleurs intenses.

La cornée droite était le siége d'un épanchement purulent interstitiel, et elle était ulcérée à son bord ; mais il n'existait pas de perforation ; on ne voyait pas l'iris, mais la conjonctive était violette tant l'injection sanguine était intense ; la douleur était à peu près aussi vive que de l'autre côté. La malade ne pouvait dormir; elle mangeait à peine. L'état général était mauvais, la constitution était très-lymphatique.

Je prescrivis à l'intérieur, 2 cuillerées de sirop phéniqué et une cuillerée d'élixir Bernard; je pratiquai une injection sous-cutanée de 5 grammes d'eau phéniquée à 1 p. 100 et la glyco-line de Grillon avec cinq centig. d'atropine.

Dès les premiers jours de ce traitement, la modification pro-duite fut saisissante : le 15 février, après 12 jours de traite-ment, la cornée gauche est cicatrisée; la droite est en voie de guérison et ne s'est point perforée, comme tout devait le faire craindre; l'injection conjonctivale est considérablement dimi-nuée; la petite malade dort et mange. Quelques semaines plus tard, elle était entièrement guérie.

Deux mois après sa rentrée chez les sœurs, une récidive eut lieu; elle fut promptement réprimée par le même traitement, moins les injections sous-cutanées. Une seconde récidive eut lieu encore, qui fut réprimée de même; et depuis, la guérison persiste malgré des conditions hygiéniques qui ne sont pas des plus favorables.

Aucun médecin habitué à soigner des maladies des yeux ne pensera qu'une telle cure eût pu être obtenue par aucune des médications en usage, et obtenue surtout avec cette prompti-tude, non-seulement sans perte de la vue du côté droit, — perte qui suit presque inévitablement les perforations de la cornée, et que le docteur Beaudoin, instruit sans doute de ce fait, avait formellement pronostiquée, — mais même sans affaiblis-sement sensible. Ce qui n'empêchera peut-être pas le docteur Beaudoin de s'en tenir encore, une autre fois, au collyre d'eau de roses et de laudanum, et à l'huile de foie de morue.

Cette ophthalmie est la seule aussi grave que nous ayons guérie par la médication phéniquée, — sauf les deux cas d'ophthalmie purulente rapportés précédemment; mais nous en avons traité un grand nombre d'autres fort graves encore, avec le même succès, notamment plusieurs cas d'iritis dont deux fort sérieux, chez MM. Org..... et Mac C..... Nous avons, dans ces cas, employé en topique un collyre composé d'eau de roses, d'atropine, de glycérine et d'une très-minime propor-tion d'acide phénique, une goutte pour trente grammes par exemple ; la conjonctive est très-sensible à l'action de l'acide phénique, et pour les collyres une dose minime est de rigueur. Du reste, le produit que M. Grillon, pharmacien, prépare sous le nom de *glycoline*, renferme les divers principes que nous venons d'énumérer, dans les proportions convenables, et c'est de ce produit que nous nous servons habituellement.

Nous n'avons rien à ajouter à ce que nous avons dit de cette maladie, à l'article *Carie*. Nous nous contentons d'y ajourner.

ART. XXVI. — DE L'OTITE ET DE L'OTORRHÉE.

M. Lemaire reproduit dans son livre une note publiée dans la *Gazette médicale* du 10 décembre 1859, par Menière, de son vivant médecin de l'institution des Sourds-Muets, et dans laquelle ce médecin déclare qu'à l'aide de l'émulsion de M. Le Beuf, « il a pu rendre tout à fait supportable le séjour dans les dortoirs, où ils étaient un objet de dégoût pour leurs camarades, des malades dont les oreilles, baignées par un pus ichoreux, portent avec eux une odeur repoussante et tenace. »

« J'ai employé, ne manque pas d'ajouter M. Lemaire à la suite de la précédente note, plusieurs fois l'eau phéniquée au centième, et à 1,2 p. 100 dans des otorrhées chroniques infectes avec le même succès ; » c'est une variante de la fameuse phrase : *et de l'acide phénique.*

En prenant cette variante au sérieux, il en résulterait que M. Lemaire a obtenu à l'aide de lotions avec l'eau phéniquée à 1 et à 1/2 p. 100, la disparition de l'odeur plus ou moins fétide que provoque toujours l'otite et surtout l'otorrhée ou catarrhe de l'oreille, et encore plus la carie des os de cet organe. Ce résultat ne pouvait ni satisfaire notre ambition ni réaliser nos espérances ; nous avons cherché et obtenu mieux que cela, ainsi que le prouvent les faits suivants pris parmi un grand nombre de semblables.

Obs. — Le petit-fils de Mme W....., âgé de 12 ans, était atteint depuis plusieurs années déjà d'une otite suppurée qui avait résisté à une foule de médications, appliquées ou prescrites par des confrères experts dans les maladies des oreilles.

Quand je le vis, la suppuration des oreilles était assez abondante, fétide; mais nulle part on ne sentait ni on ne voyait, à l'aide du spéculum, les os dénudés; l'inflammation était bornée à la muqueuse ou du moins celle-ci n'avait pas été perforée. Dès le premier jour où je vis l'enfant, je pratiquai plusieurs injections avec de l'eau phéniquée à 1 p. 100, puis une longue pulvérisation (d'environ 15 minutes), au moyen de mon pulvérisateur avec le même liquide. Le jeune W..... ayant une constitution lymphatique, je prescrivis, en outre, 4 cuillerées par jour de mon sirop phéniqué.

Le premier effet de la médication fut la disparition de l'odeur fétide qu'exhalait surtout l'oreille gauche du jeune malade; un second effet, qui suivit presque immédiatement le premier, fut la diminution de la suppuration et la cessation des douleurs, peu intenses d'ailleurs.

Le traitement fut continué pendant six semaines après lesquelles le jeune W..... fut complétement guéri et put aller consolider sa guérison aux bains de mer.

Sur la plage de Dieppe, il fit la connaissance d'un jeune garçon du pays, M. Favrel, âgé de 13 ans, et qui était atteint de la même maladie que celle dont il avait été guéri lui-même, mais d'une manière plus grave. La grand'mère du petit guéri, Mme W.... engagea les parents du jeune F.... à me le conduire, et c'est ainsi que je le vis dans mon cabinet, le 12 décembre 1871.

Cet enfant était alors malade depuis six ans; depuis cette époque, un écoulement de matière séro-purulente, fétide, s'était établi et n'avait jamais cessé depuis; il s'était, en outre, formé autour des oreilles, à diverses reprises, des dépôts « énormes, » disent les parents, qui avaient abouti et donné issue à un abondant écoulement de liquide analogue à celui qui s'écoule actuellement des oreilles; plusieurs de ces dépôts ont laissé des marques qui semblent devoir être indélébiles. Presque aussitôt après l'établissement de la suppuration, l'ouïe devint dure, et peu de temps après, l'enfant la perdit complétement; il y a donc près de six ans qu'il est sourd.

Divers traitements ont été dirigés contre cette grave affection, d'abord par M. le docteur Riol, de Dieppe, puis par M. Remaussin, d'Ouville-la-Rivière, enfin par M. Caron, de Dieppe, aucune amélioration n'a pu être obtenue.

Dès la première visite du petit malade, je procédai à un examen attentif de ses oreilles, et je pus constater que le mal s'étendait plus profondément que la vue ne pouvait porter à l'aide du *speculum auris*; de plus, un stylet fin introduit dans les organes permettait de s'assurer que les os étaient à nu; il paraît d'ailleurs être sorti déjà de petits fragments osseux mêlés au pus ichoreux et fétide qui s'écoule incessamment. Il existe une surdité presque absolue. Au-dessus et en arrière des oreilles existent des traces d'abcès cicatrisés, et de petits foyers purulents encore en activité.

Le jeune homme ne pouvant séjourner que peu de temps à Paris, je lui applique un traitement aussi actif que possible : deux pulvérisations prolongées, par jour, avec de l'eau phéniquée à 1 p. 100 ; 4 cuillerées de mon sirop phénique ; et dans l'intervalle des pulvérisations, plusieurs injections avec la même eau que celle des pulvérisations.

Le 23 décembre 1871, jour où le malade quitte Paris, je constate une énorme diminution de la suppuration qui est devenue quasi séreuse ; elle est, en outre, il est à peine besoin de le dire, entièrement inodore ; les foyers extérieurs étaient également en grande voie d'amélioration ; enfin, point capital, le jeune malade commençait à entendre. Il fut convenu que le sirop et les injections seraient continués exactement à domicile, les pulvérisations ne pouvant être pratiquées.

Le 16 janvier 1872, je reçus de premières nouvelles ; le traitement avait été continué avec soin ; l'amélioration avait fait des progrès ; un petit fragment osseux était sorti par la seule petite plaie restant en dehors de l'oreille, laquelle était maintenant presque entièrement cicatrisée ; « le petit malade entend, m'écrivait avec bonheur son père, *ce dont tout le monde est étonné.* » — Je n'avais, naturellement, rien à changer à une médication qui produisait de tels effets ; j'en ordonnai purement et simplement la continuation.

J'ai encore eu des nouvelles de ce malade tout dernièrement et j'ai appris que la guérison est devenue complète.

Il y a eu une petite rechute au bout de quelques mois; il s'est formé de nouveau autour d'une oreille de petits abcès qui ont donné issue à quelques parcelles osseuses, et presque aussitôt le retour de la suppuration s'est manifesté dans les oreilles; mais les injections phéniquées ont fait promptement justice et des petits abcès et de la suppuration de l'intérieur de l'oreille. Aujourd'hui, 1er octobre 1872, la guérison paraît à peu près définitive.

Je ne dirai pas que j'ai à citer beaucoup de cas semblables; mais je crois pouvoir dire que si celui-là est le seul, c'est que c'est aussi le seul semblable que j'aie eu à traiter; j'ajouterai que l'insuccès des traitements faits antérieurement prouve que nulle autre médication que la médication phéniquée n'aurait obtenu un pareil succès. Mais à défaut de cas aussi graves, j'en ai traité plusieurs qui ne laissaient pas que de l'être encore beaucoup; et la preuve, c'est que plusieurs avaient résisté à divers traitements, même parfois à un traitement phénique, mais appliqué, il est vrai, sournoisement, j'allais presque dire subrepticement, par un académicien spécialiste, le docteur Bonnafond, qui n'a pas cru devoir se donner la peine de l'étudier, et qui feint même, à l'occasion, de n'en pas connaître l'auteur. C'est ce qu'il feignit, par exemple, vis-à-vis d'un client égyptien à qui il demanda 1,200 fr. pour 20 cautérisations qu'il lui avait pratiquées, et qui ne lui avaient fait aucun bien, quoique le caustique employé sentît l'odeur de l'acide phénique; cette odeur que le client connaissait très-bien, lui fit demander au docteur Bonnafond s'il le traitait par la méthode du docteur Déclat; à quoi le savant et loyal collègue de M. Larrey répondit qu' « il ne connaissait même pas le docteur Déclat, » ce qui, dans son esprit, impliquait sans doute qu'il connaissait encore bien moins sa méthode. Or, si ce spirituel et véridique académicien ne connaît ni mon nom ni ma méthode, on peut se demander où il a appris l'emploi de l'acide phénique; il est vrai qu'à la manière dont il fait cet emploi et aux résultats qu'il en obtient, il se pourrait bien qu'il eût inventé sa méthode lui-même. Voilà donc encore un rival de plus à ajouter à la liste des Chauffard, des Sanson, des Mandl et Cie; seulement les Mandl et Bonnafond forment une catégorie particulière, qui dissimule l'emploi de l'acide phénique, au lieu de prétendre l'avoir inventé. Le cas du client égyptien qui vint me faire part de son aventure, était heureusement peu grave, malgré les 20 cautérisations ; je pus lui permettre d'aller faire un tour à Alexandrie où l'appelaient des affaires importantes, et il partit en se promettant de venir suivre ultérieurement le véritable traitement phéniqué.

L'état de la duchesse de B....., dont il a déjà été question à l'article *Angines*, et à qui M. Mandl enlevait tous les jours un petit morceau d'amygdales, et qu'il pansait par l'acide phénique, était dans un état plus grave : elle était obligée de venir chez moi avec un cornet pour pouvoir entendre mes questions. Elle avait suivi en vain une foule de traitements sans compter le dernier du docteur Mandl, qui était une sorte d'ablation d'amygdales en détail ; cette méthode d'amputation à coups de canif a probablement un nom dans la médecine opératoire de l'habile laryngiste, mais il paraît l'avoir conservé jusqu'à présent pour son vocabulaire particulier. Après un mois de pulvérisations énergiques, et sans aucune hachure d'amygdale, la duchesse de B.... put entendre sans cornet, et elle rentra dans le monde pleine de reconnaissance pour le traitement phéniqué..., celui que ne connaît pas l'académicien Bonnafond.

Un autre cas, plus sérieux que celui de la duchesse de B....., quoique moins grave que ceux des jeunes W..... et F....., est celui du colonel B..... qui figure déjà à l'article *fièvres intermittentes*, comme cas remarquable de guérison, et qu'on avait laissé pour mort sur le champ de bataille de Beaumont. Non-seulement le sulfate de quinine dont ce brave colonel avait été bourré, ne l'avait point guéri de sa fièvre intermittente, mais il lui avait causé, de concert avec l'hydrothérapie mal appliquée, une dyspepsie des plus graves et une surdité presque absolue. Les injections sous-cutanées ont, on se le rappelle, fait une prompte justice de l'infection paludéenne ; il restait à dissiper la dyspepsie et la surdité ; c'était un peu plus difficile et plus long. Nous avons cependant attaqué depuis la surdité par des pulvérisations énergiques, et il y a quelques jours, nous avons eu la vive satisfaction de voir entrer dans notre cabinet ce sympathique client, qui s'est écrié avec joie : « Docteur, il y a une cloche dans mon hôtel, je l'ai entendue ce matin ; j'ai entendu aussi chanter : *carottes et navets !* Ah ! docteur, si vous me mettez à même de prendre ma revanche, je vous porterai sur les tours de Notre-Dame ! » J'espère bien faire entendre les cloches, le tambour et le clairon à mon aimable sourd tout aussi bien qu'il entend le patriotisme, et cela sans lui demander l'accomplissement du vœu qu'il a fait ; je n'ai pas l'ambition de monter si haut ; qu'il guérisse et qu'il m'aide à avoir raison de pirates littéraires, qui ne valent guère mieux que les voleurs de pendules ou les parasites des marais pontins, et je serai satisfait ; je l'avertis seulement que la tâche est difficile et digne de son courage, et qu'à notre avis, il est plus facile de détruire toutes les races de parasites des cinq parties du globe que celle des plagiaires. Quant à ma tâche, à moi, en ce qui concerne la surdité de mon brave client, quant à ce qui concerne sa dyspepsie, nous verrons, je ne compte guère mériter son entière reconnaissance.

Dans des cas moins graves de catarrhes simples, soit du conduit auditif externe, soit de la trompe d'Eustache, quelques pulvérisations avec ou sans injections suffisent ordinairement pour rendre à l'ouïe sa finesse normale. Dans les cas où la trompe d'Eustache est intéressée, il faut faire des pulvérisations nasales et même pharyngiennes, en même temps que des pulvérisations auriculaires. Les surdités produites par des accumulations de cérumen sont ordinairement dissipées en deux pulvérisations suivies d'injections.

Parfois, les surdités avec ou plus souvent sans catarrhe sont compliquées ou même causées par une subinflammation eczémateuse du conduit auditif ; la muqueuse est alors parfois gonflée au point de rendre difficile ou imparfaite la pénétration de la poussière phéniquée ; c'est ce qui m'arriva dans un cas qui avait été rebelle à plusieurs traitements. Le conduit auditif externe de Mme V..... était presque complétement oblitéré par un gonflement eczémateux ; je fus obligé, pour faire pénétrer la pulvérisation, d'introduire dans le conduit auditif, d'abord un fragment d'éponge préparée, puis une racine de gentiane ; cette précaution prise, les pulvéri-

sations purent être pratiquées convenablement, et elles eurent
leur efficacité accoutumée ; après quelques semaines, elles
amenèrent la guérison, associées, cependant, à des pansements
avec un mélange d'iode, d'iodoforme et d'acide phénique qui
est désigné sous le nom de *kermeline*, et à l'usage interne
du sirop phénique. Dans les diathèses dartreuses et scrofu-
leuses, qui compliquent si souvent les catarrhes de l'oreille
ou les subinflammations sèches de cet organe, cette double
association est un complément souvent indispensable des
pulvérisations et injections.

Ce sont là de bien petits détails pour les académiciens qui
cherchent surtout à traiter des maladies ; aussi ces grands
savants, comme l'académicien Bonnafond, dédaignent d'apprendre ces détails ; mais pour les praticiens modestes qui
tiennent à guérir, et qui y sont obligés pour peu qu'ils aient
quelque souci de leur réputation, ces détails sont absolument
indispensables. Nous en prévenons les confrères qui ne veulent pas ressembler aux grands savants de Molière, qui sont
faits pour prescrire des remèdes ; le reste regarde les malades.

ART. XXVII. — DE L'OZÈNE.

L'ozène, trop justement désigné aussi sous le nom de *punaise*, m'avait déjà fourni l'occasion, lors de la publication de la
première édition de cet ouvrage, d'obtenir deux cas de succès
que j'osai qualifier alors de quasi-extraordinaires ; on va voir
si mon appréciation était exagérée.

Obs. — M. le docteur Kerner, un ami, m'adressa un jeune
comte allemand, sur lequel il eut l'obligeance de me donner
lui-même les renseignements suivants :

M. le comte X., était âgé de 24 ans ; l'infirmité dont il est
atteint paraît remonter à l'âge de 7 ans. Sa mère lui a appris
que jusqu'à cette époque il n'avait jamais offert aucune odeur
particulière de la bouche ni des fosses nasales. Au renouvelle-
ment de la dentition, la première molaire du maxillaire supérieur poussa en travers de l'os maxillaire lui-même, dévia la
dent canine et produisit des désordres dont le diagnostic resta

longtemps douteux. On crut à un cancer du maxillaire et une opération fut résolue. Heureusement, le docteur Kerner, après avoir enlevé les deux incisives et la dent canine, reconnut la présence d'une dent au milieu des fongosités de l'os. Il put facilement l'extraire et obtint la guérison en très-peu de temps. M. X..... avait alors 9 ans. Toutes les dents du maxillaire supérieur étaient malades et les gencives saignantes. On attribua d'abord la mauvaise odeur du jeune malade à la tumeur, puis aux gencives ; malheureusement, il fallait bien reconnaître la vérité : M. X..... était atteint d'ozène, et d'un de ces ozènes affreux rendant l'habitation en commun presque impossible. De toutes les médications que l'on tenta, une seule eut un effet palliatif assez efficace, dit-on, ce fut celle du docteur Trousseau, légèrement modifiée par le père Debreyne : on administra la poudre suivante pour priser plusieurs fois par jour :

    Précipité blanc................. 2 grammes
    Oxyde rouge de mercure........ 1   —
    Sucre candi................... 12   —

Et en solution, pour injections dans les fosses nasales, une cuillerée à café de la liqueur ci-après, dans un verre d'eau chaude :

    Deuto-chlorure de mercure...   4 grammes
    Eau distillée alcoolisée...... 200   —

Malheureusement, une stomatite mercurielle força de suspendre le traitement, et chaque fois que M. X..... voulut le reprendre, la stomatite l'obligea à le cesser.

Tel est le résumé des détails que je reçus du docteur Kerner, en même temps qu'il m'annonça l'arrivée prochaine de son client.

M. X..... se présenta, en effet, chez moi, le 17 février 1865. Il n'est pas besoin de me dire qui il était. L'odeur était vraiment presque insupportable ; et, avant d'engager une longue conversation avec lui, j'obtins du malade qu'il se soumît de suite à une injection d'eau phéniquée à 1 et demi p. 100. Il avait déjà fait tant d'injections de toute nature, qu'il supporta celle-là très-bravement. Je pus tout de suite lui parler ; l'odeur avait sensiblement diminué. Je prescrivis l'eau phéniquée en injections, en aspirations, en gargarismes et en lotions de toute nature. Je fis quelques cautérisations à l'acide pur sur les points dont je voulais modifier les surfaces.

Le 15 mars, M. X.... repartait pour l'Allemagne. Toute odeur avait disparu.

Pendant son séjour à Paris, M. X.... se fit arracher quelques mauvaises dents ; on lui fit un râtelier bien réussi, de sorte qu'à son retour en Allemagne, l'amélioration obtenue parut des plus surprenantes. J'ai eu le plaisir de voir, en août 1865, le docteur Kerner ; il m'a confirmé la guérison.

Je dois ajouter que, dans la crainte d'une récidive, M. X.... continue son traitement tous les jours. Ainsi il boit depuis sept mois de l'acide phénique, et sa constitution s'est beaucoup améliorée. Cette amélioration peut sans doute tenir à plusieurs causes, et je ne l'attribue pas absolument à l'acide phénique, mais je constate que l'usage continu de ce médicament est au moins inoffensif.

Le second cas d'ozène que j'eus à traiter était moins grave que le précédent, et je le traitai exclusivement dans mon cabinet ; n'ayant point de notes, je n'ai que peu de détails sur ce cas. La maladie existait chez une dame, Mme M*** ; l'odeur qu'elle répandait était assez prononcée, mais non comparable à celle de M. X..... Je vis Mme M*** pour la première fois, le 23 janvier 1865, et ne la revis que deux fois ensuite, le 30 janvier et le 15 février. Pendant ce temps, elle avait suivi exactement le traitement que je fis subir à M. X..., et à la dernière visite qu'elle me fit, l'odeur était inappréciable. Le mari de la malade était parfaitement satisfait du résultat obtenu et me remercia beaucoup.

M. Lemaire rapporte aussi quatre observations d'ozène, mais d'ozène dont la gravité n'est en aucune façon comparable à celui de M. X....., mais seulement à celui de Mme M***. Le premier de ces ozènes a été traité exclusivement par les injections de coaltar dit saponiné ; il a d'abord, dit M. Lemaire, parfaitement réussi, et finalement échoué, parce que, paraît-il, la malade, une jeune fille, a manqué de persévérance. La seconde observation a été traitée par les injections de coaltar et par les aspirations de vapeurs d'acide phénique. L'observation est incomplète; seulement le traitement avait échoué d'abord, et M. Lemaire s'était décidé pour les injections phéniquées quand le malade a disparu.

Un troisième cas d'ozène, mais qui n'était qu'un coryza commençant à passer à l'état chronique (il datait de 3 mois), a été encore traité par les injections de coaltar; et les aspirations de vapeurs d'acide phénique; il a été guéri en huit jours, ce qui est trop prompt pour un véritable ozène.

Enfin, un quatrième cas, encore médiocrement grave, mais plus grave cependant que les trois autres, a été traité par l'acide phénique; M. Lemaire le rapporte dans ces termes :

« Mlle M....., âgée de 42 ans, femme de charge, d'une constitution lymphatique nerveuse, est atteinte d'ozène depuis cinq ans. Sa mère est morte d'un cancer à l'anus (1).

« La sus-nommée » — (toujours un peu de basoche pour n'en pas perdre l'habitude; cela ne saurait nuire) — « a suivi de nombreux traitements sans succès avant de me consulter.

« Je vis la malade en juillet 1863. Elle se plaignait d'une douleur qui existait depuis longtemps dans la région frontale. Les fosses nasales étaient le siége d'une sécrétion très-abondante et fétide. Elle salit deux mouchoirs par jour, et mouche souvent du sang en notable proportion. La cloison du nez est tuméfiée du côté droit. Elle » — (la malade, probablement) — « n'a jamais rendu de fragment d'os.

« *Traitement.* — Iodure de potassium; tisane de racine de gentiane. Régime fortifiant; injections d'eau phéniquée au centième et aspirations d'air phéniqué.

« L'acide phénique a désinfecté rapidement les fosses nasales. Le produit sécrété a diminué après la première application. Ce traitement a été suivi régulièrement pendant quinze

(1) L'anus, comme tous les médecins le savent, est un orifice presque sans étendue et qui offre peu de place au développement d'un cancer et surtout d'un cancer mortel. Aussi les pathologistes ne connaissent-ils pas le cancer de l'anus; c'est une découverte de M. Lemaire, et plus réelle, celle-là, que celle des applications médicales de l'acide phénique et de la solubilité à 5 p. 100 de cet acide.

jours, puis, la malade, se trouvant beaucoup mieux, s'est négligée. Alors la sécrétion a augmenté et la mauvaise odeur a
reparu. Mon traitement a de nouveau été suivi, et a donné
les mêmes résultats, c'est-à-dire désinfection et diminution
du produit sécrété.

« Je n'avais plus entendu parler de cette malade, qui habite
loin de Paris, lorsque, au mois de juin 1865, elle vint me consulter et m'apprit ce que je viens de rapporter. Elle m'avoua
qu'elle se négligeait beaucoup ; néanmoins je trouvai le mal
amélioré, l'écoulement beaucoup moins abondant. La mauvaise odeur était presque nulle (je dois dire que l'acide phénique avait été employé le matin). La muqueuse nasale est
toujours épaisse sur la partie antérieure de la cloison.

« *Prescription.* — Continuation du traitement par l'acide
phénique. Iodure de fer, quinquina. »

Là s'arrête l'observation de M. Lemaire. Il conclut en faisant
remarquer qu'elle est incomplète et que, dans le traitement
de l'ozène, tous les moyens « sont bien inférieurs au coaltar
Le Beuf *et à l'acide phénique.* »

Cette phrase, qui devient une sorte de scie idio-comique,
peut plaire à M. Le Beuf, mais elle n'est évidemment qu'une
mauvaise facétie scientifique. La vérité, c'est que le coaltar,
dit saponiné, n'a produit dans l'ozène, même entre les mains
de son expérimentateur commissionné, que des effets très-
incomplets et très-inférieurs à ceux de l'acide phénique. Il ne
s'agit donc point de dire, pour se conformer à la vérité, que
le coaltar, saponiné ou non, *et l'acide phénique* sont supérieurs
à tous les autres moyens ; il faut dire que le coaltar peut pallier
l'ozène et que l'acide peut le guérir et même le guérir probablement toujours, quand il sera convenablement appliqué.

Maintenant, comment faut-il l'appliquer pour qu'il le soit
convenablement ? Ce n'est pas de la façon que nous avons
employée dans nos premières expérimentations ; c'est encore
moins de la façon qu'a employée M. Lemaire, aussi bien dans
ses premières, que dans ses dernières. On a dit, depuis longtemps, qu'il y a du bon partout ; le proverbe doit être vrai,
puisqu'on en trouve même chez M. Lemaire. Notre imitateur a
donc fait observer avec raison que la conformation des fosses

nasales s'opposait à ce que les injections qu'on pouvait y faire
pénétrassent dans toutes leurs anfractuosités ; c'est pourquoi
M. Lemaire a imaginé de faire respirer des vapeurs d'acide
phénique ou ce qu'il appelle de l'air phénique. Mais cet air
est tout simplement de l'air qui passe sur quelque vase contenant de l'acide phénique, à la température ambiante, c'est-
à-dire de l'air très-peu phéniqué, très-insuffisamment phéniqué
pour ceux qui ne croient pas, avec M. Lemaire, que l'acide
phénique détruit tous les ferments à des doses impondérables. Ce n'est donc point ainsi qu'il faut employer contre
l'ozène les inhalations d'acide phénique, c'est en le réduisant
en poussière, à l'aide d'un pulvérisateur puissant, et en prescrivant au malade de respirer par le nez la poussière phéniquée, qui, de cette façon, pénètre dans les plus petits recoins
des cavités nasales. Est-ce à dire que ce procédé d'administration de l'acide phénique, qui est le meilleur contre l'ozène,
soit indispensable ou doive être employé seul ? Nullement. La
preuve péremptoire en est dans notre première observation,
qui est un exemple de guérison d'un ozène des plus graves, à
une époque où nous ne faisions pas encore usage de notre
pulvérisateur ; une pareille cure n'a d'ailleurs rien d'extraordinaire, car on sait bien depuis longtemps qu'il n'est pas
toujours indispensable de toucher, avec un modificateur, une
surface tout entière pour en modifier la vitalité, ce qui ne
veut pas dire qu'il ne vaille pas mieux la toucher toute,
quand on le peut. Le pulvérisateur devra donc être toujours
employé, quand on le pourra ; mais il ne devra pas l'être seul.
Les injections phéniquées, pratiquées dans les intervalles des
inhalations, qui ne peuvent guère être administrées que deux
fois par jour, auront certainement leur utilité, à cause même
de la facilité qu'ont les malades à les répéter souvent. De
plus, ces lotions ou injections sont précieuses parce que les
malades pourront les continuer seuls, après la guérison, précaution souvent nécessaire dans une affection aussi facile aux
récidives que l'ozène. Quant à l'administration interne de l'acide
phénique, on pourra généralement s'en dispenser ; pourtant
elle ne pourra qu'être avantageuse dans les cas où la santé générale est altérée ; on a vu combien M. X... s'en est bien trouvé.

ART. XXVIII. — DU PANARIS.

Les chirurgiens mécaniciens, — et ils le sont à peu près tous, particulièrement ceux qui aiment à trancher des nœuds au lieu de les délier, considèrent le panaris comme une maladie à peu près aussi locale et aussi *externe* qu'une fracture ou un coup de couteau; il n'en est pourtant absolument rien : le panaris, chose assez inattendue et passée inaperçue pour tous ceux qui restent plus ou moins imbus des idées de l'école, se présente très-souvent d'une manière endémique, chez des individus qui vivent dans des conditions analogues : c'est ainsi que dans les couvents, dans les prisons, dans les pensionnats, dans des ateliers même, il est rare de voir un panaris isolé; presque toujours, au contraire, quand une personne est prise, deux ou plusieurs autres le sont simultanément ou successivement dans un temps rapproché; or, le caractère de l'endémicité est pour nous, ainsi que nous l'avons dit nombre de fois, un signe de parasitisme; il paraît donc infiniment probable que le panaris, malgré ses apparences, n'est pas plus que la gale une maladie *spontanée*. Il serait hors de notre plan d'insister davantage sur cette circonstance; mais il était indispensable de la signaler, d'autant plus qu'elle est à peu près inconnue ou méconnue.

Cette circonstance expliquerait doublement l'efficacité de la médication phéniquée contre le panaris, et comme maladie purulente et comme affection spécifique. La préparation que nous adoptons contre cette maladie est la glycérine phéniquée appliquée en topiques; on peut aussi, en cas de douleurs vives, entourer le doigt affecté de cataplasmes de farine de graine de lin, préparés avec de l'eau phéniquée saturée au lieu d'eau pure. Ces pansements réussiront le plus souvent, sinon toujours, à prévenir la suppuration; on pourrait cependant avec avantage, si l'on avait affaire à des idiosyncrasies faciles à la suppuration, associer aux moyens précédents l'usage du sirop phéniqué.

Les principes gras renfermés dans la farine de graine de

lin, de même que tous les corps gras, atténuent très-sensible-
ment, ainsi que nous l'avons vu ailleurs, l'action de l'acide
phénique; c'est pour ce motif que nous avons prescrit de préparer les cataplasmes avec la solution aqueuse phéniquée saturée (5 à 6 p. 100). Mais si l'on avait à traiter un panaris
déjà suppuré et ouvert, et qu'on voulût le panser avec de l'eau
phéniquée au lieu de glycérine phéniquée, il faudrait se contenter d'employer de l'eau à 1/2 p. 100, parce que les doigts,
ainsi que nous le dirons ailleurs, ont une susceptibilité particulière à l'action de l'acide phénique.

ART. XXIX. — DES PLAIES.

En tout temps, l'article consacré aux plaies serait un des
plus importants de l'histoire de la médication phéniquée, car
c'est contre ces lésions que la méthode nouvelle a répandu et
est surtout appelée à répandre ses plus grands bienfaits; mais
après la guerre désastreuse que nous avons subie, cet article
acquiert plus d'importance encore, parce que nous aurons à
y démontrer que les circonstances les plus pressantes, les plus
navrantes, que l'amour de l'humanité, les malheurs de la patrie, rien, en un mot, ne peut triompher des préjugés, de
l'esprit de coterie et, pour tout dire, des mauvaises passions
qui animent et gouvernent la profession médicale, plus encore
peut-être que toutes les autres. Nous en avons déjà donné
une première et déplorable preuve à l'article fièvre typhoïde ;
nous en fournirons une autre, qui ne sera pas moins lamentable.

Au point de vue de la pathologie, du pronostic, et même
de l'application de certaines méthodes de traitement, les plaies
ont été divisées en une foule de catégories, espèces ou variétés,
qui ne doivent point nous arrêter ici ; la seule remarque que
nous croyions devoir faire à ce propos, c'est que nous ne nous
occuperons que des plaies proprement dites, c'est-à-dire de
celles qui sont plus ou moins récentes et produites par des
agents qui n'agissent que chimiquement ou physiquement;
c'est-à-dire que nous excluons de cet article toutes celles qui

sont causées ou entretenues ou compliquées par l'introduction dans l'organisme de virus, de venins ou de ferments quelconques, ainsi que celles qui se développent spontanément, sous l'influence de causes diverses, générales ou locales, connues ou inconnues, de *dégénérescences* organiques; celles-ci affectent presque toujours une marche chronique et constituent ce qu'on appelle à proprement parler des *ulcères*, lesquels ne sont habituellement qu'un épiphénomène accessoire de la maladie principale. La curation de la plupart de ces plaies spéciales a été étudiée déjà aux articles *Syphilis*, *Venins*, etc.; les autres le seront ultérieurement à l'article *Ulcères*. Nous ne conservons donc ici que les plaies simples, non pas simples quant à l'état des tissus lésés, mais simples en ce sens qu'elles sont dégagées de toute autre complication que celles qui résultent de la cause vulnérante elle-même. Dans les plaies résultant d'une action chirurgicale, une amputation de sein cancéreux, par exemple, il y a bien autre chose que la plaie qui doit préoccuper le chirurgien; nous comprendrons, toutefois, dans la présente étude les plaies résultant d'opérations, parce que, pendant que ces plaies existent, ce sont elles surtout, sinon exclusivement, qui constituent un danger immédiat pour le malade et qui doivent, par conséquent, appeler toute l'attention du chirurgien. Ainsi, nous nous occuperons ici des plaies accidentelles et aussi de celles qui sont la conséquence d'une opération, et qu'on pourrait appeler *plaies chirurgicales*.

Les plaies, à moins d'avoir une étendue énorme ou d'intéresser les organes les plus essentiels à la vie, ne sont point par elles-mêmes des lésions graves, car ce ne sont point à proprement parler des maladies; dans tous les temps, le public a distingué les *blessures* des *maladies*. Le travail d'union, de réparation à l'aide duquel les tissus divisés ou en partie détruits, l'inflammation adhésive, sur laquelle John Hunter a fait de si beaux travaux, est un travail physiologique, qui, lorsqu'il ne se complique pas, s'accomplit sans d'autres troubles, pour ainsi dire, que celui d'une digestion normale. Ainsi, la gravité des plaies vient de leurs complications. Quelles sont ces complications? Elles sont peu nombreuses, car elles se réduisent en définitive à deux principales : l'hémorrhagie et l'inflammation, auxquelles on peut ajouter, pour certaines plaies spéciales et dans des conditions particulières, les complications nerveuses et notamment le tétanos. De l'hémorrhagie et du tétanos, nous n'avons point à nous occuper ici ; reste donc la troisième complication, l'inflammation, infiniment plus importante à elle seule que les deux autres réunies ; elle peut elle-même, suivant son siége, sa marche, etc., revêtir des caractères qui constituent des complications secondaires, mais très-importantes aussi ; de ce nombre sont la phlébite et la lymphite suppurées, qui donnent lieu à l'infection purulente, dont il a déjà été question, la gangrène, la pourriture d'hôpital, l'érysipèle, l'infection putride dont il sera question ultérieurement.

Mais cette inflammation, suite inévitable d'une division des tissus, quelle cause ou quelles causes la font sortir des limites physiologiques, où elle n'est point à proprement parler une maladie ? C'est ici que nous rentrons dans la doctrine parasitaire, et qu'on peut s'expliquer comment les médications parasiticides, et l'acide phénique en particulier, doivent occuper une si grande place dans la thérapeutique des plaies. Comment rentre-t-on dans la doctrine parasitaire ? Cela est bien simple, et nous allons le dire, tout en faisant l'histoire d'un des plus grands progrès de la thérapeutique chirurgicale, et en distribuant à chacun, avec une sévère impartialité, la part qu'il a eu le mérite et l'honneur de prendre à la réalisation de ce grand progrès. Nous espérons remplir sans passion cette tâche délicate.

On oublie beaucoup aujourd'hui M. Demeaux, et, chose plus étonnante, il paraît s'oublier lui-même, depuis quelques années, ce qui n'était point dans ses habitudes. Quant à nous, quoique nous n'ayons pas l'honneur de le connaître et que son protecteur et maître, feu Velpeau, n'ait jamais été le nôtre, nous ne l'oublierons pas ; nous nous ferons, tout au contraire, un plaisir autant qu'un devoir de reconnaître qu'à lui et à Demeaux revient la plus grande part de l'heureuse révolution introduite dans la thérapeutique des plaies.

En 1858, M. Corne, vétérinaire du département du Lot, avait

eu l'idée d'appliquer en grand le goudron de houille, auquel il a conservé le nom anglais — d'ailleurs commode — de *coaltar*, à la désinfection des matières organiques, mais sans avoir le moindrement en vue une application chirurgicale quelconque, pas même une application de chirurgie vétérinaire. Il mit son idée à exécution et prit un brevet qui consacre ses droits.

En 1859, M. le docteur Demeaux, médecin à Puy-Lévêque, compatriote et voisin de M. Corne, eut l'idée d'appliquer les propriétés désinfectantes du coaltar à la désinfection des plaies ; tel fut son mérite, que son compatriote, M. Corne, n'a jamais songé à lui contester ; tout au contraire, M. Corne a aidé M. Demeaux à chercher des préparations qui rendissent facile l'application du coaltar, application impossible en chirurgie, quand le coaltar est en nature ; le mélange de coaltar et de plâtre auquel M. Demeaux s'arrêta, porta le nom de M. Corne associé au sien. C'est un grand mérite de ces deux observateurs que de s'être fait équitablement leur part réciproque, non-seulement sans froissement aucun, mais en conservant l'un pour l'autre les sentiments d'une franche amitié.

Nous répétons une fois encore que le mérite de M. Demeaux est grand, plus grand que personne ne l'a publiquement reconnu encore, si ce n'est peut-être quelques savants qui prirent la parole, soit dans les académies, soit ailleurs, à propos du rapport présenté à l'Académie des sciences par M. Velpeau, en 1860. Loin de vouloir rien retrancher de ce mérite, nous l'exagérerions volontiers, car nous pensons avec M. Pasteur (1),

---

(1) Voir, sur ce sujet, les belles et judicieuses paroles de M. Pasteur : « Au lieu de me répondre sur tous ces points comme c'était son devoir, M. de Verguette nous dit, tournant bride tout à coup : « Je ne veux pas suivre M. Pasteur dans sa polémique ; les revendications de priorité n'ont aucun intérêt pour nos lecteurs. » Je ne suis pas de cet avis. Les questions de priorité intéressent la moralité publique, parce qu'elles traitent de la propriété scientifique, *plus respectable que toute autre propriété*, et qu'il importe extrêmement que l'opinion publique ne s'égare pas sur les véritables auteurs des progrès scientifiques et industriels. » (PASTEUR, réplique à une attaque de M. de Verguette-Lamotte, *Journal d'agriculture pratique*, 18 juillet 1872.)

On voit que l'illustre inventeur ou au moins démonstrateur des ferments vivants ne partage pas l'opinion de notre savant maître et ami, M. Marchal (de Calvi), qui croit que tous les progrès, toutes les découvertes doivent être anonymes dans le nouvel ordre social, et que le sentiment intime d'avoir fait quelque chose de

et nous l'avons dit nombre de fois, que, de toutes les propriétés, la plus sacrée est celle de l'intelligence, et que la constatation de la priorité est la seule consécration de cette propriété; et pourtant, malgré son grand mérite, M. Demeaux n'avait trouvé et proposé qu'un procédé inapplicable, ou tout au moins applicable dans de si étroites proportions, que son idée serait demeurée à peu près stérile, si un nouveau progrès n'était venu le féconder.

Ce progrès, M. le pharmacien Le Beuf en commença la réalisation, en proposant à l'Académie des sciences de substituer à la poudre formée de plâtre et de coaltar, dite *poudre de Corne et Demeaux*, une émulsion composée de teinture de bois de panama, d'eau et de coaltar. Nous avons dit en quoi ce progrès fut réel, en quoi il laissait à désirer. Nous avons dit et prouvé que le mérite de M. Lemaire, son seul mérite, *au point de vue médico-chirurgical*, fut de s'être acquitté avec quelque intelligence de l'expérimentation de la préparation nouvelle, expérimentation que *lui proposa* M. Le Beuf (1).

Toutefois, cette préparation elle-même, quoique fort supérieure à la poudre Corne et Demeaux, était loin de remplir tous les *desiderata* de la pratique, et quand M. Lemaire disait, avec une science ou une bonne foi douteuse, que la division dans l'eau du coaltar par la teinture de saponine (lisez teinture de Quillay) *équivaut à une véritable* dissolution, il commettait une grave erreur, qui aurait été bien plus grave, si la préparation nouvelle n'avait pas été un simple topique; car sans l'émulsion, les principes les plus actifs du coaltar restent toujours en globules plus ou moins ténus, mais qui peuvent se réunir sous diverses influences chimiques ou physiques, lorsqu'ils sont en contact avec les tissus, et agir alors sur ces derniers

bien doit être la seule récompense des inventeurs et de tous les bienfaiteurs de l'humanité. C'est d'une morale admirable; mais notre savant maître aurait bien dû la faire précéder d'un traité sur l'art bien positif et bien infaillible de procréer des anges.

(1) Il n'est peut-être pas superflu de rappeler que c'est M. Lemaire lui-même qui, dans un de ses rares moments de franchise, nous raconte le fait en propres termes : « Il s'agissait de savoir, dit-il, si cette préparation jouirait des mêmes propriétés que les poudres. *Il* (M. le Beuf) ME PROPOSA DE L'EXPÉRIMENTER POUR JUGER CETTE QUESTION. *De là* l'origine de la série de recherches que j'ai faites sur le coaltar et ses dérivés. » *Traité de l'ac. ph.*, 2º édition p. 11.

comme caustiques. En pansements, cet inconvénient était peu
grave ; mais il en était un plus grave, c'est que le coaltar
est, comme on se le rappelle, un produit à composition très-
variable, et qu'en l'appliquant, soit à l'état de suspension,
soit à l'état de mélange pulvérulent, on ne sait jamais au juste
ce qu'on fait. M. Lemaire continue, cependant, à préférer,
dans le traitement des plaies, le coaltar à l'acide phénique,
ce qui est un goût fort naturel chez lui, par des raisons que
nous avons longuement développées ; mais il cherche à justifier ses préférences en disant qu'un chirurgien fort distingué,
M. Adolphe Richard, les partage. « Comme moi, dit-il, il
(M. A. Richard) préfère le coaltar Le Bœuf. L'opinion de ce
savant chirurgien est d'autant plus importante que, depuis
quatre ans, toutes les plaies de son service ont été pansées
avec le coaltar saponiné. » Nous pouvons affirmer hautement
que cette assertion est absolument inexacte : que M. A. Richard ait pansé les plaies de son service avec le coaltar dit
saponiné, pendant plus ou moins longtemps, aussi longtemps
que l'acide phénique lui est resté inconnu, nous ne le nions
point, mais, à partir du moment où l'acide phénique a été essayé
par M. A. Richard, en 1863 et sur mon conseil, ce chirurgien de
progrès, qu'une bien cruelle maladie a trop tôt enlevé à la chirurgie, a toujours appliqué ses préparations phéniquées à
l'exclusion du coaltar Le Bœuf ou autre ; il m'a souvent
raconté dans les nombreuses consultations où nous nous
sommes rencontrés, M. A. Richard et moi, que l'administration lui ayant refusé de l'acide phénique, alors inconnu
dans le commerce, il l'achetait lui-même et l'apportait à
l'hôpital, exactement comme M. Maisonneuve à l'Hôtel-Dieu.
Nous ajouterons qu'à l'heure actuelle, il n'est pas un des
chirurgiens qui se sont décidés à profiter du progrès commencé par le docteur Demeaux, qui ne préfère l'acide phénique au coaltar, et que M. Lemaire est seul à préférer le produit qu'il s'est chargé de faire prospérer..... scientifiquement, bien entendu.

Mais ce qui laisse toujours le lecteur dans le doute de savoir
si c'est par malice ou par sottise que M. Lemaire se livre à
ses..... inexactitudes, c'est la manière dont le récit en est dis-

posé dans ses écrits : Il vient d'écrire ces mots : « comme moi, M. A. Richard préfère le coaltar Le Beuf », et sans transition aucune, sans interruption, il ajoute : « M. Maisonneuve a aussi employé à l'Hôtel-Dieu et dans sa pratique.... » employé quoi, s'il vous plaît ? Et, par Dieu, le coaltar, évidemment, répondrez-vous : « Je préfère le coaltar ; » M. Maisonneuve emploie aussi...., le coaltar, cela va sans dire, — Eh bien, vous n'y êtes pas, lisez plutôt la suite de la phrase : « M. Maisonneuve a aussi employé .... l'eau phéniquée.... » Voilà, me direz-vous, qui est idiot. Eh bien, non pas aussi idiot que cela. M. Lemaire avait fait adopter le coaltar à M. Richard, quand celui-ci ne connaissait pas l'acide phénique ; mais j'avais fait adopter l'acide phénique à M. Maisonneuve, qui ne le connaissait même pas de nom, quand je l'ai employé devant lui, or, M. Lemaire ne serait pas fâché de laisser croire que c'est à son instigation que M. Maisonneuve a adopté la médication nouvelle : il veut à la fois protéger le coaltar et faire croire à ses droits de priorité à l'application de l'acide phénique : voilà tout le secret de sa rédaction en apparence inepte, mais qui n'est, au fond, qu'un gâchis calculé ; seulement il est mal calculé, voilà tout.

Pour la seconde fois, voici donc la vérité historique rétablie :

M. Demeaux a appliqué, le premier, le coaltar saponiné à la « désinfection » (1) des plaies.

M. Ferd. Le Beuf a proposé une préparation qu'il a fait expérimenter par M. Lemaire, et qui a rendu plus facile, plus générale, plus efficace, la médication de M. Demeaux.

M. Déclat a appliqué, le premier, l'acide phénique, et cette application, quoique inspirée, sans contredit, par le progrès dû à M. Demeaux et par les expériences chimico-physiologi-

---

(1) Ce mot indique que M. Demeaux n'avait guère en vue, en proposant son nouveau moyen, que d'empêcher la complication putride des plaies ; et je crois bien que tel, était, en effet, son intention ; mais ce qu'il y a de certain, c'est que ceux qui mirent le moyen en usage, dans leur clientèle, dans les hôpitaux civils, dans les ambulances de l'armée d'Italie, ne s'en tinrent point à la *désinfection* des plaies, et qu'ils appliquèrent le nouveau moyen au traitement de toutes les plaies indistinctement, compliquées ou non de putridité, et qu'ils en obtinrent de bons résultats. Ainsi que nous l'avons déjà dit, nous ne chercherons donc point à restreindre le mérite de M. Demeaux.

ques de M. Lemaire, n'en constitue pas moins une médication nouvelle, aussi supérieure, plus supérieure même, sous tous les rapports, à celle de M. Demeaux, perfectionnée par M. Le Beuf, que celle-ci ne l'était aux médications antérieures.

M. Lemaire a appris, dans le service de M. Maisonneuve à l'Hôtel-Dieu, en 1862, à connaître pratiquement l'action de l'acide phénique, et a ajouté, ou substitué, en 1863, le mot acide phénique à coaltar saponiné, dans son livre sur l'acide phénique, comme nous l'avons prouvé et comme nous le prouverons encore.

Il s'agit, maintenant, d'établir la vérité chirurgicale.

M. Demeaux eut le mérite de proposer une nouvelle médication utile ; mais il eut surtout le bonheur de trouver à l'Académie des sciences, dans son ancien maître M. Velpeau, un protecteur aussi disposé à soutenir ses élèves qu'à déprécier ceux qui ne l'étaient pas ; aussi, dès sa première communication, M. Demeaux eut-il la bonne fortune d'entendre sa découverte retentir jusqu'aux derniers confins de l'Europe, de voir une foule d'expérimentateurs répéter ses expériences et une foule d'émules chercher à perfectionner sa formule ou en imaginer de nouvelles. Au bout de quelques semaines, la médication de M. Demeaux avait été expérimentée dans cent endroits divers, tandis que mes observations sur le traitement de la fièvre typhoïde par l'acide phénique n'ont encore été répétées par personne ! Voilà où en sont l'indépendance scientifique et la dignité médicale, que pas un médecin ne manque, à toute occasion, de faire sonner très-haut, en paroles, mais que tous se gardent bien de pratiquer en actions.

Quoi qu'il en soit, les nombreuses expériences faites à l'appel de M. Velpeau confirmèrent celles de son ancien élève ; presque toutes les voix furent d'accord pour témoigner de l'heureuse influence de la poudre Corne et Demeaux sur les plaies simples comme sur les autres ; mais l'unanimité ne fut pas moindre pour reconnaître que cette masse de plâtre nécessaire pour que le coaltar fût maniable (96 ou 97 p. 100) rendait vraiment la médication impossible à appliquer dans l'immense majorité des cas

, C'est sur ces entrefaites qu'apparut le coaltar panamisé, dit saponiné; il apparut assez tôt pour pouvoir être compris dans le rapport que M. Velpeau fit à l'Académie des sciences sur les désinfectants, et, cette fois comme toutes les autres, il fut fidèle à ses habitudes de flagrante partialité, en mettant la préparation Le Beuf au-dessous de celle de MM. Corne et Demeaux, et au niveau d'une foule de désinfectants depuis longtemps connus et appliqués. La critique était d'une exagération manifeste; mais elle constatait pourtant un fait incontestable, c'est que beaucoup de malades s'étaient plaints d'éprouver de vives douleurs, lors de l'application du coaltar en lotions ou en compresses, inconvénient qui ne pouvait manquer d'arriver avec un médicament suspendu, mais non dissous dans l'eau, et qui, par conséquent, conserve à un degré plus ou moins prononcé ses propriétés caustiques (1). D'ailleurs, quoique infiniment moins désagréable que la poudre Corne et Demeaux, le coaltar Le Beuf était encore une préparation assez malpropre, et cet inconvénient, joint aux autres, fit qu'un grand nombre de chirurgiens qui l'avaient expérimenté, l'abandonnèrent bientôt.

Moi-même j'y avais renoncé, dans la plupart des cas, lorsque, en 1861, dans une circonstance, j'eus l'idée de lui substituer l'acide phénique, et devant les résultats que j'obtins avec celui-ci, j'y renonçai bientôt complétement. Ces résultats se multiplièrent promptement à un tel point, soit dans ma pratique, soit dans celle de quelques confrères à qui je fis adopter ma médication, notamment dans la pratique de M. Maisonneuve, qui introduisit l'acide phénique dans son service de l'Hôtel-Dieu, en 1862, que ce n'est plus le temps de les faire connaître un par un; tout au plus convient-il de citer, çà et là, les plus remarquables; le moment est venu, depuis assez longtemps déjà, de les apprécier dans leur ensemble, et surtout de les renouveler sur une vaste échelle, au profit des pauvres blessés.

J'avoue qu'au commencement des événements désastreux

____

(1) C'est, en effet, une erreur qu'on ne saurait trop repousser et que nous avons repoussée déjà, émulsion équivaut à une dissolution; si on voulait généraliser l'application d'une telle théorie, on arriverait à des conséquences thérapeutiques désastreuses; et qu'il suffit de signaler sans autres détails aux esprits prudents.

de 1870, un grand espoir me prit de voir se continuer une grande et bienfaisante expérience, quand je vis le docteur Chenu placé à la tête des ambulances comme directeur général. M. Chenu avait sévèrement et justement critiqué et blâmé l'organisation de l'administration militaire française, relative à la santé de l'armée, et il attribuait au défaut de toute autorité et de toute responsabilité de nos médecins militaires, l'excès de mortalité de nos soldats comparativement à la mortalité des soldats de l'armée anglaise et américaine.

« Les médecins anglais et américains, dit M. Chenu, ont l'autorité, l'initiative et la responsabilité, tandis que les médecins de l'armée française ne sont, comme nous l'avons dit, que des agents d'exécution, sans autorité, sans initiative et sans responsabilité. Ils ne dirigent rien, et il leur est même interdit de s'immiscer dans les détails du service administratif. » (CHENU, *de la mortalité dans l'armée et des moyens d'économiser la vie humaine*, p. 133.)

M. Chenu n'a sans doute pas jugé que son autorité fût suffisante pour ébranler une organisation désastreuse ; il a appelé à son aide les paroles suivantes imprimées par le ministre de la guerre des États-Unis, après la guerre de la sécession :

« Au lieu de mettre à la tête d'établissements institués pour
« la guérison des malades et des blessés, des officiers, dont,
« malgré tous les autres mérites, on ne pouvait attendre la
« parfaite intelligence des besoins des malades, et qui, avec
« les meilleures intentions du monde, auraient pu embarrasser
« l'action médicale, comme cela est malheureusement arrivé
« pendant la guerre de Crimée, notre gouvernement, plus
« heureusement inspiré, a voulu faire du médecin le chef de
« l'hôpital. En lui imposant ainsi la responsabilité des résul-
« tats de sa direction, il ne lui refusa rien de ce qui pouvait
« rendre ces résultats favorables. Le corps médical peut mon-
« trer avec orgueil les conséquences de cette mesure intelli-
« gente et libérale. *Jamais, dans l'histoire des guerres, la mor-*
« *talité dans les hôpitaux n'a été aussi faible*, et jamais de
« pareils établissements n'échappèrent plus complétement
« aux maladies qui, d'ordinaire, s'engendrent dans leur en-
« ceinte. »

Ce que M. Chenu avait demandé avec instance, ce que le gouvernement américain avait réalisé chez lui avec un succès éclatant, se réalisait donc maintenant en France, au moins pour la partie du service de santé qui comprenait les ambulances de la Société de secours aux blessés, car on sait que, pour l'autre partie, l'intendance a conservé toutes ses prérogatives et toute sa coupable et phénoménale incurie. Donc : M. Chenu n'était pas seulement nommé médecin en chef des ambulances ; il en était nommé directeur ; il jouissait, par conséquent, de tous les priviléges qu'il avait opiniâtrement demandés pour les médecins : *autorité, initiative, responsabilité*. Si quelqu'un devait user utilement de ces priviléges honorables et un peu redoutables, c'était évidemment le docteur Chenu. Ce fut donc avec une entière confiance que je m'adressai à lui, d'une part, pour me mettre à sa disposition, et d'autre part, pour l'engager à faire profiter les malades et blessés confiés à sa direction, d'un progrès qui avait jusqu'alors, sauf quelques très-rares exceptions, été repoussé des services hospitaliers civils et militaires, par suite d'un coupable aveuglement ou de sentiments plus condamnables encore. On rédigeait alors une sorte d'instruction pour les premiers soins à donner aux blessés sur le champ de bataille, et aux malades, avant leur transport dans les hôpitaux, et pour rendre inutile ce transport s'il était possible. Je rédigeai, de mon côté une note pour expliquer comment, à l'aide d'un simple linge, d'un mouchoir, à la rigueur, imbibé d'une solution phéniquée, et appliqué sur les plaies par un infirmier, par le malade lui-même, s'il n'était pas blessé trop grièvement, on pouvait éviter toutes les complications, et rendre infiniment moins grave le séjour, l'abandon forcé, pendant plusieurs heures, hélas ! parfois, pendant des journées entières, des pauvres soldats blessés sur le champ de bataille, comme nous en avons vu tant d'exemples (1).

(1) Voici cette note, que nous communiquâmes à tous les journaux après l'avoir envoyée à la commission des secours, et afin qu'on pût l'exhumer un jour, pour la honte de ces commissions officielles qui, en France surtout, songent moins à soulager les malheureux qu'à se parer de rubans :

« Monsieur le Rédacteur,

» J'ai eu l'honneur d'informer la Commission internationale des secours aux blessés :

Nous communiquâmes cette note à M. le docteur Chenu, en l'accompagnant de l'envoi, par l'intermédiaire de la Société des gens de lettres, de 900 flacons, 450 pour l'armée de terre, et 450 pour les soldats de la flotte, contenant le liquide phéniqué prêt à être appliqué, et disposés de façon à pouvoir être portés dans la poche d'un ambulancier ou, à la rigueur, d'un soldat. Cent autres de ces flacons avaient été réservés pour les gardes nationaux blessés, qui seraient secourus à domicile.

A la date du 4 août 1870, la Société des gens de lettres reçut, pour mon envoi, du président de la *Société de secours aux blessés de l'armée de terre et de mer*, une lettre de remercîments qui était une simple formule imprimée de politesse. Mais je reçus, à quelques jours de là, une réponse particulière de M. Chenu, relativement à ma note et à mon offre de concours, qui m'inspira des doutes sérieux sur l'utilité de mes démarches. Voici cette laconique réponse :

« Très-cher confrère,

» Il m'a été impossible de soumettre votre précieuse note au Comité médical; l'organisation des ambulances, personnel et matériel, domine la situation, mais elle sera présentée avant le départ des ambulances.

» Merci de votre nouvel envoi, qui est le bienvenu.

» Votre bien dévoué,

» L. CHENU. »

» 1° Que tous les militaires blessés pouvaient au besoin, et sans aucun inconvénient, rester pendant 48 heures et plus sans être pansés, pourvu qu'on eût soin de tenir sur leurs plaies un morceau de linge humecté d'une solution d'acide phénique à 3 p. 100;

» 2° Que pour préserver les militaires du typhus, de la dyssenterie et d'autres maladies infectieuses, il suffisait de leur faire boire chaque jour, matin et soir, un petit verre d'eau phéniquée à 1/2 p. 100;

» 3° Enfin, que je me tenais à la disposition de qui de droit pour appliquer moi-même cette médication dont, fort d'une expérience de 10 ans, je garantis d'avance les résultats.

» Je crois d'une haute utilité, dans les circonstances actuelles, de donner à cette note la plus grande publicité possible, et je vous serais reconnaissant, monsieur le Rédacteur, de la porter à la connaissance de vos lecteurs.

» DÉCLAT.

» Paris, 27 juillet 1870. »

Il me parut un peu étonnant que le temps eût manqué à l'honorable directeur *pour présenter* à un comité médical une note de quelques lignes, contenant l'exposé sommaire d'une nouvelle médication, qui, si elle était appliquée, pouvait sauver la vie à des centaines, peut-être à des milliers de soldats, et même, pour tout dire, il me parut un peu inexplicable que M. Chenu, qui avait « autorité, initiative et responsabilité, » c'est-à-dire tout ce qu'il avait demandé dans son livre, eût besoin de l'avis d'un comité médical pour faire appliquer des moyens qui devaient empêcher de mourir un grand nombre de soldats dont la vie lui était confiée. J'attachai une certaine importance à ne pas laisser ignorer mon sentiment à mon honorable maître, et je lui écrivis les lignes suivantes :

« Cher maître,

» Vous faites-vous bien une idée de la simplification de votre service par ma méthode : pas de pansements proprement dits : de l'eau phéniquée et un mouchoir de poche; un médecin et vingt infirmiers peuvent remplacer vingt médecins (1) ; peu d'amputations; pas de gangrène; pas d'infection purulente ; pas d'érysipèle; peu de pus; on n'aura plus à s'occuper activement que des hémorrhagies.

» Pensez-y, cher maître, un grand rôle vous incombe. Si vous n'acceptez pas ma proposition, je vous laisse toute la responsabilité; je la prends tout entière, si vous acceptez. Je suis prêt à soutenir mes dires devant une commission.

» Veuillez agréer, etc.

» Dr DÉCLAT. »

Cette lettre, venant d'un ancien élève, ne parut pas faire une grande impression sur l'honorable directeur des ambulances; je n'entendis plus parler de ma note et de mon envoi. J'allai

(1) Si l'on avait appliqué ma méthode et rendus libres une foule de médecins des ambulances, qui auraient pu aller ramasser plus de blessés sur le champ de bataille, l'on n'aurait pas vu de pauvres blessés y rester 24 ou 48 heures sans aucun secours, et en revenir, parfois, — ceux qui en revenaient, — avec un ou deux pieds gelés.

donc mettre ma bonne volonté au service des malheureux soldats qui tombaient aux avant-postes, là où l'on ne rencontrait guère d'ambulanciers officiels, ainsi que je l'ai déjà dit (voir ci-dessus), et au service d'une ambulance particulière ; j'allai, en outre, souvent visiter celles du Corps législatif, et d'Autriche-Hongrie, dont il sera question plus loin, et où ma médication était appliquée par de savants chirurgiens..... étrangers. Sans retirer mes offres de service à la Société de secours, je crus devoir informer de ma résolution le directeur des ambulances, et je reçus de lui la lettre suivante :

19 septembre 1870.

« Mon cher confrère,

» Vous avez bien fait d'accepter l'ambulance particulière dont vous me parlez, la Société internationale n'ayant pas, quant à présent, de service spécial à vous confier.

» Je vous remercie du reste en son nom de vos offres et ne manquerai pas de faire appel à votre dévouement dès que les circonstances le commanderont.

» Agréez , etc.

» Chenu. »

Pour en terminer avec l'exposé des faits, je dirai que l'acide phénique qu'on ne voulut pas laisser appliquer à l'inventeur de la méthode, ne le fut pas davantage par le moindre chef d'ambulance, un seul peut-être excepté, et que ma note explicative pour l'application de la méthode fut sans doute jetée au panier ; quant aux 900 flacons tout prêts pour l'application de l'acide phénique, et que la Société de secours, d'après la lettre de son président, avait reçus avec gratitude, je les retrouvai un jour dans un coin du Palais de l'industrie, par une circonstance qu'il importe, pour l'organisation des sociétés de secours à venir, de ne pas laisser tomber dans l'oubli, et qui prouve, hélas ! que la direction de M. Chenu n'a rien à envier à celle de MM. les intendants.

Un négociant de Paris qui fournissait divers objets, notamment des objets de literie à la Société de secours, fit un jour la remarque qu'on lui faisait une commande d'objets dont il avait déjà fourni un grand nombre et dont la Société devait être pourvue. Sur la réponse négative qui lui fut faite, on lui proposa d'aller faire une visite dans les magasins de dépôt de la Société, ce qui fut accepté. Le désordre que l'on trouva est au-dessus de toute description : tout était accumulé pêle-mêle, avarié, confondu, gaspillé ; aucune comptabilité pour se ren-dre compte des entrées, des sorties des objets, etc. Ce négociant offrit alors de mettre à la disposition de la Société une partie du matériel et presque tout le personnel de sa maison. Des comp-toirs, des bureaux, des voitures furent transportés au Palais de l'industrie ; 70 employés y étaient occupés tous les diman-ches et un petit nombre dans la semaine à nettoyer ces étables d'Augias. Je donnais alors des soins à un des employés de l'établissement qui en avait grand besoin, et je dus aller le visiter ; c'est là que je vis le désordre effroyable et l'immense quantité de dons qui avaient été faits à la Société ; bien admi-nistrés, ces dons auraient suffi à une guerre de dix ans : un seul détail en donnera une idée : après triage fait et malgré le gaspillage, on vendit pour 700,000 francs les chiffons qui ne pouvaient être utilisés (par conséquent sans compter les bons au service), SEPT CENT MILLE FRANCS ! (1) Ce qui n'empêcha pas que l'on mît toutes sortes d'obstacles au travail, gratuit bien entendu, du personnel qui avait été chargé de cette rude besogne et qu'on lui causa de tels ennuis qu'il dut à la fin quitter la place ! C'est dans un coin de ces étables bibliques que je trouvai un jour, par hasard, sous un monceau d'objets divers, mes 900 flacons, vierges de toute application. Je fis part à M. Chenu du désir de les remporter ; mais il s'y opposa, me disant avec beaucoup de bienveillance, d'ailleurs, qu'on en ferait usage plus tard. Je n'ai pas eu l'indiscrétion de de-mander ce qu'ils sont devenus. Je ne dois pas omettre, pour diminuer la responsabilité du chef des ambulances, que la ré-ception et l'emploi des dons étaient surveillés par une foule

(1) On sait que la chiffon se vend habituellement 0 fr. 40 le kilog. ; on peut voir par là, quelle a été la quantité de linge non employé, alors que nos soldats en manquaient.

de dames on ne peut plus titrées, la comtesse de Flavigny, la maréchale Canrobert, etc., etc. Une seule rendit des services signalés, ce fut Mlle X..... Après le départ du personnel, le désordre continua probablement comme devant.

On voit que l'autorité médicale n'avait pas grand' chose à reprocher à celle de l'intendance, qui du reste, de son côté, ne manquait pas de suivre ses bonnes traditions et qui tantôt faisait, par exemple, geler ses blessés dans les baraques homicides du Luxembourg, ventilées du nord au sud par une bise de dix degrés au-dessous de zéro, tantôt, ainsi que je l'ai vu, les faisait promener, le même jour, du Luxembourg à La Chapelle, de La Chapelle au Luxembourg (les mêmes) et encore du Luxembourg au Val-de-Grâce (toujours les mêmes). Aussi une feuille de décédé à l'hôpital Necker portait-elle, *écrits de la main du médecin*, ces mots qui en disent plus que toutes les épithètes : *mort de froid.* — Un des blessés qui est, mort à l'ambulance d'Autriche-Hongrie et qui avait une jambe *fracassée* « a beaucoup souffert du froid et était resté pendant *quarante-huit heures* après sa blessure, sans recevoir des soins convenables. » (Rapp. offic. Murdy.)

Dans un entretien que j'ai eu avec mon ancien maître depuis que ces douloureux événements sont passés, M. Chenu m'a protesté de sa bonne volonté et m'a dit que son autorité était beaucoup moins grande que je ne le supposais; qu'il était obligé de consulter le *Comité* et qu'il avait trouvé dans celui-ci, notamment dans la personnalité prépondérante de M. le professeur Nélaton, une opposition des plus vives contre ma méthode. Le lecteur jugera jusqu'à quel point cette explication peut justifier mon honorable maître. Ce qu'il y a de certain, c'est qu'en offrant d'expérimenter une méthode qui pouvait sauver une grande quantité de blessés, j'ai fait mon devoir, et que ceux qui n'ont voulu ni la laisser expérimenter, ni l'expérimenter eux-mêmes, n'ont pas fait le leur. Cette défaillance devant le devoir eût été navrante en toutes circonstances; mais dans celles où nous nous trouvions, je n'hésite pas à dire qu'elle est lamentable et coupable.

J'ai reçu dans cette entrevue avec M. Chenu une autre communication dont il sera question plus loin.

Voilà donc la médication phéniquée repoussée du service des blessés par un médecin ayant voix délibérative et responsabilité, comme elle l'avait été des services de typhoïques par un autre médecin, M. Larrey, n'ayant que voix délibérative et par conséquent pas de reponsabilité (voir ci-dessus, article *Fièvre typhoïde*). Avant de montrer quelles furent les conséquences de cet ostracisme, recherchons comment il put se faire que, sous le régime de cette autorité, de cette responsabilité que M. Chenu avait appelée de tous ses vœux et obtenue, le progrès rencontrât les mêmes obstacles et la routine conservât le même empire que sous le régime opposé, si vivement critiqué par M. Chenu. Les causes de ce phénomène ne sont pas difficiles à trouver. Nous les dirons sans manquer aux sentiments de confraternelle estime, que nous conservons pour notre ancien maître, mais sans faillir davantage aux obligations que nous imposent la vérité et l'intérêt des malheureux blessés de notre malheureuse armée.

M. Chenu croit que, dans la mortalité déplorable qui a sévi sur notre armée de Crimée, comme sur notre armée d'Italie, comme sur toutes nos armées, il n'y a pas une question d'hommes, mais exclusivement, « *nous le répéterons sans cesse,* » dit-il, une *question de système.* M. Chenu dit en partie vrai, mais il se trompe en partie ; et si nous n'avions cette preuve par devers nous, nous la trouverions, péremptoire, dans le livre de M. Chenu lui-même.

Dans le premier hiver passé en Crimée, « les Français, dit M. Chenu, perdent 2,31 p. 100 sur leur effectif, et 12,31 p. 100 sur le nombre des malades, tandis que les Anglais perdent 5,79 p. 100 sur leur effectif, et 22,83 p. 100 sur le nombre des malades »

Dans le second hiver, l'armée française, dit toujours M. Chenu, « perd 2,69 p. 100 sur son effectif, et 19,87 p. 100 sur le nombre des malades, tandis que l'armée anglaise ne subit que les pertes insignifiantes de 0,20 p. 100 sur son effectif et de 2,21 p. 100 sur le nombre des malades ! »

Que s'était-il donc passé dans l'intervalle d'un hiver à l'autre ? Hélas ! dans l'administration française, il ne s'était rien passé du tout, et les soldats avaient continué à périr comme devant ;

dans l'armée anglaise, au contraire, il y avait bien eu changement de système, changement d'hygiène, d'alimentation, mais
il y avait eu, en outre, *changement d'administrateur*, et lisez
bien, cher lecteur, lisez attentivement, avec recueillement ce
que dit M. Chenu de l'administrateur nouveau :

« Chez les Anglais, on corrige ce qu'il y a de défectueux,
on améliore beaucoup, la routine est chassée des camps, le
progrès se montre partout ; aussi les impossibilités adminis-
tratives du premier hiver font-elles place à l'abondance et au
bien-être. La leçon a été cruelle, mais elle a profité : tout a
été prévu pour résister à de nouveaux besoins et à de nouvelles rigueurs climatériques. Un administrateur, délégué du
ministre avec tous les pouvoirs qui justifient ce titre, avait
changé la situation en demandant à la métropole et en obte-
nant immédiatement tout ce qu'il jugeait nécessaire au succès
de sa mission. *Cet administrateur au sens droit*, c'est miss
Nightingale.

» Il s'agissait de la conservation d'une armée placée dans
des conditions exceptionnelles, il fallait des mesures exceptionnelles ; il s'agissait surtout d'hygiène générale, d'alimentation ; miss Nightingale n'a demandé d'inspirations qu'au bon
sens et à la compétence médicale ; une fois éclairée, sa direction a brisé les obstacles ; devant les besoins impérieux,
elle n'a connu que le premier article du meilleur des règlements, *le salut de l'armée*, » (c'est M. Chenu qui souligne),
« et les résultats obtenus disent assez si elle a bien administré
au point de vue humanitaire et économique. »

Ainsi, du propre aveu de M. Chenu, c'est bien *à l'administrateur*, miss Nightingale, que l'armée anglaise est redevable,
presque entièrement redevable, de son excellente conservation.
Pourquoi ? parce que, *dit M. Chenu*, elle a *bien administré;*
parce qu'elle n'a demandé d'inspirations qu'au bon sens ;
parce qu'enfin, *elle n'a connu* que *le premier article* du meilleur
des règlements : LE SALUT DE L'ARMÉE ! Or, est-ce le bon sens
que M. Larrey a interrogé, pour répondre à ma proposition et
à la demande d'avis que lui adressait l'administration ? Nullement : M. Larrey a consulté..... qui ? quoi ? « *l'indépendance
scientifique*, » — (qui n'était pas plus en question que le pro-

blème du mouvement perpétuel), — et « les *convenances confraternelles!* » Voilà donc les convenances confraternelles qui
s'opposent à ce qu'on empêche les blessés et les typhoïques
de mourir ! C'est toujours comme du temps de Molière.

Qu'a fait M. Chenu, après M. Larrey, et forcé par son comité, je le veux bien ? Absolument la même chose. A-t-il, lui
ou ceux qui le dominaient, plus que M. Larrey, et comme miss
Nightingale, interrogé le bon sens ? Évidemment non. Qu'aurait, en effet, répondu le bon sens, à qui l'aurait consulté ? Ce
qu'il aurait répondu ? un enfant le devinerait : si un premier
venu, tombant on ne sait d'où, se présente, vous offrant *sous sa
responsabilité* et *sous votre surveillance*, de soustraire à une seule
cause de mort, à plus forte raison à trois ou quatre causes ou
plus, les malades confiés à votre savoir, vous devez l'accueillir, examiner ses moyens et les mettre en pratique, dès qu'on
aura pu établir, *à priori*, qu'ils ne causeront aucun accident :
mais lorsque, au lieu d'un premier venu, c'est un médecin
qui se présente dans ces conditions; quand ce médecin, outre
la responsabilité qu'il accepte, propose une méthode qui a
déjà la garantie d'une longue et vaste pratique, qui se recommande par les considérations les plus rationnelles, le repousser
serait un acte de véritable folie ! Voilà ce que répondrait le
bon sens; voilà ce que commanderait « le premier article du
meilleur des règlements, *le salut de l'armée.* » M. Chenu n'a
donc consulté, contrairement à son modèle, ni « le bon sens
ni le salut de l'armée, » ou, s'il les a consultés, il ne leur a
pas obéi, ce qui revient exactement au même pour le résultat.
Quelles inspirations M. Chenu aura-t-il donc suivies ? Probablement celles qu'a suivies M. Larrey, quoique moins scicm-
ment peut-être que ce dernier, c'est-à-dire les « convenances
médicales, » qui ne sont que les passions médicales, les cote-
ries médicales et les préjugés médicaux; pour secouer le joug
de ces grands ennemis du progrès, il faut ou posséder une
grande indépendance jointe à un caractère inflexible, ou être
libre de tout lien avec un monde où de petits esprits sont
menés par de petites passions. M. Chenu a eu le malheur de
ne se trouver ni dans l'une ni dans l'autre de ces conditions,
ce qui prouve, et c'est là que nous en voulions venir, que

les systèmes ne sont pas tout et que les hommes sont quelque chose, voire même les demoiselles comme miss Nightingale. En somme, M. Chenu s'est élevé, dans cent endroits de son livre, contre cette fatale routine, mortelle au progrès, et, pour une raison ou pour une autre, il a marché dans l'ornière de la routine, comme aurait pu le faire un intendant de 30 ans d'exercice. M. Chenu, outre l'initiative et l'autorité, avait pourtant la responsabilité. Mais quelle responsabilité? Là est une autre question.

M. Chenu, nous l'avons déjà dit plusieurs fois, a signalé, à maintes et maintes reprises, l'influence pernicieuse de la routine, en France plus que partout ailleurs; mais il existe en France, sinon plus qu'ailleurs, une autre influence non moins pernicieuse et que M. Chenu ne paraît pas soupçonner, ou que du moins il n'apprécie guère, c'est l'influence des mots. Cet honorable confrère veut que le médecin d'armée ait l'*initiative*, *l'autorité* et la *responsabilité*. Initiative, autorité, cela s'entend de soi; mais comment M. Chenu entend-il la responsabilité? il a oublié, il a tout au moins omis de le dire dans son livre et aussi ailleurs, si nous sommes bien informé. Cela est très-fâcheux; car une responsabilité non définie est une responsabilité illusoire, et le juriste le plus consommé serait probablement bien embarrassé de dire en quoi consisterait la responsabilité de M. Chenu, s'il avait laissé mourir, par sa faute, quelques centaines ou quelques milliers de soldats qu'on aurait pu sauver. Nous n'aurons pas la prétention de résoudre un problème juridique, qui ferait probablement reculer Cujas et Potier; nous ne croyons pas cependant qu'il soit insoluble; en défendant l'acide phénique contre les attaques intéressées d'un industriel (voir ci-dessus l'article *Variole*), nous avons donné une des bases sur lesquelles on pourrait établir une responsabilité efficace, et d'un mot, faire une chose. Mais il nous paraît convenable de ne pas insister, ici, sur cette question et de laisser M. Chenu définir lui-même la responsabilité qu'il a demandée. Il suffira à notre but, et il sera plus facile pour nous de prouver qu'en effet, M. Chenu a laissé mourir un grand nombre de blessés qu'il aurait pu sauver, s'il avait fait un meilleur usage de son initiative et de son autorité.

Nous allons continuer à dévoiler quelques tristes épisodes du siége de Paris ; mais ce n'est pas en dissimulant les fautes que ceux qui les font et ceux qui en subissent les conséquences peuvent en profiter, c'est en les exposant au grand jour et en les confessant humblement. Quoique les détails qui vont suivre soient exclusivement médicaux, nous nous permettons d'appeler sur eux toute l'attention non-seulement des médecins, mais plus encore, s'il est possible, toute l'attention des personnes qui s'intéressent aux progrès des institutions, car l'exemple de miss Nightingale a prouvé que c'est, parfois, de personnes étrangères à la profession médicale qu'on peut, et qu'il faut peut-être attendre les plus heureuses réformes pour la conservation de la vie des hommes. Cela dit, voici les résultats obtenus par M. Chenu et ses collaborateurs, du moins ceux qu'il nous a fait connaître dans un premier rapport très-succinct publié dans le *Bulletin de la Société française de secours aux blessés*, et qui est fort insuffisant pour porter un jugement définitif sur les progrès que la direction de M. Chenu peut avoir réalisés (1).

(1) Dans ce rapport très-sommaire ou plutôt cet aperçu, M. le Dr Chenu annonçait, par deux fois différentes des rapports plus détaillés : « Les publications successives des rapports présentées par les chefs d'ambulances et par les délégués régionaux, feront connaître *dans tous ses détails* l'ensemble du service hospitalier : ce rapport n'en donne qu'un aperçu sommaire, ramenant rapidement autour de lui les principaux actes administratifs qui lui sont associés par le bien d'une œuvre commune, et distribuant tous les faits qu'il embrasse suivant l'ordre des temps. » Nous ne savons si tout le monde comprendra bien ce que peut être un « aperçu qui ramène autour de lui les actes qui lui sont associés; » mais ce que nous comprenons très-bien, c'est que cet aperçu sommaire, qui n'a été publié qu'à la fin de 1871, annonce, à son début et à sa fin, la publication *prochaine* de tableaux statistiques et d'un grand rapport, qui feront connaître *en détail* l'œuvre hospitalière, et que ce grand rapport et ces tableaux n'ont pas encore vu le jour, non plus qu'aucun des rapports particuliers des chefs d'ambulance, qui devaient aussi paraître PROCHAINEMENT et faire connaître en détail les faits de chaque ambulance. Si l'on veut bien rapprocher de cette extraordinaire lenteur les excuses présentées par le Dr Mundy au comité de secours, en lui présentant ses rapports sur les ambulances du Corps législatif et d'Autriche-Hongrie, on trouvera bien étrange le retard de M. Chenu et de ses autres collaborateurs.

« Si j'ai tardé longtemps, dit le Dr Mundy, à vous soumettre le présent compte rendu, j'espère que vous n'oublierez pas que mon temps a toujours été mesuré trop juste, chargé, comme j'étais, de constructions de plusieurs genres faisant partie du matériel, telles que voitures de transports, litières, etc., de la rédaction de bulletins et de rapports à l'usage de la société, de conférences publiques ; que j'étais rapporteur sur la question du matériel et des évacuations, membre de sept commissions différentes, et qu'en même temps, j'assistais invariablement à toutes

Sur six grandes ambulances fixes, fondées par le Comité médical (*Bulletin de la Société de secours aux blessés*, p. 405), M. Chenu s'en réserva trois sous sa direction spéciale; c'était peut-être beaucoup de zèle, pour un directeur dont le temps était absorbé par tant de devoirs variés; mais nous savons que le zèle et l'activité peuvent répondre à bien des exigences, et que M. Chenu était seul juge de ses forces. Les a-t-il exactement mesurées? Les faits se chargent de répondre.

La première ambulance était placée au siége même de la Société, dans le Palais de l'industrie, dans les salles du premier étage, splendidement aérées, et placées dans la situation salubre, que tout le monde connaît, la meilleure, assurément, de Paris.

Cette ambulance, nous apprend M. Chenu, a fonctionné du 2 septembre au 12 novembre 1870; elle contenait 600 lits et a reçu 646 officiers et soldats, « *tous*, dit M. Chenu, *très-grièvement blessés*. » Sur ce dernier point, nous avons à faire remarquer que la mémoire de M. Chenu n'est pas rigoureusement fidèle. Nous avons, en effet, accompagné un de nos amis, dans une visite qu'il fit au palais à M. Chenu, ou du moins qu'il tenta de lui faire, car M. Chenu faisait à ce moment les honneurs de l'établissement à l'archevêque de Paris, et notre ami, après une attente d'environ une heure, se retira sans avoir pu aborder M. Chenu. C'était peut-être bien du temps passé à une promenade assez médiocrement utile. Pendant que mon ami attendait, nous pûmes parcourir les salles des malades et nous en visitâmes plusieurs qui n'étaient pas blessés très-grièvement ni même grièvement. Dans une autre visite faite pendant le siége, M. Chenu voulut bien nous faire les honneurs de ses salles spacieuses et aérées, et nous faire remarquer lui-même

les séances du Conseil; finalement, qu'étant les jours de bataille sur les lieux de l'action, et absorbé d'ailleurs par ma besogne quotidienne comme médecin et comme directeur, je n'ai pu arriver à vous présenter plus tôt qu'*une semaine après avoir résigné mes fonctions*, tout mon compte rendu, avec les pièces annexées... »

M. Mundy s'excuse pour n'avoir présenté son rapport ou plutôt ses deux rapports *qu'après une semaine*, et, après plus de deux ans, les deux rapports sont encore les seuls qui aient paru, au moins à Paris, car en province il en a paru plusieurs. Je reviendrai sur ces rapports un peu plus loin.

qu'il n'avait encore que des blessures légères et même de simples résultats d'accidents. Or, ces blessés, dans une statistique, comptent comme les autres. Quand le rapport détaillé annoncé par M. Chenu aura paru, nous saurons quels blessés sont arrivés plus tard au Palais de l'industrie ; mais voilà ce que nous avons vu dans les premiers jours vers le 10 ou le 12 septembre.

Quoi qu'il en soit, M. Chenu annonce avoir perdu 90 hommes, ce qui, pour 646 admis, fait ressortir les mortalités à 13,93 p. 100.

La seconde ambulance dirigée par M. Chenu fut moins heureuse.

Elle était placée dans les salles du Grand-Hôtel, c'est-à-dire dans une situation encore fort salubre ; l'aération était surtout parfaite (1).

(1) M. Chenu nous apprend, dans son rapport sommaire, que l'ambulance du Grand-Hôtel fut pendant la guerre l'objet de bien des calomnies. « Le bruit courut, par exemple, dit M. Chenu, que, dans l'ignorance des principes élémentaires de l'hygiène, on avait laissé dans les chambres des malades des tapis et des rideaux qui absorbaient les miasmes ; or, rideaux et tapis avaient été enlevés de toutes les chambres réservées au traitement médico-chirurgical, avant qu'un seul blessé entrât dans l'ambulance.

« Un autre jour, M. le Dr Chenu fut appelé auprès de M. Cresson, préfet de police. » — Un chef d'une grande administration obéissant à un pareil appel, c'est bien de la... bonté, mais ce n'est peut-être pas autant de la dignité. — « Il aurait été dit que, le soir et la nuit, le public pouvait voir les flammes du punch briller aux fenêtres de l'ambulance. De là le scandale ; le docteur expliqua que, jour et nuit, s'entretenaient derrière les fenêtres de l'hôtel des lampes à esprit-de-vin sur lesquelles les infirmiers réchauffaient à toute heure les cataplasmes et les tisanes. C'était tout le secret des flammes du punch.

» Le directeur des ambulances négligea de démentir tous ces bruits ; il avait alors des soucis plus pressants. » (Chenu, rapport cité p. 409 du *Bulletin de la Société*.)

Nous ne doutons pas un instant que la justification de M. Chenu ne soit parfaitement exacte, et nous retiendrons même, pour y revenir ultérieurement, la partie de cette justification relative à l'enlèvement des tapis et des rideaux. Mais il est des reproches que le public ne paraît pas avoir faits et dont M. Chenu aurait peut-être eu plus de peine à se justifier, par exemple, le choix qu'il paraît avoir ordonné des « blessés les plus grièvement atteints », pour les réunir tous dans l'ambulance ; M. Chenu nous expliquera sans doute, dans son grand rapport détaillé, les raisons hygiéniques de cette mesure, si tant est qu'elle ait été réellement appliquée, ce dont nous doutons un peu ; quant à nous, nous ne saurions les deviner, et nous ne pensons pas qu'aucun hygiéniste, même routinier, puisse les approuver. Le public, nous le répétons, a sans doute été malveillant pour l'ambulance du Grand-Hôtel à laquelle nous ne ferions pas un grand crime d'avoir usé pour elle-même les provisions — liquides surtout — dont la *Société de secours*

L'ambulance a fonctionné du 5 novembre 1870 au 7 mars 1871.

Elle contenait 500 lits.

Elle a reçu 995 malades, *choisis*, dit M. Chenu, *parmi les plus gravement* atteints.

Elle a perdu 220 hommes, ce qui fait ressortir la mortalité à 22,11 et non à 22,16 comme le dit M. Chenu, qui charge ainsi sa mortalité d'une aggravation de 5 centièmes d'unité; c'est peu, mais elle est déjà assez considérable pour qu'on ne l'aggrave pas même d'un centième.

Quant à la troisième ambulance, dite du *Cours-la-Reine*, nous la laisserons de côté, parce qu'elle a reçu, dit M. Chenu, 558 fédéraux blessés grièvement, et que les conditions dans lesquelles devaient se trouver ces malheureux pourraient fausser la comparaison à établir entre les résultats qu'on y a obtenus et ceux qui ont été obtenus dans les deux ambulances dont nous allons maintenant nous occuper. Nous dirons seulement, à titre de simple renseignement, que la mortalité de cette ambulance du Cours-la-Reine a été, d'après M. Chenu, de 18,27 p. 100. On voit que, si nous la négligeons, ce n'est point qu'elle soit trop favorable à la routine; car, on le devine par avance, c'est la routine qui a présidé aux soins donnés dans les ambulances dirigées par M. Chenu, tout comme elle présidait à ceux des ambulances dirigées par la routinière intendance.

Mais d'où la routine était exclue, c'était des deux ambulances dirigées par le docteur Baron Mundy, et dont l'une, celle du Corps législatif, avait pour chirurgien en chef le professeur Mosétig de Vienne, et l'autre, celle de l'ambassade d'Autriche-Hongrie, avait pour chirurgien en chef, d'abord, le même professeur Mosétig, puis le docteur Arendrup, de Copen-

---

regorgeait, et de s'être mise par un régime tonique à l'abri des germes morbifiques, précaution à laquelle nous avons pu voir de nos yeux qu'elle n'a pas manqué; mais il est néanmoins digne de remarque que ses critiques ont porté précisément sur une ambulance qui a perdu plus de 22 p. 100 de ses blessés, plus ou moins choisis. Pour que nous pussions juger de l'importance de ce choix, il nous faudrait connaître les détails de la blessure de chaque malade, et M. Chenu aurait au moins dû nous dire, en attendant le grand rapport, où, quand et par qui ce *choix* était fait.

hague, qui, plus tard, fit le service de chirurgien en chef
à l'ambulance dite de la Grande-Gerbe créée dans le parc de
Saint-Cloud, où il succomba dans l'accomplissement de sa généreuse mission. Puisse la France ne pas perdre le souvenir
de ces nobles caractères et dignes savants, qui, par pure
sympathie pour elle, se sont dévoués jusqu'à lui sacrifier
la vie !

J'eus l'occasion de rencontrer pour la première fois mon
honorable confrère et éminent administrateur, le Dr Mundy,
chez un de mes anciens maîtres dans la médecine militaire,
le professeur Mounier; je fus aussi étonné qu'agréablement
surpris de trouver dans ce savant médecin un homme parfaitement au courant des applications médicales que j'avais
faites de l'acide phénique, bien plus que mon ancien maître et
mes confrères de France. Il m'engagea à aller visiter les deux
ambulances placées sous sa direction, ce que je fis d'autant
plus volontiers, que j'y trouvai pour chirurgien en chef un
professeur qui n'était pas moins que le docteur Mundy au
courant de mes travaux sur l'acide phénique, et dont la personne est aussi sympathique que la main est habile et l'esprit
judicieux. Je m'attachai spécialement à l'ambulance du Corps
législatif, qui était plus importante par le nombre des malades, et je pus constater, de mes propres yeux, les résultats
que je vais faire connaître, et à l'obtention desquels il m'a été
permis de concourir.

L'ambulance du Corps législatif contenait 50 lits, elle a fonctionné du 19 septembre 1870 au 31 janvier 1871, soit pendant
104 jours; elle a reçu pendant ce temps 247 blessés ou malades,
qui ont séjourné en moyenne 17 jours; elle en a perdu 29,
soit 11,74 p. 100.

L'ambulance d'Autriche-Hongrie contenait 10 lits; elle fonc-
tionna pendant 132 jours; elle a reçu pendant ce temps 42 blessés
ou malades, que nous croyons devoir réduire, pour ne point
paraître exagérer ses succès, à 34 (1), qui ont séjourné en
moyenne 23 jours; elle en a perdu 1, soit 2,94 p. 100.

(1) Notre savant confrère, le Dr Mundy, et, après lui, M. Chenu, font entrer
dans le calcul de la mortalité huit malades introduits de force dans l'ambulance
et qui n'y séjournèrent que quelques heures, grâce à l'énergique et légitime op-

Ainsi, d'une part, deux ambulances dirigées par le docteur Chenu ; mortalité : 13,93 et 22,11 p. 100 (sans parler de la mortalité de 18,27, obtenue à la 3e ambulance du Cours-la-Reine, et

D'autre part, deux ambulances dirigées par le docteur Mundy (chirurgien en chef, le professeur Mosétig, puis, pour l'une, le docteur Arendrup) ; mortalité : 11,74 et 2,94 p. 100 !

position du directeur. Il aurait pu arriver sans doute qu'un ou plusieurs de ces huit malades succombassent dans la nuit qu'ils ont passée à l'ambulance ; mais c'était d'une improbabilité qui touchait à l'impossible ; nous croyons donc équitable de ne pas les· faire figurer dans l'évaluation de la mortalité, et de fixer celle-ci à 1 sur 34 ou 2,94 p. 100, et non à 1 sur 42 ou 2,14 p. 100. Quant au fait déplorable de cette admission forcée, voici comment le Dr Mundy le raconte dans son rapport : « La liste nominative des blessés contient, ainsi qu'il a déjà été mentionné plus haut, huit malades anonymes. Ces hommes ont été, le 28 novembre au soir, amenés, sans avis préalable, et introduits de force dans l'ambulance par des employés municipaux du 8e arrondissement. Reçus sous protêt, pour faire cesser le scandale d'une scène regrettable, ces malades ont été évacués quelques heures après » — (le lendemain 27) — « sur les hôpitaux, leur place naturelle. »

M. Mundy publie ensuite la protestation pleine de dignité qu'il adressa, dès le lendemain matin, à M. J. Ferry, maire de Paris et président de la commission des ambulances, et il ajoute : « La dénonciation du fait arbitraire commis par l'agent municipal subalterne eut pour effet immédiat que des excuses furent adressées à M. le comte d'Uxkull » (attaché militaire à l'ambassade d'Autriche resté à Paris), « de la part du directeur du secteur de l'hôpital Beaujon, du maire du 8e arrondissement *et de M. le baron Larrey*, médecin en chef de l'armée, qui sont venus tous exprimer leur regret au sujet de ce qui s'était passé, promettant de veiller à ce que pareil fait ne se reproduise plus. »

M. le Dr Mundy raconte, dans son rapport, avec la bienveillante réserve d'un galant homme et d'un excellent confrère, l'épisode de cette fermeture ; mais un journal de l'époque a raconté les faits plus crûment et plus en détail, et nous croyons que le progrès et la vie de nos soldats sont intéressés à ce que nous reproduisions une partie de son récit : « Le Dr Mundy n'est pas un homme ordinaire : il vient, *sans autorisation de l'intendance*, d'évacuer l'ambulance qu'il dirigeait au Corps législatif, et lorsque le médecin de cette intendance s'est présenté pour savoir *de quel droit* le Dr Mundy avait agi ainsi : « Du droit qu'a tout honnête » homme de ne pas participer à une mauvaise action. J'ai organisé mon ambu- » lance pour guérir les malades et non pas pour les tuer. *Vous avez empoisonné* » mes salles en mêlant à mes blessés convalescents des fiévreux, atteints de dyssen- » terie, de fièvre typhoïde, d'angine couenneuse et même de variole ; je les évacue, » parce que je n'ai pas d'autre moyen *de vous empêcher de tuer les hommes,* sous ma direction. J'ai protesté, le 1er janvier vous avez envahi mes salles ; j'ai » réclamé à l'intendance ; j'ai écrit à M. Larrey, *médecin en chef de l'armée.* » *Personne ne m'ayant donné satisfaction,* je n'écoute plus que ma conscience... » Aujourd'hui, *je répare votre désordre* et je désinfecte les salles par l'acide » phénique. » (*La Patrie*, février 1871.)

Ici, le journal entre dans les détails des procédés de désinfection mis en usage par le Dr Mundy. N'est-il pas lamentable que de pareils incidents aient pu se produire sous la haute direction d'un médecin ! et qu'on ait imposé de pareilles

A quoi tient cette énorme différence de résultats ? Ainsi que je l'ai promis, je vais le dire sans malveillance, mais aussi sans faiblesse. Cela tient à ce que sous la direction de M. Chenu, sous celle de M. Larrey, comme sous celle de l'intendance dont l'un et l'autre se plaignent amèrement, la routine a prévalu contre l'esprit de progrès, et le sentiment étroit des préjugés professionnels contre le sentiment large du bien de l'humanité. Mais ce n'est pas tout de dire, il faut prouver; c'est ce que nous allons faire.

Disons d'abord que la supériorité des résultats obtenus dans les ambulances du docteur Mundy, ne tient pas aux conditions de salubrité dans lesquelles elles se trouvaient. A l'ambulance du Corps législatif ces conditions étaient même tellement mauvaises, que le directeur dut faire entendre des plaintes qui eurent un certain retentissement, et c'est même, il est triste d'avoir à l'avouer, par suite de l'obstination qu'on mettait à maintenir mauvaises ces conditions, que le docteur Mundy prit la résolution de fermer d'autorité cette ambulance, le 31 janvier 1871. Il la remit, *après purification*, entre les mains du professeur Nélaton (1). Nous dirons un mot sur ce qu'elle est devenue dans ces dernières mains. Voici d'abord l'appréciation qu'en fait le docteur Mundy, que nous avons pu vérifier nombre de fois, et que nous savons être parfaitement exacte : « Nonobstant la brillante apparence sous laquelle se présentent extérieurement les salles du Palais de la Présidence de l'ancien Corps législatif cette apparence est radicalement trompeuse en la jugeant au point de vue hygiénique.

vexations à des hommes qui étaient venus noblement mettre au service de la France leur talent, leur argent et leur santé, et dont un au moins, précisément le chirurgien en chef de cette ambulance, le Dr Arendrup, a succombé ainsi que nous l'avons dit, pendant la durée de sa généreuse mission. Ces vexations étaient évidemment dirigées contre la méthode phéniquée, car elles se sont produites quelques jours après que MM. Mundy et Mosétig ont adressé à l'Académie des sciences le résultat obtenu dans leur ambulance par le traitement exclusif à l'acide phénique, et qu'ils eurent déclaré que par cette méthode ils avaient pu échapper à toutes les complications qui sévissaient dans les autres ambulances, telles qu'érysipèle, pourriture d'hôpital, résorption purulente, etc. Il faut dire de plus que huit jours auparavant j'avais présenté à l'Académie des sciences une note qui annonçait les mêmes résultats obtenus de mon côté, tandis que je signalais le mauvais effet du traitement mis à la mode par le perchlorure de fer, qui a fait tant de victimes.

(1) Rapport officiel du Dr Mundy.

» Avec sa ventilation impossible, puisque les fenêtres de dimensions colossales sont toutes du même côté, son cintrage très-élevé, remplie d'ailleurs de draperies et de tapisseries en toile appliquées aux murs, cette magnifique salle de bal avec la galerie attenante et les sept salons en enfilade constituent un véritable foyer de matière à infection de toute sorte.

» ..... Quoique détournée à l'improviste, dans les premiers jours de janvier, de son but primitif, celui de se vouer au traitement de cas de grande chirurgie (but qu'elle poursuivait depuis trois mois et demi) par l'invasion d'un grand nombre de malades et de l'infection venant à leur suite, l'ambulance avec son mouvement de 143 blessés grièvement et 104 malades (comprenant des cas de typhus, de dyssenterie, des cas graves de pneumonie et de diphthérie) n'a eu néanmoins, comme vous le savez, à déplorer que 29 cas de décès, et cela avec un personnel d'infirmiers dont l'inaccoutumance à un service de cette nature *dépasse réellement toute croyance.* ▸

Voilà dans quelles conditions de salubrité se trouvait l'ambulance du Corps législatif; on voit que M. Chenu, qui se défendait si vivement de n'avoir pas laissé de tentures dans les salles du Grand-Hôtel occupées par une de ses ambulances, n'avait pas cru devoir user de son initiative et de son autorité pour faire enlever celles du Corps législatif. Il n'en usa pas davantage pour faire installer un appareil propre à opérer la ventilation de ces grandes salles, ouvertes d'un seul côté, et dont les fenêtres ne s'ouvraient, en outre, que dans une partie de leur hauteur, en sorte qu'il restait toujours à la partie supérieure des pièces une couche épaisse d'air presque immobile et qui, par conséquent, se renouvelait très-difficilement. Comparées aux salles du Grand-Hôtel, placées au premier étage, celles du Corps législatif, situées au rez-de-chaussée et au nord, étaient donc dans des conditions marquées d'infériorité, et cependant, on aggravait encore leurs causes d'insalubrité en y dirigeant des maladies internes infectieuses, telles que le typhus, la diphthérie, la dyssenterie, les érysipèles, etc., et de plus, en élevant le chiffre de leur personnel maladif; cette dernière circonstance, que n'a pas cru devoir faire remarquer M. Mundy, dans son rapport, n'est cependant pas indifférente, il s'en faut bien, car on sait que les cas d'infection sont en rapport avec la quantité de personnes, même saines, renfermées dans une quantité donnée d'air confiné. Or, voici ce qui résulte d'un calcul que M. Mundy a omis de faire, mais que nous avons fait nous-même :

L'ambulance du Corps législatif, malgré sa ventilation impossible, a eu 1 malade pour 1 lit 61 centièmes, ou, si l'on aime mieux, elle aurait eu 100 malades pour 161 lits, si elle avait eu ce nombre de lits. La proportion des lits s'est cependant accrue dans les derniers mois.

L'ambulance du Grand-Hôtel a eu 1 malade pour 2 lits et 8 centièmes, ou 100 malades pour 208 lits.

L'ambulance du Palais de l'industrie, outre ses admirables conditions de salubrité, n'a eu qu'*un malade pour 5 lits !* On voit qu'au centre de ses opérations, M. Chenu n'avait pas à redouter les dangers de l'encombrement. Cependant, il n'a obtenu qu'une mortalité de 13,93 p. 100, tandis que celle du Corps législatif n'a été que de 11,74 p. 100.

A l'ambulance d'Autriche-Hongrie que nous avons réservée pour la dernière, les conditions de salubrité du local ne laissaient rien à désirer ; elle pouvait rivaliser même avec celle du Palais de l'industrie, quoiqu'elle ait toujours eu 1 malade pour 1 lit 63 centièmes, *au lieu de 1 sur 5 lits.* Mais la proportion de 1 sur 1,63 n'a rien de dangereux, quand, d'ailleurs, une bonne hygiène est observée, et un traitement rationnel convenablement appliqué ; aussi M. Mundy a-t-il pu écrire avec un noble orgueil les paroles suivantes dans son rapport sur cette ambulance, confiée aussi à sa direction intelligente et dévouée :

« Les conditions hors ligne sous le rapport de l'hygiène, de la diététique (1), et le traitement chirurgical dans lesquels se

(1) Nous avons omis de dire qu'à l'ambulance du Corps législatif la diététique, dont le Dr Mundy, avec son attention scrupuleuse pour les soins les plus minimes, donne tous les détails, et à laquelle il attache avec raison une grande importance, a toujours été excellente, grâce à l'incessante surveillance, à l'énergie du savant directeur. Mais notre omission a été volontaire, parce que ne connaissant pas la diététique des ambulances dirigées par M. Chenu, nous ne pouvions établir, sous ce rapport, aucune comparaison. Nous aimons à croire, d'ailleurs, que

trouvait l'ambulance, du commencement jusqu'à la fin, ont assigné à cet établissement hospitalier sa place parmi les premiers de son genre. Cette prééminence était reconnue par les premières autorités médicales, *parmi lesquelles on doit mentionner M. le baron Larrey, médecin en chef de l'armée, qui témoigne de son vif intérêt pour l'ambulance* EN VENANT LA VISITER FRÉQUEMMENT..... L'ambulance a été aussi honorée de l'inspection bienveillante de MM. le comte de Flavigny, président de la Société de secours aux blessés ; comte de Beaufort, secrétaire général de la même Société ; *docteur Chenu;* enfin, par *bon nombre de notabilités médicales* et de membres du Corps diplomatique. »

Nous rechercherons dans un instant ce que les « *notabilités médicales,* » du moins celles de France, peuvent bien être allées faire à l'ambulance d'Autriche-Hongrie ; il s'agit, pour le moment, d'achever la comparaison que nous avons entreprise ; il ne suffit plus, du reste, pour cela, qu'à comparer le traitement adopté dans les ambulances du docteur Mundy et dans les autres.

Dans le traitement médical, il n'y a qu'une chose à considérer, l'action des agents modificateurs qui entourent le malade ou qu'on met en contact avec lui, et de ceux qu'on fait pénétrer dans son organisme.

Dans le traitement chirurgical, il y a cette action plus celle de l'habileté chirurgicale et du jugement qui fait discerner l'opportunité ou l'inopportunité de telle ou telle opération.

Nous sommes heureux de déclarer ici bien hautement, et avec moins de réserve que n'en a mise pour son compatriote, le docteur Mundy, par un sentiment de modestie nationale qui honore son caractère, nous sommes heureux de déclarer, pour avoir vu souvent à l'œuvre le professeur Mosétig, que cet habile chirurgien, ne le cède à personne pour la sûreté du coup d'œil comme pour l'exécution des opérations qu'il juge nécessaires ; nous avons, cependant, la certitude que nous n'exprimerions pas son opinion, si nous attribuions à sa supé-

---

M. Chenu n'a pas négligé la diététique qu'il apprécie à sa juste valeur dans ses ouvrages.

riorité chirurgicale la supériorité des résultats qu'il a obtenus
à l'ambulance du Corps législatif et à celle d'Autriche-Hongrie,
pendant le temps qu'il l'a dirigée, résultats continués, du reste,
dans cette dernière ambulance, par le docteur danois Arendrup.
Nul doute que le savant professeur de Vienne, comme tous les
hommes d'un sens droit, ne sache ce que vaut un bon chirurgien ; mais il sait aussi que ce n'est pas de l'habileté chirurgicale que dépendent principalement les résultats des opérations,
mais des conditions dans lesquelles le chirurgien sait placer
ses opérés. Aussi, le professeur Mosétig attribue-t-il ses succès
à la diététique, aux précautions hygiéniques et au traitement
qu'il a adoptés, et dont la base consiste dans l'application exclusive de l'acide phénique. Je n'ai pas, du reste, à deviner
son opinion à cet égard ; il a pris soin de me l'exprimer souvent de vive voix lui-même et de me la confirmer dans plusieurs lettres dont je vais citer quelques extraits.

A la date du 22 octobre, il m'écrivait :

« ..... Je ne puis vous dire combien j'ai été touché de
cette amabilité de votre part..... et puis, parce qu'elle me
démontre que vous travaillez toujours à faire mieux connaître l'acide phénique, cette panacée de la médecine d'aujourd'hui.

» Depuis l'époque où j'ai quitté votre beau pays, et que
j'ai repris mon service chirurgical de l'hôpital Rodolphe, de
Vienne, je continue toujours et exclusivement ma manière
usuelle de traitement aux préparations phéniquées, et je puis
vous certifier d'avoir obtenu de bien bons résultats. Je ne sais
presque plus ce que c'est que l'érysipèle traumatique, et la
pourriture des plaies..... » L'honorable professeur m'entretient ici de ses expériences et de celles de son collègue le
docteur Monti, sur la gale (voir ce mot ci-dessus, p. 236),
et il m'engage à les répéter, ce qui m'est par malheur à peu
près impossible, privé que je suis d'hôpital, et la gale n'étant
guère une maladie de la pratique civile.

Un mois après avoir reçu la lettre précédente, je me disposais à commencer la seconde édition de cet ouvrage ; je
voulus encore avoir quelques détails sur la pratique de mon
excellent confrère, que je savais homme à ne pas laisser sans

perfectionnements une médication nouvelle qu'on avait mise entre ses mains. Je reçus, en effet, une réponse où il me communiqua des observations précieuses, et où il m'annonça en même temps avoir montré quelques beaux faits d'application d'acide phénique à un médecin français en excursion scientifique en Autriche, lequel n'était autre que notre honorable confrère, le docteur Macé, médecin des eaux d'Aix en Savoie, le même à qui le docteur Richet avait eu l'heureuse inspiration, dans une visite que le docteur Macé fit à l'ambulance du Théâtre-Français, dirigée par ledit docteur Richet, de lui dire que l'acide phénique était une très-mauvaise chose, *qui n'avait jamais produit un seul* bon résultat. Il sera question, un peu plus loin, de la seconde lettre du professeur Mosétig, ainsi que de celle que voulut bien nous écrire le docteur Macé, à propos de sa visite aux hôpitaux de Vienne ; pour le moment, nous allons reprendre l'appréciation des résultats obtenus dans les ambulances dirigées par les docteurs Mundy et Chenu.

Nous avons donc conclu, avec le chirurgien en chef lui-même, que la supériorité des résultats obtenus au Corps législatif et à l'ambassade d'Autriche-Hongrie était due principalement à l'application de la médication phéniquée. Mais si, par impossible, les preuves qui précèdent ne paraissaient pas démonstratives, en voici une qui les compléterait surabondamment :

Le docteur Mundy, pour les raisons que nous avons dites, renonça à la direction de l'ambulance du Corps législatif, le 31 janvier 1871 ; l'ayant fait évacuer, il la fit nettoyer et désinfecter à fond, puis il la remit, le 7 février, entre les mains du professeur Nélaton, ainsi que le constate un procès-verbal qui figure dans le rapport du docteur Mundy. Personne, assurément, ne contestera que le professeur Nélaton ne soit aussi capable que son collègue le professeur Mosétig d'exécuter une opération, et de panser une plaie ; inutile de dire que, sur ce point, nous partageons l'avis de tout le monde ; mais il est une chose que tout le monde ne dira peut-être pas et que nous dirons, nous, parce qu'aucune considération ne saurait prévaloir auprès de nous à l'encontre de la vérité, c'est que M. le professeur n'est pas absolument inaccessible à l'influence de la routine et des préjugés professionnels, quoiqu'il y soit moins accessible, peut-être, que la plupart de ses confrères. Ce qu'il y a de certain, c'est que, par un motif ou pour un autre, il ne fit pas plus usage de la médication phéniquée que ses collègues en direction, MM. Chenu et Larrey, et qu'il obtint des résultats analogues. Dans cette ambulance, où le professeur Mosétig avait, grâce à l'acide phénique, obtenu une mortalité de 11,74 p. 100, le professeur Nélaton, avec le concours du docteur Hottot, chirurgien en chef, malgré la désinfection, mais sans acide phénique, fit monter la mortalité à 18,42 p. 100, absolument comme le docteur Chenu, à l'ambulance du Cours-la-Reine. Pour tout dire, nous devons ajouter que l'ambulance du professeur Nélaton reçut quelques gardes nationaux fédérés; mais il n'est pas dit, dans le rapport de M. Chenu, que ces blessés soient pour quelque chose dans l'étrange succès des successeurs de M. Mosétig. Je dois ajouter encore ce détail que j'ai appris depuis, de la bouche de M. Chenu, c'est que M. Nélaton n'avait point mis les pieds ou à peu près à l'ambulance dont il n'avait que la haute direction. Je ne sais pas jusqu'à quel point on trouvera dans ce fait une excuse ; quant à moi, j'y vois tout le contraire, si le fait est exact.

Je crois qu'après ce complément de preuves, on peut considérer la démonstration comme parachevée et passer à d'autres points de la question des plaies; encore un mot, cependant, avant de quitter ces généralités bien affligeantes pour la médecine et la chirurgie françaises.

Nous avons cité le passage où le docteur Mundy constate que l'ambulance d'Autriche-Hongrie fut visitée fréquemment, entre autres personnages, *par MM. Chenu et Larrey, et plusieurs notabilités médicales* que l'honorable directeur ne désigne pas. Pourquoi ces notabilités médicales, pourquoi MM. Chenu et Larrey allaient-ils visiter cette ambulance ? Ce n'était point, sans doute, pour admirer les salons de l'hôtel Méternich ni pour faire la cour au secrétaire d'ambassade, resté à Paris ? Ils y allaient, *nous aimons à le croire*, en médecins, en chefs de services médicaux, pour améliorer ce qu'ils verraient de mal et profiter de ce qu'ils découvriraient de bien; or, ils trouvent là une mortalité *énormément inférieure* à celle de l'ambulance modèle du Palais de l'industrie, dirigée par M. Chenu; ils s'informent nécessairement des traitements qu'on y applique; car, s'ils ne s'en informaient pas, leur incurie serait aussi incroyable qu'impardonnable; mais, s'ils s'en sont informés, cette incurie est-elle beaucoup moindre? Comment, voilà des chefs de grands services qui constatent des résultats admirables, qui voient que la principale circonstance par laquelle l'ambulance où ces résultats sont obtenus se distingue de plusieurs autres, de l'ambulance centrale dirigée par M. Chenu — notamment — est l'application du traitement phénique; ces chefs de grands services savent, en outre, que ce traitement a été appliqué depuis longtemps avec succès par un de leurs confrères de Paris; que ce confrère leur a proposé d'en faire l'application (*sous leur surveillance, au besoin*) aux malades et blessés confiés à leur science et à leur sollicitude, et ces chefs de grands services, devant un grand progrès à réaliser, devant la perspective de sauver des milliers de soldats à leurs familles et à la patrie, restent spectateurs aveugles et impassibles et des propositions qu'on leur fait et des succès de l'ambulance d'Autriche-Hongrie! Ah! l'Intendance, si énergiquement (et si justement) censurée par M. Chenu et par tous les médecins militaires en général, n'a qu'à publier une page, une seule, où ce fait incroyable sera inscrit, et elle sera suffisamment vengée, sinon justifiée; elle pourra ajouter, si elle veut abuser de ses avantages, que pendant que des médecins français, qui ont opiniâtrément réclamé l'initiative et l'autorité, restaient aveugles et sourds devant un des progrès les plus utiles de la médecine, presque tous les médecins de l'Europe l'avaient adopté avec empressement (1), et qu'on a pu voir cet humiliant spectacle, après l'armistice, de soldats français blessés, allant se faire panser à Saint-Denis par les

(1) Voici ce que nous écrivait à cet égard notre honorable confrère, le Dr Macé, dans la lettre à laquelle nous avons déjà fait allusion : « Dans tous les hôpitaux d'Allemagne que j'ai visités, à Bade, Carlsruhe, Stuttgart, Salzbourg, Munich, Vienne, Pest, etc., j'ai vu l'acide phénique employé quotidiennement. Dans tous les services de chirurgie, un infirmier suit le chirurgien avec un vase rempli d'une solution d'acide phénique... »

médecins prussiens, pour obtenir un pansement phéniqué qui les soulageait plus que tous les autres et guérissait plus promptement leurs plaies ! Et, pendant que ces pauvres soldats allaient se faire soulager et guérir dans les ambulances prussiennes, M. Larrey, et peut-être aussi son honorable collègue, M. Chenu, discouraient sur les « convenances confraternelles » et sur l'incapacité et les habitudes routinières de l'intendance ! O éternelle besace du bon La Fontaine ! Y a-t-il seulement, à l'heure même où nous écrivons ces lignes, un seul médecin ou chirurgien militaire qui applique la médication phéniquée ? C'est douteux. Il est vrai qu'ils peuvent invoquer l'exemple des médecins et des chirurgiens civils, qui leur servent ordinairement de modèles : à l'exception de M. Maisonneuve qui, on se le rappelle, adopta, dès le principe, notre méthode, d'Adolphe Richard, du docteur Péan, de M. Chauffard, que nous avons déjà mentionné à l'article *Variole*, tous les autres sont restés dans les vieux errements. Il faudrait pourtant en excepter encore, depuis quelques semaines seulement, d'après un journal médical, le petit professeur Verneuil, qui a fini par s'apercevoir, après dix ans de réflexion, que l'acide phénique produit « *d'excellents résultats* » dans le traitement des plaies ; nous reviendrons sur la découverte de ce réveille-matin du progrès, qui, s'il a découvert les vertus de l'acide phénique, ne paraît pas avoir découvert encore, malgré l'aide de l'excellente loupe dont il se sert d'habitude, l'auteur des premières applications de ce précieux parasiticide, ni les meilleurs procédés pour l'application de la nouvelle méthode.

Pendant que ces pages s'imprimaient, toujours préoccupé de chercher la vérité partout et complète, j'ai fait la démarche nouvelle, dont j'ai déjà parlé, auprès de M. Chenu pour savoir si son grand rapport était près de paraître ; j'aurais volontiers retardé encore cette publication, déjà bien retardée par des circonstances indépendantes de ma volonté, afin de donner complets tous les renseignements relatifs au traitement de nos blessés pendant notre douloureux et mémorable siége. Mais M. Chenu m'a dit que son rapport ne paraîtrait probablement que dans deux ans. Il m'a seulement annoncé que la mortalité des blessés avait été terrible ; que tous les chefs d'ambulance s'étaient flattés de n'avoir que des succès et qu'en définitive tous leurs opérés étaient morts ! Malheureusement M. Chenu m'informa en même temps que son grand travail ne donnerait que la mortalité en bloc de tous les services, sans indiquer celle de chaque service en particulier, ce qui enlèvera à ce grand travail une partie considérable de son intérêt. Heureusement pour la médication phéniquée que les trois services où elle a été régulièrement appliquée ont publié par les soins du docteur Mundy l'état de tous leurs malades avec leurs noms, les corps auxquels ils appartenaient, les blessures ou les maladies dont ils étaient atteints ; en sorte que, ainsi que je l'ai fait observer à M. Chenu, sa remarque ne s'appliquait point aux ambulances du Corps législatif et d'Autriche-Hongrie, non plus qu'à celle de la Grande-Gerbe dont je vais tout à l'heure dire un mot. Ces résultats restent donc dans toute leur évidence, dans toute leur énorme supériorité.

A défaut du rapport général du docteur Chenu, j'ai cherché et cherche encore les rapports particuliers que M. Chenu annonçait dans son aperçu ; *aucun* de ces rapports particuliers, humiliant aveu, n'a été publié, et presque certainement aucun ne le sera, à l'exception peut-être de celui de M. Maisonneuve, de celui de M. le docteur Péan, qui aurait eu pour moi le plus grand intérêt. Ce chirurgien éminent a obtenu, comme tout le monde sait, les succès les plus éclatants dans des cas que les plus habiles chirurgiens n'avaient encore osé opérer en France, ou qu'ils avaient opérés sans succès ou avec des succès peu encourageants. Il eût été intéressant de voir si la pratique si exceptionnellement heureuse de M. Péan se serait maintenue dans le traitement des blessures du siége. Mais mon savant confrère m'a fait savoir, dans une réponse à la demande que je lui avais faite de ses observations, que ses documents sont tellement disséminés qu'il ne sait quand il pourra les réunir.

Je pensais qu'un autre chirurgien que je savais être très-zélé pour la science, M. le professeur Fano, aurait rédigé les observations de l'ambulance de la porte Saint-Martin qu'il dirigeait ; mais là encore je n'ai rien trouvé ; mon honorable confrère m'a informé que les archives de l'ambulance avaient été détruites dans l'incendie du théâtre de la Porte Saint-Martin, et qu'il ne lui restait aucun document qui lui permît de rédiger le compte rendu de son ambulance.

Ce n'est pas au professeur Richet que je pouvais aller demander ses observations; il a de bonnes raisons pour les garder dans son portefeuille, car j'ai appris qu'il n'avait pas guéri *un seul* de ses opérés. Je reviendrai encore sur cet incroyable oubli de ses devoirs.

Un seul rapport a paru depuis que M. Chenu a annoncé, dans son opuscule, qu'il allait en paraître plusieurs, et ce rapport est encore dû au zèle infatigable du docteur Mundy, c'est le rapport sur cette ambulance de la Grande-Gerbe, dans le Parc de Saint-Cloud, où notre infortuné et dévoué confrère le docteur danois Arendrup a trouvé la mort. Comme les deux précédents, le troisième rapport de M. Mundy renferme tous les noms des malades, la nature de leurs blessures, etc., etc. Au premier abord, les résultats obtenus dans l'ambulance de Saint-Cloud sont, chose étrange, moins heureux que ceux des ambulances du Corps législatif et d'Autriche-Hongrie : 7 morts sur 48 malades, soit 14,58 p. 100. Mais il faut remarquer que parmi les sept morts, un malade était entré avec un abcès du cerveau, un avec inflammation de la moelle et de ses enveloppes, avec abcès de mauvaise nature de la colonne vertébrale et nécrose du larynx; c'étaient deux malades voués à une mort certaine; il en était de même de trois blessés qui avaient reçu de nombreux projectiles dont plusieurs avaient été extraits et d'autres avaient atteint des organes essentiels à la vie. Deux seuls sont morts, l'un de pyohémie, l'autre d'un pyothorax et d'une hydropisie qui paraissaient antérieurs à sa blessure; il avait été amputé des deux jambes. Excepté ces deux opérations, toutes les autres ont réussi, et il faut remarquer que dans le nombre il y a eu deux *réamputations* de la cuisse, opération à peu près constamment mortelle. Inutile sans doute de dire que tous les blessés de la Grande-Gerbe ont été soumis, comme ceux du Corps législatif et d'Autriche-Hongrie, à la médication phéniquée. Et voilà la médication que tous nos chirurgiens et médecins officiels ont systématiquement repoussée ! Tous, c'est trop dire, surtout s'il s'agit du moment même où ces lignes s'impriment. Comme je l'ai déjà fait remarquer, le moment arrive où le progrès s'impose de lui-même, et ce moment est venu pour la méthode phéniquée et la doctrine parasitaire. Aussi, depuis quelques mois surtout, voit-on une foule de médecins et de chirurgiens parler d'acide phénique dans le traitement des plaies ; mais d'en parler pour faire connaître purement et simplement celui qui a inauguré la médication nouvelle, pour lui rendre justice, pour faire exposer les règles qu'une longue expérience lui a permis de tracer et pour l'appliquer eux-mêmes suivant ces règles, ils se gardent bien : les uns cherchent à faire à la médication phéniquée quelque modification insignifiante ou nuisible, afin de se donner des airs de novateurs et dissimuler leur plagiat ; les autres, ne trouvant probablement pas ce procédé suffisamment sûr, cherchent, dans des traitements renouvelés des Grecs ou des Romains, les moyens de remplir les mêmes indications qu'avec l'acide phénique, afin de n'avoir pas même à prononcer son nom ; presque tous font à la fois preuve d'ignorance et de mauvaise foi (1), sans parler du dédain pour l'intérêt de leurs malades. Il ne saurait entrer dans le plan de ce travail de décrire en détail toutes ces honteuses manœuvres ; mais il faut signaler, dans l'intérêt de la santé publique, comment accueillent et connaissent les progrès accomplis les professeurs officiels qui devraient en être les promoteurs ou tout au moins les propagateurs. Voici, par exemple, un chirurgien des hôpitaux qui, à défaut d'un compte rendu de l'ambulance ou du service, qu'il a dû diriger, juge à propos d'écrire un traité spécial sur le pansement des plaies, que pense-t-on qu'il dise des principes, des applications et des résultats de la médication phéniquée ? Qu'on lise les extraits suivants :

« M. Guérin a insisté *avec raison* sur le rôle de l'*oxygène* comme agent d'excitation des plaies. » — Or, M. Guérin n'a parlé que de l'action excitatrice de l'*air*, sans quoi il n'aurait pas eu raison.

(1) Le Dʳ Landur, qui s'est donné la mission d'instruire le public dans la *Liberté*, écrivait dernièrement, dans un article *scientifique*, que l'acide phénique n'était bon qu'à embaumer les morts. Je suppose que le Dʳ Landur en est encore à voir un cristal d'acide phénique ?

» En quelle proportion l'oxygène est-il absorbé ? C'est ce que nous ne pouvons dire. Mais *ce qui est bien certain*, c'est que l'oxygène amène dans la plaie un travail réactionnel. » — Or, *ce qui est bien certain*, aujourd'hui, c'est que l'oxygène n'excite sur une plaie aucun travail réactionnel.

» Cette action physico-chimique est-elle la seule que l'air exerce sur les plaies? » — Voilà qu'il ne s'agit plus d'oxygène, mais d'air ! — « C'est *la plus évidente, la mieux connue, la principale*, peut-être..... D'un autre côté, un fluide tout chargé d'émanations, de corpuscules, de miasmes, *agents inconnus* mais réels, *que la chimie n'isole pas*, et dont *l'économie seule est le réactif*. » — La phrase en reste là, puis l'auteur continue : — La plaie n'est-elle pas la porte d'entrée de ces agents intangibles ?..... Sur ces questions, la lumière est encore si peu faite, que l'interrogation et le doute sont seuls permis. » — Autant de mots, autant d'erreurs : 1º L'action de l'air, en tant qu'agent physico-chimique, loin d'être la mieux connue, la plus évidente, la principale, est nulle, ainsi que je l'ai dit ; 2º les corpuscules, miasmes, agents ne sont pas *inconnus*, mais parfaitement connus, sinon dans toutes leurs espèces, au moins dans quelques-unes d'entre elles, et en tous cas dans leur nature organique ; 3º si la chimie ne les isole pas, — et elle n'a pas à les isoler, puisque ce ne sont pas des agents chimiques, — la physique les isole toujours et l'anatomie microscopique les détermine assez souvent ;— 4º enfin, l'économie n'en est pas le seul réactif, car ces *corpuscules*, qui ne sont autre chose que des germes, agissent sur tous les corps qui doivent repasser du règne organique dans le règne inorganique. Pour des erreurs officielles, en voilà d'assez touffues et d'assez complètes ; mais elles ne sont pas les seules. A les voir, on dirait que l'auteur n'a jamais entendu parler des ferments et des germes de l'air; on se tromperait : il en a réellement entendu parler, pas en France peut-être ou du moins par des Français ; mais il en a entendu parler quelque part et par quelqu'un ; en voici la preuve :

» Aucun chirurgien n'avait employé le coton dans le but de débarrasser l'air des parties nuisibles qu'il pouvait contenir..... On savait pourtant, même avant les remarquables travaux de M. Pasteur, que l'air contenait des germes, qu'une lame de coton, appliquée sur un vase renfermant des matières animales, en empêchait la décomposition. On savait aussi, d'après les travaux de Schroeder et Dûsch, faits en 1854, « qu'une infusion bouillie, mise en contact avec de l'air filtré à travers une lame de coton, ne se putréfiait pas et ne produisait aucune forme vivante. Tyndall avait, dans une remarquable leçon, tellement bien entrevu la question, — quelle question ? — que nous nous croyons obligé d'en reproduire ici quelques passages. « D'où vient donc cette propriété fatale » de l'air ? Est-ce l'air lui-même qui cause la putréfaction, » ou bien est-ce quelque chose que l'air entraîne mécanique- » ment ? Il serait très-difficile de démontrer absolument la » propriété putréfiante de l'air pur, si elle existait; en effet, » bien qu'on puisse obtenir de l'air parfaitement filtré en appa- » rence, un contradicteur obstiné peut toujours objecter qu'il » ne l'est pas. » Enfin, M. Pasteur, après avoir démontré qu'il existait dans l'air des particules innombrables, organisées ou non, était parvenu à les arrêter à l'aide d'um tampon de coton. »

L'auteur croit qu'on traite des questions comme celle que M. Pasteur a eu la gloire de résoudre de la façon dont on traite les malades dans les services d'hôpitaux, suivant l'inspiration du moment et au petit bonheur. Il se trompe notablement. Après avoir dit que la chimie (qui pour l'auteur est probablement la même chose que la physique) n'isole pas les *corpuscules* de l'air, M. Anger, tel est son nom, se ravise et avance qu'on connaissait ces *germes* depuis les travaux de MM. Schroeder et Dusch. Mais M. Anger ne se doute pas que les travaux des deux physiologistes allemands n'ont nullement établi que l'air contint des germes, mais seulement *quelque chose* qui causait la putréfaction, et qui ne passait pas à travers une couche, — pas une *lame*, — de coton. Quant à M. Tyndall, il s'est borné à vulgariser et à appliquer la découverte de M. Pasteur, son ami, et ce n'est point M. Pasteur qui a *confirmé* les découvertes de M. Tyndall, comme l'indique le mot : « *enfin*, M. Pasteur, » lequel mot, pour tout lecteur qui comprend le français, signifie que M. Pasteur est venu après M. Tyndall, tandis que c'est le contraire. Il est vrai que M. Pasteur est français, tandis que MM. Schroeder, Dusch et Tyndall sont étrangers, et il faut bien, autant que possible, dépouiller ses compatriotes au profit des exotiques. Est-il nécessaire de faire remarquer que l'auteur reconnaît ici que M. Pasteur est parvenu à arrêter les *particules* de l'air, tandis qu'il avait certifié, un peu plus haut, que la *chimie* ne les isole pas; il est vrai qu'une couche de coton n'a jamais passé pour un réactif chimique; mais il apparaît clairement aussi que M. Anger la considère comme telle ou tel, en sorte qu'il ne pourrait pas même opposer cet argument à M. Pasteur.

Assez sur ce chapitre; qu'on sache, seulement, que tout le traité de M. Anger est écrit du même style, avec la même science, le même esprit de justice, la même logique, la même suite dans les raisonnements; ce n'est pas la tour de Babel des mots, mais la tour de Babel des idées. Nous en citerons seulement une ou deux nouvelles preuves, dans un instant.

Sans connaître ni les travaux de M. Pasteur, ni même ceux de Schroeder et Dusch, beaucoup de chirurgiens avaient admis ou reconnu positivement l'action nuisible de l'air sur les plaies; mais c'est surtout à M. J. Guérin que revient l'honneur d'avoir institué une méthode qui avait pour but spécial d'empêcher tout contact des surfaces dénudées avec l'air; dans ce but, il pratiqua, d'abord, les plaies ou opérations chirurgicales par la méthode sous-cutanée, et quant aux plaies qui avaient dénudé ou détruit la peau elle-même, il imagina divers procédés ou appareils pour empêcher le contact de l'air avec la plaie, mais tous ces procédés remplissaient beaucoup moins bien le but que la méthode sous-cutanée, qui est restée le véritable titre de M. J. Guérin.

Avant M. Guérin et depuis lui, quelques chirurgiens avaient conseillé dans le même but que lui, les pansements *rares*, sans bien définir d'ailleurs la valeur du mot *rare*; ce pouvait être un pansement tous les deux jours, tous les cinq jours, tous les dix jours; mais ce mode de pansement se conciliait mal avec cet autre précepte, généralement adopté par les chirurgiens comme un des plus essentiels : *entretenir la propreté de la plaie.* Quelques chirurgiens ont cru ou paru croire, — car c'est rarement la clarté qu'il faut chercher dans leurs discours — que ce qui nuisait, dans l'action de l'air, c'était surtout la dessiccation des plaies; sans être absolument certains du fait, ils ont néanmoins imaginé des pansements qui ont pour objet d'empêcher le contact répété de l'air avec la plaie, et, par conséquent, son action desséchante: tel est le pansement par occlusion de M. Chassaignac, et un autre pansement par occlusion, proposé par M. Léon Lefort, auquel on a accordé naturellement une attention spéciale, M. Lefort étant professeur, et qu'il appelle pansement par *balnéation* continue; ce serait tout au plus un pansement par *sudation*, car ce qui entretient l'humidité, dans ce pansement, c'est la vapeur sudorale de la plaie et de son voisinage. Voici comment le professeur expose lui-même les avantages de ce pansement :

« Si nous recherchons, si nous rapprochons les indications que les chirurgiens ont cherché à réaliser par leurs différentes méthodes de pansement, nous trouvons les indications suivantes :

» Mettre la plaie à l'abri du contact de l'air;

» La modifier quand il y a lieu par l'application de substances médicamenteuses ;

» Entretenir autour d'elle une certaine humidité;

» Empêcher la décomposition du pus qui imbibe le pansement;

» Maintenir la plaie dans un grand état de propreté;

» Prévenir l'adhérence des pièces de pansement;

» Détruire les germes qui pourraient être le point de départ d'une infection.

» Une légère, très-légère modification aux pansements généralement employés m'a permis, je crois, de remplir ces indications. Je rejette d'une manière absolue l'usage des corps gras quels qu'ils soient; j'étends la même proscription au diachylum, mais seulement quand il s'agit d'une plaie récente, et dans aucun cas, du moins dans les hôpitaux, je n'emploie la charpie, car par sa faculté d'absorption elle peut être le réceptacle de germes infectieux. Je recouvre la plaie d'une ou plusieurs compresses trempées dans un mélange d'eau et d'un dixième environ d'alcool ordinaire ou d'alcool camphré; si la plaie a besoin d'être excitée, j'ajoute en diverses proportions, suivant les cas, une solution de sulfate de zinc au dixième, et j'enveloppe toute la partie correspondante du membre avec un morceau de taffetas ciré, maintenu lui-même en place par quelques tours de bande, et je veille avec soin à ce que l'enveloppement soit complet et hermétique. L'évaporation du liquide qui imprègne les compresses ne pouvant avoir lieu, les produits de l'évaporation insensible qui s'opère normalement à la surface de la peau étant retenus, le pansement se trouve transformé en une sorte de bain continu. »

J'ai cité tout ce passage, extrait d'un mémoire *ex professo* lu à l'Académie de médecine, en mars 1870, parce que M. Léon Lefort n'est pas comme son collègue, M. Anger, un bousilleur chirurgical; c'est, au contraire, un esprit réfléchi, scientifique, et un écrivain qui sait dire ce qu'il veut; on peut donc considérer que ce qu'il écrit est à peu près ce qui peut sortir de mieux de la faculté dont il est membre. On peut donc juger, par ce qu'il produit, de l'esprit des régions officielles dans ce que cet esprit a de moins mauvais. Eh bien, on le reconnaîtra sans peine, cet échantillon n'est pas de nature à donner une haute idée du reste.

M. Lefort commence par trouver — (après avoir cherché et rapproché) — que *les chirurgiens* ont cherché « à détruire les germes qui pourraient être le point de départ d'une infection. » Cette phrase est peu digne, par sa clarté, de la plume de M. Lefort. Quand on parle, d'une manière générale, *des chirurgiens*, on entend évidemment les chirurgiens présents, passés et trépassés. Or, non-seulement les chirurgiens passés et trépassés n'ont pas songé à « détruire les germes, » mais encore ils n'avaient aucune idée de ces germes, et, si les chirurgiens présents en ont une idée, ce n'est que depuis peu de temps; et M. Lefort en parle lui-même en homme qui n'en a qu'une idée fort imparfaite. Ainsi; contrairement à l'affirmation de M. Lefort, *les* chirurgiens n'ont jamais eu, avant les dix dernières années, l'idée de détruire les germes, et, si quelques-uns ont eu cette idée depuis dix ans, il était du devoir de M. Lefort de les connaître, de les nommer, de dire pourquoi il adoptait leur opinion, et pourquoi aussi, adoptant leur opinion, il n'adoptait point leur thérapeutique, qui vaut assurément beaucoup mieux que la sienne. Je ne m'occuperai pas, ici, de la « légère, très-légère » modification aux pansements, proposée par M. Lefort, et qui, seule, était le prétexte de son mémoire à l'Académie; on voit qu'il suffit d'un mince prétexte pour faire un mémoire et du bruit, quand on a l'honneur d'être officiel; cette modification consiste, en effet, dans l'addition d'un morceau de taffetas gommé autour du pansement, *pour entretenir l'humidité sur la plaie.* M. Lefort s'imagine que les accidents qui se développent à la suite des plaies tiennent à l'insuffisance d'humidité qui les entoure; il n'oublie qu'une chose, c'est d'éclairer sa lanterne, ou en d'autres termes de dire sur quels faits ou quelles considérations il fonde une pareille opinion, très-remarquable *à priori,* attendu que personne n'a jamais fait des pansements assez desséchants pour que la plaie fût privée d'humidité; il s'agirait donc, entre le pansement ordinaire et celui de M. Lefort, d'une question de mesure, et M. Lefort n'a rien mesuré. Son travail est donc dénué de toute base sérieuse sous ce rapport. Est-il mieux fondé sous un autre rapport, qui nous intéresse beaucoup plus directement, celui de la destruction des germes? Que fait M. Lefort pour opérer cette destruction? il recouvre la plaie de compresses imbibées d'un mélange d'eau et d'un dixième d'alcool; est-ce que M. Lefort s'est assuré que ce mélange détruit les germes de l'air? il n'en dit mot, et, pour mon compte, j'ose affirmer le contraire. Seulement, le mélange d'eau et d'alcool au dixième a un mérite, c'est de paraître une invention de M. Lefort, ou tout au moins de n'être l'invention de personne; c'est sans doute par ce mérite qu'a été séduit l'honorable chirurgien, qui, franchement, était fait pour être touché par des mérites d'un autre ordre. Mais quand on se frique ou confrique aux murs des écoles officielles, la conscience et le jugement y attrapent toujours quelques taches; il n'est donc pas étonnant que même les hommes distingués n'échappent pas au sort commun. Au reste, M. Lefort ne paraissait pas avoir de grandes prétentions, en venant proposer à l'Académie sa « très-légère » modification; il a obtenu à peu près ce qu'il ambitionnait par ce travail.

Un de ses confrères, qui, en le cherchant ou sans le chercher, a fait plus de bruit que lui, c'est M. A. Guérin (pas
l'éminent auteur de la méthode sous-cutanée), un autre.
Celui-ci, adoptant franchement et hautement la doctrine parasitaire, a eu *le premier* l'idée de baser une thérapeutique
sur cette doctrine ; c'est du moins ce que professe l'auteur
du traité spécial sur le *pansement des plaies*, tout récemment
imprimé, et que, pour ce motif, nous avons pris pour miroir
des idées qui ont cours dans les régions officielles, car
M. Anger parle beaucoup plus, dans son opuscule, des idées
des autres que des siennes ; peut-être a-t-il ses raisons pour
cela ? On se rappelle ce que nous avons cité de M. Anger sur
ces corpuscules, ces miasmes « *non isolables,* » que M. Pasteur
était parvenu à isoler, à l'aide d'un tampon de coton. » « Il n'y
avait qu'un pas à faire, ajoute judiciairement l'auteur, pour
inaugurer une nouvelle méthode, avec d'autant plus de raison, » — je recommande bien la raison au lecteur — « que
jusqu'ici TOUS *les divers pansements employés* avaient COMPLÉTEMENT
échoué, et que pendant cette période si triste du siége de Paris,
les statistiques témoignaient de l'insuffisance de nos moyens. »
Voici où la logique de l'auteur est triomphante : il est très-sûr
que si TOUS les moyens *ont* COMPLÉTEMENT *échoué*, les statistiques
ont dû témoigner de l'insuffisance des moyens employés ; depuis M. de La Palisse, on n'avait jamais rien dit de plus vrai.
Mais voici ce que la logique de M. de La Palisse n'aurait pas
endossé :

« C'est à M. Alph. Guérin qu'*appartient l'honneur de cette découverte !* Pénétré des idées de M. Pasteur, il a voulu mettre
en pratique ce qui n'était jusqu'ici que pure théorie. Nous devons revendiquer *hautement* pour M. A. Guérin le mérite de
cette nouvelle méthode, attribuée bien à tort à M. Lister. Un
simple coup d'œil permet de se rendre compte de l'énorme
différence qui existe entre les deux modes de pansement. En
effet, tandis que nous voyons M. A. Guérin se servir de la ouate
comme d'un agent susceptible seulement de *retenir* les éléments *insaisissables.* » — ah ! voilà, par exemple ce que M. de
La Palisse n'aurait jamais dit ; il aurait déclaré, au contraire,
que les éléments qu'on *arrête* sont *arrétables* ou *saisissables*, et

alors, c'eût été une vérité vraiment vraie — « appelés germes, ferments, M. Lister, au contraire, humecte la plaie et la ouate avec l'acide phénique, qui constitue la base de son traitement, car il est destiné à détruire chimiquement ces mêmes corpuscules. »

Voilà comment M. Anger écrit l'histoire; voici comment l'aurait écrite M. de La Palisse dont la méthode me paraît préférable.

D'abord M. de La Palisse, qui était un homme prudent et sage, n'aurait parlé que de ce qu'il connaissait et surtout de ce qui existait. Or, il existe des statistiques sur les plaies du siège de Paris, dont M. Anger ne dit rien, ce sont celles de MM. Mosétig et Mundy que nous avons citées précédemment; et il parle d'autres statistiques dont l'existence nous paraît très-problématique, à moins qu'elles n'existent pour lui seul, ou à moins encore qu'il n'ait entendu faire allusion à celles qui se trouvent résumées dans l'*aperçu* de M. Chenu, avant-coureur de son grand rapport. Il est bien vrai, pourtant, que, d'après ce que m'a confié M. Chenu, la statistique de son grand rapport prouvera que les chefs d'ambulance de Paris ont perdu tous leurs opérés; mais il est non moins vrai que les ambulances dirigées par MM. Arendrup, Mosétig et Mundy n'ont perdu que très-peu des leurs; devant de tels résultats, *absolument incontestables*, et que M. de La Palisse ne se serait pas permis d'ignorer, s'il avait écrit un mémoire sur le *pansement des plaies*, l'incomparable logicien n'aurait jamais dit, avec M. Anger, que « TOUS les *divers* — (*tous* comprennent naturellement les *divers*) — pansements employés pendant le siège avaient *complétement échoué*. » — Parlez pour les vôtres et ceux de vos collègues, aurait dit M. de La Palisse à M. Anger; mais, pour ceux de MM. Mosétig et Mundy, veuillez vous assurer, puisque vous savez lire, qu'ils ont parfaitement réussi, même dans de mauvaises conditions; les observations des ambulances de ces chirurgiens sont publiées *avec les noms des blessés, les corps auxquels ils appartenaient*, en un mot, *avec tous les renseignements qui permettent de s'assurer de l'identité* des individus et de contrôler les renseignements fournis par les rapports; ils ont été donnés en décembre à l'Académie des sciences, en plein siége, vous auriez dû venir les vérifier. Quand on ne connaît pas ces documents, on n'écrit pas un mémoire sur le pansement des plaies, si l'on est un homme sérieux, et si on les connaît, on les mentionne, si l'on est un homme loyal. Je pense que tous les esprits justes se rangeront du côté de M. de La Palisse. Ce logicien, véridique par excellence, pourrait encore ajouter autre chose, mais je ne veux point abuser de son ombre, et c'est pour mon propre compte que j'ajoute les remarques suivantes :

M. Anger réclame avec une grande solennité pour M. Alph. Guérin *l'honneur de la découverte d'avoir employé le coton*, dans le but de *saisir* des germes *insaisissables*; le fait est que c'est là une grande découverte; mais c'est la seule qui appartienne à M. A. Guérin, et je ne crois pas qu'il se trouve beaucoup de gens disposés à la lui disputer. Quant à l'idée d'arrêter les germes *saisissables*, ou *arrêtables*, cette idée est parfaitement venue d'abord à M. Greene, d'Augusta (Maine, États-Unis), ainsi qu'on le verra plus loin, et, ensuite, à M. Lister, qui a inventé, *dans ce but*, trois emplâtres imperméables, dont M. Anger mentionne l'un et le plus mauvais, au jugement de Lister, qui ne s'en est servi que peu de temps et l'a complétement abandonné. Ainsi, M. Greene a voulu arrêter les germes, à l'aide de la ouate (de France qu'il trouve supérieure aux autres), et M. Lister a voulu les arrêter, à l'aide d'un emplâtre imperméable, qui vaut mieux, à tous égards, que cette masse de coton que MM. Greene et A. Guérin amoncellent autour des plaies. Mais il est vrai que M. Lister ne se contente pas d'arrêter les germes, il veut, en outre, tuer ceux qui auraient réussi à envahir la plaie; en quoi M. Lister nous paraît avoir raison. Mais en quoi il n'aurait pas raison, ce serait de s'attribuer, ce qu'il ne fait pas, à ma connaissance, la priorité de cette idée et de son application; il serait arrivé, pour cela, quelques années trop tard, car, lorsque, au milieu de décembre 1864, je fis part à l'Académie des sciences d'un grand nombre d'applications médicales et chirurgicales de l'acide phénique, et notamment du traitement d'une plaie gangréneuse; M. Lister n'avait alors ni publié, ni appliqué, ni probablement songé à appliquer l'acide phénique au traitement

des plaies, encore moins de l'appliquer dans le but de détruire les germes découverts par M. Pasteur, germes que
M. Lister n'a peut-être connus que par les leçons de M. Tyndall, qui n'a lui-même, que je sache, jamais élevé la moindre
prétention à leur découverte, car je le sais en correspondance
très-cordiale avec M. Pasteur, qui n'aime pas les plagiaires, et
qui, par conséquent, ne doit pas en voir un dans M. Tyndall.
Au reste, tous ceux qui ont lu les leçons du professeur anglais,
s'aperçoivent facilement qu'entre lui et M. Pasteur il y a au
moins la différence d'une voix à un écho. Mais en France, la
médecine et la chirurgie officielles aiment tellement les plagiaires, surtout quand ils sont étrangers, qu'elles en créent là
où il n'y en a pas, et que M. Anger, par exemple, réclame en
faveur de M. A. Guérin la *découverte*, qui ne lui appartient pas,
d'avoir voulu arrêter les germes au passage, tandis qu'il attribue à
Lister l'idée, qui ne lui appartient pas davantage, d'avoir voulu
détruire ces germes sur la plaie et autour d'elle (1). Mais que

---

(1) Quand les exemples de loyauté sont rares et qu'ils émanent de savants et de
praticiens éminents, on ne peut se dispenser de les citer. J'ai déjà dit que désireux
de savoir les résultats que pouvait avoir obtenus dans son ambulance un chirurgien qui a fait connaître à la chirurgie de Paris des succès qu'elle n'avait jamais
vus avant lui et qu'elle n'osait pas espérer, j'avais écrit à M. Péan ; j'ai dit quelle
avait été sa réponse. M'autorisant du bienveillant empressement qu'il avait mis à
me répondre, et sachant d'ailleurs qu'il faisait usage de l'acide phénique depuis
longtemps, je lui écrivis pour lui demander si lui-même n'avait pas employé ce
médicament avant le chirurgien d'Édimbourg ; avec une loyauté parfaite, M. Péan
me répondit aussitôt :

Paris, 22 novembre 1872.

« Mon cher confrère,

» Vous me demandez si, longtemps avant Lister, je n'ai pas employé dans ma
pratique l'acide phénique, dont vous aviez reconnu l'efficacité.

» Je m'empresse de vous répondre que depuis longtemps, j'avais constaté les
effets avantageux de ce médicament, lorsque les travaux de Lister, qui sont incontestablement inférieurs aux vôtres, ont paru. Je vous offre, etc.

» PÉAN. »

Des témoignages comme celui-là consolent de bien de petites infamies confraternelles. Il est vrai qu'en fait de bagage chirurgical et surtout de celui qui est utile
à l'humanité, de celui qui ramène à la santé ou à la vie des malades condamnés
à mort par la routine, M. Péan n'a rien à envier à personne; mais il n'en est que
meilleur juge des travaux d'autrui, et son jugement d'autant plus honorable pour
celui dont il consacre les droits.

peuvent faire toutes ces raisons à M. Anger ? a-t-il écrit un mémoire sur le pansement des plaies, pour chercher et apprendre aux autres où est le progrès, où est la vérité ? C'est bien là ce qui le préoccupe ! il écrit pour suivre le courant au milieu duquel il frétille, pour parler de ceux avec lesquels il gravite autour de quelque soleil, pour montrer qu'il n'est pas en arrière avec eux en fait de dénis de justice, de faux raisonnements et de galimatias scientifico-littéraire; il écrit pour montrer qu'il existe, pour qu'on ne l'oublie pas, pour noircir du papier, que sais-je? Peut-être pour faire des brochures comme M. Richet fait de la chirurgie ! Pour tout, enfin, excepté probablement pour chercher à guérir des malades. Quant à moi, qui ne cesse, au contraire, d'avoir ce dernier objectif présent devant les yeux, c'est toujours un désagréable devoir que de relever les erreurs, les injustices d'une foule d'hypocrites ou d'ignorants obstinés, et je reviens toujours avec bonheur à l'art de guérir ou de soulager, la seule tâche que je voudrais avoir à remplir, et la seule où se plaise un médecin pénétré de sa mission. Parlons donc de la curation des plaies au moyen de la médication phéniquée, et voyons comment elle doit être appliquée pour donner les meilleurs résultats possibles.

Parlons, d'abord, des principes, chose dont les professeurs officiels en général, et M. Anger en particulier, paraissent ignorer l'existence ; nous entrerons, ensuite, dans quelques détails d'application. Ce n'est pas que les officiels ne parlent quelquefois des principes, mais c'est comme le singe parlait du Pirée; M. Anger, par exemple, s'appropriant une pensée philosophique de son collègue M. Tillaux, écrit au nom de tous les deux : « Peu importe que nous ayons affaire à un poison spécial isolable, que M. Verneuil appelle la *sepsine*, ou un miasme *comme le veut...* M. A. Guérin ; l'essentiel est de savoir que les plaies exposées à l'air, principalement les plaies des os, engendrent à leur surface un élément putride, qui, absorbé, empoisonne le sang et produit l'infection purulente. » Voilà ce qui a été dit, *à deux;* voici ce que M. Anger dit à lui tout seul, mais il est évident qu'il n'aurait pas moins bien parlé, s'il avait été inspiré par toute la faculté : « Ceci étant admis, le remède à un si grand mal se présente naturellement : empêcher l'air d'ar-

river en contact avec la plaie, et, pour M. A. Guérin, le débarrasser des éléments microscopiques qu'il contient. » Voyez-vous
ce pauvre M. Pasteur qui a fait des efforts d'imagination sans
nombre pour arriver à découvrir ce qui, dans l'air, produisait
les putréfactions, qui a conçu et exécuté les expériences les
plus admirab'es, le tout pour arriver à une découverte qui
ne pouvait servir de rien ! Il est bien vrai qu'un assez grand
nombre de savants, qui ne passent pas absolument pour des sots,
les Dumas, les Régnault, les Balard, les Milne Edwards, etc.,
avaient reconnu qu'il serait d'une grande importance de savoir
si c'est l'oxygène ou un autre gaz, ou un autre, ou plusieurs
autres éléments isolables de l'air, qui causent les fermentations, les putréfactions, etc.; car il pourrait se faire, à la rigueur,
qu'on pût avoir plus d'action sur ces éléments que sur l'oxygène ; il semble même que c'est de la sorte qu'aurait raisonné
Pascal; mais ce n'est pas la logique de Pascal qui est en honneur dans le monde médical officiel; ou y aime bien mieux
celle de Sganarelle, laquelle dit et prouve que les médecins
sont faits pour prescrire des remèdes, et que le reste regarde
les malades. Cette logique est à la portée de tous les Anger
possibles, et, pour l'appliquer, il n'est pas besoin de concevoir
ni d'exécuter des expériences comme celles de M. Pasteur;
voilà pourquoi elles leur importent peu ! Pour nous, elles nous
importaient beaucoup, puisque nous devions y trouver la confirmation de notre doctrine, et la base d'une thérapeutique
nouvelle, et nous en avions signalé l'importance et fait l'application avant que M. A. Guérin se doutât, probablement,
même de leur existence ; avec la meilleure volonté, M. Anger
et ses coopérateurs ne peuvent l'ignorer ; mais la justice et la
vérité leur importent tout aussi peu que les découvertes de
M. Pasteur, qu'ils mettent, sans plus de façon, sur le même
rang que la chimère grotesque de M. Verneuil !

Les découvertes de M. Pasteur ne sont pas, en effet, à l'état
de chimère, pas même, comme certains Français d'outre-Rhin
se plaisent à le dire, à l'état d'hypothèses; elles sont à l'état
de fait démontré et accompli : toutes les fermentations, du
moins toutes celles qu'on a pu étudier à fond jusqu'ici, sont
produites par des germes vivants dont l'évolution naturelle

imprime aux matières organisées des modifications qui constituent la fermentation elle-même. Or, comme il est démontré
que plusieurs maladies se développent sous l'influence de germes analogues, comme il est démontré que l'air a une influence
des plus fâcheuses sur la cicatrisation des plaies, sur les produits de leurs sécrétions, tout semble prouver, *à priori*, que
c'est à ces germes que sont dus les divers accidents qui compliquent les plaies, et que nous étudierons dans un instant.

Ce premier fait étant posé, deux déductions thérapeutiques
devaient s'ensuivre : il fallait, pour remédier aux accidents
des plaies et pour les prévenir, empêcher les germes d'arriver
au contact de la plaie ou les détruire. MM. Schroeder et Dusch,
d'une part, M. Pasteur, de l'autre, avaient constaté qu'une
couche de ouate empêche ces germes de passer presque toujours, sinon d'une manière absolue. C'est alors que connaissant moi-même, depuis longtemps, l'action préservatrice et
tannante de l'acide phénique sur les peaux d'animaux, action
signalée par Liebig, mais que j'avais eu l'occasion d'étudier
spécialement avec M. Parisel père, le premier, je crois, qui
ait préparé en grand de l'acide phénique en France, je résolus, en novembre 1861, d'appliquer cet acide à la curation
des plaies et d'un grand nombre de maladies, et de tuer les
ferments qui sont la cause de celles-ci et des complications
de celles-là ; la seule condition était de ne pas nuire, en
même temps, à l'organisme humain. On sait quels succès
éclatants répondirent à mes espérances.

Des deux manières de prévenir l'action funeste des germes
de l'air sur les plaies, la plus radicale était donc trouvée, celle
qui consistait à les détruire; il était parfaitement in utile, dès
lors, d'en chercher une autre, et de rééditer, par exemple,
celle qu'employaient déjà Roux et surtout Lisfranc, Baudens
(dont j'ai rédigé la clinique), etc., non pas, précisément,
pour empêcher l'action des germes qu'ils ne connaissaient
pas, mais pour empêcher celle de l'air, qu'ils connaissaient
très-bien.

Il serait donc quelque peu naïf, si tout ne réussissait auprès
de certains appréciateurs, de venir, aujourd'hui, proposer les
pansements au coton pour empêcher les germes d'arriver au

contact des plaies, quand on possède les moyens de détruire ces germes. Cependant, comme deux moyens valent mieux qu'un, et quoiqu'il soit difficile de prévoir le cas où le coton serait préférable au pansement phéniqué, ce serait un moyen à placer dans l'arsenal thérapeutique, pour l'en extraire, au besoin, si, d'ailleurs, c'était un moyen sûr. Mais l'est-il? En aucune façon, quoi qu'en disent ceux qui l'ont proposé et quelques-uns de ceux qui les en ont félicités. M. Greene, par exemple, professeur de chirurgie à l'école de médecine du Maine, et qui paraît être le rénovateur du pansement ouaté, dit « qu'il l'emploie depuis cinq ans, *dans tous les cas où il veut obtenir la réunion immédiate*, et qu'il a rarement échoué » (*Boston med. and surg. journ.* mai 1872). Mais on se demande d'abord pourquoi M. Greene réserve le coton pour les cas où il veut obtenir la réunion immédiate, et pourquoi il ne l'applique pas à toutes les plaies ? On le conçoit d'autant moins qu'il dit n'avoir jamais vu un pansement sous lequel les plaies guérissent si rapidement, *sans inflammation ni suppuration, quand la compression est faite de manière à empêcher l'accès de l'air;* jamais, dans ces cas, il n'a vu une *goutte de pus*, que la plaie fût *ouverte* ou *fermée, contuse* ou *incisée;* comme exemples à l'appui de ces assertions, il cite dix ovariotomies, plusieurs grandes amputations et autres opérations capitales. Or, il est difficile de comprendre comment on peut faire la *compression*, dans les cas d'ovariotomie, de façon à empêcher l'accès de l'air, et comment dans les plaies ouvertes et contuses on peut obtenir la réunion par première intention, puisque ce n'est que dans les cas où il veut obtenir cette réunion qu'il emploie son pansement. Tout cela paraît fort obscur, mais ce qui paraît clair, c'est que ni M. Greene, ni son imitateur en France, M. A. Guérin, ni ceux qui ont félicité celui-ci ne se sont fait une idée exacte des conditions où il faut placer les plaies ou les malades, pour les soustraire à l'action funeste des ferments vivants. Voici les précautions « indispensables, » dit M. Anger, que M. Guérin prescrit, avant d'appliquer le pansement : « on ne doit appliquer ou renouveler le pansement qu'à l'amphithéâtre d'opération ou bien dans une chambre relativement éloignée des salles, en un mot partout où l'air sera aussi renouvelé et aussi pur que possible. En second lieu , la ouate dont on va se servir doit être vierge , et, pour être bien sûr de cette dernière condition , **M. A.** Guérin veut ouvrir lui-même le paquet destiné au pansement. De plus, cette ouate ne doit pas avoir séjourné dans les salles d'hôpitaux, et, à cet effet, on doit la renfermer dans un endroit spécial de l'amphithéâtre. »

A ces précautions, rigoureusement « *indispensables,* » on voit que M. Guérin et ses bénévoles et savants approbateurs s'imaginent que les ferments morbigènes n'existent que dans les salles d'hôpital, et que l'air de l'amphithéâtre en est dépourvu ! Cette première... naïveté pourrait me dispenser de continuer cet examen ; mais on a trouvé le moyen de faire tant de bruit autour de ce pansement ouaté, qu'il faut bien tâcher d'ouvrir les yeux à ceux qui n'ont que des oreilles et des oreilles qui distinguent mal le bruit de la musique.

« Nous supposons, dit M. Anger, au nom de M. A. Guérin, une amputation de cuisse par la méthode circulaire. L'opération terminée, le chirurgien fait les ligatures et détermine l'hémostase aussi complète que possible. » — (*Déterminer* l'hémostase c'est plus neuf que le pansement ouaté !) — « La plaie est lavée avec de l'eau tiède d'abord, puis avec un mélange d'alcool camphré et d'eau » (proportions à deviner). — « Le membre est ensuite essuyé avec soin. Les fils des ligatures sont coupés le plus court possible, excepté celui de l'artère principale, qui est relevé sur le moignon. Après ces soins préliminaires, on procède à l'application de la ouate. On fait tendre la manchette du moignon par un aide et l'on garnit toute la profondeur de la plaie de petites couches successives de ouate, jusqu'à ce que le niveau des lèvres de la manchette soit atteint. Prenant ensuite des lames de ouate de plus en plus grandes, on les applique de manière que leur centre repose sur l'extrémité du moignon et que leurs extrémités » — (comme il est naturel que ces *lames* soient circulaires, les *extrémités d'un cercle* sont encore une assez jolie nouveauté) — « soient rabattues le long du membre. Ces lames doivent constituer une couche assez épaisse. De véritables bandes de ouate sont alors enroulées autour du membre. Elles

53.

doivent remonter jusqu'au-dessus de la cuisse, de manière à pouvoir être renversées au pli de l'aine, et entourer complétement le bassin !... car il est à craindre que l'air ne parvienne à s'insinuer par le haut jusqu'à la plaie... » En voilà assez, je crois, sur ce pansement pittoresque, que M. Guérin, dans sa naïveté, s'imagine être un pansement anti-parasitaire ! rassurons-le sur la crainte qu'il a de voir l'air s'introduire « par en haut » jusqu'à la plaie, *comme cela lui est arrivé*; il monterait son matelassage jusqu'au menton, que l'air, qui est bien fin, s'introduirait encore jusqu'à la plaie; mais l'air n'a pas cette peine à prendre; dans ce qui en est resté à la surface de la plaie, entre la première couche de ouate et cette surface, il y en a cent fois plus qu'il n'en faut pour infecter l'économie et pour la détruire, si celle-ci n'est pas suffisamment disposée à la résistance. Cet immense échafaudage de coton n'aura donc le plus souvent d'autre effet que renfermer le loup dans la bergerie ou, si l'on aime mieux, les parasites dans leur foyer, et d'en faciliter peut-être l'éclosion. C'est à ces beaux résultats qu'on arrive quand on veut faire des applications pratiques d'une doctrine dont on ne s'est pas donné la peine d'étudier les principes. Il est vrai qu'on a toujours la chance de trouver plus... étranger que soi aux découvertes et aux idées nouvelles, et alors, on peut encore produire une émotion et faire passer pour parasitiphobe un pansement parasitiphile. Il y a si peu de gens qui pénètrent jusqu'au fond des doctrines... et des pansements !

Il nous faut traiter un peu plus sérieusement le professeur Lister, non pas parce qu'il est étranger, — ce qui est un grand titre pour nombre de chirurgiens ou savants français, — mais parce qu'il s'est occupé sérieusement de la méthode phéniquée, ou du moins de la partie de cette méthode qui consiste dans les pansements phéniqués des plaies, car, pour la méthode générale, il ne paraît pas s'en être préoccupé.

M. Lister croit-il être l'inventeur des pansements phéniqués ? S'il l'a cru pendant un temps, il ne peut évidemment plus le croire aujourd'hui, car il a dû lire des documents qui l'ont désabusé; il doit donc rire passablement de la science ou de la bonne foi de ses confrères de France, qui, sauf de rares exceptions, lui font honneur de cette méthode. Le véritable mérite qui lui revient, c'est d'avoir popularisé en Angleterre les pansements phéniqués, d'avoir professé sur cette méthode quelques opinions dont quelques-unes sont vraies et utiles à connaître, dont quelques autres sont problématiques ou fort invraisemblables, et, enfin, d'avoir imaginé divers emplâtres, qui sont le plus clair de son rapport dans la thérapeutique phéniquée ; c'est, du reste, pour ces emplâtres qu'on l'a surtout cité, mais sans s'occuper de la théorie sur laquelle se fonde M. Lister, pour les préférer aux modes de pansement ordinaires. Le fait est que cette théorie n'est pas très-facile à comprendre et qu'elle ne paraît pas non plus absolument juste, si l'idée qu'on peut s'en faire est exacte. Pour ne pas risquer de dénaturer la pensée de l'auteur, nous citerons un extrait d'une de ses leçons, publiée dans le *Moniteur scientifique* du docteur Quesneville (nº du 15 juillet 1869), et dont le traducteur serait, — d'après les renseignements que m'a donnés l'honorable rédacteur en chef, — M. Calvert, qui a fait ses études chimiques en France, qui a fait des conférences en français à Paris, et qui est, par conséquent, aussi familiarisé qu'un parisien avec notre langue.

« L'acide phénique est soluble dans les liquides de la nature la plus diverse, par exemple, dans l'eau et les huiles fixes. L'eau n'ayant pour cet acide qu'une faible affinité, elle le retient faiblement et lui conserve sa liberté d'action sur les substances vers lesquelles le portent de plus puissantes attractions. Il en résulte que la solution aqueuse se prête à une action assez énergique, mais transitoire. Or, c'est là précisément la condition requise lorsque l'acide est employé à l'intérieur des plaies, pour attaquer les principes de contagion qui ont pu s'y introduire : ce qu'il faut alors, en effet, c'est un agent capable d'éteindre promptement la vitalité de tous les mauvais germes, en évitant aux tissus une irritation inutile. D'une autre part, les huiles fixes pour lesquelles l'acide phénique a une plus grande affinité, le reçoivent en toutes proportions, et le retiennent avec assez de force pour modérer son action sur les tissus organiques, aussi bien que pour modérer son évaporation dans l'air. Les solutions oléagineuses ont donc une action très-adoucie, mais permanente; et c'est là précisément ce qu'il y a de plus désirable pour les applications extérieures. On veut dans ce cas un réservoir d'acide qui le retienne vingt-quatre heures au moins, pendant lesquelles il exercera son action antiseptique sur les liquides qui s'écouleront sous le pansement pour se répandre au dehors. Le grand avantage de cette action mitigée et durable est de ne provoquer aucune sorte d'irritation ni d'excoriation. Nous sommes ainsi visiblement fondé à conclure que la solution aqueuse est merveilleusement appropriée au pansement primitif et intérieur des plaies, tandis que les préparations oléagineuses ne conviennent pas moins parfaitement au traitement extérieur. »

Pour éviter les répétitions et ne pas interrompre la narration de l'auteur, je m'abstiendrai pour le moment de discuter et d'interpréter ce passage, et je continuerai à citer ou à analyser simplement. L'auteur rend compte de ses recherches pour obtenir une préparation oléagineuse qui remplisse bien le but qu'il vient d'indiquer; il parle de la charpie imprégnée d'huile phéniquée, qui ne vaut rien, dit-il, malgré un très-beau résultat qu'elle a donné dans un cas, et d'un emplâtre composé de craie et d'huile phéniquée au quart; « cette pâte, convenablement appliquée et bien assujettie dans sa position, *arrête immédiatement et avec certitude* les progrès de la putréfaction, même dans les cas de grands abcès, quelle que soit la suppuration primitive. Mais c'est une préparation grossière, d'un maniement désagréable, et j'ai cherché quelque chose de mieux sous ce rapport. » M. Lister donne un peu plus loin le mode de préparation de l'emplâtre modèle qu'il a trouvé et que je ferai connaître dans un instant; il faut d'abord continuer l'exposition de sa théorie du pansement des plaies : après avoir rapporté un très-beau cas de guérison de plaie par la charpie imbibée d'huile phéniquée et sur lequel nous aurons à revenir, M. Lister ajoute : « Malgré cet heureux résultat, je déclare que je ne puis recommander le mode de pansement qui l'a produit; car, ainsi que je l'ai constaté dans d'autres cas, on ne peut lui accorder une confiance *implicite* (?). On comprend facilement pourquoi on doit lui préférer le pansement par le mastic ou la pâte ci-dessus décrite. La charpie, qui est un corps très-poreux, absorbe les liquides de la plaie; ces liquides déplacent l'huile de la pâte à mesure qu'ils arrivent, et il peut s'établir un courant de matières putrescibles de l'air extérieur jusqu'à la plaie. D'ailleurs, lorsque les liquides ont traversé, ils s'y sont imprégnés d'acide phénique qui est entraîné vers la surface extérieure et se dissipe dans l'air; ils deviennent dès lors sujets à se putréfier; le cas arrivant, ils peuvent communiquer à la charpie leur principe de décomposition, et détruire complétement ses propriétés antiseptiques. C'est qu'en effet, l'acide phénique et les produits de la putréfaction ont entre eux des réactions chimiques très-puissantes (?); et, par la même raison que le premier est à la fois désodorisant et antiseptique quand son action est victorieuse, les autres, en quantité suffisante, neutralisent l'acide et le rendent inerte. C'est ainsi que j'ai vu un pansement composé de plusieurs couches de charpie à préparation oléagineuse perdre en moins de vingt-quatre heures toute son odeur phénique, à laquelle succédait bientôt celle qui annonce la putréfaction. Le mastic, au contraire, en vertu de sa propriété d'être imperméable aux liquides des plaies, devient un sûr réservoir d'acide phénique, laissant seulement cet acide s'exhaler de la surface et maintenir ainsi l'action antiseptique nécessaire sur le sang, le sérum et le pus qui s'écoulent au-dessous de l'appareil. »

Voilà toute la doctrine qui sert de base, non pas à la médication phéniquée, mais aux moyens mécanico-chimiques d'application de cette médication, sous forme de pansements. Je laisse de côté quelques mots peu intelligibles « tels que *intérieur* et *extérieur* des plaies, » « confiance *implicite*, » etc., mots qui peuvent être le fait du traducteur, encore bien que ce traducteur, ainsi que je l'ai dit, soit très-familier avec les deux langues; je m'attache seulement à ces propositions, qui ne peuvent être l'objet d'aucune équivoque : que l'emplâtre est imperméable aux liquides excrétés par la plaie et devient ainsi un réservoir sinon permanent, au moins très-durable (l'auteur ne dit pas combien il dure) d'acide phénique. Il y a là une confusion d'idées qu'il importe de dissiper, et dans laquelle on s'étonne qu'un esprit aussi distingué que M. Lister ait pu tomber.

Pour que l'acide phénique soit, — non pas *désodorisant*, car il ne l'est point, et l'on ne comprend pas que M. Lister puisse l'ignorer, — mais désinfectant, il faut nécessairement que ses molécules arrivent au contact des éléments qui causent l'infection ; il faut, par conséquent, qu'à mesure que les liquides putréfiables sont sécrétés, ils trouvent à la surface sécrétante l'agent qui désinfecte ou plutôt qui prévient l'infection ; or, si cet agent, l'acide phénique, dans le cas présent, est incorporé à un corps qui le retienne absolument ou qui ne le cède que dans des proportions insuffisantes pour neutraliser les éléments infectants, on pourra bien avoir un pansement par occlusion, mais non pas un pansement antiparasitaire, je ne dis pas antiseptique, deux propriétés, deux actions que les chirurgiens persistent à confondre, parce qu'ils s'obstinent à rester sourds à toutes les découvertes dont la doctrine parasitaire et l'acide phénique ont été l'objet, c'est ce que j'expliquerai un peu plus loin. Ainsi, répétons-le encore, pour que cela soit bien compris : ou bien un pansement phéniqué, huile, pommade, emplâtre, charpie, etc., détruit les ferments putrigènes, et alors seulement il est antiputride ; mais alors aussi, il se détruit nécessairement lui-même, au fur et à mesure qu'il agit ; ou bien, il ne cède l'acide phénique qu'en proportion infinitésimale on n'en cède pas du tout, et alors, c'est un pansement simple, s'il n'empêche pas le contact de la plaie avec l'air, ou un pansement par occlusion, s'il empêche ce contact. Ces idées sont si simples, qu'on aurait quelque honte à les émettre, si l'on ne voyait dans quelle confusion peut tomber un chirurgien aussi distingué que M. Lister, et dans quelles erreurs, beaucoup de confrères moins distingués que lui.

Est-ce à dire que les emplâtres qu'il a adoptés, après beaucoup de recherches et d'essais, paraît-il, ne puissent pas rendre des services à la pratique et doivent être repoussés dans tous les cas (1) ? Ce n'est pas ce que je veux dire, et je préciserai,

(1) J'ai déjà dit que M. Anger avait cité l'emplâtre de M. Lister que celui-ci avait rejeté de sa pratique ; c'est celui dont j'ai donné la composition ci-dessus. Voici comment M. Lister conseille de préparer celui qu'il préfère au mastic de vitrier phéniqué, et qui n'est autre chose que l'emplâtre de plomb additionné

au contraire, dans quels cas ils me paraissent pouvoir être appliqués avec certains avantages, quoique moi-même je n'en fasse à peu près jamais usage.

Les remarques que j'ai présentées sur l'emplâtre de Lister et sur le pansement ouaté suffiraient à la rigueur pour montrer d'après quels principes on doit se guider pour appliquer

d'acide phénique; quoique utile, cette préparation ne méritait peut-être pas de faire autant de bruit dans le monde.

« Pour cette préparation avec les éléments spécifiés, l'emplâtre de plomb et la cire ayant été fondus et mélangés — (on va voir que M. Lister entend par *emplâtre de plomb* notre *emplâtre de litharge* de l'ancien *codex*, qui renferme de la cire, car *l'emplâtre de plomb* de la pharmacopée *française* n'en renferme pas), — on laisse refroidir jusqu'à ce que le liquide commence à s'épaissir; on ajoute l'acide phénique et l'on brasse, ce qui a pour effet de ramener la masse à l'état tout à fait liquide; on continue le mouvement jusqu'à l'épaississement complet, afin d'empêcher la cire de se séparer sous forme granulaire. Le composé qu'on obtient ainsi se trouve, à la vérité, un peu mou, et l'on ne peut en conserver un approvisionnement sous forme d'emplâtres. Mais j'ai reconnu récemment qu'en augmentant la proportion de litharge, on peut donner au savon de plomb toute la fermeté désirable, pourvu que l'eau n'entre pas dans la préparation. Lorsque la litharge et l'huile d'olive sont dans les proportions qu'indique la pharmacopée, on est forcé d'employer une certaine quantité d'eau pour favoriser la combinaison des acides gras avec le plomb, et c'est même une opération assez ennuyeuse. Mais nous remarquons comme un fait chimique intéressant, que si l'on quadruple la proportion de litharge, et qu'on chauffe vivement, l'opération marche avec une grande rapidité, sans l'intervention d'aucune quantité d'eau. C'est sur cette remarque que se fonde le procédé suivant :

» Prenez : huile d'olive, 12 parties en volume; litharge en poudre fine, 12 parties en poids » — (on devine probablement ce que Lister veut dire; mais c'est la première fois que des chimistes associeraient une proportion indéterminée en poids à une proportion indéterminée en volume) — « cire, 3 parties en poids; acide phénique cristallisé, 2 parties et 1/2 en poids.

» Chauffez une moitié de l'huile à un feu modéré; ajoutez ensuite la litharge graduellement, en agitant sans cesse le liquide jusqu'à ce qu'il s'épaississe ou devienne un peu empesé. Ajoutez alors l'autre moitié de l'huile, et brassez toujours jusqu'à un nouvel épaississement. Ajoutez la cire graduellement jusqu'à ce que le liquide s'épaississe. Retirez-le du feu et ajoutez l'acide phénique, en brassant vivement pour rendre le mélange parfaitement homogène. Couvrez-le soigneusement et mettez-le de côté, afin de laisser le résidu de litharge se déposer; enfin décantez, et répandez la matière sur le calicot en couche de l'épaisseur prescrite. On peut la répandre par un procédé mécanique et la conserver sous forme de rouleaux; dans des boîtes d'étain, elle conserve très-longtemps ses utiles propriétés.

» Je pense, ajoute Lister, que c'est là *le suprême degré de perfection* dont est susceptible l'emplâtre de plomb pour son emploi comme antiseptique; *il réunit admirablement toutes les qualités désirables.* » Mais voici un étrange complément à cette admiration : « Pour la plupart des usages néanmoins, il est surpassé par l'emplâtre de laque. » Nous regrettons que le journal qui a publié la formule de *l'emplâtre de plomb* n'ait pas publié aussi l'emplâtre de laque, puisqu'il paraît être plus parfait que la perfection; je crois, cependant, que la perfection peut contenter les plus difficiles.

la médication phéniquée au traitement des plaies. Quelques brèves explications suffiront pour compléter cet exposé.

Les deux bases fondamentales de la méthode d'où découlent tous les procédés d'application sont : 1º que les conséquences funestes des plaies, autres que l'hémorrhagie et le tétanos (et encore y a-t-il des réserves à faire pour ce dernier), sont dues à des ferments, à des germes, à des parasites qui existent dans l'air et s'introduisent dans les tissus, presque toujours par les surfaces dénudées, et quelquefois peut-être par le tissu pulmonaire ; 2º que l'acide phénique au millième, mais surtout au centième et, à plus forte raison, à un état plus concentré, tue ces ferments ou germes et prévient, par conséquent, les funestes effets de leur introduction dans l'économie.

Ces deux faits primordiaux une fois établis, la méthode s'en dégage, pour ainsi dire, d'elle-même : détruire ceux de ces germes qui peuvent exister à la surface des plaies ; arrêter ou détruire ceux qui arriveraient à leur contact avant la cicatrisation ; enfin, détruire ceux qui se seraient déjà introduits dans l'économie ; telle est la méthode ; restent les procédés.

Les deux premières indications sont en général faciles à remplir ; quant à la troisième, nous l'examinerons en traitant des complications des plaies.

Nous n'avons pas à revenir sur le pansement ouaté ; ce que j'en ai dit suffit pour le juger. Parlerai-je de l'exclusion de la charpie, *au moins dans les hôpitaux*, que M. Léon Lefort ajoute à sa « *très-légère modification* aux pansements généralement employés ? » Cette exclusion n'est pas seulement une erreur tout à fait semblable à celle de M. A. Guérin, qui s'imagine qu'il n'y a de ferments que dans les salles d'hôpital et non à l'amphithéâtre d'opération, c'est la même erreur revue et augmentée : M. Lefort, lui, s'imagine que les germes peuvent s'introduire ou exister dans la charpie, mais non dans les compresses qu'il applique exclusivement sur les plaies ; il est vrai qu'il trempe ces compresses dans de l'eau alcoolisée au dixième ; mais il ne paraît pas qu'il soit plus difficile d'y tremper de la charpie que des compresses, à supposer, ce qui n'est pas, que l'eau alcoolisée au dixième suffise pour tuer les germes, et, de plus, il n'est pas facile de faire avec des compresses seules les mêmes pansements qu'avec des compresses et de la charpie.

Occupons-nous donc de poser les véritables règles qui doivent présider au pansement des plaies, sans nous appesantir sur tous ces procédés et procéduncules à l'aide desquels on cherche à rajeunir la vieille routine, et qui ne sont que du mouvement dans une cage d'écureuil.

1° *De la destruction des germes à la surface des plaies.* — Le procédé pour opérer cette destruction doit être modifié suivant la forme de la plaie : on comprend , par exemple , que dans la plaie résultant, soit d'une amputation, soit d'une ablation quelconque de tissu vivant ou sphacelé, plaie plus ou moins anfractueuse, irrégulière, où il y a toujours des vaisseaux d'un certain calibre de tranchés, on ne puisse appliquer ni un emplâtre à la manière de Lister, ni un pansement fait de compresses exclusivement, sans enfermer de l'air dans le fond d'un plus ou moins grand nombre de vacuoles; on ne saurait vraiment assez admirer la simplicité des chirurgiens qui ont cru pouvoir échapper à ce danger, en appliquant de la ouate sur ces plaies. Les lavages à grande eau suffiraient peut-être à peine pour opérer cette destruction; aussi, dans les plaies de cette espèce, ai-je pour principe d'opérer une sorte de cautérisation avec ce que j'appelle la solution normale d'acide phénique (alcool et acide ph., parties égales); avec un pinceau à poils un peu roides, imbibé de cette solution, je touche tous les points de la plaie, aussi bien les anfractuosités que les saillies; cette cautérisation toute particulière a l'inconvénient de causer de vives douleurs pendant quelques minutes, dix au plus, mais une fois la douleur passée le blessé ou l'opéré éprouve un calme des plus satisfaisants ; la surface de la plaie est comme tannée; les orifices des vaisseaux sont contractés, oblitérés, même quand ces vaisseaux ont un calibre déjà visible à l'œil; aucune hémorrhagie n'est à craindre, non plus qu'aucune introduction de ferments morbigènes. Il ne faut pas néanmoins s'en tenir là; si la plaie renferme quelque portion d'os dénudée , on la lavera avec de l'eau phéniquée à 1 ou 2 p. 100, parce que la solution normale ne doit pas être appliquée sur les os ; elle pourrait y produire une légère couche de nécrose dont l'élimination retarderait plus ou moins la cicatrisation de la plaie. Ce lavage et cette cautérisation terminés, on applique sur toute la plaie de la charpie imbibée d'eau phéniquée à 1 p. 100 environ ; la couche de charpie pourra être légère, si l'on applique par-dessus un pansement par occlusion ; dans le cas contraire, la couche devra être plus épaisse, afin d'éviter une trop grande évaporation de l'acide phénique ; ce n'est pas que cette évaporation se fasse aussi rapidement que le dit M. Lister ; en supposant un pansement par vingt-quatre heures, il en reste parfaitement assez, d'un pansement à l'autre, pour mettre la plaie à l'abri des ferments ; mais il vaut toujours mieux pécher par excès de précaution. Quant à la neutralisation de tout l'acide phénique de la charpie par la suppuration, cela suppose que la suppuration peut être très-abondante, et l'on a lieu d'être surpris que cette supposition ait pu venir à l'esprit d'un chirurgien qui a adopté la médication phéniquée, et qui paraît l'avoir sérieusement étudiée, comme M. Lister ; il aurait dû savoir qu'avec les pansements phéniqués, du moins avec des pansements tels que je les conseille, il n'y a jamais de grandes suppurations, et, par conséquent, point de neutralisations d'une grande quantité d'acide phénique par cette cause.

La même cause qui doit empêcher de cautériser les portions osseuses dénudées doit faire proscrire les ligatures, qui ne sont pas absolument rendues indispensables par le volume des vaisseaux lésés. M. Lister conseille, il est vrai, de tremper les fils servant aux ligatures dans une solution phéniquée huileuse ; mais cette précaution ne dispense pas les tissus d'éliminer les fils, ce qui est toujours un travail plus ou moins nuisible à la cicatrisation. M. Lister conseille également de tremper les couteaux et en général les instruments tranchants qui servent à faire les plaies chirurgicales ou à régulariser les plaies accidentelles dans la même solution ; la précaution n'est pas à négliger ; je crois seulement préférable de substituer une solution glycérée à la solution huileuse, parce que la glycérine n'est pas antipathique aux tissus comme l'huile ; c'est du moins la solution que j'ai toujours employée, quand je ne me contentais pas de la solution aqueuse, et comme je n'en ai jamais observé que de bons résultats, je n'ai aucune raison pour en conseiller une autre ; de plus la glycérine s'agrége avec l'acidè phénique assez complétement pour que l'évaporation de ce dernier soit sensiblement diminuée. S'il en est besoin, on épaissit le glycérolé avec du jaune d'œuf (*vitelline phéniquée*), de manière à remplir toutes les indications nécessaires au pansement des diverses plaies (1).

Dans les plaies dont la surface est très-unie et où un emplâtre peut s'appliquer sur tous les points, on pourra se servir avec quelque avantage de celui de M. Lister, pourvu , bien entendu, qu'il n'y ait pas déjà une suppuration un peu abondante d'établie ; cet emplâtre, en effet, peut bien, comme tout topique phéniqué, empêcher la suppuration de s'établir, quand elle ne l'est pas encore, ou la tarir quand elle est peu abondante ; mais lorsqu'elle existe déjà depuis quelques jours ou plus longtemps, ce n'est pas un seul pansement qui peut la supprimer (2) ; il faut des lavages phéniqués répétés deux, trois ou un plus grand nombre de fois par jour ; un pansement adhésif, dans ces cas, aurait beaucoup plus d'inconvénients que d'avantages.

Mon honorable et savant confrère, M. Mosétig, de Vienne, pratique deux lavages, l'un à l'eau simple, l'autre avec une solution de permanganate de potasse ; il prolonge ce dernier jusqu'à ce que la solution de permanganate passe sur la plaie sans se décolorer ; il applique alors un emplâtre phéniqué et par-dessus l'emplâtre une lame d'étain, afin d'obtenir une imperméabilité complète. Dans les plaies récentes et régulières, telles, par exemple, que celles qui résultent des opérations , où l'on peut être à peu près assuré d'empêcher la suppuration,

---

(1) L'acide phénique ajouté au liniment oléocalcaire est spécialement destiné aux maladies de peau avec ulcération et aux brûlures. (Voir article *Brûlure*.)

(2) Mon savant confrère d'Edimbourg dit, il est vrai, que l'emplâtre, même l'emplâtre-mastic qu'il a abandonné et que M. Anger mentionne seul, « arrête *immédiatement et avec certitude* les progrès de la putréfaction, *même dans les cas de grands abcès, quelle que soit la suppuration* primitive. » Je n'ai employé aucun emplâtre dans ces cas ; mais j'ai assez l'habitude de la médication phéniquée pour affirmer que l'assertion de l'habile chirurgien est très-exagérée ; on peut bien, par un seul pansement, arrêter la *putréfaction*, mais non *tarir la suppuration*, deux choses que M. Lister semble confondre, à moins que son traducteur ne l'ait trahi : *traduttore, traditore*, dit l'Italien.

c'est là un excellent pansement et qui donne tous les jours à l'hôpital Rodolphe, de Vienne, dont M. Mosétig est chirurgien, les résultats les plus satisfaisants. Un tel pansement est un pansement par occlusion parfait ; quand on est assez heureux pour éviter complétement ou à peu près complétement la suppuration, on peut n'avoir pas à le renouveler ; il reste jusqu'à la cicatrisation. « Dans mon service d'hôpital comme dans ma pratique générale, m'écrivait récemment mon honorable confrère, je continue toujours mon traitement à l'acide phénique. Mes résultats sont étonnants ; je ne sais plus ce que c'est qu'une complication des plaies ; les opérations les plus hardies et les plus compliquées guérissent presque sans aucun trouble de l'organisme, SANS FIÈVRE TRAUMATIQUE. »

2o Destruction des germes de l'atmosphère qui entoure les plaies. — Cette indication est remplie en même temps que la première par le mode de pansement que je conseille ; elle le serait, à la rigueur, par un pansement par occlusion parfait appliqué après qu'on aurait détruit les germes à la surface des plaies ; mais comme la perfection dans ce pansement est très-difficile à obtenir, qu'il n'y a, d'ailleurs, aucune difficulté ni même aucun dérangement à placer, sous la barrière qui forme occlusion, une substance parasiticide , il me paraitrait peu sensé de s'en tenir à la précaution la moins sûre en négligeant la meilleure.

Quant à la destruction des germes déjà introduits, dans l'organisme, nous nous en occuperons en parlant des complications des plaies.

De quelques particularités propres à certaines plaies ou aux conditions dans lesquelles se trouvent les blessés.

Les chirurgiens officiels ont beaucoup discuté, ainsi que je l'ai dit, sur les pansements rares et les pansements fréquents, et naturellement ils ont été d'accord sur ce point comme sur beaucoup d'autres , c'est-à-dire que les uns s'en tiendraient volontiers à un seul pansement pour toute la durée d'une plaie, tandis que les autres en recommanderaient volontiers dix par

jour : « *Tenez une plaie propre*, dit l'un d'eux, *et elle guérit.* »
Or, il est évident que pour tenir propre une plaie qui suppure,
il faudrait un lavage continu. Quant aux motifs qui doivent
faire adopter l'un ou l'autre mode de pansement, ils sont généralement puisés dans l'inspiration. Voici ceux que donne
M. Anger, pour le pansement unique ou le pansement raye
des plaies résultant des amputations, quand » on se décide à
faire usage de la réunion immédiate. » (M. Anger croit sans
doute que la réunion immédiate est un instrument sujet à
usure.)

« M. Pingaud nous a communiqué une observation inédite
qui présente un fait du genre de celui de M. Larrey :

« Le 18 août 1870 , pendant la bataille de Saint-Privat-la-
» Montagne, un officier du 57e de ligne, M. Thivolet, vint me
» demander avec le plus grand calme de lui amputer le bras
» qu'un obus avait littéralement broyé. Je l'opérai sans qu'il
» sourcillât. Le membre abattu, il me dit *à plusieurs reprises :*
» Eh bien! maintenant, faites-moi un bon pansement, et tout
» ira bien.

» Je m'appliquai, en effet , bien que les circonstances ren-
» dissent la chose peu aisée, car une effroyable panique se
» dessinait en ce moment, à lui faire un bon pansement et j'y
» réussis à peu près. Ceci fait, cet officier s'en fut sur une
» des rares voitures qui n'avaient pas suivi la panique.

» Vingt jours après, environ, je recevais la visite d'un
» manchot qui me sautait au cou en disant : C'est moi, Thi-
» volet; vous voyez , docteur, que j'ai eu raison de vous re-
» commander de me faire un bon pansement. »

» Cette observation ne prouve certes pas qu'un *bon pansement*
fait le succès d'une amputation , mais tout au moins qu'il y
contribue, et que, si quelques chirurgiens n'y attachent qu'une
importance secondaire, il n'en est pas de même de certains malades, fort intelligents d'ailleurs, comme l'était le mien , qui y
voient une condition indispensable du succès de l'opération ,
opinion que, pour mon compte, je partage avec eux dans les
circonstances difficiles où s'exerce la chirurgie d'armée. »

Telle est l'observation inédite que M. Anger publie en faveur
d'un pansement bon et unique, dans les circonstances où

s'exerce la chirurgie d'armée; il paraîtrait, d'après cela, que ce pansement ne serait pas bon dans d'autres circonstances et dans la chirurgie civile, et ne devrait pas être unique; c'est une réédition de cette opinion fameuse du conseil de santé des armées qui avouait que l'hydrothérapie avait fait ses preuves contre les fièvres intermittentes *civiles*, mais qu'il n'était pas prouvé qu'elle serait efficace contre les fièvres intermittentes *militaires !* Pourtant, M. Anger ne va pas jusque-là; il se contente de dire, avec l'auteur de l'observation, qu'un bon pansement est bon pour la chirurgie d'armée, que les malades intelligents sont de cet avis, et qu'ils sont meilleurs appréciateurs que les chirurgiens — même officiels — qui « n'attachent qu'une importance secondaire à un bon pansement ! » Que les jeunes praticiens qui sortent des bancs de l'école cherchent la lumière et la vérité dans un pareil gâchis ! Ceux d'entre eux qui croiront que la médecine consiste dans une vaine phraséologie, pourront se plaire dans cette cacophonie, mais ceux qui pensent que la médecine est faite pour guérir des malades chercheront ailleurs des guides plus fidèles et plus intelligibles. Voici quelques remarques dont pourront faire leur profit les praticiens de la dernière catégorie.

Il est incontestable que tout mouvement imprimé à une solution de continuité, toute action mécanique sur elle, ne peuvent que troubler le travail réparateur qui doit rétablir l'intégrité de la partie lésée. Si donc on possédait un pansement qui pût empêcher complétement ou réduire à très-peu de chose la suppuration, ce pansement devrait être fait une fois pour toutes et n'être levé qu'après la cicatrisation complète ou presque complète. Or, ce pansement existe, et c'est celui que j'ai décrit et appliqué le premier. On devra donc panser, comme je l'ai dit, toute plaie récente ou même toute plaie datant déjà de quelque temps, mais ne suppurant qu'à peine, et tant que la plaie ainsi pansée ne causera que peu ou point de douleur, on devra laisser le pansement en place et la partie blessée dans le plus grand repos possible.

Quand, au contraire, on aura à traiter une plaie suppurant en abondance, ou dont la suppuration, quoique faible, sera de mauvaise nature, répandra une odeur fétide, on renonvellera le pansement aussi souvent qu'il sera nécessaire pour détruire la mauvaise odeur et ramener la plaie à des conditions simples, et alors seulement, on appliquera un pansement qu'on ne renouvellera plus qu'en cas de complication manifeste ou présumée.

Si les pansements qui sont bons pour la chirurgie militaire ne peuvent être mauvais pour la chirurgie civile, il arrive souvent, en temps de guerre, qu'on ne peut faire sur des champs de bataille des pansements qu'on ferait à l'ambulance ou à l'hôpital, et il arrive malheureusement aussi, — on ne l'a que trop vu dans la dernière guerre, — que des blessés sont laissés pendant un et même plusieurs jours sur le champ de bataille, sans recevoir aucun secours, par conséquent sans être pansés. J'avais prévu le cas au début de la campagne, et j'avais expliqué comment, avec quelques compagnies d'infirmiers intelligents et des flacons d'eau phéniquée, on pourrait suppléer à l'insuffisance du personnel médical et rendre d'immenses services aux pauvres blessés, en maintenant sur leurs plaies, jusqu'à leur transport dans les ambulances, des compresses ou, au besoin, un linge quelconque sur leurs blessures. Aucun compte n'a été tenu de mes avis et aucun usage n'a été fait des flacons que j'avais offerts à la Société, et qui étaient disposés exprès pour le but auquel je les destinais, et pour introduire dans la chirurgie militaire une innovation qui aurait sauvé un grand nombre d'hommes (1). Peut-

(1) A l'appui des considérations que j'ai fait valoir au début de cet article, j'aurais pu ajouter une foule de témoignages qui accusent notre administration et notre service de santé militaire. Je me bornerai au suivant :

« M. le professeur Jossel attribue la mort de *un quart* des blessés français aux moyens de transport défectueux et au *manque d'un premier pansement*. Il dit qu'à Haguenau, on lui a amené *beaucoup de blessés* qui avaient passé *deux* nuits sur le champ de bataille ; il en vit arriver un qui n'avait pas été pansé *du 6 au 11 août* !

» Ajoutons que le fait mentionné par M. Jossel n'a rien d'étonnant : pareille incurie s'est montrée entre Pont-à-Mousson et Metz, après les batailles des 14, 16 et 18 août 1870. Nous avons vu des blessés relevés à Gravelotte et transportés dans les établissements de Pont-à-Mousson, qui avaient passé deux jours sur le champ de bataille, puis avaient fait le voyage et avaient été déposés dans les hôpitaux provisoires, sans avoir même eu un premier pansement ! » (Rapport sur les trav. de la Soc. de méd. de Strasb. pendant les années 1870-71 ; *Gazette médicale de Strasbourg*, 1872.

Nous savons que les mêmes faits se sont passés sous les murs de Paris. Mais les

être nos soldats seront-ils plus heureux à la prochaine guerre, si la chirurgie officielle se décide à ouvrir les yeux et tendre les oreilles pour autre chose que pour voir le mât de cocagne des décorations et écouter les « convenances confraternelles. »

Modifications qu'exigent certaines régions ; amputation des doigts par l'acide phénique.

J'ai recommandé le pansement à demeure, toutes les fois qu'une communication ne s'y opposait pas ; mais il tombe sous le sens que certaines régions, telles que les environs de l'anus, de la verge et de la bouche, ne se prêtent point à l'application de ce principe. Y a-t-il, dans ces cas, d'autres modifications à faire au pansement, autres que celle de le renouveler chaque fois que l'exercice d'une fonction a obligé de le lever ? Le besoin de faire un peu de neuf a inspiré à M. Verneuil une idée heureuse. Voici en quels termes il l'a fait publier dans un journal : « Pour les amputations et plaies des membres, c'est assez généralement le pansement à la ouate que M. Verneuil a adopté ; pour *certains* (?), les bains tièdes prolongés. Dans des régions comme la face, le pansement à la ouate est impossible ; au sein, il est difficile et pénible en été. M. Verneuil adopte alors une méthode très-simple : sur les plaies une gaze simple ou double est appliquée, et par-dessus un taffetas gommé ; puis, trois ou quatre fois le jour, sans déplacer la gaze, on projette avec un appareil à pulvérisation du liquide ainsi composé :

Eau............. 1,000 grammes
Eau-de-vie....... 200 —
Acide phénique.. 2 à 10 —

» Cette dernière proportion d'acide phénique (2 grammes),

chirurgiens de Strasbourg, qui gourmandent avec raison l'intendance militaire, n'ont pas plus que ceux de Paris appliqué la médication phéniquée, qui aurait atténué, dans une grande proportion, les déplorables conséquences de l'incurie administrative ; en sorte que les deux incuries se sont donné la main pour le malheur des pauvres blessés.

suffisante dans beaucoup de cas, peut être élevée suivant les indications.

» C'est un procédé simple, non douloureux, à l'aide duquel sont évités tout séjour du pus et toute irritation de la plaie. Dans de grandes plaies du cou, le résultat en était excellent. »

Si l'on demandait à l'ingénieux novateur en quoi ce procédé est plus simple que celui qui panse les plaies avec de la charpie, pourquoi il met 200 grammes d'eau-de-vie dans les 1,000 grammes d'eau, quelles sont les indications qui doivent faire varier la proportion d'acide phénique, comment cette plaie recouverte d'une gaze (laquelle gaze est renouvelée d'une foule de grecs), se débarrasse plus facilement du pus qu'une plaie qui n'est recouverte de rien, et, enfin, pour quels motifs il préfère au lavage à l'eau phéniquée, les pulvérisations phéniquées que j'ai employées le premier pour des indications déterminées, et que M. Verneuil m'a empruntées en paraissant ne les avoir pas comprises, il répondrait probablement qu'un professeur officiel est un oracle qu'on doit écouter, deviner et non comprendre ni interroger ; à quoi les gens irrespectueux envers les oracles pourraient répliquer que lorsqu'ils n'ont que des... inutilités à dire, les oracles feraient beaucoup mieux de se taire.

Voici un oracle qui, sur un trépied moins haut que celui de M. Verneuil, rend cependant, d'habitude, de meilleures sentences que celles de son confrère de Paris ; mais cette fois, il faut le reconnaître, l'oracle de Lyon, l'honorable M. Ollier, n'a pas été beaucoup mieux inspiré que M. Verneuil.

On se rappelle ce que j'ai dit, à propos des observations publiées un peu légèrement par M. Tillaux, de trois cas de gangrène des doigts attribuée à l'acide phénique ; sans adopter avec autant de confiance que l'honorable chirurgien l'étiologie des accidents qu'il avait observés, j'ai fait remarquer, cependant, que l'application de l'acide phénique devait être faite avec prudence sur les doigts et les orteils. Deux faits nouveaux, observés par M. Ollier et qui méritent d'être connus, justifient, jusqu'à un certain point, nos appréhensions, sans rien prouver, toutefois, contre l'emploi rationnel de l'acide phénique. Voici ces faits :

« Mlle L..., âgée de 13 ans, appartenant à un pensionnat des environs de Lyon, est amenée, en septembre 1871, dans le cabinet de M. Ollier. En s'amusant, une huitaine de jours auparavant, elle s'était introduit, au-dessous de l'ongle de l'index, une écharde de bois. On n'eut rien de plus pressé que d'introduire le bout du doigt de l'enfant dans un flacon rempli à moitié d'une solution d'acide phénique déliquescent (1).

» L'immersion fut en quelque sorte instantanée, le temps d'introduire le doigt et de le sortir. L'enfant n'avait éprouvé aucune douleur. On appliqua ensuite sur le doigt une compresse imbibée de cette solution » — (qui n'était pas une solution puisque l'acide n'était censé que déliquescent).

» Le lendemain, la partie immergée avait une teinte grisâtre, exsangue; une ligne de démarcation commençait à s'établir entre le mort et le vif. Vers le quinzième jour, il était noir, sec, racorni, comme momifié.

» M. Ollier attendit la séparation de la partie gangrenée, et 35 jours après, il régularisa avec une cisaille l'extrémité de la phalange qui ne pouvait être recouverte par la peau. »

Voici le second fait :

« Mathère, âgé de 23 ans, menuisier, entre à l'Hôtel-Dieu de Lyon, service de M. Ollier, le 2 juin 1871.

» Ce jeune homme se fit, il y a deux mois, avec une scie, une petite plaie de la pulpe de l'index empiétant un peu sur l'ongle. On appliqua immédiatement sur la plaie de la charpie imbibée de phénol Bobœuf.

» Ce mode de pansement fut continué pendant dix jours, et depuis le malade a employé des cataplasmes.

» L'extrémité de l'index est, au moment de son entrée, d'un noir foncé; elle est racornie, en un mot frappée de gangrène sèche; une légère traction paraît devoir la détacher.

(1) Il est écrit que presque tous les médecins, même des plus distingués, ne pourront parler de l'acide phénique, sans commettre quelque solécisme ou tout au moins quelque barbarisme chimique ou physique. Est-il nécessaire de dire que « *solution d'acide phénique déliquescent* » n'a aucun sens? Il est probable que M. Ollier a entendu parler d'acide phénique rendu liquide par un peu d'eau ou d'alcool.

» L'articulation de la dernière phalange est largement ouverte ; la mortification ne s'étend pas au delà.

» Le 6 juin, M. Ollier enlève le bout de l'index momifié, et, afin d'avoir une cicatrice plus solide, résèque l'extrémité de la deuxième phalange.

» Comme la *pourriture d'hôpital* sévissait dans la salle (1), nous fîmes immédiatement de l'occlusion inamovible.

» La main et l'avant-bras furent entourés de couches épaisses de coton, par-dessus lesquelles on appliqua un bandage silicaté destiné à obtenir une immobilité complète.

» Le 12, départ volontaire du malade. Il n'a jamais souffert depuis son opération. On lui laissa son bandage en lui recommandant de ne point l'enlever, s'il ne ressent point de douleur. »

Dans les remarques qui accompagnent ces observations, il y en a qui appartiennent à M. Ollier ou à son reporter, ce qui est la même chose, et il y en a qui appartiennent au *Bulletin de thérapeutique* de Paris, qui les a publiées. Commençons par ces dernières :

« Les deux observations que nous publions aujourd'hui, dit l'honorable rédacteur du *Bulletin*, sont une nouvelle preuve des dangers dus à l'emploi inconsidéré de l'acide phénique dans le pansement des plaies. »

Ces remarques sont brèves, mais, malheureusement, pas aussi heureuses que brèves. Il eût été bien de faire remarquer aux lecteurs du *Bulletin de thérapeutique*, qui, je suppose, sont des médecins, que l'emploi inconsidéré de l'acide phénique peut causer des accidents, si c'étaient des médecins qui eussent ainsi employé l'acide phénique ; mais comme ce sont des malades qui l'ont appliqué eux-mêmes, l'avertissement de M. le rédacteur du *Bulletin* ne va pas à son adresse. Mais voici ce qu'il eût été bon de dire aux lecteurs du *Bulletin* : Si la drogue à composition variable, dite phénol-Bobœuf, n'était qu'une solution d'acide phénique définie, ou était une solu-

---

(1) N'est-il pas déplorable que dans un grand service d'hôpital, dans une ville de progrès comme Lyon, un chef de service de la valeur de M. Ollier ait, en 1872, des salles dans lesquelles *sévit la pourriture d'hôpital ?* Espérons que ce livre aura au moins la bonne fortune de faire disparaître une telle complication.

tion, définie également, d'un phénate, — qui n'existe pas, — l'emploi qui en a été fait par le malade n'aurait eu rien d'inconsidéré ; mais le phénol-Bobœuf est une composition informe, et qui, tout informe qu'elle est, n'en est pas moins prescrite, à l'extérieur ou à l'intérieur, par quelques médecins qui ne se donnent pas la peine de se renseigner sur les drogues qu'ils prescrivent, et qui manquent ainsi à leur premier devoir. D'autres médecins, pour se distinguer du commun, prescrivent l'acide phénique sous la dénomination de *phénol*, et ils provoquent par cette manière niaise de se singulariser, une confusion qui peut nuire à leurs clients. Ceux-ci ne remplissent guère mieux que les autres leurs obligations professionnelles. — Si l'honorable rédacteur du *Bulletin* avait ainsi parlé, il aurait pu être utile à quelqu'un ; tandis que telles qu'il les a présentées, ses remarques ne peuvent être que stériles. Passons maintenant à celles de M. Ollier.

« De tels faits, dit le représentant de M. Ollier, portaient avec eux leur enseignement : ils pouvaient faire craindre, chez l'homme, dans le cas d'amputation de membre, par exemple, des accidents semblables. Toutefois, pour des amputations de doigt, d'orteil, l'immersion dans un bain d'acide phénique peut être employée sans danger, si l'on a soin surtout d'appliquer une ligature au-dessus de la partie dont on désire amener la mortification. »

J'avoue ne rien comprendre à la première partie de ces remarques : je ne sais pas de quelle façon M. Ollier peut entendre que dans le cas « d'amputation de membre, » il pourrait se produire un accident « semblable, » c'est-à-dire, probablement, *analogue* à celui de la jeune L..., c'est-à-dire, enfin, la gangrène du membre ! M. Ollier a-t-il voulu dire que, dans un cas d'amputation de membre, il ne faut pas plonger le moignon dans une « solution d'acide phénique déliquescent ? » Nous craignons d'approfondir cette question de peu d'intérêt. — Quant à cet autre enseignement qui résulterait des deux faits observés par M. Ollier, à savoir, l'avantage de pratiquer l'amputation des doigts et des orteils par l'acide phénique, même « dans les cas où l'on doit rejeter une intervention sanglante, » j'avoue que c'est un enseignement que je n'aurais jamais cru M. Ollier capable de tirer de pareils faits, et encore moins de mettre cet enseignement en pratique. M. Ollier rapporte, en effet, dans le même travail un cas de tentative malheureuse ou tout au moins infructueuse d'amputation d'orteil par immersion dans l'acide phénique, sans même que l'intervention sanglante fût interdite, puisque M. Ollier y a eu recours, après l'insuffisance de l'acide phénique. Cette tentative avait pourtant été faite après des expériences exécutées sur des lapins par M. Viennois, collègue de M. Ollier, et dans lesquelles on avait obtenu la gangrène des pattes de ces animaux, limitée à la portion de membre immergée. Le même expérimentateur a aussi tué des poules par intoxication générale, en trempant seulement leurs pattes dans l'eau. Ces expériences sont curieuses, mais je crois qu'on devait se borner à les considérer comme telles et s'abstenir d'en faire des applications aux amputations et aux plaies de l'espèce humaine.

Par opposition aux faits qui peuvent faire craindre les pansements à l'acide phénique dans les plaies des extrémités, je pourrais citer un fait publié par M. John Rose, chirurgien de l'hôpital de Chesterfield; il s'agit d'une section par une scie mécanique du petit doigt et de l'annulaire, et d'une luxation avec plaie et dénudation des os du pouce de la même main, promptement guéris « par l'acide phénique; » mais comme l'auteur ne dit pas sous quelle forme l'acide phénique a été employé, je crois pouvoir me dispenser de donner plus de détails sur ce fait. Je ferai seulement remarquer que M. John Rose s'indigne éloquemment de l'opposition, obstinée, paraît-il, que certains médecins anglais font à la *méthode de Lister* (voir *Moniteur scientifique,* 1er juillet 1870); mais il n'a pas l'air de se douter le moins du monde que la méthode de Lister est née et a été mise au jour à Paris, rue Oudinot, par le docteur Déclat, en présence de MM. les docteurs Gros et Maisonneuve, avant que M. Lister eût songé à l'emploi médical ou chirurgical de l'acide phénique; ignorance dont M. John Rose est bien excusable, puisque les chirurgiens de Paris la partagent ou, qui pis est, feignent de la partager.

Tandis que la peau du visage, même la plus fine, est peu susceptible à l'action de l'acide phénique (voir ci-dessus,

art. *Couperose*, p. 262), les yeux y sont au contraire d'une
susceptibilité extrême; c'est donc avec beaucoup de prudence
qu'on devra prescrire des topiques phéniqués sur les plaies
qui avoisinent l'œil, quoiqu'on puisse employer des collyres
phéniqués avec avantage, ainsi que nous l'avons dit à l'article
Ophthalmie.

Des complications des plaies.

Les plaies, ai-je dit, à moins que d'occuper une immense étendue, sont rarement par elles-mêmes des lésions graves, et encore, lorsqu'elles sont très-vastes, la gravité est toujours le *produit* d'un traumatisme qui ébranle l'organisme jusque dans ses
profondeurs, traumatisme ou ébranlement au milieu duquel la
plaie devient elle-même, malgré son étendue, un phénomène secondaire. C'est donc par leurs complications que les plaies deviennent graves, et ce sont ces complications qui doivent être
prévenues et qui le sont presque toujours, par les pansements
que je viens de décrire. Il peut arriver, cependant, que malgré
ces pansements, les complications ne puissent être évitées dans
tous les cas, et il faut, alors, combattre les complications elles-
mêmes. Il n'entre pas dans le plan de ce travail de décrire en
détail chacune de ces complications; mais il est d'autant plus
indispensable d'en bien déterminer le caractère général et
spécial, que depuis la rédaction de l'article *Infection purulente*,
la plus grave comme la plus fréquente de ces complications,
des tentatives ont été faites par des professeurs officiels, pour
replonger dans le chaos des vérités utiles et d'un ordre élevé,
que les recherches ingénieuses et patientes de plusieurs excellents esprits étaient parvenues à en dégager.
Il y a trois ans à peine, tous les chirurgiens considéraient
comme autant de complications distinctes, outre les hémorrhagies dont nous n'avons pas à nous occuper ici, la fièvre
traumatique, l'érysipèle traumatique, la pourriture d'hôpital,
la gangrène, l'infection purulente et l'infection putride; on
était arrivé, après beaucoup de tentatives et de discussions, à
s'entendre, enfin, sur tous ces états, sauf le dernier peut-être;

on y était arrivé par des travaux dont la France avait fait à peu près tous les frais.

L'Allemagne et, à sa remorque, le professeur Verneuil ont cru devoir changer tout cela : dans une discussion interminable, qui a eu lieu à l'Académie de médecine, et où la tour de Babel et l'Apocalypse semblaient s'être donné rendez-vous, M. Verneuil a brillé par son ardent amour pour la science allemande, et par son imperturbable assurance à parler de ce qu'il ignorait absolument ou à peu près. Mais ces deux mérites ont encore été surpassés par celui d'une invention qui a dû stupéfier les chimistes, celle d'un principe immédiat nouveau, la *sepsine*. Qu'est-ce que la sepsine ? La sepsine est un virus traumatique qui s'introduit ou plutôt que l'absorption introduit dans le sang et qui cause la *septicémie*, laquelle septicémie remplace la pourriture d'hôpital, la gangrène, l'érysipèle traumatique, l'infection putride, l'infection purulente et la fièvre traumatique, lesquels sont abolis. Mais, cette sepsine, quels en sont les caractères chimiques, physiques ou physiologiques ? nul ne le sait ; qui l'a vue ? personne ; sur quoi la probabilité de son existence s'appuie-t-elle ? sur rien ; mais alors pourquoi l'admettre ? parce que M. Verneuil suppose que l'invention réjouira la science allemande, et c'est bien suffisant... pour M. Verneuil.

Est-ce pour le même motif que M. Verneuil a aboli l'infection purulente ? au fond, cela paraît admissible, mais dans la forme M. Verneuil a donné les motifs de son décret ; seulement, ils sont mauvais.

Le premier de ces motifs, c'est que l'infection purulente n'a pas de caractère pathognomonique, ce qui signifie que M. Verneuil connaît le caractère pathognomonique de tous les êtres abstraits ou concrets, depuis le cancer jusqu'à la fièvre typhoïde, et depuis l'*homo sapiens* jusqu'à l'écrevisse, l'écrevisse surtout que M. Verneuil doit bien connaître, car il paraît bien y avoir entre elle et lui quelque degré de parenté ; M. Verneuil connaît donc ce caractère pathognomonique de tous les êtres de la création ; seulement, il le garde pour lui.

Le second motif, c'est que, comme « *tous les empoisonnements, la septicémie peut être foudroyante.* » — Il est probable que

M. Vernenil a les mains pleines d'observations d'empoisonnements *foudroyants* causés par la potasse, la soude, l'acide sulfurique, les sels de plomb, de cuivre, l'acide arsénieux, etc., mais il garde encore ces observations pour lui, dans la crainte sans doute qu'on n'accorde plus de crédit à ses raisons qu'à son autorité, car c'est surtout à l'autorité qu'un professeur doit tenir (1).

Enfin, M. Vernenil a une troisième preuve de l'existence de la *sepsine*, c'est qu'il a découvert encore la *phlegsine*, découverte qu'il se serait bien gardé de faire, si la première n'avait été hors de doute; ce n'est pas précisément ainsi que le subtil

---

(1) M. Verneuil donne pourtant une raison de l'action foudroyante de la sepsine, sinon de l'arsenic, et cette raison doit être connue : « Quelquefois, dit M. Verneuil, la septicémie traumatique est foudroyante, » et la preuve, c'est qu'à un charretier apporté à l'hôpital, ayant une fracture comminutive de la jambe droite compliquée de plaie, et une fracture du fémur du même côté avec issue du fragment supérieur et attrition considérable des parties molles, le tout compliqué d'un grand abattement moral, on « pratiqua *immédiatement* l'amputation, qui donna lieu à une perte considérable de sang (1,000 grammes environ), à *syncope* pendant les ligatures, » et à la mort, non pas tout à fait pendant l'opération, mais seulement *vingt-deux* heures après ; ce fut un empoisonnement *foudroyant* par la sepsine, prétend M. Verneuil ! Quant à tout homme non dépourvu de sens commun, il prétendra qu'il serait difficile de trouver un exemple plus clair d'assassinat chirurgical. Cependant la guerre de 1870 en a fourni des exemples plus frappants encore, s'il est possible; il y a des blessés, et des blessés qui n'avaient même pas été opérés par M. Richet, qui sont morts à peu près sous le couteau, une heure et deux heures après l'opération ! — Et voilà des chirurgiens qui font des leçons sur les devoirs professionnels et qui repoussent l'acide phénique, ou qui l'emploient comme M. Verneuil! Comment se défendre d'un sentiment d'indignation contre cette frénésie d'opérer à la vapeur, quand on connaît ces statistiques instructives, mais honteuses pour la chirurgie officielle, dressées par M. le Dr Chénu, et qui ont établi des résultats comme les suivants, par exemple :

Les fractures de cuisse *abandonnées aux forces de la nature* ont donné	en Crimée 35	morts p. 100.
	en Italie 58	
Les mêmes fractures *suivies d'amputations* ont donné	en Crimée 92	
	en Italie 64	

(CHÉNU, *Statist. méd., chir.* des camp. de Crimée et d'Italie.)

Et dire que devant de pareils chiffres, pas un mais presque tous les chirurgiens officiels, suivant l'exemple du professeur Richet et consorts, se hâtent d'opérer les blessés au déboîté, avant même que les familles soient informées de la blessure d'un des leurs, comme si la chirurgie, complice de l'ennemi, ne poursuivait d'autre but que d'empêcher nos défenseurs de survivre à leurs blessures ! Quelles réformes profondes exige un tel état de choses !

professeur formule sa preuve, mais c'est bien ainsi qu'on en exprime la véritable pensée.

Quelque triomphantes que fussent les raisons de M. Verneuil, tous les officiels ne les ont pas goûtées; mais à ceux qui ont montré quelque répugnance pour elles, il adresse fièrement l'apostrophe suivante : « Que diriez-vous d'un nosographe qui, ayant à décrire et à classer la pneumonie, ne s'occuperait que du troisième degré de la maladie et qui définirait la pneumonie : *la suppuration du poumon ?* ..... Eh bien, cette erreur grave, on l'a toujours commise et on la commet encore aujourd'hui *pour* l'infection purulente. On taille dans le bloc des accidents traumatiques et des complications des plaies, une forme à contours indécis, sans caractères déterminés, et on lui impose un nom. » A cette question, les apostrophés ont répondu par des discours plus ou moins apocalyptiques; ils auraient mieux fait d'y répondre par cette autre question : « Que penserait M. Verneuil d'un prétendu nosographe qui, ayant à traiter quatre malades atteints, à la suite d'une sieste au bord d'un marais, l'un d'une dyssenterie, l'autre d'une pleurésie, le troisième de la fièvre quarte et le quatrième d'un rhumatisme, décrirait ces quatre maladies comme des périodes d'une seule et même affection, causée par une *paludine* quelconque ? M. Verneuil penserait sans doute que ce nosographe ferait mieux de gâcher du plâtre que de gâcher de la nosographie ; mon avis est que, cette fois, M. Verneuil aurait raison. Ce n'est pas qu'il y ait, sûrement, autant de distance entre la fièvre traumatique et la fièvre purulente qu'entre la fièvre intermittente et la pleurésie; mais la distance fait peu de chose à l'affaire; quelle qu'elle soit, elle existe, et cela suffit pour qu'aucun nosographe qui ne fait pas de la fantaisie la base de ses classifications, ne puisse méconnaître que l'érysipèle traumatique, la fièvre du même nom, la pourriture d'hôpital et l'infection purulente ne soient des maladies distinctes. M. Chauffard a soutenu ces vérités contre M. Verneuil; mais à côté de quelques bonnes raisons qu'il a données, il y en a tant de mauvaises, et tant d'autres qui ne sont ni bonnes ni mauvaises, parce qu'elles sont inintelligibles, que la question n'a pu sortir qu'entourée de brouillards de cette discussion. Ce n'est pas ici le lieu de réfuter à fond la doctrine, si doctrine il y a, de M. Chauffard, pas plus que celle de M. Verneuil, mais il est nécessaire de signaler au moins quelques-unes de ses principales erreurs, celles qui nuiraient, si on leur accordait quelque crédit, au salut des malades, et celles qui sont à la fois une fausse appréciation des méthodes scientifiques et un déni de justice pour la science française, que M. Chauffard a cependant voulu défendre contre M. Verneuil. Parlons d'abord de ces deux derniers points de vue :

M. Chauffard commence par se défendre de ne pas fonder ses « *démonstrations* » (il n'a, certes, jamais su ce que signifie démonstration) « sur des bases aussi nettes, je dirai presque aussi grossières que le fait d'une injection dans les veines d'un chien. » Voilà une accusation qui ne manquerait pas de hardiesse s'adressant à des gens grossiers comme Gaspard, Leuret, Legallois, Magendie, MM. Claude Bernard (car il ne faut pas oublier que M. Cl. Bernard avait essayé un des premiers les injections de pus dans les veines), Sédillot, Ducrest et de Castelnau, etc., etc.; mais heureusement que M. Chauffard n'attaché lui-même aucune importance à son accusation, car, aussitôt après l'avoir lancée, il revendique, à l'honneur de la science française, les découvertes de MM. Pasteur, Claude Bernard, Chauveau, voire même celles moins glorieuses faites sur la syphilis et qui, toutes, sont fondées sur des expériences qui ne sont pas moins « grossières » que l'injection de diverses substances dans les veines ou dans le tissu cellulaire des animaux, expériences que M. Chauffard ne connaît nullement d'ailleurs; peut-être connaît-il celles des Allemands, parce qu'en a dit M. Verneuil, peut-être aussi parce qu'elles annoncent des faits certainement inexacts ou mal interprétés. Si M. Chauffard avait connu les expériences dont il a parlé, il n'aurait pas plus qualifié de grossières les unes que les autres, et il n'aurait pas avancé des faits que ces expériences ont démontrés être absolument faux, comme par exemple les suivants (1) : On nous présente comme preuves que « les injec-

(1) Il n'aurait pas non plus fait l'éloge suivant des expériences admirables de

tions de pus, répétées dans les veines d'un chien, amènent à leur suite des hyperhémies partielles, des infarctus hémorrhagiques; et n'eût-il pas été surprenant que de tels *infarctus* eussent fait défaut après les injections de pus, alors qu'on les rencontre après les injections contenant des poudres impalpables et inertes ? » C'est cette confusion que M. Chauffard emprunte aux expériences allemandes, mais qui n'appartient point à la science française : il est faux que les liquides putréfiés, que la lymphe, que la sérosité du sang, que la partie liquide du pus même, que les poudres impalpables, que le mercure coulant, etc., etc., produisent les mêmes infarctus *ni les mêmes symptômes* de réaction que le pus, et encore moins des abcès multiples. La science allemande a pu avancer ces erreurs; mais les expériences de Gaspard et de Legallois, celles de MM. Ducrest et de Castelnau plus tard, et, enfin, celles de M. Sédillot, que M. Chauffard n'a pas lues ou n'a pas comprises, non plus que son contradicteur M. Verneuil, ont prouvé que les injections de pus, c'est-à-dire des globules du pus (dont l'action spéciale n'a pas été découverte par M. Chauveau, comme le dit M. Chauffard, mais par MM. Ducrest et Castelnau) produisent seules l'infection purulente avec toutes ses lésions et tous ses symptômes, autant qu'il peut y avoir de similitude entre les phénomènes réactionnels du chien et ceux de l'homme. Ces symptômes et ces lésions sont produites aussi bien par le pus frais et de bonne nature que par le pus altéré, spécifique ou commun ; c'est donc le pus et pas autre chose qui produit les abcès multiples. Quand M. Verneuil aura fait de sa *sepsine* et de sa *phlegsine* autre chose qu'une création fantastique, quand il la tiendra dans un verre à expériences, autre que celui qui se loge dans sa brillante imagination, on verra ce que produiront les injections de ces principes germaniques ;

M. Pasteur, et dont la netteté ou la grossièreté, suivant le mot de M. Chauffard, répond peu à l'obscur panégyrique qui suit : « Les travaux sur les ferments de M. Pasteur n'ont-ils pas *renouvelé le plus obscur problème* de la vie élémentaire, et donné comme une fonction essentielle au monde des infiniment petits, qui enveloppe et presse le grand monde de la vie générale ? » J'avertis que je cite textuellement cet éloge que l'esprit si limpide et si français de M. Pasteur trouvera, je le crains bien, un peu allemand. Enfin, l'intention est bonne pour l'expérimentateur et pour les expériences; c'est déjà quelque chose.

jusque-là, on fera bien de les laisser dans le pays des brouillards, d'où il est pour le moins étrange qu'un professeur de la Faculté de Paris ait cru devoir les extraire. Il faut avoir un amour bien immodéré du bruit pour en faire au prix de tels emprunts, et pour sacrifier avec autant de gaieté de cœur la vraie science nationale à une fausse science exotique. Si, au lieu d'oublier ou de méconnaître des expériences françaises, aussi remarquables de conception que concluantes, on avait cherché à les étendre et à en déduire des applications pratiques utiles aux malades, on aurait mieux employé son temps qu'à imaginer des poisons chimériques ou à forger de creuses théories; c'est ce à quoi, pour mon compte, j'ai borné mon ambition.

Amené par des considérations générales que j'ai plusieurs fois mentionnées et exposées complétement dans l'introduction de cet ouvrage, à considérer la suppuration comme une sorte de fermentation, et toute fermentation comme le résultat de l'action de germes vivants, j'appliquai au traitement des plaies le traitement que j'ai suffisamment fait connaître. Le résultat de ce traitement a été que, depuis plus de dix ans, j'ai enlevé beaucoup de seins, j'ai fait trois amputations de jambe, une de bras, une quantité considérable d'amputations partielles ou totales de doigts et d'orteils, un grand nombre d'ablations de polypes et d'hémorrhoïdes, que j'ai fait une foule d'opérations de fistules, ouvert quantité d'abcès, pansé des centaines de plaies et que je n'ai pas observé un seul cas d'infection purulente, sauf les cas de péritonite puerpérale dont j'ai parlé, maladie qui n'est pour moi qu'une forme de l'infection purulente. Je n'ai donc pu appliquer à cette infection la médication curative phéniquée que je pensais devoir lui convenir; mais j'ai pu en poser d'avance les principes, et j'ai eu la satisfaction de voir ces principes appliqués, non-seulement dans les trois ambulances de Paris, dont j'ai fait connaître les résultats statistiques, mais encore dans un hôpital de Vienne dont mon savant confrère, le docteur Mosétig, est chirurgien. Quoique cet habile opérateur évite, à peu près sans exception, toute complication des plaies, par l'application du pansement que j'ai décrit, il observe cependant à l'hôpital, quelques cas très-rares de ces complications ; mais ces complications sont combattues à leur tour avec succès par l'association de la médication phéniquée interne à la médication externe. À la date de fin décembre 1872, je recevais de M. le professeur Mosétig de Vienne, une lettre contenant l'exposé du fait suivant dont tout le monde comprendra l'importance :

» J'ai eu dernièrement l'occasion d'expérimenter les injections phéniquées (sous-cutanées) dans un cas de pyohémie simple — (cette maladie, vous le savez, est très-rare dans mon service). — Il s'agissait d'un malade atteint de fracture compliquée des deux mâchoires. Les symptômes d'infection se manifestèrent, le 10e jour après la blessure, par des frissons réitérés, un mouvement fébrile, et une température de 39 à 40° cent., et un pouls variant de 120 à 150 ; il y avait en outre de la tuméfaction de la rate, une teinte ictérique légère, et de la biliverdine dans l'urine. J'administrai un gramme d'acide phénique par jour en injections sous-cutanées d'une solution à 5 p. 100 ; les injections de cette solution furent parfaitement supportées, et ne déterminèrent aucune apparence de phlegmon. Mais en revanche, dès le même soir, la température tomba à 37° ; la langue devint humide, le malade se sentit bien, et il dormit la nuit. — Je renouvelai ces injections pendant 8 jours, et les cessai croyant le malade hors de danger. — Mais au bout de quelques jours, les symptômes d'infection se reproduisirent ; la langue devint sèche et cornée, la soif vive, l'appétit nul ; le pouls était à 140 et la température à 40 ; des frissons irréguliers reparurent, ainsi que la teinte ictérique. — Je recommençai les mêmes injections qui ne furent pas moins bien supportées, et tous les symptômes se dissipèrent graduellement. Ne voulant pas m'exposer à une nouvelle rechute, je continuai pendant quelque temps les injections à 50 centigr. seulement par jour. Aujourd'hui, le malade va très-bien.

» J'ai fait de plus l'expérience que l'acide phénique donné par l'estomac n'a pas une action aussi prompte qu'en injections, et qu'il est éliminé beaucoup plus vite par les urines..., » etc.

Je serai sobre de remarques sur ce fait important, qui vient confirmer d'une manière si heureuse les prévisions que j'ai émises dans l'article *Fièvre purulente*. Je ne puis, cependant, me dispenser de faire observer la dose élevée et le degré relativement concentré de la solution injectée par mon savant confrère. Dans le cas *in extremis* de fièvre typhoïde dont j'ai rapporté ci-dessus l'observation (Voir article *Fièvre typhoïde*), j'ai exprimé le regret de n'avoir pas porté à 5 p. 100 la solution phéniquée injectée à ce malade ; après l'observation de M. Mosétig, mon regret devient plus grand ; c'est un enseignement que ceux qui liront ce livre ne doivent pas perdre de vue et que, pour mon compte, je n'oublierai pas, à l'occasion.

Veut-on savoir quel traitement les orateurs officiels, M. Chauffard, par exemple, opposent à celui qui produit de tels résultats ? qu'on lise les lignes suivantes : « Un bon pansement, pour répondre aux indications essentielles, doit calmer d'abord toute douleur et assurer le calme pendant tout le temps de son application ; il doit prévenir ou éteindre toute inflammation, maintenir une température douce et constante ; être rare, car tout nouveau pansement est une cause de fatigue, de douleur, de refroidissement — (pas au Sénégal, cependant, ni généralement à Paris, au mois de juillet) ; — « il doit contenir dans de justes limites la suppuration, et lui valoir » — (lui valoir vaut son pesant d'or !) — « une apparence louable ; et, enfin, garantir la plaie contre tous les chocs et tous les mouvements douloureux auxquels peut être exposée la partie blessée. » Ce qui veut dire, à parler net, qu'un pansement, pour être bon, doit être bon, et que pour guérir, il doit guérir ! Mais est-ce tout, direz-vous ? est-ce que le professeur ne dit pas *avec quoi* il faut calmer, *avec quoi* il faut éteindre l'inflammation, *avec quoi* il faut « valoir une apparence louable au pus, » *avec quoi*... etc.? hélas ! non, le professeur ne dit rien de cela. Et ne dit-il pas non plus avec quoi il faut traiter l'infection, si, par impossible, un bon pansement n'avait pas de bons effets ? car, enfin, le pansement d'une plaie n'est pas le traitement de l'infection purulente ? Il paraît que si fait..., pour les professeurs ; car celui-ci ne parle pas d'autre traitement de l'infection, dont il s'est occupé 220 pages durant, que de celui qui consiste dans un *bon* pansement des plaies. Aussi, est-ce avec ces bons pansements et ces bons traitements que tous les professeurs laissent mourir tous leurs blessés, lorsqu'ils ne les tuent pas, à l'exemple de M. Verneuil, comme dans le cas que j'ai rapporté ci-dessus ; c'est ainsi qu'ils les ont laissé mourir tous, ou à peu près pendant les siéges de Paris, de Metz et de Strasbourg, comme je le montrerai à la fin de cet article.

Dans l'article spécial que j'ai consacré à l'infection purulente, j'avais annoncé que je reviendrais ici sur le traitement préservatif et curatif de M. Chassaignac par l'aconit. On sait que cet honorable chirurgien a annoncé avoir pratiqué, dans Paris, 32 opérations consécutives, sans avoir eu un seul cas d'infection purulente. Je pensais pouvoir me procurer des renseignements sur ces opérations et sur les particularités précises du traitement préventif appliqué. Cela ne m'a pas encore été possible. Je ne puis donc que conseiller d'associer, au besoin, l'usage de l'aconit à celui de l'acide phénique, quoique les résultats annoncés par M. Chassaignac, me paraissent, je dois l'avouer, avoir besoin d'explications. L'aconit a été employé un grand nombre de fois contre la péritonite puerpérale, par exemple, et il a tellement échoué, que tout le monde y a renoncé. Il serait intéressant de connaître les résultats que M. Chassaignac a obtenus pendant le siége. En résumé, ses résultats antérieurs ne doivent pas être oubliés, mais ils ont besoin de confirmation.

Les chirurgiens qui n'ont pas encore adopté les doctrines prussiennes de MM. Verneuil et consorts ont coutume de placer à côté de l'infection purulente une autre infection qu'on désigne sous le nom d'*infection putride*, que Ph. Bérard a le premier bien décrite ou du moins décrite clairement, mais qui nous paraît être encore aujourd'hui une affection ou plutôt un état fort mal dessiné et surtout mal déterminé, ainsi que je l'ai dit précédemment (voir ci-dessus, p. 17 et suiv.). On sait que Bérard l'attribuait à l'absorption par la surface des plaies des gaz résultant de la putréfaction, acide sulfhydrique, ammoniaque, sulfhydrate d'ammoniaque et de quelques autres produits de la putréfaction, indéterminés. Depuis Bérard, on n'a rien ajouté à sa théorie, car on doit, bien entendu, compter pour rien et même pour moins que rien, l'invention de la fameuse *sepsine*, sur laquelle M. Verneuil paraît avoir compté pour monter au Panthéon, et dont l'absorption causerait, suivant lui et les Prussiens, tous les accidents sans exception qui peuvent compliquer les plaies.

Entre autres défauts, la doctrine prussienne avait celui de supposer que toutes les plaies absorbaient les produits de leur sécrétion et faisaient ainsi rentrer dans l'économie les principes devenus poisons qu'elles en avaient expulsés. Cette étrange hérésie physiologique a été réfutée, et même, par extraordinaire, assez clairement, il faut le reconnaître, par M. Chauffard ; j'ai eu moi-même l'occasion de la réfuter d'avance, dans le cours de cet ouvrage : il suffit, pour la juger, de remarquer que si les organes, naturellement ou accidentellement, sécréteurs, résorbaient les produits de leurs sécrétions, il n'y aurait pas de vie possible, puisque, au lieu d'être des émonctoires, les sécrétions et les excrétions deviendraient des foyers d'empoisonnement. Il y aurait beaucoup d'autres objections non moins décisives à opposer à cette théorie de sous-infirmier, mais elles me paraissent parfaitement inutiles à mentionner.

Mais si les plaies, organes sécréteurs accidentels, ne peuvent absorber les produits de leurs sécrétions, ne peuvent-elles absorber ceux qui résultent de l'altération de ces mêmes produits ? Cela paraît évidemment possible (1), probable même, pour peu que ces produits restent en contact avec la plaie. Mais cette condition ne s'observe guère que dans les plaies anfractueuses, dans lesquelles il est très-difficile ou impossible d'empêcher le séjour du pus. Ce serait bien, en effet, dans ces conditions, qu'on observerait presque toujours, d'après Bérard, l'infection putride. Mais, même dans ces conditions, serait-il démontré que cette infection soit due aux gaz ou autres

___

(1) Pour prouver le fait, les expérimentateurs prussiens admirés par M. Verneuil, se sont donné la peine de faire absorber certaines substances par la surface des plaies, telles que l'iodure de potassium. Ils ignoraient probablement, ainsi que leur admirateur, qu'il y a quelque quarante ans, le Dr Lembert avait fondé sur la faculté d'absorption des plaies de vésicatoires, celles qui *à priori* devaient absorber le moins, la méthode dite endémique.

produits de la putréfaction ? Je ne le crois pas ; je ne dis pas que ce ne soit pas, mais cela ne me paraît nullement démontré. Quant aux gaz, leur absorption, si elle a lieu, ne peut guère être assez considérable pour causer des accidents graves ; et quant aux produits de la putréfaction, comme il est certain que celle-ci ne peut s'effectuer que par l'intervention de ferments vivants, il paraît plus probable d'admettre que ce sont ces ferments eux-mêmes qui engendrent et entretiennent l'infection putride.

Quelques officiels, M. Anger entre autres, parlent bien encore « des gaz délétères que contient l'air » (*Pansement des plaies chirurg.*, p. 82) ; mais ils en parlent comme de beaucoup d'autres choses, sans avoir jamais vu ces gaz, sans savoir quels ils sont, sans dire par quels motifs ils en admettent l'existence. Il est vrai que l'infection putride est caractérisée par un ensemble de phénomènes fort différent de celui de l'infection purulente, et je suis bien loin de contester ce fait, sur lequel sont d'accord les observateurs les plus sagaces et les plus attentifs, au nombre desquels je me plais à ranger mon célèbre maître, M. Sédillot, et qu'il était réservé à M. Verneuil et à ses modèles de nier ; mais ce n'est point là un motif de repousser la présence d'un ferment ; cette différence dans les symptômes prouve tout simplement, que le ferment qui produit l'infection putride n'est pas le même que celui qui cause l'infection purulente ; c'est l'histoire de toute la pathologie, à laquelle on ne comprendra rien, tant qu'on ne se sera pas donné la peine d'étudier la doctrine parasitaire et qu'on ne l'aura pas adoptée. Si je n'étais pas obligé de me restreindre, je montrerais à quelles divagations métaphysico-apocalyptiques, après avoir si justement réfuté les hérésies prussiennes, M. Chauffard se livre pour expliquer lui-même ce qu'il ne comprend pas. Qu'il me suffise de dire que la doctrine parasitaire suffit à dissiper tous les brouillards des nosométaphysiciens, comme l'observation clinique suffit à chasser les fantômes grotesques inventés par les chirurgiens cis et transrhénaux.

L'application rationnelle de la méthode phéniquée apportera dans la question un supplément de démonstration qui pourra la résoudre définitivement. Les officiels qui se croient maintenant obligés à parler de l'acide phénique (1), parce que tout le monde en parle, ne l'étudient pas plus pour cela, et tout en méconnaissant ses propriétés les plus précieuses et les mieux démontrées, ils lui en attribuent d'autres, qu'il ne possède en aucune façon ; ils disent donc, comme par acquit de conscience, que pour neutraliser les produits, les odeurs, les gaz fétides, délétères, on peut employer les « *antiseptiques*, les désinfectants, qui détruisent ou modifient les odeurs, tels que l'alcool, l'éther, l'acide sulfureux, *l'acide phénique*, » etc. Ces honorables instructeurs des nouvelles générations médicales

(1) Voici deux petits échantillons qui donneront une idée de la manière dont les chirurgiens officiels, civils et militaires, traitent l'acide phénique en l'an 1872 : Ab duobus disce omnes.

» Les véritables antiseptiques réservés pour la thérapeutique chirurgicale sont presque tous volatils. Nous citerons : l'alcool, l'éther, l'acide sulfureux, les huiles volatiles, les carbures d'hydrogène, tels que la benzine, le pétrole, la créosote, l'acide phénique, les goudrons de bois, de houille, le coaltar, etc. » (ANGER, *Pansement des plaies*, p. 135.)

_ » Les différentes substances que nous venons d'énumérer, continue le judicieux auteur, — qui en est encore à croire que le *goudron de houille* et le *coaltar* sont deux antiseptiques ! — sont *partout* et *depuis longtemps* employées dans la pratique médicale et chirurgicale..... Le médecin et le chirurgien sont seuls appréciateurs du choix de ces diverses substances..... » assez, n'est-ce pas. Du moment que ce savant professeur civil sait que l'acide phénique est *partout* et *depuis longtemps employé*, il sait trop de choses pour qu'on puisse discuter avec lui ; passons au militaire :

» Quant au traitement local de l'infection putride, il consiste à donner un libre écoulement au pus, soit à l'aide de tubes à drainage, soit au moyen d'incisions convenablement disposées. Des injections *détersives* ou stimulantes sont faites dans les foyers purulents avec l'eau chlorée ou additionnée de vin aromatique, d'essence de térébenthine, d'eau-de-vie camphrée, d'acide phénique, de perchlorure de fer en solution plus ou moins diluée... » (LEGOUEST, *Traité de chir. d'armée*, page 149, 2e édition, 1872.)

Ces habiles professeurs, qui laissent le choix entre 10, 20 ou 30 substances réputées antiseptiques, mais qui, faute d'en avoir expérimenté aucune autrement que par les procédés d'une incurable routine, n'en préfèrent aucune, ressemblent exactement à un général qui, trouvant dans des arsenaux des chassepots, des Lefaucheux, des pistons, des fusils à pierre et à mèche, des arbalètes et des massues, dirait : Voilà des armes qui sont toutes excellentes, suivant les circonstances ; que chacun s'arme suivant son goût. Cette comparaison devra plaire au militaire, car elle est exacte, et elle lui apprendra, s'il ne le sait, comment il pratique la chirurgie. Il combat les maladies comme ce général combattrait ses ennemis. Le dernier passage que j'ai cité est d'ailleurs le seul où il soit question d'acide phénique dans un ouvrage en deux volumes ! — L'éclectisme ne vaut pas grand chose en philosophie ; mais en chirurgie et à la guerre, que le grand Demiourgos en préserve les malades et les militaires !

ignorent encore, en 1872, que l'acide phénique ne détruit aucune odeur infecte, ne neutralise aucun gaz méphitique ou délétère, mais détruit seulement les germes ou ferments organisés qui causent la putréfaction de laquelle résulte le dégagement des odeurs et des gaz putrides ; en un mot, l'acide phénique détruit les causes de la putridité, mais non les résultats de la putridité elle-même ; il paraît que cette distinction dépasse la sphère intellectuelle des inventeurs de sepsines, de phlegsines et autres chimérines. La conséquence pratique de cette distinction, c'est que, si l'infection putride était le résultat des gaz ou des produits de la putréfaction, l'acide phénique n'aurait probablement que peu ou point d'action sur elle, tandis qu'il en sera probablement tout autrement, si elle est causée par les ferments putrigènes. J'avoue que je ne puis guère douter que cette dernière alternative ne soit la véritable ; mais comme j'ai toujours été assez heureux jusqu'à présent pour éviter à mes malades l'infection putride, j'attendrai, pour affirmer positivement une opinion, que des faits positifs se soient présentés à mon observation ou à l'observation de quelque médecin capable d'expérimenter judicieusement l'acide phénique.

La *fièvre traumatique*, voilà encore un résultat de ce nouvel alcaloïde, la *sepsine*, à moins qu'elle ne soit la conséquence de sa non moins remarquable congénère la *phlegsine*, auquel cas le commencement d'une maladie serait causé par un poison, la fin par un autre, et probablement le milieu par un troisième, si ce n'est par plusieurs. On sait, en effet, que la fièvre traumatique prussienne n'est que la première période de l'infection purulente, ce qui explique comment en Prusse, — et dans le service de M. Verneuil, — on guérissait beaucoup de fièvres purulentes, même avant l'introduction de l'acide phénique. Aujourd'hui, les guérisons sont moins miraculeuses, puisque, ainsi que je l'ai déjà dit, beaucoup de médecins prussiens se sont empressés d'adopter l'acide phénique. Malgré les victoires de nos ennemis et l'éclat que leur donne la conquête de M. Verneuil, je ne crois pas qu'il soit nécessaire de discuter sérieusement leur doctrine ; il me suffira de dire qu'il n'y a que ceux qui ne savent pas distinguer un orme d'un champignon qui puissent confondre la fièvre traumatique avec l'infection purulente. Ce qu'il y a de plus vrai que ces aberrations d'esprits stériles et remuants, c'est que la fièvre traumatique est causée par un ferment, tout comme l'infection purulente, et par un ferment sur lequel l'acide phénique a toute son action parasiticide. On se rappelle ce que m'écrivait mon savant confrère, le docteur Mosétig, qu'il ne savait presque plus ce que c'était que la fièvre traumatique dans son service d'hôpital, à plus forte raison dans sa pratique civile. J'en suis exactement au même point que lui. Le pansement phéniqué suffit presque toujours pour prévenir le développement de la fièvre, et, quand elle se développe, l'usage de mon sirop phéniqué, accompagné dans les trois ou quatre premiers jours seulement d'une injection sous-cutanée de 5 grammes de solution à 1 p. 100. A moins d'intensité considérable de la fièvre, on n'aura pas besoin d'avoir recours à une solution plus concentrée, comme M. Mosétig a été obligé de le faire dans le cas dont il m'a envoyé le résumé ; il ne faudrait pas hésiter toutefois, si l'on avait quelques craintes sur l'issue de la maladie.

L'Érysipèle traumatique, c'est toujours, pour les nosographes franco-prussiens, une conséquence de la sepsine et une période de l'infection purulente ; on voit que ces nosographes sont au diapason de leur professeur en chef, le philosophe Bismark ; ce sont des unitaristes forcenés. Inutile de dire que c'est, ici comme là-bas, le particularisme qui est dans la raison et dans la vérité. Le seul rapprochement unitariste qu'on pourrait faire entre l'érysipèle traumatique et l'infection, c'est que l'un et l'autre guérissent par la médication phéniquée. Dans l'érysipèle, on pourra avec avantage associer au pansement phéniqué l'emploi du collodion élastique, du docteur Robert de la Tour, additionné de 5 à 10 p. 100 d'acide phénique pur.

Plus que jamais, pour les unitaristes bismarkiens, la *gangrène* est causée par la *sepsine* ou « *virus traumatique* » (*sic*), et la *pourriture d'hôpital* pareillement. On voit que M. Verneuil est plus puissant que Moïse : en frappant sur un rocher, l'historien divin n'en fit sortir que de l'eau, et en frappant son cerveau, le fécond chirurgien en fait sortir deux virus, c'est-à-dire deux êtres organisés ; c'est presque ce que fit Jupiter.

Qui se serait jamais douté qu'il y eût l'étoffe d'un Jupiter dans le petit professeur Verneuil? Cela ne m'empêcherait pas de renouveler ici les remarques que nous avons faites à propos de l'érysipèle, si je ne voulais éviter des répétitions que je crois inutiles. Je me contenterai donc de dire que la médication phéniquée jouit contre la gangrène de toute l'efficacité qu'elle a contre les autres accidents des plaies; on ne saurait apporter une plus belle preuve de cette efficacité que le fait que j'ai cité à l'article *Gangrène* auquel je renvoie, et qui a été, (en 1861, à la maison de santé des Frères Saint-Jean de Dieu, en présence des docteurs Gros et Maisonneuve et du frère François de Sales) la première application connue de l'acide phénique à la médecine et à la chirurgie.

Quels qu'aient été mes succès dans le traitement de la gangrène, depuis que j'ai observé ce fait important, j'avoue cependant qu'ils n'auraient pas été aussi remarquables que ceux qu'aurait obtenus, après moi, M. Lister, si l'on devait accepter sans restriction le fait suivant qu'il ne donne pas comme une exception extraordinaire de sa pratique, mais qu'il semble considérer, au contraire, comme très-naturel. Je ne veux pas me risquer à analyser cette observation; en voici un extrait textuel.

Il s'agit d'une femme de 74 ans, blessée grièvement à la jambe gauche et au pied droit par un omnibus pesamment chargé. On panse avec la charpie phéniquée. « A la levée de l'appareil, dit M. Lister, nous trouvâmes une cicatrice de la forme d'une ligne droite, longeant la face interne du pied, et en voie de guérison complète par la formation d'une escarre; j'estime que c'est la plus grande plaie qui se soit jamais guérie de cette manière chez un sujet humain. En arrière du pied, la vaste plaie suppurante était remplacée par une large escarre, si ce n'est qu'une petite partie centrale, du diamètre d'une pièce française de 50 centimes, n'était pas encore guérie. Le *tissu mort avait été absorbé*, car on n'en voyait aucune trace sur l'appareil. La couche superficielle de la charpie antiseptique avait répondu à mon attente, en s'opposant au progrès intérieur de la putréfaction, tandis que l'épaisseur des couches permanentes avait préservé les parties profondes des infiltra-

lions de l'acide phénique renouvelé journellement à la surface.
Il suit de là que la partie du pansement en contact avec la
peau, ayant perdu par diffusion son acide primitif avant que
la granulation et la suppuration pussent se produire sous
l'influence stimulante de l'antiseptique, n'était plus qu'un
corps neutre, sans aucune action irritante, était devenue *ame-
nable à l'absorption, de la même manière que le morceau de revê-
tement extérieur dans le nœud de la ligature antiseptique, ou de
l'os mort, dans le cas de nécrose* relaté ci-dessus. (*Moniteur
scientifique* du docteur Quesneville, 15 juillet 1869, p. 689
et suiv.)

Je ne sais de quel cas de nécrose parle mon savant confrère, car il n'en est point question dans le commencement
non plus que dans la suite de l'article dont le passage qui
précède est extrait; mais cette lacune importe peu : ce qui
ressort clairement de ce texte (laissant à part la théorie un peu
obscure et contestable du mode d'action de l'acide phénique),
c'est que le pansement phéniqué, tel que l'indique M. Lister,
rendrait possible et même jusqu'à un certain point facile et
normale l'absorption des portions gangrenées d'os et de parties
molles recouvertes par l'appareil; par conséquent, l'existence
d'une portion, même considérable, de tissu gangrené (tissu mou
ou tissu osseux), ne serait nullement une contre-indication à un
pansement sinon inamovible, du moins laissé très-longtemps à
demeure. Je ne sais si cette doctrine et les faits qui lui servent
de base trouveront beaucoup de praticiens crédules; quant à
moi, je ne saurais dissimuler que M. Lister me paraît avoir
été le jouet de quelque illusion. Aussi, un de ses confrères,
M. le docteur Fleischmann, médecin de *King's college hospital*,
exprime-t-il, avec une naïveté étonnante, le désappointement
qu'il éprouva, lorsqu'il trouva sous un pansement phéniqué,
resté longtemps en place, un morceau de peau du front, presque détaché quand le pansement fut appliqué, et qui était
tombé complétement en gangrène sous le pansement, et sans
être le moindrement absorbé. Cet échec ne paraît pas cependant détruire entièrement la confiance du docteur Fleischmann,
qui espère être plus heureux une autre fois. (Même journal,
même numéro.) Je ne saurais conseiller à personne une telle

pratique, et je crois que dans les cas où la gangrène, même une gangrène très-limitée, est à craindre, on devra renouveler assez fréquemment le pansement pour ne jamais laisser jouer aux tissus morts le rôle de corps étrangers. Sans doute ces tissus ne se putréfieraient pas sous un pansement phéniqué; mais leur présence ne peut que nuire, et pussent-ils même être absorbés, ce que je ne crois pas, qu'il faudrait encore les enlever.

Depuis que j'ai introduit l'usage de l'acide phénique en médecine, je n'ai jamais eu à traiter un cas de *pourriture d'hôpital*; je ne puis donc parler que par induction de ce qu'on obtiendrait de l'application de la nouvelle méthode dans le traitement de cette maladie. Mais l'induction me paraît assez rigoureuse pour faire attribuer la pourriture à des miasmes analogues à ceux qui causent l'érysipèle, la gangrène et l'infection, et pour faire espérer que l'emploi rationnel de l'acide phénique donnera les mêmes succès. La diphthérie des plaies étant une affection grave, on ne devra pas s'en tenir à la cautérisation des parties envahies par la solution normale d'acide phénique et aux pansements, pour tout traitement; il faudra encore recourir, dès les premiers symptômes, aux injections sous-cutanées phéniquées, et les porter, au besoin, à la dose indiquée pour l'infection purulente.

Je ne terminerai pas ce que j'avais à dire sur les complications des plaies sans ajouter quelques remarques générales à celles que j'ai présentées au commencement de cet article.

Par ce que j'ai dit à propos de l'infection purulente, on a vu qu'une grande discussion académique avait eu lieu, depuis le siége de Paris, sur cette complication, la plus redoutable de toutes, puisqu'elle a fait mourir pendant le siége peut-être les trois quarts des opérés, si ce n'est même une bonne partie de l'autre quart. Tous ou presque tous les médecins et chirurgiens qui ont pris part à cette discussion ont préconisé chacun son traitement, et dans ce traitement l'acide phénique n'est pas admis ou n'est admis que d'une manière illusoire, comme un antiseptique à prendre au hasard, parmi des douzaines d'autres, comme on le conseille, dans les travaux de MM. Anger et Legouest que j'ai cités ci-dessus; tous ou presque tous ces médecins et chirurgiens ont eu des services d'hôpitaux ou des ambulances à diriger pendant notre guerre et notre siége désastreux. On aurait pu, on aurait dû croire que tous ces chirurgiens, la plupart professeurs émérites, les autres leurs disciples, ne se seraient pas contentés de disserter à perte de vue sur des théories dans lesquelles les moins nébuleux d'entre eux se perdent eux-mêmes, mais qu'ils seraient venus appuyer leurs théories et surtout leurs traitements par la liste des succès qu'ils avaient obtenus dans leurs services respectifs. Vaine attente! PAS UN n'a eu le triste courage d'étaler devant ses confrères ce qu'il avait fait : ni les Richet, ni les Gosselin, ni les Lefort et les A. Guérin, qui ont imaginé ou cru imaginer des pansements nouveaux supérieurs à tous les autres, ni les Ricord, ni les Demarquay, ni le remuant Verneuil, ni les Chassaignac, ni leur maître à tous, le circonspect Nélaton, ni même le moindre militaire, Legouest pas plus que les autres, n'ont produit un seul compte rendu de leur pratique; on dirait qu'ils ont dormi pendant toute la durée de la guerre et ne se sont réveillés que lorsqu'il n'y avait plus personne à traiter! Pourquoi cette incurie coupable ? est-ce la crainte de montrer au monde savant qu'à côté des désastres de la guerre la France doit encore ajouter les désastres de la chirurgie ? On le croirait, car, je l'ai déjà dit, le docteur Richet, qui traite l'acide phénique avec un dédain olympien, n'a pas sauvé *un seul* de ses opérés, et dans deux seuls relevés que je trouve dans deux comptes rendus d'ambulances de province, une de Metz, une de Strasbourg, je vois : ambulance de Metz : « la pyohémie enleva successivement *huit* blessés sur *vingt et un*; ambulance de Strasbourg : 215 blessures, tant graves que légères ; 11 évacués, 152 guérisons, 52 morts! Et les directeurs de ces ambulances nous apprennent que leurs confrères n'ont pas été plus heureux qu'eux, même en province. Qu'a-t-on dû obtenir à Paris? probablement ce que m'a avoué avec franchise le docteur Chenu, dans la dernière entrevue que j'ai eu l'honneur d'avoir avec lui : « tous les chefs d'ambulance prétendent n'avoir eu que des succès, et la vérité c'est que tous leurs opérés sont morts ! »

ART. XLI. — DE LA MÉTRITE AIGUË ET CHRONIQUE ET DE QUELQUES
AUTRES AFFECTIONS DE L'UTÉRUS ET DE SES ANNEXES.

J'avais déjà rapporté des cas bien intéressants d'applications de l'acide phénique aux maladies de l'utérus, dans la première édition de cet ouvrage; mais depuis sa publication, ces cas se sont singulièrement multipliés, et il est nécessaire aujourd'hui, pour les étudier convenablement, d'établir quelques distinctions entre les maladies traitées. Nous examinerons donc, successivement, les cas d'inflammation dite simple, aiguë et chronique, les granulations et ulcérations, les gonflements chroniques dits engorgements de la matrice, enfin, les inflammations des annexes de cet organe ou des tissus en rapports directs avec lui. Des productions organiques, les unes doivent être réservées pour l'article cancer ; les autres restent en dehors de notre plan, ainsi que les déplacements. Nous dirons cependant quelques mots des polypes ; dans la section suivante.

L'*inflammation aiguë* de la matrice est une maladie extrêmement rare, en dehors de l'état puerpéral, lequel lui imprime un caractère tout spécial, et que, pour ce motif, nous avons étudiée dans une autre section. Dans la blennorrhagie, la matrice peut cependant participer quelquefois à l'inflammation vaginale et urétrale ; mais la métrite ne constitue, dans ces cas, qu'un véritable épiphénomène, qui est à la fois moins grave et moins durable que tous les autres ; il disparaît par le traitement appliqué à ceux-ci, ou même sans traitement. Cela explique comment nous avons manqué d'occasions d'expérimenter l'acide phénique dans la métrite aiguë, et comment nous devons présumer, d'après les analogies, l'action qu'aurait la médication nouvelle contre cette maladie. Il ne nous paraît guère douteux que cette action ne fût celle qu'on observe sur tous les organes revêtus d'une muqueuse.

. Notre situation est bien différente en ce qui concerne la *métrite chronique*, soit parenchymateuse, soit surtout membraneuse, qui est malheureusement aussi commune que la première est rare, qui ne lui succède point, par conséquent, et qui prouve ainsi, une nouvelle fois, la distance qui sépare les inflammations aiguës des chroniques. Non-seulement la métrite chronique est fréquente, mais elle est non moins rebelle, et des salons aux mansardes, on trouve une énorme quantité de femmes qui vivent avec des catarrhes utérins plus ou moins prononcés, les unes parce qu'elles ne les ont pas traités, les autres parce qu'elles n'ont pu s'en débarrasser, malgré les nombreux traitements qu'elles ont subis, et subis est bien, parfois, le mot technique : car nous avons connu des femmes à qui Lisfranc a fait pratiquer plus de cent saignées, imposé pendant trois et quatre années consécutives, le repos sur une chaise longue, sans compter divers accessoires; et d'autres femmes que Jobert avait cautérisées au fer rouge jusqu'à 60 fois, et auxquelles il avait prescrit à peu près le même régime que Lisfranc. Je pense qu'il y a beaucoup de cas où il est allé encore, plus loin, quant au nombre des cautérisations.

La nouvelle méthode n'impose pas aux femmes de pareilles sujétions, de pareilles privations ni (parfois) de pareilles souffrances. En revanche, elle leur offre des perspectives autrement heureuses. Un fait que nous avons observé tout récemment leur offrira, entre cent autres, un exemple de la supériorité de la médication phéniquée contre le catarrhe utérin :

Obs. — Mme X***, âgée de 45 ans, était affectée depuis plusieurs années d'un catarrhe utérin qui, depuis trois ans et demi, avait acquis une telle abondance, que la sécrétion, absolument purulente, coulait presque autant que les règles, que la malade était obligée de se garnir constamment comme aux époques menstruelles, et que, néanmoins, le pus, en s'insinuant entre le linge et les cuisses, dépouillait celles-ci de leur épiderme, et produisait ainsi des douleurs très-vives.

Pour délivrer la malade de cette affection cruelle, de nombreuses cautérisations avaient été pratiquées depuis trois ans et demi, au fer rouge, à l'iode et à d'autres caustiques encore. Enfin, « j'ai fait l'impossible, » me dit le docteur Dumé, pour guérir cette intéressante malade, sans y pouvoir réussir. Cependant l'organe augmentait de volume, si bien qu'on en vint à prononcer le mot de cancer. C'est sur ce mot que la malade se rendit à ma consultation le 10 décembre 1872. La matrice était, en effet, très-augmentée de volume (1), mais sans induration ni bosselure, ni même ulcération, malgré les nombreuses cautérisations pratiquées (2). Quant à l'écoulement, il était toujours ce que nous avons dit précédemment.

J'appliquai immédiatement le traitement phéniqué, qui fut un peu long et consista dans les applications suivantes :

A l'aide d'un petit injecteur nouveau, fort commode, je pratiquai chaque quatrième jour une injection intra-utérine avec mon mélange de glycérine et d'acide phénique (glyco-phénique titré au 10ᵉ, étendu de 9 fois son volume d'eau). Dans l'intervalle, la malade se donnait elle-même des injections vaginales avec le même liquide, une cuillerée à soupe de glycophénique par verre d'eau ; je prescrivis à l'intérieur mon sirop phéniqué à la dose de 3 cuillerées par jour (soit 0,30 centigrammes d'acide dans les 24 heures).

Dès les premiers jours, la suppuration fut diminuée et changea de nature ; peu à peu, elle finit par diminuer sensiblement ; le gonflement de la matrice diminua peu à peu, et aujourd'hui,

(1) N'écrivant point ici un traité de pathologie, mais une étude de thérapeutique spéciale, ainsi que nous l'avons dit maintes fois, nous ne renouvellerons point une discussion stérile, qui a occupé de nombreuses séances de l'Académie, il y a quinze ans à peine, et dans laquelle, jouant sur les mots faute d'avoir des idées, Velpeau soutenait qu'il n'y avait pas d'engorgements de la matrice, d'autres soutenant qu'il y en avait. Nous ne discuterons pas davantage cet aphorisme inventé et professé avec une creuse emphase par Lisfranc, que les « pertes blanches sont a l'utérus ce qu'est l'hémoptysie au poumon, » manière fausse d'exprimer cette fausse proposition, que toutes les fois qu'il existe un écoulement blanc, c'est le signe d'un engorgement utérin. La vérité c'est que l'inflammation catarrhale de la cavité utérine, qui cause l'écoulement, finit quelquefois aussi par causer l'engorgement (c'est-à-dire la tuméfaction chronique) de l'utérus, ce qui arriva chez Mᵐᵉ X*** ; en guérissant le catarrhe, on guérit l'engorgement : c'est l'inverse de l'aphorisme de Lisfranc. Mais il peut bien arriver aussi que l'inflammation parenchymateuse du col ou du corps, s'étendant à la muqueuse, finisse par produire l'écoulement. Heureusement que ces variétés de mécanisme pathologique ne changent que peu de chose au traitement.

(2) C'est une vraie merveille, dans beaucoup de cas, que la résistance de la matrice aux cautérisations qu'on lui fait subir. Un de nos amis qui a été élève de Lisfranc, nous racontait qu'il a vu certaines femmes être cautérisées par ce chirurgien, sous prétexte d'engorgement et d'ulcération, avec une solution concentrée de nitrate acide de mercure une ou deux fois par semaine, *pendant des années*, et qui, après des *centaines* de cautérisations, *n'avaient pas encore la prétendu ulcération pour laquelle on les cautérisait* ! c'est bien le cas de s'écrier avec Hippocrate : « O puissante nature! » et avec Broussais, qui pouvait dire cela mieux que personne : « **Malades**, pauvres victimes! »

après 9 mois de traitement, Mme X*** est définitivement guérie. Je continue, cependant, par précaution, une injection intra-utérine par semaine et des injections vaginales de temps en temps. Ces précautions me sont dictées non-seulement par l'état local qui a existé, mais parce que Mme X*** a un fils qui a succombé à la phthisie. .

Cette admirable cure de Mma X*** peut servir du guide pour tous les cas de catarrhe utérin qu'on pourra avoir à traiter ; on n'en trouvera, certes, pas de plus graves que celui dont elle était atteinte, et du moment que celui-là a été guéri, tout médecin attentif peut avoir la certitude de guérir tous les autres, avec un peu de temps et de soin. Nous ferons seulement la recommandation de ne jamais négliger les injections intra-utérines, qui, même dans des catarrhes moins sérieux que celui de Mme X***, sont souvent indispensables. Nous ferons une seconde recommandation à propos du procédé opératoire, c'est qu'il faut pratiquer les injections avec une sonde à canule d'ivoire ou de caoutchouc durci, courte, que l'on introduit au moyen d'une longue pince, et à tige flexible. Nous avons plusieurs fois essayé les injections avec la sonde métallique à double courant de M. Avrard, et, dans tous les cas, nous avons vu survenir quelques accidents, légers ou graves. Doutant, enfin, de notre habileté, quoique la manœuvre ne soit pas bien difficile, nous avons — (toujours suivant nos habitudes et nos principes) — fait appel aux lumières et à l'habitude de M. Avrard, et nous avons vu que notre honorable et habile confrère n'était pas plus heureux que nous. Sur une cliente de la haute société du faubourg Saint-Germain, les accidents provoqués par une injection intra-utérine, pratiquée par notre confrère, ont même été pendant quelque temps inquiétants. Jamais je n'ai éprouvé le moindre accident, depuis que je me sers de l'appareil à canule d'ivoire et à tube en caoutchouc flexible.

Quand le catarrhe se compliquera de granulations, d'érosions ou de véritables ulcérations d'une partie plus ou moins étendue du col de l'utérus, ou à la fois de la surface du col et de son intérieur, que ces granulations, érosions ou ulcérations existent avec ou sans catarrhe, on pourra commencer le traitement comme s'il s'agissait d'un catarrhe simple ; les injections vaginales seules ou vaginales et utérines peuvent, en effet, suffire parfois pour guérir ces affections. Mais, pour peu qu'elles résistent, il faudra recourir aux cautérisations avec l'acide concentré (1 d'alcool et 9 d'acide), ou même avec le phénate d'ammoniaque et au besoin avec le sulfophénate, qui sont liquides. Nous disons *les* cautérisations, car il est rare qu'une seule puisse suffire, même en la faisant suivre des injections déjà indiquées. Encore une recommandation sur ces cautérisations, recommandation qui s'applique, du reste, à toutes les cautérisations qu'on pourrait pratiquer avec tout autre caustique liquide.

Il faut éviter, dans ces cautérisations, de charger le pinceau dont on se sert d'une trop grande quantité de caustique, car l'utérus jouit d'une sorte de faculté d'aspiration, et la partie du caustique restée libre à l'orifice du museau de tanche peut être absorbé ou plutôt aspiré dans le corps de la matrice, passer, soit par aspiration, soit par simple effet de capillarité, le long des trompes, jusque dans le péritoine, et causer des accidents graves. Ce sont ces accidents qu'on observe souvent et que nous avons signalés en parlant des injections intra-utérines. Nous avons cité dans le première édition de cet ouvrage un cas où une de ces injections, pratiquée avec du perchlorure de fer, avait causé des accidents irréparables. L'emploi de la sonde de M. Avrard ne suffit pas, ainsi que nous l'avons dit, à prévenir ces accidents, auxquels même elle contribue peut-être aussi par sa roideur, car on a trop appris par l'usage des redresseurs Valleix, que si l'utérus est patient aux coupures et aux cautérisations, il est très-réfractaire à la pression des corps durs. Dans le nouvel appareil que nous employons, non-seulement la tige est très-flexible (c'est un petit tube de caoutchouc), mais encore la tige à introduire à travers le col est mince, du moins à son extrémité utérine, et permet le retour facile du liquide injecté. Malgré cela, nous ne voudrions pas nous risquer d'injecter même, à l'aide de cet appareil des liquides caustiques, et encore moins des caustiques qui ne seraient pas phéniqués, car l'acide phénique, même à l'état de concentration caustique, cause rarement des suppurations, ainsi que nous l'avons dit plusieurs fois.

Les cautérisations à l'acide phénique permettent de constater, d'une manière frappante, ce fait déjà observé avec d'autres substances, le nitrate acide de mercure entre autres, de la rapidité d'absorption du tissu utérin : presque aussitôt après la cautérisation, les malades éprouvent le goût de l'acide phénique, comme elles éprouvent le goût métallique après les cautérisations au nitrate acide. Il est sans doute inutile de dire que j'ai pris toutes les précautions nécessaires pour m'assurer que ce fait est parfaitement certain, et non le résultat d'une illusion. Il est d'autant plus remarquable que la matrice est le seul organe dont la cautérisation produise ce phénomène : ni la vessie, ni l'intestin, ni les foyers accidentels ne donnent lieu à cette rapide absorption. J'ai cité, dans la première édition de ce travail, l'exemple de deux malades que j'avais vus, l'un avec les docteurs Fortina et Maisonneuve, l'autre avec M. le docteur Nélaton, et chez lesquels j'avais opéré à diverses reprises des cautérisations à de grandes hauteurs dans l'intestin (plus de quinze fois, dans le cas de M. Nélaton, avec l'acide phénique alcoolisé à 80 p. 100) et dans des foyers purulents communiquant avec l'intestin et la vessie ; ces malades n'ont jamais ressenti le moindre goût phéniqué à la suite des cautérisations. J'ai fait depuis nombre de fois la même observation.

Nous avons dit qu'une ou deux cautérisations dans les érosions légères suffisaient souvent, associées aux injections, pour obtenir en quelques jours, quelques semaines au plus, la cicatrisation ; celle-ci est plus lente dans les cas rebelles ; mais on ne manque jamais de l'obtenir, alors même que toutes les autres médications ont été impuissantes, ce qui n'arrive, hélas! que trop souvent. Déjà, en 1864, nous avions eu la satisfaction de voir notre méthode appliquée avec succès par un médecin distingué de Naples, le docteur Aurelio Finizzio ; trois cas traités par cet honorable confrère étaient assez sérieux pour qu'il les ait qualifiés de cancroïde ulcéré du col ; mais la rapidité avec laquelle la guérison a eu lieu nous a fait penser qu'il s'agissait d'ulcères simples ; non que les ulcères cancroïdes ne puissent être guéris ; mais un temps très-long est toujours nécessaire. Les trois cas de notre confrère de Naples n'en sont pas moins trois remarquables succès à ajouter aux succès nombreux que nous avons observés, d'une manière constante, et sans un seul échec, depuis nos premières publications ; nous pouvons donc, en toute confiance, recommander notre médication aux praticiens qui tiennent à obtenir de prompts succès.

Les ulcérations comme le catarrhe peuvent, malgré l'étrange aphorisme de Lisfranc, aphorisme colporté et adopté, pendant un certain temps du moins, dans les cinq parties du monde, exister sans engorgement ou, si l'on veut, et pour éviter les malédictions des mânes de Velpeau, sans hypertrophie. — (Quoique la tuméfaction chronique de l'utérus soit encore moins une hypertrophie qu'un engorgement). — Mais cet engorgement, cette hypertrophie, cette tuméfaction chronique, enfin, existe quelquefois, souvent même, et alors, ce n'est plus une muqueuse qu'il s'agit de modifier, sur laquelle et peut-être sous laquelle, mais à une petite profondeur, il s'agit probablement de détruire des parasites excitateurs de l'inflammation chronique et de la suppuration ; il s'agit d'activer, de provoquer même une absorption interstitielle qui ramène l'organe à son volume normal. Les injections vaginales et utérines, les cautérisations phéniquées pourront parfois encore suffire à la tâche ; mais le plus souvent on devra recourir à l'action générale de l'acide phénique sur la nutrition, c'est-à-dire aux injections sous-cutanées et à l'administration du sirop phéniqué simple, et même du sirop antiépidémique au phénate d'ammoniaque, qui est la préparation phéniquée la plus active, la plus commode, et, nous le croyons aussi, la plus convenable ; au besoin il faudrait recourir à l'usage de notre sirop sulfophénique.

On connaît l'opiniâtreté des engorgements ; on sait que c'est contre eux et contre les ulcérations qui les accompagnent souvent qu'ont été dirigées — quand on a agi avec bonne foi — ces centaines de cautérisations au nitrate d'argent, au nitrate acide de mercure, au fer rouge. Il ne faut donc pas s'attendre à ce que même la médication phéniquée puisse faire justice, en quelques jours ou en quelques semaines, d'affections aussi rebelles ; c'est déjà beaucoup qu'elle en triomphe avec l'aide du temps, ce que les autres médications font bien rarement. Or, sur le succès définitif, il ne saurait y avoir de doute, au moins dans l'immense majorité des cas, s'il nous est permis d'en juger par une expérience déjà assez étendue. Si quelque chose pouvait désormais nous étonner, ce serait de voir que notre médication n'ait encore trouvé d'imitateurs qu'en province et à l'étranger, quoique à Paris un certain nombre de confrères obscurs ou lumineux, se donnent la spécialité des maladies de matrice; il est certainement impossible que ces spécialistes n'aient pas eu connaissance de quelques-uns de nos succès, car tout se sait, même à Paris, et cependant le nitrate d'argent, le nitrate acide, le fer rouge même, les injections de décoction de mauve, de morelle et de pavot règnent encore, et l'incurabilité aussi (1). Voilà ce qui se passe à nos côtés, pendant que de Naples à Berlin et de Saint-Pétersbourg à Londres, les chirurgiens guérissent les catarrhes, les ulcérations et parfois les engorgements avec les injections et les pansements phéniqués, et qu'ils les guériront bientôt mieux encore (au moins les engorgements) avec les injections sous-cutanées; car nous ne doutons pas que ces injections ne se répandent promptement à l'étranger, après la publication de cette édition, si déjà elles n'y sont répandues; et alors la chirurgie française sera encore, en thérapeutique — nous ne parlons pas ici d'autre chose — à la remorque du progrès général (2). Nous préférerions cependant encore la routine à un progrès comme celui qu'a prétendu réaliser le docteur anglais W. Playfair, qui conseille contre le catarrhe et les engorgements utérins une solution aqueuse *concentrée* de 80 parties d'acide, pour 20 d'eau (voy. *Courrier médical*, 25 mars 1871). A moins que la langue ou la plume n'ait fourché au docteur Playfair ou à son traducteur, et qu'il n'ait écrit *eau* voulant écrire *alcool*, mon honorable confrère est resté absolument étranger à tout ce qui a été écrit sur l'acide phénique depuis son compatriote Runge jusqu'à l'auteur de ces pages. Mais si la langue ou la plume a fourché à M. Playfair et qu'il ait réellement voulu écrire *alcool* au lieu d'*eau*, il n'a fait, alors, que me copier, et il eût été de son devoir de le dire.

(1) Nous venons de guérir en quelques semaines une dame qui recevait sans succès, depuis près de 3 ans, les *soins spéciaux* du Dr Nonat.

(2) En effet MM. Chassaing et Guénon m'ont fait savoir que depuis la publication de mes trois derniers extraits, on leur a demandé de tous les côtés mon liquide à injection sous-cutanée.

Nous n'avons pas à insister sur les doses auxquelles il faudra administrer l'acide phénique à l'intérieur, soit par la bouche, soit en injections hypodermiques. Il n'y a, sous ce rapport, rien de spécial si ce n'est qu'une des conséquences des engorgements — comme du reste de beaucoup d'autres affections utérines — étant d'exagérer parfois d'une manière extrême la susceptibilité nerveuse, il faudra débuter par des doses modérées, qu'on pourra porter promptement, s'il est nécessaire, au maximum que nous prescrivons dans les cas où il n'y a pas péril prochain, c'est-à-dire à cinq cuillerées de notre sirop (50 centigr. d'acide), et à une ou deux injections sous-cutanées de cinq grammes, qu'on répète tous les jours ou tous les deux, trois ou quatre jours, suivant la marche de la maladie et aussi les convenances des malades, avec lesquelles le praticien ne peut s'empêcher de compter.

Les auteurs de pathalogie rattachent ordinairement à l'histoire des affections utérines celle de quelques affections des tissus ou organes qui entourent l'utérus. Les auteurs, dans ce cas, ont raison, un peu sans savoir pourquoi, car ce qui les a guidés dans leurs rapprochements, ce sont les connexions anatomiques, tandis que les véritables liens médicaux de l'utérus et de ses annexes ou de son voisinage, ce sont les aptitudes physiologiques et pathologiques ; il y a dans la région génitale de l'homme et plus encore peut-être de la femme une solidarité pathologique qui expose cette région, que le docteur Beaumès de Lyon appelle à juste titre l'*atmosphère génitale*, aux mêmes affections, et auxquelles doivent, par conséquent, s'appliquer les mêmes remèdes. Il y aurait beaucoup à dire sur ce sujet, mais il faut se borner.

Les affections les plus dignes de l'attention du médecin, par leur fréquence et leur gravité, qui se développent autour de l'utérus et dans ses annexes, sont les inflammations péri-utérines qui donnent assez fréquemment lieu à des abcès péri-utérins : un médecin des hôpitaux de Paris, professeur de la faculté, attache une telle importance à ces inflammations, qu'il a pour ainsi dire consacré sa vie à leur étude, et qu'il leur fait, ou à peu près, dominer toute la pathologie de la femme ; c'est un peu trop leur accorder, quoiqu'elles méritent beaucoup d'attention. Malgré cette étude exclusive du médecin en question, il n'a pas encore, que nous sachions, appliqué aux inflammations et aux abcès du bassin, non plus qu'aucun de ses collègues, la médication phéniquée ; il s'en tient encore aux saignées, aux sangsues, aux injections émollientes ou calmantes, aux cataplasmes, aux ceintures hypogastriques, en un mot, à toute la vieille médecine dite antiphlogistique, qui ne tue peut-être pas les malades, mais qui, à coup sûr, ne les guérit pas ; seulement, elle ne les empêche pas toujours de guérir, mais elle prolonge souvent la maladie. La nouvelle méthode a d'autres effets : dans les cas où ces inflammations se sont déjà terminées par suppuration, le traitement phéniqué détruit ou prévient la fétidité des foyers purulents et en hâte la cicatrisation, ou la provoque, quand elle n'avait nulle tendance à s'opérer, comme dans ce cas auquel nous avons fait allusion, traité avec le concours des docteurs Fortina et Maisonneuve, où un ancien abcès péri-utérin, ouvert à la fois dans l'intestin, le vagin et la vessie, était pour la pauvre malade un véritable supplice.

Lorsque l'inflammation est encore à sa première période, le traitement phéniqué parvient ordinairement à l'entraver promptement dans sa marche et à l'amener à résolution, et il conduit encore souvent à ce résultat, quand la suppuration paraît inévitable ou même que tout semble indiquer que le pus est déjà formé. Ce dernier point soulève une grande question de physiologie pathologique que nous avons examinée précédemment, mais que plusieurs auteurs ne considèrent pas encore comme définitivement résolue ; nous citerons ici un exemple qui semble donner raison aux partisans de la résorption possible des foyers purulents, au nombre desquels nous nous rangeons, et qui est, dans tous les cas, un bien bel exemple de succès par la nouvelle méthode.

Mme de Br.., âgée d'environ 30, ans était sujette depuis plusieurs années à des crises de douleurs abdominales terribles qui la faisaient se tordre dans son lit, se rouler par terre, pousser des cris déchirants ; cet état, vraiment atroce, se prolongeait une journée, deux journées, plus encore, puis les douleurs devenaient moindres, et se calmaient au bout de quelques jours, en laissant, cependant, un certain endolorissement et de la sensibilité à la pression, dans le voisinage de la matrice. Beaucoup de médecins avaient soigné cette malade, et tout particulièrement M. Pidoux, qui lui avait conseillé l'hydrothérapie qu'elle suivait en effet et dont elle paraissait retirer quelque bien, lorsque des nécessités pressantes l'appelèrent en Allemagne, où elle se rendit, pendant la durée même d'une de ses crises; cette dame avait d'ailleurs une vie assez agitée. C'est quelques mois après son retour de ce voyage, qu'à la fin de 1866, le 19 novembre, je fus appelé auprès d'elle pour la première fois; elle éprouvait alors des crises de coliques abdominales violentes, qui duraient de quelques heures à plusieurs jours; je la trouvai dans une de ces crises, qui ne s'accompagnait pas de fièvre; mais j'appris, cependant, qu'à la suite de plusieurs crises semblables, la malade avait eu, quelques années auparavant, une abcès du bassin, qui s'était ouvert dans l'intestin et avait donné issue pendant assez longtemps à une quantité considérable de pus. — Je fis suivre à Mme de Br. un traitement calmant et lui prescrivis pour boisson de l'eau avec du sirop phéniqué; après quelques semaines, la malade se trouva soulagée et je n'entendis plus parler d'elle jusqu'au 16 décembre 1867. Ce jour-là je fus encore appelé auprès d'elle pour une de ces crises qu'elle me dépeignait ainsi dans les lettres qu'elle m'écrivait pour me prier d'aller la voir : « Depuis ce matin cinq heures je souffre le martyre dans le bas-ventre ; venez le plus tôt possible; » et la malade n'exagérait réellement pas. Non-seulement le bas-ventre était affreusement douloureux spontanément, mais aucun point du ventre ne pouvait supporter la moindre pression; le pouls était vif, la peau chaude, il y avait des hoquets, parfois même des vomissements; perte complète de sommeil et d'appétit; traits sensiblement altérés. — La malade, qui éprouvait depuis longtemps, ainsi que nous l'avons dit, de semblables crises, les avait vues se terminer ou tout au moins se compliquer, il y avait environ deux ans, d'un vaste abcès, qui s'était ouvert dans l'intestin. Elle redoutait par dessus tout une semblable terminaison, et me suppliait de la prévenir. Ses craintes n'étaient pas sans fondement; les symptômes qu'elle éprouvait étaient, suivant toutes probabilités, ceux d'une péritonite circonscrite, et, vu les antécédents, il s'y joignait, sans doute, une inflammation péri-utérine. Je voulus recourir aux injections sous-cutanées phéniquées; mais la pusillanimité de la malade, pusillanimité bien pardonnable, d'ailleurs, dans l'état de souffrance où elle se trouvait, s'y opposa. Je dus me borner à prescrire des fomentations et des cataplasmes émollients, et à l'administration intérieure de mon sirop phéniqué et de potions calmantes. Je n'obtins pas d'amélioration sensible; aux symptômes déjà mentionnés vinrent se joindre des difficultés d'uriner et de la dysurie, due probablement à la pression d'une induration inflammatoire du tissu cellulaire du bassin sur la vessie Les douleurs étaient toujours très-vives; je voulus tenter de les calmer par l'application de quelques boutons de feu; mais la malade se refusa encore à ce moyen, malgré mes assurances qu'il était à peine douloureux, et bien innocent en comparaison des souffrances atroces qu'elle éprouvait. Devant l'impuissance presque complète des moyens que je pouvais mettre en usage, et d'après les antécédents de la malade, je dus craindre une terminaison comme celle qui avait déjà eu lieu et pût-être plus grave encore. J'avais, dans un cas analogue, quoique beaucoup moins grave, fait appel aux lumières de M. le docteur Avrard, qui se trouvait alors à Paris, et quoique, dans ce cas, le cathétérisme utérin eût produit de tristes résultats (1), je voulus savoir si mon honorable confrère, jugerait qu'il peut être utile. Nous décidâmes, le 16 décembre, qu'on s'en tiendrait, pour le moment, aux moyens déjà employés, parmi lesquels les onctions mercurielles; malheureusement aucun mieux ne se produisit, au contraire; l'empâtement du bassin fit des progrès, il pesa probablement sur le col vésical, et la miction devint très-difficile ou impossible; le 19, je dus pratiquer le cathétérisme vésical, ainsi que plusieurs des jours suivants.

L'état s'aggravant toujours, M. le docteur Broca, qui s'intéressait à cette malade, voulut bien se joindre à M. Avrard et à moi, dans une consultation qui eut lieu le 28 décembre; on décida la continuation du même traitement avec quelques lé-

___

(1) Il se manifesta à la suite du cathétérisme, des accidents de péritonite dont il est resté des traces jusqu'au moment où j'écris ces lignes, c'est-à-dire pendant près de cinq ans, chez Mme de Br.

gères variantes, la malade refusant toujours et la cautérisation
pònctuée et les injections phéniquées hypodermiques. Après
la consultation, M. Broca nous raconta qu'il avait eu naguère,
dans son service d'hôpital, un cas semblable, dans lequel il
s'était formé un abcès du bassin et qui s'était terminé d'une
manière fatale. Ce fait n'était pas rassurant, et la marche de la
maladie, après notre consultation, pas beaucoup plus. L'état de
la maladie ne s'améliorait pas, au contraire, au bout d'une
quinzaine, de petits frissons me faisaient craindre la suppuration; je demandai encore qu'on eût recours aux lumières de
M. Broca; une consultation eut lieu avec lui le 18 janvier 1868,
dans laquelle, sur la proposition de notre distingué confrère, il
fut décidé que l'on essayerait de l'électricité. La malade y fut
soumise, en effet, tous les jours du 19 au 25; mais le mal ayant
toujours empiré, la malade se décida le lendemain à réclamer
la cautérisation ponctuée, qui fut pratiquée tous les trois jours
jusqu'au 14 février, mais sans produire d'amélioration prononcée; cette petite opération eut seulement pour avantage de
rassurer la malade par le peu de douleur qu'elle provoquait, et
de rendre, ainsi, possibles les injections sous-cutanées auxquelles Mme de Br. se soumit, enfin, le 16 février, et que je
pratiquai avec de l'eau phéniquée à 1 p. 100 additionnée d'une
minime proportion d'acétate de morphine. Je fis 2 injections de
5 grammes d'eau phéniquée à 1 p. 100. Elle n'eût point à le
regretter, car dès le 18, les frissons auxquels elle était sujette
depuis quelques semaines disparurent; les douleurs devinrent
beaucoup moindres; la fièvre diminua, les nausées disparurent.

Le 20, je fis une nouvelle injection en y ajoutant quelques
gouttes d'une solution au 100e de sel de Grégori; le mieux continua et augmenta. Les injections furent encore renouvelées le
22, le 24 et le 26. Le 27, la malade entrait dans une convalescence décidée.

Contrairement à ce qu'on observe après les guérisons par le
traitement phéniqué, la convalescence fut longue. La malade,
malheureusement, n'avait pas une hygiène fonctionnelle parfaite, ce qui peut expliquer en partie la longueur inaccoutumée
de la convalescence. Elle explique, sans aucun doute, deux

petites rechutes, qui eurent lieu, l'une le 12 avril, l'autre à la fin de mai ; deux injections sous-cutanées à deux jours d'intervalle en firent justice chaque fois. Depuis la seconde petite rechute, la guérison se maintint définitivement ; le hasard nous a fait avoir des nouvelles de la malade dans le courant de l'année 1869 ; la guérison se maintenait, Le même hasard vient de nous la faire rencontrer dans un établissement de bains en juillet 1873. Notre surprise fut grande, car on nous avait dit que cette dame, qui était Allemande, avait succombé, en 1870, à de nouveaux accidents ; mais le bruit de cette mort n'avait été qu'une ruse de guerre. Quant à la guérison, elle avait été définitive.

Les conséquences de ce fait n'ont pas besoin d'être développées ; l'effet a suivi de si près la cause, qu'il nous semble impossible qu'on puisse douter de l'action qu'ont eue, dans ce cas, les boissons et surtout les injections phéniquées ; quant à la gravité du cas, on a vu ce qu'en augurait M. Broca, et quiconque a vu des faits analogues, reconnaîtra combien les appréhensions de l'honorable professeur étaient fondées. Mais jusqu'à quel point ces injections ont-elles eu de l'efficacité? y avait-il déjà du pus dans le tissu péri-utérin ? Ce serait là une question bien importante à décider; malheureusement, nous ne pouvons avoir à cet égard que des présomptions ; la fluctuation est toujours fort obscure dans les foyers purulents du bassin, et les atroces douleurs qu'éprouvait Mᵐᵉ de Br. mettaient un tel obstacle à la palpation, que ce moyen de diagnostie n'a rien pu nous apprendre ; mais, si l'on considère les antécédents de la malade ; si l'on veut bien se rappeler combien une suppuration est facile dans un tissu qui a déjà suppuré, et que ce tissu est celui du bassin, chez la femme; si l'on rapproche de cette circonstance les frissons, les nausées et les vomissements qu'a éprouvés Mᵐᵉ de Br., le moins qu'on puisse admettre, c'est qu'il est très-probable que le pus a existé en plus ou moins grande quantité, et qu'il a été résorbé sous l'influence de l'acide phénique. Il s'en faut, du reste, que ce fait soit le seul analogue que nous ayons observé. Tout le monde accordera, en tout cas, que la guérison de Mᵐᵉ de Br. est une des plus remarquables que puisse revendiquer la thérapeutique positive, et qui témoigne le plus hautement en faveur de la médication phéniquée.

ART. XLII. — DE LA VAGINITE AIGUE ET CHRONIQUE.

Le vagin est presque encore une annexe de l'utérus, mais une annexe beaucoup moins souvent malade que le principal, et beaucoup moins gravement. Sauf les cas de blennorrhagie, l'inflammation aiguë du vagin est fort rare et elle est généralement peu tenace; quelques injections phéniquées à 1 p. 100 en font ordinairement justice.

L'inflammation chronique, moins rare que la première, est plus opiniâtre, et il n'est pas rare de la voir durer pendant des mois entiers, quelquefois des années, tout comme le catarrhe utérin. Toutefois, nous ne croyons pas qu'une pareille durée s'observe jamais quand on aura substitué la médication phéniquée aux vieilles méthodes de traitement. L'acide phénique aura ici d'autant plus d'action qu'on peut le faire agir en permanence, à l'aide d'un tampon de ouate auquel on donne environ quatre centimètres de large et la longueur du vagin; on l'imprègne d'eau phéniquée à 1 p. 100 et on le place dans toute l'étendue de l'organe à l'aide d'une pince à mors très-longs. Ce mode de pansement a été inauguré depuis longtemps à l'hôpital de Lourcine, mais avec de la ouate imprégnée d'une solution de nitrate d'argent ou saupoudrée de diverses poudres (sulfate de zinc, alun, carbonate de chaux, etc); mais ces pansements produisaient des effets si peu utiles, que Paul Guersant, l'un des chirurgiens qui ont passé par l'hôpital de Lourcine, nous disait qu'il avait fini par s'en tenir au tampon de ouate seul, sans addition d'aucun médicament. Il n'aurait pas renoncé au tampon phéniqué, si une fois il l'avait employé, d'autant mieux qu'à l'acide phénique on peut ajouter tous les médicaments solubles, notamment l'iode, le soufre, l'ammoniaque, etc. Mais Guersant, tout en étant moins esclave des préjugés, des passions et de la routine que ses confrères, n'avait pas assez secoué leur empire, et il est mort sans connaître les propriétés antipurulentes de l'acide phénique, aussi bien dans le catarrhe vaginal que dans les ophthalmies si fréquentes chez les enfants dont il soignait

spécialement les maladies. Que ceux qui ont des oreilles pour
entendre ne s'exposent pas au sort de P. Guersant, s'ils
tiennent à guérir promptement leurs malades.

Art XLIII. — DE L'INFLAMMATION AIGUE ET CHRONIQUE DE LA VESSIE ET DE QUELQUES AUTRES AFFECTIONS DE CET ORGANE.

Les inflammations vésicales remplacent, pour ainsi dire,
chez l'homme, les inflammations utérines, surtout celles qui
constituent le catarrhe chronique; si elles ne sont pas aussi
fréquentes, elles sont aussi tenaces, plus douloureuses et plus
graves. Malgré l'admirable travail de Civiale sur le catarrhe vésical, le traitement de cette affection est resté bien imparfait,
même après la publication de son ouvrage; le célèbre inventeur
de la lithotritie l'avouait lui-même devant nous, dans un cas
dont nous allons parler dans un instant, et il se plut à reconnaître que l'acide phénique venait apporter un puissant auxiliaire au traitement que sa vaste expérience lui avait fait adopter. Si une mort, presque aussi foudroyante qu'imprévue, ne
fût venue enlever, beaucoup trop tôt encore, Civiale à la pratique médicale, il eût été un des plus grands partisans et des
plus utiles propagateurs de la médication phéniquée, et il n'aurait ni cherché à se l'approprier, ni dissimulé le nom de son
auteur. Une opinion et un conseil du célèbre chirurgien ne
seront pas ici déplacées :

Nous nous trouvions, un jour, réunis en consultation auprès
d'un malade atteint précisément d'un catarrhe vésical rebelle,
et, naturellement, il fut question d'acide phénique. J'exprimai
devant lui, comme je le fais souvent devant d'autres, mon étonnement qu'un moyen aussi puissant que l'acide phénique, qui
devait imprimer à la thérapeutique un progrès plus grand que
le mercure, le fer et le quinquina, rencontrât tant d'obstacles
pour se faire une place au soleil, et son inventeur, des passions
aussi hostiles, aussi implacables. Voici ses réflexions; elles sont
dignes d'être gravées sur les tables de l'histoire du progrès. Je
réponds de l'exactitude du sens et presque du texte des paroles
de Civiale.

» Que cela soit triste, mon cher enfant, je ne dis pas le contraire; mais cela ne peut plus être étonnant, car votre histoire est celle de toutes les inventions qui ne sont pas sorties du giron d'une certaine coterie, et vous savez qu'il en est sorti bien peu de ce giron-là. Je suis aujourd'hui, grâce à Dieu, dans une position qui me permet de parler de la lithotritie et de ses contempteurs avec toute l'impartialité de l'histoire; ceux qui ont cherché à étouffer l'enfant de mes veilles, — et de veilles peu joyeuses, je vous assure, — sont morts; ceux qui leur ont succédé et qui peuvent avoir hérité d'un reste de leurs passions, les dissimulent et viennent me demander mon appui ou ma voix dans les académies; je n'ai donc pour eux que des sentiments d'une parfaite indifférence. Eh bien, je vous dis en toute sincérité, comme je le dirai un jour, je l'espère (1), au tribunal de l'histoire, je crois que, sans le secours de la publicité extra-scientifique dont j'ai usé, la lithotritie aurait été étouffée dans son œuf. *Les hommes de l'école ne l'ont adoptée que quand le public la leur a imposée.* Les choses sont aujourd'hui un peu changées; la coterie officielle n'a pas la puissance d'autrefois, et nul, surtout, ne va à la cheville de Dupuytren, ennemi plus terrible encore que redoutable chirurgien; vous n'avez pas, comme je l'ai eu, un adversaire de cette taille; néanmoins, n'oubliez pas mon opinion que, sans mon recours à la grande publicité, la lithotritie aurait été ou étouffée ou retardée dans son avénement d'un temps qu'il m'est impossible de soupçonner (2). »

(1) Nous ne savons si notre célèbre interlocuteur a trouvé le temps de léguer à l'histoire le document auquel il faisait allusion dans notre conversation; ce que nous savons, c'est qu'il a été surpris, comme le sont beaucoup d'hommes sages, mais qui ne le sont pas assez pour avoir toujours présente à l'esprit la fragilité de la vie : il venait de terminer une communication à l'Académie des sciences par ces mots : « Dans une prochaine communication, je ferai connaître à l'Académie la suite de ces observations; » huit jours après, une maladie foudroyante l'emporta, probablement sans qu'il eut pris les précautions nécessaires pour la publication de documents qui auraient été d'un grand intérêt pour l'histoire de la science.

(2) Cette nécessité admise par Civiale du recours à la grande publicité, nous rappelle l'opinion que nous exprimait un jour l'honorable rédacteur en chef de la *Gazette médicale de Paris*, M. de Ranse. Comme nous nous plaignions à lui de l'ignorance où paraissaient être nos confrères de nos travaux sur l'acide phénique, malgré l'épuisement de la première édition de notre travail, tiré à 1,500 exemplai-

Des paroles d'un homme comme Civiale ne peuvent être oubliées ; je les ai donc gravées dans mon esprit sans en faire aucune application. Que ferai-je à l'avenir ? Je réserve cette question ; mais je constate que si un homme de la valeur de Civiale a été contraint de recourir à la grande publicité pour assurer le triomphe d'une invention aussi admirable que celle de la lithotritie, de moins bien doués que lui seraient excusables de suivre la même voie. On sait, du reste, que Heurteloup, qui a eu le grand mérite de rendre la lithotritie réellement pratique, et qui a, ainsi, partagé la gloire de Civiale, a dû recourir aussi à la grande publicité ; je ne dis pas que son naturel ne le portât pas à user de ce moyen ; mais il était certainement justifié d'y avoir recours, par les procédés de ses adversaires ou plutôt des adversaires d'une admirable invention, qui avait le grand tort de ne pas sortir d'un sanhédrin officiel.

Cela dit, revenons à l'inflammation vésicale.

A l'état aigu, cette maladie est rare, en dehors de l'action traumatique ou cantharidale. Dans l'un comme dans l'autre cas, elle se dissipe facilement par le repos, une diététique modérée et quelques boissons aqueuses ; ce n'est que dans le cas où elle menacerait de devenir violente et de se propager aux uretères et jusqu'aux reins qu'on devra associer aux moyens simples que nous venons d'indiquer l'usage du sirop phéniqué et mieux encore du sirop antiépidémique, à la dose de 4 à 5 cuillerées à bouche, et au besoin même les injections sous-

---

res. « 1,500 exemplaires, dit-il, ce n'est pas assez pour faire connaître une invention. » — M. de Ranse est pourtant un galant homme, nous en avons la conviction. Mais nous avouons que voilà une doctrine commode pour les plagiaires et les pillards. Il sera toujours facile à un de ces honorables industriels à qui on aura pris la main dans le sac, de dire qu'un livre n'a pas été tiré à plus de 1,500 exemplaires, et qu'ainsi, il en ignorait l'existence. Il faudra probablement, à l'avenir, pour assurer ses droits, déposer dans une office public les preuves qu'un ouvrage où se trouve décrite une découverte, a été tiré et vendu à 10,000 exemplaires au moins ; je dis *vendu*, car le tirage est peu de chose sans la vente. Si c'est là le chiffre auquel se fixe M. de Ranse, il fera bien d'en prévenir les inventeurs, et il fera mieux encore de leur indiquer les moyens de faire tirer d'abord et vendre ensuite dix-mille exemplaires des ouvrages qu'ils composeront, ou au moins de leur prêter la publicité de son journal, ce qu'il n'est pas toujours disposé à faire, surtout lorsque les inventeurs ne sont pas des personnages officiels.

cutanées phéniquées. Ces derniers moyens seront toujours indiqués quand le traumatisme sera une opération de taille, de lithotritie ou même de cathétérisme, car c'est spécialement dans ces cas que l'inflammation se propage aux uretères et aux reins, et qu'elle met la vie en péril. Le traitement phéniqué préviendra presque toujours, sinon toujours, ces complications redoutables, ce que sont impuissantes à faire, le plus souvent, les autres médications. Il faudra seulement avoir soin, lorsqu'on croira devoir employer les injections vésicales, de ne faire usage que d'eau phéniquée très-faible, 1/4 ou 1/5° p. 0/0 par exemple, car la vessie atteinte d'inflammation aiguë est un des organes les plus susceptibles à l'action de l'acide phénique. La meilleure préparation est l'eau glyco-phéniquée, car, par le moyen de la glycérine bien incorporée à de l'acide phénique très-pur et récemment rectifié, j'ai pu arriver à porter jusqu'à 1 0/0 la dose d'acide phénique, pour arrêter en quelques jours une cystite suppurée consécutive à une blennorrhagie.

Dans la vessie comme dans l'utérus, l'inflammation chronique ou catarrhe est aussi fréquente que l'inflammation aiguë est rare; mais, sauf le cas de phlegmasie entretenue par une affection calculeuse, elle s'observe presque toujours chez l'homme. Nous avons dit ce que Civiale pensait de la curabilité de ce catarrhe, malgré le traitement savant qu'il avait institué et auquel son excellent jugement l'empêchait d'attribuer une efficacité exagérée. Nonobstant ce traitement et beaucoup d'autres qu'il n'est pas de notre objet d'examiner ici, le catarrhe vésical de l'homme reste trop souvent incurable, et, quand il guérit, il reste fort exposé aux récidives. Chez la femme, il est quelquefois le résultat d'une maladie qui a beaucoup occupé quelques médecins de notre temps, notamment M. Nonat, les *abcès péri-utérins;* il n'est pas très-rare de voir un de ces abcès s'ouvrir dans la vessie et y entretenir une inflammation sub-aiguë, qui, naturellement, ne peut pas durer moins que la cause qui le produit, laquelle est elle-même, dans tous les cas, et dans ce cas spécialement, de fort longue durée. Mais ce pronostic est celui que comportent les médications classiques; le traitement phéniqué y apporte de remarquables modifications. Les observations suivantes, déjà publiées dans la première édition de ce traité, démontrent la supériorité du traitement phéniqué.

Un distingué confrère, M. de T..., ancien professeur de physiologie, fut atteint d'un catarrhe vésical dans les circonstances qu'il décrit lui-même :

» Au commencement de septembre dernier, à la suite d'une station d'environ vingt minutes sur l'herbe, j'éprouvai, le lendemain matin, de la douleur dans le canal de l'urètre et de la difficulté d'uriner. La douleur et la difficulté augmentèrent progressivement, et au bout de quelques jours mon urine était excessivement trouble; cet état était douloureux. J'employai vainement à l'intérieur la térébenthine de Venise, le baume de copahu, et même en frictions le mercure associé à la belladone, etc. Aujourd'hui, la douleur a cédé, mais mon urine est toujours excessivement *trouble*, ce qui n'était pas d'abord. Il se dépose au fond du vase très-promptement un sédiment jaune verdâtre. Je dois ajouter à ces détails que j'ai soixante-quatre ans et que ma santé est généralement excellente.

» J'ai examiné au microscope le sédiment en question, et il se compose de globules blancs de la même grosseur que ceux du sang. Il se forme de l'écume sur l'urine dans le vase et cette écume persiste. »

M. de T... terminait sa lettre en me demandant si l'acide pouvait être employé dans ce cas et comment il devait l'être.

Je prescrivis, en effet, l'acide phénique en injections dans la vessie et à l'intérieur; mais M. de T... ne le prit qu'à l'intérieur et malgré cela, douze jours après, je recevais la lettre suivante :

» J'ai beaucoup à vous remercier de vos précieuses indications : d'après votre avis, j'ai commencé l'acide phénique il y a huit jours. Je m'en trouve aujourd'hui très-bien, et le sédiment dont je me plaignais diminue journellement dans mon urine; qui ne contient ni sucre ni albumine, mais seulement la quantité ordinaire de phosphates, du mucus et encore un peu de pus, qui se dépose au fond du vase. Du reste, plus de douleur dans le canal, et le jet est direct comme il doit l'être. »

Après ving-deux jours de traitement, M. de T... m'écrivait :

» Je continue à éprouver une notable amélioration dans mon état; l'urine est moins trouble et le dépôt beaucoup moins considérable. Il y a cependant toujours un peu de ce dépôt jaune verdâtre au fond du vase quand l'urine (y a séjourné quelque temps. La première partie du jet de l'urine est ordinairement la plus trouble ; *à la fin, le jet est presque* entièrement *limpide.* Du reste, ce jet est maintenant direct, et ce qu'il doit être. Il y a toujours un petit sentiment douloureux, mais excessivement léger, à la fosse naviculaire. Je me suis aperçu que ce remède est un peu échauffant. »

Aujourd'hui je puis ajouter que, malgré ce succès, je faisais déjà remarquer, dans la première édition de cet ouvrage, qu'il ne faudrait pas trop compter sur la seule action de l'acide phénique à l'intérieur pour guérir des catarrhes vésicaux. J'ajoutais, du reste, que cet agent produit ordinairement en quelques jours ce qu'il peut produire, et qu'il serait inutile de persister dans son emploi, quand on n'a pas obtenu, dans deux semaines environ, le résultat désiré. Il faudrait, dans ces cas, recourir aux deux préparations que j'ai trouvées depuis, le sirop antiépidémique et le sirop sulfophéniqué, et même aux injections sous-cutanées.

C'est cette méthode que je mis en usage avec succès chez un grand personnage espagnol, M. Coll.... Le malade avait depuis longtemps un catarrhe vésical opiniâtre, pour lequel il avait fait inutilement bien des traitements quand il se confia à mes soins. Avant de commencer mon traitement, je voulus avoir l'avis de Civiale, et ce fut à la suite de la consultation que nous eûmes ensemble que le célèbre inventeur de la lithotritie me tint le langage que j'ai consigné ci-dessus. Dans la consultation, il avoua l'impuissance probable ou tout au moins la très-longue durée d'un traitement basé sur les principes que lui-même avait établis, et il consentit volontiers à prescrire le traitement phéniqué, y compris les injections vésicales. Je n'avais encore fait qu'une ou deux injections dans la vessie, et ce n'est pas sans quelque appréhension que je les renouvelai chez un personnage déjà traité par un si grand nombre de médecins; mais avec la collaboration de Civiale, il n'y avait pas grand chose à craindre pour la responsabilité, et je prescrivis les injections à 1/3 p. 100 d'abord, puis à 1/2 et 2/3; j'administrai, en outre, 4 cuillerées de mon sirop d'acide phénique à l'intérieur. A la grande satisfaction du malade, les résultats favorables ne se firent pas attendre; une amélioration notable se déclara dès la première semaine, et, après quelques mois, la guérison était complète. Quelques très-légères rechutes se p oduisaient de loin en loin, mais elles cédaient promptement aux injections phéniquées. Finalement, la guérison s'est confirmée.

J'ai dit que la vessie est un des organes les plus susceptibles à l'action de l'acide phénique et qu'on ne devait atteindre qu'avec bien de la prudence les injections à 1/2 p. 100; mais il y a des exceptions partout : après avoir eu des succès à peu près constants, comme chez le grand personnage Cald... Coll... les injections à faibles doses n'avaient pas très-bien réussi, ou du moins n'avaient pas réussi au gré du malade, chez M. Em. de Tar.... Il tenta lui-même sans mon conseil et presque d'emblée des injections à 1/2 p. 100, et de plus, il les garda dans la vessie, ce que je n'aurais, certes, point conseillé. Mais le résultat justifia d'une manière éclatante cette tentative dont le malade me rendit compte lui-même avec enthousiasme bien longtemps après. « Après avoir essayé, m'écrivait-il, le 2 avril 1872, les injections vésicales à 1/1000°, sans aucun succès, *je risquai le paquet*, et m'injectai une solution tiède au 200° que je gardai; je renouvelai cette injection chaque jour, et à la quatrième, le catarrhe disparut subitement, après *seize mois* de douleurs atroces. Au bout de quinze jours, je commis l'imprudence de m'asseoir sur une pierre froide, le catarrhe revint; deux injections comme les précédentes furent pratiquées, et *adieu le mal.* — Depuis 1865, pas de retour. — Vous pouvez tenir registre de la dose employée et du résultat; la solution phéniquée gardée dans la vessie n'y a causé qu'une légère cuisson, insignifiante, au col de l'organe.

» Château de Beller..., 2 avril 1872. »

Malgré ce succès, j'ai toujours additionné l'acide, bien rectifié, de glycérine très-pure j'emploie la solution dite glyco-phénique.

Les occasions de traiter des catarrhes vésicaux ne sont rares pour aucun médecin; je pourrais donc multiplier beaucoup les faits semblables aux précédents; je les crois suffisants pour montrer la supériorité du traitement phéniqué sur tous les autres, et pour engager tous les praticiens à y recourir, au moins après l'insuccès des médications ordinaires, quand ils n'y auront pas eu recours d'emblée. A l'heure où j'écris, un assez grand nombre de confrères m'ont demandé des renseignements pour appliquer eux-mêmes la nouvelle méthode et quelques-uns n'ont pas attendu longtemps pour l'adopter, car, à la date du 5 mars 1865, je recevais déjà une telle demande de mon honorable confrère, le docteur Pariset, de Nice. Beaucoup d'autres semblables l'ont suivie, et j'ai lieu de penser que la méthode est, à l'heure actuelle, employée sur une assez grande échelle, et que, probablement même, elle a pénétré dans la pratique des professeurs officiels; mais ces derniers n'en diront probablement rien publiquement, jusqu'à ce que leurs élèves leur en attribuent honnêtement le mérite.

CINQUIÈME SECTION.

MALADIES ORGANIQUES ET MALADIES DIVERSES.

CONSIDÉRATIONS GÉNÉRALES.

Je dois prévenir, tout d'abord, mes lecteurs que cette section comprend des maladies plus hétérogènes que la précédente, et qu'elle est, par conséquent, en quelque sorte, plus provisoire. Quelques-unes de ces maladies, notamment les maladies organiques, cancéreuses et tuberculeuses, pour des raisons que je dirai, peuvent, dès à présent, être considérées comme à peu près certainement parasitaires; d'autres, telles que l'asthme, les névralgies, etc., n'ont d'autre raison de se trouver à côté des premières que leur curabilité par l'acide phénique; il ne faut pas oublier, en effet, que nous écrivons ici une étude sur l'action médicale de l'acide phénique et non un traité de nosologie, ainsi que nous l'avons déjà dit et répété. Sous le bénéfice

de ces remarques, nous allons donner quelques détails sur les
maladies que nous avons rangées dans cette section, nous réservant d'exposer, à propos de chacune d'elles, les motifs pour
lesquels elles se trouvent comprises dans notre étude.

ART. I. — DE L'ASTHME.

Un médecin anglais, qui a communiqué à un grand fabricant d'acide phénique, M. Calvert, de nombreuses observations
sur l'action curative de ce produit, M. Barrington Cooke, dit
avoir obtenu de très-bons effets du nouveau parasiticide contre
l'asthme; malheureusement, les observations ou les dires, car
ce sont plutôt des dires que des observations, ne sont pas d'un
caractère à inspirer tout crédit, et moi-même je me sentais
peu disposé à essayer l'acide phénique contre une affection
qui est beaucoup plus une maladie nerveuse, une névrose,
qu'une bronchite aiguë ou chronique; je n'en étais pas arrivé
encore à penser que les parasites pussent causer des névroses
et surtout des névroses locales. Je m'expliquerai, dans un article ultérieur, sur cette question. Une occasion se présenta,
cependant, d'essayer l'acide phénique dans un cas d'asthme
où tous les moyens conseillés contre cette affection avaient
échoué, dans les mains d'un grand nombre de médecins et
aussi dans les miennes. Le malade était un Américain du
Nord, M. Partr..., âgé d'environ 35 ans, qui m'avait été adressé
par mon honorable et très-distingué confrère, M. d'Oiley
Evans; il souffrait depuis longues années d'un asthme, qui était
arrivé à un degré d'intensité extrême ; il y avait de longs mois
que le malade dormait à peine pendant les nuits quelques
instants, entrecoupés par de longs intervalles d'insomnie et
d'étouffements; il ne pouvait se coucher horizontalement sans
voir aussitôt ses accès se renouveler ; souvent, il passait ses
nuits hors du lit, ou, quand il y était, il gardait toujours la
position assise. Après avoir, ainsi que je l'ai dit, épuisé les
ressources de la thérapeutique ordinaire, j'eus recours à l'acide
phénique employé en sirop à la dose de 2 cuillerées à soupe
chaque demi-heure pendant les accès et de 6 cuillerées seule-

ment d'une manière continue. Cette médication ne tarda pas à produire une amélioration sur laquelle je n'osais compter et qui, en quelques semaines, devint telle, qu'elle pouvait passer pour une guérison complète, au moins momentanée. La guérison persistant, le malade quitta Paris, et dans trois lettres qu'il écrivit, à plusieurs semaines d'intervalle, à M. d'Olley Evans, il se félicitait du rétablissement de sa santé et ne tarissait pas en éloges sur l'acide phénique. Dans la troisième de ces lettres, la plus récente, le malade écrivait :

« Je n'ai eu ni asthme ni autre maladie depuis que l'acide phénique me l'a ôté. Je suis en bonne santé et, par suite, de bonne humeur. Je me sens aussi jeune qu'à vingt-cinq ans !

« J'emploie toujours néanmoins le remède du docteur Déclat ; j'espère que ces bons résultats dureront et qu'une nouvelle vie s'ouvre pour moi ; cela me semble comme une nouvelle existence. Quel soulagement de rester, maintenant, tranquillement étendu sur mon lit et d'y dormir profondément ! »

Les succès que j'ai obtenus depuis ne sont pas aussi éclatants que chez M. Partr... ; mais ils sont suffisants pour me faire considérer la médication phéniquée de l'asthme comme supérieure aux autres, au moins dans la plupart des cas. D'ailleurs, je le répète ici pour la vingtième fois peut-être, l'emploi de l'acide phénique n'exclut nullement celui des autres médications ; c'est une arme de plus et une arme puissante, voilà tout. Pourquoi donc refuser de s'en servir ?

Le mode d'emploi de la médication phéniquée dans l'asthme consiste dans l'administration quotidienne du sirop phéniqué à la dose de six cuillerées par jour, et dans des inhalations d'un émanateur à l'acide phénique. Au moment des accès, on remplace le sirop simple par le sirop *antiépidémique*, un phénate d'ammoniaque à la dose de deux cuillerées à soupe chaque demi-heure. J'ai trouvé un malade que le sirop *sulfophénique* soulageait plus promptement.

J'associe à ces moyens l'administration d'une solution d'arséniate de potasse ou d'iodure de potassium, à la méthode de Trousseau. Je me suis également bien trouvé de l'application du lobélia inflata aux préparations d'acide phénique.

A l'aide de cette combinaison de moyens, j'ai obtenu plusieurs cas de guérison, et je n'ai jamais manqué d'obtenir un soulagement plus ou moins prononcé.

Art. II. — DES CANCERS.

Le plan de cet ouvrage ne me permet pas de discuter ici à fond les questions que soulève l'histoire du cancer ou des cancers, l'une des plus importantes histoires de la médecine et par la fréquence de la maladie et par son extrême gravité, puisque tous ou à peu près tous les observateurs consciencieux s'accordent à reconnaître qu'elle est à peu près constamment mortelle, et que lorsque, par une très-rare exception, elle a une issue heureuse, on en doit moins rapporter le mérite à l'intervention de l'art qu'à des circonstances heureuses, mais inconnues. J'ai traité les points les plus importants, je pourrais dire les seuls importants de l'histoire des cancers dans mon *Traité des maladies organiques de la langue* (1) ; je me permets d'y renvoyer le lecteur qui désirera s'éclairer sur ces questions ; depuis que j'ai publié ce traité (fin de l'année 1868), rien d'utile n'a été fait sur les cancers, je n'aurai donc qu'à répéter ce que j'ai déjà écrit. En conséquence, je me bornerai, dans cet article, à rappeler, en quelques propositions, les faits essentiels qui me paraissent solidement établis ; je dirai, le plus brièvement possible, en quoi ces faits concordent avec la doctrine parasitaire, et je tâcherai de prouver le progrès considérable que la médication phéniquée a apporté dans la thérapeutique des cancers.

Et d'abord, pourquoi parlé-je *des cancers* et non *du cancer ?* A cette question, je n'ai pas de réponse catégorique à faire ; mais j'ai à donner quelques explications qui, je l'espère, paraîtront satisfaisantes aux lecteurs qui ne seront pas par trop difficiles.

Bayle et Laënnec ont compris sous le nom de cancer deux tissus d'apparence assez différente, au moins à une période un peu avancée de leur évolution, et qui offrent eux-mêmes quelques variétés, ainsi que nous le verrons dans un instant ; ces

(1) Fort volume grand in-8°. Prix : 8 francs.

deux formes sont le squirrhe et l'encéphaloïde ; l'une de ces formes comprenait ce que l'on a désigné récemment sous le nom de cancroïde, épithélioma, tumeurs épithéliales ; l'autre comprenait, outre l'encéphaloïde régulier, le fongus hématode, et parfois le cancer mélanique. Ces formes sont-elles des variétés d'une même maladie, ou deux ou plusieurs maladies différentes ? Pour répondre scientifiquement à cette question, il faudrait d'abord s'entendre sur ce que c'est qu'une individualité morbide ; or, on peut dire que cette question est absolument insoluble pour toute autre doctrine que la doctrine parasitaire, ce qui n'a pas empêché presque tous les nosographes de donner des définitions de l'*espèce* morbide ; mais leurs définitions valaient moins encore que leurs traitements, ce qui n'est pas peu dire. Pour la doctrine parasitaire, la définition est facile en principe : une espèce morbide est une maladie causée par un parasite déterminé : la gale est une espèce morbide ; la teigne, produite par le trichophyton, une autre espèce ; la trichinose, une autre espèce, etc. Mais quand on ne connaît pas le parasite qui cause la maladie, la détermination de l'espèce n'est pas rigoureusement possible, et l'on est obligé de la déterminer, de la définir, si l'on veut, d'après l'ensemble de ses caractères apparents, de sa marche, de ses terminaisons, voire même de sa curabilité. Des médecins qui se sont livrés à de nombreuses observations microscopiques à la suite de M. le professeur Lebert, ont cru pouvoir baser uniquement la définition du cancer sur la forme de certaines cellules qu'on y trouverait constamment, et ils laissaient entrevoir assez clairement, d'ailleurs, la prétention de déterminer toutes les espèces morbides qui ont pour conséquence des productions organiques, d'après la forme de certaines fibres ou cellules qui constituent en tout ou en partie ces productions. Ce système a séduit à son apparition un certain nombre de personnes ; mais beaucoup de raisons l'ont fait promptement rejeter : d'abord, pour ce qui concerne le cancer, ces prétendues cellules ne se rencontrent pas toujours dans les tissus qu'il est impossible, d'après tous les autres caractères, de ne pas considérer comme cancéreux ; ensuite, ces prétendues cellules sont parfois tellement dissemblables entre elles qu'il est bien difficile, sans les yeux de la foi, de choisir celles qu'on doit considérer comme spécifiques ; enfin, cette doctrine substituait une classification systématique, c'est-à-dire basée sur un seul caractère, à une classification naturelle, c'est-à-dire fondée sur tous les caractères. Poussée dans ses conséquences logiques, elle aurait conduit à ce résultat absurde et ridicule qu'un homme se distingue d'un chat moins par son squelette, ses dents, son cerveau, son intelligence, etc., que par la forme d'une cellule de son tissu conjonctif ou autre ! Une telle doctrine n'était pas viable, et nous la croyons abandonnée aujourd'hui, même par ses adeptes. Mais il reste quelque chose des observations des micrographes : il est bien positif que, si les deux tissus fort différents, le squirrhe et l'encéphaloïde, ne paraissent contenir que des cellules semblables, dans le seul squirrhe il y a deux variétés de tissu dont l'une renferme les cellules en question, et dont l'autre se compose de plaques fort analogues, sinon tout à fait semblables, à celles qui constituent l'épiderme et l'épithélium. Les productions de cette dernière catégorie ont même des sièges de prédilection, les lèvres, la face, la langue, le scrotum ; elles se généralisent rarement et ont une marche encore plus lente que la forme ordinaire du squirrhe. Ce n'était point une raison pour rayer ces productions de la classe des cancers, pour des motifs que nous dirons dans un instant, mais c'est une raison d'admettre que le cancer, dit épithélial (épithélioma, cancroïde), peut bien être causé par une cause différente de celle du squirrhe ordinaire et de l'encéphaloïde, et cela doit s'entendre par un parasite différent. Il est de même très-possible et même probable que le squirrhe ordinaire et l'encéphaloïde ne sont pas dus au même parasite, et peut-être aussi que les diverses formes de ces deux cancers, qui s'éloignent parfois beaucoup de la forme type, ainsi que le cancer gélatiniforme, soient dus à des parasites divers.

Voilà pour quels motifs je parle ici *des cancers* et non *du cancer*, faute de posséder des notions assez exactes pour donner à chaque forme un nom particulier.

Mais y a-t-il avantage, en attendant les progrès futurs, de conserver le nom de cancer à des productions assez diverses, au lieu de les désigner par un nom qui exprime la forme des éléments anatomiques intimes qui les composent, ainsi que le veulent les chirurgiens micrographes (tumeurs épithéliales, fibroplastiques, homœomorphes, hétéromorphes)? Cet avantage nous paraît évident. D'abord, si certaines productions ont reçu des micrographes les noms d'épithéliales et de fibro-plastiques, l'encéphaloïde et le squirrhe ordinaire n'ont reçu aucun nom correspondant, et continuent à être désignés sous le nom de cancers. Une pareille classification établit une ligne de démarcation complète entre des maladies qui sont incontestablement des cancers, dans le sens médical du mot; elle conduit à une thérapeutique fâcheuse, et ne tend qu'à faire contester des cures positives de vrais cancers et à jeter du discrédit sur une médication et peut-être des médications qui ont déjà sauvé un assez grand nombre de malades, et qui, mieux étudiées, en arracheront probablement à la mort un plus grand nombre encore.

Maintenant, que faut-il entendre par cancer? il faut entendre ce que Bayle et Laennec ont désigné sous ce nom, et mieux encore ce qu'entendent tous les médecins qui s'occupent surtout de l'observation et du traitement des malades; quand nous aurons reconnu une maladie comme cancéreuse, et qu'une foule d'autres médecins auront confirmé notre diagnostic; lorsque souvent, par suite de ce diagnostic, une opération aura été décidée ou repoussée à cause de la trop grande gravité du mal, nous n'admettrons pas que tout le monde se soit trompé, et si l'on voulait admettre qu'à la rigueur on se soit trompé une fois, il nous paraîtrait absolument déraisonnable de prétendre qu'on s'est trompé toutes les fois. Or, c'est dans des cas où toutes ces garanties contre l'erreur ont été prises, que la médication phéniquée a été appliquée avec succès contre le cancer, ainsi que nous le montrerons bientôt, et qu'elle a mis hors de contestation cette proposition consolante, que *le cancer n'est pas toujours une maladie incurable.*

Voici maintenant à quels signes tous les médecins non systématiques reconnaissent le cancer:

1° Anatomiquement, il est caractérisé ordinairement (1) par

(1) je dis ordinairement, car les médecins d'aujourd'hui et même leurs prédécesseurs ont reconnu et distingué des cancers fibreux, fibrocartilagineux, colloïdes

la formation de deux tissus sans analogues dans l'économie, et
que, pour ce motif, on a désigné avec Laennec sous le nom d'*hétérologues ;*

2º Ces deux tissus se forment aux dépens des tissus normaux qu'ils envahissent ; ils se les assimilent ; ils les détruisent : il ne les écartent pas ; ils ne les repoussent pas ; ils
se substituent à eux ;

3º Ces tissus ont une vitalité, un mode de formation, d'organisation, de nutrition assez propres, pour se ressembler beaucoup dans les divers organes où ils se forment, pour être souvent identiques d'aspect, malgré la différence des tissus
normaux où ils se développent. Pourtant le cancer de la peau
et spécialement de la face, ou tout au moins de la peau de la
face, a un aspect et une organisation qui sont presque spéciales à cette région ;

4º Livrés à leur évolution naturelle, ils affectent une marche
presque constamment envahissante, présentent seulement parfois des temps d'arrêt, même des rétrogradations dans quelques-uns de leurs phénomènes, mais non une rétrogradation
totale ; par conséquent, ils ne se terminent jamais par résolution ; très-rarement même ils restent très-longtemps stationnaires, sauf à la peau où ils durent souvent plusieurs années
et jusqu'à plus de vingt ans ;

5º Ces deux tissus sont assez différents, surtout à une certaine
période de leur évolution ; cependant, à leur début, ils sont
durs tous les deux (1), au point qu'ils serait fort difficile,
sinon impossible, de distinguer, même à la dureté et à la vascularisation, ce qui est ou sera un encéphaloïde, de ce qui est
ou sera un squirrhe ; ils se ramollissent tous les deux plus tard ;
cependant le ramollissement est généralement peu prononcé
dans le squirrhe et même, assez souvent, n'a pas lieu ;

ou gélatiniformes et aussi un cancer spécial de la peau que les micrographes ont
rayé sans motifs suffisants de la liste des cancers.

(1) Le chef de l'école micrographique, l'honorable M. Lebert, croit, il est vrai,
que les tissus cancéreux ne se ramollissent pas, que les mots *période de ramollissement* de l'encéphaloïde expriment une immense erreur, et que, lorsque l'encéphaloïde est ramolli, c'est qu'il l'était dès le début ; mais nous croyons, avec l'u-
niversalité des médecins cliniciens, que l'erreur est du côté de M. Lebert, et que
jamais, ou à peu près jamais, l'encéphaloïde n'est mou à son début.

6º Quand les productions ont leur siége près de la périphérie de la peau ou d'une muqueuse, elles s'ulcèrent et les ulcères auxquels elles donnent lieu ont des caractères spéciaux et une marche envahissante comme les productions elles-mêmes ;

7º Quand celles-ci disparaissent et que les malades sont rendus à la santé, c'est que ces tissus se sont détruits spontanément ou l'ont été par les secours de l'art ; nous verrons, en parlant du traitement, quelle restriction il y a à faire à ce principe, incontestable dans sa généralité ;

8º Mais quand l'art se borne à les détruire mécaniquement, ils se reproduisent à peu près toujours, soit sur la place qu'ils occupaient, soit dans le voisinage, soit dans des points plus ou moins éloignés :

9º Non-seulement, quand on les enlève, ils se reproduisent, mais, quand on en a enlevé un, c'est l'autre qui peut se manifester à la récidive, de même qu'ils peuvent se rencontrer tous les deux ensemble dans la même tumeur ; cette dernière circonstance est néanmoins rare ;

10º Puisqu'on a vu qu'ils ne rétrogradaient jamais définitivement dans leur marche, on a pu prévoir que tous deux sont à peu près incurables, et qu'ils entraînent à peu près constamment la mort ;

11º Ces productions sont parfois indolentes pendant une partie ou pendant toute leur évolution ; souvent, elles donnent lieu à des douleurs très-vives, qui revêtent parfois un caractère lancinant, c'est-à-dire semblable à celle que produirait un instrument piquant qui traverserait rapidement les tissus ; ce caractère a été donné à tort comme un signe caractéristique du cancer ; mais quand il existe et qu'il coïncide avec les autres caractères, il a une très-grande valeur.

C'est à ces signes qu'avec ou sans la confirmation du microscope, tous les médecins *cliniciens* (c'est-à-dire qui observent l'ensemble des signes que présentent les maladies, et non un de ces signes, microscopique ou autre) (1), reconnaissent un

(1) Nous nous permettons de renvoyer encore une fois les lecteurs qui désireraient de plus amples éclaircissements sur la *méthode artificielle* des micrographes et sur la *méthode naturelle* des cliniciens, à notre traité de la curation des maladies organiques de la langue, Paris, Delahaye, libraire éditeur, place de l'École-de-médecine.

cancer et que nous l'avons reconnu nous-même, dans les observations de curation que nous avons exposées *in extenso* dans nos publications antérieures (1re édition, des *Applications médicales de l'acide phénique et curation des maladies organiques de la langue*), et dans celles que nous allons faire connaître sommairement ici, l'étendue qu'a déjà prise ce volume ne nous permettant pas de donner ces observations dans tous leurs détails.

Mais avant de donner le résumé de ces observations, un mot d'abord sur une question que nous avons déjà signalée, celle de la cause intime ou, comme on le dit souvent, de la *nature* du ou des cancers.

Ce que j'ai discuté en détail à l'occasion des causes de quelques maladies (voy. spécialement ci-dessus article *charbon*), je le résumerai en deux mots, à propos du cancer; tout ce qu'on sait sur ces causes, sauf peut-être en ce qui concerne l'hérédité, qui n'est qu'une prédisposition ou une question de *terrain*, peut s'exprimer d'un seul mot : *rien*. Tout ce qu'on a écrit et professé sur les irritations, les inflammations, les veilles, les excès, les chagrins, etc., etc., tout cela est absolument dénué de preuves, et ne se répète, depuis des siècles, que par instinct d'imitation, préjugé pur. En est-il de même de la doctrine parasitaire? Quoique je n'aie pas de démonstration directe du contraire à donner, je n'hésite pas à répondre catégoriquement non. Sans vouloir répéter ici ce qui se trouve, sur cette question, dans mon traité *de la Curation des maladies organiques de la langue* et dans l'introduction au présent ouvrage, je dirai qu'il est impossible de comparer une production végétale anormale à une production cancéreuse, sans être irrésistiblement conduit à les rapporter l'une et l'autre à une cause semblable, surtout quand on sait, d'une part, que toutes les productions végétales, *hétérologues* et *homologues*, sont dues à l'action de parasites, et, d'autre part, qu'aucune des causes attribuées au cancer ne repose même sur des apparences sérieuses de preuves. Mais ce n'est pas seulement par cette raison, que toutes les productions morbides végétales sont produites par des parasites, que l'analogie nous conduit à supposer la même cause dans les productions morbides animales, c'est aussi l'identité presque absolue des productions dues à un même parasite; cette identité n'est, assurément, pas aussi complète entre tous les squirrhes et tous les encéphaloïdes qu'entre toutes les noix de galle par exemple, et cela s'explique surabondamment par le mode de vitalité bien plus compliqué chez les animaux, et surtout chez l'homme, que chez les végétaux ; mais quand on voit rapporter un tissu aussi semblable à lui-même que l'encéphaloïde, à des affections morales tristes, à des chocs, à des irritations chimiques ou physiques, etc., etc., on ne saurait assez prendre en pitié des préjugés qui font de la médecine un inextricable et fastidieux roman. Je répéterai donc ce que, après un savant professeur, je disais dans la première édition de cet ouvrage, que « les maladies spécifiques résultent de causes spécifiques, » et j'ajouterai, de plus, aujourd'hui, que toutes les maladies bien caractérisées symptomatiquement sont spécifiques. Je crois en conséquence que les diverses formes de cancers, encéphaloïde, squirrheux, fibro-plastique, épithélial, colloïde, peuvent être et sont probablement dues à des parasites divers; mais attribuer chacun d'eux à dix ou vingt causes différentes me paraît contraire à toute raison comme à tous les faits.

Je crois que c'en est assez sur ce chapitre, dans une étude de thérapeutique spéciale, comme l'est ce livre, et que je puis passer maintenant aux faits qui justifient pratiquement la rapide discussion théorique dont je viens de les faire précéder.

De ces faits, les uns, ainsi que je l'ai dit, se trouvent publiés, *in extenso*, dans mon livre sur la *Curation des maladies organiques de la langue*; je me contenterai d'en donner ici le résumé : ils sont au nombre de trente-neuf, que j'ai divisés en trois catégories :

La première comprend douze cas d'affections légères pour la plupart, c'est-à-dire peu avancées, et dont le diagnostic, au moins pour un certain nombre, peut conserver quelque incertitude; tous se sont terminés par la guérison après avoir résisté de quelques semaines à plusieurs mois.

La seconde catégorie comprend treize cas dont deux doivent être mis hors de cause, l'un ayant abandonné le traitement après une vingtaine de jours, dans un état d'amélioration prononcé, l'autre l'ayant abandonné plus promptement encore, sans que son état, très-grave, eût été amélioré. Des onze autres, où le diagnostic ne pouvait être incertain, un, dans une situation des plus graves, et qu'on voulait traiter par une opération effroyable, obtint une amélioration qui se prolongea — ainsi que le traitement — pendant un grand nombre de mois; dans les dix restants, qui tous étaient des cas fort graves, la guérison a été obtenue.

Enfin, la troisième catégorie comprend quatorze malades; sur cinq, notre médication s'est montrée impuissante; les neuf autres ne l'ont pas suivie assez longtemps pour qu'on puisse décider quels résultats définitifs elle aurait eus; mais tous, même ceux qui ne l'ont suivie que quelques semaines ou même quelques jours, en ont retiré des avantages certains.

Le hasard, qui avait amené dans mon cabinet un si grand nombre de malades atteints d'une maladie aussi rare que le cancer de la langue, m'avait fait suivre avec une grande attention l'histoire de chacun d'eux, et j'avais pris sur mes pressantes occupations le temps nécessaire pour rédiger, sur chaque cas, des notes plus ou moins développées qui m'ont permis d'en rédiger les observations; mais il ne m'a pas été possible de prendre les mêmes notes pour tous les cas de cancer que j'ai traités; je n'en mentionnerai donc ici qu'un petit nombre; mais je les crois plus que suffisants, ajoutés à ceux que j'ai publiés déjà, pour justifier tout ce que j'ai dit sur la curabilité du cancer, et sur l'action de la médication phéniquée et parasitaire.

Obs. 1. — M. Roy (je publie son nom avec autorisation), âgé de 61 ans, officier en retraite, caissier à la *Société générale de crédit industriel et commercial*, rue de la Victoire, vient me consulter le 14 juin 1869. Son père est mort de maladie aiguë en 1815; sa mère est morte, il y a 30 ans, d'une maladie d'estomac qui a duré fort longtemps et s'est accompagnée de nombreux vomissements. Il est d'une bonne santé habituelle; il avait seulement depuis 15 ans un eczéma à la jambe droite, pour lequel il est allé plusieurs fois aux eaux sans succès. Cette maladie a cédé à la suite d'un traitement dirigé par M. le docteur Rochard, et dont l'iodure de chlorure mercureux a été la base; depuis, il a éprouvé de temps en temps des démangeaisons, mais sans éruption. M. Roy fume peu, et toujours du côté droit.

Il y a deux mois, son barbier écorcha un bouton qui s'était développé depuis quelque temps au bord de la lèvre inférieure, vers la commissure gauche ; l'écorchure ne se cicatrisant pas, le docteur Courtois, de Coulommiers, fut consulté, mais l'ulcération, loin de se cicatriser, s'agrandit et le bouton augmenta de volume. Plusieurs médecins que vit le malade, et le docteur Courtois lui-même, l'engagèrent à se faire opérer ; le docteur Rampon, ami du malade, insistait près de Mme Roy pour qu'elle décidât son mari à l'opération ; M. Leroy, médecin de la maison de la Légion d'Ecouen, lui déclara qu'il n'y avait pas d'autre moyen ; il avait même un jour décidé M. Roy à l'opération ; jour et heure avaient été pris ; mais la veille, M. Roy changea de résolution et écrivit à son médecin que, décidément, il ajournerait l'opération. Le docteur Milcent, que le malade consulta plus tard, déclara l'opération indispensable, et lorsque, plus tard, M. Roy se montra à lui complétement guéri, ce confrère n'hésita pas à lui affirmer que les cancroïdes de la face guérissent tout seuls, et qu'il n'y avait rien d'étonnant à ce que je l'eusse guéri sans opération. Une telle affirmation confondit M. Roy qui vint, dès le lendemain, me faire surveiller sa cicatrice, et me raconter la conversation de cet honnête médecin. — Un docteur des environs de Paris, où le malade allait à la campagne, conseilla des cataplasmes de riz pour faire tomber la croûte qui, depuis l'écorchure du barbier, recouvrait le bouton ; la croûte ne tombant pas, le confrère conseilla l'opération : il n'y eut aucune suppuration.

Quand je vis le malade pour la première fois, je trouvai sur la lèvre inférieure une ulcération de la largeur d'une pièce de un franc, profonde, à bords déchiquetés, de mauvais aspect ; dans cette étendue, la peau est détruite (depuis le bord de la lèvre jusqu'au pli du menton) ; la base en était indurée, les ganglions sous-maxillaires du côté de la maladie étaient gros, douloureux, très-durs.

J'appliquai immédiatement la médication phéniquée, en présence du docteur Gaudin, maire de Saint-Georges-de-Didonne et médecin consultant à Vichy, que j'eus la bonne fortune d'avoir dans mon cabinet. Les pansements et douches de poussière d'eau phéniquée étaient répétés deux fois par jour.

Le 10 juillet, l'ulcération a traversé presque toute la lèvre ; elle arrive jusqu'à la muqueuse, qui est tellement mince, que je m'attends à chaque instant à voir l'épithélium se rompre ; il y a une grande difficulté pour manger. — La médication est cependant continuée activement.

Le 28 juillet, je trouve, enfin, un changement encourageant ; l'ulcération a gagné en surface, mais le fond s'est un peu comblé; la muqueuse paraît moins mince, l'aspect est un peu meilleur ; je porte un pronostic favorable, et, avant que la maladie soit plus améliorée, je prie le malade d'aller voir M. Ricord, pour lequel je lui donne la lettre suivante :

« Cher maître, je vous prie de vouloir bien examiner ce malade. Voici mon diagnostic : *Cancroïde ulcéré grave de la lèvre avec ganglions engorgés,* EN VOIE DE GUÉRISON. — *Pronostic favorable. — Traitement : pas d'opération, application de ma méthode.*

« Le mal est encore assez grave pour que vous puissiez bien vous convaincre qu'il ne s'agit pas de syphilis. Si cependant, vous voulez entreprendre de le guérir, je vous le cède, quoiqu'il aille déjà mieux. Si vous me le renvoyez, j'espère vous le retourner entièrement guéri. »

La réponse de M. Ricord, après qu'il eut examiné le malade, se borne à ceci : « Oui, c'est très-bien; mais je ne serais pas fâché de vous revoir guéri. » Ces mots furent dits sur un ton qui devait augmenter les craintes de M. Roy, au lieu de lui donner espoir, ce qui le rendit très-peu satisfait de sa visite.

Il reprit néanmoins avec assiduité le traitement phéniqué, et 4 mois après sa première visite à M. Ricord, il put lui en faire une seconde pour qu'il constatât une guérison complète, ce que M. Ricord fit sans empressement et sans enthousiasme. Au reste, les médecins qui avaient si chaleureusement poussé à l'opération ne se montrèrent pas beaucoup plus chauds que M. Ricord.

Pour toute réflexion sur cet étrange accueil, je dirai seulement que M. Roy jouit encore aujourd'hui (mars 1874) d'une excellente santé, et que, sans la médication phéniquée, il aurait au moins la lèvre inférieure de moins, à supposer, ce qui est peu probable, qu'il eût conservé la vie.

J'ai fait photographier la lèvre de M. Roy avant et après mon traitement; les deux figures peuvent donner une idée du résultat obtenu. Je dois dire aussi que le docteur Gaudin, frappé de ce qu'il avait vu, n'hésita pas à publier, dans le *Courrier médical*, deux articles sur l'efficacité de mon traitement dans les cas de cancroïdes.

Je crois que toute réflexion serait inutile sur ce fait; l'inutilité des traitements entrepris avant l'emploi de la médication phéniquée et cette réflexion d'un goût douteux de M. Ricord : « Je serais bien curieux de vous revoir guéri! » ne laisseront de doute, je pense, dans l'esprit de personne, ni sur le diagnostic, ni sur l'efficacité du traitement. La *curiosité* de M. Ricord a été satisfaite, et tout ce qu'on peut regretter, c'est que cette satisfaction ne se soit pas manifestée par une expression plus joyeuse; ce n'est pourtant pas la gaieté qui manque d'habitude à M. Ricord.

Obs. 2. — Si la curiosité de M. Ricord pour les guérisons comme celle de M. Roy est vraiment sincère, en voici une autre dont il pourra s'assurer quand il voudra, attendu qu'il a vu le malade et qu'il lui a proposé, ainsi qu'à bien d'autres sans doute, comme traitement..., l'opération.

A propos d'un malade mort d'une maladie semblable à celle de M. Roy, M. l'abbé Moigno publia, dans son journal *les Mondes*, une notice nécrologique sur ce malade, le duc de Cadore, qui était son ami, et il exprima le regret qu'on n'eût pas tenté chez lui la médication phéniquée, que le savant abbé savait avoir été employée avec un si beau résultat sur M. Roy. Sur ces réflexions, M. le docteur Guérin, qui était devenu le médecin de M. de Cadore, précisément par l'intermédiaire de M. l'abbé, écrivit la lettre suivante à l'éminent rédacteur en chef des *Mondes* :

RÉCLAMATION. — « Vous avez inséré, dans votre numéro du 3 mars, un article nécrologique sur M. le duc de Cadore, où, après avoir payé un juste tribut aux rares qualités de cet homme incomparable, vous écrivez les lignes qui suivent :

« Il est mort des suites d'un bouton à la lèvre dont rien
» n'avait encore indiqué le caractère cancéreux. Quelques jours
» auparavant, il nous demandait l'adresse de M. le docteur
» Guérin; si nous lui avions indiqué celle du docteur Déclat,
» nous l'aurions peut-être sauvé : l'acide phénique pouvait seul
» conjurer le danger. »

« Je laisse à vos lecteurs, monsieur, le soin d'apprécier les
motifs de votre préférence; je me borne à rectifier vos assertions.

« Il n'est pas exact que vous m'ayez adressé, quelques jours
avant sa mort, M. le duc de Cadore; j'avais l'honneur de lui
donner des soins depuis plus de dix-huit mois.

« Il n'est pas exact que M. le duc de Cadore soit mort d'un
bouton à la lèvre dont rien encore n'avait indiqué le caractère
cancéreux; M. le duc est mort de syncopes; on l'a trouvé mort
le matin dans son lit, en entrant dans sa chambre. Il s'était
couché, la veille, après avoir dîné comme de coutume, et j'ai
sous les yeux un télégramme par lequel il m'annonçait sa visite
pour le lendemain.

« Je soignais M. de Cadore depuis environ dix-huit mois. Après
un premier traitement efficace, il était parti, en juin dernier,
pour ses terres, d'où il n'est revenu qu'en octobre atteint d'une
récidive. Un nouveau traitement avait amélioré son état lorsque la mort l'a surpris.

« Enfin, monsieur, parmi les moyens employés pour combattre
un mal, parfaitement reconnu et caractérisé dès l'origine, se
trouvait précisément l'acide phénique, auquel, en d'autres
mains, vous supposez gracieusement qu'il eût produit un meilleur résultat.

« Veuillez, monsieur, insérer cette lettre dans votre prochain
numéro, et agréer mes très-humbles civilités. »

On comprend qu'une pareille lettre ne pouvait rester sans
réponse; aussitôt après l'avoir lue, j'écrivis donc ce qui suit à
M. l'abbé Moigno :

« Cher monsieur l'abbé, à propos de quelques paroles bienveillantes que vous aviez eu la bonne pensée de dire sur moi et
sur le traitement du cancer par l'acide phénique, M. J. Guérin
vous a adressé une réclamation telle qu'on doit en attendre

une de lui, toutes les fois qu'on prononce son nom sans chanter ses louanges. Mon confrère ne comprend pas que l'intérêt que vous portiez á M. de Cadore ait pu vous inspirer vos douloureuses et bienveillantes réflexions; il leur suppose d'autres motifs; pour un homme qui fait du journalisme depuis une quarantaine d'années, voilà un étrange aveu!... Ne l'approfondissons pas trop, et parlons de la mort de M. le duc de Cadore.

« Je ne voudrais pas affirmer, cher monsieur l'abbé, que si vous aviez songé à m'adresser votre célèbre ami, au lieu de l'adresser à M. Jules Guérin, l'honorable duc aurait été radicalement guéri et aurait vécu 30, 20 ou même 10 ans de plus ; mais ce que je crois pouvoir affirmer, c'est qu'il vivrait encore, et qu'il n'aurait pas subi, avant de mourir, le traitement « *efficace* » que lui a infligé M. Guérin. Ce traitement « efficace » n'est sans doute autre que l'opération, opération qui, dans les cas comme celui de Cadore, échoue à peu près toujours, M. Guérin ne l'ignore pas, et qu'il pratique néanmoins par des motifs « *que je laisse à vos lecteurs le soin d'apprécier,* » et qui ne peuvent, assurément, être puisés dans l'intérêt du malade.

« Quant à une « *efficacité* » qui a duré *depuis le mois de juin jusqu'au mois d'octobre*, c'est-à-dire bien juste le temps nécessaire pour qu'une récidive ait pu se produire, M. Guérin suppose évidemment les lecteurs des *Mondes* plus... naïfs que ceux de la *Gazette médicale*. Cette *efficacité* ressemble à celle de tous les opérateurs de cancers, lesquels, d'après leurs livres et leurs annonces, guérissent le cancer dans tous les cas... pendant un temps qui varie de quelques jours à quelques mois.

« Si l'*efficacité* de ma méthode de traitement par l'acide phénique avait été de la même espèce que l'efficacité de M. Guérin, je ne me serais pas permis d'en entretenir le public scientifique, ayant la plus vive répugnance pour toutes les mystifications. Mais ce n'est point ainsi que j'entends l'efficacité. Quand j'annonce que je l'ai guéri par la seule puissance de la médication employée, et, sinon toujours définitivement, du moins pendant un temps plus long qu'il n'en faut à l'organisme infecté pour reproduire des tissus morbides, inintelligemment ou trop intelligemment enlevés par le couteau ; quand je parle de guérison, j'entends des guérisons comme celles de M. Poulat, de M. Mathey et de beaucoup d'autres dont les relations se trouvent dans mon livre de la *Curation des maladies* de la langue; j'entends des guérisons comme celle de Mme G..., que j'ai guérie au moment où elle allait être opérée par M. Huguier, comme celle de M Roy, caissier à la *Société industrielle et commerciale* dont M. d'Audiffret est le directeur (1), comme d'autres encore dont l'histoire trouvera place dans la très-prochaine deuxième édition de mon ouvrage sur l'acide phénique. Voilà comment aurait été guéri M. de Cadore, s'il avait été guéri par la méthode que j'ai fait connaître.

« Mais M. Guérin dit qu'il a employé, sinon cette méthode, du moins l'acide phénique, et il vous fait, cher monsieur l'abbé, un énorme grief d'avoir supposé que ce remède aurait pu avoir, dans d'autres mains, un meilleur résultat que dans les siennes. Je n'ai pas moins horreur de la fausse modestie que de la vanité, car je trouve que c'est tout un. Je dirai donc, sans hésiter, que M. Guérin n'a certainement pas employé l'acide phénique comme il doit l'être, dans ces cas, pour produire les meilleurs résultats possibles; s'il veut décrire *exactement* et *complétement* la manière dont il a usé de l'acide phénique, je me charge de lui prouver en quoi il n'en a pas bien usé. J'ai assez rendu justice à M. Guérin, en d'autres occasions, pour que je n'éprouve ici aucun scrupule à lui apprendre quelque chose. D'ailleurs, l'intérêt des malades est eu jeu, et celui-là doit passer avant tous les autres.

« Je crois, cher monsieur l'abbé, que c'est bien là votre avis et que vous me pardonnerez de vous avoir écrit sur un pareil chapitre, un peu longuement, quoique je sois bien loin de vous avoir écrit tout ce que je vous aurais voulu dire.

« J'ajouterai cependant, pour terminer, que M. Guérin se fait une illusion qui m'étonne de sa part, en attribuant à une simple syncope la mort de M. de Cadore. Je ne connais pas les détails de la syncope dont parle M. Guérin, mais s'il avait pris la peine de lire mon traité de la *Curation de la maladie de la*

(1) Je possède la photographie de M. Roy et après guérison; je la tiens à la disposition de M. Guérin; M. Roy a d'ailleurs l'extrême obligeance de faire constater la guérison sur sa personne à qui veut bien lui faire visite dans un but scientifique.

langue, il y aurait vu, entre autres choses, que beaucoup de cancéreux meurent par ces prétendues syncopes, qui ne sont autre chose que l'indice de l'infection cancéreuse ultime. »

Après cette lettre, M. Guérin n'éprouva aucun besoin de constater la guérison de M. Roy et de comparer sa maladie à celle de M. le duc de Cadore; il pourra maintenant, sans se déranger, voir les photographies ci-jointes, et s'il désire en vérifier l'exactitude. il pourra aller voir M. Roy, qui, tous les jours à son bureau du boulevard Sébastopol, se fera un plaisir de lui donner tous les renseignements qu'il pourrait lui demander.

Je regrette vivement que M. Jules Guérin, qui sait combien je lui suis dévoué, ait cru devoir relever un nom propre tombé si innocemment de ma plume, et de le relever d'une manière si désagréable pour son confrère M. Déclat, qui était à mille lieues de soupçonner que son nom pût être prononcé par moi à l'occasion du duc de Cadore. Les trois lettres que j'avais reçues du noble vieillard, à l'occasion de M. Jules Guérin, et dans lesquelles il me demandait mes articles si louangeux sur l'occlusion pneumatique, ne me laissaient pas même soupçonner qu'il pût être son médecin ordinaire; il comprendra aussi qu'après avoir inséré sa lettre si sévère, je doive laisser la réplique à M. Déclat. — F. M.

M. ***, député, président du conseil général de N..., âgé d'environ 60 ans, a remarqué, en 1860, qu'il se formait sur son nez une croûte qu'il ne pouvait détacher. Au bout de quelque temps, il consulta un médecin qui lui prescrivit un traitement dont le chlorure de potasse formait la base; la croûte ne se détacha point, et une induration se forma sous elle. Tout traitement fut suspendu. M. le docteur Hervey de Chégouin, consulté plus tard, prescrivit l'iodure de potassium *intus et extra*; un troisième médecin conseilla le calomel, un quatrième, autre chose encore; aucun de ces traitements, dont chacun dura assez longtemps, n'empêcha la maladie d'augmenter; elle s'étendit très-lentement, mais d'une manière continue et forma, au-dessus de la peau du nez, une saillie indurée, avec engorgement dur du pourtour. M. Ricord, consulté au commencement de 1872, ne trouva à la maladie aucun caractère syphilitique, ce que les antécédents du malade ne permettaient pas, du reste, de supposer, et il proposa l'ablation de l'extrémité du nez. « Vivez encore quelque temps avec cet ennemi, dit-il ; plus tard, il faudra vous en débarrasser. » M. de Saint*** crut devoir se faire traiter encore avant d'avoir recours à cette ressource ; il eut l'occasion de se rencontrer avec des témoins oculaires de quelques guérisons que la médication parasiticide avait opérées, et, après nombreux renseignements pris, il vint me consulter, le 24 juin 1872. Sa maladie offrait alors les caractères de celle de M. Roy, sauf qu'elle était moins avancée et à marche plus lente ; la tumeur était recouverte d'une couche adhérente qui recouvrait trois ulcérations séparées par une crevasse ; il n'y avait point de ganglions engorgés, peu de douleur, et l'état général était très-bon. Le même traitement qu'à M. Roy fut appliqué, douches de poussière phéniquée, badigeonnages à l'acide phénique pur à l'intérieur, sirop et injections phéniquées sous-cutanées. Une amélioration assez rapide fut d'abord obtenue, puis elle marcha très-lentement, mais sans s'arrêter cependant, et, enfin, grâce à l'emploi du traitement phéniqué et des applications de glycophénique étendu d'huile, d'éther d'Orient, d'eau de Montecristo alternés, la guérison (mars 1874) est presque définitive.

Encore un malade qui a échappé au moins à l'opération et à une petite mutilation, sinon à la mort.

Obs. 3. — M. Bas..., de Valencia (Espagne), vint me consulter, le 26 août 1869, pour un cancroïde qu'il portait depuis huit ans sur la face dorsale et latérale droite supérieure du nez ; sur la partie latérale, la tumeur s'était ulcérée depuis assez longtemps déjà, et près de l'ulcération, sur la joue droite, s'était développée une autre tumeur de même apparence (*noli me tangere*).

Divers traitements avaient été suivis par le malade, et notamment un qui a consisté en nombreuses petites saignées sur la main : M. Bas... dit qu'on lui en a pratiqué environ 400. C'est peut-être un peu exagéré, mais le fait est que depuis la main jusques et sur le bras on voit une innombrable quantité de petites cicatrices qui se touchent.

Le 28 août, M. Bas... reçut une première douche de poussière phéniquée, que je répétai tous les jours deux fois ; l'acide phé-

nique fut administré à l'intérieur, et des badigeonnages d'acide
phénique pur pratiqués sur la tumeur de la joue et sur l'ulcération. Un mois après, el señor Bas... repartait pour son pays,
heureux et à peu près complétement guéri, me promettant
d'avoir de nouveau recours à moi en cas de rechute. Je n'ai
plus entendu parler de lui.

Obs. 4. — M. Riq... avait sur l'aile du nez un cancroïde moins
grave que le plus léger des précédents; cependant la maladie
remontait déjà à deux ans et avait été inutilement traitée par
huit médecins, successivement. M. Riq... ayant quelquefois accompagné chez moi un de ses amis, M. Petit, que j'avais guéri
d'une maladie de la langue (voir *Curation des mal. organiq. de
la langue*), vint me trouver, en m'offrant 500 francs si je parvenais à le guérir. Dès sa première visite, j'appliquai le traitement phénique, et au bout de deux mois, M. Riq..., qui
habite Paris, me faisait très-joyeusement sa dernière visite,
en m'assurant qu'il s'empresserait de venir me trouver à la
moindre apparence de récidive. Je ne l'ai pas revu.

Obs. 5. — Voici une cure qui a été, on peut dire, merveilleuse par sa rapidité et qui a grandement étonné mon honorable confrère, le docteur Kuntzly, qui a pu suivre la malade
et constater la guérison.

Mme Dut..., âgée de 65 ans, de Chantilly, me fut adressée
par mon honorable et bienveillant confrère, M. le docteur Désormeaux qui, lui même, s'est bien trouvé de mon traitement.
Elle portait sur l'aile droite du nez un cancroïde ulcéré recouvert d'une croûte épaisse; l'ulcération a 1 centimètre et 1/2 de
large sur 2 centimètres de hauteur. La maladie remonte à 4 ans
au moins. Divers traitements ont été faits sans succès.

Je commence le traitement phénique le 9 septembre 1872:
cataplasmes au glyco-phénique, sirop au phénate d'ammoniaque; le 25, les croûtes tombent; cautérisation à l'acide sulfo-
phénique, pansement au *glyco-phénique* alterné avec les lotions
à l'eau de *montecristo*; le 10 octobre, la cicatrisation est complète, il reste seulement quelques petits tubercules isolés qui
sont en voie de disparition. La malade retourne dans son pays.

où elle doit continner l'usage du glyco-phénique en cas de guérison définitive. Depuis, je n'en ai plus eu de nouvelles; donc bonnes nouvelles.

Obs. 6. — Le fait suivant aurait pu figurer honorablement dans mon traité sur la *Curation des maladies organiques de la langue*, si je l'avais obtenu plus tôt, mais il peut aussi trouver sa place ici.

M. L..., employé à la Caisse d'épargne, alla consulter M. le docteur Bazin, le 2 mai 1868, pour une dartre qu'il avait au-dessus de la joue, et quelques ulcérations sur la langue; sa première ordonnance porte comme diagnostic : « ulcération sur la langue, dartre au-dessus de la joue; » puis il ordonne successivement le bicarbonate de soude, le chlorate de potasse, le savon, « *oleum gynocardiæ*, » le silicate, puis le benzoate, le lactate et le borate de soude. Le 21 novembre, il note sur sa consultation : « pityriasis à peu près guéri, mais les ulcérations vésiculeuses herpétiques et bulleuses de la langue persistent. » La dartre, paraît-il, avait, en effet, diminué beaucoup, mais les ulcérations de la langue persistaient. M. Bazin avait vu le malade toutes les semaines, depuis le mois de mai, et sans beaucoup de succès, comme il le constate lui-même; alors, il prescrivit le perchlorure de fer, l'iode, l'iodure de potassium, le raifort, le cresson, l'huile de cade, l'hydrocotyle, etc.; enfin, le 11 décembre, il se décide à prescrire un gargarisme phéniqué au millième, et il touche les ulcérations avec une solution de : acide phénique 1; vinaigre de vin (?) 9; la médication ainsi appliquée n'était pas dangereuse.

Je vis le malade le 4 avril 1869, c'est-à-dire après 11 mois de traitement régulier par M. Cazin; plusieurs ulcérations existaient sur les bords de la langue, qui était tuméfiée; et cet organe offrait par places cet enduit épithélial blanc que j'ai indiqué dans mon traité déjà cité. Je prescrivis deux cuillerées de sirop phéniqué dans une demi-tasse de tisane de pensée sauvage, dose que je portai à trois cuillerées à bouche à partir du 15 mai; je touchai les ulcérations avec de l'acide phénique pur; j'administrai des douches de poussière glyco-phéniquée et fis laver la bouche plusieurs fois par jour avec le même gargarisme ; je prescrivis l'élixir de Bernard et, à divers intervalles, le sirop *sulfo-phénique* ; en quelques mois M. L... fut complétement guéri. Le malade continue ses lotions au *glyco-phénique* le matin et après chaque repas.

J'ai eu l'occasion de revoir M. L... pendant le siége de Paris. Sa fille avait contracté une fièvre typhoïde grave ; elle était traitée par un honorable confrère, remplaçant feu le Dr Arnal; après quelques jours de soins, ce confrère avait considérablement effrayé la famille par son pronostic. Je fus appelé auprès de la malade, qui offrait des accidents célébraux et pulmonaires; le sirop phéniqué simple fit promptement disparaître les uns et les autres, en même temps que l'état général s'améliorait, après deux ou trois injections sous-cutanées et en quelques jours la convalescence se déclara.

Le père lui-même fut atteint, à son tour, de la fièvre typhoïde pendant la convalescence de sa fille, mais soigné dès le début il fut promptement guéri par la médication phéniquée.

Je voudrais bien pouvoir rapporter ici, dans tous ses détails, l'observation extrêmement intéressante de la maladie de M. Guède, mais je dois me restreindre, et je n'en donne que le résumé.

Ce malade, flûtiste de sa profession, me fut adressé par notre éminent confrère, M. Préterre, à la fin de septembre 1870. Il avait sur le côté gauche et à la partie supérieure de la langue des ulcérations, accompagnées d'un gonflement modéré de toute la moitié gauche de l'organe accompagné de très-vives douleurs. La maladie remontait à une stomatite que le malade avait en juin 1865, et qui avait eue évidemment pour cause un traitement spécifique que le malade avait suivi, à cette époque, pour une maladie de peau non syphilitique. Après quelques alternatives de mieux et de pis, la langue était restée définitivement et constamment gonflée et douloureuse, et le malade avait été obligé de renoncer à l'exercice de son art. Divers traitements suivis pendant cinq ans n'avaient pu entraver le mal.

Un traitement phéniqué de deux mois eut raison de cette maladie opiniâtre, et j'eus la satisfaction de recevoir le 2 avril 1871 la lettre suivante du protecteur du malade, M. Préterre :

« Paris le 1er avril 1871.

» Mon cher docteur,

» Combien je suis heureux de connaître la guérison du malade que je vous avais adressé ! Ce brave homme vient, tout heureux, me faire examiner sa langue où je ne vois plus de trace de maladie. En attendant que je puisse vous en envoyer de plus fortunés, recevez avec mes remercîments l'assurance de ma considération distinguée.

» PRÉTERRE. »

Obs. 7. — C'est encore avec beaucoup de détails que je voudrais pouvoir rapporter le fait très-important qui suit ; mais je suis forcé de le résumer.

Mme Guilleminot s'est aperçue pour la 1re fois d'une grosseur au sein gauche au commencement de mai 1868. Elle consulta M. Huguier, qui l'avait soignée autrefois, en ville puis à l'hôpital pour une affection utérine ; il prescrivit à l'intérieur de l'iodure de potassium en pommade, de l'iodure de plomb et des bains de pied tous les cinq jours. Ce traitement n'ayant produit aucun effet sensible, et la maladie ayant fait, au contraire, des progrès, M. Huguier proposa l'opération. La malade se rappelant qu'elle avait vu autrefois, à l'hôpital, des malades opérées revenir avec des récidives, refusa de se faire opérer, et elle se rendit à ma consultation, le 3 juillet 1868.

La tumeur avait le volume d'une forte pomme d'api, dure, bosselée, accompagnée de douleurs vives et à peu près constantes de brûlure, prenant quelquefois le caractère d'élancements fulgurants s'irradiant vers le bras. La douleur habituelle est assez forte pour que la palpation de la douleur soit très-pénible.

Je commence immédiatement le traitement, qui se compose de sirop phéniqué, tantôt à doses dépuratives (3 cuillerées) tantôt à doses curatives (6 cuillerées), de frictions avec l'éther d'Orient sur le sein malade ; en capsules de cette même essence à l'intérieur, en injections chaudes et froides d'eau salée projetée avec force enfin, en iode métallique placé dans des feuilles de ouate de manière à agir par évaporation.

Les injections ne sont pas faites, parce qu'elles provoquent, dit la malade, un sentiment de brûlure; il en est de même de l'iode qui ayant un peu brûlé la peau de la malade, n'a pas été continué.

Néanmoins, une petite amélioration est constatée le 6 septembre 1868. — Le même traitement, dans lequel je puis, enfin, pratiquer les injections sous-cutanées avec ma solution phéniquée et faire doubler la dose de sirop phéniqué, 5 à 6 cuillerées par jour.

Le 6 janvier 1869, la tumeur a diminué de moitié.

Le 18 février, il n'existe plus de douleur lancinantes.

Le 3 mai, les élancements, qui étaient revenus, ont disparu, après des injections sous-cutanées avec la solution du phénate d'ammoniaque associé au sel de Grégori.

Le 4 août, on sent à peine la tumeur.

Le 6 décembre, on ne la sent plus du tout. Je cesse le traitement, sauf les injections sous-cutanées, que la malade vient réclamer chaque fois qu'elle vient à Paris (elle habite Lagny), tant elle a peur de la récidive.

Le 3 janvier 1870, la malade vient me voir pendant que le Dr M......, avec qui je voyais une malade en consultation, se trouvait chez moi; je le priai d'examiner la malade, et de me dire de quel côté elle avait eu une tumeur. Après un examen poussé au point de produire de la douleur dans les seins, mon honorable confrère me dit que c'était probablement du côté droit. C'est la meilleure preuve qu'il n'existait plus trace de la maladie.

La guérison persiste en novembre 1873.

Obs. 8. — Les désastres de la guerre ne m'ont pas permis d'achever, dans le cas que je vais faire très-sommairement connaître, une cure qu'il était permis d'espérer. Mais les bienfaits de la médication phéniquée ont néanmoins été tels, que nous croyons indispensable de les faire connaître; les médecins y trouveront un puissant motif d'appliquer avec persévérance une médication qui, dans un cas aussi grave que celui de Mme R..., a produit une amélioration assez longtemps maintenue pour qu'on pût espérer, sinon la guérison complète, au moins une prolongation indéfinie.

Mme Rodrigues B... était âgée d'environ 55 ans, lorsqu'elle éprouva, au mois de février 1856, ayant ses règles, une très-forte émotion ; le sang se porta violemment à la tête, et trois jours après il se déclara un érysipèle de la face et du cuir chevelu ; trois jours après le début de l'érysipèle, il survint une congestion cérébrale légère et une hémorrhagie nasale suivie d'une perte de connaissance qui dura assez longtemps. Au bout d'un mois, la malade entra en convalescence, et elle était à peine remise, qu'il lui survint une série de clous qui persistèrent ou se renouvelèrent pendant plusieurs mois. Enfin, le rétablissement était à peu près complet, quand Mme R... éprouva de terribles chagrins, qui se prolongèrent pendant des années. Elle subissait à peine depuis quelques semaines ces tristes émotions morales, que des congestions de la face se manifestèrent, tellement fréquentes et persistantes, qu'il paraissait y avoir un érysipèle permanent. Divers médecins donnèrent leurs soins à Mme R...; M. Bazin la traita de 1863 à 1868, époque où je fus consulté. L'espèce d'érysipèle chronique, après des alternatives de mieux et de pis, avait fini par s'établir d'une manière à peu près continue ; la malade ne prenait plus, depuis assez longtemps, aucun médicament, son estomac ne pouvant les supporter. Mais l'érysipèle et les troubles digestifs n'étaient pas la seule maladie. Depuis plusieurs mois, des douleurs s'étaient manifestées dans les reins et la région pelvienne, et un écoulement tantôt roussâtre, tantôt sanguinolent, peu abondant, avait lieu par les parties génitales. La malade se refusa à un examen ; je ne pus donc que soupçonner les désordres qui existaient. Le 29 avril 1868, une hémorrhagie grave eut lieu ; la malade s'évanouit pendant si longtemps qu'on la crut morte, l'hémorrhagie cessa pendant l'évanouissement. Je fus appelé, et je trouvai la malade très-affaiblie ; on ne pouvait la remuer sans provoquer presque des syncopes ; les jours suivants, je pus examiner l'état des parties, et je trouvai le col utérin détruit aux deux tiers ; il était le siége d'un ulcère qui s'enfonçait profondément dans le col, ulcère grisâtre, à bords déchiquetés et renversés, saignant au plus petit attouchement; la portion de tissu qui n'était pas détruite était dure et bosselée. Malgré l'état d'affaiblissement et presque exsangue de la malade, la face devenait très-souvent rouge, gonflée, érysipélateuse.

Je commençai le traitement, qui consista principalement en injections pulvérisées directes, à travers un spéculum, sur le col, avec le glyco-phénique, à 3 cuillerées (7 grammes 50), par irrigateur d'eau, en sirop phéniqué, en cautérisations avec l'acide phénique pur, pulvérisations phéniquées sur la face; viandes crues, lait, régime froid. C'est à cette malade que je faisais allusion, quand je disais, à l'article consacré aux injections sous-cutanées, que j'avais pu en faire des centaines sur la même personne sans avoir jamais provoqué le moindre accident. Je puis en dire autant d'un autre malade, M. Gérente (de la Caisse des consignations), à qui j'ai pratiqué, pour une entérite chronique datant de très-longues années, plus de cent injections semblables.

Le 22 mai, amélioration sensible et de l'état général et de la plaie.

Quelques mois plus tard, la malade peut se lever une ou plusieurs heures par jour; cette amélioration, avec quelques alternatives de rechute, progresse néanmoins lentement, et après deux ans, il ne restait, au moins de visible, qu'une très-petite ulcération rosée; les tissus étaient beaucoup moins durs; le col était à peu de chose près détruit; l'état général, sans être encore parfait, était supportable; la malade avait repris un certain embonpoint; elle put assister à la cérémonie religieuse du mariage de l'un de ses enfants, et, dans une visite que je lui fis avec le docteur Sims, le savant chirurgien et spécialiste américain, nous constatâmes une telle amélioration que ce confrère me fit compliment de ce que j'avais pu obtenir chez cette malade, me déclara qu'aucun traitement à lui connu n'aurait pu l'obtenir, et la quitta avec la pensée qu'une guérison complète était même possible.

C'est dans cet état que la trouvèrent les sinistres événements dont la France devint le théâtre au milieu de 1870. A l'approche du siége de Paris, Mme R... se rendit à Bordeaux où des accidents graves reparurent et eurent une issue fatale, vers la fin du siége.

Ce n'est sans doute pas là un succès que l'on puisse comparer à celui de M. Roy. Cependant tous ceux qui connaissent la marche des cancers utérins, même des cancroïdes, parvenus au point où en était celui de Mme R... quand je pus l'examiner, savent qu'on n'obtient pas des cicatrisations à l'aide des moyens usités ; il est même douteux qu'on eût pu pratiquer, chez Mme R..., des cautérisations avec les caustiques ordinaires sans provoquer des hémorrhagies dangereuses. Or, la médication a non-seulement amené une cicatrisation à peu près complète de l'ulcère cancéreux, mais elle a amélioré l'état général ; elle a certainement prolongé la vie et l'aurait certainement prolongée davantage, — si elle n'avait permis d'obtenir une guérison complète, — sans les terribles catastrophes qui ont fondu sur nous. Je crois donc qu'on peut placer le fait de Mme R... parmi ceux qui montrent la puissance de la médication phéniquée, dans des cas généralement reconnus pour être au-dessus des ressources de l'art.

Obs. 9. — Le fait suivant n'était pas bien grave, ou était tout au moins d'une gravité moins immédiate ; mais aussi un résultat favorable, et que tout permet de considérer comme définitif, ne s'est pas fait attendre.

Mme Millot, âgée de 54 ans, vient me voir dans le courant de 1869, pour une plaque indurée, située au tiers supérieur et extérieur du bras, un peu au-dessus de l'insertion du deltoïde. La sœur de cette malade est morte d'un cancer, à l'âge de 53 ans. La plaque dont il s'agit est du diamètre d'une pastille ordinaire de menthe, très-dure, creusée en godet ; elle existe depuis deux ans et est devenue très-douloureuse depuis quelque temps ; elle commence à suppurer ou plutôt à excréter un liquide sanieux roussâtre, qui n'est point du pus. Quelques applications faites sur la production n'ont amené aucune amélioration ; la maladie a été jugée être un cancroïde.

J'applique la médication phéniquée, cautérisation à l'acide sulfophénique, lotions au *glycophénique*, injections sous-cutanées, sirop phéniqué à l'intérieur.

En cinq mois, la maladie disparaît.

Je revois la malade en septembre 1873 ; il reste à la place du mal une légère dépression d'un peu plus d'un centimètre de diamètre, entourée d'un léger bourrelet, sans induration, et qui n'est jamais douloureux.

Je pourrais ajouter un certain nombre de faits semblables à ceux qu'on vient de lire, notamment celui de M. D. T., qui portait, depuis 18 mois, une plaque indurée absolument semblable sur le devant de la jambe droite, et qui a guéri également en 7 ou 8 mois par la cautérisation à l'acide sulfophénique, le glycophénique et le sirop phéniqué à l'intérieur, mais ce serait, ce me semble, allonger inutilement cet article. J'ai choisi les cancers qui précèdent dans diverses régions du corps, afin de montrer que la nouvelle médication donne des succès partout, ce qui, du reste, ne pouvait guère être douteux, après les cures nombreuses que j'avais obtenues, dans certains cancers de la langue (voir mon Traité sur la *Curation des maladies de la langue*), le plus grave de tous les cancers, puisque, de l'assentiment unanime des chirurgiens, on n'a jamais obtenu même des guérisons momentanées.

J'aurais pu également ajouter aux observations que j'ai rapportées, quelques exemples de cancers traités avec succès à l'aide d'une médication phéniquée incomplète, par M. Lemaire(1), et cités dans sa *seconde édition* de son traité de l'acide phénique (un volume in-18; Paris 1865); mais, sans être dénuées de toute valeur, ces observations sont moins concluantes que les miennes; je crois donc qu'il est suffisant de les mentionner. Je ne m'étendrai pas davantage sur quelques autres, publiées par divers praticiens, et qui sont encore moins complètes que celles de M. Lemaire. Enfin, je ne ferai que mentionner également un fait de curation de cancer obtenu par un confrère qui, à la suite de quelques autres, par exemple de M. Péchôlier, croit perfectionner la médication parasiticide.

(1) Dans l'intervalle qui s'est écoulé entre le moment où j'ai dû m'occuper de M. Lemaire et celui où j'écris ces lignes, j'ai appris la mort de ce confrère. La lenteur avec laquelle s'est imprimé le présent ouvrage, qui ne paraîtra que plus de deux ans après l'impression des premières feuilles, m'oblige à donner cette explication; je ne voudrais pas que l'on pût croire que j'emploie vis-à-vis d'adversaires qui ne peuvent plus se défendre, la polémique que j'ai été conduit à adopter avec M. Lemaire. J'ajouterai, d'ailleurs, que la plupart des parties de mon ouvrage où j'ai dû m'occuper de lui, ont paru, imprimées séparément, de son vivant et qu'elles sont restées sans réponse.

en substituant la créosote à l'acide phénique. Tous ces faits sont favorables à la médication phéniquée, mais ne sont que de simples auxiliaires de ceux que j'ai fait connaître.

Les détails qui se trouvent dans quelques-uns de ceux-ci me dispensent d'entrer dans des développements sur le mode d'application de la médication nouvelle dans le cas de cancer ; les principes généraux de la méthode suffisent pour guider le praticien ; il n'y a de spécial que les cautérisations des surfaces ulcérées avec l'acide phénique, et quelquefois avec d'autres caustiques, dans des cas que nous indiquerons sommairement en parlant de l'opération du cancer. Sauf ces cautérisations, l'administration à l'intérieur de l'acide phénique, du phénate d'ammoniaque, de l'acide sulfophénique, sous forme de sirop, d'injections sous-cutanées, de pulvérisations, le tout employé avec persévérance et, autant que possible, d'une manière continue, tel est le mode d'application que je conseille et qui m'a procuré de si remarquables succès.

Pourtant, dans l'état actuel de la science, ces succès ne seront pas constants, et cela nous amènerait à discuter une méthode de traitement plus radicale, au moins en apparence, celle qui enlève le mal non pas avec la main, mais avec le couteau. L'opportunité de l'opération dans les cas de cancer a été suffisamment discutée dans mon traité de la *Curation des cancers de la langue* (1) ; je me permets d'y renvoyer le lecteur ; je ne ferai que la trancher ici en quelques mots.

Les opérateurs par excellence, — (par excellence quant à l'ardeur d'opérer), — ceux que l'on a désignés sous le nom de docteurs *Coupendeux*, deviennent de plus en plus rares ; s'il y en a encore, il n'y en aura bientôt plus. La chirurgie officielle professe aujourd'hui qu'il ne faut opérer ni les cancers trop avancés, qu'on ne peut pas, avec certitude, enlever jusque dans leurs dernières racines, ou qui ont déjà altéré la santé générale, ni ceux qui sont peu développés et qui restent sensiblement stationnaires. Cela revient, à peu près, à n'en enlever aucun ; car, si l'on peut avoir la présomption, — jamais la certi-

---

(1) Un volume gr. in-8; Paris, Lemerre, libr.-édit. passage Choiseul, et Delahaye, libr. édit., place de l'École-de-médecine ; Chassaing, Guénon et C°, 6, avenue Victoria.

tude, — d'enlever un cancer jusque dans ces dernières racines, c'est seulement quand il est peu développé, et tout le monde, ou à peu près, convient qu'il ne faut pas toucher à celui-là. Pénétrés de ce principe, les plus sages des chirurgiens, — et ce sont, en général, les plus âgés, — conseillent aujourd'hui de n'opérer que les cancers qui compromettent immédiatement ou au moins prochainement la vie, soit par la gêne qu'ils apportent aux fonctions d'organes importants, soit par les accidents dont ils sont eux-mêmes le siége, des hémorrhagies, par exemple.

Mais quand les cancers compromettent-ils immédiatement ou prochainement l'existence des malades? est-ce quand ils sont peu développés, et qu'il est permis d'*espérer* qu'on peut les enlever jusque dans leurs dernières racines? Évidemment, non. Les chirurgiens même sages sont donc, ici, en contradiction avec leurs principes. Parmi les plus sages, un chirurgien que la science vient de perdre, M. Nélaton, pour se soustraire à cette contradiction, a imaginé, — mais dans les dernières années de sa vie seulement, — les opérations *prolongatrices*. Par exemple, un cancer du cou ou de la langue obstrue les voies de l'air de façon à menacer le malade d'une asphyxie prochaine ; un autre cancer est le siége d'hémorrhagies qui affaiblissent chaque jour le patient au point de faire craindre un événement fatal, on enlève de ces cancers ce qui peut rendre la liberté de la respiration, diminuer ou arrêter les hémorrhagies, et l'on *prolonge* ainsi la vie des malades; on fait des opérations *prolongatrices*. Ce sont, précisément, les seules opérations que j'ai admises dans mon traité de la *Curation des maladies organiques de la langue*, sans leur donner le nom, tant soit peu barbare, de prolongatrices. Ce sont encore celles que je conseille ici. Une opération ne peut guérir un cancer; quand une guérison persistante a eu lieu, c'est par un pur et rare hasard qui a fait que l'action parasitaire a cessé au moment où l'on a fait l'opération ou quelque temps auparavant; l'opération n'aurait pas été faite, que la guérison n'en aurait eu lieu ni plus ni moins. Le cancer et la disposition au cancer ne peuvent être guéris que par une médication générale, qui modifie l'organisme et détruit des ferments morbigènes; cette médication ne peut

58.

être qu'une médication parasiticide. Quant à l'opération ou aux opérations, elles ne peuvent avoir pour but que de parer aux accidents que la production morbide cause par elle-même ou menace de causer prochainement; ce seront, si l'on veut, des opérations *prolongatrices*, dans la plupart des cas; mais elles pourront aussi, quelquefois, être *curatrices*, parce qu'en empêchant des accidents mortels, elles pourront donner à la vraie médication curative le temps d'agir et d'achever la destruction de la cause du mal. Telle est la vraie thérapeutique du cancer; ceux qui conseillent des opérations dans un autre but que celui auquel M. Nélaton s'était enfin borné, manquent de lumière, ou de bonne foi.

ART. III. — DES CORS.

Ce n'est pas d'hier qu'on sait qu'il y a toujours eu des hommes plus royalistes que le roi et des sectaires plus ardents que les chefs de secte. C'est un de ces royalistes qui m'a fait appliquer l'acide phénique au traitement des cors aux pieds.

Un de nos clients, très-haut fonctionnaire de l'empire, qui avait été témoin de quelques applications très-heureuses de la médication phéniquée, était grand partisan de cette médication, et avait toujours chez lui diverses préparations phéniquées. Il eut, un jour, l'idée de se guérir d'un cor au pied, qui l'incommodait beaucoup, par une application d'acide phénique dissous, à parties égales, dans de l'alcool; l'application fut maintenue jusqu'à ce qu'elle produisît une douleur assez vive; mais la douleur augmenta quand l'acide fut enlevé; elle se prolongea longtemps; une inflammation locale vive la suivit, et, finalement, une ulcération assez profonde. Mon client, passant de l'amour à la haine, ne voulut pas même panser sa plaie avec la solution de *glycophénique* étendue qu'il aurait dû employer; ce moyen était proscrit par lui d'une manière absolue. La cicatrisation ne fut obtenue qu'au bout d'un mois, le cor était radicalement guéri.

J'ai déjà fait allusion à ce fait, en parlant de l'action de l'acide phénique sur les doigts et les orteils (voir ci-dessus. p. 219),

mais je ne devais pas borner mes remarques à l'action physiologique; le cor avait été guéri; il s'agissait de savoir si l'on ne
pourrait pas obtenir le même résultat en employant l'acide à
doses plus innocentes. L'expérience, conduite prudemment,
m'apprit qu'on le pouvait en effet. En touchant de temps en
temps un cor avec une solution alcoolique d'acide phénique à
10 p. 100, l'épiderme finit par se tanner, il se sépare du derme,
à la longue, et laisse au-dessous de l'épiderme induré et tombé
une surface souple, qui est préservée pour longtemps de toute
induration. Je dis pour longtemps, on pourrait probablement
dire pour toujours, si les pieds étaient désormais soustraits à la
pression des chaussures, car il doit être bien entendu, malgré
les dénégations de beaucoup de malades, que les cors ne reconnaissent pas d'autres causes que ces pressions, et que les
individus qui vont nu-pieds n'ont jamais de cors. Vouloir guérir de ces indurations les cors des personnes qui portent des
chaussures étroites, c'est vouloir empêcher de se mouiller les
gens qui se jettent à l'eau.

ART. IV. — DANSE DE SAINT-GUY.

Au nombre des fièvres intermittentes que l'acide phénique a
guéries d'une manière, on peut le dire, merveilleuse, il s'en
trouvait une compliquée de danse de Saint-Guy (voir ci-dessus,
p. 661, obs. 9me). La maladie nerveuse parut influencée en
même temps que la fièvre; mais je n'eus pas le temps de suivre
cette malade, et je ne fis, par mon observation très-incomplète,
que poser un jalon.

Depuis, j'ai appris que la jeune femme, qui est l'objet de
l'observation 9, a été à peu près complétement délivrée de ses
tremblements choréïques, et je ne pouvais, dès lors, laisser
passer ce fait inaperçu. J'ai donc essayé la médication phéniquée, aidé de l'*élixir de Bernard* et de la gymnastique dans
deux cas de chorée qui se sont présentés à moi, et, dans ces
deux cas, j'ai obtenu une remarquable et très-prompte amélioration. Ces améliorations se reproduiront-elles à l'avenir? je
l'ignore, mais il me parait permis de l'espérer. Si cet espoir se

réalisait, qu'en faudrait-il conclure, au point de vue de la doctrine parasitaire ? Si l'on pouvait appliquer dans toute sa rigueur le grand aphorisme : *naturam morborum ostendit curatio*, on devrait admettre que le danse de Saint-Guy, une névrose par excellence, est aussi une maladie parasitaire, car il est à peu près certain que l'acide phénique ne guérit qu'en détruisant des parasites. S'il en était ainsi de la chorée, l'analogie nous porterait à penser qu'il n'en est pas différemment des autres maladies nerveuses, et que celles-ci sont des maladies parasitaires, tout comme les contagions, les infections et les intoxications miasmatiques. Je ne prétends pas donner cette vue comme une vérité démontrée ; mais elle mérite de n'être pas oubliée et d'être contrôlée par l'expérience ; le fait pratique, en tout cas, est que la chorée peut être heureusement influencée par la médication phéniquée, ce qui n'est pas un médiocre avantage dans une maladie contre laquelle on a si peu de moyens d'action utiles.

Art. V. — DE LA DYSPEPSIE.

Toute maladie aiguë trouble les fonctions de l'estomac ; toute maladie chronique après un certain temps finit par les troubler aussi. Il était donc naturel que l'acide phénique rétablît ces fonctions en guérissant certaines maladies. Toutefois, l'appétit et les digestions se rétablissaient souvent d'une manière si rapide après l'application de la médication phéniquée, qu'il y avait lieu de croire à une action spéciale sur les organes digestifs, et que l'idée devait venir à tout observateur attentif d'essayer l'acide phénique et ses composés dans les cas où les troubles digestifs constituent toute la maladie. De là l'expérimentation de la médication phéniquée contre la dyspepsie idiopathique, c'est-à-dire non compliquée, du moins en apparence, d'une maladie d'aucun autre organe ni même d'une lésion appréciable de l'estomac, dans la vraie dyspepsie nerveuse en un mot, dyspepsie nerveuse qui peut d'ailleurs s'accompagner et qui s'accompagne souvent de troubles des sécrétions gastriques, d'un excès d'acidité notamment.

L'expérience m'a prouvé qu'en effet l'acide phénique, et surtout le phénate d'ammoniaque, particulièrement dans les cas de dyspepsie acide, facilitaient considérablement la digestion, et par suite excitaient l'appétit, et rétablissaient définitivement les fonctions digestives dans leur état normal.

C'est le sirop d'acide phénique à la dose de 3 cuillerées à bouche dans les 24 heures qu'il faut prescrire dans la dyspepsie sans acidité, et le sirop de phénate d'ammoniaque, à la même dose, dans les cas de dyspepsie acide, administrées un quart d'heure avant le repas.

ART. VI. — DES ENGELURES.

L'application d'une couche de collodion élastique additionné d'un dixième d'acide phénique suffit souvent pour faire disparaître en quelques jours les engelures; on renouvelle une ou deux fois l'application dans le cas où la première couche collodionnée se détacherait avant la disparition de la maladie.

Ceux qui ne craindront pas d'être exposés pendant quelques jours à une odeur fort désagréable, trouveront un moyen plus efficace encore dans des applications d'un composé d'acide phénique, d'iode et de glycérine. Des lotions avec ce composé font disparaître très-promptement les engelures.

ART. VII. — DES HÉMORRHOÏDES.

Les humeurs hémorrhoïdales ne deviennent très-incommodes que lorsqu'elles s'irritent ou fluent. Dans ces cas, la composition phéniquée que je fais préparer sous le nom de glyco-phénique, additionnée de 2/3 d'abord, puis 1/2 d'huile d'olives, le tout battu en mayonnaise, appliquée en lotions sur les tumeurs, calme promptement l'irritation, empêche ou arrête la suppuration et ramène les petites tumeurs à l'état indolore où elles ne sont plus qu'une bien légère incommodité. Le sirop ou phénate d'ammoniaque pris à la dose de 2 cuillerées par jour nous a également très-bien réussi, notamment dans 2 cas où je l'avais administré contre des diarrhées cholériformes.

ART. VIII. — DES NÉVRALGIES.

Je ne parlerai ici de ces maladies que pour ajouter quelques mots à ce que j'ai dit à l'article *Danse de Saint-Guy*. Après le résultat que j'avais obtenu ou plutôt observé, sans l'avoir cherché, dans le fait mentionné dans cet article, il était naturel de chercher si l'on n'obtiendrait pas des résultats semblables dans d'autres névroses, et, par extension, dans les névralgies, qui pourraient bien n'être que des névroses locales. C'est ce qui a eu lieu, en effet. Plusieurs cas d'hystérie et un plus grand nombre de névralgies ont été soulagées par les préparations phéniquées; dans les névralgies qui affectent une forme intermittente, le phénate d'ammoniaque a surtout montré une grande efficacité, ce qui tend à prouver que cet alcali est loin d'être étranger à l'action du valérianate d'ammoniaque, à l'aide duquel j'ai obtenu depuis longtemps de si remarquables cures, dans des cas de névralgies rebelles (voir les observ. dans le *Bullet. de thérapeutique*, année 1856). Une autre présomption se présente à l'esprit dont l'attention est portée sur la doctrine parasiticide. L'ammoniaque, tout le monde le sait, est un antivenimeux assez efficace, et c'était celui qu'on employait universellement, avant que les propriétés de l'acide phénique fussent connues; c'est même celui que beaucoup de personnes emploient encore. Or, nous avons déjà signalé les analogies des ferments et des venins, ceux-ci paraissent être le trait d'union entre les premiers et les poisons proprement dits. L'ammoniaque n'est pas d'ailleurs un antivenimeux seulement, mais, à un certain degré, un antifermentatif. Du rapprochement de ces faits, on peut donc présumer sinon conclure positivement que les affections nerveuses n'échappent pas à la loi générale, et que là aussi, on doit placer dans des ferments vivants la source de douleurs sans lésions matérielles en apparence, *sine materia*, comme l'école les appelle depuis longtemps.

Quoi qu'il en soit, la médication phéniquée reste une arme qui n'est pas sans valeur contre les névroses, les névralgies, et si elle ne remplace pas le valérianate d'ammoniaque, elle lui

sera sans contredit un précieux auxiliaire, surtout s'il y a un
trouble quelconque de la santé.

ART. IX. — DE L'ŒDÈME ET DE L'ÉLÉPHANTIASIS.

Lorsque j'ai écrit le titre de cet article sur la liste de ceux
qui devaient être compris dans cet ouvrage, j'espérais inscrire
dans les annales de la science l'un des faits les plus curieux
de la pathologie et les plus heureux de la thérapeutique. Mes
prévisions ne se sont pas entièrement réalisées; néanmoins la
médication phéniquée a eu une action évidente dans un cas où
tout s'était montré impuissant, et le cas lui-même est resté
assez curieux pour que je croie devoir le consigner ici.

Mlle Cl. Hehn..., âgée de vingt ans, est atteinte depuis plusieurs années (6 ans), d'un œdème dur et considérable de
tout le membre inférieur gauche, qui a été traité en vain
presque dès son origine par une foule de moyens et de médecins. Voici quelques détails sur cette étrange affection.

Mlle H... est très-bien développée, forte, bien réglée et
d'une bonne santé générale. Elle ne se rappelle aucune circonstance qui ait pu contribuer au développement de sa maladie ou en être considérée comme le point de départ, si ce
n'est la suivante. Elle ne s'était jamais aperçue de la moindre
différence entre ses deux membres inférieurs, lorsqu'elle fit
une longue course dans une très-petite voiture découverte, à
deux places, par un temps froid; elle était dans la voiture avec
une autre personne qui conduisait; elle eut très-froid au
membre gauche qui était exposé à l'air, tellement qu'en ren-
trant chez elle, tout ce membre était insensible et resta tel
pendant plus d'une demi-heure. Néanmoins, la chaleur et la
sensibilité se rétablirent à l'état normal, et la jeune personne
ne se ressentit nullement de ce petit accident. Mais, quelque
temps après, elle s'aperçut que son pied, sa jambe et même
sa cuisse gonflaient; elle n'y fit pas d'abord beaucoup d'attention; mais le gonflement augmentant sans cesse, elle s'en
plaignit, et le médecin habituel de la famille, l'honorable
M. Désormeaux, de Saint-Leu, fut consulté. Il diagnostiqua une

induration éléphantiaque, prescrivit divers moyens qui, employés pendant plusieurs mois, n'amenèrent aucun résultat. Un second médecin, le docteur Thibaut, diagnostiqua un œdème et se contenta de prescrire un bas élastique. Ce moyen n'eut pas plus de succès que les précédents. Un troisième médecin, le docteur Clément, donna du fer, du quinquina, des purgatifs réitérés, et finit par dire que le gonflement n'était rien et se passerait avec le temps. Le docteur Roustant, en consultation avec le docteur Désormeaux, reconnut un engorgement éléphantiaque et prescrivit, de concert avec son honorable confrère, divers moyens qui ne furent pas moins impuissants que ceux déjà employés.

La malade fut alors conduite à Paris, chez M. Hardy, au mois d'octobre 1869. Cet honorable et savant spécialiste diagnostiqua un gonflement éléphantiaque, dit qu'il aurait fallu traiter la maladie plus tôt, qu'il n'y avait rien à faire, maintenant, et prescrivit, néanmoins, 10 gouttes chaque matin de solution de perchlorure de fer au 30e, le bandement du membre avec une bande de flanelle de 8 centimètres de large, renouvelé chaque matin, et 2 bains sulfureux par semaine, composés de 125 grammes de sulfure de potassium. Il prescrivit, en outre, d éviter les fatigues et les refroidissements. — Cette médication, continuée pendant plusieurs mois, ne produisit aucun effet.

Le docteur Croix, de Viarmes, consulté sixième, dit qu'il n'y avait autre chose à faire qu'à porter un bas lacé ; que la maladie pourrait durer 100 ans.

Le docteur Ferrand, de Paris, attribua, paraît-il, l'œdème à une maladie du cœur ; et conseilla diverses préparations homœopathiques, qui ne firent aucun mal et pas davantage de bien.

Le docteur Montarlier, consulté huitième, n'obtint rien de plus que ses confrères.

M. Nélaton, consulté à son tour, demanda à la malade quel âge elle avait, et, sur sa réponse, lui dit : « Vous avez la jeunesse pour vous guérir. Il n'y a rien à faire ; votre maladie concerne d'ailleurs la médecine et non la chirurgie. »

Les malades se contentent difficilement de telles consultations, malgré l'autorité des consultants ; Mlle H.... alla consulter

le docteur Justeau, de Senlis, qui lui conseilla une cuillerée d'é-
lixir Raspail soir et matin ; un peu d'aloès et de rhubarbe chaque
jour, de la tisane de salsepareille avec un peu de camphre, en
se couchant, et, pour la nuit, l'enveloppement du membre malade avec des compresses imbibées d'eau sédative et recouvertes
de taffetas ; le matin, au lever, frictions sur toute la surface de
l'œdème avec pommade et alcool camphrés ; de temps en temps
de grands bains d'eau sédative avec plaques galvaniques (?) ;
sachets de sel très-chauds sur le membre.

L'usage consciencieux, paraît-il, de tous ces moyens, et de
quelques autres conseillés par un guérisseur renommé des
environs de Beauvais, conduisit Mlle H.... jusqu'à la fin de
1871, époque où elle fut amenée à ma consultation.

Le membre inférieur gauche était dur, mais pas assez
pour que les doigts ne s'y enfonçassent pas par une pression
soutenue ; la peau était de couleur naturelle ; le gonflement
s'étendait des orteils jusqu'à l'aine, qu'il ne dépassait pas ; il
était absolument indolore ; on sentait très-difficilement battre
l'artère crurale à travers l'empâtement, on y arrivait cependant
et, vu l'épaisseur des tissus, les battements ne paraissaient
pas diminués ; il n'existait aucun développement veineux anormal ; le membre droit était absolument sain, bien développé.
La santé générale était bonne, l'embonpoint assez développé ;
la patiente avait la fraîcheur naturelle à son âge, quoique peu
colorée.

Le volume du membre malade était considérable : sa circonférence dépassait celle du membre sain de 5 centimètres au-
dessus de la cheville, de 7 centimètres au mollet et de 12 centimètres à la partie moyenne de la cuisse.

Mon premier mouvement, après avoir examiné cette pauvre
jeune fille, fut de m'en tenir à l'avis de M. Nélaton et de lui
conseiller de s'en reposer sur sa jeunesse du soin de rétablir
les choses dans leur état naturel. Mais, je l'avoue, la médecine
expectante n'est pas mon faible, et j'éprouvai, après réflexion,
une insurmontable répugnance à abandonner aux seuls efforts
de la nature une forte et belle personne qui paraissait avoir
un vif et bien naturel désir de guérir. L'impuissance absolue
des médications déjà tentées n'était cependant pas faite pour

m'encourager; mais une considération me donnait quelque espoir, c'est que ces médications n'avaient jamais été des plus actives et s'étaient bornées aux banalités de la thérapeutique. Je résolus donc d'essayer l'emploi de moyens plus énergiques.

J'aurais tenté volontiers d'activer l'absorption interstitielle du membre malade, en injectant dans son tissu cellulaire l'injection iodée dont je me sers habituellement, qui consiste à mêler, au moment même (1) de l'injection, 1/2 de ma solution phéniquée et 1/2 de solution aqueuse d'iode métallique aux 2 millièmes, avec ou sans addition d'iodure de potassium. Ces injections sont supportées admirablement par les tissus sains, et j'en ai obtenu dernièrement des résultats inespérés dans la syphilis; mais, dans le cas présent, l'on pouvait craindre que cette injection n'eût des conséquences fâcheuses sur des tissus où les mouvements circulatoires semblaient être si ralentis, je me rejetai donc sur des injections cent et cent fois répétées sans aucun inconvénient, les injections de ma solution phéniquée à 2 0/0. J'en pratiquai une chaque deuxième jour, et j'appliquai sur la peau du membre de nombreuses mouchetures au fer rouge; je prescrivis de maintenir le plus possible le membre dans la position horizontale, et je fis prendre à l'intérieur mon sirop au phénate d'ammoniaque, lequel facilite la circulation. Les injections phéniquées et les mouchetures furent répétées tous les deux ou trois jours, et après la quatrième injection on put constater une légère diminution dans la circonférence du membre malade et dans les divers points de sa hauteur. La diminution était faible, mais elle me parut cependant encourageante, après les insuccès absolus des médications antérieures. Je résolus donc de continuer avec persévérance l'emploi des mêmes moyens, et j'y ajoutai la compression à l'aide d'un bas en flanelle, lacé et imbibé d'un mélange de 1/2 huile d'olive et 1/2 glyco-phénique (à 10 0/0, de Chassaing et Guénon), qui s'étendait depuis et y compris le pied jusqu'à la partie supérieure de la cuisse.

Une amélioration lente, mais cependant sensible, était cons-

_____

(1) Je fais le mélange dans la seringue afin d'éviter la transformation que l'iode éprouve au contact prolongé de l'acide phénique.

talée de temps en temps; mais comme elle ne marchait pas au gré des exigences de la vie, la jeune fille fut obligée de quitter Paris dans le courant de 1872, pour retourner dans sa famille. Elle avait un tel désir de guérir, que je pus lui apprendre à s'appliquer elle-même des pointes de feu, afin de pouvoir continuer le traitement chez elle. Je lui conseillai de garder le plus possible la position horizontale et de continuer l'emploi des autres moyens.

Le 30 mai 1872, je reçus de la malade une lettre où elle m'annonçait une amélioration considérable et me donnait les résultats suivants des mensurations pratiquées le jour même : « Au niveau des chevilles, la jambe malade n'a qu'*un* centimètre de plus de circonférence que la jambe saine; au mollet, les dimensions *sont les mêmes* des deux côtés; à la partie moyenne de la cuisse, la circonférence du côté malade a *trois centimètres* de plus que du côté sain. » Ce magnifique résultat inspirait à la jeune malade une joie bien légitime. « Si la distance de Paris n'était pas si grande, me disait-elle en terminant sa lettre, il y a longtemps que je l'aurais franchie pour vous faire voir ma jambe; mais je n'irai pas vous voir avant qu'elle soit tout à fait dans son état normal, ce qui, j'aime à le penser, ne tardera pas. »

Tout praticien amoureux de son art comprendra la satisfaction que j'éprouvai moi-même en recevant cette lettre. Je recommandai instamment à la malade de persévérer dans sa courageuse résolution, afin d'arriver à une guérison vraiment miraculeuse. La résolution était courageuse, en effet, non pas seulement à cause des pointes de feu que la malade s'appliquait, et qui, en somme, sont médiocrement douloureuses, mais parce qu'elle s'était résignée à garder le lit nuit et jour, ce qui était une insupportable sujétion pour une personne jeune, forte et active. Sa constance ne fut malheureusement pas récompensée au gré de ses désirs et des miens; le 23 juin, elle m'écrivait que la guérison n'avait fait aucun progrès depuis plus de trois semaines, et que, par la température si élevée qui existait, le lit était insupportable. « La jambe n'enfle nullement, me disait la malade; mais je ne me contente pas de cela, et je voudrais voir disparaître l'enflure entièrement. »

Ce résultat admirable, que j'avais un instant espéré, n'a pas été obtenu; soit lassitude de la part de la malade, soit que la puissance de la médication fût épuisée, on s'en tint à l'amélioration constatée le 30 mai, qui était presque une guérison, mais qui ne l'était pourtant pas tout à fait. L'abandon du traitement, qui eut lieu dans le courant de l'été, a même fait rétrograder un peu le grand bien produit, mais sans que le membre soit revenu cependant à l'état où il se trouvait au commencement de mon traitement, il s'en faut de beaucoup, quoique la malade ait repris toutes ses anciennes occupations de la ferme.

Aurais-je obtenu une guérison parfaite, si le traitement avait pu être continué dans toutes les conditions possibles de succès ? J'ai tout lieu de l'espérer, sans avoir une certitude à cet égard. Quoi qu'il en soit, à supposer que, dans des cas semblables, rares dans notre climat, mais assez fréquents sous d'autres latitudes, on n'obtienne que ce que j'ai obtenu chez Mlle H..., ça sera encore beaucoup. Quand on compare l'action du traitement que j'ai appliqué à l'inertie complète de ceux dont on avait fait usage auparavant, on ne saurait conserver aucun doute sur son énorme supériorité. Mlle H... regrettait souvent que ce traitement n'eût pas été mis en usage dès le début de sa maladie; elle avait bien raison; je crois qu'à ce moment, son application aurait eu un succès prompt et complet. Aucune occasion ne se présentera probablement à moi de contrôler mes présomptions ; je ne puis donc qu'appeler sur elles la sérieuse attention des confrères qui exercent dans les contrées où règne l'éléphantiasis. Il est certain, en tous cas, qu'ils obtiendront plus de la médication phéniquée que de toutes celles qui sont en usage dans la pratique générale.

ART. X. — DES POLYPES.

Quoique les polypes, de même que toutes les productions morbides de l'économie, soient très-probablement dus à des parasites qui agissent à la manière du cynips de la noix de galle et des insectes qui occasionnent toutes les formations végétales analogues, l'idée n'est pas venue aux thérapeutistes d'attaquer les parasites dans leur foyer d'action, de chercher à les y détruire, et d'enlever ainsi l'effet, qui est la maladie, en enlevant la cause, qui est le parasite. La doctrine parasitaire impose aujourd'hui une telle tentative à tous les médecins qui ne restent pas étrangers aux progrès de l'époque. Je n'ai pas eu l'occasion de la faire encore sur des polypes des régions où ces productions prennent de grands développements, probablement parce que les malades atteints de ces affections s'adressent surtout aux chirurgiens qui aiment à manier de préférence le fer et le feu; mais j'ai appliqué plusieurs fois le traitement par les injections sous-cutanées à des tumeurs fibreuses avancées, et, dans tous les cas, j'ai eu des résultats extraordinaires que je publierai en détail soit dans la *Médecine des ferments*, soit dans un mémoire spécial. J'ai également appliqué la médication phéniquée sur des polypes du nez, avec un tel succès, que rien de pareil ne peut être obtenu avec les méthodes conseillées par la thérapeutique classique. Je me bornerai à citer un petit nombre d'exemples.

M. Chat..., de Ribemont (Aisne), vint me consulter le 24 juillet 1871. Il était atteint d'une suppuration abondante et infecte qui s'écoulait en partie par les deux narines, et en partie tombait dans la gorge. Cette suppuration était telle qu'il était impossible d'examiner les fosses nasales; le malade y éprouvait des douleurs constantes et parfois vives; il passait ses nuits à peu près sans sommeil; il avait maigri beaucoup depuis quelques mois. Divers traitements avaient été suivis sans succès, dans son pays.

Je commençai par faire administrer à M. Ch... des pulvérisations phéniquées et des injections nasales de même nature, et je prescrivis à l'intérieur 6 cuillerées par jour de mon sirop phéniqué. Ce traitement eut pour effet de diminuer la suppuration et de détruire complétement l'odeur infecte dont elle était accompagnée.

Le 1er août, j'examine les fosses nasales, et j'y découvre trois petits polypes que je cautérise avec l'acide phénique pur.

Le 5 août, je détache le polype avec le pinceau à cautérisation; il a entraîné avec lui une portion du cornet à laquelle il adhère et qui est dénudée de son périoste. Plusieurs cautérisations sont encore pratiquées sur la plaie. Les pulvérisations et le sirop sont continués, et M. Ch... s'en retourne, parfaitement guéri, dans son pays, le 6 septembre. La guérison remontait déjà à plus de quinze jours, et pouvait par conséquent être considérée comme définitive. J'ai eu dernièrement des nouvelles de M. Ch... dont la guérison s'est maintenue.

Chez M. B..., connu à Paris dans la haute chirurgie à laquelle il est allié, j'ai obtenu, par des cautérisations à l'acide phénique et par des pulvérisations prolongées, la fonte de plusieurs polypes du nez anciens, rebelles à beaucoup de traitements, qui obstruaient complétement les fosses nasales, apportaient une gêne à la respiration et troublaient le sommeil.

Un jeune homme, qui était atteint d'un épaississement de la muqueuse des cornets, obstruant les fosses nasales, et accompagné d'une sorte de soulèvement et d'élargissement assez prononcé de la racine du nez, fut guéri par la même médication. Il avait en vain suivi plusieurs traitements.

Il serait inutile de multiplier les exemples; ceux qui précèdent suffisent pour montrer ce qu'on peut attendre de la médication phéniquée, dans des cas où toutes les médications classiques, moins le fer et le feu, sont à peu près complétement impuissantes. J'ajouterai seulement que si l'on avait affaire à des polypes volumineux, on ne devrait pas s'en tenir à des cautérisations de la surface du produit morbide, mais qu'on devrait tenter des injections phéniquées avec de l'eau à 1 p. 0/0 d'acide, d'abord, puis avec de l'eau saturée, c'est-à-dire à 5 ou 5 1/2 p. 0/0.

ART. XI. — DE LA SCROFULE.

La scrofule est-elle causée par un ferment? Question à laquelle l'analogie seule permet de faire une réponse affirmative, mais que la science de l'observation rigoureuse ne peut que laisser encore dans le doute. Mais ce qui n'est pas douteux, c'est qu'il n'est pas d'affection chronique dans laquelle le traitement par l'acide phénique soit plus indispensable; c'est même presque l'unique médication efficace contre cette terrible maladie. Qu'elle se traduise par le lupus, par des maladies de la peau, par des engorgements ganglionnaires ou par des altérations des tissus blancs et des os, la scrofule est toujours modifiée par la médication des antiferments dont l'acide phénique est le type, et elle est parfois guérie, si l'on a la persévérance d'employer cette méthode, vraiment dépurative, pendant des mois et même des années.

Dans mon journal *de la Médecine des ferments*, j'ai donné déjà, et je donnerai très-souvent (je veux que l'on dise : trop souvent) l'explication de cette méthode, qui ne consiste pas à employer seulement l'acide phénique, mais bien tous les antiferments d'une part, et toutes les substances pouvant servir à la nourriture et à la multiplication des globules du sang, d'autre part.

Dans la scrofule, comme dans toutes les maladies héréditaires moins faciles à reconnaître dès l'enfance, il faut tuer les ferments spéciaux, souvent héréditaires, qui constituent la maladie. Il faut ensuite favoriser le développement des éléments indispensables à notre existence, et plus particulièrement la formation des globules rouges.

1º On tuera les ferments héréditaires de la scrofule ou l'on diminuera leur reproduction et leur action malfaisante tout au moins, au moyen des médicaments parasiticides, c'est-à-dire : arsenic, soufre, iode, quinquina, la plupart des amers et surtout l'acide phénique; et, comme le ferment de la scrofule, ainsi que la plupart des ferments qui produisent les maladies chroniques, se perpétue et se régénère dans tous les tissus et les liquides du corps, ce n'est que par une action anti-fermentative constante et alternée et par une action reconstituante que l'on pourra arriver à dominer cette repullulation de l'élément morbide vivant; cette repullulation n'est pas facile à empêcher, ainsi que l'on peut l'observer, du reste, en essayant de détruire le puceron fruigère du pommier, l'oïdium ou le phylloxera de la vigne, le blanc du rosier, etc., etc. Quoique ce

principe, de maladies des plantes soit visible, et, par conséquent, plus facile à atteindre et à détruire que les *germes héréditaires*, dont l'infinie petitesse seule peut expliquer la transmission par la conception, tout le monde ne sait que trop
que la vigne et les pommiers ne sont pas d'une curation aisée.

Il est de règle, lorsqu'on adopte la méthode de traitement
antifermentative, de ne pas s'en tenir à l'usage de l'acide
phénique, mais bien d'associer cet acide avec d'autres substances agissant dans le même sens, le soufre, par exemple,
sous forme de sulfo-phénique, l'iode, sous la forme d'iodo-
phénique, d'iodure de fer, de potassium et même de mercure,
s'il y a un doute sur la nature syphilitique du ferment.

Dès qu'on s'aperçoit que le traitement est inefficace, on doit
recourir à divers autres moyens, tels que ceux préconisés en
Angleterre : les acides sulfurique, chlorhydrique, phosphorique
en dissolution, pour la stimulation de la sécrétion hépatique,
en même temps que l'usage des amers : colombo, gentiane, quinquina, quassia amara, etc. ; l'usage des sels indispensables à la reproduction des éléments globuleux : ferrugineux, phosphates, bi-phosphates, sulfites, hypo-sulfite de
chaux ou de soude, acides ou alcalins, mais surtout les phosphates ammoniacaux magnésiens phosphorés, contenus dans
l'élixir *Bernard;* le fer, le fluor, etc., qui sont la base de
l'élixir titré de notre savant ami M. Alvaro Reynoso.

En résumé, le traitement de la scrofule deviendra efficace
entre les mains de tout praticien vraiment digne du titre de
guérisseur, titre enviable pour un médecin, et dont les eunu-
ques de cabinet ont seuls pu chercher à faire une injure.

Voici donc, en quelques mots, le traitement qui nous a
donné des résultats exceptionnels :

Traitement général.

Régime tonique, mais varié : huile de morue, viande crue, sang
frais, maïs, etc. Excitants à la peau : frictions sèches, hydrothérapie, gymnastique, équitation, bains de mer de courte durée,
exercice avec des vêtements légers, à un froid sec au grand air;

avec les précautions indispensables de changer de linge si l'on a sué, et de se bien vêtir pendant le repos; bains sulfureux, changement d'air le plus souvent possible, chambre à coucher spacieuse, peu meublée et dans laquelle puisse pénétrer le soleil, pendant plusieurs heures par jour. Suivre les indications de la nature en se couchant et se levant peu de temps après le soleil. Surveillance absolue des habitudes solitaires, conserver le plus que l'on peut les habitudes et le caractère de l'enfance par le milieu et l'éducation, etc.

Traitement médical.

En prenant pour type les enfants de 5 à 10 ans, on devra leur prescrire tous les jours, pendant deux mois et deux fois par jour, une cuillerée à soupe de sirop d'acide phénique titré, soit par 24 heures 0,20 centigrammes d'acide phénique pur et blanc, une demi-heure avant de manger ou même en mangeant, s'ils éprouvent du dégoût. Les deux mois suivants, remplacer le sirop d'acide phénique par le sirop sulfo-phénique, pris à la même dose; le cinquième mois revenir à l'acide phénique, à une seule cuillerée à soupe, en mangeant, également une cuillerée à soupe, ou au moins à dessert, de l'élixir Bernard, et deux fois par jour; le sixième mois, on continue l'élixir Bernard ; le septième mois, le sulfite de soude de Bornet, les hypophosphites de Churchill et, s'il y a des tumeurs ulcérées, pansement au glyco-phénique additionné d'huile; si la constitution résiste : injections sous-cutanées d'acide phénique dosé et d'iodo-phénique. Les succès les plus surprenants ont été entre nos mains le résultat de cette *médecine des ferments.*

En voici un exemple dont on trouverait difficilement le pareil dans les annales de la science :

Mlle H..., 8 ans et 1/2. À l'âge de 3 ans, elle a fait, à Stockholm, une chute sur le genou; un gonflement en fut la conséquence; cependant l'enfant avait déjà les jambes faibles, et il n'est pas certain qu'un faible gonflement n'ait pas précédé la chute. Quoi qu'il en soit, la chute fut promptement suivie de douleurs qui empêchèrent la petite malade de marcher. Au bout de très-peu de temps, on vint me consulter ; je prescrivis un bandage amidonné, du sirop phéniqué et des pilules d'iodure de fer. Trois jours après, l'enfant partit avec sa mère pour l'Angleterre.

Un médecin anglais fit appliquer une gouttière en gutta ; mais cette gouttière devint très-difficile à supporter, on la maintint cependant, et deux abcès se manifestèrent le long de chaque bord de la gouttière ; la petite fille avait alors 4 ans et 1/2. Les souffrances étant très-grandes, on me ramène l'enfant. Malgré la gouttière, la jambe était pliée, plus courte que l'autre ; il y avait de vives souffrances ; la marche était impossible. Je fis enlever la gouttière et prescrivis un traitement phéniqué : lotions au glyco-phénique, 3 cuillerées à soupe de sirop phéniqué, c'est-à-dire 0,30 d'acide phénique en boisson.

La mère de la jeune malade, étant retournée en Angleterre, voulut, avant de partir, prendre l'avis du Dr Gueneau de Mussy qu'on lui avait recommandé. Celui-ci, après examen, déclara qu'il n'y avait de ressource que dans l'amputation, mais que, cependant, il conseillait, avant de prendre un parti, de demander l'avis de M. Nélaton. Ce dernier fut consulté aussitôt ; il fit prendre la photographie de la maladie, et déclara que la malade ne guérirait jamais que par le moyen conseillé par M. Gueneau de Mussy.

C'est le cœur attristé par ce triste pronostic que la mère dut repartir de nouveau avec sa petite malade pour l'Angleterre. Ne voyant aucune amélioration se produire, l'effroi de l'amputation ramena bientôt la pauvre mère en France. J'appliquai une semelle de plomb, j'ordonnai des bains de M. Aucosse, sous la direction du Dr Dieulafoy, à la térébenthine, puis à l'iodure de potassium ; je prescrivis, en outre, un traitement par l'élixir Bernard et le sirop phéniqué ; j'appliquai des pointes de feu sur le membre malade, et enfin je pratiquai, au commencement de 1868, des injections sous-cutanées phéniquées. Au bout de quelque temps, l'amélioration fut telle que la petite malade put marcher sans béquilles et à peu près sans boiter ; encouragée par ces résultats, la mère fit, pendant la même année, 10 voyages en France, pour rendre possible l'application régulière de mon traitement.

Mais, chose bien remarquable, chaque retour en Angleterre ou amenait de nouveaux accidents ou suspendait au moins l'amélioration obtenue en France. C'est alors que la mère, toute dévouée au salut de sa fille, se décida à quitter un établissement important qu'elle avait à Londres, et à fixer son séjour à Paris.

Le même traitement fut alors suivi avec persévérance, et, aujourd'hui février 1874, nous pouvons constater une guérison *qui persiste depuis deux ans;* la jeune malade ne boite même pas, quoique, chose curieuse, la jambe qui a été malade soit sensiblement plus longue que l'autre.

Pour ne pas interrompre la narration de cette cure, qu'on pourrait qualifier de merveilleuse, je n'ai point parlé d'un torticolis, qui compliquait, chez la jeune malade, la grave maladie du genou. Pour combattre l'affection accessoire, je fis une première opération suivie de l'application d'un appareil approprié, lorsque la malade avait cinq ans. Le résultat fut très-favorable, mais non tout à fait complet. Une seconde opération que je viens de pratiquer (15 février 1874), promet une curation non moins complète de la maladie accessoire, que celle que j'ai obtenue de la maladie principale.

ART. XII. — DE LA TUBERCULISATION ET SPÉCIALEMENT
DE LA TUBERCULISATION PULMONAIRE.

La transmissibilité de la phthisie pulmonaire, depuis long-temps soupçonnée et professée par un certain nombre de médecins, notamment par notre célèbre professeur Gendrin, ne peut plus guère être révoquée en doute aujourd'hui, après les expériences faites depuis quelques années sur les animaux. Et comme, dans la doctrine des ferments, transmissibilité ou contagion est synonyme de parasitisme, le caractère parasitaire de la tuberculisation peut être considéré comme démontré. C'est l'opinion qui a prévalu enfin dans la médecine académique, après une discussion dont les procès-verbaux rempliraient des volumes, et qui a été par conséquent, suivant les habitudes académiques médicales, à peu près cent fois plus longue qu'elle n'aurait dû l'être.

Ce qui a été court, dans la discussion, c'est la partie relative à la curation ; un mot peut la résumer : *Rien !* Il était pourtant bien naturel que la nature parasitaire de la maladie une fois admise, on tentât, pour la combattre, des médications anti-parasitaires ; les conséquences du principe n'ont pas été conduites jusque-là, et la tuberculisation pulmonaire est restée aussi peu curable, pour la médecine officielle, après qu'avant la démonstration de sa transmissibilité.

Des observations avaient cependant été faites depuis bien longtemps déjà sur l'action favorable des parasiticides sur les affections chroniques de la poitrine. Dans ce même ouvrage, où cet observateur sagace du Val-Travers que nous avons cité précédemment, le docteur Eirini d'Eyrinys, avait montré, en pure perte pour la science officielle, l'efficacité des huiles d'asphalte sur plusieurs maladies des hommes et des animaux, il indiquait d'une manière spéciale l'action curative de ces puissants parasiticides sur la consomption pulmonaire. Ses remarquables observations, quoique confirmées en grande partie par une commission officielle nommée par un ministre de l'époque, n'en sont pas moins tombées dans l'oubli, au point qu'il a fallu faire à nouveau la découverte du perspicace médecin suisse. C'est assurément sans connaître les essais de son confrère de Neufchatel, qu'un médecin distingué d'Autun, pays d'asphalte comme Neufchatel, expérimenta avec succès les huiles qu'on en extrait. Un mémoire que publia ce savant médecin en 1865, dans un journal médical de Lyon, sur quelques premières applications de l'huile de schiste, me donna un vif désir de savoir s'il avait continué ses expériences, et s'il en avait obtenu de bons résultats. J'écrivis donc à cet honorable confrère, qui me répondit une longue lettre où il mentionnait plusieurs cas de guérison d'affections pulmonaires, et notamment trois cas de phthisie confirmée, et même dans un cas très-avancée. La lettre de M. *Rérolle* date déjà de quatre ans ; je ne doute pas qu'il n'ait continué depuis lors ses importantes observations, qu'il est fort désirable qu'il publie, dès qu'il les jugera suffisantes pour porter la conviction dans tous les esprits non prévenus. Quant à nous, nous sommes certain, par notre propre exemple et par les tentatives nombreuses auxquelles nous nous sommes livré, qu'à l'aide des inhalations phéniquées et schisteuses, de l'acide phénique administré à l'intérieur et en injections sous-cutanées, en y ajoutant l'usage des phosphates ammoniacaux solubles, de l'*élixir Bernard*, on peut soulager à peu près toujours les phthisiques, assez souvent les guérir, et les guérir parfois avec une rapidité vraiment merveilleuse. Je pourrais citer ici beaucoup de faits; je me bornerai au suivant comme un des plus remarquables par la rapidité d'action de la médication antifermentative.

La précision des renseignements fournis par le malade, l'exactitude de sa mémoire et son intelligence permettent de résumer en quelques lignes son histoire pathologique; c'est celle d'une phthisie galopante, comme la science en renferme des cas nombreux, à la guérison près.

Jusqu'à l'âge de 23 ans, M. X..., rue Saint-Lazare, n'avait pas eu un jour de maladie.

En mai 1869, à l'âge de 24 ans, il eut un « commencement de fièvre typhoïde », qui fut soignée par le docteur Engel, de Strasbourg. — (Eau de Sedlitz pendant quinze jours). — Rétablissement.

A 24 ans 1/2, « fatigue » du larynx, puis enrouement, enfin extinction de voix. Long repos, rétablissement.

A 25 ans (mars 1870), très-gros rhume de poitrine, traité par le docteur Engel. — (Base du traitement : morphine.) — Rétablissement imparfait.

En 1872 (février et surtout mars), l'appétit disparaît. Le 23 mars, après des frissons qui commencent le 20 et deviennent très-forts le 22, accompagnés de malaise général, des douleurs apparaissent de nouveau au larynx, avec enrouement, douleurs dans tous les membres, perte complète d'appétit et de sommeil.

Le docteur Wertheim, appelé d'abord, prescrit du bicarbonate de soude, de la magnésie et de la poudre de rhubarbe; puis du sulfate de magnésie, puis du *quassia amara*, puis de la magnésie, puis du sirop de mûres, puis du sulfate de quinine, puis des pilules et des potions dont nous ne connaissons pas la composition.

Pendant tout ce traitement, le mal empirait chaque jour : une diarrhée à odeur insupportable s'était déclarée ; le mal de gorge avait empiré ; une toux fréquente était apparue ; plusieurs hémoptysies légères avaient eu lieu ; les forces s'en vont ; le malade tombe dans l'exténuation et dans l'indifférence, après s'être préoccupé beaucoup de sa santé.

Le 8 avril, le docteur Fauvel est appelé en consultation ; il prescrit : « vésicatoire, pommade épispastique jaune, dragées *Jecoris* oléo-calcaires, son vin tonique à la coca, » et décourage le malade par ses paroles. Ce même jour, 8 avril, le malade avait eu, à 5 heures du matin, un tel accès de fièvre que, pendant une heure de frisson, il faisait trembler le lit ; il y eut un peu de délire, et la voix, qui s'était de plus en plus affaiblie, s'éteignit à peu près complétement. — A 10 heures, il y avait eu un second accès presque aussi fort, et enfin il y en eut un troisième, à 5 heures du soir. Le tout accompagné d'une céphalalgie intense et constante.

Les pilules *Jecoris* et le vin prétendu tonique à la coca ne produisirent aucun soulagement ; mais le malade était démoralisé par le pronostic porté.

De nouveaux accès eurent lieu le 9 et le 10, et quand je fus appelé, le 10 au soir, le malade sortait à peine d'un délire intense qui avait succédé au dernier frisson.

Je dus me préoccuper d'abord d'apporter un peu de calme, s'il était possible, dans l'état du malade ; je pratiquai 4 injections sous-cutanées avec 5 grammes chacune d'une solution à l'acide phénique ; la quatrième contenait 15 gouttes d'une solution au dixième de sel de Grégori et 85 de solution phéniquée.

La nuit que le malade passa fut si bonne que je le trouvai, le lendemain, transfiguré, plein d'espérance et presque de gaieté : il avait dormi plusieurs heures, presque pas toussé, peu craché, point eu de frisson, et se sentit disposé à prendre un peu d'aliments. Malheureusement les caractères physiques étaient présents, et ne me permettaient que de partager bien faiblement la joie du malade. Je me disposai cependant à attaquer vigoureusement la maladie, car, d'après des vues que j'ai déjà exposées, il est plus facile souvent d'arrêter une maladie à marche rapide, que celle qui affecte une marche lentement progressive; or, la maladie de M. X... était une maladie rapide pour une phthisie; aussi, les précédents médecins l'avaient-ils qualifiée, non sans raison, de phthisie galopante.

Je pratiquai 2 injections sous-cutanées avec la même solution phéniquée; je commençai l'usage des inhalations phéniquées; je prescrivis à l'intérieur : sirop phéniqué, 8 cuillerées à soupe le premier jour, 6 le second et les jours suivants. Chaque jour une injection sous-cutanée pendant huit jours.

Ce traitement fut suivi avec persévérance, et voici quels en furent les effets :

Aucun nouvel accès de fièvre n'eut lieu depuis la première injection; aucune parcelle de sang ne fut mélangée aux matières des crachats; ceux-ci diminuèrent graduellement, ainsi que la toux; l'appétit revint peu à peu et avec lui les forces; la voix se rétablit progressivement et les douleurs laryngées disparurent; en résumé, au bout de trois mois, le malade pouvait vaquer à toutes ses occupations et se considérait comme guéri. Je l'ai revu depuis, il a engraissé, n'a plus de maux de tête et a pu reprendre ses occupations actives; il tousse rarement, mais il continue (avec la religion de la peur) l'usage de mon sirop phéniqué, une ou deux cuillerées à soupe chaque matin, selon qu'il se sent mieux ou moins bien.

Art. XIII. — DES VOMISSEMENTS ET DE LA DYSPEPSIE.

Ce que tout homme, qui s'est attaché à l'étude d'une médication spéciale, ou, plus généralement, à la poursuite d'une idée quelconque, doit redouter surtout, c'est que des gens sérieux, et plus souvent encore des plaisants, ne l'accusent de monomanie, et ne ruinent, ainsi, l'idée ou le système en déconsidérant l'auteur. Cette crainte m'est venue souvent à l'esprit, quand j'ai voulu appliquer la médication phéniquée, dans des cas de dyspepsie et de vomissements. J'avais remarqué fréquemment, il est vrai, que les fonctions digestives altérées se rétablissaient promptement chez les malades traités et guéris par la médication phéniquée ; mais l'altération des fonctions digestives pouvait et devait probablement être considérée, dans tous ces cas, comme une conséquence de la maladie principale, et il était, dès lors, tout naturel, qu'en détruisant la cause on détruisît l'effet. Puis, s'il est vrai — ce qui me parait incontestable — que la médication phéniquée guérisse les malades en détruisant les ferments qui causent leurs maladies, y avait-il des motifs d'attribuer à des ferments les dyspepsies et les vomissements ?

Ces réflexions, que je me suis faites souvent, comme je l'ai dit, et qui m'avaient longtemps retenu, durent céder dans deux cas des plus remarquables que je vais faire connaître sommairement.

M. F..., âgé de 76 ans, rue de Chabrol, jouissait d'une bonne santé quand commença le siége de Paris; jusque vers le milieu du siége, la santé se maintint en bon état; puis, quelques légers troubles de digestion se manifestèrent. Au ravitaillement, les difficultés de digestion devinrent telles, que M. F... dut faire appeler un médecin. M. le Dr Lépine fut consulté; il prescrivit successivement l'ipéca, l'huile de ricin, l'eau de Vichy. Cette médication eut peu d'effet; cependant, à l'apparition des chaleurs, une amélioration sensible se manifesta; M. F... put digérer quelques potages; il continua à prendre de l'eau de Vichy, recouvra quelques forces et put faire quelques promenades, en marchant penché sur le côté droit. Mais il resta faible et dans un grand état d'amaigrissement.

Aux premiers froids, une rechute terrible eut lieu; non-seulement les digestions devinrent difficiles, mais des vomissements se manifestèrent, composés de matières blanchâtres, puis de matières sanglantes; ces vomissements en arrivèrent au point que tout ce que prenait le malade était vomi, même l'eau pure. Il existait, en outre, une constipation absolue.

C'est dans ces conditions que je fus appelé auprès de M. F..., le 14 décembre 1871. L'état dans lequel je le trouvai ressort assez des détails qui précèdent pour que je n'aie pas besoin de le décrire plus amplement. Je me bornerai donc à dire que je pratiquai, dès le jour même, quatre injections sous-cutanées de 5 grammes d'eau phéniquée à 2 p. 100, et que je prescrivis à l'intérieur 2 cuillerées de sirop phéniqué. Je conseillai en même temps au malade de prendre dans la journée quelques cuillerées de lait, ce que je n'obtins que très-difficilement, tant il se croyait certain qu'il le vomirait, et tant les vomissements étaient douloureux.

Le lait fut néanmoins pris et gardé.

Il en prit de nouveau le 15, qu'il ne rendit pas plus que celui de la veille.

Le 16, même régime aussi bien toléré; il y a une garde-robe noirâtre, comme celles qui avaient déjà eu lieu quelquefois, et que le malade considérait comme formées de sang décomposé.

Cette amélioration lui donna, néanmoins, le courage de persévérer, ce à quoi il n'était pas très-encouragé par son entourage.

Le 24 décembre, il put se lever pendant une heure. Il mange, toujours sans vomir, du lait et des potages en les faisant précéder chaque fois de deux cuillerées de sirop à l'acide phénique.

Le 8 janvier, il se lève toute la journée; il mange un peu de viande et la digère. Je pratique néanmoins une injection sous-cutanée phéniquée; le sirop est toujours continué.

A ma visite du 18 janvier, je trouve le malade à table; il avait repris ses habitudes, à l'exception de ses sorties pour lesquelles il se trouvait un peu faible.

Mme M., rue de Châteaudun est assez jeune pour qu'on ne soit pas autorisé à lui demander son âge. Depuis 8 mois elle a maigri considérablement, surtout pendant les derniers mois durant lesquels elle reste soumise au traitement de M. le professeur Sée; ce savant et prudent confrère, qui n'écrit pas toujours son diagnostic, s'était cependant cette fois hasardé à écrire le mot *organique* en tête de l'une de ces ordonnances qui n'ont pu arrêter ni les vomissements ni détruire la constipation de Mme M.

Le 20 novembre 1872, n'ayant trouvé aucun signe matériel d'un état *organique*, je prescrivis à Mme M. de prendre en mangeant une cuillerée à soupe d'élixir de Bernard, et une demi heure avant chaque tentative d'alimentation, c'est-à-dire trois fois par jour, 2 cuillerées à soupe de sirop *antiépidémique* au phénate d'ammoniaque (soit 0, 90 par 24 heures). Dès le premier jour 2 bouillons furent tolérés; après une semaine, Mme M. digérait du jambon, de la viande crue et du bifteck. Aujourd'hui 7 juin 1874, il n'y a pas eu de rechute.

Ce bon état s'est maintenu.

Les faits de cette netteté n'ont pas besoin de commentaires, pour faire ressortir la merveilleuse puissance qu'exerce parfois la thérapeutique dans des cas qu'on pourrait considérer comme au-dessus des ressources de l'art. Toute remarque ne pourrait qu'obscurcir la brillante clarté de pareils faits. Qui le croirait, pourtant? il s'est trouvé des gens pour faire entendre à la fille de M. F.... que la nature pouvait seule quelque chose sur la maladie de son père! C'est à croire qu'il existe parfois des natures qui n'éprouvent pas de bonheur à voir certains malades guérir, et je ne suis malheureusement pas le premier à exprimer ce doute désolant.

Quoi qu'il en soit, le succès merveilleux que la médication phéniquée a obtenu chez M. F.... et chez Mme, elle l'a obtenu moins merveilleux dans un grand nombre d'autres cas analogues qu'il serait inutile de rapporter. Les vrais praticiens, qui savent faire la part des illusions et des preuves démonstratives, sauront tirer, de l'exemple de M. F...., des conséquences dont ils feront profiter leurs malades.

Qu'il y ait beaucoup de praticiens assez sensés pour cela, et le but de mon travail sera rempli.

FIN.

TABLE DES MATIÈRES.

CHAPITRE PREMIER.

HISTORIQUE DE LA MÉDICATION PARASITICIDE.

CHAPITRE II.

ACTION DE L'ACIDE PHÉNIQUE. — RÈGLES GÉNÉRALES DE SON
APPLICATION ET DE L'APPLICATION DES MÉDICAMENTS PARASI-
TICIDES.

CHAPITRE III.

APPLICATIONS THÉRAPEUTIQUES SPÉCIALES DE L'ACIDE PHÉNIQUE.

SECTION PREMIÈRE.

MALADIES DONT LE PARASITISME EST DÉMONTRÉ.

2. — PARASITES VÉGÉTAUX.

A. — *Épiphytaires.*

B. — *Endophytaires.*

DEUXIÈME SECTION

MALADIES DONT LE PARASITISME EST TRÈS-PROBABLE OU EN PARTIE DÉMONTRÉ.

TROISIÈME SECTION.

MALADIES NON PARASITAIRES MAIS PARAISSANT AVOIR AVEC LES MALADIES
PARASITAIRES DES RAPPORTS ASSEZ INTIMES.

QUATRIÈME SECTION.

MALADIES DONT LE PARASITISME EST UNE COMPLICATION.

CINQUIÈME SECTION.

MALADIES ORGANIQUES ET MALADIES DIVERSES.

C'est par une erreur de composition que la Métrite porte : Art. XLI.

Les cinq premières parties de cet ouvrage ont paru séparément de
1871 à 1874; elles ont toutes été adressées successivement à M. Lemaire,
qui a eu le temps d'y répondre; M. Lemaire étant mort, son nom a
disparu de la fin de l'ouvrage; il ne sera plus question de lui dans
aucune de mes publications.

IMPRIMERIE EUGÈNE HEUTTE ET Cⁱᵉ, A SAINT-GERMAIN.